History of Life

Events	Period	Million Years
megafaunal extincti…		
		23
…, …eosts; trend towards … …dy ancestors	Paleogen…	65*
…xtinction of dinosaurs first eutherians: ma… …d placentals (incl. primates) …versity of angiosperms and insects great terrestrial diversity	Cretaceous	145
first angiosperms first birds "modern" amphibians, teleosts snails, rudists	Jurassic	200*
continents begin to separate marine species diversity first mammals and dinosaurs gymnosperms predominant	Triassic	251*
Pangaea severe mass extinction, incl. trilobites holometabolous insects: beetles, flies, butterflies diversification of reptiles	Permian	299
Gondwana forests of lycopsids and ferns winged insects diverse amphibians first reptiles	Carboniferous	359*
first ammonoids, amphibians, insects, clubmosses, horsetails, ferns, and seed plants diversity of bony fishes	Devonian	416
first terrestrial vascular plants jawed fishes: placoderms, acanthodians insects	Silurian	444*
metazoans; rugose/tabulate corals graptolites; radiation of molluscs diversification of echinoderms first jawless fish: conodonts	Ordovician	488
Burgess Shale "Big Bang", skeletal structures: brachiopods, trilobites first vertebrates: agnathans algae	Cambrian	542
eukaryotes; multicellularity (~1700 mya) first invertebrates: Ediacara cnidarians, annelids, arthropods	Precambrian	2500
prokaryotes stromatoliths	Precambrian	3800

* five mass extinctions/fünf Massensterben

Erdzeitalter — Geological Ages

Millionen Jahre	Ära/Ärathem		System/Periode	Serie/Epoche	Series/Epoch	System/Period	Era		Million Years
2	Känozoikum	Neophytikum	Quartär	Holozän Pleistozän	Holocene Pleistocene	Quarternary	Neophytic	Cenozoic	2
23			Neogen	Pliozän Miozän	Pliocene Miocene	Neogene			23
*65			Paläogen	Oligozän Eozän Paläozän	Oligocene Eocene Paleocene	Paleogene			65*
145	Mesozoikum	Mesophytikum	Kreide			Cretaceous	Mesophytic	Mesozoic	145
*200			Jura			Jurassic			200*
*251			Trias			Triassic			251*
299	Paläozoikum	Paläophytikum	Perm			Permian	Paleophytic	Paleozoic	299
*359			Karbon			Carboniferous			359*
416			Devon			Devonian			416
*444			Silur			Silurian			444*
488		Eophytikum	Ordovizium			Ordovician	Eophytic		488
542			Kambrium			Cambrian			542
2500	Präkambrium		Proterozoikum			Proterozoic	Precambrian		2500
3800			Archaikum			Archean			3800

* five mass extinctions/fünf Massensterben

Wörterbuch der Biologie
Dictionary of Biology

Bereits erschienen:

Wörterbuch der Biotechnologie
Dictionary of Biotechnology
Deutsch – Englisch
English – German
ISBN 978-3-8274-1918-7

Wörterbuch der Chemie
Dictionary of Chemistry
Deutsch – Englisch
English – German
ISBN 978-3-8274-1608-7

Wörterbuch Polymerwissenschaften
Polymer Science Dictionary
Deutsch – Englisch
English – German
ISBN 978-3-540-31096-9

Wörterbuch Labor
Laboratory Dictionary
Deutsch – Englisch
English – German
ISBN 978-3-540-26216-9

Theodor C. H. Cole

Wörterbuch der Biologie
Dictionary of Biology

Deutsch – Englisch
English – German

3. Auflage

Autoren:
Dipl.rer.nat. Theodor C. H. Cole, Heidelberg
T.C.H.Cole@woerterbuch.biologie.com

Dr. Ingrid Haußer-Siller, Heidelberg
Ingrid.Hausser@med.uni-heidelberg.de

Zeichnung Widmungsseite:
Disa uniflora (Orchidaceae) von Apothekerin Janina Reeg, Heidelberg

Disa uniflora, die rote Disa oder „Pride of Table Mountain", ist eine auch in Kultur sehr beliebte Orchidee der Kapregion Südafrikas. Die ansprechenden roten Farbtöne und ungewöhnliche Blütenstruktur verleihen ihr den besonderen Reiz. Bestäubt wird sie von einem großen Schmetterling (*Aeropetes tulbaghia*), dem „Mountain Pride" butterfly, der gezielt von der roten Farbe angezogen wird. Die nach oben abgewinkelte, von den zwei seitlichen Kronblättern festgehaltene innere Säule besteht aus einer Anthere deren Pollinien durch filamentöse Stielchen (Caudiculae) mit den Klebkörpern (Viscidien) verbunden sind, die wie Hörner zu den Seiten oberhalb der glänzend-weißen Narbe emporstehen.

Bibliografische Information Der Deutschen Nationalbibliothek
Die Deutsche Nationalbibliothek verzeichnet diese Publikation in der Deutschen Nationalbibliografie; detaillierte bibliografische Daten sind im Internet über http://dnb.d-nb.de abrufbar.

Springer ist ein Unternehmen von Springer Science+Business Media
springer.de

3. Auflage 2008

Spektrum Akademischer Verlag ist ein Imprint von Springer

08 09 10 11 12 5 4 3 2 1

Planung und Lektorat: Merlet Behncke-Braunbeck, Jutta Liebau
Herstellung: Detlef Mädje
Umschlaggestaltung: SpieszDesign, Neu-Ulm
Satz/Layout: Text & Grafik, Heidelberg – www.textundgrafik.de
Druck und Bindung: Krips b.v., Meppel

Printed in The Netherlands

ISBN 978-3-8274-1960-6

… a passion for ***LIFE*** *!*

Vorwort

Das **Wörterbuch der Biologie** hat sich in den zurückliegenden 10 Jahren als zuverlässiges Nachschlagewerk für Übersetzungen und Studium bewährt. Mit dieser nun vorliegenden 3. Auflage waren wir durch eine intensive Revision und Erweiterung bedacht, den rasanten Entwicklungen in den Lebenswissenschaften Rechnung zu tragen – sie umfasst alle Teilbereiche der Biologie mit nun 52.000 Begriffen. Die allseits gelobte Stärke unseres Konzeptes liegt in der Wortfelderung, die wir zusätzlich weiter ausbauen konnten.

Die zentralen Fachrichtungen Botanik, Zoologie und Mikrobiologie sind umfassend abgedeckt: Sie finden sowohl Grundbegriffe wie auch das spezielle Fachvokabular – bei unterschiedlichen Bedeutungen, mit einschränkendem Zusatzkommentar – zu den folgenden Themen:

- **Anatomie/Morphologie**
- **Bioanalytik**
- **Biochemie**
- **Biogeographie**
- **Biomedizin**
- **Biostatistik/Biometrie**
- **Biotechnologie**
- **Bodenkunde**
- **Entwicklungsbiologie**
- **Evolution/Phylogenie**
- **Forstwirtschaft**
- **Genetik**
- **Histologie**
- **Immunologie**
- **Klimatologie**
- **Labor**
- **Landwirtschaft/Gartenbau**
- **Meeresbiologie/Limnologie**
- **Mikroskopie**
- **Molekularbiologie**
- **Natur & Umwelt**
- **Neurobiologie**
- **Ökologie**
- **Paläontologie/Erdgeschichte**
- **Parasitologie**
- **Pharmazeutische Biologie**
- **Physiologie**
- **Systematik/Kladistik**
- **Verhaltenslehre**
- **Zellbiologie**

Die Naturwissenschaften erforderten seit jeher einheitliche Kommunikationssysteme. Das Englische hat sich vor allem nach dem zweiten Weltkrieg als internationale Wissenschaftssprache nicht zuletzt wegen seines unkomplizierten Aufbaus – trotz vergleichsweise reichhaltigen Wortschatzes – durchgesetzt.

In letzter Zeit beklagt man oft die zunehmende Anglifizierung der deutschen Sprache. Im Labor-Slang wird: „geblottet, gepoolt, gepatcht und gepottert". Befürworter dieser Entwicklung sehen darin einen Trend zur Internationalisierung der Wissenschaftssprache. Ob eine solche Sprachdynamik wünschenswert ist, bleibt allerdings umstritten. Der deutschen Sprache ist zu wünschen, dass ihre Eigenständigkeit und Ästhetik erhalten bleibt. Sprache ist „lebendig"! Dies bedeutet für deutschsprachige WissenschaftlerInnen die Möglichkeit, im wissenschaftlichen Sprachgebrauch auch aus der deutschen Sprache zu schöpfen.

Viele deutsche Autoren bevorzugen heute die „c"-Schreibung, wo in älterer Literatur traditionell ein „k" oder „z" steht, wie Cuticula statt Kutikula, Caruncula statt Karunkula, Clitoris statt Klitoris, Coccen statt Kokken, Glucose statt Glukose, Citratzyklus statt Zitratzyklus, Cytologie statt Zytologie. Diese Übergänge sind aber derzeit noch nicht einheitlich akzeptiert. Im vorliegenden Wörterbuch finden Sie sowohl neue als auch alte Schreibweisen.

Klassische Endungen werden heute vielfach zugunsten der angloamerikanischen Schreibweise vereinfacht, zum Beispiel Thoracopod statt Thorakopodium; der entsprechende Plural lautet dann „Thoracopoden", was den Eindruck einer Tiergruppe (analog zu Decapoden) vermitteln könnte – deshalb wird im Plural meist noch die klassische Endung, beispielsweise Thoracopodien, beibehalten.

Auch in Amerika gibt es interessante sprachliche Entwicklungen: Einige amerikanische Wissenschaftler beginnen heute Schreibweise und Wortendungen der modernen Sprache anzupassen. Der Plural angepasster Fremdwörter wird dann nach den üblichen Regeln der Pluralbildung im Englischen gebildet: flagellums statt flagella, algas statt algae, funguses statt fungi, hyphas statt hyphae, myceliums statt mycelia, larvas statt larvae, antennas statt antennae, vertebras statt vertebrae, phenomenas statt phenomena (von phenomenon), taxons statt taxa, tracheas statt tracheae, und mitochondrions statt mitochondria. Bei einigen Wörtern wird die Pluralform im allgemeinen Sprachgebrauch auch für den Singular verwendet: criteria, agenda, bacteria entsprechen im Plural dann criterias, agendas, bacterias. Dies wird sich sicherlich aus praktischen Gründen durchsetzen. Beim Abfassen von Publikationen sei dem Fremdsprachler jedoch empfohlen, zunächst noch die traditionellen Endungen zu verwenden.

Die Rechtschreibung folgt der amerikanischen Schreibweise gemäß *Merriam Webster's Collegiate Dictionary*, 11th edn., bzw. *Wahrig Deutsches Wörterbuch*, 8. Aufl. und *Duden – Die deutsche Rechtschreibung*, 24. Aufl., d.h. die deutsche Rechtschreibreform wurde berücksichtigt.

Danksagungen. Für sachdienliche Hinweise bedanken wir uns herzlich bei Prof. Dr. Rolf Beiderbeck, Dr. Rainer F. Foelix, Sebastian Hermes, Prof. Dr. Hartmut H. Hilger, Prof. Dr. Klaus Roth, Dr. Holger Schäfer, Dr. Dietrich Schulz, Dr. Willi Siller, Dr. Beatrix Spreier, Dr. Katalin Varga, Prof. Dr. Michael Wink, Prof. Dr. Stefan Wölfl. Wertschätzenden Dank an Dr. Christoph Dobeš, Dr. Peter Sack, Hans-Peter Hilbert und Sven Nürnberger vom Botanischen Garten, Heidelberg, für botanische Inspirationen. Die Mitarbeiter der Universitätsbibliotheken Heidelberg und Berlin sowie der Koshland Library der University of California at Berkeley waren immer hilfsbereit mit der Bereitstellung unerschöpflichen Wissens. Bedanken möchten wir uns auch bei der Firma Text & Grafik, Heidelberg, für die professionelle und prompte Satzarbeit und fachmännische Unterstützung bei diversen Computer-Problemen. Apothekerin Janina Reeg fertigte die Zeichnung der wundervollen *Disa* mit feiner Feder und Gespür für Details liebevoll an, dafür unsere besondere Hochachtung und Dank. Frau Merlet Behncke-Braunbeck, Spektrum Akademischer Verlag, gebührt unser herzlich anerkennender Dank für die effiziente und angenehme Zusammenarbeit und Unterstützung in den 10 Jahren dieses erfolgreichen Wörterbuches.

Erika Siebert-Cole, M.A., gilt unsere besondere Wertschätzung. Ihre Kenntnis der deutschen Sprache und ihre Assistenz waren maßgeblich für diese Arbeit. Unsere Familien waren die entscheidende und zuverlässige Stütze während der unzählbaren Stunden der lexikographischen Feinarbeit.

Allen Kollegen, Studenten und Freunden, die uns auf dem langen Weg durch dieses Projekt beraten und unterstützt haben, gebührt unser ganz herzlicher Dank.

Heidelberg, im Sommer 2008

Theodor C.H. Cole
Ingrid Haußer-Siller

Preface

The **Dictionary of Biology** has established itself within the past 10 years as a reliable and versatile reference for translation and study.

The 3rd edition has witnessed a thorough revision and expansion taking into account the high pace of development in all fields of the life sciences – now to include some 52,000 terms. The strength of our concept has been the clustering of related terms, which we now have further expanded.

The central branches of botany, zoology, and microbiology are broadly covered to include the basic vocabulary as well as special terminology – with descriptive comments, if necessary – in the following fields of study:

- **Anatomy/Morphology**
- **Bioanalytics**
- **Biochemistry**
- **Biogeography**
- **Biomedicine**
- **Biostatistics/Biometry**
- **Biotechnology**
- **Cell Biology**
- **Developmental Biology**
- **Earth History/Paleontology**
- **Ecology**
- **Environmental Science**
- **Ethiology**
- **Evolution/Phylogeny**
- **Forestry**
- **Genetics**
- **Histology**
- **Horticulture/Agriculture**
- **Immunology**
- **Lab Equipment & Techniques**
- **Climatology/Meteorology**
- **Marine Biology/Limnology**
- **Microscopy**
- **Molecular Biology**
- **Neurobiology**
- **Parasitology**
- **Pharmaceutical Biology**
- **Physiology**
- **Soil Science**
- **Systematics/Cladistics**

The Dictionary of Biology is intended to help German scholars in the life sciences and related fields in gaining access to the highly specialized terminology of the modern biosciences. This is particularly important as many leading textbooks and the majority of scientific research articles are now written in English. A broad coverage of basic terminology is supplemented with translations of highly specialized terms – thus serving laymen, students, and specialists alike.

The English and German languages have experienced some interesting developments in the spelling of scientific terms: among German authors there is a tendency of changing the traditional "k" and "z" spelling to the English "c" spelling: e.g., Oocyt vs. Oozyt, Cuticula vs. Kutikula, Coccen vs. Kokken, coccal vs. kokkal, or Glucose vs. Glukose.

Particularly some American authors are now suggesting the adaptation of plural endings in scientific terms to the normal English language endings, e.g., algas vs. algae, larvas vs. larvae, tracheas vs. tracheae, vertebras vs. vertebrae, taxons vs. taxa, mitochondrions vs. mitochondria, setas vs. setae, antennas vs antennae. The present authors favor this development, while being aware of controversial standpoints on this matter.

Orthography. The new German orthography rules have been taken into account according to *Wahrig Deutsches Wörterbuch*, 8th edn. (2006), and *Duden – Die deutsche Rechtschreibung*, 24th edn. (2006), the English orthography follows the American spelling according to *Merriam Webster's Collegiate Dictionary*, 11th edn. (2003).

We hope this dictionary may serve you as a useful tool in your research, in writing publications, and in translating biological literature.

Acknowledgements. Important help has been granted by Rolf Beiderbeck, Christoph Dobeš, Rainer Foelix, Sebastian Hermes, Hans-Peter Hilbert, Hartmut H. Hilger, Sven Nürnberger, Janina Reeg, Klaus Roth, Peter Sack, Holger Schäfer, Dietrich Schulz, Willi Siller, Beatrix Spreier, Katalin Varga, Michael Wink, Stefan Wölfl to all of whom we are particularly grateful. The libraries of the University of Heidelberg, Free University of Berlin, and University of California at Berkeley have been most valuable in researching the contents of this book. The comments of various of our colleagues and students are sincerely appreciated. Thanks to the crew of Text & Grafik for their forthcoming and expediant professionalism in typesetting and solving seemingly unsurmountable computer problems. Ms. Merlet Behncke-Braunbeck, editor at Spektrum Akademischer Verlag, has been a brillant partner and we commend her for the encouragement and energy she devoted to us and all three editions of this successful dictionary.

Erika Siebert-Cole, M.A. has shared her knowledge, time, inspiration, and an intricate sense of the German language. Without her support this project would never have been accomplished. Our families have been paramount in providing stability throughout the book-writing process.

Our gratitude be wholeheartedly expressed to our colleagues, students, and friends who helped and encouraged us throughout this project.

Heidelberg, in the summer of 2008

Theodor C.H. Cole
Ingrid Haußer-Siller

Aufbau und Konzeption

Wortfelder: Um eine zusammenhängende Themenbearbeitung zu ermöglichen, die „Trefferwahrscheinlichkeit" bei der Wortsuche zu erhöhen und somit die Arbeit zu erleichtern, verwenden wir zusätzlich zur gewöhnlichen alphabetischen Ordnung ein auch in amerikanischen Wörterbüchern verwendetes Konzept der thematischen Begriffssammlung (clusters) unter den jeweiligen übergeordneten Hauptstichwörtern. So erscheint bei zusammengesetzten Wörtern das angehängte Substantiv als übergeordnetes Stichwort (z.B. *Unterart* unter *Art*, *Keimdrüse* unter *Drüse*). Thematisch verwandte Begriffe werden in Wortfeldern zusammengefasst, auch wenn die einzelnen Begriffe das Hauptstichwort selbst gar nicht enthalten. Beispielsweise findet sich unter dem Hauptstichwort *Hormone* eine Reihe wichtiger Hormone; Larvenformen erscheinen unter *Larve*, Infloreszenzen-Typen im Wortfeld *Infloreszenz*. Dies verschafft Überblick und Arbeitskomfort. In anderen Wörterbüchern müsste jeder Begriff einzeln aufgesucht werden.

Definitionen: Wo zum Verständnis notwendig und zur Unterscheidung ähnlicher Begriffe hilfreich, erscheinen Definitionen oder einschränkende Kommentare in Klammern hinter dem jeweiligen Wort. Allerdings wird der Benutzer für Details gelegentlich auf Definitionswörterbücher und Fachmonographien zurückgreifen müssen. Die Literaturliste im Anhang des Buches verweist auf entsprechende Quellen.

Tier-/Pflanzennamen: Namen von Tieren, Pflanzen, Pilzen und Mikroorganismen sind nur in Einzelfällen berücksichtigt, und diese dann meist von taxonomisch höheren Kategorien, d.h. dieses Wörterbuch ist kein Nachschlagewerk für Gattungs- und Artnamen (siehe Literaturliste im Anhang, z.B. Cole: *Wörterbuch der Tiernamen* oder „Zander" *Handwörterbuch der Pflanzennamen* bzw. entsprechende elektronische Datenbanken).

American English: Dieses Biologie-Wörterbuch folgt in Orthographie und Definitionen der amerikanischen Schreibweise nach *Merriam Webster's Third New International Dictionary* sowie der im Anhang aufgeführten Fachliteratur.

Concept and Design

Word Clusters: Words are grouped by headwords and topics according to a useful and efficient clustering concept employed in various American biology dictionaries – in addition to regular alphabetical order. This applies to compounds (*underleaf* under *leaf*, *underhair* under *hair, subspecies* under *species*) as much as to terms related by meaning, not necessarily by spelling (larva types, such as *maggot, grub, tadpole...*, are clustered under the headword *larva*).

Until now, German biology dictionaries have not made use of this concept. Usually German compound nouns are listed only in regular alphabetical order; however, it also may be useful to list the noun as the headword of all related compounds (*Kennart, Überart, Unterart...* under *Art*). This helpful concept has proven to allow a much more rapid access and opens the chance for topic-related study and research.

Definitions/Comments: Brief definitions and clarifying comments have been included where considered necessary for understanding the meaning of a term and for referring to the context of usage; for detailed definitions and finer nuances, the reader may need to consult other specialty dictionaries (see list of references on page 995).

Animal/Plant Names: This dictionary has been crafted as a tool for accessing biological terms, not as a listing of plant/animal names. However, you will find the major higher taxa of plants, fungi, and animals included – species names are not listed (for this purpose please consult special dictionaries of plant names or animal names; see *References*).

American English: Definitions and orthography are in accordance with Merriam Webster and sources of specialized literature listed in the back of this book.

Die Autoren

Dipl. rer. nat. Theodor C.H. Cole, ist amerikanischer Staatsbürger, studierte Biologie, Chemie und Physik in Heidelberg, Berkeley und Paris, und lehrte 20 Jahre an der University of Maryland, European Division. Während des Studiums der Biologie und Chemie an der Universität Heidelberg studierte er Allgemeine Biologie und Zoologie bei Prof. Dr. Franz Duspiva und arbeitete am Institut für Systematische Botanik bei Prof. Dr. Werner Rauh. Biochemisch-analytische Forschung betrieb er im Rahmen seiner Diplomarbeit am Institut für Pharmazeutische Biologie bei Prof. Dr. Hans Becker. Derzeit Lehrbeauftragter für „Naturwissenschaftliches Englisch und Kommunikation" an der Universität Heidelberg, Fachbereich Molekulare Biotechnologie. Autor mehrerer erfolgreicher Wörterbücher für Biologie, Chemie und Labor.

Dr. rer. nat. Ingrid Haußer-Siller studierte Biologie und Chemie an der Universität Heidelberg und arbeitete am Lehrstuhl für Zellenlehre (Prof. Dr. Eberhard Schnepf). Seit ihrer Promotion bei Prof. Dr. Werner Herth arbeitet sie in der medizinisch-genetischen Grundlagenforschung an der Universitäts-Hautklinik in Heidelberg und ist dort Leiterin des Elektronenmikroskopie-Labors. Umfangreiche Fachkenntnisse und Erfahrungen in den Bereichen Mikroskopie, Genetik, Zell- und Molekularbiologie sowie aus Übersetzertätigkeiten.

Abkürzungen – Abbreviations

sg	**Singular – singular**
pl	**Plural – plural**
adv/adj	**Adverb/Adjektiv – adverb/adjective**
n	**Nomen (Substantiv) – noun**
vb	**Verb – verb**
f	**weiblich – feminine**
m	**männlich – maskulin**
nt	**sächlich – neuter**
analyt	**Analytik – analytics**
allg/general	**allgemein – general**
anat	**Anatomie – anatomy**
arach	**Spinnenkunde – arachnology**
biochem	**Biochemie – biochemistry**
biogeo	**Biogeographie – biogeography**
biot	**Biotechnologie – biotechnology**
bot	**Botanik – botany**
cardio	**Kardiologie – cardiology**
centrif	**Zentrifugation – centrifugation**
chem	**Chemie – chemistry**
chromat	**Chromatographie – chromatography**
dest – dist	**Destillation – distillation**
dial	**Dialyse – dialysis**
ecol	**Ökologie – ecology**
electroph	**Elektrophorese – electrophoresis**
embr	**Embryologie – embryology**
entom	**Entomologie – entomology**
ethol	**Ethologie – ethology**
evol	**Evolution – evolution**
for	**Forstwirtschaft – forestry**
gen	**Genetik – genetics**

geol	**Geologie – geology**
lab	**Labor – laboratory**
hort	**Gartenbau – horticulture**
hunt	**Jagd – hunting**
ichth	**Ichthyologie – ichthyology**
immun	**Immunologie – immunology**
limn	**Limnologie – limnology**
mar	**Meereskunde – marine sciences**
math	**Mathematik – mathematics**
mech	**Mechanik – mechanics**
med	**Medizin – medical science**
metabol	**Metabolismus/Stoffwechsel – metabolism**
meteo	**Meteorologie – meteorology**
micb	**Mikrobiologie – microbiology**
micros	**Mikroskopie – microscopy**
neuro	**Neurobiologie – neurobiology**
nucl	**Nuklearphysik – nuclear physics**
ophthal	**Ophthalmologie – ophthalmology**
opt	**Optik – optics**
orn	**Ornithologie – ornithology**
paleo	**Paläontologie – paleontology**
photo	**Photografie – photography**
phys	**Physik – physics**
physiol	**Physiologie – physiology**
rad	**Strahlung/Radiologie – radiation/radiology**
spectr	**Spektroskopie – spectroscopy**
stat	**Statistik/Biostatistik – statistics/biostatistics**
tech	**Technologie – technology**
vir	**Virologie – virology**
zool	**Zoologie – zoology**

Deutsch
Englisch

A-Bande (Muskel: *anisotrop*) A band
A-Stelle (Aminoacyl-Stelle) *gen*
A-site (aminoacyl site)
aalartig/anguilliform
eel-like, anguilliform
Aalfische/Aalartige/Anguilliformes
eels
Aalstrich *zool* (dunkler Streifen auf Rücken: z.B. Pferde)
list (dark stripe on back)
AAM (angeborener auslösender Mechanismus) *ethol*
innate releasing mechanism (IRM)
Aapamoor (Mischmoor)/Strangmoor
aapa mire, string bog
Aas carrion, decaying carcass
Aasblume carrion flower
Aasfliegenblume/Sapromyophile
dung-fly flower, sapromyophile
Aasfresser/Unratfresser
scavenger, carrion feeder
Abart/Spielart/Varietät
sport, variety
Abbau *metabol* digestion, degradative reactions/metabolism, catabolism; (Zerfall/Zusammenbruch) breakdown; (Zersetzung) degradation, decomposition, breakdown
➢ **biologischer Abbau/ Biodegradation** biodegradation
Abbaubarkeit degradability
abbauen/zersetzen
degrade, decompose, break down
abbauend/katabolisch catabolic
Abbauprodukt degradation product
abbilden *opt* image
abbilden/projizieren project
Abbildung (in einer Fachzeitschrift/Buch)
figure, illustration
Abbildungsmaßstab/ Lateralvergrößerung/ Seitenverhältnis/Seitenmaßstab
lateral magnification
abblättern(d)/abschilfern(d)
exfoliate
Abblätterung/Delamination (Entodermbildung) delamination
abblühen/verblühen fade
➢ **abgeblüht/verblüht**
faded (withered), deflorate(d)
Abblühen/Verblühen
fading, defloration
Abbruchcodon/ Stoppcodon/Terminationscodon
termination codon, terminator codon, stop codon
abdampfen evaporate
Abdampfschale evaporating dish
abdecken (Tierkörperbeseitigung)
dispose of animal carcasses
Abdeckerei (Tierkörperbeseitigung)
animal carcass disposal
Abdomen/Hinterleib abdomen
Abdominalbein/Bauchfuß/ Propes/Pes spurius (larval)
larval proleg, false leg
➢ **Schwimmbein/ Schwimmfuß/Pleopodium**
swimmeret, pleopod
Abdominalschwangerschaft/ Bauchhöhlenträchtigkeit/ Leibeshöhlenschwangerschaft/ Leibeshöhlenträchtigkeit
abdominal pregnancy
Abdominalsegment/Pleomer
abdominal somite, pleomere
Abdrift/organismische Abdrift
organismic drift
Abdruck (Oberflächenabdruck: *EM*) *micros* replica; *paleo* impression (*siehe*: Abguss)
➢ **Fingerabdruck** fingerprint
➢ **genetischer Fingerabdruck/ Fingerprinting**
fingerprinting, genetic fingerprinting, DNA fingerprinting
➢ **Fußabdruck** footprint
Aberration/Abweichung aberration
➢ **Autosomenaberration *gen***
autosomal aberration
➢ **chromatische Aberration/ Farbabweichung *opt/micros***
chromatic aberration
➢ **Chromosomenaberration**
chromosome aberration
➢ **Heterosomenaberration *gen***
sex-chromosome aberration
abfackeln flare, burn off
Abfall waste; trash
abfallend deciduous, falling, shedding

Abfallfresser/Detritophage
detritivore, detritus-feeder
Abfallstoffe waste materials
➢ **organische Abfallstoffe**
organic debris, organic waste
abferkeln/ferkeln farrow
abfließen
run off, drain off, flow off
Abfluss (Abflussöffnung) outlet; (Dränung/Drainage) drainage; Abschwemmung (oberflächlich abfließend) runoff
abforsten/abholzen/kahlschlagen (größere Fläche)
clearcut, deforest
abfressen
browse (woody shoots/leaves/bark), graze (herbaceous plants)
Abführmittel purgative
abgehärtet hardy
abgeleitet/fortgeschritten („höher entwickelt")
advanced
abgeleitet ***math*** derived
abgerundet rounded
abgrasen/grasen
graze (herbaceous plants), browse (*esp:* woody shoots/leaves/bark)
Abguss ***paleo*** mold, cast
Abhang/Hang (Hügel/Berg)
hillside, slope, brae (steep bank)
abhängig dependant
➢ **süchtig** addicted
➢ **unabhängig** independant
abhärten hardening off
Abhärtung hardening
abholzen fell, clear, clearcut
Abholzung felling, clear cutting, clear felling, deforestation
Abietinsäure abietic acid
abiotisch abiotic
Abklärflasche/Dekantiergefäß
decanter
Abkömmling/Deszendent/ Nachkomme
descendant, offspring, progeny; Derivat (abgeleitet) derivative
abkühlen cool
Abkühlung cooling
ablagern/sedimentieren
sediment, deposit
Ablagern (Holz) seasoning
Ablagerung/Sedimentation
sedimentation, deposition; deposit
Ablaktieren/Ablaktation/Ablaktion
approach grafting, inarching
Ablauf/Ausfluss (Austrittsstelle einer Flüssigkeit) outlet; (herausfließende Flüssigkeit) effluent
Ablegen (mehrere Jungpflanzen pro Trieb) ***bot/hort***
French layering, continuous layering
Ableger ***bot/hort***
(Absenker) layer, set; (Ausläufer) runner, sucker, offshoot; (Pfropfableger) scion, cutting, sarment
Ableger treibend
surculose, producing suckers
Ablegerbildung/Absenkerbildung
layering
Ablegervermehrung durch Anhäufeln (Abrisse nach Anhäufeln)
stool layering, stooling, mound layering
ableiten *math* derive; *neuro* record
Ableitung
math derivation; *neuro* recording
ablenken
phys/math deflect; *psych* distract
Ablenkung
phys/math deflection; *psych* distraction
ablesen (z.B. Messdaten)
read, record
Ablesung (z.B. Messdaten)
reading, recording
Ablösungsschicht/Trennschicht/ Abszissionsschicht ***bot***
separation layer, abscission layer
ABM-Papier (Aminobenzyloxymethyl-Papier)
ABM paper (aminobenzyloxymethyl paper)
Abmoosen ***hort*** marcottage using moss (an air layering process)
abnehmen ***vb*** **(Gewichtsverlust)**
loose weight
Abnehmen ***n*** **(Gewichtsverlust)**
weight loss

Abort/Abortus/Abgang/Frühgeburt abortion
- ➢ **Abtreibung/ Schwangerschaftsabbruch/ Abortinduktion** induced abortion
- ➢ **Frühabort (Fehlgeburt bis 12. Woche)** early abortion
- ➢ **Spätabort (Fehlgeburt nach 12. Woche)** miscarriage
- ➢ **Spontanabort/Fehlgeburt** spontaneous abortion, miscarriage
- ➢ **verhaltener Abort** missed abortion

abortiv/abgekürzt verlaufend abortive
abortiv/rudimentär/rückgebildet/ verkümmert abortive
abortive Infektion abortive infection
Abortivei/Blasenmole/ Molenei/Windei mole
abrichten train; *horse*: break; (zähmen) tame
Abrichtung training; *horse*: breaking-in
Abschaltsequenz/Silencer ***gen*** silencer (sequence)
abscheiden/absondern exude, secrete, discharge
abscheiden/ausfällen precipitate, deposit
abscheiden/trennen separate
Abscheider separator, precipitator
Abscheidung (Absonderung/Exsudat) exudate, exudation, secretion; (Ausfällung) precipitate, deposit
abschirmen (von Strahlung) shield (from radiation)
Abschirmung (von Strahlung) shielding (from radiation)
Abschlag (Flug/Flügel) downstroke, downward stroke
Abschlussgewebe dermal tissue, boundary tissue, exodermis
- ➢ **primäres A./Epidermis** epidermis

Abschnitt (Teil des Ganzen) section, part, moiety
abschrecken deter, repel; scare off
Abschreckstoff/Schreckstoff deterrent, repellent
abschwächen/attenuieren (mit herabgesetzter Virulenz) attenuate
Abschwächung ***neuro*** weakening; (Attenuation) attenuation
abschwellend shrinking, decongestant
Absenken ***hort*** simple layering
Absenker/Ableger ***hort*** set, layer
Absenkervermehrung/ Ablegervermehrung ***hort*** layerage, layering
Absetzbecken/Klärbecken settling tank
Absetzferkel weaner
absondern/abscheiden (Flüssigkeiten) exude, secrete, discharge
absondern/ sequestrieren/abtrennen (z.B. Gewebe/Knochenbruchstücke) sequester, segregate
Absonderung/Abscheidung/Exsudat exudate, exudation, discharge, secretion
Absonderung/Sequestrierung/ Abtrennung/Loslösung (z.B. Gewebe/Knochenbruchstücke) sequestration, segregation
Absonderungsgewebe/ Abscheidungsgewebe secretory tissue
Absorbanz (Extinktion) absorbance, absorbancy (extinction: optical density)
absorbieren absorb
absorbierend/absorptionsfähig absorbent
Absorption absorption
Absorptionsindex absorbance index, absorptivity
Absorptionskoeffizient absorption coefficient
Absorptionsspektrum absorption spectrum
Absorptionsvermögen/ Absorptionsfähigkeit/ Aufnahmefähigkeit absorbency
abstammen von ... descend from ..., originate from ...

Abstammung descent, origin
Abstammungsachse principal axis
abstammungsgeschichtlich/ evolutionär/phyletisch/ phylogenetisch
evolutionary, phyletic
Abstammungsgeschichte/ Stammesentwicklung/Evolution/ Phylogenie/Phylogenese
evolution, phylogeny
Abstammungslehre
evolutionary studies
Abstammungstheorie/ Deszendenztheorie/ Evolutionstheorie
theory of evolution, evolutionary theory
absteigend efferent
absterben die off
➢ **teilweise absterben** dieback
Absterbephase ***micb*** decline phase, phase of decline, death phase
Absterberate mortality rate
abstillen wean
Abstillen weaning
abstoßen/ablösen (Haut/Hülle/Rinde)
shed, slough, sloughing (off); (Blätter) shed; (Transplantat) reject (graft rejection)
Abstoßung (Transplantat)
rejection (graft rejection)
Abstoßungsreaktion
rejection reaction
abstreifen (Haut/Hülle) slough (off)
Abstrich *med* swab; *micros* smear
➢ **einen Abstrich machen** ***med***
to take a swab
Abstufung/Staffelung/Stufenfolge
gradation
Abszission/Abwerfen/Abwurf
abscission, falling off, dropping off, shedding
Abszissionsschicht/ Ablösungsschicht/Trennschicht/ Trennungsschicht
abscission layer, separation layer
Abteilung/Phylum phylum (division)
abtreiben (eine Fehlgeburt herbeiführen)
abort (induce an abortion)
Abtreibung (Abort/Fehlgeburt) abortion; (Schwangerschaftsabbruch: herbeigeführte Fehlgeburt) induced abortion
Abundanz/Individuenzahl/ Individuendichte/ Populationsdichte/ Bevölkerungsdichte
abundance, population density; (Artdichte) species density
Abwanderung (Tiere)/ Auswanderung (Mensch)/ Emigration emigration
Abwärme waste heat
abwärts (Richtung 3′-Ende eines Polynucleotids) downstream
➢ **aufwärts (Richtung 5′-Ende eines Polynucleotids)** upstream
Abwasser wastewater, sewage
➢ **Kläranlage** sewage treatment plant
➢ **Rohabwasser** raw sewage
abwechselnd/alternierend
alternate
Abwehr/Verteidigung defense
abwehrgeschwächt
immunocompromized
Abwehrprotein defense protein
abweichen
vary, deviate, be different from
abweichen von ... deviate from ...
abweichend deviating from; aberrant
Abweichung
deviation; (Aberration) aberration
➢ **Standardabweichung**
standard deviation
➢ **statistische Abweichung**
statistical deviation
Abweide-Nahrungskette/ Fraß-Nahrungskette
grazing food chain
abwerfen shed, drop, abscise; (Baumveredlung) decapitate
abwerfend
shedding, abscising, deciduous
abwiegen (eine Teilmenge)
weigh out
Abwurf/Abwerfen/Abszission
shedding, falling off, dropping off, abscission
Abyssal/Meeresgrund
abyssal, abyssal zone, ocean floor

Abzieher/Abduktor/Abductor (Muskel) abductor muscle
Abzug/Dunstabzugshaube hood, fume hood
Abzym abzyme
Acanthocephala/Kratzer spiny-headed worms, thorny-headed worms, acanthocephalans
Acanthor-Larve/Hakenlarve acanthor larva
Acarizid/Akarizid acaricide
Aceraceae/Ahorngewächse maple family
Acervulus acervulus
Acetat/Azetat (Essigsäure/Ethansäure) acetate (acetic acid/ethanoic acid)
Acetessigsäure (Acetacetat)/ β-Ketobuttersäure acetoacetic acid (acetoacetate), β-ketobutyric acid
Acetylcholin (ACh) acetylcholine
Acetylen acetylene
***N*-Acetylmuraminsäure** *N*-acetylmuramic acid
Achäne (einblättrige Achäne) achene, akene
➤ **zweiblättrige Achäne (Asteraceen)** cypsela, bicarpellary achene
Achillessehne Achilles' tendon, tendon of the heel, calcaneal tendon
achlamydeisch achlamydeous
achromatisch/unbunt achromatic
achromatischer Kondensor ***micros*** achromatic condenser, achromatic substage
achromatisches Objektiv ***micros*** achromatic objective
Achse axis
➤ **Abstammungsachse/Hauptachse** principal axis
Achsel/Blattachsel ***bot*** axil
Achsel/Schulter shoulder
Achsel/Achselhöhle/Achselgrube (Arm) armpit, axilla
Achselbulbille ***bot*** axillary bulbil
Achselfedern ***orn*** axillary feathers, axillars
Achselhöhle/Achselgrube armpit, axilla
Achselknospe/Seitenknospe axillary bud, lateral bud
Achselmeristem axillary meristem
achselständig axillary
Achsenbecher hypanthium
achsenbürtig stem-borne
Achsenfaden/Axonema/Axonem central fibril, axial filament, axial rod, axoneme
Achsenkörper/Stamm shoot axis, stem
Achsenskelett/Stammskelett/ Rumpfskelett/ Skelett des Stammes/Axialskelett axial skeleton
Achsensporn axial spur
Achsenstab (Kinetoplastida) paraxial rod
achsenständig axial, axile
Achterform (der DNA) figure eight (of DNA)
Acidophile(r) acidiphile(s), acidophile(s)
Acidität/Azidität/Säuregrad acidity
Acidose/Azidose acidosis
Acinuszelle acinus cell
Acker/Feld field, land, farmland
Ackerbau (Bebauen des Bodens mit Nutzpflanzen) cropping, plant production, tillage
Ackerbau (auch Viehhaltung) farming
Ackerbaukunde/Ackerbaulehre/ Agronomie agronomy (field-crop production & soil management)
Ackerland farmland, tillage, tilth, cultivated land, arable land
Ackerrain/Feldrain field boundary strip, balk
Ackerunkräuter/Ackerwildkräuter/ Segetalpflanzen segetal plants
Ackerwirtschaft/Ackerbau ***sensu lato*** farming
acöl/acoel acelous, acoelous
Aconitsäure (Aconitat) aconitic acid (aconitate)
Acontium (Anthozoa) acontium
Acoraceae/Kalmusgewächse calamus family, sweetflag family

Acrasiomyceten/Acrasiomycetes/ Dictyosteliomycetes/ zelluläre Schleimpilze (Myxomycota) cellular slime molds
Acridinfarbstoff acridine dye
Acrosom/Akrosom acrosome
acrostich acrostichal, acrostichoid
Actin/Aktin actin
Actinfilament/Aktinfilament/ Mikrofilament actin filament, microfilament
Actinidiaceae/ Strahlengriffelgewächse Chinese gooseberry family, actinidia family
Adamantoblast adamantoblast, ameloblast, enamel cell
Adamsapfel/Prominentia laryngea Adam's apple, laryngeal prominence (largest cartilage of larynx)
Adaptation/Adaption/Anpassung adaptation
Adaptationsphase/Adaptionsphase/ Anlaufphase/Latenzphase/ Inkubationsphase/lag-Phase lag phase, latent phase, incubation phase, establishment phase
adaptiv/anpassungsfähig adaptive
adaptive Landschaft adaptive landscape, adaptive surface
adäquater Reiz adequate stimulus
additive genetische Varianz additive genetic variance
Adelphogamie/ Geschwisterbestäubung adelphogamy
Adelphotaxon/Schwestertaxon sister taxon
Adenin adenine
Adenohypophyse/ Hypophysenvorderlappen adenohypophysis, anterior lobe of pituitary gland
Adenosin adenosine
Adenosindiphosphat (ADP) adenosine diphosphate (ADP)
Adenosinmonophosphat (AMP) adenosine monophosphate
➢ **zyklisches/cyclisches/ cyklisches AMP (cyclo-AMP/cAMP)** cyclic adenosine monophosphate (cyclic AMP/cAMP)
Adenosintriphosphat (ATP) adenosine triphosphate
Adenovirus adenovirus
Adenylatcyclase/Adenylylcyclase adenylate cyclase
Adenylsäure (Adenylat) adenylic acid (adenylate)
Ader/Blutgefäß (Arterien und Venen) blood vessel (arteries and veins) *(siehe auch in veterinär-/human-medizinischen Wörterbüchern)*
➢ **Halsschlagader/Carotis** carotid artery
➢ **Körperschlagader, große = Aorta** aorta
➢ **Pfortader/Vena portae** portal vein
➢ **Schlagader/Arterie** artery
Ader/Nerv/Rippe (Insektenflügel) vein (*auch*: Blattader/Blattnerv/Blattrippe)
➢ **Antenodalquerader** antenodal cross-vein
➢ **Humeralquerader** humeral cross-vein
➢ **Interkalarader/Intercalarader** intercalary vein
➢ **Jugalader** jugal vein
➢ **Längsader** longitudinal vein
➢ **Querader** cross-vein
Äderchen (Insektenflügel) venule, venula
Adergeflecht/Plexus chorioidea choroid plexus
Aderhaut/Chorioidea/Choroidea choroid, chorioid
Aderlass/Phlebotomie/Venae sectio phlebotomy, venesection
Aderung/Nervatur/Nervation/ Venation venation
➢ **Bogenaderung/Bogennervatur** arched venation, arciform venation, arcuate venation (camptodrome)
➢ **Fächeraderung/Gabeladerung/ Gabelnervatur** dichotomous venation

➢ **Fiederaderung** pinnate venation
➢ **fingerförmige Aderung/ fingerförmige Nervatur** digitate venation
➢ **Längsaderung/Streifennervatur** longitudinal venation, striate venation
➢ **Netzaderung** reticulate venation, net venation, netted venation
➢ **Paralleladerung** parallel venation
➢ **Streifennervatur/Längsaderung** striate venation, longitudinal venation

Adhärenz/Adhäsion/Anheftung adherence, adhesion, attachment
Adhärenzfaktor adherence factor
Adhäsin/Adhesin adhesin
Adhäsion adhesion
Adiantaceae/Frauenhaarfarngewächse/Haarfarne adiantum family, maidenhair fern family
Adipinsäure (Adipat) adipic acid (adipate)
Adipozyt/Adipocyt/Fettzelle adipocyte, adipose cell, fat cell
Adjuvans (*pl* Adjuvantien) adjuvant
Adkrustierung/Akkrustierung (Kork) adcrustation, accrustation
Adlerfarngewächse/Hypolepidaceae bracken fern family, hypolepis family
adorales Membranellenband adoral zone membranelles
adossiert/rückseitig addorsed, addossed
Adoxaceae/Moschuskrautgewächse moschatel family
Adrenalin/Epinephrin adrenaline, epinephrine
adrenerg adrenergic
adsorbieren adsorb
Adsorption adsorption
Adstringens/adstringierender Stoff astringent, astringent agent, astringent substance
adstringent/zusammenziehend astringent, styptic
Adstringenz astringency
adult/erwachsen adult, grown-up
Adultinsekt/Vollinsekt/ Imago (*pl* Imagines) imago (*pl* imagoes/imagines)
Adultpflanze adult plant
Advektionskälte/Advektionsfrost advective chill, advective frost
Adventivspross/Adventivtrieb/ Zusatztrieb *bot* adventitious shoot
Adventivwurzel adventitious root
Aecidium aecium, aecidium, cluster cup
Aedeagus/Aedoeagus/Penis *entom* aedeagus, intromittent organ, penis
aerob (sauerstoffbedürftig) aerobic
Aeroplankton aeroplankton, aerial plankton
Aethalium/Aethalie (*pl* Aethalien)/ Sammelfruchtkörper aethalium
Äffchen/Tieraffen monkey(s)
Affen *sensu lato* monkeys and apes (*siehe auch*: Herrentiere/Primaten)
➢ **Altweltaffen/Schmalnasenaffen/ Catarrhina** old-world monkeys (*incl.* apes)
➢ **Halbaffen/Prosimii** lower primates, prosimians
➢ **Menschenaffen/Pongidae** great apes, pongids
➢ **Menschenartige/Hominoidea** apes, anthropoid apes
➢ **Neuweltaffen/Breitnasenaffen/ Platyrrhina** new-world monkeys (South American monkeys and marmosets)

affenartig/Affen (bes. Menschenaffen) betreffend simian
Affinade (Zucker) affinated sugar
Affination (Zucker-Filtration) affination
Affinität affinity
Affinitäts-Blotting affinity blotting
Affinitätschromatographie affinity chromatography
Affinitätskonstante affinity constant
Affinitätsmarkierung affinity labeling

Affinitätsreifung *immun*
affinity maturation
Affinitätsverteilung
affinity partitioning
After/Anus anus
Afterfeder/Nebenfeder/Hypopenna
afterfeather, accessory plume, hypoptile, hypoptilum
Afterfeld/Periprokt periproct
Afterflosse/Analflosse anal fin
Afterflügel/Nebenflügel/ Daumenfittich/Alula/Ala spuria (Federngruppe an 1. Finger)
alula, spurious wing, bastard wing
Afterfuß (letzter)/Nachschieber/ Postpes/Propodium anale (Raupen)
anal proleg, anal leg
Aftergriffel/Cercus (Schwanzanhang)
cercus, cercopod (clasping organs)
Afterklaue/Afterzehe
dewclaw, false foot, pseudoclaw
Afterkralle/Arolium (an Prätarsus)
arolium
Afterlappen/Afterschild/Pygidium (Telson der Arthropoden)
pygidium, caudal shield
Afterraife/Afterfühler/ Schwanzborsten/Cercus
cercus, cercopod
Afterraupe (Blattwespenlarven)
eruciform larva with more than 5 pairs of abdominal prolegs (Tenthredinidae)
Afterröhre/Afterhügel/Analtubus (Crinoide) anal cone, anal tube
Afterschaft/Hyporhachis (Feder)
aftershaft, hyporachis, hyporhachis (median shaft of hypopenna)
Afterskorpione/Pseudoskorpione/ Pseudoscorpiones/Chelonethi
pseudoscorpions, false scorpions
Afterzitze accessory teat
Agar agar
➢ **Blutagar** blood agar
Agardiffusionstest
agar diffusion test
Agarnährboden agar medium
Agarose agarose
Agarplatte agar plate
Agavengewächse/Agavaceae
agava family, century plant family

Agens (*pl* Agenzien) agent
➢ **interkalierendes Agens**
intercalating agent
➢ **quervernetzendes Agens**
cross linker, crosslinking agent
Aggregatgefüge (Boden)
aggregate structure
Aggression aggression
Aggressionshemmung/ Angriffshemmung
aggressive inhibition, attack inhibition
Aggressivität/Angriffslust
aggressiveness
Aglycon aglycone (or aglycon)
Agranulocyt/Agranulozyt/ agranulärer Leukozyt
agranulocyte, agranular leukocyte
Agrarlandschaft/Ackerlandschaft
agricultural landscape
Agrarökosystem/Agroökosystem
agroecosystem, agricultural ecosystem
Agroforstwirtschaft agroforestry
Agroinfektion agroinfection
Agroinokulation agroinoculation
Agronom/diplomierter Landwirt
agronomist
Ahne/Vorfahre
ancestor, forebear, progenitor
Ahnenforschung/ Familienforschung/ Stammbaumforschung/ Genealogie genealogy
Ahnentafel genealogical table
Ahnenreihe ancestral lineage
Ahorngewächse/Aceraceae
maple family
Ährchen spicule, spicula, spikelet
Ährchenachse (Grasblüte) rachilla
Ähre (Infloreszenz) spike, spica; (Fruchtstand) ear, head (of grain), spike (infructescence)
Ährenfischverwandte/ Hornhechtartige/Atheriniformes
silversides & skippers & flying fishes and others
Ährenfüllung/Kornfüllung *agr*
grain filling (poorly or well-filled)

AIDS (erworbenes Immunschwäche-syndrom/Immunmangel-Syndrom) acquired immune deficiency syndrome (AIDS)
Airliftreaktor/pneumatischer Reaktor (Mammutpumpenreaktor) airlift reactor, pneumatic reactor
Aizoaceae/Mittagsblumengewächse/ Eiskrautgewächse mesembryanthemum family, fig marigold family, carpetweed family
Akanthosom acanthosome
Akanthusgewächse/Acanthaceae acanthus family
Akarizid acaricide
Akinese/Totstellreflex (reflektorische Bewegungslosigkeit) akinesis
Akinet/Dauerzelle (unbeweglich) akinete, resting cell
Akklimatisierung/Akklimatisation acclimatization (climate/seasons), acclimation (artificial conditions)
akklimatisieren acclimatize (climate/seasons), acclimate (artificial conditions)
Akkommodation accommodation
Akkrustierung/Adkrustierung (Kork) adcrustation, accrustation
Akkumulierung/Ansammlung accumulation
akrokarp/gipfelfrüchtig acrocarpic, acrocarpous
akropetal/basifugal acropetal, basifugal
Akropetalie acropetal development
akroplast acroplastic
akroplastes Wachstum acroplastic growth
Akrosom/Acrosom acrosome
Akrotonie acrotony
akrozentrisches Chromosom acrocentric chromosome
Aktin/Actin actin
Aktinfilament/Actinfilament/ Mikrofilament actin filament, microfilament
Aktinkabel actin cable
aktinomorph actinomorphous, actinomorphic, star-shaped, radial
Aktionspotenzial/ Spitzenpotenzial/Impuls action potential, impulse, spike
Aktionsraum ***ecol*** home range
Aktivationshormon/ prothoracotropes Hormon prothoracicotropic hormone (PTTH), brain hormone
Aktivatorprotein activator protein
aktiver Transport active transport
aktives Zentrum/ katalytisches Zentrum active site, catalytic site
aktivierter Zustand activated state
Aktivierungenergie activation energy, energy of activation
Aktivierungsmarker activation tag
Aktivitätskurve activity curve
Aktivitätsschub/Burst ***neuro*** burst
Aktivkohle activated carbon
Akutphasenprotein acute phase protein
Akzeptor/Empfänger acceptor
Akzeptorstamm ***biochem*** **(Proteinsynthese)** acceptor stem
akzessorisch accessory
akzessorische Drüse/Anhangsdrüse accessory gland
akzessorisches Chromosom/ zusätzliches Chromosom accessory chromosome
akzessorisches Pigment accessory pigment
Alanin alanine
Alarmsignal/Warnsignal ***ethol*** alarm signal(ing)
Alarmstoff/Schreckstoff/ Alarm-Pheromon alarm substance, alarm pheromone
Alarzelle/Blattflügelzelle (Laubmoose) alar cell
Albedo/Rückstrahlung albedo, reflective power
Albumin albumin
Älchen (Nematoden) nematode parasite on plants
Aldehyd/Acetaldehyd aldehyde, acetic aldehyde, acetaldehyde
Aldosteron aldosterone

Aleuronschicht aleurone layer
Alge alga (*pl* algae/algas)
➢ **Armleuchteralgen/Armleuchtergewächse/Charophyceae/Charophyta (Characeae)** stoneworts, stonewort family
➢ **Blaualgen/Cyanophyceae/Cyanobakterien** bluegreen algae, cyanobacteria
➢ **Braunalgen/Phaeophyceae** brown algae, phaeophytes
➢ **Florideen/Florideophyceae (Rotalgen)** floridean algas, florideans
➢ **Gelbgrünalgen/Xanthophyten/Xanthophyta** yellow-green algae
➢ **Goldalgen/Chrysophyceen/Chrysophyceae** golden algae, golden-brown algae
➢ **Grünalgen/Chlorophyceae/Isokontae** green algae
➢ **Jochalgen/Conjugaten/Conjugatae/Acontae/Zygnematophyceae (Conjugatophyceae)** zygnematophycean algas
➢ **Rotalgen/Rhodophyceae (Floridaceae)** red algae
➢ **Zieralgen/Desmidiaceae** desmids
Algenbekämpfungsmittel/Algizid algicide
Algenblüte algal bloom
Algenfarngewächse/Azollaceae duckweed fern family, mosquito fern family
Algenhaftorgan/Algenhaftscheibe/Rhizoid holdfast
Algenkunde phycology
Algenpilze/niedere Pilze/Phycomycetes algal fungi, lower fungi
Algenspreite/Phylloid lamina, phyllid
Algenstiel/Kauloid/Cauloid stipe, caulid
Algenteppich/Algenmatte algal mat
Alginsäure (Alginat) alginic acid (alginate)
aliphatisch aliphatic
aliquoter Teil aliquot (fraction/portion)
Alismataceae/Froschlöffelgewächse water-plantain family, arrowhead family
alizyklisch alicyclic
Alkali-Blotting alkali blotting
alkalisch/basisch alkaline, basic
Alkaloide alkaloids
Alkalose alkalosis
Alkaptonurie alkaptonuria
Alken/Alcidae (Charadiformes) auks
Alkohole alcohols
➢ **Ethanol** ethanol, ethyl alcohol, “alcohol”
➢ **Methanol** methanol, methyl alcohol
Alkoholreihe/aufsteigende Äthanolreihe graded ethanol series
Allantoin allantoin
Allantoinsäure allantoic acid
Allantois/Harnsack/Harnhaut ***embr*** allantois
Allantoisplazenta allantoic placenta
Allel allele
➢ **multiple Allele** multiple alleles
➢ **Nullallel** null allele
➢ **Wildallel** wild-type allele
Allelausschluss/allele Exclusion/allele Exklusion allelic exclusion
Allelen-Austauschtechnik genetic replacement, gene disruption, gene replacement, gene targeting, gene transplacement, targeted homologous recombination
Allelenfrequenz/Allelenhäufigkeit allele frequency
Allelopathie allelopathy
Allelzentrum center of genetic diversity
Allensche Regel/Proportionsregel Allen’s law, Allen’s rule, proportion rule
allergen ***adj/adv*** allergenic
Allergen ***n*** allergen

Allergie/Überempfindlichkeitsreaktion allergy
➢ **Soforttyp/anaphylaktischer Typ** immediate-type hypersensitivity reaction (ITH)
➢ **Spättyp/verzögerter Typ** delayed-type hypersensitivity reaction (DTH)
allergisch allergic
Alles-oder-Nichts-Antwort/Alles-oder-Nichts-Reaktion all-or-none response
allesfressend/omnivor omnivorous
➢ **polyphag (begrenzte Nahrungsauswahl)** polyphagous, polyphagic
Allesfresser/Omnivore omnivore
allgemeine Erblichkeit (H^2) broad heritability
Allheilmittel/Universalmittel/Wundermittel/Panazee panacea
Alliaceae/Zwiebelgewächse/Lauchgewächse onion family
Allianz/Verband/Assoziationsgruppe alliance
Alloantigen alloantigen
Allogamie/Fremdbefruchtung allogamy, xenogamy, cross-fertilization
Allogrooming/Fremdputzen (des Fells bei Säugern) allogrooming
Allometrie allometry
allopatrisch (in getrennten Arealen) allopatric ("other country")
allopolyploid/amphidiploid allopolyploid/amphidiploid
allosterische Transition/allosterischer Übergang allosteric transition
allosterische Wechselwirkung/Interaktion allosteric interaction
Allotransplantat/Homotransplantat allograft (allogeneic graft), homograft, syngraft
Allotyp/Allotypus allotype
alpin/Hochgebirgs... alpine
Altbestand (Wald) old-growth (forest), mature forest
Alter age
altern *vb* age, become old, senesce
Altern/Alterung/Seneszenz ageing, aging, senescence
Alternanz/Alternation/Abwechslung alternation
Alternanzregel alternation rule
alternatives Spleißen alternative splicing
alternd/alt werdend ageing, aging, becoming old, senescent
alternieren/wechseln/abwechseln zwischen zweien alternate
alternierend/abwechselnd alternate
alternierende Verteilung/Disjunktion (von Chromosomen) alternate disjunction (of chromosomes)
Altersaufbau/Altersstruktur/Ätilität (Population) age structure
Altersklasse age class
Alterspyramide age pyramid
➢ **umgekehrte Alterspyramide** inverted age pyramid
Altersstruktur/Altersaufbau/Ätilität (Population) age structure
Altersstufe stage of life
Altersverteilung age distribution
Alterszusammensetzung age composition
Alterung/Altern/Seneszenz ageing, aging, senescence
Alterungsmutante ageing mutant, aging mutant
Altfische/Chondrostei primitive ray-finned bony fishes
Althirn/Paläoencephalon/Paleencephalon paleoencephalon, paleencephalon
Althirnrinde/Archicortex/Palaeocortex paleocortex
Altlauf/Altwasser backwater, dead channel, slew

Altlungenschnecken/ Archaeopulmonata archeopulmonates
Altruismus/ Selbstlosigkeit/Selbstaufopferung/ Uneigennützigkeit/Gemeinnutz altruism, self-sacrifice
Altschnecken/Schildkiemer/ Archaeogastropoda/Diotocardia limpets and allies, archeogastropods
Altwassersee/Altarm (abgeschnittene Flussschleife) oxbow lake
„Altweibersommer" (Spinnengewebe) gossamer (film of cobwebs floating in air)
Altweltaffen/Schmalnasenaffen/ Catarrhina old-world monkeys (*incl.* apes)
Alula (Insekten: Flügellappen) alula (insects wing: small lobe)
Alula/Daumenfittich/Afterflügel/ Nebenflügel/Ala spuria (Federngruppe an 1. Finger) alula, spurious wing, bastard wing
Aluminium (Al) aluminum
alveolär alveolar
Alveole(n) alveolus (*pl* alveoli)
amakrine Zelle amacrine cell
Amarantgewächse/ Fuchsschwanzgewächse/ Amaranthaceae amaranth family, cockscomb family, pigweed family
Amaryllisgewächse/Narzissen-gewächse/Amaryllidaceae daffodil family, amaryllis family
Amboss/Incus (Ohr) anvil (bone), incus
Ambrosiazelle (Pilzzelle) ambrosia cell
Ambulakralfurche ambulacral groove
Ambulakralfüßchen/Saugfüßchen ambulacral foot, tube foot, podium
Ambulakralplatte ambulacral plate
Ambulakralring/ Ringkanal/Radiärkanal ring canal, radial canal
Ambulakralsystem/ Wassergefäßsystem ambulacral system, water-vascular system
Ambulanz (Notfallzentrale) outpatient department, emergency room
➤ **Krankenwagen** ambulance
Ameisen/Formicidae ants
➤ **Dinergat/Soldat** dinergate, soldier
➤ **Ergat/Arbeiterin** ergate, worker
➤ **Gamergat** gamergate (fertilized, ovipositing worker)
➤ **Makraner (große ♂ Ameise)** macraner (large-size ♂ ant)
➤ **Makroergat** macrergate
➤ **Makrogyne (große Ameisenkönigin)** macrogyne (large ♀ ant/queen)
➤ **Mikraner (kleine ♂ Ameise)** micraner (dwarf ♂ ant)
➤ **Mikrergat/Zwergarbeiterin** micrergate, microergate, dwarf worker
➤ **Mikrogyne (kleine ♀ Ameise)** microgyne (dwarf ♀ ant)
➤ **Pterergat (Arbeiterin mit Stummelflügeln)** pterergate (with rudiments of wings)
Ameisenausbreitung myrmecochory, ant-dispersal
Ameisenbären/Vermilingua (Xenarthra) ant eaters
Ameisenhaufen anthill, mound
Ameisenjungfer antlion (adult)
Ameisenlöwe (Larve der Ameisenjungfer) doodlebug (antlion larva)
Ameisensäure (Format) formic acid (formate)
Ameisenspinnen ant-mimicking spiders
Amensalismus amensalism
Ames-Test Ames test
Amid amide
Amidierung amidation

amiktisch amictic
Amin amine
Aminierung amination
Aminoacyl-Stelle (A-Stelle) aminoacyl site (A-site)
Aminoacyl-tRNA-Synthetase aminoacyl-tRNA synthetase
Aminoacylierung aminoacylation
γ-Aminobuttersäure (GABA) gamma-aminobutyric acid
Aminosäure amino acid
Aminozucker amino sugar
Amme caretaker, nurse (e.g., asexual individual in social insects)
Ammenaufzucht foster raising
Ammenbiene (Arbeitsbiene/Arbeiterin) nurse bee (worker bee)
Ammenhaiartige/Teppichhaiartige/ Orecolobiformes carpet sharks, carpetsharks
Ammenveredelung/Anhängen/ Vorspann geben *hort* inarching
Ammoniak ammonia
ammoniotelisch/ammonotelisch ammoniotelic, ammonotelic
Ammoniten/Ammonoidea ammonites
ammonitische Lobenlinien ammonitic suture lines
Ammonshorn/Pes hippocampi Ammon's horn, anterior hippocampus
Amnion/innere Keimhülle amnion, "bag of waters"
➤ **Faltamnion/Pleuramnion** pleuramnion
➤ **Spaltamnion/Schizamnion** schizamnion
Amnionfalte amniotic fold
Amnionflüssigkeit/Fruchtwasser amniotic fluid
Amnionhöhle amniotic cavity
amniotischer Strang/ Simonart-Band amniotic band
Amniozentese/Amnionpunktion/ Fruchtwasserpunktion amniocentesis
Amöben/ Wechseltierchen/Wurzeltierchen/ Rhizopoden/Amoebozoa amebas, amoebas
➤ **beschalte Amöben/ Thekamöben/Testacea** testate amebas
➤ **nackte Amöben/Gymnamoebia** naked amebas
Amöbenruhr/Amöbiasis (*Entamoeba histolytica*) amebic dysentery, amebiasis
amöboid ameboid
Amöbozyt/Amöbocyt amebocyte
amorph amorphous
AMP (Adenosinmonophosphat) AMP (adenosine monophosphate)
➤ **Cyclo-AMP/Zyklo-AMP/ zyklisches AMP (cAMP)** cyclic AMP (cAMP)
Amphiarthrose amphiarthrosis
Amphibien amphibians
➤ **Blindwühlen/ Gymnophiona/Caecilia/Apoda** gymnophionas (caecilians)
➤ **Froschlurche (Frösche und Kröten)/ Salientia/Anura** anurans (frogs and toads)
➤ **Schwanzlurche/Urodela/Caudata (Salamander und Molche)** urodeles, caudates (salamanders & newts)
amphibisch amphibian, amphibious
amphibol amphibolic
amphiboler Stoffwechselweg amphibolic pathway, central metabolic pathway
amphicöl/amphicoel amphicelous
amphicribrales Bündel amphicribral (vascular) bundle
Amphid (Nematoden) amphid
amphidiploid/allopolyploid amphidiploid, allopolyploid
amphidrom amphidromous
Amphiesmalbläschen/ Amphiesmalvesikel amphiesmal vesicle
Amphigastrium/Bauchblatt („Unterblatt") amphigastrium, ventral leaf, underleaf

Amphikarpie (verschiedenförmige Früchte) ***bot*** amphicarpy
amphiphil amphiphilic
Amphitokie amphitoky, amphitokous parthenogenesis
amphitrich amphitrichous
amphivasales Bündel amphivasal bundle
amphoter/amphoterisch amphoteric
amphotrop/amphotropisch ***vir*** amphotropic
Amplifikation/ Vervielfältigung/Vermehrung amplification
amplifizieren amplify
amplifiziertes Gen amplified gene
Amplimer amplimer
Ampullardrüse ampullary gland (of deferent duct)
Ampulle ampoule, ampulla
➢ **Blase (*Utricularia*)** ampulla, bladder
➢ **Schlund/Geißelsäckchen (*Euglena*)** reservoir
Ampullenorgan ***ichth*** **(Elektrorezeptor)** ampullary organ
Amylopektin amylopectin
Anabiose/latentes Leben anabiosis, suspended animation
anabol anabolic (synthetic reactions)
Anacardiaceae/Sumachgewächse sumac family, cashew family
anadrom anadromous
anaerob anaerobic
Anaerobiose/Anerobiose/Anoxibiose anerobiosis, anoxybiosis
Anagenese anagenesis
Analbeutel/Sinus paranalis anal sac, paranal sinus
Analdreieck/Dreieck/Triangulum triangle
Analdrüse (Hai/Säuger) anal gland, rectal gland
Analfächer ***entom*** anal fan
Analfalte/Plica analis/Plica vannalis anal fold, vannal fold, anal/vannal fold-line
Analfeld/Vannus ***entom*** anal field, anal area, vannal area, vannus
Analfurche/Gesäßspalte/Rima ani anal cleft
Analgrube/Analgrübchen ***embr*** anal pit
Analhügel ***arach*** anal tubercle, anal papilla
analog/funktionsgleich analogous
Analogie analogy
analogisieren analogize
Analogon (*pl* Analoga) analog, analogue
Analplatte ***embr*** anal plate
Analrand anal margin
Analschild/Pygidium (Käfer) caudal shield, pygidium
Analschleife (Libellen) anal loop
Analysator analyzer
Analyse analysis (***pl*** analyses)
analysenrein/zur Analyse ***lab*** reagent grade
Analysenwaage analytical balance
analysieren analyze
analytisch analytic(al)
Analzelle ***entom*** anal cell
Anamorphose anamorphosis
Ananasgalle pineapple gall
Ananasgewächse/ Bromelien/Bromeliaceae pineapple family, bromeliads, bromelia family
Anaphylaxe anaphylaxis
anaplerotische Reaktion/ Auffüllungsreaktion anaplerotic reaction
Anapophyse anapophysis
Anatomie (Morphologie der inneren Gestalt) anatomy
anatomisch anatomic(al)
anatrop anatropous
Anbau ***agr*** cultivation, cropping
Anbaueignung cultivability
anbauen cultivate, till, crop, grow
anbaufähiger Boden arable land, tillable land
Anbaufähigkeit/Garezustand tilth

Anbaumethode/Anbauverfahren cropping method/ technique/procedure
Anbaurotation/Fruchtwechsel crop rotation
Ancestrula ancestrula
Andockprotein/Docking-Protein docking protein
androgen androgenic
Androgen androgen
Androgenese androgenesis
Androgynophor androgynophore, gynandrophore
Androkonie/ Duftschuppe/Duftfeld androconium (*pl* androconia), scent scale(s)
Androsteron androsterone
Anellus anellus
Anemophilie/Windbestäubung anemophily, wind pollination
Anerobiose/Anaerobiose/ Anoxibiose anerobiosis, anoxybiosis
aneuploid aneuploid
Aneuploidie aneuploidy
anfällig sein susceptible
Anfälligkeit (Empfindlichkeit) susceptibility; (Veranlagung/Disposition) disposition
Anfangsgeschwindigkeit (v_0: Enzymkinetik) initial velocity (vector), initial rate
anfärbbar dyeable, stainable
Anfärbbarkeit dyeability, stainability
anfärben dye, stain
Anfärbung dyeing, staining
angeboren/ererbt/ kongenital/konnatal innate, inborn, congenital, connate
angeborener auslösender Mechanismus (AAM) ***ethol*** innate releasing mechanism (IRM)
angeborener Fehler/Erbleiden inborn error
Angebot offer, offering
➤ **Futterangebot/ Nahrungsmittelangebot** feed supply, nutrient supply
Angehöriger (einer Gruppe/Tierart) member; (Verwandter) relative
Angel ***ichth*** fishing pole
Angelfaden/Wurffaden (Spinnfaden) casting line, "fishing line"
Angelhaken hook
Angelköder bait
angeln/fischen fish
Angelstück/Cardo (*pl* Cardines) cardo (basal segment of maxilla)
angepasst/adaptiert adapted
angepasst/beeinflusst ***ethol*** conditioned
angeregt excited
angeregter Zustand/erregter Zustand excited state
angewachsen/verwachsen (der Länge nach) adnate
angewandt applied
angewandte Botanik applied botany
angewandte Zoologie applied zoology
angiokarp angiocarpic, angiocarpous
Anglerfische/ Armflosser/Lophiiformes anglerfishes
angrenzend/anliegend/anstoßend contiguous, adjoining, boardering
angrenzend/benachbart adjacent
Angriff/Attacke attack
➤ **Gegenangriff/Gegenattacke** counterattack
Angriffs-Mimikry/ Peckhammsche Mimikry aggressive mimicry, Peckhammian mimicry
Angriffshemmung/ Aggressionshemmung attack inhibition, aggressive inhibition
Angriffswinkel angle of attack
anhaltende Infektion/ persistente Infektion persisting infection
Anhang appendage
Anhängen/Vorspann geben/ Ammenveredelung ***hort*** inarching
Anhangsdrüse/akzessorische Drüse accessory gland

Anhängsel/Anhangsgebilde appendage, appendix
anhäufeln (Pflanzen) to ridge up
Anhäufung/Akkumulation accumulation
Anheftung/Adhärenz/Adhäsion adherence, adhesion
Anheftung/Befestigung attachment, affixment
Anheftungsorgan (Bryozoen) adhesive sac, metasomal sac, internal sac
animaler Pol animal pole
animalisch/tierisch ***adj*** **(z.B. tierisches Fett)** animal (e.g., animal fat)
Anionenaustauscher anion exchanger
Anisaldehyd anisic aldehyde, anisaldehyde
Anisogamie anisogamy
Anisophyllie/Heterophyllie/ Verschiedenblättrigkeit/ Ungleichblättrigkeit anisophylly, heterophylly
Ankerwurzel anchorage root, adhesion root
Ankylose ankylosis
Anlage/Keim/Ansatz/Primordium "anlage", precursor, preformation, early form, primordium
Anlage/öffentliche Grünanlage/Park public gardens, public park
Anlagenplan/Anlagenkarte ***embr*** fate map
Anlagerung/Apposition adsorption, apposition
Anlandung ***ecol*** aggradation
Anlaufphase/Latenzphase/ Inkubationsphase/ Verzögerungsphase/ Adaptationsphase/lag-Phase lag phase, latent phase, incubation phase, establishment phase
anliegend (entlang anderem Gegenstand) accumbent (along/against other body)
anlocken/locken lure, attract
Anlockung luring, attraction
Anmoor early bog, half-bog
anmooriger Boden half-bog soil
annähern/näherkommen/ sich annähern/erreichen (z.B. einen Wert) approach (e.g., a value)
Annattogewächse/Bixaceae annatto family, bixa family
Annealing/Doppelstrangbildung/ Reannealing/Renaturierung/ Reassoziation (DNA) reassociation, annealing, reannealing, renaturation, reassociation
Anneliden/Ringelwürmer/ Gliederwürmer annelids, segmented worms
➢ **Gürtelwürmer/Clitellaten** clitellates (oligochetes & hirudineans)
➢ **Vielborster/Borstenwürmer/ Polychaeten** bristle worms, polychaetes, polychetes, polychete worms
➢ **Wenigborster/ Oligochaeten/Oligochaeten** oligochetes
Annonaceae/Rahmapfelgewächse/ Schuppenapfelgewächse custard apple family, cherimoya family
Annuelle/Einjährige/Therophyt annual (plant), therophyte
annulierte Lamellen annulate lamellae/lamellas
Annulus/Anulus annulus
Annulus inferus/Ring/Kragen (Rest des Velum partiale) inferior annulus, ring
Annulus superus/ Manschette/Armilla superior annulus, manchette, armilla
Anogenitalkontrolle anogenital control
Anogenitalmassage anogenital licking
anomal/unregelmäßig/irregulär anomalous, irregular
Anomalie/Unregelmäßigkeit anomaly, irregularity
Anordnung (Position) arrangement
anorganisch inorganic
anorganische Chemie/„Anorganik" inorganic chemistry

Anoxie anoxia
anoxisch anoxic
anpassen/akklimatisieren adapt, adjust to, acclimate, acclimatize
Anpassung/Adaptation adaptation, acclimation, acclimatization
anpassungsfähig/adaptiv adaptive
Anpassungsfähigkeit/Adaptabilität adaptability
Anpassungsgipfel adaptive peak
Anpassungswert/ Selektionswert adaptive value, selective value
anpflanzen plant, cultivate, grow
Anpflanzung/Pflanzung/Plantage plantation
anpflocken stake
Anplatten *hort* side grafting
➢ **seitliches Anplatten** side-veneer grafting, veneer side grafting, spliced side grafting
➢ **seitliches Anplatten mit Gegenzunge** side-tongue grafting
➢ **seitliches Anplatten mit langer Gegenzunge** flap grafting
anregen stimulate, excite
Anregung stimulation, excitation
anreichern enrich; fortify
Anreicherung enrichment
Anreicherung durch Filter filter enrichment
Anreicherungskultur enrichment culture
Ansatz (Versuchsansatz/Versuchsaufbau) arrangement, set-up
➢ **Charge** batch
➢ **Methode** approach, method
➢ **Präparat** starting material, preparation
➢ **Versuch** attempt
Ansatzstelle/Anheftungsstelle attachment site
Ansatzstück *lab* attachment, extension (piece)
ansäuern acidify
Anschäften *hort* splice grafting, whip grafting (with stock larger than scion)
ansetzen (z.B. eine Lösung) start, prepare, mix, make, set up
anspruchslos undemanding, modest, having low requirements/demands
anspruchsvoll demanding, having high requirements/demands
anstecken/infizieren infect
ansteckend/ ansteckungsfähig/infektiös contagious, infectious
ansteckende Krankheit/ infektiöse Krankheit contagious disease, infectious disease
Ansteckleuchte *micros* substage illuminator
Ansteckung/Infektion contagion, infection
Ansteckungsfähigkeit/ Infektionsvermögen infectivity
Ansteckungsherd/ Ansteckungsquelle source of infection
Ansteckungskraft/Virulenz virulence
Anstellwinkel angle of attack
Antagonismus antagonism
Anteil/Hälfte/Teil moiety
Antennalorgan antennal organ
Antenne/Fühler antenna, feeler (Antennentypen *siehe unter:* Fühler)
➢ **Geißelantenne/Ringelantenne/ amyocerate Antenne** amyocerate antenna
➢ **Gliederantenne/ myocerate Antenne** myocerate antenna
Antennendrüse/ Antennennephridium/ grüne Drüse antennal gland, antennary gland, green gland
Antennengrube/Fühlergrube antennal furrow/pit
Antennenkomplex (von Chlorophyllmolekülen) antenna complex (of chlorophyll molecules)

Antennennaht/Antennalnaht/ Fühlerringnaht
antennal suture
Antennenpigment
antenna pigment
Antennenschuppe/Scaphocerit
antennal scale, scaphocerite
Antennensegment/Fühlersegment/ Antennomer
antennal segment, antennomer
Antennenträger/Antennifer
antennifer, socket of antenna
Antennentypen ***siehe*** Fühler
Antennula (1.Antenne: Crustaceen)
antennule
Antenodalquerader
antenodal cross vein
Anthere/Staubbeutel anther
➢ **basifix** basifixed
➢ **dithecisch (zweifächerig)**
dithecal (double-chambered), tetrasporangiate
➢ **dorsifix** dorsifixed
➢ **extrors/außenwendig** extrorse
➢ **Fach/Lokulament/ Loculament/Loculus/ Kompartiment**
locule, loculus, compartment
➢ **Faserschicht** fibrous layer
➢ **introrsl/innenwendig** introrse
➢ **Konnektiv/Mittelband**
connective
➢ **monothecisch (einfächerig)**
monothecal (single-chambered), bisporangiate
➢ **Schwundschicht**
disappearing layer
➢ **Stomium (*pl* Stomien)**
stomium (*pl* stomia)
➢ **Tapetum** tapetum
➢➢ **invasives T./amöboides Tapetum**
invasive tapetum, ameboid tapetum
➢➢ **parietales T./Sekretionstapetum**
parietal tapetum, secretory tapetum, glandular tapetum
➢➢ **Periplasmodialtapetum**
plasmodial tapetum
➢ **Theka/Theca (*pl* Theken/Thecen)/ Antherenhälfte**
theca (*pl* thecae/thecas)

Antheridium antheridium
Antheridiumzelle/generative Zelle (Cycadeenpollen)
antheridial/generative cell
Anthese/Blütezeit/Floreszenz
anthesis, flowering period, florescence
Anthocarp/Anthokarp anthocarp
Anthocladium anthoclade
Anthraknose/Brennfleckenkrankheit
anthracnose
Anthranilsäure anthranilic acid, 2-aminobenzoic acid
Anthrazen anthracene
anthropogen anthropogenic
Anthropologie anthropology
Anti-Müller-Hormon (AMH)
Mullerian inhibiting hormone (MIH)
Antibiose/Widersachertum
antibiosis
Antibiotikum (*pl* Antibiotika)
antibiotic (*pl* antibiotics)
➢ **Breitbandantibiotikum/ Breitspektrumantibiotikum**
broad-spectrum antibiotic
➢ **Resistenz gegen Antibiotika**
antibiotic resistance
➢ **Schmalbandantibiotikum/ Schmalspektrumantibiotikum**
narrow-spectrum antibiotic
anticodierender Strang/ Nicht-Sinnstrang
anticoding strand, antisense strand
Anticodon anticodon
antidiuretisches Hormon (ADH)/ Adiuretin/Vasopressin
antidiuretic hormone, vasopressin
antidrom antidromic
antigen *adv/adj* antigenic
Antigen *n* antigen
➢ **Differenzierungsantigen**
differentiation antigen
➢ **gruppenspezifisches Antigen**
group-specific antigen (gag)
➢ **kreuzreagierendes Antigen**
cross-reacting antigen
➢ **prozessiertes Antigen/ weiterverarbeitetes Antigen**
processed antigen
➢ **typenspezifisches Antigen**
type-specific antigen

Antigen-Processing/ Antigenweiterverarbeitung antigen processing
Antigenbindungsstelle/ Antigenbindestelle/Paratop antigen combining site, antigen binding site, paratope
Antigendeterminante/Epitop antigenic determinant, epitope
Antigendrift antigen drift; antigenic drift
antigene Determinante/Epitop antigenic determinant, epitope
antigene Variation antigenic variation
Antigenität antigenicity
Antigenpräsentation antigen presentation
antigenpräsentierende Zelle antigen-presenting cell (APC)
➤ **professionelle a. Zelle** professional antigen-presenting cell
Antigenrezeptor antigen receptor
Antigenshift antigen(ic) shift
Antigenvarianz antigenic variance
Antigenvariation antigen variation
Antigenweiterverarbeitung/ Antigen-Processing antigen processing
Antikörper antibody
➤ **Autoantikörper** autoantibody
➤ **bispezifischer Antikörper** bispecific antibody, hybrid antibody
➤ **katalytischer Antikörper** catalytic antibody
➤ **monoklonaler A. (mAk)** monoclonal antibody (mAb or moAb)
➤ **polyklonaler Antikörper** polyclonal antibody
Antimetabolit antimetabolite
Antimon (Sb) antimony
antiparallel antiparallel
antiphlogistisch/ entzündungshemmend antiphlogistic, anti-inflammatory
Antipode antipode, antipodal cell
Antiport antiport
Antischaummittel/Entschäumer antifoam
Antisense-Oligonucleotid/ Anti-Sinn-Oligonucleotid/ Gegensinn-Oligonucleotid antisense oligonucleotide
Antisense-RNA/ Anti-Sinn-RNA/Gegensinn-RNA antisense RNA
Antisense-Technik/ Anti-Sinn-Technik/ Gegensinntechnik ***gen*** antisense technique
Antiserum antiserum
Antiterminationsprotein/ Antiterminator ***gen*** antitermination protein
Antizipation anticipation, antedating
Antrieb/Trieb drive; (Voranbringen: Fortbewegung) propulsion
Antriebskraft/Triebkraft propulsive force
Antriebspotenzial driving potential
Antwort (auf Reiz) response
➤ **Immunantwort** immune response
antworten answer; respond
anwachsen/anwurzeln/bewurzeln take root
Anzeige (Gerät) display
anzeigen display, show
Anzeiger/Indikator indicator
Anzeigerpflanze/Indikatorpflanze indicator plant
Anzieher/Adduktor/Adductor (Muskel) adductor muscle
Anzucht (*einer Kultur*) starting
➤ **Samenanzucht** seed starting
anzüchten (*einer Kultur*) establish, start (a culture)
Anzuchtmedium starter medium (growth medium)
Anzüchtung (*einer Kultur*) establishing growth, starting growth

anzünden
ignite, strike, start a fire
Anzünder (Gas) striker
äolisch ***geol*** aeolian
Äon ***m*** **(*****pl*** **Äonen)/Weltalter (größte geochronologische Einheit)** eon
➢ **Archaikum (Altpräkambrium/ frühes Präcambrium)**
Archean Eon, Archeozoic Eon, Archeozoic (early Precambrian)
➢ **Phanerozoikum**
Phanerozoic Eon, Phanerozoic
➢ **Proterozoikum (Jungpräkambrium/ spätes Präcambrium/Eozoikum)**
Proterozoic Eon, Proterozoic (late Precambrian)
Aorta/große Körperschlagader
aorta
Aortenbogen aortic arch
Aortenklappe aortic valve
Aortenkörper/ Zuckerkandl-Organ
aortic body, Zuckerkandl's body
AP-Stelle (purin- oder pyrimidinlose Stelle) ***gen*** AP site
(apurinic or apyrimidinic site)
Apertur (Blende)/Öffnung/Mündung
aperture, opening, orifice
Aperturblende/Kondensorblende (Irisblende)
condensor diaphragm
(iris diaphragm)
apetal apetalous
Apfelfrucht/Pomum
pome, core-fruit
Äpfelsäure (Malat)
malic acid (malate)
Apfelschimmel (Pferd)
dapple-gray horse
aphotisch aphotic
Aphrodisiakum (***pl*** **Aphrodisiaka)**
aphrodisiac
Aphyllophorales gymnocarps
(coral fungi & pore fungi and allies)
Apiaceae/Umbelliferae/Umbelliferen/ Doldenblütler/Doldengewächse
carrot family, parsley family, umbellifer family
Apikalkomplex (Apicomplexa)
apical complex
Aplacophoren/Wurmmollusken/ Wurmmolluscen/Aplacophora
aplacophorans
Apnoe apnea
apochlamydeisch apochlamydeous
Apocynaceae/Hundsgiftgewächse/ Immergrüngewächse
periwinkle family, dogbane family
Apoenzym apoenzyme
apokarp/chorikarp apocarpous
apokrine Drüse apocrine gland
Apomorphie apomorphy
apomorph apomorphic
Aponogetonaceae/ Wasserährengewächse
cape-pondweed family, water hawthorn family
apopetal apopetalous
Apoptose/programmierter Zelltod
apoptosis, programmed cell death
Apopyle apopyle
Appendicularien/Appendicularia/ Larvacea/geschwänzte Schwimm-Manteltiere
appendicularians
Appetenz appetence, appetency
(fixed/strong desire)
➢ **bedingte Appetenz**
conditioned appetence
Appetenzverhalten
appetitive behavior
Apportiervektor eviction vector
Appositionsauge apposition eye
Appressorium/ Haftscheibe/Haftorgan ***allg***
appressorium, holdfast
apyren (Spermien) apyrene
Aquakultur aquaculture
Aquarium aquarium, fishtank
Äquatorialfurchung
equatorial cleavage
Äquatorialteilung equatorial division
Äquidistanz equidistance
Aquifoliaceae/ Stechpalmengewächse
holly family
Äquität/Äquitabilität ***ecol***
evenness, equitability
Äquivalenzzone (Ausfällung unlöslicher Immunkomplexe)
zone of equivalence

Ära (*pl* Ären)/Zeitalter (erdgeschichtliches Zeitalter) (*siehe auch:* Äon/Epoche/Periode) era (*pl* eras), age, geological era, geological age
➢ **Eophytikum** Eophytic Era
➢ **Erdaltertum/Paläozoikum** Paleozoic, Paleozoic Era
➢ **Erdmittelalter/Mesozoikum** Mesozoic, Mesozoic Era
➢ **Erdneuzeit/Neozoikum/ Känozoikum/Kaenozoikum** Neozoic, Neozoic Era, Cenozoic, Cenozoic Era (Cainozoic Era/Caenozoic Era)
➢ **Känozoikum/Kaenozoikum/ Erdneuzeit/Neozoikum** Cenozoic, Cenozoic Era, Neozoic Era (Cainozoic Era/Caenozoic Era)
➢ **Mesophytikum** Mesophytic Era
➢ **Mesozoikum/Erdmittelalter** Mesozoic, Mesozoic Era
➢ **Neozoikum/Erdneuzeit/ Känozoikum/Kaenozoikum** Neozoic, Neozoic Era, Cenozoic, Cenozoic Era (Cainozoic Era/Caenozoic Era)
➢ **Paläophytikum/Florenaltertum** Paleophytic Era
➢ **Paläozoikum/Erdaltertum** Paleozoic, Paleozoic Era
➢ **Präkambrium/Präcambrium** Precambrian, Precambrian Era

Araceae/Aronstabgewächse Arum family, calla family, aroid family

Arachidonsäure arachidonic acid, icosatetraenoic acid

Arachinsäure/Arachidinsäure/ Eicosansäure arachic acid, arachidic acid, icosanic acid

Araliaceae/Efeugewächse/ Araliengewächse ivy family, ginseng family

Aräometer areometer (hydrometer)

Ärathem (geochronologisch) ***geol*** era

Araukariengewächse/ Schmucktannengewächse/ Araucariaceae araucaria family, monkey-puzzle tree family

Arbeiter worker

Arbeiterin/Ergat (Ameisen) worker, ergate
➢ **Dinergat/Soldat** dinergate, soldier
➢ **Gamergat** gamergate (fertilized, ovipositing worker)
➢ **Makroergat** macrergate
➢ **Mikrergat/Zwergarbeiterin** micrergate, microergate, dwarf worker
➢ **Pterergat (Arbeiterin mit Stummelflügeln)** pterergate (with rudiments of wings)

Arbeitsbiene/Arbeiterin worker bee

Arbeitsmethode work procedure

Arbeitsplatz workplace

Arbeitsplatzhygiene occupational hygiene

Arbeitsplatzkonzentration, zulässige permissible workplace exposure

Arbeitsplatzsicherheit ***lab*** occupational safety, workplace safety

Arbeitsschutz workplace protection, safety provisions (for workers)

Arbeitsschutzkleidung workers' protective clothing

Arbeitsstoffwechsel/ Leistungsstoffwechsel active metabolism

Arbeitsumsatz/Leistungsumsatz active metabolic rate

Arboretum arboretum

arborikol arboricole, arboricolous

Archaebakterien/Archaea archaebacteria, archaea (*sg* archaeon)

Archaikum (erdgeschichtliche Zeit) Archean Eon, Archean, Archeozoic Eon (early Precambrian)

Archäozyt/Archäocyt/ Archaeozyt/Archaeocyt archaeocyte, archeocyte

Archegonium archegonium

Archenmuscheln/Arcidae arks

Archespor archespore, sporoblast

Archicöl/Archicoel (Blastocöl/Bastocoel) archicoel, archicele (blastocoel/blastocele)

Archipterygium (Urflosse)
archipterygial fin
➢ **Metapterygium** metapterygial fin
Areal/Verbreitungsgebiet
area of distribution, geographic range
Arealkarte/Verbreitungskarte
range chart, range map, distribution map
Arealkunde/Chorologie/ Verbreitungslehre
chorology, biogeography
Arecaceae/Palmae/Palmen
palm family
Areole areole
Arginin arginine
Argyrom/Silberliniensystem (Ciliaten)
argyrome, silverline system
Arillus aril
Arista arista
Aristolochiaceae/ Osterluzeigewächse
birthwort family, Dutchman's-pipe family
arithmetisches Mittel *stat*
arithmetic mean
arithmetisches Wachstum
arithmetic growth
Arktis arctic
arktisch/polar arctic, polar
Arm arm; (Crinoiden) arm, pinnule
armartig/Arm.../brachial
brachial, arm-like
Armbeuge/Ellenbeuge
bend of the arm, crook of the arm, inside of the elbow, front of elbow
Armdecken *orn* secondary tectrices
Armflosser/ Anglerfische/Lophiiformes
anglerfishes
Armfüßer/„Lampenmuscheln"/ Brachiopoden
lampshells, brachiopods
Armgerüst/Brachidium (Brachiopoden) brachidium
Armilla/Manschette/Annulus superus
armilla, manchette, annulus superus
Armleuchteralgen/ Armleuchtergewächse/ Charophyceae/Charophyta (Characeae)
stoneworts, stonewort family
Armleuchterbäume/Didieraceae
didierea family
Armpalisade (Coniferen)
arm-palisade
Armschwingen
secondaries, secondary feathers (secondary remiges)
Armskelettplatte/Brachiale
brach, brachial
Armstachel (Ophiuroidea)
arm spine
armtragend/mit Armen
brachiate, brachiferous, having arms
Armwirbler/Süßwasserbryozoen/ Lophopoda/Phylactolaemata
phylactolaemates, "covered throat" bryozoans
Aroma (Wohlgeruch) aroma, fragrance, (pleasant) odor; (Wohlgeschmack) flavor, taste (pleasant)
Aromastoff
flavoring, aromatic substance
aromatisch aromatic
Aronstabgewächse/Araceae
arum family, calla family, aroid family
arretieren (Chromosomen in Metaphase)
arrest
Arretierung *tech/mech* (z.B. am Mikroskop) stop
arrhenotok arrhenotokous
Arrhenotokie/ arrhenotoke Parthenogenese
arrhenotoky, arrhenotokous parthenogenesis
ARS (autonom replizierende Sequenz)
ARS (autonomously replicating sequence)
Arsen (As) arsenic
Art/Spezies kind, species
➢ **biologische Art/Biospezies**
biological species, biospecies
➢ **Charakterart/Leitart**
character species
➢ **Chemospezies** chemospecies
➢ **Chronospezies** chronospecies
➢ **Differenzialart/Trennart**
differential species
➢ **einheimische Art** native species

- **Elementarart/Kleinart/ Mikrospezies/Jordanon** microspecies, jordanon
- **eurytope Art** eurytopic species
- **evolutionäre Art** evolutionary species
- **Folgeart** successional species
- **Fremdart/eingewanderte Art/ Zuwanderer** alien species, immigrant species
- **Geschwisterarten/Zwillingsarten** sibling species
- **Großart/Makrospezies** macrospecies
- **indifferente Art** indifferent species
- **Indikatorart/Zeigerart** indicator species
- **Kennart** diagnostic species
- **Kernart** core species
- **Kleinart/Elementarart/ Mikrospezies/Jordanon** microspecies, jordanon
- **Kollektivart/Kollektivspezies/ Sammelart (Superspezies)** aggregated species, agg. species, collective species (superspecies)
- **kryptische Art/verborgene Art** cryptic species
- **Leitart** index species, guide species
- **monotypische Art** monotypic species
- **monozentrische Art** monocentric species
- **Morphospezies/ morphologische Art** morphospecies
- **Ökospezies** ecospecies
- **Ökotyp** ecotype
- **Paläospezies (Chronospezies)** paleospecies (chronospecies)
- **Pionierart** pioneer species
- **polytypische Art** polytypic species
- **polyzentrische Art** polycentric species
- **Quasispezies** quasispecies
- **Ringart** ring species
- **Sammelart/Großart/Coenospezies** coenospecies
- **Sammelart/ Kollektivart/Kollektivspezies (agg.)** aggregated species, collective species
- **Sammelart/Überart/Superspezies** superspecies
- **Satellitenart/Randart** satellite species, marginal species
- **Schlüsselart** keystone species
- **Schwesterart** sister species
- **Semispezies** semispecies
- **Stammart** stem species
- **Stellvertreterart/vikariierende Art** vicarious species
- **Superspezies/Überart/Sammelart** superspecies, aggregated species
- **taxonomische Art** taxonomic species, taxospecies
- **Typus-Art** type species
- **Überart/Superspezies** superspecies
- **Unterart/Subspezies** subspecies
- **vagabundierende Art** fugitive species
- **Zeigerart/ Indikatorart/Bioindikator** indicator species, bioindicator
- **Zönospezies/Coenospezies** coenospecies, cenospecies
- **Zwillingsarten/Geschwisterarten** sibling species

Art und Weise/Modus/Modalwert mode

Art-Arealkurve species-area curve

Artbildung/Speziation species formation, speciation

- **allopatrische Artbildung** allopatric speciation
- **parapatrische Artbildung** parapatric speciation
- **sympatrische Artbildung** sympatric speciation

Artefakt artifact, artefact

arteigen ***adv/adj*** characteristic of a species

Artenarmut low species diversity

Artenbestand/Arteninventar species inventory

Artendichte/Artdichte/ Artenabundanz species density, species abundance

Artenfehlbetrag
species deficiency
Artengefälle species gradient
Artengruppe
collective group,
species-group, species aggregate
Arteninventar/Artenbestand
species inventory
Artenkenntnis species knowledge,
taxonomic expertise,
knowledge of species diversity
➢ **sich auskennen mit**
to be knowledgeable about
Artenkreis/Überart/Superspezies
superspecies
Artenmächtigkeit ***siehe***
Artmächtigkeit
Artenreichtum species richness
Artenschutz protection of species,
conservation of species
Artenschutzabkommen
treaty on the protection of species
➢ **Washingtoner Artenschutzübereinkommen**
Convention on International Trade in Endangered Species (CITES), Washington 1975
Artenschutzverordnung
legal regulations on
species protection
Artenschwarm
species flock, species swarm
Artenschwund
species impoverishment,
species loss, species decline (steady decrease in number of species)
Artenvielfalt/Artenmannigfaltigkeit
species diversity,
species abundance
Artenvorkommen
(number of) occurring species,
occurrence of species
Arterhaltung preservation of species,
species preservation; reproductive survival, reproductive continuance
Arterie artery *(diverse Arterien in Wörterbüchern der Human- bzw. Veterinärmedizin)*
Arterien../arteriell arterial
Arterkennung species recognition
artfremd (Eiweiß) foreign
artfremd ***ethol*** untypical/uncommon/unusual of the species
Artgenosse conspecific
(member of the same species), peer
Artgrenze/Kreuzungsbarriere
species barrier
Arthrobranchie arthrobranch,
arthrobranchia, joint gill
Arthropoden/Gliederfüßer/Arthropoda arthropods
Arthrospore/Arthrokonidium/Oidium/Oidie
arthrospore, arthroconidium,
oidium
Artmächtigkeit
cover abundance index,
species importance value
Artname/Artbezeichnung
species name
(*see also*: specific epithet)
artspezifisch/arttypisch
species specific
arttypisches Verhalten/artspezifisches Verhalten
species-specific behavior
Arznei/Arzneimittel/Medizin
medicine, medication, drug
Arzneibuch pharmacopeia
Arzneikunde/Arzneilehre/Pharmazie
pharmacy
Arzneipflanze/Heilpflanze
medicinal plant
Arzt physician, doctor
Arzthelferin physician assistant
Asche ash
Aschelminthen/Nemathelminthen/Schlauchwürmer/Rundwürmer ***sensu lato***
aschelminths, nemathelminths
Asclepiadaceae/Schwalbenwurzgewächse/Seidenpflanzengewächse
milkweed family
Ascorbinsäure (Ascorbat)
ascorbic acid (ascorbate)
äsen (fressen: Wild) graze, browse
asexuell/ungeschlechtlich asexual
Askus ascus
Askushaken(zelle) crozier
Asparagaceae/Spargelgewächse
asparagus family

Asparagin
asparagine, aspartamic acid
Asparaginsäure (Aspartat)
asparagic acid, aspartic acid (aspartate)
Aspidiaceae/Dryopteridaceae/ Schildfarngewächse/ Wurmfarngewächse
aspidium family, sword fern family
Aspleniaceae/Streifenfarngewächse
spleenwort family
Asseln/Isopoda
pill bugs, woodlice, sowbugs
Asselspinnen/ Pycnogonida/Pantopoda
pycnogonids, pantopods, sea spiders
Assemblierung/Zusammenbau
assembly
Assimilat assimilate
Assimilation assimilation, anabolism
Assimilationsparenchym/ Chlorenchym chlorenchyma
Assimilationswurzel assimilative root
assimilatorisch assimilatory
Assimilatstrom assimilate stream
assimilieren assimilate
assortative Paarung/ bewusste Paarung
assortative mating
Assoziationsfeld ***neuro***
association area
Assoziationskoeffizient ***stat***
coefficient of association
Assoziationslernen/Erfahrungslernen
associative learning, learning by experience
Ast branch, limb
➢ **absteigender Ast (Henlesche Schleife)** ***nephro***
descending limb
➢ **aufsteigender Ast (Henlesche Schleife)** ***nephro***
ascending limb
Ästchen twig, branchlet, sprig
Aster/Polstrahl (meist ***pl*****: Asteren/Polstrahlen)** ***cyt***
aster (in mitosis)
Asteraceae/Compositae/ Korbblütler/Köpfchenblütler
sunflower family, daisy family, aster family, composite family
Ästhet (*pl* Ästheten)
esthete, aesthete (photosensitive structure in chitons)
Ästhetask/Riechschlauch
esthetasc, aesthetasc
astich astichous
Astigmatismus astigmatism
Ästivation/Knospendeckung
estivation, aestivation
Astpfropfung/Astveredlung ***hort***
top grafting, top working
Astring/Astwulst branch collar
Astrozyt astrocyte
Astschere ***hort*** loppers
Aststumpf/Knorren snag
Ästuar/Ästuarium (*pl* Ästuarien)/ trichterartige Flussmündung
estuary
Äsung (äsen) grazing, browsing
Atavismus atavism
Atem breath
Atemgifte/Fumigantien
respiratory toxins, fumigants
Atemloch/Luftloch spiracle
Atemminutenvolumen (AMV)
minute respiratory volume
Atemöffnung
bot air pore;
zool breathing aperture
Atemplatte/Scaphognathide/ Scaphognathit
bailer, gill bailer, scaphognathite
Atemschutzgerät
breathing apparatus
Atemstillstand respiratory arrest
Atemwurzel pneumatophore, air root, airial root, aerating root
Atemzentrum respiratory center
Atemzugvolumen tidal volume
Äthanol/Ethanol/Äthylalkohol/ Ethylalkohol/„Alkohol"
ethanol, ethyl alcohol, alcohol
Äther/Ether ether
ätherisches Öl
ethereal oil, essential oil
Äthylen/Ethylen ethylene
Athyriaceae/Frauenfarngewächse
lady fern family
Ätilität/Altersstruktur/Altersaufbau (Population) age structure
Ätiologie etiology

atmen breathe, respire
➢ **ausatmen** breathe out, exhale
➢ **einatmen** breathe in, inhale
Atmosphäre atmosphere
Atmung breathing, respiration
➢ **aerobe Atmung** aerobic respiration
➢ **anaerobe Atmung** anaerobic respiration
➢ **Ausatmung/Ausatmen/ Expiration/Exhalation** expiration, exhalation
➢ **Bauchatmung/Zwerchfellatmung** abdominal breathing, diaphragmatic respiration
➢ **Brustatmung/Thorakalatmung** thoracic respiration, costal breathing
➢ **Einatmung/Einatmen/ Inspiration/Inhalation** inspiration, inhalation
➢ **Hautatmung** cutaneous respiration/breathing, integumentary respiration
➢ **Lichtatmung/ Photoatmung/Photorespiration** photorespiration
➢ **Plastronatmung** plastron breathing
➢ **Zellatmung** cellular respiration
Atmungsepithel/ Respirationsepithel/ respiratorisches Epithel respiratory epithelium
Atmungsgift respiratory poison
Atmungskette/ Elektronentransportkette/ Elektronenkaskade (Endoxydation) respiratory chain, electron transport chain
Atmungsquotient/ respiratorischer Quotient respiratory quotient
atok atoke
Atoll/Atollriff/Lagunenriff atoll
Atomabsorptionsspektroskopie (AAS) atomic absorption spectroscopy
atomar/Atom... atomic
atomar verseucht radioactively contaminated
Atomgewicht atomic weight
Atomkraft/Atomenergie nuclear/atomic power, nuclear/atomic energy
Atommüll nuclear waste
Atomzahl atomic number
ATP (Adenosintriphosphat) ATP (adenosine triphosphate)
atriales natriuretisches Peptid (ANP)/ Atriopeptin atrial natriuretic peptide (ANP), atrial natriuretic factor (ANF), atriopeptin
Atrioventrikularknoten/ Aschoff-Tawara-Knoten (Herz: sek. Autonomiezentrum) atrioventricular node, A-T node
atrop atropous, orthotropous
Atropin atropine
Attenuation/Abschwächung attenuation
attenuieren/abschwächen (die Virulenz vermindern/ mit herabgesetzter Virulenz) attenuate
Attenuierung attenuation
Attraktans (*pl* Attraktanzien)/ Lockmittel/Lockstoff attractant
ätzen *vb* *med* cauterize; *metall/tech/ micros* etch (*siehe*: Gefrierätzen)
ätzen/korrodieren *vb chem* eat into, corrode
Ätzen/Ätzung/Ätzverfahren *med* cauterization; *metall/tech/ micros* etching (*siehe*: Gefrierätzen)
Ätzen/Ätzung/Korrosion corrosion
ätzend/korrosiv *chem* caustic, corrosive, mordant
Ätzmittel *chem* caustic agent; *metall/tech/micros* etchant
Aue riverine floodplain
Auenwald/Auwald floodplain forest
Auenwiese/Auwiese/ Überschwemmungswiese riverine floodplain meadow, bottomland meadow
aufarbeiten *lab/biot* work up, process
Aufarbeitung *lab/biot* work up, working up, processing, down-stream processing
Aufbau (Struktur) construction, structure, body plan, anatomy

Aufbau *metabol*/ Synthesestoffwechsel anabolism, synthetic reactions/metabolism
aufbauend/anabol *metabol* anabolic
Aufblühfolge flowering sequence
aufdampfen/bedampfen *micros* vacuum-metallize
Auferstehungspflanze/ Wiederauferstehungspflanze resurrection plant
Aufforstung/Wiederaufforstung/ Wiederbewaldung afforestation, reforestation, reafforestation
Auffrischimpfung (Auffrischinjektion) booster vaccination (booster shot)
Auffüllreaktion/Auffüllungsreaktion/ anaplerotische Reaktion fill-in reaction, filling in reaction, anaplerotic reaction
aufgeblasen inflated
aufgeraut roughened, scabrid
aufgerollt (schneckenförmig) circinate, coiled, volute
aufgewickelt coiled, twisted, wound
Aufheller/Aufhellungsmittel (optischer Aufheller) brightener, clearant, clearing agent (optical brightener)
aufklären (Strukturen/Zusammenhänge) elucidate
Aufklärung (Strukturen/Zusammenhänge) elucidation
Aufklärungshof/Lysehof/Hof/Plaque plaque
Auflagehumus (*allg*: ungenauer Begriff) organic layer
➢ **saurer Auflagehumus/Rohhumus** raw humus, mor humus
Auflagerung (Zellwandwachstum durch) apposition, accretion
auflauern/ aus dem Hinterhalt angreifen ambush
Auflicht/Auflichtbeleuchtung epiillumination, incident illumination

auflösen *chem* dissolve; *opt* resolve
Auflösung *chem* dissolution
➢ **optische Auflösung** optical resolution
Auflösungsgrenze *opt* limit of resolution
Auflösungsvermögen *opt* resolving power
Aufnahme/Annahme acceptance; acquisition
Aufnahme/Aufschreiben/Registration recording, registration
Aufnahme/Bild picture, image
➢ **mikroskopische Aufnahme/ mikroskopisches Bild** micrograph, microscopic picture/image, microscopic photograph
Aufnahme/Einnahme uptake/intake; ingestion
Aufnahmezeit *vir* acquisition time
aufnehmen/ aufschreiben/registrieren record, register
aufnehmen/einnehmen/ zu sich nehmen take up, take in; ingest
aufplatzen/aufspringen break open, dehisce
➢ **zum Platzen bringen** burst
Aufplatzen/Aufspringen/Dehiszenz breaking open, dehiscence
aufrecht erect, strict, upright, straight
aufrecht (Samenanlage) *bot* atropous, orthotropous
aufsaugen/absorbieren soak up, absorb
Aufsaugen/Absorption soaking up, absorption
Aufschlag (Flug/Flügel) upstroke, upward stroke
aufschließen *chem* dissolve, disintegrate, break up
Aufschluss *chem* dissolution, disintegration; *geo* outcrop
Aufschluss/Zellaufschluss (Öffnen der Zellmembran) cell lysis
Aufschluss/Zellfraktionierung cell fractionation

Aufschluss/Zellhomogenisierung cell homogenization
aufschmelzen/schmelzen melt
Aufsiedler/Symphoriont epizoon, symphoriont
aufsitzend/sesshaft sessile
Aufsitzerpflanze/Epiphyt/Luftpflanze epiphyte, air plant, aerial plant, aerophyte
aufspalten/segregieren ***gen*** segregate
aufspalten/spalten/öffnen ***chem*** crack, break down, open
aufspalten/verteilen distribute
aufspalten/zerlegen ***chem*** split
Aufspaltung/Öffnen ***chem*** cracking, opening
Aufspaltung/Segregation ***gen*** segregation
Aufspaltung/Zerlegen ***chem*** splitting
aufsperren (Schnabel) gape, gaping
Aufspießen ***ethol*** impaling (shrikes)
Aufspringen/Dehiszenz dehiscence
aufsteigend afferent, rising
auftauen ***vb*** thaw
Auftauen ***n*** thawing
auftragen/„plotten" ***math/geom*** plot
auftragen/applizieren ***chromat*** apply
Auftragung/Applikation ***chromat*** application
auftrennen/trennen/fraktionieren separate, fractionate
Auftrennung/Trennung/Fraktionierung separation, fractionation
Auftrieb ***mar*** **(vertikale Aufwärtsströmung)** upwelling
Auftrieb (im Wasser: Fische) buoyancy
Auftrieb (in Luft: Vögel) lift
aufwachsen grow up
aufwärts (Richtung 5'-Ende eines Polynucleotids) upstream
➢ **abwärts (Richtung 3'-Ende eines Polynucleotids)** downstream
aufwinden coil up
Aufwinden coiling
Aufwuchs/Bewuchs/Periphyton ***limn*** periphyton, attached algae
Aufwuchs/Nachkommenschaft descendants, descendents
Aufwuchs/Waldanpflanzung/Schonung protected young forest plantation
aufziehen/erziehen bring up, rear, foster, nurture
Aufziehen/Erziehen/Aufzucht upbringing, rearing, fostering, nurture, nurturing
Aufzucht rearing, fostering, nursing
Aufzuchtbeet ***hort*** nursery bed
Augapfel/Bulbus oculi eyeball
Auge eye; *bot* (Holz) knot; (Knospe) eye, node, bud
➢ **Appositionsauge** apposition eye
➢ **Becherauge/Pigmentbecherauge** pigment cup eye, inverted eye
➢ **Blasenauge** retinal cup eye, everted eye
➢ **Einzelauge/Punktauge/Ocelle/Ocellus (*siehe:* Nebenauge/Scheitelauge/Stirnauge)** simple eye, ocellus (dorsal and lateral)
➢ **Einzelauge/Punktauge/Stemma (Seitenauge/Lateralocellus bei Insekten-Larven)** stemma (*pl* stemmata/stemmas), lateral ocellus, lateral eye
➢ **Facettenauge/Komplexauge/Netzauge/Seitenauge** compound eye, facet eye
➢ **Hauptauge** main eye
➢ **Lateralauge/Seitenauge (Ocellus)** lateral eye, lateral ocellus
➢➢ **Stemma (Punktauge/Einzelauge bei Insekten-Larven)** stemma (*pl* stemmata/stemmas), lateral eye/ocellus
➢ **Linsenauge** lens eye, lenticular eye
➢ **Mittelauge/Medianauge (Stirnocelle)** median eye, midline eye (a dorsal ocellus)
➢ **Naupliusauge** naupliar eye (median eye)
➢ **Nebenauge/Punktauge/Ocelle** simple eye, ocellus

➤ **Netzauge/Facettenauge/ Komplexauge/Seitenauge** facet eye, compound eye
➤ **Parietalauge (*Sphenodon*)** parietal eye
➤ **Pinealauge (bei Neunaugen: *Petromyxon*)** pineal eye, epiphyseal eye (median eye)
➤ **Punktauge/Nebenauge/Ocelle** simple eye, ocellus
➤ **Seitenauge/Lateralauge/ Lateralocelle/Stemma (Ocellen)** lateral eye/ocellus, stemma
➤ **Stielauge** stalked eye
➤ **Superpositionsauge** superposition eye
➤➤ **neurales Superpositionsauge** neural superposition eye
➤➤ **optisches Superpositionsauge** optical superposition eye, clear-zone eye
➤ **Turbanauge (*Ephemeroptera*)** stalked compound eye

Augenbecher *embr* eyecup, optic cup
Augenbecherstiel *embr* optic stalk
Augenbewegung eye movement
Augenblase/Augenbläschen/ Vesicula ophthalmica *embr* optic vesicle
Augenbraue eyebrow
Augenbutter/Augenschmalz/ Sebum palpebrale (Meibom-Drüsensekret) palpebral sebum ("sleep")
Augendeckel/Augenlid/Lid eyelid
Augenfacette eye facet
Augenflagellaten/Euglenophyta euglenoids, euglenids
Augenfleck/Stigma eyespot, stigma
Augengruß *ethol* eyebrow flash, eyebrow raise
Augenhaut, harte/Lederhaut/Sklera sclera, sclerotic coat, sclerotica
Augenhöhle/Orbita orbit, eyepit, eye socket
Augenkammer eye chamber
Augenlid/Lid/Augendeckel/Palpebra eyelid
Augenlinse/Okularlinse eye lens, ocular lens
Augensteckling eye cutting, single eye cutting, bud cutting, leaf bud cutting
Augenstiel eyestalk
Augenveredlung/Äugeln/ Okulieren/Okulation *hort* bud grafting, budding
Augenwimper/Wimper eyelash
Augenzahn (oberer Eckzahn) eyetooth (canine tooth of upper jaw)
Augenzwinkern wink of the eye
Augspross (Geweih) brow tine
Aurikel/Atrium/ Herzvorhof/Herzvorkammer auricle, atrium
Aurikel/Pollenschieber (Bienen) auricle, pollen press, pollen packer
ausatmen *vb* expire, exhale, breathe out
Ausatmen/Ausatmung/ Expiration/Exhalation expiration, exhalation
Ausbeute/Ertrag yield
ausbeuten (Rohstoffe) exploit
ausbleichen/bleichen bleach
ausbleichen *vb* (*passiv*, z.B. Fluoreszenzfarbstoffe) fade (*siehe* bleichen)
Ausbleichen *n* (*passiv*, z.B. Fluoreszenzfarbstoffe) fading (*siehe* bleichen)
ausbreiten (z.B. Krankheit/Flügel) spread
Ausbreitung (z.B. Krankheit/Flügel) spread, spreading
Ausbreitung/Propagation spreading, expansion; propagation, dispersal, dissemination
Ausbreitungseinheit/ Propagationseinheit/ Fortpflanzungseinheit/Diaspore dispersal unit, propagule, diaspore
Ausbreitungsgebiet area of expansion
ausbrüten (Eier/Junge) hatch, brood
Ausbuchtung outpocketing, protrusion

Ausdauer/Dauerhaftigkeit endurance, persistence, hardiness, perseverance
ausdauernd (wiederstandsfähig) hardy, persistent, enduring
ausdauernd/perennierend (mehrjährig) perennial
Ausdehnung/Verlängerung extension
Ausdrucksverhalten expressive behavior
ausdünnen ***vb*** thin
Ausdünnen/Ausdünnung thinning
Auseinandersetzung/Konflikt conflict
ausfällen/fällen precipitate
Ausfällung/Ausfällen/Fällung/Fällen precipitation
Ausfluss *tech* (Abfluss) discharge, outflow, efflux, draining off; *med* discharge, secretion, flux
Ausformung/ Aushaltung/Holzaushaltung (Holzstamm-Zuschnitt) bucking
ausführen/wegführen/ableiten (Flüssigkeit) discharge, drain, lead out, lead/carry away
ausführend/wegführend/ableitend (Flüssigkeit) efferent
Ausführgang/Ausführkanal duct, passageway
Ausgangsgestein/ Grundgestein/Muttergestein bedrock, rock base, parent rock
Ausgangspopulation initial population
Ausgangsprodukt primary product, initial product
Ausgangsstoff/Ausgangsmaterial starting material, basic material, source material, primary material
Ausgangsstoff/ Reaktionsteilnehmer/Reaktand reactant
Ausgangsverteilung ***stat*** initial distribution
ausgeizen ***hort*** removing side shoots, removing suckers
ausgerandet emarginate
Ausgesetztsein/Gefährdung exposure
ausgestorben extinct, died out
ausgewachsen full-grown
ausgleichende Reversion ***gen*** second site reversion
ausgraben ***geol*** excavate, dig (out)
Ausgrabung ***geol*** excavation, dig
aushärten/vulkanisieren ***chem*** **(Polymere)** cure, vulcanize
aushungern starve
auskreuzen/herauskreuzen ***gen*** cross out
Auskreuzen/Herauskreuzen ***gen*** outcrossing
auslaufend/ astlos in die Spitze auslaufend (Baum) excurrent
Ausläufer/Ausläuferspross/Stolon/ Stolo ***allg*** stolon
Ausläufer/Erdspross (unterirdischer Stolon/geophil) rhizome
Ausläufer/Kriechspross (oberirdischer Stolon/photophil) runner, sarment
Ausläufer bildend stoloniferous, sarmentose
Ausläuferknolle stolonial tuber
Ausläuferspross/Stolon/Stolo stolon
auslaugen (Boden) leach
Auslaugung (Boden) leaching
Auslese/Selektion selection
➢ **disruptive Auslese** disruptive selection, diversifying selection
➢ **frequenzabhängige Auslese** frequence-dependent selection
➢ **gerichtete Auslese** directional selection
➢ **geschlechtliche/sexuelle Auslese** sexual selection
➢ **künstliche Auslese** artificial selection
➢ **natürliche Auslese** natural selection
➢ **stabilisierende Auslese** stabilizing selection

Auslesezüchtung/ Schwellenwertselektion/ Kappungsselektion truncation selection
auslichten/zurückschneiden thin out, prune
Auslösemechanismus (AM) ***ethol*** releasing mechanism (RM)
➤ **angeborener A. (AAM)** innate releasing mechanism (IRM)
➤ **erworbener A. (EAM)** acquired releasing mechanism (ARM)
auslösen (Reaktion) trigger, elicitate
Auslöser releaser
Auslöser/Elicitor (Reaktion) trigger, elicitor (e.g., stimulating phytoalexin production)
Auslösung (Reaktion) triggering, elicitation
ausmerzen eliminate, eradicate
ausnehmen/ausweiden (Fische) gut, eviscerate, disembowel
Ausreißer ***allg*** runaway, fugitive; ***stat*** outlier
ausrotten/ausmerzen eradicate, eliminate, extirpate
Ausrottung/Ausmerzung ***med*** **(z.B. Schädlinge)** eradication, elimination, extirpation
Aussaat/ Saat/Saatgut (das Ausgesäte) seed(s)
Aussaat/Säen/Aussäen sowing, seed sowing
Aussackung/Divertikel diverticulum
aussäen/säen sow
Aussalzchromatographie salting-out chromatography
aussalzen ***vb*** salt out
Aussalzen ***n*** salting out
ausscheiden ***allg*** secrete
ausscheiden (Exkrete/Exkremente) egest, excrete
Ausscheider (Blutgruppenantigene) secretor
Ausscheidung ***allg*** secretion
Ausscheidung (Exkrete) excretion
Ausscheidung/Exkretion egestion, excretion
Ausscheidungen/ Exkrete/Exkremente excreta, excretions
Ausscheidungsgewebe excretory/secretory tissue
Ausscheidungsorgan/ Exkretionsorgan excretory organ
ausschlagen/sprießen (Bäume/Blätter) leaf (leafing), bud (budding), sprout (sprouting); (Wurzel/Spross) sprout
Ausschlagswald coppice forest, sprout forest
Ausschlagvermögen ***bot*** budding potential/rate
Ausschleuderorganelle/Extrusom extrusive organelle, extrusome
ausschlüpfen hatch
Ausschluss/Exklusion exclusion
Ausschluss der Vaterschaft paternity ecxlusion
Ausschlussprinzip exclusion principle
Ausschnittszeichnung cutaway drawing
ausschütteln shake out
Ausschüttelung shaking out
Ausschüttung (z.B. Hormone/Neurotransmitter) release
➤ **Blattausschüttung** (rapid) leaf flushing, bud bursting
ausschwärmen swarm, swarming
Ausschwingrotor ***centrif*** swinging-bucket rotor
Außengruppe (Kladistik) outgroup
➤ **Innengruppe** ingroup
Außenhaut/Exodermis exodermis
Außenkelch/Nebenkelch/Epicalyx (Hochblatthülle) calycle, calyculus, epicalyx, sepal-like bracts
Außenlade/Galea galea, outer lobe of maxilla
Außenparasit/Exoparasit/Ektoparasit (Hautparasit) exoparasite, ectoparasite, epizoon
Außenreiz external stimulus
Außenschale/Ectocochlea external shell, ectocochlea

Außenschicht
outer layer, exterior layer
Außenschicht/Exine (Pollen/Spore)
exine
Außenskelett/Hautpanzer/Exoskelett
dermal skeleton, dermatoskeleton, exoskeleton
äußerlich/von außen/extern
external, extrinsic
außerplanmäßige DNA-Synthese
unscheduled DNA synthesis
außerzellulär/extrazellulär
extracellular
aussetzen (einem Schadstoff/ einer Strahlung aussetzen)
expose to (hazardous chemical/radiation)
Ausspritzungsgang/ Samenausführgang/ Samengang/Ductus ejaculatorius
ejaculatory duct
ausstellen exibit, show, display
Ausstellung exhibition, show, display
aussterben become extinct, die out
Aussterben extinction, dying out
ausstreichen *micb* (z.B. Kultur)
streak, smear
ausstreuen disseminate, disperse, spread, release
Ausstreuung dissemination, dispersal, spreading, releasing
Ausstrich *micb* smear
Ausstrichkultur/Abstrichkultur *micb*
streak culture, smear culture
Ausstrom efflux
Ausströmöffnung (Egestionsöffnung)
excurrent/exhalant aperture (egestive aperture)
ausstülpbar (z.B. Pharynx der Turbellarien)
protrusive
ausstülpen evert, evaginate, protrude, turn inside out
Ausstülpung evagination, protrusion; (z.B. Darmdivertikel) outpocketing
austarieren (Waage: Gewicht des Behälters/ Verpackung auf Null stellen)
tare (determine weight of container/ packaging as to substract from gross weight: set reading to zero)
Austausch exchange
Austausch (zwischen Chromosomen)/ reziproke Translokation/ interchromosomale Umordnung
interchange, interchromosomal rearrangement
Austauschreaktion
exchange reaction
Austrag *ecol* output
Australheidegewächse/Epacridaceae
epacris family
austreiben sprout, put forth; (Blätter) producing leaves, coming into leaf
Austrieb sprout, sprouting, budding
Austrittspupille/Augenpunkt *micros*
exit pupil, eyepoint
austrocknen/entwässern
desiccate, dry up, dry out
Austrocknung/Entwässerung
desiccation
Austrocknungsschaden/Trocknis
desiccation damage
Austrocknungstoleranz
desiccation tolerance
Austrocknungsvermeidung
desiccation avoidance
Auswaschung (feste Boden- bestandteile in Suspension)
eluviation
Auswaschung (gelöste Bodenmineralien)
leaching
ausweiden/ausnehmen (z.B. Fisch)
gut, eviscerate, disembowel
auswerten (z.B. Ergebnisse)
evaluate (e.g., results)
Auswertung (z.B. von Ergebnissen)
evaluation (e.g., of results)
auswiegen (genau wiegen)
weigh out precisely
Auswuchs *allg* outgrowth, protrusion; (Höcker/Beule) protuberance; (bei *Lycophyta*) enation
Auszackung serration
Auszehrphase starvation phase
Auszug/Extrakt extract
Autapomorphie (evolutive Neuheit)
autapomorphy (unique/derived character state)
Autoalloploidie autoalloploidy

Autoantigen
autoantigen, self-antigen
Autoantikörper autoantibody
Autogamie
autogamy, orthogamy, self-fertilization
autogene Kontrolle
autogeneous control
autoimmun autoimmune
Autoimmunität autoimmunity
Autoimmunkrankheit
autoimmune disease
Autokatalyse autocatalysis
Autoklav autoclave
autoklavieren autoclave
Autökologie autecology
autokrin/autocrin autocrine
autolog autologous
Autolyse autolysis
Automarkieren/Selbstmarkieren ***ethol***
automarking, self-marking
Automatiezentrum (Sinusknoten)
automaticity center (sinus node)
automiktisch automictic
autonom replizierende Sequenz (ARS) ***gen*** autonomous(ly) replicating sequence (ARS)
autonomes Kontrollelement
autonomous control element
Autoparasit autoparasite
Autophagie autophagy
Autophagosom
autophagosome, autosome
Autophilie autophily, self-pollination
Autopoiese autopoiesis
autopolyploid autopolyploid
Autoradiographie
autoradiography, radioautography
Autosom autosome
autosomal autosomal
autosomal-dominant
autosomal-dominant
autosomal-rezessiv
autosomal-recessive
Autotomie/Selbstverstümmelung
autotomy
autotomieren/selbst verstümmeln
autotomize
Autotransplantat
autograft (autologous graft)
autotroph autotroph, autotrophic
Autotrophie autotrophy
autözisch autoecious
Autozygotie autozygosity
Auwald/Auenwald
floodplain forest
Auwiese/Auenwiese (Überschwemmungswiese)
riverine floodplain meadow
Auxine auxins
auxotroph auxotrophic
Auxotrophie auxotrophy
Avicularie/„Vogelköpfchen"
avicularium (*pl* avicularia)
Avidität avidity
Axialfilament axial filament
Axialkorn/Axosom axosome
Axialorgan (Axialdrüse/braune Drüse) (Echinoderma)
axial organ, axial gland
Axialskelett/Achsenskelett
axial skeleton
Axialzelle/Zylinderzelle (Mesozoa)
axial cell
Axis/Epistropheus/ zweiter Halswirbel
axis, second cervical vertebra
Axocöl/Axocoel/Protocöl/Protocoel
protocoel
Axolemm/Axolemma/ Mauthnersche Scheide
axolemma
Axonema/Axonem/Achsenfaden
axoneme, axial rod, axial complex
Axonhügel/Axonkegel
axon hillock
Axopodium axopodium
Axosom/Axialkorn axosome
Azelainsäure azelaic acid
azentrisches Chromosom
acentric chromosome
azeotrop azeotropic
azeotropes Gemisch
azeotropic mixture
azid/acid/sauer acid
Azidität/Acidität/Säuregrad
acidity
Azidose/Acidose acidosis
Azollaceae/Algenfarngewächse
duckweed fern family, mosquito fern family

B-Lymphocyt/B-Zelle
B lymphocyte, B cell
B-Zelle/B-Lymphozyt/B-Lymphocyt
B cell, B lymphocyte (B = Bursa)
➢ **unreife B-Zelle** virgin B cell
Bach brook, creek
Bache/Wildschweinsau wild sow
Backe/Wange/Gena cheek, gena
Backen/Hitzebehandlung
baking, heat treatment
Backendrüse cheek pouch (gland)
Backenknochen/Os zygomaticum
cheekbone, zygomatic bone, malar bone
Backenknochenbogen
zygomatic arch
Backenregion/Jochbeingegend ***orn***
malar region
Backentasche (z.B. Hamster)
cheek pouch
Backenzahn/Molar
cheek tooth, molar, grinder
➢ **Prämolar/vorderer Backenzahn**
premolar (bicuspid tooth)
➢ **Weisheitszahn/dritter Molar**
wisdom tooth, third molar
Bäckerhefe baker's yeast
Backhefe/Bäckerhefe baker's yeast
Badedermatitis/Cercariendermatitis
swimmer's itch
Bahn/Tractus (Nervenbahn) ***neuro/anat*** tract
bahnen (bahnend) ***neuro***
facilitate (facilitating)
Bahnung/Facilitation facilitation
Bahnungsneuron facilitator neuron
Bakteriämie bacteremia
Bakterie/Bakterium (*pl* Bakterien)
bacterium (*pl* bacteria)
➢ **Archaebakterien/Archaea**
archaebacteria, archebacteria, archaea (*sg* archaeon)
➢ **Bazillen/Bacillen (Stäbchen)**
bacilli (*sg* bacillus) (rods)
➢ **denitrifizierende Bakterien/ Denitrifikanten**
denitrifying bacteria
➢ **Eubakterien („echte" Bakterien)**
eubacteria ("typical" bacteria)
➢ **Fäulnisbakterien**
putrefactive bacteria
➢ **Knallgasbakterien/ Wasserstoffbakterien**
hydrogen bacteria
(aerobic hydrogen-oxidizing bacteria)
➢ **Knöllchenbakterien**
nodule bacteria
➢ **Kokken/Coccen (kuglig)**
cocci (*sg* coccus) (spherical forms)
➢ **Leuchtbakterien**
luminescent bacteria
➢ **Myxobakterien/Schleimbakterien**
myxobacteria
➢ **Purpurbakterien** purple bacteria
➢ **Rickettsien (Stäbchen- oder Kugelbakterien)**
rickettsias, rickettsiae (*sg* rickettsia)
(rod-shaped to coccoid)
➢ **Schwefelbakterien**
sulfur bacteria
➢ **Spirillen (schraubig gewunden)**
spirilla (*sg* spirrilum)
(spiraled forms)
➢ **stickstofffixierende Bakterien**
nitrogen-fixing bacteria
➢ **Urbakterien/ Archaebakterien (Archaea)**
archaebacteria, archebacteria
➢ **Vibrionen (meist gekrümmt)**
vibrios (mostly comma-shaped)
➢ **wärmesuchende Bakterien/ thermophile Bakterien**
thermophilic bacteria
bakteriell bacterial
bakterielle Infektion
bacterial infection
bakterielle Infektionskrankheiten
bacterial diseases
➢ **Amerikanisches Felsengebirgsfleckfieber (*Rickettsia rickettsi*)**
Rocky-Mountains spotted fever
➢ **Aussatz/Lepra (*Mycobacterium leprae*)** leprosis
➢ **Cholera/Brechruhr (*Vibrio comma*)**
cholera
➢ **Diphtherie (*Corynebacterium diphtheriae*)**
diphtheria
➢ **Dysenterie/Bakterienruhr (*Shigella* spp.)**
dysentery, shigellosis

- **Enteritis-Salmonellen (*Salmonella* spp.)** enteric salmonella
- **Felsengebirgsfleckfieber (*Rickettsia rickettsii*)** Rocky-Mountains spotted fever
- **Fleckfieber (*Rickettsia* spp.)** typhus
- **Gonorrhö/Tripper/Lues (*Neisseria gonorrhoeae*)** gonorrhea
- **Hirnhautentzündung, bakterielle (*Neisseria meningitidis*)** bacterial meningitis
- **Keuchhusten (*Bordetella pertussis*)** whooping cough, pertussis
- **Legionärskrankheit (*Legionella pneumophila*)** legionnaires' disease
- **Lepra/Aussatz (*Mycobacterium leprae*)** leprosis
- **Listeriose (*Listeria monocytogenes*)** listeriosis
- **Lues/Syphilis (*Treponema pallidum*)** syphilis
- **Lyme-Borreliose/ Erythema-migrans-Krankheit (*Borrelia burgdorferi*)** Lyme disease
- **Milzbrand/Anthrax (*Bacillus anthracis*)** anthrax
- **Paratyphus (*Salmonella paratyphi*)** paratyphus
- **Pest (*Yersinia pestis*)** plague
- **Q-Fieber (*Coxiella burnetii*)** Q fever
- **Rückfallfieber (*Borrelia* spp.)** borelliosis
- **Ruhr/Bakterienruhr/ Dysenterie (*Shigella* spp.)** dysentery, shigellosis
- **Syphilis/Lues (*Treponema pallidum*)** syphilis
- ➢➢**Schanker** chancre
- **Tetanus/Wundstarrkrampf (*Clostridium tetani*)** tetanus
- **Tripper/Lues/Gonorrhö (*Neisseria gonorrhoeae*)** gonorrhea
- **Tuberkulose (*Mycobacterium tuberculosis*)** tuberculosis
- **Tularämie (*Francisella tularensis*)** tularemia
- **Typhus/Fleckfieber/Flecktyphus/ Typhus exanthematicus (*Rickettsia* spp.)** typhus
- **Typhus/Unterleibstyphus/ Typhus abdominalis (*Salmonella typhi*)** typhoid fever, typhoid
- **Wundstarrkrampf/Tetanus (*Clostridium tetani*)** tetanus

Bakterienflora bacterial flora
bakterienfressend bacterivorous, bactivorous
Bakterienknöllchen bacterial nodule
Bakterienkultur bacterial culture
Bakterienrasen bacterial lawn
Bakteriologie bacteriology
bakteriologisch bacteriologic, bacteriological
Bakteriophage/Phage bacteriophage, phage, bacterial virus
Bakteriose bacteriosis
bakterizid/keimtötend bacteriocidal, bactericidal
balanciert letal balanced lethal
balancierte Translokation balanced translocation
Balanophoraceae/ Kolbenträgergewächse/ Kolbenschmarotzer balanophora family
Balbiani-Ringe Balbiani rings
Baldachinnetz (mit Stolperfäden) *arach* sheetweb/dome web (with barrier threads)
Baldriangewächse/Valerianaceae valerian family
Balg (*pl* Bälge) *zool* (ausgestopftes Tier) stuffed animal; (Vögel) skin; (Haut) skin, hide; (Fell) coat, fur, pelt
Balg/Balgfrucht/Follikel (eine Fruchtform) *bot* follicle

Balgzelle/tormogene Zelle (Arthropodenintegument)
tormogen cell (socket-forming cell)
Balken beam; (Corpus callosum) callosum, corpus callosum
Balkenzunge/docoglosse Radula
docoglossate radula
Ballaststoffe (dietätisch)
roughage, dietary fiber; (Füllstoffe/zum „Strecken") bulkage
➢ **Gesamtballaststoffe**
total fiber
➢ **lösliche Ballaststoffe**
soluble fiber
➢ **unlösliche Ballaststoffe**
insoluble fiber
Ballen (Heu/Stroh etc.) bale
Ballen (Finger/Fuß/Zehen/Sohlen)
pad (finger/foot/toe/paw)
Ballon (für Flüssigkeiten) ***chem/lab***
bottle with faucet (carboy with spigot)
Ballung (lokale Häufung/ Kumulation/Aggregation)
concentration, accumulation, aggregation
Balsam balsam (a plant exudate)
Balsambaumgewächse/Burseraceae
torchwood family, incense tree family, frankincense tree family
Balsaminengewächse/ Springkrautgewächse/ Balsaminaceae
balsam family, jewelweed family, touch-me-not family
Balz courtship, mating behavior; display
➢ **Arenabalz**
lek courtship, lek behavior
➢ **Flugbalz** aerial courtship
➢ **Gruppenbalz**
communal courtship
➢ **Nachbalz**
postcopulatory behavior
Balzarena
lek (communal mating ground)
Balzgesang
courtship song, mating song
Bananengewächse/Musaceae
banana family
Band/Ligament ligament
Bande ***electrophor/chromat*** band
➢ **Hauptbande** main band
➢ **Satellitenbande** satellite band
Bänderungsmuster/Bandenmuster (von Chromosomen)
banding pattern
Bänderungstechnik
banding technique
bandförmig
band-shaped, fascial, fasciate
Bandhaft/Syndesmose
syndesmosis
bändigen (wilde Tiere) break, tame
Bandscheibe/ Zwischenwirbelscheibe/ Discus intervertebralis
intervertebral disk
Bandwürmer/Cestoden
tapeworms, cestodes
Bandzunge/taenioglosse Radula
taenioglossate radula
Bank/Bibliothek/Klonbank
library, bank (clone bank)
Bannwald (in S/W Germany: Naturwaldreservat) protected forest (no commercial usage); (in Austria) protected forest for stabilizing slopes
Barbadoskirschengewächse/ Malpighiengewächse/ Malpighiaceae
malpighia family, Barbados cherry family
Barbenregion ***limn*** barbel zone
Barberfalle ***ecol***
Barber trap, pitfall trap
Bärentierchen/Bärtierchen/ Tardigrade
water bears, tardigrades
Bärlappbäume/ Lepidophyten/Lepidodendrales
lepidophyte trees, club-moss trees
Bärlappgewächse/Lycopodiaceae
club mosses, lycopods, clubmoss family
barophil barophilic, barophilous
barophiler Organismus barophile
Barrierefunktion
barrier function
Barriereriff/Wallriff barrier reef
Barrkörperchen Barr body

Barschfische/Barschartige/ Perciformes
perch & perchlike fishes
Barschlachse/Percopsiformes
pirate perch and freshwater relatives
Bart beard
„Bart"/Maisgriffel/Griffelfäden *bot*
silk (corn stigma-style)
Barteln barbels, barbs, beard
Barten baleen plates
(cornified tissue sheets)
Bartenwale/Mysticeti
whalebone (baleen) whales
Bartfäden/Barthaare *ichth*
barbs, barbels, whiskers; wattles
Barthaare (Katzen) whiskers
Bartholin-Drüse/ Glandula vestibularis major
Bartholin's gland,
greater vestibular gland
Bärtierchen/Bärentierchen/ Tardigraden (*sg* Tardigrad *m*)
water bears, tardigrades
Bartwürmer/Bartträger
beard worms, beard bearers,
pogonophorans
Basalfalte/Plica basalis basal fold
Basalganglion/Stammganglion/ Corpus striatum
basal ganglion, cerebral nucleus
Basalkern/Basalkörper/ Streifenkörper/Corpus striatum
striate body, corpus striatum
Basalkörper/Kinetosom/ Blepharoplast
basal body, flagellar basal
body/corpuscle/granule,
kinetosome, mastigosome,
blepharoplast, blepharoblast
Basalmembran/Basallamina
basement membrane,
basal lamina
Basalplatte basal plate
Basalschicht
basal layer, basal zone
Basalumsatz/ basale Stoffwechselrate/ Grundstoffwechselrate/ Grundumsatz
basal metabolic rate,
base metabolic rate (BMR)

Basalzelle basal cell
Basalzellschicht/Stratum basale
basal layer
Basapophyse basapophysis
Base base
➤ **gestapelte Basen *gen***
stacked bases
➤ **stickstoffhaltige Base/„Base" (Purine/Pyrimidine)**
nitrogenous base
➤ **Adenin (A)** adenine
➤ **Cytidin (C)** cytidine
➤ **Guanin (G)** guanine
➤ **Thymin (T)** thymine
Baseität/Basizität basicity
Basellaceae/Basellagewächse/ Schlingmeldengewächse
Madeira vine family,
basella family
Basenanalogon (*pl* Basenanaloga)
base analogue, base analog
Basenaustausch base substitution
Basendefizit base deficit
Basenfehlpaarung/Fehlpaarung
mismatch
basenhold
basophile, basophilic, basophilous
basenmeidend
basifuge, basifugous
(calcifuge/calcifugous)
Basenpaar base pair
Basenpaarung base pairing
Basenpaarungsregeln
base-pairing rules
Basenstapelung base-stacking
Basensubstitution
base substitution
Basenüberschuss base excess
Basenzusammensetzung
base composition, base ratio
Basidie (*pl* Basidien)
basidium (*pl* basidia)
basifix (Anthere) basifixed
Basilarmembran
basilar membrane
basipetal basipetal
Basipetalie basipetal development
basiplast basiplastic
basiplastes Wachstum
basiplastic growth
Basipodit basipodite

basisch/alkalisch basic, alkaline
Basisnährboden basal medium
Basitonie basitony
Basizität/Baseität basicity
Bast (Geweih) velvet
Bast/sekundäres Phloem bast, secondary phloem, secondary bark
Bastard/Hybride bastard, hybrid
Bastardisierung/Hybridisierung bastardization, hybridization
Bastardsterilität/Hybridensterilität hybrid sterility
Bastardwüchsigkeit/Heterosis hybrid vigor, heterosis
Bastfaser bast fiber
Baststrahl bast ray
Bastteil/Siebteil/Phloem phloem
Batessche Mimikry Batesian mimicry
Bathyal/Bathyalzone ***mar*** **(Kontinentalrand/-abhang)** bathyal zone (upper: continental slope; lower: continental rise)
Bathypelagial/ mittlerer Tiefseebereich/ mittlere Tiefseezone bathypelagic zone
Batisgewächse/Bataceae batis family, saltwort family
Bau/Bauplan construction, body plan
Bau/Höhle/Erdhöhle/Loch burrow, hole (rabbit), earth, cave
Bau/Lager (höhlenartig) lodge (beaver), couch (otter)
Bau/Lager/Rastplatz lair (resting/living place: game/wild animal), den (bear/lion; often a hollow or cavern)
Bauch/Abdomen belly, venter, abdomen
Bauch (Archegonium) ***bot*** venter
Bauch.../bauchseitig/ventral ventral
Bauchatmung/Zwerchfellatmung abdominal breathing, diaphragmatic respiration
Bauchblatt/Amphigastrium („Unterblatt") ventral leaf, underleaf, amphigastrium
Bauchfell/Peritoneum peritoneum
Bauchflosse ventral fin, pelvic fin
Bauchfuß/Propes/Pes spurius (larvales Abdominalbein) proleg, ventral proleg
Bauchfüßer/Schnecken/ Gastropoden/Gastropoda snails, gastropods
Bauchhaarlinge/Bauchhärlinge/ Flaschentierchen/Gastrotrichen gastrotrichs
Bauchhöhle abdominal cavity, peritoneal cavity
Bauchkanalzelle venter cell
Bauchmark/Bauchmarkstrang/ ventraler Nervenstrang ventral nerve cord
Bauchnaht/Ventralnaht (des Fruchtblattes) ventral suture/seam
Bauchnervenknoten/Ventralganglion ventral ganglion
Bauchnetz/Netz/Omentum omentum
Bauchpanzer/Bauchplatte/ Brustschild/Plastron (Schildkröten/Vögel) plastron, plastrum
Bauchpilze/Boviste/„Stäublinge" puffballs, globose puffball-type fungi
Bauchpilze/ Gasteromycetes/Gastromycetales stomach fungi, gastromycetes, angiocarps
Bauchplatte/Sternit (Insekten: ventraler Sklerit) sternite, ventral sclerite
Bauchrippen/ Gastralrippe/Gastralia (Reptilien) abdominal ribs, gastralia
Bauchschild/Bauchteil/Brustplatte/ Sternum (Insekten) sternum, ventral plate
Bauchschuppe/Ventralschuppe ventral scale
Bauchseite belly, undersurface of animal's body
bauchseitig/Bauch.../ventral ventral
Bauchspeichel/Pankreassaft pancreatic juice

Bauchspeicheldrüse/Pankreas pancreas
bauchständig ventrally located
Bauchstück/Sternit sternite
Bauchtasche ventral pouch
Bauchteil/Bauchschild/Brustplatte/ Sternum (Insekten) sternum, ventral plate
Bauholz (structural) timber, lumber
Baum tree
➤ **Formbaum/Formstrauch (*auch* Zierschnitt)** topiary
➤ **Forstbaum** forest tree
➤ **Heister (junger Laubbaum aus Baumschule)** sapling
➤ **Hochstamm (Wuchsform eines Baumes)** standard tree, standard
➤ **Laubbaum** broadleaf, broadleaf tree, hardwood, hardwood tree (*pl* broadleaves/hardwoods)
➤ **Nadelbaum/Konifere/Conifere** coniferous tree, conifer, softwood tree
➤ **Obstbaum** fruit tree, fruit-bearing tree
➤ **Parkbaum** park tree
➤ **Schnurbaum/Schnurspalierbaum/ Kordon** cordon
➤ **Schopfbaum** tree with terminally tufted leaves
➤ **Zierbaum** ornamental tree
➤ **Zwergbaum** dwarf tree
Baum *phyl/clad* tree
➤ **additiver Baum** additive tree
➤ **binärer Baum** binary tree
➤ **Cladogramm** cladogram
➤ **Dendrogramm** dendrogram
➤ **Genbaum/Genstammbaum** genetic tree, gene tree (phylogenetic tree)
➤ **gewurzelt (ungewurzelt)** rooted (unrooted)
➤ **Konsensusbaum/Konsensbaum** consensus tree
➤ **Phylogramm/ phylogenetischer Baum (metrischer Stammbaum)** phylogram, phylogenetic tree
➤ **Stammbaum** *allg* family tree; *clad* evolutionary tree, phylogenetic tree
➤ **ultrametrischer Baum** ultrametric tree
Baum des Lebens/ Stammbaum des Lebens *phyl* tree of life
baumartig treelike, arboreal; arboroid, dendroid, dentritic
baumartig verwachsen/ verzweigt/sich ausbreitend arborescent
Baumbestand tree stand, stand/number of trees
➤ **alter B.** old-growth forest
➤ **dichter Baumbestand** close-set stand, dense stand
baumbewohnend tree-dwelling, living in trees, arboreal, arboricolous
Bäumchen/Bäumlein sapling, small tree
Bäumchenschnecken/ Dendronotacea dendronotacean snails, dendronotaceans
Baumfarn tree fern
Baumfarngewächse (Cyatheaceae & Dicksoniaceae) tree fern family (cyathea family & dicksonia family)
Baumgarten orchard
Baumgrenze tree line (limit of tree growth); (Waldgrenze) timberline, forest line
Baumhain orchard, grove
Baumharz tree resin
Baumkrebs canker
Baumkrone treetop, crown
Baumkronenbereich canopy
Baumkunde/ Gehölzkunde/Dendrologie (*sensu stricto*: Taxonomie der Holzgewächse) dendrology
Baumliliengewächse/ Velloziagewächse/Velloziaceae vellozia family
baumlos treeless
Baumplantage tree farm, plantation
Baumsavanne tree savanna

Baumschicht tree stratum
Baumschnitt tree pruning
Baumschule tree nursery
Baumschwamm, konsolenförmiger/ Baumpilz
bracket fungus, shelf fungus, tree fungus
Baumstamm stem, trunk, bole
➤ **gefällter Baumstamm** log
Baumstumpf/Stubbe/Stock/Stumpen
tree stump, stub, "stool"
Baumstumpf/toter stehender Baum (in Sümpfen) snag
Baumsuchverfahren ***phyl*** tree search
Baumwipfel treetop
Baumwipfelzone (Wald) canopy
Baumwürgergewächse/ Spindelbaumgewächse/ Celastraceae
spindle-tree family, staff-tree family, bittersweet family
Baumzucht (speziell Ziersträucher/Zierbäume)
arboriculture
Baumzüchter arborist, arboriculturist
Bauplan body plan, construction, structure; blueprint
Baustein/Bauelement
building block
bazillär/Bazillen.../bazillenförmig/ stäbchenförmig
bacillary
beblättert in leaf, leaved, bearing leaves, foliar
Beblätterung/Belaubung foliation
bebrüten/brüten/inkubieren
brood, breed, incubate
Bebrütung/Bebrüten/Inkubation
incubation
Becherauge/Pigmentbecherauge
pigment cup eye, inverted eye
Becherchen/Helotiaceae
Helotium family
Becherfarne/Becherfarngewächse/ Cyatheaceae
cup fern family, tree fern family
becherförmig
cup-shaped, cyathiform
Becherfrüchtler/ Buchengewächse/Fagaceae
beech family
Becherglas/Zylinderglas beaker
Becherglaszange ***lab*** beaker tongs
Becherhaar/Trichobothrium
trichobothrium
Becherkätzchengewächse/ Garryaceae
silk-tassel tree family, silktassel-bush family
Becherkeim/Becherlarve/Gastrula
gastrula
Becherquallen/ Stielquallen/Stauromedusae
stauromedusas
Becherzelle/Schleimzelle
(mucus-producing) Goblet cell
Becken ***geol*** basin
Becken/Pelvis pelvis
Beckenboden pelvic floor
Beckengürtel
pelvic girdle, hip girdle
Beckenhöhle pelvic cavity
Beckenknochen (Darmbein & Sitzbein)
pelvic bone, pelvis (ilium & ischium)
Bedampfung/Bedampfen/ Aufdampfen ***micros*** vapor blasting
Bedampfungsanlage ***micros***
vaporization apparatus
Bedecktsamer/Decksamer/ Angiosperme
angiosperm, anthophyte
bedingt conditional
bedrohen ***ethol*** threaten
bedrohen/gefährden ***ecol*** endanger
bedroht ***ecol***
endangered (threatened by extinction)
bedroht ***ethol***
threatened (e.g., by an attack)
bedrohte Art ***ecol*** endangered species
Bedrohung threat; endangerment
Beere berry
➤ **Panzerbeere (Hesperidium und Kürbisfrucht, *siehe dort*)**
berry with hard rind (hesperidium and pepo/gourd)
➤ **Strauchbeeren/ Strauchbeerenobst** bush fruit
(*Ribes*: currents, gooseberries, etc.)
➤ **Zapfenbeere/Beerenzapfen** ***bot***
fleshy cone, „berry"

Beerenobst berries
Beerensträucher
fruit-bearing shrubs
Beerenverband/ Beerenfruchtstand
sorosis, fleshy multiple fruit
Beerenzapfen/Zapfenbeere
fleshy cone, "berry"
Beet bed, patch
➢ **Blumenbeet** flowerbed
➢ **Frühbeet/Anzuchtkasten (unbeheizt)** cold frame
➢ **Frühbeet/Mistbeet/ Treibbeet (beheizt)**
forcing bed, hotbed
➢ **Gemüsebeet**
(vegetable) patch
Befall (Schädlingsbefall)
infestation (with pests/parasites)
➢ **Wiederbefall** reinfestation
befallen (Schädlingsbefall)
infest (pests/parasites)
Befallsrate
degree/level/rate of infestation
Befestigungszone (Radnetz) ***arach***
strengthening zone,
notched zone
befeuchten
moisten, humidify, dampen
Befeuchtung moistening,
humidification, dampening
befranst fimbriate(d), fringed
Befriedungsgebärde
appeasement gesture
Befriedungsritual
appeasement ritual
befruchten fertilize, fecundate
befruchtet fertilized
➢ **unbefruchtet** unfertilized
Befruchtung (Fertilisation)
sensu stricto: fertilization
(pollination *see* Bestäubung);
(Fekundation) fecundation
Befruchtungsmembran
fertilization membrane
Befund findings, result;
(Gutachten) opinion, report
➢ **ärztlicher Befund**
medical findings/results;
(Diagnose) diagnosis;
(Befundschein) medical certificate
➢ **klinischer Befund**
clinical findings/results
➢ **ohne Befund** negative, normal
➢ **pathologischer Befund**
pathological findings
begasen fumigate
Begasung fumigation
begatten/paaren/kopulieren
mate, copulate
➢ **bespringen (begatten: Pferde etc.)**
mount, cover
➢ **treten (begatten: Hahn)** tread
Begattung/Kopulation
sexual union, copulation
Begattungsakt/Kopulationsakt/ Geschlechtsverkehr/Koitus
sexual intercourse, copulation, coitus
Begattungsaufforderung ***ethol***
soliciting behavior
Begattungsfaden (männl. Spinne)
mating line
Begattungsfuß/ Genitalfuß/Gonopodium
gonopodium, gonopod
Begattungsorgan (männliches)/Penis
copulatory organ,
intromittent organ, penis
Begattungstasche/Bursa copulatrix
genital pouch, bursa copulatrix
Begattungstasche/Sphragis
sphragis
Begattungsvorspiel
precopulatory rite,
precopulatory behavior
Begehung/Besichtigung (z.B. Geländebegehung)
inspection (on-site inspection)
begeißelt/flagellat flagellated
Begeißelung flagellation
Begleitprotein/Chaperonin/ molekulares Chaperon
chaperone protein,
chaperone, molecular chaperone
Begleitzelle ***bot*** companion cell
Begoniaceae/Schiefblattgewächse
begonia family
begrannt/Grannen tragend
awned, aristate
begrenzender Faktor/ limitierender Faktor/Grenzfaktor
limiting factor

Begrüßungsverhalten ***ethol***
greeting behavior
Begutachtungsverfahren (wissenschaftl. Manuskripte)
peer review
behaart (haarig) pilose, piliferous, piligerous, bearing hairs (hairy)
➤ **feinbehaart/flaumig**
pilose, downy, pubescent
➤ **rauhaarig/borstig** hirsute
➤ **seidenhaarig**
sericeous, sericate, silky
➤ **unbehaart/haarlos**
hairless, glabrous
➤ **weich behaart**
villose, villous, soft-haired
Behaarung hair, hairiness, pilosity; (Haarkleid/Indument) indumentum, hair-covering
➤ **Flaumbehaarung/Feinbehaarung**
pubescence
Behausung/Wohnquartier
dwelling
Behennussgewächse/ Bennussgewächse/ Moringagewächse/ Pferderettichgewächse/ Moringaceae
horseradish tree family
Behenöl ben oil, benne oil
Behensäure/Docosansäure
behenic acid, docosanoic acid
behuft/mit Hufen/Huf...
hoofed, hooved, ungulate
Beieierstock/Paroophoron
paroophoron
Beiknospe/akzessorische Knospe
accessory bud
Beiknospengruppe
eye cluster, bud cluster
Beimischung admixture
beimpfen/inokulieren inoculate
Beimpfung/Inokulation inoculation
Bein (Laufextremitäten) leg
➤ **Keule (Geflügel)** leg, drumstick
➤ **Knochen** bone
Beiname/zusätzliche Bezeichnung/ Zusatzbezeichnung/Epitheton (Artname/Artbezeichnung)
epithet (specific epithet)
Beintastler/Protura proturans
Beischilddrüse/Nebenschilddrüse/ Epithelkörperchen
parathyroid gland
Beischlaf cohabitation
beißen bite
beißend (z.B. mit Zähnen/Kiefer) biting; (Geruch/Geschmack) sharp, pungent, acrid
beißend-kauend (Mundwerkzeuge)
biting-chewing, mandibulate (mouthparts)
Beiwurzel/Nebenwurzel/ Adventivwurzel
supplementary root, adventitious root
beizen (Holz) stain; (Saatgut) dress (coat/treat with fungicides/pesticides)
Beizenfärbungsmittel/Beize
mordant
Beizmittel (zur Saatgutbehandlung)
fungicide treatment, pesticide treatment (of seeds)
Bekräftigung reinforcement
beladene Form (z.B. ATP)
loaded form
Belastbarkeit
stress tolerance, maximum stress, endurance
➤ **Grenze der ökologischen Belastbarkeit/Kapazitätsgrenze/ Umweltkapazität**
carrying capacity
belasten load, burden, charge; (belastet/verschmutzt) contaminate(d)
Belastung
(Traglast/Last) load, burden; (Gewicht) weight; (Verschmutzung) contamination
Belastungsfähigkeit/ Grenze der ökologischen Belastbarkeit/Kapazitätsgrenze
carrying capacity
Belastungsursache strain
Belastungszustand stress
Belaubung/Beblätterung foliation
Belaubung/Blattwerk foliage
beleben (belebt) animate(d)
➤ **unbelebt**
inaminate(d), lifeless, nonliving
➤ **wiederbeleben (wiederbelebt)**
reaminate(d)

Belebtschlamm/Rücklaufschlamm activated sludge
Belebtschlammbecken/ Belebungsbecken (Kläranlage) aeration tank
Belegexemplar voucher specimen
Belegknochen/Deckknochen/ Hautknochen dermal bone
Belegzelle (HCl-Produktion) *zool* parietal cell, oxyntic cell
Belegzelle (Holzparenchym) *bot* contact cell
Belemniten/Belemnitida belemnites
beleuchten illuminate
Beleuchtung illumination
➢ **Auflicht/Auflichtbeleuchtung** epiillumination, incident illumination
➢ **Durchlicht/Durchlichtbeleuchtung** transillumination, transmitted light illumination
➢ **Köhlersche Beleuchtung** Koehler illumination
➢ **künstliche Beleuchtung** artificial light(ing)
Beleuchtungsstärke illuminance
belichten (z.B. Film/Pflanzen) expose (to light)
Belichtung (z.B. Film/Pflanzen) exposure (to light)
bellen (Hunde) bark
Belohnung (Lockmittel der Blüte) reward
Beltsche Körperchen/ Futterkörper (Acacia) Beltian bodies, Belts' bodies, food bodies
belüften aerate
Belüftung aeration
Belüftungsbecken (Belebungs- becken) aeration tank, aerator
benachbart/angrenzend adjacent
benadelt bearing needles
Benadelung needle arrangement
Benennung/Bezeichnung/ Namengebung naming, designation, nomenclature
Benetzbarkeit wettability
benetzen wet
benigne/gutartig benign
Benignität/Gutartigkeit benignity, benign nature
Benthal/Bodenzone (von Gewässern) benthic zone
benthisch benthic
Benthos (Organismen des Benthal) benthos, benthos community
Benzoesäure (Benzoat) benzoic acid (benzoate)
Benzofuran/Cumaron benzofuran, coumarone
Benzol benzene
Berberitzengewächse/ Sauerdorngewächse/ Berberidaceae barberry family
beregnen (künstlich) sprinkle, spray
Beregnung/Bewässerung irrigation
➢ **von oben** overhead irrigation
➢ **künstliche** sprinkling irrigation
Beregnungsanlage/ Berieselungsanlage/Sprinkler sprinkler, sprinkler irrigation system
Bereicherungszone enrichment zone, paracladial zone
Bereinigung ***math/stat*** adjustment
Bereitschaftspotenzial readiness potential
Berghang mountainside, mountain slope
Bergheide upland moor, moorland, montane heathland
Bergkamm/Bergrücken/Berggrat mountain crest, mountain ridge
Bergkette mountain chain, mountain range
Bergpflanze/Gebirgspflanze/ Oreophyt/Orophyt orophyte (subalpine plant)
Bergregenwald montane rain forest
Bergschlucht ravine
Bergstufe/Bergwaldstufe/ montane Stufe montane zone, montane region
Bergwald ***allg*** mountain forest; (immergrüne Coniferenstufe) montane forest
Bergwiese/alpine Matte alpine meadow
berieseln sprinkle, spray; irrigate
Berieselung sprinkle irrigation

Berindung/Kortikation cortication
Beringung (z.B. Vögel)
banding (*Br* ringing)
Berlese-Apparat Berlese funnel
Berlocken/Glöckchen/ Appendices colli (Schaf/Ziege/Schwein) wattles
Bernstein amber
Bernsteinsäure (Succinat)
succinic acid (succinate)
Beruhigungsgeste/ Beschwichtigungsgeste
reassuring gesture
berühren touch, boarder
berührend
touching, boardering, contiguous
besamen/inseminieren inseminate
Besamung/Insemination/ Inseminierung/Samenübertragung
insemination
Besatzdichte stocking density
Beschaffenheit/Konsistenz
consistency
Beschäler/Schälhengst/Zuchthengst
stud, studhorse
Beschälseuche (*Trypanosoma equiperdum*)
dourine
beschallen/ mit Schallwellen behandeln
sonicate
Beschallung/Sonifikation/Sonikation
sonication
beschalt/kleidoisch shelled, cleidoic
beschaltes Ei/kleidoisches Ei
cleidoic egg, shelled egg, "land egg"
Beschattung *allg* shading;
(Schrägbedampfung bei TEM) shadowcasting
(rotary shadowing in TEM)
➢ **Metallbeschattung** metallizing
beschicken *micb* charge, feed
Beschleunigungsphase/Anfahrphase
acceleration phase
Beschleunigungsspannung (EM)
accelerating voltage
beschneiden cut, prune, pruning;
(Präputium/Clitoris) circumcise
Beschneiden cutting, pruning;
(Präputium/Clitoris) circumcision, circumcising
beschnuppern/beschnüffeln
smell at, sniff at, nuzzle
beschränkt/begrenzt/bestimmt (Wachstum)
determinate, restricted
➢ **unbeschränkt/unbegrenzt/ unbestimmt (Wachstum)**
indeterminate, indefinite, unrestricted
Beschwichtigung *ethol* reassurance
Beschwichtigungsgeste/ Beruhigungsgeste *ethol*
reassuring gesture
besiedeln/etablieren settle, establish
besiedeln/kolonisieren colonize
Besiedlung/Etablierung
settlement, establishment
Besiedlung/ Kolonisation/Kolonisierung *micb*
colonization
bespitzt/kleinspitzig/ mit aufgesetzter Spitze
blunt with a point
besprengen sprinkle
bespringen (begatten) mount, cover
besputtern *vb micros* (EM) sputter
Besputtern/Kathodenzerstäubung *n micros* (EM) sputtering
Besputterungsanlage *micros* (EM)
sputtering unit/appliance
Bestand population;
stand, standing crop, stock, number, quantity
beständig/resistent resistant
Beständigkeit/Resistenz resistance
Bestandsaufnahme
(to make an) inventory
Bestandsdichte/Populationsdichte
population density
Bestäuber pollinator
Bestäubung *sensu stricto*: pollination
(fertilization *see* Befruchtung)
➢ **Bienenbestäubung**
bee pollination, melittophily
➢ **Fledermausbestäubung/ Fledermausblütigkeit/ Chiropterophilie**
bat pollination, chiropterophily
➢ **Insektenbestäubung/ Insektenblütigkeit/Entomophilie**
insect pollination, entomophily

- ➢ **Käferbestäubung** beetle pollination, cantharophily
- ➢ **Mottenbestäubung** moth pollination, phalaenophily
- ➢ **Schmetterlingsbestäubung** butterfly pollination, psychophily
- ➢ **Schneckenbestäubung** snail pollination, malacophily
- ➢ **Tierbestäubung/Tierblütigkeit/Zoophilie** pollination by animal vectors, zoophily
- ➢ **Vogelbestäubung/Vogelblütigkeit/Ornithophilie** bird pollination, ornithophily
- ➢ **Wasserbestäubung/Wasserblütigkeit/Hydrophilie** pollination by water, hydrophily
- ➢ **Wespenbestäubung** wasp pollination, sphecophily
- ➢ **Windbestäubung/Windblütigkeit/Anemophilie** wind pollination, anemophily

Bestäubungstropfen/Befruchtungströpfchen pollination drop, pollination droplet

Bestaudung/Bestockung/Seitentriebbildung tillering, sprouting (at base)

bestehend (existierend) existing, extant; (bestehend aus) consisting of

bestellen ***agr*** **(Feld)** cultivate

Bestie/wildes Tier beast

bestimmen (Pflanzen/Tiere) identify

bestimmen ***chem*** determine, identify

Bestimmung (Pflanzen/Tiere) identification

Bestimmung/Determinierung/Determination determination

Bestimmungsbuch manual

Bestimmungsschlüssel key

- ➢ **zweigliedriger Bestimmungsschlüssel** dichotomous key

bestocken/bestauden reforest, reafforest

Bestockung/Bestandsdichte density of a stand

Bestockung/Seitentriebbildung/Bestaudung tillering, sprouting (at base)

Bestockung/Wiederaufforstung reforestation, reafforestation

Bestockungstrieb tiller, stalk/sprout (from base)

bestrahlen irradiate

Bestrahlung irradiation

Bestrahlungsintensität/Bestrahlungsdichte irradiance, fluence rate, radiation intensity, radiant-flux density

beta-Drehung/beta-Schleife (DNA/Proteine) beta turn, β turn

beta-Faltblatt beta-sheet, beta-pleated sheet

beta-Fass/beta-Rohr β barrel, beta-barrel

beta-Mäander β meander

beta-Schleife/β-Schleife/Haarnadelschleife/Winkelschleife/Umkehrschleife beta turn, β bend, hairpin loop, reverse turn

beta-Schleife/beta-Drehung (DNA/Proteine) beta-turn, β turn

Betain betaine, lycine, oxyneurine, trimethylglycine

betäuben/narkotisieren/anästhesieren stupefy, narcotize, anesthetize

betäubend/narkotisch/anästhetisch stupefacient, stupefying, narcotic, anesthetic

Betäubung/Narkose/Anästhesie stupefaction, narcosis, anesthesia

Betäubungsmittel/Narkosemittel/Anästhetikum stupefacient, narcotic, narcotizing agent, anesthetic, anesthetic agent

Betriebsstoffwechsel maintenance metabolism

Bettelverhalten begging behavior

Betulaceae/Birkengewächse birch family

Beuge flexure, bend
- ➢ **Armbeuge/Ellenbeuge** bend of the arm, crook of the arm, inside of the elbow, front of elbow
- ➢ **Brückenbeuge** ***embr*** pontine flexure
- ➢ **Hirnbeuge** ***embr*** cerebral flexure
- ➢ **Leistenbeuge/Leistengegend/ Inguinalgegend/Leiste/Hüftbeuge/ Regio inguinalis** groin, inguinal zone
- ➢ **Nackenbeuge** ***embr*** cervical flexure
- ➢ **Scheitelbeuge** ***embr*** cephalic flexure, cranial flexure

beugen (Muskel/Arm/Bein) flex, bend, curve back

Beuger/Flexor (Muskel) flexor

Beugung (Muskel) flexion

Beulenkrankheit (*Myxobolus pfeifferi*) boil disease

Beulenpest/Bubonenpest (*Yersinia pestis*) bubonic plague

Beute/Jagdbeute/Beutetier prey

Beutefesselfäden (Hyptiotes) ***arach*** swathing band (orb weavers)

Beutel/Brutbeutel/Marsupium pouch, marsupium

Beutel/Sack/Tasche/Bursa pouch, sac, sac-like cavity, pocket, bursa

Beutelknochen/Os marsupialis marsupial bone

Beutelsäuger/Metatheria/Didelphia pouched mammals, metatherians

Beuteltiere/Marsupialia marsupials, pouched mammals

Bevölkerung/Population population

Bevölkerungsdichte/ Populationsdichte/Abundanz population density

Bevölkerungsgröße/ Populationsgröße population size

Bevölkerungspyramide/ Populationspyramide population pyramid

Bevölkerungsschwankung/ Populationsschwankung fluctuation of population

Bevölkerungswachstum/ Populationszuwachs population growth

Bevölkerungszusammenbruch/ Populationszusammenbruch population crash

bewachen guard

bewahren/erhalten/preservieren preserve, keep, maintain

Bewahrung/Erhaltung/Preservierung preservation

bewaldet forested, wooded, arboreous

Bewässerung irrigation
- ➢ **Beregnung von oben** overhead irrigation
- ➢ **Beregnungsbewässerung** sprinkler irrigation
- ➢ **Bewässerung durch Überflutung** flood irrigation
- ➢ **Grabenbewässerung/ Furchenbewässerung** furrow irrigation
- ➢ **Rieselbewässerung** trickle irrigation
- ➢ **Schwallbewässerung** surge irrigation
- ➢ **Spritzbewässerung** sprinkler irrigation
- ➢ **Tropfbewässerung/ Tröpfchenbewässerung** drip irrigation

Bewässerungsgraben irrigation ditch

Bewässerungskultur irrigated crop

bewegen move

beweglich/mobil/vagil (Ortsveränderung des Gesamtorganismus) mobile, vagile, wandering

beweglich/motil/bewegungsfähig (Bewegung eines Körperteils) motile

Beweglichkeit/Mobilität/Vagilität (Ortsveränderung des Gesamtorganismus) mobility, vagility

Beweglichkeit/Motilität/ Bewegungsvermögen (Bewegung eines Körperteils) motility

Bewegung/Fortbewegung/ Lokomotion movement, motion, locomotion
➢ **Rotationsbewegung** rotational motion
➢ **saltatorische Bewegung** saltatory movement
➢ **Schwingungsbewegung** vibrational motion
➢ **Translationsbewegung** translational motion
Beweidung pasturing
Bewertung/Erfassung assessment
bewimpert/ zilientragend/cilientragend ciliated, bearing cilia, cilium-bearing, ciliferous
Bewimperung ciliation
bewohnbar inhabitable
➢ **unbewohnbar** uninhabitable
bewohnen inhabit, lodge, occupy, dwell, reside
Bewohner inhabitant, dweller
Bewuchs growth, cover, stand
➢ **unterer B. (Waldschicht)** undergrowth
bewurzeln root
Bewurzelung radication, rootage, rooting
bewusst ***psych*** conscious
➢ **unbewusst** unconscious, unknowing(ly)
bewusstlos/ohnmächtig sein unconscious (have fainted/have passed out)
bewusste Paarung/assortive Paarung assortive mating
Bewusstheit awareness
Bewusstsein consciousness
➢ **Bewusstlosigkeit** unconsciousness
Bezahnung/Zahnsystem (*siehe auch:* Gebiss oder Zahn) dentition
Bezeichnung/Benennung/Name/ Namensgebung (Nomenklatur) name, term, designation, nomenclature
➢ **zusätzliche B./Zusatzbezeichnung/ Beiname/Epitheton (Artbezeichnung/Artname)** epithet (specific epithet)
Bezeichnungssystem/Nomenklatur nomenclature
Bezoar (Magenkugel) bezoar (stomach ball/hair ball)
Bi-Bi-Reaktion (zwei Substrate/zwei Produkte) Bi Bi reaction
Bibergeil/Castoreum castor, castoreum
Bibliothek/Bank/Klonbank library, bank (clone bank)
➢ **Expressionsbibliothek** expression library
➢ **Genombibliothek** genomic library
➢ **subgenomische Bibliothek/ subgenomische Genbank** subgenomic library
➢ **subtraktive Genbank/ Subtraktionsbank/ Subtraktionsbibliothek** subtractive library
Biddersches Organ (Kröten) Bidder's organ
bidirektionale Replikation bidirectional replication
bidirektionaler Vektor dual promoter vector, bidirectional vector
Biegefestigkeit/Tragfähigkeit (Holz) bending strength
Biegesteifigkeit (Holz) bending resistance
biegsam flexible, pliable
Biegsamkeit flexibility, pliability; stiffness
Biene/Imme bee
➢ **Ammenbiene** nurse bee, nursery bee
➢ **Arbeitsbiene/Arbeiterin** worker bee
➢ **Drohne/Drohn** drone
➢ **Nachläuferin** follower bee
➢ **Sammelbiene/Sammlerin/ Flugbiene/Trachtbiene** forager, field bee, flying bee
➢ **Spurbiene/Kundschafter/ Pfadfinder** scout
➢ **Stockbiene** house bee
➢ **Wächterbiene/Wehrbiene** guard bee
➢ **Weisel/Bienenkönigin** queen bee

Bienenbrot/Cerago beebread, cerago
Bienenhaus/Bienenstand apiary, bee yard
Bienenhonig bee honey
Bienenkönigin/Weisel queen bee
Bienenkorb beehive, hive
Bienensprache bee language
Bienenstock/Bienenkorb (künstliche Behausung) beehive (artificial nest)
Bienentanz bee dance
- ➢ **Dauertanz** persistent dance
- ➢ **Drängeln** jostling dance, jostling run
- ➢ **Nachttanz** night dance
- ➢ **Rucktanz** jerk dance
- ➢ **Rumpellauf** bumping run
- ➢ **Rundtanz** round dance
- ➢ **Rütteltanz** shaking dance
- ➢ **Schütteltanz/Schüttelbewegung** vibrating dance, vibratory dance, dorsoventral abdominal vibrating dance (DVAV)
- ➢ **Schwänzeltanz** waggle dance, wagging dance, tail-wagging dance, figure-eight dance
- ➢ **Schwirrlauf** buzzing run, breaking dance
- ➢ **Sicheltanz** sickle dance (bowed figure 8)
- ➢ **Sterzeln** fanning with lifted abdomen (exposing Nasanov organ)
- ➢ **Trippeln** spasmodic dance
- ➢ **Zittertanz** tremble dance, trembling dance, quiver dance

Bienenvolk bee colony
Bienenwachs beeswax
Bienenzucht/Imkerei beekeeping, apiculture
Bienenzuchtbetrieb/Imkerei apiary
Bienenzüchter/Imker beekeeper, apiarist
Bienenzüchterei (Lehre/Studium der Bienenzucht) apiology
Biestmilch/Vormilch/Kolostralmilch/Colostrum foremilk, colostrum
bifazial/zweiseitig/dorsiventral/zygomorph bifacial, dorsiventral, zygomorph
bifunktionaler Vektor/Schaukelvektor bifunctional vector, shuttle vector
Big-Bang-Fortpflanzung/Big-Bang-Reproduktion/Semelparitie big-bang reproduction, semelparity
Bignoniengewächse/Trompetenbaumgewächse/Bignoniaceae bignonia family, trumpet-creeper family, trumpet-vine family
Bilanz (Energiebilanz/Stoffwechselbilanz) balance
Bilateralfurchung/bilaterale Furchung bilateral cleavage
Bilateralsymmetrie bilateral symmetry
Bilateria/Zweiseitentiere bilaterians
- ➢ **Neumünder/Neumundtiere/Zweitmünder/Deuterostomia** deuterostomes
- ➢ **Urmünder/Urmundtiere/Erstmünder/Protostomia** protostomes

Bild picture, image
- ➢ **elektronenmikroskopisches Bild/elektronenmikroskopische Aufnahme** electron micrograph
- ➢ **Endbild** ***micros*** final image
- ➢ **mikroskopisches Bild/mikroskopische Aufnahme** microscopic image, microscopic picture, micrograph
- ➢ **reelles Bild** ***micros*** real image
- ➢ **virtuelles Bild** ***micros*** virtual image

bilden (entwickeln) (z.B. Gase/Dämpfe) generate (develop)
Bildpunkt ***opt*** image point
Bildungsgewebe/Meristem meristem
Bildungsplasma/Eiplasma/Ooplasma ooplasm
Bilharziose/Schistosomiasis (*Schistosoma* spp.) bilharziosis, schistosomiasis, blood fluke disease

bimodale Verteilung bimodal distribution, two-mode distribution
binäre/binominale Nomenklatur (zweigliedrige Bezeichnung) binary/binomial nomenclature
Bindegewebe connective tissue
Bindegewebshülle/Faszie fascia (ensheating band of connective tissue)
Bindegewebshülle/Sklera/Sclera sclera
Bindeglied (Brückentier) connecting link
binden *chem* bond, link
Bindung *chem* bond, linkage
- ➢ **Atombindung** atomic bond
- ➢ **chemische Bindung** chemical bond
- ➢ **Disulfidbindung (Disulfidbrücke)** disulfide bond, disulfide bridge
- ➢ **Doppelbindung** double bond
- ➢ **Dreifachbindung** triple bond
- ➢ **energiereiche Bindung** high energy bond
- ➢ **glykosidische Bindung** glycosidic bond/linkage
- ➢ **heteropolare Bindung** heteropolar bond
- ➢ **homopolare Bindung** homopolar bond, nonpolar bond
- ➢ **hydrophile Bindung** hydrophilic bond
- ➢ **hydrophobe Bindung** hydrophobic bond
- ➢ **Ionenbindung** ionic bond
- ➢ **Kohlenstoffbindung** carbon bond
- ➢ **konjugierte Bindung** conjugated bond
- ➢ **kooperative Bindung** cooperative binding
- ➢ **kovalente Bindung** covalent bond
- ➢ **Mehrfachbindung** multiple bond
- ➢ **Peptidbindung** peptide bond, peptide linkage

Bindungsenergie binding energy, bond energy
Bindungskurve binding curve
Bindungswinkel bond angle
Binneneber/Spitzeber cryptorchid pig
Binnengewässer inland waterbody
Binnenklima/ Kontinentalklima/Landklima continental climate
Binnenmeer (Salzwasser)/ Binnensee (Süßwasser) inland sea
Binokular binoculars
Binomialverteilung binomial distribution
binomische Formel binomial formula
binsenartig rushy, rushlike, juncaceaous
binsenförmig rush-shaped, junciform
Binsengewächse/Juncaceae rush family
bioanorganisch bioinorganic
Bioäquivalenz bioequivalence
Biochemie biochemistry
biochemischer Sauerstoffbedarf/ biologischer Sauerstoffbedarf (BSB) biochemical oxygen demand, biological oxygen demand (BOD)
Biochorion/Choriotop biochore
Biocönose/Biozönose/Biozön biocenosis
Biodegradation/biologischer Abbau biodegradation
Bioenergetik bioenergetics
Bioethik bioethics
biogen biogenic
biogenetische Regel/ biogenetisches Grundgesetz biogenetic law/principle, Haeckel's law
Biogeographie biogeography
Biogeozönose biogeocoenosis
Bioindikator/Indikatorart/Zeigerart/ Indikatororganismus bioindicator, indicator species
Biolistik biolistics, microprojectile bombardment
Biologe/Biologin biologist, bioscientist, life scientist
Biologie/Biowissenschaften biology, bioscience, life sciences

biologisch/biotisch biologic(al), biotic
biologisch abbaubar biodegradable
biologische Abbaubarkeit biodegradability
biologische Art biological species
biologische Kriegsführung biological warfare, biowarfare
biologische Membran biomembrane
biologische Schädlingsbekämpfung biological pest control
biologische Sicherheit(smaßnahmen) biological containment
biologische Uhr biological clock
biologische Verfahrenstechnik/ Biotechnik/Bioingenieurwesen bioengineering
biologischer Abbau/Biodegradation biodegradation
biologischer Kampfstoff biological warfare agent
biologischer Sauerstoffbedarf/ biochemischer Sauerstoffbedarf (BSB) biological oxygen demand, biochemical oxygen demand (BOD)
biologischer Test bioassay, biological assay
biologisches Gleichgewicht biological equilibrium
Biolumineszenz bioluminescence
Biom/Bioformation biome (biogeographical region/formation)
Biomasse biomass
Biomathematik biomathematics
Biomechanik biomechanics
Biomedizin biomedicine
Biometrie biometry, biometrics
Biomolekül biomolecule
Bionik bionics
Biophysik biophysics
Bioreaktor (Reaktortypen *siehe* Reaktor) bioreactor
Biorhythmik biorhythmicity
Biorhythmus biorhythm
Biosphäre biosphere
Biostatik biostatics
Biostatistik biostatistics
Biosynthese biosynthesis
Biosynthesereaktion biosynthetic reaction (anabolic reaction)
biosynthetisch biosynthetic(al)
biosynthetisieren biosynthesize
Biotechnik/ biologische Verfahrenstechnik/ Bioingenieurwesen bioengineering
Biotechnologie biotechnology
Biotin (Vitamin H) biotin (vitamin H)
Biotin-Markierung/Biotinylierung biotin labelling, biotinylation
biotisch/biologisch biotic, biological
➢ **abiotisch** abiotic
➢ **präbiotisch** prebiotic
Biotop/Lebensraum biotope, life zone
biotopfremd/bodenfremd allochthonous
Biotopprägung habitat imprinting
Biotransformation/Biokonversion biotransformation, bioconversion
Bioverfügbarkeit bioavailability
Biowissenschaft bioscience (meist *pl* biosciences), life science (meist *pl* life sciences)
Biozid biocide
Biozön/Biozönose/Biocönose/ Lebensgemeinschaft/ Organismengemeinschaft biocenosis, biotic community
biparental biparental
biped/bipedisch/ zweibeinig/zweifüßig bipedal
Bipedie/Bipedität/ Zweibeinigkeit/Zweifüßigkeit bipedalism, bipedality
Bipolarzelle bipolar cell
Birkengewächse/Betulaceae birch family
birnenförmig pear-shaped, pyriform
birnenförmiges Organ (Bryozoen) pyriform organ, piriform organ
bispezifischer Antikörper hybrid antibody, bispecific antibody
Biss bite

Bisubstratreaktion/ Zweisubstratreaktion bisubstrate reaction
> **Bi-Bi-Reaktion (zwei Substrate/zwei Produkte)** Bi Bi reaction
> **doppelte Verdrängungsreaktion/ Doppel-Verdrängung (Pingpong-Reaktion)** double displacement reaction (ping-pong reaction)
> **einfache Verdrängungsreaktion/ Einzel-Verdrängung** single displacement reaction
> **zufällige Verdrängungsreaktion/ nicht-determinierte Verdrängungsreaktion** random displacement reaction
> **geordnete Verdrängungsreaktion** ordered displacement reaction

bitter bitter
Bittereschengewächse/ Bitterholzgewächse/ Simaroubaceae quassia family
Bitterkeit bitterness
Bitterkleegewächse/ Fieberkleegewächse/ Menyanthaceae bogbean family
Bitterstoffe bitters
bivalent bivalent
Biwak (Wanderameisen) bivouac
Bixaceae/Annattogewächse annatto family, bixa family
bizistronisch/bicistronisch bicistronic
blähen bloat
Blähschlamm bulking sludge
Blähungen/Flatulenz bloating, gas
Bläschen/Vesikel vesicle
bläschenartig bubblelike, bullate
Bläschendrüse/Samenblase/ Samenbläschen/ Glandula vesiculosa (♂ akzessorische Drüse) vesicular gland, seminal gland, seminal vesicle
bläschenförmig bubble-shaped, bulliform
Blase bladder; (Ampulle: *Utricularia*) bladder, ampulla
> **Luftblase** bubble

Blasen-Linker-PCR *gen* bubble linker PCR
blasenartig/blasenförmig bladderlike, bladdery, utriculate, utricular
> **vesikulär** bladderlike, vesicular

Blasenauge retinal cup eye, everted eye
Blasenbinsengewächse/ Blumenbinsengewächse/ Scheuchzeriaceae pod-grass family, scheuchzeria family
Blasenfüße/Fransenflügler/ Thripse/Thysanoptera thrips
Blasenhaar bladder hair
Blasenkeim/Keimblase/Blastula blastula
Blasenmole/Mole (entartete Frucht) *med* mole
Blasensäulen-Reaktor bubble column reactor
Blasensprung rupture of fetal membranes/ amniotic membrane, rupture of bag of waters
blasentreibend/blasenziehend vesicating, vesicant
Blasenwurm/Finne/Cysticercus (Bandwurmlarve) bladderworm, cysticercus
Blasenzelle bladder cell
blasig bullous, with blisters, vesiculate
Blasloch/Spritzloch/Spiraculum (Wale) blowhole, vent, spiracle
Blastocöl blastocoel, blastocoele
Blastocyste/Blastozyste/ Keimbläschen blastocyst
Blastoderm/Keimscheibe blastoderm
Blastoporus/Protostom/Urmund blastopore, protostoma
Blastostyle (Fruchtpolyp) blastostyle (reduced gonozooid)
Blastozooid blastozooid
Blastozyste/Blastocyste/ Keimbläschen blastocyst
Blastula-Höhle/ Blastocöl/primäre Leibeshöhle blastocoel, blastocele

Blatt (*pl* Blätter) *bot* leaf (*pl* leaves)
- **Amphigastrium/Bauchblatt („Unterblatt")** amphigastrium, ventral leaf, underleaf
- **Blumenhüllblatt/Blütenkelchblatt/Kelchblatt** sepals
- **Blütenkelchblatt/Kelchblatt/Blumenhüllblatt/Sepale** sepals
- **Deckblatt/Tragblatt (Blüte)** bract, subtending bract
- **Fahnenblatt/Fähnchenblatt** flag leaf
- **Fallenblatt** trap leaf
- **Farnblatt (eingerolltes junges)** crozier, fiddlehead
- **Fiederblatt (ganzes!)** compound leaf, divided leaf
- **Fiederblättchen (ersten Grades)** pinna
- **Fiederblättchen (zweiten Grades)** pinnule, pinnula
- **Fiederchen/Pinnula** pinnule
- **Folgeblatt/Laubblatt** foliage leaf; metaphyll
- **Fruchtblatt/Karpell/Carpell** carpel
- **gefenstertes Blatt** fenestrated leaf
- **herunterhängendes Blatt** drooping leaf
- **Hochblatt *allg*** hypsophyll
- **Hochblatt/Braktee** floral bract
- **Honigblatt** nectariferous leaf
- **Involukralblatt/Involukralschuppe** phyllary, involucral bract
- **Kannenblatt/Schlauchblatt** pitcher leaf, ascidiate leaf
- **Karpell/Fruchtblatt** carpel
- **Keimblatt/Keimschicht *embr*** germ layer
- **Keimblatt/Kotyledone/Cotyledone** cotyledon, seminal leaf
- **Keimblattscheide/Keimscheide/Koleoptile/Coleoptile** coleoptile, plumule sheath
- **Kelchblatt/Blütenkelchblatt/Blumenhüllblatt/Sepale/Sepalum** sepal
- **Kotyledone/Cotyledone/Keimblatt** cotyledon, seminal leaf
- **Laubblatt/Folgeblatt** foliage leaf
- **Liesche/Lieschenblatt (Hüllblatt an Maiskolben)** (corn) husk
- **Mantelblatt/Nischenblatt** nest leaf
- **Nebenblatt/Stipel** stipule
- **Nektarblatt/Honigblatt** nectar leaf, honey leaf
- **Niederblatt** cataphyll (a bud scale/scale leaf/bulb scale or cotyledon)
- **Nischenblatt/Mantelblatt** nest leaf
- **Oberblatt (Blattspreite & Blattstiel)** leaf blade and leaf stalk
- **Phyllodium/Blattstielblatt** phyllode
- **Prophyll/Vorblatt** prophyll, first leaf
- **Samenblatt/Makrosporophyll** macrosporophyll
- **Schattenblatt** shade leaf, sciophyll
- **Schildblatt/peltates Blatt** peltate leaf
- **Schlauchblatt (*Genlisea*)** lobster pot
- **Schlauchblatt/Kannenblatt (*Nepenthes*)** siphonaceous leaf, ascidiform leaf, ascidium, pitcher-leaf
- **schneckenhausförmig eingerolltes junges Farnblatt** fiddlehead, crozier
- **Schwimmblatt** floating leaf
- **Sonnenblatt/Lichtblatt** sun leaf
- **Spreublatt/Spreuschuppe** ramentum, chaffy scale, palea, palet, pale
- **Staubblatt** stamen
- **Tragblatt/Deckblatt** bract, subtending bract
- **Tragblatt zweiter Ordnung/Tragschuppe/Deckschuppe/Brakteole** bract-scale, bracteole, bractlet, secondary bract
- **Trichterblatt** funnel leaf
- **Unterblatt** underleaf, hypophyll
- **Unterblatt/Bauchblatt/Amphigastrium** underleaf, ventral leaf, amphigastrium

➢ **Urnenblatt (*Dischidia*)**
urn-shaped leaf, pouch leaf, "flower pot" leaf
➢ **Vorblatt/Bracteola**
secondary bract, bracteole, bractlet
➢ **Vorblatt/Prophyll**
first leaf, prophyll
➢ **Wasserblatt** submerged leaf
➢ **zusammengesetztes Blatt**
compound leaf
➢ **Zwischenblatt** metaxyphyll
Blattabwurf abscission
Blattachse leaf axis
Blattachse eines gefiederten Blattes/ Rhachis/Blattspindel
rachis (midrib of compound leaf)
Blattachsel leaf axil
Blattader/Blattnerv/Blattrippe
leaf vein, leaf rib
Blattaderung/Blattnervatur/ Blattnervation/Blattvenation
leaf venation
➢ **bogenförmige B./Bogennervatur**
arched/arciform/arcuate venation
➢ **fiederförmige B./Fiedernervatur/ Fiederaderung** striate venation
➢ **fingerförmige Blattaderung (fingernervig/handnervig)**
digitate venation
➢ **gabelige Blattaderung/ Gabeladerung**
dichotomous venation
➢ **geschlossene B.** closed venation
➢ **netzförmige B./Netznervatur**
reticulate venation, net venation
➢ **offene Blattaderung** open venation
➢ **parallele B./Parallelnervatur**
parallel venation
➢ **streifenförmige Blattaderung/ Längsnervatur/Streifenaderung**
striate venation
Blattanlage/Blattprimordium
leaf primordium
Blattanordnung/Blattstellung
leaf arrangement
blattartig/blattförmig
leaf-like, phylloid, phylloidal, foliaceous, foliose
Blattausschüttung/ Laubausschüttung
leaf flushing
Blattaustrieb
production of leaves, coming into leaf
Blattbasis leaf base
Blattbein/ Phyllopodium (*pl* Phyllopodien)
phyllopod
Blattbeine/Blattfüße/Kiemenbeine/ Buchkiemen (dichtstehende Kiemenlamellen: Xiphosuriden)
book gills (gill book)
Blattbildung foliation
Blattbündel leaf bundle
blattbürtig leaf-borne
Blättchen leaflet
➢ **Fiederblättchen**
pinna (leaflet of pinnate leaf)
Blattdorn spine
Blattdüngung foliar feeding
Blattentfaltung
leafing, unfolding of leaves
Blattentstehung leaf origin
Blattentwicklung foliation,
leaf development/ontogeny
Blätterdach (Wald) (forest) canopy
Blättermagen/Vormagen/Omasus/ Psalter (Wiederkäuer)
third stomach, omasum, manyplies, psalterium
Blätterpilz/Lamellenpilz
gill fungus, gill mushroom
Blattfall/Laubfall
leaf abscission, shedding of leaves; (frühzeitiger) leaf drop
Blattflächenindex (BFI)
leaf area index (LAI)
Blattflächenverhältnis (BFV)
leaf area ratio (LAR)
Blattflechten/Laubflechten
foliose lichens
Blattfolge am Spross
phyllotaxy, phyllotaxis, leaf sequence (relation of leaves on stem)
Blattform leaf shape *(Blattformen im Englisch-Deutsch Teil unter: leaf shape)*
blattfressend/blätterfressend
leaf-eating, folivorous
Blattfüße/Blattbeine/Kiemenbeine/ Buchkiemen (dichtstehende Kiemenlamellen: Xiphosuriden)
book gills (gill book)

Blattfußkrebse/Kiemenfüßer/ Phyllopoda/Branchiopoda phyllopods
Blattgalle leaf gall
Blattgemüse leaf vegetable, leafy vegetable; (gekochtes B.) potherbs
Blattgrün foliage green
Blattgrund leaf base
Blatthäutchen/Ligula (Gräser) ligule
Blatthöcker (frühe Blattanlage) leaf buttress
Blattkieme/Lamellibranchie/ Eulamellibranchie lamellar gill, sheet gill, lamellibranch, eulamellibranch
Blattkiemer/Lamellenkiemer/ Eulamellibranchia eulamellibranch bivalves
Blattkissen/Blattpolster/ Gelenkpolster/Pulvinus leaf cushion, leaf pulvinus
Blattknospe/Laubknospe foliage bud
Blattknospenlage/Vernation vernation, ptyxis, prefoliation
Blattkräuselkrankheit lead curl, leaf roll, crinkle
Blattlage in Knospe/Vernation vernation, ptyxis, prefoliation
Blattläuse/Aphidina aphids
blattlos leafless, aphyllous
Blattlosigkeit/Aphyllie aphylly, absence of leaves
Blattlücke leaf gap, foliar gap
Blattnarbe leaf scar
Blattnerv/Blattader/Blattrippe leaf vein, leaf rib
Blattnervatur leaf venation (*siehe* Blattaderung)
Blattoberfläche leaf surface
Blattoberseite upper/superior/adaxial leaf surface
Blattöhrchen/Auricula (Gräser) auricle
Blattorgan/Phyllom phyllome
Blattpolster/Blattkissen/ Gelenkpolster/Pulvinus leaf pulvinus, leaf cushion
Blattrand leaf margin, leaf edge
Blattranke leaf tendril
blättrig/ plättchenartig geschichtet laminar, laminiform, laminous
Blattrippe leaf rib, leaf vein
Blattroller (Insekt) leaf-roller, leaf-tier
Blattrosette rosette of leaves, whorl of leaves
Blattscheide leaf sheath
Blattschneider leaf cutter
Blattschopf comal tuft
Blattspindel/Rhachis rachis
Blattspitze leaf tip, leaf apex
Blattspreite leaf blade, leaf lamina (*verschiedene Formen der Blattspreite im Englisch-Deutsch Teil unter*: leaf shape)
Blattspreitengrund/ Blattspreitenbasis base of leaf blade
Blattspreitenrand margin/edge of leaf blade, leaf blade margin/edge
Blattspreitenspitze leaf apex
Blattspur leaf trace, foliar trace
Blattspurlücke leaf trace gap
Blattspurstrang/Blattspurbündel leaf trace bundle
Blattsteckling leaf cutting
Blattstellung/Blattanordnung/ Beblätterung/Phyllotaxis phyllotaxis, phyllotaxy, leaf arrangement/position
➤ **gedrängte Blattstellung** crowded leaf arrangement
➤ **gegenständige Blattstellung** opposite leaf arrangement
➤ **kreuzgegenständige Blattstellung (dekussiert)** decussate leaf arrangement
➤ **schraubige Blattstellung** spiral leaf arrangement
➤ **wechselständige Blattstellung** alternate leaf arrangement
➤ **wirtelige/quirlige Blattstellung** whorled leaf arrangement
➤ **zerstreute B. (dispers)** scattered leaf arrangement
➤ **zweizeilige B. (distich)** distichous, distichate, two-ranked/ two-rowed leaf arrangement

Blattstiel *allg* leaf stalk, petiole
Blattstiel (Algen/Farne/Palmen) stipe
Blattstiel (an gefiedertem Blatt)/ Rhachis rachis
Blattstielkissen/Blattkissen/ Blattpolster/Gelenkpolster/ Pulvinus leaf pulvinus, leaf cushion
Blattstreu leaf litter
Blattunterseite lower/abaxial leaf surface
Blattwedel frond
blattwerfend deciduous, leaf-dropping
Blattwerk/Belaubung/Beblätterung foliage
Blaualgen/ Cyanophyceae/Cyanobakterien bluegreen algae, cyanobacteria
blaugrün glaucous
Blaukorallen/ Coenothecalia/Helioporida blue corals
bläulich-grün glaucous
Blausäure/Zyanwasserstoff hydrogen cyanide, hydrocyanic acid, prussic acid
Blechnaceae/Rippenfarngewächse blechnum family, deer fern family
Blei (Pb) lead
bleich/blass pale
Bleiche *chem* bleach
Bleiche/bleiche Farbe/Blässe paleness
bleichen/ausbleichen (*aktiv*: weiss machen/aufhellen) bleach
Bleiregion *limn* bream zone
Bleiwurzgewächse/ Grasnelkengewächse/ Plumbaginaceae sea lavender family, leadwort family, plumbago family
Blende/Diaphragma *micros* diaphragm
Blende/Öffnung/Apertur *micros* aperture
Blendenöffnung *micros* diaphragm aperture
Blepharoplast/Kinetosom/ Basalkörper blepharoplast, blepharoblast, mastigosome, kinetosome, flagellar basal granule/ corpuscle/body
Blesse (z.B. Pferd) blaze (white stripe)
Blickfeld/Sehfeld/Gesichtsfeld field of view, scope of view, field of vision, range of vision, visual field
Blinddarm/ Darmdivertikulum/Caecum blind-ended diverticulum, cecum
Blinddarmkot/Vitaminkot (Hasen) reingested soft/greenish pellets
blinder Fleck blind spot (optic disk)
Blindheit blindness
Blindsack/Divertikulum diverticulum
Blindwert blank
Blindwühlen/Gymnophiona/ Caecilia/Apoda gymnophionas, caecilians, wormlike amphibians (legless)
Blinzelhaut/Nickhaut nictitating membrane, third eyelid
Blinzknorpel *orn* cartilage of third eyelid
Blockhalter *micros* block holder
Blockierungsreagens blocking reagent
Blockverfahren block synthesis
blöken bleat
Blothybridisierung blot hybridization
blotten (klecksen/Flecken machen/ beflecken) blot
Blotten/Blotting blotting, blot transfer
- **Affinitäts-Blotting** affinity blotting
- **Alkali-Blotting** alkali blotting
- **Diffusionsblotting** capillary blotting
- **genomisches Blotting** genomic blotting
- **Liganden-Blotting** ligand blotting
- **Nassblotten** wet blotting
- **Trockenblotten** dry blotting

Blotting-Elektrophorese/ Direkttransfer-Elektrophorese direct blotting electrophoresis, direct transfer electrophoresis
blühen flower, bloom
Blühinduktion/Evocation evocation
Blühphase bloom stage, blooming stage
Blühreife (*Klebs*) (ripeness to flower) ripeness to respond
Blümchen/Blütchen/kleine Blüte floret, tiny flower
Blümchen/Pflänzchen plantlet
Blume (Blüte/Anthium) flower, blossom; (Pflanze) flower, plant
- ➢ **Aasblume** carrion flower
- ➢ **Einzelblüte** solitary flower, single flower
- ➢ **Fallenblume/Fallenblüte** trap blossom, trap flower, prison flower, pitcher plant
- ➢ **Gallenblüte (Feigen)** gall flower (figs)
- ➢ **Kesselfallenblume/ Gleitfallenblume** pitfall trap, slippery-trap flower, slippery-slide flytrap
- ➢ **Klemmfallenblume/ Klemmfallenblüte** pinch-trap flower
- ➢ **Merianthium/Teilblume** merianthium, partial flower
- ➢ **Napfblume** bowl-shaped flower
- ➢ **Röhrenblüte (verwachsene Kronblätter)** corolla tube, tubular corolla
- ➢ **Röhrenblüte/Scheibenblüte (Asterales)** disk flower, disk floret, tubular flower
- ➢ **Schnittblumen** cut flowers
- ➢ **Staubblüte/männliche Blüte** staminate flower, male flower
- ➢ **Stempelblüte/weibliche Blüte** carpellate/pistillate flower, female flower
- ➢ **Strahlenblüte (Zungenblüte)** ray floret, ligulate flower
- ➢ **Strohblume/Trockenblume** strawflower
- ➢ **Täuschblume** deceptive flower
- ➢ **Teilblume/Merianthium** partial flower, merianthium
- ➢ **Trichterblüte** funnel-shaped corolla, funnel-shaped flower
- ➢ **unvollständige Blüte** incomplete flower
- ➢ **vollständige Blüte** complete flower
- ➢ **Zungenblüte (Strahlblüte)** ray flower, ray floret
- ➢ **zweigeschlechtige Blüte/ Zwitterblüte** bisexual flower, hermaphroditic flower, perfect flower

Blumenbeet flowerbed
Blumenbinsengewächse/ Blasenbinsengewächse/ Scheuchzeriaceae pod-grass family, scheuchzeria family
Blumenhändler florist
Blumenhüllblatt/Blütenkelchblatt/ Kelchblatt sepals
Blumenkrone/Krone/Corolla corolla
Blumennesselgewächse/Loasaceae loasa family
Blumenrohrgewächse/Cannaceae canna family, Queensland arrowroot family
Blumenschau horticultural show/exhibit
Blumentiere/Blumenpolypen/ Anthozoen flower animals, anthozoans
Blumentopf flower pot
Blumenzucht floriculture
Blumenzüchter/Blumengärtner floriculturist
Blumenzwiebel bulb
Blut blood
- ➢ **Frischblut** fresh blood
- ➢ **Nativblut** native blood
- ➢ **Okkultblut/okkultes Blut** occult blood
- ➢ **Vollblut** whole blood

Blut-Ersatz blood substitute
Blut-Hirn-Schranke blood-brain barrier

Blutagar blood agar
„Blutarmut"/Anämie anemia
➢ **bösartige Blutarmut/ perniziöse Anämie** pernicious anemia
Blutausstrich ***micros*** blood smear
Blutbank blood bank
Blutbild/Blutstatus/Hämatogramm blood count, hematogram
Blutbildung/Blutzellbildung/ Hämatopoese/Haematopoese hematopoiesis
Blutdruck blood pressure
Blüte/Blume flower, blossom
➢ **Aasblume** carrion flower
➢ **eingeschlechtige Blüte** unisexual flower, imperfect flower
➢ **Einzelblüte** solitary flower, single flower
➢ **Fallenblüte** trap blossom, trap flower, prison flower
➢ **Gallenblüte (Feigen)** gall flower
➢ **Klemmfallenblüte** pinch-trap flower
➢ **Merianthium/Teilblume** merianthium, partial flower
➢ **Napfblume** bowl-shaped flower
➢ **radiäre Blüte/strahlenförmige Blüte** radial flower, actinomorphic flower, regular flower
➢ **Röhrenblüte (verwachsene Kronblätter)** corolla tube, tubular corolla
➢ **Röhrenblüte/ Scheibenblüte (Asterales)** disk flower, disk floret, tubular flower
➢ **Staubblüte/männliche Blüte** staminate flower, male flower
➢ **Stempelblüte/weibliche Blüte** carpellate flower, pistillate flower, female flower
➢ **Strahlenblüte (Zungenblüte)** ray floret, ligulate flower
➢ **Täuschblume** deceptive flower
➢ **Teilblume/Merianthium** partial flower, merianthium
➢ **Trichterblüte** funnel-shaped corolla, funnel-shaped flower
➢ **unvollständige Blüte** incomplete flower
➢ **vollständige Blüte** complete flower
➢ **Zungenblüte (Strahlblüte)** ray flower, ray floret
➢ **zwittrige Blüte/ zweigeschlechtige Blüte/ Zwitterblüte** bisexual flower, hermaphroditic flower, perfect flower
Blutegel/Hirudineen/Hirudinida leeches, hirudineans
bluten ***vb*** bleed
Bluten ***n*** bleeding; (Pflanzenwunde) bleeding
Blütenachse/Torus/Blütenboden receptacle, torus
➢ **vergrößerte Blütenachse/ scheibenförmige B.** hypanthium
Blütenährchen spikelet, spicule
Blütenbasis receptacle
Blütenbau flower structure
Blütenbecher/Cupula/Kupula flower cup, floral cup, cupule, cupula
Blütenbiologie floral biology
Blütenblätter floral leaves
Blütenboden/Blütenachse/Torus receptacle, torus
➢ **vergrößerter B./ scheibenförmiger B.** hypanthium
Blütendiagramm flower diagram, floral diagram
Blütenduft flower scent, flower perfume
Blütenentfaltung anthesis
Blütenfall flower abscission
Blütenhüllblätter, gleichartige tepals
Blütenhüllkreis/Blütenhüllblattkreis/ Blütenhülle (differenzierter B./ Perianth) perianth; (einheitlicher B./ Perigon) perigon(e), perigonium
Blütenkelch (aus Sepalen) calyx
Blütenkelchblatt/Kelchblatt/ Blumenhüllblatt/Sepale sepal
Blütenknäuel glomerule, flower cluster
Blütenknospe flower bud, floral bud
Blütenkolben/Spadix spadix

Blütenköpfchen capitulum, flower head
Blütenkronblatt (*siehe:* Kronblätter) petal
Blütenkrone/Korolle corolla
blütenlos ananthous, flowerless
Blütenmal floral guide
Blütenökologie pollination ecology, anthecology
Blütenorgan flower organ
Blütenpflanze flowering plant, angiosperm, anthophyte
Blütenrispe/Rispe panicle
Blütenröhre/Röhrenblüte (Kronblätter) corolla tube, tubular corolla; (Blütenboden) hypanthium, floral tube
Blütenschaft peduncle, flower stalk; (blattlos) scape, leafless stalk
Blütenscheide/Spatha spathe
blütenscheidenartig/-förmig spathaceous, spathal
Blütenschlund flower funnel
Blütenschopf flower tuft
Blütenstand/Infloreszenz inflorescence
Blütenstandsstiel peduncle
Blütenstaub/Pollen pollen
Blütenstengel flower stalk
Blütenstiel flower stalk, peduncle; (B. einzelner Blüte in Blütenstand) pedicel; (B. einzelner Grasblüte) rachilla
Blütentange/Podostemaceae riverweed family
Blütenzapfen cone, flower cone
Blütenzweig flowering branch; (kleiner Blütenzweig) spray
Bluter bleeder, hemophiliac
Bluterguss/Hämatom bruise, hematoma
Bluterkrankheit/Hämophilie bleeder's disease, hemophilia
Blütezeit/Anthese/Floreszenz flowering period, anthesis, florescence
Blutfaktor blood factor
Blutfarbstoff/Hämoglobin hemoglobin
Blutfaserstoff/Fibrin fibrin
Blutgefäß/Ader blood vessel
Blutgerinnsel/Blutkoagulum blood clot
Blutgerinnung blood clotting
Blutgerinnungsfaktoren blood clotting factors
Blutgerinnungskaskade blood clotting cascade
Blutgifte/Hämotoxine hemotoxins
Blutgruppe blood group
Blutgruppenbestimmung blood-typing
Blutgruppenunverträglichkeit blood group incompatibility
Bluthochdruck/Hypertonie hypertension
Blutinsel blood island
Blutkiel ***orn*** **(auswachsende Federanlage)** blood feather, pulp feather
Blutkörperchen blood cell, blood corpuscle, blood corpuscule
- **basophiler Granulocyt/Granulozyt** basophil granulocyt
- **eosinophiler Granulocyt/Granulozyt** eosinophil granulocyte
- **Granulocyt/Granulozyt (polymorphkerniger Leukozyt)** granulocyte (polymorphonuclear)
- **Leukocyt/Leukozyt/ weißes Blutkörperchen** leukocyte, white blood cell (WBC)
- **Lymphozyt/Lymphocyt** lymphocyte
- **Monozyt/Monocyt** monocyte
- **neutrophiler Granulocyt/Granulozyt** neutrophil granulocyte
- **Retikulocyt/Reticulozyt/ Proerythrozyt** reticulocyte, proerythrocyte (immature RBC)
- **rotes Blutkörperchen/ Erythrocyt/Erythrozyt** red blood cell (RBC), erythrocyte

- **segmentkerniger Granulocyt/Granulozyt** segmented granulocyte, filamented neutrophil
- **stabkerniger Granulocyt/Granulozyt** band granulocyte, stab cell, band cell, rod neutrophil
- **Thrombozyt/Thrombocyt/ Blutplättchen** thrombocyte, blood platelet
- **weißes Blutkörperchen/ Leukocyt/Leukozyt** white blood cell (WBC), leukocyte

Blutkörperchenzählung/ Blutzellzahlbestimmung blood count
Blutkonserve stored blood
Blutkreislauf circulation, bloodstream
- **kleiner Blutkreislauf/ Lungenkreislauf** pulmonary circulation

Blutkreislaufsystem/ Zirkulationssystem circulatory system
Blutkultur blood culture
Blutlanzette blood lancet
Blutmahlzeit blood meal
Blutmehl blood meal
Blutnachweis blood test
Blutplasma blood plasma
Blutplättchen/ Thrombozyt/Thrombocyt blood platelet, thrombocyte
Blutplättchen-Wachstumsfaktor/ Plättchenwachstumsfaktor/ Plättchenfaktor platelet-derived growth factor (PDGF)
blutsaugend/sich von Blut ernährend blood-sucking, sanguivorous, hematophagous
Blutschwämmchen/Hämangiom hemangioma
Blutsenkung blood sedimentation
Blutspiegel blood level
Blutstäubchen/Hämokonia blood dust, hemoconia, hemokonia
blutstillend (adstringent) styptic, hemostatic (astringent)
Blutstillung/Hämostase hemostasis
Blutstrom/Blutkreislauf bloodstream
Blutsturz/Hämatorrhoe hemorrhage
Bluttransfusion blood transfusion
Blutsverwandtschaft/Konsanguinität consanguinity
blutsverwandt/konsanguin consanguineous
Bluttest blood test
Blutung/Hämorrhagie bleeding, hemorrhage (esp. profuse bleeding)
- **Monatsblutung/Menstruation** menstruation

Blutvergiftung/Sepsis/Septikämie blood poisoning, sepsis, septicemia
Blutversorgung blood supply
Blutwäsche/Hämodialyse hemodialysis
Blutweiderichgewächse/ Weiderichgewächse/Lythraceae loosestrife family
Blutzellbildung/Blutbildung/ Hämatopoese/Haematopoese hematopoiesis
Blutzelle/Hämatozyt/Hämatocyt hematocyte
- **Blutkörperchen** blood cell, blood corpuscle, blood corpuscule

Blutzellzahlbestimmung/ Blutkörperchenzählung blood count
blutzersetzend/hämorrhagisch hemorrhagic
Blutzucker blood sugar
Blutzuckerspiegel (erhöhter/erniedrigter) blood sugar level (elevated/reduced)
Blutzufuhr/Blutversorgung blood supply
Bö/Gust gust
- **böiger Wind** gusty wind
- **Sturmbö/heftiger Sturmwind** squall

Bock (Schafbock)/Widder ram
Bock (Ziegenbock/Rehbock)/ Männchen buck
Boden (Erdboden) soil, ground, earth; (Meeresboden/Gewässeruntergrund) bottom
Bodenart soil type
Bodenbearbeitung, wendende tillage farming
Bodenbedeckung surface cover, ground cover
Bodenbedingungen soil conditions
Bodenbeschaffenheit soil consistency
Bodenbestandteile soil components
Bodenbestellung/Ackern/Ackerbau farming, tillage, cultivation
bodenbewohnend (Erde: Bodenoberfläche) surface-dwelling; (Ozean) benthic
Bodendecker ground cover, herbaceous soil cover; *agr* cover crop
Bodenerosion soil erosion
Bodenfeuchte soil moisture, soil humidity
Bodenfracht *ecol/mar* bed load
bodenfremd/allochthon allochthonous
Bodenfrost ground frost
Bodenfruchtbarkeit soil fertility
Bodengefüge soil structure
Bodenhaltung *agr* (Geflügel) free-running (house-confined/*not*: free-ranging)
Bodenhorizont(e) soil horizon(s)
- **A-Horizont (Auswaschungshorizont)** A horizon (zone of leaching)
- **B-Horizont (Anreicherungshorizont)** B horizon (zone of accumulation)
- **C-Horizont (unveränderter Unterboden/Ausgangsgestein: teilweise verwittert)** C horizon (unmodified/partially weathered bedrock)
- **Oberboden** topsoil
- **Unterboden** subsoil

Bodenkrume/Oberboden topsoil
Bodenkunde/Pedologie soil science, pedology
Bodenläuse/Zoraptera zorapterans
Bodenorganismus soil organism, geodyte, geocole, terricole
Bodenpartikel soil particles
- **Kies/Schotter** gravel
- **Sand** sand
- **Schluff/Silt** silt
- **Ton** clay

Bodenpartikelgrößen soil texture
Bodenpicken *zool/orn* ground pecking
Bodenplatte *neuro* floor plate, subplate
Bodenprofil soil profile
Bodensanierung soil decontamination, soil remediation
Bodenschicht ground stratum, ground layer
Bodenschutz soil conservation
Bodenskelett soil skeleton (inert quartz fraction)
bodenständig/autochthon autochthonous
bodenstet restricted to certain soil type
Bodenteilchen soil particle
Bodentextur soil texture
bodenvag indifferent to soil type
Bodenverbesserer soil conditioner
Bodenverbesserung soil conditioning, soil amelioration
Bodenverdichtung soil compaction
Bodenversalzung soil salinization
Bodenversiegelung surface sealing
Bodenzeiger soil indicator
Bodenzone/Meeresbodenzone benthic zone
Bogengänge semicircular canals
Bogennervatur/Bogenaderung arched venation, arciform venation, arcuate venation (camptodrome)

Bohle plank
Bohrkern/Kern ***geol/paleo***
drill core, core
Bollinger-Körper (viraler Einschlusskörper)
Bollinger body, Bollinger's granule (inclusion body)
Bolzenflug/Bogenflug orn
bounding flight
Bombacaceae/Wollbaumgewächse
cotton-tree family, silk-cotton tree family, kapok-tree family
Bonitierung ***agr*** **(Boden)**
classification of soil, valuation
Bonitur ***stat*** notation, scoring
Bor (B) boron
Bor(r)etschgewächse/ Rau(h)blattgewächse/ Boraginaceae
borage family
Borke/Rhytidom tertiary bark, dead outer bark, rhytidome
Borste bristle, seta, chaeta
Borste (Sinnesborste)
sensory bristle, sensory seta, sensory chaeta
Borsten.../ mit Borsten versehen/borstig
bristly, bristle-bearing, setose, setaceous, chaetigerous, chaetiferous, chaetiphorous
borstenartig
bristle-like, setaceous, chaetaceous
Borstenbildungszelle/ Chaetoblast (Anneliden)
chaetoblast
borstenförmig
bristle-shaped, setiform, chaetiform
„Borstenfüßer"/Ringelwürmer/ Gliederwürmer/Anneliden
segmented worms, annelids
Borstenkiefer/ Pfeilwürmer/Chaetognathen
arrow worms, chaetognathans
Borstenporlinge/ Hymenochaetaceae
Hymenochaete family
Borstenschwänze/Thysanuren (Felsenspringer/Fischchen)
bristletails, thysanurans
Borstenwürmer/ Chaetopoden/Chaetopoda (Polychaeten & Oligochaeten)
bristle worms, chaetopods (annelids with chaetae: polychetes and oligochetes)
Borstenwürmer/Vielborster/ Polychaeten bristle worms, polychetes, polychete worms
Borstgras matgrass
borstig/ mit Borsten versehen/Borsten...
bristly, bristle-bearing, setose, setaceous, chaetigerous, chaetiferous, chaetiphorous
➤ **kurzborstig** hispid
➤ **mit kurzgestrichenen Borsten/ striegelig** strigose
➤ **rauhaarig** hirsute
Bortensoral/Randsoral (Flechten)
marginal soralium
bösartig/maligne malignant
Bösartigkeit/Malignität malignancy
Böschung (Uferböschung/Flußböschung)
bank, riverbank; (künstliche) embankment
Böschung/ steiler Abhang/Steilabbruch
slope, scarp, escarpment
Botanik botany
Botaniker botanist
Botanischer Garten
botanical garden(s), botanic garden(s)
Botanisiertrommel vasculum
Boten-RNA/mRNA/Messenger-RNA
messenger RNA, mRNA
Botenstoff messenger
➤ **sekundärer Botenstoff/ zweiter Bote** second messenger
Bothrosom/ Sagenogen/Sagenogenetosom
bothrosome, sagenogen, sagenogenetosome
Bothryoidgewebe (Hirudineen)
bothryoidal tissue
Botulismus (*Clostridium botulinum*)
botulism
bovine spongiforme Enzephalopathie (BSE) bovine spongiform encephalopathy (BSE)

Boviste/Stäublinge/Lycoperdales
puffballs
Bowman-Kapsel/
Bowmansche Kapsel
Bowman's capsule,
glomerular capsule
brach liegen lie fallow
Brache/Brachland/Brachfeld
(unbebauter Acker) ***agr*** fallow
Brachialmuskulatur
brachiomeric musculature
Brachiation/
Hangeln/Schwingklettern
brachiation
Brachidium/
Armgerüst (Brachiopoden)
brachidium
brachliegen lie fallow
Brachsenkrautgewächse/Isoetaceae
quillwort family
Brachsenregion ***limn*** bream zone
Brackwasser
brackish water (somewhat salty)
Bradytelie bradytely
bradytelisch bradytelic
Brakteole/
Tragschuppe/Deckschuppe/
Tragblatt zweiter Ordnung
bracteole, bract-scale, bractlet,
secondary bract
Branchialbogen/Kiemenbogen
branchial arch, gill arch,
visceral arch, gill bar
Branchialmuskulatur
branchiomeric musculature
Branchiostagalmembran/
Kiemenhaut
branchiostegal membrane,
branchiostegous membrane,
gill membrane
Branchiostegalstrahl/
Kiemenhautstrahl
(Radius branchiostegus) ***ichth***
branchiostegal ray
Brandfläche
burned area, area devastated by fire
Brandpilze/
Flugbrandpilze/Ustilaginales
smuts, smut fungi
(bunt fungi/brand fungi)
Brandrodung slash-and-burn
Brandrodungsfeldbau
slash-and-burn agriculture
Brandschutz
fire protection, fire prevention
Brandung surf, breakers
Brandungslängsströmung/
Brandungslängsstrom
longshore current
Brandungsrückströmung
rip current
Brandungszone surf zone
Branntwein brandy
Brassicaceae/Kreuzblütler/
Kreuzblütlergewächse/Cruciferae
cabbage family, mustard family
Brauchholz lumber, timber
Brauereihefe brewers' yeast
Braunalgen/Phaeophyceae
brown algae, phaeophytes
brauner Körper (Bryozoen)
brown body
Braunfäule/Destruktionsfäule
brown rot
Braunkohle brown coal, lignite
(*siehe unter*: Kohle)
Braunkohlenwälder
tertiary swamp forests
Braunmoor fen
Brauntang kelp
(brown seaweed: Laminariales)
Braunwurzgewächse/Rachenblütler/
Scrophulariaceae
figwort family, foxglove family,
snapdragon family
Brautflug nuptial flight
brechen (bei Übelkeit) vomit
Brechmittel/Emetikum emetic
Brechnussgewächse/
Strychnosgewächse/
Loganiengewächse/Loganiaceae
logania family
Brechung, optische/Refraktion
optical refraction
Brechungsindex/
Brechungskoeffizient/Brechzahl
refractive index,
index of refraction
Brechungsvermögen refractivity
Brechungswinkel refracting angle
Brechzentrum vomiting center
Brei (Paste) paste; (Pulpe) pulp, mush

Breiapfelgewächse/ Sapotegewächse/Sapotaceae sapodilla family
Breikost ***med*** pureed food
Breitbandantibiotikum/ Breitspektrumantibiotikum broad-spectrum antibiotic
Breitengrad degree of latitude; parallel
➢ **Längengrad** degree of longitude
Breitfußschnecken/Seehasen/ Aplysiacea/Anaspidea sea hares
brennbar combustible, flammable
Brennbarkeit combustibility, flammability
Brennebene focal plane
Brennerei distillery
Brennereihefe distiller's yeast
Brennfleckenkrankheit/Anthraknose anthracnose
Brennhaar stinging hair, urticating hair, trichome
Brennholz firewood, fuelwood
Brennpunkt focal point, focus
Brennweite focal length
Brennwert caloric value
Brenztraubensäure (Pyruvat) pyruvic acid (pyruvate)
Brett board, plank
Brettwurzel buttress root, plank buttress
Bries/Thymus/Thymusdrüse (Hals-/Brustthymus) thymus (gland)
Brille (z.B. Schlangen) spectacle
Brillenträgerokular ***micros*** spectacle eyepiece, high-eyepoint ocular
Brilliantrot ***micros*** vital red
Brise ***meteo*** breeze
➢ **Landbrise** land breeze
➢ **Meeresbrise** sea breeze
Bromatium/Gongylidie/„Kohlrabi" bromatium, gongylidium (*pl* gongylidia)
Bromcyan-aktiviertes Papier (CBA-Papier) cyanogen bromide activated paper (CBA-paper)
Bromcyanspaltung cyanogen bromide cleavage
Bromelain bromelain
Bromelien/Ananasgewächse/ Bromeliaceae bromeliads, bromelia family, pineapple family
Bronchiole/Bronchiolus/Bronchulus bronchiole
Bronchus/Ast der Luftröhre (*pl* Bronchien) bronchus (*pl* bronchi)
Broschüre/Informationsschrift brochure, pamphlet
Bruch-Fusion/ Bruch und Wiedervereinigung ***gen*** breakage-fusion, breakage and reunion
Bruch-Fusions-Brücke ***gen*** breakage-fusion bridge
Bruchfrucht/Gliederhülse/ Gliederfrucht/Klusenfrucht loment, lomentum, lomentaceous fruit, jointed fruit
Bruchholz woody debris
Bruchkapsel ***bot*** septicidal capsule
Bruchstelle ***gen*** breakpoint
Bruchwald/Bruchwaldmoor/ Bruchmoor/Sumpfwald/Waldmoor carr (fen woodland), swamp woods/forest, wooded
Bruchwaldtorf/Fen fen
Brücke/Varolsbrücke/Pons varoli pons varolii
Brücke-Muskel/Brückescher Muskel (Auge) Brucke's muscle (meriodonal fibers of ciliary muscle)
Brückenbeuge ***embr*** pontine flexure
Brückenechsen/Rhynchocephalia (*Sphenodon*) rhynchocephalians
Brückenfaden (Spinnennetz) ***arach*** bridge line
brüllen (Raubtiere) roar, bellow
Brüllen ***n*** roar
brummen (Bär) growl
Brunft rut, courting (deer)
Brunftdrüse/Brunftfeige (Gämse) scent gland
Brunftzeit/Paarungssaison rutting time/season, courting/mating season
Brunnenkrebse/Bathynellacea bathynellaceans
Brunnenwasser well water

Brunnersche Drüse/Duodenaldrüse Brunner's gland, duodenal gland
Brunst rut (male), heat (female)
Brunst/Östrus estrus
➢ **Diöstrus** diestrus
➢ **Nachbrunst/Metöstrus** metestrus
➢ **Vorbrunst/Proöstrus** proestrus
brunsten/brunften rut (male), be in heat (female), court
brünstig/in der Brunst/ geschlechtlich erregt rutting (male), in heat (female), sexually aroused
Brunstschwiele sexual swelling (callosity)
Brunstzeit rutting season, season of heat
Brunstzyklus/Östruszyklus estrous cycle, estrus cycle, estral cycle
Brust breast (pectus); thorax, chest
➢ **weibliche Brust/Busen** breast, mamma, bosom
Brustatmung/Thorakalatmung thoracic respiration, costal breathing
Brustbein/Brustfuß/ Thorakalfuß/Thorakalbein thoracic leg
Brustbein/Clavicula (Geflügel) collarbone, clavicle (wishbone *see* Gabelbein)
Brustbein/Sternum breastbone, sternum
Brustbeinkamm/Carina breastbone keel/ridge, carina
Brustdrüse/Milchdrüse mammary gland
Brustfell/Pleura parietalis pleura
Brustflosse pectoral fin
Brustfuß (an Pereion) pereiopod, walking leg (attached to pereion)
Brustgang thoracic duct
Brustgürtel pectoral girdle
Brusthöhendurchmesser (BHD) diameter at breast height (dbh)
Brusthöhle/Brustraum/Thorakalraum thoracic cavity
Brustkasten/Brustkorb (Thorax) rib basket, rib cage (chest/thorax)
Brustplatte/Bruststück/Sternum (Insekten) ventral plate, sternum
Brustraum/Thorakalraum/Brusthöhle thoracic cavity
Brustschild/Bauchplatte/ Bauchpanzer (Schildkröten/Vögel) plastron, plastrum
brustständig (Flossen) located in the shoulder region
Bruststück (Schlachtvieh) brisket
Brustwarze nipple
➢ **Warzenhof/Areola mammae** areola
Brustwirbel/Thorakalwirbel thoracic vertebra
Brut *allg* **brood, hatch**
➢ **Fischbrut** fry
➢ **Gelege/Eigelege/Nest mit Eiern** ***orn*** clutch
Brutablösung nest relief
Brutbecher/Brutkörbchen gemma cup
Brutbeutel/Marsupium brood pouch, marsupium
Brutdauer/Inkubationszeit breeding period, incubation period
brüten brood, breed, incubate
Brutfleck ***orn*** brood spot, brood patch, incubation patch
Brutfürsorge/Brutpflege brood provisioning, brood care, brooding, parental care
Brutgebiet breading grounds, breading area
Brutgespinst/Eigespinst (Schutzgespinst für Jungspinnen) nursery web (nursery tent)
Brutkapsel brood capsule
Brutkleid nuptial dress, nuptial plumage, breeding plumage, courtship plumage
Brutknolle (*Gladiolus*) cormel, cormlet
Brutknospe/Brutspross/Bulbille brood bud, bulbil
Brutkörper (unterirdischer Zwiebelbrutkörper) bulblet
Brutkörper/Brutkörperchen brood body, gemma (*pl* gammae)

Brutparasit/Brutschmarotzer brood parasite
Brutparasitismus/ Brutschmarotzertum brood parasitism
Brutpflänzchen (z.B. *Kalanchoë*) adventitious plantlet, foliar plantlet
Brutpflege/Brutfürsorge brood provisioning, brood care (parental care), brood protection
Brutpflegesystem, kooperatives communal breeding system, cooperative breeding
Brutplatte/Oostegite (Krebse) oostegite
Brutraum (*Daphnia*) brood chamber
Brutschmarotzer/Brutparasit brood parasite
Brutschrank incubator
Brutspross/Brutknospe/Bulbille bulbil
Brutstätte breeding place, breeding ground, spawning ground (fish)
Bruttoprimärproduktion gross primary production (GPP)
Bruttoproduktion/ Gesamtproduktion gross production
Bruttoproduktivität gross productivity
Brutzeit (Dauer des Ausbrütens bis zum Schlüpfen) hatching time, breeding period
Brutzeit/Brützeit (Jahreszeit) breeding season
Brutzwiebel/Zeh (Reservestoffe in Blattorganen) offset bulb, bulblet, bulbil
BSE (bovine spongiforme Enzephalopathie) BSE (bovine spongiform encephalopathy)
BTA (biologisch-technischer Assistent) biology lab technician, biological lab assistant
Bubonenpest/Beulenpest (*Yersinia pestis*) bubonic plague
Buccalapparat/Oralapparat/ Mundapparat (Ciliaten) oral apparatus, ingestion apparatus, mouth
Buccalhöhle (Ciliaten) buccal cavity
Buchecker beechnut
Buchengewächse/Becherfrüchtler/ Fagaceae beech family
Bücherläuse/ Psocoptera/Copeognatha book lice, psocids
Bücherwurm bookworm; bibliophile; book nerd
Buchkiemen/Kiemenbeine/ Blattbeine/Blattfüße (dichtstehende Kiemenlamellen: Xiphosuriden) book gills (gill book)
Buchlunge/ Fächerlunge/Fächertrachee book lung
Buchmagen/Blättermagen/ Vormagen/Omasus/Psalter (Wiederkäuer) third stomach, omasum, manyplies, psalterium
Buchsbaumgewächse/Buxaceae box family
Bucht *mar* bay, bight; *geol* basin; *anat/bot* sinus
➢ **kleine Bucht (am Meer mit kleiner Mündung)** cove
Buchtenfarngewächse/ Hypolepidaceae (*inkl.* Adlerfarngewächse) hypolepis family (*incl.* bracken ferns)
buchtig/gebuchtet sinuate
Buckel/Erhebung hump, bulge, knoll, mound
Buddlejaceae/ Schmetterlingsstrauchgewächse/ Sommerfliedergewächse buddleja family
Bufonin bufonin
Bufotenin bufotenine
Bufotoxin bufotoxin
Bug (Schlachtvieh: Bugstück/ Schulterstück) shoulder, bladebone; chuck, brisket (beef)

Buggelenk point of shoulder
Bulbille (oberirdische Brutknospe) bulbil
> **Brutknöllchen/Achsenbulbille** axillary stem tuber
> **Brutzwiebel/Zeh (Reservestoffe in Blattorganen)** offset bulb, bulblet
> **Wurzelbulbille (*Ficaria verna*)** root bulbil
Bulbourethraldrüse/ Cowpersche Drüse/Cowper-Drüse bulbourethral gland, Cowper's gland
Bulbus olfactorius/ Riechhügel/Riechkolben olfactory bulb, olfactory dome (sensory dome)
Bulle (adultes männliches Tier: Rind/Elefant/Wal/Seelöwe) bull
Bult/Bülte hummock, hillock, tussock
Bültgras/Tussockgras tussock gras
Bündel/Faszikel/Faszikulus bundle, fascicle (bundle/tuft of fibers)
Bündel/Leitbündel bundle, vascular bundle
Bündelrohr (Farne) hollow vascular cylinder with internal pith (ferns)
Bündelscheide bundle sheath
> **erweiterte Bündelscheide** bundle-sheath extension
buntblättrig variegated-leaved
Buntblättrigkeit/ Scheckung/Variegation variegation
Buntsandstein (Epoche) Lower Triassic
Bürette buret, burette
Burg (Wohnquartier) ***zool*** burrow, lodge
> **Bieberburg** beaver lodge
Burgess-Schiefer Burgess shale
Burmanniagewächse/Burmanniaceae burmannia family
Bursa copulatrix/Begattungstasche bursa copulatrix, genital pouch
Bursa Fabricii bursa of Fabricius
Bursalorgan Lang's vesicle
Burseraceae/Balsambaumgewächse torchwood family, incense tree family, frankincense tree family
Bürstensaum/Stäbchensaum/ Mikrovillisaum/Rhabdorium brush border
Bürstenzunge/ hystrichoglosse Radula hystrichoglossate radula
Bürzel rump, tail, uropygium
Bürzeldrüse uropygial gland, preen gland, oil gland
Busch bush
Büschel bunch, cluster, tuft
Büschel/Faszikel/Faszikulus (Infloreszenz) cyme with very short pedicles, fascicle
Büschelkiemenartige/ Seenadelverwandte/ Seepferdchenverwandte/ Syngnathiformes sea horses & pipefishes and allies
Büschelwurzelsystem (Gräser) fibrous root system
Buschfeuer brush fire
Buschformation shrubland
buschig bushy, shrubby, fruticose
Buschland brush, scrubland
Buschwald maquis
Buschwerk scrub, shrubbery
Butomaceae/Wasserlieschgewächse/ Schwanenblumengewächse flowering rush family
Buttersäure/Butansäure (Butyrat) butyric acid, butanoic acid (butyrate)
Buxaceae/Buchsbaumgewächse box family

C_0t-Analyse/C_0t-Wert (*sprich* kott; Produkt aus DNA-Gesamtkonzentration zur Zeit 0 und Hybridisierungszeit t) C_0t-analysis/value (*pronounce* cot; product of DNA concentration at time 0 and hybridization time t)
Cabombaceae/Haarnixengewächse water-shield family, fanwort family
Cactaceae/ Kaktusgewächse/Kakteen cactus family, cacti
Cadaverin cadaverine
Cadherin cadherin
Caecotrophie/Coecotrophie/ Coecophagie (Kaninchen/Meerschweinchen) refection
Caesalpiniengewächse/ Johannisbrotgewächse/ Caesalpiniaceae caesalpinia family
Cala-Azar/Kala-Azar/ schwarzes Fieber/ viszerale Leishmaniasis Cala-Azar, kala azar
Calamiten/Schachtelhalmbäume/ Calamitaceae calamites, calamite family, giant horsetail family
calcicol/kalzikol/kalkhold calcicole
Calciferol/Ergocalciferol (Vitamin D_2) calciferol, ergocalciferol
calcifug/kalzifug/ kalkfliehend/kalkmeidend calcifuge
Calciol/Cholecalciferol (Vitamin D_3) cholecalciferol
Caldarium/Warmhaus caldarium, heated greenhouse, hot-house
Callitrichaceae/ Wassersterngewächse water-starwort family, starwort family
Callus-Kultur/Kallus-Kultur callus culture
Calmodulin calmodulin
Calvin-Zyklus/Calvin-Cyclus Calvin cycle
Calycanthaceae/ Gewürzstrauchgewächse spicebush family, strawberry-shrub family
Calyceraceae/Kelchhorngewächse calycera family
Calyx (kelchförmiger Körper der Crinoiden) calyx, crown
Cambium/Kambium cambium
➢ **etagiertes Cambium/ Stockwerk-Cambium** storied cambium, stratified cambium
➢ **Faszikularcambium** fascicular cambium
➢ **Fusiformcambium** fusiform cambium
➢ **Korkcambium/Phellogen** cork cambium, phellogen
➢ **nichtetagiertes Cambium** nonstoried cambium, nonstratified cambium
➢ **Wundcambium** wound cambium
➢ **Zwischenbündelcambium** interfascicular cambium
Cambrium/Kambrium (erdgeschichtliche Periode) Cambrian, Cambrian Period
Campanulaceae/ Glockenblumengewächse bellflower family, bluebell family
campylotrop/kampylotrop/ krummläufig (Samenanlage) campylotropous, bent
Canellaceae/Kaneelgewächse wild cinnamon family, white cinnamon family, canella family
Cannabaceae/Hanfgewächse hemp family, hop family
Cannaceae/Blumenrohrgewächse canna family, Queensland arrowroot family
Cap-Struktur (modifiziertes 5′-Ende im eukaryotischen mRNA-Molekül) cap structure (modified 5′ end of eukaryotic mRNA)
Capparidaceae/Capparaceae/ Kaperngewächse caper family

Caprifoliaceae/Geißblattgewächse honeysuckle family
Caprinsäure/Decansäure (Caprinat/Decanat) capric acid, decanoic acid (caprate/decanoate)
Capronsäure/Hexansäure (Capronat/Hexanat) capro(n)ic acid, hexanoic acid (caproate/hexanoate)
Caprylsäure/Octansäure (Caprylat/Octanat) caprylic acid, octanoic acid (caprylate/octanoate)
Capsid/Kapsid capsid (viral shell)
Capsomer/Kapsomer capsomere (virion: morphological unit)
Captacula/Fangfädenbüschel (Scaphopoda) captacula
Carapax (Insekten/ Rückenpanzer der Schildkröte u.a.) carapace
Carapaxdrüse/Y-Organ molting gland, Y organ
Carbonsäuren/Karbonsäuren (Carbonate/Karbonate) carboxylic acids (carbonates)
Carboxysom carboxysome, polyhedral body
carcinoembryonales Antigen (CEA) carcinoembryonic antigen
Cardia/Cardiaregion cardiac region
Caricaceae/ Melonenbaumgewächse papaya family
Carinaten ***orn*** carinate birds
Carnitin (Vitamin T) carnitine (vitamin B_T)
Carotidenkörper/Glomus caroticum carotid body
Carotin/Caroten/Karotin (Vitamin-A-Vorläufer) carotin, carotene (vitamin A precursor)
Carpell/Karpell/Fruchtblatt carpel
Carpopodit carpopodite
Carrageen/Carrageenan carrageenan, carrageenin (Irish moss extract)
Caruncula/Karunkula caruncle
Caryophyllaceae/Nelkengewächse pink family, carnation family
Casein casein
Cäsium (Cs) cesium
Cäsiumchloridgradient cesium chloride gradient
Casparischer Streifen Casparian strip
Casuarinaceae/ Streitkolbengewächse/ Känguruhbaumgewächse she-oak family, beefwood family
Catenan/Concatenat catenane, concatenate
Catenation/Ringbildung catenation
Caudalherz caudal heart
Caudex/Strunk/Wurzelstock caudex, rootstock, stem base
Caudex (Stamm von Palmen und Baumfarnen) caudex, trunk of tree (palms and treeferns)
Caudicula/Kaudikula/Stielchen caudicle (stalk of pollinium)
Cauloid/Kauloid/Stämmchen (Algen/Moose) caulid, stemlet, stipe
Celastraceae/Spindelbaumgewächse/ Baumwürgergewächse spindle-tree family, staff-tree family, bittersweet family
Centimorgan (Einheit für genetische Rekombination) centimorgan (unit of genetic recombination)
Centriol/Zentriol centriole
centroacinäre Zelle centro-acinar cell
Centromer/Zentromer centromere
Centromer-Banding/C-Banding centromer banding, C-banding
Centroplast/Zentralkorn centroplast, central granule, axoplast
Cephalisation/Kopfbildung cephalization, head development
Cephalotaceae/Krugblattgewächse Australian pitcher-plant family
Cephalotaxaceae/ Kopfeibengewächse cephalotaxus family, plum yew family
Cephalothorax cephalothorax

Cerago/Bienenbrot cerago, beebread
ceratitische Lobenlinien
ceratitic suture lines
Ceratophyllaceae/ Hornblattgewächse
hornwort family
Cercarie/Zerkarie/Schwanzlarve
cercaria
Cercidiphyllaceae/ Katsurabaumgewächse
katsura-tree family
Cercus/Aftergriffel (Schwanzanhang)
cercus, cercopod
Cerebralganglion cerebral ganglion
Cerebralkommissur
cerebral commissure
Cerebrosid cerebroside
Cerotinsäure/Hexacosansäure
cerotic acid, hexacosanoic acid
Chaetotaxie chaetotaxy
Chagas Krankheit (*Trypanosoma cruzi*)
Chagas disease
Chamaephyt (Halb- und Zwergsträucher)
chamaephyte
Chaostheorie chaos theory
chaotrope Reihe chaotropic series
chaotrope Substanz
chaotropic agent
Chaperon/molekulares Chaperon/ Begleitprotein
chaperone, chaperone protein, molecular chaperone
Chaperonin chaperonin
Charakterart/Leitart character species
Charakterzug/Eigenschaft/Merkmal
trait, character
chasmogam chasmogamous
Chelat/Komplex chelate
Chelatbildner/Komplexbildner
chelating agent, chelator
Chelatbildung/Komplexbildung
chelation, chelate formation
Chelicere/Chelizere/Kieferfühler/ Scherenkiefer/Klaue/Fresszange
chelicera, fang, cheliceral fang
Chelicerengrundglied/ Chelicerenbasalsegment/Paturon
paturon,
basal segment of chelicera
Chelifore chelifore
Chemie chemistry
Chemikalie(n) chemical(s)
Chemiosmose chemiosmosis
chemiosmotische Hypothese/Theorie
chemiosmotic hypothesis/theory
chemische Bindung chemical bond
chemische Komplexität
chemical complexity
chemische Kriegsführung
chemical warfare
chemischer Kampfstoff
chemical warfare agent
chemischer Sauerstoffbedarf (CSB)
chemical oxygen demand (COD)
Chemisorption/ chemische Adsorption
chemisorption
Chemoaffinitäts-Hypothese
chemoaffinity hypothesis
chemoheterotroph
chemoheterotroph(ic)
Chemoheterotrophie
chemoheterotrophy
Chemokline (chem. Sprungschicht)
limn chemocline
chemolithotroph/chemoautotroph
chemolithotroph(ic),
chemoautotroph(ic)
Chemolithotrophie/ Chemoautotrophie
chemolithotrophy,
chemoautotrophy
Chemomorphose chemomorphosis
chemoorganotroph
chemoorganotroph(ic)
Chemoorganotrophie
chemoorganotrophy
Chemostat chemostat
Chemosynthese chemosynthesis
Chemotaxis (*pl* Chemotaxien)
chemotaxis (*pl* chemotaxes)
Chemotherapie chemotherapy
Chenopodiaceae/Gänsefußgewächse
goosefoot family
Chi-Form Chi form
Chi-Quadrat-Test (χ^2) chi-square test
Chiasma (*pl* Chiasmata)/ Überkreuzung chiasma
Chiastoneurie/Streptoneurie
streptoneurous nerve pattern

Chimäre (Pfropfhybride/Zellhybride) chimera
➤ **Meriklinalchimäre** mericlinal chimera
➤ **Periklinalchimäre** periclinal chimera
➤ **Pfropfchimäre/Pfropfbastard** graft chimera
➤ **Sektorialchimäre** sectorial chimera
Chimären/Seedrachen/Seekatzen/ Holocephali chimaeras, ratfishes, rabbit fishes
Chinasäure chinic acid, kinic acid, quinic acid (quinate)
Chinin chinine, quinine
Chinolin chinoline, quinoline
Chinolsäure chinolic acid
Chinon chinone
Chipveredelung/Chipveredlung/ Span-Okulation *hort* chip budding
chiral chiral
Chiralität chirality
Chiropatagium (Flughaut der Fledermäuse) chiropatagium
Chitin chitin
chitinös chitinous
Chitinschale chitinous shell
Chlamydospore/Gemme chlamydospore
Chlor (Cl) chlorine
Chloragogzelle (Oligochaeten) chloragogen cell, chloragogue cell
Chlorenchym/ Assimilationsparenchym chlorenchyma
Chloridzelle/Ionocyt *ichth* chloride cell
chlorieren chlorinate
Chlorierung chlorination
Chlorogensäure chlorogenic acid
Chlorophyll chlorophyll
Chloroplast chloroplast
Chlorosom (Chlorobium-Vesikel) chlorosome
Choanozyt/ Kragengeißelzelle/Kragenzelle collar cell, choanocyte
Cholecalciferol/Calciol (Vitamin D_3) cholecalciferol
Cholecystokinin-Pankreozymin (CCK-PZ) cholecystokinin-pancreozymin (CCK-PZ)
Cholesterin/Cholesterol cholesterol
cholinerg cholinergic
Cholsäure (Cholat) cholic acid (cholate)
Chorda dorsalis/ Rückensaite/Notocorda notochord
Chordalplatte chordal plate, notochordal plate
Chordascheide notochordal sheath
Chordatiere/ Rückgrattiere/Chordaten chordates
chordotonal chordotonal
Chordotonalorgan/Saitenorgan chordotonal organ
chorikarp/apokarp apocarpous
Chorioallantoisplazenta/ Zottenplazenta chorioallantoic placenta
Chorion/Eischale (Insektenei) chorion, eggshell (insect egg)
Chorion frondosum/Zottenhaut (mittlere Eihaut) chorion
Chorion laeve/Zottenglatze chorion laeve (nonvillous chorion)
Choriongonadotropin (hCG) human chorionic gonadotropin (hCG)
Chorionplazenta chorionic placenta
Chorionzotten chorionic villi
Chorionzotten-Biopsie chorion villi biopsy, chorionic villus biopsy, chorionic villus sampling (CVS)
choripetal choripetalous
Chorisminsäure (Chorismat) chorismic acid (chorismate)
Chrom (Cr) chromium
chromaffin chromaffin, chromaffine, chromaffinic
Chromatide chromatid
Chromatidenkonversion chromatid conversion
Chromatin chromatin
Chromatinfaden chromatin thread
Chromatogramm chromatogram
Chromatograph chromatograph

Chromatographie chromatography
- **Affinitätschromatographie** affinity chromatography
- **Ausschlusschromatographie/ Größenausschluss-chromatographie** size exclusion chromatography (SEC)
- **Aussalzchromatographie** salting-out chromatography
- **Dünnschichtchromatographie (DC)** thin-layer chromatography (TLC)
- **enantioselektive Chromatographie** chiral chromatography
- **Festphasenchromatographie** bonded-phase chromatography
- **Flüssigkeitschromatographie** liquid chromatography (LC)
- **Gaschromatographie** gas chromatography
- **Gas-Flüssig-Chromatographie** gas-liquid chromatography
- **Gelpermeationschromatographie/ Molekularsiebchromatographie** gel permeation chromatography, molecular sieving chromatography
- **Größenausschluss-chromatographie/ Ausschlusschromatographie** size exclusion chromatography (SEC)
- **Hochdruckflüssigkeits-chromatographie/ Hochleistungschromatographie** high-pressure liquid chromatography, high performance liquid chromatography (HPLC)
- **Immunaffinitätschromatographie** immunoaffinity chromatography
- **Ionenaustauschchromatographie** ion-exchange chromatography
- **Kapillarchromatographie** capillary chromatography
- **Molekularsiebchromatographie/ Gelpermeationschromatographie/ Gelfiltration** molecular sieving chromatography, gel permeation chromatography, gel filtration
- **Papierchromatographie** paper chromatography
- **präparative Chromatographie** preparative chromatography
- **Säulenchromatographie** column chromatography
- **überkritische Fluidchromatographie/ superkritische Fluid-Chromatographie/ Chromatographie mit überkritischen Phasen** supercritical fluid chromatography (SFC)
- **Umkehrphasen-chromatographie** reversed phase chromatography, reverse-phase chromatography
- **Verteilungschromatographie** partition chromatography
- **Zirkularchromatographie/ Rundfilterchromatographie** circular chromatography, circular paper chromatography

Chromomer chromomere

Chromoplast chromoplast

Chromosom chromosome
- **akrozentrisches Chromosom** acrocentric chromosome
- **akzessorisches/zusätzliches Chromosom** accessory chromosome
- **azentrisches Chromosom** acentric chromosome
- **dizentrisches Chromosom** dicentric chromosome
- **ektopische Paarung** ectopic pairing
- **Fluoreszenzmarkierung ganzer Chromosomen** chromosome painting
- **Harlekin-Chromosomen** harlequin chromosomes
- **homologes Chromosom** homologous chromosome
- **isodizentrisches Chromosom** isodicentric chromosome
- **Lampenbürstenchromosom** lampbrush chromosome
- **Metaphasenchromosom** metaphase chromosome
- **metazentrisches Chromosom** metacentric chromosome

- **Minichromosom** artificial chromosome, minichromosome
- **polytäne Chromosomen** polytene chromosomes
- **Riesenchromosom** giant chromosome
- **Ringchromosom** ring chromosome
- **Satellitenchromosom** satellite chromosome
- **submetazentrisches Chromosom** submetacentric chromosome
- **telozentrisches Chromosom** telocentric chromosome
- **Urchromosom** ancestral chromosome

Chromosom mit mehreren Replikationsgabeln multiforked chromosome

chromosomale Aberration/ Chromosomenaberration chromosomal aberration, chromosome aberration

Chromosomenaberration/ chromosomale Aberration chromosomal aberration, chromosome aberration

Chromosomenbestand/ Chromosomensatz chromosome complement, chromosome set

Chromosomenfehlverteilung/ Non-Disjunction nondisjunction

Chromosomenhopsen/ -springen/-wandern chromosome hopping, chromosome jumping, chromosome walking

Chromosomeninstabilität chromosome instability

Chromosomenpaar/Bivalent bivalent

Chromosomenpuff chromosome puff

Chromosomensatz/ Chromosomenbestand chromosome set, chromosome complement

Chromosomentheorie (der Vererbung) chromosome theory (of inheritance)

Chromozentrum chromocenter

chronisch chronic, chronical

Chronospezies chronospecies

chronotrop chronotropic

Chrysalis (Puppe holometaboler Insekten) chrysalis (*pl* chrysalids/ chrysalides/chrysalises)

Chrysobalanaceae/ Goldpflaumengewächse cocoa-plum family, coco-plum family

Chylus/Darmlymphe chyle

Chylusblindsack chylific ventricle/cecum

Chymosin/Labferment/Rennin chymosin, lab ferment, rennin

Chymotrypsin chymotrypsine

Chymus/Speisebrei/Magenbrei chyme

Ciliarkörper/Ziliarkörper/ Corpus ciliare ciliary body

Cilie/Zilie/Wimper/Flimmerhärchen cilium

Ciliengrube (Gnathostomulida) ciliary pit

cilientragend/zilientragend/ bewimpert bearing cilia, cilium-bearing, ciliated, ciliferous

Cinnamonsäure/Zimtsäure (Cinnamat) cinnamic acid

Circulardichroismus/ Zirkulardichroismus circular dichroism

Circumapicalband (Rotatorien) circumapical band

Circumnutation circumnutation

Cirre cirrus

Cirrusbeutel cirrus pouch

Cistron ***gen*** cistron

Cistrosengewächse/ Zistrosengewächse/ Sonnenröschengewächse/ Cistaceae rockrose family

Citrat-Zyklus/Citratcyclus/ Zitronensäurezyklus/ Tricarbonsäure-Zyklus/ Krebs-Cyclus citric acid cycle, tricarboxylic acid cycle (TCA cycle), Krebs cycle

Citronensäure/Zitronensäure (Citrat) citric acid (citrate)
Citrullin/Zitrullin citrulline
Cladodium/Kladodium (Flachspross eines Langtriebs) cladode, cladophyll
Cladogenese/Kladogenese cladogenesis
Cladogramm/Kladogramm cladogram
Clearance/Klärung clearance
Cleptobiose/Kleptobiose cleptobiosis
Clethraceae/Scheinellergewächse clethra family, white-alder family, pepperbush family
Clitoris/Klitoris/Kitzler clitoris
Clusiaceae/ Klusiengewächse/Guttiferae mamey family, mangosteen family, clusia family, garcinia family
Clusteranalyse cluster analysis
Cneoraceae/Zwergölbaumgewächse/ Zeilandgewächse spurge olive family
Cnide/Nesselkapsel/Nematocyste cnida, thread capsule, urticator, nematocyst
- ➤ **Durchschlagskapsel/Penetrant** penetrant
- ➤ **Klebkapsel/Haftkapsel/Glutinant** glutinant
- ➤ **Ptychonema/Ptychozyste** (eine Astomocnide: Ceriantharia) ptychocyst, tube cnida
- ➤ **Wickelkapsel/Volvent** volvent

Cnidoblast/Cnidocyt/Nesselzelle cnidoblast, nematoblast, nematocyte, stinging cell
coated pit/Stachelsaumgrübchen coated pit
Cochlospermaceae/ Nierensamengewächse cochlospermum family, buttercup tree family (silk-cotton tree family)
Code code
codieren/kodieren code, encode
codierender Strang/ kodierender Strang/Sinnstrang coding strand, sense strand
Codierungskapazität/ Kodierungskapazität coding capacity
codominant/kodominant codominant
Codominanz/Kodominanz codominance
Codon *gen* codon
- ➤ **Abbruchcodon/Stoppcodon/ Terminationscodon** stop codon, termination codon, terminator codon
- ➤ **Initiationscodon/Startcodon** initiation codon
- ➤ **Nichtsinncodon/Nonsense-Codon** nonsense codon
- ➤ **PTC (vorzeitiges Stoppcodon)** PTC (premature termination codon)
- ➤ **Satzzeichencodon** punctuation codon

Codon-Nutzung codon usage
Codon-Präferenz codon preference
Coecotrophie/Caecotrophie/ Coecophagie (Kaninchen/Meerschweinchen) refection
Coelom/Cölom coelom, celom
- ➤ **acoel/acöl** acelous, acoelous
- ➤ **Axocoel/Axocöl/ Protocoel/Protocöl** protocoel(e)
- ➤ **Hydrocoel/Hydrocöl** hydrocoel(e)
- ➤ **Mesocoel/Mesocöl** mesocoel(e)
- ➤ **Metacoel/Metacöl** metacoel(e)
- ➤ **Procoel/Procöl** procoel(e)
- ➤ **Rhynchocoel/Rhynchocöl** rhynchocoel(e)
- ➤ **Schizocoel/Schizocöl** schizocoel(e), "split coelom"
- ➤ **Somatocoel/Somatocöl** somatocoel(e)

Coelomflüssigkeit coelomic fluid, celomic fluid
Coenenchym coenenchyme
coeno-parakarp paracarpous
Coenobium/Cönobium/ Zönobium (*pl* Coenobien) coenobium (*pl* coenobia), cell family
coenocytisch/coenozytisch coenocytic, cenocytic (aseptate)

coenokarp/coeno-synkarp/synkarp syncarpous
Coenosark coenosarc
Coenozyt/Coenocyt coenocyte, cenocyte
coenozytisch/coenocytisch coenocytic, cenocytic (aseptate)
Coenzym/Koenzym coenzyme
Coevolution/Koevolution coevolution
Cofaktor cofactor
Coinzidenzfaktor/Koinzidenzfaktor coefficient of coincidence
Cokonversion coconversion
Colchicaceae/Krokusgewächse/ Zeitlosengewächse crocus family
Colchicin/Kolchizin colchicine
Coleoptile/Koleoptile/ Keimscheide/Keimblattscheide coleoptile, plumule sheath
Coleorhiza/Koleorhiza/ Wurzelscheide coleorhiza, root sheath, radicle sheath
Colinearität/Kolinearität colinearity
Collenchym/Kollenchym collenchyma
➤ **Kantencollenchym/ Eckencollenchym** angular collenchyma
➤ **Lückencollenchym** lacunar collenchyma
➤ **Plattencollenchym** lamellar collenchyma, tangential collenchyma, plate collenchyma
Collenzyt/Collencyt collencyte
Colletere/Kolletere (Leimzotte/Drüsenzotte) colleter, multicellular glandular trichome (sticky/viscous secretions)
Colloblast/Kolloblast/Klebzelle colloblast, lasso cell, adhesive cell
Colon/Kolon (Vertebraten: Grimmdarm) colon
Colulus colulus
Columella/Gewebesäule columella
Combretaceae/ Strandmandelgewächse Indian almond family, white mangrove family
Commelinengewächse/ Commelinaceae spiderwort family
Compositae/Asteraceae/ Köpfchenblütler/Korbblütler sunflower family, daisy family, aster family, composite family
Computertomographie (CT) computed tomography
Concatemer concatemer
Concatenat/Catenan concatenate, catenane
Concentricycloidea/ Seegänseblümchen sea daisies, concentricycloids, concentricycloideans
congene Stämme (Mäuse) congenic strains (mice)
Conidie/Konidie/Knospenspore conidium
Conidienträger/Konidienträger conidiophore
Coniferylalkohol coniferyl alcohol, coniferol
Connaraceae/Connaragewächse connard family, zebra wood family
Conodonten/Conodontophorida conodonts ("fascinating little whatzits")
Consensussequenz/ Konsensussequenz consensus sequence
Convolvulaceae/Windengewächse bindweed family, morning glory family, convolvulus family
Coomassie-Blau Coomassie Blue
Coprodaeum/Kotdarm coprodeum
coprophag/koprophag/ kotfressend/dungfressend coprophagous, coprophagic, dung-feeding
Coprophage/Koprophage/ Kotfresser/Dungfresser coprophagist, dung feeder

Coprophagie/Koprophagie/ Dungfressen/Kotfressen coprophagy, dung-feeding
coprophil/koprophil/ mistbewohnend/dungbewohnend coprophilic, coprophilous (thriving on dung or fecal matter)
Core/Kern/Mark core
Core-Enzym core enzyme
Core-Octamer core octamer
Corepressor/Korepressor corepressor
Cori-Zyklus/Cori-Cyclus Cori cycle
Coriariaceae/Gerbersträucher/ Gerberstrauchgewächse coriaria family
Cormidium (Siphonophoren) cormidium
Cornaceae/Hartriegelgewächse/ Hornstrauchgewächse dogwood family
Corona ciliata corona ciliata, ciliary loop
Corpora allata corpora allata
Corpora cardiaca corpora cardiaca
Corpora cavernosa/Schwellkörper cavernous bodies, erectile tissue
Corpora pedunculata/Pilzkörper corpora pedunculata, pedunculate bodies, mushroom bodies
Cortexschicht cortical layer, cortical zone
Corticoliberin/ Corticotropin-freisetzendes Hormon/corticotropes Releasing-Hormon (CRH) corticoliberin, corticotropin-releasing hormone (CRH), corticotropin-releasing factor (CRF)
Corticotropin/Kortikotropin/ adrenocorticotropes Hormon/ adrenokortikotropes Hormon (ACTH) corticotropin, adrenocorticotropic hormone (ACTH)
Cortischer Kanal cochlear duct
Cortisches Organ organ of Corti, spiral organ
Cortisol/Hydrocortison cortisol, hydrocortisone
Cortison/Kortison cortisone
Corylaceae/Haselnussgewächse hazel family
Cosmid cosmid
Cosmin cosmine
Cosmoidschuppe cosmoid scale
Costa/Rippe (große Längsader: Kosta) *entom* costa, rib; (Blattrippe) *bot* costa, rib, vein
Costalfalte costal fold
Costalfeld/Remigium costal field
Cotransduktion/Kotransduktion cotransduction
Cotransfektion/Kotransfektion cotransfection
Cotransformation/Kotransformation cotransformation
cotranslational cotranslational
Coulter-Zellzählgerät Coulter counter, cell counter
Cousin(e)/Kousin(e) (ersten Grades etc.) (first or first-degree) cousin
Cowpersche Drüse/Cowper-Drüse/ Bulbourethraldrüse Cowper's gland, bulbourethral gland
Coxaldrüse coxal gland
Coxopodit coxopodite
Crassulaceae/Dickblattgewächse stonecrop family, sedum family, orpine family
Crassulaceen-Säurestoffwechsel crassulacean acid metabolism (CAM)
Cremaster cremaster
Crinophagie crinophagy
Crista (*pl* Cristae) (mitochondrial) mitochondrial crista (*pl* cristae/cristas)
Crossing over/ Überkreuzungsaustausch (homologer Chromatidenab-schnitte)/Überkreuzungsstelle crossing over, crossover
- ➢ **Mehrfachaustausch** compound crossing over
- ➢ **ungleiches Crossing over** unequal crossing over

Crotonsäure/Transbutensäure crotonic acid, α-butenic acid

Cruciferae/Kreuzblütler/ Kreuzblütlergewächse/ Brassicaceae cabbage family, mustard family
Cryptogrammaceae/ Rollfarngewächse parsley fern family, rock-brake fern family
Cryptophyt/Kryptophyt/Geophyt/ Erdpflanze/Staudengewächs cryptophyte, geophyte, geocryptophyte
Ctenoidschuppe/Kammschuppe ctenoid scale
Cucurbitaceae/Kürbisgewächse gourd family, pumpkin family, cucumber family
Cumaceen/Cumacea cumaceans
Cunoniaceae lightwood family
Cupressaceae/Zypressengewächse cypress family
Cupula/Kupula/ Blütenbecher/Fruchtbecher cupula, cupule
Curare curare
Cuscutaceae/Seidengewächse dodder family
Cuticula/Kutikula cuticle, cuticula
Cutikularisierung/ Cutin Auflagerung/ Cutin-Anlagerung cuticularization
Cutinisierung/Cutin-Einlagerung cutinization
Cutis/Haut/eigentliche Haut cutis, skin
Cuvier'sche Schläuche Cuvierian tubules, tubules of Cuvier
Cyanelle cyanelle
Cyatheaceae/ Becherfarne/Baumfarne cyathea family, tree fern family
Cyathium/Zyathium cyathium
Cycadaceae/Palmfarngewächse cycads, cycad family, cycas family
Cyclanthaceae/Scheinpalmen panama-hat family, jipijapa family, cyclanthus family
cyclisches AMP/zyklisches AMP/ Cyclo-AMP/Zyklo-AMP/cAMP (Adenosinmonophosphat) cyclic AMP, cAMP (adenosine monophosphate)
Cyclobutyldimer cyclobutyl dimer
Cycloidschuppe/Rundschuppe cycloid scale
Cydippe-Larve cydippid larva
Cyme/Cymus/Zyma/Zyme/Zymus/ cymöser Blütenstand/ zymöser Blütenstand cyme, cymose inflorescence
Cymodoceaceae/Tanggrasgewächse manatee-grass family
cymös/cymos/zymös/trugdoldig/ sympodial verzweigt cymose, sympodially branched
Cyperaceae/Riedgräser/ Riedgrasgewächse/Sauergräser sedge family
Cyphelle (*pl* Cyphellen) (Flechten) cyphella
➢ **Pseudocyphelle** pseudocyphella
Cypris-Larve cypris larva
Cyrillaceae/Lederholzgewächse cyrilla family, leatherwood family, titi family
Cystacanthus/Hakencyste (Acanthocephala) cystacanth (acanthocephalans)
Cyste/Zyste cyst
Cysteamin cysteamine
Cystein cysteine
Cysteinsäure cysteic acid
Cystenwand/Zystenwand cyst wall
Cystid cystid, *sensu lato:* zooecium
Cystidie cystidium
Cystin cystine
Cystokarp/Hüllfrucht cystocarp, cystocarpium
Cystozygote/Zygotenfrucht/ Zygokarp (Oospore) cystozygote (oospore)
Cytidin/Zytidin cytidine
➢ **Desoxycytidin** deoxycytidine
Cytidintriphosphat cytidine triphosphate
Cytochemie/Zytochemie/Zellchemie cytochemistry
Cytochrom cytochrome

Cytogenetik cytogenetics
➤ **molekulare Cytogenetik** molecular cytogenetics
Cytohet cytohet
Cytokeratin/Zytokeratin cytokeratin
Cytokin/Zytokin cytokine (biological response mediator)
Cytokinese cytokinesis
Cytologie/Zytologie/ Zellenlehre/Zellbiologie cytology, cell biology
cytolytisch/zytolytisch cytolytic
cytopathisch/zytopathisch/ zellschädigend (zytotoxisch) cytopathic (cytotoxic)
Cytopharynx/Zytopharynx/ Zellschlund cytopharynx, gullet
Cytoplasma/Zytoplasma cytoplasm
cytoplasmatisch/zytoplasmatisch cytoplasmic
cytoplasmatische Vererbung/ zytoplasmatische Vererbung cytoplasmic inheritance
cytoplasmatischer Plaque/ zytoplasmatischer Plaque cytoplasmic plaque
Cytoproct/Zytoproct/ Cytopyge/Zytopyge/Zellafter cytoproct, cytopyge, cell-anus
Cytosin cytosine
Cytoskelett/Zytoskelett cytoskeleton
Cytosol/Zytosol cytosol
Cytosom cytosome, microbody
Cytostatikum/Zytostatikum (meist *pl* Cytostatika/Zytostatika) cytostatic agent, cytostatic
cytotoxisch/zytotoxisch cytotoxic

Dachpilze/Pluteaceae Pluteus family
dachziegelartig/dachig/ schindelartig überlappend imbricate, overlapping
Dactylopodit dactylopodite
Damm ***allg*** dam
➢ **Deich (am Meer)** dike
➢ **Erddamm/Erdwall** mound
➢ **Flussdamm** river embankment, levee
Damm/Perineum perineum
Damm.../den Damm betreffend/ Perineal.../perineal perineal
Dammdrüse/Perinealdrüse perineal gland
Dämmerung/Zwielicht crepuscule, twilight
➢ **Abenddämmerung** dusk
➢ **Morgendämmerung** dawn
dämmerungsaktiv/ im Zwielicht erscheinend crepuscular
Dämmerungssehen/ skotopisches Sehen scotopic vision
Dämmerzone/ dysphotische Zone ***limn*** dysphotic zone
Dammschwiele (Schimpansen) perineal swelling
Dampf vapor
➢ **Wasserdampf** water vapor, steam
Dampfraum-Gaschromatographie head-space gas chromatography
Damwild/Damhirsch (Gattung ***Dama*****)** fallow deer
Dansylierung dansylation
Darm (*pl* Därme) intestine (*pl* intestines)
➢ **Afterdarm/Enddarm/Hinterdarm (Colon & Rectum)/Proctodaeum** hindgut, proctodeum
➢ **Blinddarm/ Darmdivertikulum/Caecum** blind-ended diverticulum, cecum
➢ **Colon/Kolon** (Vertebraten: Grimmdarm) colon
➢ **Coprodaeum/Kotdarm** coprodeum
➢ **Dickdarm** large intestines
➢ **Dünndarm** small intestines
➢ **Enddarm/Afterdarm/Hinterdarm (Colon & Rectum)/Proctodaeum** hindgut, proctodeum
➢ **Grimmdarm/Colon/Kolon** colon
➢ **Hinterdarm/Enddarm/ Afterdarm/Proctodaeum** hindgut, proctodeum
➢ **Hüftdarm/Ileum** ileum
➢ **Kiemendarm/Pharynx** branchial gut, branchial basket, pharynx
➢ **Kopfdarm** head gut, foregut
➢ **Kotdarm/Kotraum/Coprodaeum** coprodeum
➢ **Kranzdarm/Jejunum (Wiederkäuer)** coronal stomach, coronal sinus
➢ **Leerdarm/Jejunum** jejunum
➢ **Mastdarm/Rectum** rectum
➢ **Mitteldarm** ***sensu stricto*** mid intestine, midgut
➢ **Mitteldarm/Mesenteron/ „Magen"/Ventriculus (Insekten)** midgut, mesenteron, ventricle, ventriculus, "stomach"
➢ **Mitteldarm (Echinodermen)** pyloric stomach
➢ **Nahrungsdarm** midgut, intestine
➢ **Rumpfdarm** midgut
➢ **Schwanzdarm** tail gut, postanal gut
➢ **Spiraldarm** spiral intestine
➢ **Urdarm/Gastrocöl/Archenteron** primitive gut, gastrocoel, archenteron
➢ **Urodaeum** urodeum
➢ **Vorderdarm/Stomodaeum** foregut, stomodeum
➢ **Vorderdarm/Vormagen/Kropf/ Ingluvies (Insekten/Vögel)** crop
➢ **Wurmfortsatz des Blinddarms/ Appendix/Appendix vermiformis** appendix, vermiform appendix
➢ **Zwölffingerdarm/Duodenum** duodenum
darmassoziiertes lymphatisches Gewebe gut-associated lymphatic tissue (GALT)
Darmbein/Ilium/Os ilium flank bone, ilium

Darmblindsack/Darmdivertikulum/ Caecum blind-ended diverticulum, cecum
Darmdivertikel (Mollusken/Echinodermen) digestive gland
Darmentleerung/Stuhlgang/ Defäkation defecation, egestion
Darmfaserblatt/viscerales Blatt/ viszerales Blatt/Splanchnopleura splanchnopleure
Darmflora intestinal flora
Darmkanal ***allg*** gut; (Echinodermen) digestive gland duct
Darmkanal
Darmlymphe/Chylus chyle
Darmverschluss intestinal obstruction
Darmzotten/Villi intestinales intestinal villi
Darre/Darrofen kiln, kiln oven (for drying grain/lumber/tobacco)
darren kiln-dry
darstellen/synthetisieren ***chem*** synthesize
Darstellung/Synthese ***chem*** synthesis
Darwinsche Fitness Darwinian fitness
Dasselbeule (*Hypoderma bovis* u.a.) cattle grub & botfly infestation
Datenanalyse data analysis
➢ **explorative Datenanalyse** explorative data analysis
➢ **konfirmatorische Datenanalyse** confirmatory data analysis
Datiscaceae/Scheinhanfgewächse datisca family, Durango root family
Dauerei/Latenzei resting egg, dormant egg (winter egg)
Dauerfrostboden/Permafrostboden permafrost soil
Dauergebiss/bleibende Zähne/ zweite Zähne/Dentes permanentes permanent dentition, permanent teeth
Dauergesellschaft ***ecol*** permanent community
Dauergewebe permanent tissue, secondary tissue
Dauerknospe/Hibernaculum hibernaculum, winter bud
Dauerkontraktion/Tetanus tetanus
Dauerkultur ***agr*** permanent crop, maintenance crop, permaculture
Dauerlarve dauer larva (*not translated*: temporarily dormant larva)
Dauerpräparat ***micros*** permanent mount/slide
Dauerspore/Hypnospore persistent spore, dormant spore, resting spore, hypnospore
Dauerweide ***agr*** permanent pasture
Dauerzelle permanent cell; (*unbeweglich*: Akinet) resting cell, akinete
Daumen/Pollex thumb, pollex
Daumenfeder alular quill
Daumenfittich/Afterflügel/ Nebenflügel/Alula/Ala spuria (Federn am 1. Finger) alula, spurious wing, bastard wing
Daune/Dune/Dunenfeder/ Flaumfeder/dunenartige Feder down, down feather, plumule
Davalliaceae/Hasenfußfarngewächse davallia family, bear's-foot fern family
DC (Dünnschichtchromatographie) TLC (thin layer chromatography)
Deckakt serving
Deckblatt/Tragblatt (Blüte) bract, subtending bract
Decke (z.B. Körperdecke) cover
Decke/Deckfeder/Tectrix ***orn*** covert, wing covert, protective feather, deck feather, tectrix (*pl* tectrices)
➢ **kleine Decke (Flügeldecke/Flügelfeder)** lesser covert, minor covert
➢ **mittlere Decke** median covert
➢ **Randdecke** marginal covert
Decke/Haube/Tegmentum (Gehirn) tegmentum
Deckel/Operkulum/Operculum (z.B. Kiemendeckel) lid, opercle, operculum
Deckel.../gedeckelt/ mit Deckel versehen operculate, opercular, operculiferous, bearing a lid
deckelförmig/deckelartig lid-like, operculiform

Deckelkapsel ***bot***
lid capsule, circumscissile capsule, pyxis, pyxidium
Deckeltopfbäume/ Topffruchtbaumgewächse/ Lecythidaceae
brazil-nut family, lecythis family
decken/begatten/bespringen
cover, serve, leap
Deckenmoor
blanket bog, blanket mire, climbing bog
Deckennetz ***arach***
horizontal sheetweb; (Baldachinspinnen: Zeltdachnetz) hammock web
Deckfeder/Decke/Tectrix ***orn***
covert, wing covert, protective feather, deck feather, tectrix (*pl* tectrices)
Deckflügel/Vorderflügel
forewing, front wing, tegmina
Deckglas ***micros***
coverslip, coverglass
Deckhaar (Leithaare + Grannenhaare)
guard hair
Deckhengst/Zuchthengst/ Schälhengst/Beschäler
studhorse, stud
Deckknochen/ Hautknochen/Belegknochen
dermal bone
Deckmembran/Tektorialmembran/ Membrana tectoris
tectorial membrane
Decksamer/Bedecktsamer/ Angiosperme
angiosperm, anthophyte
Deckschuppe ***bot***
bract-scale, subtending bract, secondary bract
Deckspelze
lemma, lower palea, outer palea
Deckstück (Siphonophora) bract
Deckungsgrad
coverage percentage, coverage level
Deckungswert cover value
Deckzelle/Stützzelle
cover cell, covering cell, supporting cell
Dedifferenzierung/ Entdifferenzierung
dedifferentiation
Defäkation/Darmentleerung/ Stuhlgang/Klärung/Koten
defecation, egestion
Defäkationsdrang defecation urge
Defäkationsreflex defecation reflex
Defäkationsstörung
defecation disturbance
Defäkationstraining bowel training
Defektgen defective gene
Defektmutante defective mutant
Defensivmedizin
defensive medicine
Deflation/Ausblasung ***geol*** **(*siehe auch:* Korrasion)** deflation
Deflationskessel/Windmulde
blowout, deflation basin
Deformation/Verformung/ Formänderung deformation
Degeneration degeneracy
degenerieren/entarten degenerate
Dehnbarkeit expansivity
dehnen (Muskel) stretch, extend
Dehnung (Muskel)
stretch, stretching, extension
Dehnungsreflex/ myotatischer Reflex
stretch reflex, myotatic reflex
Dehnungsrezeptor (Muskel)
stretch receptor
Dehydratation/Entwässerung
dehydration
dehydratieren/entwässern
dehydrate
dehydrieren dehydrogenate
Dehydrierung dehydrogenation
Deich (Fluss) bank, embankment, levee, dike; (Meer) dike
Dekontamination/ Dekontaminierung/ Reinigung/Entseuchung
decontamination
dekontaminieren/reinigen/ entseuchen decontaminate
Dekussation/Wirtelung
decussation
dekussiert/gekreuzt/ kreuzgegenständig
decussate, crossed

Deletion (Mutation unter Verlust von Basenpaaren) deletion
Deletionsanalyse ***gen*** deletion analysis
Deletionskartierung ***gen*** deletion mapping
Deletionsmutation deletion mutation
Dem deme
Demographie demography (study of populations: growth rates/ age structure)
Demökologie population ecology
denaturieren denature
denaturierendes Gel denaturing gel
Denaturierung denaturation, denaturing
Dendrit/Markfortsatz dendrite
Dendritenscheidezelle dendritic sheath
Dendritenspine dendritic spine
Dendritenzelle/dendritische Zelle dendritic cell
Dendrogramm (phylogenetische Beziehungen) dendrogram
Dendrologe dendrologist
Dendrologie (Lehre von Bäumen u. Holzgewächsen) dendrology (study of trees)
Denitrifikanten denitrifying microorganisms
denitrifizieren denitrify
Denitrifizierung denitrification
Dennstaedtiaceae (Schüsselfarngewächse) dennstaedtia family (cup fern family)
dephosphorylieren dephosphorylate
Dephosphorylierung dephosphorylation
Depolarisation depolarization
depolarisieren depolarize
Depositfresser deposit feeder
Depurinisierung ***gen*** depurination
derb coarse, sturdy, rough, robust, tough, hard
Derbholz crude timber, crude wood
Derivat derivative
Derivatisation derivatization
derivatisieren derivatize
dermal dermal, dermic, dermatic
Dermaldrüse/Hautdrüse dermal gland
Dermatoglyphen dermatoglyphs
Dermatom dermatome
Dermis/Korium/Corium/Lederhaut dermis, corium, cutis vera, true skin
dermo-epidermale Junktionszone dermo-epidermal junction zone
Dermomyotom dermomyotome
Dermoptera/Pelzflatterer/ Riesengleitflieger dermopterans, colugos, flying lemurs
Desamidierung deamidation, deamidization, desamidization
Desaminierung deamination, desamination
Desinfektionsmittel disinfectant
desinfizieren disinfect
Desinfizierung/Desinfektion disinfection
Desmonem desmoneme
Desmosom/Macula adhaerens desmosome, bridge corpuscule, bridge corpuscle, macula adherens
> **Gürteldesmosom/ Banddesmosom** belt desmosome
> **Halbdesmosom** hemidesmosome
> **Plaquedesmosom** spot desmosome
Desoxycytidin deoxycytidine
Desoxyribonucleinsäure/ Desoxyribonukleinsäure (DNS/DNA) deoxyribonucleic acid (DNA)
Destillat distillate
Destillation distillation
destillieren distil, distill, still
Destilliergerät distilling apparatus, still
Destillierkolben/Retorte distilling flask, retort
Destruent/Zersetzer/Reduzent decomposer
Destruktionsfäule/Braunfäule brown rot
Deszendenztheorie/ Abstammungstheorie/ Evolutionstheorie descent theory, theory of evolution, evolutionary theory

Detergens/Reinigungsmittel detergent
Determination/ Determinierung/Bestimmung determination
Determinationskarte/ Schicksalskarte ***gen*** fate map
detritivor detritivorous
Detritivorie detritivory
Detritus detritus
Detritusernährer/ Detritusfresser/Detritivor detritus-feeder, detritivore
Detritusnahrungskette detritus food chain, detrital food chain
Deuter deuter cell, pointer cell, eurycyst
Deuteromyceten/Deuteromycetes/ unvollständige Pilze/ Fungi imperfecti imperfect fungi, deuteromycetes
Deuterotokie deuterotoky
Devon (erdgeschichtliche Periode) Devonian, Devonian Period
DFG (Deutsche Forschungsgemeinschaft) "German Research Society" (German National Science Foundation)
diadrom diadromous
Diagnose diagnosis
➢ **Differenzialdiagnose** differential diagnosis
➢ **pränatale Diagnose** antenatal diagnosis, prenatal diagnosis
➢ **präsymptomatische Diagnose** presymptomatic diagnosis
diagnostisch diagnostic
diagnostizieren diagnose
Diagonalgang/Kreuzgang diagonal gait
Diagramm (*auch* Kurve) ***math/graph*** diagram, plot, graph
➢ **Blütendiagramm** ***bot*** flower diagram, floral diagram
➢ **Histogramm/Streifendiagramm** histogram, strip diagram
➢ **Kreisdiagramm** pie chart
➢ **Lineweaver-Burk-Diagramm** Lineweaver-Burk plot, double-reciprocal plot
➢ **Phasendiagramm** phase diagram
➢ **Punktdiagramm** dot diagram
➢ **Ramachandran-Diagramm** Ramachandran plot
➢ **Röntgenbeugungsdiagramm/ Röntgenbeugungsmuster/ Röntgenbeugungsaufnahme/ Röntgendiagramm** X-ray diffraction pattern
➢ **Scatchard-Diagramm** Scatchard plot
➢ **Spindeldiagramm** spindle diagram
➢ **Stabdiagramm** bar diagram, bar graph
➢ **Strahlendiagramm** ***opt*** ray diagram
➢ **Streudiagramm** scatter diagram (scattergram/scattergraph/scatterplot)
➢ **Strichdiagramm** line diagram
Diakinese diakinesis
Dialyse dialysis
dialysieren dialyze
Diapause diapause
Diapensiagewächse/Diapensiaceae diapensia family
Diapophyse (Rippenfortsatz) diapophysis (transverse process)
Diarrhö diarrhea
Diarthrose/ Gelenk/echtes Gelenk/Articulatio diarthrosis, diarthrodial joint, synovial joint
Diaspore/ Ausbreitungseinheit/Disseminule diaspore, disseminule
Diät diet
➢ **ausgewogene Diät** balanced diet
➢ **Krankendiät/Krankenkost** special diet, invalid diet
Diät.../diät/die Diät betreffend dietary
Diätetik dietetics
diätetisch dietetic
Diatomeen/ Kieselalgen/Bacillariophyceae diatoms

Diatomeenerde/Kieselerde diatomaceous earth
Diatropismus diatropism
Dichasium/zweigablige Trugdolde dichasium, dichasial cyme
Dichlordiphenyldichlorethylen (DDE) dichlorodiphenyldichloroethylene
Dichlordiphenyltrichlorethan (DDT) dichlorodiphenyltrichloroethane
Dichogamie dichogamy
dichotom/gabelig verzweigt dichotomous, forked
Dichotomie/Gabelung/Gabelteilung dichotomy, (repeated) forking, bifurcation
dicht (Masse pro Volumen) dense; (fest verschlossen) sealed tight, tight; (leckfrei/lecksicher) leakproof/-tight
Dichte (Masse pro Volumen) density
dichteabhängig density dependent
Dichtegradient density gradient
Dichtegradientenzentrifugation density gradient centrifugation
Dichten/Jugendgesang (Jungvögel) subsong
dichteunabhängig density independent
dichtfaseriges Holz pycnoxylic wood
Dickblattgewächse/Crassulaceae stonecrop family, sedum family, orpine family
Dickdarm large intestines
Dickenwachstum thickening, growth
➢ **anomales Dickenwachstum** anomalous growth/thickening
➢ **primäres Dickenwachstum** primary growth/thickening
➢ **sekundäres Dickenwachstum** secondary growth/thickening
dickfleischig succulent
Dickfleischigkeit succulence
dickflüssig/zähflüssig/viskos/viskös viscous, viscid
Dickicht brush, thicket, thick shrubbery
Dicksoniaceae/Baumfarngewächse dicksonia family
Dickung ***for*** young plantation, young forest stand
Dickungsmittel thickener
Dictyosom/Diktyosom dictyosome, Golgi body
Dictyotän dictyotene
Didesoxynucleotid/ Didesoxynukleotid dideoxynucleotide
Didesoxysequenzierung dideoxy sequencing
Didieraceae/Armleuchterbäume didierea family
Dieb (Nahrung) scrounger
diedrische Symmetrie dihedral symmetry
Dielektrizitätskonstante dielectric constant
Differenzial-Interferenz (Nomarski) differential interference
Differenzialart/Trennart differential species
Differenzialdiagnose differential diagnosis
Differenzialfärbung/Kontrastfärbung differential staining, contrast staining
Differenzialgleichung differential equation
differenzielle Genexpression differential gene expression
differenzieller Display ***gen*** differential display (form of RT-PCR)
differenzielles Spleißen ***gen*** differential splicing
differenzieren differentiate
Differenzierung differentiation
Differenzierungscluster (CD) ***gen*** cluster of differentiation (CD)
diffundieren diffuse
Diffusionsblotting capillary blotting
Diffusionskoeffizient diffusion coefficient
Diffusionstest/Agardiffusionstest agar diffusion test
digerieren decoct, digest (by heat/solvents)
Digitigradie/Zehengang digitigrade gait
Digitoxin digotoxin
Digoxin digoxin
Dihybridkreuzung dihybrid cross

Dikaryophase/Paarkernphase dikaryotic phase
Dikotyle/Dikotyledone dicotyledon, dicot
Dilatation/Ausweitung expansion, dilation, dilatation
Dilleniaceae/Rosenapfelgewächse silver-vine family, dillenia family
Dimegetismus/ sexueller Größenunterschied dimegaly
Dimer dimer
➢ **Cyclobutyldimer** cyclobutyl dimer
➢ **Thymindimer** thymine dimer
dimerisieren dimerize
Dimerisierung dimerization
dimiktisch ***limn*** dimictic
dimitisch dimitic
Dimorphismus dimorphism
Dinergat/Soldat dinergate, soldier
Dinoflagellaten/Pyrrhophyceae dinoflagellates
Dinosaurier dinosaurs
Dioptrie (*Einheit*) diopter (D)
dioptrisch dioptric
Dioscoreaceae/ Yamswurzelgewächse/ Schmerwurzgewächse yam family
Diöstrus/Dioestrus diestrus
Diözie/Zweihäusigkeit/ Getrenntgeschlechtigkeit (speziell postnatal: Gonochorismus) dioecy, dioecism (gonochory)
diözisch/zweihäusig/ getrenntgeschlechtig (speziell postnatal: gonochor) dioecious, diecious (gonochoric/gonochoristic)
diphasisch diphasic
diphycerk/diphyzerk/ protocerk/protozerk diphycercal
diphyodont (einmaliger Zahnwechsel) diphyodont
diploid diploid
Diplosom diplosome
diplostemon ***gen*** diplostemonous
Diplotän diplotene
Dipol dipole
Dipolmoment dipole moment
Dipsacaceae/Kardengewächse teasel family, scabious family
Dipterocarpaceae/ Zweiflügelfruchtgewächse/ Flügelnussgewächse meranti family, dipterocarpus family
direkte Sequenzwiederholungen ***gen*** direct repeats
Direkttransfer-Elektrophorese/ Blottingelektrophorese direct transfer electrophoresis, direct blotting electrophoresis
disjunkt/zerstückelt/ voneinander isoliert disjunct, disjunctive
Disjunktion/Isolierung disjunction, discontinuity, isolation
Disjunktion/Verteilung/Trennung (der Tochterchromosomen) disjunction
➢ **alternierende Disjunktion** alternate disjunction
Diskalzelle/Discalzelle/Discoidalzelle discal cell, discoidal cell
Disklimax (Störungsklimax) disclimax
diskoidal discoidal, disk-like, disc-like
diskontinuierliche Replikation discontinuous replication
diskontinuierliches Gen/ gestückeltes Gen/Mosaikgen discontinuous gene, split gene, mosaic gene
Diskontinuität discontinuity
Diskus disc
➢ **intrastaminaler Diskus** ***bot*** intrastaminal disc
Dislokation/Verlagerung (von Chromosomenabschnitten) dislocation
Dislokatorzelle/Dislocatorzelle/ Wandzelle/Stielzelle (Cycadeenpollen) stalk cell
dislozieren/verlagern dislocate
disom disomic
Disomie disomy
dispergieren disperse
Dispergierung/Dispersion dispersion

disperse Replikation *gen*
dispersive replication
Dispersion/Verteilung *ecol*
dispersion
➢ **Überdispersion/Hyperdispersion (gehäufte Verteilung)**
overdispersion, overdispersed distribution, hyperdispersion (contagious distribution)
➢ **Unterdispersion/Hypodispersion (regelmäßige Verteilung)**
underdispersion, underdispersed distribution, hypodispersion (uniform distribution)
Dispersion ***bot*** **(wechselständige/zerstreute Blattstellung)**
alternate leaf arrangement
Dispersion/Kolloid dispersion, colloid
Disposition/Veranlagung/Anfälligkeit
disposition
Dissimilation dissimilation, catabolism
➢ **anaerobe Dissimilation/anaerobe Gärung**
anaerobic fermentation
dissimilatorisch dissimilatory
Dissoziationsgeschwindigkeit
dissociation rate
Dissoziationskonstante (K_i)
dissociation constant
dissoziieren dissociate
dissymmetrisch/asymmetrisch/unsymmetrisch
dissymmetrical, asymmetrical
distelartig thistle-like, thistly
Distichie distichy
Distylie
distyly, dimorphic heterostyly
Disulfidbindung/Disulfidbrücke
disulfide bond, disulfide bridge, disulfhydryl bridge
disymmetrisch/bilateral
disymmetrical, bilateral, biradial, bilaterally symmetrical, radially symmetrical
dithalam/zweikammerig/zweikämmrig/dithekal
dithalamous, dithalamic, with two chambers, dithecal
dithecisch (zweifächerig)
dithecal (double-chambered), tetrasporangiate
Dityp ditype
➢ **nicht-parentaler Dityp (NPD)**
non-parental ditype (NPD)
➢ **parentaler Dityp (PD)**
parental ditype (PD)
Diurese/Harnfluss/Harnausscheidung
diuresis
divergente Transkription
divergent transcription
Divergenz divergence, divergency
divergieren diverge
Divertikel/Aussackung/Blindsack
diverticulum
Diversität diversity
dizentrisches Chromosom
dicentric chromosome
dizygot/zweieiig
dizygotic, dizygous
Dizygotie/Zweieiigkeit
dizygosity
DNA/DNS (Desoxyribonucleinsäure/Desoxyribonukleinsäure)
DNA (deoxyribonucleic acid)
➢ **3′→5′ (drei Strich-fünf Strich/drei Strich nach fünf Strich)**
3′→5′ (three prime five prime/three prime to five prime)
➢ **A-Form/A-Konformation**
A form
➢ **Achterform** figure eight
➢ **Alpha-DNA** alpha-DNA
➢ **anonyme DNA**
anonymous DNA
➢ **B-Form/B-Konformation** B form
➢ **C-Form/C-Konformation** C form
➢ **cccDNA (DNA aus kovalent geschlossenen Ringen)** cccDNA (covalently closed circles DNA)
➢ **cDNA (komplementäre DNA)**
cDNA (complementary DNA)
➢ **egoistische DNA** selfish DNA
➢ **Einzelkopie-DNA/nichtrepetitive DNA**
single copy DNA
➢ **extragene DNA**
extragenic DNA
➢ **Fremd-DNA** foreign DNA

- **in sich gefaltete DNA/ zurückgebogene DNA** fold-back DNA, snap-back DNA
- **kreuzförmige DNA** cruciform DNA
- **Linker-DNA** linker DNA
- **Minisatelliten-DNA** minisatellite DNA
- **native DNA** native DNA
- **oc-DNA (offene ringförmige DNA)** oc-DNA (open circle DNA)
- **passagere DNA/Passagier-DNA** passenger DNA
- **promiskuitive DNA** promiscuitive DNA
- **rekombinierte DNA-Technologie (Methoden mit Hilfe rekombinierter DNA)/ rekombinante DNA-Technologie** recombinant DNA technology
- **rekombiniertes DNA-Molekül/ rekombinantes DNA-Molekül** recombinant DNA molecule
- **repetitive DNA** repetitive DNA
- **Satelliten-DNA** satellite DNA
- **Stuffer-DNA** stuffer-DNA
- **unnütze DNA/überflüssige DNA/ wertlose DNA** junk DNA
- **vorgeschichtliche DNA** ancient DNA
- **Z-DNA/Z-Konformation** Z DNA

DNA-abhängige-DNA Polymerase DNA-dependent DNA polymerase

DNA-Bank/DNA-Bibliothek DNA bank, DNA library

DNA-Biegung/DNA-Verbiegung DNA bending

DNA-bindendes Protein DNA-binding protein

DNA-Fingerprinting/ genetischer Fingerabdruck DNA profiling, DNA fingerprinting

DNA-Fußabdruck/DNA-Footprint DNA footprint

DNA-getriebene Hybridisierung DNA-driven hybridization

DNA-Polymerase DNA polymerase

DNA-Reparatur DNA repair

- **Excisionsreparatur/ Exzisionsreparatur** excision repair
- **Fehlpaarungsreparatur** mismatch (DNA) repair
- **lichtunabhängige DNA-Reparatur** dark repair, light-independent DNA repair
- **Lichtreparatur** light repair

DNA-Sequenzierung DNA sequencing

DNA-Sequenzierungsautomat DNA sequencer

DNA-Synthese DNA synthesis

- **außerplanmäßige D.** unscheduled DNA synthesis

DNA-Tumorvirus DNA tumor virus

DNA-Welt DNA world

Docking-Protein/Andockprotein docking protein

Doggenhaie/ Hornhaie/Heterodontidae horn sharks, bullhead sharks

Doggenhaiartige/Stierkopfhaiartige/ Heterodontiformes bullhead sharks

Dolde/Umbella/Sciadium (Infloreszenz) umbel, sciadium

- **einfache Dolde** simple umbel
- **zusammengesetzte Dolde** compound umbel

Doldengewächse/Doldenblütler/ Umbelliferen/ Apiaceae/Umbelliferae carrot family, parsley family, umbellifer family

Doldentraube corymb

doldig umbel-like, sciadioid

Doliolaria/Tönnchenlarve (Vitellaria) doliolaria, vitellaria larva

Doliporus dolipore

Domäne (Tertiärstruktur) domain

Domestikation/Haustierwerdung domestication

domestisch domestic

domestizieren domesticate

dominant dominant

Dominanz dominance
➢ **Überdominanz** overdominance
➢ **Unterdominanz** underdominance
➢ **unvollständige Dominanz/Semidominanz/Partialdominanz** incomplete dominance
➢ **variable Dominanz** shifting dominance
➢ **verzögerte Dominanz** delayed dominance
Dominanzvarianz dominance variance
dominieren dominate
Donnerkeil/Rostrum (Belemniten-Schalenspitze) thunderbolt (fossil belemnite shell), rostrum, guide
Donor/Spender donor
Donorzelle donor cell
DOP-PCR (PCR mit degeneriertem Oligonucleotidprimer) ***gen*** DOP-PCR (degenerate oligonucleotide primer PCR)
DOP-Vernebelung (Dioctylphthalat-Vernebelung) DOP smoke (dioctyl phthalate smoke)
Dopamin dopamine
Doppelachäne (Schizokarp der Umbelliferen) cremocarp
Doppelähre double spike
Doppelbindung double bond
Doppelblindversuch double blind assay, double-blind study
doppelbrechend birefringent, double-refracting; (anisotrop: Muskel) anisotropic
Doppelbrechung birefringence, double refraction
doppelchromosomig/bivalent bivalent
Doppeldiffusion/Doppelimmundiffusion double diffusion, double immunodiffusion (Ouchterlony technique)
Doppeldolde double umbel
Doppelfüßer/Diplopoden/Tausendfüßler/Myriapoden/Myriapoda millipedes, diplopods, myriapodians
Doppelhelix double helix
Doppelinfektion double infection
doppelklappig/zweiklappig bivalve
Doppelkokken diplococci
doppelköpfiges Zwischenprodukt/janusköpfiges Zwischenprodukt double-headed intermediate
Doppelkreuzung double cross
Doppelmembran double membrane
Doppelschaler/Krallenschwänze/Diplostraca/Onychura clam shrimps & water fleas
Doppelschicht double layer, bilayer
Doppelschildokulation/Nicolieren double shield budding
Doppelschleichen/Wurmschleichen/Amphisbaenia worm lizards, amphisb(a)enids, amphisbenians
Doppelschwänze/Diplura japygids, diplurans
Doppelspreitigkeit/Diplophyllie diplophyly
Doppelstrang ***gen*** double strand
Doppelstrangbildung/Annealing/Reannealing/Reassoziation (DNA) annealing, reannealing, reassociation, renaturation
Doppelstrangbruch double strand break
Doppelstrangsequenzierung double-strand sequencing
doppelte Befruchtung double fertilization
doppelte Rekombination double recombination
Doppeltraube (Infloreszenz) double raceme
Doppelverdau ***gen/biochem*** double digest
Doppelwendel-Dimer (superspiralisierte Helices) coiled coil (superspiraled helices/helixes)

Doppelzucker/Disaccharid double sugar, disaccharide
- ➢ **Laktose/Lactose (Milchzucker)** lactose (milk sugar)
- ➢ **Maltose (Malzzucker)** maltose (malt sugar)
- ➢ **Sukrose/Sucrose/Saccharose (Rohrzucker/Rübenzucker)** sucrose (cane sugar/ beet sugar/table sugar)

Dormanz (endogen bedingte Ruheperiode) dormancy
Dorn (Blattdorn/Nebenblattdorn) spine; (Sprossdorn) thorn (sharp-pointed modified branch)
Dornbusch thorny bush
Dornbuschformation/ Dornstrauchformation thorny thicket, thorny brush
Dornfortsatz/Spinalfortsatz/ Processus spinalis vertebrae vertebral spine, neural spine, spinous process of vertebra
- ➢ **oberer Dornfortsatz/ oberer Spinalfortsatz/ Neurapophyse** neurapophysis
- ➢ **unterer Dornfortsatz/ unterer Spinalfortsatz/ Hämapophyse** haemapophysis, hemapophysis

Dorngestrüpp thorny thicket
Dornhaiartige/Squaliformes dogfish sharks
dornig thorny, spiny
Dornkorallen/Dörnchenkorallen/ Antipatharia thorny corals, black corals, antipatharians
Dornrückenaale/Notacanthiformes notacanthiforms
Dornstrauch/Dornenstrauch/ Dornbusch thorn shrub, thorny thicket, thorn brush
Dornwald thorn woodland
Dorsalnaht/Rückennaht dorsal suture, dorsal seam
Dorsalwurzel ***neuro*** dorsal root
Dorschfische/Gadiformes codfishes & haddock & hakes
dorsifix (Anthere) dorsifixed
dorsiventral dorsiventral, bifacial
dosieren dose (give a dose), measure out
Dosierung/Dosieren (im Verhältnis/anteilig) proportioning
Dosis dose, dosage
- ➢ **letale Dosis/Letaldosis/ tödliche Dosis** lethal dose
- ➢ **mittlere letale Dosis (LD_{50})** median lethal dose (LD_{50})
- ➢ **Überdosis** overdose

Dosis-Wirkungskurve dose-response curve
Dosiseffekt dosage effect
Dosiskompensation dosage compensation
Dotter ***nt*****/Eidotter/Eigelb** yolk, vitellus
- ➢ **Dotter gleichmäßig verteilt/ isolezithal/isolecithal** isolecithal (yolk distributed nearly equally)
- ➢ **Dotter im Zentrum/ zentrolezithal/centrolecithal** centrolecithal (yolk aggregated in center)
- ➢ **Dotter an einem Pol/ telolezithal/telolecithal** telolecithal (yolk in one hemisphere)
- ➢ **dotterarm/oligolezithal/ oligolecithal/mikrolecithal** oligolecithal (with little yolk)
- ➢ **dotterreich/polylezithal/ polylecithal/makrolecithal** polylecithal (with large amount of yolk)
- ➢ **mäßig dotterreich/ mesolezithal/mesolecithal** mesolecithal (with moderate yolk content)

Dottergang vitelline duct
Dotterhaut/Dottermembran/ primäre Eihülle/ Membrana vitellina vitelline layer, vitelline membrane
Dotterpfropf yolk plug
Dottersack yolk sac
Dottersackbrut (Lachs) yolk fry, sacfry, alevin

Dottersackplazenta/ Dottersackhöhlenplazenta/ Omphaloplazenta/ omphaloide Plazenta yolk-sac placenta, choriovitelline placenta
Dotterstock/Dotterdrüse/ Vitellar/Vitellarium yolk gland, vitellarian gland, vitelline gland, vitellarium, vitellogen
Dotterzelle/Vitellophage yolk cell; shell globule (trematodes)
Drachenbaumgewächse/ Dracaenaceae dragon-blood tree family
Drachenkopfartige/ Drachenkopffischverwandte/ Panzerwangen/Scorpaeniformes sculpins & sea robins
Drachenwurm/Medinawurm/ Guineawurm (*Dracunculus medinensis*) guinea worm, medina worm
Drahtnetz ***chem/lab*** wire gauze
Drahtwurm (Elateriden-Larve) wireworm (clickbeetle larva)
Drang/Trieb/Impuls urge, drive, compulsion, impulse
Drängeln (Bienen) jostling run
Dränung/Drainage drainage
drehen/verdrehen contort
Dreher/Drehmuskel/Rotator rotator muscle
Drehfestigkeit (Holz) torsion(al) strength
Drehkrankheit (*Myxosoma cerebralis*) twist disease (trout)
Drehsinn/Rotationssinn rotational sense, sense of rotation
Drehtisch ***micros*** rotating stage
Drehung/Torsion torsion
Drei-Faktor-Kreuzung three-point testcross
dreiästig verzweigt three-branched, triramous
Dreiblattgewächse/ Einbeerengewächse/Trilliaceae trillium family
dreiblättrig trifoliate
dreiblättrig gefiedert trifoliolate
Dreibuchstabencode ***gen*** three-letter code
Dreieck/Triangulum (Insektenflügel) triangle
Dreiecksknochen/Os triquetrum triangular bone, triquestral bone
Dreifachbindung triple bond
Dreifachpaarung ***gen*** tripartite mating
Dreifelderwirtschaft three-field/three-year rotation, three-field system
Dreifuß/Dreibein tripod
Dreijochzahnechsen/Trilophosauria trilophosaurs, trilophosaurians (Triassic archosauromorphs)
Dreiknochenloch/Foramen triosseum foramen trisosseum, triosseum
Dreilapper/Trilobiten trilobites
dreischneidig (Initiale) ***bot*** with three cutting faces
dreispaltig trifid
dreiteilig tripartite
dreiwertig trivalent
Dreiwertigkeit trivalency
Dreizackgewächse/Juncaginaceae arrowgrass family
dreizählig ternate, ternary
dreizehig/tridactyl tridactyl (having three digits)
Dreizehigkeit/Tridactylie tridactyly
dreschen thresh
dressieren/abrichten condition, train
Dressur (animal) conditioning, training
Drillfurche/Saatfurche/Saatrille drill, drill furrow
Drillreihe drill row
Drillsaat (Reihensaat) drill, drilling, drill sowing (row seeding)
Droge drug
➤ **Pflanzendroge** herbal drug
➤ **Rauschdroge** mind-altering drug
➤ **unter Drogen stehen** to be drugged
drogenabhängig/drogensüchtig addicted to drugs
Drogenabhängigkeit/Sucht drug addiction
Drogenkunde/Pharmakognosie/ pharmazeutische Biologie pharmacognosy
Drogenmissbrauch drug abuse

Drogenpflanze/Arzneipflanze medicinal plant
Drohen threat, threatening
➤ **Aggressivdrohen** offensive threat
➤ **Defensivdrohen** defensive threat
➤ **Phallusdrohen** phallic threat
drohen threaten
Drohgähnen threat yawn, threat gape
Drohgebärde/Droh-Mimik threatening gesture
Drohhaltung threatening posture
Drohmimik threating gesture
Drohne/Drohn drone
Drohstarren threat starring
Drohung threat
Drohverhalten threat behavior/display
Droseraceae/Sonnentaugewächse sundew family
Drosselvene/Vena jugularis jugular vein
Druckfestigkeit (Holz) crushing strength, compression resistance (endwise compression)
Druckholz/Rotholz compression wood
Druckstromtheorie/ Druckstromhypothese pressure-flow theory/hypothesis
Druse druse, granule
Drüse gland
➤ **akzessorische Drüse/Anhangdrüse** accessory gland
➤ **Ampullardrüse** ampullary gland (of deferent duct)
➤ **Analdrüse (Hai)** anal gland, rectal gland (shark)
➤ **Analdrüse/Pygidialdrüse** anal gland, pygidial gland
➤ **Anhangdrüse/ akzessorische Drüse** accessory gland
➤ **Antennendrüse/ Antennennephridium/ grüne Drüse** antennal gland, antennary gland, green gland
➤ **apokrine Drüse** apocrine gland
➤ **Backendrüse** cheek gland
➤ **Bartholin-Drüse/ Glandula vestibularis major** Bartholin's gland, greater vestibular gland
➤ **Bauchspeicheldrüse/Pankreas** pancreas
➤ **Beischilddrüse/Nebenschilddrüse/ Epithelkörperchen** parathyroid gland, parathyroidea
➤ **Bläschendrüse/Samenblase/ Samenbläschen (♂ akzessorische Drüse)** vesicular gland, seminal gland, seminal vesicle
➤ **Brunftdrüse/Brunftfeige/ Duftdrüse (Gämse)** odoriferous gland, scent gland
➤ **Brunnersche Drüse/Duodenaldrüse** Brunner's gland, duodenal gland
➤ **Brustdrüse/Milchdrüse** mammary gland
➤ **Bulbourethraldrüse/ Cowpersche Drüse/Cowper-Drüse** bulbourethral gland, Cowper's gland
➤ **Bürzeldrüse** uropygial gland, preen gland, oil gland
➤ **Carapaxdrüse/Y-Organ** molting gland, Y organ
➤ **Cowpersche Drüse/Cowper-Drüse/ Bulbourethraldrüse** Cowper's gland, bulbourethral gland
➤ **Coxaldrüse** coxal gland
➤ **Dermaldrüse/Hautdrüse** dermal gland
➤ **Dotterstock/Dotterdrüse/ Vitellar/Vitellarium** yolk gland, vitellarian gland, vitelline gland, vitellarium, vitellogen
➤ **Dufour Drüse** Dufour's gland
➤ **Duftdrüse/ Brunftdrüse/Brunftfeige (Gämse)** odoriferous gland, scent gland
➤ **Duodenaldrüse/Brunnersche Drüse** duodenal gland, Brunner's gland
➤ **Eischalendrüse/Schalendrüse/ Nidamentaldrüse** nidamental gland
➤ **Eiweißdrüse** albumen gland
➤ **Enddarmdrüse/Proktodealdrüse** proctodeal gland
➤ **endokrine Drüse** endocrine gland
➤ **Follikulärorgan/Follikulärdrüse (Schenkeldrüse: Eidechsen)** follicular gland (femoral gland)

- **Frontaldrüse/Stirndrüse/Kopfdrüse** frontal gland, cephalic gland
- **Fundusdrüse** fundus gland
- **Fußdrüse/Klebdrüse/Kittdrüse** pedal gland, adhesive gland, cement gland (rotifers)
- **Futterdrüse/Futtersaftdrüse/ Honigdrüse/Hypopharynxdrüse** hypopharyngeal gland
- **Gasdrüse** gas gland
- **Geschlechtsdrüse/ Keimdrüse/Gonade** sex gland, germ gland, gonad
- **Giftdrüse** poison gland
- **grüne Drüse/Antennendrüse/ Antennennephridium** green gland, antennal gland, antennary gland
- **Haftdrüse/Klebdrüse/Kittdrüse/ Zementdrüse** adhesive gland, colleterial gland, cement gland (insects)
- **Hardersche Drüse (Auge)** Harderian gland, Harder's gland
- **hedonische Drüse** hedonic gland (amphibians)
- **Hirnanhangdrüse/Hypophyse** pituitary gland, hypophysis
- **interdigitale Drüse/ Interdigitaldrüse/ Zwischenzehendrüse** interdigital gland
- **Kalkdrüse** calciferous gland
- **Keimdrüse/ Geschlechtsdrüse/Gonade** sex gland, germ gland, gonad
- **Kittdrüse/Klebdrüse/Zementdrüse (Lepidoptera: Glandula sebacea)** colleterial gland, adhesive gland, cement gland (insects)
- **Klauendrüse** claw gland
- **Kopfdrüse/Stirndrüse/Frontaldrüse** cephalic gland, frontal gland
- **Körnerdrüse** granular gland, poison gland (amphibians)
- **Kornsekretdrüse** prostatic gland (annelids: spermiducal gland)
- **Labialdrüse** labial gland
- **Leistendrüse** inguinal gland
- **Lymphdrüse** lymphatic gland
- **Magendrüse** gastric gland
- **Mandibulardrüse/Unterkieferdrüse** mandibular gland
- **Mehlissche Drüse/Schalendrüse** Mehlis' gland, shell gland (cement gland)
- **Meibom-Drüse/Glandula tarsalis** Meibomian gland, tarsal gland
- **merokrine Drüse** merocrine gland
- **Metatarsaldrüse** metatarsal gland
- **Milchdrüse/Brustdrüse** mammary gland
- **Mitteldarmdrüse/„Leber"** midgut gland, digestive gland, "liver"
- **Mitteldarmdrüse/Darmdivertikel** digestive gland, "liver" (mollusks, echinoderms)
- **Mitteldarmdrüse/Hepatopankreas** midgut gland, hepatopancreas
- **Moschusdrüse (Duftdrüse)** musk gland (scent gland)
- **Nassanov Drüse/ Nassanoffsche Drüse** Nassanov gland, Nassanov's gland
- **Nebenniere** adrenal gland
- **Nebenschilddrüse/Beischilddrüse/ Epithelkörperchen** parathyroid gland, parathyroidea
- **Nickhautdrüse** gland of third eyelid
- **Nidamentaldrüse/Eischalendrüse/ Schalendrüse** nidamental gland
- **Ohrdrüse/Parotoiddrüse/ Parotisdrüse/Duvernoysche Drüse** parotoid gland (amphibians)
- **Ohrenschmalzdrüse** ceruminous gland, wax gland
- **Ohrspeicheldrüse/Parotis** parotid gland, parotis, parotid (mammals: salivary gland)
- **Öldrüse/Schmierdrüse** oil gland
- **Parotis/Ohrspeicheldrüse** parotid gland, parotis, parotid (mammals: salivary gland)
- **Parotoiddrüse/Parotisdrüse/ Ohrdrüse/Duvernoysche Drüse** parotoid gland (amphibians)
- **Perinealdrüse/Dammdrüse** perineal gland
- **Pharynxdrüse** pharyngeal gland

- **Pinealorgan/Epiphyse/Zirbeldrüse** pineal gland, pineal body, conarium, epiphysis
- **Präputialdrüse** preputial gland, castor gland (beaver)
- **Prothoraxdrüse** prothoracic gland (an ecdysial/molting gland)
- **Purpurdrüse** purple gland
- **Pygidialdrüse/Analdrüse** pygidial gland, anal gland
- **Rectaldrüse/Rektaldrüse (*see*: Klebdrüse/Kittdrüse/Zementdrüse)** rectal gland
- **Salzdrüse** salt gland
- **Schalendrüse/Maxillendrüse/Maxillennephridium** maxillary gland
- **Schalendrüse/Mehlissche Drüse** shell gland, Mehlis' gland (cement gland)
- **Schalendrüse/Nidamentaldrüse** shell gland, nidamental gland
- **Schenkeldrüse (Follikulärorgan: Eidechsen)** femoral gland (follicular gland: lizards)
- **Schilddrüse** thyroid gland, thyreoidea
- **Schläfendrüse (Elefant)** temporal gland
- **Schleimdrüse** slime gland, mucous gland
- **Schlunddrüse (Gastropoden)** esophageal gland
- **Schmierdrüse/Öldrüse** oil gland
- **Schwanzdrüse (Rektaldrüse)** caudal gland (rectal gland)
- **Schwanzwurzeldrüse** supracaudal gland
- **Schweißdrüse** sweat gland, sudoriferous gland, sudoriparous gland
- **Seidendrüse/Spinndrüse/Sericterium (Labialdrüse: Raupen)** silk gland, spinning gland, sericterium (caterpillars: labial gland)
- **Sekretdrüse** secretory gland
- **Sinusdrüse** sinus gland
- **Speicheldrüse** salivary gland
- **Spüldrüse/von Ebnersche Drüse/von-Ebner-Drüse** gustatory gland
- **Stinkdrüse (*siehe:* Wehrdrüse)** repugnatorial gland
- **Stirndrüse/Frontaldrüse/Kopfdrüse** frontal gland, cephalic gland
- **Talgdrüse/Haartalgdrüse** sebaceous gland
- **Tarsaldrüse** tarsal gland
- **Thymus/Thymusdrüse/Bries (Halsthymus/Brustthymus)** thymus (gland)
- **Tintendrüse/Tintensack/Tintenbeutel** ink gland, ink sac
- **Tränendrüse** lacrimal gland
- **Unteraugendrüse** suborbital gland
- **Unterkieferdrüse/Mandibulardrüse** mandibular gland
- **Unterzungendrüse** sublingual gland
- **Urethraldrüse** urethral gland
- **Ventraldrüse** ventral gland, renette gland (nematodes)
- **Verdauungsdrüse** digestive gland
- **Violdrüse (Schwanzwurzeldrüse des Fuchses)** violet gland, supracaudal gland
- **Voraugendrüse/Antorbitaldrüse** preorbital gland, antorbital gland
- **Vorhofdrüse (Scheidenvorhof)** vestibular gland
- **Vorsteherdrüse/Prostata** prostate
- **Wachsdrüse** wax gland, ceruminous gland
- **Wehrdrüse (*Peripatus*: Schleimdrüse)** defensive gland (slime gland)
- **Wollfettdrüse** wool fat gland
- **Y-Organ/Carapaxdrüse** Y organ, molting gland
- **Zeis-Drüse** gland of Zeis, sebaceous ciliary gland
- **Zementdrüse/Kittdrüse/Klebdrüse** cement gland, adhesive gland

➤ **Zirkumanaldrüse**
circumanal gland
➤ **Zuckerdrüse**
sugar gland, subradular organ
➤ **Zungendrüse** lingual gland
➤ **Zwischenzehendrüse/ interdigitale Drüse/ Interdigitaldrüse**
interdigital gland
➤ **Zwitterdrüse**
hermaphroditic gland, hermaphroditic gonad, ovotestis

Drüsengewebe glandular tissue
Drüsengürtel/Clitellum clitellum
Drüsenhaar ***bot***
glandular hair, glandular trichome
drüsenlos eglandulous, eglandular
Drüsenmagen ***orn***
glandular portion of stomach
Drüsensekret glandular secretion
Drüsenzelle gland cell
Drüsenzotte/Leimzotte/ Colletere/Kolletere ***bot*** colleter, multicellular glandular trichome
drüsig glandular
Dryopteridaceae/ Wurmfarngewächse (Aspidiaceae)
male fern family, dryopteris family, aspidium family
Dschungel jungle
Dschungelbuch jungle book
Duettgesang/Paargesang ***orn***
duetting
Dufour Drüse Dufour's gland
Duft/Geruch smell, odor, scent
➤ **angenehmer Duft/Geruch**
fragrance, scent, pleasant smell
➤ **unangenehmer Duft/Geruch**
unpleasant smell

Duftdrüse
scent gland, odoriferous gland
duften (angenehm) smell pleasantly fragrantly; be fragrant/aromatic
duftend (angenehm) fragrant
Duftfeld/Duftschuppe/Androkonie
scent scale, androconium (*pl* androconia)
Duftmarkierung scent-marking
Duftpinsel/Haarpinsel (Schmetterlinge)
hair pencil, tibial tuft
Duftschuppe/Androkonie (♂ Lepidoptera) scent scale, androconium (*pl* androconia)
Duftspur scent trail, olfactory trail
Duftstoffe
scents, odiferous substances
Dune/Daune/Dunenfeder/ Flaumfeder/dunenartige Feder
down, down feather, plumule
Düne dune
➤ **Binnendüne/Inlandsdüne/ Innendüne/Festlandsdüne/ Kontinentaldüne**
inland dune
➤ **Braundüne** brown dune
➤ **Deflationsdüne/Haldendüne**
blowout dune
➤ **Kuppeldüne/Haufendüne**
dome dune
➤ **Kupstendüne/Kupste**
shrub-coppice dune, nebkha
➤ **Küstendüne** coastal dune
➤ **Längsdüne/Longitudinaldüne/Seif**
longitudinal dune, seif dune
➤ **Paraboldüne/Parabeldüne**
parabolic dune
➤ **Primärdüne** primary dune
➤ **Querdüne/Tranversaldüne**
transverse dune
➤ **Seif/Längsdüne/Longitudinaldüne**
seif dune, longitudinal dune
➤ **Sekundärdüne (Weißdüne/Gelbdüne)**
secondary dune (white dune/yellow dune)
➤ **Sicheldüne/Bogendüne/Barchan**
crescentic dune, crescent-shaped dune, barchan
➤ **Sterndüne/Pyramidendüne**
star dune
➤ **Stranddüne** shore dune
➤ **Strichdüne/Silk-Düne** lineal dune
➤ **Tertiärdüne (Graudüne)**
tertiary dune (gray dune)
➤ **Tranversaldüne/Querdüne**
transverse dune
➤ **Vordüne** foredune
➤ **Wanderdüne**
shifting dune, mobile dune, migratory dune
➤ **Zungendüne** linguoid dune

Dung/Mist/ tierische Exkremente/Tierkot dung, manure
düngen fertilize, manure
Dünger/Düngemittel fertilizer, plant food, manure
Dungfressen/Kotfressen/ Koprophagie/Coprophagie coprophagy
dungfressend/kotfressend/ koprophag/coprophag coprophagous, coprophagic
Dungfresser/Kotfresser/ Koprophage/Coprophage coprophagist
Düngung fertilization
➤ **Überdüngung** overfertilization, excessive fertilization
Dunkelfeld ***micros*** dark field
Dunkelkammer ***micros/photo*** darkroom
Dunkelkeimer germinating in darkness, dark germinator
Dunkelkeimung dark germination
Dunkelreaktion dark reaction
Dünndarm small intestines
Dünnschnitt thin section, microsection
➤ **Semidünnschnitt** semithin section
➤ **Ultradünnschnitt** ultrathin section
dünnstämmig slender-stemmed, leptocaulous
Dunstabzugshaube/Abzug fume hood, hood
dunstig misty
Duodenaldrüse/Brunnersche Drüse duodenal gland, Brunner's gland
Duodenum/Zwölffingerdarm duodenum
durchbluten supply with blood, vascularize
Durchblutung circulation, blood supply, blood circulation
Durchbrenner ***gen*** (überlebender Träger einer Letalmutation) break through (surviving carrier of a lethal mutation)
durchfließen percolate, flow through
Durchfluss percolation, flowing through, flux
Durchflussgeschwindigkeit flow rate
Durchflussrate/ Verdünnungsrate ***biot*** dilution rate
Durchflussreaktor (Bioreaktor) flow reactor
Durchflusszytometrie/ Durchflusscytometrie flow cytometry
durchlässig/permeabel pervious, permeable
➤ **halbdurchlässig/semipermeabel** semipermeable
➤ **undurchlässig/impermeabel** impervious, impermeable
durchlässige Mutante leaky mutant
Durchlässigkeit/Permeabilität perviousness, permeability
➤ **Halbdurchlässigkeit/ Semipermeabilität** semipermeability
➤ **Undurchlässigkeit/ Impermeabilität** imperviousness, impermeability
Durchlasszelle passage cell
Durchlesen ***gen*** read-through
Durchlicht/Durchlichtbeleuchtung transillumination, transmitted light illumination
durchlüften air, ventilate; (belüften) aerate
Durchlüftung ventilation, aeration
Durchlüftungsgewebe/Aerenchym aerenchyma
Durchmustern/Durchtesten screening
durchnässt/durchweicht soggy
Durchsatz/Durchsatzmenge throughput
durchscheinend translucent, pellucid
Durchschlagskapsel/Penetrant (Nematocyste) penetrant
durchschneiden transect, cut through
Durchschnitt (Mittelmaß) average, mean; (schneiden) transection
Durchschnittsertrag average yield
durchsickern ***vb*** percolate; seep through
Durchsickern ***n*** percolation
durchtränken (durchtränkt) soak (soaked)

durchwachsen (blättrig) perfoliate
Durchzügler migratory animal; *orn* bird of passage, migratory bird
Dürre drought
dürreertragend/dürreüberdauernd drought-enduring
Dürrehärte/Dürrefestigkeit/ Dürrebeständigkeit drought hardiness, drought tolerance
dürremeidend drought-avoiding
dürreresistent/dürrefest drought-resistant
Dürreresistenz drought resistance
dürretolerant/dürreduldend drought-tolerant
Dürrevermeidung drought avoidance
Durst thirst
durstig thirsty
Düsenumlaufreaktor/ Strahl-Schlaufenreaktor jet loop reactor
Düsenumlaufreaktor/ Umlaufdüsen-Reaktor nozzle loop reactor, circulating nozzle reactor
Dy/Torfschlamm/Torfmudde dy, gel mud
Dyade dyad
Dynein dynein
Dynorphin dynorphin
Dysmorphie dysmorphy
dysphotische Zone/ Dämmerzone *limn* dysphotic zone
Dysplasie dysplasia
Dyspnoe dyspnea
dystroph/schlecht ernährt/ mangelhaft ernährt dystrophic, wrongly nourished, inadequately nourished

Ebbe low tide, ebb tide, ebb
eben plane, level
Ebene/ebene Fläche ***math/geom***
plane (flat/level surface)
➢ **Brennebene** focal plane
➢ **Sagittalebene (parallel zur Mittellinie)**
median longitudinal plane
➢ **Schlundebene** pharyngeal plane
➢ **Schnittebene/Schnittfläche**
cutting face, cutting plane
➢ **Trophieebene/Trophieniveau/ trophisches Niveau**
trophic level
Ebene/Flachland ***geol/ecol***
plain (level area)
➢ **Flussebene**
river plain, fluvial plain
➢ **Hochebene/Hochfläche**
plateau, elevated plain, tableland
➢ **Küstenebene** coastal plain
➢ **Tiefebene**
lowland, low-lying plain
➢ **Tiefseeebene** abyssal plain
ebenerdig at ground level
Ebenholzgewächse/Ebenaceae
ebony family
Ebenstrauß/Corymbus (*inkl.* Schirmrispe und -traube)
corymb
Eber (männliches Schwein)
boar (male pig: not castrated)
Ecdysialflüssigkeit/Exuvialflüssigkeit/ Häutungsflüssigkeit
molting fluid, exuvial fluid
Ecdyson ecdysone
Echinozyt/Stechapfelform (Erythrozyt)
echinocyte, crenocyte, burr cell
Echiuriden/Igelwürmer/ Stachelschwänze/Echiura
echiuroid worms, spoon worms
Echolotpeilung/Echoortung
echolocation
Echsen/Eidechsen/Lacertilia
lizards
Echsenbecken-Dinosaurier/ Saurischia
lizard-hipped dinosaurs, reptile-like dinosaurs, saurischian reptiles

Eckenkollenchym/Kantenkollenchym (*auch:* Collenchym)
angular collenchyma
Eckstrebe/Pars inflexa (Huf) bar
Eckstrebenwinkel/ Sohlenwinkel (Huf) seat of corn
Eckzahn canine
ecotrop ***vir*** ecotropic
edaphisch edaphic
Edelfäule noble rot
Edelgas inert gas, rare gas
Edelreis (*pl* Edelreiser)/ Pfropfreis/Pfröpfling/Reis ***hort***
scion (cion), graft, (slip: softwood or herbaceous cutting for grafting)
Edentata/Zahnarme/Xenarthra/ Nebengelenktiere
edentates, "toothless" mammals, xenarthrans
Ediacara-Fauna Ediacaran fauna
Edman-Abbau/Edmanscher Abbau
Edman degradation
Efeugewächse/Araliengewächse/ Araliaceae
ivy family, ginseng family
Egel/Hirudineen/Hirudinea (Anneliden)
leeches, hirudineans
Egel/Saugwürmer/Trematoden (Plathelminthen)
flukes, trematodes
Egerlinge/Agaricaceae
Agaricus family
Egge ***agr*** harrow
eggen harrow
Egoismus/Eigennutz selfishness
egoistische DNA
selfish DNA
Ei (Fortpflanzungseinheit: Embryo/ Nährstoffe/Schale)
egg (reproductive body: embryo/ nutrients/hard shell)
➢ **Latenzei/Dauerei**
resting egg, dormant egg (winter egg)
➢ **Mosaikei** mosaic egg
➢ **Nährei** trophic egg, nurse egg
➢ **Regulationsei**
regulative egg
➢ **Subitanei/Jungfernei**
parthenogenetic egg

Ei/Eizelle (weibliche Geschlechtszelle)
egg, egg cell, ovum (female gamete)
➢ **beschaltes Ei/kleidoisches Ei (Reptilien/Vögel)**
cleidoic egg, shelled egg, "land egg"
➢ **Dotter an einem Pol/ telolezithal/telolecithal**
telolecithal
(yolk in one hemisphere)
➢ **Dotter gleichmäßig verteilt/ isolezithal/isolecithal**
isolecithal
(yolk distributed nearly equally)
➢ **Dotter im Zentrum/ zentrolezithal/centrolecithal**
centrolecithal
(yolk aggregated in center)
➢ **dotterarm/oligolezithal/ oligolecithal/mikrolecithal**
oligolecithal (with little yolk)
➢ **dotterreich/ polylezithal/polylecithal/ makrolecithal**
polylecithal
(with large amount of yolk)
➢ **mäßig dotterreich/ mesolezithal/mesolecithal**
mesolecithal
(with moderate yolk content)
Eiablage/Oviposition
egg-laying, egg deposition,
deposit of eggs, oviposition
Eibefruchtung/Oogamie oogamy
Eibengewächse/Taxaceae
yew family
Eibildung/Oogenese oogenesis
Eichel ***bot*** acorn
Eichel (Prosoma der Enteropneusten)
acorn, proboscis
Eichel/Glans penis glans penis
Eichelwürmer/Enteropneusten
acorn worms, enteropneusts
eichen/kalibrieren gauge, calibrate
Eidechsen/Lacertilia (Squamata)
lizards
Eidonomie (Morphologie der äußeren Gestalt)
external morphology (descriptive)
Eier (Crustaceen: Hummer) roe
Eier legen/ablegen
lay eggs, deposit eggs

eierlegend/ovipar
egg-laying, oviparous
Eierleim egg glue
Eiernährboden egg culture medium
Eierstock/Ovar/Ovarium ovary
Eiertasche/Eierbeutel egg case
eiförmig ovate, egg-shaped
Eigelb/Dotter/Eidotter
yolk, egg yolk
Eigelege/Gelege
clutch, egg clutch (nest of eggs)
Eigelenk/Ellipsoidgelenk
ellipsoidal joint, condyloid joint
Eigenname proper name
Eigenrand/Excipulum proprium (Flechten)
proper margin,
exciple without algae
Eigenschaft/Merkmal
characteristic, character;
(Charakterzug) character
➢ **erworbene Eigenschaft**
acquired character
Eigentoleranz/Selbsttoleranz
self-tolerance
Eigespinst/Brutgespinst (Schutzgespinst)
nursery web (nursery tent)
Eignung/Fitness fitness, suitability
Eihaut/Eihülle/„Eimembran"/ Oolemma egg membrane
➢ **äußere Eihaut/Chorion** chorion
(external extraembryonic membrane)
➢ **innere E./inneres Eihüllepithel/ innere Keimhülle/Amnion**
amnion
Eihülle/Eihaut/„Eimembran"/ Oolemma egg membrane
➢ **äußere E./äußeres Eihüllepithel/ äußere Keimhülle/Serosa**
serosa, serous membrane
(external membrane,
e.g., of insect eggs)
➢ **innere E./inneres Eihüllepithel/ innere Keimhülle/Amnion**
amnion
➢ **primäre E./Dotterhaut/ Dottermembran/ Vitellinmembran/ Membrana vitellina**
vitelline layer/membrane

Eikapsel/Oothek
egg capsule, ovicapsule, ootheca
Eikapsel/Seemaus (Knorpelfische)
sea purse, mermaid's purse
Eiklar/natives Eiweiss
native egg white
Eikokon/Eipaket/Eisack ***arach***
egg sac, "cocoon"
Eikultur (Hühnerei)
chicken embryo culture
Eilarve/Junglarve/Primärlarve
primary larva
Eileiter/Ovidukt
oviduct; Fallopian tube,
uterine tube (oviduct of mammals)
Eileiterenge/Isthmus
isthmus of oviduct
Eileiteröffnung/Muttertrompete/ Ostium tubae
ostium (of oviduct)
Eileiterschwangerschaft/ Oviduktträchtigkeit
tubal pregnancy
Eileitertrichter/Flimmertrichter/ Wimperntrichter/Infundibulum (mit Ostium tubae)
fimbriated funnel of oviduct,
infundibulum
Ein-Buchstaben-Code ***gen***
one-letter code
Ein-Gen-ein-Protein-Theorie/ Ein Gen-ein Polypeptid-Theorie
one-gene-one-protein theory;
one-gene-one-polypeptide theory
Ein-Enzym-ein-Gen-Theorie
one-enzyme-one-gene theory
einästig/uniram (ohne Exopodit)
uniramous
einatmen ***vb*** breathe in, inhale
Einatmen ***n*** inhalation
Einatmung/Einatmen/Inspiration/ Inhalation inspiration, inhalation
einbalsamieren enbalm
Einbeerengewächse/ Dreiblattgewächse/Trilliaceae
Trillium family
Einbettautomat/ Einbettungsautomat ***micros***
embedding machine,
embedding center
einbetten ***micros*** embed
Einbettung ***micros*** embedding
Einbettungsmittel/Einschlussmittel
mountant, mounting medium
Einbettungspräparat
embedded specimen
Einblattfrucht simple fruit,
apocarpous fruit, unicarpellary fruit,
monocarpellate fruit
Einbuchtung indentation
einbürgern introduce, establish,
naturalize, acclimate
Einbürgerung
establishment, settlement,
naturalization, acclimatization
eindringen intrude
Eindringling intruder
Einehe/Monogamie monogamy
eineiig/monozygot
monozygous, monozygotic
Eineiigkeit/Monozygotie
monozygosity
Einemsen ***orn*** anting
einengen/konzentrieren
reduce, concentrate
einfachblumenblättrig/ monochlamydeisch/ haplochlamydeisch
monochlamydeous,
haplochlamydeous
einfachbrechend/isotrop isotropic
einfächerig unilocular
Einfachkreuzung single cross
Einfachzucker/einfacher Zucker/ Monosaccharid
single sugar, monosaccharide
einfrieren freeze
einführen introduce; import
eingebuchtet (Blattspitze) retuse
eingedrückt indented
eingeführt
introduced, allochthonous; imported
eingekerbt/gekerbt/kerbig
nicked, notched
eingerollt rolled up, coiled, coiled up;
(eingewickeltes Farnblatt) circinate
➤ **nach hinten eingerollt/ zurückgerollt**
revolute, rolled backward
➤ **seitlich eingewickelt/ übereinandergerollt (Blattränder)**
convolute, rolled up

eingeschlechtig unisexual
eingeschnitten
(gleichmäßig) incised, cut;
(ungleichmäßig) lacerate, torn
eingeschoben/intercalar/interkalar
intercalary (inserted between others)
eingewachsen ingrown
Eingeweide/Gedärme/ Viscera/Splancha viscera, guts, intestines, entrails, bowels
Eingeweidefische/Ophidiiformes
brotulas & cusk-eels & pearlfishes
Eingeweidemuskeln visceral muscles
Eingeweidemuskulatur/ viscerale Muskulatur
visceral musculature
Eingeweidesack (Mollusken)
visceral hump, visceral mass
Eingeweideschädel/Visceralcranium/ Viscerocranium/Splanchnocranium
viscerocranium, splanchnocranium
Eingewöhnung
acclimation, acclimatization
Eingewöhnungsphase
establishment phase
einhäusig monecious, monoecious
einheimisch
indigenous, native, endemic
Einheit (Maßeinheit) unit (measure)
einheitlich uniform
Einheitsmembran unit membrane
einhörnig
one-horned, unicornate, unicornuate, unicornuous
einjährig annual
Einjährige/Annuelle/Therophyt
annual (plant), therophyte
einjähriges Tier/Jährling
yearling
einkammerig/einkämmrig/ monothalam/monothekal
single-chambered, monothalamous, monothalamic, monothecal
Einkapselung encapsulation
einkeimblättrig monocotyledonous
Einkeimblättrige/ Monokotyledone/Monokotyle
monocotyledon, monocot
Einkerbung/Kerbung
indentation, crenation, indenture, notching

Einlagerung inclusion, intercalation
Einlagerung/Intussuszeption (Zellwandwachstum durch)
intussusception
einlagige Schicht/ monomolekulare Schicht
monolayer, monomolecular layer
einmieten ***agr***
ensile; store in a pit/silo (for frost-protection)
Einnahme ingestion, uptake
einnehmen/etwas zu sich nehmen
ingest, take up
einnisten/implantieren implant
Einnistung/Implantation/Nidation
implantation, nidation
einordnen/einstufen/klassifizieren
rank, classify
einpflanzen (Organe) implant
Einpflanzung (Organe)
implantation
➤ **Implantat** implant
Einplatter/Monoplacophora
monoplacophorans
einreihig/uniseriat
single rowed, uniseriate, uniserial
einreiten gait
➤ **eingeritten** gaited
Einrollung (seitlich eingewickelt/ zusammengerollt; z.B. Blätter)
convolution
Einrollung/Involution involution
Einsalzen/Einsalzung ***chem***
salting in
einscheidig monodelphic
Einschichtzellkultur
monolayer cell culture
Einschluss inclusion
Einschlusskörperchen
inclusion body
➤ **Bollinger Körper**
Bollinger body, Bollinger‘s granule
➤ **Guarnierischer Einschlusskörper**
Guarnieri body
➤ **Kerneinschlusskörper**
nuclear inclusion body
➤ **Negrisches Körperchen/Negri Körper** Negri body
➤ **X-Körper** x body
➤ **Zelleinschluss (Inklusion)**
cell inclusion, cellular inclusion

einschneidig (Scheitelzelle)
with one cutting face
Einschnitt
incision, cut; indentation
Einschnürung constriction
einseitig/unilateral unilateral
einsetzen insert;
(z.B. Fische in einen Teich) stock
einsinnig unidirectional
Einspitzen, seitliches *hort*
shield grafting, sprig grafting
einspritzen/injizieren inject
Einspritzung/Injektion injection
Einstichkultur/Stichkultur (Stichagar)
stab culture
einsträngig *gen* single-stranded
Einstreuung interspersion
Einstrom influx
Einströmöffnung/ Ingestionsöffnung
incurrent/inhalant/ingestive aperture
Einstufung/Kategorisierung
categorization
Einstülpung/Einfaltung/ Embolie/Invagination
emboly, invagination
Eintagsfliegen/Ephemeroptera
mayflies, upwinged flies
Eintauchkultur
submerged culture
Einteilung/Gruppeneinteilung/ Klassifizierung classification
eintopfen pot
Eintrag *ecol* input
Eintrittspforte route of entry
einverleiben/verschlingen engulf
Einverständniserklärung nach ausführlicher Aufklärung
informed consent
einwandern/ zuwandern/immigrieren
immigrate
einwandern *embr* ingress
Einwanderung/Zuwanderung/ Immigration immigration
Einwanderung *embr* ingression
Einwaschung illuviation
Einweghandschuhe
disposable gloves,
single-use gloves
Einwegspritze disposable syringe
einwertig/ univalent/monovalent *chem*
univalent, monovalent
Einwertigkeit/Univalenz *chem*
univalence
einwiegen (nach Tara)
weigh in (after setting tare)
einwirtig/homoxen
monoxenous, monoxenic
Einwohnergleichwert (EGW)
population equivalent (PE)
Einzapfung/Gomphose gomphosis
einzehig one-toed
Einzelauge/Punktauge/ Ocelle/Ocellus (*siehe:* Nebenauge/ Scheitelauge/Stirnauge)
simple eye, ocellus
(dorsal and lateral)
Einzelauge/Punktauge/Stemma (Seitenauge/Lateralocellus bei Insekten-Larven)
stemma (*pl* stemmata/stemmas),
lateral ocellus, lateral eye
Einzelblüte
solitary flower, single flower
Einzelfrucht simple fruit
Einzelgänger
solitary animal, loner, lone wolf
Einzelkopie-Gen single copy gene
Einzeller unicellular lifeform
„Einzeller"/Urtierchen/Urtiere/ Protozoen protozoans
Einzellerprotein
single-cell protein (SCP)
einzellig
single-celled, unicellular
einzeln/solitär single, solitary
Einzelnucleotidpolymorphismus
single nucleotide polymorphism
(SNP)
Einzelstammentnahme *for*
single stem removal
Einzelstrang *gen* single strand
Einzelstrang-Konformations- Polymorphismus (SSCP)
single strand conformation
polymorphism (SSCP)
Einzelstrangassimilation
single strand assimilation
Einzelstrangaustausch
single strand exchange

einzelstrangbindendes Protein
single strand binding protein
Einzelstrangbruch
single strand break
➢ **versetzte Einschnitte/ versetzte Einzelstrangbrüche (z.B in doppelsträngiger DNA)**
staggered nicks (e.g., in double stranded DNA)
Einzeltier
single animal, solitary animal
einziehbar/zurückziehbar retractile
Einzugsgebiet/Wassereinzugsgebiet
catchment basin, drainage basin
Eipilze/Oomyzeten/ Oomyceten/Oomycota
oomycetes (water molds & downy mildews)
Eiplasma/Bildungsplasma/Ooplasma
ooplasm
Eiplatte/Eischiffchen (Gastropoden/ Culiciden) egg raft
Eiröhre/Eischlauch/ Ovariole/Ovariolschlauch (Insekten)
egg tube, ovarian tube, ovariole
Eirollbewegung egg-rolling
Eis ice
Eisack ovisac, brood pouch, egg case; (*Spinnen*: Eipaket/Eikokon) egg sac, "cocoon"
Eisäckchen (Copepoden) egg sac
Eisbad ice-bath
Eisbein (Hüftbein & Kreuzbein beim Schalenwild) ***hunt***
hipbone & sacrum (hoofed game)
Eisbein ***cul*** cured and cooked pork knuckle/forehock
Eischale eggshell; (*Insektenei*: Chorion) eggshell, chorion
Eischalendrüse/Schalendrüse/ Nidamentaldrüse (Gastropoden)
nidamental gland
Eischiffchen/Eiplatte (Gastropoden/ Culiciden) egg raft
Eischlauch/Eiröhre/Ovariole/ Ovariolschlauch (Insekten)
egg tube, ovariole
Eischnur egg-string
Eisen (Fe) iron
Eisen-Schwefel-Protein
iron-sulfur protein
Eisenbakterien iron bacteria
Eisenhölzer ironwood
Eisenkrautgewächse/ Verbenengewächse/Verbenaceae
verbena family, vervain family
eisenregulierender Faktor
iron-regulating factor (IRF)
Eisessig glacial acetic acid
Eiskernaktivität ***micb***
ice nucleating activity
Eiskrautgewächse/ Mittagsblumengewächse/ Aizoaceae
mesembryanthemum family, fig marigold family, carpetweed family
Eisprung/Follikelsprung/Ovulation
ovulation
Eisspross (Geweih) bez tine
Eisüberzug/überfrorene Nässe/ gefrorener Regen
sleet, glaze, frozen rain
Eiszeit ***allg*** glacial period
➢ **Nacheiszeit** postglacial period
➢ **Voreiszeit** preglacial period
➢ **Zwischeneiszeit/Interglazial**
interglacial (period)
Eiszeit/Glazialzeit/Pleistozän/ Diluvium Ice Age, Glacial Epoch, Pleistocene Epoch, Diluvial
Eiszeitrefugium
glacial refugium, Pleistocene refuge
Eiszeitrelikt glacial relict
Eiter pus
eitragend/eiführend/oviger
ovigerous
Eiträger/Oviger (Brutbein bestimmter Arachniden/Pantopoden)
oviger (egg-carrying leg)
Eiweiß (Ei) egg white, egg albumen; (Protein) protein
➢ **aus Eiweiß bestehend/ Eiweiß.../proteinartig/ proteinhaltig/Protein...**
proteinaceous
➢ **denaturiertes Eiweiß**
denatured egg white
➢ **natives Eiweiß/Eiklar**
native egg white

Eiweißdrüse albumen gland
eiweißlos exalbuminous
Eizahn/Eischwiele (Reptilien) egg tooth
Eizahn/Oviruptor (Insekten) egg burster, hatching spine
Eizelle/Ei (weibliche Geschlechtszelle) egg cell, egg, ovum (female gamete)
Eizelle/Ovozyt/Oozyt/Ovocyt/Oocyt (vor und während Meiose) egg cell, ovocyte, oocyte (before and during meiosis)
Ejectisom ejectisome, ejectosome, ejectile body, ejectile organelle
Ekdyse/Ecdysis/Häutung/Federverlust/Haarverlust ecdysis, molt, molting
ekkrin eccrine
Eklektor ***ecol*** eclector, emergence trap
Eklipse ***vir*** eclipse period, eclipse
Ektokarp ectocarp, epicarp, exocarp
Ektoparasit/Exoparasit/Außenparasit (*siehe*: Hautparasit) ectoparasite, exoparasite, epizoon
Ektopie (an unüblicher Stelle/ auf unübliche Weise) ectopy
ektopisch (an unüblicher Stelle/ auf unübliche Weise/verlagert/ an unüblicher Stelle liegend) ectopic
ektopische Paarung (unspezifische Paarung von Chromosomen) ectopic pairing (of chromosomes)
ektopische Schwangerschaft/ Extrauteringravidität (EUG) ectopic pregnancy, extrauterine pregnancy (EUP)
Elaeagnaceae/Ölweidengewächse oleaster family
Elaeocarpusgewächse/ Elaeocarpaceae makomako family
Elaiosom elaiosome
Elaphoglossaceae/ Zungenfarngewächse elephant's-ear fern family
Elastin elastin
elastisch elastic
elastische Faser elastic fiber
Elastizität elasticity
Elastizitätsgrenze/Dehngrenze yield strength
Elatere/Schleuderzelle elater
Elatinaceae/Tännelgewächse waterwort family
Elefantenvögel/Madagaskarstrauße/ Aepyornithiformes elephant birds
Elektroencephalogramm (EEG) electroencephalogram
elektrogen electrogenic
Elektroimmunodiffusion electroimmunodiffusion, counter immunoelectrophoresis
Elektrokardiogramm (EKG) electrocardiogram
Elektrolyt electrolyte
elektromotorische Kraft (EMK) electromotive force (emf/E.M.F.)
Elektron electron
Elektronen-Energieverlust-Spektroskopie electron energy loss spectroscopy (EELS)
Elektronenakzeptor electron acceptor
Elektronendonor/Elektronenspender electron donor
Elektronenmikroskopie electron microscopy (EM)
- ➤ **Rasterelektronenmikroskopie (REM)** scanning electron microscopy (SEM)
- ➤ **Transmissions-elektronenmikroskopie (TEM)/ Durchstrahlungs-elektronenmikroskopie** transmission electron microscopy
- ➤ **Höchstspannungs-elektronenmikroskopie** high voltage electron microscopy (HVEM)
- ➤ **Immun-Elektronenmikroskopie** immunoelectron microscopy (IEM)

Elektronenraffer/ Elektronenempfänger electron acceptor
Elektronenspender/Elektronendonor electron donor
Elektron(en)spinresonanz (ESR) electron spin resonance (ESR), electron paramagnetic resonance (EPR)

Elektronentransport electron transport
➢ **nichtzyklischer/nichtcyclischer/ linearer Elektronentransport** noncyclic electron transport
➢ **zyklischer/cyclischer Elektronentransport** cyclic electron transport
Elektronentransportkette electron-transport chain
Elektronenüberträger electron carrier
Elektronenübertragung electron transfer
elektroneutral electroneutral (electrically silent)
elektronisch electronic
Elektron(en)spinresonanz (ESR) electron spin resonance
elektrophiler Angriff electrophilic attack
Elektrophorese electrophoresis
➢ **Direkttransfer-Elektrophorese/ Blotting-Elektrophorese** direct transfer electrophoresis, direct blotting electrophoresis
➢ **Diskelektrophorese/ diskontinuierliche Elektrophorese** disk electrophoresis
➢ **freie Elektrophorese** free electrophoresis (carrier-free electrophoresis)
➢ **Gegenstromelektrophorese/ Überwanderungselektrophorese** countercurrent electrophoresis
➢ **Gelelektrophorese** gel electrophoresis
➢ **Kapillarelektrophorese** capillary electrophoresis
➢ **Papierelektrophorese** paper electrophoresis
➢ **Puls-Feld-Gelelektrophorese** pulsed field gel electrophoresis (PFGE)
➢ **Tasche/Vertiefung (Elektrophorese-Gel)** well, depression (at top of gel)
➢ **Trägerelektrophorese** carrier electrophoresis
➢ **Überwanderungselektrophorese/ Gegenstromelektrophorese** countercurrent electrophoresis
➢ **Wechselfeld-Gelelektrophorese** alternating field gel electrophoresis
➢ **Zonenelektrophorese** zone electrophoresis
elektrophoretisch electrophoretic
elektrophoretische Mobilität electrophoretic mobility
Elektroplaque (*pl* Elektroplaques/ *slang:* Elektroplaxe) electroplaque
Elektroporation electroporation
Elektroretinogramm (ERG) electroretinogram
elektrotonisches Potenzial electrotonic potential
Element *chem* element
Element (Vogelgesang) *orn* element, phrase element
Elementarkörperchen elementary body
Elfenbein ivory
ELISA (enzymgekoppelter Immunadsorptionstest/enzym-gekoppelter Immunnachweis) ELISA (enzyme-linked immunosorbent assay)
Ellagsäure ellagic acid, gallogen
Elle/Ulna elbow bone, ulna
Ellenbeuge/Armbeuge bend of the arm, crook of the arm, inside of the elbow
Ellenbogen/Cubitus elbow, cubitus
Ellenbogenhöcker/Ellenbogenspitze/ Ellenbogenfortsatz/Olekranon point of the elbow, olecranon
elliptisch elliptic, elliptical
Elongationsfaktor elongation factor
elterliche Fürsorge parental care
Eltern parents
Elternaufwand *ethol* parental investment
Elternhocker/Tragling parent-clinger
Elternmittelwert midparent value
Elternschaft parenthood
Elternteil parent
Eluat eluate
eluieren eluate

eluotrope Reihe (Lösungsmittelreihe) eluotropic series
Elutionskraft eluting strength (eluent strength)
Elutionsmittel/Eluens (Laufmittel) eluent, eluant
Elytre/Deckflügel/Flügeldecke elytron, elytrum (*pl* elytra), wing sheath
Embden-Meyerhof-Weg Embden-Meyerhof pathway, Embden-Meyerhof-Parnas pathway (EMP pathway), hexosediphosphate pathway, glycolysis
Embolie (Obstruktion der Blutbahn) embolism
Embolie/Invagination/ Einfaltung/Einstülpung emboly, invagination
Embolium (Insektenflügel) embolium
Embolus embolus
Embryo embryo
Embryoblast/Embryonalknoten embryoblast, inner cell mass
Embryologie embryology
➤ **vergleichende Embryologie** comparative embryology
embryonal embryonal, embryonic
Embryonalentwicklung/ Embryogenese/Embryogenie/ Keimesentwicklung embryonal/embryonic development, embryogenesis, embryogeny
Embryonalhülle/Keimhülle/ extraembryonale Membran extraembryonic membrane
Embryonalschale/ Embryonalgewinde/Larvenschale/ Primärschale/Protoconch (Mollusken: Gastropoden) embryonic shell, nuclear whorls, protoconch
Embryonalschale/Larvenschale/ Primärschale/Prodissoconch (Mollusken: Muscheln) embryonic shell, prodissoconch
Embryosack/Keimsack (& Gametophyt) ***bot*** embryo sac
Embryosack/Ovicelle/Ooecie (Bryozoen) ovicell
Embryosackmutterzelle/ Makrosporenmutterzelle/ Megasporenmutterzelle ***bot*** megaspore mother cell, macrospore mother cell, megasporocyte
Embryoträger/Suspensor suspensor
Embryotransfer embryo transfer
Emergenz emergence
Emission/Ausstoß/Ausstrahlung emission
Emissionskoeffizient emissivity coefficient (absorptivity coefficient)
Empetraceae/ Krähenbeerengewächse crowberry family
Empfänger/Rezeptor receptor
Empfänger/Rezipient (z.B. Transplantate) recipient (*also*: host)
Empfängerzelle recipient cell
empfänglich receptive
Empfängnis (Befruchtung einer Eizelle) conception, fertilization
Empfängnishügel fertilization cone
Empfängnishyphe/Trichogyne ***fung*** trichogyne
empfängnisverhütend/kontrazeptiv contraceptive
empfängnisverhütendes Mittel/ Verhütungsmittel/Kontrazeptivum contraceptive
Empfängnisverhütung/Kontrazeption contraception
empfindbar perceptible, sensible
Empfindbarkeit sensibility, sensitiveness
empfinden/fühlen/spüren feel, sense, perceive
empfindlich (reizempfänglich/leicht reizbar) irritable, sensible
empfindlich (sensitiv/leicht reagierend) sensitive
➤ **überempfindlich** ***psych/med*** hypersensitive
➤ **unempfindlich (nicht einfühlsam)** ***psych*** insensitive

empfindlich (leicht beleidigt/ eingeschnappt reagierend) sensitive, touchy
empfindlich (zerbrechlich: Pflanze/Ökosystem) tender, fragile
Empfindlichkeit ***photo/micros/med*** sensitivity
➢ **Überempfindlichkeit** ***psych/med*** hypersensitivity
Empfindlichkeit/Anfälligkeit susceptibility
Empfindlichkeit/Feingefühl sensitiveness
➢ **Unempfindlichkeit (nicht einfühlsam)** ***psych*** insensitiveness, insensibility
Empfindlichkeit/Gekränktsein (leicht beleidigt/ eingeschnappt sein) sensitiveness, touchiness
Empfindung (Gefühl) feeling, sensation, perception
empfohlener täglicher Bedarf recommended daily allowance (RDA)
empirisch empiric(al)
empirische Formel empirical formula
Emulgator emulsifier, emulsifying agent
emulgieren emulsify
Emulsion emulsion
Enantiomer enantiomere
Endbild ***micros*** final image
Enddarm/Hinterdarm (Colon & Rectum)/Proctodaeum hindgut, proctodeum
Enddarmdrüse/Proktodealdrüse proctodeal gland
Ende/Terminus (Molekülende) terminus
Endemie endemic
endemisch endemic
Endemismus endemism, endemicity
Endemit endemic species, endemic organism/lifeform, endemic
endergon/energieverbrauchend endergonic
Endfüßchen (Astrozyt) end-foot
Endgruppenanalyse/ Endgruppenbestimmung end-group analysis, terminal residue analysis
Endhandlung ***ethol*** end act (consummatory behavior)
Endhirn/Großhirn/Telencephalon endbrain, cerebrum, telencephalon
Endigung (Dendriten) terminal
Endit endite
Endknopf/Endknöpfchen/Bouton ***neuro*** terminal bulb, bouton
Endknospe/Terminalknospe terminal bud
Endmarkierung end labelling
Endmeristem terminal meristem
Endmoräne end moraine
Endocuticula endocuticle
Endocytose endocytosis
➢ **rezeptorvermittelte/ rezeptorgekoppelte E.** receptor-mediated endocytosis
Endoderm endodermis
endodermal endodermal
endogen endogenic, endogenous
Endokarp endocarp
endokrin endocrine
endokrine Drüse endocrine gland
Endolymphe endolymph
Endomitose endomitosis
Endoparasit/Endosit/Innenparasit endoparasite, endosite
Endophyt endophyte
endophytisch endophytic
endoplasmatisches Retikulum (ER) (glattes/raues ER) endoplasmic reticulum (ER) (smooth/rough ER)
Endopodit (Innenast) ***zool*** endopod, endopodite (inner branch)
Endopolyploidie endopolyploidy
endorheisch (interne Entwässerung) ***limn*** endorheic, endoreic (internal drainage)
Endorphin endorphin
Endosom/Endozytosevesikel endosome, endocytic vesicle
Endosperm (Nährgewebe: Embryosack) endosperm

Endostyl/Hypobranchialrinne endostyle, hypobranchial furrow, hypobranchial groove
Endosymbiont endosymbiont
Endosymbiontentheorie endosymbiont theory
Endothel endothelium
endotherm endothermic
Endotoxin endotoxin
Endozytose/Endocytose endocytosis
Endozytosevesikel/Endosom endocytic vesicle, endosome
Endplatte, motorische motor endplate, myoneural junction
Endplattenpotenzial endplate potential (epp)
Endplattenstrom endplate current
Endprodukthemmung/ Rückkopplungshemmung end-product inhibition, feedback inhibition
Endpunktverdünnungsmethode (Virustitration) end-point dilution technique
endständig terminal, terminate
endständiges Wachstum/ Schwanzwachstum tail growth
Endwirt final host
Endysis/ Federneubildung/Fellneubildung endysis
Energetik energetics
Energie energy
Energiebarriere energy barrier
Energiebedarf energy requirement
Energiebilanz energy balance, energy budget
Energieerhaltungssatz law of conservation of energy
Energiefluss energy flux, energy flow
Energieladung energy charge
Energieprofil energy profile
Energiequelle energy source
energiereich energy-rich
energiereiche Bindung high energy bond
energiereiche Verbindung high energy compound
Energiestoffwechsel energy metabolism
Energieübergang energy transfer
Energieverlust-Spektroskopie electron energy loss spectroscopy (EELS)
Engelhaie/Engelhaiartige/ Squatiniformes monkfishes, angel sharks
Engerling (*sensu lato* im Boden lebende Larve der Blatthornkäfer) grub (scarabaeiform larva)
Engerling (*sensu stricto* Larve des Maikäfers) grub (of the cockchafer), *Br* "rookworm"
Enghalsflasche narrow-neck bottle, narrow-mouth flask
Engholz/Spätholz summerwood, latewood
Engkontakt/Verschlusskontakt/ Schlussleiste/Kittleiste/ Tight junction (Zonula occludens) tight junction
Engmünder/Stenostomata/ Stenolaemata (Bryozoen) stenostomates, stenolaemates, "narrow throat" bryozoans
Engpass/Flaschenhals bottleneck
Enhancer/Verstärker(sequenz) ***gen*** enhancer (sequence)
Enkephalin enkephalin
entarten/degenerieren degenerate
Entartung degeneration, degeneracy
Entblättern/Entblätterung defoliation
entblättert defoliated, denuded
Entdifferenzierung/ Dedifferenzierung dedifferentiation
Entelechie entelechy
Entenvögel/Gänsevögel/ Anseriformes screamers and waterfowl (ducks/geese/swans)
Enterich/Erpel drake
➢ **wilder E.** mallard
enterisch enteral, enteric
Enterocöl enterocoel, "intestine coelom"
Enterotoxin enterotoxin
Entfaltung unfolding; spreading
Entfeuchter demister

entflammbar/ brennbar/entzündlich flammable, inflammable
> **flammbeständig/flammwidrig** flame-resistant
> **nicht entflammbar/nicht brennbar** nonflammable, incombustible
> **schwer entflammbar** flameproof, flame-retardant

Entflammbarkeit/Brennbarkeit/ Entzündbarkeit flammability
entgasen degas, outgas
Entgasen/Entgasung degassing, gassing-out
entgiften detoxify
Entgiftung detoxification
Entgiftungszentrale/ Entgiftungsklinik poison control center, poison control clinic
Enthalpie enthalpy
Enthemmung/Disinhibition disinhibition
Entjungferung/Defloration defloration
Entkalkung/Dekalzifizierung decalcification
entkernt (Zelle) enucleate; (Frucht) pitted
entkoppeln decouple, uncouple, release
Entkoppler uncoupler, uncoupling agent
Entkopplung decoupling, uncoupling, release
entladene Form (z.B. ATP → ADP) unloaded form
Entladung ***neuro*** discharge
entlauben denude, strip of/off leaves
Entlaubung/Entblätterung defoliation, denudation, stripping of leaves
entmischen segregate, separate out
Entmischung segregation, separation
Entökie/Schutzeinmietung/ Einmietung entoecism
Entomologie/Insektenkunde entomology, study of insects
entomologisch/insektenkundlich entomological
entomophag/insektivor/ insektenfressend entomophagous, insectivorous
Entomophagie/Insektivorie entomophagy, insectivory
Entparaffinierung ***micros*** deceration (for removing paraffin)
Entparaffinierungsmittel ***micros*** decerating agent (for removing paraffin)
entpuppen burst from the cocoon
Entpuppung eclosion
entrinden/schälen (Rinde) decorticate, debark, bark, ross
Entrindung decortication
Entropie entropy
entsalzen desalinate
Entsalzung desalination
Entschäumer/Antischaummittel antifoam, antifoaming agent
entseuchen/dekontaminieren/ reinigen decontaminate
Entseuchung/Dekontamination/ Dekontaminierung/Reinigung decontamination
entsorgen dispose of, remove
Entsorgung waste removal
entspannen ***physiol*** relax
entspannt/relaxiert (Konformation) relaxed
Entspannung ***physiol*** relaxation
Entspannungsmittel/ oberflächenaktive Substanz surfactant
entspitzen/pinzieren ***hort*** pinch off, tip
entsprechend corresponding
entvölkern depopulate
Entvölkerung depopulation
entwalden deforest
Entwaldung deforestation
entwässern/dehydratisieren dehydrate
entwässern/drainieren drain
Entwässerung/Dehydratation dehydration
Entwässerung/Drainage drainage, draining
Entwässerungsgraben drainage ditch
entwickeln/entstehen develop, emerge, unfold

Entwicklung development
- ➢ **dauerhaft-umweltgerechte Entwicklung** sustainable development
- ➢ **Embryonalentwicklung/ Embryogenese/Embryogenie/ Keimesentwicklung** embryonal/embryonic development, embryogenesis, embryogeny
- ➢ **Mosaikentwicklung** mosaic development
- ➢ **regulative Entwicklung** regulative development
- ➢ **Rückentwicklung** retrogressive development, retrogressive evolution
- ➢ **Stammesentwicklung/ Stammesgeschichte/ Abstammungsgeschichte/ Phylogenie/Phylogenese/Evolution** phylogeny, phylogenesis, evolution

Entwicklungs-Zyklus life cycle, life history
Entwicklungsbiologie developmental biology
Entwicklungsfeld developmental field
Entwicklungsgang course of development
Entwicklungsgenetik developmental genetics
entwicklungsgeschichtlich/ ontogenetisch ontogenetic
Entwicklungsgeschichte (des Einzelorganismus)/ Ontogenese/Ontogenie ontogeny, development
Entwicklungshilfe developmental aid
Entwicklungsländer developing countries, less developed countries (LDCs)
Entwicklungsmechanik causal morphology
Entwicklungsschwankung developmental noise
Entwicklungsstadium (*pl* Entwicklungsstadien)/ Entwicklungsphase developmental stage, developmental phase
Entwicklungsstufe developmental level
Entwicklungszyklus *biol* developmental cycle
Entwinden (der Doppelhelix) *gen* unwinding
entwöhnen (vom Säugen) wean
Entwöhnung weaning
entwurmen worm
entzündbar ignitable
entzünden/entflammen/anbrennen *chem* inflame, ignite
entzündet *med* inflamed
entzündlich/entflammbar/brennbar *chem* flammable, inflammable
entzündlich *med* inflammed, inflammatory
Entzündung *chem/med* inflammation
Entzündung inflammation; (Infektion: *siehe auch dort*) infection
- ➢ **Bindehauts~/Konjunktivitis** conjunctivitis
- ➢ **Blasen~** cystitis
- ➢ **Dickdarm~** colitis
- ➢ **Eierstock~** oophoritis
- ➢ **Hals~** throat infection
- ➢ **Harnwegs~** urethritis
- ➢ **Hirnhaut~** meningitis
- ➢ **Leber~** hepatitis
- ➢ **Lungen~** pneumonia
- ➢ **Magenschleimhaut~** gastritis
- ➢ **Mittelohr~** middle ear infection
- ➢ **Ohren~** otitis
- ➢ **Rachen~/Pharyngitis** pharyngitis
- ➢ **Zahnfleisch~** gingititis

Enziangewächse/Gentianaceae gentian family
Enzym/Ferment enzyme
- ➢ **Apoenzym** apoenzyme
- ➢ **Coenzym/Koenzym** coenzyme
- ➢ **Holoenzym** holoenzyme
- ➢ **Isozym/Isoenzym** isozyme, isoenzyme
- ➢ **Kernenzym (RNA-Polymerase)** core enzyme
- ➢ **Leitenzym** tracer enzyme
- ➢ **Multienzymkomplex/ Multienzymsystem/Enzymkette** multienzyme complex, multienzyme system

➢ **Proenzym/Zymogen** proenzyme, zymogen
➢ **progressiv arbeitendes Enzym** processive enzyme
➢ **Reparaturenzym** repair enzyme
➢ **Restriktionsenzym** restriction enzyme
➢ **Schlüsselenzym** key enzyme
➢ **Verdauungsenzym** digestive enzyme

Enzym-Substrat-Komplex/ Enzym-Substrat-Zwischenverbindung enzyme-substrate complex
Enzymaktivierung enzyme activation, activation of enzyme
Enzymaktivität (*katal*) enzyme activity (***katal***)
enzymatisch enzymatic
enzymatische Reaktionskette enzymatic pathway
enzymatischer Abbau enzymatic degradation
enzymgekoppelter Immunadsorptionstest/ enzymgekoppelter Immunnachweis (ELISA) enzyme-linked immunosorbent assay
enzymgekoppelter Immunoelektrotransfer enzyme-linked immunotransfer blot (EITB)
Enzymhemmung enzymatic inhibition, repression of enzyme, inhibition of enzyme
Enzymimmunoassay/ Enzymimmuntest (EMIT-Test) enzyme-immunoassay, enzyme immunassay (EIA)
Enzymkaskade enzyme cascade
Enzymkatalyse enzymatic catalysis
Enzymkinetik enzyme kinetics
Enzymkopplung enzymatic coupling
Enzymreaktion enzymatic reaction
Enzymspezifität enzymatic specificity, enzyme specificity
enzystieren/zystieren encyst
Enzystierung/Encystierung encystment
Eophytikum Eophytic Era
Eozän (erdgeschichtliche Epoche) Eocene, Eocene Epoch
Epacridaceae/Australheidegewächse epacris family
epaxionisch (Rumpfmuskulatur) epaxial
Epeirologie/Festlandsökologie/ terrestrische Ökologie terrestrial ecology
Ependymzelle ependymal cell
Ephedraceae/Meerträubelgewächse joint-pine family, mormon tea family, ephedra family
Ephemere ephemere
Ephippium ephippium
Epibolie (Umwachsung) epiboly
Epicotyl/Epikotyl epicotyl
Epicuticula/Grenzlamelle epicuticle
epideiktisches Verhalten epideictic behavior
Epidemie epidemic
Epidemiologie epidemiology
epidemiologisch epidemiologic(al)
epidemisch epidemic
epidermal/Haut../die Haut betreffend epidermal, cutaneous
Epidermis epidermis
Epidermiswachstumsfaktor/ epidermaler Wachstumsfaktor epidermal growth factor (EGF)
Epifauna epifauna
epigäisch epigeous, epigean, epigeal
epigäische Keimung epigean/epigeal germination
Epigenetik epigenetics
epigenetisch epigenetic
epigenetische Faktoren epigenetic factors
Epigyne epigynum
Epikard epicardium
Epikotyl/Epicotyl epicotyl
epimeletisches Verhalten epimeletic behavior
epimerisieren epimerize
Epimerisierung epimerization
Epinephrin/Adrenalin epinephrine, adrenaline
epipetal epipetalous

epiphyll (auf Blättern wachsend) epiphyllous
Epiphyse epiphysis
Epiphyt/Aufsitzerpflanze/Luftpflanze epiphyte, air plant, aerial plant, aerophyte
Epipodit epipod, epipodite
episepal episepalous
Episom (integrationsfähiges Plasmid) episome
episomales Hefeplasmid (YEp) (Hefevektor) yeast episomal plasmid (YEp)
Epistase (Unterdrückung des Phänotyps eines nichtallelen Gens) epistasis
Epithel (*pl* Epithelien) epithelium
➢ **Atmungsepithel** respiratory epithelium
➢ **Drüsenepithel** glandular epithelium
➢ **Flimmerepithel/Wimperepithel/Geißelepithel** ciliated epithelium
➢ **hochprismatisches Epithel (hohes Zylinderepithel)** simple columnar epithelium
➢ **hohes mehrschichtiges Epithel** pseudostratified columnar epithelium
➢ **Keimepithel** germinal epithelium
➢ **Pflasterepithel/kubisches Epithel** cuboidal epithelium
➢ **Plattenepithel** squamous epithelium
➢ **Riechepithel** olfactory epithelium
➢ **Säulenepithel/Zylinderepithel** squamous epithelium
➢ **Schleimhaut/Schleimhautepithel** mucous membrane
➢ **Sinnesepithel** sensory epithelium
➢ **Übergangsepithel** transitional epithelium
➢ **zweischichtiges/mehrschichtiges Epithel** stratified epithelium
➢ **Zylinderepithel/Säulenepithel** columnar epithelium
Epithelgewebe epithelial tissue
Epithelkörperchen/Nebenschilddrüse/Beischilddrüse/Parathyreoidea parathyroid gland
Epithelstäbchen/Rhabdit (Turbellaria) rhabdite
Epitheton/zusätzliche Bezeichnung/Zusatzbezeichnung/Beiname epithet
➢ **Artname/Artbezeichnung** (zweiter, kleingeschriebener Teil des Artnamens) specific epithet
Epithecium/Epithezium epithecium (*pl* epithecia)
epitok epitoke
Epitop/Antigendeterminante epitope, antigenic determinant
➢ **Konformationsepitop** conformational/discontinuous epitope
➢ **kontinuierliches/lineares Epitop** continuous/linear epitope
Epizootie epizootic disease
Epoche (frühe/späte) (*siehe auch*: Äon/Periode/Erdzeitalter) epoch (lower/upper *or* early/late)
➢ **Buntsandstein** Lower Triassic
➢ **Eiszeit/Glazialzeit/Pleistozän/Diluvium** Ice Age, Glacial Epoch, Pleistocene Epoch, Diluvial
➢ **Eozän** Eocene, Eocene Epoch
➢ **Holozän/Jetztzeit/Alluvium** Holocene, Recent, Holocene Epoch, Recent Epoch
➢ **Jetztzeit/Holozän/Alluvium** Recent, Holocene, Recent Epoch, Holocene Epoch
➢ **Keuper** Upper Triassic
➢ **Miozän** Miocene, Miocene Epoch
➢ **Muschelkalk** Middle Triassic
➢ **Oligozän** Oligocene, Oligocene Epoch
➢ **Paläozän** Paleocene, Paleocene Epoch
➢ **Pleistozän/Diluvium/Glazialzeit/Eiszeit** Pleistocene Epoch, Glacial Epoch, Diluvial, Ice Age
➢ **Pliozän** Pliocene, Pliocene Epoch
Epökie/Aufsiedlung epoecism
Epoophoron epoophoron
Equisetaceae/Schachtelhalmgewächse horsetail family

Erbanalyse genetic analysis
erben/ererben inherit
➢ **vererben** pass on, leave, bequeath, hand down, transmit
Erbfaktor/Gen gene
Erbgang/Vererbungsmodus mode of inheritance
➢ **geschlechtsgebundener Erbgang** sex-linked inheritance
➢ **monogener Erbgang** monogenic inheritance
➢ **multifaktorieller/ polygener Erbgang** multifactorial/polygenic inheritance
Erbgut/Genom hereditary material, genome
Erbhygiene/Eugenik eugenics, eugenetics
Erbinformation hereditary information, genetic information
Erbkoordination fixed action pattern
Erbkrankheit/erbliche Erkrankung hereditary disease, genetic disease, inherited disease, heritable disorder, genetic defect, genetic disorder
➢ **monogene/polygene E.** monogenic/polygenic disease
Erblast/genetische Last/ genetische Bürde/ genetische Belastung genetic load, genetic burden, genetic bond
Erbleiden/angeborener Fehler inborn error
erblich/hereditär hereditary, heritable
Erblichkeit im engeren Sinne (h^2) heritability in the narrow sense
➢ **allgemeine Erblichkeit (H^2)** broad heritability
Erblichkeitsgrad/Heritabilität heritability
Erbmerkmal hereditary trait
Erbschaden/genetischer Schaden genetic hazard
Erbsenbein pisiform bone, pisiform
Erbträger/Erbsubstanz hereditary material
Erdaltertum/Paläozoikum (erdgeschichtliches Zeitalter) Paleozoic, Paleozoic Era
Erdatmosphäre global atmosphere
Erdausläufer rhizome; rootstock
Erdbeschleunigung acceleration of gravity
Erdboden/Erdreich/Erde soil, ground, earth
Erdbrotgewächse/Taccaceae tacca family
Erde (Welt) Earth, world; (Erdboden/Erdreich) soil, ground, earth
Erdeessen/Geophagie geophagy, geophagism
erdeessend/geophag geophagous
Erdferkel/Röhrchenzähner/ Tubulidentata aardvark (of Africa)
Erdgas natural gas
Erdgeschichte earth history, history of the Earth, geologic history
erdgeschichtlich/geologisch geological
Erdhöhle/Erdloch/Bau hole, burrow
Erdhügel mound
Erdkunde/Geographie geography
erdkundlich/geographisch geographical
Erdläufer/Geophilomorpha geophilomorphs
Erdmiete ***agr*** pit, pit silo, trench silo (excavated silo; frost protection for silage/feed)
Erdmittelalter/Mesozoikum (erdgeschichtliches Zeitalter) Mesozoic, Mesozoic Era
Erdneuzeit/Neozoikum/ Känozoikum/Kaenozoikum (erdgeschichtliches Zeitalter) Neozoic Era, Cenozoic, Cenozoic Era (Cainozoic Era/Caenozoic Era)
Erdnuss peanut
Erdnussartige (Pilze)/ Hymenogastrales (Hymenogastraceae) gilled puffballs
Erdoberfläche soil surface, ground level
Erdöl petroleum, crude oil
Erdölschiefer oil shale

Erdpflanze/Geophyt/Cryptophyt/ Kryptophyt/Staudengewächs geophyte, geocryptophyte, cryptophyte *sensu lato*
Erdrauchgewächse/Fumariaceae bleeding heart family, fumitory family
Erdreich/Erdboden/Erde soil, ground, earth
Erdspross/Rhizom rhizome, creeping underground stem, rootstock
Erdsterne/Geastraceae earth balls
Erdwall mound
Erdzeitalter (*siehe auch*: Periode/Epoche) geological era
➢ **Archaikum** Archean Era, Archeozoic Era (early Precambrian)
➢ **Eophytikum** Eophytic Era
➢ **Erdaltertum/Paläozoikum** Paleozoic, Paleozoic Era
➢ **Erdmittelalter/Mesozoikum** Mesozoic, Mesozoic Era
➢ **Erdneuzeit/Neozoikum/ Känozoikum/Kaenozoikum** Neozoic, Neozoic Era, Cenozoic, Cenozoic Era (Cainozoic Era/Caenozoic Era)
➢ **Känozoikum/Kaenozoikum/ Erdneuzeit/Neozoikum** Cenozoic, Cenozoic Era, Neozoic Era (Cainozoic Era/Caenozoic Era)
➢ **Mesophytikum** Mesophytic Era
➢ **Mesozoikum/Erdmittelalter** Mesozoic, Mesozoic Era
➢ **Neozoikum/Erdneuzeit/ Känozoikum/Kaenozoikum** Neozoic, Neozoic Era, Cenozoic, Cenozoic Era (Cainozoic Era/Caenozoic Era)
➢ **Paläozoikum/Erdaltertum** Paleozoic, Paleozoic Era
➢ **Paläophytikum/Florenaltertum** Paleophytic Era
➢ **Präkambrium/Präcambrium** Precambrian, Precambrian Era
➢ **Proterozoikum** Proterozoic, Proterozoic Era (late Precambrian)

Entzündung inflammation; (Infektion) infection
➢ **Bindehauts~/Konjunktivitis** conjunctivitis
➢ **Blasen~** cystitis
➢ **Dickdarm~** colitis
➢ **Eierstocks~** oophoritis
➢ **Hals~** throat infection
➢ **Harnwegs~** urethritis
➢ **Hirnhaut~** meningitis
➢ **Leber~** hepatitis
➢ **Lungen~** pneumonia
➢ **Magenschleimhaut~** gastritis
➢ **Mittelohr~** middle ear infection
➢ **Ohren~** otitis
➢ **Rachen~/Pharyngitis** pharyngitis
➢ **Zahnfleisch~** gingivitis
Erdzungen/Geoglossaceae earth tongues
Erektion/Erigieren/Aufrichtung erection
Eremolepidaceae catkin-mistletoe family
erfassen/bewerten assess
Erfassung/Bewertung assessment
Erfolgsorgan effector organ
Ergasiophyt ergasiophyte
ergastische Substanz ergastic substance
Ergastoplasma/ endoplasmatisches Retikulum endoplasmic reticulum
Ergotamin ergotamine
Erhaltungsenergie maintenance energy
Erhaltungskoeffizient maintenance coefficient (m)
Erhaltungsschnitt ***hort*** maintenance pruning
erheben ***math/stat*** survey
Erhebung (Hügel) elevation, hill, mound
Erhebung ***allg/med*** prominence, elevation, torus, bump, swelling
Erhebung ***math/stat*** survey
erhitzen heat (up)
erholen recover; *med* (genesen) recuperate

Erholung recovery; recreation; *med* (Genesung) recuperation
Erholungsphase (Muskel) relaxation period
Erholungsschlag ***aer/orn*** recovery stroke
Erholungswald amenity forest, recreational forest
Ericaceae/Heidekrautgewächse heath family
erigieren erect
Erigieren/Erektion erection
Eriocaulongewächse/Eriocaulaceae pipewort family
Erkältung (viraler Infekt) cold
Erkältung/Kälteschaden (Schädigung durch Unterkühlung) chilling injury
erkennen recognize
Erkenntnistheorie theory of knowledge (TOK), theory of cognition
Erkennung recognition
Erkennungsprotein (Membranprotein) signature protein
Erkennungssequenz ***gen*** recognition site
Erkennungssequenz-Affinitätschromatographie recognition site affinity chromatography
erkranken fall ill, get sick, sicken, contract a disease
Erkrankung illness, sickness, disease, disorder (Störung)
➢ **bakterielle Erkrankung** (*siehe unter*: bakterielle Infektion) bacterial disease
➢ **virale Erkrankung** (*siehe unter*: virale Infektion) viral disease
Erkundungsverhalten exploratory behavior
erleichterter Transport facilitated transport
Erlenmeyer-Kolben Erlenmeyer flask
ermüden fatigue; tiring, become tired
Ermüdung fatigue, tiring
ernähren/nähren/füttern nurture, feed
➢ **sich von etwas ernähren/ leben von** (Mensch) eat something, live on; (Tiere) feed on something
Ernährung/Nahrung food, diet, nourishment, nutrition
Ernährung/Füttern (z.B. eines Tieres) feeding, nourishing
Ernährungswissenschaft/Diätetik nutrition (nutrition science/ nutrition studies), dietetics
Erneuerungsknospe ***bot*** renewal bud
Ernte harvest
➢ **reiche Ernte** heavy crop
Erntebestand/stehende Ernte/ auf dem Halm standing crop
Ernteertrag crop, crop yield, harvest
Erntemilbenlarve/Herbstmilbenlarve (parasitäre rote Milben) chigger, "red bug", harvest mite
ernten harvest (a crop), pick (fruits)
Erosion erosion
➢ **Bodenerosion** soil erosion
➢ **Grabenerosion/rinnenartige Erosion (Schluchterosion)** gully erosion
➢ **Regenerosion** pluvial erosion
➢ **Schichterosion/ Schichtfluterosion/ Flächenerosion** sheet erosion
erregbar excitable, irritable, sensitive
Erregbarkeit excitability, irritability, sensitivity
erregen excite, irritate
erregend/exzitatorisch excitatory
Erreger (Fluoreszenzmikroskopie) exciter
➢ **Krankheitserreger** disease-causing agent, pathogen
Erregerfilter (Fluoreszenzmikroskopie) exciter filter
erregter Zustand/ angeregter Zustand *chem/med/physiol* excited state
Erregung/Aufregung arousal, excitement
Erregung/Impuls impulse
Erregung/Irritation excitation, irritation

Erregungsleitung
transmission of signals,
impulse propagation
erreichen/sich annähern/ näherkommen/annähern (z.B. einen Wert)
approach (*vb*) (e.g., a value)
Ersatz substitute
Ersatzname substitute name
Ersatztherapie substitution therapy
Ersatztrieb/Stresstrieb/ Proventivtrieb/-spross ***bot/hort***
proventitious shoot, latent shoot
Erscheinungsbild/Erscheinungsform
appearance
erschlaffen (z.B. Muskel) relax
Erschlaffung relaxation
Erschöpfungshybridisierung
exhaustion hybridization
Erstarkungswachstum
establishment growth (Zimmermann/Tomlinson),
corroborative growth (Troll)
erstarren freeze
Erstarrungsgestein/Eruptivgestein
igneous rock
Erstbesiedlung/ primäre Sukzession ***ecol***
primary settlement,
primary succession
erstgebärend primiparous
Erstmünder/Urmundtiere/Urmünder/ Protostomia protostomes
Ertrag/Ausbeute yield
Ertragsklasse/Ertragsniveau/Bonität
yield level, quality class
Ertragskoeffizient/ Ausbeutekoeffizient/ ökonomischer Koeffizient
yield coefficient (Y)
Ertragsminderung yield reduction
Ertragssteigerung yield increase
Erucasäure/Δ^{13}-Docosensäure
erucic acid, (*Z*)-13-docosenoic acid
erwärmen warm (warm up)
➢ **erhitzen** heat (heat up)
Erwärmung warming
➢ **globale Erwärmung**
global warming
Erwartungspotenzial
contingent negative variation (CNV)
Erweiterer/Dilator (Muskel)
dilator muscle
Erweiterung/ Erweiterungswachstum/ Dilatationswachstum
expansion, dilation, dilatation
erwerben acquire
erworbene Eigenschaft
acquired character
Erythrocyt/Erythrozyt/ rotes Blutkörperchen
erythrocyte, red blood cell (RBC)
Erythropoetin (EPO)
erythropoietin,
erythropoiesis-stimulating factor (ESF)
Erythroxylaceae/ Kokastrauchgewächse
coca family
Erythrozyt/Erythrocyt/ rotes Blutkörperchen
erythrocyte, red blood cell (RBC)
Erythrozytenreifung/Erythropoese
erythropoiesis
Erythrozytenschatten/Schatten (leeres/ausgelaugtes rotes Blutkörperchen)
erythrocyte ghost
erzeugen
produce, make, manufacture
Erzeuger/Produzent
producer, manufacturer
Erziehungsschnitt ***hort***
training, form pruning,
shape pruning
Erzlaugung ore leaching
➢ **mikrobielle Erzlaugung**
microbial metal-ore leaching,
microbial leaching of metal ores
Eserin/Physostigmin
eserine, physostigmine
ESR (Elektronenspinresonanz)
ESR (electron spin resonance)
essbar edible, eatable
➢ **nicht essbar** inedible, uneatable
Essbarkeit edibility, edibleness
essen eat
Essen food; (Mahlzeit) meal
essenziell essential
essenzielle Aminosäure
essential amino acids

Essenz ***chem/pharm*** essence
➢ **Fruchtessenz** fruit essence
Essig vinegar
Essigsäure/Ethansäure (Acetat) acetic acid, ethanoic acid (acetate)
➢ **„aktivierte Essigsäure"/Acetyl-CoA** acetyl CoA, acetyl coenzyme A
Essigsäureanhydrid acetic anhydride, ethanoic anhydride, acetic acid anhydride
Estron/Östron estrone
etablierte Zelllinie established cell line
Etage/Stockwerk story
etagenförmig arranged in tiers
Etagenmeristem tiered meristem
etagiert/stockwerkartig/geschichtet storied, stratified
Ethogramm/Verhaltensinventar ethogram, behavioral inventory
Ethökologie/Verhaltensökologie behavioral ecology
Etikett tag
➢ **Namensetikett** name tag
etikettieren/markieren tag
Etiolement/Vergeilung etiolation
Etioplast etioplast
Eubakterien („echte" Bakterien) eubacteria ("typical" bacteria)
Euchromatin euchromatin
Eucommiaceae/ Guttaperchagewächse eucommia family
Eucyt/Euzyt/Eucyte eukaryotic cell
Eugenik/ Eugenetik/Erbhygiene/ Rassenhygiene eugenics, eugenetics
Euglenophyta/Augenflagellaten euglenoids, euglenids
Eukaryont/Eukaryot (Eucaryont/Eucaryot) eukaryote (eucaryote)
eukaryontisch/eukaryotisch (eucaryontisch/eucaryotisch) eukaryotic (eucaryotic)
Eulen/Strigiformes owls
Eulitoral eulittoral, eulittoral zone
Euphorbiaceae/Wolfsmilchgewächse spurge family
euphotische Zone euphotic zone
Eupnoe eupnea
eupyren (Spermien) eupyrene
euryhalin euryhaline
euryök/euryözisch euryoecious, euryecious, euryoecic
Eurytele eurytele
Eusozialität eusociality
Eustachische Röhre/Eustach-Röhre/ Ohrtrompete eustachian tube, auditory tube
Eutelie/Zellkonstanz eutely, cell constancy
Euter udder
Euthyneurie/ sekundäre Orthoneurie euthyneural nerve pattern
eutroph (nährstoffreich) eutrophic
eutrophieren eutrophicate
Eutrophierung eutrophication
Evaporimeter/Verdunstungsmesser evaporimeter, evaporation gauge, evaporation meter
evers eversed
Evertebraten/Invertebraten/ Wirbellose invertebrates
Evo-Devo/ evolutionäre Entwicklungsbiologie evolution of development, evolutionary developmental biology
Evolution/Phylogenie/Phylogenese/ Stammesgeschichte/ Stammesentwicklung/ Abstammungsgeschichte evolution, phylogeny, phylogenesis
➢ **iterative Evolution** iterative evolution
➢ **Koevolution** coevolution
➢ **konvergente Evolution** convergent evolution
➢ **netzartige Evolution** reticulate evolution
➢ **phyletische Evolution** phyletic evolution
➢ **Quantenevolution** quantum evolution
➢ **Rückentwicklung** retrogressive development, retrogressive evolution

evolutionär/ abstammungsgeschichtlich/ phylogenetisch/phyletisch evolutionary, phylogenetic, phyletic
evolutionär stabile Strategie evolutionarily stable strategy (ESS)
evolutionäre Erkenntnistheorie (EE) evolutionary epistemology (EE)
Evolutionstheorie/ Abstammungstheorie/ Deszendenztheorie theory of evolution, evolutionary theory
Evolutionsumkehr counterevolution
evoziertes Potenzial evoked potential
Excipulum (Flechten) exciple
➢ **Eigenrand/ Excipulum proprium (Flechten)** proper margin, exciple without algae
➢ **Ektalexcipulum** ectal exciple
➢ **Entalexcipulum/inneres Excipulum** medullary exciple
➢ **Lagerrand** thalline exciple, excipulum thallium
Excision/Exzision/Herausschneiden excision
Excisionsreparatur/ Exzisionsreparatur ***gen*** excision repair
Exclusion/Exklusion/Ausschluss exclusion
➢ **allele Exclusion/ Allelausschluss** ***gen*** allelic exclusion
Exemplar/Muster/Probe specimen, sample
exergon/energiefreisetzend exergonic
Exine (Pollen) ***bot*** exine
„Existenzkampf" struggle for survival
existierend/bestehend existing, extant
Exit (Arthropoden) exite
Exklusion/Ausschluss exclusion
Exkremente excretions
Exkret/Exkretion excretion
Exkretionskanal excretory canal
Exkretionssystem/ Ausscheidungssystem excretory system
Exkretzelle excretory cell
Exkursion excursion, field trip
Exocytose/Exozytose exocytosis
exogen exogenic, exogenous
Exokonjugant exoconjugant
Exon exon
Exonklonierung exon cloning
Exopodit (Außenast) exopod, exopodite (outer branch)
exorheisch (Entwässerung in den Ozean) *limn* exorheic, exoreic
exotherm exothermic
Expiration/Ausatmen expiration
Explantat explant
explodieren explode
Explodierfrucht explosive fruit
Explodierkapsel/Explosionskapsel (Springkapsel) explosive capsule
Explosion explosion
explosiv explosive
Explosivstoffe explosives
exponentielle Wachstumsphase/ exponentielle Entwicklungsphase exponential growth phase
Expression expression
➢ **Überexpression** ***gen*** overexpression, high level expression
Expressionsbibliothek ***gen*** expression library
Expressionskassette ***gen*** expression cassette, expression cartridge
Expressionsklonierung ***gen*** expression cloning
Expressionsvektor ***gen*** expression vector
Expressivität expressivity
exprimieren express
Exsikkator desiccator
Exsudat/Absonderung/Abscheidung exudate, exudation, secretion
Extensivierung extensification
Extensivwirtschaft extensive agriculture, extensive farming
Extensor/Strecker extensor
Extinktionskoeffizient extinction coefficient, absorptivity
extrahieren/herauslösen extract

Extrakt/Auszug extract
- **alkoholischer Auszug** alcoholic extract
- **Fleischextrakt** ***micb*** meat extract
- **Hefeextrakt** yeast extract
- **Rohextrakt** crude extract
- **Zellextrakt** cell extract
- **zellfreier Extrakt** cell-free extract

Extraktion extraction
extranukleäres Gen extranuclear gene
extrapolieren (hochrechnen) extrapolate
extrazellulär/außerzellulär extracellular
Extremität extremity, limb
Extremitätenmuskel limb muscle, appendicular muscle
Extremitätenmuskulatur appendicular musculature
Extremitätenskelett appendicular skeleton
extrinsisch extrinsic, extrinsical
extrors extrorse
Extrusom/Ausschleuderorganelle extrusome, extrusive organelle
- **Discobolocyst** discobolocyst
- **Ejectisome** ejectisome, ejectosome, ejectile body
- **Haptocyste** haptocyst
- **Kinetocyste** kinetocyst
- **Mucocyste** mucocyst
- **Nematocyste** nematocyst
- **Rhabdocyste** rhabdocyst
- **Schleimsack** muciferous body
- **Spindeltrichocyste** spindle trichocyst
- **Toxicyste** toxicyst

Exuvialflüssigkeit/ Häutungsflüssigkeit/ Ecdysialflüssigkeit molting fluid, exuvial fluid
Exuvie exuvia (cast-off skin/shell etc.)
Exzisionsreparatur/ Excisionsreparatur ***gen*** excision repair
exzitatorisch/erregend excitatory
exzitatorisches postsynaptisches Potenzial excitatory postsynaptic potential (EPSP)

F-Faktor (Fertilitäts-Faktor)
F factor (fertility factor)
F-Verteilung/Fisher-Verteilung/ Varianzquotientenverteilung *stat*
F-distribution, Fisher distribution, variance ratio distribution
Fabaceae/Papilionaceae/ Hülsenfruchtgewächse/ Hülsenfrüchtler/ Schmetterlingsblütler (Leguminosae)
pea family, bean family, legume family, pulse family
Facettenauge/Komplexauge/ Netzauge/Seitenauge
compound eye, facet eye
Fach (Kapsel) *bot* valve
Fach/Lokulament/Loculament/ Loculus/Kompartiment (von Ovar/Anthere/Sporangium)
locule, loculus, compartment
Fachbezeichnungen/Terminologie
terminology
Fächel (Infloreszenz)
rhipidium (fan-shaped cyme)
fächeln *vb* (Bienen) fan
Fächeln *n* (Bienen) fanning
Fächer fan
Fächeraderung/ Gabeladerung/Gabelnervatur
dichotomous venation
Fächerflügler/Kolbenflügler/ Strepsiptera
twisted-winged insects, stylopids
fächerförmig
fan-shaped, flabellate
Fächerfühler (Antenne) *entom*
fan-shaped antenna, flabelliform/flabellate antenna
fächerig/gefächert/gekammert
valvate, chambered
Fächerlunge/Fächertrachee/ Buchlunge book lung
Fächerpalme fan palm
Fächertrachee *siehe* Fächerlunge
Fächerung/Kompartimentierung/ Unterteilung
compartmenta(liza)tion, sectionalization, division
Fächerzunge/rhipidoglosse Radula
rhipidoglossate radula
fachspaltig/lokulizid/loculicid
loculicidal
Fachsprache/Fachterminologie
terminology
FACS (fluoreszenzaktivierte Zelltrennung/Zellsortierung)
FACS (fluorescence-activated cell sorting)
FAD/FADH$_2$ (*F*lavin-*a*denin-*d*inucleotid)
FAD/FADH$_2$ (*f*lavin *a*denine *d*inucleotide)
Faden filament, thread
Fadendune/Fadenfeder/Filopluma *orn* filoplume
Fadenflechten/Haarflechten
filamentous lichens
Fadenflug/ „Luftschiffen"/„Ballooning" (Spinnen: Altweibersommer) *arach*
ballooning
fadenförmig/fadenartig/ haarförmig/trichal
filiform, filamentous, threadlike, hairlike
Fadenfühler (Antenne) *entom*
threadlike/hairlike antenna, filiform antenna
Fadenkieme/Filibranchie
filibranch gill
Fadenkiemer/Filibranchia
filibranch bivalves
Fadenschnecken/ Aeolidiacea/Eolidiacea
aeolidacean snails, aeolidaceans
Fadensegelfische/Aulopiformes
aulopiform fishes
Fadenthallus filamentous thallus
Fadenwürmer/Rundwürmer/ Nematoden
roundworms, nematodes
Fagaceae/ Buchengewächse/Becherfrüchtler
beech family
Fähe (♀ Tier v.a. des Raubwildes der Niederjagd)
bitch (♀ dogs and other carnivores); (Füchsin) vixen, female fox
Fahne (Fabaceen-Blütenblatt)
standard, banner (petal)
➤ **Federfahne *orn*** vane

Fahnenblatt/Fähnchenblatt flag leaf
Fahnenquallen/Fahnenmundquallen/ Semaeostomea semeostome medusas
Fährte/Spur track, trail, trace; scent
Fäkalien (Kot & Harn) fecal matter (*incl.* urin) (*see*: Fäzes/Kot)
Faktor factor
➢ **begrenzender Faktor *ecol*** limiting factor
➢ **dichteabhängiger Faktor *ecol*** density-dependent factor
➢ **dichteunabhängiger Faktor *ecol*** density-independent factor
➢ **unteilbarer Faktor *gen*** unit factor
➢ **Umweltfaktoren** environmental factors
fakultativ facultative, optional
fakultatives Heterochromatin facultative heterochromatin
Falbe (Pferd) dun
Falkner falconer, hawker
Falknerei falconery
Fall *med* case
Fallaub ***siehe*** Falllaub
Fallaubwald ***siehe*** Falllaubwald
Falle trap
fallen fall
fällen (ausfällen/präzipitieren) *chem* precipitate; *for* fell
Fällen (Ausfällen/Ausfällung/ Präzipitation) *chem* precipitation; (Baumfällen) felling of trees, logging
Fallenblatt *bot* trap leaf
Fallenblume/Fallenblüte trap blossom, trap flower, prison flower, pitcher plant
Falllaub fallen leaves
Falllaubwald deciduous forest
Fallschirm (Spannhaut) parachute
Fallstrombank *lab* vertical flow workstation/hood/unit
Falltür *arach* trap door
Fällung/Ausfällung/Präzipitat precipitate
Fällung/Ausfällung/Präzipitation precipitation
➢ **fraktionierte Fällung** fractional precipitation
Fallzahl *stat* sample size
falsch false, spurious
Faltamnion/Pleuramnion pleuramnion
β-Faltblatt β-sheet, pleated sheet
Falte fold, plication, wrinkle
Faltenfilter folded filter
faltig folded, pleated, plicate(d)
Familie family
Familienmerkmal family trait
Fang (Fangzähne) fangs
Fang (gefangene/erbeutete Fische) catch
Fang (Jagdbeute) bag, kill, catch
Fang (Raubvögel: meist *pl* Fänge)/ Krallen/Klauen talons, claws
Fangarm/Tentakelarm catch tentacle, tentacular arm
Fangblase/Utriculus *bot* bladder trap, utricle
Fangfaden *arach* catching thread, trapline
Fanghaar (*Drosera*) tentacle
Fangmaske (Libellenlarven) prehensile mask (retractible prehensile labium)
Fangnetz *arach* snare
Fangpolyp/Fresspolyp/Autozooid/ Zooid (*Octocorallia*) autozooid
Fangschlauch *arach* purse web
Fangschrecken & Gottesanbeterinnen/ Mantodea/Mantoptera mantids
Fangschreckenkrebse/Maulfüßer/ Hoplocarida/Stomatopoda mantis shrimps
Fangwolle *arach* cribellate silk, catching wool
Farbanpassung color-matching
Färbbarkeit *micros* stainability
Färbeglas/Färbetrog/ Färbewanne *micros* staining dish, staining jar, staining tray
färben/einfärben dye, add color, add pigment; (kontrastieren) *tech/micros* stain
Färben/Färbung/Einfärbung/ Kontrastierung *tech/micros* stain, staining
Farbensehen color vision
Farbmarker *electrophor* tracking dye

Farbstoff/Pigment dye, colorant, pigment; *micros* stain; (in Nahrungsmitteln) colors, coloring
➢ **künstliche Farbstoffe** artificial colors, artificial coloring
➢ **Lebensmittelfarbstoff** food coloring
➢ **natürliche Farbstoffe** natural colors, natural coloring
➢ **Supravitalfarbstoff** supravital dye, supravital stain
➢ **Vitalfarbstoff/Lebendfarbstoff** vital dye, vital stain
Färbung (durch Farbstoffzugabe) ***micros*** staining
➢ **Lebendfärbung/Vitalfärbung** vital staining
➢ **Supravitalfärbung** supravital staining
Färbung/Farbton/Pigmentation color, shade, tint, tone, pigmentation
➢ **unauffällige(r) F. (z.B. Süßwasserfische)** obliterative shading
Farbzelle/Pigmentzelle/ Chromatophore pigment cell, chromatophore
Farn fern
Farnbaum/Baumfarn tree fern
Farnblatt (eingerolltes junges) crozier, fiddlehead
Farnblattentwicklung aus aufgerollter Knospenlage circinate vernation
Färse (junge Kuh: noch nicht gekalbt) heifer
Faser fiber
➢ **Ballaststoffe (dietätisch)** dietary fiber
➢ **Bastfaser** ***bot*** bast fiber
➢ **elastische Faser** elastic fiber
➢ **Holzfaser (Libriformfaser)** wood fiber (libriform fiber)
➢ **Intrafusalfaser** intrafusal fiber
➢ **Kernhaufenfaser** ***cyt*** nuclear bag fiber
➢ **Kernkettenfaser** ***cyt*** nuclear chain fiber
➢ **Kletterfaser** ***neuro*** climbing fiber
➢ **langsam-kontrahierende Faser** slow-twitch fiber
➢ **Libriformfaser/Holzfaser** libriform fiber
➢ **Moosfaser** mossy fiber
➢ **Müller-Faser** ***ophthal*** Müllerian fiber, fiber of Müller
➢ **Muskelfaser** muscle fiber
➢ **Nervenfaser** nerve fiber
➢ **Parallelfaser** parallel fiber
➢ **phasische Faser** phasic fiber
➢ **Purkinje-Faser** Purkinje fiber, conduction myofiber
➢ **Riesenfaser/Mauthnersche Zelle/ Mauthner-Zelle** ***ichth*** giant fiber, Mauthner's cell
➢ **Rohfaser (XF)** crude fiber (CF)
➢ **schnell-kontrahierende Faser** fast-twitch fiber
➢ **Sclerenchymfaser** ***bot*** sclerenchyma fiber, sclerenchymatous fiber
➢ **Sharpeysche Faser** Sharpey's fiber
➢ **Spindelfaser** ***cyt*** spindle fiber
➢ **Stressfaser** stress fiber
➢ **Zonulafasern** zonule fibers
➢ **Zugfaser** mantle fiber
Faser/Faserung (Schnittholz) grain
Faserholz pulpwood
faserig/fasrig fibrous, stringy
Faserknochen/Geflechtknochen fibrous bone
Faserknorpel fibrous cartilage, fibrocartilage
Faserpflanze fiber plant, fiber crop
Faserproteine/fibrilläre Proteine fibrous proteins
Faserschicht (der Anthere) fibrous layer
Fasertextur (Holz) straight grain
Fasertracheide fiber tracheid
Faserung (Schnittholz) grain
Faserwurzel fibrous root
Faserzelle (Placozoa) fiber cell
fasrig/faserig fibrous, stringy
Fass/Fass-Struktur (Proteinstruktur) barrel
fasten ***vb*** fast
Fasten ***n*** fasting
Fasziation/Verbänderung fasciation
Faszikularkambium fascicular cambium

fauchen hiss (e.g., snake); snarl (e.g., lion/tiger), puff
faul/modernd foul, rotten, decaying, decomposing
Faulbehälter septic tank
Faulbrut (Bienen) foulbrood
Fäule rot, mold, mildew, blight
faulen rot, decay, decompose, disintegrate; (im Faulturm der Kläranlage) digest
Faulgas/Klärgas (Methan) sludge gas, sewage gas
Fäulnis decay, rot, putrefaction
Fäulnisbakterien putrefactive bacteria
Fäulnisbewohner saprobe, saprobiont
Fäulnisernährer/Fäulnisfresser/ Saprovore/Saprophage saprophage, saprotroph, saprobiont
fäulniserregend/saprogen saprogenic
Fäulnispflanze/Faulpflanze/ Saprophyt saprophyte
Faulschlamm/Sapropel sludge, sapropel
> **Halbfaulschlamm/Grauschlamm/ Gyttia/Gyttja** gyttja, necron mud
Faulschlamm (*speziell:* ausgefaulter Klärschlamm) sewage sludge (*esp.*: excess sludge from digester)
Faultiere/Pilosa (Xenarthra) sloths
Faulturm digester, digestor, sludge digester, sludge digestor
Fauna/Tierbestimmungsbuch fauna, faunal work (manual with key)
Fauna/Tierwelt (einer bestimmten Region) fauna, animal life (within a restricted area)
Faunenelement faunal element
Faunenkomplex faunal complex
Faunenprovinz faunal province
Faunenregion/ tiergeographische Region faunal region, zoogeographical region
Faunenreich faunal realm
Faunenschnitt faunal break
Faunistik faunistics
faunistisch faunal
Faust fist
Faustgang (Handknöchel) fist-walking
Fäzes/Kot feces (Stuhl > human feces)
Fazies facies
FCKW (Fluorchlorkohlenwasserstoffe) CFCs (chlorofluorocarbons/ chlorofluorinated hydrocarbons)
Fechser/Ausläufer *bot/hort* runner
Feder feather
> **Armschwingen/ Unterarmschwungfedern** secondaries, secondary feathers (secondary remiges)
> **Deckfeder/Decke/Tectrix** covert, wing covert, protective feather, tectrix (*pl* tectrices)
> **dunenartige Feder/Dune/ Dunenfeder/Flaumfeder** down feather, plumule
> **Fadenfeder/Fadendune/ Filopluma** filoplume
> **Handschwingen/Hautschwingen/ Handschwungfedern** primaries, primary feathers (primary remiges)
> **Konturfeder/Umrissfeder** contour feather
> **Ohrenfeder** auricular (ear covert)
> **Schwungfeder/Remex (*pl* Remiges)** remex (*pl* remiges)
> **Steuerfeder/Rectrix (*pl* Rectrices)** rectrix (*pl* rectrices)
> **Stoppelfeder** pinfeather
Federast/Ramus barb (main branch of feather)
Federbalg/Federpapille feather papilla
Federfahne vane
Federflur/Pteryla pteryla, feather tract
federförmig/fiedrig/gefiedert pinnate
federig/fedrig feathery, plumose
Federkiel/Scapus scape, scapus (feather)

Federkleid/Gefieder/Ptilosis
plumage, ptilosis
➢ **Brutkleid/Hochzeitskleid**
breeding plumage, nuptial plumage, courtship plumage
➢ **Jugendkleid** juvenile plumage, juvenal plumage
➢ **Prachtkleid** display plumage, conspicuous plumage
➢ **Schlichtkleid**
basic plumage; eclipse plumage, inconspicuous plumage (♂ ducks)
➢ **Tarnkleid/Tarntracht**
camouflage plumage, cryptic plumage
Federling feather parasite
(bird louse/body louse: *Mallophaga*)
Federlinge & Haarlinge/Mallophaga
biting lice, chewing lice
federlos featherless, apterial
Federmistelgewächse/ Misodendraceae
feathery mistletoe family
Federrain/federlose Stelle/Apterium
featherless space, apterium (*pl* apteria)
Federschaft/Rhachis
shaft, rhachis (feather)
Federschale pen tray
Federseele (Pulpa)
pulp cavity of quill
Federspule/Calamus
quill, calamus (feather)
Federstrahl/Radius (Bogenstrahl/Hakenstrahl)
barbule (notched/hooked barbule)
Federvieh/Geflügel fowl; (Hausgeflügel) poultry
Federzunge/ptenoglosse Radula
ptenoglossate radula
fedrig/federig feathery, plumose
Feeder-Zelle feeder cell
Feenlämpchen (Spinnenkokon)
Japanese lantern
Fegehaar (an Pappus)
brush hair (hair-like capillary bristle/pappus hair)
Fegen (Geweih) antler rubbing
Fehlbildung malformation
fehlend lacking, missing, wanting
Fehler error, mistake; defect
➢ **Abweichung**
deviation; (Aberration) aberration
➢ **Messfehler** error in measurement, measuring mistake
➢ **Schätzfehler** ***stat*** error of estimation
➢ **Standardfehler/mittlerer Fehler** ***stat*** standard error SE (standard error of the mean SEM)
➢ **statistischer Fehler** statistical error
➢ **systematischer Fehler/Bias**
systematic error, bias
➢ **zufälliger Fehler/Zufallsfehler**
random error
fehlernährt malnourished
Fehlernährung malnutrition
Fehlgeburt/Abort/Abtreibung
abortion
Fehlgeburt/Spontanabort
miscarriage
Fehlingsche Lösung
Fehling's solution
Fehlpaarung ***gen***
mispairing, mismatch
➢ **Basenfehlpaarung**
mismatch/mispairing of bases
➢ **Chromosomenfehlpaarung**
mispairing of chromosomes
➢ **Fehlpaarung durch Strangverschiebung** ***gen***
slipped strand mispairing, slippage replication, replication slippage
Fehlpaarungsreparatur
mismatch repair
Fehlsinnmutation/Missense-Mutation
missense mutation
Fehlwirt/Irrwirt
wrong host, accidental host
Feigwarzen/Condylomata acuminata
genital warts
Feinbau (Feinstruktur) fine structure; (Ultrastruktur) ultrastructure
feinbehaart/flaumig
pilose, downy, pubescent
Feind enemy
➢ **Fressfeind** predator, enemy
➢ **natürlicher Fressfeind**
natural enemy
feingesägt finely notched, serrulate
Feinjustierschraube/Feintrieb ***micros***
fine adjustment knob

Feinjustierung/Feineinstellung ***micros*** fine adjustment, fine focus adjustment
feinkerbig/feingekerbt crenulate, finely notched
Feinstruktur/Feinbau fine structure
➢ **Ultrastruktur** ultrastructure
Feinwaage precision balance
Feiung/stille Feiung/ stumme Infektion silent infection
Fekundität fecundity
Feld field
Feldbau plant production, cropping
Feldbiene fielder bee
Feldblende ***opt/micros*** field diaphragm
Felderhaut (behaart) hair-bearing skin
Feldfrucht crop, produce
Feldführer field guide
Feldkapazität (Boden) field capacity, field moisture capacity, capillary capacity
Feldlinse ***micros*** field lens
Feldrain/Ackerrain balk, field boundary strip
Feldversuch/Freilanduntersuchung/ Freilandversuch field study, field investigation, field trial
Fell fur, coat; hide (esp. large/heavy skins: cowhide)
Fellsträuben/Haarsträuben piloerection
Fels (Gestein) rock; (Klippe) cliff
Felsenbein/Os perioticum/Perioticum periotic bone, periotic
Felsenbein/Pars petrosa (des Schläfenbeins) petrous bone, petrosal bone (of temporal bone)
felsig rocky
Felspflanze petrophyte, rock plant
Felsrasen/Felssteppe (Hochland) fellfield
Felstümpel/Felsentümpel rockpool
Femelschlag/Femelhieb/ Plenterschlag ***for*** uneven shelterwood method, femel coupe
Femelwald/Plenterwald shelterwood: uneven-aged stand, uneven-aged plantation (with selective logging)
Femur/Oberschenkelknochen/ Os femoris femur, femoral bone, thighbone
Femur/Schenkel (Arthropoden) femur
Fenn/Fen/Fehn/Feen/Vehn (Moorland/Sumpf) fen
Fenster window
➢ **ovales Fenster/Fenestra vestibuli** oval window
➢ **rundes Fenster/Fenestra cochlea** round window
fensterspaltig/ foraminizid/foraminicid foraminicidal
Fenstertüpfel ***bot*** fenestiform pit
Ferkel piglet, little pig; (Mastferkel) porker
ferkeln (Wurf kleiner Schweine hervorbringen) farrow (bring forth young pig litter)
Ferment/Enzym enzyme
Fermentationsschicht/ Vermoderungshorizont (Boden) fermentation layer, F-layer
Fermenter/Gärtank (*siehe auch:* Reaktor) fermenter
fermentieren/gären ferment
Ferntransport ***bot/physio*** long-distance transport
Ferredoxin ferredoxin
Ferse/Hacke heel, calcaneus
Fersenbein/Hypotarsus (Vögel) heel, calcaneum, calcaneus, hypotarsus
Fersenbein/Os calcis/ Kalkaneus/Calcaneus heelbone, calcaneal bone, calcaneum, calcaneus
Fersenbeinhöcker/Tuber calcanei calcaneal tuber, calcaneal tubercle, tuberosity of calcaneus
Fertigplatte ***chromat*** precoated plate
Fertilität/Fruchtbarkeit fertility
Fertilitätsfaktor (F-Faktor) fertility factor (F factor)
Ferulasäure ferulic acid
Fessel (Pferd) pastern

Fesselbein/Fesselknochen/ proximale Phalanx pastern bone, long pastern bone, first phalanx
Fesselbeingelenk pastern joint
Fesselgelenk (Pferd)/Fesselkopf/Köte fetlock
Festbettreaktor (Bioreaktor) fixed bed reactor, solid bed reactor
festgewachsen/festsitzend/ aufsitzend/festgeheftet/sessil firmly attached (permanently), sessile
Festigungsgewebe supporting tissue (collenchyma/sclerenchyma)
Festland mainland
Festlandsockel/Kontinentalsockel/ Kontinentalschelf/Schelf continental shelf
Festlandsökologie/ terrestrische Ökologie/ Epeirologie terrestrial ecology
Festphase solid phase, bonded phase
festsitzend/festgewachsen/ festgeheftet/aufsitzend/sessil firmly attached (permanently), sessile
Festwinkelrotor ***centrif*** fixed-angle rotor
Fet/Fötus fetus
fetal/fötal fetal
fetales Kälberserum fetal calf serum (FCS)
Fett fat
➢ **Backfett** cooking fat; deep frying fat; shortening *US*; baking fat
➢ **braunes Fett** brown fat
Fett.../fettartig/fetthaltig fatty, adipose
Fettflosse adipose fin
Fettgewebe fatty tissue, adipose tissue
fettig fatty
Fettkörper/Corpus adiposum fat body
fettlöslich fat-soluble
Fettröpfchen ***siehe*** Fetttröpfchen
Fettsäure fatty acid
➢ **einfach ungesättigte Fettsäuren** monounsaturated fatty acid (MUFA)
➢ **essenzielle Fettsäuren** essential fatty acids (EFA)
➢ **gesättigte Fettsäuren** saturated fatty acids (SFA)
➢ **mehrfach ungesättigte Fettsäuren** polyunsaturated fatty acids (PUFA)
➢ **nichtesterifizierte Fettsäuren** nonesterified fatty acids (NEFA)
➢ **trans-Fettsäuren** trans fatty acids (TFA)
➢ **ungesättigte Fettsäuren** unsaturated fatty acids (UFA)
Fettspeicher/Fettreserve fat storage, fat reserve
Fettsucht adiposity
Fetttröpfchen/Fett-Tröpfchen fat droplet
Fettwiese rich meadow, rich pasture
Fettzelle/Adipozyt/Adipocyt fat cell, adipocyte, adipose cell
feucht humid, damp, moist
Feuchtbiotop humid biotope, wetland
Feuchte moistness
Feuchte-Orgel/ Feuchtigkeitsorgel ***ecol*** humidity-gradient apparatus
Feuchtgebiet wetland
Feuchtigkeit humidity, dampness, moisture
➢ **Luftfeuchtigkeit (absolute/relative)** (absolute/relative) air humidity
Feuer (*siehe auch:* Flamm...) fire
feuerbeständig fire-resistant
feuerfest fireproof, flameproof
feuerhemmend/flammenhemmend fire-retardant, flame-retardant
Feuerkorallen/Milleporina milleporine hydrocorals, stinging corals, fire corals
Feuerlöscher fire extinguisher
Feuerlöschmittel fire-extinguishing agent
feuern ***neuro*** fire, firing
Feuerwalzen/Pyrosomida pyrosomes
Feuerwehr fire brigade, fire department
Feuerwehrmann firefighter, fireman

fibrillär fibrillar
Fibrille fibril
Fibrin (Blutfaserstoff) fibrin
Fibrinogen fibrinogen
Fibrinolysin/Plasmin
plasmin, fibrinolysin
Fibroblast fibroblast
Fibroblastenkultur
fibroblast culture
Fibroin fibroin
Fichtenspargelgewächse/ Monotropaceae
Indian pipe family
Ficksche Diffusionsgleichung
Fick diffusion equation
Fidelität/Standorttreue fidelity
Fieber fever
➢ **Fleckfieber/Flecktyphus/Typhus (*Rickettsia* spp.)**
spotted fever, typhus
➢ **Gelbfieber (*Flavivirus*)**
yellow fever
➢ **Kindbettfieber/Wochenbettfieber/ Puerperalfieber (bakteriell)**
childbed fever, puerperal fever
➢ **schwarzes Fieber/Kala-Azar/ Cala-Azar/viszerale Leishmaniasis**
Cala-Azar, kala azar
➢ **Sumpffieber/Wechselfieber/ Malaria** malaria
Fieberkleegewächse/ Bitterkleegewächse/ Menyanthaceae
bogbean family
Fieder/Pinna pinna
Fieder/Blattfieder/Fiederblättchen/ Teilblatt/Blättchen
leaflet, foliole, pinna
fiederaderig/fiedernervig
pinnately veined,
pinnately nerved, penninerved
Fiederaderung pinnate venation
Fiederblatt (ganzes!)
compound leaf, divided leaf
Fiederblattachse/ Rhachis/Blattspindel rachis
Fiederblättchen (ersten Grades)
pinna
Fiederblättchen (zweiten Grades)
pinnule, pinnula
Fiederchen/Pinnula pinnule
Fiederfuß pinnate appendage/leg
fiederig/fiedrig/fiederblättrig
pinnate, pinnated, foliolate
Fiederkieme/Kammkieme/ Ctenidie/Ctenidium
gill plume, gill comb, ctenidium
Fiederkiemer/Kammkiemer/ Protobranchiata (Bivalvia)
protobranch bivalves
fiederlappig
pinnately lobed, pinnatilobate
fiedernervig/fiederadrig
pinnately veined, penninerved
Fiederpalme pinnately-leaved palm
fiederschnittig
pinnately incised, pinnatisect
fiederspaltig pinnately split,
pinnately cleft, pinnatifid
Fiedersträuben *orn* feather ruffling
fiederteilig pinnately parted,
pinnately partite, pinnatipartite
Fiederung pinnation
fiedrig/fiederig/gefiedert/ pinnat/pennat (fiederblättrig)
pinnate, pennate (foliolate)
Figur (Holz) figure
Filament (z.B. des Staubblattes)
filament
➢ **intermediäres Filament**
intermediate filament
➢ **Mikrofilament/ Aktinfilament/Actinfilament**
microfilament, actin filament
Filarien filarial worms
Filialgeneration/Tochtergeneration (erste/zweite) (F_1/F_2)
(first/second)
filial generation (F_1/F_2)
Filopodium filopodium
Filter filter
➢ **Anreicherung durch Filter**
filter enrichment
➢ **Erregerfilter (Fluoreszenzmikroskopie)**
exciter filter
➢ **Faltenfilter** folded filter
➢ **HOSCH-Filter (Hochleistungsschwebstofffilter)**
HEPA-filter (high efficiency
particulate air filter)
➢ **Membranfilter** membrane filter

➢ **Polarisationsfilter/ „Pol-Filter"/Polarisator**
polarizing filter, polarizer
➢ **Rauschfilter** noise filter
➢ **Rundfilter *chem/lab***
round filter, filter paper disk
➢ **Sperrfilter *micros***
selective filter, barrier filter, stopping filter, selection filter
➢ **Spritzenvorsatzfilter/Spritzenfilter**
syringe filter
Filteranreicherung *lab*
filter enrichment
Filterblättchenmethode
filter disk method
Filtermagen/Pylorus (Crustaceen)
pyloric stomach, pylorus (posterior region of gizzard)
filtern/filtrieren filter
Filtern (Nahrungsfiltern)
filter-feeding
Filternetzwerk
filter network, filtering network
Filternutsche/Nutsche (Büchner-Trichter)
suction funnel, suction filter, vacuum filter (Buchner funnel)
Filterpumpe *lab* filter pump
Filterträger *micros* filter holder
Filtrat filtrate
Filtration filtration
filtrieren/passieren
filter, pass through
Filtrierer/Filterer filter feeder
Filtrierflasche/Filtrierkolben/ Saugflasche
filter flask, vacuum flask
Filtrierrate/Filtrationsrate
filtering rate
Filtrierung/Filtrieren filtering
filzig felty, felt-like, tomentose
Finalismus finalism
Finger/Digitus finger, digit
Fingerabdruck fingerprint
Fingerbeere/Fingerballen/ Torulus tactilis (Unterseite der Fingerspitze)
soft volar portion of fingertip (finger pulp/digital pulp)
Fingerflughaut/Dactylopatagium
dactylopatagium
fingerförmig/handförmig
fingerlike, fingershaped, digitiform
fingerförmige Aderung/ fingerförmige Nervatur
digitate venation
Fingerfruchtgewächse/ Lardizabalaceae
akebia family, lardizabala family
Fingerglied/Zehenglied/Phalanx
phalanx (*pl* phalanges)
Fingerhut *chem* thimble
Fingerkuppe/Fingerspitze fingertip
Fingernagel fingernail
Fingerprinting/ genetischer Fingerabdruck
fingerprinting, genetic fingerprinting, DNA fingerprinting
Fingerspitze/Fingerkuppe fingertip
Finne/Blasenwurm/Cysticercus (Bandwurmlarve)
bladderworm, cysticercus
finnig (finniges Fleisch)
measly (containing larval tapeworms)
Firn/Gletschereis firn, névé
Firnregion firn region/zone
First crest
Fisch (kulinarisch) fish
Fischbein/Walbein baleen, whalebone
Fische/Pisces fishes
Fischer-Projektion/Fischer-Formel/ Fischer-Projektionsformel
Fischer projection, Fischer formula, Fischer projection formula
Fischerei fishing; (Gewerbe) fishery, fishing industry
fischfressend fish-eating, piscivorous
Fischfresser fish-eater, piscivore
Fischgründe fishing grounds
Fischkunde/Ichthyologie
ichthyology
Fischlaich/Fischeier (Rogen)
fish eggs (roe)
Fischläuse/Karpfenläuse/ Kiemenschwänze/Branchiura/ Argulida fish lice
Fischsaurier/Ichthyosauria
fish-reptiles, ichthyosaurs (ocean-living reptiles)
Fischschwarm school of fish
Fischsterben fish kill

Fischteich fishpond
Fischvögel/Ichthyornithiformes fish birds
Fischzucht fish culture, pisciculture
FISH (In-situ-Hybridisierung mit Fluoreszenzfarbstoffen) FISH (fluorescence activated in situ hybridization)
Fissiparie fissiparity
Fitness fitness
➢ **Darwinsche Fitness** Darwinian fitness
➢ **frequenzabhängige Fitness** frequency-dependent fitness
Fittich/Flügel/Schwinge ***orn*** wing
Fixieren (befestigen/fest machen) affix, attach; (mit Fixativ härten) fix
Fixiermittel/Fixativ fixative
Fixierung/Fixieren fixation
FKW (Fluorkohlenwasserstoffe) FHCs (fluorinated hydrocarbons)
flach-aufgesägt (Holzstamm) flatsawn
Flachbrustvögel/Ratiten ratite birds (flightless birds)
Flächenbelastung (Flügelflächenbelastung) wing loading
Flächennetz ***arach*** simple sheetweb
Flächenquelle non-point source
flächenständige Plazentation/ laminale Plazentation laminary/lamellate placentation
Flachkrebse/Flohkrebse/Amphipoda beach hoppers, sand hoppers, and relatives
Flachland lowland, plain, flat country
Flachmeerzone/neritische Region neritic zone, neritic province
Flachmoor/Niedermoor/ Wiesenmoor/Braunmoor/Fenn fen (minerotrophic mire)
Flachspross/Phyllocladium cladode, cladophyll, phylloclade; (Platycladium) platyclade
Fladerschnitt (Holz) tangential section, flatsawn, plainsawn
Fladerung/Maserung (Holz) figure, design
Flagellariaceae/Peitschenklimmer flagellaria family
Flagellomer flagellomer
Flagellum/Flagelle/Geißel flagellum
Flamingos/Phoenicopteriformes flamingoes and allies
flammbeständig flame-resistant
Flamme (*siehe auch:* Feuer...) flame
flammenhemmend/feuerhemmend flame-retardant
Flammenionisationsdetektor flame ionization detector (FID)
Flammenzelle ***zool*** **(exkretorisch)** flame cell, (terminal) flame bulb
Flammpunkt flash point
Flammschutzmittel flame retardant, flame retarder
flammsicher/flammfest (schwer entflammbar) flameproof
Flanke flank, side (of horse)
Flankenkiemer/Notaspidea notaspideans
Flankenmeristem flank meristem, peripheral meristem
flankierende Region ***gen*** flanking region
Flarke (Moor) flark
Flaschenbürste tube brush (test tube brush), bottle brush (beaker/jar/cylinder brush)
Flaschenhals/Engpass ***stat*** bottleneck
Flaschentierchen/Bauchhaarlinge/ Bauchhärlinge/Gastrotrichen gastrotrichs
Flatterflug/Schlagflug flapping flight
Flatterhaut/Flughaut/ Gleithaut/Spannhaut/Patagium patagium
flattern (mit den Flügeln schlagen) flutter, flap (the wings)
Flattern (Blätter) leaf flutter
flatternde Blätter fluttering leaves
Flaum down
Flaumbehaarung pubescence
Flaumfeder/Dune/Daune/ Dunenfeder/dunenartige Feder *orn* down feather, down, plumule
flaumig/feinstflaumig downy, pubescent

Flavinmononukleotid (FMN)
flavine mononucleotide (FMN)
Flavonoid flavonoid
Flechte(n) lichen(s)
➢ **Gallertflechten** gelatinous lichens
➢ **Haarflechten/Fadenflechten**
hairlike lichens, filamentous lichens
➢ **Krustenflechte** crustose lichen
➢ **Laubflechte/Blattflechte**
foliose lichen
➢ **Nabelflechten (Blattflechten)**
umbilicate foliose lichens
➢ **Strauchflechte**
fruticose lichen, shrub-like lichen
Flechtensäure lichen acid
Flechtgewebe/Plectenchym
plectenchyma
Fleck/Stigma spot, stigma
➢ **blinder Fleck**
blind spot (optic disk)
➢ **gelber Fleck/Macula lutea (mit Fovea centralis)**
yellow spot, macula lutea
(with fovea centralis)
Fleckenkrankheit (*Nosema bombycis*)
pebrine
Fleckenriff patch reef, bank reef
Fleckfieber/Flecktyphus/Typhus (*Rickettsia* spp.)
spotted fever, typhus
fleckig
speckled, patched, spotted, spotty
Flecksoral (Flechten)
maculiform soralium
Fledermausausbreitung
bat-dispersal, chiropterochory
Fledermausbestäubung/ Fledermausblütigkeit/ Chiropterophilie
bat-pollination, chiropterophily
Fledermausblume
bat-pollinated flower,
chiropterophile
fledermausblütig/chiropterophil
bat-pollinated, chiropterophilous
Fledermausblütigkeit/ Fledermausbestäubung/ Chiropterophilie
bat-pollination, chiropterophily
Fledermäuse/Flattertiere/Chiroptera
bats, chiropterans

flehmen (bei Pferden)
flehmen (not translated!), lip-curling
Fleisch flesh, meat
Fleischbeschau meat inspection
Fleischbrühe/Kochfleischbouillon
cooked-meat broth
Fleischextrakt *micb* meat extract
Fleischflosser/ Sarcopterygii/Choanichthyes
fleshy-finned fishes, sarcopterygians
fleischfressend/karnivor/carnivor
flesh-eating, meat-eating,
carnivorous
Fleischfresser/Karnivor/Carnivor
flesh eater, meat eater, carnivore
fleischig fleshy
Fleischwasser/Fleischbrühe/ Fleischsuppe *micb* meat infusion
(meat digest/tryptic digest)
flensen (abhäuten/
Walspeck abziehen) flense
Flexor/Beuger flexor
fliegen *vb* fly
Fliegen *n* flight
Fliegen/Brachycera (Diptera)
true flies
Fliegenblume/Myiophile
fly-pollinated flower, myiophile
Fliegenschimmel (Pferd)
flea-bitten gray horse,
flea-bitten white horse
fliehen flee
Fließbettreaktor fluid bed reactor
fließen flow
Fließfähigkeit/Fluidität fluidity
Fließgeschwindigkeit flow rate
Fließgewässer/fließendes Gewässer/ lotisches Gewässer (Fluss/Strom)
flowing water, running water,
lotic water, waterway,
watercourse (river/stream)
Fließgleichgewicht/ dynamisches Gleichgewicht
steady state, steady-state equilibrium
Fließmittel *chromat*
solvent (mobile phase)
Fließmittelfront *chromat* solvent front
Fließrichtung direction of flow
Flimmerepithel/ Wimperepithel/Geißelepithel
ciliated epithelium

Flimmergeißel
flimmer flagellum, tinsel flagellum, pleuronematic flagellum
Flimmerhaar/Kinozilie/Kinozilium (Haarzelle) cilium (*pl* cilia)
Flimmerhärchen flimmer, tinsel
Flimmerkörper shimmering body
Flimmertrichter/Wimperntrichter/ Eileitertrichter/Infundibulum (mit Ostium tubae)
fimbriated funnel of oviduct, infundibulum
Flip-Flop-Mechanismus (Membranlipide/Genexpression)
flip-flop mechanism (membrane lipids/gene expression)
Flitterzelle/Iridocyt/Iridozyt/ Leucophor/Guanophor
iridocyte, iridophore, leucophore, guanophore
flocken/ausflocken flock
flockig floccose
Flockulation flocculation
Flockung flocking
Flöhe/Siphonaptera/Aphaniptera/ Suctoria fleas
Flohkrebse/Flachkrebse/Amphipoda
beach hoppers, sand hoppers and relatives
Flora flora
Floreneinheit floristic unit
Florenelement floristic element
Florengebiet floristic region
Florengefälle/Gesellschaftsgefälle/ Zönokline
plant community gradient, coenocline
Florenreich
floral realm, floral kingdom
➢ **Australis** Australis
➢ **Capensis (kapländische Region)**
Capensis
➢ **Holarktis (Nearktis & Paläarktis)**
Holarctic (Nearctic & Palearctic)
➢ **Neotropis** Neotropic(al)
➢ **Paläotropis** Paleotropic(al)
Floreszenz/Blütezeit/Anthese
florescence, flowering period, anthesis
Florideen (Rotalgen)
floridean algas, florideans
Florideenstärke floridean starch
florieren/gedeihen flourish, thrive
Florist (Blumenzüchter bzw. Blumenverkäufer)
florist (person raising and/or selling flowers/plants)
Floristik/Florenkunde floristics
Floristik/Zierpflanzenbau/ Blumenzucht floriculture
flößen (Holz) raft, float (wood)
Flosse fin
➢ **Afterflosse/Analflosse** anal fin
➢ **Bauchflosse**
ventral fin, pelvic fin
➢ **Brustflosse** pectoral fin
➢ **Fettflosse** adipose fin
➢ **paddelartige Flosse (z.B. Brustflosse der Delphine/Wale)**
flipper
➢ **Quastenflosse** lobe fin
➢ **Rückenflosse** dorsal fin
➢ **Ruderflosse/Ruder (Schwanzflosse der Wale)**
rudder
➢ **Schwanzflosse** tail fin, caudal fin
➢➢ **Schwanzruder/Fluke (Wale)**
tail fluke
➢ **Schwimmflosse (groß/fleischig)/ Paddel** flipper, fluke
➢ **Strahlenflosse** ray fin
Flösselhechte/ Flösselhechtverwandte/ Polypteriformes
bichirs & reedfishes and allies
Flößen/Treiben (Holztransport zu Wasser)
rafting (of timber/logs)
Flossenfüßer/Flügelschnecken/ Pteropoda pteropods
Flossenfüßer/Robben/Pinnipedia
marine carnivores (seals, sealions, walruses)
Flossenkammer (*Branchiostoma*)
fin box
flossenlos without fins, apterygial
Flossensaum
continuous fin, elongated fin
Flossenstrahl (aus Hautknochen)/ Dermotrichium dermotrichium
Flossenträger/Radius/Pterygophor
pterygiophore
Flottoblast (Bryozoen) floatoblast

Flotzmaul (Drüsenmaul der Boviden) muzzle (glandular muzzle of bovids)
Flucht flight, escape
➢ **wilde Flucht** rout, stampede
Fluchtdistanz escape distance
flüchtig volatile
➢ **leicht flüchtig (niedrig siedend)** highly volatile, light
➢ **nicht flüchtig** nonvolatile
➢ **schwerflüchtig (höhersiedend)** less volatile, heavy
Fluchtreaktion flight reaction, escape reaction
Flug flight
➢ **Abschlag** downstroke, downward stroke
➢ **Aufschlag** upstroke, upward stroke
➢ **Bolzenflug** bounding flight (intermittent flight)
➢ **Brautflug** nuptial flight
➢ **dynamischer Segelflug** dynamic soaring
➢ **Erholungsschlag** ***aer/orn*** recovery stroke
➢ **Fadenflug/ „Luftschiffen"/„Ballooning" (Spinnen: Altweibersommer)** ballooning
➢ **Formationsflug** formation flight
➢ **Geradeausflug** straight-in approach
➢ **Gleitflug** glide, gliding (flight)
➢ **Hangsegeln** slope soaring, ridge soaring
➢ **Kompensationsflug** ***entom*** compensation flight
➢ **Kraftflug** powered flight, propulsive flight
➢ **Kreisen** circling (flight)
➢ **Langstreckenflug** long distance flight
➢ **Orientierungsflug (junge Bienen)** orientation flight
➢ **Schlagflug (Flatterflug)** flapping flight
➢ **Schwirrflug/Schwebeflug (Kolibris: Rüttelflug)** hovering flight, hovering
➢ **Segelflug (*siehe auch dort*)** soaring (flight)
➢ **statischer Segelflug** static soaring
➢ **Steigflug** climb
➢ **Sturzflug** dive
➢ **Thermiksegelflug/Thermiksegeln** thermal soaring
➢ **Wanderflug** migratory flight
➢ **Wellenflug** undulating flight (intermittent flight)
➢ **Zielflug (Heimkehrvermögen/ Heimfindevermögen)** homing
Flugbahn flight path
Flugbalz aerial courtship
Flügel/Fittich/Schwinge wing; *bot* Ala (Fabaceen-Blüte) wing, ala
➢ **Afterflügel/Nebenflügel/ Daumenfittich/Alula/Ala spuria (Federngruppe an 1. Finger)** alula, spurious wing, bastard wing
Flügel-Flächen-Belastung wing loading
Flügelabschlag downstroke of wing, downward stroke of wing
Flügeladerung/Flügelnervatur wing venation
Flügelanlage/Flügelknospe wing bud
flügelartig/schwingenartig winglike, alar, alary
Flügelaufschlag upstroke of wing, upward stroke of wing
Flügelbasis wing base
Flügelbein/Pterygoid/ Os pterygoides pterygoid bone/process
Flügeldecke/Deckflügel/Elytre (Insekten) elytrum, elytron, wing case, wing sheath, wing cover
Flügeldreieck/Triangulum triangle, triangulum
Flügelfarngewächse/Schwertfarne/ Pteridaceae pteris family
Flügelfeld (Region) ***entom*** wing field, wing area
➢ **Analfeld/Vannus** anal field, anal area, vannal area, vannus
➢ **Costalfeld/Remigium** costal field, costal area
➢ **Jugalfeld/Jugum/Neala** jugal field, jugal area, jugal region, neala

Flügelfläche wing surface
flügelförmig wing-shaped, aliform
Flügelfrucht winged fruit
Flügelhäkchen/Frenalhäkchen/ Hamulus hamulus (*pl* hamuli)
Flügelkiemer/Pterobranchia pterobranchs
Flügelknospe wing bud
flügellos/ungeflügelt wingless, lacking wings, exalate, apterous, apteral, apterygial
Flügelmal/Pterostigma pterostigma
Flügelmembran (Pterosaurier) wing membrane
Flügelnervatur/Flügeladerung wing venation
Flügelnuss (Fruchtform) samara, key
Flügelnussgewächse/ Dipterocarpaceae meranti family, dipterocarpus family
Flügelpfeilung/Pfeilstellung ***aer*** sweepback
Flügelplatte (Neuralrohr) dorsal horn
Flügelprofil airfoil section, aerofoil section
Flügelrandmal/Pterostigma (Makel) pterostigma, stigma
Flügelscheide (sich entwickelnder Flügel) wing pad, wing sheath
Flügelschlag wingbeat
Flügelschnecken/Flossenfüßer/ Pteropoda pteropods
Flügelschüppchen/ Jugum/Antitegula jugum
Flügelschuppe/Tegula wing scale, tegula
Flügelspannweite wingspread, wingspan
Flügelspitze wing tip
Flügelstreckung aspect ratio
Flügelstummel (Larve: sich entwickelnder Flügel) wing pad
Flügelviereck/Quadrangulum quadrangle
Flügelzelle ***entom*** wing cell
Flugfeder remex (*pl* remiges)
flügge (flugfähig) fully fledged, full-fledged (able to fly)
flügge werden fledge
Flughaut/Flatterhaut/Spannhaut/ Gleithaut/Patagium patagium
➢ **Fingerflughaut/Dactylopatagium** dactylopatagium
➢ **Schwanzflughaut/Uropatagium** uropatagium
➢ **Vorderflughaut/Propatagium** propatagium
Fluginsekten/ geflügelte Insekten/Pterygota winged insects, pterygote insects
Flugloch entrance (to hive/nest/shelter), entrance hole
Flugsand wind-borne sand
Flugsaurier/Pterosauria pterosaurs (extinct flying reptiles/ winged reptiles)
flugunfähig unable to fly, flightless
Flugunfähigkeit unableness to fly, flightlessness
Flugweite/Flugentfernung flight distance
Fluidität/Fließfähigkeit fluidity
Fluktuation fluctuation
➢ **gerichtete F.** steady drift
➢ **ungerichtete F.** random drift
Fluktuationsanalyse/Rauschanalyse fluctuation analysis, noise analysis
Fluktuationstest fluctuation test
Fluor (F) fluorine
Fluorchlorkohlenwasserstoffe (FCKW) chlorofluorocarbons, chlorofluorinated hydrocarbons (CFCs)
Fluoreszenz fluorescence
Fluoreszenz-in-situ-Hybridisation (FISH) fluorescence-in-situ-hybridization (FISH)
fluoreszenzaktivierter Zellsorter/ Zellsortierer fluorescence-activated cell sorter
fluoreszenzaktivierte Zellsortierung/ Zelltrennung fluorescence-activated cell sorting (FACS)
Fluoreszenzerholung nach Lichtbleichung fluorescence photobleaching recovery, fluorescence recovery after photobleaching (FRAP)

Fluoreszenzlöschung
fluorescence quenching
fluoreszieren fluoresce
fluoreszierend fluorescent
Fluoridierung fluoridation
fluorieren fluorinate
Fluorkohlenwasserstoffe (FKW)
fluorinated hydrocarbons (FHCs)
Flur (Feld)
field, plain, open fields;
meadowland, pasture
Flurbereinigung
reallocation of arable land,
consolidation of arable land
Flurenmuster/Pterylographie
pterylosis
Fluss (Licht/Energie) flux
➤ **diffuser Fluss** diffuse flux
Fluss (Volumen pro Zeit pro
Querschnitt) flux
Fluss ***geol*** river
Flussaue
riverine meadow, valley flat
Flussbett riverbed
Flussblindheit/Onchocercose
(*Onchocerca volvulus*)
river blindness
Flussebene fluvial plain
Flusseinzugsgebiet catchment area
flüssig fluid, liquid
Flüssigkeit fluid, liquid
➤ **Amnionflüssigkeit/Amnionwasser/**
Fruchtwasser amniotic fluid
➤ **Cölomflüssigkeit**
coelomic fluid, celomic fluid
➤ **Gehirn-Rückenmarks-Flüssigkeit/**
Liquor cerebrospinalis
cerebrospinal fluid (CSF)
➤ **Gelenkflüssigkeit/Gelenkschmiere/**
Synovialflüssigkeit
synovial fluid
➤ **Interstitialflüssigkeit/**
interstitielle Flüssigkeit
interstitial fluid (ISF), tissue fluid
➤ **Kammerflüssigkeit (Nautilus)**
cameral fluid
➤ **Körperflüssigkeit** body fluid
➤ **Magenflüssigkeit/Magensaft**
stomach juice, gastric juice
➤ **Newtonsche Flüssigkeit**
Newtonian fluid
➤ **nicht-Newtonsche Flüssigkeit**
non-Newtonian fluid
➤ **Samenflüssigkeit** ***zool***
seminal fluid
➤ **Zähflüssigkeit/**
Dickflüssigkeit/Viskosität
viscosity, viscousness
Flüssigkeitschromatographie
liquid chromatography (LC)
Flüssigmosaikmodell
fluid-mosaic model
Flusskrebse crayfishes, crawdads
Flussmarsch estuarine marsh
Flussmündung river mouth;
(Flussdelta/Ästuar) estuary
Flussniederung/Flusstal
river plain, river valley
Flussrate fluence
Flusstal/Flussniederung
river valley, river plain
Flussufer riverbank
Flut/Tide high tide, flood
fMet (*N*-Formylmethionin)
fMet (*N*-formyl methionine)
FMN (*F*lavin*m*ono*n*ucleotid)
FMN (***f***lavin ***m***ono***n***ucleotide)
Fohlen/Füllen foal
➤ **männliches Fohlen**
colt (under 4 years)
➤ **weibliches Fohlen**
filly (under 4 years)
Föhn ***meteo*** foehn, föhn
Föhre pine
Föhrengewächse/
Kieferngewächse/Tannenfamilie/
Pinaceae
pine family, fir family
fokusbildende Einheit
focus-forming unit (ffu)
Fokusbildung focus formation
Fokuskarte ***gen*** focus map
fokussieren focus, focussing
Folgeblatt/Laubblatt
foliage leaf; metaphyll
Folgemeristem
secondary meristem
Folgestrang ***gen*** lagging strand
folgsam/gelehrig docile
Folgsamkeit/
Gefügigkeit/Gelehrigkeit
docility

Follikel follicle
> **Graafscher Follikel/Graaf-Follikel/ Tertiärfollikel** Graafian follicle, vesicular ovarian follicle
> **Haarfollikel/Haarbalg** hair follicle
> **Lymphfollikel/Lymphknötchen** lymph follicle, lymph nodule
> **Milzfollikel/Milzknötchen/ Milzkörperchen/ Malpighi-Körperchen** splenic follicle, splenic corpuscle, splenic nodule, splenic node
> **Primärfollikel** primary follicle
> **Sekundärfollikel** secondary follicle
> **Tertiärfollikel/Graafscher Follikel/ Graaf-Follikel** Graafian follicle, vesicular ovarian follicle

Follikulärorgan/Follikulärdrüse (Schenkeldrüse: Eidechsen) follicular gland (femoral gland)
Follitropin/follikelstimulierendes Hormon (FSH) follicle-stimulating hormone (FSH)
Folsäure (Folat)/ Pteroylglutaminsäure folic acid (folate), pteroylglutamic acid
Fontäne (Wale) spout
Fontanelle fontanel, fontanelle
Forensik/forensische Medizin/ Gerichtsmedizin/Rechtsmedizin forensics, forensic medicine
forensisch/gerichtsmedizinisch forensic
formale Genetik formal genetics
Formänderung/Verformung/ Deformation deformation
Formation formation
Formationsflug formation flight
Formbaum/Formstrauch (auch Zierschnitt) topiary
formkonstante Verhaltenselemente fixed action pattern
Formylmethionin formyl methionine
Forst/Kulturwald/Wirtschaftswald cultivated forest, tree plantation
Forstbaum forest tree
Forstbaumkunde silvics
Förster/Forstaufseher forester, forest ranger
Forstkultur (Pflanzung) forest plantation
Forstkultur/Waldbau silviculture
Forstkunde/Forstwissenschaft silviculture, forest science, science of forestry
Forstkundler/Forstwissenschaftler forest scientist, forestry scientist
Forstverwaltung forest administration, forest service
Forstwart forest warden, forest ranger, ranger
Forstwirtschaft woodland management, forest management, forest economy, forestry
Forstwissenschaft/Forstkunde silviculture, forest science, science of forestry
Fortbewegung/Bewegung/ Lokomotion movement, motion, locomotion
fortleiten/weiterleiten (Nervenimpuls) propagate
Fortleitung/Weiterleitung (Nervenimpuls) propagation
fortpflanzen/vermehren/ reproduzieren propagate, reproduce
Fortpflanzung/Vermehrung/ Reproduktion propagation, reproduction
> **geschlechtliche/sexuelle F.** sexual reproduction
> **ungeschlechtliche/vegetative F.** asexual/vegetative reproduction

fortpflanzungsfähig/fruchtbar/fertil fertile
Fortpflanzungsfähigkeit/ Fruchtbarkeit/Fertilität fertility
Fortpflanzungsorgane (Gesamtheit) reproductive system
Fortpflanzungsrate reproductive rate
Fortpflanzungsverhalten reproductive behavior
Fortpflanzungszelle reproductive cell
Fortpflanzungszyklus reproductive cycle
Fortsatz (Nerven) process

fortwachsend/weiterwachsend accrescent
Fossil (*pl* Fossilien) fossil
➤ **lebendes Fossil** living fossil
➤ **Leitfossil/Faziesfossil** index fossil, zone fossil, zonal fossil
➤ **Spurenfossil/Ichnofossil** trace fossil, ichnofossil
➤ **Übergangsfossil** transitional fossil
fossile Überreste fossil remains
fossile(r) Brennstoff(e) fossil fuel(s)
fossilienführend/ Fossilien enthaltend (Erdschichten) fossiliferous
Fossilisationslehre/Taphonomie taphonomy
fossilisieren/versteinern fossilize
fossilisiert/versteinert fossilized
Fossilisierung/Versteinerung fossilization
fötal/fetal fetal
Fötus/Fet fetus
Fouquieriaceae/Ocotillogewächse ocotillo family
Fracht (Flüssigkeit/Abwasser) load, freight
fragiles X-Chromosom (Syndrom) fragile X chromosome (syndrome)
Fraktion fraction
fraktionieren fractionate
Fraktioniersäule *lab* fractionating column
Fraktionierung fractionation
Fraktionssammler *lab* fraction collector
Frankeniaceae/Frankeniengewächse/ Nelkenheidegewächse sea heath family, alkali-heath family
fransenartig fimbriate
Fransenflügler/Blasenfüße/ Thripse/Thysanoptera thrips
fransenspaltig/fimbricid/frimbrizid fimbricidal
fransig frayed, fringed, fimbriate(d)
fräsen (Holz) mill, shape
Fraß/Fressen feed (*anthrop* often *sensu* junk food)
Fraß (Insektenfäkalien in Bohrgängen von Holz) insect frass (feces)
Fraßgang burrow
Fraßhemmer/ fraßverhinderndes Mittel antifeeding agent, antifeeding compound, feeding deterrent
Fraßnahrungskette/ Abweide-Nahrungskette grazing food chain
Fraßschaden feeding damage, browsing damage (injury)
Frauenfarngewächse/Athyriaceae lady fern family
Frauenhaarfarngewächse/ Haarfarne/Adiantaceae adiantum family, maidenhair fern family
frei schwebend free-floating, pendulous
Freiblättler/Wulstlinge/Amanitaceae Amanita family
freiblättrig (Fruchtblatt) apocarpous
freie Wildbahn in the wild, free-ranging
freie Zone (Radnetz) *arach* free zone
Freiheitsgrad *stat* degree of freedom (df)
freikronblättrig/freiblumenblättrig/ getrenntblumenblättrig dialypetalous, choripetalous, apopetalous, polypetalous, with free petals
Freiland range, field, outdoors; (z.B. eines Bot. Garten) grounds
Freilanduntersuchung/ Freilandversuch/ vor-Ort-Untersuchung/Feldversuch field study, field investigation, field trial
freilaufend (Geflügel etc.) running free, free-running/-ranging
freilaufender Rhythmus free-running rhythm
freilebend free-living
freisetzen *vb* release; secrete
Freisetzung *n* release; (Sekretion) secretion
Freisetzungsexperiment deliberate release experiment, environmental release experiment
Freisetzungsfaktor release factor

Freisetzungshormon/ Freisetzungsfaktor/ freisetzendes Hormon/ freisetzender Faktor releasing hormone, release hormone, releasing factor, release factor
➢ **Gonadoliberin/Gonadotropin-Freisetzungshormon** gonadoliberin, gonadotropin releasing hormone/factor (GnRH/GnRF)
➢ **Corticoliberin/Kortikoliberin/ Corticotropin-Freisetzungshormon/ corticotropes Releasing-Hormon** corticoliberin, corticotropin-releasing hormone, corticotropin-releasing factor (CRH/CRF)
➢ **Prolaktoliberin/ Prolaktin-Freisetzungshormon** prolactoliberin, prolactin releasing hormone, prolactin releasing factor (PRH/PRF)
➢ **Somatoliberin/Somatotropin-Freisetzungshormon** somatoliberin, somatotropin release-hormone, somatotropin releasing factor (SRF), growth hormone release hormone/factor (GRH/GRF)
➢ **Thyroliberin/Thyreotropin-Freisetzungshormon (TRH/TRF)** thyroliberin, thyreotropin releasing hormone/factor (TRH/TRF)

Freiwasserzone/ Pelagial/pelagische Zone pelagial zone

freiwillig/aus freier Entscheidung voluntary, at free will

freiwilliger Induktor (Transkription) ***gen*** gratuitous inducer

fremd foreign; (Gesellschaftstreue) strange

Fremd-DNA foreign DNA

Fremdaufzucht cross-fostering

Fremdbefruchtung/ Kreuzbefruchtung/Allogamie cross-fertilization, allogamy, xenogamy

Fremdbestäubung/Kreuzbestäubung cross-pollination

Fremdgen heterologous gene, foreign gene

Fremdpaarung disassortive mating

Fremdputzen (z.B. Fell bei Säugern) allogrooming
➢ **Gefiederkraulen *orn*** allopreening

Fremdtransplantat/Xenotransplantat xenograft

Frequenz/Häufigkeit frequency

frequenzabhängige Fitness frequency-dependent fitness

Fressbauten/Fodinichnia *paleo* feeding burrows

fressen feed (on something), ingest (etwas zu sich nehmen)

Fressfeind/Räuber/Raubfeind/ Raubtier/Jäger/Prädator predator, predatory animal (enemy)

Fressgewohnheiten feeding habits

Fresspolyp/Nährtier/ Gasterozoid/Gastrozooid/ Autozooid/Trophozoid feeding/nutritive polyp, gastrozooid, trophozooid

Fresssucht/Esssucht/Gefräßigkeit/ Hyperphagie hyperphagia

Freundsches Adjuvans Freund's adjuvant

Frischgewicht (*sensu stricto*: Frischmasse) fresh weight (*sensu stricto*: fresh mass)

Frischling young wild pig/swine/hog (1. year)

Fritte *lab* frit

Front *meteo* front
➢ **Kaltfront** cold front
➢ **Okklusion** occlusion, occluded front
➢ **stationäre Front** stationary front
➢ **Warmfront** warm front

Frontaldrüse/Kopfdrüse/Stirndrüse cephalic gland, frontal gland

Frontalmembran (Bryozoen) frontal membrane

Frontalmoräne/Stirnmoräne terminal moraine

froschartig ranine, froglike; raniform

Froschbissgewächse/ Hydrocharitaceae frog-bit family, tape-grass family, elodea family

Froschfische/Batrachoidiformes
toadfishes
Froschlöffelgewächse/Alismataceae
water-plantain family,
arrowhead family
Froschlurche (Frösche und Kröten)/ Salientia/Anura
frogs and toads, anurans
Frost frost, rime frost, white frost
➢ **Advektionsfrost/ Advektionskälte**
advective frost, advective chill
➢ **Bodenfrost** ground frost
➢ **Dauerfrost/Permafrost**
permafrost
➢ **Raufrost/Raureif/Reif (fein/flockig)**
hoarfrost, white frost
➢ **Windfrost** wind frost
frostbeständig/frostresistent
frost-resistant, frost hardy
Frostbrand
frost blight, nip, winter burn
frösteln/vor Kälte zittern shiver
frostempfindlich
frost-tender, susceptible to frost
Frosthärte/Frostbeständigkeit
frost hardiness
Frosthärtung frost hardening
Frostkeimer
germinating after freezing,
frost germinator
Frostloch frost pocket
frostresistent/frostbeständig
frost-resistant
Frostriss frost crack,
trunk splitting due to frost
Frostschaden/Frostschädigung
frost damage, frost injury,
freezing injury
Frostschütte (Blattabwurf) ***bot/for***
leaf cast (abscission of leaves)
due to frost
Frostschutzberegnung
frost-protective irrigation
Frostschutzmittel cryoprotectant
frostsicher frost-proof
Frosttrocknis
frost drought damage,
frost desiccation damage,
winter desiccation damage
Frostverträglichkeit frost tolerance

Frucht fruit
➢ **Achäne (einblättrige)**
achene, akene
➢ **Achäne (zweiblättrige) (Asteraceen)**
cypsela, bicarpellary achene
➢ **Apfelfrucht/Pomum**
pome, core-fruit
➢ **Balg/Balgfrucht/Follikel**
follicle
➢ **Beere** berry
➢ **Beerenverband/Beerenfruchtstand**
sorosis, fleshy multiple fruit
➢ **Bruchfrucht/Gliederhülse/ Gliederfrucht/Klausenfrucht**
loment, lomentum,
lomentaceous fruit, jointed fruit
➢ **Bruchkapsel** septicidal capsule
➢ **Deckelkapsel** lid capsule,
circumscissile capsule,
pyxis, pyxidium
➢ **Einblattfrucht**
simple fruit, apocarpous fruit,
unicarpellary fruit,
monocarpellate fruit
➢ **Einzelfrucht** simple fruit
➢ **Explodierfrucht** explosive fruit
➢ **Explodierkapsel/ Explosionskapsel (Springkapsel)**
explosive capsule
➢ **Flügelfrucht** winged fruit
➢ **Flügelnuss** samara, key
➢ **Gliederfrucht/Gliederhülse/ Klausenfrucht/Bruchfrucht**
loment, lomentum, jointed fruit
➢ **Gliederschote** lomentose siliqua
➢ **Gurkenfrucht/Kürbisfrucht/ Panzerbeere** pepo, gourd
➢ **Hackfrucht** root crop
➢ **Halmfrucht (Getreide)** cereal
➢ **Haselnussfrucht** filbert
➢ **Hesperidium/Citrusfrucht/ Zitrusfrucht (eine Panzerbeere)**
hesperidium
➢ **Hüllfrucht/Cystokarp**
cystocarp, cystocarpium
➢ **Hülse** legume, pod
➢ **Kapsel** capsule (*siehe auch dort*)
➢ **Karyopse/Caryopse/ „Kernfrucht"/Kornfrucht**
caryopsis, grain

- **Katapultfrucht/Katapultkapsel** catapult fruit, catapult capsule
- **Klause** cell, mericarpic nutlet (one-seeded segment/fruitlet of loment)
- **Klausenfrucht/Gliederfrucht/ Gliederhülse/Bruchfrucht** loment, lomentum, jointed fruit
- **Klettenfrucht/Klettenfrucht** bur, burr, burry fruit
- **Kornfrucht/Caryopse/Karyopse/ „Kernfrucht“ (Grasfrucht)** caryopsis, grain
- **Kürbisfrucht/Gurkenfrucht (eine Panzerbeere)** pepo, gourd
- **Lochkapsel/Löcherkapsel/ Porenkapsel/porizide Kapsel** poricidal capsule, porose capsule
- **Merikarp (*pl* Merkarpien)/ Teilfrucht** mericarp
- **Nuss** nut
- **Nüsschen** nutlet, nucule
- **Öffnungsfrucht/ Streufrucht/Springfrucht** dehiscent fruit
- **Panzerbeere (Hesperidium und Kürbisfrucht, *siehe dort*)** berry with hard rind (hesperidium and pepo/gourd)
- **Saftfrucht** fleshy fruit
- **Sammelfrucht** aggregate fruit, composite fruit
- **Scheinfrucht** pseudocarp, pseudofruit, false fruit, spurious fruit
- **Schizokarp/Spaltfrucht** schizocarp, schizocarpium
- **Schlauchfrucht/Utriculus** utricle, utriculus
- **Schleuderfrucht/ ballistische Frucht** ballistic fruit, ballist
- **Schleuderkapsel** ballistic capsule
- **Schließfrucht** indehiscent fruit
- **Schötchen** silicle
- **Schote** silique
- **Spaltfrucht/Schizokarp** schizocarp, schizocarpium
- **Spaltkapsel** longitudinally dehiscent capsule
  - **dorsicide/dorsizide** dorsicidal capsule
  - **loculicide/lokulizide/ fachspaltige Kapsel** loculicidal capsule
  - **septicide/septizide/ wandspaltige Kapsel** septicidal capsule
- **Springfrucht/Streufrucht/ Öffnungsfrucht** dehiscent fruit
- **Steinfrucht** stone, drupe, drupaceous fruit
- **Steinfruchtverband (Feige)** multiple drupe (fig: syconium)
- **Streufrucht/Springfrucht/ Öffnungsfrucht** dehiscent fruit
- **Syconium/Sykonium (Steinfruchtverband/Feigenfrucht)** syconium, syconus (a composite fruit: multiple drupe)
- **Teilfrucht/Karpidium/Karpid (ein ganzes Karpell)** fruitlet
- **Teilfrucht/Merikarp (Teil eines Karpells)** mericarp
- **Trockenfrucht** dry fruit
- **Zerfallfrucht** fissile fruit
- **Zitrusfrucht/Citrusfrucht/ Hesperidium (eine Panzerbeere)** hesperidium

fruchtbar/fertil fertile, fecund
- **unfruchtbar/steril** infertile, sterile

fruchtbar machen/befruchten fertilize, fecundate

Fruchtbarkeit/Fertilität fertility; (Fekundität) fecundity
- **Unfruchtbarkeit/Sterilität** infertility, sterility

Fruchtbecher/Cupula cupula, cupule

Fruchtbildung fructification

Fruchtblase/Fruchtwassersack/ Fruchtsack ***zool/embr*** amniotic sac, bag of waters

Fruchtblatt/Karpell/Carpell carpel
➢ **coeno-parakarp** paracarpous
➢ **angiokarp**
angiocarpic, angiocarpous
➢ **apokarp/chorikarp** apocarpous
➢ **chorikarp/apokarp** apocarpous
➢ **coenokarp/coeno-synkarp/synkarp**
syncarpous
➢ **freiblättrig** apocarpous
➢ **hemiangiokarp**
hemiangiocarpic, hemiangiocarpous
➢ **parakarp**
syncarpous without septa
➢ **pleurokarp/seitenfrüchtig**
pleurocarpic, pleurocarpous
➢ **synkarp** syncarpous
Früchtchen/Karpidium/Karpid
fruitlet
fruchten ***vb*** set fruit
Fruchten ***n*** fruitage
fruchtend/fruchttragend
fruiting, bearing fruit,
fructiferous
Fruchtfach locule
Fruchtfall fruit abscission, fruit drop
Fruchtfleisch fruit pulp
Fruchtfolge/Fruchtwechsel/
Anbaurotation
crop rotation
Fruchtform ***fung***
a developmental stage in fungi
➢ **Hauptfruchtform**
perfect stage, telomorphic stage
(sexual stage)
➢ **Nebenfruchtform**
imperfect stage, anamorphic stage
(asexual stage)
fruchtfressend/
frugivor/fruktivor/karpophag
fruit-eating, feeding on fruit,
frugivorous, carpophagous
Fruchtfresser/Frugivor/Fruktivor
frugivore, fructivore
Fruchtgeschmack fruity taste
Fruchthalter/Fruchtträger/Karpophor
carpophore, receptacle
Fruchthaut/Fruchtschicht/
Hymenium (Pilze) hymenium
Fruchtholz/Tragholz (Kurztrieb)
spur shoot, fruit-bearing bough
(short shoot)

Fruchtknoten/Ovar/Ovarium ovary
➢ **einfächerig** unilocular
➢ **zweifächerig** bilocular
➢ **mittelständig** perigynous
➢ **oberständig**
superior (hypogynous flower)
➢ **unterständig**
inferior (epigynous flower)
Fruchtknotenhöhle ovary cavity
Fruchtknotenhülle (Gräser)
perigynium
Fruchtknotenwand ovary wall
Fruchtkörper/Karposoma
fruiting body, fruitbody,
fructification, carposoma;
konsolenförmiger F. (Pilz) conk
(fruiting body of bracket fungus)
Fruchtkuchen ***bot/hort***
cluster base, knob, bourse
Fruchtlager/Fruchtschicht/Hymenium
hymenium
Fruchtmark/Obstpulpe (fruit) pulp
Fruchtmus fruit pulp
Fruchtrute (Beerensträucher)
floricane (second-year cane)
Fruchtsack perigynium
Fruchtschale fruit skin, peel
Fruchtschicht/Fruchthaut/Hymenium
hymenium
Fruchtstand/Fruchtverband
(Zönokarpium)
multiple fruit, infructescence
➢ **Beerenfruchtstand**
sorosis, fleshy multiple fruit
Fruchtstiel fruit stalk
Fruchtträger/Fruchthalter/Karpophor
carpophore, receptacle
Fruchtverband/Fruchtstand
multiple fruit, infructescence
Fruchtwand/
Fruchtknotenwand/Perikarp
fruit wall, ovary wall, pericarp
➢ **Endokarp**
(innere Fruchtwandschicht)
endocarp
➢ **Exokarp/Ektokarp**
(äußere Fruchtwandschicht)
exocarp, epicarp, ectocarp
➢ **Mesokarp**
(mittlere Fruchtwandschicht)
mesocarp

Fruchtwasser/ Amnionwasser/Amnionflüssigkeit amniotic fluid
Fruchtwasserpunktion/ Amniozentese/Amnionpunktion amniocentesis
Fruchtwasseruntersuchung analysis of amniotic fluid (for prenatal diagnosis)
Fruchtwechsel/Fruchtfolge/ Anbaurotation crop rotation
Fruchtzucker/Fruktose fruit sugar, fructose
Frühbeet/Anzuchtkasten (unbeheizt) cold frame
Frühbeet/Mistbeet/Treibbeet (beheizt) forcing bed, hotbed
frühblühend (vor der Beblätterung) precocious (flowering before leaf formation)
Frühblüher early bloomer
frühes Gen early gene
Frühgeburt premature birth
Frühholz/Weitholz/Frühlingsholz earlywood, springwood
Frühjahrszirkulation ***limn*** spring overturn
Frühling/Frühjahr spring, springtime
Frühlingsblumen spring flowers
Frühprotein ***micb/vir*** early protein
Frühsommer-Meningoenzephalitis (FSME) tick-borne encephalitis (TBE), Central European encephalitis (CEE), Russian spring-summer encephalitis (RSSE)
frühsommerlich estival, aestival
Fruktifikation/Fruchtkörper fructification, fruit body, fruiting body
Fruktose/Fructose (Fruchtzucker) fructose (fruit sugar)
Fuchsschwanzgewächse/ Amarantgewächse/Amaranthaceae cockscomb family, pigweed family, amaranth family
Fuge/Haft/Füllgelenk/Synarthrose synarthrodial joint, synarthrosis
Fuge/Naht/Verwachsungslinie seam, suture, raphe
fühlen feel, sense

Fühler/Antenne antenna
> **blätterförmig/lamellenartig** lamellate antenna
> **borstenartig** bristlelike antenna, setaceous antenna
> **fächrig/gefächerter Fühler/ Fächerfühler** fan-shaped antenna, flabelliform/flabellate antenna
> **fadenförmig/Fadenfühler** threadlike/hairlike antenna, filiform antenna
> **gekämmt** comblike antenna, pectinate antenna
> **gekeult/keulenförmig** clubbed antenna, clavate antenna
> **gekniet** elbowed antenna, geniculate antenna
> **gesägt** sawlike antenna, serrate antenna
> **grannenartig** aristate antenna
> **keulenförmig/gekeult** clubbed antenna, clavate antenna
> **kolbenförmig** capitate antenna
> **lamellenartig/blätterförmig** lamellate antenna
> **mit kurzen Fühlern** brachycerous, with short antennae
> **rosenkranzförmig/ Perlschnurfühler** moniliform antenna
> **stilettförmig** stylate antenna
> **Wendeglied/Pedicellus** (antennal) pedicel

Fühler/Sensor (*tech*: z.B. Temperaturfühler) sensor, detector
Fühler besitzend antennate
Fühlerfurche/Antennalfurche/ Fühlerrinne antennal sulcus
Fühlergeißel/Flagellum flagellum
Fühlergelenk articular pivot of antenna
Fühlergrube/Antennengrube/ Fossa antennalis antennal furrow
Fühlerkeule antennal club

Fühlerkranztiere/Kranzfühler/ Armfühler/Tentaculaten tentaculates (bryozoans/phoronids/brachiopods)
Fühleröffnung/Antennalforamen antennal aperture
Fühlerpfanne antennal socket
Fühlerringnaht/ Antennennaht/Antennalnaht antennal suture
Fühlerschaft/Scapus (antennal) scape
Fühlersegment/Antennensegment/ Antennalsegment/Antennomer antennal segment, antennomer
Fühlhaar/Reizhaar sensitive hair, trigger hair
Führer (Broschüre/Informationsschrift) guide, pamphlet, brochure
Führer (Führungsperson) guide, tour guide
Führung (z.B. Zoo/Gelände) guided tour
Fukose/Fucose/ 6-Desoxygalaktose fucose, 6-deoxygalactose
Füllen/Fohlen foal
➤ **männliches Füllen/Fohlen** colt (under 4 years)
➤ **weibliches Füllen/Fohlen/ Stutenfohlen** filly (under 4 years)
Füllstoff filler
Fumariaceae/Erdrauchgewächse bleeding heart family, fumitory family
Fumarsäure (Fumarat) fumaric acid (fumarate)
Fundort/Lage site, location
Fundusdrüse fundus gland
fünfblättrig gefiedert quinquefoliolate
fünffingerig/fünffingrig/ fünfstrahlig/pentadaktyl (Fünfzahl von Fingern/Zehen) limb with five digits, pentadactyl (five-toed)
Fünffingerigkeit/Pentadaktylie pentadactylism
fünfstrahlig/fünfteilig/pentamer pentamerous
fünfteilig quinquepartite
fünfwertig pentavalent
Fünfzahl von Fingern und Zehen/ Pentadaktylie pentadactyly
fünfzählig pentameric
Fungi imperfecti/ unvollständige Pilze/ Deuteromyceten/ Deuteromycetes imperfect fungi, deuteromycetes
Fungizid fungicide
Funiculus/Nabelstrang funicle, funiculus, seed stalk, ovule stalk
Funktion function
➤ **Verteilungsfunktion** distribution function
➤ **Wahrscheinlichkeitsfunktion** likelihood function
funktionelle Gruppe functional group
Funktionseinheit/Modul module
Funktionsgewinnmutation gain of function mutation
funktionsgleich/analog analogous
Funktionskreis functional system, behavior system
Funktionsverlustmutation loss of function mutation
Furan furan
Furche/Rinne/Sulcus groove, furrow, sulcus
➤ **große Furche/große Rinne/ tiefe Rinne (DNA-Struktur)** major groove (DNA structure)
➤ **kleine Furche/kleine Rinne/ flache Rinne (DNA-Struktur)** minor groove (DNA structure)
furchen cleave; groove, striate, furrow, fissure
Furchenberieselung corrugation irrigation
Furchenbewässerung/ Grabenbewässerung furrow irrigation
Furchenfüßer/ Solenogastres/Neomeniomorpha solenogasters
furchig furrowed, grooved, fissured, sulcate

Furchung/Furchungsteilung/ Eifurchung cleavage; segmentation
- **äquale Furchung/ gleichmäßige Furchung** equal cleavage
- **äquatoriale Furchung/ Äquatorialfurchung** equatorial cleavage
- **bilaterale Furchung/ Bilateralfurchung** bilateral cleavage
- **determinative Furchung/ determinierte Furchung (nichtregulative)** determinate cleavage
- **diskoidale/discoidale/ scheibenförmige Furchung** discoidal cleavage
- **holoblastische/vollständige/ totale Furchung** holoblastic/complete cleavage
- **inäquale Furchung/ ungleichmäßige Furchung** unequal cleavage
- **Meridionalfurchung** meridional cleavage
- **meroblastische/unvollständige/ partielle Furchung** meroblastic/incomplete cleavage
- **nichtdeterminative Furchung (regulative)** indeterminate cleavage
- **Oberflächenfurchung/ oberflächliche Furchung/ superfizielle Furchung** superficial cleavage
- **Radialfurchung** radial cleavage
- **regulative Furchung (nichtdeterminativ)** regulative cleavage
- **Spiralfurchung** spiral cleavage
- **superfizielle Furchung/ oberflächliche Furchung/ Oberflächenfurchung** superficial cleavage
- **totale Furchung** total cleavage
- **unregelmäßige Furchung** irregular cleavage

Furchungshöhle/ primäre Leibeshöhle/Blastocöl/ Blastocoel/Blastula-Höhle segmentation cavity, blastocoel, blastocele

Furchungsteilung/Blastogenese blastogenesis

Furchungszelle/Blastomere blastomere

Furnier veneer

Fürsorge care, provisioning

fürsorglich caring, providing

Furunkel ***med/vet*** furuncle, boil

furunkulös/Furunkel... furuncular

Fusiforminitiale fusiform initial

Fusiformkambium/ Fusiformcambium fusiform cambium

Fusion fusion

Fusionsgen fusion gene

Fusionsprodukt (Fusion zweier Replikons) cointegrate structure (fusion of two replicons)

Fusionsprotein fusion protein

Fuß foot; (Haustorium) foot, haustorium; (Stativfuß) *micros* base, foot (supporting stand); (Arthropoden: Tarsus) tarsus
- **Afterfuß (letzter)/Nachschieber/ Postpes/Propodium anale (Raupen)** anal proleg, anal leg
- **Bauchfuß/Propes/Pes spurius (larvales Abdominalbein)** proleg, ventral proleg
- **Begattungsfuß/Genitalfuß/ Gonopodium** gonopodium, gonopod
- **Brustfuß/Brustbein/Thorakalfuß/ Thorakalbein** thoracic leg
- **Brustfuß (an Pereion)** pereiopod, walking leg (attached to pereion)
- **Fiederfuß** pinnate appendage, pinnate leg
- **Genitalfuß/Begattungsfuß/ Gonopodium** gonopod, gonopodium
- **Greiffuß** grasping foot
- **Greiffuß/Fang (Raubvogel)** raptorial claw

➢ **Kieferfuß/Maxilliped/ Maxillarfuß/Pes maxilliaris** maxilliped, maxillipede, gnathopodite, jaw-foot, foot-jaw
➢ **Klammerfuß/ Pes semicoronatus** (Bauchfüße der Larven: Großschmetterlinge) proleg with crochets on planta in a row
➢ **Kletterfuß** climbing foot
➢ **Kopffuß/Cephalopodium (Mollusken)** head-foot
➢ **Kranzfuß/Pes coronatus** (Bauchfüße der Larven: Kleinschmetterlinge) proleg with crochets on planta in a circle
➢ **Kriechfuß (Mollusken)** creeping foot
➢ **kurzfüßig/mit kurzem Fuß** brachypodous, with short legs
➢ **Maxillarfuß/Maxillipes/ Kieferfuß/Pes maxilliaris** maxilliped, maxillipede, gnathopodite, jaw-foot, foot-jaw
➢ **Mittelfuß/Metatarsus** metatarsal
➢ **Rankenfuß (Thoracopod der Cirripedier)** cirrus, feeding leg
➢ **Scherenfuß** cheliped
➢ **Schreitfuß** wading foot
➢ **Schwimmfuß (z.B. Vögel)** webbed foot, swimming foot
➢ **Schwimmfuß/Schwimmbein/ Bauchfuß/Abdominalbein/ Pleopodium (Crustaceen)** swimmeret, pleopod
➢ **Spaltfuß/Spaltbein** branched appendage/leg
➢➢ **einfach gegabelter Spaltfuß** two-branched appendage, biramous appendage
➢ **Stummelfuß/Stummelbein** stubby leg
➢ **Thorakalfuß/Thorakopode/ Thoracopod/Thoraxbein/ Rumpfbein** thoracopod, thoracic leg

Fußabdruck footprint
Fußabdruckmethode footprinting
Fußangelnetz (mit Stolperfäden) ***arach*** space web (with barrier threads)
Füßchen (Ambulakralfüßchen) podium, tube-foot
Füßchenzelle/Podozyt/Podocyt podocyte
Fußdrüse/Klebdrüse (Rotatorien) pedal gland, adhesive gland, cement gland
fußförmig pedate
Fußgalle/Kreuzgalle/Sporn (Pferde) ergot
Fußgelenk ankle, ankle joint
Fußgelenksknochen/ Fußwurzelknochen/Tarsal ankle bone, tarsal
Fußgewölbe arch of foot
Fußknöchel/Malleolus malleolus
fußlos/beinlos/apod without feet, footless, apod, apodal
Fußretraktor pedal retractor muscle
Fußrolle/Hufrolle/ Bursa podotrochlearis navicular zone, semilunar zone, navicular bursa
Fußscheibe (z.B. Anthozoen) basal disk, pedal disk
Fußsohle/Planta (*auch*: Kriechsohle/Kriechfußsohle) foot sole, pedal sole, planta
Fußspinner/Tarsenspinner/ Embien/Embioptera webspinners, embiids
Fußwurzel/Tarsus tarsal, tarsus
Fußwurzelknochen/ Fußgelenksknochen/Tarsal ankle bone, tarsal
Futter feed; fodder
➢ **Grundfutter** basic feed
➢ **Grünfutter/Grünzeug** soilage, green forage, greenstuff, green fodder
➢ **Kraftfutter** concentrate feed, concentrate
➢ **Raufutter** roughage
➢ **Saftfutter** succulent feed

Futterbetteln *ethol* food begging
Futterbrei *agr* mash, crowdy;
(esp. for pigs) swill, slop
Futterdrüse/Honigdrüse/ Honigmagen/Kropf (Biene)
honey crop
Futterhorten *ethol* food hoarding
Futterlocken *ethol*
tidbitting, feeding lure
Futtermittel feeding stuffs, fodder
füttern *vb* feed
Füttern *n* feeding (allofeeding)
Futternapf
feeding dish, feeding bowl
Futterpflanze fodder;
forage plant, forage crop
Futterplatz
feeding grounds/area/place;
Futterraufe feeding rack
Futterstelle/Futterplatz
feeding grounds, feeding place, feeding area
Futtertrog feeding trough, manger
Fütterung feeding (zoo: feeding time)

Gabeladerung/Gabelnervatur/Fächeraderung dichotomous venation
Gabelbein/Furcula wishbone, united clavicles of birds, furcula, fourchette
Gabelblase/Stewart'sches Organ Stewart's organ
Gabelfarngewächse/Gabelblattgewächse/Psilotaceae psilotum family, whisk ferns
gabeln (gegabelt) fork (forked/V-shaped)
Gabelschwanz forked tail, V-shaped tail
Gabelung (Forstbaum) forking of trunk (at midhight)
Gabelung/Gabelteilung/Dichotomie forking, bifurcation, dichotomy
Gagelgewächse/Myricaceae bog myrtle family, wax-myrtle family, sweet gale family, bayberry family
gähnen yawn
Gaia-Hypothese Gaia hypothesis
Galaktosämie galactosemia
Galaktosamin galactosamine
Galaktose galactose
Galakturonsäure galacturonic acid
Galerie/unterirdischer Gang/Stollen/Laufgang gallery
Galeriewald gallery forest, fringing forest
Gall.../gallenbewohnend gallicolous
Gallapfel gall apple
Galle/Gallflüssigkeit bile
Galle/Pflanzengalle/Cecidium gall, cecidium
- **Ananasgalle** pineapple gall
- **Bechergalle** button gall
- **Beutelgalle** pouch gall
- **Blattgalle** leaf gall
- **Blattrandgalle** fold gall
- **Blattstielgalle** petiolar gall
- **Eichenrose (*Andricus fecundator*)** artichoke gall
- **Eichenschwammgalle (*Biorhiza pallida*)** oak apple
- **Filzgalle** filz gall
- **Kegelgalle** cone gall
- **Knoppergalle** knopper gall
- **Linsengalle, große** button gall, spangle gall (oak)
- **Markgalle** medullar gall, mark gall
- **Pflanzengalle/Cecidium** gall, cecidium
- **Phytocecidium/von Pilzen hervorgerufene Galle** phytocecidium
- **Rollgalle** roll gall
- **Schlafapfel/Bedeguar (*Diplolepis rosae*)** pincushion gall, bedeguar
- **Schwammkugelgalle (*Andricus kollari*)** marble gall
- **Stengelgalle/Zweiggalle** twig gall
- **Tiergalle** zoocecidium
- **Umwallungsgalle** covering gall
- **Weidenrose** camellia gall
- **Wurzelgalle** root gall
- **Zoocecidium/von Tieren hervorgerufene Galle** zoocecidium

gallenbewohnend/Gall.../gallicol gallicolous
Gallenblase gall bladder
Gallenblüte (Feigen) gall flower
Gallengang bile duct
Gallenkunde/Lehre von den Gallen/Cecidologie cecidology
Gallensalze bile salts
Gallerreger (*sg & pl*) galler(s), gallmaker(s)
gallertartig/gelartig/gelatinös gelatinous, gel-like
Gallerte/Gelatine jelly, gelatin, gel
Gallertflechten gelatinous lichens
Gallertgeißel/Pseudocilie pseudocilium (*pl* pseudocilia)
Gallertkuppe/Cupula cupule, cupula
Gallertpilze/Zitterpilze/Tremellales jelly fungi
gallerzeugende Tiere/Cecidozoen cecidozoa
Gallussäure gallic acid
Galopp (Sprunglauf) gallop (fast three-beat gait)
- **Kanter/leichter Galopp** canter, Canterbury gallop, slow gallop
- **Kreuzgalopp** disunited canter

galoppieren gallop
Gamet/Keimzelle/Geschlechtszelle gamete, sex cell
Gametangienträger/ Gametangienstand gametophore
Gametocyst/Gametozyst gametocyst
Gametocyt/Gametozyt gametocyte
Gametogamie/Syngamie gametogamy, syngamy
Gametogonie/Gamogonie gametogony, gamogony
Gametophor gametophore
Gametophyt gametophyte
Gammakörper gamma particle
Ganasche (Pferd) lower jaw
Gang (unterirdischer)/Stollen/ Laufgang/Galerie gallery
Gang/Grabgang/Fraßgang/Tunnel tunnel, gallery, burrow
Gang/Gangart gait, pace
> **aufrechter Gang/aufrechte Gangart** upright gait (erect), orthograde gait
> **Diagonalgang/Kreuzgang** diagonal gait
> **Faustgang (Handknöchel)** fist-walking
> **Galopp (Sprunglauf)** gallop (fast three-beat gait), run
> **Kanter** (leichter-mittelschneller/ alternierender Galopp) canter, Canterbury gallop, lope, slow gallop
> **Knöchelgang (Fußknöchel)** knuckle-walking
> **Kreuzgalopp** disunited canter
> **Pasos** paso
> **Passgang** pace
> **Schritt** walk
>> **Arbeitsschritt** working walk
>> **freier Schritt** free walk
>> **Mittelschritt** medium walk
>> **starker Schritt** extended walk
>> **versammelter Schritt** collected walk
> **Sohlengang/Plantigradie** plantigrade gait
> **Spreizgang** sprawling gait
> **Tölt (Pferde)** running walk
> **Trab** trot
> **Zehengang/Digitigradie** digitigrade gait
> **Zehenspitzengang/ Hufgang/Unguligradie** unguligrade gait

Ganghöhe (*DNA-Helix:* Anzahl Basenpaare pro Windung) pitch (DNA: helix periodicity)
Ganglion/Nervenknoten ganglion (*see also dictionaries of medicine and veterinary science*)
> **Basalganglion/Stammganglion/ Corpus striatum** basal ganglion, cerebral nucleus
> **Bauchnervenknoten/ Ventralganglion** ventral ganglion
> **Cerebralganglion** cerebral ganglion
> **Oberschlundganglion/ Supraösophagealganglion/ „Gehirn"** supraesophageal ganglion, "brain"
> **Pedalganglion** pedal ganglion
> **Spinalganglion** spinal ganglion
> **Unterschlundganglion/ Subösophagealganglion** subesophageal ganglion
> **Ventralganglion/ Bauchnervenknoten** ventral ganglion
> **Viszeralganglion** visceral ganglion
> **Zerebralganglion** cerebral ganglion

ganglionär ganglionic
Gangliosid ganglioside
Gangunterschied ***opt*** path difference
Ganoidschuppe/Schmelzschuppe ganoid scale
Ganoin ganoine
Gänsefußgewächse/Chenopodiaceae goosefoot family
Gänsehaut gooseflesh, goose pimples, goose bumps
Gänserich/Ganter gander
Gänsevögel/Entenvögel/ Anseriformes waterfowl (ducks/geese/swans)
Ganter/Gänserich gander
ganzrandig (Blatt) entire, simple

Ganzzellableitung ***neuro***
whole-cell recording
Gare (Boden) mellowness
gären/fermentieren ferment
➢ **obergärig** top fermenting
➢ **untergärig** bottom fermenting
Gärmittel/Gärstoff/Treibmittel
leavening
Garnelen/"Krabben"
shrimps (small), prawns (large)
Gärröhrchen/Einhorn-Kölbchen
fermentation tube
Garryaceae/ Becherkätzchengewächse
silk-tassel tree family, silktassel-bush family
Gärtassenreaktor tray reactor
Garten garden
➢ **Baumgarten** orchard
➢ **Botanischer Garten**
botanical garden(s), botanic garden(s)
➢ **Kräutergarten** herb garden
➢ **Pilzgarten** fungus garden
➢ **Schrebergarten**
allotment garden
➢ **Tiergarten/ Zoo/Zoologischer Garten**
zoo, zoological garden(s)
➢ **Ziergarten**
ornamental/amenity garden
Gartenbau
horticulture, gardening
Gartenbauausstellung
horticultural show/exhibit
Gartenlaube arbor, bowery
Gartenpflanze garden plant
Gartenschau/Blumenschau
horticultural show, flower show
Gartenschere
pruners, pruning shears; *Br* secateurs
Gärtner gardener, horticulturist; (Florist) florist
Gärtnerei nursery; garden/gardening market, horticulture shop
Gärtnereibedarf
gardening supplies, nursery supplies
gärtnern
work in a garden, tend a garden
Gärung/Fermentation
fermentation
➢ **obergärig** top fermenting
➢ **untergärig** bottom fermenting
Gasaustausch gas exchange, gaseous interchange, exchange of gases
Gasbehälter/Pneumatophor
float, air sac, pneumatophore
Gasdrüse gas gland
Gaskammer (Nautilus) gas chamber
Gaskieme (aquatische Insekten)
gaseous plastron
Gaskonstante gas constant
Gasmaske gas mask
Gast guest
➢ **echter Gast/Symphil** symphile
Gaster (Hymenoptera: geschwollener Teil des Abdomens) gaster
Gastpflege/Symphilie symphily
Gastraea-Theorie (Häckel)
gastrea theory
Gastralfilament gastric filament
Gastraltasche/Darmsack
gastric pouch
Gastricsin (Pepsin C)
gastricsin (pepsin C)
Gastrodermis-Kanal/Solenie
gastrodermal tube, solenia
gastrointestinal-inhibitorisches Peptid/ gastrisches Inhibitor-Peptid (GIP)/ glucoseabhängiges Insulin-releasing-Peptid
gastric inhibitory peptide (GIP), glucose-dependent insulin-release peptide
Gastrointestinaltrakt/ Magen-Darm-Trakt
gastrointestinal tract
Gastrolith/Magenstein/ Magensteinchen/Hummerstein
gastrolith
Gastrovaskularsystem
gastrovascular system
Gastrozooid/Gasterozoid/ Autozooid/Trophozoid/ Nährtier/Fresspolyp
gastrozooid, trophozooid, feeding/nutritive polyp
Gatter (Zaun: Weide) fence

Gattung genus (*pl* genera)
Gattungsname
genus name, generic name
Gaumen
palate, roof of the mouth (vertebrates), roof of the pharynx (insects)
➢ **harter Gaumen/Palatum durum**
hard palate
➢ **weicher Gaumen/ Palatum molle/Gaumensegel/ Velum/Velum palatinum**
soft palate, velum palatinum
Gaumenbein/Palatinum/ Os palatinum
palatine bone
Gaumenbogen palatal arch
Gaumenleiste/Ruga palatina
ridge of palate
Gaumenmandel/Tonsilla palatina
palatine tonsil
Gaumensegel/weicher Gaumen/ Velum/Velum palatinum
soft palate, palatal velum, velum, velum palatinum
Gaumenspalte palatine cleft
Gaumenzäpfchen
uvula, palatine uvula
Gauß-Kurve/Gaußsche Kurve ***stat***
Gaussian curve
Gauß-Verteilung/Normalverteilung/ Gaußsche Normalverteilung ***stat***
Gaussian distribution (Gaussian curve/normal probability curve)
Gaze gauze
geädert veined, venulous
Geäse ***hunt*** (Maul des wiederkäuenden Schalenwildes)
muzzle of ruminant hoofed game
Geäst ***bot/hort/for***
branches, boughs, branchwork
Gebälk (eine Holzkonstruktion aus Balken) rafters; framework, timberwork, timber construction
gebändert/breit gestreift
banded, fasciate
Gebärde/Geste/Haltung
gesture, posture
gebären/niederkommen/ Junge bekommen
give birth,
bear young, bear offspring
Gebären/Niederkunft
giving birth, delivery, parturition
Gebärmutter/Uterus uterus
Gebärmutter.../ die Gebärmutter betreffend/uterin
uterine
Gebärmutterhals/Zervix/Cervix
cervix
Gebärmuttermund/Muttermund
mouth/orifice of the uterus, orificium uteri
Gebärmutterwand/Uterusepithel/ Endometrium uteral lining, uteral epithelium, endometrium
gebärtet
bearded, barbate (having hair tufts)
Gebein/Knochengerüst
bones, skeleton
Gebeine/sterbliche Hülle corpse
Gebiet/Territorium territory
➢ **Verbreitungsgebiet**
geographic range, area of distribution
Gebietsassoziation
regional association
Gebirge mountains
gebirgig mountainous
Gebirgsbach mountain stream
Gebirgskamm
mountain crest, mountain ridge
Gebirgskette
mountain chain, mountain range
Gebirgspflanze/Bergpflanze/ Oreophyt/Orophyt
orophyte (subalpine plant)
Gebirgsstufe/subalpine Stufe
subalpine zone, subalpine region
Gebirgswald
mountain forest, montane forest
Gebiss dentition, teeth
➢ **akrodont/ auf der Kieferkante stehend (Teleostei/Echsen)** acrodont, attached to outer surface of bone/ summit of jaws (teleosts/lizards)
➢ **brachyodont/niedrigkronig**
brachydont, brachyodont, with low crowns
➢ **bunodont/rundhöckrig/ stumpfhöckrig** bunodont, with low crowns and cusps

➢ **Dauergebiss/bleibende Zähne/ Dentes permanentes** permanent dentition, permanent teeth
➢ **diphyodont (einmaliger Zahnwechsel)** diphyodont (with two sets of teeth)
➢ **gleichartig bezahnt/homodont** homodont, isodont
➢ **halbmondhöckrig/selenodont** crescentic, with crescent-shaped ridges, selenodont
➢ **heterodont/ungleichzähnig** heterodont, anisodont
➢ **hochkronig/ hypsodont/hypselodont** with high crowns, hypsodont, hypselodont
➢ **homodont/gleichartig bezahnt** homodont, isodont
➢ **hypsodont/hypselodont/ hochkronig** hypsodont, hypselodont (high crowns/short roots)
➢ **lophodont/mit Querjochen** lophodont, with transverse ridges
➢ **Milchgebiss/Milchzähne/ Dentes decidui** milk dentition, deciduous dentition
➢ **monophyodont** (einfaches Gebiss/ohne Zahnwechsel) monophyodont (only one set of teeth)
➢ **niedrigkronig/brachyodont** with low crowns, brachydont, brachyodont
➢ **pleurodont/an der Kieferinnenseite** pleurodont, attached to inside surface of jaws
➢ **plicodont** (mit gefalteten Zahnhöckern: Elefanten) plicodont
➢ **polyphyodont (mehrfacher Zahnwechsel)** polyphyodont
➢ **rundhöckrig/stumpfhöckrig/ bunodont** with low crowns and cusps, bunodont
➢ **selenodont/ halbmondhöckrig (Zahnhöcker)** selenodont, crescentic, with crescent-shaped ridges
➢ **stumpfhöckrig/rundhöckrig/ bunodont** with low crowns and cusps, bunodont
➢ **tetralophodont/ mit vier Querjochen** tetralophodont, with four transverse ridges
➢ **thekodont/ in Zahnfächern verankert** thecodont, teeth in sockets
➢ **triconodont/dreihöckrig (in einer Reihe)** triconodont (three crown prominences in a row)
➢ **ungleichzähnig/heterodont** heterodont, anisodont

Gebrech/Maul/Rüssel (Schwarzwild) ***hunt*** snout
gebuchtet/buchtig sinuate
gebündelt bundled, fasciculate
Geburt birth
➢ **Fehlgeburt/Abort/Abtreibung** abortion
➢ **Fehlgeburt/Spontanabort** miscarriage
➢ **Frühgeburt** premature birth
➢ **Mehrlingsgeburt** multiple birth
➢ **Nachwehen** afterpains
➢ **Totgeburt** stillbirth
➢ **Wehen** labor

Geburtenkontrolle birth control
Geburtenrate/Geburtenzahl/ Geburtsrate/Natalität birthrate, natality
➢ **Bruttogeburtenrate** crude birthrate

Geburtsfehler birth defect
Geburtsgewicht birth weight
Geburtshilfe obstetrics
Geburtsrate/Geburtenrate/ Geburtenzahl/Natalität birthrate, natality
Geburtsvorgang birthing process
Gebüsch bushes, shrubbery, thicket, underbrush (in forest)

Gedächtnis memory
Gedächtniszelle memory cell
Gedärme/Eingeweide/ Innereien/Viscera/Splancha intestines, entrails, innards, guts, viscera (Mensch: bowels, intestines, guts)
gedeihen/florieren thrive, flourish
Gedeihstörung failure to thrive
gedrängt (Blätter) crowded, tufted
gedreht (Torsion der Nervenstränge) torted
gedreht/verdreht/gewunden twisted, contorted
gefächert/fächerig/gekammert valvate, chambered
Gefahr/Risiko danger, hazard, risk, chance
> **biologische Gefahr/ biologisches Risiko** biohazard
Gefahr am Arbeitsplatz occupational hazard
gefährden endanger
gefährdet endangered
Gefährdung endangerment
Gefahrenbereich/Gefahrenzone danger area, danger zone
Gefahrencode/Gefahrenkennziffer hazard code
Gefahrenquelle hazard, source of danger
> **biologische G.** biohazard
Gefahrenstufe/Gefahrenklasse/ Risikostufe hazard class
Gefahrensymbol hazard icon
Gefahrenzone danger zone
Gefahrgut dangerous goods, hazardous materials
Gefahrgutbestimmungen hazardous materials regulations
gefährlich/riskant dangerous, hazardous, risky
Gefahrstoff dangerous substance, hazardous material
> **biologischer G.** biohazard
Gefälle/Gradient ***chem*** gradient
gefaltet folded, pleated, plicate
Gefänge (Geweih) antlers
gefangen captive; captured, caught; trapped
Gefangenschaft captivity
Gefäß vessel; (Behälter) container; (Trachee) trachea
> **Blutgefäß (Arterie/Vene)** blood vessel (artery/vein)
> **Engstellung der Gefäße/ Vasokonstriktion** vasoconstriction
> **Herzkranzgefäße** coronary blood vessels
> **Leitertrachee** ***bot*** scalariform vessel
> **Lymphgefäß** lymph vessel
Gefäßbündel/ Leitbündel/Leitbündelstrang ***bot*** vascular bundle, vascular strand
Gefäßerweiterung/Vasodilatation vasodilation
Gefäßhaut (Hirn: Pia mater) pia mater; (Auge) vascular layer
Gefäßpflanze vascular plant
Gefäßteil/Holzteil/Xylem xylem
gefenstert fenestrated
gefenstertes Blatt fenestrated leaf
Gefieder/Federkleid/Ptilosis plumage, ptilosis
> **Brutkleid/Hochzeitskleid** alternate plumage, breeding plumage, nuptial plumage, courtship plumage
> **Jugendkleid** juvenile plumage, juvenal plumage
> **Prachtkleid** display plumage, conspicuous plumage
> **Schlichtkleid/Ruhekleid** basic plumage, nonbreeding plumage; eclipse plumage, inconspicuous plumage (♂ ducks)
> **Tarnkleid/Tarntracht** camouflage plumage, cryptic plumage
> **Übergangskleid** transient plumage
Gefiederputzen/Gefiederkraulen ***allg*** preen; (gegenseitig) allopreening; (selbst) autopreening

Gefiedersträuben
plumage ruffling, feather ruffling
gefiedert (mit Federn) ***zool/orn***
feathered, plumed, with plumage
gefiedert/pennat/pinnat ***bot/zool***
pennate, pinnate
➢ **einfach gefiedert**
unipennate, unipinnate
➢ **paarig gefiedert**
equally pennate/pinnate,
even-pinnate, paripinnate
➢ **unpaarig gefiedert**
odd-pinnate, unequally pinnate,
imparipinnate (with single
terminal leaflet or tendril)
➢ **zweifach gefiedert/
doppelt gefiedert**
bipennate, bipinnate
Gefiederwechsel/Mausern ***orn***
molt, molting
gefingert fingered, digitate
Geflechtknochen/Faserknochen
fibrous bone
gefleckt spotted, mottled
Geflügel fowl
➢ **Hausgeflügel** poultry
geflügelt winged, alate
➢ **ungeflügelt** unwinged,
exalate, apterous, wingless
gefranst fimbriate(d), fringed
gefräßig voracious
Gefräßigkeit voracity
gefrierätzen freeze-etch
Gefrierätzung freeze-etching
➢ **Tiefenätzung** deep etching
Gefrierbruch ***micros*** freeze-fracture,
freeze-fracturing, cryofracture
gefrieren freeze
Gefrierfach freezer compartment
**Gefrierkonservierung/
Kryokonservierung**
freeze preservation, cryopreservation
Gefrierlagerung freeze storage
Gefriermikrotom
freezing microtome, cryomicrotome
Gefrierpunkt freezing point
Gefrierschnitt ***micros*** frozen section
Gefrierschutz cryoprotection
Gefrierschutzmittel cryoprotectant
gefriertrocknen/lyophilisieren
freeze-dry, lyophilize

Gefriertrocknung/Lyophilisierung
freeze-drying, lyophilization
Gefriertruhe freezer
Gefüge (Holz) texture
Gefühl feeling, sensation
gefurcht/gerieft ***allg***
furrowed, grooved, fissured, sulcate
gefurcht/gyrencephal ***neuro***
gyrencephalous, gyrencephalic
(convoluted surface)
➢ **ungefurcht/lissencephal** ***neuro***
lissencephalous
(no/few convolutions)
gegabelt forked, furcate (V-shaped)
➢ **einfach gegabelt/dichotom**
bifurcate, dichotomous
Gegenangriff counterattack
Gegenauslese/Gegenselektion
counterselection
gegenfärben ***micros*** counterstain
Gegenfärbung ***micros***
counterstain, counterstaining
Gegengift antidote, antitoxin,
antivenin (tierische Gifte)
Gegenkraft/Rückwirkungskraft
reactive force
Gegenschattierung countershading
gegenseitig mutual, mutualistic
Gegenseitigkeit/Mutualismus
mutualism
Gegenselektion/Gegenauslese
counterselection
**Gegensinn-Oligonucleotid/
Anti-Sinn-Oligonucleotid**
antisense oligonucleotide
**Gegensinn-RNA/Antisense-RNA/
Anti-Sinn-RNA** antisense RNA
**Gegensinntechnik/
Antisense-Technik/
Anti-Sinn-Technik** ***gen***
antisense technique
gegenständig/gegenüberliegend
opposite, opposing
➢ **gekreuzt-gegenständig/
kreuzgegenständig/dekussiert**
decussate, crossed
Gegenstrom countercurrent
Gegenstromextraktion
countercurrent extraction
Gegenstromverteilung
countercurrent distribution

Gegenwind head wind
gegliedert/unterteilt divided
gegliedert/mit Gelenk articulate
Gehäuse shell, case, casing
Gehege (Tiergehege/Wildgehege) enclosure (game preserve/game reserve)
gehen/laufen (zu Fuß fortbewegen) walk
Geheul howling
Gehirn brain (*siehe auch*: Hirn)
Gehirn-Rückenmarks-Flüssigkeit/ Liquor cerebrospinalis cerebrospinal fluid (CSF)
Gehirnhaut/Hirnhaut/ Meninx (*pl* Meninga) cerebral membrane, cerebral meninx (*pl* meninga)
Gehirnschädel/Hirnschädel/ Neurocranium neurocranium
Gehölz woody plant
Gehölzausläufer sucker, stolon, sobole
Gehölzkunde/Baumkunde/ Dendrologie dendrology
Gehölzschnitt pruning of woody plants
Gehör hearing; (Hörfähigkeit) sense of hearing
Gehörgang auditory canal, auditory meatus
Gehörknöchelchen auditory ossicle/ossiculum
Gehörn/Hörner horns; (Geweih) antlers
gehörnt horned
Gehörsinn hearing, sense of hearing
Gehörstein/Hörsteinchen/Otolith "ear bone", "ear stone", otolith
geifern (Speichelfluss) *zool* drivel, drool, dribble, slobber (saliva flow from mouth/jaw)
geigenförmig fiddle-shaped, panduriform
Geigenrochen/Rhinobatoidei guitarfishes
Geiger-Müller-Zähler Geiger-Müller counter
Geiger-Zähler Geiger counter
Geiltrieb/Wasserschoss *bot/hort* water sprout, water shoot
Geiß doe (goat doe: nanny, nanny goat)
Geißblattgewächse/Caprifoliaceae honeysuckle family
Geißel/Flagelle flagellum (*pl* flagella/flagellums)
➢ **Flimmergeißel/ pleuronematische Geißel** tinsel flagellum, flimmer flagellum, pleuronematic flagellum
➢ **Peitschengeißel/ akronematische Geißel** whiplash flagellum, acronematic flagellum
➢ **Schleppgeißel** trailing flagellum
➢ **Schubgeißel** pushing flagellum
➢ **Zuggeißel** pulling flagellum
Geißelantenne/Ringelantenne/ amyocerate Antenne amyocerate antenna (muscles only in base segment)
Geißelhärchen mastigonema
Geißelsäckchen/Ampulle/Schlund (Euglena) flagellar pocket, reservoir, anterior pocket
Geißelskorpione & Geißelspinnen/ Pedipalpi (Uropygi & Amblypygi) whipscorpions and tailless whipscorpions (*incl.* vinegarroons)
Geißeltierchen/Geißelträger/ Flagellaten/Mastigophora flagellates, mastigophorans
Geißfußpfropfung/ Geißfußveredelung (Triangulation) *hort* inlay grafting
Geitonogamie/Nachbarbestäubung geitonogamy (*sensu stricto*: geitonophily)
Geiz/Geiztrieb *hort* side shoot, lateral shoot, sucker
Geizen/Ausgeizen removal of side shoots/suckers
gekammert/gefächert/fächerig chambered, valvate
gekämmt/kammartig/kammförmig comblike, rakelike, ctenoid, pectinate, pectiniform
gekerbt/kerbig notched, nicked, crenate
gekielt keeled, having a keel, carinate
geklärtes Lysat cleared lysate

gekoppelt (koppeln)
coupled (couple), linked (link)
gekoppelte Reaktion
coupled reaction
gekreuzt-gegenständig/ kreuzgegenständig/dekussiert
decussate, crossed
Gekröse/Bauchfellfalte/Mesenterium
mesentery
Gekröse/Kutteln (Rind: Kaldaunen)
tripes
gekrümmt (Samenanlage)/ campylotrop/kampylotrop
campylotropous, bent
Gel gel
➢ **denaturierendes Gel**
denaturing gel
➢ **hochkant angeordnetes Plattengel**
slab gel
➢ **horizontal angeordnetes Plattengel**
flat bed gel, horizontal gel
➢ **natives Gel** native gel
➢ **Sammelgel** stacking gel
➢ **Trenngel**
running gel, separating gel
Gel-Sol-Übergang gel-sol-transition
Gelände land, tract of land, area, country, ground; (Terrain) terrain
➢ **hügeliges Gelände**
hilly terrain
➢ **offenes Gelände**
open country, open terrain
Geländeaufnahme
topographic survey
Geländekartierung
topographic mapping
Geländeübung field exercise
gelappt/lappig lobed, lobate
gelartig/gallertartig/gelatinös
gelatinous, gel-like
Gelatine gelatin, gelatine
gelber Fleck/Macula lutea (mit Fovea centralis)
yellow spot, macula lutea (with fovea centralis)
Gelbfieber (*Flavivirus*) yellow fever
Gelbgrünalgen/Xanthophyten/ Xanthophyta
yellow-green algae
Gelbkörper corpus luteum
Gelbreife (Getreide) yellow ripeness
Gelee jelly
Gelege/Eigelege
clutch (nest of eggs)
Gelegenheitsparasit/ fakultativer Parasit
facultative parasite
gelehrig/folgsam docile, obedient
Gelehrigkeit/Folgsamkeit
docility, obedience
Geleitzelle *bot* companion cell
Gelelektrophorese
gel electrophoresis
➢ **Feldinversions-Gelelektrophorese**
field inversion gel electrophoresis (FIGE)
➢ **Gradienten-Gelelektrophorese**
gradient gel electrophoresis
➢ **Pulsfeld-Gelelektrophorese**
pulsed field gel electrophoresis (PFGE)
➢ **Temperaturgradienten-Gelelektrophorese**
temperature gradient gel electrophoresis
➢ **Wechselfeld-Gelelektrophorese**
alternating field gel electrophoresis
Gelenk.../Glieder.../ mit Gelenk/gegliedert
jointed, hinged, articular
Gelenk/Verbindung/Angelpunkt
joint, hinge, articulation
➢ **Buggelenk** point of shoulder
➢ **Eigelenk/Ellipsoidgelenk**
ellipsoidal joint, condyloid joint
➢ **Ellenbogengelenk/ Articulatio cubiti**
cubital joint, cubital articulation
➢ **Fesselbeingelenk** pastern joint
➢ **Fesselgelenk (Pferd)/ Fesselkopf/Köte** fetlock
➢ **Fühlergelenk**
articular pivot of antenna
➢ **Fußgelenk** ankle
➢ **Gleitgelenk/ebenes Gelenk**
gliding joint, plane joint (arthrodia)
➢ **Handgelenk** wrist, wrist joint
➢ **Hufgelenk** coffin joint
➢ **Hüftgelenk** hip joint, coxal joint, femoral articulation;
hip joint, coxa (Arthropoden)

➢ **Kniegelenk**
knee joint; stifle (Pferd/Hund)
➢ **Krongelenk/Fesselbeingelenk**
pastern joint
➢ **Kugelgelenk/Nussgelenk/ Enarthrose/Articulatio cotylica**
ball-and-socket joint, spheroid joint, spheroidal joint, enarthrodial articulation, enarthrosis
➢ **mit Gelenk/gegliedert** articulate
➢ **Mittelfußgelenk (Vögel)** hock
➢ **Sattelgelenk**
saddle joint, sellaris joint
➢ **Scharniergelenk/Ginglymus**
hinge joint, ginglymus joint
➢ **Sprunggelenk**
ankle joint; hock (horse)
➢ **Wackelgelenk/Amphiarthrosis (straffes Gelenk)**
amphiarthrodial joint
➢ **Walzengelenk/ Articulatio bicondylaris**
condylar joint
➢ **Zapfengelenk/Radgelenk/ Drehgelenk/Articulatio trochoidea**
trochoid joint, pivot joint, rotary joint

Gelenkflüssigkeit/Gelenkschmiere/ Synovialflüssigkeit
synovial fluid
Gelenkfortsatz articular process
Gelenkhöcker/Epikondyle (*siehe auch:* Gelenkkopf) epicondyle
Gelenkhöhle joint cavity
gelenkig/gelenkartig verbunden
articulate, jointed
Gelenkkapsel
joint capsule, articular capsule
Gelenkknorpel articular cartilage
Gelenkkopf/Gelenkhöcker/ Capitulum/Kondyle/Condylus
rounded articular prominence/ eminence/extremity, capitulum, condyle
Gelenkpfanne/Gelenkgrube/ Acetabulum
articular socket, acetabulum
Gelenkschmiere/Gelenkflüssigkeit/ Synovialflüssigkeit
synovial fluid
Gelenkspalt joint cavity
Gelenkverbindung/Gelenk
articulation
Gelenkzelle/motorische Zelle/ Motorzelle (im Schwellkörper des Blattes)
bulliform cell, motor cell
Gelenkzwischenscheibe (Diskus)
joint disk, articular disk; (Meniskus) joint meniscus, articular meniscus
Gelfiltration/ Molekularsiebchromatographie/ Gelpermeations-Chromatographie
gel filtration, molecular sieving chromatography, gel permeation chromatography
gelieren *vb* gel
Gelieren *n* gelation
Geliermittel gelling agent
Gelierpunkt gelling point
gelöst (lösen) dissolved
gelöster Stoff solute
Gelpräzipitationstest/ Immunodiffusionstest
immunodiffusion (*siehe dort*)
Gelretardationsexperiment
mobility shift experiment
Gelretentionsanalyse
gel retention analysis, band shift assay
Gelretentionstest gel retention assay, electrophoretic mobility shift assay (EMSA)
gemähnt/mit einer Mähne maned
gemäßigt temperate, moderate
gemäßigte Zone
temperate zone, temperate region
gemein/gewöhnlich/einfach/normal
common, usual, normal
Gemeinsamkeit (Zusammensein)
togetherness
Gemeinschaft community, association
Gemeinschwämme/Demospongiae
demosponges
Gemenge/Mischung mixture
Gemischtgeschlechtigkeit/ Einhäusigkeit/Monözie
mon(o)ecy, monecism, monoecism
Gemüse vegetable
Gemüseanbau olericulture
Gemüsebeet (vegetable) patch

Gen gene
- **amplifiziertes Gen** amplified gene
- **Einzelkopie-Gen** single copy gene
- **extrachromosomales Gen** extrachromosomal gene
- **extranukleäres/ extranucleäres Gen** extranuclear gene
- **Fremdgen** heterologous gene, foreign gene
- **frühes Gen** early gene
- **gewebespezifisches Gen** tissue-specific gene
- **Haushaltsgen/Haushaltungsgen/ konstitutives Gen** housekeeping gene
- **Hitzeschockgen** heat shock gene
- **homöotisches Gen** homeotic gene
- **ineinandergesetzte Gene/ ineinandergeschachtelte Gene** nested genes
- **Kandidatengen** candidate gene
- **Meistergen** master gene
- **Minigen** minigene
- **Modifikationsgen** modifier gene
- **Mosaikgen/gestückeltes Gen/ diskontinuierliches Gen** mosaic gene, split gene, discontinuous gene
- **Regulationsgen** regulatory gene
- **Reportergen** reporter gene
- **Resistenzgen** resistance gene
- **Schaltergen** switch gene
- **spätes Gen** late gene
- **springendes Gen** jumping gene
- **Strukturgen** structural gene
- **stummes Gen** silent gene
- **Suppressorgen** suppressor gene
- **syngene Gene (Gene auf *einem* Chromosom)** syngenic genes
- **überlappende Gene** overlapping genes
- **unvollständig gekoppelte Gene** incompletely linked genes
- **Vererbungslinienbestimmung** gene tracking
- **zellspezifisches Gen** cell-specific gene

Gen-Farming gene farming
Gen-Knockout (Unterbrechung von Genen durch homologe Rekombination) gene knockout
Gen-Targeting/ Allelen-Austauschtechnik gene targeting, gene disruption, gene replacement
Gen-Verstärkung/Genamplifikation gene amplification
Genaktivierung gene activation
Genamplifikation gene amplification
Genaustausch gene exchange
Genbank/DNA-Bibliothek bank, clone bank, DNA-library
Gendiagnostik/ Bestimmung des Genotyps genetic diagnostics, genotyping
Gendosis gene dosage
Gendosiseffekt gene dosage effect
Gendrift/genetische Drift genetic drift
Genealogie/Stammbaumforschung/ Ahnenforschung/ Familienforschung genealogy
Genegoismus gene egoism
Generalist generalist
Generation generation
- **Elterngeneration** parental generation
- **Filialgeneration/Tochtergeneration** filial generation, daughter generation

Generationsdauer generation period
Generationswechsel alternation of generations
- **antithetischer/ heterophasischer Generationswechsel (Heterogenese)** antithetic theory, interpolation theory of alternation of generations
- **homologer Generationswechsel** homologous theory, transformation theory of alternation of generations

Generationszeit (Verdopplungszeit) generation time (doubling time)
Generatorpotenzial *neuro* generator potential

Genetik/Vererbungslehre
genetics (study of inheritance)
➢ **direkte Genetik** direct genetics
➢ **Entwicklungsgenetik**
developmental genetics
➢ **Eugenik/„Erbhygiene"**
eugenics, eugenetics
➢ **formale Genetik** formal genetics
➢ **Humangenetik** human genetics
➢ **Immungenetik** immunogenetics
➢ **klinische Genetik** clinical genetics
➢ **Molekulargenetik**
molecular genetics
➢ **Ökogenetik** ecogenetics
➢ **Pflanzengenetik**
plant genetics, phytogenetics
➢ **Phänogenetik** phenogenetics
➢ **Pharmakogenetik**
pharmacogenetics
➢ **Populationsgenetik**
population genetics
➢ **reverse Genetik** reverse genetics
➢ **Tiergenetik**
animal genetics, zoogenetics
➢ **Verhaltensgenetik**
behavior genetics
genetische Anfälligkeit
genetic susceptibility
genetische Belastung/
genetische Last/Erblast
genetic bond
genetische Beratung
genetic counsel(l)ing
genetische Bürde/
genetische Belastung/
genetische Last/Erblast
genetic load
genetische Dissektion
genetic dissection
genetische Fixierung
genetic fixation
genetische Immunisierung
genetic immunization
genetische Kolonisierung
genetic colonization
genetische Prädisposition
genetic predisposition
genetische Varianz genetic variation
genetischer Abstand
genetic distance
genetischer Code genetic code
genetischer Fingerabdruck/
DNA-Fingerprinting
DNA profiling, DNA fingerprinting
genetischer Hintergrund/
genotypischer Hintergrund
genetic background
genetischer Marker genetic marker
genetischer Suchtest
genetic screening
genetisches Risiko genetic risk
Genexpression gene expression
➢ **differenzielle Genexpression**
differential gene expression
Genexpressionskontrolle/
Kontrolle der Genexpression
control of gene expression
Genfamilie gene family
Genfluss/Genwanderung gene flow
Genfrequenz/Genhäufigkeit
gene frequency
Gengruppe/Gencluster gene cluster
Genhäufigkeit/Genfrequenz
gene frequency
Genick/Nacken
nape (back of the neck), nucha;
poll (crest/apex of skull: Hinterkopf)
genießbar/essbar
comestible, eatable, edible
➢ **ungenießbar/unessbar**
uneatable, inedible
genießbar/schmackhaft palatable
➢ **ungenießbar/nicht schmackhaft**
unpalatable
Genitalanlage genital primordium
Genitalfalte genital fold
Genitalfuß/Begattungsfuß/
Gonopodium gonopod, gonopodium
Genitalhöcker/Geschlechtshöcker/
Tuberculum genitale
genital tubercle
Genitalien/Geschlechtsteile/
Geschlechtsorgane
genitals, genitalia, genital organs,
sexual organs
Genitalleiste/Keimdrüsenleiste
genital ridge
Genitalplatte genital plate
Genitalporus/Genitalöffnung/
Geschlechtsöffnung/Gonopore
genital opening,
genital aperture, gonopore

Genitalpräsentieren *ethol*
genital display
Genitaltaster gonopalpon
Genkarte gene map, genetic map
Genkartierung
gene mapping, genetic mapping
Genklonierung gene cloning
Genkomplex gene complex
Genkonversion/Konversion/ Umwandlung/Übergang
(gene) conversion
Genkopplung gene linkage
Genkopplungskarte
gene linkage map, linkage map
Genlocus gene locus
Genmanipulation gene manipulation
➤ **Gentechnik/Gentechnologie**
genetic engineering,
gene technology
Genom genome
➤ **Kerngenom** nuclear genome
➤ **Menschliches Genomprojekt**
Human Genome Project (HUGO)
Genomanalyse genome analysis
Genomik genomics
genomische Bibliothek/ genomische Genbank
genomic library
genomische Prägung
genomic imprinting
genomische Sequenzierung
genomic sequencing
genomisches Blotting
genomic blotting
Genotyp/Genotypus genotype
➤ **diploid** diploid
➤ **dominant** dominant
➤ **haploid** haploid
➤ **hemizygot** hemizygous
➤ **heterozygot** heterozygous
➤ **homozygot** homozygous
➤ **rezessiv** recessive
Genpool gene pool
Genprodukt gene product
Genrückgewinnung
gene eviction, gene rescue
Gensuperfamilie gene superfamily
Gentechnik/Gentechnologie/ Genmanipulation
genetic engineering,
gene technology
gentechnisch verändert
genetically engineered
gentechnisch veränderter Organismus (GVO)
genetically engineered organism (GEO),
genetically modified organism (GMO)
Gentechnologie/Gentechnik/ Genmanipulation
gene technology, *sensu lato*:
genetic engineering (Gentechnik)
Gentherapie
gene therapy, gene surgery
➤ **Keimbahngentherapie**
germ line gene therapy
➤ **somatische Gentherapie**
somatic gene therapy
Gentianaceae/Enziangewächse
gentian family
Gentisinsäure gentisic acid
Genträger gene carrier
Gentransfer/Genübertragung
gene transfer
Geobotanik/Pflanzengeographie
geobotany, plant geography,
plant biogeography,
phytogeography
Geocline geocline, geographical cline
geogen geogenous
Geographie/Geografie/Erdkunde
geography
➤ **Humangeographie**
human geography
➤ **Pflanzengeographie/Geobotanik**
plant geography, plant biogeography,
phytogeography, geobotany
➤ **Physische Geographie**
physical geography
➤ **Sozialgeographie**
social geography
➤ **Tiergeographie/Zoogeographie**
zoogeography
geöhrt auriculate, eared, ear-like
Geologie (Erdgeschichte)
geology (Earth science)
Geonastie geonasty
Geoökologie geo-ecology
geophag/Erde essend geophagous
Geophagie/Erdeessen
geophagy, geophagism

geophil
geophilous (living in/on soil)
Geophyt/Erdpflanze/Cryptophyt/ Kryptophyt/Staudengewächs
geophyte, geocryptophyte, *sensu lato* cryptophyte
geotaktisch geotactic
Geotaxis (*pl* Geotaxien)
geotaxis (*pl* geotaxes)
gepanzert armored, thecate
gepökelt/eingesalzen
corned (corned beef: gepökeltes Rindfleisch)
gepunktet punctuated
Geradflügler/Orthoptera orthopterans
geradläufig (Samenanlage) *bot*
atropous, orthotropous, orthotropic
Geraniengewächse/ Storchschnabelgewächse/ Geraniaceae
geranium family, cranesbill family
Geraniumsäure geranic acid
Geranylacetat geranyl acetate
Geräusch sound, noise
gerben tan
Gerben tanning
Gerberstrauchgewächse/ Gerbersträucher/Coriariaceae
coriaria family
Gerbsäure (Tannat)
tannic acid (tannate)
gerbsäurehaltig/gerbstoffhaltig
tanniferous
Gerbstoff tanning agent, tannin
gerichtete Fluktuation steady drift
gerichtete Mutagenese
directed mutagenesis
Gerichtsmedizin/Rechtsmedizin/ Forensik/forensische Medizin
forensics, forensic medicine
gerinnen/koagulieren
set; curdle, coagulate; (Milch) curdle; (Blut) clot
Gerinnsel (z.B. Blut)
clot (e.g., blood clot)
Gerinnung clotting
Gerinnungsfaktor clotting factor
➤ **Blutgerinnungsfaktor**
blood clotting factor
Gerippe/Skelett/Knochengerüst
skeleton

Germergewächse/ Schwarzblütengewächse/ Melanthiaceae
false hellebore family, death camas family
Geröll *geol*
rock debris (rounded by erosion), loose stones (of various size)
Geröllhalde *geol* scree, talus (slope)
Geruch *allg* smell, scent, odor
➤ **angenehmer Geruch/Duft**
pleasant smell, fragrance, scent, odor
➤ **stechender Geruch** pungency
➤ **unangenehmer Geruch**
unpleasant smell
Geruchsfährte/Geruchsspur
odor trail
Geruchssinn/olfaktorischer Sinn
olfactory sense
Geruchsstoff (angenehmer G.)
fragrance, perfume (stronger scent); (unangenehmer/abweisender G.) repugnant substance
Gerüst scaffolding, framework, stroma, reticulum; *arach* (Netz) scaffolding
Gerüsteiweiß/Stützeiweiß
structural protein, fibrous protein
Gerüstnetz (Theridiiden) *arach*
scaffold web
Gerüstregion (von Immunglobulinen)
framework region (of immunoglobulins)
Gerüstschnitt (Baumschnitt)
frameworking
gesägt
serrate, serrated, sawed, saw-edged
➤ **fein gesägt**
serrulate, finely serrate, finely notched
Gesamtbiomasse total biomass
Gesamteignung inclusive fitness
Gesamtkeimzahl *micb*
total germ count, total cell count
Gesamtpopulation
total population
Gesamtvergrößerung *micros*
total magnification, overall magnification

Gesang ***orn*** **(Vogelgesang)**
singing, song (*siehe auch*: Lied)
> **Balzgesang**
courtship song, mating song
> **Dichten/Jugendgesang (Jungvögel)** subsong
> **Duettgesang/Paargesang**
duetting, countersinging
> **Element** element, phrase element
> **Fluggesang** flight song
> **Lied** song
> **Lockgesang**
attracting song, luring song, soliciting song
> **Motiv** motive, theme
> **nächtlicher Gesang**
nocturnal song
> **Paargesang/Duettgesang**
duetting, countersinging
> **Phrase/Tour** phrase
> **Reviergesang** territorial song
> **Schlag (Gesang der Nachtigall)**
caroling, elaborate song with many different verses
> **Spielgesang** play song
> **Strophe** verse (part of song)
> **Studiergesang** rehearsal song
> **Vollgesang** full song
> **Wechselgesang**
antiphonal singing
> **Werbegesang**
mating song, courtship song

Gesangsrepertoire song repertoire
Gesäß
buttocks, posterior, behind, rump
Gesäßbein/ Sitzbein/Sitzknochen/Os ischii
ischium
Gesäßfalte gluteal fold
Gesäßschwiele/ Sitzschwiele/Analkallosität
ischial callosity, sitting pad, anal callosity
Gesäßweisen buttocks display
gesättigt (sättigen)
saturated (saturate)
> **ungesättigt** unsaturated

gescheckt variegated
Geschein (Rispe des Weinstocks)
cluster, flower cluster of vine (a panicle)
geschichtet (schichten)
laminated (laminate)
Geschiebe ***limn*** bed load, bed material
Geschlecht (männlich/weiblich/neutral)
sex (male/female/neuter), gender
> **heterogametisches Geschlecht**
heterogametic sex
> **homogametisches Geschlecht**
homogametic sex

Geschlechterverhältnis sex ratio
geschlechtlich sexual
> **ungeschlechtlich/asexuell**
asexual

Geschlechtlichkeit sexhood
Geschlechtsarm/ Geschlechtstentakel/ Hectocotylus
hectocotylus, hectocotylized arm, heterocotylus
Geschlechtsbestimmung
sex determination
Geschlechtschromosom/ Heterosom/Gonosom
sex chromosome, heterochromosome
Geschlechtschromosominaktivierung
sex chromosome inactivation
Geschlechtsdimorphismus/ Sexualdimorphismus
sexual dimorphism
Geschlechtsdrüse/ Keimdrüse/Gonade
sex gland, gonad
geschlechtsgebunden sex-linked
geschlechtsgebundener Erbgang
sex-linked inheritance
Geschlechtshöcker/Genitalhöcker/ Tuberculum genitale
genital tubercle
Geschlechtshormone
sex hormones
Geschlechtskopplung ***gen***
sex linkage
Geschlechtskrankheit/ venerische Krankheit/ sexuell übertragbare Krankheit
venereal disease (VD), sexually transmitted disease (STD)
Geschlechtsmerkmal
sexual characteristic

Geschlechtsöffnung/ Begattungsöffnung/Genitalporus/ Genitalöffnung/Gonopore genital opening/pore/aperture, gonopore

Geschlechtspartner mate, mating partner

Geschlechtspolyp/Gonozoid/ Gonozooid (Fruchtpolyp) reproductive polyp, gonozooid

geschlechtsreif sexually mature

Geschlechtsreife sexual maturity

Geschlechtsteile/ Geschlechtsorgane/Genitalien genital organs, sexual organs, genitals, genitalia

Geschlechtstentakel/ Geschlechtsarm/Hectocotylus hectocotylus, hectocotylized arm, heterocotylus

Geschlechtstrennung/ Getrenntgeschlechtigkeit/Diözie (speziell postnatal: Gonochorismus) dioecism (speziell postnatal: gonochorism)

Geschlechtsumkehr sex reversal

Geschlechtsverkehr/Kopulationsakt/ Begattungsakt/Koitus sexual intercourse, copulation, coitus

Geschlechtszelle/Keimzelle/Gamet sex cell, gamete

geschlitzt/zerschlitzt (gleichmäßig) incised, evenly notched/cut; (ungleichmäßig) lacerate, torn

geschlossene Knospe (mit Knospenschuppen) protected bud

geschlossener Promotorkomplex closed promoter complex

geschlossenes Leseraster closed reading frame

Geschmack taste

Geschmacksknospe/ Geschmacksbecher/ Geschmackshügel taste bud

Geschmackskörperchen taste corpuscle, taste corpuscule

Geschmacksorgan gustatory organ

Geschmackspapille/Zungenpapille gustatory papilla, lingual papilla

- ➢ **Blattpapille/blättrige Papille** foliate papilla
- ➢ **Pilzpapille** fungiform papilla
- ➢ **linsenförmige Papille** lentiform papilla
- ➢ **fadenförmige Papille** threadlike papilla, filiform papilla
- ➢ **Wallpapille** vallate papilla

Geschmackspore taste pore

Geschmacksrezeptor taste receptor, gustatory receptor

Geschmackssinn sense of taste, gustatory sense/sensation

Geschmackssinneszelle/ Schmeckzelle taste cell, gustatory cell

Geschmacksstiftchen (Mikrovilli) taste hairs (microvilli)

Geschmacksstoff(e) flavor, flavoring

- ➢ **künstliche G.** artificial flavor, artificial flavoring
- ➢ **natürliche(r) Geschmacksstoff(e)** natural flavor, natural flavoring

Geschöpf/Kreatur/Wesen creature, being

geschützt (schützen) protected (protect)

geschwanzt (Blattspitze) caudate, tail-pointed (leaf apex)

geschweift/leicht gewellt repand

Geschwindigkeit speed; velocity (vector); rate

geschwindigkeitsbegrenzende(r) Schritt/Reaktion rate-limiting step/reaction

geschwindigkeitsbestimmende(r) Schritt/Reaktion rate-determining step/reaction

Geschwindigkeitskonstante (Enzymkinetik) rate constant

Geschwister *pl* siblings, sib(s)

- ➢ **Halbgeschwister** half-sibs
- ➢ **Untersuchung von Geschwistern** sib-pair analysis

Geschwisterarten (Zwillingsarten) sibling species

Geschwistermord/Siblizid siblicide

Geschwisterpaaranalyse sib pair analysis
Geschwisterschaft sibship
geschwollen (schwellen) turgid, swollen (swell)
Geschwollenheit/Turgidität turgidity
gesellig sociable, gregarious
Geselligkeit/Geselligkeitsgrad/ Soziabilität sociability, gregariousness
Geselligkeitstrieb/Geselligkeit sociality
Gesellschaft (z.B. Tierges./Pflanzenges.) community
Gesellschaft/Beisammensein company
Gesellschaft/Vergesellschaftung (Gruppe) society
Gesellschaftstreue fidelity to a particular community
Gesetz der großen Zahlen *stat* law of large numbers
Gesetz der konstanten Proportionen (Mischungsverhältnisse) law of combining ratios
Gesetz von der Erhaltung der Masse law of the conservation of mass
Gesicht face
Gesichtsausdruck/Physiognomie facial expression, physiognomy
Gesichtsfeld/Sehfeld/Blickfeld field of vision, field of view, scope of view, range of vision, visual field
Gesichtsfeldblende/Okularblende ***micros*** ocular diaphragm, eyepiece diaphragm, eyepiece field stop
Gesichtsschädel/Splanchnocranium splanchnocranium
Gesichtssinn vision, eyesight
Gesichtszüge facial features
Gesneriengewächse/Gesneriaceae gesneria family, gesneriad family, gloxinia family, African violet family
gespalten split, cracked
Gespenstheuschrecken & Stabheuschrecken/Phasmida stick-insects
Gespinst (Spinnwebe) web; (Raupenkokon) cocoon
gespornt spurred
gesprenkelt mottled
Gestagen/Progestin/ Corpus-luteum-Hormon/ „Schwangerschaftshormon" gestagen, progestin
Gestalt shape, form, appearance, contour
gestapelt (stapeln) (z.B. Membranzisternen) stacked (stack)
gestapelte Basen ***gen*** stacked bases
gestaucht/zusammengezogen compressed, contracted
Gestein rock
- **Ausgangsgestein/ Grundgestein/ Muttergestein** bedrock, rock base, parent rock
- **Effusivgesteine/ Ergussgesteine/Extrusivgesteine/ Ausbruchsgesteine** extrusive rocks
- **Eindampfungsgesteine/ Evaporite** evaporites
- **Erstarrungsgestein/ Eruptivgestein** igneous rock
- **Ganggesteine** gangue rock (dikes etc.)
- **Intrusivgesteine** intrusive rocks
- **Muttergestein/ Ausgangsgestein/Grundgestein** parent rock, bedrock, rock base
- **Sedimentgestein/ Absatzgestein/Schichtgestein** sedimentary rock
- **Umwandlungsgestein** metamorphic rock
- **Urgestein** primary rock, primitive rock; basement complex

gestielt stalked, petiolate, stipitate
- **kurzgestielt** ***bot*** brevipetiolate
- **langgestielt** ***bot*** longipetiolate
- **ungestielt/sitzend** not stalked, sessile

Gestik/Geste/Gebärde gesture
gestreift striped
➢ **breit gestreift** broadely striped, fasciate
➢ **fein gestreift** finely striped, striated
Gestrüpp thicket, scrub, brush
gestückeltes Gen/ diskontinuierliches Gen/ Mosaikgen split gene, discontinuous gene, mosaic gene
Gestüt (Zuchttiere: alle Pferde eines Gestüts) stud (group of horses bred and kept by one owner)
Gestüt/Pferdezüchterei/ Pferdezuchtbetrieb studfarm
gestutzt/verstümmelt/ zurechtgeschnitten truncated; (Baum/Ast) pruned, trimmed; (Blatt) truncate
geteilt divided, parted, partite (divided into parts)
➢ **ungeteilt** undivided, not divided
Getier animals (*collect.*,i.e., various kinds of animals)
Getreide cereals, grain
Getreideflocken cereal
Getreidemehl *grob*: meal, *fein*: flour
Getreideschrot whole meal
getrenntblumenblättrig/ freiblumenblättrig/ freikronblättrig dialypetalous, choripetalous
getrenntgeschlechtig/zweihäusig/ diözisch (speziell postnatal: gonochor) dioecious, diecious (postnatal: gonochoric)
Getrenntgeschlechtigkeit/ Zweihäusigkeit/ Geschlechtstrennung/Diözie (speziell postnatal: Gonochorie) dioecy, dioecism (postnatal: gonochory)
getüpfelt pitted
Gewächs plant, growth, wort
Gewächshaus/Treibhaus greenhouse, hothouse, forcing house
Gewächshauseffekt/Treibhauseffekt greenhouse effect
Gewässer body of water, waterbody
➢ **Binnengewässer** inland waterbody
➢ **Fließgewässer/ fließendes Gewässer/ lotisches Gewässer (Fluss/Strom)** flowing water, running water, lotic water, waterway, watercourse (river/stream)
➢ **Küstengewässer** coastal waters
➢ **Stehgewässer/Stillgewässer/ stehendes Gewässer/ lenitisches Gewässer** stagnant water, standing water, lenitic water, lentic water
Gewässergüte/Wassergüte water quality
Gewässerufer shore, banks
Gewässerzonierung (lacustrine/riverine/marine) zonation
➢ **Abyssal/Meeresgrund** abyssal, abyssal zone, ocean floor
➢ **aphotic zone** aphotic zone
➢ **Bathyal (Meeresboden)** bathyal zone (upper: continental slope; lower: continental rise)
➢ **Bathypelagial/ mittlerer Tiefseebereich/ mittlere Tiefseezone** bathypelagic zone
➢ **Benthal/Bodenzone** benthic zone
➢ **Eulimnion** eulimnion (upper warmer water)
➢ **Hadal/Tiefseegrabenzone (Hänge)** hadal zone
➢ **Hypolimnion** hypolimnion (cold bottom water zone)
➢ **Litoral/Litoralzone/ Litoralbereich/Uferzone (*mar* Gezeitenzone/Küstenzone)** littoral, littoral zone
➢ **Metalimnion** metalimnion (zone of steep temperature gradient)
➢ **neritische Region** neritic zone/region
➢ **ozeanische Region/Hochsee** oceanic zone/region, pelagic zone

➢ **Pelagial/pelagische Zone/ Freiwasserzone** pelagic zone (*limn* also: limnetic zone)
➢ **photische Zone** photic zone, euphotic zone
➢ **Profundal/profundale Zone (aphotische Zone)** profundal zone (aphotic zone)
➢ **Spritzwasserzone/Spritzzone/ Gischtwasserzone/Gischtzone (Supralitoral)** splash zone (supralittoral zone; *mar* supratidal zone/surf zone)
➢ **Sublitoral (Zone des Kontinentalschelfs)** sublittoral (continental shelf zone)
➢ **Uferzone/Uferregion/Litoral/ Litoralzone/Litoralbereich (*mar* Gezeitenzone/Küstenzone)** littoral, littoral zone

Gewebe (Zellassoziation) tissue; (z.B. Spinngewebe) fabric, mesh, network
➢ **Abschlussgewebe** boundary tissue, dermal tissue, exodermis
➢➢ **primäres A./Epidermis** epidermis
➢ **Absonderungsgewebe/ Abscheidungsgewebe** secretory tissue
➢ **Ausscheidungsgewebe** excretory tissue
➢ **Bindegewebe** connective tissue
➢ **Bothryoidgewebe (Hirudineen)** bothryoidal tissue
➢ **chondroides Gewebe/ Parenchymknorpel** chondroid tissue, pseudocartilage
➢ **darmassoziiertes lymphatisches Gewebe** gut-associated lymphatic tissue (GALT)
➢ **Dauergewebe** permanent tissue, secondary tissue
➢ **Drüsengewebe** glandular tissue
➢ **Epithelgewebe** epithelial tissue
➢ **Festigungsgewebe** supporting tissue (collenchyma/sclerenchyma)
➢ **Fettgewebe** fatty tissue, adipose tissue
➢ **fibröses Bindegewebe** fibrous tissue, white fibrous tissue
➢ **Grundgewebe/Parenchym** ground tissue, fundamental tissue, parenchymatous tissue, parenchyma
➢ **Knochengewebe** bone tissue, bony tissue, osseous tissue
➢ **Knorpelgewebe** cartilaginous tissue
➢➢ **chondroides Gewebe/ Parenchymknorpel** chondroid tissue, pseudocartilage
➢ **Kompakta** compact tissue, compact bone
➢ **Leitgewebe** conducting tissue, vascular tissue
➢ **mechanisches Gewebe/ Expansionsgewebe** expansion tissue
➢ **Muskelgewebe** muscular tissue
➢ **Nährgewebe *allg*** nutritive tissue, nutrient tissue
➢ **Nährgewebe (Embryosack)** endosperm
➢ **Nährgewebe (nucellar)** perisperm
➢ **Scheingewebe/Pseudoparenchym** false tissue, paraplectenchyma, pseudoparenchyma
➢ **Schwammgewebe** spongy tissue
➢ **Schwellkörper/Corpora cavernosa** erectile tissue, cavernous tissue, cavernous bodies
➢ **Sekretionsgewebe** secretory tissue
➢ **Speichergewebe** storage tissue
➢ **Stützgewebe** supporting tissue
➢ **Widerlagergewebe (Frucht)** resistance tissue
➢ **Wundgewebe *zool/med*** scar tissue, cicatricial tissue
➢ **Wundgewebe/Wundcallus/ Wundholz** wound tissue, callus

Gewebeabstoßung tissue rejection
Gewebefaktor tissue factor
Gewebekultur tissue culture
Gewebekulturflasche/ Zellkulturflasche tissue culture flask
Gewebelehre/Histologie histology

gewebespezifisches Gen tissue-specific gene
Gewebetiere/ Mitteltiere/„Vielzeller"/Metazoa metazoans
Gewebeunverträglichkeit/ Histoinkompatibilität histoincompatibility
Gewebeverträglichkeit/ Histokompatibilität histocompatibility
Gewebswanderzelle/ Gewebs-Makrophage/Histiozyt (*eigentlich:* Makrophage) histiocyte (*actually*: macrophage)
Geweih antlers
➤ **Augspross** brow tine
➤ **Eisspross** bez tine
➤ **Mittelspross** royal antler
➤ **Schaufel** palm, palmated antler
➤ **Stange** beam, main beam
➤ **Wolfsspross** surroyal antler
Geweihbasis/Hornbasis burr (base of antler)
Geweihrose pedicel
Geweihzacke/Geweihspross prong, spike
gewellt undate, undulate
➤ **leicht gewellt/geschweift** repand
Gewicht weight
➤ **Atomgewicht** atomic weight
➤ **Bruttogewicht** gross weight
➤ **Frischgewicht (*sensu stricto*: Frischmasse)** fresh weight (*sensu stricto*: fresh mass)
➤ **Lebendgewicht** live weight
➤ **Molekulargewicht/ relative Molekülmasse (M_r)** molecular weight, relative molecular mass
➤ **Nettogewicht** net weight
➤ **spezifisches Gewicht (Holz)** specific gravity
➤ **Tara (Gewicht des Behälters/ der Verpackung)** tare (weight of container/packaging)
➤ **Trockengewicht (*sensu stricto*: Trockenmasse)** dry weight (*sensu stricto*: dry mass)
gewimpert/bewimpert ciliate(d)
Gewinde/Spirale spiral, coil
Gewinde (Schneckenschale) spire
Gewitter thunderstorm
gewöhnen/anpassen habituate, get used to, adapt
Gewöhnung/Anpassung habituation, habit-formation, adaptation
Gewöhnungslernen/Habituation habituation
Gewölbe/Fornix (Hirngewölbe) fornix
gewölbt tuberculate, vaulted
Gewölle (Raubvögel) pellets
gewunden twisted, coiled, wound
Gewürz spice
Gewürzstrauchgewächse/ Calycanthaceae spicebush family, strawberry-shrub family
gezackt/gesägt serrate
gezähnelt denticulate
gezähnt toothed, dentate
Gezeiten/Tiden tides
➤ **Ebbe** low tide
➤ **Flut** high tide
➤ **Nipptide** neap tide
➤ **Springtide** spring tide
➤ **Tidenhub** tidal lift
Gezeitenstromrinne tidal channel
Gezeitentümpel tidal pool, tide pool
Gezeitenwechsel/Gezeitenzyklus tide cycle, tidal cycle
Gezeitenzone/Tidebereich/Eulitoral tidal zone, intertidal zone, littoral zone, eulittoral zone
GFC (Gas-Flüssig-Chromatographie) GLC (gas-liquid chromatography)
Ghost (leere Zellhülle) ghost
Gibberelline gibberellins
Gibberellinsäure gibberellic acid
gießen pour, irrigate, water the plants
Gift/Toxin poison, toxin
➤ **Atemgifte/Fumigantien** respiratory toxins, fumigants
➤ **Pflanzengift/ Pflanzentoxin/Phytotoxin** plant poison, phytotoxin
➤ **Tiergift** venom

Giftdrüse poison gland
giftig/toxisch poisonous, toxic; (Tiere) venomous
Giftigkeit poisonousness; (Toxizität) toxicity
Giftinformationszentrale poison information center
Giftklaue poison claw, forcipule, prehensor (Chilopoda); poison fang, venomous fang (unguis) (*Arachnida*)
Giftpflanze poisonous plant
Giftschrank poison cabinet
Giftstoffe poisonous materials, poisonous substances
Giftzahn (Schlangen) poison tooth, venom tooth, fang
Gilde guild
Ginkgogewächse/Ginkgoaceae ginkgo family
Gipfel crown, treetop, apex, tip
gipfelfrüchtig/akrokarp acrocarpous, acrocarpic
Gipfelknospe apical bud, terminal bud
Gipfeltrieb/ Terminaltrieb/Endtrieb *bot* apical shoot, terminal shoot
Gischt (vom Wind getrieben/aufsprühend) spray, sea spray (spoondrift); (Schaum der Wellen (aufschäumend) foam, froth, spume
Gischtwasserzone/Gischtzone/ Spritzwasserzone/Spritzzone splash zone
Gitter/Netz/Gitternetz/ Probenträger(netz) (für Elektronenmikroskop) *micros* grid
Gitterstichprobenverfahren *stat* lattice sampling, grid sampling
Gittertheorie/Netzwerktheorie *immun* network theory
Gladius/Rückenfeder (pergamentartige Schulpe) pen
glänzend glossy
Glanzfische/Glanzfischartige/ Gotteslachsverwandte/ Lampriformes moonfishes
Glanzkohle/Anthrazit hard coal, anthracite
Glanzkugel (Placozoa) refractile body
Glanzstreifen/Kittlinie (Muskel) intercalated disk
Gläschen/Glasfläschchen/Phiole vial
Glashaut/Zona pellucida zona pellucida
Glashomogenisator („Potter"/Dounce) glass homogenizer (Potter-Elvehjem homogenizer; Dounce homogenizer)
Glaskörper/Corpus vitreum vitreous body
Glasschwämme/Hexactinelliden glass sponges
Glasstab *lab* glass rod
Glasstößel/Glaspistill (Homogenisator) glass pestle
glatt smooth, even
Glatteis glaze
glattes Ende/bündiges Ende *gen* blunt end, flush end
➢ **Ligation glatter Enden** blunt end ligation
Glattferser/Litopterna litopternas
Glazialgeschiebe glacial drift
Glazialrelikt glacial relic
gleich/identisch (völlig gleich/ein u. dasselbe) equal, same, identical
➢ **ungleich/nicht identisch/anders** unequal, different, nonidentical
gleichartig/sehr ähnlich very similar
gleichartig/verwandt/kongenial congenial
Gleichartigkeit resemblance
Gleichbein/Sesambein/ Sesamknöchelchen (Pferd) proximal sesamoid bone
gleichbleibender Zustand/ stationärer Zustand steady state
gleichen *math* equate
➢ **ausgleichen** balance out, distribute evenly
➢ **sich gleichen/gleichartig sein** resemble
gleichförmig uniform
Gleichförmigkeit uniformity
Gleichförmigkeitsprinzip/ Uniformitarianismus uniformitarianism
gleichgestaltet similar-structured

Gleichgewicht balance, equilibrium
> **Fließgleichgewicht/ dynamisches Gleichgewicht** steady state, steady-state equilibrium
> **Ionengleichgewicht** ion equilibrium, ionic steady state
> **natürliches Gleichgewicht (Naturhaushalt)** natural balance
> **ökologisches Gleichgewicht** ecological balance, ecological equilibrium
> **Säure-Basen-Gleichgewicht** acid-base balance
> **Ungleichgewicht** imbalance, disequilibrium

Gleichgewichtsdialyse equilibrium dialysis
Gleichgewichtskonstante equilibrium constant
Gleichgewichtsorgan (statisches/dynamisches) equilibrium organ (static/dynamic)
Gleichgewichtspotenzial equilibrium potential
Gleichgewichtszentrifugation equilibrium centrifugation, equilibrium centrifuging
Gleichgewichtszustand equilibrium state
gleichrichten rectify
Gleichrichter rectifier
Gleichrichtung rectification
> **anomale G.** anomalous rectification
> **verzögerte G.** delayed rectification

Gleichung ***math*** equation
Gleichung *x*ten Grades equation of the ***x***th order
gleichwarm/warmblütig/ homoiotherm/endotherm warm-blooded, homoiothermic, homeothermic, endothermic
gleichzählig/isomer isomerous
Gleitbahn ***aer/orn*** glide path
Gleitfallenblume/Kesselfallenblume slippery-trap flower, slip-slide flytrap
Gleitfilamentmodell (Muskel) sliding-filament model
Gleitfilamenttheorie sliding-filament theory
Gleitflug glide, gliding (flight)
Gleitgelenk/ebenes Gelenk gliding joint, plane joint (arthrodia)
Gleithaut/Flughaut/ Spannhaut/Flatterhaut/Patagium patagium
Gleitmittel lubricant, lube
Gleittubulushypothese sliding-tubule hypothesis
Gleitwinkel ***aer*** glide angle, gliding angle
Gleitzahl (Verhältnis Auftrieb/ Luftwiderstand) lift-to-drag ratio (L/D ratio)
Gletscher glacier
Gletschermoränenschutt/ Gletschergeröll/Glazialschutt glacial till, glacial detritus
Gletschersee glacial lake
Gletscherschmelze glacial melt, glacier melting
Gleybildung/Vergleyung (Boden) gleization
Gliazelle glial cell
Glied/Segment segment
> **Endglied** last unit, terminal segment
> **männliches Glied/Penis** penis

Glied.../Glieder../Gelenk../gegliedert articulate
Gliederantenne/myocerate Antenne myocerate antenna (muscles in each antennal segment)
Gliederborste articular bristle
Gliederfrucht/Gliederhülse/ Klausenfrucht/Bruchfrucht loment, lomentum, jointed fruit
Gliederfüßer/Arthropoden arthropods
Gliederkette/Proglottidenkette/ Strobilus (Bandwürmer) chain of proglottids, strobilus
gliedern (einteilen) divide; (klassifizieren) classify
> **untergliedern/unterteilen** subdivide

Gliederschmerzen rheumatic pain

Gliederschote (Fruchtform) lomentose siliqua
gliederspaltig/ segmenticid/segmentizid segmenticidal
Gliedertiere/Articulaten articulates, articulated animals
Gliederung (Einteilung) division; (Klassifikation) classification
➤ **Untergliederung/Unterteilung** subdivision
Gliedmaße/Extremität (*pl* Gliedmaßen/Extremitäten) limb, extremity, appendage (articulated)
globale Erwärmung global warming
Globalstrahlung global radiation
globuläres Protein/Sphäroprotein globular protein
Globulariaceae/ Kugelblumengewächse globe daisy family, globularia family
Globulin globulin
Glochid (*pl* Glochiden) *bot* glochid (of cacti)
Glochidium (Larve) glochidium
Glocke (Medusen) bell
Glockenblumengewächse/ Campanulaceae bellflower family, bluebell family
glockenförmig bell-shaped, campanular, campaniform
Glockenkern entocodon
Glockenkurve (Gaußsche Kurve) bell-shaped curve (Gaussian curve)
Glockenwindengewächse/ Nolanaceae nolana family
glomeruläre Filtrationsrate glomerular filtration rate
Glomerulus/Gefäßknäuel glomerulus, network of blood capillaries
Glomerulusfiltration glomerular filtration
glomuläre Filtrationsrate glomerular filtration rate (GFR)
Glucarsäure glucaric acid, saccharic acid
Glucocorticoid glucocorticoid
Gluconeogenese gluconeogenesis
Gluconsäure (Gluconat) gluconic acid (gluconate), dextronic acid
Glucuronsäure (Glukuronat) glucuronic acid (glucuronate)
Glukosamin/Glucosamin glucosamine
Glukose/Glucose (Traubenzucker) glucose (grape sugar)
Glukosurie/Glycosurie glucosuria, glycosuria
Glutamin glutamine
Glutaminsäure (Glutamat)/ 2-Aminoglutarsäure glutamic acid (glutamate), 2-aminoglutaric acid
Glutarsäure glutaric acid
Glutathion glutathione
Glycin/Glyzin/Glykokoll glycine, glycocoll
Glycyrrhetinsäure glycyrrhetinic acid
Glykämie glycemia
Glykogen glycogen
Glykokalyx glycocalyx (cell coat)
Glykokoll/Glycin/Glyzin glycocoll, glycine
Glykolaldehyd/ Hydroxyacetaldehyd glycol aldehyde, glycolal, hydroxyaldehyde
Glykolsäure (Glykolat) glycolic acid (glycolate)
Glykosaminoglykan glycosaminoglycan, mucopolysaccharide
glykosidische Bindung glycosidic bond, glycosidic linkage
Glykosurie/Glukosurie glycosuria, glucosuria
Glyoxalatzyklus glyoxylate cycle
Glyoxalsäure (Glyoxalat) glyoxalic acid (glyoxalate)
Glyoxylsäure (Glyoxylat) glyoxylic acid (glyoxylate)
Glyoxysom glyoxysome
Glyphosat glyphosate
Glyzerin/Glycerin/Propantriol glycerol
Glyzerinaldehyd/Glycerinaldehyd glyceraldehyde, dihydroxypropanal

Glyzin/Glycin/Glykokoll glycine, glycocoll
GM-CSF (Granulocyten-Makrophagen-koloniestimulierender Faktor) GM-CSF (granulocyte-macrophage colony-stimulating factor)
Gnathochilarium gnathochilarium
Gnathopod gnathopod
Gnathos gnathos
Gnathosoma/Capitulum gnathosoma, capitulum
Gnetumgewächse/ Gnemonbaumgewächse/ Gnetaceae joint-fir family
Goldalgen/ Chrysophyceen/Chrysophyceae golden algae, golden-brown algae
Goldmarkierung gold-labeling
Goldpflaumengewächse/ Chrysobalanaceae cocoa-plum family, coco-plum family
Golgi-Anfärbemethode Golgi staining method
Golgi-Apparat Golgi apparatus, Golgi complex
Golgi-Vesikel Golgi vesicle
Gonade/Keimdrüse/Geschlechtsdrüse gonad, sex gland
➢ **Eierstock/Ovar/Ovarium** ovary
➢ **Hoden (*sg/pl*)** testicle, testis (*pl* testes)
Gonadenhöhle/Gonocoel perigonadial cavity, gonocoel
Gonadotropin gonadotropin
Gonadotropin-Releasing Hormon/ Gonadoliberin gonadotropin releasing hormone/factor (GnRH/ GnRF), gonadoliberin
Gongylidie/Bromatium/„Kohlrabi" gongylidium (*pl* gongylidia), bromatium
goniatische Lobenlinien goniatitic suture lines
gonochor gonochoric, gonochoristic
Gonochorismus gonochory, gonochorism
Gonozyt/Gonocyt gonocyte
Gonys gonys
Gössel/Gänseküken gosling
Gottesanbeterinnen & Fangschrecken/ Mantodea/Mantoptera mantids
Gotteslachsverwandte/ Glanzfischartige/Glanzfische/ Lampriformes moonfishes
Graafscher Follikel/Graaf-Follikel/ Tertiärfollikel Graafian follicle, vesicular ovarian follicle
Grab grave
Grab.../grabend digging, fossorial; burrowing
Grabbein fossorial leg
graben dig
➢ **einen Gang graben/ eine Höhle graben** burrow
Graben ditch
Grabenbewässerung/ Furchenbewässerung furrow irrigation
Grabfüßer/Kahnfüßer/ Solenoconchae/Scaphopoden tusk shells, tooth shells, scaphopods, scaphopodians (spade-footed mollusks)
Grabstätte/Friedhof graveyard
Gradienten-Hypothese gradient hypothesis
Gradualismus gradualism
graduiert (mit einer Gradeinteilung versehen) graduated
Gram-Färbung Gram stain, Gram's method
Gramineae/Poaceae/ Süßgräser/Gräser grass family
Grammäquivalent gram equivalent
gramnegativ gram-negative
grampositiv gram-positive
Granatapfelgewächse/Punicaceae pomegranate family
Grandrysches Körperchen Grandry's corpuscle
Granne *bot* awn
Grannen tragend *bot* aristate, awned
Grannenhaar *zool* short guard hair
granulär granular
Granulaviren granulosis viruses

Granulocyt/Granulozyt (polymorphkerniger Leukozyt) granulocyte (polymorphonuclear)
➢ **basophiler Granulocyt** basophil granulocyte
➢ **eosinophiler Granulocyt** eosinophil granulocyte
➢ **neutrophiler Granulocyt** neutrophil granulocyte
➢ **segmentkerniger Granulocyt** segmented granulocyte, filamented neutrophil
➢ **stabkerniger Granulocyt** band granulocyte, stab cell, band cell, rod neutrophil
Granulocyten-Makrophagen-stimulierender Faktor (GM-CSF) granulocyte-macrophage stimulating factor (GM-CSF)
Granum (*pl* Grana) granum (*pl* grana)
Graptolithen/Graptolithina graptolites
Gras grass, lawn
grasartig graminoid, graminaceous, grassy
Grasbaumgewächse/ Xanthorrhoeaceae grass tree family, blackboy family
grasblättrig graminifoliose
Grasbüschel tuft of grass, tussock
grasbüschelartig/rasig/rasenartig cespitose, caespitose, caespitulose (growing densely in tufts)
grasen/abgrasen/abfressen/weiden graze (herbs), browse (twigs/leaves of shrubs)
grasendes Tier grazer (herbs), browser (twigs/leaves of shrubs)
Gräser/Süßgräser/Gramineae/ Poaceae grasses, grass family
Grashalm (Blattspreite) blade of grass
Grashalm (Stengel) culm, haulm, halm, spire
Grashalmspitze spire
Grasheidenstufe grass heath (a tussock community)
Grasland grassland
Grasnarbe/Rasenstück/Sode sod, turf
Grasnelkengewächse/ Bleiwurzgewächse/ Plumbaginaceae sea lavender family, leadwort family, plumbago family
Grasrispe (Infloreszenz) juba, loose panicle of grasses
Grasstengel culm, haulm, halm, spire
Grat ridge
➢ **Berggrat** mountain ridge
Grat-Rinnen-System (Riff) spur-and-groove zone, buttress zone
Gräte/Fischgräte bone
Grätenblattgewächse/Ochnaceae ochna family
graue Substanz *neuro* gray matter
graugrün/blaugrün gray-green, glaucous
Graupel/Graupelschauer/ Schneeregen graupel, sleet, soft hail
Graupen hulled barley, barley groats
Gravidität/ Trächtigkeit/Schwangerschaft gravidity, pregnancy
➢ **Bauchhöhlengravidität/ Bauchhöhlenträchtigkeit/ Leibeshöhlenträchtigkeit/ Leibeshöhlenschwangerschaft/ Abdominalschwangerschaft** abdominal pregnancy
➢ **Eileiterschwangerschaft/ Oviduktträchtigkeit** tubal pregnancy
➢ **Extrauteringravidität (EUG)/ ektopische Schwangerschaft** extrauterine pregnancy (EUP)
Greif.../zum Greifen geeignet/ zupackend/ergreifend grasping, prehensile, able to grasp, raptorial
Greiffuß/Fang (Raubvogel) raptorial claw
Greifhaken (Chaetognathen) grasping spines
Greifhand/Greiffuß (Säuger/Vögel) prehensile hand/foot, grasping hand/foot
Greiforgan prehensile organ

Greifschwanz prehensile tail
Greifvogel/Raubvogel bird of prey, predatory bird, raptorial bird
Greifvögel/Falconiformes diurnal birds of prey (falcons and others)
Greifzange/Chelizere grasping claws, chelicera
Greifzange/Haltezange/Klasper grasping claws, clasper(s), clasps
Grenzdifferenz ***stat*** least significant difference, critical difference
Grenzfaktor/begrenzender Faktor/ limitierender Faktor ***ecol*** limiting factor
Grenzfläche interface; (Oberfläche) surface
Grenzflächenspannung/ Oberflächenspannung surface tension
Grenzfrequenz corner frequency
Grenzkonzentration limiting concentration
Grenzplasmolyse ***bot*** incipient plasmolysis
Grenzschicht boundary layer
Grenzstrang/ Truncus sympathicus sympathetic trunk
Grenzwert/Schwellenwert limit, liminal value
Griff (klammernd) clutch; (zupackened/festhaltend) grip, grasp
Griffel/Stylus ***bot*** style
Griffelbein/Griffelbeinknochen (Nebenmittelfußknochen) splint bone (small metacarpal)
Griffelfäden (Mais) silk (corn stigma-style)
Griffelfortsatz styloid process
Griffelpolster/Stylopodium stylopodium
Griffelsäule/Gynostemium gynostemium
Grimmdarm/Colon/Kolon colon
Grind/Schorf scab
grobfaserig coarse-grained
Grobjustierschraube/Grobtrieb ***micros*** coarse adjustment knob
Grobjustierung/Grobeinstellung (Grobtrieb) ***micros*** coarse adjustment, coarse focus adjustment
Großart/Makrospezies macrospecies
großblättrig megaphyllous
große Furche/große Rinne/ tiefe Rinne (DNA-Struktur) major groove (DNA structure)
Großhirn/Endhirn/Telencephalon cerebrum, endbrain, telencephalon
Großhirnrinde cerebral cortex
- ➢ **Hörrinde** auditory cortex
- ➢ **Neocortex/Neokortex** neocortex
- ➢ **Sehrinde** optic cortex

Großhirnsichel/Falx cerebri falx cerebri (sickle-shaped fold in dura mater)
Großwild big game
Grossulariaceae/ Stachelbeergewächse gooseberry family, currant family
grubbern ***agr*** grubbing
Grübchen/kleine Grube fovea, small pit
Grube pit, crypt
Grubenorgan (Schlangen) pit organ
grubig pitted, foveate
- ➢ **kleingrubig** foveolate, having small depressions

Grün (floristisch) green, greenery
Grünalgen/Chlorophyceae/Isokontae green algae
Grünanlage (öffentliche) public park, public gardens
Grund (*pl* Gründe) reason; (Erdboden) soil; (Boden) bottom, bed, floor; (Gebiet/Revier) ground; (Senkung) depression
- ➢ **Basis** base
- ➢ **Blattgrund** leaf base
- ➢ **Blattspreitengrund/ Blattspreitenbasis** base of leaf blade
- ➢ **Fischgrund/Fischgründe** fishing ground(s)
- ➢ **Jagdgrund/Jagdgründe** hunting ground(s), hunting range, hunting territory

- ➢ **Meeresgrund** bottom of the sea, seabed, ocean floor
- ➢ **Moorgrund** quagmire
- ➢ **Schlickgrund** mud bottom
- ➢ **Talgrund/Talsohle** valley floor
- ➢ **Wiesengrund** lowlying meadow in a valley

Grundbaustein basic building block
Grundbewohner bottom dweller
Grundeis ***limn*** anchor ice
gründeln (Wasservögel) dabble
Gründerzelle founder cell
Gründereffekt founder effect
Gründermaus founder mouse
Gründerpolyp/Primärpolyp founder polyp, primary polyp
Gründerprinzip founder principle
Grundhaiartige/Carcharhiniformes ground sharks
Grundgestein/Muttergestein/ Ausgangsgestein bedrock, rock base, parent rock
Grundgewebe/Parenchym ground tissue, fundamental tissue, parenchyma
Grundkörper ***chem*** parent compound, parent molecule (backbone)
Grundlage base, foundation

- ➢ **Pfropfgrundlage** stock

Grundlagenforschung basic research
Grundmeristem ground meristem
Grundmoräne/Untermoräne ground moraine, basal moraine
Grundnahrungsmittel staple food, basic food
Grundplatte (Neuralrohr) ventral horn
Grundstoff/Rohstoff base material, starting material, raw material
Grundstoffwechsel/Ruhestoffwechsel basal metabolism
Grundstoffwechselrate/ Grundumsatz/ Basalumsatz/ basale Stoffwechselrate basal metabolic rate, base metabolic rate (BMR)
Grundsubstanz/Grundgerüst/Matrix base material, ground substance, matrix
Grundumsatz/Basalumsatz/ Grundstoffwechselrate/ basale Stoffwechselrate base metabolic rate, basal metabolic rate
Gründünger green manure
Grundwasser groundwater
Grundwassereinzugsgebiet catchment area/basin, watershed, drainage area/district
Grundwasserspiegel/ Grundwasseroberfläche water table
Grundzustand ground state
grüne Drüse/Antennendrüse/ Antennennephridium green gland, antennal gland, antennary gland
grüne Revolution green revolution
Grünfutter/Grünzeug soilage, green forage, greenstuff
Grünland grassland
Grünpflanze/Blattpflanze (floristisch) foliage plant, leafy plant
grunzen ***vb*** grunt
Grunzen ***n*** grunt
Gruppe group, assemblage; *gen* cluster; (derselben Organisationsstufe) grade
Gruppenbalz communal courtship
Gruppenmächtigkeit group importance value
Gruppenselektion group selection
Gruppenübertragung group transfer
Gruppenwert group value
Gruppierung assemblage
Grütze/Grieß/Grießmehl groats, grits

- ➢ **Maisgrütze/Maisgrieß** corn grits, hominy grits

Guajazulen guaiazulene
Guanidin guanidine
Guanin guanine
Guano guano
Guanophore/Iridocyt guanophore, iridocyte
Guanosin guanosine

Guanosintriphosphat (GTP) guanosine triphosphate
Guanylsäure (Guanylat) guanylic acid (guanylate)
Guar-Gummi/Guarmehl guar gum, guar flour
Guar-Samen-Mehl guar meal, guar seed meal
Guarnierischer Einschlusskörper Guarnieri body
Gularplatte/Schlundplatte/Kehlplatte (Fische/prognathe Insekten) gular plate, gula
Gülle/Flüssigmist manure, liquid manure (liquid: total excretions diluted with water)
Gulonsäure (Gulonat) gulonic acid (gulonate)
Gummi arabicum/ Arabisches Gummi/Acacia Gummi gum arabic
Gummiharz resinous gum
Gurgel/Kehle throat; (Hals) neck
gurgeln gargle
Gurkenfrucht/Kürbisfrucht/ Panzerbeere pepo, gourd
Gürtel/Gurt/Cingulum girdle, cingulum
Gürtelbein/Sphenethmoid/ Os en ceinture sphenethmoid bone
Gürteldesmosom/Banddesmosom belt desmosome
Gürtellamelle girdle lamella (thylakoid)
Gürteln/Ringelung (Baumrinde) girdling, ringing
Gürtelpuppe/Pupa cingulata girdled pupa
Gürteltiere (Cingulata/Loricata: Xenarthra) armadillos
Gürteltransekt belt transect
Gürtelwürmer/Clitellaten clitellata
Gussplattenmethode/ Plattengussverfahren ***micb*** pour-plate method
Gutachten/Expertise expertise
gutartig/benigne benign
➢ **bösartig/maligne** malignant
Gutartigkeit/Benignität benignity, benign nature
➢ **Bösartigkeit/Malignität** malignancy, malignant nature
Guttaperchagewächse/ Eucommiaceae eucommia family
Guttation/Tropfenabscheidung/ Exsudation guttation, droplet secretion, exudation
GVO (gentechnisch veränderter Organismus) GEO (genetically engineered organism), GMO (genetically modified organism)
Gynandromorph/Gynander gynandromorph, gynander, sex mosaic
Gynandromorphismus gynandromorphism
Gynoandrophor gynoandrophore, androgynophore
Gynogenese gynogenesis
Gynophor gynophore
Gynostegium (Asclepiadaceen) gynostegium
Gynostemium/Säule/Säulchen/ Griffelsäule (Orchideen) gynostemium, column
gyrencephal/gefurcht (Gehirn) gyrencephalous, gyrencephalic (convoluted surface)
gyrocon (Cephalopoden: Gehäuse) gyroconic
Gyrus dentatus dentate gyrus
Gyttia/Gyttja/Grauschlamm/ Halbfaulschlamm/Mudde gyttja, necron mud

H-Zelle (Exkretionszelle abgeleiteter Nematoden) renette cell
Haar hair; (Trichom) trichome
➤ **Barthaare/ Schnurrhaare (Katzen)** whiskers
➤ **Becherhaar/Trichobothrium** trichobothrium
➤ **Blasenhaar** bladder hair
➤ **Brennhaar** stinging hair, urticating hair, trichome
➤ **Deckhaar (Leithaare u. Grannenhaare)** guard hair
➤ **Drüsenhaar** glandular hair, glandular trichome
➤ **Fanghaar (*Drosera*)** tentacle
➤ **Fegehaar (an Pappus)** brush hair (hair-like capillary bristle/pappus hair)
➤ **Flimmerhaar/ Kinozilie/Kinozilium (Haarzelle)** cilium (*pl* cilia)
➤ **Fühlhaar/Reizhaar** sensitive hair, trigger hair
➤ **Grannenhaar/Deckhaar** short guard hair
➤ **Hörhaar/Becherhaar/ Trichobothrium** acoustical hair, trichobothrium, vibratory sensory hair
➤ **Kötenhaare/Fesselhaare/ Kötenbehang** fetlock hair, feather
➤ **Leithaar** long and smooth guard hair
➤ **Oberflächenhäutchen** cuticle of the hair
➤ **Pflanzenhaar** trichome
➤ **Reizhaar/Fühlhaar** trigger hair, sensitive hair
➤ **Safthaar/Paraphyse** paraphysis, paranema
➤ **Schnurrhaare** whiskers
➤ **Schuppenhaar/Saugschuppe (Bromelien)** squamiform hair, peltate trichome, absorbing trichome
➤ **Sinneshaar *allg*** sensory hair
➤➤ **Riechhärchen** olfactory hair
➤➤ **Spürhaar/Sinushaar/ Tasthaar/Vibrissa** tactile hair, vibrissa
➤ **Sternhaar** stellate hair
➤ **Tasthaar/Sinushaar/ Spürhaar/Vibrissa** tactile hair, vibrissa
➤ **unechtes Haar/Trichom** trichome
➤ **Unterhaar** underhair
➤ **Wimper/Augenwimper** eyelash
➤ **Wollhaar** wooly hair
➤ **Wurzelhaar/Wurzelhärchen** root hair
haarartig piliform, trichoid
Haarbalg/Haarfollikel hair follicle
Haarbedeckung der Säugetiere pelage, furcoat (hairy covering of mammals)
Haarbulbus/Haarzwiebel hair bulb
Haarfarne/Frauenhaarfarngewächse/ Adiantaceae adiantum family, maidenhair fern family
Haarflechten/Fadenflechten hairlike lichens, filamentous lichens
Haarflügler/Köcherfliegen/ Trichoptera caddis flies
Haarfollikel/Haarbalg hair follicle
Haargefäß/Kapillare capillary
haarig (*siehe*: behaart) hairy
Haarkleid hair-covering, indumentum; coat of hair, furcoat, pelage
Haarkranz/Krone (am Huf) coronet
Haarlinge & Federlinge/Mallophaga biting lice, chewing lice
haarlos/unbehaart/kahl hairless, glabrous, bald
Haarmark hair medulla
Haarmuskel/Musculus arrector pili hair erector muscle, arrector pili muscle
Haarnadelschleife/ Haarnadelstruktur/Winkelschleife/ Umkehrschleife/β-Schleife *gen* hairpin loop, hairpin, reverse turn, beta turn, β bend

Haarnixengewächse/Cabombaceae water-shield family, fanwort family
Haarpinsel/Duftpinsel (Schmetterlinge) hair pencil, tibial tuft
Haarrinde hair cortex
Haarschaft hair shaft
Haarschleierpilze/Schleierlinge/ Cortinariaceae Cortinarius family
Haarschopf *bot* (Haarbüschel/Haarkranz: an Samen) coma; *zool* hair-tuft
Haarsensille hair sensilla
Haarsterne/Federsterne/ Comatuliden/Comatulida feather stars, comatulids
Haarsträuben/Fellsträuben piloerection
Haartalgdrüse sebaceous gland
Haarwurzel hair root
Haarwurzelscheide hair root sheath
Haarzelle hair cell
Haarzwiebel/Haarbulbus hair bulb
Hachse/Bein leg; (Beine der Schlachttiere) shank(s); (Sprunggelenk der Schlachttiere) hock
Hacke/Ferse heel, calcaneus
Hackfrucht root crop
Hackkultur/Hackbau hoe culture, hoe cultivation, hoe agriculture
Hackordnung *ethol* peck order, pecking order
Hadal/hadische Zone/ Tiefseegrabenzone (Hänge) hadal zone
Haematopoese/Hämatopoese/ Blutbildung/Blutzellbildung hematopoiesis
Haemodorumgewächse/ Haemodoraceae bloodwort family, redroot family, kangaroo paw family, haemodorum family
Haff (Küstensee durch Nehrung abgetrennt vom Meer) haff (*North German term*), lagoon
Haftborste/Frenulum (Lepidoptera) frenulum
Haftdrüse adhesive gland
Hafte/echte Netzflügler/ Planipennia/Neuroptera neuropterans (dobson flies/ant lions)
Haftkapsel/Klebkapsel/Glutinant (Nematocyste) glutinant
Haftläppchen/Afterkralle/Arolium (am Prätarsus) arolium
Haftlappen/Pulvillus/Lobulus lateralis adhesive pad, pulvillus
Haftorgan ***allg*** attachment organ; (Haie/Rochen) clasper (sharks/rays)
Haftplatte/Haftscheibe/Saugnapf adhesive disk, suction disk
Haftscheibe/Haftorgan/ Appressorium *allg* holdfast, appressorium; (Kletterorgan) adhesive disk
Haftscheibe/Saugscheibe/ Saugorgan/Haustorium (parasitäre Pilze) sucker, haustorium
Haftwasser film water, retained water
Haftwurzel holdfast root, clinging root
Hagebutte (rose)hip
Hagel *meteo* hail
Hagelschnur/Chalaze chalaza, treadle, tread
Hageman-Faktor (Blutgerinnungs-Faktor XII) Hageman factor (blood clotting factor XII)
Hahn *zool* male chicken, cock, rooster
Hähnchen cockerel (under 1 year)
Hahnenfußgewächse/Ranunculaceae buttercup family, crowfoot family
Hahnenkamm/Crista galli (Schädel) cock's comb, crista galli
Hahnentritt/Fruchthof/ Keimscheibe (Keimfleck im Ei) cocktread, germ disk, germinal disk, blastodisc, cicatricle, "eye"
Haie, echte/Galeomorpha/ Carcharhiniformes tiger sharks/catsharks & sand sharks & requiem sharks & hammerheads and others
Haifische sharks
Haifischkamm (Gelelektrophorese) shark tooth comb (gel electrophoresis)
Hain/Gehölz/Waldung grove

Häkchen/Hamulus (an Feder)
hooklet, barbicel,
hamulus (*pl* hamuli)
Haken hook
➢ **Sandhaken/Strandhaken *mar***
spit, cuspate foreland
hakenartig/hakig
hooked, hamate, hamulose
Hakenbein/Os hamatum
hamate bone, unciform bone
hakenförmig
hook-shaped, unciform, hamiform
Hakenlarve/Acanthor-Larve
acanthor larva
➢ **Sechshakenlarve/ Oncosphaera-Larve (Cestoda)**
hexacanth larva, hooked larva,
oncosphere
Hakenrüssler/Kinorhyncha
kinorhynchs
Hakenwürmer (*Ancylostoma/Necator* spp.)
hookworms
hakig hooked, hook-like,
uncinate, hamate
Halbacetal hemiacetal
Halbaffen/Prosimii
prosimians, lower primates
Halbchromatidenkonversion
half-chromatid conversion
Halbdecke/Hemielytre
hemielytron, hemelytron
Halbdune/Semipluma
semiplume, semipluma
halbdurchlässig/semipermeabel
semipermeable
Halbdurchlässigkeit/ Semipermeabilität
semipermeability
Halbflügler/Hemiptera/Rhynchota/ Schnabelkerfe (Heteroptera & Homoptera)
bugs, hemipterans
Halbgeschwister half-sibs
Halbinsel peninsula
Halblebenszeit (Enzyme)
half-life
Halbmond, grauer
gray crescent
halbmondförmig
crescentic, crescent-shaped
halbmondförmige Klappe/ Semilunarklappe
(Herz: als Teile der Taschenklappe)
semilunar cusp, semilunar flap
(parts of semilunar valve)
halbmondhöckrig/selenodont (Zahnhöcker)
crescentic,
with crescent-shaped ridges,
selenodont
Halbparasit/Halbschmarotzer/ Hemiparasit
semiparasite, hemiparasite
Halbplazenta/Semiplazenta/ Placenta adeciduata
semiplacenta, nondeciduate placenta
Halbsättigungskonstante/ Michaeliskonstante (K_M)
Michaelis constant,
Michaelis-Menten constant
Halbstrauch half-shrub, semishrub,
shrubby herb, suffrutecsent plant
halbstrauchig (am Grunde verholzt)
suffruticose, suffrutescent,
base somewhat woody
halbsynthetisch semisynthetic
halbtrocken semiarid
Halbtrockenrasen semiarid grassland
Halbwertsbreite *math/stat*
full width at half-maximun (fwhm),
half intensity width
Halbwertszeit half-life
Halbwüste semidesert
Hälfte/Anteil/Teil moiety
Hallersches Organ (Zecken)
Haller's organ
halluzinogen hallucinogenic
Halluzinogen hallucinogen
Halm *bot* blade, stalk
➢ **Grashalm**
culm, haulm, halm, spire;
blade of grass
➢ **Strohhalm** straw
Halmfrucht (Getreide) cereal
Halmknoten (Gräser) culm node
halmtragend culmiferous
Halophyt („Salzpflanze") halophyte
Haloragaceae/Meerbeerengewächse/ Seebeerengewächse/ Tausendblattgewächse
water milfoil family, milfoil family

Hals neck; (Kehle) throat
Hals/Tubusträger ***micros*** neck
Halsberger/Cryptodia (Schildkröten) hidden-necked turtles, vertical-necked turtles, S-necked turtles
Halskanalzelle ***bot*** neck canal cell
Halsschild cervical sclerite; (Collum: in Diplopoda) collum
Halsschlagader carotid artery
Halswender/Pleurodia (Schildkröten) side-necked turtles
Halswirbel/Cervikalwirbel cervical vertebra
haltbar storable, durable, lasting
Haltbarkeit storability, durability, shelf-life
Haltere/Schwingkölbchen haltere, balancer
Haltezange (Insektenmännchen)/ Harpagon/Harpe male clasper, harpagone, harpe
Haltung/Stellung/Lage posture, stance
➢ **Drohhaltung** threatening posture
➢ **aufrechte Haltung** upright posture, orthograde posture
Häm heme
Hämadsorptionshemmtest (HADH) hemadsorption inhibition test (HAI test)
Hämagglutinationshemmtest (HHT) hemagglutination inhibition test (HI test)
Hämalbogen/Haemalbogen hemal arch
Hämalkanal/Haemalkanal hemal canal, hemal duct
Hämalsystem/Haemalsystem hemal system
Hamamelidaceae/ Zaubernussgewächse witch-hazel family
Hämatokrit hematocrit
Hämatozyt/Hämatocyt/Hämocyt/ Hämozyt/Blutzelle hematocyte, hemocyte
Hammel (kastrierter Schafbock) wether (castrated male sheep)
Hammer/Malleus (Ohr) hammer, malleus
Hämoglobin hemoglobin
Hämolymphe (Blutplasma einiger Invertebraten) hemolymph
hamstern ***vb*** hoard
Hamstern ***n*** hoarding
Handdecken ***orn*** primary tectrices
handförmig hand-shaped, palmate
Handgelenk wrist joint
Handgelenksknochen/ Handwurzelknochen/ Carpalia/Ossa carpalia wrist bone, carpal bone
handnervig palmately veined, palmate
Handschuhkasten/ Handschuhschutzkammer glove box
Handschwingen/Hautschwingen/ Handschwungfedern primaries, primary feathers (primary remiges)
Handwurzel/Karpus/Carpus carpus
Handwurzelknochen/ Handgelenksknochen/ Carpalia/Ossa carpalia wrist bone, carpal bone
Hanfgewächse/Cannabaceae hemp family
Hang slope, incline
➢ **Berghang** mountain slope, hillslope
Hangaufwind anabatic wind
hangeln brachiate
Hangeln/Schwingklettern/ Brachiation brachiation
hängend pendulous
Hanglage hillside location, slope location
Hangler/Schwingkletterer brachiator
Hangmoor slope fen
Hangsegeln slope soaring, ridge soaring
Hanke (Hüfte des Pferdes) hip
hapaxanth/monokarpisch hapaxanthic, hapaxanthous, hapanthous, monocarp, monocarpic
haploid haploid
Haploidisierung haploidization
Haploinsuffizienz haploinsufficiency

haplostemon *bot* haplostemonous
Haplotyp haplotype
Haplotypanalyse/ Bestimmung des Haplotyps haplotyping
Haptocyste (ein Extrusom) haptocyst
Haptor (Haftorgan: Trematoden) haptor
Hardersche Drüse (Auge) Harderian gland, Harder's gland
Hardy-Weinberg-Gesetz Hardy-Weinberg law
Hardy-Weinberg-Gleichgewicht Hardy-Weinberg equilibrium
Harem harem
Harlekin-Chromosomen harlequin chromosomes
Harmonikabewegung/ Regenwurmbewegung (Schlangen) concertina movement
Harn/Urin urine
➢ **Primärharn/Glomerulusfiltrat** glomerular ultrafiltrate
➢ **Sekundärharn** secondary urine
Harnblase urinary bladder
harnen/urinieren/miktuieren urinate, micturate
Harnen/Harnlassen/Urinieren/ Miktion urination, micturition
Harnfluss/Harnausscheidung/Diurese diuresis
Harngang/Harnleiter ureter, urinary duct
Harnhaut/Harnsack/Allantois allantois
Harnkanälchen/Nierenkanälchen uriniferous tubule
Harnleiter urinary duct
➢ **früher primärer Harnleiter/ Pronephros-Gang** pronephric duct
➢ **sekundärer Harnleiter/Ureter** ureter
➢ **später primärer Harnleiter/ Wolffscher Gang** mesonephric duct, Wolffian duct
Harnleiterklappe ureteral valve
Harnmarkierung urine marking
Harnprüfen urine sampling
Harnraum/Urodaeum urodeum
Harnröhre/Urethra urethra
Harnröhrendrüse/Urethraldrüse/ Littre-Drüse urethral gland
Harnsack/Harnhaut/Allantois allantois
Harnsamenleiter uroseminal duct (archinephric duct conducting both sperm and urine)
Harnsäure (Urat) uric acid (urate)
Harnspritzen urine spraying, enurination
Harnstoff (Ureid) urea (ureide)
Harnstoffzyklus/Harnstoffcyclus urea cycle
Harpagon/Harpe (Valven bei Insekten) harpagone, harpe (male claspers)
Harsch/Harschschnee wind-slab, crusted snow
Hartbast hard bast
Hartboviste/Sclerodermataceae earth balls
Härte hardness, toughness
härten harden; (aushärten) *vb polym* cure
Härten/Aushärten ***n polym*** curing
Härter/Aushärtungskatalysator ***polym*** curing agent
Härtezeit/Abbindezeit ***polym*** curing period
Hartheugewächse/ Johanniskrautgewächse/ Hypericaceae St. John's wort family
Hartholz hard wood
Hartig'sches Netz ***fung*** Hartig net
Hartlaub/Hartlaubgewächs/ Sklerophyll hard-leaf, hard-leaved plant, sclerophyllous plant, sclerophyll
Hartlaubgebüsch/Hartlaubgehölz scrub, sclerophyll shrub
Hartlaubgewächs/Sklerophyll hard-leaf, hard-leaved plant, sclerophyllous plant, sclerophyll
Hartlaubwald sclerophyllous forest
Hartriegelgewächse/ Hornstrauchgewächse/Cornaceae dogwood family
Harz resin
harzabsondernd resiniferous
Harzgalle resin gall

Harzgang/Harzkanal
resin duct, resin canal
harzig resinous
Harzsäure resin acids
Haschisch hashish
Haselnussfrucht filbert
Haselnussgewächse/Corylaceae
hazel family
Hasen/Lagomorpha
rabbits, lagomorphs
Hasenbart/Mystacialvibrissen
mystacial vibrissae (whiskers)
Hasenfußfarngewächse/Davalliaceae
davallia family,
bear's-foot fern family
Hasenpest/Tularämie (*Pasteurella/Francisella tularensis*)
tularemia
Hasenscharte/Lippenspalte
hare lip, cleft lip
Hassall-Körperchen
Hassall's corpuscle,
thymic corpuscle
Hassen/Hassverhalten
mobbing behavior
Hatschekche Grube
Hatschek's pit, Hatschek's groove
Hatz/Hetzjagd chase, hunt, hunting
Haube/Decke/Tegmentum (Gehirn)
tegmentum
Haube/Kalyptra *bot* calyptra
Haube/Netzmagen/Retikulum *zool*
honeycomb stomach, honeycomb bag,
reticulum, second stomach
Haubennetz *arach* dome web
Hauer (z.B. Eber)
tusk, fang (large teeth)
Hauerzahnsaurier/Anomodontia
anomodonts
häufig frequent, abundant
Häufigkeit/Frequenz
frequency (of occurrence),
abundance
- **relative Häufigkeit *stat***
frequency ratio

Häufigkeitshistogramm
frequency histogram
Häufigkeitsverteilung *stat*
frequency distribution (FD)
Häufungsgrad/Häufigkeitsgrad
kurtosis
Hauptachse
main axis, principal axis
- **rhizomartige H. (Algen/Zygomyceten)** stolon
- **Stolo (Hydrozoen-Kolonien) *zool***
stolon

Hauptanbauprodukt staple crop
Hauptassoziation chief association
Hauptauge main eye
Hauptbande *chromat/electrophor*
main band
Haupterzeugnis staple
Hauptfruchtform/Teleomorph *fung*
perfect stage, telomorphic stage
Haupthistokompatibilitätskomplex
major histocompatibility complex
(MHC)
Hauptsatz (1.Hauptsatz/2.Hauptsatz der Thermodynamik)
first/second law of thermodynamics
Hauptspross/Primärspross/Hauptachse
leading/main/primary shoot,
main/primary axis
Hauptwirt primary host,
main host, definitive host
Hauptwurzel/Primärwurzel
main root, primary root
Hauptwurzelanlage radicula
Hauptzelle (Magen) chief cell
Haushalt household
- **Naturhaushalt (natürliches Gleichgewicht)**
natural balance
- **Stoffwechsel/Metabolismus**
metabolism
- **Wasserhaushalt/Wasserregime**
water regime

Haushaltsgen/Haushaltungsgen/konstitutives Gen
housekeeping gene
Haustier/domestiziertes Tier
(für landwirtschaftliche Nutzzwecke)
domesticated animal
- **zahmes Haustier**
(für Hobby und Liebhaberei) pet

Haustorium/Fuß (auch bei Muschellarve)
haustorium, foot
Haustorium/Saugorgan
haustorium, sucker

Haut skin; hide, peel; integument
- **Felderhaut (behaart)** hair-bearing skin
- **Kutis/Cutis (eigentliche Haut; Epidermis & Dermis)** skin, cutis
- **Leistenhaut (unbehaart)** glabrous skin, hairless skin
- **Lederhaut/Korium/Corium/Dermis** cutis vera, true skin, corium, dermis
- **Oberhaut/Epidermis** epidermis
- **Schleimhaut/Schleimhautepithel** mucous membrane, mucosa
- **Unterhaut/ Unterhautbindegewebe/ Subcutis/Tela subcutanea** subcutis
- **Vorhaut/Präputium** foreskin, preputium, prepuce

Haut.../dermal dermal, dermic, dermatic
Haut.../die Haut betreffend epidermal, cutaneous
Hautatmung cutaneous respiration/breathing, integumentary respiration
Hautaausschlag rash, skin rash
Hautdrüse/Dermaldrüse dermal gland
häuten molt, shed skin; (die Haut abziehen) skin
Hautfalte flap of skin, skin fold, wrinkle
Hautfarngewächse/ Schleierfarngewächse/ Hymenophyllaceae filmy fern family
Hautfaserblatt/parietales Blatt/ somatisches Blatt/Somatopleura somatopleure
Hautflügel hymenopterous wing
Hautflügler/Hymenoptera hymenopterans
Hautknochen/Deckknochen/ Belegknochen dermal bone
Hautlappen/Fleischlappen lappet
Hautmembranflügel (Pterosaurier) skin-like membranous wing
Hautmuskelschlauch epitheliomuscular tube
Hautmuskelzelle epitheliomuscular cell, epitheliomuscle cell
Hautmuskulatur dermal musculature
Hautpapille/Dermispapille dermal papilla
Hautparasit/ Hautschmarotzer/Dermatozoe skin parasite, dermatozoan
Hautpilz/Dermatophyt dermatophyte
Hautpilze/Hymenomycetes exposed hymenium fungi
Hautplatte dermal plate
Hautschwingen/Handschwingen primaries, primary feathers (primary remiges)
Hautskelett/Dermalskelett dermal skeleton, integumentary skeleton, dermatoskeleton (exoskeleton)
Häutung/Ecdysis/Ekdyse molt, molting, ecdysis, shedding skin
Häutungsflüssigkeit/ Ecdysialflüssigkeit/ Exuvialflüssigkeit molting fluid, exuvial fluid
Hautzahn/Zahnschuppe/ Placoidschuppe/Dentikel dermal denticle, placoid scale
Haversscher Kanal Haversian canal (central canal)
Haverssches System/Osteon Haversian system, osteon
Haworth-Projektion/Haworth-Formel Haworth projection/formula
Hebelmechanismus leverage mechanism
Heber/Levator (Muskel) levator, lifter (muscle: raising an organ or part)
hecheln (z.B. Hund) pant, panting
Hechtkrautgewächse/ Pontederiaceae pickerel-weed family, water hyacinth family
Hecke hedge
Heckenpflanze hedge plant
Heckenschere hedge clippers, hedge trimmers
Hedonik hedonics
hedonische Drüse (Amphibien) hedonic gland

Hefe yeast
- **Backhefe/Bäckerhefe** baker's yeast
- **Bierhefe/Brauhefe** brewers' yeast
- **Brennereihefe** distiller's yeast
- **hochvergärende Hefe („Staubhefe")** top yeast
- **Mineralhefe** mineral accumulating yeast
- **niedrigvergärende Hefe („Bruchhefe")** bottom yeast
- **Spalthefe (*Saccharomyces pombe*)** fission yeast
- **Trockenhefe** dried yeast

Hefechromosom, künstliches yeast artificial chromosome (YAC)
Hefeextrakt yeast extract
Hefeplasmid yeast plasmid
- **episomales Hefeplasmid** yeast episomal plasmid (YEp)

Hege (Wild) ***hunt*** preservation, care and protection
hegen (schützen/bewahren/pflegen) preserve/maintain (Wild/Forst), tend/nurse (Garten/Pflanzen)
Hegewald/Hegeschlag (geschonter Wald) protected forest
Hegezeit/Schonzeit (Jagd/Wild) ***hunt*** close (closed) season
Heide heath
Heidegras heath sedge
Heidekraut heather (*Calluna vulgaris*); *allg* heath
Heidekrautgewächse/Ericaceae heath family
Heideland heath, heathland, moorland
Heidemoor heath moor
Heidewald heath forest
heilen cure, heal
Heilpflanze/Arzneipflanze medicinal plant
Heilpraktiker nonmedical practitioner
Heilung cure, healing
heimisch local, endemic
Heimkehrvermögen/Heimfindevermögen/Zielflug homing instinct
Heister (junger Laubbaum aus Baumschule) sapling
heizen heat
Heizplatte hot plate
Heizschlange ***lab*** heating coil
Helfervirus helper virus
Helferzelle helper cell
heliophil heliophilic, heliophilous
Heliophyt/Sonnenpflanze/Starklichtpflanze heliophyte
Heliotropismus/Lichtwendigkeit/Sonnenwendigkeit heliotropism, solar tracking
Helix/Spirale (*pl* Helices) helix (*pl* helices or helixes), spiral
Helix-Loop-Helix (Strukturmotiv) helix-loop-helix
Helix-Turn-Helix (Strukturmotiv) helix-turn-helix
Hellfeld ***micros*** bright field
Hellkeimer/Lichtkeimer (Samen) light-induced germination of seed, photodormant seed
Hellkeimung light-induced germination (photodormancy)
helmartig (Blütenblatt) hood-like, cucullate
Helminthologie helminthology
Helokrene/Sickerquelle/Sumpfquelle helocrene
Helotismus helotism
Hemerocallidaceae/Tagliliengewächse daylily family
hemiangiokarp hemiangiocarpic, hemiangiocarpous
Hemibranchie hemibranch
Hemichordaten/Kragentiere/Branchiotremata hemichordates
hemihomocerk/hemihomozerk hemihomocercal
Hemikryptophyt (Überdauerungsknospen an Erdoberfläche) hemicryptophyte
hemimetabole Entwicklung hemimetabolic/hemimetabolous development
Hemionitidaceae/Nacktfarngewächse strawberry fern family
Hemipenis hemipenis

Hemisphäre (Halbkugel) hemisphere
- ➢ **Erdhalbkugel/ Erdhälfte/Erdhemisphäre** hemisphere, global hemisphere
- ➢ **Hirnhemisphäre/Großhirnhälfte** cerebral hemisphere
- ➢ **Nordhalbkugel/Nordhemisphäre (Erde)** Northern Hemisphere
- ➢ **Osthemisphäre (Erde)** Eastern Hemisphere
- ➢ **Südhalbkugel/Südhemisphäre (Erde)** Southern Hemisphere
- ➢ **Westhemisphäre (Erde)** Western Hemisphere

hemizygot hemizygous
Hemizygotie hemizygosity
hemizyklisch hemicyclic
hemmen inhibit
hemmend/inhibierend/inhibitorisch inhibitory
Hemmhof/Hemmzone (Antibiotika) ***micb*** zone of inhibition (inhibition zone)
Hemmkonzentration inhibitory concentration
- ➢ **minimale Hemmkonzentration (MHK)** minimal inhibitory concentration, minimum inhibitory concentration (MIC)

Hemmstoff inhibitor
Hemmung/Inhibition inhibition
- ➢ **irreversible Hemmung** irreversible inhibition
- ➢ **kompetitive Hemmung/ Konkurrenzhemmung** competitive inhibition
- ➢ **nichtkompetitive Hemmung** noncompetitive inhibition
- ➢ **reversible Hemmung** reversible inhibition
- ➢ **Suizidhemmung** suicide inhibition
- ➢ **unkompetitive Hemmung** uncompetitive inhibition

Hemmungsneuron inhibitory neuron
Hemmzone/Hemmhof (Antibiotika) ***micb*** zone of inhibition (inhibition zone)
Henderson-Hasselbalch-Gleichung/ Henderson-Hasselbalchsche Gleichung Henderson-Hasselbalch equation
Hengst stallion (Zuchthengst: stud, studhorse)
Henle-Schleife/Henlesche Schleife loop of Henle, loop of the nephron, nephronic loop
Henne hen
- ➢ **Legehenne** layer (hen)

Heparin heparin
Hepatopankreas/Mitteldarmdrüse midgut gland
Heptamer heptamer
herabhängend/herablaufend decurrent
- ➢ **schlaff herabhängend** drooping

Herabregulation downregulation
- ➢ **Heraufregulation** upregulation

herabstoßen ***orn*** (im Sturzflug die Beute ergreifen) stooping, dive-bombing
herauskommen/hervorkommen/ auftauchen emerge
Herauskreuzen/Auskreuzen outcrossing
herausragen emerge; (hervorstehen) protrude, stand out
herausschneiden/exzidieren excise
Herausschneiden/Excision/Exzision excision
Herbar (*pl* Herbarien) herbarium (*pl* herbariums/herbaria)
- ➢ **Akzession** accession
- ➢ **Belegexemplar** voucher specimen
- ➢ **Typusexemplar** type specimen

Herbarbogen herbarium sheet
Herbarexemplar herbarium specimen
herbarisieren preserve as an herbarium specimen
Herbivor/Pflanzenfresser/ pflanzenfressendes Tier herbivore
Herbizid/Unkrautvernichtungsmittel/ Unkrautbekämpfungsmittel herbicide, weed killer
Herbst fall, autumn
Herbstfärbung autumn/fall coloration
Herbstlaub autumn/fall foliage
herbstlich fall, autumnal

Herbstsches Körperchen *orn*
Herbst corpuscle
Herde herd, flock
Herden (Hüteverhalten)
herding (guarding behavior)
Herden.../in Herden lebend/gesellig (Herdentiere/Insekten)
gregarious
Herdentiere
herd animals, gregarious animals
Herdentrieb/Herdeninstinkt
herd instinct, herding instinct
Heringsfische/Heringsverwandte/ Clupeiformes
herrings and relatives
Heritabilität/Erblichkeit(sgrad)
heritability
Herkunft/Abstammung
origin, descent, provenance (Provenienz)
Hermaphrodit/Zwitter
hermaphrodite
> **protandrischer/ proterandrischer Hermaphrodit**
protandric hermaphrodite
> **Pseudohermaphrodit/ Scheinzwitter**
pseudohermaphrodite
> **Simultanhermaphrodit**
simultaneous/synchronous hermaphrodite
> **Suczedanhermaphrodit**
sequential hermaphrodite
hermaphroditisch/zwittrig
hermaphroditic
Hermaphroditismus/Zwittertum
hermaphrodism
hermatypisch/riffbildend
hermatypic, reef-building
Hernie hernia;
(z.B. Kohlhernie) club-root
Herpetologie (Amphibien- und Kriechtierkunde) herpetology
Herrentiere/Primaten primates
herunterhängendes Blatt
drooping leaf
Herunterstufung/Hinunterstufung
downward classification
hervorkommen/herauskommen/ auftauchen emerge
hervorstehen/herausragen protrude

Herz heart
> **Kiemenherz (Cephalopoda)**
gill heart, branchial heart
> **Lateralherz** lateral heart
> **Nebenherz/auxiliäres Herz**
auxiliary heart
> **Röhrenherz/Herzschlauch**
tubular heart
> **Stirnherz**
frontal heart, frontal sac
Herzaktivität cardiac activity
Herzausstoß cardiac output
Herzbeutel/Perikard/Pericard
pericardium
Herzblattgewächse/Parnassiaceae
grass of Parnassus family
Herzfäule heart rot
herzförmig
cordate, cordiform, heart-shaped
Herzfrequenz/Herzschlagfrequenz
heart rate
Herzgallerte cardiac jelly
Herzgewichtsregel/Reihenregel/ Hessesche Regel *evol*
heart-weight rule, Hesse's rule
Herzigel/Herzseeigel/Spatangoida
heart urchins
Herzklappe heart valve,
cardiac valve, coronary valve
> **Aortenklappe** aortic valve
> **Mitralklappe/Bikuspidalklappe/ Zweisegelklappe/ zweizipflige Segelklappe**
mitral valve, bicuspid valve (with two cusps/flaps)
> **Pulmonalklappe**
pulmonary valve, pulmonic valve
> **Segelklappe/ Atrioventrikularklappe**
atrioventricular valve
> **Taschenklappe**
semilunar valve (consisting of three semilunar cusps/flaps)
> **Trikuspidalklappe/ Dreisegelklappe/ dreizipflige Segelklappe**
tricuspid valve
(with three cusps/flaps)
Herzklopfen
beating/throbbing of the heart

Herzknochen/Os cordis
cardiac bone, heart ossicle
Herzkranzfurche
coronary groove, coronary sulcus
Herzkranzgefäße (Arterien/Venen)
coronary blood vessels
(arteries/veins)
Herzminutenvolumen (HMV)
cardiac output per minute
Herzmuskel cardiac muscle
Herzohren/Auriculae cordis
auricles of the heart
Herzschlag
(einfache Kontraktion des Herzens)
heart beat
Herzschlag/Herzinfarkt
myocardial infarction
Herzschlagfrequenz (HF)
heart rate (beats per minute: bpm)
Herzschlauch/Röhrenherz
tubular heart
Herzskelett cardiac skeleton,
skeleton of the heart
Herzstillstand cardiac arrest
Herzversagen heart failure
Herzvorhof/Herzvorkammer/
Aurikel/Atrium auricle, atrium
Herzwurm (*Dirofilaria* spp.)
heartworm
Hesperidium/Citrusfrucht/
Zitrusfrucht (eine Panzerbeere)
hesperidium
Heterobasidie/Phragmobasidie *fung*
heterobasidium (*pl* heterobasidia)
heterocerk/heterozerk heterocercal
heterochlamydeisch
heterochlamydeous
Heterochromatin heterochromatin
➢ **fakultatives Heterochromatin**
facultative heterochromatin
➢ **konstitutives Heterochromatin**
constitutive heterochromatin
heterochron heterochronous
Heterochronie
heterochrony, heterochronism
heterocöl/heterocoel heterocelous
Heteroduplex-Kartierung
heteroduplex mapping
heterogam heterogamous
heterogametisches Geschlecht
heterogametic sex

Heterogamie heterogamy
heterogen/ungleichartig/
verschiedenartig/andersartig
heterogeneous (consisting of
dissimilar parts)
heterogen/
unterschiedlicher Herkunft
heterogenous (of different origin)
Heterogenese
heterogenesis, heterogeny
heterogenetisch/
genetisch unterschiedlichen
Ursprungs heterogenetic
Heterogenie/
unterschiedlicher Herkunft
heterogeny
Heterogenität/Ungleichartigkeit/
Verschiedenartigkeit/
Andersartigkeit
heterogeneity
Heterogenote *f* heterogenote
Heterogonie/
zyklische Parthenogenese
heterogony, heterogamy
heterolog heterologous
heterologe Sonde
heterologous probe
heteromorph/anders gestaltet/
verschiedengestaltig
heteromorphous
Heterophyllie/Anisophyllie/
Verschiedenblättrigkeit/
Ungleichblättrigkeit
heterophylly, anisophylly
Heteroplasmie heteroplasmy
Heteropolymer heteropolymer
Heterosis/Bastardwüchsigkeit
heterosis, hybrid vigor
heterospor heterosporous
heterostyl/verschiedengriffelig
heterostylous
Heterostylie/
Verschiedengriffeligkeit
heterostyly
Heterothermie heterothermy
heterothermisch heterothermic
heterotroph heterotroph, heterotrophic
Heterotrophie heterotrophy
heterotypisch heterotypic
Heterözie/Heteröcie
heteroecy, heteroecism

heterözisch heteroecious, heterecious, heteroxenous
heterozygot/mischerbig heterozygous
➢ **zusammengesetzt-heterozygot** compound heterozygot
Heterozygotenvorteil heterzygote advantage
Heterozygotie/Mischerbigkeit heterozygosity
➢ **Verlust der Heterozygotie/ Heterozygotieverlust** loss of heterozygosity (LoH)
heterozyklisch heterocyclic
hetzen inciting, chasing
Heu hay
Heuaufguss hay infusion
heulen (Heuleraffe/Koyote) howl
heulen/schreien (Eulen) hoot
Heulen *n* howling
Heuler (Robbenjunges) young seal, seal pup (*literally*: wailing seal pup)
heuristisch heuristic
Hexacorallia hexacorallians, hexacorals
Hexamer/Hexon *vir* hexamer, hexon
Hexenbesen witches' broom
Hexenei *fung* immature, closed fructification (fruit body) of Phallales (stinkhorn)
Hexenring *fung* fairy ring
Hexosemonophosphatweg/ Pentosephosphatweg/ Phosphogluconatweg hexose monophosphate shunt (HMS), pentose phosphate pathway, pentose shunt, phosphogluconate oxidative pathway
Hibernakel hibernaculum, winter bud
Hierarchie hierarchy
hierarchisch hierarchical
Hilfsstoff/Adjuvans auxiliary drug, adjuvant
Hill-Auftragung Hill plot
Hill-Gleichung Hill equation
Hill-Koeffizient/ Kooperativitätskoeffizient Hill coefficient, Hill constant
Hill-Reaktion Hill reaction
Hilum hilum
Himmelsleitergewächse/ Sperrkrautgewächse/ Polemoniaceae phlox family
Hinfallhaut/Siebhaut/ Dezidua/Decidua decidua
hinführend/zuführend/zuleitend afferent
Hinteraugenschild/Postoculare (Schlangen) postocular
Hinterbeine hindlegs, posterior legs
Hinterbrust/Metathorax metathorax
Hinterdarm/Enddarm/Proctodaeum hindgut, proctodeum
Hinterextremität hindlimb
Hinterflügel (Unterflügel) hindwing
Hinterfühlerorgan/ Postantennalorgan postantennal organ
Hintergrund background
Hintergrundsfärbung (Tarnung)/ Mimese background camouflage, mimesis
Hinterhand (Pferd) hindquarter, haunch
Hinterhaupt/Occiput occiput (dorsal/posterior part of head)
Hinterhauptbein/Os occipitale occipital bone
Hinterhauptlappen/ Okzipitallappen/Lobus occipitalis occipital lobe
Hinterhirn/Tritocerebrum (Insekten) tritocerebrum
Hinterkiemenschnecken/ Hinterkiemer/Opisthobranchia opisthobranch snails, opisthobranchs
Hinterkopf back of the head; poll (crest/top/apex/back of head: *esp* horses/cattle)
Hinterkörper/Hinterleib/Abdomen/ Opisthosoma abdomen; opisthosoma
Hinterleibsstiel/„Taille"/Petiolus podeon, podeum, petiole
Hinterschenkel/Hose (Unterschenkel des Pferdes) gaskin

Hinterteil/Hinterleib/Hinterviertel hindquarter, haunch
➢ **Kruppe (Pferd)** croup
hinweglesen über (ein Stoppcodon) ***gen*** read through (a stop codon)
Hippocastanaceae/ Rosskastaniengewächse horse chestnut family, buckeye family
Hippuridaceae/ Tannenwedelgewächse marestail family, mare's-tail family
Hirn/Gehirn (Encephalon/Enzephalon) brain (encephalon)
➢ **Althirn/ Paläoencephalon/Paleencephalon** paleoencephalon, paleencephalon
➢ **Endhirn/Großhirn/Telencephalon** endbrain, cerebrum, telencephalon
➢ **Großhirn/Endhirn/Telencephalon** cerebrum, endbrain, telencephalon
➢ **Hinterhirn/Metencephalon (Pons + Cerebellum)** afterbrain, metencephalon
➢ **Hinterhirn/Tritocerebrum (Insekten)** tritocerebrum
➢ **Kleinhirn/Hinterhirn/Cerebellum** cerebellum, epencephalon
➢ **Markhirn/Myelencephalon** marrow brain, medullary brain, myelencephalon
➢ **Mittelhirn/Deutocerebrum (Insekten)** deutocerebrum
➢ **Mittelhirn/Mesencephalon (Vertebraten)** midbrain, mesencephalon
➢ **Nachhirn/Metencephalon (Pons + Cerebellum)** afterbrain, metencephalon
➢ **Neuhirn/ Neoencephalon/Neencephalon** neoencephalon, neencephalon
➢ **Neukleinhirn/Neocerebellum** neocerebellum (lateral lobes of cerebellum)
➢ **Rautenhirn/Rhombencephalon** hindbrain, rhombencephalon
➢ **Riechhirn/Rhinencephalon** "nose brain", olfactory brain, rhinencephalon
➢ **Urhirn/Archencephalon** primitive brain, archencephalon
➢ **verlängertes Rückenmark/ Medulla oblongata** medulla, medulla oblongata
➢ **Vorderhirn/Prosencephalon (Vertebraten)** forebrain, prosencephalon (telencephalon + diencephalon)
➢ **Vorderhirn/Protocerebrum (Insekten)** protocerebrum
➢ **Zwischenhirn** diencephalon, interbrain, betweenbrain
Hirn-Herz-Infusionsagar brain-heart infusion agar
Hirnanhangdrüse/Hypophyse pituitary gland, pituitary, hypophysis
Hirnbeuge ***embr*** cerebral flexure
➢ **Brückenbeuge** pontine flexure
➢ **Nackenbeuge** cervical flexure
➢ **Scheitelbeuge** cephalic flexure, cranial flexure
Hirnbläschen ***embr*** cerebral vesicle
Hirnflüssigkeit/ Gehirn-Rückenmarks-Flüssigkeit/ Liquor cerebrospinalis cerebrospinal fluid (CSF)
Hirngewölbe/Fornix fornix of cerebrum
Hirnhaut/Gehirnhaut/ Meninx (*pl* Meninga) cerebral meninx (*pl* meninga/meninges), cerebral membrane
➢ **harte Hirnhaut/ Pachymeninx (Dura mater)** pachymeninx
➢ **weiche Hirnhaut/Leptomeninx (Arachnoidea & Pia mater)** leptomeninx, pia-arachnoid membrane
Hirnholz cross-grained timber, crosscut wood
Hirnkapsel/Schädel/Cranium braincase, skull, head capsule, cranium
Hirnrinde/Großhirnrinde cerebral cortex

Hirnschädel/ Gehirnschädel/Neurocranium neurocranium
Hirnschenkel/Hirnstiel/Crura cerebri cerebral peduncle
Hirnschnitt/Querschnitt (Holz) cross section, transverse section
Hirnstamm/Truncus cerebri brain stem
Hirsche/Cervidae cervids
> **erwachsenes/adultes Hirschmännchen („Hirsch")** stag (red deer male: hart)
> **Hirschkuh** doe (red deer female: hind)
His-Bündel/Hissches Bündel/ Fasciculus atrioventricularis/ tert. Autonomiezentrum (Herz) bundle of His, atrioventricular bundle
Histamin histamine
Histidin histidine
Histiozyt/Gewebswanderzelle/ Gewebs-Makrophage (*eigentlich:* Makrophage) histiocyte (*actually*: macrophage)
Histogramm/Streifendiagramm *stat* histogram, strip diagram
Histoinkompatibilität/ Gewebeunverträglichkeit histoincompatibility
Histokompatibilität/ Gewebeverträglichkeit histocompatibility
Histokompatibilitätsantigen histocompatibility antigen
> **Haupt-histokompatibilitätsantigene** major histocompatibility antigens
> **Neben-histokompatibilitätsantigene** minor histocompatibility antigens
Histokompatibilitätskomplex histocompatibility complex
Histon histone
histonartiges Protein histone-like protein
Hitze heat
Hitzebehandlung/Backen heat treatment, baking
hitzebeständig heat-resistant, heat-stable
Hitzeerschöpfung heat exhaustion
Hitzekrämpfe heat cramps
hitzemeidend/thermophob thermophobic
Hitzeschock heat shock
Hitzeschockgen heat shock gene
Hitzeschockprotein heat shock protein
Hitzeschockreaktion heat shock reaction, heat shock response
hitzeverträglich heat-tolerant
Hitzschlag heatstroke
HNO (Hals-Nasen-Ohren) ENT (ear-nose-throat)
Hochblatt hypsophyll; (Braktee) floral bract
Hochblatthülle/Außenkelch sepal-like bracts
Hochdruck/Bluthochdruck hypertension
Hochdruckflüssigkeits-chromatographie/ Hochleistungschromatographie high-pressure liquid chromatography, high performance liquid chromatography (HPLC)
Hochdurchsatz high throughput
Hochfläche/Hochebene plateau, elevated plane, tableland
Hochgebirge alpine mountains, alpine mountain chain
Hochgebirgsmoor alpine mire/bog
Hochgebirgsregion alpine region
Hochgebirgssee alpine lake
Hochgebirgsstufe alpine zone
hochkant angeordnetes Plattengel slab gel
hochkronig/ hypsodont/hypselodont (Zähne) with high crowns, hypsodont
Hochland highland
hochmolekular high-molecular
Hochmoor (ombrotroph) raised bog, raised mire, (upland/high) moor, peat bog
Hochmoortorf highmoor peat, sphagnum peat, moss peat

Hochmoorwald (upland) bog forest
Hochsee/offenes Meer/ Hochseebereich/ ozeanische Region open sea, pelagic zone, oceanic zone/province
Hochstamm (Wuchsform eines Baumes) standard tree, standard
Hochstaude tall/montane perennial herb
Hochstaudenflur tall/montane herbaceous vegetation zone
Höchstertrag maximum yield
Hochwald high forest
hochwürgen/wiederaufstoßen/ regurgitieren regurgitate
Hochwürgen/Wiederaufstoßen/ Regurgitation regurgitation
Hochzeitsflug mating flight, nuptial flight
Hochzeitskleid ***orn*** nuptial dress, nuptial plumage
„Hochzeitslaube“ (schwarze Witwe) ***arach*** mating bower
Höcker/Wölbung/Tuberkel (Erhebung) knob, tuber, tubercle (protuberance); (Vogelschnabel: Buckel/Wölbung) gibbosity
➤ **Blatthöcker/frühe Blattanlage** ***bot*** leaf buttress
➤ **Fetthöcker (Kamele/Rinder)** hump
➤ **Geschlechtshöcker/Genitalhöcker/ Tuberculum genitale** genital tubercle
höckerig/buckelig ***allg*** humped; (Vogelschnabel) gibbose, gibbous
Hoden (*sg/pl*) testicle, testis (*pl* testes)
Hoden.../den Hoden betreffend testicular
Hodensack/Skrotum scrotum
Hof/Lysehof/Aufklärungshof/Plaque plaque
Hofmeistersche Reihe/lyotrope Reihe Hofmeister series, lyotropic series
Hoftüpfel ***bot*** bordered pit
Höhe height
Höhe über dem Meeresspiegel altitude, above sea level
Höhenlage altitude, elevation, higher location
Höhenstufe/Vegetationsstufe altitudinal zone/region/belt, vegetation(al) zone/region/belt
Höhentrieb/ Haupttrieb ***bot/hort*** leader
höhere Pflanzen higher plants
hohl hollow
Höhle ***allg*** cave, crypt, cavity
Höhle/Kammer/Ventrikel (kleine Körperhöhle) cavity, chamber, ventricle
höhlenbewohnend/kavernikol cave-dwelling, cavernicolous (troglophilic)
Höhlenbewohner cave dweller, cavernicole (troglophile)
Hohlknochen/ pneumatischer Knochen/ Os pneumaticum hollow bone, pneumatic bone
Hohlraum/Höhlung/Lumen cavity, lumen; (Blattparenchym) airspace
Hohlspiegel concave mirror
Hohlstachler/Coelacanthiformes coelacanths
Hohltiere/Nesseltiere/ Coelenteraten/Cnidaria cnidarians, coelenterates
Höhlung crypt, cavity, cave
Hohlvene/Vena cava vena cava
Hohlwelle (Rührer) hollow impeller shaft
Holandrie ***gen/zool*** holandry
holandrisch ***gen/zool*** holandric
hold/preferentiell (Boden/Gesellschaftstreue) preferential, favorably associated
Holismus holism
holistisch holistic
Holobasidie/Homobasidie holobasidium, homobasidium (*pl* -basidia)
Holobranchie holobranch
Holocoen/Ökosystem holocoen, ecosystem
Holoenzym holoenzyme
Hologamie hologamy
hologyn hologynic
Hologynie hologyny

holokrin holocrine
holometabol holometabolous, holometabolic
holometabole Entwicklung holometabolic development
Holometabolie holometabolism
holomiktisch holomictic
Holonephros holonephros
Holoparasit/Vollschmarotzer/Vollparasit holoparasite, obligate parasite
Holoplankton holoplankton
Holotypus/Holotyp/Holostandard holotype (type specimen)
Holozän/Jetztzeit/Alluvium (erdgeschichtliche Epoche) Holocene, Recent, Holocene Epoch, Recent Epoch
Holz wood
➢ **abholzen** fell, clear, clearcut
➢ **Abholzung** felling, clear cutting, clear felling, deforestation
➢ **Ablagern** seasoning
➢ **Auge** knot
➢ **Bauholz** (structural) timber, lumber
➢ **beizen** stain
➢ **Belegzelle (Holzparenchym)** contact cell
➢ **Brauchholz** lumber, timber
➢ **Brennholz** firewood, fuelwood
➢ **Bruchholz** woody debris
➢ **Derbholz** crude timber, crude wood
➢ **dichtfaseriges Holz** pycnoxylic wood
➢ **Druckholz/Rotholz** compression wood
➢ **Engholz/Spätholz** summerwood, latewood
➢ **Faser/Faserung (Schnittholz)** grain
➢ **Faserholz** pulpwood
➢ **Faserung (Schnittholz)** grain
➢ **Figur** figure
➢ **flach-aufgesägt (Holzstamm)** flatsawn
➢ **Fladerschnitt** tangential section, flatsawn, plainsawn
➢ **Fladerung/Maserung** figure, design
➢ **fräsen** mill, shape
➢ **Fruchtholz/Tragholz (Kurztrieb)** spur shoot, fruit-bearing bough (short shoot)
➢ **Frühholz/Weitholz/Frühlingsholz** earlywood, springwood
➢ **Gefüge** texture
➢ **Gewicht, spezifisches** specific gravity
➢ **Hartholz** hard wood
➢ **Hirnholz** cross-grained timber, crosscut wood
➢ **Hirnschnitt/Querschnitt** cross section, transverse section
➢ **in Holz lebend/auf Holz gedeihend** xylophilous, thriving in/on wood
➢ **Kalamitätennutzung (Holzernte)** salvage logging, salvage felling
➢ **Kantholz** cant, squared timber, square-edged lumber, squared log
➢ **Kernholz** heartwood, duramen
➢ **Kien/Kienholz** resinous pinewood
➢ **Knorren (am Baum)/Holzmaser/Maser/Maserknolle** gnarl, burl, burr
➢ **Krummholz** stunted, miniature forest; Krummholz
➢ **lagern** season, store
➢ **Liane (verholzte Kletterpflanze)** liana, woody climber
➢ **Maserknolle/Kropf** burl, burr, gnarl, woody outgrowth, wood knot (with wavy grain)
➢ **Maserknolle, ebenerdige (durch Feuer/Trockenheit)** lignotuber
➢ **Maserung/Fladerung** *allg* figure, design
➢ **Maserung (Faserorientierung)** grain
➢ **morsch** decayed, rotten; brittle; frail, fragile
➢ **Nutzholz** timber, lumber
➢ **Oberholz/Oberstand/Schirmbestand** overstory

- **Papierholz** pulpwood
- **Querschnitt/Hirnschnitt** cross section, transverse section
- **Radialschnitt/Spiegelschnitt** radial section, quartersawn
- **Reaktionsholz** reaction wood
- **Riss** (Holz: zwischen Jahresringen) shake
- **Rundholz** roundwood, log timber
- **Sehnenschnitt** tangential section
- **Sekundärholz, lockeres** manoxylic wood
- **Sommerholz** summer wood
- **Span (*pl* Späne)/Holzspäne** (wood) chips, shavings
- **Spätholz/Herbstholz/Engholz** latewood
- **Sperrholz** plywood
- **Spiegelschnitt/Radialschnitt** radial section, quartersawn
- **Splintholz** sapwood, splintwood, alburnum
- **Stammholz** log, lumber
- **Ster** stere (stack of cordwood: 1 cbm)
- **Struktur/Textur/ Faser/Fibrillenanordnung** grain
- **Treibholz** driftwood
- **Unterholz/Untergehölz** understory
- **verholzt/lignifiziert** lignified
- **Verholzung/Lignifizierung** lignification, sclerification
- **verziehen** warp
- **vierteilig-aufgesägt (Holzstamm)** quartersawn
- **Vogelaugenholz** bird's eye (wood texture)
- **Weichholz** soft wood
- **Weitholz/Frühholz/Frühlingsholz** earlywood, springwood
- **werfen/verziehen** warp
- **Wundholz/ Wundgewebe/Wundcallus** wound tissue, callus
- **Zeichnung/Fladerung** figure
- **zerstreutporig** diffuse porous
- **Zugholz** tension wood

Holzapfel crab apple
Holzart kind/type of wood
holzartig woody
Holzbalken beam
Holzbestand stand of timber
Holzbewohner lignophile, xylophile
Holzeinschlag wood felling; felling quantity
hölzern wooden
Holzertrag timber yield
Holzessig wood vinegar, pyroligneous acid
Holzfällen logging, lumbering, felling of trees
Holzfäller lumberjack, woodcutter, woodchopper
Holzfaser (Libriformfaser) wood fiber (libriform fiber)
Holzfäule wood rot
Holzfestigkeit/Holzstabilität wood strength, wood stability

- **Biegefestigkeit/Tragfähigkeit** bending strength
- **Drehfestigkeit** torsion(al) strength
- **Druckfestigkeit** crushing strength, compression resistance (endwise compression)
- **Knickfestigkeit** buckling strength, folding strength, crossbreaking strength
- **Reißfestigkeit/ Zerreißfestigkeit/Zugfestigkeit** tensile strength, breaking strength
- **Scherfestigkeit/Schubfestigkeit** shear strength, shearing strength
- **Stoßfestigkeit** shock resistance
- **Zerreißfestigkeit/ Reißfestigkeit/Zugfestigkeit** tensile strength, breaking strength

holzfressend wood-eating, feeding on wood, xylophagous
Holzfresser lignivore, xylophage
Holzgeist wood spirit, wood alcohol, pyroligneous spirit, pyroligneous alcohol (*chiefly*: methanol)

Holzgewächs(e) (Phanerophyt) woody plant(s) (phanerophyte)
➢ **Baum (*pl* Bäume)** tree(s)
➢ **Halbstrauch** half-shrub, semishrub, shrubby herb, suffrutecsent plant
➢ **Strauch (*pl* Sträucher)** shrub(s)
Holzhaufen wood pile
holzig/faserig woody, ligneous, fibrous
Holzkiste wood crate
Holzkohle charcoal
Holzkörper wood cylinder, wood corpus, wood body
Holzflanzen woody plants
Holzprodukt wood product
Holzqualität wood/lumber/timber quality
Holzschnitzel wood chips
Holzschwarte slab
Holzspäne wood shavings
Holzstamm (gefällt) log, lumber
Holzstrahl wood ray
Holzteer wood tar
Holzteil/Gefäßteil/Xylem tracheary elements, xylem
holzverarbeitende Industrie timber industry
Holzwirtschaft lumber industry, timber industry
holzzersetzend decomposing wood, xylophilous
homocerk/homozerk homocercal
homocöl/homocoel homocelous
Homoduplex *gen* homoduplex
homogametisches Geschlecht homogametic sex
homogam homogamous
Homogamie homogamy
homogen/einheitlich/gleichartig homogeneous (having same kind of constituents)
homogen/gleicher Herkunft homogenous (of same origin)
Homogenie/gleicher Herkunft homogeny (of same origin)
Homogenisation homogenization
Homogenisator homogenizer
homogenisieren homogenize
Homogenisierung homogenization
Homogenität/Einheitlichkeit/Gleichartigkeit homogeneity (with same kind of constituents)
Homogenote *f* homogenote
Homogentisinsäure homogentisic acid
homoiochlamydeisch/mit gleichartigen Hüllblättern homoiochlamydeous, homochlamydeous
homoiosmotisch homoiosmotic, homeosmotic
homoiotherm/gleichwarm/endotherm/warmblütig homoiothermic, homeothermic, endothermic, warm-blooded
Homoiothermie/Warmblütigkeit homoiothermy, homeothermy, homoiothermism, warm-bloodedness
homolog/ursprungsgleich homologous
homologe Chromosomen homologous chromosomes
Homologie homology
homologisieren homologize
homonom homonomous
homonym *adv/adj* homonymous, homonymic
Homonym *n* homonym
Homonymie homonymy
Homöobox-Gen (*Hox*-Gen) homeobox gene (*Hox* gene)
Homöodomäne homeodomain
Homöostase/Homöostasie homeostasis
homöotische Mutation homeotic mutation
homöotisches Gen homeotic gene
Homopolymer homopolymer
Homoserin homoserine
homospor homosporous
Homotransplantat/Allotransplantat homograft, syngraft, allograft (syngeneic graft)
Homotyp homotype
homotypisch homotypic
homozygot/reinerbig/reinrassig homozygous
Homozygotie/Reinerbigkeit/Reinrassigkeit homozygosity

Honig honey
➢ **Bienenhonig** bee honey
➢ **Scheibenhonig/Wabenhonig** comb honey
➢ **Waldhonig** forest honey
Honigbechergewächse/ Marcgraviaceae shingleplant family
Honigblatt *bot* nectariferous leaf
Honigdrüse/Nektarium *bot* nectar gland, nectary
Honigmagen/Kropf (Biene) honey crop, honey stomach, honey sac
Honigmal *bot* honey guide
Honigschuppe *bot* nectariferous scale
Honigstrauchgewächse/ Melianthaceae honeybush family
Honigtau honeydew (*Australien*: sugar-lerp)
Honigwabe honeycomb
Hopfen hop(s)
hoppeln (z.B. Hase) hop
Hörbarkeit audibility
hören (vernehmen) hear
➢ **schwerhörig** hard of hearing
➢ **taub** deaf
➢ **zuhören** listen
Hörgrenze hearing limit, auditory limit, limit of audibility
Hörhaar/Becherhaar/Trichobothrium acoustical hair, trichobothrium, vibratory sensory hair
horizontal angeordnetes Plattengel horizontal gel, flat bed gel
horizontale Transmission horizontal transmission
Hörkölbchen/Rhopalium rhopalium
Hormocyste (Flechten) hormocyst
Hormocystangium hormocystangium
Hormon hormone
➢ **Adiuretin/ antidiuretisches Hormon (ADH)/ Vasopressin** antidiuretic hormone (ADH), vasopressin
➢ **Adrenalin/Epinephrin** adrenaline, epinephrine
➢ **Aktivierungshormon/ prothoracotropes Hormon** prothoracicotropic hormone (PTTH), brain hormone
➢ **Aldosteron** aldosterone
➢ **Androsteron** androsterone
➢ **Anti-Müller-Hormon (AMH)** Mullerian inhibiting hormone (MIH)
➢ **antidiuretisches Hormon (ADH)/ Adiuretin/Vasopressin** antidiuretic hormone (ADH), vasopressin
➢ **Calcitonin** calcitonin
➢ **Corticoliberin/ Corticotropin-freisetzendes Hormon/corticotropes Releasing-Hormon (CRH)** corticoliberin, corticotropin-releasing hormone (CRH), corticotropin-releasing factor (CRF)
➢ **Corticotropin/Kortikotropin/ adrenocorticotropes Hormon/ adrenokortikotropes Hormon (ACTH)** corticotropin, adrenocorticotropic hormone (ACTH)
➢ **Cortisol/Hydrocortison** cortisol, hydrocortisone
➢ **Cortison/Kortison** cortisone
➢ **Endorphin/Endomorphin** endorphin
➢ **Follitropin/ follikelstimulierendes Hormon (FSH)** follicle-stimulating hormone (FSH)
➢ **Freisetzungshormon/ Freisetzungsfaktor/ freisetzendes Hormon/ freisetzender Faktor** releasing hormone, release hormone, releasing factor, release factor
➢ **Gastrin** gastrin
➢ **Geschlechtshormone** sex hormones
➢ **Gestagen/Progestin/ Corpus-luteum-Hormon/ „Schwangerschaftshormon"** gestagen, progestin
➢ **Glukagon/Glucagon** glucagon
➢ **Glukokortikoide** glucocorticoids

- **Gonadotropin** gonadotropin
- **Gonadotropin-Releasing Hormon/ Gonadoliberin** gonadotropin releasing hormone/ factor (GnRH/GnRF), gonadoliberin
- **häutungshemmendes Hormon** molt-inhibiting hormone (MIH)
- **Insulin** insulin
- **Juvenilhormon** juvenile hormone (JH)
- **Kortikotropin/Corticotropin/ adrenokortikotropes Hormon/ adrenocorticotropes Hormon (ACTH)** corticotropin, adrenocorticotropic hormone (ACTH)
- **Kortisol/Cortisol/Hydrocortison** cortisol, hydrocortisone
- **Kortison/Cortison** cortisone
- **Lutropin/Luteotropin/ Luteinisierendes Hormon (LH)/ Zwischenzellstimulierendes Hormon** luteinizing hormone (LH), interstitial-cell stimulating hormone (ICSH)
- **Melanoliberin/ Melanotropin-Freisetzungshormon** melanoliberin, melanotropin releasing hormone, melanotropin releasing factor (MRH/MRF)
- **Melanotropin/Melanozyten-stimulierendes Hormon (MSH)** melanocyte-stimulating hormone (MSH)
- **Melatonin** melatonin
- **Norepinephrin/Noradrenalin** norepinephrine, noradrenaline
- **Östradiol** estradiol, progynon
- **Östrogen** estrogen
- **Östron/Estron** estrone
- **Oxytocin/Oxytozin** oxytocin
- **Parathormon/Parathyrin (PTH)/ Nebenschilddrüsenhormon** parathyrin, parathormone, parathyroid hormone
- **Progesteron** progesterone
- **Progestin** progestin
- **Prolaktin/Prolactin (PRL)/ Mammatropin/Mammotropes Hormon/Lactotropes Hormon/ Luteotropes Hormon (LTH)** prolactin (PRL), luteotropic hormone (LTH)
- **Prolaktoliberin/ Prolaktin-Freisetzungshormon** prolactoliberin, prolactin releasing hormone, prolactin releasing factor (PRH/PRF)
- **Prostaglandin(e)** prostaglandin(s)
- **prothoracotropes Hormon/ Aktivationshormon** prothoracicotropic hormone (PTTH), brain hormone
- **Relaxin** relaxin
- **Sekretin/Secretin** secretin
- **Sexualhormon** sex hormone
- **Somatoliberin** somatoliberin, somatotropin release-hormone, somatotropin releasing factor (SRF), growth hormone release hormone/factor (GRH/GRF)
- **Somatomedin** somatomedin, insulin-like growth factor (IGF) (sulfation factor/ serum sulfation factor)
- **Somatostatin** somatostatin, somatotropin release-inhibiting factor, growth hormone release-inhibiting hormone (GRIH)
- **Somatotropin/ somatotropes Hormon/ Wachstumshormon** somatotropin (STH), growth hormone (GH)
- **Testis-Determinationsfaktor (TDF)** testis-determining factor
- **Testosteron** testosterone
- **Thyr(e)otropin/Tyrotropin/ thyreotropes Hormon/ thyreoideastimulierendes Hormon (TSH)** thyrotropin, thyroid-stimulating hormone (TSH)
- **Thyroliberin/Thyreotropin-Freisetzungshormon (TRH/TRF)** thyroliberin, thyreotropin releasing hormone/factor (TRH/TRF)

➢ **Thyroxin (T_4)**
thyroxine (*also*: thyroxin), tetraiodothyronine
➢ **Triiodthyronin (T_3)**
triiodothyronine
➢ **vasoaktives intestinales Peptid (VIP)**
vasoactive intestinal polypeptide
➢ **Vasopressin/ antidiuretisches Hormon (ADH)/ Adiuretin**
vasopressin, antidiuretic hormone (ADH)
➢ **Vasotocin** vasotocin
➢ **Wachstumshormon/Somatotropin/ somatotropes Hormon**
growth hormone (GH), somatotropin
➢➢ **menschliches W. (Somatotropin/ somatotropes Hormon)**
human growth hormone (hGH), human somatotropin
hormonal/hormonell hormonal
Horn horn
Horn.../aus Horn horny, cornified
Hornballen/Hufballen/ Torus ungulae
pad of the hoof, digital pad, bulb
Hornblattgewächse/ Ceratophyllaceae
hornwort family
Hörner/Gehörn horns
Hörnerv auditory nerve
Hornfarngewächse/Parkeriaceae
water fern family, floating-fern family
Hornhaie/Doggenhaie/ Heterodontidae
horn sharks, bullhead sharks
Hornhaut (verhornte Haut)
callus (hyperkeratosis)
Hornhaut/Cornea (Auge) cornea
Hornhechtartige/ Ährenfischverwandte/ Atheriniformes silversides & skippers & flying fishes and others
Hornkorallen/ Rindenkorallen/Gorgonaria
horny corals, gorgonians, gorgonian corals
Hornmoose (Anthocerotae)
hornworts
Hornröhrchen (Huf) horn tubule
Hornscheide
cornified sheath, horn sheath
Hornschicht/Stratum corneum
stratum corneum, horny layer (of epidermis)
Hornschuh/ Hornkapsel/Hufkapsel (Huf)
horny hoof, horny capsule, hoof capsule
Hornschwämme/ Netzfaserschwämme/ Cornacuspongiae horny sponges
Hornsohle/Solea cornes (Huf)
horny sole
Hornstrauchgewächse/ Hartriegelgewächse/Cornaceae
dogwood family
Horotelie horotely
horotelisch horotelic
Hörschwelle
hearing threshold, auditory threshold
Horst *hort/for*
small (tree) stand, thicket
Horst/Raubvogelnest *zool*
nest (esp. of predatory birds)
➢ **Adlerhorst** eagle nest, eyrie, aerie
Hörsteinchen/Gehörstein/Otolith
"ear bone", "ear stone", otolith
horsten (Raubvögel) nest
Hortensiengewächse/Hydrangeaceae
hydrangea family
Hörvermögen/Gehör audition
Hörzentrum auditory center
HOSCH-Filter (Hochleistungsschwebstofffilter)
HEPA-filter (high efficiency particulate air filter)
Höschen (Biene)
pollen in corbiculum of hindlegs
Hose *orn* leg feathers
Hose/Hinterschenkel (Unterschenkel des Pferdes)
gaskin (lower thigh)
Hot-Spot/sensible Position
(u.a. Stelle in einem Gen mit hoher Mutabilität) hot spot
Hude/Viehweide pasture
hudern *orn*
take (chicks) under its wing, gathering under wings

Huf/Ungula hoof (*pl* hooves/hoofs)
- ➤ **Ballen/Torus ungulae** bulb (of heel), pad, digital pad
- ➤ **Eckstrebe/Pars inflexa** bar
- ➤ **Eckstrebenwinkel/Sohlenwinkel** angle of sole, seat of corn* (*corn = hardening/thickening of epidermis)
- ➤ **Fesselbein/Fesselknochen/ proximale Phalanx** pastern bone, long pastern bone, first phalanx
- ➤ **Hornschuhwand/Hornwand/ Hufwand** horny wall
- ➤ **Kronbein/mittlere Phalanx** coronary bone, small/short pastern bone, second phalanx
- ➤ **Krone/Corona** coronet
- ➤ **Seitenwand/Seitenteil (der Hufwand)/Pars lateralis** quarter
- ➤ **Strahlbein/distales Sesambein/ Os sesamoideum distale** navicular bone, distal sesamoid bone
- ➤ **Trachte** (horny) heel (buttress of heel/angle of heel/angle of wall)
- ➤ **Trachtenwand/Trachtenteil** wall of the heel, heel wall
- ➤ **Zehenwand/Zehenteil/Rückenteil** wall of the toe, toe wall

Huf.../mit Hufen/hufartig hoofed, hoof-like, ungulate

Hufballen/Torus ungulae pad of the hoof, digital pad, bulb

Hufbein/Os ungulare/Phalanx distalis coffin bone, distal phalanx

Hufbeinknorpel/Hufknorpel coffin bone cartilage

Hufeisen horseshoe

Hufeisenwürmer/Phoroniden/ Phoronidea phoronids

hufförmig hoof-shaped, unguliform

Hufgang/Zehenspitzengang/ Unguligradie unguligrade gait

Hufgelenk coffin joint

Hufkapsel/Hornschuh hoof capsule, horny capsule

Hufkissen/Pulvinus digitalis (*Strahlkissen*=Strahlpolster + *Ballenkissen*=Kronkissen=Ballenpolster) digital cushion, plantar cushion

Hufkrone (Haarkranz am Huf) coronet
- ➤ **Kronfurche/Sulcus coronalis** coronary groove
- ➤ **Kronlederhaut** coronary dermis (corium)

Huflederhaut hoof dermis (corium)

Hufplatte/Hornplatte hoof plate

Hufrehe thrush

Hufrolle/Fußrolle/Podotrochlea navicular zone, semilunar zone

Hufrollenschleimbeutel/ Bursa podotrochlearis navicular bursa

Hufsaum/Limbus limbus

Hufsohle hoof sole, horny sole

Hufstrahl/Cuneus ungulae frog
- ➤ **Hahnenkamm/Spina cunei** frog-stay, spine of the frog
- ➤ **Hornstrahl** horny frog
- ➤ **Strahlfurche, mittlere/ Sulcus cunealis centralis** cleft of frog, central groove, central sulcus
- ➤ **Strahlfurche, seitliche/ Sulcus paracunealis** paracuneal groove, collateral groove, commissure
- ➤ **Strahlkissen/Pulvinus cunealis** cuneal cushion
- ➤ **Strahllederhaut/Corium cunei** dermis of frog
- ➤ **Strahlschenkel/Crus cunei** crus of frog
- ➤ **Strahlspitze/Apex cunei** point of frog

Hüftband (Vertebraten) cotyloid ligament

Hüftbein/Hüftknochen/Os coxae hipbone, coxal bone, innominate bone

Hüftbeuge/Leistenbeuge/ Leistengegend/Leiste/ Inguinalgegend/Hüftbeuge/ Regio inguinalis groin, inguinal zone

Hüftdarm/Ileum ileum

Hüfte hip

Hüftgelenk (Vertebraten) hip joint, coxal joint, femoral articulation

Hüftgelenk/Coxa (Arthropoden)
hip joint, coxa
Hüftgelenkpfanne/Hüftpfanne/ Acetabulum (Vertebraten)
cotyloid cavity
Hüfthöcker/Tuber coxae
coxal tuber, point of hip
Huftier
hoofed animal/mammal, ungulate
Hüftknochen/Hüftbein/Os coxae (Beckenhälfte: Darmbein & Sitzbein & Schambein)
hipbone, innominate bone (lateral half of pelvis)
Hüftmünder/Merostomata
merostomes, merostomates
Hüftpfanne/Hüftgelenkpfanne/ Acetabulum (Vertebraten)
cotyloid cavity
Hufwand/Hufwall/Paries corneus
hoof wall, wall of hoof
Hügel hill
➢ **kleiner Hügel** mound, knoll, hummock (rounded knoll)
Hügelbeet ridge (ridge bed)
Hügelbeetkultur ridging
hügelig (leicht hügelige Landschaft)
hilly (sloping terrain/rolling hills)
Hügelland hill country, hilly terrain, rolling countryside
Hügelstufe/Hügellandstufe/ kolline Stufe/Vorgebirge
foothills, foothill zone
Huhn chicken, hen (Henne)
➢ **Hahn** male chicken, cock, rooster
Hühnchen
young chicken, young hen, pullet
➢ **Brathühnchen** broiler (chicken)
hühnerartig gallinaceous
Hühnerstall chicken coop
Hühnervögel/Galliformes
gallinaceous birds, fowl-like birds
Hüllblätter/Blumenhüllblätter
sepals, calyx
Hüllblattkreis/Hüllkelch/Involukrum (Infloreszenz) involucre
Hülle/Häutchen/Tunika (Gewebeschicht) tunic
Hülle/Involukrum *bot*
envelope, hull, involucre
Hülle/Mantel
body covering, vesture, vestiture
➢ **Bakterienhülle** bacterial envelope
➢ **Virenhülle** viral envelope
Hülle (z.B. Wasser) envelope, jacket
Hüllfrucht/Cystokarp *fung*
cystocarp, cystocarpium
Hüllglockenlarve/Pericalymma (*Yoldia*) pericalymma larva (lecithotroph), test-cell larva (trochophore of *Yoldia*)
Hüllkelch/Hüllblattkreis/Involukrum (Compositen) involucre
Hüllprotein coat protein
Hüllspelze *bot* glume
Hüllzelle (*Dicyemida*) *zool*
jacket cell
Hülse *bot* (Fruchtform) legume, pod
Hülsenfrüchtler *allg*
legume, leguminous plant
Hülsenfrüchtler/ Hülsenfruchtgewächse/ Schmetterlingsblütler/Fabaceae/ (Papilionaceae/Leguminosae)
pea family, bean family, legume family, pulse family
Humanbiologie human biology
Humangenetik/Anthropogenetik
human genetics
Humanökologie human ecology
Humeralflügel *orn*
humeral feathers, humerals, tertiaries, tertial feathers
Humeralquerader *entom*
humeral cross-vein
humifizieren humify
Humifizierung/ Humifikation/Humusbildung
humification
Huminsäure humic acid
Huminstoffe humic substances
Hummer (*Homarus* spp.) lobster
Humus humus
➢ **Auflagehumus (*allg*: ungenauer Begriff)**
organic layer
➢ **Rohhumus/saurer Auflagehumus**
raw humus, mor humus
Humusabbau/Humusdegradation
humus degradation
Humusauflage humus layer

Hund dog
➢ **Hündin** bitch, female dog
➢ **Rüde** male dog
➢ **Welpe (junger Hund)**
whelp, pup, puppy
Hundemeute kennel, pack of dogs
Hundepension/Hundeheim (*siehe auch:* Tierheim)
dog kennel
Hundertfüßer/Chilopoden
centipedes, chilopodians
Hundespulwurm (*Toxocara canis*)
canine ascarid
Hundezwinger
(staatl. Tierheim für verwaiste Tiere)
dog pound
Hundsgiftgewächse/ Immergrüngewächse/Apocynaceae
periwinkle family,
dogbane family
Hundskohlgewächse/Theligonaceae
theliogonum family
Hunger hunger
hungern *vb micb* starve
Hungern *n micb* starvation
hungrig hungry
Huperziaceae/ Teufelsklauengewächse
fir clubmoss family
hüpfen hop, jump, skip, leap
husten *vb* cough
Husten *n* cough
Hut hat, cap
➢ **Pilzhut** cap, pileus
hutförmig/konsolenförmig/pileat
cap-shaped, pileate, pileiform
Hyacinthaceae/ Hyazinthengewächse
hyacinth family
Hyalinzelle/Hyalocyt hyaline cell
Hyaluronsäure hyaluronic acid
hybrid/durch Kreuzung erzeugt
hybrid, crossbred
Hybrid-DNA
hybrid DNA, chimeric DNA
Hybrid-Freisetzungstranslation
hybrid-release translation (HRT)
hybridarretierte Translation
hybrid-arrested translation (HART)
Hybride hybrid, crossbreed
hybridisieren hybridize
Hybridisierung/Bastardisierung
hybridization, bastardization
➢ **CISS (chromosomale in-situ Suppressionshybridisierung)**
chromosomal in situ
suppression hybridization
➢ **DNA-getriebene Hybridisierung**
DNA-driven hybridization
➢ **Erschöpfungshybridisierung**
exhaustion hybridization
➢ **In-situ-Hybridisierung**
in situ hybridization
➢ **Kreuzhybridisierung**
cross hybridization
➢ **RNA-getriebene Hybridisierung**
RNA-driven hybridization
➢ **Sandwich-Hybridisierung**
sandwich hybridization
➢ **Sättigungshybridisierung**
saturation hybridization
➢ **vergleichende Genomhybridisierung (CGH)**
comparative
genome hybridization (CGH)
Hybridisierungszone/ Bastardisierungszone
hybrid zone
Hybridom hybridoma
Hybridschwarm/Bastardschwarm (Bastardpopulation)
hybrid swarm
Hybridsterilität/Bastardsterilität
hybrid sterility
Hybridzelle hybrid cell
Hydathode/Wasserspalte
hydathode, water pore, water stoma
Hydatide hydatid
Hydnoraceae/Lederblumengewächse
hydnora family
Hydrangeaceae/Hortensiengewächse
hydrangea family
Hydranth (Cnidaria) hydranth
Hydrat hydrate
Hydratation/Hydratisierung/ Solvation (Wassereinlagerung/ Wasseranlagerung)
hydration, solvation
Hydrathülle/Wasserhülle/ Hydratationsschale
hydration shell
Hydratwasser water of hydration

hydrieren/hydrogenieren hydrogenate
Hydrierung (Wasserstoffanlagerung) hydrogenation
hydrisch hydric
Hydrocharitaceae/ Froschbissgewächse frog-bit family, tape-grass family, elodea family
Hydrocoel hydrocoel, hydrocoele
Hydrocotylaceae/ Wassernabelgewächse pennywort family
Hydrokultur hydroponics (soil-less culture/solution culture)
Hydrologie hydrology
Hydrolyse/Wasserspaltung hydrolysis
hydrolytisch/wasserspaltend hydrolytic
hydrophil (wasseranziehend/wasserlöslich) hydrophilic (water-attracting/water-soluble)
Hydrophilie (Wasserlöslichkeit) hydrophilicity (water-attraction/water-solubility)
hydrophob (wasserabweisend/ wasserabstoßend/ wasser-unlöslich) hydrophobic (water-repelling/water-insoluble)
hydrophobe Bindung hydrophobic bond
Hydrophobie (Wasserabweisung/ Wasserunlöslichkeit) hydrophobicity (water-insolubility)
Hydrophyllaceae/ Wasserblattgewächse waterleaf family
Hydrophyt/Wasserpflanze hydrophyte, aquatic plant
Hydroskelett/hydrostatisches Skelett hydrostatic skeleton
Hydrosphäre/Wasserhülle hydrosphere
Hydrostachyaceae/ Wasserröhrengewächse hydrostachys family
hydrostatischer Druck hydrostatic pressure
Hydrotaxis hydrotaxis
hydrothermaler Schlot hydrothermal vent
Hydroxyapatit hydroxyapatite
Hydroxylierung hydroxylation
Hydroxyprolin hydroxyproline
Hydrozoen/Hydroidea hydrozoans, hydra-like animals, hydroids
Hygiene hygiene
hygienisch hygienic
Hygrophyt (an feuchten Standorten) hygrophyte
hygroskopisch hygroscopic
Hymenophyllaceae/ Hautfarngewächse/ Schleierfarngewächse filmy fern family
Hyoidbogen/Zungenbeinbogen (Gesamtheit der Teile) hyoid arch; (nur Knorpelspange) hyoid bar (skeleton only)
Hyoideum/Zungenbein/Os hyoideum hyoid bone, lingual bone
Hyolithen/Hyolithida hyolithids
Hypanthium hypanthium
hypaxionisch (Rumpfmuskulatur) hypaxial
Hyperämie hyperemia
Hyperchromasie hyperchromasia, hyperchromia, hyperchromatism
Hyperchromie hyperchromicity, hyperchromism
Hyperchromizität hyperchromicity, hyperchromic effect, hyperchromic shift
Hyperglykämie hyperglycemia
hyperglykämisch hyperglycemic
Hypericaceae/ Johanniskrautgewächse/ Hartheugewächse St. John‘s wort family
Hyperkalzämie hypercalcemia
Hyperkapnie hypercapnia
Hypermorphose hypermorphosis
Hypernatriämie hypernatremia
Hyperparasit hyperparasite
Hyperphagie/Esssucht/Fresssucht/ Gefräßigkeit hyperphagia
hyperploid hyperploid
Hyperploidie hyperploidy

Hyperpnoe hyperpnea
Hyperpolarisierung hyperpolarization
Hypersensibilität/Allergie hypersensitivity, allergy
Hypertonie hypertonicity, hypertonia
hypertonisch hypertonic
hypertroph hypertrophic
Hypertrophie hypertrophy
hypervariable Region (Ig) ***immun*** hypervariable region
Hyphe hypha (*pl* hyphas/hyphae)
Hypnospore/Dauerspore hypnospore, persistent spore, dormant spore, resting spore
Hypnozygote/Zygospore zygospore
Hypoblast epiblast
Hypobranchialrinne/Endostyl hypobranchial furrow/groove, endostyle
hypocerk/hypozerk hypocercal
Hypodermis (Epidermis einiger Wirbelloser) epidermis
hypogäisch hypogeous, hypogean, hypogeal
hypogäische Keimung hypogean/hypogeal germination
Hypoglykämie hypoglycemia
hypoglykämisch hypoglycemic
hypognath hypognathous
Hypokotyl hypocotyl
Hypokotylknolle (unterirdische) corm (swollen shoot base)
Hypolepidaceae (*inkl.* Adlerfarn) hypolepis family (*incl.* bracken fern)
Hypolimnion hypolimnion
Hypophyse/Hirnanhangdrüse hypophysis, pituitary, pituitary gland
Hypophysenhinterlappen/ Neurohypophyse neurohypophysis, posterior lobe of pituitary gland
Hypophysentasche/ Rathkesche Tasche hypophyseal pouch/sac, Rathke's pouch
Hypophysenvorderlappen/ Adenohypophyse adenohypophysis, anterior lobe of pituitary gland
hypoploid hypoploid
Hypoploidie hypoploidy
hypopneustisch hypopneustic
hyporheisch hyporheic
Hypostasie hypostasis
Hypostracum/Perlmutterschicht hypostracum, nacreous layer
hypothermisch hypothermic
Hypothese hypothesis
➤ **Arbeitshypothese** working hypothesis
hypothetisch hypothetic, hypothetical
Hypotonie hypotonicity, hypotonia
hypoton(isch) hypotonic
hypotroph hypotrophic
Hypotrophie hypotrophy
Hypoxie/Sauerstoffmangel hypoxia
hypoxisch hypoxic
hypsodont/hypselodont hypsodont, hypselodont (high crowns/short roots)
Hypurale ***ichth*** hypural (fused hemal spines)
Hysterese hysteresis
Hysterotelie ***entom*** hysterotely
Hysterothecium (Pilze/Flechten) hysterothecium

I-Bande (Muskel: *isotrop*) I band
Ichnofossil/Spurenfossil
ichnofossil, trace fossil
Ichnologie/Spurenkunde ichnology
identisch identical
identisch aufgrund gemeinsamer Abstammung
identity by descent (IBD)
identisch aufgrund von Zufällen
identity by state (IBS)
Idioblast idioblast
Idiophase (Produktionsphase)
idiophase
Idioplasma/Keimplasma
idioplasm, germ plasm, gonoplasm
Idiotop idiotope
igelborstig echinate
Igelkolbengewächse/Sparganiaceae
bur-reed family
Igelwürmer/Stachelschwänze/ Echiuriden/Echiura
spoon worms, echiuroid worms
ikosaedrisch *vir* icosahedral
illegitime Rekombination *gen*
illegitimate recombination
Illiciaceae/Sternanisgewächse
star-anise family,
illicium family
Imaginalanlage imaginal anlage
Imaginalring imaginal ring
Imaginalscheibe
imaginal disk, imaginal bud
Imago (*pl* Imagines)/ Vollinsekt/Adultinsekt
imago (*pl* imagoes/imagines)
imbibieren/hydratieren
imbibe, hydrate
Imbibition/Hydratation
imbibition, hydration
Imidazol imidazole
Iminosäure imino acid
Imker/Bienenzüchter
beekeeper, apiarist
Imkerei
(Bienenzucht) beekeeping, apiculture;
(Bienenzuchtbetrieb) apiary
Imme/Biene bee
immergrün evergreen
Immergrüngewächse/ Hundsgiftgewächse/Apocynaceae
periwinkle family, dogbane family

Immigration immigration
Immission/Einwirkung
immission, injection,
admission, introduction
Immission
(Belastung durch Luftschadstoffe)
exposure level of air pollutants
immobil/fixiert/bewegungslos
immobile, fixed, motionless
Immobilisation
immobilization
immobilisieren
immobilize (to make immobile)
Immobilität/Bewegungslosigkeit
immobility,
motionlessness
immortalisierte Zelle
immortalized cell
immun immune
Immun-Elektronenmikroskopie (IEM)
immunoelectron microscopy (IEM)
Immunadhärenz
immune adherence
Immunadsorptionstest, enzymgekoppelter (ELISA)
enzyme-linked
immunosorbent assay (ELISA)
Immunaffinitätschromatographie
immunoaffinity chromatography
Immunantwort immune response
> **sekundäre I./Sekundärantwort**
secondary immune response,
anamnestic response
> **zellvermittelte Immunantwort**
cell-mediated immune response
Immundefekt immune deficiency
> **erworbenes Immunschwächesyndrom**
acquired immune deficiency
syndrome (AIDS)
> **schwerer kombinierter Immundefekt** severe combined
immune deficiency (SCID)
Immundiffusion immunodiffusion
> **doppelte radiale Immundiffusion (Ouchterlony-Methode)**
double radial immunodiffusion (DRI)
(Ouchterlony technique)
> **Doppelimmundiffusion**
double diffusion,
double immunodiffusion

- **einfache Immundiffusion/ lineare Immundiffusion (Oudin-Methode)** single immunodiffusion (Oudin test)
- **einfache radiale Immundiffusion (Mancini-Methode)** single radial immunodiffusion (SRI) (Mancini technique)
- **radiale Immundiffusion** radial immunodiffusion (RID)
- **Teilidentität/ partielle Übereinstimmung** partial identity
- **Verschiedenheit (Nicht-Identität)** nonidentity

Immunelektrophorese immunoelectrophoresis
- **Tandem-Kreuzimmunelektrophorese** charge-shift immunoelectrophoresis
- **Kreuzimmunelektrophorese** crossed immunoelectrophoresis, two-dimensional immunoelectrophoresis
- **Linienimmunelektrophorese** immunoelectrophoresis
- **Raketenimmunelektrophorese** rocket immunoelectrophoresis
- **Überwanderungs-immunelektrophorese/ Überwanderungselektrophorese** countercurrent immunoelectrophoresis, counterelectrophoresis

Immunerkennung immune recognition

Immunfluoreszenz immunofluorescence

Immunfluoreszenzchromatographie immunofluorescence chromatography

Immunfluoreszenzmikroskopie immunofluorescence microscopy

Immungenetik immunogenetics

Immunglobulin immunoglobulin

Immunglobulinfaltung immunoglobulin fold

immunisieren/impfen immunize, vaccinate

Immunisierung/Impfung immunization, vaccination

Immunisierungsstärke/ Immunogenität immunogenicity

Immunität immunity
- **begleitende I./Prämunität** concomitant immunity, premunition
- **erworbene I. (aktive/passive)** acquired/adaptive immunity (active/passive)
- **Kreuzimmunität/ übergreifender Schutz** cross protection
- **künstliche I.** artificial immunity
- **natürliche I.** natural immunity
- **passive I.** passive immunity
- **zelluläre Immunität** cellular immunity

Immunitätsregion immunity region

Immunkompetenz immunocompetence, immunologic competence

Immunkomplex immune complex

Immunkrankheit/Immunopathie immunopathy

Immunoassay immunoassay

Immunoblot/Western-Blot immunoblot, Western blot

immunogen ***adv/adj*** immunogenic

Immunogen ***n*** immunogen

Immunogenität/ Immunisierungsstärke immunogenicity

Immunogold-Silberfärbung immunogold-silver staining (IGSS)

Immunologie immunology

immunologisch immunologic(al)

immunologische Überwachung/ Immunüberwachung immunosurveillance, immunological surveillance

immunologisches Gedächtnis immunological memory

immunoradiometrischer Assay immunoradiometric assay (IRMA)

Immunpräzipitation immunoprecipitation

Immunprophylaxe immunoprophylaxis

Immunreaktion immune reaction

Immunschwäche immune deficiency, immunodeficiency

Immunschwächesyndrom/ Immunmangel-Syndrom immune deficiency syndrome
> **erworbenes Immunschwächesyndrom** acquired immune deficiency syndrome (AIDS)
> **schwerer kombinierter Immundefekt** severe combined immune deficiency (SCID)

Immunscreening immunoscreening
Immunsuppression immunosuppression, immune suppression
Immuntoleranz immune tolerance, immunological tolerance
Immunüberwachung/ immunologische Überwachung immunosurveillance, immunologic(al) surveillance
impermeabel/undurchlässig impermeable, impervious
Impermeabilität/Undurchlässigkeit impermeability, imperviousness
Impfdraht inoculating wire
impfen *med* inoculate, vaccinate; *micb* inoculate, seed
Impfen/Impfung/Vakzination (Immunisierung) inoculation, vaccination
Impfnadel inoculating needle
Impföse inoculating loop
Impfstoff/ Inokulum/Inokulat/Vakzine inoculum, vaccine
> **abgeschwächte(r)/attenuierte(r) Impfstoff/Vakzine** attenuated vaccine
> **Autoimpfstoff/Autovakzine** autogenous vaccine
> **heterologer Impfstoff/ heterologe Vakzine** heterologous vaccine
> **inaktivierter Impfstoff/ inaktivierte Vakzine** inactivated vaccine
> **Kombinationsimpfstoff/ Mischimpfstoff/Mischvakzine** combination vaccine, mixed vaccine
> **Komponentenimpfstoff/ Spaltimpfstoff/Spaltvakzine/ Subunitimpfstoff/Subunitvakzine** subunit vaccine
> **Konjugatimpfstoff/ zusammengesetzte Vakzine** conjugate vaccine
> **Lebendimpfstoff/Lebendvakzine** live vaccine
> **Mischimpfstoff/Mischvakzine/ Kombinationsimpfstoff** mixed vaccine, combination vaccine
> **polyvalenter Impfstoff/ polyvalente Vakzine** polyvalent vaccine
> **Spaltimpfstoff/Spaltvakzine/ Subunitimpfstoff/Subunitvakzine** split-protein vaccine, SP vaccine, subunit vaccine
> **Totimpfstoff/Totvakzine** killed vaccine
> **Toxoidimpfstoff/Toxoidvakzine** toxoid vaccine
> **zusammengesetzter Impfstoff/ Konjugatvakzine** conjugate vaccine

Impfung/Immunisierung vaccination, immunization
Impfung/Inokulation/Vakzination (Immunisierung) inoculation, vaccination (immunization)
> **Schluckimpfung** oral vaccination

imponieren/Eindruck machen impress, be impressive
Imponierverhalten/Imponiergehabe/ Imponiergebaren display behavior
in Blüte in bloom, in blossom
In-situ-Hybridisierung in situ hybridization
> **FISH (*in situ* Hybridisierung mit Fluoreszenzfarbstoffen)** FISH (fluorescence activated in situ hybridization)

In-vitro-Mutagenese in vitro mutagenesis
In-vitro-Verpackung in vitro packaging
inaktiv inactive
Indigen indigenous species, native species/organism/lifeform

Indikan/Indoxylsulfat indican, indoxyl sulfate
Indikatorpflanze/Anzeigerpflanze indicator plant
Indikatororganismus/Indikatorart/ Bioindikator bioindicator
individuell individual(ly)
Individuum individual
Indolessigsäure indolyl acetic acid, indoleacetic acid (IAA)
Induktion induction
Induktor inducer
➢ **freiwilliger Induktor** gratuitous inducer
Indusium/Schleierchen indusium
Industriemelanismus industrial melanism
induzierbar inducible
induzieren induce
induzierte Anpassung/ induzierte Passform induced fit
induzierte Passform induced fit
ineinandergesetzte Gene/ ineinandergeschachtelte Gene nested genes
Infekt/Infektionskrankheit infectious disease
Infektion/Ansteckung infection
➢ **Agroinfektion** agroinfection
➢ **abortive Infektion** abortive infection
➢ **anhaltende/ persistierende Infektion** persisting Infektion
➢ **bakterielle Infektion** bacterial infection
➢ **chronische Infektion** chronic infection
➢ **Doppelinfektion** double infection
➢ **latente Infektion** latent infection
➢ **lytische Infektion** lytic infection
➢ **Mehrfachinfektion** concurrent/complex infection
➢ **nosokomiale Infektion/ Nosokomialinfektion/ Krankenhausinfektion** nosocomial infection, hospital-acquired infection
➢ **opportunistische Infektion** opportunistic infection
➢ **örtliche Infektion/lokale Infektion** local infection
➢ **produktive Infektion** productive infection
➢ **Sekundärinfektion** secondary infection
➢ **stumme Infektion/stille Feiung** silent infection
➢ **Superinfektion/Überinfektion** superinfection
➢ **Tröpfcheninfektion** droplet infection
➢ **unvollständige Infektion** incomplete infection
➢ **virale Infektion** viral infection
Infektionsdosis infectious dose (ID_{50} = 50% infectious dose)
Infektionskrankheit/Infekt infectious disease; (Entzündung) inflammation
➢ **Bindehautentzündung/ Konjunktivitis** conjunctivitis
➢ **Blasenentzündung** cystitis
➢ **Dickdarmentzündung** colitis
➢ **Eierstockentzündung** oophoritis
➢ **Halsentzündung** throat infection
➢ **Harnwegsentzündung** urethritis
➢ **Hirnhautentzündung** meningitis
➢ **Leberentzündung** hepatitis
➢ **Lungenentzündung** pneumonia
➢ **Magenschleimhautentzündung** gastritis
➢ **Mittelohrentzündung** middle ear infection
➢ **Ohrenentzündung** otitis
➢ **Rachenentzündung/Pharyngitis** pharyngitis
➢ **Zahnfleischentzündung** gingivitis
Infektionsmultiplizität multiplicity of infection
Infektionsquelle origin of infection
Infektionsvermögen/ Ansteckungsfähigkeit infectivity
infektiös/ansteckend infectious
infektiöser Abfall infectious waste
Inferenz inference
➢ **statistische Inferenz** statistical inference
infizieren/anstecken infect

Infloreszenz inflorescence, flower cluster
- **Ähre** spike, spica
- **Büschel/Faszikel/Faszikulus** cyme with very short pedicles, fascicle
- **Cyme/Cymus/ Zyma/Zyme/Zymus/ cymöser Blütenstand** cyme, cymose inflorescence
- **Ebenstrauß/Corymbus (*inkl.* Schirmrispe und Schirmtraube)** corymb
- **Fächel** rhipidium (fan-shaped cyme)
- **geschlossene Infloreszenz** determinate inflorescence
- **Knäuel** cyme with sessile flowers
- **Korb/Körbchen/Köpfchen/ Capitulum/Cephalium** capitulum, cephalium, flower head
- **offene Infloreszenz** indeterminate inflorescence
- **Rispe/Blütenrispe** panicle
- **Rumpfinfloreszenz** truncate synflorescence
- **Scheindolde/Trugdolde/ Cyme/Zymus** cyme
- **Scheindolde/Pseudosciadioid** contracted cymoid, cymose umbel, pseudosciadioid
- **Schirmtraube (ein Ebenstrauß/Corymbus)** umbel-like raceme
- **Schirmrispe (ein Ebenstrauß/Corymbus)** umbel-like panicle
- **Schraubel (cymöse Infloreszenz)** bostryx (helicoid cyme)
- **Sichel/Drepanium** drepanium (a helicoid cyme)
- **Spirre/Trichterrispe** anthela
- **Teilinfloreszenz/Teilblütenstand** partial inflorescence
- **Traube/Botrys** raceme, botrys
- **Trichterrispe/Spirre** anthela
- **Trugdolde/Scheindolde/ Cymus/Zymus/Cyme** cyme
  - **eingablige Trugdolde** simple cyme, monochasium
  - **zweigablige Trugdolde** compound cyme, dichasial cyme, dichasium
- **Wickel (cymöse Infloreszenz)** cincinnus (scorpioid cyme)
- **Zyme/Zyma/Zymus/ Cymus/Cyme/cymöser Blütenstand** cyme, cymose inflorescence

Infloreszenz-Kurztrieb spur shoot

Influent (*pl* Influenten) *ecol* influent

Infralitoral infralittoral

Infrarot-Spektroskopie/ IR-Spektroskopie infrared spectroscopy

infusiform infusiform

Infusorigen infusorigen

Ingerartige/Inger/Schleimaale/ Myxiniformes (*bzw.* Myxinida) hagfishes

Inguinaltasche/ Sinus inguinalis (Schaf) inguinal sinus, inguinal pouch

Ingwergewächse/Zingiberaceae ginger family

Inhaltsstoffe ingredients
- **sekundäre Inhaltsstoffe** secondary compounds

inhibitorisch/hemmend inhibitory

inhibitorisches postsynaptisches Potenzial inhibitory postsynaptic potential (IPSP)

Initiale/Stammzelle (Primordialzelle/Primane) initial, stem cell (primordial cell)
- **dreischneidige Initiale** initial with three cutting faces
- **zweischneidige Initiale** initial with two cutting faces

Initialsegment (myelinisierte Fasern) initial segment

Initiationsfaktor initiation factor

Initiationskomplex initiation complex

Inititationscodon/Startcodon *gen* initiation codon

Injektion/Spritze (eine I./S. geben/bekommen) injection, shot

injizieren/spritzen inject, shoot
Injunktion injunction
Inkohlung ***paleo/geol*** carbonization, coalification
inkompatibel incompatible
Inkompatibilität incompatibility
Inkompatibilitätsgruppe incompatibility group
Inkrustierung incrustation, encrustation
Inkubation (Bebrütung/Bebrüten) incubation
Inkubationszeit incubation period
inkubieren/brood/breed incubate, brüten, bebrüten
Innenhaut/Endodermis endodermis
Innenlade/Lacinia lacinia, inner lobe of maxilla
Innenohr inner ear
Innenparasit/Endoparasit endoparasite
Innenschicht inner layer, interior layer; (Pollen/Spore: Intine) intine
Innenskelett/Endoskelett internal skeleton, endoskeleton
innerartlich intraspecific
innere Zellmasse inner cell mass
Innereien/Eingeweide entrails, innards, viscera, guts (fish viscera etc.)
Innereien/Eingeweide (von Schlachttieren: Schweine/Rinder) pluck
Innereien (essbare Gedärme des Schweins) chitterlings, chitlins (pork intestines); (essbare Organe des Geflügels) giblets (edible viscera of fowl)
innerlich/von innen/intern internal, intrinsic
Innervation/Innervierung innervation
innervieren innervate
Inokulation/Einimpfung/Impfung inoculation
inokulieren/einimpfen/impfen inoculate
Inosin inosine
Inosinmonophosphat (IMP) inosine monophosphate, inosinic acid
Inosintriphosphat (ITP) inosine triphosphate
Inosit/Inositol inositol
inotrop inotropic
Inquilinismus/Einmietung/Synökie inquilinism
Insekt (*pl* Insekten) insect
- ➢ **Chrysalis (Puppe holometaboler Insekten)** chrysalis (*pl* chrysalids/chrysalides/chrysalises)
- ➢ **geflügelte Insekten/Fluginsekten/Pterygota** winged insects, pterygote insects
- ➢➢ **ungeflügelte Insekten/Apterygota** wingless insects
- ➢ **Larve** larva (*pl* larvas/larvae)
- ➢ **Nutzinsekt** beneficial insect, beneficient insect
- ➢ **Nymphe** nymph
- ➢ **Puppe** pupa (*pl* pupas/pupae)
- ➢ **Raupe** caterpillar
- ➢ **Schadinsekt** pest insect
- ➢ **Urinsekten/Apterygota/Flügellose** apterygotes
- ➢ **Vollinsekt/Vollkerf/Imago** imago, adult insect
- ➢ **Wassernymphe** naiad, aquatic nymph

Insektenbekämpfungsmittel/Insektizid insecticide
Insektenbestäubung/Insektenblütigkeit/Entomophilie insect pollination, entomophily
Insektenblume/Entomophile insect-pollinated flower, entomophile
Insektenfalle insect-trap
insektenfressend/insektivor insectivorous
Insektenfresser/Insectivoren insectivores
Insektenkunde/Entomologie entomology
Insektenplage insect pest
Insektenvernichtungsmittel/Insektizid insecticide
Insektizid insecticide
- ➢ **Kontaktinsektizid** contact insecticide

Insel ***biogeo/evol*** island
Insel/Inselfeld ***neuro*** insula
Inselbiogeographie island biogeography

Inselchen/kleine Insel islet
Inselhüpfen/Inselspringen
island hopping
Inselökologie island ecology
Inselorgan/Langerhanssche Insel/ Pankreasinsel islet organ, islet of Langerhans, pancreatic islet
Inseltheorie
theory of island biogeography, MacArthur-Wilson theory
inserieren (inseriert)/einfügen
insert (inserted)
Insertion *gen* insertion
Insertionsaktivierung
insertional activation
Insertionsinaktivierung
insertional inactivation
Insertionsmutation insertion mutation
Insertionssequenz *gen*
insertion sequence
Insertionsvektor insertion vector
Inside-out Vesikel (Vesikel mit der Innenseite nach außen)
inside-out vesicle
Inspiration/Einatmen inspiration
inspirieren/einatmen inspire
instabil unstable (instable)
instabile Mutation unstable mutation
Instabilität instability
Instinkt instinct
➤ **Heimkehrvermögen/ Heimfindevermögen/Zielflug**
homing instinct
➤ **Herdeninstinkt/Herdentrieb**
herd instinct, herding instinct
➤ **Sexualtrieb/Geschlechtstrieb**
sexual instinct, life instinct, eros
➤ **Todestrieb**
death instinct, aggressive instinct
➤ **Verschränkung**
interlocking (instinct)
Instinkt-Dressur-Verschränkung
instinct-training-interlocking
instinktiv instinctive, by instinct
Instinktverhalten/Triebverhalten
instinctive behavior, instinct behavior
Instinktverschränkung
instinct interlocking
integrale Proteine (intrinsische Proteine)
integral proteins (intrinsic proteins)
integrales Membranprotein
integral membrane protein
integratives Hefeplasmid (Hefevektor)
yeast integrative plasmid (YIp)
integrierte Schädlingsbekämpfung/ integrierter Pflanzenschutz
integrated pest management (IPM)
Integrin integrin
Integument/Decke/Hülle (z.B. Körperdecke/Haut)
integument, covering (e.g., body covering/skin)
Interaktion interaction
Interaktionsvarianz
interaction variance
interdisziplinäre Forschung
interdisciplinary research
Interferenz-Mikroskopie
interference microscopy
Interferenzassay interference assay
Interferon interferon
intergene Region
intercistronic region, intergenic region
interkalar/eingeschoben
intercalary (inserted between others)
Interkalarader/Intercalarader *entom*
intercalary vein
interkalares Meristem
intercalary meristem
Interkalation intercalation
interkalierendes Agens
intercalation agent, intercalating agent
intermediäres Filament/ Intermediärfilament
intermediate filament
Intermembranraum
intermembrane space
Internationale Maßeinheit/SI Einheit
International Unit (IU), SI unit (*fr:* Système Internationale)
internationales Maßeinheitensystem/ SI-Einheitensystem
international unit system, SI unit system (*fr:* Système Internationale)
Internodium/Zwischenknoten *bot*
internode
Interphase interphase

Interpolieren interpolate
Interradie/Bivium (Holothurien) bivium
interspezifisch/zwischenartlich interspecific
Interstitialfauna/Sandlückenfauna (Meiofauna) interstitial fauna (meiofauna)
Interstitialflüssigkeit/ interstitielle Flüssigkeit interstitial fluid (ISF), tissue fluid
Interstitialraum/ (Gewebs)Zwischenraum/ Interstitium interstitial space, interstice (*pl* interstices)
Interstitialzelle/Zwischenzelle interstitial cell
interstitiell interstitial
interstitielle Region interstitial region
Intervall interval
Intervallskala *stat* interval scale
intervenierende Sequenz/ dazwischenliegende Sequenz/ Intron *gen* intervening sequence, intron
Interzellulare/Zwischenzellraum intercellular space
interzellulär intercellular
interzelluläre Verbindung/ interzelluläre Junktion intercellular junction
Intine *bot* intine
intraallele Komplementation intraallelic complementation
intrachromosomale Umordnung intrachange, intrachromosomal recombination
Intrafusalfaser intrafusal fiber
intragene Komplementation intragenic complementation
Intrakörper (intrazellulärer Antikörper) intrabody (intracellular antibody)
Intramembran-Partikel intramembrane particle, membrane intercalated particle
intraspezifisch/innerartlich intraspecific
intrazellulär intracellular
Intrinsic-Faktor/ hämopoetischer Faktor intrinsic factor, hemopoietic factor
intrinsisch intrinsic, intrinsical
Introgression introgression
Intron/intervenierende Sequenz/ dazwischenliegende Sequenz *gen* intron, intervening sequence
intrors introrse
Introvert introvert
Intussuszeption intussusception
Invagination/ Einstülpung/Einfaltung/Embolie invagination, emboly
Invasion invasion
Invasivität invasiveness
Inventar inventory
invers inverted
Inversion inversion
➤ **parazentrische Inversion *gen*** paracentric inversion
Inversionsmutation inversion mutation
Invertebraten/Evertebraten/ Wirbellose invertebrates
invertierte Sequenzwiederholung/ gegenläufige/umgekehrte Sequenzwiederholung *gen* inverted repeat, inverted repetition
Invertzucker invert sugar
Involukralblatt/Involukralschuppe phyllary, involucral bract
Involukrum/Hülle (*siehe*: Hüllkelch) involucre
involutiv (Blatt-/Knospenlage: nach oben eingerollte Spreitenflügel) involute, rolled inward
Inzest incest
Inzucht/Reinzucht inbreeding, endogamy
Inzucht betreiben inbreed
Inzuchtlinie inbred line
Inzuchtstamm inbred strain
Iod (I) iodine
Iodessigsäure iodoacetic acid
iodieren (mit Iod/Iodsalzen versehen) iodize
Iodierung (mit Iod reagieren/ substituieren) iodination; (mit Iod/Iodsalzen versehen: z.B. Lebensmittel) iodization

Iodzahl iodine number, iodine value
Ionenaustaucher ion exchanger
Ionenaustauscherharz
ion-exchange resin
Ionenbindung ionic bond
Ionengleichgewicht
ion equilibrium, ionic steady state
Ionenkanal (Membrankanal)
ion channel (membrane channel)
Ionenkopplung ionic coupling
Ionenleitfähigkeit ionic conductivity
Ionenpaar ion pair
Ionenpore ion pore
Ionenprodukt ion product
Ionenpumpe ion pump
Ionenradius ionic radius
Ionenschleuse gated ion channel
Ionenstärke ionic strength
Ionenstrom ionic current
Ionentransport ion transport
Ionisation ionization
ionisch ionic
ionisieren ionize
ionisierende Strahlen/ ionisierende Strahlung
ionizing radiation
Ionophor ionophore
Ionophorese/Iontophorese
ionophoresis
Iridaceae/Schwertliliengewächse
iris family
Iridocyt/Iridozyt/Flitterzelle/ Leucophor/Guanophor
iridocyte, iridophore, leucophore, guanophore
Irisblende ***micros*** iris diaphragm
IRMA (immunoradiometrischer Assay)
immunoradiometric assay (IRMA)
irreversibel irreversible
isabellfarben (gelb-olivbraun)
isabelline
Ischämie ischemia
ischämisch ischemic
Ischiopodit ischiopodite
Isidie isidium
Isoakzeptoren isoacceptors
isoelektrische Fokussierung/ Isoelektrofokussierung
isoelectric focusing
isoelektrischer Punkt
isoelectric point
Isoetaceae/ Brachsenkrautgewächse
quillwort family
isogam isogamous
Isogamie isogamy
Isolationsmechanismus ***ecol***
isolating mechanism
Isolationsmedium ***micb***
isolation medium
Isoleucin isoleucine
isolezithal/isolecithal (mit gleichmäßig verteiltem Dotter)
isolecithal
isolieren/abtrennen isolate, separate
isomer ***adv/adj*** isomeric
Isomer ***n*** isomer
Isomeratzucker/Isomerose
high fructose corn syrup
Isomerie isomerism, isomery
Isomerisation isomerization
isomerisieren isomerize
Isophän ***nt*** isophene
Isopren isoprene
isopyknische Zentrifugation
isopycnic centrifugation
isosmotisch isosmotic
isospor isosporous
Isosystem isosystem
Isotachophorese isotachophoresis
Isotherm isotherm
Isotonie isotonicity
isotonisch isotonic
Isotop isotope
➤ **Leitisotop** isotopic tracer
➤ **Radioisotop (instabiles Isotop)**
radioisotope (unstable isotope)
Isotopenversuch isotope assay
Isotypus/Isotyp/Isostandard
isotype
Isotypwechsel/Klassenwechsel
isotype switching
Isovaleriansäure isovaleric acid
Isozönose isocoenosis (*pl* isocoenoses)
Isozym/Isoenzym isozyme, isoenzyme
Istwert actual value, effective value
iterative Evolution iterative evolution
Iteroparitie iteroparity

Jakobslachs/Bartolomäuslachs grilse
Jacobsonsches Organ/ vomeronasales Organ Jacobson's organ, vomeronasal organ
Jagd (Raub) predation
Jagd/Jägerei hunt, hunting
➢ **Hetzjagd/Hatz** chase
➢ **Treibjagd** drive
Jagdbeute/verfolgtes Wild quarry, prey
Jagdgeflügel game birds (legally hunted)
Jagdgründe/Jagdrevier hunting range/grounds/territory
Jagdspiel mock-hunting
jagen hunt, prey
Jäger (Räuber) predator; (Mensch) hunter
Jägerei/Jagd hunt, hunting
Jahresrhythmus circannual rhythm
Jahresring annual ring, growth ring
Jahresschwankungen annual fluctuations
Jahrestrieb annual shoot, one-year shoot, annual growth
Jahreswachstum annual growth
Jahreszeit season
Jahreszeitenwechsel seasonal change
jahreszeitlich/saisonal seasonal
Jahreszuwachs annual growth
Jährling/einjähriges Tier (meist Rinder) yearling (short yearling: 9 to 12 months; long yearling: 12 to 18 months)
janusköpfiges Zwischenprodukt/ doppelköpfiges Zwischenprodukt double-headed intermediate
Jasmonsäure jasmonic acid
jäten weed
Jauche liquid manure (urine)
Jetztzeit/Holozän (erdgeschichtliche Epoche) Recent, Holocene, Recent Epoch, Holocene Epoch
Jochalgen/Conjugaten/Conjugatae/ Acontae/Zygnematophyceae (Conjugatophyceae) zygnematophycean algas
Jochbein/Jugale jugal (bone)
Jochblattgewächse/Zygophyllaceae caltrop family, creosote bush family
Jochbogen/Arcus zygomaticus zygomatic arch
Jochpilze/Zygomyceten zygospore fungi, bread molds, zygomycetes (coenocytic fungi)
Jod (*siehe:* Iod) iodine
Johannisbrotgewächse/ Caesalpinogewächse/ Caesalpiniaceae caesalpinia family
Johannisbrotkernmehl/Karobgummi locust bean gum, carob gum
Johanniskrautgewächse/ Hartheugewächse/Hypericaceae St. John's wort family
Johannistrieb *bot* lammas shoot
Johnston's organ Johnstonsches Organ
Jordansches Organ/Chaetosoma/ Chaetosema Jordan's organ, chaetosoma, chaetosema
Jugalader jugal vein
Jugalfalte jugal fold
Jugalfeld/Jugum/Neala jugal field, jugal area, jugal region, neala
Jugalzelle jugal cell
Jugend (Jugendzeit/Jugendphase/ Jugendstadium) adolescence, juvenile stage, juvenile phase
Jugend/Jugendlichkeit juvenility
Jugendform juvenile form
Jugendgesang/Dichten (Jungvögel) juvenile song, subsong
Jugendstadium/Jugendphase/ Jugendzeit adolescence, juvenile stage, juvenile phase
Juglandaceae/Walnussgewächse walnut family
Julliensches Organ organ of Jullien
Juncaceae/Binsengewächse rush family
Juncaginaceae/Dreizackgewächse arrowgrass family
Junge werfen bear young, litter
Junges (Nachkommen) young (offspring); *see also*: Jungtier
Jungfer/Jungfrau virgin

Jungfernflug (Bienenkönigin) maiden flight (queen bee)
Jungfernfrüchtigkeit/Parthenokarpie parthenocarpy
Jungfernhäutchen/Hymen hymen
Jungfernzeugung/Parthenogenese parthenogenesis
Jungfrau/Jungfer virgin
jungfräulich virginal, virgin
Jungfräulichkeit virginity
Junggeselle bachelor
Junglarve/Eilarve/Primärlarve primary larva
Jungpflanze young/juvenile plant
Jungsau gilt
Jungspinne spiderling
Jungtier/Junges (v.a. Säuger) young, pup (e.g., whale/seal/rat/dog), cub (young carnivore: bear/fox/lion)
➢ **säugendes Jungtier** suckling
Jungvogel/Kücken/Küken squab (fledgling bird), chick
Jungwald/junger Wald young forest
Junktion/Verbindung junction (meeting point)
➢ **interzelluläre Junktion/ interzelluläre Verbindung** intercellular junction
Junktionszone junction zone
➢ **dermo-epidermale J.** dermo-epidermal junction
Jura/Jurazeit (erdgeschichtliche Periode) Jurassic, Jurassic Period
justieren/fokussieren (Scharfeinstellung des Mikroskops: fein/grob) adjust, focus (*fine/coarse*)
Justierschraube/Justierknopf/ Triebknopf ***micros*** adjustment knob, focus adjustment knob
Justierung/Fokussierung (Scharfeinstellung des Mikroskops: fein/grob) adjustment, focus adjustment, focus (*fine/coarse*)
Juvenilhormon juvenile hormone (JH)

K-Selektion K selection
K-Stratege
K strategist, K-selected species
Kabeltheorie cable theory
Kadaver/Tierleiche
cadaver, carcass, corpse
Käfer/Coleoptera beetles
Käferblume/ Coleopterophile/Cantharophile
beetle-pollinated flower, coleopterophile, cantharophile
Käferschnecken/Placophora
placophorans (incl. chitons)
Kaffeesäure caffeic acid
Käfig cage
- **Gehege (Tiergehege/Wildgehege)**
enclosure (game preserve/game reserve)
- **Tierkäfig** animal cage
- ➢➢ **kleiner Tierkäfig/kleiner Verschlag**
hutch, pen, coop
- **Vogelhaus/Voliere**
bird house, aviary
- **Vogelkäfig** bird cage

kahl bare, barren; bald, glabrous
Kahlfraß (durch Schädlinge)
complete defoliation (by pests)
Kahlhechte/Amiiformes (Schlammfisch) modern bowfin
Kahlschlag ***for***
clear-cut, clearing, clearance
kahlschlagen ***for*** clear-cutting, clear-felling, land clearing
Kahmhaut/ Oberflächenhäutchen (auf Teich)
scum, film (pond scum)
Kahnbein (Fußwurzelknochen/ Os naviculare) navicular bone; (Handwurzelknochen/ Os scaphoideum) scaphoid bone
kahnförmig/bootförmig/navikular
navicular, scaphoid, cymbiform, resembling/having the shape of a boat
Kahnfüßer/Grabfüßer/ Solenoconchae/Scaphopoden
tooth shells, tusk shells, scaphopods, scaphopodians (spade-footed mollusks)
Kai wharf, quay
Kairomon kairomone
Kakaogewächse/ Sterkuliengewächse/Sterculiaceae
cacao family, cocoa family
Kakteen/Kaktusgewächse/Cactaceae
cacti, cactus family
Kala-Azar/Cala-Azar/ schwarzes Fieber/ viszerale Leishmaniasis (*Leishmania donovani*)
Cala-Azar, kala azar
Kalamitätennutzung (Holzernte) ***for***
salvage logging, salvage felling
Kalb/Jungtier calf
kalben ***vb*** calf
Kalben ***n*** calving
kalibrieren calibrate
Kalibrierung calibration
Kalium (K) potassium
Kalk lime
Kalkablagerung lime(stone) deposit
Kalkalge calcareous alga
Kalkanreicherungshorizont/ Caliche ***geol*** caliche, lime pan
Kalkdrüse calciferous gland
Kalkeinlagerung/Verkalkung/ Calcifikation calcification
kalken lime, calcify
Kalkflieher ***bot*** calcifuge, basifuge
kalkig/kalkartig/kalkhaltig
limy, limey, calcareous
Kalkkörper calcareous corpuscle, calcareous body
kalkliebend/kalziphil/kalzikol/ kalkhold calciphile, calcicole
kalkmeidend/kalkfliehend/ kalziphob/kalzifug
calciphobe, calcifuge, basifuge
Kalkplättchen/Kalkkörperchen/ Kokkolit/Coccolit coccolith
Kalkschale calcareous shell
Kalkschwämme/Calcarea
calcareous sponges
Kalkstein limestone
Kalkung liming
Kallikrein kallikrein
Kallus/Callus callus
- **Wundkallus/Wundcallus/ Wundgewebe/Wundholz** ***bot***
wound tissue, callus

Kallus-Kultur/Callus-Kultur
callus culture

Kalmare/Teuthoidea (bzw. Teuthida) squids
Kalmen(gürtel) ***meteo*** doldrums
Kalmusgewächse/Acoraceae calamus family, sweetflag family
Kalorie calorie
Kalorimeter calorimeter
Kalorimetrie calorimetry
Kalotte/Schädelkalotte/ Schädelkappe/Schädeldecke/ Schädeldach/Clavarium skull roof, cranial roof, skullcap
Kalottenmodel ***chem*** space-filling model
Kaltblüter cold-blooded animal
kaltblütig cold-blooded
Kaltblütigkeit cold-bloodedness
kälteempfindlich/kältesensitiv cold-sensitive
Kältepflanze/Kryophyt cryophyt, plant preferring low temperatures
Kälteresistenz cold resistance
Kälteschaden/Kälteschädigung chilling damage/injury
Kälteschock cold shock
Kälteschütte ***bot/for*** abscission of leaves due to chilling
Kältestarre/Winterstarre winter torpor
Kältetoleranz cold hardiness
Kältewüste cold desert
Kalthaus/Frigidarium (kühles Gewächshaus) cold house
kalzifug/calcifug/kalkmeidend calcifuge
kalzikol/calcicol/kalkhold calcicole
Kalzium/Calcium (Ca) calcium
Kambium/Cambium cambium (*siehe unter*: Cambium)
Kambrium/Cambrium (erdgeschichtliche Periode) Cambrian, Cambrian Period
Kamelhalsfliegen/Raphidioptera snakeflies
Kamerunbeule (*Loa loa*) African eyeworm disease, loa
Kamm comb, pecten
Kamm/Crista (Hahnenkamm) comb, crest, ridge
➤ **Pollenkamm** pollen rake, pecten
kammartig/gekämmt comblike, rakelike, ctenoid, ctenose, pectinate
Kammer/Fach ***bot/zool*** chamber, valve, case
Kammer ***electrophor*** chamber
Kammerflattern/-flimmern ***card*** ventricular flutter
Kammerflüssigkeit (Nautilus) cameral fluid
Kammerpore, zuführende prosopyle
Kammerwasser/Humor aquaeus (Auge) aqueous humor
Kammerzyklus ***cardio*** ventricular cycle
kammförmig comb-shaped, cteniform, pectiniform
Kammkieme/Fiederkieme/ Ctenidie/Ctenidium gill plume, gill comb, ctenidium
Kammkiemer/Fiederkiemer/ Protobranchiata (Bivalvia) protobranch bivalves
Kammlage (Berg/Gebirge) along crest, ridge zone
Kammlinie (Berg/Gebirge) (mountain) crest, ridge
Kammmuskel/Pektineus pectineus
Kammmünder/Ctenostomata (Bryozoen) ctenostomates
Kammmuscheln/Pectinidae pen shells
Kammquallen/Rippenquallen/ Ctenophoren sea gooseberries, sea combs, comb jellies, sea walnuts, ctenophores
Kammschuppe/Ctenoidschuppe ctenoid scale
Kammünder ***siehe*** Kammmünder
Kammuscheln ***siehe*** Kammmuscheln
Kammzelle comb cell
Kampfspiel play-fight(ing)
Kampfverhalten fighting behavior
kampylotrop/campylotrop (Samenanlage) campylotropous, bent

anal (Membrankanal) ***neuro***
channel (membrane channel);
(zum Weiterleiten von Flüssigkeiten)
canal, duct, tube
➢ **Ionenkanal** ion channel
➢ **ligandenregulierter/ ligandengesteuerter Kanal**
ligand-gated channel
➢ **mechanisch gesteuerter Kanal**
mechanically gated channel
➢ **Ruhemembrankanal/Leckkanal**
resting channel, leakage channel
➢ **spannungsregulierter/ spannungsgesteuerter Kanal**
voltage-sensitive channel,
voltage-gated channel
Kanalisation sewer
kanalisiertes Merkmal
canalized character
Kanalprotein/Tunnelprotein ***neuro***
channel protein
Kanalstrom ***neuro*** channel current
Kanaltor ***neuro*** channel gate
kandelaberförmig candelabra-shaped
Kandidatengen candidate gene
Kaneelgewächse/Canellaceae
wild cinnamon family,
white cinnamon family,
canella family
kannenartig/krugartig/ sackartig/schlauchartig ascidiate
Kannenblatt/Schlauchblatt
pitcher leaf, ascidiate leaf
kannenförmig/krugförmig/ schlauchförmig ascidiform
Kannenpflanze pitcher plant
Kannenpflanzengewächse/ Kannenstrauchgewächse/ Nepenthaceae
East Indian pitcher plant family,
Tropical pitcher-plant family,
nepenthes family
Kannibalismus cannibalism
Kanonenbein/Sprungbein
(Mittelfußknochen der Huftiere)
cannon bone
Känozoikum/Kaenozoikum/ Erdneuzeit/Neozoikum (erdgeschichtliches Zeitalter)
Cenozoic, Cenozoic Era, Neozoic Era
(Cainozoic Era/Caenozoic Era)

Kantenkollenchym/Eckenkollenchym (*auch*: Collenchym)
angular collenchyma
Kanter (kurzer/leichter Galopp)
canter (slow gallop)
Kantholz cant, squared timber,
square-edged lumber, squared log
kantig angular
Kanüle cannula
Kapaun (kastrierter Hahn) capon
Kapazität capacity
➢ **elektrische Kapazität**
capacitance (C)
Kapazitätsgrenze/Grenze der ökologischen Belastbarkeit/ Tragfähigkeit (Ökosystem)
carrying capacity
Kapazitätskontrollsystem, limitiertes
limited capacity control system
(LCCS)
kapazitiver Strom
capacitative current
Kaperngewächse/Capparidaceae/ Capparaceae caper family
Kapillare/Haargefäß capillary
➢ **Blutkapillare** blood capillary
Kapillarelektrophorese
capillary electrophoresis
Kapillarpipette
capillary pipet, capillary pipette
kapnophil/kohlendioxidliebend
capnophilic
kappen/köpfen (Baum)
pollard, pollarding,
beheading of tree,
decapitation of tree
Kappenzelle (Scolopidium) cap cell
Kappungsselektion/ Auslesezüchtung/ Schwellenwertselektion
truncation selection
kapsal/capsal/kokkal/coccal
nonmotile unicellular
Kapsel ***bot*** capsule
➢ **Deckelkapsel**
lid capsule, pyxis, pyxidium
➢ **dorsizide Spaltkapsel**
dorsicidal capsule
➢ **fachspaltige Kapsel/ lokulizide Spaltkapsel**
loculicidal capsule

➢ **Katapultkapsel/Katapultfrucht** catapult capsule, catapult fruit
➢ **Lochkapsel/Porenkapsel** poricidal capsule
➢ **wandspaltige Kapsel/ septizide Spaltkapsel** septicidal capsule
Kapsid/Capsid ***vir*** **(Virenhülle)** capsid (viral shell)
Kapsomer/Capsomer ***vir*** **(morphologische Untereinheit des Virions)** capsomere (*virion*: morphological unit)
Kapuzenspinnen/Ricinulei/Podogona ricinuleids, "tick spiders"
Kapuzinerkressengewächse/ Tropaeolaceae nasturtium family
Karbon/Steinkohlenzeit (erdgeschichtliche Periode) Carboniferous, Carboniferous Period, "Coal Age"
Karbonisation carbonization
Kardengewächse/Dipsacaceae teasel family, scabious family
karnivor/carnivor/fleischfressend carnivorous, flesh-eating, meat-eating
Karnivor/Carnivor/Fleischfresser carnivore, flesh-eater, meat-eater
Karobgummi/Johannisbrotkernmehl carob gum, locust bean gum
Karotinoide/Carotinoide carotinoids
Karpell (*pl* Karpelle)/Fruchtblatt carpel
➢ **coeno-parakarp** paracarpous
➢ **angiokarp** angiocarpic, angiocarpous
➢ **apokarp/chorikarp** apocarpous
➢ **chorikarp/apokarp** apocarpous
➢ **coenokarp/ coeno-synkarp/synkarp** syncarpous
➢ **freiblättrig** apocarpous
➢ **hemiangiokarp** hemiangiocarpic, hemiangiocarpous
➢ **parakarp** syncarpous without septa
➢ **pleurokarp/seitenfrüchtig** pleurocarpic, pleurocarpous
➢ **synkarp** syncarpous
Karpellodium ***bot*** carpellode
Karpfenfische/Karpfenartige/ Cypriniformes carps & characins & minnows & suckers & loaches
Karpfenläuse/Fischläuse/ Kiemenschwänze/ Branchiura/Argulida fish lice
Karpogon/Carpogon (Algen) carpogonium
Karpophor/Carpophor/ Fruchthalter/Fruchtträger ***bot*** carpophore, receptacle
Karpose carposis
Karposoma/Fruchtkörper ***fung*** carposoma, fruiting body, fruitbody
Karpospore/Carpospore/ Carpogonidie (Algen) carpospore
Karstsee karst lake
Karte/Landkarte map
➢ **biologische Karte** biological map
➢ **Determinationskarte/ Schicksalkarte** ***gen*** fate map
➢ **Fokuskarte** focus map
➢ **genetische Karte** genetic map
➢ **pysikalische Karte** physical map
Karteneinheit map unit
kartieren map, plot
Kartierung mapping, plotting
➢ **Deletionskartierung** ***gen*** deletion mapping
➢ **Geländekartierung** terrain mapping
➢ **Genkartierung** gene mapping, genetic mapping
➢ **Konjugationskartierung** ***gen*** conjugation mapping
➢ **Positionskartierung** ***gen*** positional mapping
➢ **Schicksalskartierung** ***gen*** fate mapping
➢ **Transduktionskartierung** ***gen*** transduction mapping
➢ **Transformationskartierung** ***gen*** transformation mapping
Kartierungsfunktion mapping function
Karton (feste Pappe) cardboard, paperboard, fiberboard
Karunkula/Caruncula ***bot*** caruncle

Karyogamie/Kernvereinigung/ Kernverschmelzung karyogamy, nuclear fusion
Karyogramm/Karyotyp karyogram, karyotype
Karyopse/Caryopse/„Kernfrucht"/ Kornfrucht caryopsis, grain
Karyotyp karyotype
Karyotypanalyse/ Bestimmung des Karyotyps karyotyping
karzinogen/carcinogen/ krebserzeugend carcinogenic
Karzinogen *n* carcinogen
Karzinom/Krebs carcinoma, cancer
➢ **Adenokarzinom** adenocarcinoma
➢ **medulläres Karzinom** medullary carcinoma
➢ **Plattenepithelkarzinom** squamous cell carcinoma
➢ **szirrhöses Karzinom** scirrhous carcinoma
Käscher/Kescher (Fangnetz für Fische) landing net, aquatic net (collecting net for fish)
Käschernetz/Keschernetz *arach* **(Dinopis)** retiarius web
Käsefliegenlarve (Piophilidae) cheese-skipper
Kaskade/Kascade cascade
Kaskadensystem (Enzyme) cascade system
Kassette cartridge, cassette
Kassetten-Mutagenese cassette mutagenesis
Kaste caste
kastrieren castrate, geld, neuter
kastriertes Tier castrated animal; (spez. männl. Pferd) gelding
Kastrierung/Kastration castration
Kasuare & Emus/Casuariiformes cassowaries & emus
katabol/catabol catabolic (degradative reactions)
Katabolit-Repression/ katabolische Repression catabolite repression
Katabolitaktivatorprotein catabolite activator protein (CAP)
Katabolitrepression (Hemmung) catabolite repression
katadrom catadromous
Katalepsie catalepsy
Katalepsis catalepsis
Katalysator catalyst
Katalyse catalysis
katalysieren catalyze
katalytisch catalytic, catalytical
katalytische Einheit/ Einheit der Enzymaktivität (*katal*) catalytical unit, unit of enzyme activity (*katal*)
katalytischer Antikörper catalytic antibody
Katapultfrucht/Katapultkapsel catapult fruit, catapult capsule
Katastrophentheorie catastrophism
Katecholamin catecholamine
Kater tomcat (male domestic cat)
katharob *limn* katharobic
Katharobiont/Katharobie katharobiont, katharobe, katharobic organism
Kation cation
Kationenaustauscher cation exchanger
Katsurabaumgewächse/ Cercidiphyllaceae katsura-tree family
Kätzchen/ junge Katze/Katzenjunges kitten
Kätzchen *bot* **(Infloreszenz)** catkin, ament, amentum
Katzenschrei-Syndrom cri-du-chat syndrome
Kaudikula/Caudicula/Stielchen caudicle (stalk of pollinium)
kauen/zerkauen chew, masticate
Kauen/Zerkauen chewing, mastication
kauend chewing, masticatory
kauend-beißend (Mundwerkzeuge) chewing-biting (mouthparts)
Kaufläche masticatory surface
Kaugummi chewing gum
Kaulade (Insekten: aus Galea und Lacinia) maxilliary plate, maxilliped; (Crustaceen) gnathobase, blade
Kauleszenz/Cauleszenz *bot* caulescence

kauliflor/stammblütig cauliflorous
Kauliflorie/Stammblütigkeit cauliflory
Kauloid/Cauloid/Stämmchen (Algen/Moose) caulid, stemlet, stipe
Kaulquappe tadpole, "polliwog"
Kaumagen/Cardia cardiac stomach, cardia
Kaumagen/Pharynx/Mastax (Rotatorien) pharynx, mastax
Kaumagen/Proventriculus (Insekten/Crustaceen) gizzard, proventriculus
Kaumittel (Gummiharz) masticatory, gum
Kaumuskel masticatory muscle, muscle of mastication
kausal causal, causative
kausaler Zusammenhang correlation, connection, causal interrelationship
Kausalität causality, causation
Kautschuk caoutchouc, rubber, india rubber
Kavitation (von Leitelementen) ***bot*** cavitation (with rupture of water column)
Kegel cone; (Sensille: Insektenantenne) peg
kegelförmig/konisch cone-shaped, conical
Kegelgalle cone gall
Kegelspirale (Gastropoda) helicone
Kehldeckel/Epiglottis epiglottis
Kehldeckelknorpel/Schließknorpel epiglottic cartilage, epiglottal cartilage
Kehle/Hals throat
Kehle/Luftröhre windpipe, trachea
Kehle/Speiseröhre esophagus, oesophagus; gullet
Kehlgang (Pferd) throatlatch
Kehlhautsack ***orn*** pouch
Kehlkopf/Larynx (*siehe:* Adamsapfel) larynx (*pl* larynges)
Kehllappen (Vögel/Reptilien: Hautlappen) dewlap, wattle
Kehlplatte/Schlundplatte/Gularplatte (der prognathen Insekten) gula, gular plate
Kehlritze/Aditus laryngis laryngeal aditus
Kehlsack (Pelikan/Frosch) gular pouch
kehlständig (Bauchflossen) located near the "chin"
Kehrwert/reziproker Wert reciprocal
Keil wedge, peg
Keilbein/Os cuneiforme (Fuß) cuneiform bone
Keilbein/Os sphenoidale (Schädel) sphenoid bone
Keilbeinflügelknochen alisphenoid bone
Keilblattgewächse/Sphenophyllales/Sphenophyllaceae sphenophyllum family
keilblättrig wedge-leaved
Keiler/Wildeber male wild boar (aged)
keilförmig cuneate, cuneiform, sphenoid, wedge-shaped
keilförmig zugespitzt attenuate, tapering
Keim (Mikroorganismus) germ
Keim/Keimling/Embryo germ, embryo
Keimbahn germ line
Keimbahngentherapie germ line gene therapy
Keimbahnhypothese/-theorie germline hypothesis/theory
Keimbahnmosaik germline mosaic, germinal mosaic, gonadal mosaic, gonosomal mosaic
Keimbahnmutation germ-line mutation
Keimbläschen/ Blastozyste/Blastocyste germinal vesicle, blastocyst; (großer Oocytenkern) germinal vesicle
Keimblase/Blasenkeim/Blastula blastula
Keimblatt/Blatt/Keimschicht ***embr*** germ layer
- **primäres Keimblatt** (äußeres Keimblatt/Ectoderm) ectoderm; (inneres Keimblatt/Entoderm/ Endoderm) entoderm, endoderm
- **sekundäres K./Mesoderm** mesoderm

Keimblatt/ Kotyledone/Cotyledone *bot* cotyledon, seminal leaf
Keimblattscheide/Keimscheide/ Koleoptile/Coleoptile *bot* coleoptile, plumule sheath
Keimdrüse/Geschlechtsdrüse/Gonade sex gland, germ gland, gonad
Keimdrüsenleiste/Genitalleiste *embr* genital ridge
keimen germinate, sprout
vorkeimen pregerminate
Keimepithel germinal epithelium
Keimesbewegung/Blastokinese blastokinesis
keimfähig germinable
Keimfähigkeit germinability
Keimfleck/Macula germinativa germ spot
keimfrei/steril germ-free, sterile
Keimhülle, äußere/äußere Eihülle/ äußeres Eihüllepithel/Serosa serosa, serous membrane
Keimhülle, innere/innere Eihülle/ Amnion amnion
Keimknospe/Plumula/ Stammknospe/Sprossknospe/ terminale Embryoknospe plumule, terminal embryonic bud
Keimling/Embryo embryo
Keimling/Keimpflanze *bot* sprout, seedling
Keimmund micropyle
Keimplasma/Idioplasma germ plasm, idioplasm, gonoplasm
Keimpore (Pollen) germination/ germinating aperture
Keimruhe seed dormancy
Keimsack/Embryosack embryo sac
Keimscheibe/Embryonalschild/ Blastodiskus/Diskus/Discus germinal disk, germ disk, blastodisc
Keimscheide/Keimblattscheide/ Koleoptile/Coleoptile coleoptile, plumule sheath
Keimschicht/Stratum germinativum Malpighian layer, germinal/germinative layer, stratum germinativum; (*Echinococcus*-Blase) germinal layer
Keimschlauch *fung* germ-tube
Keimstelle (Pollen) aperture
Keimstimmung/Vernalisation vernalization
Keimstock/Germarium ovary, germarium
Keimstrang *embr* germinal cord
Keimstreifen (Insektenei) germ band
Keimstreifen/Primitivstreifen (Gastrulation) germinal streak, primitive streak
Keimtasche/Sporosac (Hydrozoen) sporosac
keimtötend/bakterizid bacteriocidal, bactericidal
Keimung germination
➤ **Dunkelkeimung** dark germination
➤ **epigäische Keimung** epigean/epigeal germination
➤ **Hellkeimung** light-induced germination (photodormancy)
➤ **hypogäische Keimung** hypogean/hypogeal germination
➤ **Vorkeimung** pregermination
Keimwarze (des Samens) strophiolar plug, operculum
Keimwurzel/Radicula embryonic root, radicle
Keimzahl (Anzahl von Mikroorganismen) cell count, germ count; (Samen-keimung) germination percentage
Keimzelle *allg* germ cell (any reproductive cell, i.e., spores/zygote/gametes); (Gamet) sex cell, gamete
Keimzentrum germinal center
Kelch calyx
➤ **Außenkelch/Nebenkelch/Epicalyx** epicalyx, calycle, calyculus
Kelchblatt/Blütenkelchblatt/ Blumenhüllblatt/Sepale/Sepalum sepal
kelchförmig cup-shaped, calyciform
Kelchhorngewächse/Calyceraceae calycera family
Kelchwürmer/Nicktiere/ Kamptozooen/Entoprocta kamptozoans, entoprocta
Kellerschwämme/ Warzenschwämme/ Coniophoraceae dry rot family

Kelter fruit/juice press (e.g., for making juice)
keltern press (fruit/grapes)
Kennart diagnostic species
Kenngröße/Parameter parameter; *math* dimensionless group/quantity/number
Kennwert characteristic value
Kennzahl basic number, characteristic number; (Chiffre) key, cipher
Kennzahl/Kennziffer ***stat*** index number, indicator
Kennzahl/statistische Maßzahl statistic, statistic value
kenokarp/leerfrüchtig/samenlos seedless (fruit)
Kenokarpie/Kenocarpie/ Leerfrüchtigkeit seedlessness
Keratin keratin
Keratinfilament keratin filament
keratinisieren (verhornen) keratinize (cornify)
Keratinisierung (Verhornung) keratinization (cornification)
Keratinozyt/Keratinocyt keratinocyte
Kerbe indentation, notch
Kerbe/Schlitz/Bruchstelle/ Einzelstrangbruch ***gen*** nick
kerbig/gekerbt notched, nicked, crenate
Kerbtiere/Kerfe/Insekten insects
Kermesbeerengewächse/ Phytolaccaceae pokeweed family
Kern/Zentrum (Mark/Core) core, center
➢ **Bohrkern** ***geol*** drill core
➢ **Fruchtkern/Obstkern** ***bot*** kernel, seed; pip (einer vielsamigen Frucht)
➢ **Viruskern (zentrale Virionstruktur)** core
➢ **Zellkern** nucleus, karyon
Kernäquivalent/Nukleoid/ Karyoid/„Bakterienkern" nucleoid, nuclear body
Kernart core species
kernassoziiertes Organell nucleus-associated organelle
Kernbeißerschnabel seed-cracking beak
Kerndimorphismus nuclear dimorphism
Kerndualismus nuclear dualism
Kernenzym (RNA-Polymerase) core enzyme
Kernfaserschicht/Kernlamina nuclear lamina
Kernfäule heart rot
Kerngehäuse (Frucht) (fruit) core
Kerngenom nuclear genome
Kerngerüst nucleoskeleton
Kerngrundsubstanz/Kernmatrix nuclear matrix
Kernhaufenfaser nuclear bag fiber
Kernholz heartwood, duramen
Kernhülle nuclear envelope
Kernkappe nuclear cap
Kernkettenfaser nuclear chain fiber
Kernkeulen/Clavicipitacae ergot fungi, ergot family
Kernkörperchen/Nukleolus nucleolus
Kernlamina/Kernfaserschicht nuclear lamina
kernlos *cyt* anucleate; *bot* seedless
kernlose Zelle enucleate cell, anucleate cell
kernmagnetische Resonanz/ Kernspinresonanz nuclear magnetic resonance (NMR)
kernmagnetische Resonanzspektroskopie/ Kernspinresonanz-Spektroskopie nuclear magnetic resonance spectroscopy, NMR spectroscopy
Kernmatrix/Kerngrundsubstanz nuclear matrix
Kernmembran nuclear membrane
Kernnährelemente macronutrients
Kernobst pomaceous fruit
Kernpartikel core particle
Kernphase nuclear phase
Kernphasenwechsel alternation of nuclear phase
Kernplasma/ Karyoplasma/Nucleoplasma karyoplasm, nucleoplasm

Kernpolyederviren nuclear polyhedrosis viruses (NPV)
Kernpore nuclear pore
Kernspinresonanz/ kernmagnetische Resonanz nuclear magnetic resonance (NMR)
Kernspinresonanz-Spektroskopie/ kernmagnetische Resonanzspektroskopie nuclear magnetic resonance spectroscopy, NMR spectroscopy
Kernspintomographie (KST)/ Magnetresonanztomographie (MRT) magnetic resonance imaging (MRI), nuclear magnetic resonance imaging
Kernteilung/Mitose nuclear division, mitosis
Kerntransplantation nuclear transfer, nuclear transplantation
Kernverschmelzung *cyt* fusion of nuclei, caryogamy
Kescher/Käscher (Fangnetz für Fische) landing net, aquatic net (collecting net for fish)
Keschernetz/Käschernetz *arach* (Dinopis) retiarius web
Kessel/Brutkammer (geschlossene Bruthöhle der Ameisenkönigin) claustral cell
Kesselfallenblume/ Gleitfallenblume pitfall trap, slippery-trap flower, slippery-slide flytrap
Kesselhieb *for* patch clear-cutting
Ketoaldehyd ketoaldehyde, aldehyde ketone
Keton ketone
Ketonkörper ketone body (acetone body)
Ketonurie ketonuria, acetonuria
Ketosäure keto acid
Kette (verzweigte/unverzweigte) chain (branched/unbranched)
Kettenabbruchverfahren *gen* chain-terminating technique
Kettenform *chem* chain form, open-chain form
Kettenformel chain formula, open-chain formula
Kettenlänge chain length
Kettenreaktion chain reaction
Keule/Oberschenkel (Schlachtvieh) haunch, hindquarters
Keule/Schlegel/Bein (Geflügel) drumstick, leg
keulenartig club-like, clubbed, clavate
Keulenpilz club fungus
Keuper (Epoche) Upper Triassic
Kiefer *zool* jaw; (Trophi: Rotatorien) pharyngeal jaws, trophi; *bot* pine
➤ **Oberkiefer** upper jaw
➤ **Unterkiefer** lower jaw
Kieferbogen/Mandibularbogen (Gesamtheit der Teile) mandibular arch; (nur Knorpelspange) mandibular bar (skeleton only)
Kieferfühler/Scherenkiefer/Klaue/ Fresszange/Greifzange/Chelicere chelicera, fang, cheliceral fang
Kieferfuß/Maxilliped/ Maxillarfuß/Pes maxilliaris maxilliped, maxillipede, gnathopodite, jaw-foot, foot-jaw
Kieferfüßer/Maxillopoda maxillopods
Kieferknochen jawbone
➤ **Oberkieferknochen** upper jawbone
➤ **Unterkieferknochen** lower jawbone
Kieferlose/Agnathen/Agnatha jawless fishes, agnathans
Kiefermäuler/Kiefermündchen/ Gnathostomuliden gnathostomulids
Kiefermünder/Gnathostomata jawed vertebrates, jaw-mouthed animals, gnathostomatans
Kieferngewächse/Föhrengewächse/ Tannenfamilie/Pinaceae pine family, fir family
Kieferschluss/Okklusion occlusion
Kiefertaster/Maxillartaster/ Maxillarpalpus/Palpus maxillaris maxilliary palp
Kiel keel, carina; *bot* (Schiffchen) keel

Kieme gill
- ➢ **Arthrobranchie** arthrobranch, arthrobranchia, joint gill
- ➢ **Außenkieme/äußere Kieme/ Ektobranchie** external gill
- ➢ **Blattkieme/Lamellibranchie/ Eulamellibranchie** lamellar gill, sheet gill, lamellibranch, eulamellibranch
- ➢ **Buchkiemen/Kiemenbeine/ Blattbeine/Blattfüße** (dichtstehende Kiemenlamellen: Xiphosuriden) book gills (gill book)
- ➢ **Dendrobranchie (Crustaceen)** dendrobranchiate gill
- ➢ **Fadenkieme/Filibranchie** filibranch gill
- ➢ **Fiederkieme/Kammkieme/ Ctenidie/Ctenidium** gill plume, gill comb, ctenidium
- ➢ **Gaskieme (aquat. Insekten)** gaseous plastron, air-bubble gill
- ➢ **Hemibranchie** hemibranch
- ➢ **Holobranchie** holobranch
- ➢ **Innenkieme/innere Kieme/ Entobranchie** internal gill
- ➢ **Kammkieme/Fiederkieme/ Ctenidie/Ctenidium** gill plume, gill comb, ctenidium
- ➢ **kompressible Gaskieme** compressible gill
- ➢ **Phyllobranchie (Crustaceen)** phyllobrachiate gill
- ➢ **physikalische Kieme** physical gill
- ➢ **Pleurobranchie** pleurobranch, „side gill"
- ➢ **Podobranchie** podobranch, „foot gill"
- ➢ **Scheinblattkieme/ Pseudolamellibranchie** pseudolamellar gill, pseudolamellibranch
- ➢ **Tracheenkieme** tracheal gill
- ➢ **Trichobranchie (Crustaceen)** trichobranchiate gill

Kiemenbalken (Cephalochordaten) gill rod (dorsal lamina/languets)

Kiemenbeine/Blattbeine/Blattfüße/ Buchkiemen (dichtstehende Kiemenlamellen: Xiphosuriden) book gills (gill book)

Kiemenblatt/Kiemenblättchen/ Kiemenlamelle/Hemibranchie (Fische/Muscheln) gill lamella

Kiemenbogen/Branchialbogen/ Viszeralbogen (Gesamtheit der Teile) gill arch, branchial arch, visceral arch; (nur Knorpelspange) gill bar, branchial bar, visceral bar (skeleton only)

Kiemenbürste/Flabellum gill cleaner

Kiemendarm/Pharynx branchial gut, branchial basket, pharynx

Kiemendeckel/ Operculum/Operkulum gill cover, operculum

Kiemendorn gill raker (bristle-like process on gill arch)

Kiemenfaden/Kiemenfilament gill filament

Kiemenfüßer/Blattfußkrebse/ Phyllopoda/Branchiopoda phyllopods, branchiopods

Kiemengang branchial chamber
- ➢ **äußerer K./Suprabranchialraum** suprabranchial chamber
- ➢ **innerer K./Subbranchialraum** subbranchial chamber

Kiemenhautstrahl/ Branchiostegalstrahl/ Radius branchiostegus branchiostegal ray

Kiemenherz (Cephalopoda) gill heart, branchial heart

Kiemenhöhle/Kiemenkammer gill cavity, gill chamber

Kiemenkorb gill basket

Kiemenöffnung gill opening, gill aperture

Kiemenpumpe branchial pump

Kiemenreuse gill rakers (sifting/straining apparatus formed by the total of all gill rakers)

Kiemensack/Kiementasche gill pouch, branchial sac, pharyngeal pouch
Kiemenschwänze/Karpfenläuse/ Fischläuse/Branchiura/Argulida fish lice
Kiemenskelett/Branchialskelett branchial skeleton, skeleton of the gills
Kiemenspalte/Viszeralspalte gill slit, pharyngeal slit, gill cleft, branchial cleft, pharyngeal cleft
Kiemenstrahl gill ray
Kiementasche/Kiemensack gill pouch, branchial sac, pharyngeal pouch
kiementragend branchiferous
Kien/Kienholz resinous pinewood
Kienapfel pinecone, „pine“
kienig/harzreich resinous, resiny
Kienspan chip of pinewood, pinewood chip
Kies gravel
Kieselalgen/ Diatomeen/Bacillariophyceae diatomes
Kieselerde diatomaceous earth
Kieselflagellaten/Silicophyceae silicoflagellates
Kieselgel/Silicagel silica gel
Kieselgur kieselguhr (loose/porous diatomite; diatomaceous/infusorial earth)
Kieselsäure silicic acid
kieselsäurehaltig siliceous
Kieselschwämme/Silicospongiae (Demospongien) siliceous sponges, demosponges
Kieselstein pebble
Kiesgrube gravel pit
Killer-Zelle/Killerzelle killer cell, K cell
Kilosequenzierung kilosequencing
Kindbettfieber/Wochenbettfieber/ Puerperalfieber (bakteriell) childbed fever, puerperal fever
Kindel/Kindl (Bromelien/Bananen) sucker
Kindelbildung (Kartoffel: Knollenmissbildung) formation of miniature stolons due to water stress
Kindermord infanticide
Kindersterblichkeit childhood mortality
Kindheit childhood
Kindspech/Mekonium/Meconium meconium
kinematische Viskosität kinematic viscosity
Kinese kinesis
Kinet kinetium, kinety
Kinetik (nullter/erster/zweiter Ordnung) (zero-/first-/second-order...) kinetics
➤ **Reaktionskinetik** reaction kinetics
➤ **Reassoziationskinetik** reassociation kinetics
Kinetin kinetin, zeatin
kinetische Komplexität kinetic complexity
Kinetochor kinetochore
Kinetocyst kinetocyst
Kinetoplast kinetoplast
Kinetosom/Basalkörper kinetosome, basal body
Kinorhyncha/Hakenrüssler kinorhynchs
Kippmoment (Vogelflug) pitch(ing) moment
Kistenbretter (Holz) crate planks/boards
Kitt/Kittsubstanz adhesive, cement
Kittdrüse/Klebdrüse/ Zementdrüse/Fußdrüse adhesive gland, cement gland, pedal gland
Kittleiste/Verschlusskontakt/ Schlussleiste/Engkontakt/ Tight junction (Zonula occludens) tight junction
Kitz (Rehkitz) fawn; (Zicklein) kid, young goat
Kitzler/Klitoris/Clitoris clitoris
Kiwis/Apterygiformes kiwis

Klade/Clade clade
- **Außengruppe** outgroup
- **Dendrogramm** dendrogram
- **Elterngruppe** parent group, parent clade
- **Innengruppe** ingroup
- **jüngster gemeinsamer Vorfahre** most recent common ancestor (MRCA)
- **Kladogramm** cladogram
- **Knoten (Verzweigungspunkt)** node (branching point)
- **Kronengruppe** crown group, crown clade
- **Mittelpunktsbewurzelung** midpoint rooting
- **molekulare Uhr** molecular clock
- **Phylogramm** phylogram
- **Schwestergruppen** sister groups
- **Stammgruppe** stem group
- **Tochtergruppe** daughter group
- **Untergruppe** subgroup, subclade
- **Verzweigung** (*allg*/einfache) bifurcation; (mehrfache) multifurcation

Kladistik/Cladistik cladistics, phylogenetic analysis
- **geordnetes Merkmal** ordered character
- **monophyletisch** monophyletic
- **Monophylie** monophyly
- **Monophylum (monophyletische Gruppe)** monophylum (*pl* monophyla)
- **Ockhams Rasiermesser** Ockham's razor (*also*: Occam's)
- **paraphyletisch** paraphyletic
- **Paraphylie** paraphyly
- **Paraphylum (paraphyletische Gruppe)** paraphylum (*pl* paraphyla)
- **Parsimonie** parsimony
- **Polyphylum (polyphyletische Gruppe)** polyphylum (*pl* polyphyla)
- **ungeordnetes Merkmal** unordered character

Kladodium/Cladodium (Flachspross eines Langtriebs) cladode, cladophyll; *also*: phylloclade

Kladogenese/Cladogenese cladogenesis

Kladogramm/Cladogramm cladogram

klaffen/offen stehen gape

klaffende Schalenöffnung shell gape

klaffende Wunde gaping wound

Klaffmuskel diductor muscle

Klammer clip, clamp
- **Objekttisch-Klammer** ***micros*** stage clip
- **Schliffklammer** ***lab*** joint clip/clamp, ground-joint clip/clamp

Klammerfuß/Pes semicoronatus (Bauchfüße der Larven: Großschmetterlinge) proleg with crochets on planta in a row

Klammergriff grasp

Klammerreflex clasp reflex

Klappe (auch: Schalenklappe= Muschelschalenhälfte) valve
- **Aortenklappe** aortic valve
- **halbmondförmige Klappe/ Semilunarklappe** (Herz: als Teile der Taschenklappe) semilunar cusp, semilunar flap (parts of semilunar valve)
- **Harnleiterklappe** ureteral valve
- **Mitralklappe/Bikuspidalklappe (*siehe auch:* Herzklappe)** mitral valve, bicuspid valve
- **Pulmonalklappe** ***cardio*** pulmonary valve
- **Spiralklappe (Froschherz)** spiral valve
- **Taschenklappe** ***card*** semilunar valve (consisting of three semilunar cusps/flaps)
- **Trikuspidalklappe** ***card*** tricuspid valve (with three cusps/flaps)

Klappfalle/Schlagfalle ***bot*** snap trap

klappig valvate

Klappmechanismus/ Schnappmechanismus snap mechanism

Kläranlage (kommunal) sewage treatment plant; (industriell) waste-water purification plant

Klärbecken/Absetzbecken settling tank

klären (z.B. absetzen/entfernen von Schwebstoffen aus einer Flüssigkeit) clear, clarify, purify
klären/filtrieren filtrate
klarer Plaque clear plaque
Klärfaktor ***physio*** clearance, clearing factor
Klärgas/Faulgas (Methan) sludge gas
Klärgrube cesspool, cesspit
Klärschlamm (Faulschlamm) sludge, sewage sludge
Klärung/Filtrierung/Filtration filtration
Klärung ***allg*** (z.B. absetzen/entfernen von Schwebstoffen aus einer Flüssigkeit) clarification, purification
Klärung/Abwasseraufbereitung sewage treatment
Klärwerk/Kläranlage (Abwasser) sewage treatment plant
Klasse class
Klassenhäufigkeit/Besetzungszahl/ absolute Häufigkeit ***stat*** class frequency, cell frequency
Klassenmerkmal class trait
Klassenwechsel/-sprung ***immun*** class switch, class-switching (isotype switching)
Klassierung ***stat*** grouping of classes
klassifizieren classify
Klassifizierung/Klassifikation classifying, classification
➢ **biologische K./Taxonomie** taxonomy
klassische Konditionierung ***ethol*** classical conditioning
Klaue/Unguis claw
➢ **Afterklaue/Afterzehe** dewclaw, false foot, pseudoclaw
➢ **Chelicere/Chelizere/Kieferfühler/ Scherenkiefer/Fresszange** chelicera, fang, cheliceral fang
➢ **Chelicerenklaue/Scherenfinger (Unguis)** cheliceral fang
➢ **Fang (Raubvögel: meist** ***pl*** **Fänge)/ Krallen** talons, claws
➢ **Giftklaue** poison claw, forcipule, prehensor (Chilopoda); poison fang, venomous
➢ **Schere/Zange/Chela (Crustaceen)** crab pincers, forceps, chela
Klauenbein/Os ungulare ungual bone, unguicular bone (distal phalanx)
Klauendrüse claw gland
Klauenglied/Krallenglied/ Krallensegment/Krallensockel/ Prätarsus pretarsus
Klause (Fruchtform) cell, mericarpic nutlet (one-seeded segment/fruitlet of loment)
Klausenfrucht/Gliederfrucht/ Gliederhülse/Bruchfrucht loment, lomentum, jointed fruit
Klebdrüse/Kittdrüse/Zementdrüse adhesive gland, cement gland
➢ **Fußdrüse** pedal gland
➢ **Schwanzdrüse/Rektaldrüse (Nematoden)** rectal gland
Klebfaden (Spinnennetz) ***arach*** adhesive thread, viscid/sticky line
Klebfalle ***bot*** adhesive trap, flypaper trap
Klebkapsel/Haftkapsel/Glutinant (Nematocyst) glutinant
klebrig/glutinös sticky, glutinous, viscid
klebriges Ende/kohäsives Ende/ überhängendes Ende ***gen*** sticky end, cohesive end, protruding end, protruding extension
Klebsamengewächse/Pittosporaceae pittosporum family, tobira family, parchment-bark family
Klebscheibe/Klebkörper (Orchideen) viscidium (a sticky disk)
Klebzelle/Kolloblast/ Colloblast/Collocyt (Ctenophora) adhesive cell, colloblast, lasso cell
Kleeblatt cloverleaf
Kleefarngewächse/Kleefarne/ Marsileaceae marsilea family, water clover family
Klei/Kleiboden/Marschboden heavy marshland soil
kleidoisches Ei/beschaltes Ei cleidoic egg, shelled egg, “land egg”
Kleie bran
Kleinart/Mikrospezies microspecies
kleinborstig/kleindornig echinulate, with small bristles/prickles

kleingesägt/feingesägt serrulate, finely serrate, finely notched
kleingrubig scrobiculate, alveolate
Kleinhirn/Hinterhirn/Cerebellum cerebellum, epencephalon
Kleinkärpflinge/Cyprinodontiformes killifishes
Kleinsäuger/Kleintiere small mammals
Kleintierpraxis (Tierarzt) veterinary practice for small mammals
Kleintierzucht small mammal breeding
Kleintierzüchterverein *literally:* small mammal breeders club (association)
kleinzelliger Lungenkrebs small-cell lung cancer
kleistogam cleistogamous
Kleistogamie cleistogamy
Kleistothecium cleistothecium, cleistocarp
Klemme clamp; clip
➢ **Arterienklemme** artery forceps, artery clamp
➢ **Krokodilklemme** ***lab*** alligator clip
➢ **Schlauchklemme/ Quetschhahn** ***lab*** tubing clamp, pinch clamp
➢ **Spannungsklemme** voltage clamp
Klemmfallenblume/ Klemmfallenblüte pinch-trap flower
Klemmkörper (Asclepiadaceen) adhesive body, clamp, corpuscle, corpusculum
Kleptobiose/Cleptobiose cleptobiosis
Kleptoparasit kleptoparasite, cleptoparasite
Klette/Klettenfrucht/Klettenfrucht bur, burr, burry fruit
➢ **Trampelklette** traple burr
Kletterfaser ***neuro*** climbing fiber
Kletterfuß climbing foot
kletterfüßig ***orn*** **(z.B. Papageien)** zygodactyl, zygodactylous
kletternd/klimmend climbing, scandent
Kletterpflanze climber, scandent plant, (climbing) vine; (holzig) liana
Klicklaut (Zahnwale) clicking sound
Klima climate
Klimaanpassung acclimation, acclimatization
Klimafaktoren climatic factors
Klimagürtel climatic belt
Klimakatastrophe climate disaster, climatic disaster
Klimakterium/ Wechseljahre (Menopause) climacteric (menopause)
Klimaveränderung/Klimaänderung climatic change
Klimawandel climatic change
Klimax/Höhepunkt climax; (Orgasmus) orgasm
Klimaxformation climax formation
Klimaxgesellschaft climax community
Klimaxvegetation climax vegetation
Klimazonen climatic zones
➢ **Mittelbreiten/gemäßigte Zone** temperate zone
➢ **polare Zone/ arktische Zone/Polarzone** polar zone, arctic zone
➢ **Subtropen** subtropics
➢ **Tropen** tropics
klimmen/klettern climb
klimmend/kletternd climbing, scandent
Kline/Klin/Cline/Merkmalsgefälle/ Merkmalsgradient cline, phenotypic gradient, character gradient
klinisch getested/geprüft clinically tested
klinische Genetik clinical genetics
klinisches Merkmal clinical feature
klinisches Symptom clinical symptom
Klitoris/Clitoris/Kitzler clitoris
Kloake cloaca
Kloakentiere/Monotremata (Prototheria) monotremes (prototherians)

Klon clone
klonale Selektionstheorie
clonal selection theory
Klonausgangspflanze/ Klonmutterpflanze/Ortet ortet
(original single ancestor of a clone)
Klonbank/Bibliothek
clone bank, bank, library
Klonen cloning
➢ **therapeutisches Klonen**
therapeutic cloning
klonieren clone
klonierte Zelllinie cloned cell line
Klonierung cloning
➢ **Exonklonierung** exon cloning
➢ **Expressionsklonierung**
expression cloning
➢ **Positionsklonierung**
positional cloning
➢ **Subklonierung** subcloning
➢ **subtraktive Klonierung/ Subtraktionsklonierung**
subtractive cloning
Klonierungsstelle cloning site
➢ **multiple Klonierungsstelle/ Vielzweckklonierungsstelle**
multiple cloning site (MCS)
Klonierungsvektor cloning vector
Klonindividuum/Klonmitglied/ Einzelpflanze eines Klons/Ramet
(Zweig/Steckling eines Ortet)
ramet (individual member of clone)
Klonselektionstheorie/ klonale Selektionstheorie
clonal selection theory
klopfen (Hasen) thump, thumping
Klopphengst/Spitzhengst (Kryptorchide)
ridgeling, ridgling (cryptorchid)
Klusiengewächse/ Clusiaceae/Guttiferae
mamey family, mangosteen family,
clusia family, garcinia family
knabbern (Hasen) nibble
Knabenkrautgewächse/ Orchideen/Orchidaceae
orchids, orchid family, orchis family
Knallgasbakterien/ Wasserstoffbakterien
hydrogen bacteria
(aerobic hydrogen-oxidizing bacteria)
Knäuel (Infloreszenz)
cyme with sessile flowers
Knäuelkonformation/ Schleifenkonformation
coil conformation,
loop conformation
Knickfestigkeit (Holz)
buckling strength, folding strength,
crossbreaking strength
Knie knee; *bot* knee, knee-root
Knie/Patella (Arthropoden)
genu, patella
Knie.../knieartig genicular
kniefömig gebogen
geniculate, bent like a knee
Kniegelenk
knee joint;
(bei Pferd/Hund) stifle
Kniehöcker ***neuro*** geniculate body
Kniekehle back of the knee,
hollow behind knee,
bend of the knee, poples,
popliteal fossa, popliteal space
Kniescheibe/Patella
kneecap, knee bone, patella;
(beim Pferd) stifle bone
Knöchel (Fußknöchel) ankle;
(Handknöchel) knuckle
Knöchelchen
small bone, ossicle
Knöchelgang (Fußknöchel)
knuckle-walking
Knochen.../ knöchern ***adj/adv*** bony
Knochen bone
➢ **Amboss/Incus (Ohr)**
anvil (bone), incus
➢ **Backenknochen/Os zygomaticum**
cheekbone, zygomatic bone,
malar bone
➢ **Beckenknochen (Darmbein & Sitzbein)**
pelvic bone, pelvis
(ilium & ischium)
➢ **Belegknochen/Deckknochen/ Hautknochen** dermal bone
➢ **Beutelknochen/Os marsupialis**
marsupial bone
➢ **Brustbein/Clavicula (Geflügel)**
collarbone,
clavicle (wishbone *see* Gabelbein)

- **Brustbein/Sternum** breastbone, sternum
- **Darmbein/Ilium/Os ilium** flank bone, ilium
- **Dreiecksknochen/Os triquetrum** triangular bone, pyramidal bone, triquestral bone
- **Erbsenbein** pisiform bone, pisiform
- **Faserknochen/Geflechtknochen** fibrous bone
- **Felsenbein/Os perioticum/ Perioticum** periotic bone, periotic
- **Felsenbein/Pars petrosa (des Schläfenbeins)** petrous bone, petrosal bone (of temporal bone)
- **Fersenbein/Hypotarsus (Vögel)** heel, calcaneum, calcaneus, hypotarsus
- **Fersenbein/Os calcis/ Kalkaneus/Calcaneus** heelbone, calcaneal bone, calcaneum, calcaneus
- **Fesselknochen/Fesselbein/ proximale Phalanx** pastern bone, long pastern bone, first phalanx
- **Fischbein/Walbein** baleen, whalebone
- **Flügelbein/Pterygoid/ Os pterygoides** pterygoid bone/process
- **Fußwurzelknochen/ Fußgelenksknochen/Tarsal** ankle bone, tarsal (bones)
- **Gabelbein/Furcula** wishbone, united clavicles of birds, furcula, fourchette
- **Gaumenbein/Palatinum/ Os palatinum** palatine bone
- **Geflechtknochen/Faserknochen** fibrous bone
- **Gesäßbein/Sitzbein/Sitzknochen/ Os ischii** ischium
- **Gleichbein/Sesambein/ Sesamknöchelchen (Pferd)** proximal sesamoid bone
- **Griffelbein/Griffelbeinknochen (Nebenmittelfußknochen)** splint bone (small metacarpal)
- **Gürtelbein/Sphenethmoid/ Os en ceinture** sphenethmoid bone
- **Hakenbein/Os hamatum** hamate bone, unciform bone
- **Hammer/Malleus (Ohr)** hammer, malleus
- **Handgelenksknochen/ Handwurzelknochen/ Carpalia/Ossa carpalia** wrist bone, carpal bone
- **Handwurzelknochen/Ossa carpi** carpal bones
- **Hautknochen/Deckknochen/ Belegknochen** dermal bone
- **Herzknochen/Os cordis** cardiac bone, heart ossicle
- **Hinterhauptbein/Os occipitale** occipital bone
- **Hohlknochen/ pneumatischer Knochen/ Os pneumaticum** hollow bone, pneumatic bone
- **Hufbein/Os ungulare/ Phalanx distalis** coffin bone, distal phalanx
- **Hüftknochen/Hüftbein/Os coxae** (Beckenhälfte: Darmbein & Sitzbein & Schambein) hipbone, coxal bone, innominate bone (lateral half of pelvis)
- **Jochbein/Jugale** jugal (bone)
- **Kahnbein/Fußwurzelknochen/ Os naviculare** navicular bone
- **Kahnbein/Handwurzelknochen/ Os scaphoideum** scaphoid bone
- **Kanonenbein/Sprungbein** (Mittelfußknochen der Huftiere) cannon bone
- **Keilbein/Os cuneiforme (Fuß)** cuneiform bone
- **Keilbein/Os sphenoidale (Schädel)** sphenoid bone
- **Kieferknochen** jawbone
- **Klauenbein/Os ungulare** ungual bone, unguicular bone (distal phalanx)
- **kompakter Knochen** compact bone, dense bone
- **Kopfbein/Kapitatum/Os capitatum** capitate bone, capitate, capitatum

- **Kreuzbein/Sakrum/Os sacrum** sacrum
- **Kronbein/mittlere Phalanx (Pferd)** coronary bone, small/short pastern bone, second phalanx
- **kurzer Knochen/Os brevis** short bone
- **Lamellenknochen/ lamellärer Knochen** laminar bone
- **langer Knochen/ Röhrenknochen/Os longum** long bone (hollow/tubular bone)
- **Mittelfußknochen/ Os metatarsalis** metatarsal bone
- **Mittelhandknochen/ Os metacarpalis** metacarpal bone
- **Mondbein/Os lunatum** lunate bone, semilunar bone
- **Nasenbein/Os nasale** nasal bone
- **Oberarmknochen/Oberarmbein/ Humerus** arm bone, humerus
- **Oberkieferbein/Os maxillare** maxillary bone
- **Oberschenkelknochen/ Os femoris/Femur** thighbone, femur, femoral bone
- **Paukenbein/Os tympanicum** tympanic bone, tympanic
- **Penisknochen/Os penis** penis bone, baculum
- **Pflugscharbein/Vomer** ploughshare bone, vomer
- **platter Knochen/Os planum** flat bone
- **pneumatischer Knochen/ Hohlknochen/Os pneumaticum** pneumatic bone, hollow bone
- **Quadratbein/Quadratum** quadrate bone
- **Rabenbein/ Rabenschnabelbein/ Coracoid** coracoid
- **Rippe/Costa** rib
- **Röhrbein/ Kanonenbein/Sprungbein** (Pferd: Hauptmittelfußknochen) cannon bone
- **Röhrenknochen/ langer Knochen/Os longum** long bone (hollow/tubular bone)
- **Rollbein/Sprungbein/Os tali/Talus** ankle bone, talus, astragalus
- **Rüsselbein/Os rostrale** rostral bone
- **Schaltknochen/Nahtknochen** sutural bone, epactal bone, wormian bone
- **Schambein/Os pubis** pubic bone
- **Scheitelbein/Os parietale** parietal bone
- **Schienbein/Schiene/Tibia** shinbone, tibia
- **Schläfenbein/Os temporale** temporal bone
- **Schlüsselbein/Clavicula** collarbone, clavicle
- **Schulterblatt/Scapula** shoulder blade
- **Schuppenbein/Squamosum** squamosa
- **Sesambein/ Sesamknöchelchen/ Os sesamoideum** sesamoid bone
- **Siebbein/Os ethmoidale** ethmoid bone
- **Sitzbein/Gesäßbein/ Sitzknochen/Os ischii** ischium
- **Sparrknochen/Chevron (ventraler Wirbelbogen)** chevron (bone), hemal arch
- **Speiche/Radius** radius
- **spongiöser Knochen** spongy bone, cancellous bone
- **Sprungbein/Kanonenbein (Mittelfußknochen der Huftiere)** cannon bone
- **Sprungbein/Talus** ankle bone, talus, astragalus
- **Steigbügel/Stapes** stirrup
- **Steiß/Steißbein/Os coccygis** coccyx
- **Steißbein/Urostyl (frogs/toads)** urostyl
- **Sternum/Brustbein** sternum, breastbone
- **Stirnbein/Os frontale** frontal bone

- **Strahlbein/distales Sesambein/ Os sesamoideum distale** navicular bone, distal sesamoid bone
- **Tränenbein/Os lacrimale** lacrimal bone
- **Unterkieferknochen/ Unterkiefer/Mandibel** lower jawbone, lower jaw, submaxilla, submaxillary bone, mandible
- **Unterschenkelknochen/ Tibiotarsus (Vögel)** tibiotarsus
- **Vieleckbein, großes/Os trapezium** trapezium bone, greater multangular bone
- **Vieleckbein, kleines/ Os trapezoideum** trapezoid bone, lesser multangular bone
- **Wadenbein/Fibula** splint bone, fibula
- **Würfelbein/Os cuboideum** cuboid bone
- **Zungenbein/ Hyoideum/Os hyoideum** hyoid bone, lingual bone
- **Zwischenkieferknochen/ Os incisivum** incisive bone
- **Zwischenscheitelbein/ Os interparietale** interparietal bone

Knochenbildung/ Knochenentstehung/ Osteogenese osteogenesis

Knochenbildung/Ossifikation ossification

Knochengewebe bone tissue, osseous tissue

Knochenhaft/Synostose synostosis, synosteosis

Knochenhaut/Beinhaut/Periost periosteum

Knochenhechte/Lepisosteiformes gars

Knochenkamm/Crista bony ridge, bone crest

Knochenmark bone marrow

Knochenmarkzelle/ Myelozyt/Myelocyt bone marrow cell, myelocyte

Knochenmehl bone meal

Knochenzüngler/ Knochenzünglerartige/ Osteoglossiformes osteoglossiforms

knöchern/Knochen... bony

Knöllchen nodule

Knöllchenbakterien nodule bacteria (nitrogen-fixing bacteria)

Knolle tuber, bulb

- **kleine Knolle** tubercle, tuberculum
- **unterirdische Sprossknolle** tuber, underground stem-tuber
- **Zwiebelknolle** bulb

knollenförmig bulb-shaped

Knollenorgan/tuberöses Organ (Elektrorezeptor) tubiform organ

knollig tuberous, bulbous, bulbose

Knorpel cartilage

- **Blinzknorpel** ***orn*** cartilage of third eyelid
- **elastischer Knorpel** elastic cartilage
- **Faserknorpel/fibröser Knorpel** fibrous cartilage, fibrocartilage
- **Gelenksknorpel** articular cartilage
- **Hufbeinknorpel/Hufknorpel** coffin bone cartilage
- **hyaliner Knorpel** hyaline cartilage
- **Kehldeckelknorpel/Schließknorpel** epiglottic cartilage, epiglottal cartilage
- **Meckelscher Knorpel (Mandibulare)** Meckel's cartilage, mandibular cartilage
- **Ringknorpel/Cartilago cricoidea** annular cartilage, cricoid cartilage
- **Rippenknorpel** costal cartilage
- **Schaufelknorpel/ Cartilago xiphoidea** xiphoid cartilage
- **Schildknorpel/Cartilago thyreoidea** thyroid cartilage
- **Schließknorpel/Resilium** resilium (flexible horny hinge)

➢ **Stellknorpeln/ Cartilagines arytaenoideae** arytenoid cartilages
➢ **verkalkter Knorpel** calcified cartilage
Knorpelfische/Chondrichthyes cartilaginous fishes, chondrichthians
Knorpelgewebe/ chondroides Gewebe (Parenchymknorpel) chondroid tissue
Knorpelhaft/Synchondrose synchondrosis
Knorpelhaut/Perichondrium perichondrium
knorpelig cartilaginous
Knorpelschädel/Chondrocranium cartilaginous neurocranium, chondrocranium
Knorpelzelle/Chondrozyt cartilage cell, chondrocyte
Knorren (an Baum)/ Holzmaser/Maser/Maserknolle gnarl, burl, burr
knorrig gnarled
Knospe/Frustel/Frustula (Polypen) (asexual) bud, frustule
Knospe ***bot*** bud
➢ **Achselknospe/Seitenknospe** axillary bud, lateral bud
➢ **Adventivknospe** adventitious bud
➢ **Beiknospe/akzessorische Knospe** accessory bud
➢ **Blattknospe/Laubknospe** foliage bud
➢ **Blütenknospe** flower bud, floral bud
➢ **Endknospe/Terminalknospe** terminal bud
➢ **Erneuerungsknospe** renewal bud
➢ **Ersatzknospe/Proventivknospe** latent bud
➢ **geschlossene Knospe (mit K.schuppen)** protected bud
➢ **Gipfelknospe** apical bud
➢ **Keimknospe/ Stammknospe/Sprossknospe/ terminale Embryoknospe/ Plumula** terminal embryonic bud, plumule
➢ **nackte Knospe/offene Knospe (ohne K.schuppen)** naked bud
➢ **ruhende Knospe/ schlafende Knospe** resting bud, quiescent bud, dormant bud
➢ **Winterknospe/ Überwinterungsknospe/ Hibernakel** winter bud, perennating bud, hibernaculum, turio, turion
knospen/knospend bud, budding
Knospenanlage bud primordium
knospend budding
Knospendeckung/ Ästivation/Aestivation estivation, aestivation
Knospenhülle bud (envelope) bracts
Knospenlage (eines Einzelblattes: Ptyxis) ptyxis; (aller Blätter in der Knospe: Vernation) vernation, prefoliation; (Blütenblätter) aestivation, prefloration
➢ **aufgerollte Knospenlage (Farnblattentwicklung)** circinate vernation
Knospenlücke bud gap
Knospenruhe bud dormancy
Knospenschuppe/ Knospendecke/Tegment (protective) bud scale, tegmentum
Knospenspore/Conidie conidium
Knospenstrahler/Blastoida (Echinoderma) blastoids
Knospung budding
Knospung/Frustulation (Polypen) (asexual) budding, frustulation
Knoten ***bot*** (Nodium) node; ***med*** lump; (Zyste) cyst
Knotengeflecht nodal plexus
Knöterichgewächse/Polygonaceae buckwheat family, dock family, knotweed family, smartweed family
knotig knotty, nodose; nodular, papular
Knüppeldamm corduroy road/ walkway (made of logs)
knurren growl, snarl (wütend)
Koazervat coacervate
Kobalt/Cobalt (Co) cobalt

Kobel (Eichhörnchen-Nest) drey (squirrel's nest)
Koch's Postulat/Koch'sches Postulat Koch's postulate
Kochblutagar/Schokoladenagar chocolate agar
kochen cook, boil
Köcher (*Trichoptera*) case (in some species: tube)
Köcherfliegen/Haarflügler/ Trichoptera caddis flies
Kochfleischbouillon/Fleischbrühe cooked-meat broth
Kochsalz (NaCl) table salt
Kochsalzlösung saline
➤ **physiologische Kochsalzlösung** saline, physiological saline solution
Köder bait
kodieren/codieren encode, code
kodierender/codierender Strang/ Sinnstrang *gen* coding strand, sense strand
Kodierungs-/Codierungskapazität *gen* coding capacity
kodominant/codominant codominant
Kodominanz/Codominanz codominance
Kodon/Codon *gen* codon
Koevolution coevolution
Koexistenz coexistance
koexistieren coexist
Koffein/Thein caffeine, theine
koffeinfrei decaffeinated
Kohäsion cohesion
Kohäsionstheorie cohesion theory (cohesion-tension theory)
kohäsiv cohesive
Kohäsivität cohesiveness
Kohl cabbage, cole
Kohle coal
➤ **Aktivkohle** cactivated carbon
➤ **Anthrazit/Kohlenblende** anthracite, hard coal
➤ **Glanzbraunkohle/ subbituminöse Kohle** subbituminous coal
➤ **Steinkohle/bituminöse Kohle** bituminous coal
➤ **Weichbraunkohle & Mattbraunkohle/Lignit** lignite
Kohlendioxid carbon dioxide
kohlendioxidliebend/kapnophil capnophilic
Kohlenhydrat carbohydrate
Kohlensäure (Karbonat/Carbonat) carbonic acid (carbonate)
Kohlenstoff (C) carbon
Kohlenstoffbindung carbon bond
Kohlenstoffquelle carbon source
Kohlenstoffverbindung carbon compound
Kohlenwasserstoff hydrocarbon (HC)
➤ **Fluorchlorkohlenwasserstoffe (FCKW)** chlorofluorocarbons, chlorofluorinated hydrocarbons (CFCs)
➤ **Fluorkohlenwasserstoffe (FKW)** fluorinated hydrocarbons (FHCs)
➤ **chlorierter Kohlenwasserstoff (CKW)** chlorinated hydrocarbons (CHCs)
Köhlersche Beleuchtung *micros* Koehler illumination
„Kohlrabi"/Bromatium/Gongylidie bromatium, gongylidium (*pl* gongylidia)
Kohnsche Pore pore of Kohn
Kohorte cohort
Koinzidenz coincidence
Koinzidenzfaktor/Coinzidenzfaktor coefficient of coincidence
Koitus/Kopulationsakt/ Begattungsakt/Geschlechtsverkehr coitus, coition, copulation, sexual intercourse
Kojisäure kojic acid
Kokain cocaine
Kokastrauchgewächse/ Erythroxylaceae coca family
kokkal/coccal coccal
kokkoid coccoid
Kokkolit/Coccolit/ Kalkplättchen/Kalkkörperchen coccolith
Kokkus/Kugelbakterium (*pl* Kokken) coccus (*pl* cocci)
Kokon (Insekten) cocoon; (Spinnen: Eikokon) cocoon, egg sac
➤ **aufgehängter Kokon** pendant egg sac
➤ **Feenlämpchen** Japanese lantern

Kolben (Mais) ear, cob
Kolben/Blütenkolben (Infloreszenz) spadix
Kolben ***lab/chem*** flask
➢ **Destillierkolben** distilling flask, retort
➢ **Erlenmeyer-Kolben** Erlenmeyer flask
➢ **Filtrierkolben/Filtrierflasche/ Saugflasche** filter flask, vacuum flask
➢ **Messkolben** volumetric flask
➢ **Rundkolben/Siedegefäß** boiling flask with round bottom
➢ **Schüttelkolben** shake flask
➢ **Schwanenhalskolben** swan-necked flask, S-necked flask, gooseneck flask
➢ **Stehkolben/Siedegefäß** Florence boiling flask, Florence flask (boiling flask with flat bottom)
Kolbenflügler/Fächerflügler/ Strepsiptera twisted-winged insects, stylopids
Kolbenträgergewächse/ Kolbenschmarotzer/ Balanophoraceae balanophora family
Kolchizin/Colchicin colchicine
Koleoptile/Coleoptile ***bot*** coleoptile, plumule sheath
Koleorhiza/Coleorhiza/ Wurzelscheide coleorhiza, root sheath, radicle sheath
Kolibris/Trochiliformes hummingbirds
kolinear/colinear colinear
Kolinearität/Colinearität colinearity
Kolk/Moorauge/Blänke pothole, deep pool
kollabieren (Lunge) collapse, deflate
Kollagen collagen
Kollaps collapse
kollateral collateral
Kollektorblende/Leuchtfeldblende field diaphragm
Kollektorlinse collector lens, collecting lens
Kollenchym/Collenchym collenchyma
➢ **Kantenkollenchym/ Eckenkollenchym** angular collenchyma
➢ **Lückenkollenchym** lacunar collenchyma
➢ **Plattenkollenchym** lamellar collenchyma, tangential collenchyma
Kolletere/Colletere (Leimzotte/Drüsenzotte) colleter, multicellular glandular trichome (sticky/viscous secretions)
kollidieren collide
kolligative Eigenschaft (Teilchenzahl) colligative property
Köllikersche Grube (Branchiostoma) Kölliker's pit
Kollimationsblende/Spaltblende ***micros*** collimating slit
Kollimator collimator
kolline Stufe/ Hügellandstufe/Vorgebirge foothills, foothill zone
Kollision (Enzymkinetik) collision
Kolobom coloboma
Kolon/Colon (Vertebraten: Grimmdarm) colon
kolonial/koloniebildend colonial, colony-forming
Kolonie colony
Koloniebank ***gen*** colony bank
koloniebildend/kolonial colony-forming, colonial
koloniebildende Einheit (KBE)/ plaquebildende Einheit (PBE) (im Knochenmark gebildete Vorläuferzelle/Stammzelle) colony-forming unit (CFU), plaque-forming unit (PFU)
Kolonne/Turm (Bioreaktor) column
Kolonscheibe/aufsteigender Kolon/ Colon ascendens (Wiederkäuer) ascending colon
Kolophonium colophony, rosin
Kolossalfaser/Riesenaxon/Riesenfaser giant axon
Kolossalzelle/Riesenzelle giant cell

Kolostralmilch/ Biestmilch/Vormilch/Colostrum foremilk, colostrum
Kombinationsimpfstoff/ Mischimpfstoff/Mischvakzine combination vaccine, mixed vaccine
Kombinationsregel/ Unabhängigkeitsregel (Mendel) law/principle of random (independent) assortment
kommalos (DNA-Code) comma-less (DNA-code)
Kommandofunktion command function
Kommandoneuron command neuron
Kommensale/Mitesser commensal
Kommensalismus commensalism
Kommentkampf/ Turnierkampf (z.B. bei Schlangen) ritualized fight
Kommissur commissure
Kommunikationskontakt/ Macula communicans/Nexus/ Gap junction (Zellkontakte) gap junction
Kompartiment compartment
kompartimentieren compartimentalize
Kompartimentierung compartmentalization, compartmentation
Kompasspflanze/Medianpflanze compass plant, heliotropic plant
kompatibel/verträglich compatible
Kompatibilität/Verträglichkeit compatibility
Kompensationsflug ***entom*** compensation flight
Kompensationspunkt compensation point
Kompensationstiefe/ Kompensationsebene ***mar*** compensation depth
kompetent (Zelle/Kultur) competent
Kompetenz (zur Blühinduktion) competence
Kompetition/Konkurrenz/ Wettbewerb competition
Kompetitionshybridisierung ***gen*** competition hybridization
kompetitiv competitive
kompetitive Hemmung/ Konkurrenzhemmung (enzymat.) competitive inhibition
komplementär complementary
komplementäre Basenpaarung ***gen*** complementary base pairing
komplementaritätsbestimmende Region ***gen*** complementary determining region (CDR)
Komplementation complementation
Komplementationsgruppen complementation groups
Komplementbindung complement fixation
Komplementbindungsreaktion (KBR) complement binding reaction, complement fixation reaction
Komplettmedium complete medium, rich medium
Komplex complex
Komplexbildner/Chelatbildner chelating agent, chelator
Komplexbildung/Chelatbildung chelation, chelate formation
komplexieren complex; *chem* chelate
Komplexität complexity
➢ **chemische K.** chemical complexity
➢ **kinetische K.** kinetic complexity
Komponentenimpfstoff/ Subunitimpfstoff/Subunitvakzine subunit vaccine
Kompost compost
kompostieren compost
Kompressionsverband ***med*** pressure dressing
Konchyliologie conchology
Kondensat (Kondenswasser/Schwitzwasser) condensate
Kondensation condensation
Kondensationspunkt condensing point
Kondensationsreaktion/ Dehydrierungsreaktion condensation reaction, dehydration reaction
Kondensator *opt* condenser; *electr* capacitor
kondensieren condense
Kondensor ***opt*** condenser

Kondensorblende/Aperturblende condenser diaphragm (iris diaphragm)
Kondensortrieb ***micros*** condenser adjustment knob, substage adjustment knob
Kondenswasser/Schwitzwasser/ Kondensat condensate
konditionieren *ethol/med/chromat* condition
konditioniertes Medium conditioned medium
Konditionierung ***ethol/med/chromat*** conditioning
- **klassische Konditionierung/ Pawlowsche K.** ***ethol*** classical conditioning, Pavlovian conditioning
- **operante K./operative K./ instrumentelle K.** ***ethol*** operant conditioning, instrumental conditioning (trial-and-error learning)

Konfidenzgrenze/ Vertrauensgrenze/ Mutungsgrenze ***stat*** confidence limit
Konfidenzintervall/ Vertrauensintervall/-bereich ***stat*** confidence interval
Konfidenzniveau/ Konfidenzwahrscheinlichkeit ***stat*** confidence level
konfluent ***cyt*** confluent
Konformation conformation
- **Knäuelkonformation/ Schleifenkonformation** ***gen*** coil/loop conformation
- **relaxiert/entspannt** relaxed (conformation)
- **Repulsionskonformation** ***gen*** repulsion conformation
- **Ringform** ring form, ring conformation
- **Schleifenkonformation/ Knäuelkonformation** ***gen*** loop/coil conformation
- **Sesselform (Cycloalkane)** ***chem*** chair conformation
- **Wannenform (Cycloalkane)** ***chem*** boat conformation

Konformationsepitop conformational/discontinuous epitope
Konformationspolymorphismus conformation polymorphism
kongenial/verwandt/gleichartig congenial
kongenital/angeboren/ererbt congenital
Konidie/Conidie conidium
Konidienträger/Conidienträger conidiophore
Konifere/Conifere/Nadelbaum conifer, coniferous tree
Königin queen
Königin-Futtersaft/Gelée Royale royal jelly, bee milk
Königin-Substanz queen substance
Königsfarngewächse/ Rispenfarngewächse/ Osmundaceae flowering fern family, cinnamon fern family, royal fern family
Konjugation conjugation
Konjugationsfortsatz/ Konjugationsrohr/ Pilus (Bakterien) pilus
Konjugationskartierung conjugation mapping
konjugatives Plasmid conjugative plasmid, self-transmissible plasmid, transferable plasmid
konjugieren conjugate
konjugierte Bindung ***chem*** conjugated bond
Konjunktivalsack (Auge) conjunctival sac
Konkatamer concatemer
Konkauleszenz concaulescence
Konkrementvakuole (Placozoa) concrement vacuole
Konkurrent competitor
Konkurrenz/Kompetition/ Wettbewerb competition
Konkurrenz-Ausschluss-Prinzip/ Konkurrenz-Exklusions-Prinzip principle of competitive exclusion, exclusion principle (Gause's rule/principle)

Konkurrenzhemmung/ kompetitive Hemmung competitive inhibition
Konkurrenzvermeidung evasion of competition
konkurrieren compete
konnatal/angeboren connate
Konnektiv/Mittelband (Anthere) connective
konsanguin/blutsverwandt consanguineous
konsanguine Ehe/ Ehe unter Blutsverwandten/ Verwandtenehe consanguineous marriage
Konsanguinität consanguinity
Konsensussequenz/ Consensussequenz *gen* consensus sequence
Konservatorium conservatory
konservieren/präservieren/ haltbar machen/erhalten conserve, preserve
Konservierungsstoff preservative
Konsistenz/Beschaffenheit consistency
konsistieren/beschaffen sein consist
Konsole (Fruchtkörper von Baumpilzen, z.B. *Fomes*) bracket, conk (shelf-like sporophyte)
konspezifisch (von der gleichen Art) conspecific
Konspezifität conspecificity
konstante Region (*Ig*) constant region
konstanter Schwellenwert constant truncation
Konstanz constancy
Konstitution constitution
konstitutives Gen/ Haushaltungsgen/Haushaltsgen housekeeping gene
Konsum consumption
Konsument/Verbraucher consumer
Konsumhandlung consummatory act
Konsumverhalten consummatory behavior
Kontagionsindex/Infektionsindex contagion index
Kontagiosität contagiousness
Kontakthemmung/Kontaktinhibition contact inhibition
Kontaktinsektizid contact insecticide
Kontaktparenchym boundary parenchyma
Kontaktpestizid contact pesticide
Kontaktpunktanalyse missing contact analysis
Kontaktverhalten huddling
Kontamination/Verunreinigung contamination
kontaminieren/verunreinigen contaminate
Kontinentalböschung continental slope
Kontinentalfuß continental rise
Kontinentalklima/ Binnenklima/Landklima continental climate
Kontinentallage continental location
Kontinentalrand continental fringe, continental edge
Kontinentalsockel/ Festlandsockel/Kontinentalschelf continental shelf
Kontinentalverschiebung/ Kontinentaldrift continental drift
Kontingenzkoeffizient coefficient of contingency
kontrahieren/zusammenziehen contract
kontraktile Vakuole/ pulsierende Vakuole contractile vacuole, water expulsion vesicle (WEV)
Kontraktion contraction
Kontraktionsphase contraction period
Kontraktur contracture
Kontrast contrast
Kontrastbetonung *evol* character displacement
Kontrastfärbung/Differenzialfärbung contrast staining, differential staining
kontrastieren contrast; (färben/ einfärben) *tech/micros* stain
Kontrastierung/Färben/Färbung/ Einfärbung *tech/micros* stain, staining

Kontrazeption/ Empfängnisverhütung contraception
kontrazeptiv/empfängnisverhütend contraceptive
Kontrazeptivum/ empfängnisverhütendes Mittel/ Verhütungsmittel contraceptive
Kontrolle control
➢ **autogene Kontrolle** autogeneous control
➢ **Genexpressionskontrolle/ Kontrolle der Genexpression** control of gene expression
Kontrollelement, autonomes ***gen*** autonomous control element
Kontrollsubstanz control substance
Konturfeder/Umrissfeder ***orn*** contour feather
konvergent convergent
Konvergenz convergence
konvergieren converge
Konversion/Umwandlung/Übergang conversion
➢ **Chromatidenkonversion** chromatid conversion
➢ **Genkonversion** gene conversion
Konzentration concentration
➢ **Grenzkonzentration** limiting concentration
➢ **Hemmkonzentration** inhibitory concentration
➢ **MAK-Wert (maximale Arbeitsplatz-Konzentration)** maximum permissible workplace concentration, maximum permissible exposure
➢ **minimale Hemmkonzentration (MHK)** minimal inhibitory concentration, minimum inhibitory concentration (MIC)
➢ **mittlere effektive Konzentration (EC_{50})** median effective concentration
➢ **mittlere Hemmkonzentration (IC_{50})** median inhibitory concentration
konzentrieren concentrate
Konzeptakel (*Fucus*) conceptacle
Koog young/juvenile marsh
kooperative Bindung cooperative binding
Kooperation/Zusammenarbeit cooperation, collaboration
Kooperativität cooperativity
Kooperativitätskoeffizient/ Hill-Koeffizient Hill coefficient, Hill constant
kooperieren/zusammenarbeiten cooperate, collaborate
Koordination coordination
koordinieren coordinate
Kopf/Cephalon/Caput head
Kopf (Fettmolekül) head
Kopf-an-Kopf-Wiederholungen ***gen*** head-to-head repeats
Kopf-Rumpf-Länge head-body length
Kopfbein/Kapitatum/Os capitatum capitate bone, capitate, capitatum
Kopfbrust(stück)/Cephalothorax cephalothorax
Köpfchen/Korb/Körbchen/Capitulum/ Cephalium (Infloreszenz) capitulum, cephalium, flower head
Köpfchenblütler/Korbblütler/ Asteraceae/Compositae sunflower family, daisy family, aster family, composite family
Kopfdrüse/Stirndrüse/Frontaldrüse cephalic gland, frontal gland
Kopfeibengewächse/ Cephalotaxaceae cephalotaxus family, plum yew family
köpfen/kappen (Baum) pollarding, beheading, decapitation (of tree)
Kopffortsatz/Chordafortsatz head process, notochordal process
Kopffuß/ Cephalopodium (Mollusken) head-foot
Kopffüßer/Cephalopoden cephalopods
kopfig capitate
Kopfkappe (Nautilus/Chaetognathen) hood
Kopflappen/Acron/Prostomium acron, prostomium
Kopfschild (Clypeus) shield, clypeus; (Trilobiten) cephalon

Kopfschildschnecken/ Kopfschildträger/ Kephalaspidea/Cephalaspidea bubble shells
Kopfschlagader/Halsschlagader carotid, carotid artery
Kopfskelett head skeleton, cephalic skeleton
Kopfsoral (Flechten) capitate/capitiform sorelium
Kopfwachstum/ kopfseitiges Wachstum head growth
Kopienzahl copy number
Koppel/Koppelweide ***agr*** enclosed pasture, fenced pasture
Koppel (Gruppe: Wale/Delphine/Seehunde) pod (whales/dolphins/seals)
koppeln/aneinander festmachen/ verbinden couple
koppen (Pferde) suck wind
Kopplung ***gen*** linkage
Kopplungsanalyse ***gen*** linkage analysis
Kopplungsgleichgewicht linkage equilibrium
Kopplungsgruppe ***gen*** linkage group
Kopplungskarte ***gen*** linkage map
Kopplungspotenzial coupling potential
Kopplungsungleichgewicht linkage disequilibrium
koprophag/coprophag/ dungfressend/kotfressend coprophagous, coprophagic
Koprophage/Coprophage/ Dungfresser/Kotfresser coprophagist
Koprophagie/Coprophagie/ Dungfressen coprophagy
koprophil/coprophil coprophilic, coprophilous
Kopulation/Begattung/Paarung copulation, sexual union, mating
Kopulation/Kopulieren/ Schäften (Pfropfung) ***hort*** splice grafting, whip grafting
- **mit Gegenzunge** ***hort*** whip grafting, tongue grafting, whip-and-tongue grafting

Kopulationsakt/Koitus/ Begattungsakt/Geschlechtsverkehr copulation, coitus, sexual intercourse
kopulieren/begatten/paaren copulate, mate
Kopulieren/Kopulation/ Schäften (Pfropfung) ***hort*** splice grafting, whip grafting
Korallen corals
- **Blaukorallen/ Coenothecalia/Helioporida** blue corals
- **Dornkorallen/Dörnchenkorallen/ schwarze Edelkorallen/ Antipatharia** thorny corals, black corals, antipatharians
- **Feuerkorallen/Milleporina** milleporine hydrocorals, stinging corals, fire corals
- **Hornkorallen/ Rindenkorallen/Gorgonaria** horny corals, gorgonians, gorgonian corals
- **Lederkorallen/ Alcyonaria/Alcyonacea** soft corals, alcyonaceans
- **Riffkorallen/Steinkorallen/ Madreporaria/Scleractinia** stony corals, madreporarian corals, scleractinians
- **Rindenkorallen/ Hornkorallen/Gorgonaria** gorgonians, gorgonian corals, horny corals
- **Stylasterida** tylasterine hydrocorals

Korallenpfeiler coral/reef pinnacle
Korallenpilze/ Keulenpilze/Clavariaceae coral fungus family
Korallenriff coral reef
Korazidium/Coracidium (Schwimmlarve: Cestoda) coracidium
Korb/Körbchen/Köpfchen/ Capitulum/Cephalium (Infloreszenz) capitulum, cephalium, flower head
Korbblütler/Köpfchenblütler/ Asteraceae/Compositae sunflower family, daisy family, aster family, composite family

Körbchen/Pollenkörbchen/ Corbiculum (Bienen) pollen basket, corbiculum
Korbvesikel/Stachelsaumbläschen/ Stachelsaumvesikel coated vesicle
Korbzelle ***neuro*** basket cell
Kordon/Schnurbaum ***hort*** cordon
Koremie/Koremium/Coremium coremium
Korepressor/Corepressor corepressor
Kork/Phellem cork, phellem, secondary bark
korkartig corky, suberose, suberous
Korkholzgewächse/Leitneriaceae corkwood family
Korkkambium cork cambium, phellogen
Korkrinde/Phelloderm secondary cortex, phelloderm
Korksäure/Suberinsäure/ Octandisäure suberic acid, octanedioic acid
Kormophyt/Achsenpflanze/ Sprosspflanze (Gefäßpflanze) cormophyte (vascular plant)
Kormus cormus
Korn grain, granule, particle; kernel, corn, grain; (Getreide) grain
Körnerdrüse/Giftdrüse (Amphibien) granular gland, poison gland
Körnerfresser/Granivor ***orn*** granivorous animal (bird)
Körnerschicht granule cell layer
Körnerzelle (Cerebellum) granule cell
Kornfrucht/Caryopse/Karyopse/ „Kernfrucht" (Grasfrucht) caryopsis, grain
Korngröße particle size, grain size; (Bodenpartikel) soil particle size
Körnigkeit granulation
Kornsekretdrüse prostatic gland
Körnung grain
Körper body, soma
körperbehindert physically handicapped
Körperdecke/Integument body covering, integument (skin)
Körperflüssigkeit body fluid
Körperhöhle/Leibeshöhle body cavity
➢ **primäre K./Blastocöl** blastocoel, blastocele
➢ **sekundäre K./Cölom/Coelom** secondary body cavity, coelom, perigastrium
Körpermassenindex (KMI) body mass index (BMI)
Körperoberfläche body surface; (als spez. Maß) body surface area
Körperpflege preening
➢ **soziale Körperpflege** social grooming (mammals), social preening (birds)
Körpertemperatur body temperature
➢ **erhöhte Körpertemperatur** elevated body temperature
➢ **Kaltblüter** cold-blooded animal
➢ **Warmblüter** warm-blooded animal
Körperumriss body contours
Körperzelle/ Somazelle/somatische Zelle body cell, somatic cell
Korrasion (*sensu lato* mechanische Erosion durch Wind/Wasser/Schnee) *geol* corrasion
➢ **Windkorrasion/ Sandschliff/Windschliff** sand blasting, wind carving
Korrekturlesen proofreading
Korrelationsanalyse correlation analysis
Korrelationskoeffizient ***stat*** correlation coefficient
➢ **Maßkorrelationskoeffizient/ Produkt-Moment- Korrelationskoeffizient** product-moment correlation coefficient
➢ **Rangkorrelationskoeffizient** rank correlation coefficient
➢ **Teilkorrelationskoeffizient** partial correlation coefficient
Korrosionsfäule/Weißfäule ***fung*** white rot
Korsetttierchen/Panzertierchen/ Loriciferen corset bearers, loriciferans

Kortikotropin/Corticotropin/ adrenokortikotropes Hormon/ adrenocorticotropes Hormon (ACTH) corticotropin, adrenocorticotropic hormone (ACTH)
Kortison/Cortison cortisone
Kosmopolit cosmopolitan, cosmopolite
kosmopolitisch/weltweit verbreitet cosmopolitan, occurring worldwide
Kost/Essen/Speise/Nahrung/Diät diet, food, feed, nutrition
➤ **Breikost** pureed food
➤ **Frischkost** fresh fruit and vegetables (produce)
➤ **Krankenkost/Krankendiät** special diet, invalid diet
➤ **Naturkost** natural food, organic food
➤ **Rohkost** raw food (uncooked vegetables)
➤ **Schonkost** bland food, bland diet
➤ **Vollkost/Vollwertkost** whole food
Kosta/Costa/Rippe costa, rib
kostal costal
Kosten-Nutzen-Analyse cost-benefit analysis
Kot/Fäkalien feces
Kotdarm/Kotraum/Coprodaeum coprodeum
Köte/Fesselkopf/ Fesselgelenk des Pferdes fetlock (metatarso-phalangeal articulation)
Kötenbehang/Kötenhaare/ Fesselhaare fetlock hair, feather
Kotflügel ***orn/entom*** "dirty wing"
Kotransduktion/Cotransduktion cotransduction
Kotransfektion/Cotransfektion cotransfection
Kotwurst (*Arenicola*) casting (lugworm)
Kotyledone/Cotyledone/Keimblatt cotyledon, seminal leaf
Kousin(e)/Cousin(e) (ersten Grades etc.) (first/first degree) cousin
Kovarianz covariance
Kovarianzanalyse covariance analysis
Kraftflug ***orn*** powered flight, propulsive flight
Kraftfutter concentrate feed, concentrate
kräftiges Wachstum vigorous growth
Kraftmikroskopie force microscopy
Kraftschlag/Wirkungsschlag ***aer/orn*** power stroke, effective stroke
Kragen/Ring/Annulus inferus (Rest des Velum partiale) *fung* ring, inferior annulus
Kragen (z.B. Mesosoma der Enteropneusten) collar
Kragengeißelzelle/ Kragenzelle/Choanozyt collar cell, choanocyte
Kragenlappen/Mantellappen (Brachiopoden) mantle lobe
Kragentiere/Hemichordaten/ Branchiotremata/Hemichordata hemichordates
krähen crow
Krähenbeerengewächse/ Empetraceae crowberry family
Kraken/Octobrachia/Octopoda octopuses, octopods
Kralle/Klaue ***orn*** claw, talon
Kralle/Nagel/Klaue/Unguis claw, nail
Kralle/Unguiculus small claw, nail, unguiculus
Krallenschwänze/Doppelschaler/ Diplostraca/Onychura clam shrimps & water fleas
Krallensegment/Krallenglied/ Krallensockel/Klauenglied/ Prätarsus (Insekten) pretarsus
Krallensohle/Subunguis sole of claw
Krallenwall wall of claw
Kranichvögel/Kranichverwandte/ Gruiformes cranes & rails & allies
krank sick, ill, diseased
Krankendiät/Krankenkost special diet, invalid diet
Krankenhaus/Klinik hospital, clinic
krankhaft/pathologisch pathological
krankhafte Veränderung/ Störung/Läsion lesion

Krankheit disease, illness
> **ansteckende Krankheit/ infektiöse Krankheit** contagious disease, infectious disease
> **Erbkrankheit** inheritable disease
> **erbliche Erkrankung/Erbkrankheit** hereditary disease, genetic disease, inherited disease, heritable disorder
> **monogene Krankheit** monogenic disease
> **polygene Krankheit** polygenic disease
> **übertragbare Krankheit** transmissible disease, communicable disease
> **Zivilisationskrankheiten** diseases of civilization ("affluent peoples' diseases")

Krankheiten diseases
> **Kopfschmerzen** headache
> **Schmerz** pain
> **Entzündung** (Infektion) infection; (Gewebsschwellung/Inflammation) inflammation
> **Migräne** migraine
> **Durchfall/Diarrhö** diarrhea
> **Erbrechen** vomiting
> **Übelkeit** nausea
> **Schwellung** swelling; tumefaction

krankheitserregend/pathogen disease-causing, pathogenic

Krankheitserreger disease-causing agent, pathogen

Krankheitsüberträger transmitter of disease

Kranzdarm/Jejunum (Wiederkäuer) coronal stomach, coronal sinus

kranzförmig coronal, wreath-shaped

Kranzfühler/ Fühlerkranztiere/Tentaculaten tentaculates (bryozoans/phoronids/brachiopods)

Kranzfuß/Pes coronatus (Bauchfüße der Larven: Kleinschmetterlinge) proleg with crochets on planta in a circle

Kranzgefäße/Herzkranzgefäße coronary blood vessels (arteries/veins)

Kranznaht (Schädeldach) coronal suture

Kranzquallen/Tiefseequallen/ Coronata coronate medusas

Krappgewächse/Labkrautgewächse/ Rötegewächse/Rubiaceae madder family, bedstraw family

Kratersee crater lake

Krätze/Räude/Scabies/Milbenkrätze (Krätzmilbe: *Sarcoptes scabiei*) scabies; scab (domestic animals), mange

kratzen (Tiere die sich kratzen) scratch

Kratzer *allg* scratch; (Nahrung abkratzend) scraper

Kratzer/Acanthocephala spiny-headed worms, thorny-headed worms

Krause (Federn/Haar) ***zool*** ruff

Krause-Körperchen/ Krause'sches Körperchen Krause's end bulb, bouton

Kräuselkamm/Calamistrum calamistrum

Kräuselkrankheit (Blatt) leaf curl, crinkle

kräuseln (gekräuselt) (z.B. Blatt) ruffle (ruffled) (leaf with strongly wavy margin)

Kraut (*siehe*: Krautpflanze) herb (annual and biennial); wort, weed

Kräuter (Küchenkräuter) herbs

Kräuterbuch herbal

Kräutergarten herb garden

krautig herbaceous

krautige Pflanze herb, herbaceous plant; (nicht Gräser) forb

Krautpflanze herb, herbaceous plant; (Unkraut) weed; (nicht Gräser) forb (nongraminoid herbaceous plant)

Krautschicht herbaceous plant layer

Kreatin creatine

Krebs cancer (malignant neoplasm)

Krebs-Cyclus/ Citrat-Zyklus/Citratcyclus/ Zitronensäurezyklus/ Tricarbonsäure-Zyklus Krebs cycle, citric acid cycle, tricarboxylic acid cycle (TCA cycle)

krebsartig cancerous
Krebse/Echte Krabben/Brachyura crabs
krebserregend/karzinogen/carcinogen carcinogenic
krebserzeugend/onkogen/oncogen oncogenic, oncogenous
Krebsschere/Chela crab pincers, chela
Krebstiere/„Krebse"/Crustaceen crustaceans
Kreide/Kreidezeit (erdgeschichtliche Periode) Cretaceous, Cretaceous Period
Kreis circle
➢ **Blütenhüllkreis** perianth
➢ **Staubblattkreis** androecium
Kreisdiagramm pie chart
Kreisen *orn* circling (flight); (Fischschwärme) milling
kreisförmig/kreisrund/rund/zirkular/zirkulär orbicular, circular, round
➢ **fast rund** orbiculate, nearly round
Kreislauf/Zyklus cycle; circuit
➢ **Blutkreislauf** circulation
➢ **Harnstoffzyklus** urea cycle
➢ **Kohlenstoffzyklus** carbon cycle
➢ **Lebenskreislauf/Lebenszyklus** life cycle
➢ **Lungenkreislauf/kleiner Blutkreislauf** pulmonary circulation
➢ **Nahrungskreislauf/Nährstoffkreislauf/Stoffkreislauf** *ecol* nutrient cycle
➢ **Stickstoffzyklus** nitrogen cycle
➢ **Wasserkreislauf** water cycle, hydrologic cycle
Kreislaufschock/Kreislaufkollaps circulatory shock
Kreislaufsystem/Zirkulationssystem circulatory system
Kreismünder/Rundmünder/Cyclostomata cyclostomes
Kreiswirbler/Stelmatopoda/Gymnolaemata gymnolaemates, "naked throat" bryozoans
kreißen be in labor
Kremplinge/Paxillaceae Paxillus family
Krenal/Quellzone crenal
Krenon (Lebensgemeinschaft der Quellzone) crenon
Kreuzband *anat* cruciate ligament
Kreuzbefruchtung/Fremdbefruchtung/Allogamie cross-fertilization, allogamy, xenogamy
Kreuzbein/Sakrum/Os sacrum sacrum
Kreuzbeinwirbel/Sakralwirbel sacral vertebra
Kreuzbestäubung/Fremdbestäubung cross-pollination
Kreuzblumengewächse/Kreuzblümchengewächse/Polygalaceae milkwort family
Kreuzblütler/Kreuzblütlergewächse/Cruciferae/Brassicaceae cabbage family, mustard family
Kreuzdorngewächse/Rhamnaceae buckthorn family, coffeeberry family
kreuzen/züchten cross, crossbreed, breed, interbreed
kreuzförmige Struktur cruciform structure
Kreuzgalopp disunited canter
kreuzgegenständig/gekreuzt-gegenständig/dekussiert decussate
Kreuzhybridisierung cross hybridization
Kreuzimmunität (übergreifender Schutz) cross protection
Kreuzlähme (*Trypanosoma equinum*) Mal de Calderas
Kreuzprobe *immun* cross-matching
kreuzreagierendes Antigen cross-reacting antigen
Kreuzreaktion cross-reaction
kreuzreaktiv cross-reactive
Kreuzreaktivität cross-reactivity
Kreuzstrom-Filtration cross flow filtration
Kreuztisch *micros* mechanical stage

Kreuzung/Züchtung crossing, cross, crossbre(e)d, breed, crossbreeding, interbreeding; (Kreuzungsprodukt) cross, breed
➢ **aus der Kreuzung entfernt oder nicht verwandter Individuen gezüchtet** outbred
➢ **Dihybridkreuzung** dihybrid cross
➢ **Doppelkreuzung** double cross
➢ **Drei-Faktor-Kreuzung** three-point testcross
➢ **Einfachkreuzung** single cross
➢ **Herauskreuzen/Auskreuzen** outcrossing
➢ **Monohybridkreuzung** monohybrid cross
➢ **nicht verwandte Individuen kreuzen** outbreed
➢ **Testkreuzung** testcross
➢ **Überbrückungskreuzung** bridging cross

Kreuzungsbarriere/Artgrenze species barrier
Kreuzungstyp/Paarungstyp mating type
Kreuzwirbel/Sakralwirbel sacral vertebra
kriechen crawl
kriechend (am Boden entlang/ an Nodien bewurzelnd) *bot* creeping, crawling, repent
Kriechfrustel (Polypenknospe) creeping frustule (asexual polyp bud)
Kriechfuß (Mollusken) creeping foot
Kriechpflanze creeper, trailing plant
Kriechsohle/Trivium (z.B. Holothuriden) foot sole, trivium
Kriechspross/ oberirdischer Ausläufer (photophil) runner, sarment
Kriechspuren/Repichnia ***paleo*** crawling traces
Kriechtiere/Reptilien reptiles
Krill/Leuchtkrebse/ Euphausiacea krill (and allies)
Kristallisation cristallization
Kristallisationskern/ Kristallisationskeim crystallization nucleus
kristallisieren crystallize
Kristallkegel/Kristallkörper/ Linsenzylinder/Conus crystalline cone
Kristallographie crystallography
Kristallstiel (Muscheln) crystalline style
Kristallstruktur crystal structure, crystalline structure
Kristallzelle/Cristallogenzelle/ Sempersche Zelle crystal cell
Kritisch-Punkt-Trocknung critical point drying (CPD)
kritischer Punkt critical point
Krokodile/Panzerechsen/Crocodilia crocodiles
Krokodilklemme ***lab*** alligator clip
Krokusgewächse/ Zeitlosengewächse/Colchicaceae crocus family
Kronbein/mittlere Phalanx (Pferd) coronary bone, small/short pastern bone, second phalanx
Kronblätter petals, corolla
➢ **apetal (ohne K.)** apetalous (without petals)
➢ **apopetal/choripetal/polypetal (frei-/getrenntkronblättrig, frei-/getrenntblumenblättrig)** apopetalous/choripetalous/ dialypetalous/polypetalous
➢ **sympetal (verwachsenkronblättrig/ verwachsenblumenblättrig)** sympetalous

Krone crown
➢ **Baumkrone/Stammkrone** treetop, crown
➢ **Blütenkrone/Blumenkrone** corolla
➢ **Haarkranz (am Huf)** coronet

Kronendach ***for*** (forest) canopy
Kronenregion/Kronenschicht canopy
➢ **mittlere K. (Baumkrone)** subcanopy, lower canopy
➢ **obere K. (Baumkrone)** canopy, crown layer, upper canopy; overstory

Kronenveredlung *hort* crown grafting
Krongelenk/Fesselbeingelenk pastern joint
Kronlederhaut (Pferd) coronary dermis
Kronsaum/Kronband (Pferd) coronary band/ring/cushion
Kropf/Vormagen crop
Kropfmilch/Kropfsekret (Tauben) crop milk, pigeon milk (milky secretion from crop lining)
Kröten toads
Krötenschlangensterne/ Phrynophiurida phrynophiurids
Krugblattgewächse/Cephalotaceae Australian pitcher-plant family
krugförmig pitcher-shaped, urceolate
Krugpflanzengewächse/ Schlauchpflanzengewächse/ Sarraceniaceae pitcher-plant family
Krume/Bodenkrume/Oberboden topsoil
Krümelstruktur (Boden) crumb structure
Krummholz *for* stunted, miniature forest; Krummholz
krummläufig/campylotrop/ kampylotrop (Samenanlage) campylotropous, bent
krummschaftig twisted shoot, contorted stem
Krümmung contortion, bending
Krümmungsbewegung campylokinesis
Kruppe (Hinterteil: Pferd) croup
Krüppelfüße/Stummelfüßchen/ Crepidotaceae Crepidotus family, crep fungus family
krüppelig/krüppelhaft stunted
Krüppelkiefer stunted pine
Krüppelwuchs/Krüppelform stunted growth, stuntedness
Krustenanemonen/Zoantharia zoanthids
krustenbildend encrusting
Krustenflechten crustose lichens
Krustenpilz crustose fungus
krustig crusty, crustose, crustaceous
Kryophyt/Kältepflanze cryophyt, plant preferring low temperatures
Kryostat cryostat
Kryostatschnitt *micros* cryostat section
Kryoultramikrotomie cryoultramicrotomy
Kryptobiose cryptobiosis
Kryptogamen/blütenlose Pflanze cryptogams
Kryptomonaden/Cryptophyceae cryptomonads
Kryptophyt/Cryptophyt/Geophyt/ Erdpflanze/Staudengewächs cryptophyte, geophyte, *sensu lato* geocryptophyte
Kübelpflanze container plant, (large) pot plant, large potted plant
Küchenkräuter herbs, culinary herbs
Kuckucksspeichel (Schaumzikaden) spittle ("cuckoo spit" of spittlebugs)
Kuckucksvögel/Cuculiformes cuckoos and turacos and allies
Kugel-Stab-Modell/ Stab-Kugel-Modell *chem* ball-and-stick model, stick-and-ball model
Kugelbakterium/Kokkus (*pl* Kokken) coccus (*pl* cocci)
Kugelbettreaktor (Bioreaktor) bead-bed reactor
Kugelblumengewächse/ Globulariaceae globe daisy family, globularia family
Kugelfischverwandte/ Tetraodontiformes/Plectognathi plectognath fishes
Kugelgelenk ball-and-socket joint, spheroid joint
kugelig/sphärisch spherical
Kuhfladen (*vulg* „Kuhplatscher") cow dropping, cow pat, cow dung
kühlen (gefrieren) cool (freeze)
➢ **in den Kühlschrank stellen** refrigerate
Kühler *lab* condenser
➢ **Liebigkühler** Liebig condenser
➢ **Rückflusskühler** reflux condenser
Kühlfach/Gefrierfach freezer compartment

Kühlfinger *lab* cold finger (finger-type condenser)
Kühlhaus cold store
Kühlmantel *lab* condenser jacket
Kühlraum/Gefrierraum cold-storage room, cold store, "freezer"
Kühlschlange *lab* cooling coil, condensing coil
Kühlschrank refrigerator, fridge
Kühltruhe/ Gefriertruhe/Gefrierschrank freezer
Kuhmilch cow's milk, bovine milk
Küken chick
kulinarisch culinary
kultivierbar cultivatible, arable
kultivierbares Land arable land
kultivieren *agr* cultivate; *micb* culture, culturing
Kultur culture
➢ **Anreicherungskultur** enrichment culture
➢ **Ausgangskultur** starter culture
➢ **Ausstrichkultur** streak culture
➢ **Blutkultur** blood culture
➢ **Bouillonkultur** broth culture
➢ **Dauerkultur** long-term culture
➢ **diskontinuierliche Kultur/ Batch-Kultur/Satzkultur** batch culture
➢ **Eikultur** chicken embryo culture
➢ **Einstichkultur/Stichkultur (Stichagar)** stab culture
➢ **Eintauchkultur** submerged culture
➢ **Erhaltungskultur** maintenance culture
➢ **Gewebekultur** tissue culture
➢ **kontinuierliche Kultur/Konti-Kultur** continuous culture, maintenance culture
➢ **Mischkultur** mixed culture
➢ **Oberflächenkultur** surface culture
➢ **Perfusionskultur** perfusion culture
➢ **Plattenausstrichmethode** streak-plate method/technique
➢ **Plattengussverfahren** pour-plate method/technique
➢ **Reinkultur** pure culture, axenic culture
➢ **Rollerflaschenkultur** roller tube culture
➢ **Satzkultur/Batch-Kultur/ diskontinuierliche Kultur** batch culture
➢ **Schrägkultur (Schrägagar)** slant culture, slope culture
➢ **Schüttelkultur** shake culture
➢ **Spatelpattenverfahren** spread-plate method/technique
➢ **Stammkultur** stem culture, stock culture
➢ **statische Kultur** static culture
➢ **Stichkultur/Einstichkultur (Stichagar)** stab culture
➢ **Submerskultur** submerged culture
➢ **Synchronkultur** synchronous culture
➢ **Verdünnungs-Schüttelkultur** dilution shake culture
➢ **Zellkultur** cell culture
Kulturfolger synanthropic species, anthropophilic species (plant or animal)
Kulturform domestic variety, cultivated variety, cultivar
Kulturlandschaft cultural landscape
Kulturmedium/Medium/Nährmedium medium, culture medium
➢ **Anreicherungsmedium** enrichment medium
➢ **Differenzierungsmedium** differential medium
➢ **Elektivmedium/Selektivmedium** selective medium
➢ **Komplettmedium/Vollmedium** complete medium
➢ **komplexes Medium** complex medium
➢ **Mangelmedium** deficiency medium
➢ **Minimalmedium** minimal medium
➢ **Selektivmedium** selective medium
➢ **synthetisches Medium (chem. definiertes Medium)** defined medium
➢ **Vollmedium** complete medium

Kulturpflanze
crop plant, cultivated plant
Kulturröhrchen culture tube
Kulturschale culture dish
Kulturwald/Forst
cultivated forest, tree plantation
Kumazeen/Cumacea cumaceans
Kümmerwuchs/Nanismus
dwarfishness, nanism, microsomia
Kundschafter/Späher/Pfadfinder
(z.B. soziale Insekten; Spurbiene)
scout
Kunstharz synthetic resin
künstliche Befruchtung
artificial insemination
künstliches Bakterienchromosom
bacterial artificial chromosome
(BAC)
künstliches Hefechromosom
yeast artificial chromosome (YAC)
Kupfer (Cu) copper
Kupfernetz ***micros*** copper grid
Kupffer-Zelle/Kupffer-Sternzelle
Kupffer cell,
stellate reticuloendothelial cell
Kuppel (Ctenophoren) dome
Kupula/Cupula/
Blütenbecher/Fruchtbecher
cupula, cupule
Kürbisfrucht/Gurkenfrucht
(eine Panzerbeere) pepo, gourd
Kürbisgewächse/Cucurbitaceae
gourd family, pumpkin family,
cucumber family
kurzborstig hispid
kurzer Knochen/Os brevis
short bone
kurzflüglig
brachypterous, with short wings
kurzfüßig/mit kurzem Fuß
brachypodous, with short legs
kurzgehörnt
short-horned, brachycerous
kurzkettig short-chain
kurzlebig/hinfällig short-living,
short-lived, ephemeral, fugacious,
soon disappearing; (früh abfallend/
früh verblühend) fugacious,
falling off unusually early
➢ **langlebig**
long-lived, long-living

kurzlebige(s) Pflanze/Tier ephemeral
kurzphasige Einstreuung
short-period interspersion
➢ **langphasige Einstreuung**
long-period interspersion
Kurzschluss short-circuit(ing)
kurzschwänzig (Krabben:
Abdomen und den Thorax geklappt)
brachyural, brachyurous
Kurzsichtigkeit/Myopie
nearsightedness, myopia
➢ **Weitsichtigkeit/Hyperopie**
farsightedness, hyperopia
Kurzstreckentransport
short-distance transport
Kurztagpflanze short-day plant
Kurztrieb short shoot, short axis
Kurzwegdestillation/
Molekulardestillation
short-path distillation,
flash distillation
Kurzzeitgedächtnis
short-term memory
Küste (*siehe auch:* Küstenlinie)
coast, seaboard, shore
➢ **Anschwemmungsküste/**
Anwachsküste alluvial coast,
shoreline of progradation
➢ **Fjordküste**
fjord(ed) coast, fjord shoreline
➢ **Flachküste** low coast
➢ **Kliffküste** cliffed coast
➢ **Riasküste** ria coast, ria shoreline
➢ **Schärenküste**
skerry coast, schären-type shoreline
➢ **Steilküste** steep coast, steep shore
küstenbewohnend/uferbewohnend
(Meeresküste) littoral
Küstendüne coastal dune
Küstenebene coastal plain
Küstengewässer coastal waters
Küstenklima/Meeresklima
maritime/coastal/oceanic climate
Küstenlinie
coastline, shoreline, waterline
➢ **Auftauchküste/Hebungsküste**
shoreline of emergence,
shoreline of elevation
➢ **Untertauchküste/Senkungsküste**
shoreline of submergence,
shoreline of depression

Küstenriff/Strandriff/Saumriff fringing reef

Küstensaum/Ufersaum littoral fringe

Küstenstreifen/Küstenstrich coastline, coastal strip

Küstensumpf coastal swamp/marsh

Küstenvegetation maritime/coastal vegetation

Küstenwüste coastal desert

Küstenzone/Uferzone coastal zone, littoral zone

Kustos curator

kutan/Haut... cutaneous

Kutikula/Cuticula cuticle, cuticula

Kutikularskelett cuticular skeleton

Kutis/Cutis (eigentliche Haut; Epidermis & Dermis) skin, cutis

Kutteln/Gekröse (Rind: Kaldaunen) tripes

Küvette (für Spektrometer) cuvette, spectrophotometer tube

Kybernetik cybernetics

Labferment/Rennin/Chymosin rennet, lab ferment, rennin, chymosin
Labialdrüse labial gland
Labialnaht labial suture
Labialpalpus/Labialtaster/ Lippentaster/Palpus labialis labial palp, labipalp, labial feeler, palp, palpus
labidognath labidognathous
Labium/Schamlippe labium
Labium/Unterlippe (Vertebraten) labium, lower lip
➤ **2. Maxille (Insekten)** labium, second maxilla
Labkrautgewächse/Rötegewächse/ Krappgewächse/Rubiaceae bedstraw family, madder family
Labmagen/Abomasus abomasum, fourth stomach, reed, rennet-stomach
Labor laboratory, lab
➤ **Isotopenlabor** isotope laboratory/lab
➤ **Sicherheitslabor (S1–S4)** biohazard containment laboratory (classified into biosafety containment classes)
➤ **Tierlabor** animal laboratory, lab
Laborant(in) lab worker
Laborassistent(in) technical lab assistant, laboratory technician, lab technician
➤ **medizinisch-technische(r) LaborassistentIn (MTLA)** medical lab assistant, medical lab technician
Laborbedarf labware, laboratory supplies, lab supplies
Laborbefund laboratory findings
Laboreinrichtung/Laborausstattung laboratory facilities, lab facilities
Laborgerät laboratory equipment, lab equipment
Laborkittel laboratory coat, labcoat
Labormaßstab laboratory scale, lab scale
Laborschürze laboratory apron
Laborsicherheit laboratory safety
Laborsicherheitsstufe physical containment (level)
Labortisch/Labor-Werkbank laboratory table, lab table, laboratory bench, lab bench, lab table
Laborwaage laboratory balance
Laborzange tongs
Labrum/Oberlippe labrum, upper lip
Labyrinthplazenta labyrithine placenta, hemoendothelial placenta
Lache/Pfütze puddle
Lachse & Lachsverwandte/ Salmoniformes salmon & trout
Lackglanz glossiness
Lactose (*siehe:* Laktose) lactose
Laden (der Palpen) filling
Ladung/elektrische Ladung charge
Ladungstrennung charge separation
lag-Phase/Adaptationsphase/ Anlaufphase/Latenzphase/ Inkubationsphase lag phase, incubation phase, latent phase, establishment phase
Lage (in Bezug: Position) position; (Ort) location
Lager storage, storehouse, storeroom; stock, store supplies; *geol* (Rohstoffe) bed, deposit, layer
Lager (Bau) den (lions), lair (game)
Lager/Thallus *bot* thallus
lagern/ruhen (Tiere) rest, camp, lie down
lagern (Holz) season, store
Lagerpflanze/Thallophyt thallophyte
Lagerrand/Excipulum thallinum (Flechten) thalline exciple
Lagertank storage tank
Lagg (Randsumpf von Hochmooren) lagg (drainage channel within a bog)
Lagune lagoon
lahm lame
Lähme lameness
lahmen *vb* lame
lähmen/paralysieren paralyze
Lähmung/Paralyse paralysis, paralyzation
➤ **Halbseitenlähmung** hemiplegia
➤ **Querschnittslähmung** paraplegia
➤ **Tetraplegie/Quadriplegie** quadriplegia

Laich spawn (many small eggs of aquatic animals: *esp.* fish/mollusks)
> **Fischlaich/Fischeier (Rogen)** fish eggs (roe)
> **Froschlaich** frog eggs
> **Muschellaich** spat (bivalves)

laichen spawn
Laichhaken (♂ Lachs) kype (♂ salmon)
Laichkrautgewächse/ Potamogetonaceae pondweed family
Laichplatz/Laichstätte/Laichgründe spawning ground
Laichschnur/Laichkette egg string
Laichwanderung ***ichth*** run
Laktamid/Lactamid/Milchsäureamid lactamide
Laktat (Milchsäure) lactate (lactic acid)
Laktatgärung/Milchsäuregärung lactic acid fermentation, lactic fermentation
Laktation lactation
Laktose/Lactose (Milchzucker) lactose (milk sugar)
Lakune/Spalt/Hohlraum lacuna, space, cavity
Lakunensystem lacunar system
Lambdanaht/Sutura lambdoidea (Schädeldach) lambdoid suture
Lamblienruhr/Giardiasis (*Giardia lamblia*) giardiasis
Lamelle/Lamina lamella, lamina
> **Pilzlamelle** gill

Lamellenkiemer/Blattkiemer/ Eulamellibranchia eulamellibranch bivalves
Lamellenknochen/ lamellärer Knochen laminar bone
Lamellenkörperchen/Endkörperchen/ Pacinisches Körperchen lamellated corpuscle, Pacinian body, Pacinian corpuscle
Lamellenpilz/Blätterpilz gill fungus, gill mushroom
Lamellenpilze/Agaricales agarics
Lamellentrama gill trama, dissepiment
Lamiaceae/Labiatae/ Lippenblütengewächse/ Lippenblütler deadnettle family, mint family
Lamina/Lamelle (Platte/Spreite/Blatt) lamina (thin layer), lamella (blade)
> **Basallamina/Basalmembran** basement membrane, basal lamina
> **Blattspreite** leaf blade, leaf lamina (*siehe auch*: leaf shape)
> **Kernlamina/Kernfaserschicht** nuclear lamina
> **Zahnleiste** dental lamina

laminale Plazentation/ flächenständige Plazentation ***bot*** laminar/laminate/lamellate placentation
laminare Strömung/Schichtströmung laminar flow
Lamm/Schäfchen lamb, little sheep
> **frischgeborenes Lamm** yeanling
> **Lamm gebären** lambing

Lampenbürstenchromosom lampbrush chromosome
Lampenmuscheln/ Armfüßer/Brachiopoden lampshells, brachiopods
Land (*pl* Länder) land, soil, ground; country (*pl* countries); (political) nation
> **Entwicklungsländer** developing countries, peripheral countries, less-developed countries (LDCs)
> **Industrieländer** developed countries, industrialized nations, core countries, more-developed countries (MDCs)
> **Schwellenländer** semi-peripheral countries

Landbauprodukt/ landwirtschaftliches Produkt crop; (leicht verkäufliches L.) cash crop
Landbevölkerung rural population
landeinwärts inland
Ländereien lands, land property/ properties (extensive), domain

Landerzeugnis/Naturerzeugnis produce, crop
Landgewinnung land reclamation
Landleben land life, life on land, terrestrial life; *anthrop* country life, rural life
landlebend/terrestrisch terrestrial, land-dwelling
ländlich rural
ländlicher Raum rural environment
Landlungenschnecken/ Stylommatophora (Pulmonata) land snails
Landökosystem terrestrial ecosystem
Landpflanze terrestrial plant
Landraubtiere/Fissipedia terrestrial carnivores
Landschaft landscape, countryside; (Gelände/Terrain) terrain
- ➤ **Hügellandschaft** hill country, hilly terrain, rolling countryside
- ➤ **Kulturlandschaft** cultural landscape
- ➤ **Moorlandschaft** moorland
- ➤ **Naturlandschaft** natural landscape, natural environment, natural setting
- ➤ **Sumpflandschaft/Sumpfland** swampland, moorland

Landschaftsbau landscape designing
Landschaftsgestaltung landscaping, landscape architecture
Landschaftsökologie landscape ecology
Landschaftspflege landscape management
Landschaftspfleger environmental warden, landscape manager
Landschaftsplaner/ Landschaftsarchitekt landscape architect
Landschaftsplanung/ Landschaftsarchitektur landscaping, landscape planning, landscape architecture
Landschaftsschutzgebiet wilderness reserve, wilderness sanctuary
Landschildkröten tortoises
Landtiere land animals, terrestrial animals
Landwind offshore wind
Landwirbeltiere/Tetrapoden terrestrial vertebrates, tetrapods
Landwirt farmer; (diplomierter Agronom) agronomist
Landwirtschaft agriculture, farming
lange terminale Sequenzwiederholung *gen* long terminal repeat (LTR)
Längengrad degree of longitude
Längenwachstum longitudinal growth
- ➤ **Streckungswachstum (Zuwachs)** elongational growth, extension growth

langer Knochen/Röhrenknochen/ Os longum long bone (hollow/tubular bone)
Langerhanssche Insel/ Pankreasinsel/Inselorgan islet of Langerhans, pancreatic islet
Langerhanssche Zelle/ Langerhans-Zelle *immun* Langerhans cell
langes eingeschobenes nukleäres Element *gen* long interspersed nuclear element (LINE)
Langhans-Riesenzelle Langhans giant cell
Langhans-Zelle Langhans cell
Langhölzer logs
langkettig long-chain
langlebig long-lived, long-living
- ➤ **kurzlebig/hinfällig** short-living, short-lived, ephemeral, fugacious, soon disappearing; (früh abfallend/früh verblühend) fugacious, falling off unusually early

Langlebigkeit longevity
länglich oblong
lang-/kurzphasige Einstreuung long/short period interspersion
Längsader *entom* longitudinal vein
längsaderig/längsnervig/ streifennervig *bot* striate veined
Längsaderung/Streifennervatur *bot* longitudinal venation, striate venation

langsamwachsend slow-growing
Längskonstante length constant
Längsmuskel longitudinal muscle
Längsschnitt
longisection, longitudinal section, long section
Längsteilung ***cyt***
longitudinal division, fission
Langstreckentransport ***bot/physio***
long-distance transport
Langtagspflanze long-day plant
Langtrieb ***bot*** long shoot, long axis
Languste (*Palinurus* spp.)
spiny lobster
Langzeitgedächtnis
long-term memory
Langzeitpotenzierung
long-term potentiation (LTP)
Lanosterin/Lanosterol lanosterol
Lanthionin lanthionine
Lanzenseeigel/Cidaroida cidaroids
Lanzettfischchen/Cephalochordaten (bzw.Amphioxiformes)
lancelet, cephalochordates
lanzettförmig/lanzettlich lanceolate
Lappen lobe
➢ **Afterlappen/Afterschild/Pygidium (Telson der Arthropoden)**
pygidium, caudal shield
➢ **Haftlappen/Pulvillus/ Lobulus lateralis**
adhesive pad, pulvillus
➢ **Hautlappen/Fleischlappen**
lappet
➢ **Hinterhauptslappen/ Okzipitallappen/ Lobus occipitalis** ***neuro***
occipital lobe
➢ **Hypophysenhinterlappen/ Neurohypophyse**
neurohypophysis, posterior lobe of pituitary gland
➢ **Hypophysenvorderlappen/ Adenohypophyse**
adenohypophysis, anterior lobe of pituitary gland
➢ **Kehllappen (Vögel/Reptilien: Hautlappen)**
dewlap, wattle
➢ **Kopflappen/Acron/Prostomium**
acron, prostomium
➢ **Kragenlappen/Mantellappen (Brachiopoden)** mantle lobe
➢ **Narbenlappen** stigmatic lobe
➢ **Pollappen (Furchung)**
polar lobe
➢ **Randlappen (Scyphozoa)**
lappet(s), flap(s)
➢ **Scheitellappen/ Lobus parietalis** ***neuro***
parietal lobe
➢ **Schläfenlappen/ Lobus temporalis** ***neuro***
temporal lobe
➢ **Sehlappen/Lobus opticus**
visual lobe, optic lobe
➢ **Stirnlappen/Frontallobus** ***neuro***
frontal lobe
Lappenfarne/Sumpffarngewächse/ Thelypteridaceae
marsh fern family
Lappenmünder/Lippenmünder/ Cheilostomata (Bryozoen)
cheilostomates
Lappentaucher/Podicipediformes
grebes
lappig/gelappt lobed, lobate
Lardizabalaceae/ Fingerfruchtgewächse
akebia family, lardizabala family
Larve larva (*pl* larvas/larvae)
➢ **Acanthor-Larve/Hakenlarve**
acanthor larva
➢ **Afterraupe (Blattwespenlarven)**
eruciform larva with more than 5 pairs of abdominal prolegs (Tenthredinidae)
➢ **Ameisenlöwe (Larve der Ameisenjungfer)**
doodlebug (antlion larva)
➢ **Auricularia-Larve** auricularia
➢ **Becherkeim/Becherlarve/Gastrula**
gastrula
➢ **Blasenwurm/Finne/Cysticercus (Bandwurmlarve)**
bladderworm, cysticercus
➢ **Cercarie/Zerkarie/Schwanzlarve**
cercaria
➢ **Coracidium-Larve/Korazidium (Schwimmlarve: Cestoda)**
coracidium

- ➢ **Cydippe-Larve** cydippid larva
- ➢ **Cypris-Larve** cypris larva
- ➢ **Dauerlarve** dauer larva (*not translated!*: temporarily dormant larva)
- ➢ **Doliolaria-Larve/Tönnchenlarve (Vitellaria-Larve)** doliolaria larva (vitellaria larva)
- ➢ **Dotterlarve/Vitellaria-Larve** vitellaria larva
- ➢ **Drahtwurm (Elateriden-/Schnellkäfer-Larve)** wireworm (clickbeetle larva)
- ➢ **Eilarve/Junglarve/Primärlarve** primary larva
- ➢ **Engerling** (im Boden lebende Larve der Blatthornkäfer) grub (scarabaeiform larva)
- ➢ **Erntemilbenlarve (parasitäre rote Milben)** chigger, "red bug", harvest mite
- ➢ **Finne/Blasenwurm/Cysticercus (Bandwurmlarve)** bladderworm, cysticercus
- ➢ **Glochidium** glochidium
- ➢ **Hakenlarve/Acanthor-Larve** acanthor larva
- ➢ **>Sechshakenlarve/ Oncosphaera-Larve (Cestoda)** hexacanth larva, hooked larva, oncosphere
- ➢ **Hüllglockenlarve/Pericalymma (*Yoldia*)** pericalymma larva (lecithotroph), test-cell larva (trochophore of *Yoldia*)
- ➢ **Junglarve/Eilarve/Primärlarve** primary larva
- ➢ **Käsefliegenlarve (Piophilidae)** cheese-skipper
- ➢ **Korazidium/Coracidium-Larve (Schwimmlarve: Cestaoda)** coracidium
- ➢ **Larva coarctata/Scheinpuppe/ Pseudocrysalis** coarctate larva, coarctate pupa, pseudocrysalis
- ➢ **Lasidium** lasidium
- ➢ **Made (apode Larve)** maggot (apodal larva)
- ➢ **Metacercarie** metacercaria, adolescaria
- ➢ **Mirazidium/Miracidium (*pl* Miracidien) (Digenea-Larve)** miracidium (fluke larva)
- ➢ **Mitraria-Larve (eine Metatrochophora)** mitraria
- ➢ **Müllersche Larve** Müller's larva
- ➢ **Mysis-Larve** mysis larva
- ➢ **Naupliuslarve/Nauplius** naupliar larva, nauplius
- ➢ **Onkosphäre/Oncosphaere (unbewimperte Cestodenlarve)** oncosphere
- ➢ **Pilidium-Larve (Nemertini)** pilidium larva
- ➢ **Primärlarve/Junglarve/Eilarve** primary larva
- ➢ **Procercoid/Prozerkoid (Cestoda-Postlarve)** procercoid
- ➢ **Rattenschwanzlarve** rat-tailed larva, rat-tailed maggot
- ➢ **Redie (Trematoden)** redia
- ➢ **Rotiger/Pseudotrochophora** rotiger, pseudotrochophore
- ➢ **Schwanzlarve/Zerkarie/Cercarie** cercaria
- ➢ **Sechshakenlarve/ Oncosphaera-Larve** hexacanth larva, hooked larva, oncosphere
- ➢ **Segellarve/Veliger/Veligerlarve** veliger larva
- ➢ **Tönnchenlarve/Doliolaria-Larve (Vitellaria-Larve)** doliolaria larva (vitellaria larva)
- ➢ **Tornaria-Larve** tornaria larva
- ➢ **Veliger-Larve/Segellarve** veliger larva
- ➢ **Wimperkranzlarve/Trochophora** trochophore larva
- ➢ **Wimperlarve** ciliated larva
- ➢ **Zerkarie/Cercarie/Schwanzlarve** cercaria
- ➢ **Zoëa (Decapoden-Larve)** zoëa (decapod crustacean larva)

larvenförmig larviform

Larvenschale/ Embryonalschale/ Embryonalgewinde/Protoconch protoconch (nuclear whorls)

larvipar larviparous
Larviparie larvipary
Lasidium (Larve) lasidium
Läsion/Schädigung/Verletzung/ Störung lesion
Last (Ausmaß eines Parasitenbefalls) burden
Lasttier/Tragtier beast of burden, pack animal
latent/verborgen/unsichtbar/ versteckt latent
Latenz latency
Latenzei/Dauerei resting egg, dormant egg (winter egg)
Latenzphase/Adaptationsphase/ Anlaufphase/Inkubationsphase/ lag-Phase latent phase, incubation phase, establishment phase, lag phase
Latenzzeit (Inkubationszeit) latency period, latent period (incubation period)
lateral/seitlich lateral
Lateralauge/Seitenauge (Ocellus) lateral eye, lateral ocellus
➤ **Stemma (Punktauge/Einzelauge bei Insekten-Larven)** stemma (*pl* stemmata/stemmas), lateral eye/ocellus
Lateralherz lateral heart
Lateralorgan spur shoot
Lateralpore lateral pore
Lateralvergrößerung/ Seitenverhältnis/Seitenmaßstab/ Abbildungsmaßstab ***micros*** lateral magnification
Laterit (Boden) laterite
Lateritisierung/Laterisation/ Lateritbildung (Boden) laterization, latosolization
Laterne des Aristoteles Aristotle's lantern
➤ **Aurikel** auricle
➤ **Epiphyse** epiphysis
➤ **Interpyramidalmuskel** interpyramid muscle, comminator muscle
➤ **Kompass** compass
➤ **Pyramide** pyramid
➤ **Rotula** rotule
➤ **Zahnführung** tooth guide

Laternenfische/Myctophiformes lanternfishes & blackchins
Latte (aus Holz) lath, plank
Laub foliage, leaves, leafage
laubartig foliage-like, leaflike, foliaceous
Laubausbruch foliage eruption
Laubbaum broadleaf, broadleaf tree, hardwood, hardwood tree (*pl* broadleaves/hardwoods); deciduous tree
Laubblatt/Folgeblatt foliage leaf
Laubdach canopy of leaves
Laube arbor, bowery
Laubfall/Blattfall shedding of leaves, leaf fall
Laubflechten/Blattflechten foliose lichens
laubförmig/blättrig foliose, leaflike
Laubgehölze broadleaves, hardwoods
Laubmoose mosses
Laubschicht leaf litter layer
Laubstreu leaf litter
Laubwald deciduous forest, broadleaf forest
Laubwechsel change of foliage
Laubwerfen deciduousness, dropping of leaves, leaf-dropping
laubwerfend deciduous, dropping of leaves
Laubwerk foliage
Lauchgewächse/Zwiebelgewächse/ Alliaceae onion family
Lauf (Vögel) leg, foot; (Huftier) hoof
Lauf.../zum Laufen geeignet gressorial, adapted for walking
Laufbein walking leg, gressorial leg
laufen/gehen (zu Fuß fortbewegen) walk
laufen/rennen run
Laufen/Gehen (zu Fuß fortbewegen) walk, walking
Laufen/Rennen run, running
Läufer/Läuferschwein young pig, store pig, store
läufig/brünstig (z.B. Hündin) in heat
Laufmittel/Elutionsmittel/Fließmittel/ Eluent (mobile Phase) solvent, mobile solvent, eluent, eluant (mobile phase)
Laufmittelfront solvent front

Laufsäugling follower
Laufschlag (Gang) leg beat
Laufvögel/Strauße/Straußenvögel/ Struthioniformes ostriches
Lauge ***chem*** lye
Lauge (Bodenauslaugung) leachate
Lauraceae/Lorbeergewächse laurel family
Laurer ambush predator
Laurer-Kanal/Laurerscher Kanal Laurer's canal (vestigial copulatory canal)
Laurinsäure/Dodecansäure (Laurat/Dodecanat) lauric acid, decylacetic acid, dodecanoic acid (laurate/dodecanate)
Lauscher (Hase: Löffel/Ohren) ears
Läuse (*sg* Laus) lice (*sg* louse)
➤ **echte Läuse/Anoplura** sucking lice
lausen/entlausen delouse
Lausen/Entlausung delousing
Laut/Ton sound, noise
Lautäußerung utterance of sound
Lautbildung (Artikulation) articulation; (Stimmbildung/Phonation) phonation
Lautgebung vocalization
Lautstärke volume, loudness
Lävan levan
Lävulinsäure levulinic acid
LD_{50} (mittlere letale Dosis) LD_{50} (median lethal dose)
LDL (Lipoproteinfraktion niedriger Dichte) LDL (low density lipoprotein)
leben ***vb*** live
Leben ***n*** life
lebend alive, living; biological, biotic
Lebendbeobachtung live observation
lebendes Fossil living fossil
Lebendfärbung/Vitalfärbung vital staining
lebendgebärend/vivipar live-bearing, viviparous
Lebendgeburt/Lebendgebären/ Viviparie live-birth, live-bearing, vivipary, viviparity
Lebendfang live catch
Lebendgewicht live weight
lebendig alive
Lebendimpfstoff/Lebendvakzine live vaccine
Lebendkeimzahl live germ count
Lebendkultur live culture, living culture
Lebensdauer life span
Lebenserwartung life expectancy, expected life, expected lifetime
➤ **durchschnittliche L.** average life expectancy, average lifetime
lebensfähig viable
➤ **lebensunfähig** nonviable
Lebensfähigkeit viability
Lebensform life form, lifeform
lebensgefährlich life-threatening
Lebensgemeinschaft/ Organismengemeinschaft/ Biozön/Biozönose/Biocönose life community, biotic community, biocenosis; (Pflanzen) guild
➤ **symbiotische L.** symbiosis
Lebensgröße life size
Lebenskreislauf/Lebenszyklus life cycle
Lebensmittel food, foodstuff, nutrients
Lebensmittelbestrahlung food irradiation
Lebensmittelchemie food chemistry
Lebensmittelkonservierungsstoff food preservative
Lebenskontrolle food quality control
Lebensmittelüberwachung/ Lebensmittelkontrolle food inspection
Lebensmittelzusatzstoff food additive
Lebensqualität quality of life
Lebensraum/Habitat habitat
Lebensraum/Lebenszone/Biotop life zone, biotope
Lebensspanne life span
lebensunfähig not viable, nonviable
Lebensvielfalt/biologische Vielfalt biodiversity, biological diversity, biological variability
Lebensvorgänge life processes
Lebensweise lifestyle, mode/way of life, habits
lebenswichtig/lebensnotwendig/vital essential for life, vital

Lebenszeit lifetime
Lebenszone/Lebensraum/Biotop life zone, biotope
Lebenszyklus/Lebenskreislauf life cycle, "life history"
Leber liver
Lebermoos liverwort
Lebersack/Lebersäckchen/Leberblindsack (*siehe*: Mitteldarmdrüse) hepatic sacculation
leberschädigend/hepatotoxisch hepatotoxic
Lebertran cod-liver oil
Lebewesen/Organismus lifeform, organism
leblos/tot lifeless, inanimate, dead
Lecithin lecithin
lecken lick
Leckstrom *neuro* leak current
Lectotypus/Lectotyp/Lectostandard lectotype
Lecythidaceae/Topffruchtbaumgewächse/Deckeltopfbäume brazil-nut family, lecythis family
Lederblumengewächse/Hydnoraceae hydnora family
Lederhaut/harte Augenhaut/Sklera sclera
Lederhaut/Korium/Corium/Dermis cutis vera, true skin, corium, dermis
Lederholzgewächse/Cyrillaceae leatherwood family, cyrilla family
Lederkorallen/Alcyonaria/Alcyonacea soft corals, alcyonaceans
ledrig/lederartig coriaceous, leathery
Leerdarm/Jejunum jejunum
leerfrüchtig/kenokarp/samenlos seedless (fruit)
Leerfrüchtigkeit/Kenokarpie/Samenlosigkeit seedlessness, phenospermy (abortive seed condition)
Leerlaufhandlung *ethol* vacuum activity
Leerlaufreaktion *ethol* idling reaction
Leerlaufzyklus/Leerlauf-Zyklus *biochem* futile cycle
Lefze (v.a. Hund) flews
Legeapparat/Legeorgan/Ovipositor (Insekten) egg-laying apparatus/organ, egg depositor, ovipositor
Legebohrer ovijector (piercing/boring)
Legehenne layer (hen)
Legerohr/Legeröhre oviposition tube
Legesäbel sword-shaped ovipositor
Legescheide ovipositor sheath
Legestachel/Spicula spicule
Lehm loam
Lehmboden loamy soil
Leibeshöhle/Körperhöhle body cavity
➢ **primäre L./Furchungshöhle/Blastocöl/Blastula-Höhle** blastocoel, blastocele
➢ **sekundäre L./Cölom/Coelom** secondary body cavity, coelom, perigastrium
Leibeshöhlenträchtigkeit/Bauchhöhlenträchtigkeit/Leibeshöhlenschwangerschaft/Abdominalschwangerschaft abdominal pregnancy
Leiche/Kadaver (Tierleiche) corpse, carcass, cadaver
Leichengeruch cadaverous smell
Leichenschau inspection of corpse, postmortem examination
Leichenstarre/Totenstarre rigor mortis
Leichnam body, dead body, corpse
leichte Kette (L-Kette) light chain (L-chain)
Leid suffering
leiden suffer
Leiden/anhaltende Krankheit *med* condition
leierförmig/lyraförmig lyre-shaped, lyrate, lyriform
Leimbola *arach* bola
Leimtropfen (an Spinnfaden) *arach* viscid ball
Leimzotte/Colletere/Kolletere (Drüsenzotte) *bot* colleter, multicellular glandular trichome (sticky/viscous secretions)
Lein/Flachs flax
Leinsamen linseed

Leinblattgewächse/Santalaceae
sandalwood family
Leingewächse/Linaceae flax family
Leishmaniose leishmaniasis
➢ **kutane Leishmaniose/ Hautleishmaniose/Orientbeule (*Leishmania* spp.)**
cutaneous leishmaniasis, oriental sore
➢ **viszerale Leishmaniose/ Kala-Azar/Cala-Azar/ schwarzes Fieber (*Leishmania donovani*)**
visceral leishmaniasis, kala azar, Cala-Azar
Leiste/Leistenbeuge/Leistengegend/ Hüftbeuge/Regio inguinalis
groin, inguinal zone
Leisten.../inguinal inguinal
Leistendrüse inguinal gland
Leistengegend/Leistenbeuge/ Leiste/Hüftbeuge/ Regio inguinalis
inguinal region, inguinal zone, groin
Leistenhaut (unbehaart)
glabrous skin, hairless skin
Leistenkanal/Canalis inguinalis
inguinal canal
Leistenpilze/Cantharellales
chanterelles
Leistung achievement, performance; *phys* power
Leistungsstoffwechsel/ Arbeitsstoffwechsel
active metabolism
Leistungszahl
performance value/coefficient
Leitart index species, guide species
Leitband/Gubernaculum testis
gubernaculum testis
Leitbündel/Gefäßbündel/ Leitbündelstrang/Faszikel *bot*
vascular bundle, vascular strand, fascicle
➢ **amphicribrales Bündel**
amphicribral bundle
➢ **amphivasales Bündel**
amphivasal bundle
➢ **geschlossenes Leitbündel**
closed bundle
➢ **offenes Leitbündel** open bundle

Leitbündelring/ Leitzylinder/Leitbündelzylinder
vascular cylinder
Leitbündelscheide bundle sheath
Leitbündelzylinder/Leitzylinder/ Leitbündelring
vascular cylinder
leiten (Elektrizität/Flüssigkeiten)
conduct, transport, translocate, lead
Leitenzym tracer enzyme
Leiter *electr* conductor
leiterförmig
ladder-shaped, scalariform
Leiternetz *arach* ladder web
Leitertrachee *bot* scalariform vessel
leitfähig conductive
Leitfähigkeit
conductivity; (G) *neuro* conductance
Leitfossil/Faziesfossil index fossil
Leitgewebe *bot*
conducting tissue, vascular tissue
Leithaar *zool*
long and smooth guard hair
Leithorizont *paleo*
key bed, marker bed
Leitneriaceae/Korkholzgewächse
corkwood family
Leitpflanze/Charakterart
character species
Leitstrang *gen* leading strand
Leittier leader
Leittrieb/ Hauptrieb/Hauptspross *bot/hort*
leader
Leitung conduction, conductance, transport, translocation
Leitungswasser tap water
Leitzylinder/Leitbündelzylinder/ Leitbündelring *bot*
vascular cylinder
Lektin lectin
Lemnaceae/Wasserlinsengewächse
duckweed family
Lemnisk (*pl* Lemnisken)
lemniscus (*pl* lemnisci)
Lende loin
Lenden.../lumbar lumbar
Lendenwirbel/Lumbalwirbel
lumbar vertebra
Lennoagewächse/Lennoaceae
lennoa family

Lentibulariaceae/ Wasserschlauchgewächse bladderwort family, butterwort family
lentisch (in stehendem Gewässer lebend) lentic
lenitisches Gewässer/ stehendes Gewässer/ Stehgewässer/Stillgewässer lenitic water, lentic water, stagnant water, standing water
Lentizelle/Korkpore lenticel
Lepidodendraceae/Schuppenbäume lepidodendron family (clubmoss trees)
Lepidophyten/Lepidodendrales/ Bärlappbäume lepidophyte trees, club-moss trees
Leptospirose/Weil-Krankheit/ Weilsche Krankheit (*Leptospira interrogans*) leptospirosis, Weil's disease, swamp fever, infectious anemia
Leptotän leptotene
lernen learn
Lernen learning
➢ **instrumentelles Lernen** operant conditioning
Lernfähigkeit/Lernvermögen ability to learn, ability of learning
Lernverhalten/erlerntes Verhalten learned behavior
Leseraster/Leserahmen *gen* reading frame
➢ **geschlossenes Leseraster** closed reading frame
➢ **nicht zugeordnetes Leseraster** unassigned reading frame (URF)
➢ **offenes Leseraster** open reading frame (ORF)
➢ **unbekanntes Leseraster** unidentified reading frame
Leserasterverschiebung(smutation) frameshift (mutation)
Lesetreue *gen* reading fidelity
Lestobiose lestobiosis
letal/tödlich lethal, deadly
➢ **balanciert letal** balanced lethal
➢ **bedingt letal/konditional letal** conditional lethal
letale Dosis lethal dose
letale Mutation lethal mutation
Letalfaktor/letaler Faktor lethal factor
Letalität lethality
Letalmutante lethal mutant
Leuchtbakterien luminescent bacteria
Leuchte *micros* illuminator
Leuchtfeldblende/Kollektorblende *micros* field diaphragm
Leuchtkraft luminosity
Leuchtkrebse/Krill/Euphausiacea krill and allies, euphausiaceans
Leuchtorgan/Photophore luminous organ, light-emitting organ, photophore
Leucin leucine
Leucin-Reißverschluss leucine zipper
Leukämie/„Weißblütigkeit" leukemia
Leukocyt/Leukozyt/ weißes Blutkörperchen leucocyte, white blood cell (WBC)
Leukocytose leukocytosis
Leukopenie leucopenia
Leukoplast leucoplast
Leukozyt/Leukocyt leukocyte
➢ **polymorphonuklearer L./ Granulocyt/Granulozyt** polymorphonuclear leukocyte, granulocyte
Leydigsche Zwischenzelle Leydig cell
Liane (verholzte Kletterpflanze) liana, woody climber
Libellen/Odonata dragonflies (anisopterans) and damselflies (zygopterans)
Libriformfaser/Holzfaser libriform fiber
Lichenin (Flechtenstärke/Moosstärke) lichenin
lichenisiert lichenized
Lichenisierung lichenization
Lichtatmung/Photorespiration photorespiration
lichtbeständig photostable
Lichtbeständigkeit photostability

Lichtbleichung photobleaching
Lichtbrechung optical refraction
Lichtdurchlässigkeit light permeability
Lichtempfindbarkeit light sensitivty
lichtempfindlich (leicht reagierend) light-sensitive
lichter Wald low-density stand
Lichtmikroskop light microscope (compound microscope)
Lichtorgel ***ecol*** light-gradient apparatus
Lichtpflanze/Heliophyt sun plant, heliophyte
Lichtpunkt point of light
Lichtquelle light source
Lichtreaktion ***bot/physio*** light reaction
Lichtreiz light stimulus
Lichtreparatur ***gen*** light repair
Lichtrückenreflex/ Licht-Rücken-Orientierung dorsal light response, dorsal light orientation
Lichtsammelkomplex light-harvesting complex (LHC)
Lichtstärke/Lichtintensität light intensity
Lichtstrahl/Lichtbündel beam of light
Lichtstreuung light scattering
lichtunabhängige DNA-Reparatur light-independent DNA repair, dark repair
Lichtung/Schneise clearing, glade, aisle
Lichtwahrnehmung photoperception
Lichtwendigkeit/Sonnenwendigkeit/ Heliotropismus heliotropism
Lid/Augenlid/Augendeckel/Palpebra eyelid
Lidschlag/Wimpernschlag (Auge) bat of an eye (lid)
Lidspalte/Rima palpebrarum palpebral fissure
Lieberkühnsche Krypte crypt of Lieberkühn, intestinal gland
Lieberkühnsches Organell (hymenostome Ciliaten) Lieberkühn's organelle, watchglass organelle
Liebespfeil (Gastropoda/Stylommatophora) dart, love dart
Liebeswerbung courtship
Lied (Vogelgesang) song
liegend/niederliegend prostrate, procumbent, trailing, lying
Liesche/Lieschenblatt (Hüllblatt an Maiskolben) (corn) husk
Ligament/Band ligament
Ligamentsack ligament sac
Ligand ligand
Liganden-Blotting ligand blotting
Ligation/Verknüpfung ligation
➤ **Selbst-Ligation** ***gen*** self ligation
Ligation glatter Enden ***gen*** blunt end ligation
ligationsvermittelte Polymerasekettenreaktion ligation-mediated PCR
Lignifizierung lignification
Lignin lignin
Lignocerinsäure/Tetracosansäure lignoceric acid, tetracosanoic acid
Liliengewächse/Liliaceae lily family
limitierender Faktor/ begrenzender Faktor/ Grenzfaktor ***ecol*** limiting factor
limitiertes Kapazitätskontrollsystem limited capacity control system (LCCS)
Limnanthaceae/ Sumpfblumengewächse false mermaid family, meadowfoam family
limnisch/im Süßwasser lebend limnetic, limnal, limnic
Limnocharitaceae/ Wassermohngewächse water-poppy family
Limnokinetik limnokinetics
Limnokrene/Tümpelquelle limnocrene
Limnologie (Binnengewässerkunde) limnology
Limnosaprobität limnosaprobity
Limonen limonene
Linaceae/Leingewächse flax family
Lindengewächse/Tiliaceae lime tree family, linden family

linealisch/linear lineal, linear
Lineweaver-Burk-Diagramm Lineweaver-Burk plot, double-reciprocal plot
Linienstichprobenverfahren ***stat/ecol*** line transect method
Linientransekt ***ecol*** line transect
linksdrehend/linkswindend/ sinistrorse sinistrorse
linksgängig left-handed
linkshändig left-handed, sinistral
Linolensäure linolenic acid
Linolsäure linolic acid, linoleic acid
Linse lens (*also*: lense)
Linsenauge lens eye, lenticular eye
Linsenbläschen (Auge) lens vesicle
linsenförmig lentil-shaped, lentiform, lenticular
Linsenkern/ Nucleus lentiformis ***neuro*** lenticular nucleus
Linsenpapier ***micros*** lens tissue
Linsenplakode lens placode
Linsenzylinder/Kristallkegel/ Kristallkörper/Conus crystalline cone
Lipid lipid
Lipiddoppelschicht (biol. Membran) lipid bilayer
Lipofektion lipofection
Liponsäure/Dithiooctansäure/ Thioctsäure/Thioctansäure (Liponat) lipoic acid (lipoate), thioctic acid
lipophil lipophilic
Lipoprotein hoher Dichte high density lipoprotein (HDL)
Lipoprotein mittlerer Dichte intermediate density lipoprotein (IDL)
Lipoprotein niedriger Dichte low density lipoprotein (LDL)
Lipoprotein sehr niedriger Dichte very low density lipoprotein (VLDL)
Liposom liposome
Lipoteichonsäure lipoteichoic acid
Lippe/Labellum lip, labellum; *bot* mesopetalum
Lippenblütler/ Lamiaceae/Labiatae deadnettle family, mint family
Lippenmünder/Lappenmünder/ Cheilostomata (Bryozoen) cheilostomates
Lippensoral (Flechten) labriform soralium
Lippenspalte/Hasenscharte cleft lip, hare lip
Lippentaster/Labialtaster/ Labialpalpus/Palpus labialis labial palp, labipalp, labial feeler, palp, palpus
lissencephal (ungefurcht-glattes Gehirn) lissencephalous (no/few convolutions)
Lithothelma/Gesteinstümpel lithothelma, rockpool
lithotroph lithotroph(ic)
Lithotrophie lithotrophy
Litocholsäure litocholic acid
Litoral/Litoralzone/Litoralbereich/ Uferzone (*mar* Gezeitenzone) littoral, littoral zone
Loasaceae/Blumennesselgewächse loasa family
Lobeliengewächse/Lobeliaceae lobelia family
Lobenlinien/Nahtlinien (Ammoniten) suture lines
➢ **ammonitische Lobenlinien** ammonitic suture lines
➢ **ceratitische Lobenlinien** ceratitic suture lines
➢ **goniatische Lobenlinien** goniatitic suture lines
Lobopodium lobopodium
Lobus opticus optic lobe
Lochbodenkaskadenreaktor/ Siebbodenkaskadenreaktor sieve plate reactor
löcherig/perforiert perforated
Lochkapsel/Löcherkapsel/ Porenkapsel/porizide Kapsel poricidal capsule
Lochplatte ***gen/micb*** well plate
lochspaltig/porizid/poricid poricidal
Lochträger/Foraminiferen foraminiferans, forams
locken/anlocken attract, lure
Lockgesang ***orn*** attracting song

Lockmittel/Lockstoff/Attraktans
attractant
Lockruf ***orn*** attracting call
Loculament/Lokulament
locule, loculus
Lod-Wert lod score
("logarithm of the odds ratio")
Löffel (Hasenohren) rabbit ears
löffelartig/cochlear
spoon-like, cochlear
Loganiaceae/Loganiengewächse/ Strychnosgewächse/ Brechnussgewächse
logania family
logarithmische Phase
logarithmic phase (log-phase)
Lognormalverteilung/ logarithmische Normalverteilung
lognormal distribution,
logarithmic normal distribution
Lokomotion/Bewegung (Ortsveränderung) locomotion
Lokomotorik locomotory
lokulizid/rückenspaltig
loculicidal, dorsally dehiscent
Lokus/Ort locus
➤ ***cis*-aktiver Lokus** *cis*-acting locus
Lokus-Kontrollregion (LCR) ***gen***
locus control region (LCR)
Lomasom lomasome
London-Dispersionskräfte
London dispersion forces
lophotrich lophotrichous
Loranthaceae/Mistelgewächse/ Riemenblumengewächse
mistletoe family
(showy mistletoe family)
Lorbeergewächse/Lauraceae
laurel family
Lorchelpilze/Helvellaceae
saddle fungi & false morels
Lorenzinische Ampulle/ Ampullenrezeptor Lorenzini flask
Lorica (Gehäuse einiger Chrysophyceen) lorica
Loriciferen/Korsetttierchen/ Panzertierchen
corset bearers, loriciferans
löschen extinguish, put out
Löschgerät/Feuerlöscher
fire extinguisher
Löschmittel/Feuerlöschmittel
fire-extinguishing agent
lösen ***chem*** **(in einem Lösungsmittel)**
dissolve
➤ **herauslösen/extrahieren** ***chem***
extract
lösen ***math*** solve
löslich soluble
➤ **unlöslich** insoluble
Löslichkeit solubility
➤ **Unlöslichkeit** insolubility
Löslichkeitspotenzial
solute potential
Löslichkeitsprodukt
solubility product
Löss loess
Losung (animal) droppings, dung
Lösung ***chem/math*** solution
Lösungsmittel solvent
Lösungsmittelfront solvent front
lotisch (in fließendem Gewässer lebend) lotic
lotisches Gewässer/ fließendes Gewässer/ Fließgewässer (Fluss/Strom)
lotic water, flowing water,
running water, waterway,
watercourse (river/stream)
lotsen/lenken/führen piloting
Lotte (unverholzter Langtrieb des Weinstocks)
lateral shoot, summer shoot
(unlignified long-shoot of vine)
Lotusblumengewächse/ Nelumbonaceae
lotus lily family, Indian lotus family
Lotuseffekt lotus effect
Luch bog, swamp
Lücke gap
Lückencollenchym
lacunar collenchyma
Lues/Schanker/Syphilis (*Treponema pallidum*) syphilis
Luftablegerverfahren (Vermehrung) ***hort***
air layering,
Chinese layering/layerage,
marcottage
Luftabsenker ***bot*** adventitious root
Luftalge terrestrial alga
luftatmend air-breathing

luftdicht airtight, airproof
Luftembolie
air embolism (due to cavitation)
Luftfeuchtigkeit air humidity
Luftkammer (im Ei) *zool* air space; (*Marchantia*) air chamber
Luftkapazität air capacity
Luftkapillare air capillary
Luftknolle/Pseudobulbe
pseudo-bulb
Luftröhre/Atemröhre/ Kehle/Trachee/Trachea
windpipe, trachea; breathing tube
Luftröhre/Pharynx pharynx
Luftsack (Pollen) ***bot***
air pocket/bag/sac, vesiculum
Luftsack/Saccus aerophorus ***orn***
air sac
Luftschadstoff air pollutant
„Luftschiffen"/„Ballooning"/ Fadenflug (Spinnen: „Altweibersommer") ***arach*** ballooning
Luftverschmutzung air pollution
Luftvorhang (Vertikalflow-Biobench) ***lab***
air curtain
Luftwurzel aerial root, air root
lumineszent luminescent
Lumineszenz luminescence
➢ **Biolumineszenz**
bioluminescence
Lunarperiodik/Lunarperiodizität/ Mondperiodik
lunar periodicity
Lunge lung; bellows
➢ **Buchlunge/ Fächerlunge/Fächertrachee**
book lung
➢ **Sauglunge** suction lung
➢ **Wasserlunge (Holothurien)**
respiratory tree
Lungen.../die Lunge betreffend
pulmonary
Lungenarterie pulmonary artery
Lungenbläschen/ Lungenalveole/Alveole
pulmonary alveolus, alveola
Lungenentzündung pneumonia
Lungenfell/Pleura pulmonalis
pulmonary pleura, visceral pleura
Lungenfische/Dipnoi lungfishes
Lungenhöhle (Pulmonata)
pulmonary cavity,
pulmonary sac
Lungenkrebs lung cancer
Lungenkreislauf/ kleiner Blutkreislauf
pulmonary circulation
Lungenpest (*Yersinia pestis*)
pneumonic plague
Lungenpfeife/Parabronchus (*pl* Parabronchien)
parabronchus (*pl* parabronchi)
Lungenschnecken/ Pulmonaten/Pulmonata
pulmonate snails
(freshwater & land snails and slugs)
Lungenvene pulmonary vein
Lunte (Fuchsschwanz) brush, tail
Lunula lunule
Lupe/Vergrößerungsglas
lens, magnifying glass
Lurche/Amphibien amphibians
Lutropin/Luteotropin/ luteinisierendes Hormon (LH)/ zwischenzellstimulierendes Hormon luteinizing hormone (LH), interstitial-cell stimulating hormone (ICSH)
Luv/in Windrichtung/ Windseite/Wetterseite
luv, windward, windward side
➢ **Windschatten/Windschattenseite**
lee, leeward, leeward side
windward, weather side
Luxation dislocation, luxation
Luxusgen luxury gene
Lycopodiaceae/Bärlappgewächse
clubmoss family
lymphatisch lymphatic
Lymphdrüse lymphatic gland
Lymphe lymph
Lymphgefäß
lymph vessel, lymphatic vessel
Lymphknötchen/Lymphfollikel
lymph nodule, lymph follicle
Lymphknoten lymph node
Lymphokin (lymphozytäres Zytokin/Cytokin)
lymphokine
Lymphozyt/Lymphocyt lymphocyte

Lymphsystem/Lymphgefäßsystem lymphatic system
Lyonisierung ***gen*** lyonization
Lyophilisierung/ Gefriertrocknung lyophilization, freeze-drying
Lysat lysate
Lyse lysis
Lysehof/Aufklärungshof/Hof/Plaque lytic plaque, plaque
Lysergsäure lysergic acid
lysieren lyse
lysigen lysigenic, lysigenous
Lysin lysine
lysogen (temperent) lysogenic (temperate)
lysogene Konversion lysogenic conversion
Lysogenie lysogeny
Lysosom lysosome
➢ **sekundäres Lysosom** secondary lysosome, phagolysosome
Lysozym lysozyme
Lythraceae/Weiderichgewächse/ Blutweiderichgewächse loosestrife family
lytisch lytic
lytische Infektion lytic infection
lytischer Hof/Lysehof lytic plaque
lytischer Phage lytic phage
lytischer Zyklus lytic cycle

Mäander meander
Maar/Vulkansee volcanic lake, maar
Macaedium/Mazaedium ***fung*** macaedium, mazaedium
Macchia/Macchie/Maquis (mediterrane Strauch-/ Gebüschformation) maquis
Made (apode Larve) maggot (apodal larva)
Madenkrankheit/Myiasis (Dipterenlarven) myiasis
Madenwurm (*Enterobius vermicularis*) pinworm
Madreporenköpfchen madreporian body
Madreporenplatte/Siebplatte madreporic plate, madreporite, sieve plate
Magen (*pl* Mägen) stomach
- **Blättermagen/Vormagen/Omasus/ Psalter (Wiederkäuer)** third stomach, omasum, manyplies, psalterium
- **Drüsenmagen *orn*** glandular portion of stomach
- **Filtermagen/Pylorus (Crustaceen)** pyloric stomach, pylorus (posterior region of gizzard)
- **Haube/Netzmagen/Retikulum** honeycomb stomach, honeycomb bag, reticulum, second stomach
- **Honigmagen/Honigdrüse/ Futterdrüse/Kropf (Biene)** honey crop
- **Kaumagen/Cardia** cardiac stomach, cardia
- **Kaumagen/Pharynx/Mastax (Rotatorien)** pharynx, mastax
- **Kaumagen/Proventriculus (Insekten/Crustaceen)** gizzard, proventriculus
- **Labmagen/Abomasus** fourth stomach, abomasum, reed, rennet-stomach
- **Muskelmagen *orn*** gizzard
- **Netzmagen/Haube/Retikulum** honeycomb stomach, honeycomb bag, reticulum, second stomach
- **Pansen/Rumen** paunch, rumen, first stomach, ingluvies
- **Saugmagen (Cheliceraten)** sucking stomach
- **Saugmagen (Vorratsmagen: Kropf der Culiciden)** pumping stomach
- **Schleudermagen/ Pansenvorhof/Atrium ruminis** atrium ruminis
- **Vormagen/Blättermagen/ Psalter/Omasus (Wiederkäuer)** third stomach, omasum, psalterium
- **Vormagen/Vorderdarm/Kropf/ Ingluvies** (Insekten/Vögel) crop

Magen-Darm-Trakt/ Gastrointestinaltrakt gastrointestinal tract
Magenblindsack/Magendivertikel gastric/digestive cecum, gastric/digestive diverticulum
Magenbrei/Speisebrei/Chymus chyme
Magendivertikel/Magenblindsack gastric/digestive cecum, gastric/digestive diverticulum
Magendrüse (Rotatorien) gastric gland
Magenflüssigkeit/Magensaft stomach juice, gastric juice
Magengrübchen/Foveola gastrica gastric pit
Magenmühle gastric mill, triturating mill
Magenmund/Mageneingang/ Kardia/Cardia cardia
Magenrinne/Sulcus ventriculi reticular groove
Magensaft/Magenflüssigkeit stomach juice, gastric juice
Magensäure stomach acid
Magenschleimhaut/Tunica mucosa gastric mucosa, mucous tunic (mucosal layer of stomach)
Magenschleimhautentzündung/ Gastritis gastritis
Magenspülung gastric lavage, gastric irrigation
Magenstein/Magensteinchen/ Hummerstein/Gastrolith gastrolith

Magenstiel/Mundrohr/Manubrium hypostome, oral cone, peduncle; gullet, pharynx; manubrium
Magersucht/Anorexie pathological leanness, anorexia nervosa
magersüchtig anorexic
Magerwiese poor grassland, rough pasture/meadow
Magnesium (Mg) magnesium
Magnetosom magnetosome
Magnetresonanztomographie (MRT)/ Kernspintomographie (KST) magnetic resonance imaging (MRI), nuclear magnetic resonance imaging
Magnetrührer ***lab*** magnetic stirrer
Magnoliengewächse/Magnoliaceae magnolia family
Mahagonigewächse/ Zedrachgewächse/Meliaceae mahogany family
Mahd cut grass, hay, mowing
Mahlzahn grinding tooth
Mahlzeit meal
➢ **Blutmahlzeit** blood meal
Mähne mane
Mähwiese hay meadow, mowed meadow
Maiapfelgewächse/ Fußblattgewächse/Podophyllaceae may apple family
Maiglöckchengewächse/ Convallariaceae lily-of-the-valley family
Maische (Bier) mash; (Traubenmost) grape must
maischen mash
Maiskolben (gesamter Fruchtstand) ear (of corn); (Fruchtstandachse) cob (of corn)
Maisquellwasser cornsteep liquor
Maisstengel cornstalk
MAK-Wert (maximale Arbeitsplatz-Konzentration) maximum permissible workplace concentration, maximum permissible exposure
Makel/Fleck spot, blot, stain, stigma
Makel am Flügelrand/ Flügelrandmal/Pterostigma ***entom*** pterostigma, stigma
makrandrisch macrandrous
Makrander (große ♂ Pflanze) macrander (large ♂ plant)
Makraner (große ♂ Ameise) macraner (large-size ♂ ant)
Makrelenhaiverwandte/Lamniformes mackerel sharks and relatives
Makroergat (großer Ameisensoldat) macrergate (large worker ant)
Makrofauna macrofauna
Makrogyne (große Königin) macrogyne (large ♀ ant/queen)
Makrokonsument macroconsumer
Makromer macromere
Makromolekül macromolecule
Makronukleus macronucleus
Makrophage macrophage
Makrophyt macrophyte
makroskopisch macroscopic
Makrospore/Megaspore macrospore, megaspore
Makrozyt/Makrocyt macrocyte
Malakologie/Weichtierkunde malacology, study of mollusks
Malaria/Sumpffieber/Wechselfieber malaria
Maleinsäure (Maleat) maleic acid (maleate)
maligne/bösartig malignant
➢ **benigne/gutartig** benign
Malignität/Bösartigkeit malignancy
Malonsäure (Malonat) malonic acid (malonate)
Malpighi-Gefäß/-Schlauch Malpighisches Gefäß/ Malpighischer Schlauch Malpighian tubule
Malpighi-Körperchen Malpighian body/corpuscle
➢ **Milzknötchen/-körperchen/ Milzfollikel** splenic corpuscle, splenic nodule, splenic node, splenic follicle
➢ **Nierenkörperchen** renal corpuscle
Malpighiengewächse/ Barbadoskirschengewächse/ Malpighiaceae malpighia family, Barbados cherry family
Maltose (Malzzucker) maltose (malt sugar)

Malvengewächse/Malvaceae mallow family
Malz malt
Malzzucker/Maltose malt sugar, maltose
Mamillarkörper/Corpus mamillare ***neuro*** mamillary body
Mamille/Brustwarze/Zitze mamilla, mammilla, nipple (multiple ducts), teat (single duct)
Manca-Stadium manca (prejuvenile peracarids)
Mandel *bot* almond; (Tonsille) tonsil
➢ **Gaumenmandel/ Tonsilla palatina** palatine tonsil
➢ **Rachenmandel/ Tonsilla pharyngealis** pharyngeal tonsil
➢ **Zungenmandel/ Tonsilla lingualis** lingual tonsil
Mandelkern/Mandelkörper/ Mandelkernkomplex/ Nucleus amygdalae/ Corpus amygdaloideum amygdaloid nucleus, amygdaloid nuclear complex
Mandelsäure/Phenylglykolsäure mandelic acid, phenylglycolic acid, amygdalic acid
Mandibel mandible
Mandibularbogen/Kieferbogen mandibular arch
Mangan (Mn) manganese
Mangel/Defizienz deficiency
Mangelerscheinung/ Defizienzerscheinung/ Mangelsymptom deficiency symptom
Mangelmedium deficiency medium
mangelnd/Mangel../defizient deficient, lacking
Mangrove mangrove
Mangrovenformation/ Mangrovenwald/Gezeitenwald/ Mangrove ***biogeo*** mangal
Mangrovengewächse/ Rhizophoraceae mangrove family, red mangrove family
Mangrovensumpf mangrove swamp
Mannbarkeit/Geschlechtsreife (Fähigkeit zur Fruktifikation) sexual maturity
Männchen male; (Eber/Hirsch etc.) stag
➢ **nach der Reife kastriertes Männchen (Nutztiere)** stag
Mannigfaltigkeit/Vielfalt/Variabilität diversity, variability
Mannit mannitol
männlich/männlichen Geschlechts male; *bot* (Blüte) male, staminate
Mannuronsäure mannuronic acid
Manschette/ Armilla/Annulus superus ***fung*** manchette, armilla, superior annulus
Manschettensoral (Flechten) maniciform soralium
Mantel/Pallium (Mollusken) mantle, pallium
Mantel/Tunica mantle, tunic
Mantelblatt/Nischenblatt ***bot*** nest leaf
Mantelgürtel/Gürtel/Perinotum (Käferschnecken) mantle girdle
Mantelhöhle mantle cavity, pallial cavity
Mantellappen/Kragenlappen (Brachiopoden) mantle lobe
Mantellinie/Palliallinie pallial line
Manteltiere/Tunicaten (Urochordaten) tunicates
Mantelzelle (Moose) jacket cell
Maquis/Macchia/Macchie maquis
Marantaceae/Pfeilwurzelgewächse arrowroot family, prayer plant family
Marattiaceae marattia family
Marcgraviaceae/ Honigbechergewächse shingleplant family
marginal/randständig marginal
Marginalfalte/Mantelfalte (Mantelrand) mantle fold

Mark.../medullär/markhaltig/markig medullar, medullary, pithy
Mark medulla, pith, core; marrow; pulp
➢ **Bauchmark/Bauchmarkstrang/ ventraler Nervenstrang** ventral nerve cord
➢ **Haarmark** hair medulla
➢ **Knochenmark** bone marrow
➢ **Nebennierenmark** adrenal medulla
➢ **Nierenmark/Medulla renis** renal medulla
➢ **Rückenmark/Medulla spinalis** spinal cord, spinal medulla, medullary canal, nerve cord
➢ **Stengelmark** pulp
➢ **Zahnmark** dental pulp, pulpa
Marker/Markersubstanz (genetischer/radioaktiver) marker (genetic/radioactive)
Markfortsatz/Dendrit dendrite
Markhirn/Myelencephalon marrow brain, medullary brain, myelencephalon
Markhöhle marrow cavity, medullary cavity
markieren/etikettieren tag; *chem* label; (kennzeichnen) mark, brand, earmark
markiertes Molekül tagged molecule
Markierung label(l)ing; *zool* marking
➢ **Affinitätsmarkierung** affinity labeling
➢ **Duftmarkierung** scent-marking
➢ **Endmarkierung** end labeling
➢ **Harnmarkierung** urine marking
➢ **Immunmarkierung** immunolabeling
➢ **Pulsmarkierung** pulse labeling, pulse chase
➢ **radioaktive Markierung** radiolabeling
➢ **Reviermarkierung** ***ethol*** marking of territory, territorial marking
Markottage ***hort*** marcotage
Markscheide/Myelinscheide ***neuro*** medullary sheath, myelin sheath
Markstrahl ***bot*** pith ray, medullary ray
Markstrahlinitiale ray initial
Markstrahlparenchym ray parenchyma
Markstrang ***neuro*** nerve cord
Marsch marsh (dominated by grasses)
➢ **Brackmarsch** brackish marsh
➢ **Flussmarsch** riverine marsh; (an der Flussmündung/im Flussdelta) estuarine marsh
➢ **Flussmündungsmarsch** river-mouth marsh
➢ **Gezeitenmarsch/Tidenmarsch** tidal marsh
➢ **Hochmarsch** high marsh
➢ **Koog** young marsh, juvenile marsh
➢ **Küstenmarsch/Seemarsch** coastal marsh
➢ **Salzmarsch (Salzwiese)** salt marsh (salt meadow)
➢ **Süßwassermarsch** freshwater marsh
➢ **Tiefmarsch** shallow marsh, low marsh
➢ **Torfmarsch** peat marsh
Marschland marsh, marshland, fen
Marsileaceae/ Kleefarne/Kleefarngewächse marsilea family, water clover family
Martyniaceae/Gämsbockgewächse unicorn plant family, devil's-claw family, martynia family
Maschennetz ***arach*** mesh web
maschig meshy
Maserknolle/Kropf (Holz) burl, burr, gnarl, woody outgrowth, wood knot (with wavy grain)
➢ **ebenerdige Maserknolle (durch Feuer/Trockenheit)** lignotuber
Maserung/Fladerung ***allg*** figure, design; (Faserorientierung) grain
Maß measure
Maßanalyse volumetric analysis

Masse mass
➢ **Biomasse** biomass
➢ **„Frischmasse" (Frischgewicht)** "fresh mass" (fresh weight)
➢ **Molekülmasse („Molekulargewicht")** molecular mass ("molecular weight")
➢ **Molmasse/molare Masse („Molgewicht")** molar mass ("molar weight")
➢ **relative Molekülmasse/ Molekulargewicht (M_r)** relative molecular mass, molecular weight
➢ **Trockenmasse/ Trockensubstanz** dry mass, dry matter
Massenerhaltungssatz law of conservation of matter
Massenspektrometrie (MS) mass spectrometry
Massensterben mass extinction
Massenströmung (Wasser) mass flow, bulk flow
Massenübergang/Massentransfer/ Stoffübergang mass transfer
Massenvermehrung mass reproduction, mass spread, outbreak
Massenwechsel ***ecol*** population changes
Massenwirkungsgesetz law of mass action
Massenwirkungskonstante mass action constant
Maßkorrelationskoeffizient/ Produkt-Moment-Korrelationskoeffizient product-moment correlation coefficient
Maßstab scale
➢ **im Großmaßstab** large-scale ...
➢ **im Kleinmaßstab** small-scale ...
Maßstabsvergrößerung scale-up, scaling up
Maßstabzahl ***micros*** initial magnification
Mast (Viehmast/Tiermast) mast, fattening; stuffing
Mastdarm/Rektum rectum
mästen ***allg*** fatten; (Geflügel) cram, stuff
Mastersequenz ***gen*** master sequence
Mastjahr ***bot/for*** mast year
Mastferkel porker
Mastzelle mast cell
matern/mütterlich maternal; motherly
maternale Vererbung maternal inheritance
maternaler Effekt/ maternale Prädetermination maternal effect
matriarchalisch matriarchal
Matrix matrix; (Chloroplast: Stroma) stroma
Matrize ***biochem*** template
Matrizenstrang/Mutterstrang ***gen*** template strand
matrokline Vererbung matroclinous inheritance
Matte/Mattenstufe alpine grassland
Matte/Teppich (z.B. Algen-) mat, layer (e.g., algal mat)
mauerartig/mauerförmig muriform
Mauerblatt/Scapus (Cnidaria) scape
Maul/Schlund/Mundöffnung jaw
Maul/Schnauze muzzle, snout
Maul-und-Klauenseuche (Aphthoviren) foot-and-mouth disease, aphthous fever
Maulbeergewächse/Moraceae mulberry family, fig family
Maulbeerkeim/Morula morula
Maulbrüten mouthbreeding, oral gestation, buccal incubation
Maulbrüter mouthbreeder
Maulesel (Pferdehengst x Eselstute) hinny
➢ **Maultier** (Pferdestute x Eselhengst) mule
Maulfüßer/ Fangschreckenkrebse/ Stomatopoda mantis shrimps

Mauser molt (*Br* moult), molting season, deplumation
- **aktive Mauser** active molt
- **Brutmauser/Paarungsmauser** prealternate molt, prenuptial molt
- **Erstmauser** primary molt
- **Jugendmauser** juvenal molt, juvenile molt (presupplemental and first prebasic molts)
- **Postjuvenilmauser/ postjuvenile Mauser** postjuvenal molt
- **Ruhemauser/Postnuptialmauser** eclipse molt, postbreeding molt, prebasic molt, postnuptial molt
- **Schreckmauser/Stressmauser** fright molt, fright loss, stress molt
- **Teilmauser** partial molt
- **verlängerte/unvollständige/ verzögerte Mauser** prolonged molt (stuck in the molt)
- **Vollmauser** complete molt, full molt

Mausergrenze molt limit
mausern molt, shed feathers
Mauserzeit molting time/period/season
Mausvögel/Coliiformes mousebirds, colies
Mauthnersche Zellen/Riesenfasern Mauthner's cells
Maxillarfuß/Maxillipes/ Kieferfuß/Pes maxilliaris maxilliped, maxillipede, gnathopodite, jaw-foot, foot-jaw
Maxillartaster/Kiefertaster/ Maxillarpalpus/Palpus maxillaris maxillary palp
Maxille/Kiefer (Insekten) maxilla (*pl* maxillas/maxillae)
Maxille/Oberkiefer (Wirbeltiere) maxilla, upper jawbone
Maxilliped/Maxillarfuß/ Kieferfuß/Pes maxilliaris maxilliped, maxillipede, gnathopodite, jaw-foot, foot-jaw
Maximalgeschwindigkeit (V_{max} Enzymkinetik/Wachstum) maximum rate
Mayacaceae/Moosblümchen mayaca family, bogmoss family
Mazaedium/Macaedium ***fung*** mazaedium, macaedium
Mazeration maceration
mazerieren macerate
mechanisches Gewebe/ Expansionsgewebe expansion tissue
Meckelscher Knorpel (Mandibulare) Meckel's cartilage, mandibular cartilage
Meckelsches Divertikel Meckel's diverticulum
meckern (Ziege) bleak
Medianwert/Zentralwert ***stat*** median value
Medianzelle/Media media
Medikament/Medizin/Droge medicine, drug
Medium/Kulturmedium/Nährmedium medium, culture medium, nutrient medium
- **Anreicherungsmedium** enrichment medium
- **Basisnährmedium** basal medium
- **Differenzierungsmedium** differential medium
- **Eiermedium/Eiernährmedium** egg medium
- **Elektivmedium/Selektivmedium** selective medium
- **Erhaltungsmedium** maintenance medium
- **Komplettmedium** complete medium, rich medium
- **komplexes Medium** complex medium
- **konditioniertes Medium** conditioned medium
- **Mangelmedium** deficiency medium
- **Minimalmedium** minimal medium
- **Selektivmedium/Elektivmedium** selective medium
- **synthetisches Medium (chemisch definiertes Medium)** defined medium
- **Testmedium/Prüfmedium (zur Diagnose)** test medium
- **Vollmedium/Komplettmedium** rich medium, complete medium

Medizin medicine;
(Medikament/Droge) medicine, drug
> **Arbeitsmedizin** occupational medicine
> **Biomedizin** biomedicine
> **Defensivmedizin** defensive medicine
> **Forensik/forensische Medizin/ Gerichtsmedizin/Rechtsmedizin** forensics, forensic medicine
> **Präventivmedizin** preventive medicine
> **Rechtsmedizin** legal medicine
> **Schulmedizin** mainstream/scientific medicine
> **Umweltmedizin** environmental medicine
> **Veterinärmedizin/ Tiermedizin/Tierheilkunde** veterinary medicine, veterinary science
> **vorhersagende Medizin** predictive medicine

Mediziner/Arzt physician, doctor
medizinische Überwachung medical surveillance, health surveillance
medizinische Untersuchung medical examination, medical exam, physical examination, physical
Medullarplatte/Neuralplatte/ Markplatte neural plate
Medullarrohr/Neuralrohr/Markrohr/ Tubus medullaris *embr* medullary tube, neural tube
Medullarwulst/Neuralwulst/ Neuralfalte/Markfalte neural fold
Meduse/„Qualle" medusa
Meer sea, ocean
> **am Meer** on the sea-shore, at the seaside
> **Binnenmeer** inland sea
> **offenes Meer/Hochsee** open sea, high sea, pelagic zone

Meerbeerengewächse/ Seebeerengewächse/ Tausendblattgewächse/ Haloragaceae water milfoil family, milfoil family
Meerbusen bay, gulf
Meeresalge seaweed, marine alga
Meeresbecken oceanic basin, ocean basin
meeresbewohnend/marin marine
Meeresbiologie marine biology
Meeresboden/Meeresgrund seafloor, ocean floor
> **den Meeresboden bewohnend** benthic, benthonic

Meeresbodenbereich/Benthal benthic zone
Meeresbodenorganismen/Benthos benthos
Meeresbrandung surf, breakers
Meeresgrund/Meeresboden ocean floor, seafloor
Meereshöhe sea level, elevation
Meeresklima/ozeanisches Klima maritime climate, marine climate, oceanic climate
Meereskunde/Ozeanographie marine sciences, oceanography
Meeresküste/Meeresufer seashore, seaboard, seacoast
Meeresküstenlage oceanic location, coastal location
Meeresleuchten marine phosphorescence
Meeresnacktschnecken sea slugs
Meeressäuger marine mammal(s)
Meeresspiegel sea level
Meeresstrand (ocean) beach
Meeresströmung ocean current
Meerestier marine animal
Meerrettichperoxidase horse radish peroxidase
Meerträubelgewächse/ Ephedraceae joint-pine family, mormon tea family, ephedra family
Meerwasser seawater, saltwater
Meerwasserintrusion seawater/saltwater intrusion
Megasequenzierung *gen* megasequencing
Megaspore/Makrospore megaspore, macrospore
Megasporenmutterzelle/ Makrosporenmutterzelle megaspore/macrospore mother cell

Mehl flour
➢ **Blutmehl** blood meal
➢ **Getreidemehl** *grob:* meal, *fein:* flour
➢ **Grießmehl/Grütze/Grieß** groats, grits
➢ **Guarmehl/Guar-Gummi** guar gum, guar flour
➢ **Guar-Samen-Mehl** guar meal, guar seed meal
➢ **Johannisbrotkernmehl/Karobgummi** locust bean gum, carob gum
➢ **Knochenmehl** bone meal
➢ **Sägemehl** sawdust
➢ **ungebleichtes Mehl** unbleached flour
➢ **Vollkornmehl** whole-grain flour
Mehlbleichung flour bleaching
mehlig mealy, farinaceous
Mehlissche Drüse/Schalendrüse Mehlis' gland, shell gland
Mehltaupilze mildews
➢ **echte M./Erysiphales** powdery mildews
➢ **falsche Mehltaupilze/Peronosporaceae** downy mildews
➢ **schwarze Mehltaupilze/Meliolales** black mildews
Mehlwurm mealworm
Mehrfachaustausch ***gen*** compound crossing over
Mehrfachbindung ***chem*** multiple bond
Mehrfaktortheorie/Polygentheorie ***gen*** multiple-factor hypothesis
mehrgestaltig/polymorph/pleomorph polymorphic, pleomorphic
Mehrgestaltigkeit/Polymorphismus/Pleomorphismus polymorphism, pleomorphism
mehrjährig/ausdauernd perennial
➢ **mehrjährig wachsend bis zur Blüte (*Agave*)** pluriennal
mehrkammerig/vielkammerig/vielkämmrig/polythalam/polythekal polythalamous, polythalamic, with many chambers, polythecal
Mehrlinge progeny of a multiple birth
➢ **Erzeugung monozygoter Mehrlinge** twinning
Mehrlingsgeburt multiple birth
mehrreihig/vielreihig/multiseriat multiseriate, multiple rowed, in several rows
mehrstufig multistage
mehrwirtig/heteroxen polyxenous, polyxenic
mehrzellig/vielzellig multicellular
Meibom Drüse Meibomian gland
meiden avoid
Meidereaktion ***ethol*** avoidance/avoiding reaction
➢ **elektrische Meidereaktion** ***physio*** jamming avoidance reaction
Meideverhalten avoidance behavior
Meiofauna meiofauna
Meiose/Reifeteilung/Reduktionsteilung meiosis, reduction division
➢ **Anaphase** anaphase
➢ **Diakinese** diakinesis
➢ **Diplotän** diplotene
➢ **Interphase** interphase
➢ **Leptotän** leptotene
➢ **Metaphase** metaphase
➢ **Pachytän** pachytene
➢ **Prophase** prophase
➢ **Telophase** telophase
➢ **Zygotän** zygotene
Meissner-Körperchen/Meissner-Tastkörperchen Meissner's corpuscle, corpuscle of touch
Meistergen master gene
Melanoliberin/melanotropin-Freisetzungshormon melanoliberin, melanotropin releasing hormone, melanotropin releasing factor (MRH/MRF)
Melanophage melanophage
Melanotropin/melanozytenstimulierendes Hormon (MSH) melanocyte-stimulating hormone (MSH)
Melanozyt/Melanocyt melanocyte

Melanthiaceae/Germergewächse/ Schwarzblütengewächse false hellebore family, death camas family
Melastomataceae/ Schwarzmundgewächse meadow-beauty family, melastome family
Melatonin melatonin
Meliaceae/Mahagonigewächse/ Zedrachgewächse mahogany family
Melianthaceae/ Honigstrauchgewächse honeybush family
melken milk
Melone (Wale) melon
Melonenbaumgewächse/Caricaceae papaya family
Membran membrane
➢ **Außenmembran** outer membrane
➢ **Basalmembran/Basallamina** basement membrane, basal lamina
➢ **Basilarmembran** basilar membrane
➢ **Befruchtungsmembran** fertilization membrane
➢ **Doppelmembran** double membrane
➢ **Dottermembran/ Vitellinmembran/ Dotterhaut/primäre Eihülle** vitelline membrane, vitelline layer, membrana vitellina
➢ **„Eimembran"/Eihaut/Eihülle** egg membrane
➢ **Elementarmembran/ Doppelmembran** unit membrane, double membrane
➢ **extraembryonale Membranen/ Embryonalhülle/Keimhülle** extraembryonic membranes
➢ **Frontalmembran (Bryozoen)** frontal membrane
➢ **Hirnhaut/Meninx** cerebral membrane, meninx
➢ **Kernmembran** nuclear membrane
➢ **peritrophische Membran** peritrophic membrane
➢ **Plasmamembran/Zellmembran/ Ektoplast/Plasmalemma** plasma membrane, (outer) cell membrane, unit membrane, ectoplast, plasmalemma
➢ **Schleimhaut/Schleimhautepithel** mucous membrane, mucosa
➢ **Tympanalmembran/Trommelfell/ Ohrtrommel/Tympanum** tympanic membrane, eardrum, tympanum
➢ **undulierende Membran** undulating membrane
➢ **Vitellinmembran/Dotterhaut/ Dottermembran/primäre Eihülle** vitelline membrane, vitelline layer, membrana vitellina
➢ **Zellmembran/Plasmamembran/ Ektoplast/Plasmalemma** (outer) cell membrane, plasma membrane, unit membrane, ectoplast, plasmalemma
Membran-Angriffskomplex ***immun*** membrane attack complex
Membran-Ghost (künstlich hergestellte leere Membran) membrane ghost
Membrandurchfluss membrane flux
Membranelle membranelle
Membranellenband, adorales (Ciliaten) adoral zone membranelles
Membranfilter ***lab*** membrane filter
Membranfluss membrane flow
Membranfusion membrane fusion
membrangebunden membrane-bound
Membrankanal membrane channel
➢ **Ionenkanal** ion channel
➢ **ligandenregulierter/ ligandengesteuerter Kanal** ligand-gated channel
➢ **mechanisch gesteuerter Kanal** mechanically gated channel
➢ **Ruhemembrankanal/Leckkanal** resting channel, leakage channel
➢ **spannungsregulierter/ spannungsgesteuerter Kanal** voltage-sensitive channel, voltage-gated channel

Membrankapazität
membrane capacitance
Membranlängskonstante (Raumkonstante)
membrane length constant (space constant)
Membranleitfähigkeit
membrane conductance
membranös membraneous
Membranpinzette
membrane forceps (tweezers)
Membranpotenzial
membrane potential
Membranpumpe diaphragm pump
Membranreaktor (Bioreaktor)
membrane reactor
Membranstapel stacked membranes
Membrantransport
membrane transport
membranumgeben membrane coated
Memnospore memnospore (remains at place of origin)
Menachinon (Vitamin K_2)
menaquinone
Menadion (Vitamin K_3) menadione
Menarche (erste Menstruation)
menarche (first menstruation)
mendeln mendelize
mendelnd (nach den Mendelschen Gesetzen vererbt) *adj/adv* mendelian
Mendelsche Vererbung
Mendelian inheritance
➢ **beim Menschen**
Mendelian Inheritance in Man (MIM)
Mendelsches Gesetz Mendel's law
Meniskus (Gelenkmeniskus)
meniscus, disk
Menispermaceae/ Mondsamengewächse
moonseed family
Menopause menopause (cessation of ovulation/menstruation)
Mensch human
menschenartig/menschenähnlich
manlike (*besser*: humanlike)
menschenleer devoid of people, uninhabited, deserted
Menschheit/Menschengeschlecht (Gesamtheit der Menschen)
humanity, mankind (*besser*: humankind/humans)
menschlich
(den Menschen betreffend) human; (wie ein guter Mensch handelnd/ hilfsbereit/selbstlos) humane
➢ **unmenschlich/inhuman**
inhumane, inhuman
menschlicher Leukozytenantigen-Komplex (HLA-Komplex)
human leucocyte antigen complex (HLA complex)
menschliches Genomprojekt
Human Genome Project (HUGO)
Menstruation/Blutung/ Monatsblutung/Periode/Regel
menstruation, period
Menstruationszyklus
menstrual cycle
menstruieren menstruate
Menyanthaceae/Bitterkleegewächse/ Fieberkleegewächse
bogbean family, water-snowflake family
Mergel *geol* marl
Merianthium/Teilblume
merianthium, partial flower
Meridionalfurchung
meridional cleavage
Merikarp/Teilfrucht mericarp
Meriklinalchimäre
mericlinal chimera
Meristem/Bildungsgewebe meristem
➢ **Achselmeristem**
axillary meristem
➢ **Endmeristem**
terminal meristem
➢ **Etagenmeristem**
tiered meristem
➢ **Flankenmeristem**
flank meristem, peripheral meristem
➢ **Folgemeristem**
secondary meristem
➢ **Grundmeristem**
ground meristem
➢ **interkalares Meristem/ Restmeristem**
intercalary meristem
➢ **laterales Meristem**
lateral meristem
➢ **offenes Meristem** open meristem, indetermiante meristem

- **Plattenmeristem** plate meristem
- **Randmeristem** marginal meristem
- **Rippenmeristem** file meristem, rib meristem
- **Spitzen-/Scheitelmeristem/ Apicalmeristem/Vegetationspunkt** apical meristem, growing point

Meristemmantel, primärer primary thickening meristem
Merkelsches Körperchen Merkel's corpuscle, Merkel's disk, tactile disk
Merkmal trait, characteristic, feature; (Charakterzug/Eigenschaft) trait, character

- **abgeleitetes Merkmal** derived characteristic
- **erworbenes Merkmal** acquired characteristic
- **Familienmerkmal** family trait
- **kanalisiertes Merkmal** canalized character

Merkmalsdivergenz character divergence
Merkmalsgefälle/Merkmalsgradient/ Cline/Kline/Klin cline, phenotypic/character gradient
Merkmalsphylogenetik character phylogeny
Merkmalsunterschied character difference
Merkmalsverschiebung character displacement
Merkmalszustand character state

- **Apomorphie (abgeleitet)** apomorphy
- **Autapomorphie (neu entstanden/abgeleitet)** autapomorphy
- **Plesiomorphie (ursprünglich)** plesiomorphy
- **Symplesiomorphie (gemeinsam/ursprünglich)** symplesiomorphy
- **Synapomorphie (gemeinsam/abgeleitet)** synapomorphy

Merocyt/Merozyt merocyte
Merogamie merogamy
Merogenese/Segmentierung merogenesis, segmentation
Merognathit merognathite
Merogonie merogony
merokrine Drüse merocrine gland
meromiktisch meromictic
Meromyosin meromyosin
Meroplankton meroplankton
Meropodit meropodite
Merospermie merospermy
Mertenssche Mimikry Mertensian mimicry
Merzvieh cull
Merzvieh aussondern cull, culling
Mesenchym (embryonales Bindegewebe) mesenchyme
mesenchymatisch mesenchymal
Mesenterium mesentery
Mesocöl/Mesocoel mesocoel
Mesafauna mesafauna
Mesoglöa/Stützschicht mesogloea, mesoglea
Mesohyl (Schwämme) mesohyl
Mesokarp (Frucht) mesocarp
Mesomerie mesomerism
Mesonephros/Urniere/ Wolffscher Körper mesonephros, middle kidney, midkidney
mesophil (20–45°C) mesophil, mesophilic
Mesophile mesophile
Mesophyll (Schwamm- & Palisadenparenchym) mesophyll
Mesophyt mesophyte
Mesophytikum (erdgeschichtliches Zeitalter) Mesophytic Era
Mesosaprobien mesosaprobes
Mesosom mesosome
Mesothel mesothelium
Mesothorakalschild (dorsal)/ Mesonotum mesonotum
mesotroph (mittlerer Nährstoffgehalt) mesotrophic
Mesozoikum/Erdmittelalter (erdgeschichtliches Zeitalter) Mesozoic, Mesozoic Era

Messbecher ***lab*** measuring cup
Messbereich range of measurement
messen/ablesen read, record
messen/abmessen measure
messen/prüfen test
Messfehler error in measurement, measuring mistake
Messfühler/Sensor/Sonde ***lab*** sensor, probe
Messgenauigkeit accuracy of measurement
Messgerät meter, measuring apparatus
Messglied ***math*** **(Größe)** measuring unit, measuring device
Messgröße quantity to be measured
Messkolben volumetric flask
Messpipette graduated pipette, measuring pipet
Messtechnik metrology
messtechnisch metrological
Messung measurement, test, testing, reading, recording
Messverfahren measuring procedure
Messzylinder graduated cylinder
Metabiose metabiosis
metabolisches Spektrum/ Stoffwechselspektrum metabolic scope, index of metabolic expansibility
Metabolismus/Stoffwechsel metabolism (*siehe auch*: Stoffwechsel)
➢ **Anabolismus/Aufbaustoffwechsel** anabolism
➢ **Katabolismus/Abbaustoffwechsel** catabolism
Metabolismusrate/Stoffwechselrate/ Energieumsatzrate metabolic rate
Metabolit/Stoffwechselprodukt metabolite
Metacercarie metacercaria, adolescaria
Metacöl/Metacoel metacoel
metachromatische Granula (*pl*) metachromatic granules, volutin granules
Metallothionein metallothionein
Metamer/echtes Segment metamere, segment
Metamerie/Segmentierung metamerism, segmentation
metamorph/metamorphisch/ sich verändernd metamorphic
Metamorphose/Verwandlung metamorphosis, transformation
metamorphosieren/ verwandeln/die Gestalt ändern metamorphose, metamorphize, transform
Metanephros/Nachniere/ definitive Niere metanephros, hind kidney, definitive kidney
Metaphasenchromosom metaphase chromosome
Metaphyt (pflanzlicher Vielzeller) metaphyte
Metasaprobität metasaprobity
Metastase/Tochtergeschwulst metastasis
Metatarsaldrüse metatarsal gland
Metathorakalschild (dorsal)/ Metanotum metonotum
metazentrisches Chromosom metacentric chromosome
Methan methane
methanbildend/methanogen methanogenic
Methanbildner methanogenic organism, methanogen
methanophil methanophile
Methionin methionine
➢ **fMet (*N*-Formylmethionin)** fMet (*N*-formyl methionine)
Methode der kleinsten Quadrate ***stat*** least squares method
Methroxat methroxate
methylieren methylate
Methylierung/Methylieren methylation
Metöstrus/Metoestrus metestrus
metrische Skala metric scale
Meute (Hunde) kennel, pack (of dogs)
Mevalonsäure (Mevalonat) mevalonic acid (mevalonate)
Micelle micelle
Micellierung micellation
Michaelis-Menten-Gleichung Michaelis-Menten equation

Michaeliskonstante/ Halbsättigungskonstante (K_M) Michaelis constant, Michaelis-Menten constant
Miene/Gesichtsausdruck facial expression
Mienenspiel play of facial features, changing facial expressions
Miesmuscheln/Mytiloidea mussels
Miete (Grube) ***agr*** pit, silo (for feed storage)
Migration/Wanderung migration
Mikraner (kleine ♂ Ameise) micraner (dwarf ♂ ant)
Mikrergat (kleine Ameisenarbeiterin) micrergate
Mikrobe/Mikroorganismus microbe, microorganism
mikrobiell microbial
Mikrobody/Mikrokörperchen microbody
Mikrofauna/Kleintierwelt microfauna
Mikrofilament/ Aktinfilament/Actinfilament microfilament, actin filament
Mikroflora microflora
Mikrogliazelle microglial cell
Mikrogyne (kleine ♀ Ameise) microgyne (dwarf ♀ ant)
Mikrohabitat microhabitat
Mikroinjektion microinjection
Mikroklima microclimate
Mikrokosmos microcosm
Mikromanipulation micromanipulation
Mikromanipulator micromanipulator
Mikromer micromere
Mikrometerschraube ***micros*** micrometer screw, fine-adjustment, fine-adjustment knob
Mikronema (*pl* Mikronemen) micronema (*pl* micronemas)
Mikronukleus micronucleus
Mikroorganismus (*pl* Mikroorganismen)/Mikrobe microorganism, microbe
Mikrophyten microphytes
Mikropipette micropipet
Mikropipettenspitze micropipet tip
Mikropräparat prepared microscope slide
Mikropyle micropyle
Mikropylenwulst/Mikropylenwarze/ Karunkula/Caruncula caruncle
Mikrosatellit microsatellite
Mikroskop microscope
➢ **Kursmikroskop** course microscope
➢ **Polarisationsmikroskop** polarizing microscope
➢ **Präpariermikroskop** dissecting microscope
➢ **Stereomikroskop** stereo microscope
➢ **zusammengesetztes Mikroskop** compound microscope
Mikroskopie microscopy
➢ **Dunkelfeld-Mikroskopie** darkfield microscopy
➢ **Hellfeld-Mikroskopie** brightfield microscopy
➢ **Hochspannungs-elektronenmikroskopie** high voltage electron microscopy (HVEM)
➢ **Immun-Elektronenmikroskopie** immunoelectron microscopy
➢ **Interferenzmikroskopie** interference microscopy
➢ **konfokale Laser-Scanning Mikroskopie** confocal laser scanning microscopy
➢ **Kraftmikroskopie** force microscopy
➢ **Lichtmikroskopie** light microscopy (compound microscope)
➢ **Phasenkontrastmikroskopie** phase contrast microscopy
➢ **Polarisationsmikroskopie** polarizing microscopy
➢ **Rasterelektronenmikroskopie (REM)** scanning electron microscopy (SEM)
➢ **Rastertunnelmikroskopie (RTM)** scanning tunneling microscopy (STM)
➢ **Rasterkraftmikroskopie** atomic force microscopy (AFM)
➢ **Transmissionselektronen-mikroskopie/Durchstrahlungs-elektronenmikroskopie** transmission electron microscopy (TEM)

mikroskopieren *vb*
examine under a microscope, use a microscope
Mikroskopieren *n*
examination under a microscope, usage of a microscope
Mikroskopierleuchte
microscope illuminator
Mikroskopierverfahren
microscopic procedure
Mikroskopierzubehör
microscopy accessories
mikroskopisch
microscopic, microscopical
mikroskopische Aufnahme/ mikroskopisches Bild
micrograph, microscopic image
mikroskopisches Präparat
microscopical preparation/mount
Mikroskopzubehör
microscope accessories
Mikrosphäre microsphere
Mikrospore microspore
Mikrotom microtome
➢ **Gefriermikrotom**
freezing microtome, cryomicrotome
➢ **Rotationsmikrotom**
rotary microtome
➢ **Schlittenmikrotom**
sliding microtome
➢ **Ultramikrotom** ultramicrotome
Mikrotom-Präparatehalter/ Objekthalter (Spannkopf)
microtome chuck
Mikrotomie microtomy
➢ **Kryoultramikrotomie**
cryoultramicrotomy
Mikrotommesser microtome blade
Mikrotrabekulargeflecht
microtrabecular network
mikrotubuliassoziiertes Protein
microtubule-associated protein (MAP)
Mikrotubulus microtubule
Mikrotubulus-Organisationszentrum
microtubule organizing center (MTOC)
Mikroverfahren microprocedure
Mikrovillus (*pl* Mikrovilli)
microvillus (*pl* microvilli)
Mikrozelle microcell
miktisch mictic
Milben & Zecken/Acari/Acarina
mites & ticks
Milbenbekämpfungsmittel/Akarizid
acaricide
Milbenforschung/Acarologie
acarology
Milch milk
➢ **geronnene Milch** curd
➢ **Kropfmilch/Kropfsekret (Tauben)**
crop milk, pigeon milk (milky secretion from crop lining)
➢ **Kuhmilch**
cow's milk, bovine milk
➢ **Molke/Milchserum** whey
➢ **Muttermilch**
mother's milk, breast milk
➢ **Vormilch/Biestmilch/ Kolostralmilch/Colostrum**
foremilk, colostrum
➢ **Uterusmilch/Uterinmilch *ichth/ entom*** uterine milk
➢ **Ziegenmilch** goat's milk
Milchbrustgang/Ductus thoracicus (Lymphbahn)
ductus thoracicus
Milchdrüse *allg* milk gland; (Brustdrüse) mammary gland
Milcheinschuss lactation (often surge-like/actual onset of lactation after colostrum)
Milchfischverwandte/Sandfische/ Gonorhynchiformes
milkfishes and relatives
milchführend lactiferous
Milchgang milk duct, lactiferous duct
Milchgebiss
deciduous dentition, lacteal dentition, primary dentition
Milchkuh dairy cow
Milchleiste
milk line, mammary ridge
Milchner (♂ Fisch) milter, male fish
Milchprodukt dairy product
Milchreife/Grünreife (Getreide)
milk ripeness, milk stage
Milchröhre/Milchsaftröhre *bot*
latex tube, lactifer, laticifer
➢ **gegliederte Milchröhre**
articulated lactifer/laticifer
Milchsaft/Latex *bot* latex

Milchsäure (Laktat)
lactic acid (lactate)
Milchsäureamid/Laktamid/Lactamid
lactamide
Milchsäuregärung/Laktatgärung
lactic acid fermentation,
lactic fermentation
➤ **heterofermentative Milchsäuregärung**
heterolactic fermentation
➤ **homofermentative Milchsäuregärung**
homolactic fermentation
Milchtritt treading, kneading (milk elicitation movement)
Milchvieh dairy cattle
Milchwirtschaft
dairy (dairy husbandry)
Milchzähne
milk teeth, deciduous teeth,
first teeth, primary teeth
Milchzisterne/Milchsinus
milk cistern, lactiferous sinus
Milchzucker/Laktose
milk sugar, lactose
Milieutheorie ***ethol*** learning theory
Milz spleen
Milzbalken/Trabeculae lienis
splenic trabeculae
Milzkapsel splenic capsule
Milzknötchen/Milzkörperchen/ Milzfollikel (Malpighi-Körperchen)
splenic corpuscle, splenic nodule,
splenic node, splenic follicle
Milzpulpa (rote/weiße)
splenic pulp (red/white)
Milzstrang splenic cord
Mimese/ äußere, schützende Ähnlichkeit (Hintergrundsfärbung) mimesis
Mimik mimic
Mimikry/schützende Nachahmung/ Schutztracht/Angleichung
mimicry
➤ **Angriffs-Mimikry/ Peckhamsche Mimikry**
aggressive mimicry,
Peckhamian mimicry
➤ **Automimikry** automimicry
➤ **Batessche Mimikry**
Batesian mimicry
➤ **Mertenssche Mimikry**
Mertensian mimicry
➤ **Müllersche Mimikry**
Muellerian mimicry
➤ **Peckhamsche Mimikry/ Angriffs-Mimikry**
Peckhamian mimicry,
aggressive mimicry
➤ **Verhaltensmimikry/Ethomimikry**
behavioral mimicry, ethomimicry
➤ **Verteidigungs-Mimikry**
protective mimicry
Mimosengewächse/Mimosaceae
mimosa family
Mine (Fraßgang) mine
➤ **Blattmine/Fraßgang** mine
➤ **Platzmine** blotch mine
➤ **Spiralmine/ Heliconom/Heliconomium**
serpentine mine, heliconome
➤ **Sternmine/Asteronom**
star mine, asteronome
Mineral (*pl* Mineralien) mineral(s)
Mineralboden mineral soil
Mineraldünger
mineral fertilizer, inorganic fertilizer
Mineralisation/Mineralisierung
mineralization
Mineralokortikoid/Mineralocorticoid
mineralocorticoid
Mineralöl mineral oil
Mineralquelle mineral spring
Mineralstoffe/Mineralien minerals
Mineralwasser mineral water
minerotroph minerotrophic
Miniaturenplattenpotenzial (MEPP)
miniature endplate potential
Minichromosom minichromosome,
artificial chromosome
Minigen minigene
minimale Hemmkonzentration (MHK)
minimal inhibitory concentration,
minimum inhibitory concentration
(MIC)
Minimalmedium minimal medium
Miniprep/Minipräparation
miniprep, minipreparation
Minisatelliten-DNA minisatellite DNA
Minus-Strang/Negativ-Strang (nichtcodierender Strang) ***gen***
minus strand

Miozän (erdgeschichtliche Epoche) Miocene, Miocene Epoch
Mirazidium/Miracidium (*pl* Miracidien) (Digenea-Larve) miracidium (fluke larva)
Mischantiserum mixed antiserum
mischbar miscible
➢ **unvermischbar** immiscible
mischerbig/heterozygot heterozygous
Mischerbigkeit/Heterozygotie heterozygosity
mischfunktionelle Oxidase mixed-function oxidase
Mischkultur *agr* mixed crop, mixed stand; *micb* mixed culture
Mischling (versch. Tierrassen) mongrel
Mischvererbung blending inheritance
Mischwald mixed forest
Mischzylinder ***lab*** volumetric flask
Misodendraceae/ Federmistelgewächse feathery mistletoe family
Missbildung deformation, deformity; malformation; anomaly, abnormality
Missbildungen verursachend/ teratogen teratogenic
Missense-Mutation/Fehlsinnmutation missense mutation
Missernte bad harvest, crop failure
misshandeln/quälen maltreat, mistreat, abuse, torment, being cruel
Misshandlung/Quälerei maltreatment, mistreatment, abusement, cruelty
Mist/Dung manure, dung; droppings (Tierkot)
Mistbeet/Frühbeet forcing bed, hotbed
Mistelgewächse/ Riemenblumengewächse/ Loranthaceae mistletoe family (showy mistletoe family)
Mistelgewächse/Viscaceae christmas mistletoe family
Mistpilze/Bolbitiaceae Bolbitius family
mitbewohnend (Muschel/Schnecke etc.) inquiline
Mitfällung coprecipitation
mitochondriale Vererbung mitochondrial inheritance
Mitochondrium/Mitochondrion (*pl* Mitochondrien) mitochondrion (*pl* mitochondria)
Mitose/Kernteilung mitosis, nuclear division, duplication division
➢ **Endomitose** endomitosis
➢ **G1-Phase (von „gap = Lücke“)** G1 phase
➢ **G2-Phase** G2 phase
➢ **Interphase** interphase
➢ **M-Phase (Mitose-Phase)** M phase (mitotic phase of cell cycle)
➢ **Metaphase** metaphase
➢ **Prophase** prophase
➢ **Telophase** telophase
Mitosezyklus mitotic cycle
mitotisch mitotic
mitotische Rekombination mitotic recombination
Mitralklappe/Bikuspidalklappe (*siehe auch:* Herzklappe) mitral valve, bicuspid valve
Mitralzelle mitral cell
Mittagsblumengewächse/ Eiskrautgewächse/Aizoaceae mesembryanthemum family, fig marigold family, carpetweed family
Mittel/Durchschnittswert (*siehe auch:* Mittelwert) mean, average
Mittelauge/Medianauge (Stirnocelle) median eye, midline eye (a dorsal ocellus)
Mittelband/Konnektiv (Staubblatt) connective
Mittelbrust/Mesothorax mesothorax
Mitteldarm *sensu stricto* mid intestine
Mitteldarm/Mesenteron/„Magen“/ Ventriculus (Insekten) midgut, mesenteron, ventricle, ventriculus, „stomach“
Mitteldarm (Echinodermen) pyloric stomach

Mitteldarmdrüse/ Mitteldarmdivertikel/ Mitteldarmventrikel (Blindsack) midgut gland, midgut diverticulum/cecum
Mitteldarmdrüse (Mollusken/Echinodermen) digestive gland, „liver"
Mitteldarmdrüse/ Hepatopankreas (Decapoden) hepatopancreas
Mittelfuß/Metatarsus metatarsal
Mittelfußgelenk (Vögel) hock
Mittelfußknochen metatarsal bone
Mittelgebirge low mountain range, highlands
Mittelhand/Metacarpus metacarpal
Mittelhandknochen metacarpal bone
Mittelhirn/ Deutocerebrum (Insekten) deutocerebrum
Mittelhirn/ Mesencephalon (Vertebraten) midbrain, mesencephalon
Mittelhirndach/Tectum opticum optic tectum, optic lobe
Mittellamelle (Zellwand) ***bot*** middle lamella
Mittelleib/Thorax (Insekten) thorax
Mittelleittrieb ***bot*** central leader
Mittelmehl ***agr*** middlings, shorts
Mittelmoräne medial moraine
Mittelohr middle ear, midear
Mittelrippe/Costa midrib, midvein, costa
Mittelrippe eines Fiederblattes/ Fiederblattachse/Rhachis/ Blattspindel rachis
Mittelschicht median layer, median zone
Mittelschnecken/ Mesogastropoda/Taenioglossa (Kammkiemer/Monotocardia) mesogastropods: periwinkles & cowries
mittelständig (Blüte/Fruchtknoten) ***bot*** perigynous
Mitteltiere/Gewebetiere/„Vielzeller"/ Metazoa metazoans
Mittelwald middle-aged forest
Mittelwert/Mittel/ arithmetisches Mittel/ Durchschnittswert ***stat*** mean value, mean, arithmetic mean, average
➢ **bereinigter Mittelwert/ korrigierter Mittelwert** adjusted mean
➢ **Elternmittelwert** midparent value
➢ **Quadratmittel** quadratic mean
➢ **Regression zum Mittelwert** regression to the mean
Mixer/Mixette/Küchenmaschine (Vortex) mixer, blender (vortex)
Mixis mixis
mixoploid mixoploid
Mixoploidie mixoploidy
mixotrope Reihe mixotropic series
mixotroph mixotrophic, mesotrophic
Mizelle micelle
MKQ-Schätzung (Methode der kleinsten Quadrate) LSE (least squares estimation)
Moas/Dinornithiformes moas
Modalwert/Modus/Art und Weise mode
Modalwert ***stat*** modal value
Modellbau model building
Moder (Schimmel) mold, mildew
moderig/faulend/verfaulend rotting, decaying, putrefying, decomposing; (Geruch) moldy, putrid, musty
modern/vermodern/ faulen/verfaulen rot, decay, putrefy, decompose
Modifikation (phänotypische Veränderung) modification
Modifikationsgen modifier gene
Modul/Funktionseinheit module
Modus/Art und Weise/Modalwert mode
Mohngewächse/Papaveraceae poppy family

molare Masse/
Molmasse („Molgewicht")
molar mass ("molar weight")
Molchschwanzgewächse/
Saururaceae
lizard's tail family
Mole breakwater, jetty, mole
➢ **Blasenmole/Mole**
(entartete Frucht) ***med*** mole
Molekül molecule
Molekularbiologie
molecular biology
molekulare Cytogenetik/
molekulare Zytogenetik
molecular cytogenetics
molekulare Uhr molecular clock
Molekulargenetik
molecular genetics
Molekulargewicht/
relative Molekülmasse (*M_r*)
molecular weight,
relative molecular mass
Molekularsieb/Molekülsieb
molecular sieve
Molekülion molecular ion
Molekülmasse („Molekulargewicht")
molecular mass
("molecular weight")
Molke/Milchserum whey
Molkerei dairy
Molkereiprodukt dairy product
Molmasse/
molare Masse („Molgewicht")
molar mass ("molar weight")
Molvolumen molar volume
Molybdän (Mo) molybdenum
monadal/monadoid/monadial
motile unicellular
monask monascous
Monatsblutung/
Menstruation/Periode
menstruation, period
Mondbein/Os lunatum
lunate bone, semilunar bone
Mondrhythmus/Lunarrhythmus
lunar rhythm, circamonthly rhythm
Mondsamengewächse/
Menispermaceae
moonseed family
Mondzyklus/Lunarzyklus (28 Tage)
lunar cycle
Monochasium/eingablige Trugdolde
monochasium, simple cyme,
monochasial cyme
monochlamydeisch/
haplochlamydeisch/
einfachblumenblättrig/
mit einfacher Blütenhülle
monochlamydeous,
haplochlamydeous
monocistronisch/monozistronisch
monocistronic
monocolpat monocolpate
Monocyt/Monozyt
monocyte, mononuclear leucocyte
monogam monogamous
Monogamie/Einehe monogamy
monogen monogenic
monogene (Erb)Krankheiten
monogenic diseases
monogonont monogonont
monogyn/einweibig monogynous
Monohybridkreuzung
monohybrid cross
monokarp/monokarpisch/hapaxanth
monocarp, monocarpous,
monocarpic, hapaxanthic,
hapaxanthous, hapanthous
monoklonal monoclonal
monoklonaler Antikörper
monoclonal antibody
Monokotyle/Monokotyledone
monocotyledon, monocot
Monokultur monoculture
monolektisch monolectic
monomiktisch monomictic
monomitisch monomitic
monomorph
monomorphic, monomorphous
Monomorphismus monomorphism
mononukleär/mononucleär
mononuclear
monophag/monotroph
monophagous, monotrophic,
univorous
monophasisch monophasic
Monophylie monophyly
monophyletisch monophyletic
monophyodont monophyodont
monopodial
monopodial, indeterminate
Monopodium monopodium

monospezifisch monospecific
Monospezifität monospecificity
monöstrisch monoestrous, monestrous
monosymmetrisch/zygomorph monosymmetrical, zygomorphic
monothalam/einkammerig/ einkämmrig/monothekal monothalamous, monothalamic, single-chambered, monothecal
monothecisch (einfächerig) monothecal (single-chambered), bisporangiate
monothetisch monothetic
monotok monotokous
monotrich monotrichous
Monözie/Einhäusigkeit/ Gemischtgeschlechtigkeit monecy, monoecy, monecism, monoecism
monözisch/einhäusig/ gemischtgeschlechtig monoecious, monecious
monozygot/eineiig monozygotic, monozygous
Monozygotie/Eineiigkeit monozygosity
Monsunwald monsoon forest
Moor moor(land), peatland, bog (ombrotroph), fen (minerotroph), mire (European: from old Norse term); muskeg (Canadian bog/fen)
- **Aapamoor/Strangmoor** aapa mire, string bog
- **Anmoor** early bog, half-bog
- **Braunmoor/Flachmoor/ Niedermoor (minerotroph)** fen (minerotrophic/alkaline mire)
- **Bruchwaldmoor/Bruchmoor/ Bruchwald/Sumpfwald/Waldmoor** carr (fen woodland), swamp woods/forest, wooded
- **Deckenmoor** blanket mire/bog
- **Fenn/Fen/Fehn/Feen/Vehn (Moorland/Sumpf)** fen
- **Flachmoor/Niedermoor/ Wiesenmoor/Braunmoor/Fen (minerotroph)** fen (minerotrophic/ alkaline mire), fenland
- **Flarke** flark
- **Hangmoor** slope fen
- **Heidemoor** heath, heath moor
- **Hochgebirgsmoor** alpine mire/bog
- **Hochmoor** raised bog, raised mire, (upland/high) moor, peat bog
- **Lagg (Randsumpf von Hochmooren)** lagg (drainage channel/water trough within bog/fen)
- **Mudde/organogener Schlamm** peat clay, organic silt
- **Niedermoor/Flachmoor/ Wiesenmoor/Braunmoor/Fen (minerotroph)** fen (minerotrophic/ alkaline mire), fenland
- **Niederungsmoor/Talmoor** valley bog
- **Palsenmoor/Torfhügelmoor** palsa bog
- **Quellmoor** spring fen
- **Randgehänge** rand/slope community of raised bog
- **Rülle** bog drainage rill
- **Schlenke** bog hollow, bog ditch, bog rivulet (in raised bog)
- **Schwingmoor/Schwingrasen** quaking bog, quagmire, floating mat
- **Sphagnum-Moor** peat bog
- **Strangmoor (Aapamoor)** string bog, patterned mire (aapa mire)
- **Sumpfmoor** swamp-marsh
- **Talmoor/Niederungsmoor** valley bog, head water bog
- **terrainbedeckendes Moor** blanket bog, blanket mire
- **topogene Moore** topogenic bogs
- **Torfhügelmoor/Palsenmoor** palsa bog
- **Torfmoor** bog, peat bog, peat moor, muskeg
- **Tundramoor** tundra bog, tundra muskeg (Canada)
- **Übergangs-Waldmoor** carr
- **Übergangsmoor/Zwischenmoor (ombrominerotroph)** transitory bog, transition bog (poor fen/weakly soligenous bog)

Moorauge/Kolk/Blänke pothole, deep pool
Moorgrund quagmire
Moorlandschaft moorland
Moorpflanze/Sumpfpflanze helophyte, bog plant, marsh plant
Moortorf/Hochmoortorf highmoor peat, sphagnum peat, moss peat
Moos(e) moss(es)
➢ **Hornmoose (Anthocerotae)** hornworts
➢ **Laubmoose** mosses
➢ **Lebermoose** liverworts
➢ **Torfmoos/Bleichmoostorf/ Sphagnumtorf** sphagnum peat
➢ **Torfmoose (Sphagnidae)** peat mosses
Moosblüte moss flower
Moosdecke moss mat, moss cover
Moosfarngewächse/Selaginellaceae selaginella family, spike-moss family, small club-moss family
Moosfaser mossy fiber
Mooshaube moss cap, haircap, calyptra
Mooskunde/Bryologie bryology
Moospolster/Mooskissen/Moosrasen moss cushion, moss carpet
Moosschicht moss layer
Moosstiel/Kauloid/Cauloid stemlet
Moosteppich moss carpet
Moostierchen/Bryozoen/ Ectoprocta/Polyzoa moss animals, bryozoans
➢ **Armwirbler/Süßwasserbryozoen/ Lophopoda/Phylactolaemata** phylactolaemates, „covered throat“ bryozoans, freshwater bryozoans
➢ **Engmünder/ Stenostomata/Stenolaemata** stenostomates, stenolaemates, „narrow throat“ bryozoans
➢ **Kammmünder/Ctenostomata** ctenostomates
➢ **Kreiswirbler/ Stelmatopoda/Gymnolaemata** gymnolaemates, „naked throat“ bryozoans
➢ **Lippenmünder/Lappenmünder/ Cheilostomata** cheilostomates

Mops (kleine Hunderasse mit dickem Körper, rundem Kopf und kurzen Beinen) pug (small sturdy compact dog)
➢ **Rollmops (eingerollter marinierter Hering)** rolled-up pickled filet of herring with pickle held together by wooden pick (North German specialty)
Moraceae/Maulbeergewächse mulberry family, fig family
Moräne/Gletschermoräne/ Gletscherschutt/Gletschergeröll moraine, till, glacial till
➢ **Endmoräne** end moraine
➢ **Frontalmoräne/Stirnmoräne** terminal moraine
➢ **Grundmoräne/Untermoräne** ground moraine, basal moraine
➢ **Mittelmoräne** medial moraine
➢ **Seitenmoräne** lateral moraine
Morast (sumpfiges Land/ schlammiger Boden) quagmire, swampy/muddy ground; (Schlamm) mud; mire (wet spongy earth of bog or marsh)
Morbidität (Häufigkeit der Erkrankungen) morbidity
Morcheln/Morchellaceae morels, morel family
Morcheltrüffeln/Gautieriales plated puffballs
Morgagnische Tasche/ Recessus laryngis piriform recess
Moringagewächse/ Bennussgewächse/ Behennussgewächse/ Pferderettichgewächse/ Moringaceae horseradish tree family
Morphe morph, shape, form
Morphogenese morphogenesis
morphogenetisch morphogenetic
Morphologie morphology
morphologisch morphologic, morphological
Morphometrie morphometrics
Morphopoese morphopoesis
Morphospezies/morphologische Art morphospecies

morsch (Holz) decayed, rotten; brittle; frail, fragile
Mörser mortar
➢ **Stößel/Pistill** pestle
Mortalität/Sterblichkeit/Sterberate mortality
Morula/Maulbeerkeim morula
Mosaik mosaic
➢ **Keimbahnmosaik** germline mosaic, germinal mosaic, gonadal/gonadic mosaic, gonosomal mosaic
Mosaikdoppelschichtmodell mosaic bilayer model
Mosaikei mosaic egg
Mosaikentwicklung mosaic development
Mosaikgen/diskontinuierliches Gen/ gestückeltes Gen mosaic gene, split gene, discontinuous gene
Moschusbeutel musk bag
Moschusdrüse (Duftdrüse) musk gland (scent gland)
Moschuskrautgewächse/ Adoxaceae moschatel family
Motiv (Vogelgesang) motive, theme
Motoneuron motoneuron, motor neuron
motorisch motoric, motor ...
motorische Einheit motor unit
Motorzelle/motorische Zelle/ Gelenkzelle *bot* (im Schwellkörper des Blattes) motor cell, bulliform cell
Motten/Heterocera moths
Mottenbestäubung moth pollination, phalaenophily
Mottenblume moth-pollinated flower
Mottenschildläuse/„Weiße Fliegen" whiteflies
Möwenvögel & Watvögel & Alken/ Charadriiformes gulls & shorebirds & auks
MS (Massenspektrometrie) MS (mass spectrometry)
MTA (medizinisch-technische(r) AssistentIn) medical technician, medical technical assistant (*siehe auch*: Arzthelferin)
MTLA (medizinisch-technische(r) LaborassistentIn) medical lab technician, medical lab assistant
Mucin mucin
Mücken & Schnaken/Nematocera (Diptera) mosquitoes
Mucoviszidose/Mukoviszidose/ zystische Fibrose mucoviscidosis, cystic fibrosis
Mud/Mudde (Schlamm/Morast/Schlick) mud
Mudde/Organopelit (limnische Sedimente) lacustrine sediments
➢ **Dy/Torfschlamm/Torfmudde** dy, gel mud
➢ **Faulschlamm/Sapropel** sludge, sapropel
➢ **Gyttia/Gyttja/ Grauschlamm/Halbfaulschlamm** gyttja (sedimentary peat), necron mud
➢ **Torfmudde (organogener Schlamm)** peat clay (organic silt/mud)
Muffe *lab* clamp holder
muhen (Rinder) moo
Mukoviszidose/Mucoviszidose/ zystische Fibrose mucoviscidosis, cystic fibrosis
Mulch mulch
mulchen mulch
Mulchung/Mulchen mulching
Mulde depression, basin
muldenförmig trough-shaped
Muldensee kettle lake
Mull (fast neutraler Auflagehumus/ milder Dauerhumus) mull humus, mull
Müll waste; trash, rubbish, refuse, garbage
➢ **Atommüll/radioaktive Abfälle** nuclear waste, radioactive waste
➢ **Chemiemüll** chemical waste
➢ **Giftmüll** toxic waste, hazardous waste, poisonous waste
➢ **Klinikmüll** clinical waste
➢ **Sondermüll/Sonderabfall** hazardous waste

Mülldeponie/Müllplatz/ Müllabladeplatz/Müllkippe waste disposal site, waste dump; (Müllgrube: geordnet) landfill, sanitary landfill
Müller-Faser ***ophthal*** Müllerian/Muellerian fiber, fiber of Müller
Müller-Stützzelle ***ophthal*** Müller cell
Müllersche Larve Müller's larva
Müllersche Mimikry Müllerian/Muellerian mimicry
Müllersche Muskel Müllerian/Muellerian muscle, Mueller's muscle
Müllerscher Gang/ Ductus paramesonephricus Mueller's/Müller's duct, Müller's canal, Müllerian duct, paramesonephric duct
Müllverbrennungsanlage waste incineration plant, incinerator
Müllvermeidung waste avoidance
Müllverwertungsanlage (waste) recycling plant
Müllwiederverwertung waste recycling
Mulm/Fäule rot, decaying matter, mold
Multienzymkomplex/ Multienzymsystem/Enzymkette multienzyme complex, multienzyme system
multifaktorieller Erbgang/ polygener Erbgang multifactorial inheritance, polygenic inheritance
Multigenfamilie multigene family
Multikomponentenvirus multicomponent virus
multipar multiparous
multiple Allele multiple alleles
Multiplex-Sequenzierung ***gen*** multiplex sequencing
Multiplizität der Infektion multiplicity of infection (m.o.i.)
multiseriat/vielreihig/mehrreihig multiseriate, multiple rowed
multivesikulärer Körper multivesicular body
multivoltin/polyvoltin multivoltine
multizistronisch/multicistronisch/ polyzistronisch/polycistronisch multicistronic, polycistronic
Mumienpuppe/ bedeckte Puppe/Pupa obtecta obtect pupa
Mund/Öffnung mouth, opening, orifice
Mund-Kiemenhöhle/ Orobranchialhöhle orobranchial cavity
Mundarm (Polypen/Echinodermen) oral arm
Mundarmgefäß arm canal, brachial canal
Mundarmscheibe arm disk
Mundbucht/Stomodaeum foregut, stomodaeum, stomodeum
Mundbucht/Vestibulum oral vestibule
Munddarm/Mundbucht/ Stomodaeum foregut, stomodaeum, stomodeum
Mundfeld/Buccalfeld/Peristom mouth, buccal field, peristome
Mundgeruch bad breath
Mundgliedmaße (*pl* Mundgliedmaßen) mouthpart, oral appendage
Mundhaken ***sg/pl*** mouth hook(s)
Mundhöhle mouth cavity, oral/buccal cavity
Mundlappenanhang (Muscheln) palp proboscis, palp appendage
mundlos/ohne Mund/ ohne Öffnung/astom mouthless, astomous, astomatous
Mundöffnung opening of the mouth
Mundrohr/Magenstiel/Manubrium gullet, pharynx; hypostome, oral cone; manubrium
Mundsaugnapf buccal sucker (prohaptor in flukes)
Mundscheibe/Oralscheibe/Peristom oral disk, peristome, peristomium
Mundschutz mask, face mask, protection mask (Atemschutzmaske)
Mundspalte/Rima oris opening of the mouth
Mundwerkzeuge mouthparts

Muraminsäure muramic acid
Murein murein
Musaceae/Bananengewächse banana family
Muscarin muscarine
muscarinischer Rezeptor/ muskarinischer Rezeptor muscarinic receptor
Muschel (populär für Schale) shell (*siehe auch*: Muscheln)
Muschelkalk (Epoche) Middle Triassic
Muschelkrebse/ Ostracoden/Ostracoda seed shrimps, ostracods
Muschellaich spat
Muscheln/Bivalvia/Pelecypoda/ Lamellibranchiata bivalves, pelecypods, "hatchet-footed animals" (clams: sedimentary; mussels: freely exposed)
Muschelschalenhälfte valve
Muschelschaler/Conchostraca clam shrimps
Muskatnussgewächse/Myristicaceae nutmeg family
Muskel muscle (weitere Muskelbezeichnungen in Wörterbüchern der Human- bzw. Veterinärmedizin)
➢ **Abzieher/Abduktor/Abductor** abductor muscle
➢ **Anzieher/Schließmuskel/ Adduktor/Adductor** adductor muscle
➢ **Dreher/Drehmuskel/Rotator** rotator muscle
➢ **Eingeweidemuskeln** visceral muscles
➢ **Erweiterer/Dilator** dilator muscle
➢ **Extremitätenmuskel** limb muscle, appendicular muscle
➢ **Fußretraktor** pedal retractor muscle
➢ **Haarmuskel/ Musculus arrector pili** hair erector muscle, arrector pili muscle
➢ **Heber/Levator** levator, lifter (muscle: raising an organ or part)
➢ **Herzmuskel** cardiac muscle
➢ **Interpyramidalmuskel/ interpyramidaler Muskel (Laterne des Aristoteles)** interpyramid muscle, comminator muscle
➢ **Kaumuskel** masticatory muscle, muscle of mastication, masseter muscle
➢ **Klaffmuskel** diductor muscle
➢ **Längsmuskel** longitudinal muscle
➢ **Niederleger/Senker/Depressor** depressor muscle
➢ **Ringmuskel** ring muscle, circular muscle
➢ **Rückzieher/Rückwärtszieher/ Rückziehmuskel/Retraktor/ Retraktormuskel** retractor muscle
➢ **Schließmuskel/Anzieher/ Adduktor/Adductor** adductor muscle
➢ **Schließmuskel/Sphinkter** sphincter muscle
➢ **Senker/Niederleger/Depressor** depressor muscle
➢ **Vorzieher/Protractor** protractor muscle
Muskelansatz muscle insertion
Muskelbauch/Venter musculi muscle belly
Muskelbinde/Muskelfaszie muscle fascia
Muskelbündel/Muskelfaserbündel muscle bundle, muscle fascicle
Muskelfaser muscle fiber
Muskelfibrille/Myofibrille myofibril
Muskelhaft/Synsarkose synsarcosis
Muskelkontraktion muscular contraction
Muskelkriechsohle (Gastropoden) muscular foot sole
Muskelleiste (Reptilienherz) muscular ridge, horizontal septum
Muskelmagen ***orn*** gizzard
Muskelspannung/Muskeltonus muscle tone
Muskelursprung muscle origin
Muskelzucken muscle twitching
muskulär/die Muskeln betreffend muscular

Muskulatur
musculature, muscles
➤ **Branchialmuskulatur**
branchiomeric musculature/muscle
➤ **Eingeweidemuskulatur/ viscerale Muskulatur/ viszerale Muskulatur**
visceral musculature/muscle
➤ **gestreifte Muskulatur**
striated muscle, striped muscle
➤ **glatte Muskulatur**
smooth muscle, plain muscle, non-striated muscle, unstriped muscle
➤ **Hautmuskulatur**
dermal musculature/muscle
➤ **Rumpfmuskulatur**
trunk musculature/muscle, muskulature of the trunk
➤ **schräggestreifte Muskulatur**
obliquely striated musculature/muscle
➤ **unwillkürliche Muskulatur**
involuntary musculature/muscle
➤ **viscerale Muskulatur/ viszerale Muskulatur/ Eingeweidemuskulatur**
visceral musculature/muscle
➤ **willkürliche Muskulatur**
voluntary musculature/muscle
muskulös very muscular, with big muscles (strong)
Mustang
mustang (halbwildes Präriepferd)
Muster (Vorlage/Modell)
pattern, sample, model; specimen; (Musterung/Zeichnung)
pattern, design; (Probe) sample
➤ **Verhaltensmuster**
behavioral pattern
Musterbildung ***gen*** pattern formation
Mustererkennung ***neuro***
pattern recognition
Mutabilität/Mutierbarkeit/ Mutationsfähigkeit
mutability
mutagen/mutationsauslösend/ erbgutverändernd mutagenic
Mutagen/mutagene Substanz
mutagen

Mutagenese mutagenesis
➤ **oligonucleotidgesteuerte/ oligonukleotidgesteuerte Mutagenese**
oligonucleotide-directed mutagenesis
➤ **sequenzspezifische Mutagenese**
site-specific mutagenesis
➤ **ortsspezifische Mutagenese**
site-directed mutagenesis
Mutagenität mutagenicity
Mutante mutant
➤ **durchlässige Mutante**
leaky mutant
➤ **konstitutive Mutante**
constitutive mutant
➤ **Letalmutante**
lethal mutant
➤ **Petite-Mutante**
petite mutant
Mutarotation mutarotation
Mutation mutation
➤ **Deletionsmutation**
deletion mutation
➤ **Down-Mutation**
down mutation
➤ **durchlässige Mutation**
leaky mutation
➤ **Funktionsgewinnmutation**
gain of function mutation
➤ **Funktionsverlustmutation**
loss of function mutation
➤ **Insertionsmutation**
insertion mutation
➤ **instabile Mutation**
unstable mutation
➤ **Inversionsmutation**
inversion mutation
➤ **Keimbahnmutation**
germ-line mutation
➤ **Knockout-Mutation**
knockout mutation
➤ **Leserasterverschiebung (smutation)**
frameshift mutation
➤ **letale Mutation/Letalmutation**
lethal mutation
➤ **Missense-Mutation/ Fehlsinnmutation**
missense mutation
➤ **Neumutation** new mutation

- ▸ **Nonsense-Mutation/ Nichtsinnmutation** nonsense mutation
- ▸ **pleiotrope Mutation** pleiotropic mutation
- ▸ **polare Mutation** polar mutation
- ▸ **Prä-Mutation** pre-mutation
- ▸ **Punktmutation** point mutation
- ▸ **Rückmutation** back mutation, reverse mutation
- ▸ **somatische Mutation** somatic mutation
- ▸ **Spontanmutation** spontaneous mutation
- ▸ **stumme Mutation** silent mutation, samesense mutation
- ▸ **Suppressormutation** suppressor mutation
- ▸ **temperatursensitive Mutation** temperature-sensitive mutation
- ▸ **uniparentale Mutation** uniparental mutation
- ▸ **Up-Mutation** up-mutation
- ▸ **Vorwärtsmutation** forward mutation

Mutationsbelastung/Mutationslast mutational load

Mutationsrate mutation rate

Mutierbarkeit/Mutationsfähigkeit/ Mutabilität mutability

mutieren mutate

Mutter mother

Mutterbestand original stand

Muttergestein/Ausgangsgestein/ Grundgestein bedrock, rock base, parent material/rock

Mutterkuchen/Plazenta placenta

Mutterlauge mother liquor

Muttermal birthmark; mole, nevus

Muttermund/Gebärmuttermund mouth/orifice of the uterus, orificium uteri

Mutterpflanze mother plant, female plant

Mutterschaft maternity, motherhood

Mutterstrang/Matrizenstrang template strand

Muttersubstanz parent substance

Muttertier mother animal (female parent), dam

Muttertrompete/Eileiteröffnung/ Ostium tubae ostium (of oviduct)

Mutterzelle mother cell

Mutualismus/Gegenseitigkeit mutualism

myelinisiert/markhaltig myelinated

Myelinisierung ***neuro*** myelination, myelinization

myelinlos/nichtmyelinisiert/ marklos/markfrei nonmyelinated

Myelinscheide/Markscheide ***neuro*** myelin sheath, medullary sheath

Myelom myeloma

Myelozyt/Myelocyt/ Knochenmarkzelle myelocyte, bone marrow cell

Mykobiont/Mycobiont/Pilzpartner mycobiont

Mykologe (Kenner bzw. Erforscher der Pilze) mycologist

Mykologie/Pilzkunde mycology

mykophag/myzetophag/ fungivor/pilzfressend mycophagous, mycetophagous, fungivorous, fungus-eating, feeding on fungus

Mykophagie/Mycetophagie mycophagy

Mykoplasma (*pl* Mykoplasmen) mycoplasma (*pl* myoplasmas)

Mykorrhiza/„Pilzwurzel" mycorrhiza

Mykose mycosis

Mykotoxin mycotoxin

Mykotrophie mycotrophism

Myofibrille/Muskelfibrille myofibril

myogen myogenic

Myomer/Myotom myomere, myotome

Myonem myoneme

myotatischer Reflex/ Dehnungsreflex myotatic reflex, stretch reflex

Myotubulus (*pl* Myotubuli)
myotubule (*pl* myotubules)
Myricaceae/Gagelgewächse
bog myrtle family,
wax-myrtle family,
sweet gale family, bayberry family
Myristicaceae/
Muskatnussgewächse
nutmeg family
Myristinsäure/Tetradecansäure
(Myristat)
myristic acid, tetradecanoic acid
(myristate/tetradecanate)
Myrmekochorie
(Ameisenausbreitung) ***bot***
myrmecochory, ant-dispersal
myrmekophil myrmecophilous
Myrmekophyt/Ameisenpflanze
myrmecophyte,
myrmecoxenous plant
Myrsinaceae myrsine family
Mysis-Larve mysis larva
Myxobakterien/Schleimbakterien
myxobacteria
Myxomatose myxomatosis
Myzel/Pilzgeflecht (*pl* Myzelien)
mycelium (*pl* mycelia)
➢ **Dauermyzel/Mycelium perenne**
persistent mycelium
➢ **Luftmyzel**
aerial mycelium
➢ **Paarkernmyzel/Sekundärmyzel**
dikaryotic mycelium,
secondary mycelium
➢ **Pilzbrut/Mycelium fecundum**
spawn
➢ **Primärmyzel/Einkernmyzel**
primary mycelium
➢ **Raquettemyzel/Keulenmyzel**
(Raquettehyphen/Keulenhyphen)
raquet mycelium
(raquet hyphae/raquet hyphas)
➢ **Sekundärmyzel/Paarkernmyzel**
secondary mycelium
Myzelstrang mycelial cord
myzetophag/fungivor/pilzfressend
mycetophagous, fungivorous,
feeding on fungi

Nabe (Netznabe) ***arach*** hub, nub
Nabel ***zool***
navel, umbilicus, omphamos
Nabel/Hilum ***bot***
hilum, funiculus scar
nabelartig/omphaloid
navel-like, umbilicate, omphaloid
Nabelflechten (Blattflechten)
umbilicate foliose lichens
Nabelschnur/Nabelstrang
umbilical cord
Nabelstrang/Funiculus ***bot***
seed stalk, ovule stalk,
funicle, funiculus
nachahmen/nachmachen/mimen („nachäffen")
imitate, mimic
nachahmend/mimetisch/ fremde Formen nachbildend
imitating, mimetic
Nachahmung (Mimikry)
imitation (mimikry)
Nachauflaufbehandlung ***agr***
post-emergence treatment
Nachbalz postcopulatory behavior
Nachblüte/Postfloration
postfloration
Nachbrunst/Metöstrus metestrus
Nacheiszeit postglacial period
nachfeuern ***neuro*** afterdischarge
Nachfeuerung/Nachentladung ***neuro***
afterdischarge
Nachfolgeverhalten
following behavior
Nachgeburt (Plazenta etc.)
afterbirth
nachhaltige Entwicklung/ dauerhaft-umweltgerechte Entwicklung
sustainable development
Nachhaltigkeit sustained yield
Nachhirn/Metencephalon (Pons + Cerebellum)
afterbrain, metencephalon
Nachklärbecken
secondary settling tank
Nachkomme/Nachfahr(e)
descendant, offspring; progeny
Nachkommenschaft (Gesamtheit der Nachkommen)
progeny
Nachniere/ definitive Niere/Metanephros
hind kidney, definitive kidney,
metanephros
Nachpotenzial ***neuro*** undershot
Nachreifen ***bot/hort/agr***
after-ripening
Nachschieber/letzter Afterfuß/ Postpes/Propodium anale (Raupen)
anal proleg, anal leg
nachtaktiv night-active, nocturnal
➢ **tagaktiv** day-active, diurnal
Nachteil disadvantage
Nachtkerzengewächse/Onagraceae
willowherb family,
evening-primrose family
Nachtpflanze/Nachtblüher
nocturnal plant
Nachtschattengewächse/Solanaceae
nightshade family, potato family
Nachtschwalben/Caprimulgiformes
nightjars, goatsuckers, oilbirds
Nachttier nocturnal animal
nachwachsen regenerate,
regrow, grow back, reestablish
Nachweis detection, proof
Nachweis verkürzter Proteine
protein truncation test (PTT)
nachweisen detect, prove
Nachweisgrenze detection limit,
limit of detection (LOD)
Nachweismethode detection method
Nachwuchs offspring, young
Nachzügler straggler
Nacken/Genick
nape, back of the neck, nucha
Nackenband/Ligamentum nuchae
nuchal ligament
Nackenbeuge ***embr*** cervical flexure
Nackenkamm nuchal crest
nackt naked, nude
nackte Knospe/offene Knospe (ohne Knospenschuppen)
naked bud
Nacktfarngewächse/Hemionitidaceae
strawberry fern family
Nacktheit nakedness, nudeness, nudity
Nacktkiemer/ Meeresnacktschnecken/ Nudibranchier
sea slugs, nudibranchs

Nacktmaus nude mouse
Nacktsamer/Gymnosperme
naked-seed plant, gymnosperm
nacktsamig gymnosperm
Nacktschnecken slugs
Nacréschicht/Perlmuttschicht
nacreous layer
Nacréwand Nacré wall, nacreous wall
NAD/NADH
(*N*ikotinamid-*a*denin-*d*inucleotid)
NAD/NADH
(**n**icotinamide **a**denine **d**inucleotide)
Nadel needle; (Kanüle/Hohlnadel: Spritze) hypodermic needle
Nadel/Spiculum/Sklerit spicule
Nadelbaum/Konifere/Conifere
coniferous tree, conifer, softwood tree
nadelförmig needle-shaped, acicular
Nadelschicht (Boden) ***for***
needle litter layer
Nadelstreu needle litter
Nadelwald coniferous forest
Nadelwaldstufe/ hochmontane Stufe
upper montane/subalpine conifer forest zone
NADP/NADPH
(*N*ikotinamid-*a*denin-*d*inucleotid-*p*hosphat)
NADP/NADPH (*n*icotinamide *a*denine *d*inucleotide *p*hosphate)
Nagana/Naganaseuche (*Trypanosoma* spp.)
nagana (disease)
Nagel nail
Nagel (des Kronblattes)/Unguis ***bot***
claw, unguis
nagen/an etwas nagen gnaw
nagend gnawing
Nager gnawer
Nagetiere/Rodentia
rodents, gnawing mammals (except rabbits)
Nagezähne
gnawing teeth (chisel-like)
näherkommen/annähern/ sich annähern/erreichen ***math/stat***
approach (e.g., a value)
Näherung ***math*** approximation
Nähragar nutrient agar
Nährboden/Nährmedium/ Kulturmedium/Medium/Substrat
(*siehe auch*: Medium/Kulturmedium)
nutrient medium (solid and liquid), culture medium, substrate
Nährbouillon/Nährbrühe
nutrient broth
Nährei trophic egg, nurse egg
nähren feed, nourish, nurture
Nährgewebe
allg nutritive tissue, nutrient tissue;
bot (nucellar) perisperm;
bot (Embryosack) endosperm
nahrhaft/nährend/nutritiv
nutritious, nutritive
Nährhumus unstable humus, friable humus, crustable humus
Nährlösung
nutrient solution, culture solution
Nährmedium/Kulturmedium/Medium
nutrient medium, culture medium
- **Anreicherungsmedium**
enrichment medium
- **Basisnährmedium**
basal medium
- **Differenzierungsmedium**
differential medium
- **Eiermedium/Eiernährmedium**
egg medium
- **Elektivmedium/Selektivmedium**
selective medium
- **Erhaltungsmedium**
maintenance medium
- **komplexes Medium**
complex medium
- **konditioniertes Medium**
conditioned medium
- **Mangelmedium**
deficiency medium
- **Minimalmedium**
minimal medium
- **Selektivmedium/Elektivmedium**
selective medium
- **synthetisches Medium (chemisch definiertes Medium)**
defined medium
- **Testmedium/Prüfmedium (zur Diagnose)**
test medium
- **Vollmedium/Komplettmedium**
rich medium, complete medium

Nährmuskelzelle (Cnidaria) nutritive-muscular cell
Nährsalz nutrient salt
Nährstoff nutrient
nährstoffarm nutrient-deficient, oligotroph(ic)
nährstoffarm und humusreich/ dystroph dystroph(ic)
Nährstoffarmut nutrient deficiency
Nährstoffaufnahme nutrient uptake
Nährstoffbedarf nutrient demand, nutrient requirement
Nährstoffgehalt nutrient content
Nährstoffhaushalt nutrient budget
Nährstoffkreislauf/Stoffkreislauf (*siehe auch dort*) nutrient cycle
Nährstoffmangel nutritional deficit
Nährstoffprotein nutrient protein
nährstoffreich/eutroph nutrient-rich, eutroph, eutrophic
Nährstoffverhältnis nutritive ratio, nutrient ratio
Nährtier/Fresspolyp/Gasterozoid/ Gastrozooid/Trophozoid nutritive/feeding polyp, gasterozooid, trophozooid
Nahrung/Ernährung nutrition
Nahrung/Essen/Fressen food, feed
Nahrung/Nährstoff nutrient
Nahrungsaufnahme ingestion, food intake
Nahrungsbedarf (*pl* Nahrungsbedürfnisse) nutritional requirements
Nahrungsbedürfnisse nutritional requirements
Nahrungsdarm midgut, intestine
Nahrungsdotter/Deutoplasma deutoplasm
Nahrungsgefüge/Nahrungsnetz *ecol* food web
Nahrungskette *ecol* food chain
➤ **Detritusnahrungskette** detritus food chain, detrital food chain
➤ **Fraßnahrungskette/ Weidenahrungskette/Weidekette** grazing food chain
Nahrungskonkurrenz food competition
Nahrungskreislauf/Nährstoffkreislauf nutrient cycle
Nahrungsmangel nutrient deficiency, food shortage
Nahrungsmenge food quantity
Nahrungsmittel food, foodstuff, nutrients
➤ **Grundnahrungsmittel** staple food(s), basic food(s)
Nahrungsmittelkonservierung food preservation
Nahrungsmittelvergiftung food poisoning
Nahrungsnetz/Nahrungsgefüge *ecol* food web
Nahrungspflanze food crop, forage plant, food plant
Nahrungspflanzenanbau food crop production
Nahrungspyramide *ecol* biotic pyramid
Nahrungsquelle food source, nutrient source
Nahrungssuche search for food, forage, foraging
Nahrungsvakuole food vacuole, gastriole
Nahrungswahl nutrient selection
Nährwert food value, nutritive value
Nährwert-Tabelle nutrient table, food composition table
Nährwurzel *bot* feeder root
Naht/Fuge/Verwachsungslinie seam, suture, raphe
Nahtlinien/Lobenlinien (Ammoniten) suture lines
➤ **ammonitische N./L.** ammonitic suture lines
➤ **ceratitische N./L.** ceratitic suture lines
➤ **goniatische N./L.** goniatitic suture lines
Najadaceae/Nixenkrautgewächse najas family, water nymph family
Name name, term
➤ **Ersatzname** substitute name
➤ **volkstümlicher Name/ Vernakularname** common name, vernacular name
➤ **wissenschaftlicher Name** scientific name

Namengebung/Benennung/ Bezeichnung (Nomenklatur) naming, designation (nomenclature)
Namensbezeichnung name, term, designation, nomenclature
Namensetikett/Namensschildchen name tag
Nandus/Rheiformes rheas
Nanismus nanism, dwarfishness, dwarfism
nannandrisch nanandrous
Nannandrium/Zwergmännchen nanander (male dwarf plant)
Nanophanerophyt (Sträucher) nanophanerophyte (shrubs under 2 m in height)
Nanoplankton/Nannoplankton nanoplankton, nannoplankton
Napfblume bowl-shaped flower
Naphthalin naphthalene
Narbe/Wundnarbe/Cicatricula scar, cicatrix, cicatrice
➤ **Fruchtblattnarbe** stigma
Narbenfäden (Mais) silk
Narbenkopf ***bot*** stigma head (clublike swollen stigma)
Narbenlappen ***bot*** stigmatic lobe
Narkomedusen/Narcomedusae narcomedusas
Narzissengewächse/ Amaryllisgewächse/ Amaryllidaceae daffodil family, amaryllis family
Nase nose
Nasenbein/Os nasale nasal bone
Nasenblinzeln (Hasen) nose twitching
Nasengaumengang nasopalatine duct
Nasenhöhle nasal cavity/chamber
Nasenkapsel nasal capsule
Nasenloch/Nasenöffnung nasal opening, nasal aperture; (Vertebraten) nare, naris (mostly plural: nares), nostril of vertebrates
Nasenmuscheln/Conchae nasalis turbinals, turbinate bones
Nasennebenhöhle paranasal sinus
Nasenöffnung nasal opening, nasal aperture; (Vertebraten) nare, naris (mostly plural: nares), nostril of vertebrates
➤ **innere Nasenöffnung/Choane** internal nostril, choana
Nasenrachengang nasopharyngeal duct
Nasenrücken bridge of the nose
Nasenschleimhaut olfactory epithelium, nasal mucosa
Nasensoldat/Nasutus-Soldat (Nasutitermiten) nasute
Nassanov Drüse/Nassanoffsche Drüse Nassanov gland, Nassanov's gland
Nassblotten wet blotting
Nassfäule wet rot
Nasspräparat (Frischpräparat/ Lebendpräparat/Nativpräparat) wet mount
Nasswiese damp meadow, wet meadow, wetland
Nastie nasty, nastic movement
➤ **Geonastie** geonasty, geonastic movement
➤ **Nyktinastie** nyctinasty, nyctinastic movement
➤ **Photonastie** photonasty, photonastic movement
➤ **Skotonastie** scotonasty, scotonastic movement
nastisch nastic
Natalität/Geburtenrate/ Geburtenzahl/Geburtenziffer natality, birthrate
Nationalpark national park
nativ (nicht-denaturiert) native (not denatured)
Natrium (Na) sodium
Natriumdodecylsulfat sodium dodecyl sulfate (SDS)
Natternzungengewächse/ Rautenfarngewächse/ Ophioglossaceae adder's tongue family, grape fern family
Naturdenkmal natural monument
naturfern/künstlich/synthetisch man-made, artificial, synthetic
Naturforscher research scientist, natural scientist

Naturführer nature guide
Naturgeschichte natural history
Naturgesetz natural law
Naturgewalten forces of nature, natural forces, natural powers
Naturhaushalt (natürliches Gleichgewicht) natural balance
Naturheilkunde naturopathy
naturidentisch (synthetisch) synthetic (having same chemical structure as the natural equivalent)
Naturkatastrophe natural catastrophe, natural disaster
Naturkunde/Biologie life science, biology
Naturkundemuseum natural history museum
Naturlandschaft natural landscape, natural environment, natural setting
Naturlehrpfad nature trail, nature walk
natürlich natural
➢ **unnatürlich** unnatural
naturnah near-natural
Naturpark wildlife park
Naturprodukt natural product
Naturreservat nature reserve
Naturschutz environmental protection, nature protection/conservation/ preservation
Naturschutzbewegung nature conservation movement
Naturschützer conservationist
Naturschutzgebiet nature/wildlife reserve, wildlife sanctuary, protected area; national park
Naturschutzverein/Naturschutzbund nature protection group/league, environmental group
Naturstoff natural product
Naturstoffchemie natural product chemistry
Naturwiese native meadow
Naturwissenschaften natural sciences, science
NaturwissenschaftlerIn natural scientist, scientist
naturwissenschaftlich scientific
Naupliusauge naupliar eye (median eye)
Naupliuslarve/Nauplius naupliar larva, nauplius
Nautilusverwandte/Nautiloidea nautilus (*pl* nautili)
Nebel fog; (leichter Nebel) mist
nebelig foggy
➢ **leicht nebelig** misty
Nebelwald cloud/fog forest, humid/perhumid forest, montane rainforest
Nebelwüste fog desert
Nebenauge/Punktauge/Ocelle simple eye, ocellus
Nebenblatt/Stipel stipule
Nebenblattdorn/Stipulardorn stipular spine
nebenblattlos/ohne Stipeln exstipulate, astipulate, estipulate
Nebenbuhler rival
Nebeneierstock/Nebenovar/ Epoophoron pampiniform body, Rosenmüller's body, proovarium, parovarium, epoophoron
Nebenfahne/Hypovexillum ***orn*** aftervane
Nebenfeder/Afterfeder/ Hypopenna ***orn*** afterfeather, accessory plume, hypoptile, hypoptilum
Nebenfittich ***siehe*** Nebenflügel
Nebenflügel/Afterflügel/ Daumenfittich/Alula/Ala spuria ***orn*** alula, spurious wing, bastard wing
Nebenfruchtform ***fung*** imperfect stage, asexual stage, anamorphic stage
Nebengelenktiere/Xenarthra/ Zahnarme/Edentata xenarthrans, “toothless” mammals, edentates
Nebenherz/auxiliäres Herz auxiliary heart
Nebenhistokompatibilitätsantigen minor histocompatibility antigen
Nebenhistokompatibilitätskomplex minor histocompatibility complex
Nebenhoden/Epididymis epididymis
Nebenhöhle (Schädel) frontal sinus

Nebenkelch/Außenkelch/Epicalyx ***bot***
epicalyx, calycle, calyculus
Nebenkrone/Parakorolle ***bot***
paracorolla
Nebenniere adrenal gland
Nebennierenmark adrenal medulla
Nebennierenrinde adrenal cortex
Nebenovar/Nebeneierstock/ Epoophoron
pampiniform body, Rosenmüller's body, proovarium, epoophoron
Nebenprodukt
by-product, byproduct, residual product, side product
Nebenschilddrüse/Beischilddrüse/ Epithelkörperchen/Parathyreoidea
parathyroid gland
Nebenschilddrüsenhormon/ Parathyrin/Parathormon (PTH)
parathyroid hormone, parathyrin, parathormone (PTH)
Nebentrieb/Seitentrieb ***bot***
offshoot, lateral shoot
Nebenwirkung(en) side effect(s)
Nebenwirt secondary host
Nebenwurzel/Beiwurzel/ Adventivwurzel
supplementary root, adventitious root
Nebenwurzel/Seitenwurzel
lateral root, secondary root
Nebenzelle (Spaltöffnung)
subsidiary/accessory/auxiliary cell
Nebenzunge/Paraglossa paraglossa
Nebulin nebulin
Nectophor/Nektophor (Schwimmglocke)
nectophore (swimming bell)
Negativ-Strang/Minus-Strang (nichtcodierender Strang) ***gen***
minus strand (noncoding strand)
Negativkontrastierung ***micros***
negative staining, negative contrasting
Negrisches Körperchen/Negri Körper
Negri body
Nehrung (einem Haff vorgelagerter Landstreifen) baymouth bar, bay bar, bay barrier
Neigung/Neigungswinkel inclination

Nekrophyt necrophyte
Nekrose necrosis
nekrotisch necrotic
nekrotroph
necrotroph, necrotrophic
Nektar nectar
Nektarblatt/Honigblatt
nectar leaf, honey leaf
Nektarium/Nektardrüse/Honigdrüse
nectar gland, nectary
➤ **extraflorales Nektarium**
extrafloral nectary
➤ **extranuptiales Nektarium**
extranuptial nectary
➤ **florales Nektarium**
floral nectary
Nektarivorie nectarivory
Nekton (Organismen mit starker Eigenbewegung) nekton (organisms with high mobility)
Nektophor/Nectophor (Schwimmglocke)
nectophore (swimming bell)
Nelkengewächse/Caryophyllaceae
pink family, carnation family
Nelkenheidegewächse/ Frankeniengewächse/ Frankeniaceae
sea heath family, alkali-heath family
Nemathelminthen/ Aschelminthen/Schlauchwürmer/ Rundwürmer ***sensu lato***
nemathelminths, aschelminths
Nematocyste/Nesselkapsel/Cnide
nematocyst, thread capsule, urticator, cnida
Nematoden/Fadenwürmer/Nematoda
nematodes, roundworms
Nematodenbekämpfungsmittel/ Nematizid nematicide
Nematogen (*Dicyemida*) nematogen
Nematophore
nematophore, nematocalyx
Nennleistung (rated) power output
Neogen/Jung-Tertiär (erdgeschichtliche Periode)
Neogene
Neophyt/Neubürger/ Neuankömmling neophyte

Neotenie neoteny
Neotypus/Neotyp/Neostandard
neotype
Neozoikum/Erdneuzeit/ Känozoikum/Kaenozoikum (erdgeschichtliches Zeitalter)
Neozoic Era,
Cenozoic, Cenozoic Era
(Cainozoic Era/Caenozoic Era)
Nepenthaceae/ Kannenpflanzengewächse
East Indian pitcher plant family,
Tropical pitcher-plant family,
nepenthes family
Nephelometrie/Streulichtmessung
nephelometry
Nephrocyt/Nephrozyt
nephrocyte
Nephron/Nierenelement/ „Elementarapparat"
nephron
(functional unit of kidney)
➢ **gewundenes Kanälchen (distal/proximal)**
convoluted tubule (distal/proximal)
➢ **Henlesche Schleife**
loop of Henle,
loop of the nephron
➢ **Sammelrohr/Ductus papillaris**
collecting duct/tubule,
papillary duct
➢ **Überleitungsstück**
narrow descending limb of
loop of Henle
➢ **Verbindungsstück**
junctional section
Nephrostom nephrostome
Nephrotom/Nierenplatte
nephrotome, renal plate
Neptungrasgewächse/ Neptunsgräser/Posidoniaceae
posidonia family
neritische Region/Flachmeerzone („küstennahe" Zone) ***mar***
neritic zone, neritic province
Nernst-Gleichung/ Nernstsche Gleichung
Nernst equation
Nerv/Ader/Rippe (Blattnerv/Blattader/Blattrippe) ***bot***
vein, rib
Nerv ***neuro*** nerve (*einzelne Nerven in Wörterbüchern der Human- bzw. Veterinärmedizin*)
➢ **Hörnerv/Akustikus/ Vestibulokochlearis**
auditory nerve, acoustic nerve,
otic nerve (vestibulocochlear nerve)
➢ **Radiärnerv/Nervus radialis**
radial nerve (musculospiral nerve)
➢ **Riechnerv/Nervus olfactorius**
olfactory nerve
➢ **Sehnerv/Nervus opticus**
optic nerve
➢ **Spinalnerv/Nervus spinalis**
spinal nerve
Nervatur/Nervation/ Aderung/Venation
venation (*siehe* Blattaderung)
Nervenbahn/Nervenstrang
nerve cord
Nervenbündel nerve bundle
Nervenendigung nerve ending
Nervenfaser nerve fiber
Nervenimpuls nerve impulse
Nervenknoten/Ganglion
ganglion (*siehe auch unter*: Ganglion)
Nervenleitung impulse propagation
Nervennetz/Nervengeflecht
nerve net (invertebrates);
neuronal network
Nervenring/Ringnerv nerve ring
Nervenstrang/Nervenbahn
nerve cord
Nervensystem
nerve system, nervous system
➢ **autonomes/vegetatives/viscerales/ unwillkürliches Nervensystem**
autonomic nervous system (ANS),
vegetative/visceral/involuntary
nerve system
➢ **peripheres Nervensystem**
peripheral nervous system (PNS)
➢ **somatisches/willkürliches/ animales Nervensystem**
somatic nervous system (SNS),
voluntary nervous system
➢ **Strickleiternervensystem**
double-chain nerve system,
ladder-type nerve system
➢ **Zentralnervensystem (ZNS)**
central nervous system (CNS)

Nervenwachstumsfaktor nerve growth factor (NGF)
Nervenwurzel nerve root
Nervenzelle nerve cell
Nervonsäure/Δ¹⁵-Tetracosensäure nervonic acid, (*Z*)-15-tetracosenoic acid, selacholeic acid
Nesselbatterie/Cnidophore battery of nematocysts, cnidophore
Nesselgewächse/Urticaceae nettle family
Nesselkapsel/Cnide/Nematocyste thread capsule, urticator, cnida, nematocyst
- **Durchschlagskapsel/Penetrant** penetrant
- **Klebkapsel/Haftkapsel/Glutinant** glutinant
- **Ptychonema/Ptychozyste** (eine Astomocnide: Ceriantharia) ptychocyst, tube cnida
- **Wickelkapsel/Volvent** volvent

Nesselring nettle ring
Nesselsack/Acrorhagus acrorhagus (tubercle with stinging cells)
Nesseltiere/Hohltiere/Cnidarien/Coelenteraten cnidarians, coelenterates
Nesselzelle/Cnidozyt/Nematozyt/Cnidoblast stinging cell, cnidocyte, nematocyte, cnidoblast
Nest nest
- **Bodennest** ground nest
- **Gemeinschaftsnest** communal nest
- **Kegelnest** domed nest
- **Kugelnest** globular nest
- **Napfnest** cup nest
- **Plattformnest** platform nest
- **Retortennest** retort nest

Nestdune/Neossoptile/Neoptile natal down, neossoptile, neoptile (a down feather)
Nestflüchter precocial animal, nidifugous (bird)
Nestgeruch nest odor
Nesthocker altricial animal, nidicolous (bird)
Nestling nestling
Nestparasitismus nest parasitism
Nestpilze/Nestlinge/Vogelnestpilze/Teuerlinge/Nidulariaceae bird's-nest fungi, bird's-nest family
Nettoprimärproduktion net primary production (NPP)
Nettoproduktion net production
Netz ***arach*** net, web
- **Baldachinnetz (mit Stolperfäden)** sheetweb, dome web (with barrier threads)
- **Deckennetz (Ageleniden)** horizontal sheetweb
- **Deckennetz (Linyphiiden)** hammock web
- **dreidimensionales Schutzgewebe** barrier web
- **Fangnetz (innerhalb des Radnetzes)** capturing zone
- **Fangschlauch** purse web
- **Flächennetz** simple sheetweb
- **Fußangelnetz mit Stolperfäden** tripping web with barrier threads
- **Gerüstnetz (Theridiiden)** scaffold web
- **Haubennetz (Theridiiden)** dome web (theridiid web)
- **„Hochzeitslaube"** mating bower (black widow)
- **Käschernetz (*Dinopis*)** retiarius web
- **klebriges Netz** viscid web
- **Leiternetz** ladder web
- **Maschennetz** mesh web
- **Radnetz** orb web
- **Rahmennetz** frame web
- **Raumnetz** (dreidimensionales Netz) space web
- **rituelle Fesselfäden** bridal veil (crab spiders)
- **Röhrennetz/Trichternetz** tube web, funnel web
- **Schlagfallennetz (Hyptiotes)** sprung web
- **Spermanetz** sperm web
- **Spinnennetz** spider web
- **Wurfnetz (Netzwerferspinnen)** casting web
- **Zeltdachnetz** tent web (polygonal sheet web)

Netzaderung *bot* reticulate venation, net venation, netted venation

netzadrig reticulately veined

netzartig/netzförmig/retikulär net-like, reticulate, reticular

Netzauge/Facettenauge/Komplexauge/Seitenauge facet eye, compound eye

Netzflügler, echte/Hafte/Planipennia/Neuroptera neuropterans (dobson flies/antlions)

netzförmig net-like, reticulate

Netzhaut/Retina retina

Netzmagen/Haube/Retikulum honeycomb stomach, honeycomb bag, reticulum, second stomach

Netznabe ***arach*** hub, nub

Netznervatur/Netzaderung ***bot*** reticulate venation, net venation, netted venation

netznervig/netzrippig reticulately veined

Netzschleimpilze/Labyrinthulomycetes/Labyrinthulomycota slime nets, labyrinthulids

Netzspeiche/Radius ***arach*** spoke, radius, radial thread

Netzwarte ***arach*** retreat

Netzwerfen ***arach*** web-casting, web-throwing

Netzwerk network

- ➤ **neuromotorisches Netzwerk** neuromotor network
- ➤ **neuronales Netzwerk/Netz** neural network
- ➤ **Trans-Golgi-Netzwerk** trans-Golgi network

Netzwerk-Theorie ***immun*** network theory

Netzwerktheorie/Gittertheorie ***immun*** network theory

Neubesiedlung ecesis (pioneer stage of dispersal to a new habitat)

Neubürger/Neuankömmling/Neophyt ***bot*** neophyte

neugeboren/Neugeborene betreffend/neonatal neonatal

Neugeborene neonate

Neugier/Neugierverhalten curiosity, inquisitiveness

neugierig curious, inquisitive

Neuhirn/Neoencephalon/Neencephalon neoencephalon, neencephalon

Neuhirnrinde/Neocortex/Neopallium neocortex, neopallium

Neukleinhirn/Neocerebellum neocerebellum (lateral lobes of cerebellum)

Neumundtiere/Neumünder/Zweitmünder/Deuterostomia deuterostomes

Neumutation new mutation

Neunaugen/Neunaugenartige/Petromyzontida lampreys

Neuordnung/Neusortierung ***gen*** reassortment

neural neural, neuric

Neuralbogen/oberer Wirbelbogen/Basidorsale neural arch

Neuralfalte/Markfalte/Neuralwulst/Medullarwulst neural fold

Neuralcranium/Neurocranium/Hirnschädel neurocranium, cerebral cranium

Neuralleiste/Ganglienleiste neural crest

Neuralplatte/Medullarplatte/Markplatte neural plate

Neuralrinne/Medullarrinne neural groove

Neuralrohr/Medullarrohr/Markrohr/Tubus medullaris ***embr*** neural tube, medullary tube

Neuralwulst/Neuralfalte/Markfalte/Medullarwulst neural fold

Neuraminsäure neuraminic acid

Neurit neurite

Neuroanatomie neuroanatomy

Neurobiologie neurobiology

Neurocranium/Neuralcranium/Hirnschädel neurocranium, cerebral cranium

Neuroepithel neuroepithelium
Neurofilament neurofilament
Neurogliazelle neuroglial cell
Neurohämalorgan neurohemal organ
Neurohypophyse/ Hypophysenhinterlappen neurohypophysis, posterior lobe of pituitary gland
Neurolemm/Neurilemm neurolemma
Neuroleptika neuroleptic drugs
Neurologie neurology
Neuromer neuromere
neuromotorisches Netzwerk neuromotor network
Neuron/Nervenzelle neuron, neurone, nerve cell
➢ **Bipolarzelle** bipolar cell
➢ **Bursterneuron** burster neuron
➢ **Hemmungsneuron** inhibitory neuron
➢ **Kommandoneuron** command neuron
➢ **Motoneuron** motoneuron, motor neuron
➢ **Multipolarzelle** multipolar cell
➢ **Pionierneuron** pioneer neuron
➢ **Pseudounipolarzelle** pseudounipolar cell
➢ **Relaisneuron** relay neuron
➢ **Unipolarzelle** unipolar cell
➢ **Wegweiserneuron** guidepost neuron
➢ **Zwischenneuron/Interneuron** interneuron
neuronal/neuronisch neuronal
neuronaler Schaltkreis neuronal circuit
neuronales Netz/Netzwerk neural network
neuronisch/neuronal neuronal
Neuropeptid neuropeptide
Neuropil neuropil
neurosekretorisch neurosecretory
neurotoxisch neurotoxic
Neurotransmitter neurotransmitter
Neuschnecken/Schmalzüngler/ Neogastropoda/Stenoglossa neogastropods: whelks & cone shells
Neuston neuston (organisms of surface water/surface film)
Neusynthese/De-novo-Synthese de-novo synthesis
Neutralisationstest (NT) neutralization test (NT)
neutrophil ***adv/adj*** neutrophilic
Neutrophil ***nt*/ neutrophiler Granulozyt** neutrophil, neutrophilic granulocyte
➢ **segmentkerniger Neutrophil** segmented neutrophil, filamented neutrophil, polymorphonuclear granulocyte
➢ **stabkerniger Neutrophil** rod neutrophil, band neutrophil, stab neutrophil, stab cell
Neuvögel/Neornithes true birds, neornithes
Neuweltaffen/Breitnasenaffen/ Platyrrhina new-world monkeys (South American monkeys and marmosets)
Newtonsche Flüssigkeit Newtonian fluid
➢ **nicht-Newtonsche Flüssigkeit** non-Newtonian fluid
Nexin nexin
nicht-Mendelsches Aufspaltungsverhältnis non-Mendelian ratio
nicht-Newtonsche Flüssigkeit non-Newtonian fluid
nicht-parentaler Dityp (NPD) non-parental ditype (NPD)
nicht-permissiv (Zelle/Wirt) non-permissive (cell/host)
nicht-persistente Übertragung ***vir*** nonpersistent transmission
nicht-repetitive DNA/ Einzelkopie-DNA single copy DNA
Nicht-Sinnstrang/ anticodierender Strang ***gen*** antisense strand, noncoding strand
nicht-überlappend ***gen*** non-overlapping
nicht-zufallsgemäße Verteilung nonrandom disjunction
nichtalkoholisch nonalcoholic

nichtessenziell nonessential
nichtleitend nonconductive
Nichtmatrizenstrang (nichtcodierender Strang) *gen* nontemplate strand (noncoding strand)
Nichtsättigungskinetik nonsaturation kinetics
Nichtsinncodon/ Nonsense-Codon *gen* nonsense codon
Nichtsinnmuation/ Nonsense-Mutation nonsense mutation
Nichtstrukturprotein nonstructural protein
nichtwässrig nonaqueous
Nickel (Ni) nickel
nicken (nickend) nod (nodding)
Nickhaut/Blinzelhaut nictitating membrane, third eyelid
Nickhautdrüse/ Glandula lacrimalis accessoria gland of third eyelid
Nicktiere/Kelchwürmer/ Kamptozooen/Entoprocta kamptozoans, entoprocta
Nicolieren/ Doppelschildokulation *hort* double shield budding
Nicotin/Nikotin nicotine
Nidamentaldrüse (Schalendrüse) nidamental gland (shell gland)
Niederblatt cataphyll (a bud scale/ scale leaf/bulb scale or cotyledon)
niedere Pflanzen lower plants, primitive plants
niedergedrückt/niederliegend mit aufrecht wachsender Sprossspitze decumbent, lodged (cereals)
niedergelassen/sedentär settled, sedentary
Niederkunft/Gebären parturition, delivery
Niederkunft/Geburt childbirth
niederliegend prostrate, procumbent, trailing, lying
niedermolekular low-molecular
Niedermoor/Flachmoor/ Braunmoor/Fen fen
Niederschlag/Sediment/Präzipitat *chem* deposit, sediment, precipitate
Niederschlag *meteo* precipitation
➤ **saurer Niederschlag/saurer Regen** acid deposition, acid rain
Niederschlagsmenge amount of precipitation
Niederung/Tiefland lowland
Niederungsmoor fen, fenland, valley bog
Niederwald (durch Rückschnitt) coppice
niedrigkronig/brachyodont (Zähne) with low crowns, brachydont, brachyodont
Niere kidney
➤ **einwarzige Niere/ unipyramidale Niere** unilobular kidney, monopyramidal kidney, unipyramidal kidney
➤ **Holonephros/Archinephros** holonephros, archinephros
➤ **mehrwarzige Niere/ zusammengesetzte Niere/ gelappte Niere/ multipyramidale Niere** multilobular kidney, multipyramidal kidney, polypyramidal kidney
➤ **Nachniere/definitive Niere/ Metanephros** hind kidney, definitive kidney, metanephros
➤ **Nebenniere** adrenal gland
➤ **Rumpfniere/Opisthonephros** opisthonephros
➤ **Urniere/Wolffscher Körper/ Mesonephros** middle kidney, midkidney, mesonephros
➤ **Vorniere/Pronephros** fore-kidney, primitive kidney, primordial kidney, head kidney, pronephros
➤ **zusammengesetzte Niere/ mehrwarzige Niere/gelappte Niere/ multipyramidale Niere** multilobular kidney, multi-/polypyramidal kidney
Nieren.../die Niere betreffend renal

Nierenbecken/Pelvis renalis
renal pelvis, pelvis of the kidney
Nierendurchblutung
renal blood flow (RBF)
Nierenfarngewächse/Oleandraceae
stalwart sword fern family
Nierenfett/Talg perirenal fat, perinephric fat; suet (from abdominal cavity of ruminants)
Nierenfettkapsel/Capsula adiposa
adipose capsule of kidney, fatty capsule of kidney
nierenförmig
kidney-shaped, reniform
Nierengang, primärer/ Urnierengang/Wolffscher Gang
Wolffian duct, mesonephric duct
Nierenkanälchen/Nierentubulus/ Tubulus renalis renal tubule
➤ **distaler (gewundener) Tubulus/ Schaltstück**
distal convoluted tubule
➤ **gewundenes Kanälchen**
convoluted tubule
➤ **Henle-Schleife/Henlesche Schleife**
loop of Henle, loop of the nephron, nephronic loop
➤ **proximaler (gewundener) Tubulus/ Hauptstück**
proximal convoluted tubule
➤ **Sammelrohr/Ductus papillaris**
collecting duct/tubule, papillary duct
➤ **Überleitungsstück**
narrow descending limb of loop of Henle
➤ **Verbindungsstück**
junctional section
Nierenkapsel renal capsule
Nierenkelch/Calix renalis
renal calix (*pl* calices), infundibula of kidney
Nierenkörperchen/ Malpighi-Körperchen/ Malpighisches Körperchen
renal corpuscle
Nierenlappen renal lobule
Nierenleiste nephric ridge, nephrogenic ridge
Nierenmark/Medulla renis
renal medulla
Nierenöffnung/Nephridialöffnung/ Nephridialporus nephridiopore
Nierenpapille renal papilla
Nierenpforte/Nierenstiel/ Nierenhilus/Hilus renalis
renal hilus
Nierenplasmadurchströmung
renal plasma flow (RPF)
Nierenpyramide renal pyramid
Nierenrinde renal cortex
Nierensamengewächse/ Cochlospermaceae
cochlospermum family, buttercup tree family (silk-cotton tree family)
Nierenstiel/Nierenpforte/Nierenhilus/ Hilus renalis renal hilus
niesen sneeze
Nikotin/Nicotin nicotine
nikotinischer/nicotinischer Rezeptor
nicotinic receptor
Nikotinsäure/Nicotinsäure (Nikotinat)
nicotinic acid (nicotinate), niacin
Nikotinsäureamid/Nicotinsäureamid
nicotinamide
Nilhechte/Mormyriformes
mormyrids
Nipptide neap tide
Nische (Wirkungsfeld)/Ökonische
niche, ecological niche
Nischenblatt/Mantelblatt *bot*
nest leaf
Nischengröße *ecol* niche size
Nischenbreite *ecol*
niche breadth, niche width
Nischenüberlappung *ecol*
niche overlap
Nischenverschiebung *ecol* niche shift
Nisse (Kopflaus-Eier an Haaren)
nit
Nissl-Schollen/Tigroidschollen (raues ER) Nissl granules (rough ER with ribosomes)
nisten build a nest
nistend (eingebettet in einer Aushöhlung)
nesting, nestling, nidulant
Nistkasten nesting box
Nistkolonie nesting colony, crèche
Nistplatz nesting site

Nitrat nitrate
Nitrifikanten
nitrifier, nitrifying bacteria
Nitrifikation/Nitrifizierung
nitrification
nivale Stufe nival zone
Nixenkrautgewächse/Najadaceae
najas family,
water nymph family
Nodium/Knoten node
Nolanaceae/ Glockenwindengewächse
nolana family
Nomenklatur/Fachausdruck/Name
nomenclature, designation, name; (Gesamtheit der Fachausdrücke) nomenclature (system of terms)
➤ **binäre Nomenklatur/ binominale Bezeichnung/ zweigliedrige Benennung**
binary/binomial nomenclature
Nominalskala ***stat*** nominal scale
Non-Disjunktion/ Chromosomenfehlverteilung ***gen***
nondisjunction
➤ **meiotische Non-Disjunction/ Chromosomenfehlverteilung in der Meiose**
meiotic nondisjunction
Nonsense-Codon/ Nichtsinn-Codon ***gen***
nonsense codon
Nonsense-Mutation/ Nichtsinnmutation
nonsense mutation
Noosphäre noosphere
nördlich ***biogeo*** northern, boreal
Norepinephrin/Noradrenalin
norepinephrine, noradrenaline
Normalverteilung ***stat***
normal distribution
Nosemaseuche (*Nosema apis*)
nosema disease, nosemosis
Nosokomialinfektion/ nosokomiale Infektion/ Krankenhausinfektion
nosocomial infection,
hospital-acquired infection
Notfall emergency
Notfalleinsatz
emergency response
Nothosaurier/Nothosauria
nothosaurs
Notopodium notopodium
Notum (dorsale Thorakalplatte/ Tergum der Thorakalsegmente) notum (*pl* nota) = tergum of thoracic segment
Nozizeption/Nocizeption/ Schmerzwahrnehmung
nociception
nozizeptiv/nocizeptiv/ Schmerz empfindend/ schmerzempfindlich nociceptive
Nuchalorgan nuchal organ
nüchtern (ohne Nahrung) with an empty stomach; (ohne Alkohol) sober
Nüchternheit ***med/physio***
emptiness (of stomach); soberness
Nucleinsäure/Nukleinsäure
nucleic acid
Nucleinsäurehybridisierung/ Nukleinsäurehybridisierung
nucleic acid hybridization
Nucleoid/Nukleoid/Kernäquivalent/ Karyoid/„Bakterienkern"
nucleoid, nuclear body
Nucleokapsid/Nukleokapsid
nucleocapsid
Nucleolus/Nukleolus nucleolus
nucleophiler Angriff ***chem***
nucleophilic attack
Nucleoplasma/Nukleoplasma
nucleoplasm
Nucleosid/Nukleosid nucleoside
Nucleosom/Nukleosom
nucleosome
Nucleotid/Nukleotid nucleotide
Nucleotidpaaraustausch
nucleotide-pair substitution
Nucleus/Nukleus/Zellkern
nucleus, karyon
nukleär/nucleär nuclear
Nukleinsäure/Nucleinsäure
nucleic acid
Nukleinsäurehybridisierung/ Nucleinsäurehybridisierung
nucleic acid hybridization
Nukleoid/Nucleoid/Kernäquivalent/ Karyoid/„Bakterienkern"
nucleoid, nuclear body

Nukleokapsid/Nucleokapsid nucleocapsid
Nukleolus/Nucleolus nucleolus
Nukleolus-Organisator/ Nucleolus-Organisator nucleolar organizer, nucleolus organizer (NOR)
nukleophiler Angriff nucleophilic attack
Nukleoplasma/Nucleoplasma nucleoplasm
Nukleosid/Nucleosid nucleoside
Nukleosom/Nucleosom nucleosome
Nukleotid/Nucleotid nucleotide
Nukleotidpaaraustausch nucleotide-pair substitution
Nukleus/Nucleus/Zellkern nucleus, karyon
Null-Zelle null cell
Nullallel null allele
Nullhypothese null hypothesis
nullipar nulliparous
nullisom nullisomic
nullizygot nullizygous
numerische Taxonomie/Phänetik numerical taxonomy, phenetics, taxometrics
Nuss nut
nussartig nutlike (shape), nutty (flavor)
Nüsschen nutlet, nucule
Nussmuscheln/Nuculacea nut clams
Nüster/Nasenloch nostril
Nutation nutation
Nutsche/Filternutsche ***lab*** suction filter, vacuum filter
nutzen utilize, use; (anwenden) apply
Nutzen benefit, use; (Vorteil) advantage; (Anwendung) application
nützen benefit
Nutzfläche, landwirtschaftliche cultivated land
Nutzholz timber, lumber
Nutzinsekt beneficial insect, beneficient insect
nützlich beneficial, useful
➢ **schädlich** harmful, causing damage
Nützling/Nutzart beneficial species, beneficient species
➢ **Schädling/Ungeziefer** pest
nutznießen profit
Nutznießer profiteer
Nutznießung/Probiose profiting, probiosis
Nutzpflanze economic plant, useful plant, crop plant
Nutztier domestic animal
Nutzung utilization, use
Nutzvieh domestic livestock (spez. Rinder: domestic cattle)
Nuzellus/Nucellus/„Knospenkern" nucellus
Nyctaginaceae/ Wunderblumengewächse four-o'clock family
Nymphaeaceae/Seerosengewächse water-lily family
Nymphe nymph
nymphipar nymphiparous
Nymphiparie nymphipary
Nyssaceae/Tupelobaumgewächse sourgum family

obdiplostemon *bot* obdiplostemonous
Obduktion post-mortem examination
Oberarm upper arm
➢ **Unterarm** forearm
Oberarmknochen/Oberarmbein/Humerus arm bone, humerus
Oberblatt (Blattspreite & Blattstiel) leaf blade and leaf stalk
➢ **Unterblatt** underleaf, hypophyll; (Bauchblatt/Amphigastrium) underleaf, ventral leaf, amphigastrium
Oberboden (Auswaschungshorizont/A-Horizont) topsoil (zone of leaching/eluviation)
➢ **Unterboden (Einwaschungshorizont/B-Horizont)** subsoil (zone of accumulation/illuviation)
Oberfläche surface
➢ **Blattoberfläche** leaf surface
Oberflächen-Volumen-Verhältnis surface-to-volume ratio
Oberflächenabfluss surface runoff
oberflächenaktive Substanz/Entspannungsmittel surfactant
Oberflächenfilm/Oberflächenhäutchen (in stehendem Binnengewässer) scum, film, mat
Oberflächenkultur *micb* surface culture
Oberflächenmarkierung surface labeling
Oberflächenspannung surface tension
Oberflächenwasser surface water
Oberflächenwellen surface waves
Oberflächenwurzler shallow-rooted plant
oberflächlich on the surface, superficial
obergärig (Fermentation: Bier) top fermenting
Oberhaut/Epidermis epidermis
Oberholz/Oberstand/Schirmbestand overstory
➢ **Unterholz/Untergehölz** understory
oberirdisch aboveground, overground, superterranean
➢ **unterirdisch** underground, belowground, subterranean
Oberkiefer/Oberkieferknochen/Maxilla upper jaw, upper jawbone, maxilla
➢ **Unterkiefer/Mandibel/Unterkieferknochen** lower jaw, lower jawbone, submaxilla, submaxillary bone, mandible
Oberkieferbein/Os maxillare maxillary bone
Oberkörper/Brustkorb/Brustkasten/Thorax chest, thorax
Oberlippe/Labrum upper lip, labrum
Oberschenkel thigh; (Keule: Schlachtvieh) haunch, hindquarters
➢ **Unterschenkel** shank
Oberschenkelknochen/Os femoris/Femur thighbone, femur, femoral bone
➢ **Unterschenkelknochen/Tibiotarsus (Vögel)** tibiotarsus
oberschlächtig/incub overshot, incubous
➢ **unterschlächtig/succub** undershot, succubous
Oberschlundganglion/Supraösophagealganglion/„Gehirn" supraesophageal ganglion, "brain"
➢ **Unterschlundganglion/Subösophagealganglion** subesophageal ganglion
Oberseite upperside, upper surface
➢ **Unterseite** underside, undersurface
oberständig hypogynous
➢ **unterständig** epigynous
Objektiv *micros* objective
Objektivrevolver/Revolver *micros* nosepiece, nosepiece turret
➢ **Dreifachrevolver** triple nosepiece
➢ **Fünffachrevolver** quintuple nosepiece
➢ **Vierfachrevolver** quadruple nosepiece
➢ **Zweifachrevolver** double nosepiece

Objektmikrometer ***micros***
stage micrometer
Objekttisch ***micros***
stage, microscope stage
Objekttisch-Klammer ***micros***
stage clip
Objektträger (microscope) slide
➢ **mit Vertiefung**
microscope depression slide, concavity slide, cavity slide
obligatorisch/obligat/Zwangs...
obligatory, obligate
Obst fruit
➢ **Beerenobst** berries
➢ **Fallobst**
windfall (fruit dropped from trees; e.g., apple/pear/plum/cherry..)
➢ **Kernobst** pomaceous fruit
➢ **Schalenobst** nuts
➢ **Spalierobst** espalier fruit
➢ **Steinobst** stone fruit (drupaceous fruit) (with pit)
➢ **Strauchbeerenobst** bush fruit (*Ribes*: currents, gooseberries, etc.)
➢ **Streuobst**
fruit from irregularly planted trees within otherwise cultivated farmland
Obstbau fruit growing
Obstbaukunde pomology
Obstbaum
fruit tree, fruit-bearing tree
Obstplantage fruit orchard
Obststein pit, stone
Obturator (Gewebewucherung)
obturator (outgrowth)
Occlusor occlusor
Ocelle/Ocellus ocellus
Ocellenstiel ocellar pedicel
Ocellenzentrum ocellar center
Ochnaceae/Grätenblattgewächse
ochna family
Ochrea/Tute ***bot*** ochrea, ocrea, mantle
Ochse ox (*pl* oxen)
ocker ochre
Ockhams Rasiermesser
Ockham's razor (also: Occam)
Octocorallia octocorallians, octocorals
Ödland ***ecol/biogeo*** wasteland, barren
Oenocyt oenocyte
offenes Leseraster ***gen***
open reading frame (ORF)
offenkettig (aliphatisch/acyclisch)
open-chain (aliphatic/acyclic)
Offenzeit/Öffnungszeit ***neuro***
open time
öffnend opening, dehiscent
Öffnung/Mund/Mündung
opening, aperture, orifice, mouth, perforation, entrance
Öffnungsdauer (Membrankanal)
life-time
Öffnungsfrucht/ Streufrucht/Springfrucht
dehiscent fruit
Öffnungswinkel ***micros***
angular aperture
Öffnungszeit/Offenzeit ***neuro***
open time
Ohr ear
➢ **äußeres Ohr/Ohrmuschel/Pinna**
external ear, outer ear, ear conch, auricle, pinna
➢ **geöhrt** auriculate, eared, ear-like
➢ **Innenohr** inner ear
➢ **Löffel (Hasenohren)** rabbit ears
➢ **Mittelohr** middle ear, midear
Ohrenfedern
auriculars (ear coverts)
Ohrenknöchelchen/ Gehörknöchelchen
auditory ossicle, ear ossicle, ossiculum
Ohrenöffnung
ear opening, auditory meatus
Ohrenschmalz/Cerumen
earwax, cerumen
Ohrenschmalzdrüse
ceruminous gland
Ohrgrübchen ***embr***
otic pit, otic depression
Ohrkapsel otic capsule
Ohrläppchen earlobe
Ohrlappenpilze/Auriculariales
Old man's ears and allies
Ohrmuschel/äußeres Ohr/Pinna
ear conch, auricle, external ear, outer ear, pinna
Ohrplakode otic placode
Ohrspeicheldrüse/Parotis
parotid gland
Ohrtrommel/Trommelfell
eardrum, tympanic membrane

Ohrtrompete/Eustachische Röhre/ Eustach-Röhre auditory tube, eustachian tube
Ohrwürmer/Dermaptera earwigs
Oidie/Oidium oidium
Okazaki-Fragment *gen* Okazaki fragment
Öko-Audit/Umweltaudit environmental audit
Ökobilanz life cycle assessment, life cycle analysis (LCA)
Ökogenetik ecogenetics
Ökogramm ecogram
Ökokline ecocline (gradient of vegetation and biotopes)
Ökologie ecology
➤ **Autökologie** autecology
➤ **Demökologie** population ecology
➤ **Ethökologie/Verhaltensökologie** behavioral ecology
➤ **Festlandsökologie/ terrestrische Ökologie/Epeirologie** terrestrial ecology
➤ **Geoökologie** geo-ecology
➤ **Humanökologie** human ecology
➤ **Landschaftsökologie** landscape ecology
➤ **Palökologie** paleoecology
➤ **Pflanzenökologie/ Vegetationsökologie/ Vegetationskunde** plant ecology, phytoecology
➤ **Stadtökologie/Urbanökologie** urban ecology
➤ **Standortlehre** habitat ecology
➤ **Synökologie** synecology
➤ **Systemökologie** systems ecology
➤ **Vegetationsökologie/ Pflanzenökologie/ Vegetationskunde** plant ecology, phytoecology
➤ **Verhaltensökologie/Ethökologie** behavioral ecology
➤ **vorausschauende Ökologie/ voraussagende Ökologie** predictive ecology
ökologisch ecological
ökologische Amplitude ecological amplitude, range of tolerance
ökologische Effizienz/ ökologischer Wirkungsgrad ecological efficiency
ökologische Genetik/Ökogenetik ecological genetics
ökologische Nische ecological niche
ökologische Potenz ecological potency
ökologische Toleranz/ ökologische Verträglichkeit/ Reaktionsbreite ecological tolerance, tolerance range
ökologische Valenz ecological valency
ökologisches Gleichgewicht ecological balance, ecological equilibrium
Ökonische ecological niche
Ökophän *nt* ecophene
Ökophänotypie ecophenotypy
Ökophysiologie/ ökologische Physiologie ecophysiology, ecological physiology
Ökospezies ecospecies
Ökosphäre ecosphere
Ökosystem ecosystem
➤ **Süßwasserökosystem** freshwater ecosystem
➤ **Landökosystem** terrestrial ecosystem
➤ **marines Ökosystem** marine ecosystem
Ökoton/Übergangsgesellschaft ecotone
Ökotop ecotope
Ökotyp ecotype
Oktade octad
Okular *micros* ocular, eyepiece
➤ **Binokular** binoculars
➤ **Brillenträgerokular** spectacle eyepiece, high-eyepoint ocular
➤ **Trinokularaufsatz/Tritubus** trinocular head
➤ **Zeigerokular** pointer eyepiece
Okularblende/ Gesichtsfeldblende des Okulars ocular diaphragm, eyepiece diaphragm, eyepiece field stop
Okularlinse/Augenlinse ocular lens
Okularmikrometer ocular micrometer

Okulation/Okulieren/ Augenveredlung/Äugeln *hort* bud grafting, budding
➢ **Chipveredelung/Chipveredlung/ Span-Okulation** chip budding
➢ **Doppelschildokulation/Nicolieren** double shield budding
➢ **Platten-Okulation** patch budding, plate budding
➢ **Ring-Okulation/Ringveredlung** ring budding, annular budding (flute budding)
➢ **Schild-Okulation (Augenschild/Schildchen)** shield budding
➢ **T-Schnitt Okulation (mit T-förmigem Einschnitt der Rinde)** T budding (shield budding)
Öl oil
➢ **ätherisches Öl** essential oil, ethereal oil
➢ **Baumwollsaatöl** cotton oil
➢ **Behenöl** ben oil, benne oil
➢ **Erdnussöl** peanut oil
➢ **Erdöl** crude oil, petroleum
➢ **Fuselöl** fusel oil
➢ **Jungfernöl** virgin oil (olive)
➢ **Kokosöl** coconut oil
➢ **Kürbiskernöl** pumpkinseed oil
➢ **Lebertran** cod-liver oil
➢ **Leinöl** linseed oil
➢ **Maisöl** corn oil
➢ **Mineralöl** mineral oil
➢ **Olivenkernöl** olive kernel oil
➢ **Olivenöl** olive oil
➢ **Palmöl** palm oil
➢ **Pflanzenöl** vegetable oil
➢ **Rizinusöl** castor oil, ricinus oil
➢ **Safloröl** safflower oil
➢ **Schmieröl** lubricating oil
➢ **Senföl** mustard oil
➢ **Sesamöl** sesame oil
➢ **Sojaöl** soybean oil
➢ **Sonnenblumenöl** sunflower seed oil
➢ **Speise-Rapsöl/Rüböl** canola oil (rapeseed oil)
➢ **Walratöl** sperm oil (whale)
Olaxgewächse/Olacaceae olax family, tallowwood family
Ölbad *lab* oil bath
Ölbaumgewächse/Oleaceae olive family
Ölbehälter *bot* oil cavity
Öldrüse/Schmierdrüse *zool/orn* oil gland
Oleaceae/Ölbaumgewächse olive family
Oleandraceae/Nierenfarngewächse stalwart sword fern family
Oleosom *bot* oleosome
Olfaktometrie olfactometry
olfaktorisch olfactory
Ölfrüchte oleaginous fruits
ölig oily
Oligodendrozyt/Oligodendrocyt oligodendrocyte
oligomer *adj/adv* oligomerous
Oligomer *n* oligomer
oligomiktisch oligomictic
Oligonucleotid/Oligonukleotid oligonucleotide
➢ **Antisense-Oligonucleotid/ Anti-Sinn-Oligonucleotid/ Gegensinn-Oligonucleotid** antisense oligonucleotide
oligonucleotidgesteuerte Mutagenese oligonucleotide-directed mutagenesis
oligophag oligophagous
Oligosaccharid oligosaccharide
oligotroph/nährstoffarm oligotrophic, nutrient-deficient
Oligozän (erdgeschichtliche Epoche) Oligocene, Oligocene Epoch
Olivenkern *neuro* olivary nucleus
Ölkatastrophe *ecol* oil spill
Ölkörper (Samen) elaiosome
Ölpest/Ölverschmutzung oil pollution
Ölquelle *geol* oil well
Ölsaat *bot* oilseed; (ölliefernde Pflanzen) oil crops, oil seed crops
Ölsäure/Δ⁹-Octadecensäure (Oleat) oleic acid (oleate), (*Z*)-9-octadecenoic acid
Ölschiefer/Brandschiefer *geol* oil shale
Ölstrieme/Vitta (Apiaceenfrüchte) vitta, oil tube, oil cavity, resin canal
Ölteppich *ecol* oil slick

Ölverschmutzung/Ölpest oil pollution
Ölvorkommen/ölführende Schicht *geol* oil reservoir
Ölweidengewächse/Elaeagnaceae oleaster family
Ölzellen ***bot*** oil cells (durchscheinend: Blätter)
Omega-Schleife/Ω-Schleife (Proteine) Omega loop, Ω loop
omnivor/pantophag/allesfressend omnivorous, pantophagous
Omnivor omnivore
Omphaloplazenta/ omphaloide Plazenta/ Dottersackplazenta/ Dottersackhöhlenplazenta yolk-sac placenta, choriovitelline placenta
Onagraceae/Nachtkerzengewächse willowherb family, evening-primrose family
onkogen/oncogen/krebserzeugend oncogenic, oncogenous
Onkogen oncogene, onc gene
Onkogenität oncogenicity
Onkologie oncology
Onkoprotein/onkogenes Protein oncogenic protein
Onkosphäre/Oncosphaere (unbewimperte Cestodenlarve) oncosphere
onkotischer Druck/ kolloidosmotischer Druck oncotic pressure
Ontogenese/Ontogenie (Entwicklungsgeschichte des Einzelorganismus) ontogenesis, ontogeny, development
Oocyste oocyst
Oocyt oocyte
Ooecium/Ovicelle (Bryozoa/Ectoprocta) ooecium, ovicell
Oogamie/Eibefruchtung oogamy
Oogon/Oogonium oogonium
Ookinet ookinete
Oolemma/Eihülle/Eihaut egg membrane
Oomycota/falsche Mehltaupilze water molds & downy mildews, oomycetes
Ooplasma/Bildungsplasma/Eiplasma ooplasm
Oothek ootheca
Ootyp ootype
Oozooid/„Amme" (Ascidien) oozooid
Operator operator
Operon operon
Opfer victim, prey
Opfer erlegen stalk prey (Wild erlegen: stalk game)
opfern sacrifice
Ophioglossaceae/ Natternzungengewächse/ Rautenfarngewächse adder's-tongue family, grape fern family
Opiat opiate
opisthocöl/opisthocoel opisthocelous
Opisthonephros/Rumpfniere opisthonephros
opistognath opisthognathous
opponierbar/entgegenstellbar opposable
Opportunist opportunist, opportunistic species
opportunistisch opportunistic
Opsin opsin, scotopsin
Opsonierung/Opsonisation/ Opsonisierung opsonization
Opsonin opsonin
Optik optics
optische Dichte/Absorption optical density, absorbance
optische Spezifität optical specificity
Oralapparat/Buccalapparat (Ciliaten) oral apparatus
Oralscheibe/Mundscheibe/Peristom oral disk, peristome, peristomium
Orchideen/ Orchidaceae/ Knabenkrautgewächse/ orchids, orchid family, orchis family
Ordinalskala ***stat*** ordinal scale
Ordnung order
➤ **Gleichung *x*ter Ordnung** equation of the *x*th order
Ordnungsstatistik order statistics
Ordovizium (erdgeschichtliche Periode) Ordovician, Ordovician Period
Oreophyt/Gebirgspflanze orophyte (subalpine plant)

Organ organ
Organbildung/ Organentwicklung/Organogenese organogenesis
Organell ***nt*****/Organelle** ***f*** organelle
➢ **Chloroplast** chloroplast
➢ **Diktyosom/Dictyosom** Golgi body/dictyosome
➢ **Endoplasmatisches Retikulum** endoplasmatic reticulum (ER)
➢ **Golgi-Apparat** Golgi apparatus, Golgi complex
➢ **Golgi-Vesikel** Golgi vesicle
➢ **Lysosom** lysosome
➢➢ **sekundäres Lysosom** phagolysosome, secondary lysosome
➢ **Mitochondrion/ Mitochondrium (*pl* Mitochondrien)** mitochondrion (*pl* mitochondria/mitochondrions)
➢ **Phagosom** phagosome
➢ **Vakuole** vacuole
Organisationsstufe organizational level, grade of organization
Organisationstyp/ Organisationsform organizational form
Organisator (dorsale Blastoporenlippe) organizer
organisch organic
organische Chemie/„Organik" organic chemistry
organische Substanz organic matter
organisches Material organic matter
organismisch organismal
Organismus organism, lifeform
➢ **Bodenorganismus** soil organism, geodyte, geocole, terricole
➢ **gentechnisch veränderter Organismus (GVO)** genetically engineered organism (GEO), genetically modified organism (GMO)
➢ **Indikatororganismus/ Indikatorart/Bioindikator** bioindicator
➢ **Mikroorganismus (*pl* Mikrorganismen)/Mikrobe** microorganism, microbe
➢ **Pionierorganismus** pioneer organism
➢ **Schadorganismus** harmful organism/lifeform
➢ **Wirtsorganismus** host organism
organoleptisch organoleptic
Organopelit/organischer Sclamm ***limn*** *siehe* Mudde
organotroph organotroph(ic)
Orgasmus orgasm
Orientbeule/Hautleishmaniose/ kutane Leishmaniose (*Leishmania* spp.) oriental sore, cutaneous leishmaniasis
Orientierung/Orientierungsverhalten orientation, orientational behavior
Orientierungsbewegung/ Taxie/Taxis orientational movement, taxy, taxis (*pl* taxes)
Ornithin ornithine
Ornithin-Harnstoff-Zyklus ornithine-urea cycle
Ornithologe/Vogelkundler ornithologist, birds specialist
Ornithologie/Vogelkunde ornithology, study of birds
ornithologisch/vogelkundlich ornithological
Orobanchaceae/ Sommerwurzgewächse broomrape family
Orotsäure orotic acid
Orsellinsäure orsellic acid, orsellinic acid
orten locate
Ortet/Klonausgangspflanze/ Klonmutterpflanze ortet (original single ancestor of a clone)
orthodrom ***neuro*** orthodromic
Orthogenese orthogenesis
orthognath orthognathous
ortholog ***gen*** ortholog(ous)
Orthologie orthology
orthostich orthostichous
orthotrop orthotropous, orthotropic, atropous
Orthotropismus orthotropism

Ortsspezifische Mutagenese site-directed mutagenesis
Ortstein/Eisenstein ironpan, ortstein (a hardpan)
Ortstreue site fidelity, site tenacity; (Philopatrie) philopatry, homing
Osmaetherium osmeterium, osmaterium
osmiophil (färbbar mit Osmiumfarbstoffen) osmiophilic
Osmiumsäure osmic acid
Osmiumtetroxid osmium tetraoxide
Osmokonformer osmoconformer
Osmolalität osmolality
Osmolarität/ osmotische Konzentration osmolarity, osmotic concentration
osmophil osmophilic
Osmoregulation osmoregulation
Osmoregulierer osmoregulator
Osmose osmosis
osmotisch osmotic
osmotischer Druck osmotic pressure
osmotischer Schock osmotic shock
osmotisches Potenzial osmotic potential
osmotroph osmotrophic
Osmundaceae/ Königsfarngewächse/ Rispenfarngewächse flowering fern family, cinnamon fern family
Osphradium (*pl* Osphradien) osphradium
Ossifikation/Verknöcherung/ Knochenbildung ossification
Osteoblast/ knochenbildende Zelle osteoblast, bone-forming cell
Osteocyt/Osteozyt osteocyte
Osteoklast osteoclast
Osterluzeigewächse/Aristolochiaceae birthwort family, Dutchman's-pipe family
Östradiol estradiol, progynon
östrisch/östral/Brunst... estrous, estral
Östrogen estrogen
Östron/Estron estrone
Östrus (Brunst) estrus
➢ **Diöstrus/Dioestrus** diestrus
➢ **Metöstrus/Metoestrus/Nachbrunst** metestrus
➢ **Proöstrus/Vorbrunst** proestrus
Östruszyklus estrous cycle, estrus cycle, estral cycle
Ostwind(e) easterly wind (easterlies)
➢ **Westwind(e)** westerly wind (westerlies)
otisch otic
Ovar/Ovarium/ Eierstock/Fruchtknoten ovary
Ovarialballen ovarian ball
Ovariole/Ovariolschlauch/ Eischlauch/Eiröhre (Insekten) ovariole, egg tube
Ovariolenträchtigkeit/ Ovarialträchtigkeit/ Ovarialschwangerschaft ovarian pregnancy
Ovicelle/Ooecium (Bryozoa/Ectoprocta) ooecium, ovicell
Ovidukt/Eileiter oviduct; Fallopian tube, uterine tube (oviduct of mammals)
Oviduktträchtigkeit/ Eileiterschwangerschaft tubal pregnancy
oviger/eitragend/eiführend ovigerous
ovipar/eierlegend oviparous, egg-laying
Oxalbernsteinsäure (Oxalsuccinat) oxalosuccinic acid (oxalosuccinate)
Oxalessigsäure (Oxalacetat) oxaloacetic acid (oxaloacetate)
Oxalidaceae/Sauerkleegewächse wood-sorrel family
Oxalsäure (Oxalat) oxalic acid (oxalate)
Oxidation oxidation
Oxidationsmittel oxidizing agent, oxidant

oxidativ oxidative
oxidative Phosphorylierung
oxidative phosphorylation, carrier-level phosphorylation
oxidieren oxidize
➢ **reduzieren** reduce
oxidierend oxidizing
➢ **reduzierend** reducing
Oxoglutarsäure (Oxoglutarat)
oxoglutaric acid (oxoglutarate)
Ozean ocean
ozeanisch oceanic
ozeanische Region
oceanic zone/region, pelagic zone
ozeanisches Klima/Meeresklima
oceanic climate, marine climate
Ozeanographie/ Ozeanografie/Ozeanologie
oceanography, oceanology
Ozon ozone
Ozonabbau ozone depletion
Ozonloch ozone hole
Ozonschicht/Ozonosphäre
ozone layer

Paar pair, couple
paar/paarig paired; double
➢ **unpaar/unpaarig** unpaired; odd
paaren/begatten/kopulieren pair, mate, copulate
Paargesang/Duettgesang duetting
Paarhufer/Artiodactyla even-toed ungulates, cloven-hoofed animals, artiodactyls
Paarkernphase/Dikaryophase dikaryotic phase
Paarung pairing, mating
➢ **assortive Paarung/ bewusste Paarung** assortive mating
➢ **Basenpaarung** ***gen*** base pairing
➢ **Dreifachpaarung** ***gen*** tripartite mating
➢ **Fehlpaarung/ Chromosomenfehlpaarung** ***gen*** mispairing of chromosomes
➢ **Fremdpaarung** disassortive mating
➢ **unterbrochene Paarung** interrupted mating
➢ **zufällige Paarung/Panmixie** random mating
➢ **Zufallspaarung** random mating
Paarungsbevorzugung mating preference
Paarungsrad (Libellen) mating wheel, copulation wheel (dragonflies: mating in wheel position)
Paarungsruf mating call
Paarungsschranke mating barrier
Paarungstyp/Kreuzungstyp mating type
Paarungsverhalten mating behavior
Paarungszeit/Paarungssaison pairing/mating season
paarzehig cloven-hoofed
Pachytän pachytene
Pacini-Körperchen/ Pacinisches Körperchen/ Lamellenkörperchen/ Endkörperchen Pacinian body, Pacinian corpuscle, lamellated corpuscle
Paddelechsenartige/Sauropterygia sauropterygians
Pädogamie pedogamy
Pädogenese pedogenesis
Pädomorphose pedomorphosis
Paeoniaceae/Pfingstrosengewächse peony family
Paläobotanik paleobotany
Paläoendemit/Reliktendemit paleoendemic
Paläogen/Alt-Tertiär (erdgeschichtliche Periode) Paleogene
Paläontologie paleontology
Paläoökologie/Palökologie paleoecology
Paläophytikum/Florenaltertum (erdgeschichtliches Zeitalter) Paleophytic Era
Paläospezies paleospecies
Paläozän (erdgeschichtliche Epoche) Paleocene, Paleocene Epoch
Paläozoikum/Erdaltertum (erdgeschichtliches Zeitalter) Paleozoic, Paleozoic Era
Palindrom/umgekehrte Repetition/ umgekehrte Wiederholung/ invertierte Sequenzwiederholung ***gen*** palindrome, inverted repeat
Palingenese palingenesis
Palisadenparenchym palisade parenchyma
Palisadenwurm (*Strongylus equinus* a.o.) palisade worm
Palliallinie/Mantellinie pallial line
Pallialraum pallial sinus
Pallium/Mantel pallium, mantle
Palmen/Palmae/Arecaceae palm family
Palmenhain palm grove
Palmfarne/Palmfarngewächse/ Cycadaceae/Cycadeen palmferns, cycads, cycad family, cycas family
Palmitinsäure/Hexadecansäure (Palmat/Hexadecanat) palmitic acid, hexadecanoic acid (palmate/hexadecanate)
Palmitoleinsäure/Δ^9-Hexadecensäure palmitoleic acid, (*Z*)-9-hexadecenoic acid
Palmwedel palm frond

Palökologie/Paläoökologie paleoecology
Palpe/Taster/Tastfühler palp, palpus
➤ **Kiefertaster/Maxillartaster/ Maxillarpalpus/Palpus maxillaris** maxilliary palp
➤ **Lippentaster/Labialpalpus/ Palpus labialis** labial palp, labipalp, labial feeler, palp, palpus
➤ **Pedipalpe** pedipalp
Palpigraden/Palpigradi microwhipscorpions, palpigrades
Palsenmoor/Torfhügelmoor palsa bog
Palynologie/ Pollenkunde/Pollenanalyse palynology, pollen analysis; study of spores
panaschiert variegated, mottled
Pandanaceae/ Schraubenbaumgewächse/ Schraubenpalmen screw-pine family
Pandemie pandemic
pandemisch pandemic
Pankreas/Bauchspeicheldrüse pancreas
Pankreasinsel/Inselorgan/ Langerhanssche Insel pancreatic islet, islet organ, islet of Langerhans
pankreatisches Polypeptid (PP) pancreatic polypeptide (PP)
Panmixie/zufällige Paarung random mating
Pansen/Rumen rumen, paunch, first stomach, ingluvies
Pansenpfeiler ruminal pillar
Pansenvorhof/Schleudermagen/ Atrium ruminis atrium ruminis
Panspermie ***evol*** panspermia, panspermatism
Pantoinsäure pantoic acid
pantophag pantophagous, pantophagic
Pantothensäure pantothenic acid
Panzer armor, test, theca; lorica, case
Panzer/Schale/Carapax (Schildkröte) shell, carapace
➤ **Bauchpanzer/Bauchplatte/ Brustschild/Plastron (Schildkröten/Vögel)** plastron, plastrum
➤ **Hautpanzer/ Außenskelett/Exoskelett** dermal skeleton, dermatoskeleton, exoskeleton
➤ **Rückenpanzer/Rückenschild/ Carapax (Schildkröte)** dorsal shield, carapace
Panzerbeere (Hesperidium und Kürbisfrucht, *siehe dort*) berry with hard rind (hesperidium and pepo/gourd)
Panzerechsen/Krokodile/Crocodilia crocodiles
Panzerfische (Placodermen & Ostracodermen) placoderms & ostracoderms
Panzergeißler/Dinoflagellaten dinoflagellates
Panzerhaut/Skleroderm scleroderm
Panzerplatte/Lorica lorica (a girdle-like skeleton), case
Panzertierchen/ Korsetttierchen/Loriciferen corset bearers, loriciferans
Panzerwangen/ Drachenkopffischverwandte/ Scorpaeniformes sculpins & sea robins
PAP-Färbung/Papanicolaou-Färbung PAP stain, Papanicolaou's stain
Papageien/Psittaciformes parrots & parakeets
Papaveraceae/Mohngewächse poppy family
Papierholz pulpwood
Papille papilla
➤ **Blattpapille/blättrige Papille (Zunge)** foliate papilla
➤ **fadenförmige Papille (Zunge)** threadlike papilla, filiform papilla
➤ **linsenförmige Papille (Zunge)** lentiform papilla
➤ **Pilzpapille (Zunge)** fungiform papilla
➤ **Wallpapille (Zunge)** vallate papilla

Pappus/Haarkelch/Federkelch (Haarkranz des Blütenkelchs) pappus (tuft of calyx appendages)
Papula (Asteroiden) dermal papula
Parabiose parabiosis
Paradidymis/Giraldessches Organ paradidymis
Paraflagellarkörper paraflagellar body, flagellar swelling
parakarp ***bot*** syncarpous without septa
parakrin/paracrin paracrine
Paralleladerung/Parallelnervatur ***bot*** parallel venation
paralleladrig parallely veined
Parallelfaser parallel fiber
parallelgestreift parallely striped
Parallelismus/parallele Evolution ***ecol*** parallelism, parallel evolution
parallelnervig parallely veined
paralog ***gen*** paralog(ous)
Paralogie paralogy
Paramer paramere
Parameter parameter
paranemisch ***gen*** paranemic, anorthospiral
paranemische Verbindung paranemic joint
Parapatrie/Kontakt-Allopatrie parapatry
parapatrisch parapatric
paraphyletisch paraphyletic
Paraphylie paraphyly
Paraphyse/Saftfaden paraphysis
Parapinealorgan paraparietal organ, parietal organ
Parapodium parapod, side-foot
Pararetrovirus pararetrovirus
Parasit/Schmarotzer parasite
> **Außenparasit/Exoparasit/ Ektoparasit/Episit (Hautparasit)** exoparasite, ectoparasite, episite, epizoon
> **Brutparasit/Brutschmarotzer** brood parasite
> **Gelegenheitsparasit/ fakultativer Parasit** facultative parasite
> **Halbparasit/Halbschmarotzer/ Hemiparasit** semiparasite, hemiparasite
> **Hautparasit/Hautschmarotzer/ Dermatozoe** skin parasite, dermatozoan
> **Hyperparasit** hyperparasite
> **Innenparasit/Endoparasit/Endosit** endoparasite, endosite
> **Kleptoparasit** kleptoparasite, cleptoparasite
> **Phytoparasit/Pflanzenparasit (Schmarotzer in/auf Pflanzen)** plant parasite (thriving in/on plants)
> **tierischer Parasit/ parasitierendes Tier (...Zooparasit)** zooparasite, animal parasite (a parasitic animal) (*see*: zoophagous parasite)
> **Vollparasit/Vollschmarotzer/ obligater Parasit** obligate parasite
> **Zooparasit (Schmarotzer in/auf Tieren)** zoophagous parasite (thriving in/on animals)

Parasitämie parasitemia
parasitär/parasitisch/schmarotzend parasitic
parasitieren/schmarotzen parasitize
Parasitismus/Schmarotzertum parasitism
Parasitoide parasitoid
Parasitose parasitosis
parasomaler Sack ***zool*** parasomal sac
parasympathisch (autonomes Nervensystem) parasympathetic
Parathion (E 605) parathion
Parathyrin/Parathormon/ Nebenschilddrüsenhormon (PTH) parathyrin, parathormone, parathyroid hormone (PTH)
Paratop/Antigenbindestelle/ Antigenbindungsstelle paratope, antigen combining site, antigen binding site
Paratypus/Parastandard paratype
parazentrische Inversion paracentric inversion
Pärchenegel (*Schistosoma* spp.) schistosome, blood fluke

Parenchym/Grundgewebe parenchyma, ground tissue, fundamental tissue
- **Assimilationsparenchym/ Chlorenchym** chlorenchyma
- **Kontaktparenchym** boundary parenchyma
- **Markstrahlparenchym** ray parenchyma
- **Palisadenparenchym** palisade parenchyma
- **Pseudoparenchym** pseudoparenchyma, paraplectenchyma
- **Rindenparenchym** cortical parenchyma
- **Schwammparenchym** spongy parenchyma
- **Speicherparenchym** storage parenchyma
- **Sternparenchym** stellate parenchyma
- **Wundparenchym** traumatic parenchyma

parenchymatisch parenchymatous
Parenchymknorpel/ chondroides Gewebe chondroid tissue
parentaler Dityp (PD) parental ditype
parenteral parenteral
parenterale Ernährung parenteral nutrition, parenteral feeding/ alimentation/food uptake
Parenthosom/Parenthesom/ Porenkappe parenthosome, parenthesome, septal pore cap
Parietalauge (*Sphenodon*) parietal eye
Parietalorgan/Parapinealorgan parietal organ of epiphysis, parapineal organ
Parietalplazentation/ wandständige Plazentation ***bot*** parietal placentation
Parkbaum park tree
Parkeriaceae/Hornfarngewächse water fern family, floating fern family
Parklandschaft/Parkwald parkland
Parnassiaceae/Herzblattgewächse grass of Parnassus family
Parökie/Beisiedlung paroecism
Paroophoron/Beieierstock paroophoron, parovarium
Parotis/Parotisdrüse/ Ohrspeicheldrüse/ Glandula parotis (Säuger) parotis, parotid, parotid gland
Parotoiddrüse/Parotoide/ Duvernoysche Drüse/Ohrdrüse (Amphibien) parotoid gland
Paroxysmus paroxysm
Parsimonie parsimony
Parthenogenese/Jungfernzeugung parthenogenesis
parthenokarp/jungfernfrüchtig parthenocarpic
Parthenokarpie/ Jungfernfrüchtigkeit parthenocarpy
Partialdruck partial pressure
Partialverdau partial digest
partielle Kopplung partial linkage
partielle Kopplungsgruppe ***gen*** partial linkage group
partikuläre Vererbung particulate inheritance
Partner mate, partner, companion; (Geschlechtspartner) mate
Partnerbewachen mate guarding
Partnerfüttern mate feeding
Partnerschaft relationship, companionship; (Geschlechtsbeziehung) mating relationship
Partnerschaftssystem/Paarungs-system ***ethol*** mating system
Partnerwahl mate selection
PAS-Anfärbung (Periodsäure/Schiff-Reagens) PAS stain (periodic acid-Schiff stain)
Passage/Subkultivierung passage, subculture
Passatwinde trade winds, trades
Passgang/Passschritt amble, pace
Passgänger pacer, side-wheeler
Passionsblumengewächse/ Passifloraceae passionfruit family

asteur-Effekt Pasteur effect
asteurisieren pasteurize
asteurisierung/Pasteurisieren pasteurizing, pasteurization
asteurpipette Pasteur pipet
atching/Verklumpung patching
atella/Kniescheibe patella, knee bone, genu
athogen/krankheitserregend pathogenic (causing or capable of causing disease)
athogenität pathogenicity
athologie (Lehre von den Krankheiten) pathology
athologisch/krankhaft pathological (altered or caused by disease)
atriarchalisch patriarchal
aukenbein/Os tympanicum tympanic bone
aukengang/Scala tympani tympanic canal
aukenhöhle/Cavum tympani tympanic cavity, middle ear cavity, tympanum
CR (Polymerasekettenreaktion) PCR (polymerase chain reaction)
- **Blasen-Linker-PCR** bubble linker PCR
- **differenzieller Display** differential display (form of RT-PCR)
- **DOP-PCR (PCR mit degeneriertem Oligonucleotidprimer)** DOP-PCR (degenerate oligonucleotide primer PCR)
- **Echtzeit-PCR** real-time PCR
- **inverse PCR** inverse PCR
- **IRP (inselspezifische PCR)** IRP (island rescue PCR)
- **ligationsvermittelte Polymerasekettenreaktion** ligation-mediated PCR
- **RACE-PCR** (schnelle Vervielfältigung von cDNA-Enden-PCR)RACE-PCR (rapid amplification of cDNA ends-PCR)
- **RT-PCR** (PCR mit reverser Transcriptase) RT-PCR (reverse transcriptase-PCR)
- **Touchdown-PCR** touchdown PCR

Peckhamsche Mimikry Peckhamian mimicry
Pecten (Vogelauge) pecten
Pedalganglion pedal ganglion
Pedaliaceae/Sesamgewächse sesame family, benne family
Pedipalpe pedipalp
Pedipalpenlade palpal endite (with scapula)
Pedizellarie/Pedicellarie pedicellaria
- **gezähnte Beißzange/ ophiocephale Pedicellarie/ globifere Pedicellarie** ophiocephalous pedicellaria
- **Giftzange/ gemmiforme Pedicellarie/ globifere Pedicellarie** poison pedicellaria, toxic pedicellaria, gemmiform pedicellaria, globiferous pedicellaria, glandular pedicellaria
- **Klappzange/ tridactyle Pedicellarie/ tridentate Pedicellarie** tridentate pedicellaria
- **Putzzange/trifoliate Pedicellarie/ triphyllate Pedicellarie** trifoliate pedicellaria, triphyllous pedicellaria

Pedizellus/Pedicellus pedicellus, pedicel
Pegel level; (Pegelstand) water level)
Peitsche whip
peitschen (peitschend) whip (whipping)
Peitschengeißel whiplash flagellum, acronematic
Peitschenklimmer/Flagellariaceae flagellaria family
Peitschenwurm (*Trichuris trichiura*) whipworm
Pektin pectin
Pektinelle pectinella
Pektinsäure (Pektat) pectic acid (pectate)
Pelagial/pelagische Zone/ Freiwasserzone pelagic zone
pelagisch/pelagial (offenes Wasser) pelagic, pelagial (open-water/open-sea)

Pelagos (Organismen des Pelagial) pelagic organisms/community
Peleusball (Pipettierball) ***lab*** safety pipet filler/ball
Pellicula pellicle, pellicula
Pelz fur
Pelzfarngewächse/Sinopteridaceae sinopterids
Pelzflatterer/Riesengleitflieger/ Dermoptera flying lemurs, colugos, dermopterans
Pendelströmung (*Physarium*) shuttle streaming
Pendelverkehr/Pendeln (Membran) shuttle, shuttling
Penetranz penetrance
➢ **(un)vollständige Penetranz** (in)complete penetrance
penetrieren/eindringen (sexuell) penetrate; *ethol/med* invade
Penetrieren/Penetration/Eindringen (sexuell) penetration; *ethol/med* invasion
Penicillansäure penicillanic acid
Penis/Aedeagus/Aedoeagus ***entom*** penis, aedeagus, intromittent organ
Penis/Phallus/männliches Glied/ männliches Begattungsorgan/Rute penis (*pl* penes), phallus, copulatory organ, intromittent organ; pizzle (esp. bull)
➢ **Eichel/Glans penis** glans penis
➢ **Hemipenis (Schlangen)** hemipenis
Penisblase/Praeputialsack (Insekten) preputial sac
Penisknochen/Os penis penis bone, baculum
Pentadaktylie/ Fünfzahl von Fingern und Zehen pentadactyly
Pentamer/Penton ***vir*** pentamer, penton
Pentosephosphatweg/ Hexosemonophosphatweg/ Phosphogluconatweg pentose phosphate pathway, pentose shunt, phosphogluconate oxidative pathway, hexose monophosphate shunt (HMS)
Pentosurie pentosuria
Peperomiaceae/ Zwergpfeffergewächse peperomia family
Peplomer peplomer
Pepsin (Pepsin A) pepsin (pepsin A)
Peptid peptide
Peptidbindung peptide bond, peptide linkage
Peptidkette peptide chain
Peptidoglykan/Mukopeptid peptidoglycan, mucopeptide
Peptidyl-Stelle (P-Stelle) peptidyl-site (P-site)
Peptidyltransferase peptidyl transferase
Pepton peptone
peptonisieren peptonize
Peptonwasser peptone water
Perameisensäure performic acid
Peramorphose peramorphosis
Pereion/Peraeon/Pereon (Brust/Thorax bei Crustaceen) pereion, pereon
Pereiopode/Peraeopode (Schreitbein des Pereon) pereiopod, pereopod (walking leg of pereon)
perennierend perennial
Perforationsplatte perforation plate
perforieren (perforiert/löcherig) perforate(d)
perforierte Endwand (Xylem) perforation plate
Perfusionskultur perfusion culture
pergamentartig (z.B. Flügel) parchmentlike
Perianth perianth
Peribranchialraum peribranchial cavity, atrial cavity
Periderm periderm, outer bark
Peridie peridium
Perigon undifferentiated perianth, *thus* → tepals
Perikambium/Perizykel pericambium, pericycle
Perikardhöhle/ Perikardialraum/Perikardialsack/ Perikardialbeutel/Perikardialsinus pericardial cavity/chamber, pericardial sac, pericardial sinus

erikardialseptum/Diaphragma pericardial septum, diaphragm
erikaryon/Zellkörper/Soma (Nervenzellen) perikaryon, cell body, soma
eriklinalchimäre periclinal chimera
erilymphe perilymph
erinukleärer Raum/Spaltraum/ perinukleäre Zisterne/ Cisterna karyothecae perinuclear space, perinuclear cistern
eriode (erdgeschichtliche Zeit) (*siehe auch:* Zeitalter/Epoche) period
- **Cambrium/Kambrium** Cambrian, Cambrian Period
- **Devon** Devonian, Devonian Period
- **Jura/Jurazeit** Jurassic, Jurassic Period
- **Kambrium/Cambrium** Cambrian, Cambrian Period
- **Karbon/Steinkohlenzeit** Carboniferous, Carboniferous Period, 'Coal Age'
- **Kreide/Kreidezeit** Cretaceous, Cretaceous Period
- **Neogen/Jung-Tertiär** Neogene
- **Ordovizium** Ordovician, Ordovician Period
- **Paläogen/Alt-Tertiär** Paleogene
- **Perm** Permian, Permian Period
- **Quartär** Quaternary, Quaternary Period
- **Silur** Silurian, Silurian Period
- **Tertiär/Tertiärzeit/Braunkohlenzeit** Tertiary, Tertiary Period
- **Trias** Triassic, Triassic Period

Periodensystem (der Elemente) periodic table (of the elements)
periodisch periodic(al)
Periodizität periodicity
Periodsäure/Schiff-Reagens (PAS-Anfärbung) periodic acid-Schiff stain (PAS stain)
Periost/Knochenhaut periosteum
Periostracum/Schalenhäutchen periostracum
peripher peripheral
periphere (extrinsische) Proteine peripheral (extrinsic) proteins
Periphyse periphysis
Periphyton/Aufwuchs/Bewuchs *limn* periphyton, attached algae
periplasmatischer Raum periplasmic space
Periplasmodialtapetum plasmodial tapetum
Periplast periplast
Periprokt periproct
Peristaltik peristalsis
peristaltisch peristaltic
Peristom (Protozoen: Zellmundhöhlung) peristome, peristomium, buccal cavity
Peritoneum/Bauchfell peritoneum
peritrich peritrichous
peritrophische Membran peritrophic membrane
Perizykel/Perikambium pericycle, pericambium
Perizyt/Pericyt/Rougetsche Zelle pericyte, pericapillary cell (type of macrophage)
Perkardialhöhle/Perikardialraum/ Perikardialbeutel/Perikardialsinus pericardial cavity, pericardial sac, pericardial sinus
perkutan percutaneous
Perle pearl
Perlit/Perlstein perlite
Perlmutt/Perlmutter nacre, mother-of-pearl
perlmuttartig glänzend/ perlmutterartig glänzend nacreous
Perlmutterschicht/Nacréschicht nacreous layer
perlmuttfarben/perlmutterfarben nacrine, mother-of-pearl colored
perlschnurartig/moniliat arranged like a chain of beads, moniliform
Perlschnurfühler *entom* moniliform antenna
Perlschnurstruktur (von Chromatin) beads-on-a-string structure
Perm (erdgeschichtliche Periode) Permian Period
Permafrost permafrost

permeabel/durchlässig permeable, pervious
➢ **impermeabel/undurchlässig** impermeable, impervious
➢ **semipermeabel/halbdurchlässig** semipermeable
Permeabilität/Durchlässigkeit permeability
Permeant(en) ***zool*** permeant(s)
permissive Zelle (permissiver Wirt) permissive cell
Permissivität permissivity, permissive conditions
perniziös pernicious
Peroxisom peroxisome
persistent persistent
persistente Infektion/ anhaltende Infektion persisting infection
Persistenz/Beharrlichkeit/Ausdauer persistence
persistieren/verharren/ausdauern persist
Perthophyt perthophyte
perthotroph/perthophytisch perthotrophic, perthophytic
Perubalsam Peruvian balsam, balsam of Peru
Perzeption/Wahrnehmung perception
perzipieren/sinnlich wahrnehmen perceive
Pest plague
➢ **Beulenpest/Bubonenpest (*Yersinia pestis*)** bubonic plague
➢ **Lungenpest (*Yersinia pestis*)** pneumonic plague
Pestizid/ Schädlingsbekämpfungsmittel/ Biozid pesticide, biocide
➢ **Algenbekämpfungsmittel/Algizid** algicide
➢ **Insektenbekämpfungsmittel/ Insektizid** insecticide
➢ **Kontaktpestizid** contact pesticide
➢ **Milbenbekämpfungsmittel/ Akarizid** acaricide
➢ **Nematodenbekämpfungsmittel/ Nematizid** nematicide
➢ **Schneckenbekämpfungsmittel/ Molluskizid** molluscicide

Pestizidanreicherung pesticide accumulation
Pestizidresistenz pesticide resistance
Pestizidrückstand pesticide residue
PET (Positronenemissions- tomographie) PET (positron emission tomography)
Petalodium petaloid
Petasma petasma
Petersfischartige/ Petersfische und Eberfische/ Zeiformes dories (John Dory) and others
Petite-Mutante petite mutant
Petrischale Petri dish, Petri plate, plate
Petrolether/Petroläther petroleum ether
Peyerscher Plaque Peyer‘s patch
Pfad/Weg path, pathway, way, route
Pfahlstütze (für Pflanzen) stake
Pfahlwurzel taproot
Pfanne *geol* pan; *med* (Gelenk) acetabulum
Pfeffergewächse/Piperaceae pepper family
pfeifen whistle
Pfeil (Mollusken) dart
pfeilförmig arrowhead-shaped, sagittate, sagittiform
Pfeilgift arrow poison
Pfeilnaht/Sutura sagittalis (Schädelnaht) sagittal suture
Pfeilsack (Mollusken) dart sac
Pfeilschwanzkrebse/Xiphosura horseshoe crabs
Pfeilstellung/Flügelpfeilung ***aer/orn*** sweepback
Pfeilwürmer/ Borstenkiefer/Chaetognathen arrow worms, chaetognathans
Pfeilwurzelgewächse/Marantaceae arrowroot family, prayer plant family
Pfeilzunge (hohl)/ toxoglosse Radula toxiglossate radula (hollow radula teeth)
Pferch pen, corral

ferd horse
› **Apfelschimmel** dapple gray horse
› **Falbe** dun
› **Fliegenschimmel** flea-bitten gray
› **Fohlen/Füllen, männliches** colt (male horse/pony under 4 years)
› **Fohlen/Füllen, weibliches** filly (female horse/pony under 4 years)
› **Hengst** stallion (Zuchthengst: stud/studhorse)
› **Klopphengst/Spitzhengst (Kryptorchide)** ridgeling, ridgling (cryptorchid)
› **Maulesel** (Eselstute x Pferdehengst) hinny (♀ ass/donkey x ♂ horse stallion)
› **Maultier** (Pferdestute x Eselhengst) mule (♀ horse/mare x ♂ ass/donkey)
› **Mustang (verwildertes Präriepferd)** mustang (naturalized horse of western plains)
› **Muttertier** dam (mother animal)
› **Rappe** black horse
› **Schecke** skewbald horse
› **Schimmel** gray horse
›› **Apfelschimmel** dapple gray horse
›› **Fliegenschimmel** flea-bitten gray
›› **Rotschimmel** (red/strawberry) roan
›› **weißer Schimmel** white horse
› **Spitzhengst/Klopphengst (Kryptorchide)** ridgeling, ridgling (cryptorchid)
› **Vatertier/männliches Stammtier (Beschäler/Zuchthengst)** sire (male parent)
› **Vollblut** thoroughbred
› **Wallach (Pferd)** gelding
› **Zuchthengst/Schälhengst/Beschäler** stud, studhorse (*see*: stallion)
› **Zuchtpferd** stock horse

Pferderettichgewächse/Bennuss-/Behennussgewächse/Moringagewächse/Moringaceae horseradish tree family

Pfifferlinge/Cantharellaceae chanterelle/chantarelle family

Pfingstrosengewächse/Paeoniaceae peony family

Pflänzchen plantlet

Pflanze plant, "flower", wort
› **Adultpflanze** adult plant
› **Ameisenpflanze/Myrmekophyt** myrmecophyte, myrmecoxenous plant
› **Ampel** hanging basket plant
› **Anzeigerpflanze/Indikatorpflanze** indicator plant
› **Arzneipflanze/Heilpflanze** medicinal plant
› **Auferstehungspflanze/Wiederauferstehungspflanze** resurrection plant
› **Aufsitzerpflanze/Epiphyt/Luftpflanze** epiphyte, air plant, aerial plant, aerophyte
› **Balkonpflanze** balcony plant
› **Baum (*pl* Bäume)** tree(s)
› **Drogenpflanze/Arzneipflanze** medicinal plant
› **Epiphyt/Aufsitzerpflanze/Luftpflanze** epiphyte, air plant, aerial plant, aerophyte
› **Erdpflanze/Geophyt/Cryptophyt/Kryptophyt/Staudengewächs** geophyte, geocryptophyte, cryptophyte *sensu lato*
› **Faserpflanze** fiber plant, fiber crop
› **Fäulnispflanze/Faulpflanze/Saprophyt** saprophyte
› **Felspflanze** petrophyte, rock plant
› **Futterpflanze** fodder, forage (plant)
› **Gartenpflanze** garden plant
› **Gebirgspflanze/Bergpflanze/Oreophyt/Orophyt** orophyte (subalpine plant)
› **Gefäßpflanze** vascular plant
› **Geophyt/Erdpflanze/Cryptophyt/Kryptophyt/Staudengewächs** geophyte, geocryptophyte, cryptophyte *sensu lato*
› **Giftpflanze** poisonous plant
› **Grünpflanze/Blattpflanze (floristisch)** foliage plant, leafy plant
› **Halbstrauch** half-shrub, semishrub, shrubby herb, suffrutecsent plant

- **Hängepflanze** hanging plant
- **Heckenpflanze** hedge plant
- **Heilpflanze/Arzneipflanze** medicinal plant
- **höhere Pflanzen** higher plants
- **Holzpflanzen** woody plants
- **Indikatorpflanze/ Anzeigerpflanze** indicator plant
- **Jungpflanze** young/juvenile plant
- **Kältepflanze/Kryophyt** cryophyt, plant preferring low temperatures
- **Kannenpflanze** pitcher plant
- **Keimpflanze/Keimling** sprout, seedling
- **Kletterpflanze** climber, scandent plant, (climbing) vine; (holzig) liana
- **Klonausgangspflanze/ Klonmutterpflanze/Ortet** ortet (original single ancestor of a clone)
- **Kompasspflanze/Medianpflanze** compass plant, heliotropic plant
- **Kormophyt/Achsenpflanze/ Sprosspflanze (Gefäßpflanze)** cormophyte (vascular plant)
- **Kraut (*siehe*: Krautpflanze)** herb (annual/biennial); wort, weed
- **krautige Pflanze** herb, herbaceous plant; (nicht Gräser) forb
- **Krautpflanze** herb, herbaceous plant; (Unkraut) weed; (nicht Gräser) forb (nongraminoid herbaceous plant)
- **Kriechpflanze** creeper, trailing plant
- **Kryophyt/Kältepflanze** cryophyt, plant preferring low temperatures
- **Kryptogamen/blütenlose Pflanzen** cryptogams
- **Kübelpflanze** container plant, (large) pot plant, large potted plant
- **Kulturpflanze** crop plant, cultivated plant
- **kurzlebige Pflanze** ephemeral plant
- **Lagerpflanze/Thallophyt** thallophyte
- **Landpflanze** terrestrial plant
- **Langtagspflanze** long-day plant
- **Leitpflanze/Charakterart** character species
- **Liane (verholzte Kletterpflanze)** liana, woody climber
- **Lichtpflanze/Heliophyt** sun plant, heliophyte
- **Moorpflanze/Sumpfpflanze** helophyte, bog plant, marsh plant
- **Mutterpflanze** mother plant, female plant
- **Nachtpflanze/Nachtblüher** nocturnal plant
- **Nahrungspflanze** food crop, forage plant, food plant
- **niedere Pflanzen** lower plants, primitive plants
- **Nutzpflanze** economic/useful/crop plant
- **Pionierpflanze** pioneer plant
- **Polsterpflanze** cushion plant
- **Rabattenpflanze** border plant
- **Rosettenpflanze** rosette plant
- **Ruderalpflanze** ruderal plant
- **Rankenpflanze/rankende Pflanze** tendril climber; vine, cane, sarment
- **Salzpflanze** halophyte
- **Samenpflanze/Spermatophyt** seed-bearing plant, spermatophyte
  - **Bedecktsamer/Decksamer/ Angiosperme** angiosperm, anthophyte
  - **Nacktsamer/Gymnosperme** naked-seed plant, gymnosperm
- **Schattenpflanze** shade-loving plant, shade plant, sciophyte, sciaphyte, skiophyte, skiaphyte
- **Schlingpflanze/Windepflanze** ***allg*** winder, twiner; (verholzte) liana
- **Schnittblumen** cut flowers
- **Schuttpflanze/Ruderalpflanze** ruderal plant
- **Seepflanze** lacustrine plant
- **Solitärpflanze** solitary plant
- **Sprosspflanze/Kormophyt** cormophyte
- **Starklichtpflanze/Heliophyt** heliophyte

Staude
hardy/perennial herbaceous plant
(*see*: Staudengewächs/Geophyt)
Strauch (*pl* Sträucher) shrub(s)
➤ **Sumpfpflanze (Moorpflanze)**
helophyte, marsh plant (bog plant)
➤ **tagneutrale Pflanze**
day-neutral plant
➤ **Tagpflanze/Tagblüher** diurnal plant
➤ **Therophyt/kurzlebige Pflanze/ Annuelle/Einjährige**
therophyte, annual plant
➤ **tiefwurzelnde Pflanze**
deep-rooted plant
➤ **Topfpflanze** pot plant, potted plant
➤ **Tracheophyt/Gefäßpflanze**
tracheophyte, vascular plant
➤ **transgene Pflanzen**
transgenic plants
➤ **Trichterpflanze**
funnel-leaved/infundibulate plant
➤ **Trockenpflanze**
xerophyte, xeric/xerophilous plant
➤ **Wasserpflanze/Hydrophyt**
aquatic plant, water plant, hydrophyte
➤ **Weltwirtschaftspflanze**
worldwide/global economic plant, world-trade plant/crop
➤ **Wildpflanze** wildflower
➤ **Windepflanze/Schlingpflanze**
winder, twiner; liana (woody)
➤ **Wirtschaftspflanze** economic plant
➤ **Wüstenpflanze/Eremiaphyt**
desert plant, eremophyte, eremad
➤ **Zeigerpflanze/Leitpflanze**
indicator plant, index plant
➤ **Zierpflanze** ornamental plant
➤ **Zimmerpflanze**
houseplant, indoor plant
➤ **Wirtspflanze** host plant

pflanzen plant
➤ **anpflanzen/bepflanzen**
plant, cultivate, grow
➤ **einpflanzen**
bot plant; (Organe) implant
➤ **umpflanzen/versetzen**
transplant, replant
➤ **verpflanzen** *bot* (umpflanzen/ umsetzen/versetzen) replant; (transplantieren) *zool* transplant

Pflanzenabfälle plant waste
Pflanzenbau agronomy
Pflanzendecke plant cover, vegetational cover, vegetation
Pflanzendroge herbal drug
Pflanzenfarbstoff plant pigment
pflanzenfressend plant-eating, phytophagous, herbivorous
Pflanzenfresser herbivore
Pflanzengalle/Cecidium (*siehe*: Gallen) gall
Pflanzengeographie/Geobotanik
plant geography, plant biogeography, phytogeography, geobotany
Pflanzengesellschaft/ Pflanzengemeinschaft
(allgemein/abstrakt) phytocoenon, community type, nodum, abstract plant community; (spezifische) phytocoenose, concrete plant community
Pflanzenhaar trichome
Pflanzeninhaltsstoff
plant chemical, phytochemical
➤ **sekundäre P./Sekundärstoffe**
secondary metabolites
Pflanzenkonsument plant consumer
Pflanzenkörper plant body
Pflanzenkrankheit plant disease
Pflanzenkultur crop
Pflanzenliebhaber plant lover
pflanzenlos devoid of plants
Pflanzenmaterial plant specimens
Pflanzenöl (diätetisch) vegetable oil
Pflanzenpresse plant press
Pflanzenreich plant kingdom
Pflanzensaft
sap, xylem/phloem fluid
Pflanzensauger/Homoptera
homopterans (cicadas & aphids & scale insects)
pflanzenschädlich/phytotoxisch
phytotoxic
Pflanzenschädling plant pest
Pflanzenschau plant show
Pflanzenschauhaus
greenhouse (open to the public)
Pflanzenschutz plant protection
Pflanzenschutzmittel/Pestizid
plant-protective agent, pesticide; crop protection product(s) (CPP)

Pflanzensoziologie
plant sociology, phytosociology
Pflanzensystematik
plant systematics,
plant classification
Pflanzenvielfalt plant diversity
Pflanzenvirus plant virus
Pflanzholz/Setzholz ***hort***
(Werkzeug zum Einpflanzen)
dibber, dibble
Pflanzung planting, plantation
Pflasterepithel/kubisches Epithel
cuboidal epithelium
Pflasterzahnsaurier/Placodontia
placodonts, placodontians
(mollusk-eating euryapsids)
Pflege/Erziehung
care, fostering, nurture
Pflegeeltern foster parents
Pflegekinder foster children
Pflegemutter
nursing mother, foster mother
pflegen (Pferd: striegeln)
grooming (horse: currycomb)
pflegen/versorgen
care for, provide for
Pflegetier foster animal
➢ **Phorozoid** phorozooid
Pflock peg
Pflug plow, plough
Pflugbau tillage farming
pflügen plowing, till, tiling
Pflugscharbein/Vomer
ploughshare bone, vomer
Pfortader/Vena portae portal vein
Pförtner/Pylorus pylorus
Pfosten post
➢ **Zaunpfosten** fence post
Pfote/Tatze paw
pfriemlich awl-shaped, subulate
pfropfen ***vb*** graft
Pfropfen ***n*** grafting
Pfropfgrundlage/Pfropfunterlage
stock, understock
Pfropfkopf stub, grafting stub
Pfropfreis/Edelreis/Pfröpfling/Reis
scion (cion), graft (slip: softwood or
herbaceous cutting for grafting)
Pfropfstelle graft union
Pfropfströmung plug flow
Pfropfung ***hort*** grafting

➢ **Ablaktieren/Ablaktion/Ablaktatior**
approach grafting
➢ **Ammenveredelung/Anhängen/**
Vorspann geben inarching
➢ **Anschäften**
splice grafting, whip grafting
(with stock larger than scion)
➢ **Astpfropfung/Astveredlung**
top grafting, top working
➢ **Augenveredlung/**
Okulieren/Okulation
bud grafting, budding
➢ **Geißfußpfropfung/**
Geißfußveredelung (Triangulation)
inlay grafting
➢ **in den Spalt pfropfen**
cleft grafting, wedge grafting
➢ **Kopulieren/Kopulation/Schäften**
splice grafting, whip grafting
➢ **Kopulieren mit Gegenzunge**
whip and tongue grafting
➢ **Kronenveredlung**
crown grafting
➢ **Rindenpfropfung/**
Pfropfen hinter die Rinde
rind grafting, bark grafting
➢ **Sattelschäften** saddle grafting
➢ **Schäften/Kopulation/Kopulieren**
(Pfropfung)
splice grafting, whip grafting
➢ **Seitenpfropfung/**
Seitenveredelung/
Veredeln an die Seite
side grafting
➢ **seitliches Anplatten** side grafting;
veneer side grafting,
side-veneer grafting,
spliced side grafting
➢➢ **mit Gegenzunge**
side-tongue grafting
➢➢ **mit langer Gegenzunge**
flap grafting
➢ **seitliches Einspitzen**
shield grafting, sprig grafting
➢ **seitliche Spaltpfropfung**
side cleft grafting,
side whip grafting, bottle grafting
➢ **Spaltpfropfung/**
Pfropfen in den Spalt
wedge grafting, cleft grafting
➢ **Tischveredelung** bench grafting

- **Überbrückung/ Wundüberbrückung** bridge grafting, repair grafting
- **Veredeln auf den Kopf** apical grafting
- **Wurzelpfropfung/Wurzelveredlung** root grafting
- **Zwischenveredlung/ Zwischenpfropfung** double-working (grafting with interstock)

Pfropfunterlage/Pfropfgrundlage stock
Pfropfwachs (Wundverschlussmittel) grafting wax (a grafting sealant)
Pfütze puddle
Phage/Bakteriophage phage, bacteriophage, bacterial virus

- **lysogener Phage** lysogenic phage
- **lytischer Phage** lytic phage
- **temperenter Phage** temperate phage
- **virulenter Phage** virulent phage, lysogenizing phage

Phagemid phagemid
Phagosom/Heterophagosom phagosome, heterophagosome (*siehe auch*: Autophagosom)
phagotroph phagotrophic
Phagozyt/Phagocyt phagocyte
phagozytieren/phagocytieren phagocytize
Phagozytose/Phagocytose phagocytosis
Phallus/Penis/männliches Glied/ männliches Begattungsorgan phallus, penis, copulatory organ, intromittent organ
Phallusdrohen phallic threat
Phän *nt* phene

- **Isophän** isophene
- **Ökophän** ecophene

Phanerophyt/Holzgewächs (Bäume/Sträucher; hochliegende Erneuerungsknospen) phanerophyte (*siehe*: Nanophanerophyt)
Phänetik/numerische Taxonomie phenetics, numerical taxonomy, taxometrics
Phänogenese phenogenesis
Phänogenetik phenogenetics
Phänogramm/ Ähnlichkeitsdendrogramm phenogram
Phänokopie phenocopy
Phänologie phenology
Phänotyp/Phaenotypus phenotype

- **quantitativer Phänotyp** quantitative phenotype

Phäomelanin phaeomelanin
Phäophytin pheophytin
pharat (coarctate Puppe) pharate (cloaked adult/coarctate pupa)
Pharmakodynamik pharmacodynamics
Pharmakogenetik pharmacogenetics
Pharmakognosie pharmacognosy
Pharmakologie pharmacology
Pharmakon (*pl* Pharmaka) medicine, medicinal drug, remedy, pharmaceutical
Pharmakopöe/ Arzneimittel-Rezeptbuch/ amtliches Arzneibuch pharmacopoeia, formulary
pharmazeutisch pharmaceutical
Pharmazie/Arzneilehre/Arzneikunde pharmacy
Pharynx/Rachen/Schlund pharynx (*pl* pharynges), gullet

- **Cytopharynx/Zytopharynx/ Zellschlund** cytopharynx, gullet
- **Kaumagen/Mastax (Rotatorien)** mastax, pharynx
- **Kiemendarm** branchial gut, branchial basket, pharynx

Pharynxdrüse pharyngeal gland
Phasendiagramm phase diagram
Phasengrenze phase boundary
Phasenkontrast phase contrast
Phasenkontrastmikroskop phase contrast microscope
Phasenring phase ring, phase annulus
Phasenübergang phase transition
Phasenübergangstemperatur phase transition temperature
Phasenveränderung phase variation
Phasmid/Schwanzpapillendrüse phasmid

Phellem/Kork
phellem, cork, secondary bark
Phellogen/Korkcambium
phellogen, cork cambium
Phenanthren phenanthrene
Phenol phenol
Phenylalanin phenylalanine
Phenylketonurie phenylketonuria
Pheromon pheromone
Phloem/Siebteil/Bastteil phloem
➢ **externes Phloem**
external phloem
➢ **internes Phloem/inneres Phloem/ Innenphloem** internal phloem
➢ **interxylares Phloem**
interxylary phloem
➢ **intraxylares Phloem**
intraxylary phloem
Phloembeladung/-entladung
phloem loading/unloading
Phloemsaft phloem sap
Phorbolester phorbol ester
Phoresie phoresis, phoresy, phoresia
Phormiumgewächse/Phormiaceae
flax lily family
Phorozooid/Tragtier phorozooid
Phosphat phosphate
Phosphatidsäure phosphatidic acid
Phosphatitylcholin
phosphatidylcholine
Phosphodiesterbindung
phosphodiester bond
Phosphogluconatweg/ Pentosephosphatweg/ Hexosemonophosphatweg
phosphogluconate oxidative pathway, pentose phosphate pathway, pentose shunt, hexose monophosphate shunt (HMS)
Phosphor (P) phosphorus
phosphorhaltig/ phosphorig/Phosphor... ***adj/adv***
phosphorous
Phosphorsäure phosphoric acid
Phosphorylierung phosphorylation
➢ **nichtzyklische/nichtcyclische/ lineare Phosphorylierung**
noncyclic phosphorylation
➢ **oxidative Phosphorylierung**
oxidative phosphorylation, carrier-level phosphorylation
➢ **Substratkettenphosphorylierung**
substrate-level phosphorylation
➢ **zyklische/cyclische P.**
cyclic phosphorylation
photoallergen photoallergenic
Photoatmung/Lichtatmung/ Photorespiration
photorespiration
photoautotroph photoautotroph(ic)
photoheterotroph
photoheterotroph(ic)
photolithotroph photolithotroph(ic)
Photonenstromdichte
photosynthetic photon flux (PPF)
photoorganotroph
photoorganotroph(ic)
Photoperiodismus photoperiodism
Photoperiodizität photoperiodicity
Photophore/Leuchtorgan
photophore, luminous organ, light-emitting organ
Photoreaktivierung
photoreactivation
Photorespiration/Photoatmung/ Lichtatmung
photorespiration
Photosensibilisierung
photosensibilization
Photosynthese photosynthesis
Photosynthese-Einheit
photosynthetic unit
Photosyntheseprodukt
photosynthetic product, photosynthate
Photosynthesequotient/ Assimilationsquotient
photosynthetic quotient
Photosynthesereaktionszentrum/ Reaktionszentrum
reaction center
photosynthetisch photosynthetic
photosynthetisch aktive Strahlung
photosynthetically active radiation (PAR)
photosynthetisieren
photosynthesize
phototroph/photosynthetisch
phototroph(ic), photosynthetic
Phototrophie phototrophy
phototropisch phototropic
Phototropismus phototropism

Phragmokon/Phragmoconus phragmocone
Phrase/Tour (Vogelgesang) phrase
Phratrie phratry
Phreatophyt phreatophyte
Phrenologie (nach Gall) phrenology
Phrymagewächse/Phrymaceae lopseed family
Phthalsäure phthalic acid
phyletisch phyletic
phyletische Evolution phyletic evolution
Phyllochinon (Vitamin K_1) phylloquinone, phytonadione
Phyllocladium (Flachspross eines Kurztriebs) phylloclade
Phyllodie/Verlaubung phyllody (transformation of floral organ into leaflike structure)
Phyllodium/Blattstielblatt phyllode
Phylloid (*pl* Phyllidien) (blattartiges Organ) phylloid; (Algenspreite/Moosblättchen) phyllid, leaflet, blade, lamina
Phyllom phyllome
Phyllopodium (*pl* Phyllopodien)/ Blattbein phyllopod
Phylogenese/Phylogenie/ Stammesgeschichte/ Stammesentwicklung/ Abstammungsgeschichte/ Evolution phylogenesis, phylogeny, evolution
Phylogenetik phylogenetics
phylogenetisch/phyletisch/ stammesgeschichtlich/ evolutionär phylogenetic, phyletic, evolutionary
phylogenetische Methoden phylogenetic methods
➢ **Bootstrap-Verfahren** bootstrap method
➢ **Distanz-Verfahren** distance method
➢ **Jackknife-Verfahren** jackknife method
➢ **Keildiagramm** wedge diagram
➢ **Maximum Likelihood** maximum likelihood
➢ **Parsimonie** parsimony
phylogenetischer Baum phylogenetic tree
➢ **Konsensusbaum/Konsensbaum** consensus tree
Phylogenie phylogeny
Phylogramm/ phylogenetischer Baum (metrischer Stammbaum) phylogram, phylogenetic tree
physikalische Karte physical map
physikalische Sicherheit-(smaßnahmen) ***lab*** physical containment
Physiologe physiologist
Physiologie physiology
physiologisch physiological
Physogastrie physogastry
Phytansäure phytanic acid
Phytinsäure phytic acid
Phytoalexin phytoalexin
Phytobezoar (Magenkugel) phytobezoar (stomach ball)
Phytocecidium/Pflanzengalle (von Pilzen hervorgerufen) plant gall
Phytol phytol
Phytolaccaceae/ Kermesbeerengewächse pokeweed family
phytophag/herbivor/ pflanzenfressend phytophagous, herbivorous, plant-eating, feeding on plants
Phytoplankton phytoplankton
Phytosterin phytosterol
Phytothelme phytothelma (*adj* phytotelmic)
picken peck, pick
piepen/piepsen (Maus) peep, squeak; (Vögel) chirp, cheep
Pier pier, quay
Pigment pigment
Pigmentflecken ***med*** pigmented moles
Pigmentierung pigmentation
Pigmentschicht (Auge) pigment layer
Pigmentzelle/Farbzelle/ Chromatophore pigment cell, chromatophore
pikieren ***hort*** transplant

Pikrinsäure picric acid
pileat/hutförmig/konsolenförmig pileate, pileiform, cap-shaped
Pilus/Konjugationsrohr/Konjugationsfortsatz (auf Bakterienoberfläche) pilus (on bacterial surface)
➤ **Sexpilus** sex pilus
Pilz fungus, mushroom
Pilzbefall fungal infestation
Pilzbekämpfungsmittel/Fungizid fungicide
Pilzfaden/Hyphe hypha
Pilzfleisch/Fleisch flesh
pilzfressend/fungivor/mykophag/myzetophag fungus-eating, feeding on fungus, fungivorous, mycophagous, mycetophagous
Pilzgarten fungus garden
Pilzgeflecht/Myzel (Myzeltypen unter: Myzel) mycelium
Pilzhülle/Velum veil, velum
Pilzhut cap, pileus
Pilzkörper ***pl*****/Corpora pedunculata** mushroom bodies, pedunculate bodies, corpora pedunculata
Pilzkunde/Mykologie mycology
Pilzvergiftung mushroom poisoning, mycetism
Pilzzucker/Trehalose trehalose, mycose
Pimelinsäure pimelic acid
Pimpernussgewächse/Staphyleaceae bladdernut family
Pinaceae/Kieferngewächse/Föhrengewächse/Tannenfamilie pine family, fir family
Pinakozyt/Pinacocyt pinacocyte
Pinealauge (bei Neunauge: ***Petromyxon*****)** pineal eye, epiphyseal eye (median eye)
Pinealorgan/Epiphyse/Zirbeldrüse pineal body, pineal gland, conarium, epiphysis
Pingpong-Reaktion/doppelte Verdrängungsreaktion *biochem* ping-pong reaction, double-displacement reaction
Pinguine/Sphenisciformes penguins
Pinozytose/Pinocytose pinocytosis
Pinselfüßer/Pselaphognatha pselaphognaths
Pinzette tweezers, forceps
➤ **Arterienklemme** artery forceps, artery clamp
➤ **Gewebepinzette** tissue forceps
➤ **Knorpelpinzette** cartilage forceps
➤ **Mikropinzette/Splitterpinzette/Uhrmacherpinzette** microdissection forceps, watchmaker forceps
➤ **Sezierpinzette/anatomische Pinzette** dissection tweezers/forceps
pinzieren/entspitzen pinch off, tip
Pionierart pioneer species
Pionierneuron pioneer neuron
Pionierorganismus pioneer organism
Pionierpflanze pioneer plant
Pionierstadium pioneer stage
Piperaceae/Pfeffergewächse pepper family
Piperazin piperazine
Piperidin piperidine
Piperin piperine
Pipette pipet, pipette
➤ **Kapillarpipette** capillary pipet
➤ **Messpipette** graduated pipet, measuring pipet
➤ **Pasteurpipette** Pasteur pipet
➤ **Saugpipette** suction pipet (patch pipet)
➤ **Tropfpipette/Tropfglas** dropper
➤ **Vollpipette/volumetrische Pipette** transfer pipet, volumetric pipet
Pipettenflasche dropping bottle, dropper vial
Pipettierball/Pipettierbällchen pipet bulb, rubber bulb
➤ **Peleusball** safety pipet filler, safety pipet ball
pipettieren pipet
Pipettierhilfe pipet helper
Pipettierhütchen/Pipettenhütchen/Gummihütchen pipeting nipple, rubber nipple

·irsch stalk (hunt/pursue prey stealthily)
·irschen stalk (hunt/pursue prey stealthily)
·istill (*zu: Mörser*) pestle (*to*: mortar)
·istill/Stempel *bot* pistil
·istillat *bot* pistillate, carpellate
·ittosporaceae/ Klebsamengewächse pittosporum family, tobira family, parchment-bark family
·lacebo/Plazebo/Scheinarznei placebo
·lacoidschuppe/Zahnschuppe/ Hautzahn/Dentikel placoid scale, dermal denticle
plagiotrop plagiotropic, plagiotropous, obliquely inclined
Plagiotropismus plagiotropism
Plakode placode
➢ **Linsenplakode** lens placode
➢ **Ohrplakode** otic placode
Plan-Hohlspiegel/Plankonkav plano-concave mirror
Planarien planarians
Planation planation
Planke plank
Plankter plankter, planktonic organism
Plankton (passiv schwebend) plankton (passive drifters)
➢ **Femtoplankton** femtoplankton
➢ **Mikroplankton** microplankton
➢ **Nanoplankton/Nannoplankton** nanoplankton, nannoplankton
➢ **Phytoplankton/ pflanzliches Plankton** phytoplankton
➢ **Pikoplankton** picoplankton
➢ **Potamoplankton/Flussplankton** potamoplankton
➢ **Ultraplankton** ultraplankton
➢ **Zooplankton/tierisches Plankton** Zooplankton
Planktonfresser planktotroph
planktonisch planktonic
Planktonseiher plankton strainer (a food-strainer)
Planogamet planogamete
Planozygote planozygote
Planspiegel plane mirror, plano-mirror
planspiral/ flach-scheibenförmig gewunden planispiral
Plantage plantation, orchard, grove
Plantaginaceae/Wegerichgewächse plantain family
Plantigradie/Sohlengang plantigrade gait
Plaque plaque (*siehe*: Zahnbelag; *siehe*: Lysehof/Aufklärungshof)
➢ **klarer Plaque** clear plaque
Plaque-bildende Einheit (PBE)/ Kolonie-bildende Einheit (KBE) plaque-forming unit (PFU)
Plaque-Test plaque assay
Plaquedesmosom spot desmosome
Plasmaabschöpfung plasma skimming
Plasmalogen plasmalogen
Plasmamembran/Zellmembran/ Ektoplast/Plasmalemma plasma membrane, (outer) cell membrane, unit membrane, ectoplast, plasmalemma
Plasmaströmung/Dinese plasma streaming, cytoplasmic streaming, cyclosis
plasmatisch plasmatic
Plasmazelle plasma cell
Plasmensäure plasmenic acid
Plasmid plasmid
➢ **Einzelkopie-Plasmid** single copy plasmid
➢ **konjugatives Plasmid** conjugative plasmid, self-transmissible plasmid, transferable plasmid
➢ **kryptisches Plasmid** cryptic plasmid
➢ **mit breitem Wirtsbereich** broad host range plasmid
➢ **mobilisierbares Plasmid** mobilizable plasmid
➢ **nicht-konjugatives Plasmid** non-conjugative plasmid
➢ **relaxiertes Plasmid/ schwach kontrolliertes Plasmid** relaxed plasmid
➢ **stringentes Plasmid** stringent plasmid

Plasmidamplifikation plasmid amplification
Plasmidinkompatibilität plasmid incompatibility
Plasmidinstabilität plasmid instability
Plasmidkurierung (Entfernung eines Plasmid aus einer Wirtszelle) plasmid curing
Plasmidmobilisierung plasmid mobilization
Plasmidpromiskuität plasmid promiscuity
Plasmin/Fibrinolysin plasmin, fibrinolysin
Plasmodesmos/Plasmadesma (*pl* Plasmodesmen/ Plasmodesmata) plasmodesm, plasmodesma (*pl* plasmodesmas/plasmodesmata)
Plasmodiokarp plasmodiocarp
Plasmolyse plasmolysis
➢ **Grenzplasmolyse** incipient plasmolysis
Plastide plastid
Plastilin plasticine
Plastination plastination
➢ **Ganzkörperplastination** whole mount plastination
Plastizität plasticity
Plastom plastome
Plastronatmung plastron breathing
Platanengewächse/Platanaceae plane family, plane tree family, sycamore family
Plättchenwachstumsfaktor/ Blutplättchen-Wachstumsfaktor/ Plättchenfaktor platelet-derived growth factor (PDGF)
Platte (Kronblatt) blade, lamina
Platte (Ophiuroiden) shield, vertebral ossicle
Platten-Okulation *hort* patch budding
Platten-Test plate assay
Plattenausstrichmethode *micb* streak-plate method
Plattencollenchym/ Plattenkollenchym lamellar/tangential collenchyma, plate collenchyma
Plattenepithel squamous epithelium
Plattengussverfahren/ Gussplattenmethode *micb* pour-plate method
Plattenhäuter/ Placodermen/Placodermi placoderms
Plattenkiemer/Haie & Rochen/ Elasmobranchii sharks & rays & skates
Plattenmeristem plate meristem
Plattenverfahren *micb* (Kultur) plate assay, plating
Plattenzählverfahren *micb* plate count
platter Knochen/Os planum flat bone
Plattfische/Pleuronectiformes flatfishes
Plattformriff table reef
Plattierung/Plattieren *micb* plating (plating out)
➢ **Replikaplattierung** replica-plating
Plattierungseffizienz efficiency of plating
Plattwürmer/ Plathelminthen/Plathelminthes flatworms, platyhelminths (Platyhelminthes)
Platycladium/Flachspross platyclade
Platzmine *bot* blotch mine
Plazenta/Mutterkuchen *zool* placenta; *bot* (Samenleiste) placenta
➢ **Allantoisplazenta** allantoic placenta
➢ **Chorioallantoisplazenta** chorioallantoic placenta
➢ **Chorionplazenta** chorionic placenta
➢ **Dottersackplazenta/ Dottersackhöhlenplazenta/ Omphaloplazenta/ omphaloide Plazenta** yolk-sac placenta, choriovitelline placenta
➢ **endothelio-choriale Plazenta** endotheliochorial placenta
➢ **epithelio-choriale Plazenta** epitheliochorial placenta
➢ **Gürtelplazenta/Placenta zonaria** zonary placenta

- **haemo-choriale Plazenta** hemochorial placenta
- **Halbplazenta/Semiplazenta/ Placenta adeciduata** semiplacenta, nondeciduate placenta
- **Labyrinthplazenta** hemoendothelial placenta
- **Placenta bidiscoidalis** bidiscoidal placenta
- **Placenta cotyledonaria/ Placenta multiplex** cotyledonary placenta
- **Placenta diffusa** diffuse placenta
- **Placenta discoidalis** discoidal placenta
- **Semiplazenta/Halbplazenta/ Placenta adeciduata** semiplacenta, nondeciduate placenta
- **syndesmo-choriale Plazenta** syndesmochorial placenta
- **Vollplazenta/Placenta vera/ Placenta deciduata** deciduate placenta
- **Zottenplazenta/Topfplazenta** villous placenta (hemochorial placenta)

Plazentalaktogen human placental lactogen (hPL), human chorionic somatomammotropin (HCS)

Plazentatiere/Placentalia/Eutheria placentals, eutherians

Plazentation placentation

- **grundständige/basale/basiläre P.** basal placentation
- **laminale/flächenständige P.** laminary/lamellate placentation
- **randständige Plazentation** marginal placentation
- **wandständige Plazentation/ Parietalplazentation** parietal placentation
- **zentralwinkelständige P.** axile placentation
- **Zentralplazentation** free central placentation

Plazentom placentome

Plectenchym/Plektenchym/ Flechtgewebe plectenchyma

Pleiochasium/vielgablige Trugdolde (Infloreszenz) pleiochasium

pleiotrop pleiotrop, pleiotropic

Pleiotropie pleiotropy

Pleistozän/Diluvium/ Glazialzeit/Eiszeit (erdgeschichtliche Teilepoche) Pleistocene Epoch, Glacial Epoch, Diluvial, Ice Age

plektonemische Windung plectonemic winding

Plenterschlag/Plenterung/ Plenterbetrieb/Femelschlag/ Femelbetrieb *for* uneven shelterwood method

Plenterwald/Femelwald shelterwood: selectively cut/uneven-aged stand, uneven-aged forest/plantation

Pleomorphismus/Polymorphismus/ Mehrgestaltigkeit pleomorphism, polymorphism

Pleon (Abdomen der Crustaceen) pleon

Plerocercoid plerocercoid

Plesiomorphie plesiomorphism

plesiomorph plesiomorphic

Plesiosaurier/Plesiosauria plesiosaurs

Pleurapophyse pleurapophysis

Pleuridium faucet gland (of bucket orchid)

Pleurobranchie pleurobranch, pleurobranchia

pleurokarp/seitenfrüchtig pleurocarpic, pleurocarpous

Pleustal pleustal

Pleuston pleuston (free-floating organisms)

Pliozän (erdgeschichtliche Epoche) Pliocene, Pliocene Epoch

Ploidie ploidy

Plotter/Kurvenzeichner *lab* plotter

Plumbaginaceae/Bleiwurzgewächse/ Grasnelkengewächse plumbago family, sea lavender family, leadwort family

Plumula/Keimknospe/ Stammknospe/Sprossknospe/ terminale Embryoknospe plumule, terminal embryonic bud

plurilokulär/mehrkammerig plurilocular, multilocular
Plus-Minus-Verfahren ***gen*** plus-minus sequencing
Plus-Strang/Positiv-Strang (codierender Strang) ***gen*** plus strand (coding strand)
Pneumatode/Atemöffnung ***bot*** pneumathode
Pneumatophore/Atemwurzel pneumatophore, aerating root
Podaxales desert inky cap fungi
Podetium podetium
Podobranchie podobranch, podobranchia, foot-gill
Podocarpaceae/Steineibengewächse Podocarpus family
Podophyllaceae/Fußblattgewächse/ Maiapfelgewächse may apple family
Podostemaceae/Blütentange riverweed family
Podotheka ***orn*** podotheca
Podozyt/Podocyt/Füßchenzelle podocyte
Podsol (Boden) podsol, podzol
poikilotherm/wechselwarm/ ektotherm poikilothermal, poikilothermous, cold-blooded, ectothermal, heterothermal
Poissonsche Verteilung/ Poisson Verteilung Poisson distribution
pökeln (Fleisch) cure; (sauer einlegen: Gurken/Hering etc.) pickle
Pökeln (Fleisch) curing; (in Salzlake oder Essig einlegen: Gurken/Hering etc.) pickling
Pol pole
➢ **animaler Pol** animal pole
➢ **vegetativer Pol** vegetal pole, vegetative pole
polar polar
➢ **unpolar** apolar
polare Mutation polar mutation
polares Wachstum polar growth
Polarimeter polarimeter
Polarisationsfilter/ „Pol-Filter"/Polarisator polarizing filter, polarizer
Polarisationsmikroskop polarizing microscope
polarisiertes Licht polarized light
➢ **linear polarisiertes Licht** plane-polarized light
➢ **zirkular polarisiertes Licht** circularly polarized light
Polarzelle/Polzelle (*Dicyemida*) polar cell, calotte cell
Polarzellen-Kappe/Kalotte (*Dicyemida*) polar cap, calotte
Polemoniaceae/Sperrkrautgewächse/ Himmelsleitergewächse phlox family
Polfaden (Mikrotubulus) polar fiber (microtubule)
Polfelder (Coelenteraten) polar plates
Polgranula polar granules
Polische Blase polian vesicle
Polkappe polar cap (within polar sac)
Polkapsel polar capsule
Polkern polar nucleus
Polkörper/Richtungskörper polar body
pollakanth pollakanthic
Pollappen (Furchung) polar lobe
Pollen (Blütenstaub) pollen
Pollenanalyse (Pollenkunde/Palynologie) pollen analysis (palynology)
Pollenapertur (Keimöffnung) pollen aperture
➢ **colpat** (Keimfurchen äquatorial oder verteilt) colpate
➢ **porat** (mit porigen Keimöffnungen) porate
➢ **sulcat** (mit Keimfurchen am distalen Pol) sulcate
Pollenbürstchen (Bienen) pollen brush
Pollenfach/Pollensack (Lokulament) ***bot*** pollen sac (saccus/locule/loculus)
Pollenflug pollen flight
Pollenflugkalender pollen calendar
Pollenkamm (Bienen) pollen comb, pecten
Pollenkammer ***bot*** (im oberen Bereich der Samenanlage) pollen chamber
Pollenkitt ***bot*** pollenkitt, pollen coat

Pollenkörbchen/Corbiculum (Bienen) pollen basket, corbiculum
Pollenkorn pollen grain
Pollenkunde/Palynologie palynology
Pollenpräsentation, sekundäre plunger pollination
Pollensack/Pollenfach (Lokulament) ***bot*** pollen sac (saccus/locule/loculus)
Pollensackgruppe/Theka pollen case, theca
Pollenschlauch pollen tube
Pollenschlauchbefruchtung/ Siphonogamie "pollen tube fertilization", siphonogamy
Pollenschlauchzelle pollen tube cell
Pollenübertragung pollen transfer
Pollinarium pollinarium
Pollinium pollinium
Pollinosis/Heufieber pollinosis, hay fever
Polplasma polar plasm, pole plasm
Polplatte (Ctenophoren) polar field
Polplatte ***cyt*** pole plate
Polring (Apicomplexa) polar ring
Polster ***bot*** mat, cushion
Polsterarterie/Sperrarterie artery with intimal cushions
polsterförmig/kissenförmig pulvinate, cushion-shaped
Polsterpflanze cushion plant
Polstervegetation mat-like vegetation
Poly(A)-Schwanz ***gen*** poly(A) tail
Polyacrylamid polyacrylamide
Polyadenylierung ***gen*** polyadenylation
Polyandrie/Vielmännerei polyandry
polyaxenisch polyaxenic
Polychaeten/Vielborster/ Borstenwürmer bristle worms, polychaetes, polychetes, polychete worms
polycistronisch/polyzistronisch polycistronic
polyedrische Symmetrie polyhedral symmetry
polyenergid polyenergid
Polygalaceae/ Kreuzblümchengewächse/ Kreuzblumengewächse milkwort family
polygam/in Vielehe lebend polygamous
Polygamie/Vielehe polygamy
polygene (Erb-)Krankheiten polygenic diseases
Polygentheorie/Mehrfaktortheorie multiple-factor hypothesis
Polygonaceae/Knöterichgewächse buckwheat family, dock family, knotweed family, smartweed family
polygyn/vielweibig polygynous
Polygynie/Vielweiberei polygyny
polyklonaler Antikörper polyclonal antibody
polylektisch polylectic
Polymer polymer
Polymerasekettenreaktion (*siehe auch bei*: PCR) polymerase chain reaction (PCR)
polymiktisch polymictic
polymorph polymorphic, polymorphous
Polymorphismus/Pleomorphismus/ Mehrgestaltigkeit polymorphism, pleomorphism
➢ **balancierter Polymorphismus** ***gen*** balanced polymorphism
➢ **Konformationspolymorphismus** ***gen*** conformation polymorphism
➢ **Restriktionsfragmentlängen-polymorphismus** restriction fragment length polymorphism (RFLP)
➢ **SSCP (Einzelstrang-Konformations-Polymorphismus)** ***gen*** SSCP (single strand conformation polymorphism)
➢ **STRPs (Polymorphismen von kurzen direkten Wiederholungen)** STRPs (short tandem repeat polymorphisms)
polymorphonuklearer Leukozyt/ Granulocyt/Granulozyt polymorphonuclear leukocyte, granulocyte
Polynucleotid/Polynukleotid polynucleotide
polynucleär/polynukleär polynuclear
polyöstrisch polyestrous

Polyp polyp, hydroid; *med* adenoids
- **Fresspolyp/Fangpolyp/Autozooid** (Octocorallia) feeding polyp, autozooid
- **Fresspolyp/Nährtier/Gasterozoid/ Gastrozooid/Trophozoid** feeding polyp, nutritive polyp, gastrozooid, trophozooid
- **Fruchtpolyp/Blastostyle (Gonozooid)** blastostyle (reduced gonozooid)
- **Geschlechtspolyp/ Gonozoid/Gonozooid (Fruchtpolyp)** reproductive polyp, gonozooid
- **Pumppolyp/Siphonozooid** siphonozooid
- **Scyphopolyp** scyphozoan polyp
- **Wehrpolyp/ Dactylozoid/Dactylozooid** stinging zooid, protective polyp, defensive polyp, dactylozooid

Polypenstadium polypoid stage
polyphag polyphagous
Polyphänie/Pleiotropie polypheny, pleiotropy, pleiotropism
Polyphänismus polyphenism
polyphyletisch polyphyletic
polyphyodont polyphyodont
Polypid polypide
polyploid polyploid
Polyploidie polyploidy
Polypnoe polypnea
Polypodiaceae/Tüpfelfarngewächse polypody family, fern family
Polyprotein polyprotein
Polysaccharid/Mehrfachzucker polysaccharide, multiple sugar
Polysom/Polyribosom polysome, polyribosome
polystemon polystemonous
polytäne Chromosomen polytene chromosomes
polythalam/vielkammerig/ mehrkammerig/vielkämmrig/ polythekal polythalamous, polythalamic, with many chambers, polythecal
polythetisch polythetic
polytok polytokous
polytypische Art polytypic species
polyvoltin/plurivoltin/ mit mehreren Jahresgenerationen polyvoltine, multivoltine
Polzelle/Polarzelle (*Dicyemida*) polar cell, calotte cell
Pontederiaceae/ Hechtkrautgewächse pickerel-weed family, water hyacinth family
„Pool" (Gesamtheit einer Stoffwechselsubstanz) pool (whole quantity of a particular substance: body substance/metabolite etc)
poolen/vereinigen/ zusammenbringen pool, combine, accumulate
Population/Bevölkerung/ Fortpflanzungsgemeinschaft population, reproductive group
Populationsdichte/ Bevölkerungsdichte population density
Populationsdruck/ Bevölkerungsdruck population pressure
Populationsdynamik population dynamics
Populationsgenetik population genetics
Populationsgröße/ Bevölkerungsgröße population size
Populationskontrolle/ Bevölkerungskontrolle population control
Populationskurve/ Bevölkerungskurve population curve
Populationsschwankung/ Populationsfluktuation/ Bevölkerungsschwankung fluctuation of population
Populationszusammenbruch/ Bevölkerungszusammenbruch population crash
Populationszuwachs/ Populationswachstum/ Bevölkerungswachstum population growth
Pore pore

Porenkappe/ Parenthosom/Parenthesom parenthosome, parenthesome, septal pore cap
Porenkapsel/porizide Kapsel/ Lochkapsel/Löcherkapsel poricidal capsule
Porenplatte (Sensille) plate
porig/porös/durchlässig porous
Porin porin
Porling pore mushroom, pore fungus, polypore
Porlinge/Echte Porlinge/Poriales/ Polyporaceae bracket fungi, polypore family
porös/porig/durchlässig porous
Porosität/Durchlässigkeit porosity
Portulakgewächse/Portulacaceae purslane family
Posidoniaceae/ Neptungrasgewächse/ Neptunsgräser posidonia family
Positionskartierung ***gen*** positional mapping
Positionsklonierung ***gen*** positional cloning
Positiv-Strang/Plus-Strang (codierender Strang) ***gen*** plus strand (coding strand)
Positronenemissionstomographie positron emission tomography (PET)
Postabdomen/Metasoma postabdomen, metasoma
Postantennalorgan/ Hinterfühlerorgan postantennal organ
➢ **Tömösvarysches Organ** organ of Tömösvary
posttetanische Potenzierung posttetanic potentiation (PTP)
posttranslational posttranslational
Potamal (Zone des Tieflandflusses) potamal
potamodrom potamodromous
Potamogetonaceae/Laichkraut-gewächse pondweed family
Potamon (Lebensgemeinschaft des Potamal) potamon
Potamoplankton/Flussplankton potamoplankton
Potenzial potential
➢ **Aktionspotenzial/ Spitzenpotenzial/Impuls** action potential, impulse, spike
➢ **Bereitschaftspotenzial** readiness potential
➢ **elektrotonisches Potenzial** electrotonic potential
➢ **Endplattenpotenzial** end plate potential (epp)
➢ **Erwartungspotenzial** contingent negative variation (CNV)
➢ **evoziertes Potenzial** evoked potential
➢ **exzitatorisches postsynaptisches Potenzial (EPSP)** excitatory postsynaptic potential
➢ **Generatorpotenzial** generator potential
➢ **Gleichgewichtspotenzial** equilibrium potential
➢ **graduiertes Potenzial** graded potential
➢ **inhibitorisches postsynaptisches Potenzial (IPSP)** inhibitory postsynaptic potential
➢ **Kopplungspotenzial** coupling potential
➢ **lokales Potenzial** localized potential
➢ **Löslichkeitspotenzial** solute potential
➢ **Membranpotenzial** membrane potential
➢ **Nachpotenzial** ***neuro*** undershot
➢ **osmotisches Potenzial** osmotic potential
➢ **Ruhepotenzial** resting potential
➢ **Schrittmacherpotenzial** pacemaker potential
➢ **Schwellenpotenzial** threshold potential
➢ **Summenpotenzial** gross potential
➢ **Umkehrpotenzial** reversal potential
➢ **Wasserpotenzial/Hydratur/ Saugkraft** water potential
Potenzialdifferenz/Spannung potential difference, voltage
potenziell potential
„Potter" (Glashomogenisator) Potter-Elvehjem homogenizer (glass homogenizer)

Prä-mRNA(t-RNA/r-RNA)/ Vorläufer-mRNA(t-RNA/r-RNA) pre-mRNA (t-RNA/r-RNA) (precursor mRNA/t-RNA/r-RNA)
Prä-Proinsulin/Präproinsulin pre-proinsulin, preproinsulin
Prä-Startkomplex *gen* prepriming complex
präbiotisch prebiotic, prebiotical
präbiotische Suppe prebiotic soup
präbiotische Synthese prebiotic synthesis
Prachtkleid *orn* display plumage, conspicuous plumage (nuptial/breeding plumage)
Prädetermination predetermination
➢ **maternale P. *gen*** maternal effect
Prädilektionsstelle *gen* predilection site
Prädisposition/Veranlagung predisposition
Prägung *ethol/gen* imprinting
➢ **genomische Prägung** genomic imprinting
Präimmunität/Prämunität/ Prämunition/ begleitende Immunität premunition, concomitant immunity
Präimplantationstest (Untersuchung vor Einnistung des Eis) preimplantation testing
Präinitiationskomplex *gen* preinitiation complex
Präkambrium/Präcambrium (erdgeschichtliches Zeitalter) Precambrian, Precambrian Era
Präkursor/Vorläufer precursor
prall/schwellend/turgeszent turgescent
Prallblech/Prallplatte/Ablenkplatte (Strombrecher z.B. an Rührer von Bioreaktoren) baffle plate
Prämaxille premaxilla
Prämolaren/vordere Backenzähne premolars, bicuspid teeth
Prämunität/Präimmunität/ Prämunition/ begleitende Immunität premunition, concomitant immunity
pränatale Diagnose/ Pränataldiagnose antenatal/prenatal diagnosis
pränatale Diagnostik prenatal diagnostics
Pranke (Tatze großer Raubtiere) paw (of big carnivores)
Präoralhöhle/Vestibulum vestibule
Präparat preparation; *med/pharm* (Droge/Wirkstoff) preparation, drug; (Lebewesen: preserved specimen)
➢ **Dauerpräparat *micros*** permanent mount
➢ **mikroskopisches Präparat** microscopical preparation, microscopic mount
➢ **Nasspräparat (Frischpräparat/ Lebendpräparat/Nativpräparat)** wet mount
➢ **Quetschpräparat *micros*** squash (mount)
➢ **Schabepräparat *micros*** scraping (mount)
➢ **Totalpräparat** whole mount
Präparation *anat* dissection
präparativ preparative
Präparator/Tierpräparator taxidermist
Präparierbesteck dissecting instruments (dissecting set)
präparieren *allg* prepare; *anat* dissect; *micros* mount
Präpariernadel dissecting needle, probe
Präparierschale dissecting dish, dissecting pan
Präpatenz prepatent period
Präproinsulin/Prä-Proinsulin preproinsulin, pre-proinsulin
Präputialdrüse/Kastordrüse (Bieber) preputial gland, castor gland
Präputialsack preputial sac
Prärie prairie
präsymptomatische Diagnose presymptomatic diagnosis
präsymptomatische Diagnostik presymptomatic diagnostics
Prävalenz prevalence, prevalency
Prävention prevention

Präventivmedizin/ vorbeugende Medizin preventive medicine
Präzipitat/Niederschlag/ Sediment/Fällung deposit, sediment, recipitate
Präzipitation/Fällung precipitation
präzipitieren/fällen/ausfällen precipitate
präzis/genau precise, exact
Präzision/Genauigkeit precision, exactness
Präzisionsgriff precision grip
Pregnenolon pregnenolone
Prellsprung stotting, pronking (horse/donkey)
Prenylierung prenylation
Prephensäure (Prephenat) prephenic acid
Pressspan (Holz) pressboard
Priapswürmer/Priapuliden priapulans
Priel (Gezeitenstromrinne bei Ebbe im Watt) swash (narrow channel between sandbank and shore), tideway, tidal gully, tidal creek
Primane *bot* primordial cell (*siehe* Initiale)
Primärantwort primary response
Primärblätter/Erstlingsblätter primary foliage leaves, first foliage leaves
Primärharn/Glomerulusfiltrat glomerular ultrafiltrate
Primärkonsument primary consumer
Primärkultur primary culture
Primärlarve/Junglarve/Eilarve primary larva
Primärmetabolit/ Primärstoffwechselprodukt primary metabolite
Primärproduktion primary production
➢ **Bruttoprimärproduktion** gross primary production (GPP)
➢ **Nettoprimärproduktion** net primary production (NPP)
Primärstoffwechsel primary metabolism
Primärstoffwechselprodukt/ Primärmetabolit primary metabolite
Primärstruktur (Proteine) primary structure
Primärtranskript *gen* primary transcript
Primärwachstum primary growth
Primärwand primary wall
Primärwurzel/Hauptwurzel primary root, main root
Primärxylem primary xylem
Primelgewächse/ Schlüsselblumengewächse/ Primulaceae primrose family
Primer *gen* primer
➢ **Universalprimer** universal primer
➢ **verschachtelte Primer** nested primer
Primer-Extensionsanalyse (Verfahren zur Bestimmung des 5'-Endes einer mRNA) primer extension analysis
Primitivgrube *embr* primitive pit
Primitivknoten/Urmundknoten/ Hensenscher Knoten/ Hensen-Knoten *embr* primitive node, Hensen's node, primitive knot, Hensen's knot
Primitivplatte *embr* primitive plate
Primitivrinne *embr* primitive groove
Primitivstreifen/Keimstreifen (Gastrulation) primitive streak, germinal streak
Primordium/Anlage primordium, anlage
Primosom primosome
Prion prion
Prioritätsregel priority rule
Prisma prism
Prismenschicht prismatic layer
Proanura protofrogs, proanurans
Proband/Propositus propositus
Probe (Teilmenge eines zu untersuchenden Stoffes) sample
Probe/Probensubstanz/ Untersuchungsmaterial assay material, test material, examination material
Probe/Versuch/Untersuchung/ Test/Prüfung assay, test, trial, examination, exam, investigation

Probennahme/Probeentnahme taking a sample, sample-taking
Probenvorbereitung sample preparation
probieren/versuchen try, attempt
Probiose/Nutznießung probiosis
Procercoid/Prozerkoid (Cestoda-Postlarve) procercoid
procöl/procoel ***adj*** procelous
Procöl/Procoel ***n*** procoel, procoele
Prodissoconch/Prodissoconcha (Muscheln: Larvenschale) prodissoconch (premetamorphic shell)
Produkt product
Produkthemmung product inhibition
produktive Infektion productive infection
Produktivität productivity
Produktregel product rule
Produzent/Erzeuger/Hersteller producer
produzieren/erzeugen/herstellen produce, manufacture, make
Proenzym/Zymogen proenzyme, zymogen
professionelle antigenpräsentierende Zelle professional antigen presenting cell
Profilstellung ***bot*** vertical alignment of leaves, vertical orientation of leaves
Proflavin proflavin
Profundal/profundale Zone (aphotische Zone) profundal zone (aphotic zone)
Progenese progenesis (precocious reproduction)
Progenot ***m*** progenote
Progesteron progesterone
Progestin progestin
Proglottide/„Segment" (Bandwürmer) proglottis, proglottid, tape "segment"
prognath/vorkiefrig prognathous, prognathic
Prognathie/Vorkiefrigkeit prognathy, prognathism
Prognose prognosis
Progymnospermen progymnosperms
Proinsulin proinsulin
Projektionsfeld ***neuro*** projection field, projection area
Prokaryont/Prokaryot ***m*** **(Procaryont/Procaryot)** prokaryote (procaryote)
prokaryontisch/prokaryotisch (procaryontisch/procaryotisch) prokaryotic (procaryotic)
prokurv/procurv procurved
Prolaktin/Prolactin (PRL)/ Mammatropin/Mammotropes Hormon/Lactotropes Hormon/ Luteotropes Hormon (LTH) prolactin (PRL), luteotropic hormone (LTH)
Prolaktoliberin/ Prolaktin-Freisetzungshormon prolactoliberin, prolactin releasing hormone, prolactin releasing factor (PRH/PRF)
Prolamellarkörper prolamellar body
Prolepsis/Vorzeitigkeit prolepsis, early development
Proliferation proliferation
Proliferationszone/ Sprossungszone (Cestoda) proliferative zone, budding zone
proliferieren proliferate
Prolin proline
Promiskuität promiscuity
promiskuitiv/ in Promiskuität lebend promiscuous
Promotor (starker/schwacher) ***gen*** promoter (strong/weak)
Promotorkomplex (offener/ geschlossener) ***gen*** (open/closed) promoter complex
Pronation pronation
Pronationsstellung pronated position
Pronephros/Vorniere pronephros, fore-kidney, primitive kidney, primordial kidney, head kidney
Pronukleus/Vorkern pronucleus
Pronotum/Prothorakalschild/ Halsschild (dorsal) pronotum
Proöstrus proestrus

Propagationseinheit/ Fortpflanzungseinheit/ Ausbreitungseinheit/Diaspore propagule, diaspore, disseminule, dispersal unit
propagative Übertragung ***vir*** propagative transmission
propagieren propagate
Prophage prophage
Prophase prophase
prophylaktisch prophylactic
Prophylaxe prophylaxis
Prophyll/Vorblatt prophyll, first leaf
Propionaldehyd propionic aldehyde, propionaldehyde
Propionsäure (Propionat) propionic acid (propionate)
Proplastide proplastid
Propodit propodite
proportionaler Schwellenwert proportional truncation
Proportionsregel/Allen'sche Regel proportion rule, Allen's law, Allen's rule
Propositus/Proband propositus
Proprioceptor proprioceptor, proprioreceptor
Propupa/Präpupa/ Vorpuppe/Semipupa propupa, prepupa
Prosenchym ***bot/fung*** prosenchyma
prosenchymatisch prosenchymatous
Prostaglandin prostaglandin
Prostansäure prostanoic acid
Prostata/Prostatadrüse/ Vorsteherdrüse prostate, prostate gland
prosthekat/prostekat prosthecate
prosthetische Gruppe prosthetic group
Prostomium/Kopflappen prostomium
protandrisch protandric, protandrous
Proteagewächse/ Silberbaumgewächse/Proteaceae protea family, silk-oak family, Australian oak family
Proteasom proteasome
Protein/Eiweiß protein
- **Abwehrprotein** defense protein
- **Akutphasenprotein** acute phase protein
- **Begleitprotein/ Chaperon/molekulares Chaperon** chaperon protein, chaperon, molecular chaperon
- **Einzellerprotein** single-cell protein (SCP)
- **fibrilläre Proteine/Faserproteine** fibrous proteins
- **Gerüstprotein/Stützprotein** structural proteins, fibrous proteins
- **gezielte Konstruktion von Proteinen** protein engineering
- **globuläre Proteine** globular proteins
- **Hüllproteine** coat protein
- **integrale (intrinsische) Proteine** integral (intrinsic) proteins
- **Kanalprotein/Tunnelprotein** channel protein
- **kontraktiles Protein/ motiles Protein** contractile protein, motile protein
- **Nachweis verkürzter Proteine/ Test auf verkürzte Proteine** protein truncation test (PTT)
- **Nährstoffprotein** nutrient protein
- **Nichtstrukturprotein** nonstructural protein
- **periphere (extrinsische) Proteine** peripheral (extrinsic) proteins
- **Primärstruktur** primary structure
- **Quartärstruktur** quarternary structure
- **Regulatorprotein/ regulatives Protein/ regulatorisches Protein** regulative/regulatory protein
- **Reserveprotein/Speicherprotein** storage protein
- **Schlepperprotein/Trägerprotein** carrier protein
- **Schutzprotein** protective protein
- **Sekretionsprotein/Sekretprotein/ sekretorisches Protein** secretory protein
- **Sekundärstruktur** secondary structure

- **Signalprotein/Sensorprotein** signal protein
- **Skleroprotein** scleroprotein
- **Speicherprotein/Reserveprotein** storage protein
- **Sphäroprotein/globuläres Protein** globular protein
- **Steuerung von Proteinen** protein targeting
- **Strukturprotein/Struktureiweiß** structural protein
- **Tertiärstruktur** tertiary structure
- **Trägerprotein/Schlepperprotein** carrier protein
- **Transportprotein** transport protein
- **vesikelassoziierte Proteine** vesicle-associated proteins

proteinartig/proteinhaltig/Protein.../ aus Eiweiß bestehend/Eiweiß... proteinaceous
Proteinfaltung protein folding
Proteinkörper protein body; (in Siebröhren) *bot* P-protein body, phloem protein body, slime body/plug (in sieve tube cells)
Proteinmarkierung/Protein-Tagging protein tagging
Proteinoid proteinoid
Proteinsynthese protein synthesis
Proteinurie proteinuria
Proteoglycan proteoglycan
Proteolyse proteolysis
proteolytisch/eiweißspaltend proteolytic
Proteom proteome
Proteomik proteomics
Proterozoikum (erdgeschichtliches Zeitalter) Proterozoic Eon (late Precambrian)
Prothallium/Vorkeim (Farne) prothallus
prothoracotropes Hormon/ Aktivationshormon prothoracicotropic hormone (PTTH), brain hormone
Prothorakalschild/Halsschild/ Pronotum (dorsal) pronotum
Prothoraxdrüse prothoracic gland (an ecdysial/molting gland)
Prothrombin prothrombin, thrombinogen
Protisten/Protista protists
Protobranchie protobranch
Protocöl/Protocoel/Axocöl/Axocoel protocoel
Protocyt/Protocyte prokaryotic cell
Protokoll/Aufzeichnung protocol, record, minutes
Protofilament protofilament
Protomer protomer
Protonengradient proton gradient
protonenmotorische Kraft proton motive force
Protonenpumpe proton pump
Protonensonde proton microprobe
Protoonkogen proto-oncogene
Protoplast protoplast
Protopodit (Sympodit) protopod, protopodite (basal part)
Protozelle protocell
Protozoen/Protozoa protozoans
Proventivknospe/Ersatzknospe latent bud
Proventivspross/Proventivtrieb/ Ersatztrieb/Stresstrieb proventitious shoot, latent shoot
Provirus provirus
proximal/ursprungsnah proximal
Prozentsatz/prozentualer Anteil percentage
Prozerkoid/Procercoid (Cestoda-Postlarve) procercoid
Prozess-Kontrolle process control
prozessieren/weiterverarbeiten process
prozessiertes Antigen/ weiterverarbeitetes Antigen processed antigen
Prozessierung/Verarbeitung processing
Prozessivität processivity
Prüfbarkeit testability
prüfen/untersuchen/testen/ probieren/analysieren investigate, examine, test, try, assay, analyze
Prüfung/Untersuchung/ Test/Probe/Analyse investigation, examination (exam), test, trial, assay, analysis

- **Überprüfung** check-up, inspection, reviewal; verification, control

prusten/schnauben snort
Psammon
psammon (interstitial flora/fauna)
psammophil/sandliebend
psammophilous,
living in sandy habitats
Pseudobulbe/Luftknolle (Orchideen)
pseudobulb
Pseudodominanz pseudodominance
Pseudogamie
pseudogamy, pseudomixis
Pseudogen pseudogene
➢ **konventionelles Pseudogen**
conventional pseudogene
➢ **prozessiertes/ weiterverarbeitetes Pseudogen**
processed pseudogene
Pseudoparenchym/Scheingewebe
pseudoparenchyma,
paraplectenchyma, false tissue
pseudopregnant/scheinschwanger
pseudopregnant
Pseudoskorpione/Afterskorpione/ Pseudoscorpiones
pseudoscorpions, false scorpions
pseudostigmatisches Organ (Orbatiden)
pseudostigmatic organ
Psilotaceae/Gabelfarngewächse
psilotum family
Psychrometer
(ein Luftfeuchtigkeitsmessgerät)
psychrometer,
wet-and-dry-bulb hygrometer
psychrophil psychrophilic
(thriving at low temperatures)
Psychrophyt (kälteangepasste Pflanze)
psychrophyt
psychrotroph psychrotrophic
PTC (vorzeitiges Stoppcodon) ***gen***
PTC (premature termination codon)
Pteridaceae/Flügelfarngewächse/ Schwertfarne
pteris family
Ptychonema/Ptychozyste
(eine Astomocnide: Ceriantharia)
ptychocyst, tube cnida
Pubertät puberty
pubertieren go through puberty
Puderdune/Pulvipluma ***orn***
powder-down feather, pulviplume

Puffer buffer
Pufferkapazität buffering capacity
Pufferlösung buffer solution
puffern buffer
➢ **ungepuffert** unbuffered
Pufferung buffering
Pufferzone buffer zone
Pulk ***zool*** group, bunch, assemblage
Pulmonalklappe (Herz)
pulmonary valve, pulmonic valve
Pulpa/Pulpe pulp
Pulpahöhle pulp cavity
Pulpe/Brei pulp
Puls pulse
Puls-Feld-Gelelektrophorese/ Wechselfeld-Gelelektrophorese
pulsed field gel electrophoresis
(PFGE)
pulsieren pulsate, throb, beat
Pulsmarkierung
pulse labeling, pulse chase
Pulsschlag
pulsation, pulse beat, throb
Pulsstrom/Pulsströmung
pulsatile flow
Pulszahl pulse rate
pulvinat (Flechten)
leprose (scurfy/scaly)
Pumpe pump
➢ **Ionenpumpe** ion pump
➢ **Verdrängerpumpe (HPLC)**
displacement pump
➢ **Wasserstrahlpumpe**
water pump, vacuum filter pump
Pumppolyp/Siphonozooid
siphonozooid
Punicaceae/Granatapfelgewächse
pomegranate family
Punktauge/Stemma (Einzelauge/Ocelle) (*siehe:* Nebenauge/ Scheitelauge/Stirnauge)
stemma (dorsal and lateral ocelli)
Punktdiagramm dot diagram
punktieren puncture, tap
Punktion puncture (needle biopsy)
➢ **Lumbarpunktion** plumbar puncture
Punktmutation point mutation
Punktquelle point source
Punktualismus punctualism,
punctuated equilibrium theory

Punnett-Schema ***gen***
Punnett square
Pupa adectica adecticous pupa
Pupa cingulata/Gürtelpuppe
girdled pupa
Pupa dectica decticous pupa
Pupa exarata/gemeißelte Puppe
exarate pupa (free appendages)
Pupa libra/freie Puppe
free pupa
Pupa suspensa/Stürzpuppe
suspended pupa
Puparium puparium; pupal instar
Pupille pupil
Pupillenerweiterung
pupil dilatation
pupipar pupiparous
Pupiparie pupipary
Puppe pupa
➢ **bedeckte Puppe/ Mumienpuppe/Pupa obtecta**
obtect pupa
➢ **Chrysalis (holometaboler Insekten**
chrysalis (*pl* chrysalids)
➢ **freie Puppe/Pupa libra**
free pupa
➢ **gemeißelte Puppe/Pupa exarata**
exarate pupa
➢ **Gürtelpuppe/Pupa cingulata**
girdled pupa
➢ **Mumienpuppe/ bedeckte Puppe/Pupa obtecta**
obtect pupa
➢ **Pupa adectica** adecticous pupa
➢ **Pupa dectica** decticous pupa
➢ **Pupa exarata/ gemeißelte Puppe** exarate pupa (free appendages)
➢ **Scheinpuppe/Larva coarctata/ Pseudocrysalis**
coarctate larva, coarctate pupa, pseudocrysalis
➢ **Stürzpuppe/Pupa suspensa**
suspended pupa
➢ **Tönnchenpuppe/Pupa coarctata**
coarctate pupa
➢ **Vorpuppe/ Propupa/Präpupa/Semipupa**
propupa, prepupa
Puppenhülle/Kokon cocoon

Purin purine
purin- oder pyrimidinlose Stelle (AP-Stelle)
apurinic or apyrimidinic site (AP site)
Purkinje-Faser Purkinje fiber, conduction myofiber
Purkinje-Zelle Purkinje cell
Purpurdrüse purple gland
Purpurmembran
purple membrane
Pustel pustule
pusten/blasen blow
Pusule (Dinoflagellaten) pusule
Putamen putamen
Pute/Truthuhn turkey, female turkey
Puter/Truthahn gobbler, male turkey
Putrescin/Putreszin putrescine
putzen clean; cleanse;
zool groom, preen
➢ **Selbstputzen/ am eigenen Körper putzen** ***zool/ethol*** autopreening, autogrooming, self-grooming
➢ **Fremdputzen/ an fremdem Körper putzen** ***zool/ethol*** allopreening
Putzsymbiose cleaning symbiosis
Putzverhalten preening behavior
Pygidialdrüse/Analdrüse
pygidial gland, anal gland
Pygidium/Afterlappen/ Afterschild/Analschild (Arthropoden)
pygidium (caudal shield)
Pygostyl/Schwanzstiel (Pflugscharbein/Vomer der Vögel)
pygostyle
(ploughshare bone/vomer of birds)
Pyknidie/Pycnide/Pyknidium/ Pyknosporenlager
pycnium, pycnidium (*pl* pycnidia)
Pyknose (Kernverdichtung/ Karyoplasmaagglutination)
pyknosis, pycnosis
Pyknospore
pycnospore, pycnidiospore
Pylorus-Anhang pyloric cecum
Pyramidenbahn (verlängertes Rückenmark)
pyramid tract, corticospinal tract

Pyramidenkrone *bot* pyramid-shaped treetop/crown, excurrent treetop, conical treetop
Pyramidenzelle pyramidal cell
Pyran pyran
Pyrethrin pyrethrin
Pyrethrinsäure pyrethric acid
Pyridoxin/Pyridoxol/ Adermin/Vitamin B_6 pyridoxine, adermine
Pyrimidin pyrimidine
Pyrolaceae/Wintergrüngewächse wintergreen family, shinleaf family
Pyrophyt (stark feuerresistente Pflanze/ durch Brände gefördert) pyrophyte
Pyrosequenzierung pyrosequencing
Pyrrhophyten/Feueralgen pyrrhophytes
Pyrrol pyrrole
Pyrrolidin pyrrolidine

Quaddel welt (weal)
Quadratbein/Quadratum quadrate bone
Quadratmethode *ecol* quadrat method, quadrat sampling
quaken (Ente) quack; (Frosch) croak
Qual (excruciating) pain, torment, agony, torture; ordeal
➢ **qualvoll** painful
quälen/misshandeln torment, being cruel, maltreat, mistreat, abuse; torture
Quälerei/Misshandlung tormenting, cruelty, maltreatment, mistreatment, abuse
Quallen jellyfishes; (Meduse) medusa
➢ **Becherquallen/Stielquallen/ Stauromedusae** stauromedusas
➢ **Fahnenquallen/ Fahnenmundquallen/ Semaeostomea** semeostome medusas
➢ **Kammquallen/Rippenquallen/ Ctenophoren** sea gooseberries, sea combs, comb jellies, sea walnuts, ctenophores
➢ **Kranzquallen/ Tiefseequallen/Coronata** coronate medusas
➢ **Rippenquallen/ Kammquallen/Ctenophoren** sea gooseberries, sea combs, comb jellies, sea walnuts, ctenophores
➢ **Scheibenquallen/Schirmquallen/ Scyphozoen (echte Quallen)** cup animals, scyphozoans
➢ **Staatsquallen/Siphonophora** siphonophorans
➢ **tentakeltragende Rippenquallen/ Tentaculiferen (Ctenophora)** tentaculiferans, “tentaculates”
➢ **Tiefseequallen/ Kranzquallen/Coronatae** coronate medusas
➢ **Würfelquallen/Cubozoa** box jellies, sea wasps, cubomedusas
➢ **Wurzelmundquallen/ Rhizostomeae** rhizostome medusas
Quantenevolution quantum evolution
quantifizieren *med/chem* quantify, quantitate
Quantifizierung *med/chem* quantification, quantitation
Quantil/Fraktil *stat* quantile, fractile
Quantität quantity
quantitativer Phänotyp quantitative phenotye
Quarantäne quarantine
Quartär (erdgeschichtliche Periode) Quaternary, Quaternary Period
Quartärstruktur (Proteine) quarternary structure
Quartil/Viertelswert *stat* quartile
Quasi-Äquivalenz-Theorie quasi-equivalence theory
Quasispezies quasispecies
Quaste (Schwanz) tassel, tuft
Quastenflosse lobe fin
Quastenflosser/Crossopterygii lobe-finned fishes, crossopterygians
Quecksilber (Hg) mercury
Quelle spring, source; (Produktionsort) source
➢ **heiße Quelle** hot spring
➢ **Mineralquelle** mineral spring
➢ **Schmelzwasserquelle** meltwater spring
➢ **Sickerquelle/Sumpfquelle/ Helokrene** helocrene
➢ **Sturzquelle/Rheokrene** flowing spring, rheocrene
➢ **Thermalquelle** thermal source, thermal spring
➢ **Tümpelquelle/Limnokrene** limnocrene
quellen (Wasseraufnahme) soak, steep
➢ **anschwellen** swell
➢ **hervorquellen** emanate
Quellflur/Quellflurvegetation source vegetation
Quellgebiet/Quellbereich (der Flüsse) headwaters
Quellmoor/Quellsumpf spring fen
Quellschüttung spring flow (flow rate of a source)
Quellwasser springwater

Querader *entom* cross vein
Querbrücke (Myosinfilament) cross bridge
Querfaserung (Holz) crossgrain
Querfortsatz/Processus transversus transverse process of vertebra
Querjoch (*pl* Querjoche) transverse ridge (teeth)
➢ **mit Querjochen/lophodont** with transverse ridges, lophodont
➢ **mit vier Querjochen/ tetralophodont** with four transverse ridges, tetralophodont
Querschnitt/Hirnschnitt cross section, transverse section
Querstrombank *lab* laminar flow workstation, laminar flow hood, laminar flow unit
Querstromfiltration cross-flow filtration
Quertracheiden (Holz) transverse tracheids
quervernetzendes Agens cross linker, crosslinking agent
quervernetzt cross-linked
Quervernetzung cross-linking
Querwand crosswall
Quetschpräparat *micros* squash (mount)
quieken/quietschen (Schwein/Meerschweinchen) squeal, squeak
Quieszenz (exogen bedingte Ruheperiode) quiescence
Quirl/Wirtel whorl, verticil
quirlständig/wirtelig (Blattstellung) whorled, verticillate
Quotient/Verhältnis ratio, relation
➢ **Photosynthesequotient/ Assimilationsquotient** photosynthetic quotient
➢ **respiratorischer Quotient/ Atmungsquotient** respiratory quotient

Rabatte border, bordered flowerbed
Rabattenpflanze border plant
Rabenbein/Rabenschnabelbein/ Coracoid coracoid
racemös/razemös/racemos/traubig (monopodial verzweigt) racemose, botryose (monopodially branched)
Rachenblütler/Braunwurzgewächse/ Scrophulariaceae figwort family, foxglove family, snapdragon family
Rachenmandel/Rachentonsille/ Tonsilla pharyngealis/ Tonsilla pharyngica pharyngeal tonsil
rachenspaltig/oricid oricidal
rachitisch rachitic, rickety
Rackenvögel/Coraciiformes kingfishers & bee-eaters & hoopoes & rollers & hornbills
Radbaumgewächse/ Trochodendraceae trochodendron family, wheel-stamen tree family, yama-kuruma family
Räderorgan wheel organ; (Krone: Rotatorien) ciliated crown, ciliated organ, corona
Rädertiere/Rotatorien rotifers
Radialgliazelle radial glial cell
Radialschild (Ophiuroidea) radial shield
Radialschnitt/Spiegelschnitt (Holz) radial section, quartersawn
Radialzelle/Radius radial cell, radius
radiär/radiärsymmetrisch/zyklisch/ strahlenförmig/aktinomorph radial, cyclic, radially symmetrical, regular, actinomorphic
Radiärfurchung radial cleavage
Radiärkanal radial canal
Radiärnerv radial nerve
Radiärsymmetrie radial symmetry
➢ **fünfstrahlige Radiärsymmetrie/ Pentamerie** pentamery
Radiation, adaptive ***evol*** adaptive radiation
Radikal radical
➢ **freies Radikal** free radical
Radikalfänger radical scavenger
radioaktiv (Atomzerfall) radioactive (nuclear disintegration)
radioaktive Abfälle radioactive waste, nuclear waste
radioaktive Markierung radiolabelling
radioaktiver Marker radioactive marker
Radioaktivität radioactivity
Radioimmun(o)assay radioimmunoassay
Radioimmunelektrophorese radioimmunoelectrophoresis
Radiokarbonmethode/ Radiokohlenstoffmethode/ Radiokohlenstoffdatierung radiocarbon method, radiocarbon dating
Radiolarien/Strahlentierchen/ Radiolaria radiolarians
Radiolarienschlamm radiolarian ooze
Radionuklid/Radionuclid radionuclide
Radnetz ***arach*** orb web
Radula/Reibplatte/„Zunge" radula
➢ **docoglosse Radula/Balkenzunge** docoglossate radula
➢ **hystrichoglosse Radula/ Bürstenzunge** hystrichoglossate radula
➢ **ptenoglosse Radula/Federzunge** ptenoglossate radula
➢ **rhachiglosse Radula/ stenoglosse Radula/Schmalzunge** rachiglossate radula
➢ **rhipidoglosse Radula/Fächerzunge** rhipidoglossate radula
➢ **stenoglosse Radula/ rhachiglosse Radula/Schmalzunge** rachiglossate radula
➢ **taenioglosse Radula/Bandzunge** taenioglossate radula
➢ **toxoglosse Radula/ Pfeilzunge (hohl)** toxiglossate radula (hollow radula teeth)
Radulapolster/Odontophor radula support, odontophore
raffen/horten hoarding

Rahmen/Gerüst ***arach***
scaffold, scaffolding
Rahmenfaden ***arach*** frame line
Rahmennetz ***arach*** frame web
Rain field boundary,
margin of a field, balk
Ramachandran-Diagramm
Ramachandran plot
Ramet/Klonindividuum/ Klonmitglied/ Einzelpflanze eines Klons (Zweig/Steckling eines Ortet)
ramet (individual member of clone)
rammeln/kopulieren
rut, mate, copulate
Rammler (Schafbock/Widder)
ram; (männlicher Hase) buck
Rand edge, margin
Randart/Satellitenart
satellite species, marginal species
Randdecken ***orn***
marginal tectrices, marginal coverts
Randeffekt ***ecol*** edge effect
Randgehänge (Moor)
rand/slope community of raised bog
Randkörper/Rhopalium/ „Hörkölbchen“ (Randsinnesorgan)
rhopalium (tentaculocyst)
Randlappen (Scyphozoa)
lappet(s), flap(s)
randomisieren ***stat*** randomize
Randomisierung ***stat*** randomization
Randpopulation
marginal population
Randsoral/Bortensoral (Flechten)
marginal soralium
randständige Plazentation ***bot***
marginal placentation
Randverteilung ***stat***
marginal distribution
randwellig (Blatt) repand
Rang rank
Rangkorrelationskoeffizient ***stat***
rank correlation coefficient
Rangmaßzahlen ***stat***
rank statistics, rank order statistics
Rangordnung/Rangfolge/ Stufenfolge/Hierarchie
order of rank, ranking, hierarchy
Rangstufe/Kategorie category
➢ **soziale Rangstufe** social rank

Ranke tendril, cirrus,
clasper, capreolus (Sprossranke)
Ranken.../mit Ranken versehen
capreolate
ranken (rankend) twine, climb, creep
(twining/climbing/creeping)
Rankenfuß (Thoracopod der Cirripedier)
cirrus, feeding leg
Rankenfüß(l)er/Cirripeden/ Cirripedier/Cirripedia
barnacles, cirripedes
Rankengewächs
twiner, creeper, climber
Rankenkletterer tendril climber
Rankenpflanze/rankende Pflanze
tendril climber;
vine, cane, sarment
Ranunculaceae/ Hahnenfußgewächse
buttercup/crowfoot family
Ranvierscher Schnürring
Ranvier‘s node, node of Ranvier,
neurofibral node
Ranz/Brunft heat
Ranzenkrebse/Peracarida
peracarids
ranzig rancid
Ranzigkeit rancidity
Raphe/Samennaht/Samenwulst
raphe
Rappe black horse
Raquettehyphen/Keulenhyphen (Raquettemyzel/Keulenmyzel)
raquet hyphae/hyphas,
raquet mycelium
rar scarce
Rasen ***micb/bact*** lawn
Rasendecke
grass cover, sod, turf
(nonforage grass)
Rasengräser turfgrass
Rasenkultur lawn culture
Rasierklinge ***lab*** razor blade
rasig/rasenartig/grasbüschelartig
cespitose, caespitose, caespitulose
(growing densely in tufts)
Rasse race
Rassendiskriminierung/ Rassendiskrimination
racial discrimination

„Rassenhygiene" (*Nazi term for Aryan eugenics*)/Erbhygiene race hygiene, racial hygiene
Rassenkreis/polytypische Art polytypic species
rassig/reinrassig thoroughbred
rassisch/Rassen... racial
Rassismus racism
Rassist racist
rassistisch racist
Raster grid, screen, raster
Raster-Kalorimetrie scanning calorimetry
Rasterelektronenmikroskop (REM) scanning electron microscope (SEM)
Rasterkarte *ecol* grid map
Rasterkartierung *ecol/biogeo* frame raster mapping, grid mapping
Rasterkraftmikroskopie atomic force microscopy (AFM)
Rastermethode grid method
Rastermutation frameshift mutation
rastern scan, screen
Rasterstichprobenerhebung *ecol* grid sampling
Rasterschub-Mutation frameshift mutation
Rastertunnelmikroskopie scanning tunneling microscopy (STM)
Rasteruntersuchung/ Reihenuntersuchung *med* screening
Rasterverschiebung *gen* frameshift
Rasterverschiebungsmutation frameshift mutation
Rathkesche Tasche/ Hypophysentasche Rathke's pouch, hypophyseal pouch/sac
Ratiten/Flachbrustvögel ratite birds (flightless birds)
Rattenschwanzlarve rat-tailed larva, rat-tailed maggot
rau/schuppig rough, scabrous
Raub predation
Raub.../räuberisch predatory, raptorial (greifend)
Räuber/Raubfeind/Raubtier/ Fressfeind/Jäger/Prädator predator, predatory animal
Räuber-Beute-Verhältnis predator-prey relationship
räuberisch/Raub... predatory, raptorial (greifend)
Räubertum predation
Raubfisch predatory fish
Raubgastgesellschaft/Synechthrie hostile commensalism, synechthry, synecthry
Raubinsekt/räuberisches Insekt predatory insect
Raubkatzen (alle Katzen sind Räuber) cats (*all cats are predators!*)
Raublattgewächse/ Bor(r)etschgewächse/ Boraginaceae borage family
raublättrig rough-leaved, trachyphyllous
Raubtier/Carnivor/Karnivor carnivore
Raubtier/Räuber/Raubfeind/ Fressfeind/Jäger/Prädator predator, predatory animal
Raubtiere/Carnivora carnivores
Raubvogel/Greifvogel bird of prey, predatory bird, raptorial bird, raptor
Raubwild beasts of prey
Rauchabzug/Abzug *lab* fume hood
Raucher, schwarzer/weißer (Tiefsee) black/white smoker
Rauchgase flue gases
Räude/Krätze (Milbenkrätze) scabies, scab (domestic animals), mange (mites)
räudig scabious, scabby
Raufutter roughage
rauh siehe rau
Raum (Länge×Breite×Höhe) room, compartment; space
- ➤ **Brustraum/Thorakalraum/ Brusthöhle** thoracic cavity
- ➤ **Brutraum (*Daphnia*)** brood chamber
- ➤ **Harnraum/Urodaeum** urodeum
- ➤ **Hohlraum/Höhlung/Lumen** cavity, lumen; (Blattparenchym) airspace
- ➤ **Intermembranraum** intermembrane space

➢ **Interzellulare/Zwischenzellraum** intercellular space
➢ **Kühlraum/Gefrierraum** cold-storage room, cold store, "freezer"
➢ **Pallialraum** pallial sinus
➢ **Peribranchialraum** peribranchial cavity, atrial cavity
➢ **perinukleärer Raum/ perinukleärer Spaltraum/ perinukleäre Zisterne/ Cisterna karyothecae** perinuclear space, perinuclear cistern
➢ **periplasmatischer Raum** periplasmic space
➢ **Reinraum** clean room (*auch*: Reinstraum)
➢ **Sicherheitsraum/ Sicherheitslabor (S1–S4)** biohazard containment (laboratory) (classified into biosafety containment classes)
➢ **Totraum** deadspace
➢ **Zwischenzellraum/Interzellulare** intercellular space

Raum/Gebiet/Gegend/Region/Zone area, region, zone, territory
➢ **ländlicher Raum** rural environment
➢ **Lebensraum/ Lebenszone/Biotop** life zone, biotope

Raum/Platz place

Raum/Weite/Ausdehnung space; expanse
➢ **Weltraum** space, outer space

Raumkonkurrenz spatial competition

räumlich spatial, of space; (dreidimensional) three-dimensional

räumliche Orientierung spatial orientation

räumliche Wahrnehmung spatial perception

Raumstruktur/räumliche Struktur three-dimensional structure, spatial structure

Raumtemperatur room temperature (ambient temperature)

Raupe caterpillar
➢ **Afterraupe (Blattwespenlarven)** eruciform larva with more than 5 pairs of abdominal prolegs (Tenthredinidae)
➢ **Seidenraupe** silkworm
➢ **Spannerraupe (Geometridae)** looper, measuring worm, inchworm, spanworm

Raupenbewegung/ Integumentbewegung (Schlangen) caterpillar movement, rectilinear movement

Raureif (fest aufgefroren) rime

Raureif/Reif/Raufrost (fein/flockig) hoarfrost, white frost

Rausch *allg* intoxication, under the influence of drugs; (Alkohol) drunkenness

Rauschanalyse/Fluktuationsanalyse noise analysis, fluctuation analysis

Rauschen *neuro* noise

Rauschfilter noise filter

Rautenfarngewächse/ Natternzungengewächse/ Ophioglossaceae adder's tongue family, grape fern family

rautenförmig/rhombisch rhomboid

Rautengewächse/Rutaceae rue family

Rautenhirn/Rhombencephalon hindbrain, rhombencephalon

razemös/racemös/racemos/traubig (monopodial verzweigt) racemose, botryose (monopodially branched)

Reagens (*pl* Reagentien)/Reagenz reagent

Reagensglas test tube, glass tube

Reagensglasbefruchtung/ In-vitro-Fertilisation in-vitro fertilization (IVF)

Reagensglasbürste test tube brush

Reagensglashalter test tube holder

Reagensglasständer/ Reagensglasgestell test tube rack

reagieren react

Reaktand/Reaktionsteilnehmer/ Ausgangsstoff reactant

Reaktion (nullter/erster/zweiter.. Ordnung) (Reaktionskinetik) (zero-order/first-order/second-order..) reaction
Reaktion ***ethol*** **(bedingte/unbedingte R.)** response (conditioned/unconditioned r.)
Reaktionsfolge reaction sequence, reaction pathway
Reaktionsgeschwindigkeit/ Reaktionsrate reaction rate
Reaktionsholz reaction wood
Reaktionskette reaction pathway
Reaktionskinetik reaction kinetics
Reaktionsnorm norm of reaction
Reaktionszentrum/ Photosynthesereaktionszentrum reaction center
Reaktionszwischenprodukt reaction intermediate
reaktiv reactive
Reaktivität reactivity
Reaktor/Bioreaktor ***biot*** reactor, bioreactor
- ➢ **Airliftreaktor/ pneumatischer Reaktor** airlift reactor, pneumatic reactor
- ➢ **Blasensäulen-Reaktor** bubble column reactor
- ➢ **Druckumlaufreaktor** pressure cycle reactor
- ➢ **Durchflussreaktor** flow reactor
- ➢ **Düsenumlaufreaktor/ Umlaufdüsen-Reaktor** nozzle loop reactor, circulating nozzle reactor
- ➢ **Fedbatch-Reaktor/ Fed-Batch-Reaktor/Zulaufreaktor** fedbatch reactor, fed-batch reactor
- ➢ **Festbettreaktor** fixed bed reactor, solid bed reactor
- ➢ **Festphasenreaktor** solid phase reactor
- ➢ **Filmreaktor** film reactor
- ➢ **Fließbettreaktor** moving bed reactor
- ➢ **Füllkörperreaktor/Packbettreaktor** packed bed reactor
- ➢ **Gärtassenreaktor** tray reactor
- ➢ **Kugelbettreaktor** bead-bed reactor
- ➢ **Lochbodenkaskadenreaktor/ Siebbodenkaskadenreaktor** sieve plate reactor
- ➢ **Mammutpumpenreaktor/ Airliftreaktor** airlift reactor
- ➢ **Mammutschlaufenreaktor** airlift loop reactor
- ➢ **Membranreaktor** membrane reactor
- ➢ **Packbettreaktor/Füllkörperreaktor** packed bed reactor
- ➢ **Pfropfenströmungsreaktor/ Kolbenströmungsreaktor** plug-flow reactor
- ➢ **Rohrschlaufenreaktor** tubular loop reactor
- ➢ **Rührkammerreaktor** fermentation chamber reactor, compartment reactor, cascade reactor, stirred tray reactor
- ➢ **Rührkaskadenreaktor** stirred cascade reactor
- ➢ **Rührkesselreaktor** stirred-tank reactor
- ➢ **Rührschlaufenreaktor/ Umwurfreaktor** stirred loop reactor
- ➢ **Säulenreaktor/Turmreaktor** column reactor
- ➢ **Schlaufenradreaktor** paddle wheel reactor
- ➢ **Schlaufenreaktor/Umlaufreaktor** loop reactor
- ➢ **Siebbodenkaskadenreaktor/ Lochbodenkaskadenreaktor** sieve plate reactor
- ➢ **Strahlreaktor** jet reactor
- ➢ **Strahlschlaufenreaktor/ Strahl-Schlaufenreaktor** jet loop reactor
- ➢ **Tauchflächenreaktor** immersing surface reactor
- ➢ **Tauchkanalreaktor** immersed slot reactor
- ➢ **Tauchstrahlreaktor** plunging jet reactor, deep jet reactor, immersing jet reactor
- ➢ **Tropfkörperreaktor/ Rieselfilmreaktor** trickling filter reactor

- **Turmreaktor/Säulenreaktor** column reactor
- **Umlaufdüsen-Reaktor/ Düsenumlaufreaktor** nozzle loop reactor, circulating nozzle reactor
- **Umlaufreaktor/Umwälzreaktor/ Schlaufenreaktor** loop reactor, circulating reactor, recycle reactor
- **Umwurfreaktor/ Rührschlaufenreaktor** stirred loop reactor
- **Wirbelschichtreaktor/ Wirbelbettreaktor** fluidized bed reactor
- **Zulaufreaktor/Fedbatch-Reaktor/ Fed-Batch-Reaktor** fedbatch reactor, fed-batch reactor

Reannealing/Annealing/ Doppelstrangbildung/ Reassoziation/Renaturierung ***gen*** reannealing, annealing, reassociation, renaturation (of DNA)

Rearrangement/Umordnung/ Neuordnung rearrangement (DNA/genes/genome)

Reassoziation/Reannealing/ Annealing/Doppelstrangbildung/ Renaturierung reassociation, annealing, reannealing, renaturation (of DNA)

Reassoziationskinetik reassociation kinetics

Rebe vine

Receptaculum seminis/Samentasche seminal receptacle, spermatheca

Rechen (Kläranlage) grate, bar screen

Rechenblumengewächse/ Symplocaceae sweetleaf family

Rechengebissechsen/Mesosaurier/ Mesosauria mesosaurs

rechtsgängig right-handed

rechtshändig right-handed, dextral

Rechtsmedizin/Gerichtsmedizin/ Forensik/forensische Medizin forensics, forensic medicine

rechtswindend/rechtsdrehend/ dextrors dextrorse

Rectaldrüse/Rektaldrüse rectal gland

Rectum/Mastdarm rectum

Redie redia

Redoxpotenzial redox potential

Redoxreaktion oxidation-reduction reaction

Reduktion reduction

Reduktionsmittel reducing agent

Reduktionsteilung/ Reifeteilung/Meiose reduction division, meiosis

Redundanz redundancy

Reduzenten ***ecol*** reducers

reduzieren reduce

reelles Bild ***micros*** real image

Referenzstamm ***micb*** reference strain

Reflex reflex

- **bedingter Reflex** conditioned reflex (CR)
- **Dehnungsreflex/ myotatischer Reflex** stretch reflex, myotatic reflex
- **Fluchtreflex** escape reflex
- **Klammerreflex** clasp reflex
- **myotatischer Reflex/ Dehnungsreflex** myotatic reflex, stretch reflex
- **Saugreflex** suction reflex, suckling reflex, sucking reflex
- **Schnappreflex** snapping reflex
- **Schreckreflex** startle reflex
- **Schutzreflex** protective reflex
- **Totstellreflex/ Sichtotstellen/Katalepsie (Akinese)** shamming dead reflex, catalepsis, catalepsy (akinesis)
- **unbedingter Reflex** unconditioned reflex (UCR)
- **Zuckreflex** jerk

Reflexbogen reflex arc

Refraktärzeit/Refraktärphase/ Refraktärstadium refractory period, refractory stage

Refraktion/Brechung refraction

Refraktometer refractometer

Refugium refuge

Regel rule

Regel/Menstruation menstruation

Regelglied
control element, control unit
Regelgröße controlled variable, controlled condition
Regelkreis feedback system, feedback control system
regelmäßig regular
➤ **unregelmäßig** irregular
regeln/kontrollieren regulate, control
Regelstrecke
control system of a process
Regenbogenhaut/Iris iris
regenerieren regenerate
Regenerierung/Regeneration
regeneration
Regenfälle rain showers
Regenmesser pluviometer, rain gauge
Regenschatten rain shadow
Regenschattenwüste
rain-shadow desert
Regenwald rain forest
Regenwasser rainwater
Regenwurmbewegung/ Harmonikabewegung (Schlangen)
concertina movement
Regenzeit/Pluvialzeit rainy season
Reglungsprozess regulatory procedure
Regression ***stat*** regression
Regression zum Mittelwert
regression to the mean
Regressionsanalyse ***stat***
regression analysis
Regressionskoeffizient ***stat***
regression coefficient, coefficient of regression
regressiv/ zurückbildend/zurückentwickelnd
regressive
Regulationsei regulative egg
Regulationsgen regulatory gene
Regulationsmechanismen
regulatory mechanisms
Regulatorprotein/ regulatives/regulatorisches Protein
regulative protein, regulatory protein
Reh/Rehwild (*Capreolus* spp.) roe deer
➤ **Ricke/Rehgeiß (weibl. Reh nach 1. Wurf)**
doe (adult female)
Rehbock roebuck (adult male)
Rehkitz fawn
Rehydratation/Rehydratisierung
rehydration
rehydrieren rehydrate
Reibplatte/„Zunge"/Radula (*siehe auch:* Radula) radula
Reichweite (Strahlung) range
reif mature, ripe
➤ **unreif** unripe, immature
Reif/Raureif
rime, hoarfrost, white frost
Reife maturity, ripeness
➤ **Unreife**
immaturity, immatureness
reifen ***vb*** mature, ripen
Reifen ***n*** maturing, ripening
Reifeteilung/ Reduktionsteilung/Meiose
reduction division, meiosis
Reifung maturation
Reifungs-Förderfaktor
maturation promoting factor
Reihe row; series
➤ **Alkoholreihe/ aufsteigende Äthanolreihe**
graded ethanol series
➤ **chaotrope Reihe** chaotropic series
➤ **Drillreihe** drill row
➤ **eluotrope Reihe (Lösungsmittelreihe)**
eluotropic series
➤ **Hofmeistersche Reihe/ lyotrope Reihe**
Hofmeister series, lyotropic series
➤ **mixotrope Reihe** mixotropic series
➤ **Transformationsreihe**
transformation series
➤ **Versuchsreihe** experimental series
Reihenregel/Hessesche Regel/ Herzgewichtsregel ***evol***
Hesse's rule, heart-weight rule
Reihenuntersuchung ***med***
population screening
rein/sauber clean; (ohne Zusatz) pure
Reinbestand pure stand
reinerbig/reinrassig/homozygot
homozygous, true-bred, pure-bred
reinerbig sein breed true, breed pure
reinerbige Linie/reine Linie/ reinerbiger Stamm/reiner Stamm
pure breeding line/strain
Reinig-Linie Reinig's line

Reinigung/Dekontamination/ Dekontaminierung/Entseuchung decontamination
Reinigungsmittel/Detergens detergent
Reinigungsverfahren purification procedure/technique
Reinkultur pure culture, axenic culture
reinrassig *bot* true-bred, pure-bred; *zool* thoroughbred (e.g., horses)
Reinraum/Reinstraum clean room
reinst ***lab/chem*** highly pure (superpure/ultrapure)
Reis (*pl* Reiser) (Zweiglein/junger Zweig) young shoot, twig, spray; (Pfropfreis/Edelreis) scion (cion), graft
Reischlinge/Fistulinaceae beef-steak fungi
Reisig spray, brushwood
reißen (z.B. Wassersäule) break, cavitate
reißen (Hengst) geld, castrate
reißen (Wild) attack and rend
Reißfestigkeit/Zerreißfestigkeit/ Zugfestigkeit (Holz) tensile strength, breaking strength
Reißnersche Membran/ Reißner-Membran/ Membrana vestibularis Reissner's membrane
Reißverschluss zipper
- **Leucin-Reißverschluss** leucine zipper

Reißverschluss betätigen/Zippering (Doppelstrangbildung: kooperativer Vorgang beim Bilden von Wasserstoffbrücken) zippering
Reißverschlussprinzip zipper principle
Reißzahn/Fangzahn/Fang (Raubtiere) fang, carnassial tooth
Reisveredelung/Reiserveredlung/ Pfropfen ***hort*** scion grafting
reiten ***vb*** ride
Reiten riding, equitation
Reiz/Stimulus irritation, stimulus
- **adäquater Reiz** adequate stimulus
- **Außenreiz** external stimulus
- **bedingter Reiz** ***ethol*** conditioned stimulus
- **Lichtreiz** light stimulus
- **Schlüsselreiz/Auslösereiz** key stimulus, sign stimulus (release stimulus)
- **unbedingter Reiz** ***ethol*** unconditioned stimulus

reizbar irritable
Reizbarkeit irritability
reizempfänglich irritable, excitable, sensitive
reizen/anregen/stimulieren excite, stimulate
reizen/irritieren *med/physio/chem* irritate
Reizhaar/Fühlhaar trigger hair, sensitive hair
Reizschwelle stimulus threshold
Reizumwandlung stimulus transduction
Reizung/Stimulation irritation, stimulation
Rekapitulations-Theorie recapitulation theory, principle of recapitulation
Rekauleszenz recaulescence
Rekombinante (Zelle) recombinant (cell)
Rekombination recombination
- **allgemeine Rekombination** general recombination
- **doppelte Rekombination** double recombination
- **homologe Rekombination** homologous recombination
- **illegitime Rekombination** illegitimate recombination
- **intrachromosomale Umordnung** intrachange, intrachromosomal recombination
- **mitotische Rekombination** mitotic recombination
- **nichthomologe Rekombination** non-homologous recombination
- **sequenzspezifische Rekombination** site specific recombination

Rekombinationsfrequenz recombination frequency
Rekombinationsknoten recombination nodule
Rekombinationssignalsequenzen recombination signal sequences
rekombinieren recombine
rekombiniert/rekombinant recombinant
rekombinierte DNA-Technologie (Methoden mit Hilfe rekombinierter DNA)/ rekombinante DNA-Technologie recombinant DNA technology
rekombiniertes DNA-Molekül/ rekombinantes DNA-Molekül recombinant DNA molecule
rekombiniertes Protein/ rekombinantes Protein recombinant protein
rekonstituieren reconstitute
Rekonstitution reconstitution
Rektaldrüse/Rectaldrüse rectal gland
rekultivieren recultivate, replant
rekurv/recurv recurved, bent backwards
Relaisneuron/Projektionsneuron/ Hauptneuron relay neuron
Relaiszelle relay cell
relative Häufigkeit relative frequency
Relaxation relaxation
relaxiert/entspannt relaxed (conformation)
Relaxin relaxin
Relief relief
Relikt relict
Remigium ***entom*** remigium
renaturieren renature
Renaturierung renaturation, renaturing; (Annealing/Reannealing/ Reassoziation/Doppelstrangbildung) *gen* annealing, reannealing, reassociation (of DNA)
Renin renin (angiotensinogen: angiotensin)
rennen/laufen run
rennend/Renn... running, cursorial
Rennin/Labferment/Chymosin rennin, lab ferment, chymosin

Rensch'sche Haarregel Rensch's rule
Reparaturenzym repair enzyme
Reparaturmechanismus ***gen*** repair mechanism
Repellens (*pl* Repellentien) repellent
Replikaplattierung replica-plating
Replikation replication
- **bidirektionale Replikation** bidirectional replication
- **diskontinuierliche Replikation** discontinuous replication
- **disperse Replikation** dispersive replication
- **Rollender-Ring-Replikation** rolling circle replication
- **saltatorische Replikation** saltatory replication
- **semidiskontinuierliche R.** semidiscontinuous replication
- **semikonservative Replikation** semiconservative replication
- **Überreplikation** overreplication

Replikationsblase ***gen*** replication bubble, replication eye
Replikationsgabel ***gen*** replication fork
Replikationskomplex/Replisom ***gen*** replisome
Replikationsursprung/ Replikationsstartpunkt ***gen*** replication origin, origin of replication (ori)
replikative Form ***gen*** replicative form
Replikon/Replikationseinheit ***gen*** replicon, unit of replication
Replisom/Replikationskomplex ***gen*** replisome
Reportergen reporter gene
reprimieren/unterdrücken/ hemmen ***gen/med/tech*** repress, control, suppress, subdue
Reprimierung/ Unterdrückung/Hemmung repression, control, suppression
Reproduzierbarkeit reproducibility
reproduzieren reproduce
Reptilien/Kriechtiere/Reptilia reptiles
Reptilienkunde & Amphibienkunde/ Herpetologie herpetology
Repulsionskonformation ***gen*** repulsion conformation

Resedagewächse/Resedengewächse/ Waugewächse/Resedaceae mignonette family
Reservat reserve
➢ **Naturreservat** nature reserve
➢ **Naturwaldreservat/Bannwald (in S/W Germany)** protected forest (no commercial usage)
➢ **Wildreservat/ Wildtierpark/Wildpark** wildlife reserve, wildlife park, wild animal reserve, game reserve
Reservestoff reserve material, storage material, food reserve
Reservevolumen reserve volume
Reservoir-Wirt reservoir host
Residualkörper residual body
Residualvolumen residual volume
resistent resistant
Resistenz resistance
Resistenz gegen Antibiotika/ Antibiotika-Resistenz antibiotic resistance
Resistenz-Faktor (R-Faktor) resistance factor (R factor)
Resistenzgen resistance gene
resorbieren resorb
Resorption resorption
Respirationsepithel/ respiratorisches Epithel/ Atmungsepithel respiratory epithelium
respiratorischer Quotient/ Atmungsquotient respiratory quotient
Ressource/Rohstoffquelle resource
Ressourcennutzung resource utilization
Ressourcenschonung resource conservation
Rest (z.B. Aminosäuren-Seitenkette) rest, residue
➢ **unveränderter Rest/ invarianter Rest** ***math*** invariant residue
➢ **variabler Rest** ***math*** variable residue
Restiogewächse/Restionaceae restio family
restituieren/wiederherstellen restitute
Restitution/Wiederherstellung restitution
Restmeristem intercalary meristem
Restriktionsendonuclease restriction endonuclease
Restriktionsenzym restriction enzyme
Restriktionsfragment-längenpolymorphismus restriction fragment length polymorphism (RFLP)
Restriktionsschnittstelle ***gen*** restriction site
Resupination resupination (inversion)
Reten retene
Retentionszeit/ Verweildauer/Aufenthaltszeit retention time
Retikulopodium/Reticulopodium reticulopodium, reticulopod
Retikulozyt/Reticulocyt/ Proerythrozyt reticulocyte, proerythrocyte (immature red blood cell)
Retinal retinal, retinene
Retinol (Vitamin A) retinol
Retinsäure retinic acid
Retinulazelle retinular cell
Retorte retort
Retraktormuskel/ Retraktor/Rückzieher retractor muscle
Retrocerebralorgan/ Retrocerebralkomplex retrocerebral organ
Retrocerebralsack retrocerebral sac
Retroelement, virales viral retroelement
Retrogen retrogene
Retrotransposon retrotransposon
retroviral retroviral
Retrovirus retrovirus
➢ **akut transformierendes Retrovirus** acute transforming retrovirus
Reusenfalle ***bot*** weir basket trap
Reusengeißelzelle/Cyrtocyte (*siehe*: Flammenzelle) fenestrated flame cell (protonephridia)

reverse Genetik reverse genetics
reverse Transkriptase/ Revertase/Umkehrtranskriptase reverse transcriptase
reverse Transkription/Translation reverse transcription/translation
reversibel/umkehrbar reversible
Reversibilität/Umkehrbarkeit reversibility
reversible Hemmung reversible inhibition
Reversion/Umkehrung reversion
➢ **ausgleichende Reversion *gen*** second site reversion
Reversosmose/Umkehrosmose reverse osmosis
Reversphase/Umkehrphase reverse phase
Revertase/Umkehrtranskriptase/ reverse Transkriptase reverse transcriptase
Revier/Wohnbezirk/Gebiet/ Territorium territory, range
Reviermarkierung *ethol* marking of territory, territorial marking
Revolver/Objektivrevolver *micros* nosepiece, nosepiece turret
Reynold'sche Zahl/Reynolds-Zahl/ Reynoldsche Zahl Reynold's number
rezent/gegenwärtig/heute lebend recent, contemporary, extant
Rezeptakel/Rezeptakulum receptacle, receptaculum
Rezeptakulum seminis/ Samentasche seminal receptacle, spermatheca, sperm chamber
Rezeptor/Empfänger receptor
➢ **adrenerger Rezeptor** adrenergic receptor
➢ **Antigenrezeptor** antigen receptor
➢ **Barorezeptor** baroreceptor
➢ **Chemorezeptor** chemoreceptor
➢ **cholinerger Rezeptor** cholinergic receptor
➢ **Dehnungsrezeptor (Muskel)** stretch receptor
➢ **Geschmacksrezeptor** taste receptor, gustatory receptor
➢ **Mechanorezeptor** mechanoreceptor
➢ **Membranrezeptor** membrane receptor
➢ **muscarinischer Rezeptor/ muskarinischer Rezeptor** muscarinic receptor
➢ **nikotinerger Rezeptor** nicotinic receptor
➢ **Osmarezeptor** osmoreceptor
➢ **phasischer Rezeptor** phasic receptor
➢ **Photorezeptor** photoreceptor
➢ **postsynaptischer Rezeptor** postsynaptic receptor
➢ **Thermorezeptor** thermoreceptor
Rezeptor-Ausdünnungsregulation receptor-down regulation
rezeptorvermittelte Endozytose/ rezeptorgekoppelte Endozytose receptor-mediated endocytosis
rezessiv recessive
reziprok reciprocal
reziproke Translokation reciprocal translocation
Reziprokschüttler reciprocating shaker
RFLP (Restriktionsfragment-längenpolymorphismus) RFLP (restriction fragment length polymorphism)
Rhabdit/Epithelstäbchen (Turbellaria) rhabdite
Rhabdom rhabdome
Rhabdomer rhabdomere
Rhachis/Blattspindel/ Fiederblattachse (Mittelrippe eines Fiederblattes) rachis
➢ **kleine sekundäre Rhachis** rachilla
Rhagon (Schwämme) rhagon
Rhamnaceae/Kreuzdorngewächse buckthorn family, coffeeberry family
Rhamphotheka *orn* rhamphotheca
Rheokrene/Sturzquelle rheocrene, flowing spring
rheophil (in der Strömung lebend) rheophilous, rheophilic (preferring running water)

Rheophyt (Pflanze der Fließgewässer) rheophyte
Rheotaxis rheotaxis
Rhinarium/Riechplatte rhinarium
Rhithral rhithral
Rhithron rhithron
Rhizine rhizine, rhizina
Rhizodermis/Wurzelepidermis rhizodermis, epiblem(a)
Rhizoid (Algen/Moose) holdfast (algas); rhizoid, rootlet (mosses)
Rhizom/Erdspross/Wurzelstock rhizome, creeping underground stem
rhizomartige Hauptachse (Algen/Zygomyceten) stolon
Rhizomknolle rhizomatous tuber, rhizome tuber
Rhizophoraceae/ Mangrovengewächse mangrove family, red mangrove family
Rhizosphäre rhizosphere
Rhodopsin/Sehpurpur rhodopsin, rose-purple
Rhombogen (Mesozoa) rhombogen
Rhopalium/Randkörper/ „Hörkölbchen" (Randsinnesorgan) rhopalium (tentaculocyst)
Rhopalonema rhopaloneme
Rhoptrie (*pl* Rhoptrien) rhoptry (*pl* rhoptries)
Rhythmik rhythm, rhythmics
➢ **Gezeitenrhythmik/ tidale Rhythmik** tidal rhythm
➢ **Tagesrhythmik/ circadiane Rhythmik** circadian rhythm
Rhythmus rhythm
➢ **Nachtrhythmus (Gegensatz zu: Tagrhythmus)** nocturnal rhythm
➢ **Tag-Nacht-Rhythmus/ Tag-Nacht-Periodizität (24-Stunden-Takt)** diel periodicity, diel pattern
➢ **Tagesrhythmus (Gegensatz zu: Nachtrhythmus)** diurnal rhythm
Rhythmus-Anpassung (circadiane) entrainment (rhythm adjustment)
Riboflavin/Lactoflavin (Vitamin B_2) riboflavin, lactoflavin (vitamin B_2)
Ribonuclease/Ribonuklease ribonuclease
Ribonucleinsäure/ Ribonukleinsäure (RNA/RNS) ribonucleic acid (RNA)
Ribonucleoprotein/ Ribonukleoprotein ribonuclear protein
Ribosom ribosome
➢ **Polyribosom/Polysom** polyribosome, polysome
Ribosomenbindungsstelle ribosome binding site
Ribosonde/RNA-Sonde riboprobe
Ribozym ribozyme
Richtigkeit/Genauigkeit ***stat*** correctness, exactness, accuracy
Richtungskörper/Polkörper polar body
Richtungsorientierung directional orientation
Ricke (♀ Reh nach 1. Wurf) doe (adult female)
Riechbahn/Tractus olfactorius ***neuro*** olfactory tract
riechen smell
Riechepithel olfactory epithelium
Riechgrube olfactory pit (a sensory pit)
Riechhirn/Rhinencephalon "nose brain", rhinencephalon
Riechhügel/Riechkolben/ Bulbus olfactorius olfactory dome (sensory dome), olfactory bulb
Riechnerv olfactory nerve
Riechorgan olfactory organ
Riechplatte/Porenplatte (Sensilla placodea) olfactory plate (sensory plate); (Rhinarium) rhinarium
Riechschleimhaut olfactory mucosa
Riechschwelle/Geruchsschwellenwert odor threshold, olfactory threshold
Riechstoffe fragrances
Ried reed

Riedgras/Segge (Sauergräser) sedge
Riedgrasgewächse/Riedgräser/ Sauergräser/Cyperaceae sedge family
Riedsumpf reed swamp
Riemenblumengewächse/ Mistelgewächse/Loranthaceae mistletoe family (showy mistletoe family)
Rieselfelder (Abwasser-Kläranlage) sewage fields, sewage farm
Rieselfilm falling liquid film
Rieselfilmreaktor/ Tropfkörperreaktor trickling filter reactor
rieseln trickle
Riesenaxon giant axon
Riesenchromosom giant chromosome
Riesenfaser/Mauthnersche Zelle/ Mauthner-Zelle *ichth* giant fiber, Mauthner's cell
Riesenläufer/ Skolopender/Scolopendromorpha scolopendromorphs
Riesenzelle giant cell
Riff reef
➢ **Atollriff/Atoll/Lagunenriff** atoll
➢ **Barriereriff/Wallriff** barrier reef
➢ **Fleckenriff** patch reef, bank reef
➢ **Plattformriff** table reef
➢ **Rückriff** rear reef
➢ **Saumriff/Strandriff/Küstenriff** fringing reef
➢ **Vorriff** fore reef
riffbildend/hermatypisch reef-building, hermatypic
➢ **nicht riffbildend/ahermatypisch** not reef-building, non-hermatypic
Riffdach reef flat
Riffhang reef slope
Riffkante reef edge
Riffkorallen/Steinkorallen/ Madreporaria/Scleractinia stony corals, madreporarian corals, scleractinians
Riffkrone reef crest
Rind (*pl* Rinder) cattle
➢ **Bulle** bull
➢ **Kalb** calf
➢ **Kuh** cow
➢ **Stier** steer (castrated early)
Rinde bark, cortex; (Haut/Schale) skin, peel; shell
Rindenbildung cortication
Rindenbrand/Sonnenbrand sunscald
Rindenkorallen/Hornkorallen/ Gorgonaria gorgonians, gorgonian corals, horny corals
Rindenparenchym cortical parenchyma
Rindenpfropfung/ Pfropfen hinter die Rinde *hort* rind grafting, bark grafting
Rindenpilze/Corticiaceae crust fungus family
Rindenschichtpilze/Stereaceae parchment fungus family
Rinderwahnsinn mad cow disease (bovine spongiform encephalopathy = BSE)
Rinderwirtschaft cattle ranching
Ring/Kragen/Annulus inferus (Rest des Velum partiale) *fung* ring, inferior annulus
Ring-Okulation/Ringveredlung *hort* ring budding, annular budding (flute budding)
Ringart ring species
ringartig ringlike, annular
Ringbildung/Catenation catenation
Ringblende *micros* disk diaphragm (annular aperture)
Ringchromosom ring chromosome
Ringelantenne/Geißelantenne/ amyocerate Antenne *entom* amyocerate antenna
Ringelborke/Ringborke ringbark
Ringelung/Gürteln (Baumrinde) ringing, girdling
Ringelwürmer/Gliederwürmer/ Borstenfüßer/Anneliden segmented worms, annelids
Ringerlösung/Ringer-Lösung Ringer's solution
Ringform *chem* ring form, ring conformation
Ringformel ring formula
ringförmig/zyklisch annular, cyclic
Ringfurche/Coronalfurche coronal groove

Ringkanal/Radiärkanal/ Ambulakralring ring canal, radial canal
Ringknorpel/Cartilago cricoidea annular cartilage, cricoid cartilage
Ringmuskel ring muscle, circular muscle
ringporig (cyclopor) (Holz) ring porous
Ringschluss ***chem*** ring formation, cyclization
Ringschluss/Zirkularisierung circularization
Ringspaltung ***chem*** ring cleavage
Rinne/Furche *anat/morph/gen* groove, furrow
➢ **große Rinne/tiefe Rinne/ große Furche (DNA-Struktur)** major groove (DNA structure)
➢ **kleine Rinne/flache Rinne/ kleine Furche (DNA-Struktur)** minor groove (DNA structure)
Rinnsal/kleines Bächlein rill, rivulet, streamlet
Rippe/Costa rib, costa; *bot* vein
➢ **Bauchrippe/ Gastralrippe/Gastralia (Reptilien)** abdominal rib, gastralia
➢ **echte Rippe/Costa vera** true rib
➢ **falsche Rippe/ unechte Rippe/Costa spuria** false rib
➢ **frei endende Rippen/ Costae fluitantes** floating ribs
➢ **gerippt/mit Rippen** ribbed, costate
➢ **Halsrippe/Costa cervicalis** cervical rib
➢ **Mittelrippe** ***bot*** midrib; (eines Fiederblattes/Rhachis/ Blattspindel/Fiederblattachse) rachis
➢ **Sakralrippe/Kreuzbeinrippe** sacral rib
➢ **Thorakalrippe/Costa thoracalis** thoracic rib
Rippel ***geol*** ripple
Rippelmarke ***geol*** ripple mark
Rippenbogen/Arcus costalis costal arch
Rippenfarngewächse/Blechnaceae blechnum family, deer fern family
Rippenfell/Pleura parietalis (thorakal: Pleura costalis) parietal pleura (thoracic: costal pleura)
Rippenfortsatz/Diapophyse diapophysis (transverse process of neural arch for rib attachment)
Rippenfurche costal groove, costal sulcus
Rippengefäß/Meridionalkanal (Ctenophoren) meridional canal, gastrovascular canal
Rippenhals/Collum costae neck of rib, rib collar
Rippenknorpel costal cartilage
Rippenmeristem rib meristem, file meristem
Rippenquallen/Kammquallen/ Ctenophoren sea gooseberries, sea combs, comb jellies, sea walnuts, ctenophores
Risiko (*pl* Risiken)/Gefahr risk, danger; hazard
➢ **Brandrisiko** fire hazard
➢ **Gesundheitsrisiko** health hazard
➢ **Kontaktrisiko (Gefahr bei Berühren)** contact hazard
➢ **Krebsrisiko** cancer risk
➢ **Sicherheitsrisiko** safety risk, safety hazard
Risikoabschätzung risk assessment
Rispe/Blütenrispe (Infloreszenz) panicle
➢ **Geschein (Rispe des Weinstocks)** cluster, flower cluster of vine (a panicle)
➢ **Grasrispe** juba, loose panicle of grasses
➢ **Schirmrispe (ein Ebenstrauß/Corymbus)** umbel-like panicle
➢ **Trichterrispe/Spirre** anthela
Rispenfarngewächse/ Königsfarngewächse/ Osmundaceae royal fern family, flowering fern family, cinnamon fern family
rispig/paniculat paniculate, panicular

Riss/Fissur/Furche/Einschnitt fissure; (Spalte) crevice; (Holz: zwischen Jahresringen) shake
Riss (Beute des Raubwildes) rendered prey
Ritterlinge/Tricholomataceae tricholoma family
Ritterspornbäume/Vochysiaceae vochysia family
rituelle Fesselfäden *arach* bridal veil (crab spiders)
Ritus rite
Rivale rival
rivalisieren rival, be rivals, compete
Rivalität rivalry
RNA/RNS (Ribonucleinsäure/ Ribonukleinsäure) RNA (ribonucleic acid)
➤ **3'→5'** (drei Strich-fünf Strich/ drei Strich nach fünf Strich) 3'→5' (three prime five prime/ three prime to five prime)
➤ **Antisense-RNA/Anti-Sinn-RNA/ Gegensinn-RNA** antisense RNA
➤ **Messenger-RNA/Boten-RNA/mRNA** messenger RNA (mRNA)
➤ **Prä-mRNA/Vorläufer-mRNA** pre-mRNA
➤ **Prä-rRNA/Vorläufer-rRNA** pre-rRNA (precursor rRNA)
➤ **Prä-tRNA/Vorläufer-tRNA** pre-tRNA (precursor tRNA)
➤ **Redigieren von RNA** RNA editing
➤ **ribosomale RNA (rRNA)** ribosomal RNA (rRNA)
➤ **snRNA/kleine nucleäre-RNA** snRNA, small nuclear RNA
➤ **stabile RNA** stable RNA
➤ **tRNA/Transfer-RNA** tRNA, transfer RNA
RNA-getriebene Hybridisierung RNA-driven hybridization
RNA-Polymerase RNA polymerase
RNA-Priming RNA priming
RNA-Processing/-Weiterverarbeitung RNA processing
RNA-Sonde/Ribosonde riboprobe
RNA-Transkript RNA transcript
RNA-Welt RNA world
RNase (Ribonuclease/Ribonuklease) RNase (ribonuclease)
Rochen rays & skates
➤ **echte Rochen/Rajidae (Unterordnung)** skates
Rochenartige/Rajiformes rays & skates
roden fell, clear
Rodung felling, clearing
➤ **Brandrodung** clearing by fire (intentional forest fires)
Rogen (Fischeier innerhalb der Eierstöcke) (*siehe auch*: Fischlaich) roe (esp. fish-eggs within ovarian membrane)
Rohabwasser raw sewage
Rohdaten crude data
Rohdichte green density
Rohextrakt crude extract
Rohfaser (XF) crude fiber (CF)
Rohfett/Rohlipide (XL) crude lipid (CL)
Rohhumus/saurer Auflagehumus/ Trockentorf mor (humus)
Rohprotein (XP) crude protein (CP)
Rohr/Röhre pipe, tube
➤ **Schilfrohr** cane
Röhrbein/Kanonenbein/Sprungbein (Pferd: Hauptmittelfußknochen) cannon bone
Röhrchenzähner/Erdferkel/ Tubulidentata aardvark (of Africa)
röhren (Hirsch) bell
röhrenbewohnend tube-dwelling, tubicolous
Röhrenbewohner tube-dweller
Röhrenblüte (verwachsene Kronblätter) corolla tube, tubular corolla
Röhrenblüte/Scheibenblüte (Asterales) disk flower, disk floret, tubular flower
röhrenförmig/schlauchförmig siphoneous, siphonaceous, tubular
Röhrenherz/Herzschlauch tubular heart
Röhrenknochen/langer Knochen long bone (hollow/tubular bone)
Röhrennasen/Procellariiformes tubenoses, tube-nosed swimmers: albatrosses & shearwaters & petrels

Röhrennetz/Trichternetz *arach*
funnel web
Röhrenpilze/Röhrlinge/Boletaceae
boletes, bolete mushroom family, boletus mushroom family
Röhrentrachee *arach*
tube trachea, tubular trachea
Röhricht reed bank, reeds
Rohrkolben cat's-tail, reedmace
Rohrkolbengewächse/Typhaceae
reedmace family, cattail family
Röhrling/Porling
pore mushroom, pore fungus, boletus mushroom
Rohrstock cane
Rohrzucker/Rübenzucker/ Saccharose/Sukrose/Sucrose
cane sugar, beet sugar, table sugar, sucrose
Rohschlamm raw sludge
Rohstoff raw material, resource
➢ **erneuerbare Rohstoffe**
renewable resources
➢ **nachwachsende Rohstoffe**
regenerating/replenishable resources
➢ **natürliche Rohstoffe**
natural resources
➢ **nichterneuerbare Rohstoffe**
nonrenewable resources
Rohstoffquelle/Ressource resource
Rohzucker raw sugar, crude sugar (unrefined sugar)
Rollender-Ring-Replikation *gen*
rolling-circle replication
Rollerflaschenkultur
roller tube culture
Rollfarngewächse/ Cryptogrammaceae
parsley fern family, rock-brake fern family
Rollmops (eingerollter marinierter Hering)
rolled-up pickled filet of hering with pickle held together by wooden pick (North German specialty)
Röntgenabsorptionsspektroskopie
X-ray absorption spectroscopy
Röntgenbeugung X-ray diffraction
Röntgenbeugungsdiagramm/ -aufnahme/Röntgendiagramm
X-ray diffraction pattern
Röntgenbeugungsmethode
X-ray diffraction method
Röntgenbeugungsmuster
X-ray diffraction pattern
Röntgenemissionsspektroskopie
X-ray emission spectroscopy
Röntgenkleinwinkelstreuung
small-angle X-ray scattering (SAXS)
Röntgenkristallographie
X-ray crystallography
Röntgenmikroskopie
X-ray microscopy
Röntgenstrahl X-ray
Röntgenstrahl-Mikroanalyse
X-ray microanalysis
Röntgenstrukturanalyse
X-ray structural analysis, X-ray structure analysis
Röntgenweitwinkelstreuung
wide-angle X-ray scattering (WAXS)
Rosenapfelgewächse/Dilleniaceae
silver-vine family, dillenia family
Rosengewächse/Rosaceae
rose family
Rosette rosette, whorl
Rosettenpflanze rosette plant
Rosettenplatte (Bryozoen)
rosette plate
Rossbreiten horse latitudes
rossig/brünstig (Stute) in heat
Rossigkeit (Stute) heat
Rostellum/Klebkörper (Gynostemium)
rostellum, adhesive body
rösten/rötten (Flachsrösten)
retting
Rostpilze/Uredinales rusts, rust fungi
rostrot ferrunginous
Rotalgen/Rhodophyceae (Floridaceae) red algae
Rotationsbewegung
rotational motion
Rotationsmikrotom
rotary microtome
Rotationssinn/Drehsinn
rotational sense, sense of rotation
Rotationsverdampfer
rotary evaporator
Rote Liste Red Data Book
rote-Königin-Hypothese *evol*
Red Queen's hypothesis

Rötegewächse/Labkrautgewächse/ Krappgewächse/Rubiaceae bedstraw family, madder family
Rötelpilze/Rotblättler/ Rhodophyllaceae/Entolomataceae entoloma family
Rotenon rotenone
roter Körper (Schwimmblase) ***ichth*** red body
Rothirsch/Rotwild/Edelhirsch/ Edelwild (*Cervus elaphus*) red deer
Rotiger/Pseudotrochophora (Larve) rotiger, pseudotrochophore
Rotor rotor
➢ **Ausschwingrotor** ***centrif*** swinging-bucket rotor
➢ **Festwinkelrotor** ***centrif*** fixed-angle rotor
➢ **Vertikalrotor** ***centrif*** vertical rotor
➢ **Winkelrotor** ***centrif*** angle rotor, angle head rotor
Rotte (Wildschweine) sounder (herd/hoard/party of pigs or wild boar)
rötten/rösten (Flachsrösten) retting
Rotwild/Rothirsch/Edelwild/ Edelhirsch (*Cervus elaphus*) red deer
rRNA/ribosomale RNA rRNA, ribosomal RNA
Rübe (*Beta*) beet
Rübe/Speicherwurzel fleshy taproot, storage root
rübenartig turnip-like, napaceous
rübenförmig turnip-shaped, napiform
Rübenzucker/Rohrzucker/ Sukrose/Sucrose beet sugar, cane sugar, table sugar, sucrose
Rubiaceae/Labkrautgewächse/ Rötegewächse/Krappgewächse madder family, bedstraw family
rückbilden degenerate, regress
Rückbildung degeneration, regression
Rückdrehung/Detorsion (Gastropoda: Nervensystem) detorsion
Rücken back; (Schlachttiere) saddle, chine
Rückenanhänge/Cerata (Nudibranchia) cerata
Rückenfeder/Gladius (pergamentartige Schulpe) pen, gladius
Rückenflosse dorsal fin
Rückenmark/Medulla spinalis spinal cord, spinal medulla, medullary canal, nerve cord
➢ **verlängertes Rückenmark/ Medulla oblongata** medulla oblongata, medulla
Rückennaht/Dorsalnaht (Mittelrippe des Fruchtblattes) dorsal suture, dorsal seam
Rückenpanzer/Rückenschild/Carapax (Schildkröte) dorsal shield, carapace
Rückenplatte/Rückenschild/Tergit (Insekten: dorsaler Sklerit) tergite, dorsal sclerite
Rückensaite/Chorda dorsalis/ Notocorda notochord
Rückenschaler/Notostraca tadpole shrimps
Rückenschild/Rückenpanzer/Carapax (Schildkröte) dorsal shield, carapace
Rückenschild/Rückenteil/Tergum (Insekten: Rückenteil der Körpersegmente) tergum (dorsal plate: esp. abdominal segments)
rückenspaltig/lokulizid ***bot*** loculicidal
Rückenstück/Tergit (dorsale Sklerite) tergite
Rückentwicklung retrogressive development, retrogressive evolution
Rückenwind ***aer/orn*** tail wind
Rückfallfieber (*Borrelia recurrentis*) relapsing fever
Rückflusskühler reflux condenser
rückgebildet/abortiv/rudimentär/ verkümmert abortive
Rückgrat/Wirbelsäule spinal column, vertebral column, backbone
Rückkopplung feedback
➢ **negative Rückkopplung/ Rückkopplungshemmung/ Endprodukthemmung** feedback inhibition, end-product inhibition

Rückkopplungsschleife feedback loop

Rückkreuzung backcrossing, backcross

Rücklaufschlamm/Belebtschlamm activated sludge

Rückmutation back-mutation, reverse mutation

Rückriff rear reef

Rückschlag/Atavismus (ursprüngliches Merkmal) atavism, throwback

Rückschnitt (bis auf den Stumpf für Neuaustrieb) coppice, coppicing

Rückschnitt (Gehölzrückschnitt) pruning, pruning back

rückseitig/dorsal dorsal

Rückstand ***chem*** residue

Rückstrahlvermögen/Albedo albedo

rückwärts/nach unten gerichtet/ gebogen ***bot*** retrorse

Rückzieher/Rückwärtszieher/ Rückziehmuskel/ Retraktor/Retraktormuskel retractor muscle

Rückzug/Versteck/Schlupfwinkel ***arach*** retreat

Rüde (Hund) male dog

Rudel/Meute/Koppel pride (lions), pack (dogs/wolves), party (wild boar), pod (whales/dolphins/seals)

Ruder/Ruderflosse (Schwanzflosse der Wale) rudder

ruderal/auf Schutt wachsend ruderal

Ruderalpflanze ruderal plant

Ruderfüßer/Ruderfüßler/ Pelecaniformes totipalmate swimmers: pelicans and allies

Ruderfußkrebse/Ruderfüßer/ Copepoda copepods

Ruderplatte/Ruderplättchen/ Schwimmplatte/„Kamm"/Ctene/ Wimperplättchen (Ctenophoren) ctene, swimming plate, ciliary comb

Ruderschnecken/Gymnosomata/ nackte Flossenfüßer (Flügelschnecken) naked pteropods

Rudiment rudiment (*sensu lato:* vestige)

rudimentär rudimentary (*sensu lato:* vestigial)

rudimentär/abortiv/ rückgebildet/verkümmert abortive

Rudist rudistid, rudistan

Ruf ***orn*** **(Lautäußerung)** call, call note

- **Alarmruf/Warnruf** alarm call
- **Beschwichtigungsruf** reassurance call, reassuring call
- **Bettelruf** begging call
- **Drohruf** threat call
- **Flugruf** flight call
- **Kontaktruf** contact call
- **Lockruf** attracting call
- **Notruf** ***orn*** distress call
- **Paarungsruf/Werberuf** mating call, courtship call
- **Sammelruf** mobbing call
- **Warnruf** alarm call

Rufdialekt ***orn*** call dialect

rufen call

Ruffini'sches Körperchen Ruffini's endings, Ruffini's organ, corpuscles of Ruffini

Rufrepertoire call repertoire/repertory

Ruhekern ***cyt*** resting nucleus

Ruhemembrankanal/Leckkanal resting channel, leakage channel

ruhen rest, lie dormant

ruhend resting, quiescent, dormant

ruhende Knospe/ schlafende Knospe resting bud, dormant bud, quiescent bud

ruhendes Zentrum quiescent center, quiescent zone

Ruhephase/Ruheperiode resting period, quiescent period, dormancy period

Ruhepotenzial resting potential

Ruhespuren/Cubichnia ***paleo*** resting traces

Ruhestadium resting stage; dormant stage; quiescent stage

Ruhestellung resting posture

Ruhestoffwechsel/Grundstoffwechsel basal metabolism

Ruhezustand inactive state, dormant state, dormancy
➢ **endogen bedingter Ruhezustand/ Dormanz** dormancy
➢ **exogen bedingter Ruhezustand/ Quieszenz** quiescence
Ruhr dysentery
Rührbehälter/Rührkessel agitator vessel
rühren/umrühren stir, agitate
Rührer/Rührwerk ***biot*** stirrer, impeller, agitator
➢ **Ankerrührer** anchor impeller
➢ **Axialrührer mit profilierten Blättern** profiled axial flow impeller
➢ **Blattrührer** two flat-blade paddle impeller
➢ **exzentrisch angeordneter Rührer** off-center impeller
➢ **Gitterrührer** gate impeller
➢ **Hohlrührer** hollow stirrer
➢ **Kreuzbalkenrührer** crossbeam impeller
➢ **Kreuzblattrührer** four flat-blade paddle impeller
➢ **Mehrstufen-Impuls-Gegenstrom-Rührer/MIG-Rührer** multistage impulse countercurrent impeller
➢ **Propellerrührer** propeller impeller
➢ **Rotor-Stator-Rührsystem** rotor-stator impeller, Rushton-turbine impeller
➢ **Schaufelrührer/Paddelrührer** paddle stirrer, paddle impeller
➢ **Scheibenrührer/Impellerrührer** flat-blade impeller
➢ **Scheibenturbinenrührer** disk turbine impeller
➢ **Schneckenrührer** screw impeller
➢ **Schrägblattrührer** pitched-blade fan impeller, pitched-blade paddle impeller, inclined paddle impeller
➢ **Schraubenrührer** marine screw impeller
➢ **Schraubenspindelrührer** pitch screw impeller
➢ **Schraubenspindelrührer mit unterschiedlicher Steigung** variable pitch screw impeller
➢ **selbstansaugender Rührer mit Hohlwelle** self-inducting impeller with hollow impeller shaft
➢ **Stator-Rotor-Rührsystem** stator-rotor impeller, Rushton-turbine impeller
➢ **Turbinenrührer** turbine impeller
➢ **Wendelrührer** helical ribbon impeller
➢ **zweistufiger Rührer** two-stage impeller
Rührerwelle impeller shaft
Rührgerät/Mixer stirrer, mixer
Rührkessel/Rührbehälter agitator vessel
Rührwerk impeller
Rülle (im Moor) bog drainage rill
Rumen/Pansen rumen, paunch, first stomach, ingluvies
Rumpf/Leib/Torso trunk, rump
Rumpfbein/Thoraxbein/ Thorakalfuß/Thoracopod (Malacostraca) thoracopod, thoracic leg
Rumpfinfloreszenz truncate synflorescence
Rumpfmuskulatur musculature of the trunk
Rumpfniere/Opisthonephros opisthonephros
Rumpfsegment/ Thoraxsegment/Thoracomer thoracic segment, thoracomer
Rumpfskelett/Stammskelett/ Achsenskelett/Axialskelett axial skeleton
Rumposom (Flagellaten) rumposome
rund round
rundblättrig rotundifolious
Rundfraß (Wildverbiss) ringing
rundhöckrig/stumpfhöckrig/ bunodont (Zähne) with low crowns and cusps, bunodont
Rundholz roundwood, log timber

Rundkolben/Siedegefäß
boiling flask with round bottom
rundlich/abgerundet
roundish, rounded, rotund
Rundlochplatte dot blot, spot blot
Rundmäuler/Kreismünder/ Cyclostomata cyclostomes
Rundschuppe/Cycloidschuppe
cycloid scale
Rundschüttler
circular shaker, rotary shaker
Rundtanz (Bienen) round dance
Rundwürmer (*sensu lato*)/ Schlauchwürmer/ Nemathelminthen/Aschelminthen
nemathelminths, aschelminths
Rundwürmer (*sensu stricto*)/ Fadenwürmer/Nematoden
roundworms, nematodes
Runterstufung/Herunterstufung
downward classification
runzelig/gerunzelt/gewellt/geriffelt
wrinkled, rugose;
corrugative, corrugated
Runzelkorallen/Rugosa
rugose corals
rupfen (Federn) pluck
Ruppiaceae/Saldengewächse
ditch-grass family

Rüssel (Elefant) trunk;
entom (Proboscis)
proboscis (*pl* probocises)
➢ **mit kurzem Rüssel *entom***
brachystomatous,
with a short proboscis
Rüssel/Schnabel/Rostrum (Wanzen)
beak, rostrum
Rüssel/Schnauze (Schwein) snout
Rüsselbein/Os rostrale rostral bone
Rüsselscheibe/Planum rostrale (Schwein) rostral plate
Rüsselscheide/Rhynchocoel
proboscis receptacle, rhnychocoel
Rüsselscheidenretraktor
proboscis receptacle retractor
Rüsselspringer/Macroscelidea
African elephant shrews
Rüsseltiere/Proboscidea
elephants and relatives
Rutaceae/Rautengewächse
rue family
Rute/Gerte (langer/dünner Zweig)
rod, switch; whip
Rute/männliches Glied/Penis
penis; pizzle (esp. bull)
Rute/Schwanz tail
➢ **Beerenrute** cane
rutenförmig rod-shaped

Saat/Saatgut/Aussaat (das Ausgesäte) seed(s)
Saat/Säen/Aussäen/Aussaat sowing, seed sowing, seeding
Saatband seed tape
Saatbeet seedbed
Saatgut seed stock, seeds
Saatgutbeizmittel dressing agent (pesticides/fungicides)
Saatkasten seed pan
Saatzeit seedtime
Säbelzahn sabre tooth, saber tooth
Saccharimeter saccharimeter
Saccharose/Sucrose (Rübenzucker/Rohrzucker) sucrose (beet sugar/cane sugar)
sackförmig/taschenförmig pouched, saccate
Sackschnecken/Schlauchschnecken/ Schlundsackschnecken/ Sacoglossa/Saccoglossa sacoglossans
säen/aussäen sow
Säen/Aussäen/Aussaat sowing, seed sowing
Safranmalvengewächse/Turneraceae turnera family
Saft juice; sap
➢ **Pflanzensaft** sap, xylem/phloem fluid
Säftesauger ***zool*** sap feeders
Saftfrucht fleshy fruit
Saftfutter ***agr*** succulent feed
Safthaar/Paraphyse paraphysis, paranema
saftig juicy
Saftmal/Honigmal nectar guide, honey guide
Saftwaage ***hort*** pruning a tree's branches to an equally horizontal level
Sägehaie/Pristiophoriformes sawsharks
Sägemehl sawdust
Sägenaht/Sutura serrata (Schädelnaht) serrate suture
Sägerochen/Sägefische/Pristiformes sawfishes
Sägewerk sawmill, timber mill
sagittal/in Pfeilrichtung/in Pfeilebene sagittal, median longitudinal
Sagittalebene (parallel zur Mittellinie median longitudinal plane
Sagittalkamm/Scheitelkamm sagittal crest
Sagittalschnitt sagittal section, median longisection
saisonal/jahreszeitlich seasonal
Saisonalität seasonality
Saisonwald seasonal forest
Saitenwürmer/Nematomorpha horsehair worms, hairworms, gordian worms, threadworms, nematomorphans, nematomorphs
Salamander salamanders
Saldengewächse/Ruppiaceae ditch-grass family
Salicaceae/Weidengewächse willow family
Salicylsäure (Salicylat) salicic acid (salicylate)
Salinität/Salzgehalt salinity, saltiness
Salmler/Characiformes characins: tetras & piranhas
Sälmling/Lächsling (junge Lachsbrut) parr (stage between fry and smolt)
➢ **Silbersälmling** smolt
Salmonidenregion ***limn*** salmonid zone
Salpen/Thaliaceen/Thaliacea salps, thaliceans
saltatorisch saltatory, saltatorial (adapted for/used in jumping)
saltatorische Bewegung saltatory movement
saltatorische Erregungsleitung saltatory conduction
saltatorische Replikation saltatory replication
Salvadoraceae/Senfbaumgewächse mustard-tree family
Salve ***neuro*** burst
Salviniaceae/Schwimmfarngewächse salvinia family
Salzbrücke (Ionenpaar) salt bridge (ion pair)
Salzdrüse salt gland
salzen salt
➢ **aussalzen** ***chem*** salt out
➢ **versalzen (Essen)** oversalt
Salzgehalt/Salzigkeit salinity, saltiness

salzig salty, saline
Salzigkeit saltiness
Salzmarsch saltmarsh
Salzpfanne ***geol*** saltpan, salina
Salzpflanze halophyte
Salzsee salt lake
Salzsteppe salt flat
Salzsumpf/Salzmarsch saltmarsh
Salzwasser saltwater
Salzwiese salt meadow
Same ***bot*** seed
Samen/Sperma (Ejakulat) sperm, semen (ejaculate)
Samen/Spermium/Samenzelle/ Spermatozoon (männliche Geschlechtszelle) sperm, spermium, sperm cell, spermatozoon (male gamete)
Samen.../Sperma.../ Samen betreffend/ Sperma betreffend seminal
Samenanlage ***bot*** ovule
➤ **aufrecht/geradläufig/atrop** atropous, orthotropous, straight
➤ **gegenläufig/umgewendet/anatrop** anatropous, inverted
➤ **halbumgewendet/ hemitrop/hemianatrop** hemitropous, turned half round
➤ **hufeisenförmig/amphitrop** amphitropous
➤ **krummläufig/ campylotrop/kampylotrop** campylotropous, bent
➤ **umgewendet/gegenläufig/anatrop** anatropous, inverted
Samenausbreitung ***bot*** dissemination, seed dispersal
Samenausführgang/Samengang/ Ausspritzungsgang/ Ductus ejaculatorius ejaculatory duct
Samenbank seed bank, seed repository, seed depository
samenbildend seminiferous
Samenbläschen/Samenblase/ Bläschendrüse/Glandula vesiculosa seminal vesicle
Samenblatt/Makrosporophyll macrosporophyll
Samendrüse testicle, testis
Samenerguss/Samenausstoß/ Ejakulation seminal discharge, ejaculation; (Ejakulat) seminal discharge, ejaculate
Samenfarne seed ferns
Samenflüssigkeit ***zool*** seminal fluid
Samengang/Samenausführgang/ Ductus ejaculatorius ejaculatory duct
Samengehäuse ***bot*** seed casing, fruit
Samenhülle ***bot*** seed coat (develops from integuments)
Samenkapsel ***bot*** seed case, capsule
Samenkeimung seed germination
Samenleiste/Plazenta ***bot*** placenta
Samenleiter, primärer (Wolffscher Gang) seminal duct, Wolffian duct
Samenmantel ***bot*** aril
Samennabel/Hilum ***bot*** hilum, funiculus scar
Samennaht/Raphe ***bot*** raphe
Samenpflanze/Spermatophyt seed-bearing plant, spermatophyte
➤ **Bedecktsamer/Decksamer/ Angiosperme** angiosperm, anthophyte
➤ **Nacktsamer/Gymnosperme** naked-seed plant, gymnosperm
Samenruhe (Dormanz/Quieszenz) ***bot*** seed dormancy (dormancy/quiescence)
Samenschale ***bot*** seed coat, testa
Samenschuppe/Fruchtschuppe ***bot*** ovuliferous scale, seed scale
Samenstiel ***bot*** funicle, seed stalk
Samenstrang/Funiculus spermaticus spermatic cord
Samentasche/Receptaculum seminis sperm chamber, spermatheca, seminal receptacle, sperm receptacle
Samenträger/Samenpaket/ Spermatophore spermatophore, sperm packet
Samenverbreitung seed dispersal
Samenwarze ***bot*** aril
Samenwarze/Karunkula (Auswuchs an der Mikropyle) ***bot*** caruncle

Samenwarze/Strophiole (Auswuchs der Raphe) *bot* strophiole
Samenwulst/Raphe *bot* raphe
Samenzapfen *bot* seed cone, female cone
Samenzelle/Sperma (männliche Geschlechtszelle) sperm cell, sperm (male gamete)
Sämerei/Samen *bot/hort* seeds
Sämerei/Samenproduzent *hort* seed company
Sämling *bot* seedling
Sammelart/Großart/Coenospezies coenospecies
Sammelart/ Kollektivart/Kollektivspezies (agg.) aggregated species, collective species (agg.)
Sammelart/Überart/Superspezies superspecies
Sammelbecken *geol* catchment area
Sammelbegriff/Sammelname generic name
Sammelbiene/Sammlerin forager, field bee
Sammelfrucht aggregate fruit
Sammelfruchtkörper/Aethalium *fung* aethalium
Sammelgel *electrophor* stacking gel
Sammelglas *lab* specimen jar
Sammellinse *micros* collecting lens, focusing lens
➢ **parallel-richtende Sammellinse** collimating lens
sammeln/einsammeln collect, put/come/bring together
sammeln/versammeln/ zusammenscharen/zu Scharen zusammenkommen *orn* flock
Sammelwirt/Stapelwirt/ paratenischer Wirt/Transportwirt paratenic host, transfer host
Sammler gatherer, collector
Sammlung/Kollektion collection
samtig velutinous, velvet-like, velvety
Sand sand
➢ **im Sand lebend/ den Sand bewohnend** arenicolous, sand-dwelling
➢ **Treibsand** quicksand
➢ **Wüstensand** desert sand
sandartig/ in sandigem Boden lebend arenaceous
Sandbank sandbank
➢ **längliche Sandbank/Sandbarre** sandbar
Sandboden sandy soil
Sanddollars/Schildseeigel/ Clypeasteroida (true) sand dollars
Sanddüne sand dune
Sandelholzgewächse/Santalaceae sandalwood family
Sander *geol* outwash, outwash plain
Sandfang (Kläranlage) grit chamber
Sandfische/Milchfischverwandte/ Gonorhynchiformes milkfishes and relatives
sandliebend/psammophil psammophilous, living in sandy habitats
Sandlückenfauna/Interstitialfauna interstitial fauna
Sandverwehung sand drift
Sandwich-Hybridisierung *gen* sandwich hybridization
Santalaceae/Sandelholzgewächse/ Leinblattgewächse sandalwood family
Sapindaceae/Seifenbaumgewächse soapberry family
Sapotaceae/Sapotegewächse/ Breiapfelgewächse sapodilla family
Saprobie saprobity
Saprobien (Organismen) saprobes, saprobionts
Saprobiensystem saprobity system
Saprobiont saprobiont
saprobiotisch/saprophag saprobio(n)tic, saprophagous
saprogen/fäulniserregend saprogenic
saprophag/saprotroph saprophagous, saprotrophic
Saprophage/Fäulnisernährer/ Fäulnisfresser saprophage, saprotroph, saprobiont
Saprophagie saprophagy
saprophil/saprob saprophilic, saprobic
Saprophyt saprophyte

saprotroph/saprophag saprotrophic, saprophagous
Saprozoen saprozoic lifeforms
Sarcolemm/Sarkolemm sarcolemma
Sarcosin sarcosine
Sarcosom/Riesenmitochondrion sarcosome
sarkoplasmatisches Retikulum (SR) sarcoplasmatic reticulum
Sarkotesta sarcotesta
sarkotubuläres System sarcotubular system
Sarraceniaceae/ Schlauchpflanzengewächse/ Krugpflanzengewächse pitcher-plant family
Satelliten-DNA satellite DNA (sat-DNA)
Satellitenart/Randart satellite species, marginal species
Satellitenchromosom satellite chromosom
Satellitenvirus satellite virus
satt/gesättigt full, having eaten enough, saturated
Sattelgelenk saddle joint, sellaris joint
Sattelschäften ***hort*** saddle grafting
sättigen (gesättigt) satisfy, satiate; be substantial, be filling; *chem* saturate (saturated)
➢ **übersättigen** ***chem*** supersaturate
Sättigung repletion; satisfaction; *chem* saturation
Sättigungsbereich/Sättigungszone range of saturation, zone of saturation
Sättigungshybridisierung saturation hybridization
Sättigungskinetik saturation kinetics
Sättigungsverlust/Sättigungsdefizit saturation deficit
Satzkultur/diskontinuierliche Kultur/ Batch-Kultur batch culture
Satzverfahren batch process
Satzzeichencodon ***gen*** punctuation codon
Sau (Mutterschwein) sow (female swine)
sauer/azid acid, acidic
Sauerdorngewächse/ Berberitzengewächse/ Berberidaceae barberry family
Sauergräser/Riedgrasgewächse/ Riedgräser/Seggen/Cyperaceae sedge family, sedges
Sauerkleegewächse/Oxalidaceae wood-sorrel family
säuerlich acidic
Sauerstoff (O) oxygen
Sauerstoffbedarf oxygen demand
➢ **biologischer S. (BSB)** biological oxygen demand (BOD)
➢ **chemischer S. (CSB)** chemical oxygen demand (COD)
sauerstoffbedürftig/aerob aerobic
Sauerstoffpartialdruck oxygen partial pressure
Sauerstoffschuld/Sauerstoffverlust/ Sauerstoffdefizit oxygen debt
Sauerstofftransferrate oxygen transfer rate (OTR)
Sauerstoffverlust/Sauerstoffschuld/ Sauerstoffdefizit oxygen debt
Säuerung acidification
saugen ***zool*** suck
saugen/aufsaugen absorb, take up, soak up
säugen/stillen nurse, suckle, breast-feed
Säugen/Stillen nursing, suckling, breast-feeding
saugend sucking (insects: haustellate)
Säugerkunde/Säugetierkunde/ Mammalogie mammalogy
säugetierähnliche Reptilien/ Therapsida mammallike reptiles (advanced synapsids)
Säugetiere/Säuger/Mammalia mammals
Saugfalle/Schluckfalle suction trap, suctory trap
Saugferkel piglet
Saugfiltration suction filtration
Saugfischverwandte/Schildfische/ Spinnenfischartige/ Gobiescociformes clingfishes
Saugflasche/Filtrierflasche ***lab*** filter flask, vacuum flask
Sauggrube/Bothrium bothrium
Saugkraft/Wasserpotenzial water potential
Säugling infant

Säuglingsalter/frühe Kindheit infancy
Säuglingssterblichkeit infant mortality
Sauglunge suction lung
Saugmagen (Cheliceraten) sucking stomach
Saugmagen (Vorratsmagen: Kropf der Culiciden) pumping stomach
Saugnapf/Acetabulum (true) sucker, acetabulum
Saugnapf/Saugscheibe suction disk
Saugorgan suctorial organ, sucker
Saugorgan/Haustorium sucker, haustorium
Saugorgan/Schildchen/Scutellum (Keimblatt des Graskeimlings) *bot* scutellum
Saugpipette suction pipette (patch pipette)
Saugpumpe (Hymenoptera: Pharynx) sucking pump (pharynx)
Saugreflex suction reflex
Saugrüssel/Proboscis sucker, haustellum, proboscis (adapted for sucking)
Saugschuppe/Schuppenhaar (Bromelien) absorbing trichome, squamiform hair, peltate trichome
Saugspannung soil-moisture tension; suction, suction force
Saugstellung (Säuger) nursing position
Saugwürmer/Egel/Trematoden flukes, trematodes
Saugwurzel suction root, seeker
Säule pillar, column; (des Mikroskops) pillar
Säule/Säulchen/Griffelsäule/ Gynostemium (Orchideen) column, gynostemium
Säulenblumengewächse/Stylidiaceae trigger plant family
Säulenchromatographie column chromatography
Säulenepithel/Zylinderepithel squamous epithelium
Säulenreaktor/Turmreaktor column reactor
säulenspaltig/ columnicid/columnizid *bot* columnicidal
Saum/Rand seam, border, edge, fringe
Saumgesellschaft *biogeo* fringe community, gallery community
Saumriff fringing reef
Saumschlag (Waldschlag) *for* aisle clearing, strip felling
saure Niederschläge acid precipitation
Säure acid
- **Abietinsäure** abietic acid
- **Acetessigsäure (Acetacetat)/ β-Ketobuttersäure** acetoacetic acid (acetoacetate), β-ketobutyric acid
- ***N*-Acetylmuraminsäure** *N*-acetylmuramic acid
- **Aconitsäure (Aconitat)** aconitic acid (aconitate)
- **Adenylsäure (Adenylat)** adenylic acid (adenylate)
- **Adipinsäure (Adipat)** adipic acid (adipate)
- **„aktivierte Essigsäure"/Acetyl-CoA** acetyl CoA, acetyl coenzyme A
- **Alginsäure (Alginat)** alginic acid (alginate)
- **Allantoinsäure** allantoic acid
- **Ameisensäure (Format)** formic acid (formate)
- **γ-Aminobuttersäure** gamma-aminobutyric acid
- **Aminosäure** amino acid
- **Anthranilsäure** anthranilic acid, 2-aminobenzoic acid
- **Äpfelsäure (Malat)** malic acid (malate)
- **Arachidonsäure** arachidonic acid, icosatetraenoic acid
- **Arachinsäure/Arachidinsäure/ Eicosansäure** arachic acid, arachidic acid, icosanic acid
- **Ascorbinsäure (Ascorbat)** ascorbic acid (ascorbate)
- **Asparaginsäure (Aspartat)** asparagic acid, aspartic acid (aspartate)
- **Azelainsäure/Nonandisäure** azelaic acid, nonanedioic acid

- **Behensäure/Docosansäure** behenic acid, docosanoic acid
- **Benzoesäure (Benzoat)** benzoic acid (benzoate)
- **Bernsteinsäure (Succinat)** succinic acid (succinate)
- **Brenztraubensäure (Pyruvat)** pyruvic acid (pyruvate)
- **Buttersäure/Butansäure (Butyrat)** butyric acid, butanoic acid (butyrate)
- **Caprinsäure/Decansäure (Caprinat/Decanat)** capric acid, decanoic acid (caprate/decanoate)
- **Capronsäure/Hexansäure (Capronat/Hexanat)** caproic acid, capronic acid, hexanoic acid (caproate/hexanoate)
- **Caprylsäure/Octansäure (Caprylat/Octanat)** caprylic acid, octanoic acid (caprylate/octanoate)
- **Carbonsäuren/Karbonsäuren (Carbonate/Karbonate)** carboxylic acids (carbonates)
- **Cerotinsäure/Hexacosansäure** cerotic acid, hexacosanoic acid
- **Chinasäure** chinic acid, kinic acid, quinic acid (quinate)
- **Chinolsäure** chinolic acid
- **Chlorogensäure** chlorogenic acid
- **Cholsäure (Cholat)** cholic acid (cholate)
- **Chorisminsäure (Chorismat)** chorismic acid (chorismate)
- **Cinnamonsäure/Zimtsäure (Cinnamat)** cinnamic acid
- **Citronensäure/Zitronensäure (Citrat/Zitrat)** citric acid (citrate)
- **Crotonsäure/Transbutensäure** crotonic acid, α-butenic acid
- **Cysteinsäure** cysteic acid
- **einwertige/einprotonige Säure** monoprotic acid
- **Eisessig** glacial acetic acid
- **Ellagsäure** ellagic acid, gallogen
- **Erucasäure/Δ^{13}-Docosensäure** erucic acid, (Z)-13-docosenoic acid
- **Essigsäure/Ethansäure (Acetat)** acetic acid, ethanoic acid (acetate)
- **Ferulasäure** ferulic acid
- **Fettsäure (*siehe auch dort*)** fatty acid
- **Flechtensäure** lichen acid
- **Folsäure (Folat)/ Pteroylglutaminsäure** folic acid (folate), pteroylglutamic acid
- **Fumarsäure (Fumarat)** fumaric acid (fumarate)
- **Galakturonsäure** galacturonic acid
- **Gallussäure (Gallat)** gallic acid (gallate)
- **Gentisinsäure** gentisic acid
- **Geraniumsäure** geranic acid
- **Gerbsäure (Tannat)** tannic acid (tannate)
- **Gibberellinsäure** gibberellic acid
- **Glucarsäure/Zuckersäure** glucaric acid, saccharic acid
- **Gluconsäure (Gluconat)** gluconic acid (gluconate)
- **Glucuronsäure (Glukuronat)** glucuronic acid (glucuronate)
- **Glutaminsäure (Glutamat)/2-Aminoglutarsäure** glutamic acid (glutamate), 2-aminoglutaric acid
- **Glutarsäure (Glutarat)** glutaric acid (glutarate)
- **Glycyrrhetinsäure** glycyrrhetinic acid
- **Glykolsäure (Glykolat)** glycolic acid (glycolate)
- **Glyoxalsäure (Glyoxalat)** glyoxalic acid (glyoxalate)
- **Glyoxylsäure (Glyoxylat)** glyoxylic acid (glyoxylate)
- **Guanylsäure (Guanylat)** guanylic acid (guanylate)
- **Gulonsäure (Gulonat)** gulonic acid (gulonate)
- **Harnsäure (Urat)** uric acid (urate)
- **Homogentisinsäure** homogentisic acid
- **Huminsäure** humic acid
- **Hyaluronsäure** hyaluronic acid
- **Ibotensäure** ibotenic acid
- **Iminosäure** imino acid
- **Indolessigsäure** indolyl acetic acid, indoleacetic acid (IAA)

- **Isovaleriansäure** isovaleric acid
- **Jasmonsäure** jasmonic acid
- **Kaffeesäure** caffeic acid
- **Ketosäure** keto acid
- **Kohlensäure (Karbonat/Carbonat)** carbonic acid (carbonate)
- **Kojisäure** kojic acid
- **Laktat (Milchsäure)** lactate (lactic acid)
- **Laurinsäure/Dodecansäure (Laurat/Dodecanat)** lauric acid, decylacetic acid, dodecanoic acid (laurate/dodecanate)
- **Lävulinsäure** levulinic acid
- **Lignocerinsäure/Tetracosansäure** lignoceric acid, tetracosanoic acid
- **Linolensäure** linolenic acid
- **Linolsäure** linolic acid, linoleic acid
- **Liponsäure/Thioctsäure (Liponat)** lipoic acid (lipoate), thioctic acid
- **Lipoteichonsäure** lipoteichoic acid
- **Litocholsäure** litocholic acid
- **Lysergsäure** lysergic acid
- **Magensäure** stomach acid, gastric acid
- **Maleinsäure (Maleat)** maleic acid (maleate)
- **Malonsäure (Malonat)** malonic acid (malonate)
- **Mandelsäure/Phenylglykolsäure** mandelic acid, phenylglycolic acid, amygdalic acid
- **Mannuronsäure** mannuronic acid
- **Mevalonsäure (Mevalonat)** mevalonic acid (mevalonate)
- **Milchsäure (Laktat)** lactic acid (lactate)
- **Muraminsäure** muramic acid
- **Myristinsäure/Tetradecansäure (Myristat)** myristic acid, tetradecanoic acid (myristate/tetradecanate)
- **Nervonsäure/Δ^{15}-Tetracosensäure** nervonic acid, selacholeic acid, (*Z*)-15-tetracosenoic acid
- **Neuraminsäure** neuraminic acid
- **Nikotinsäure (Nikotinat)** nicotinic acid (nicotinate), niacin
- **Ölsäure/Δ^{9}-Octadecensäure (Oleat)** oleic acid, (*Z*)-9-octadecenoic acid (oleate)
- **Orotsäure** orotic acid
- **Orsellinsäure** orsellic acid, orsellinic acid
- **Osmiumsäure** osmic acid
- **Oxalbernsteinsäure (Oxalsuccinat)** oxalosuccinic acid (oxalosuccinate)
- **Oxalsäure (Oxalat)** oxalic acid (oxalate)
- **Oxoglutarsäure (Oxoglutarat)** oxoglutaric acid (oxoglutarate)
- **Palmitinsäure/Hexadecansäure (Palmat/Hexadecanat)** palmitic acid, hexadecanoic acid (palmate/hexadecanate)
- **Palmitoleinsäure/ Δ^{9}-Hexadecensäure** palmitoleic acid, (*Z*)-9-hexadecenoic acid
- **Pantoinsäure** pantoic acid
- **Pantothensäure (Pantothenat)** pantothenic acid (pantothenate)
- **Pektinsäure (Pektat)** pectic acid (pectate)
- **Penicillansäure** penicillanic acid
- **Perameisensäure** performic acid
- **Phosphatidsäure** phosphatidic acid
- **Phosphorsäure (Phosphat)** phosphoric acid (phosphate)
- **Phthalsäure** phthalic acid
- **Phytansäure** phytanic acid
- **Phytinsäure** phytic acid
- **Pikrinsäure (Pikrat)** picric acid (picrate)
- **Pimelinsäure** pimelic acid
- **Plasmensäure** plasmenic acid
- **Prephensäure (Prephenat)** prephenic acid (prephenate)
- **Propionsäure (Propionat)** propionic acid (propionate)
- **Prostansäure** prostanoic acid
- **Pyrethrinsäure** pyrethric acid
- **Retinsäure** retinic acid
- **Salicylsäure (Salicylat)** salicic acid (salicylate)
- **Schleimsäure/Mucinsäure** mucic acid
- **Shikimisäure (Shikimat)** shikimic acid (shikimate)
- **Sialinsäure (Sialat)** sialic acid (sialate)
- **Sinapinsäure** sinapic acid

- ➢ **Sorbinsäure (Sorbat)** sorbic acid (sorbate)
- ➢ **Stearinsäure/Octadecansäure (Stearat/Octadecanat)** stearic acid, octadecanoic acid (stearate/octadecanate)
- ➢ **Suberinsäure/Korksäure/ Octandisäure** suberic acid, octanedioic acid
- ➢ **Teichonsäure** teichoic acid
- ➢ **Teichuronsäure** teichuronic acid
- ➢ **Uridylsäure** uridylic acid
- ➢ **Urocaninsäure (Urocaninat)/ Imidazol-4-Acrylsäure** urocanic acid (urocaninate)
- ➢ **Uronsäure (Urat)** uronic acid (urate)
- ➢ **Usninsäure** usnic acid
- ➢ **Valeriansäure/Pentansäure (Valeriat/Pentanat)** valeric acid, pentanoic acid (valeriate/pentanoate)
- ➢ **Vanillinsäure** vanillic acid
- ➢ **Weinsäure (Tartrat)** tartaric acid (tartrate)
- ➢ **Zimtsäure/Cinnamonsäure (Cinnamat)** cinnamic acid
- ➢ **Zitronensäure/Citronensäure (Zitrat/Citrat)** citric acid (citrate)
- ➢ **Zuckersäure/Aldarsäure (Glucarsäure)** saccharic acid, aldaric acid (glucaric acid)
- ➢ **zweiwertige/zweiprotonige Säure** diprotic acid

Säure-Basen-Gleichgewicht acid-base balance
Säureamid acid amide
säurebildend/säurehaltig acidic
Säurebildung acidification
Säureester acid ester
säurefest acid-fast
Säurefestigkeit acid-fastness
Säuregrad/Säuregehalt/Azidität acidity
- ➢ **ansäuern** acidify

saurer Boden acid soil, acidic soil
saurer Regen acid rain
Saururaceae/ Molchschwanzgewächse lizard's tail family
Savanne savanna
- ➢ **Baumsavanne** tree savanna
- ➢ **Dornbuschsavanne** thornbush savanna
- ➢ **Feuchtsavanne** wet savanna
- ➢ **Strauchsavanne** shrub savanna
- ➢ **Trockensavanne** dry savanna

Savisches Bläschen (*Torpedo:* an elektr. Organ) *ichth* Savi vesicle
Saxifragaceae/Steinbrechgewächse saxifrage family
Scaphognathit/Atemplatte scaphognathite, bailer, baler
Scatchard-Diagramm Scatchard plot
schaben scrape
Schaben/Blattodea cockroaches
Schabepräparat *micros* scraping (mount)
Schachtelhalm horsetail, scouring rush
Schachtelhalmgewächse/ Equisetaceae horsetail family
schächten kill/slaughter according to Jewish/Islamic rites
Schädel/Hirnkapsel/ Kranium/Cranium skull, braincase, cranium
- ➢ **Bindegewebsschädel/ Desmocranium** *embr* desmocranium (precursor of chondrocranium)
- ➢ **Gesichtsschädel/Viscerocranium/ Splanchnocranium** facial skeleton, visceral cranium, viscerocranium, splanchnocranium
- ➢ **Hautknochenschädel/ Dermatocranium** dermatocranium
- ➢ **Hirnschädel/Gehirnschädel/ Neurocranium/Neuralcranium** cerebral cranium, neurocranium
- ➢ **Kiemenschädel/Kiemenskelett/ Branchiocranium** branchial cranium, branchiocranium
- ➢ **Knochenschädel/Osteocranium** osteocranium
- ➢ **Knorpelschädel/ Chondrocranium** cartilaginous cranium, chondrocranium

Schädelbasis
skull base, base of skull, cranial base, (interne S.) cranial floor
Schädeldecke/Schädeldach/ Schädelkalotte/Clavarium
skull roof, cranial roof, skullcap
Schädelgrube cranial fossa
Schädelkalotte *siehe* Schädeldecke
Schädellose/Acrania acranians
Schädelnaht/Sutura cranial suture
Schaden damage
Schädigung damage
Schädigungskurve ***ecol***
damage response curve
Schadinsekt pest insect
schädlich harmful, causing damage
➢ **unschädlich**
harmless, not harmful; inactive
Schädling(e)/Ungeziefer pest(s)
Schädlingsbefall pest infestation
Schädlingsbekämpfung/ Schädlingskontrolle pest control
➢ **biologische Schädlingsbekämpfung**
biological pest control
➢ **integrierte Schädlingsbekämpfung/ integrierter Pflanzenschutz**
integrated pest management (IPM)
Schädlingsbekämpfungsmittel/ Pestizid/Biozid
pesticide, biocide
Schädlingsbekämpfungs-mittelresistenz/Pestizidresistenz
pesticide resistance
Schadorganismus
harmful organism, harmful lifeform
Schaf sheep
➢ **Lamm/Schäfchen** lamb, little sheep
➢ **Mutterschaf** dam (mother sheep)
➢ **weibliches Schaf** ewe (female sheep)
Schafbock/Widder/Rammler ram
➢ **Hammel (kastrierter Schafbock)**
wether (castrated male sheep)
Schäfer shepherd
Schaffell sheepskin
Schafhaut/Amnion amnion
Schaft shaft, leafless stem, leafless shoot, rachis, trunk; (dünner) cane
➢ **Blütenschaft** peduncle, flower stalk

Schäften/Kopulation/Kopulieren (Pfropfung)
splice grafting, whip grafting
Schale ***allg*** shell, testa;
husk, coat, cover
➢ **Diatomeenschale** frustule
➢ **harte Schale/Testa (z.B. Mollusken)**
shell, test, testa
➢ **Haut** skin, peel
➢ **Panzer/Carapax** shell, carapace
➢ **Schneckenschale/Muschelschale**
shell
➢ **Schutzschicht/Hülle**
husk, coat, cover
schälen
(Früchte) peel, remove the skin; (entrinden) decorticate, debark, bark, ross
Schalendrüse/Maxillendrüse/ Maxillennephridium
maxillary gland
Schalendrüse/Mehlissche Drüse
shell gland, Mehlis' gland, cement gland
Schalendrüse/Nidamentaldrüse
shell gland, nidamental gland
Schalenhälfte (Diatomeen/Muscheln)
valve
Schalenhaut (Ei) shell membrane
Schalenhäutchen/Periostracum
periostracum
Schalenhäuter/Ostracodermata
ostracoderms
Schalenlose/Kiemenfüße/Anostraca
fairy shrimps, anostracans
Schalenplatte (Käferschnecken)
shell plate, shell valve
Schalenschließmuskel (Muscheln)
adductor muscle
Schalensegment/Schalenplatte (Chiton) valve
Schalentier (Crustaceen & Mollusken)
shellfish
Schalenweichtiere/Conchifera
conchiferans
Schalenwild/Schaltier hoofed game
Schalenzone (Muschelschalen)/ Litoriprofundal ***limn***
littoriprofundal zone
Schälhengst/Beschäler/Zuchthengst
stud, studhorse

Schall/Geräusch sound
Schall/Widerhall
resonance, echo, reverberation
Schallblase (Frösche)
resonance pouch,
vocal sac, vocal pouch
Schallwellen sound waves
Schaltergen switch gene
Schalterregion/Switchregion *gen*
switch region
Schaltknochen/Nahtknochen
sutural bone, epactal bone,
wormian bone
Schaltkreis/Schaltsystem *neuro*
circuit (neural circuit)
➢ **divergenter S.** divergent circuit
➢ **konvergenter S.** convergent circuit
➢ **zurückwirkender Schaltkreis**
reverberating circuit
Scham/Schamgegend/ Schambeinregion
pubic region, pubic zone
Schambein/Os pubis pubic bone
Schambeinfuge/Schamfuge/ „Symphyse"/Symphysis pubica/ Symphysis pelvina
pubic symphysis, pelvic symphysis
Schambogen pubic arch
Schamhügel/ Venushügel/Mons pubis
pubic prominence
Schamlippe/Labium vulvae
labium (folds at margin of vulva)
Schampräsentieren *ethol*
vulva presentation
Schamspalte/Rima pudendis
urogenital cleft, pudendal fissure
Schamweisen *ethol* pubic presentation
Schanker/Lues/Syphilis (*Treponema pallidum*) syphilis
Schar (Vogelschar) flock, flight (birds)
scharf *allg* sharp;
micro/photo in focus, sharp;
(food) hot, spicy, piquant
➢ **unscharf *micro/photo***
not in focus, out of focus, blurred
Schärfe *micro/photo* sharpness, focus
➢ **Sehschärfe** visual acuity
➢ **Unschärfe *micro/photo***
blurredness, blur,
obscurity, unsharpness

Scharfeinstellung focussing
Schärfentiefe/Tiefenschärfe
depth of focus, depth of field
Scharfstellung/Akkommodation (*opt:* Auge) accommodation
Scharnier/Schloss/Schlossleiste (Muscheln) hinge
Scharniergelenk
hinge joint, ginglymus joint
scharren (Hühner) scratch
scharren (Pferde)
pawing, paw the ground
(scraping the ground)
scharrend (Geflügel) rasorial
Schatten *allg* shade;
(eines bestimmten Gegenstandes)
shadow
Schatten/Erythrozytenschatten (ausgelaugtes rotes Blut-körperchen/leere Erythrozyten-membran) erythrocyte ghost
Schattenblatt shade leaf, sciophyll
schattenliebend
shade-loving, sciophilous,
umbraticolous
Schattenpflanze
shade-loving plant, shade plant,
sciophyte, sciaphyte, skiophyte,
skiaphyte
schattieren shade
schattig shady
schätzen/annehmen estimate, assume
Schätzfehler *stat* error of estimation
Schätzung/Annahme
estimate, estimation, assumption
Schätzverfahren *stat*
method of estimation
Schätzwert estimate
Schau show, display; (Ausstellung)
exhibit, exhibition
Schaufel (Geweih)
palm, palmated antler
Schaufelknorpel/Cartilago xiphoidea
xiphoid cartilage
Schaufler (mit schaufelförmigem Geweih)
stag/elk with palmated antlers
Schaukasten/Vitrine showcase
Schaukelvektor/ bifunktionaler Vektor
shuttle vector, bifunctional vector

Schaum foam
Schaum/Speichel
(z.B. von Zikaden: Kuckucksspeichel) spittle („cuckoo spit")
Schaumhemmer ***chem/lab***
anti-foaming agent
Schaumzikaden (Auchenorrhyncha)
spittlebugs
Schaustellung (protzig) display
Schecke (Pferd) skewbald horse
scheckig (Pferd) skewbald
Scheckung/Variegation
variegation
Scheibenblumengewächse/ Scheinpalmen/Cyclanthaceae
cyclanthus family, panama-hat family, jipijapa family
Scheibenblüte/Röhrenblüte
disk flower, disk floret, tubular flower
scheibenförmig disk-shaped
Scheibenquallen/Schirmquallen/ Scyphozoen (echte Quallen)
cup animals, scyphozoans
Scheide/Umhüllung sheath
➢ **Blattscheide** sheath
➢ **Blütenscheide/Spatha** spathe
Scheide/Vagina vagina
scheidenförmig/röhrenförmig
sheathed, vaginate
➢ **blütenscheidenförmig** ***bot***
spathaceous, spathal
Scheidenvorhof/Vestibulum vaginae
vaginal vestibule
Scheidetrichter ***lab*** separatory funnel
Scheidewand/Septe/Septum
dividing wall, cross-wall, partition, dissepiment, septum
scheidewandbrüchig/wandbrüchig/ septifrag ***bot*** septifragal
scheidewandspaltig/septizid ***bot***
septicidal
Scheinachse/Sympodium
sympodium
Scheinader/Vena spuria
spurious vein
Scheinangriff ***ethol*** sham attack
Scheinblattkieme/ Pseudolamellibranchie
pseudolamellar gill, pseudolamellibranch
Scheinblüte/Pseudanthium
pseudanthium
Scheindolde/Pseudosciadioid (Infloreszenz)
contracted cymoid, cymose umbel, pseudosciadioid
Scheindolde/Trugdolde/ Cyme/Zymus (Infloreszenz) cyme
Scheinellergewächse/Clethraceae
clethra family, white-alder family
Scheinfrucht pseudocarp, pseudofruit, false fruit, spurious fruit
Scheinfüßchen/Pseudopodium
pseudopod
Scheinfüttern/Scheinfütterung ***ethol***
sham feeding
Scheingewebe/Pseudoparenchym
false tissue, paraplectenchyma, pseudoparenchyma
Scheinhanfgewächse/Datiscaceae
datisca family, durango root family
Scheinpaarung pseudocopulation
Scheinpalmen/ Scheibenblumengewächse/ Cyclanthaceae
panama-hat family, jipijapa family, cyclanthus family
Scheinpicken ***ethol*** sham pecking
Scheinpuppe/Larva coarctata/ Pseudocrysalis
coarctate larva, pseudocrysalis
Scheinputzen
pseudogrooming, sham grooming
Scheinquirl/Scheinwirtel/ Doppelwickel (Infloreszenz)
false whorl, pseudowhorl, verticillaster
scheinschwanger/pseudopregnant
pseudopregnant
Scheinstamm/Blattstamm (*Musa*)
false stem, pseudostem, leafy stem
Scheinwut/unechte Wut ***ethol***
sham rage
Scheitel/Vertex
crest, vertex (crown/top of the head)
Scheitelauge/Stirnauge (Ocelle)
dorsal ocellus
Scheitelbein/Os parietale
parietal bone
Scheitelbeuge/Mittelhirnbeuge ***embr***
cephalic flexure, cranial flexure

Scheitelfurche/Scheitelgrube apical furrow
Scheitelhöcker/Tuber parietale parietal tuber, parietal tuberosity
Scheitelhöhe top height, total height, crown height
Scheitelkamm/Sagittalkamm/ Crista sagittalis sagittal crest
Scheitellappen/Lobus parietalis parietal lobe
Scheitelmeristem apical meristem
Scheitelorgan/Apikalorgan/ Statocyste (Ctenophoren) apical sense organ, statocyst
Scheitelpunkt apex, peak (highest among other high points), vertex, summit
Scheitelwert/ Höchstwert/Maximum peak value, maximum (value)
Scheitelzelle apical cell
➢ **ein-/zwei-/dreischneidige Scheitelzelle** apical cell with one/two/three cutting face(s)
Schelf shelf
➢ **Kontinentalsockel/ Festlandsockel/Kontinentalschelf** continental shelf
Schelfrand/Schelfkante shelf break, shelf edge, shelf margin, continental margin (edge of shelf)
Schenkel/Femur femur
➢ **Oberschenkel** thigh
➢ **Unterschenkel** shank
Schenkel ***chem/biochem/immun*** arm
Schenkeldrüse (Follikulärorgan: Eidechsen) femoral gland (follicular gland)
Schenkelring/Trochanter trochanter
Schenkelwanderung (DNA) ***gen*** branch migration
Schere/Klaue/Zange/Chela (Crustaceen) crab pincers, forceps, chela
Schere ***lab*** scissors
➢ **chirurgische Schere** surgical scissors
➢ **Irisschere/Listerschere** iris scissors
➢ **Präparierschere** dissecting scissors
➢ **spitze Schere** sharp point scissors
➢ **stumpfe Schere** blunt point scissors
scheren shearing, clipping
Scheren/Stutzen/Beschneiden shearing, clipping
Scheren.../mit Scheren versehen/ scherentragend cheliferous
scherenartig/zangenartig chelate, cheliform, pincerlike, clawlike
Scherenasseln/Anisopoda/ Tanaidacea tanaidaceans, tanaids
Scherenfinger/Chelicerenklaue (Unguis) cheliceral fang
scherenförmig forficulate, forficiform
Scherenfuß cheliped
Scherfestigkeit/Schubfestigkeit (Holz) shear strength, shearing strength
Schergefälle/Schergradient shear gradient
Scherkraft shear force; shear stress (shear force per unit area)
Scherrate shear rate, rate of shear
Scherspannung shear stress (shear force per unit area)
scheu shy
Scheu shyness
Scheuchzeriaceae/ Blumenbinsengewächse/ Blasenbinsengewächse pod-grass family, scheuchzeria family
scheuen ***vb*** **(Pferd)** shy, take fright, skit
Scheuen ***n*** **(Pferd)** shying
Schicht layer, story, stratum, sheet
Schichtenbildung stratification (act/process of stratifying)
Schichtung stratification (state of being stratified), layering
Schicksalskarte/ Determinationskarte ***gen*** fate map
Schicksalskartierung ***gen*** fate mapping
schief oblique
Schiefblattgewächse/Begoniaceae begonia family
Schielen/Strabismus squint
Schienbein/Schiene/Tibia shinbone, tibia
Schiene/Tibia (Insekten) tibia
Schienenbürste/Scopa (Bienen) scopa

schießen (früh in Blüte) bolting, shooting
Schiffchen/Kiel (Fabaceen-Blüte) keel
Schild/Carapax shield, shell, carapace
Schild/Scutum shield, scutum, scute
Schild-Okulation (Augenschild/ Schildchen) ***hort*** shield budding
schildartig/schuppenartig shield-like, peltate, scale-like, scutate
Schildblatt/peltates Blatt peltate leaf
Schildchen/Scutellum *bot* (Saugorgan an Graskeimling) scutellum (a shield-shaped structure)
Schildchen/Scutellum/ Mesoscutellum (Wanzen) scutellum, mesoscutellum
schildchenartig scutellate, like a small shield
schildchenförmig scutelliform, shaped like a small shield
Schilddrüse/Thyreoidea thyroid gland
Schildfarngewächse/Aspidiaceae sword fern family, aspidium family
Schildfische/Saugfischverwandte/ Spinnenfischartige/ Gobiescociformes clingfishes
schildförmig/schuppenförmig shield-shaped, peltiform, peltate, scutiform
Schildfüßer/Caudofoveata caudofoveates
Schildkiemer/Altschnecken/ Archaeogastropoda/Diotocardia limpets and allies, archeogastropods
Schildknorpel/Cartilago thyreoidea thyroid cartilage
Schildkröten/Chelonia/Testudines turtles
➤ **Landschildkröten** tortoises
Schildläuse/Coccinea scale insects
Schildpatt tortoise/turtle shell
Schildseeigel/Sanddollars/ Clypeasteroida (true) sand dollars
Schilf/Schilfrohr/Schilfgras/ Schilfröhricht reed
schillern opalesce
schillernd shimmering; iridescent
Schimmel (Pferd) gray horse
➤ **Apfelschimmel** dapple gray horse
➤ **Fliegenschimmel** flea-bitten gray
➤ **Rotschimmel** (red/strawberry) roan
➤ **weißer Schimmel** white horse
Schimmel/Moder mold, mildew
Schimmelpilz mold
Schindel shingle
schindelig shingled, imbricate, overlapping
Schirm (Meduse) umbrella (float)
Schirmbestand/ Mutterbestand *for* shelterwood
Schirmoberseite/Exumbrella (Meduse) exumbrella
Schirmquallen/Scheibenquallen/ Scyphozoen (echte Quallen) cup animals, scyphozoans
Schirmrispe (ein Ebenstrauß/ Corymbus) (Infloreszenz) umbel-like panicle
Schirmschlag/Schirmhieb (Waldschlag) *for* shelterwood method, selective logging/cutting (even-aged stand, even-aged forest/plantation)
Schirmstand *for* shelterwood
Schirmtraube (ein Ebenstrauß/ Corymbus) (Infloreszenz) umbel-like raceme
Schirmunterseite/Subumbrella (Meduse) subumbrella
Schizaeaceae/Spaltfarngewächse curly-grass family, climbing fern family
Schizocöl schizocoel, schizocoele, „split coelom"
schizogen schizogenic
Schizogenie schizogeny
Schizogonie schizogony, agamogony, merogony
Schizokarp/Spaltfrucht schizocarp, schizocarpium
schlachten slaughter, butcher
Schlachter/Fleischer/Metzger butcher
Schlachthof slaughterhouse
Schlachtung/Schlachten slaughter, slaughtering, butchering
Schlachtvieh slaughter animal, animals for slaughter; (Rinder) slaughter cattle, beef cattle

Schlafbewegung/Nyctinastie sleep movement, nyctinasty
Schläfe temple
schlafen sleep
Schläfenbein/Os temporale temporal bone
Schläfendrüse (Elefant) temporal gland
Schläfenfenster temporal fenestra
Schläfengegend temporal region
Schläfenlappen/Lobus temporalis temporal lobe
schlaff (welk) limp
Schlafkrankheit/Tsetseseuche (*Trypanosoma rhodesiense/ gambiense*) sleep sickness
Schlafstätte/Ruheplatz resting place, resting site
Schlafstellung sleeping posture
Schlag (Gesang der Nachtigall) caroling, elaborate song with many different verses
Schlag (Tierrasse) breed, stock
Schlag/Schlagbewegung stroke (movement); (Flügel) wingbeat, stroke of wing
- **Abschlag** downstroke, downward stroke
- **Aufschlag** upstroke, upward stroke
- **Erholungsschlag** recovery stroke
- **Kraftschlag/Wirkungsschlag** power stroke, effective stroke

Schlag/Waldschlag clearing
- **Hegeschlag (geschonter Wald)** protected forest
- **Holzeinschlag** wood felling; felling quantity
- **Kahlschlag** clear-cut, clearing, clearance
- **Femelschlag/Plenterschlag** sectional/uneven shelterwood method, femel coupe (selectively cut/uneven-aged stand, uneven-aged forest/plantation)
- **Saumschlag** aisle clearing, strip felling
- **Schirmschlag/Schirmhieb** shelterwood method, selective logging/cutting (even-aged stand, even-aged forest/plantation)

Schlagader/Arterie artery
- **Halsschlagader/Carotis** carotid artery
- **Körperschlagader, große/ Aorta** aorta

Schlaganfall ***med*** stroke
schlagen/hauen beat, hit, strike
schlagen (Nachtigall) ***orn*** sing, warble, jug
Schlagfallennetz (Hyptiotes) ***arach*** sprung web
Schlagflug ***orn*** flapping flight
Schlagvolumen ***cardio*** stroke volume
Schlamm mud
- **Flussschlamm** silt, warp

Schlammfliegen/Megaloptera megalopterans: dobsonflies,fishflies, and alderflies (neuropterans)
Schlängelbewegung/Schlängeln (seitliche bzw. horizontale Wellenbewegung: Schlangen) lateral undulation, lateral undulatory movement
schlängeln/hin und her zucken (Nematoden) wriggle
- **sich schlängeln** wind

Schlangen/Serpentes/ Ophidia (Squamata) snakes, serpents, ophidians
schlangenartig/Schlangen... snake-like, ophidian
Schlangenkühler coil condenser, coiled-tube condenser, spiral condenser
Schlangenkunde/Ophiologie ophiology
Schlangensterne/Ophiuroiden brittle stars/serpent stars; basket stars (*Gorgonocephalus*, *Astrophyton*)
schlankstämmig ***bot*** slender-stemmed, leptocaulous
Schlauch tube, siphon, ascidium; *lab* tube, tubing
schlauchartig/röhrenartig/ siphonal/tubulär siphoneous, siphonaceous, tubular
Schlauchblatt (*Genlisea*) lobster pot
Schlauchblatt/Kannenblatt (*Nepenthes*) siphonaceous leaf, ascidiform leaf, ascidium, pitcher-leaf

Schlauchfrucht/Utriculus
utricle, utriculus
Schlauchklemme/Quetschhahn ***lab***
tubing clamp, pinch clamp
Schlauchpflanzengewächse/ Sarraceniaceae
pitcher-plant family
Schlauchpilze/Ascomyceten/ Ascomycetes sac fungi, cup fungi, ascomycetes, „spore shooter“
Schlauchschnecken/Sackschnecken/ Schlundsackschnecken/ Sacoglossa/Saccoglossa
sacoglossans
Schlauchwürmer/Rundwürmer/ Aschelminthen/Nemathelminthen (Pseudocölomaten)
aschelminths, nemathelminths, pseudocoelomates
Schlauchzelle tube cell
Schlaufe ***gen/biochem*** loop
Schlaufenradreaktor
paddle wheel reactor
Schlaufenreaktor/Umlaufreaktor
loop reactor, circulating reactor, recycle reactor
schlecken lick
Schlegel/Keule/Bein (Geflügel)
drumstick, leg
Schleier/Cortina (Rest des Velum partiale/universale am Hutrand) *fung*
cortina
Schleier/Hülle/Pilzhülle/Velum ***fung***
veil, velum
Schleierchen/Indusium indusium
Schleierfarngewächse/ Hautfarngewächse/ Hymenophyllaceae
filmy fern family
Schleierlinge/Haarschleierpilze/ Cortinariaceae
cortinarius family, cortinarias
Schleierzone ***fung*** cortinal zone
Schleifenkonformation/ Knäuelkonformation
loop/coil conformation
Schleim mucus, slime, ooze; mucilage (speziell pflanzlich)
Schleimaale/Inger/Ingerartige/ Myxiniformes (bzw. Myxinida)
hagfishes

Schleimbeutel ***zool***
synovial bursa, synovial sac
Schleimdrüse *bot* mucilage gland; *zool* slime gland, mucous gland
schleimführender Kanal
mucilaginous canal
Schleimhaut/Schleimhautepithel
mucous membrane, mucosa
schleimig
slimy, mucilaginous, glutinous
Schleimköpfe/Schleimkopfartige/ Beryciformes squirrel fishes (primitive acanthopterygians)
Schleimkörper/Schleimpfropfen/ Proteinkörper
slime body, slime plug, P-protein body
Schleimpilze/Myxomycota
slime molds
- ➤ **echte S./Myxomycetes (plasmodial)**
acellular slime molds, plasmodial slime molds
- ➤ **haploide S./Urschleimpilze/ Protosteliomycetes** protostelids
- ➤ **zelluläre S./Acrasiomyceten/ Acrasiomycetes/ Dictyosteliomycetes (Myxomycota)**
cellular slime molds

Schleimsäure/Mucinsäure mucic acid
Schleimzelle mucilage cell
Schlempe dried destiller's solubles; (Brennereischlempe) vinasse; (Trockenschlempe/Nassschlempe) *agr* stillage (dry or wet), distillers‘ grains
Schlenke (im Hochmoor)
bog hollow, bog ditch, bog rivulet (in raised bog)
Schlepperprotein/Trägerprotein
carrier protein
Schleppfaden/Schleppleine/ Zugleine ***arach*** dragline
- ➤ **breiter Schleppfaden**
broad trail-line

Schleppgeißel trailing flagellum
Schleppleine/Schleppfaden/ Zugleine ***arach*** dragline
Schleppnetz dragnet, trawlnet
Schleppnetzfischerei trawling
Schleuderausbreitung
ballistic dispersal

Schleuderfrucht/ballistische Frucht ballistic fruit, ballist
Schleuderkapsel ballistic capsule
Schleudermagen/Pansenvorhof/ Atrium ruminis atrium ruminis
Schleudermechanismus (Samenausbreitung) ballistic dispersal mechanism
Schleudervorrichtung (Frucht) ejection device, ballistic device
Schleuderzelle/Elatere elater
Schleuse (Membran) sluice
schleusen sluice, channel
Schleusenmechanismus gating mechanism
Schlichtkleid ***orn*** basic plumage, inconspicuous plumage (male ducks: eclipse plumage)
Schlick (alluvial) mud, silt, sludge
Schlickgrund (See/Fluss) mud bottom
Schlicksediment (angeschwemmt) warp
Schliefer/Hyracoidea conies
Schließfrucht indehiscent fruit
Schließknorpel/Resilium resilium (flexible horny hinge)
Schließmechanismus closing mechanism
Schließmuskel/Anzieher/ Adduktor/Adductor adductor muscle
Schließmuskel/Sphinkter sphincter muscle
Schließzelle ***bot*** guard cell
Schlinger gorger (animal which gulps down entire prey)
Schlingfalle (***Arthrobotrys*****)** snare trap
Schlingmeldengewächse/ Basellaceae Madeira vine family, basella family
Schlingpflanze/Windepflanze ***allg*** winder, twiner; (verholzte) liana
Schlittenmikrotom sliding microtome
Schlitzband (Schneckenschale) slit band, selenozone
Schlitzlochplatte slot blot
Schloss (Verschluss) lock
Schloss/Schlossleiste/Scharnier (Muscheln) hinge
Schloss-Schlüssel-Prinzip lock-and-key principle
Schlossligament/Schlossband (Muscheln) hinge ligament
Schlosszähne (Muscheln) hinge teeth
Schlot ***mar/geol*** vent
➤ **hydrothermaler Schlot** hydrothermal vent
Schlucht/Bergschlucht/ Klamm/Hohlweg canyon, gorge; ravine
schlucken ***vb*** swallow
Schlucken ***n*** swallowing
Schluckfalle/Saugfalle suction trap, suctory trap
Schluckimpfung oral vaccination
Schluff/Silt ***geol*** silt
Schlund/Blütenschlund ***bot*** throat
Schlund/Kehle/Rachen throat, jaw
Schlund/Pharynx gullet, pharynx
➤ **Zellschlund/Cytopharynx/ Zytopharynx** gullet, cytopharynx
Schlundbogen/Zungenbeinbogen/ Hyoidbogen ***embr*** hyoid arch
Schlunddrüse (Gastropoden) esophageal gland
Schlundebene pharyngeal plane
Schlundplatte/Kehlplatte/Gularplatte (prognathous insects) gula, gular plate
Schlundring (Nervenring) buccal nerve ring
Schlundrohr/Manubrium manubrium
Schlundsackschnecken/ Sackschnecken/ Schlauchschnecken/ Sacoglossa/Saccoglossa sacoglossans
Schlundschuppe ***bot*** coronal scale
Schlundtasche pharyngeal pouch
schlüpfen ***vb*** **(aus dem Ei)** hatch, emerge
Schlüpfen ***n*** hatching, emerging
Schlüpfrate/Schlüpfzahlen hatching rate, emergence
Schlupfwinkel/Retraite ***arach*** retreat

Schlüssel (Bestimmungsschlüssel) key
Schlüssel-Schloss-Prinzip/ Schloss-Schlüssel-Prinzip lock-and-key principle
Schlüsselart keystone species
Schlüsselbein collarbone, clavicle
Schlüsselblumengewächse/ Primelgewächse/Primulaceae primrose family
Schlüsselenzym/Leitenzym key enzyme
Schlüsselinnovation, evolutionäre key evolutionary innovation (KEI)
Schlüsselräuber ***ethol*** keystone predator
Schlüsselreiz/Auslösereiz key stimulus, sign stimulus (release stimulus)
Schlüsselsubstanz key substance
Schlussgesellschaft terminal community
Schlussleiste/Verschlusskontakt/ Engkontakt/Kittleiste/ Tight junction (Zonula occludens) tight junction
Schmalz/Schweineschmalz/ Schweinefett lard
Schmalzunge/rhachiglosse Radula/ stenoglosse Radula rachiglossate radula
Schmalzüngler/Neuschnecken/ Neogastropoda/Stenoglossa neogastropods: whelks & cone shells & allies
schmarotzen/parasitieren parasitize
schmarotzend/parasitisch/parasitär parasitic
Schmarotzer/Parasit (*siehe auch dort*) parasite
Schmarotzerblumengewächse/ Rafflesiaceae rafflesia family
Schmarotzertum/Parasitismus (*siehe auch dort*) parasitism
schmecken taste
Schmelz (Zahnschmelz) enamel
schmelzen/aufschmelzen ***chem/gen*** melt
Schmelzknospe (Zahn) tooth bud
Schmelzkurve ***chem*** melting curve
Schmelzorgan enamel organ
Schmelzpunkt ***chem*** melting point
Schmelzschuppe/Ganoidschuppe ***ichth*** ganoid scale
Schmelztemperatur melting temperature
Schmelztiegel ***lab*** crucible
Schmelzwasser meltwater
Schmerwurzgewächse/ Yamswurzelgewächse/ Dioscoreaceae yam family
Schmerz pain
schmerzen hurt, be painful
Schmerzgefühl pain sensation
schmerzhaft painful
Schmetterlingsblume butterfly-pollinated flower
schmetterlingsblütig butterfly-like, papilionaceous
Schmetterlingsblütler/ Hülsenfrüchtler/ Hülsenfruchtgewächse/Fabaceae (Papilionaceae/Leguminosae) pea family, bean family, legume family, pulse family
Schmierinfektion smear infection
Schmierlinge/Gomphidiaceae gomphidius family
schmollen pouting
Schmucktannengewächse/ Araukariengewächse/ Araucariaceae araucaria family, monkey-puzzle tree family
Schnabel ***orn*** bill (general term), beak (strong/short/broad bill)
➢ **Hakenschnabel** decurved bill
➢ **Kernbeißerschnabel** seed-cracking beak
➢ **Löffelschnabel** spoon-shaped bill
➢ **Seihschnabel** water-straining beak, filter-feeding bill
➢ **Stocherschnabel/Sondenschnabel** probing bill
Schnabel (Sepia)/Kiefer jaw, beak
Schnabel/Rüssel/Rostrum (Wanzen) beak, rostrum
Schnabelaufsatz (Nashornvögel) casque
Schnabelfirst/Culmen culmen

Schnabelfliegen/Mecoptera scorpion flies, mecopterans
Schnabelkerfe/Rhynchota/ Halbflügler/Hemiptera (Heteroptera & Homoptera) bugs, hemipterans
Schnabelköpfe/Rynchocephalia/ Sphenodonta rynchocephalians, sphenodontids
schnäbeln ***orn*** bill
Schnabelspalt (beak/bill) gape
Schnakenlarve wiggler (mosquito larva)
Schnakenpuppe tumbler (mosquito pupa)
Schnalle (Basidiomyceten) clamp
Schnallenverbindung (Basidiomyceten) clamp connection
Schnappdeckel/ Schnappverschluss ***lab*** snap cap
Schnappdeckelglas/ Schnappdeckelgläschen ***lab*** snap-cap bottle, snap-cap vial
schnappen snap
➢ **nach Luft schnappen** gape
Schnappreflex snapping reflex
schnattern (Gänse) cackle; (Affen) chatter, jabber
schnauben/prusten snort
Schnauze/Maul snout, muzzle
➢ **schnabelähnliche Schnauze** bill
Schnecken/Bauchfüßer/Gastropoden snails, gastropods
Schnecke/Ohrenschnecke/ Cochlea ***anat*** cochlea
Schneckenbekämpfungsmittel/ Molluskizid molluscicide
Schneckengang/Scala media cochlear duct
Schneckenhaus/Schneckengehäuse snail shell
schneckenhausförmig eingerollt/ schneckenhausartig gewunden/ cochlear coiled like a snail's shell, cochleate, cochleiform
schneckenhausförmig eingerolltes junges Farnblatt fiddlehead, crozier

Schnee snow
➢ **Eisschnee** ***tech*** shaved ice
➢ **Neuschnee** new-fallen snow, fresh-fallen snow
Schneegrenze snow line
Schneematsch slush
Schneeregen (Graupel/Griesel/Eisregen) sleet
Schneeschmelze snowmelt
Schneesturm snowstorm; (heftiger S.) blizzard
Schneewehe/Schneeverwehung snow drift (a bank of drifted snow)
Schneidezahn incisor
Schneise clearing, aisle
Schnellfärbung ***micros*** quick-stain
Schnellgefrieren rapid freezing
schnellwachsend fast-growing, rapid-growing
Schnitt section
➢ **Dünnschnitt** thin section
➢ **Gefrierschnitt** frozen section
➢ **Hirnschnitt/Querschnitt** transverse section, cross section
➢ **Kaiserschnitt** ***med/vet*** cesarean section, cesarean
➢ **Querschnitt** cross section
➢ **Rückschnitt** ***hort*** pruning
➢ **Sagittalschnitt (parallel zur Mittelebene)** sagittal section, median longisection
➢ **Schnellschnitt** quick section
➢ **Semidünnschnitt** semithin section
➢ **Serienschnitte** ***micros/anat*** serial sections
➢ **Ultradünnschnitt** ultrathin section
Schnittblume cut flower
Schnittdicke thickness of section, section thickness
Schnittfläche/Schnittebene cutting face, cutting plane
schnittig/geschnitten/eingeschnitten cut, incised
Schnittstelle *electr* interface; *gen* cleavage site
schnuppern/schnüffeln sniff
Schnurbaum/Schnurspalierbaum/ Kordon ***hort*** cordon

schnüren (Fuchs) move/run in straight line
schnurren (Katze) purr
Schnurrhaare whiskers
Schnurwürmer/ Nemertini/Nemertea/ Rhynchocoela nemertines, nemerteans, proboscis worms, rhynchocoelans, ribbon worms (broad/flat), bootlace worms (long)
Schockgefrieren shock freezing
Schokoladenagar/Kochblutagar chocolate agar
Scholle/Erdscholle lump of soil
schollig lumpy
Schonung (junger/geschützter Wald) young, protected forest plantation
Schonwald/Schutzwald protected forest (only for limited specified use)
Schopf/Büschel ***zool/bot*** tuft
➢ **Haarschopf** tuft of hair; (Pferd) forelock
Schopfbaum tree with terminally tufted leaves
schopfig/dichthaarig/haarschopfig tufted, comose
Schopfkrone ***bot*** tufted crown
Schopfrosettenpflanze/ Schopfpflanze crown rosette plant, caulescent perennial herb, giant rosette plant, giant leaf-rosette plant
Schorf ***bot*** **(Blatt)** scurf
Schorf (Wundschorf)/ Grind ***zool/med*** scab
schorfig/Schorf... scurfy, scabby, furfuraceous
Schorfwunde scab lesion (crustlike disease lesion)
Schorre/Abrasionsplatte/ Brandungsplatte/ Abrasionsterrasse/ Abrasions-/Brandungsplattform *mar* platform, shore platform, abrasion platform, wave-cut shelf
Schoss/Schössling/Spross/ junger Trieb ***bot*** shoot
Schössling/Schoss (kleiner Spross) shoot, sprout, sprig
Schössling/Wasserreis (an Wurzel oder Baumstumpf) sucker, tiller; (*speziell*: Zuckerrohr/ Banane; Stauden) ratoon
Schösslinge treiben (v.a. Stauden) ratoon
Schote (Frucht) silique
➢ **Schötchen (Frucht)** silicle
Schotter ***geol*** gravel
Schotterbank ***mar*** gravel bar
schräg oblique
Schrägkultur (Schrägagar) ***micb*** slant culture
Schranke barrier
➢ **Blut-Hirn-Schranke** blood-brain barrier
➢ **Paarungsschranke** mating barrier
➢ **physiologische Schranke** physiologic barrier
schränken/ kreuzweise übereinanderlegen/ verschränken (Beine: kreuzen) fold (arms) (legs: cross)
Schraube/Spirale/Helix spiral, helix
Schraubel (cymöse Infloreszenz) bostryx (helicoid cyme)
schraubenartig gewunden/ schneckenhausartig gewunden/ cochlear irregularly helical (like a snail shell), cochleate
Schraubengläschen ***lab*** screw-cap vial, screw-cap jar
Schraubenpalmen/ Schraubenbaumgewächse/ Pandanaceae screw-pine family
schraubig/spiralig/helical spiraled, helical, spirally twisted, contorted
Schrebergarten allotment garden
Schreck-Schaustellung ***ethol*** startle display
Schreckfärbung/ Schrecktracht ***ethol*** fright coloration
Schreckreflex startle reflex
Schreckstoff/Abschreckstoff deterrent, repellent

Schreckstoff/Alarmstoff/ Alarm-Pheromon alarm substance, alarm pheromone
Schreckverhalten startle behavior
Schreitbein des Pereon/ Pereiopode/Peraeopode pereiopod, pereopod
schreiten wade
Schreitfährten/Gradichnia (Spurenfossile) tracks
Schreitfuß wading foot
Schreitvögel/Stelzvögel/ Ciconiiformes herons & storks & ibises & allies
Schrill-Leiste/Schrillleiste/ Pars stridens (mit Schrill-Rille) *entom* file, stridulating file
schrillen/stridulieren/zirpen stridulate, chirp
Schrillkante/Plectrum ***entom*** scraper, rasp
Schrillorgan/Stridulationsorgan/ Zirporgan/Organum stridens ***entom*** stridulating organ
Schritt step, pace; stride (long step)
Schritt/Gangart ***allg*** **(*siehe auch unter:* Gangart)** gait; (als Gangart des Pferdes) walk
Schrittlänge stride
Schrittmacher pacemaker (*siehe*: Sinusknoten)
Schrittmacherpotenzial pacemaker potential
schrotsägeförmig runcinate, hook-backed, retroserrate
Schrotschussexperiment ***gen*** shotgun experiment
Schrotschussklonierung ***gen*** shotgun cloning
Schub ***aer*** thrust
Schubfestigkeit/ Scherfestigkeit (Holz) shear strength, shearing strength
Schubgeißel pushing flagellum
Schubkraft/Vortriebkraft thrust, forward thrust
Schule/Schwarm/Zug school, shoal (fish), pod (whales/dolphins/seals), covey (quails), flight/flock (birds)
Schulp/Schulpe cuttlebone
➤ **pergamentartiger Schulp/ Rückenfeder/Gladius** pen, gladius
Schulter/Achsel shoulder
Schulterblatt ***zool*** shoulder blade, scapula
Schulterfeder/Schulterblattfeder ***orn*** scapular feather (*meist pl* scapulars)
Schultergürtel shoulder girdle, pectoral girdle
Schüppchen ***bot allg*** squamella (small scale or bract); (der Grasblüte) lodicule, paleola, glumellule
Schuppe scale
➤ **Antennenschuppe/ Scaphocerit** ***entom*** antennal scale, scaphocerite
➤ **Bauchschuppe/ Ventralschuppe** ***bot*** ventral scale
➤ **Cosmoidschuppe** ***ichth*** cosmoid scale
➤ **Ctenoidschuppe/Kammschuppe** ***ichth*** ctenoid scale
➤ **Cycloidschuppe/Rundschuppe** ***ichth*** cycloid scale
➤ **Deckschuppe** ***bot*** bract-scale, subtending bract, secondary bract
➤ **Ganoidschuppe/ Schmelzschuppe** ***ichth*** ganoid scale
➤ **große Schuppe** scute (enlarged scale)
➤ **Honigschuppe** nectariferous scale
➤ **Involukralschuppe/ Involukralblatt** ***bot*** phyllary, involucral bract
➤ **Kammschuppe/Ctenoidschuppe** ***ichth*** ctenoid scale
➤ **Knospenschuppe/ Knospendecke/Tegment** (protective) bud scale, tegmentum
➤ **mit kleinen Schuppen bedeckt** squamellate, squamelliferous, squamulose
➤ **mit Schuppen bedeckt** squamiferous, squamigerous, squamose

- **Placoidschuppe/Zahnschuppe/ Hautzahn/Dentikel** placoid scale, dermal denticle
- **Rundschuppe/Cycloidschuppe** ***ichth*** cycloid scale
- **Samenschuppe/ Fruchtschuppe *bot*** ovuliferous scale, seed scale
- **Saugschuppe/ Schuppenhaar (Bromelien)** absorbing trichome
- **Schlundschuppe *bot*** coronal scale
- **Schmelzschuppe/Ganoidschuppe** ***ichth*** ganoid scale
- **Spreuschuppe/Spreublatt *bot*** ramentum, chaffy scale, palea, pale, palet
- **Tragschuppe/Deckschuppe/ Tragblatt zweiter Ordnung/ Brakteole** bract-scale, bracteole, bractlet, secondary bract
- **Ventralschuppe/Bauchschuppe *bot*** ventral scale
- **Zahnschuppe/ Placoidschuppe *ichth*** dermal denticle, placoid scale
- **Zapfenschuppe *bot*** cone scale, cone bract

Schuppen/Kopfschuppen/ Haarschuppen/Hautschuppen dandruff

Schuppenapfelgewächse/ Annonaceae custard apple family, cherimoya family

schuppenartig scale-like, scutate

Schuppenbäume/ Lepidodendraceae lepidodendron family (clubmoss trees)

Schuppenbein/Squamosum (Schädelknochen) squamosa

Schuppenblätter scale-like bracts, scale leaves, bracteole, bractlet

schuppenblättrig scale-leafed

Schuppenborke scale bark

Schuppenflügler/Lepidoptera (Schmetterlinge u. Motten) lepidopterans (butterflies and moths)

schuppenförmig scale-shaped, scale-like, squamiform, scutiform

Schuppenhaar/Saugschuppe (Bromelien) squamiform hair, peltate trichome, absorbing trichome

Schuppenkriechtiere/Lepidosauria lepidosaurs

Schuppennaht/Sutura squamosa (Schädel) squamosal suture

Schuppenpilze/Träuschlinge/ Strophariaceae stropharia family

schuppenspaltig/squamicid squamicidal

Schuppentiere/Pholidota pangolins, scaly anteaters

schuppig scaly, squamid, squamate; scabrous (*see*: schorfig)

- **feinschuppig** squamulose, squamulate

Schuppung scaling, scutellation

Schüsselfarngewächse (Dennstaedtiaceae) cup fern family (dennstaedtia family)

Schutt *geol* rubble, debris, detritus

- **Gesteinsschutt** rock debris, rubble

Schütte/Blattschütte/ Nadelschütte (Kiefernnadeln) leaf cast, needle cast (caused by frost/dryness/fungal disease)

- **Blattausschüttung/ Laubausschüttung** leaf flushing

Schüttelbad *lab* shaking water bath

Schüttelklette *bot* shake burr, rattle burr

Schüttelkolben *lab* shake flask

Schüttelkultur *micb* shake culture

schütteln shake

Schütteltanz/Schüttelbewegung (Bienen) shaking dance

Schutthalde/Schuttflur talus, scree

Schüttler shaker

- **Reziprokschüttler** reciprocating shaker
- **Rundschüttler** circular shaker, orbital shaker, rotary shaker

Schuttpflanze/Ruderalpflanze ruderal plant
Schutzanpassung ***ethol*** protective adaptation, protective resemblance
Schutzanzug protective suit
Schutzbrille ***lab*** goggles, safety goggles, safety spectacles
schützen protect
Schutzfärbung/Tarnfärbung ***ethol*** cryptic coloration, concealing coloration
Schutzgebiet ***ecol*** reserve
Schutzgespinst, dreidimensionales ***arach*** barrier web
Schutzhandschuhe protective gloves
Schutzhaube protective hood
Schutzimpfung protective immunization, vaccination
Schutzkleidung protective clothing
Schutzmaßnahme ***lab*** protective/precautionary measure
Schutztracht/Mimikry mimicry
Schutzversuch/Schutzexperiment protection assay, protection experiment
Schutzvorrichtung ***lab*** protective device
Schutzwald (Schonwald/Hegewald) protected forest (only limited specified use)
schwachwüchsig/gering wachsend (comparatively) slow growing
Schwalbenschwanzverbindung ***micros*** dovetail connection
Schwalbenwurzgewächse/ Seidenpflanzengewächse/ Asclepioideae milkweeds
Schwall ***mar*** swash
Schwallbewässerung ***agr*** surge irrigation
Schwämme/Schwammtiere/ Poriferen sponges, poriferans
Schwammgewebe spongy tissue
Schwammparenchym spongy parenchyma
Schwammpilz/Porling spongiose fungus, polypore, pore fungus
Schwanenblumengewächse/ Wasserlieschgewächse/ Butomaceae flowering rush family
Schwanenhalskolben ***lab*** swan-necked flask, S-necked flask, gooseneck flask
schwanger/trächtig pregnant, gravid, gestational
Schwangerschaft/ Trächtigkeit/Gestation pregnancy, gravidity, gestation
- ➢ **Abdominalschwangerschaft/ Bauchhöhlenträchtigkeit/ Leibeshöhlenschwangerschaft/ Leibeshöhlenträchtigkeit** abdominal pregnancy
- ➢ **Eileiterschwangerschaft/ Oviduktträchtigkeit** tubal pregnancy
- ➢ **ektopische Schwangerschaft/ Extrauteringravidität (EUG)** ectopic pregnancy, extrauterine pregnancy (EUP)
- ➢ **Leibeshöhlenschwangerschaft/ Leibeshöhlenträchtigkeit/ Bauchhöhlenträchtigkeit/ Abdominalschwangerschaft** abdominal pregnancy
- ➢ **Ovarialschwangerschaft/ Ovariolenträchtigkeit/ Ovarialträchtigkeit** ovarian pregnancy

Schwangerschaftsperiode gestational period
Schwangerschaftswoche week of gestation, week of pregnancy
schwanken/fluktuieren fluctuate
schwanken/variieren variate
Schwankung/Fluktuation fluctuation
Schwankung/Variation variation
Schwannsche Scheide/Myelinscheide Schwann sheath, myelin sheath
Schwannsche Zelle Schwann cell, neurilemma cell
Schwanz tail; (Fettmolekül) tail
Schwanz stutzen/ anglisieren (Pferde) dock, docking
Schwanz-an-Schwanz- Wiederholungen ***gen*** tail-to-tail repeats

Schwanzanhang/Cercus cercus, cercopod
Schwanzansatz base of tail
Schwanzdarm tail gut, postanal gut
Schwanzdrüse (Rektaldrüse) caudal gland (rectal gland)
Schwänzeltanz (Bienen) tail-wagging dance, waggle dance
Schwanzfächer tailfan
➢ **Hypurale** ***ichth*** hypural fan
Schwanzfeder quill feather
Schwanzflosse tail fin, caudal fin
➢ **Schwanzruder/Fluke (Wale)** tail fluke
Schwanzflughaut/Uropatagium uropatagium
Schwanzfortsatz coccyx
Schwanzgabel caudal furca
Schwanzlarve (Ascidien) tadpole larva
Schwanzlarve/Zerkarie/Cercarie cercaria
Schwanzlurche/Urodela/Caudata urodeles, caudates (salamanders & newts)
Schwanzplatte/Telson (Krebse) telson
Schwanzquaste (Rinder) switch
Schwanzrassel (Klapperschlangen) tail rattle
Schwanzruder/Schwanzflosse (Wale) tail fluke
Schwanzschild/Pygidium (Trilobiten) caudal plate, pygidium
Schwanzstachel tail spine
Schwanzstiel/Pygostyl pygostyle
Schwanzstummel (Pferde) dock
Schwanzstumpf dock
Schwanzwachstum/ endständiges Wachstum tail growth
Schwanzwirbel caudal vertebra (*see*: coccygial vertebra)
Schwanzwurzeldrüse supracaudal gland
Schwanzzange pincer
Schwarm (z.B. Bienen) swarm
Schwarm/Schule/Zug (fish) shoal, school; (whales/dolphins/seals) pod; (quails) covey; (birds) flight/flock
schwarmbildend swarm-forming, schooling
schwärmen/ausschwärmen swarm, swarm off, swarm out
Schwärmer (Zoospore) swarmer (zoospore/swarm cell)
Schwarte (dicke/zähe Haut) thick skin, hide; rind (esp. pork rind)
➢ **Holzschwarte** slab
➢ **Speckschwarte** (bacon) rind
schwarzer Körper black body
Schwarzmundgewächse/ Melastomataceae meadow beauty family, melastome family
Schwarztorf black peat
Schwarzwasserfieber blackwater fever
Schwarzwasserfluss blackwater river
Schwarzwild/Wildschweine wild boar
Schwebedichte/Schwimmdichte buoyant density
schweben (schwebend) float (floating), suspend (suspended); *orn* (in der Luft schweben/stehen) hover
Schweben/Schwebeflug ***orn*** **(in der Luft schweben/stehen)** hovering
Schwebeorgan float
Schwebfracht ***ecol/mar*** silt load, suspension load
Schwebstoffe suspended substance/matter, particles in suspension
Schwefel (S) sulfur
Schwefelbakterien sulfur bacteria
schwefelhaltig sulfurous, sulfur-containing
Schwefelkreislauf sulfur cycle
schwefeln (z.B. Fässer) sulfurize (e.g., vats)
Schwefeln/Schwefelung (Fässer) sulfuring
Schwefelverbindung/ schwefelhaltige Verbindung sulfur compound
schweflig sulfurous

Schweif/Schwanz tail
Schweifkern/Nucleus caudatus caudate nucleus
Schweifrübe (Pferd: Schwanzansatz) root of tail, dock
Schwein swine, pig, hog
➢ **Absetzferkel** weaner
➢ **Bache/Wildschweinsau** wild sow
➢ **Eber (männliches Schwein)** boar (male pig: not castrated)
➢ **Ferkel** piglet, little pig; (Mastferkel) porker
➢ **Frischling** wild pig/swine/boar/hog in its 1. year
➢ **Jungsau** gilt
➢ **Keiler/Wildeber** male wild boar (aged)
➢ **Läuferschwein/Läufer** young pig, store pig, store
➢ **Mutterschwein/Sau** sow (female pig)
➢ **Saugferkel** piglet
➢ **Spanferkel (junges/noch gesäugtes Schwein)** sucking pig/piglet/porkling
➢ **Wildschweinsau/Bache** wild sow
➢ **Wildschwein/Schwarzwild** wild pig, wild hog, boar
Schweinefieber *vir* swine fever, hog cholera
Schweinegrippe (*Hemophilus influenzae suis*) swine influenza, swine flu
Schweinepest (*Pasteurella multocida*) swine plague
Schweiß sweat, perspiration
➢ **schwitzen** sweat, perspire
Schweißdrüse sweat gland, sudoriferous gland, sudoriparous gland
Schwelle (z.B. Reizschwelle/ Geschmacksschwelle etc.) threshold
schwellen/anschwellen/turgeszent swell, swelling, turgescent
schwellend/prall/turgeszent turgescent
Schwelleneffekt threshold effect
Schwellenländer semi-peripheral countries
Schwellenmerkmal threshold trait
Schwellenpotenzial (kritisches Membranpotenzial) threshold potential (firing level)
Schwellenstrom threshold current
Schwellenwert threshold value
➢ **konstanter S.** ***gen*** constant truncation
➢ **proportionaler S.** ***gen*** proportional truncation
Schwellenwertselektion/ Kappungsselektion/ Auslesezüchtung truncation selection
Schwellkörper/Corpora cavernosa erectile tissue, cavernous tissue, cavernous bodies
Schwellkörper/Lodicula ***bot*** **(Grasblüte)** lodicule, paleola, glumellule
Schwellung swelling; (Turgeszenz) turgescence
Schwellungsgrad turgidity
Schwemmkegel/Schwemmfächer alluvial fan
Schwemmland floodland, flood plain, alluvial plain
schwenken (Flüssigkeit in Kolben) swirl
Schwerefeld gravitational field
Schwerelosigkeit weightlessness
Schweresinn gravitational sense
Schwerestein(chen)/Statolith statolith
schwerflüchtig (höhersiedend) less volatile, heavy
➢ **flüchtig** volatile
➢ **leicht flüchtig (niedrig siedend)** highly volatile, light
➢ **nicht flüchtig** nonvolatile
Schwerkraft gravity, gravitational force
Schwermetallbelastung heavy metal contamination
schwertförmig sword-shaped, ensiform, gladiate, xiphoid
Schwertliliengewächse/Iridaceae iris family
Schwesterart sister species
Schwesterchromatiden sister chromatids

Schwestergruppe (Kladistik)
sister group
Schwestertaxon/Adelphotaxon
sister taxon
Schwesterzelle sister cell
Schwiele/Kallosität callosity
Schwimm../
zum Schwimmen geeignet
swim.., swimming .., natatorial
Schwimm-Manteltiere, geschwänzte/ Appendicularien/Appendicularia/ Larvacea appendicularians
Schwimmbein (Insekten)
natatorial leg, swimming leg
Schwimmbein/Schwimmfuß/ Bauchfuß/Abdominalbein/ Pleopodium (Crustaceen)
swimmeret, pleopod
Schwimmblase (Algen)
air bladder, float, pneumatophore
Schwimmblase (Fische)
swimbladder, air bladder
Schwimmblatt floating leaf
Schwimmdichte/Schwebedichte
buoyant density
Schwimmfarngewächse/ Schwimmfarne/Salviniaceae
salvinia family
Schwimmflosse (groß/fleischig)/ Paddel flipper, fluke
Schwimmfuß (z.B. Vögel)
webbed foot, swimming foot
Schwimmfuß/Schwimmbein/ Bauchfuß/Abdominalbein/ Pleopodium (Crustaceen)
swimmeret, pleopod
Schwimmglocke/Nectophor
swimming bell, nectophore
Schwimmhaut web
schwimmhäutig/ mit Schwimmhäuten
webbed
Schwimmplatte/Ruderplatte/ Ruderplättchen/„Kamm"/ Wimperplättchen (Ctenophoren)
ctene, swimming plate, ciliary comb
Schwinge/Feder (*siehe:* Armschwingen/ Handschwingen) *orn* feather
Schwinge/Fittich/Flügel *orn* wing
Schwingkletterer/Hangler brachiator
Schwingklettern/Schwinghangeln/ Hangeln/Brachiation
brachiation
Schwingkölbchen/Haltere
balancer, haltere
Schwingphase
swing phase, suspension phase
Schwingrasen (Moor)
quaking bog, quagmire
Schwingungsbewegung
vibrational motion
Schwirrflug/Schwebeflug (Kolibris: Rüttelflug) hovering flight
Schwirrflügler/Apodiformes (Segler & Kolibris)
swifts & hummingbirds
Schwirrgeräusch (Bienen beim Schwänzeltanz)
buzzing sound
Schwirrlauf (Bienen) buzzing run
schwitzen *vb* sweat, perspire
Schwitzen *n*
sweating, perspiration, hidrosis
Schwundschicht (Anthere)
disappearing layer
Schwungfeder/Remex
flight feather, remex (*pl* remiges)
Sclerenchym/Sklerenchym
sclerenchyma
Sclerenchym-Steinzelle/ Sclereide/Sklereide
stone cell, sclereid, sclereide, sclerid
sclerenchymatisch sclerenchymatous
Sclerenchymfaser
sclerenchyma fiber,
sclerenchymatous fiber
Sclerospongien/Sclerospongiae
sclerosponges, coralline sponges
Scolespore scolespore
Scolopidium/ stiftführende Sensille
scolopidium, scolophore,
chondrotonal sensilla
Scopolamin scopolamine
Scrophulariaceae/ Braunwurzgewächse/ Rachenblütler figwort family,
foxglove family, snapdragon family
Scutellum/Schildchen
(Saugorgan des Graskeimlings)
scutellum

Scyphistoma (Semaeostomea) scyphistoma (scyphozoan polyp)
Scyphopolyp scyphozoan polyp
Scyphozoen/Schirmquallen/ Scheibenquallen (echte Quallen) scyphozoans, cup animals
Sechshakenlarve/ Oncosphaera-Larve (Cestoda) hexacanth larva, hooked larva, oncosphere
sedentär/niedergelassen sedentary
Sediment sediment; *centrif* (Pellet) pellet
Sedimentationsgeschwindigkeitsanalyse *biochem* sedimentation analysis
Sedimentationskoeffizient sedimentation coefficient
Sedimentfresser deposit feeders
Sedimentgestein/Absatzgestein/ Schichtgestein sedimentary rock
See (Binnensee) sea, inland sea, lake; (Ozean) sea, ocean
> **Alkalisee** alkaline lake
> **Braunwassersee/dystropher See** dystrophic lake
> **Hochsee/offenes Meer** open sea, pelagic zone
> **Pluvialsee** pluvial lake
> **Salzsee** salt lake
> **See mit Abfluss** drainage lake
> **Sickersee** seepage lake
> **Stausee** reservoir, artificial lake
> **Süßwassersee** freshwater lake
> **Tiefsee** deep sea
> **Tropensee** tropical lake

Seeanemonen/Actiniaria sea anemones
Seeäpfel/Cystoida (Echinoderma) cystoids
Seebeerengewächse/ Meerbeerengewächse/ Tausendblattgewächse/ Haloragaceae water milfoil family, milfoil family
Seedrachen/Seekatzen/ Chimären/Holocephali chimaeras, ratfishes, rabbit fishes
Seefeder/Pennatularia sea pens, pennatulaceans
Seegänseblümchen/ Concentricycloidea *zool* sea daisies, concentricycloids, concentricycloideans
Seegras/Seetang/Tang seaweed
Seegrasgewächse/Zosteraceae eel-grass family
Seehasen/Breitfußschnecken/ Aplysiacea/Anaspidea sea hares
Seeigel/Echinoiden/Echinoidea sea urchins, echinoids
Seekühe/Sirenia sea cows & manatees & dugongs, sirenians
Seelilien/Crinoiden (*inkl.* Haarsterne=Federsterne)/ Crinoidea sea lilies, crinoids (*incl.* feather stars)
> **zirrenlose Seelilien/Millericrinida** sea lilies without cirri
> **zirrentragende Seelilien/ Isocrinida** sea lilies with cirri

Seemaus (im Plankton suspendierte Eikapsel einiger Knorpelfische) sea purse
Seemotten/Pegasiformes (Pegasidae) seamoths
Seenadelverwandte/ Seepferdchenverwandte/ Büschelkiemenartige/ Syngnathiformes (bzw. Syngnathoidei) sea horses & pipefishes and allies
Seenkunde/Limnologie limnology
Seepflanze lacustrine plant
Seerosengewächse/ Nymphaeaceae water-lily family
Seescheiden/Ascidien/Ascideacea sea squirts, ascidians
Seeschildkröten turtles
Seeschmetterlinge/Thecosomata/ beschalte Flossenfüßer (Flügelschnecken) sea butterflies, shelled pteropods
Seeskorpione/Eurypterida sea scorpions, eurypterids
Seesterne/Asteroidea seastars, starfishes

Seetaucher/Gaviiformes divers, loons
Seeufer
lakeshore, shore/banks of a lake
Seewalzen/Seegurken/ Holothurien/Holothuroidea
sea cucumbers, holothurians
Seewind onshore wind
Segel (z.B. Velellina) sail
Segelflug ***orn*** soaring (flight)
Segelklappe/Atrioventrikularklappe (*siehe auch:* Herzklappe/ Taschenklappe)
atrioventricular valve
➢ **Dreisegelklappe/ dreizipflige Segelklappe/ Trikuspidalklappe**
tricuspid valve
(with three cusps/flaps)
➢ **Zweisegelklappe/ zweizipflige Segelklappe/ Mitralklappe/Bikuspidalklappe**
mitral valve, bicuspid valve
(with two cusps/flaps)
Segellarve/Veliger/Veligerlarve
veliger larva
segeln sail
Segetalpflanzen/ Ackerunkräuter/Ackerwildkräuter
segetal plants
Seglervögel/Seglerartige/ Apodiformes/Micropodiformes
swifts (hummingbirds *see* Kolibris)
Segment/Somit (Ursegment)
segment, somite
segmentieren segment
Segmentierung segmentation
segmentkerniger Neutrophil
segmented neutrophil,
filamented neutrophil,
polymorphonuclear granulocyte
Segregation/Aufspaltung
segregation
Segregationslinie segregation line
segregieren/aufspalten segregate
sehen/anschauen/erblicken ***vb***
see, view
Sehen ***n*** seeing, vision
Sehfeld/Blickfeld/Gesichtsfeld
field of view, scope of view,
field of vision, range of vision,
visual field
Sehfeldblende/Gesichtsfeldblende
field stop (a field diaphragm)
➢ **Gesichtsfeldblende des Okulars/ Okularblende**
ocular diaphragm, eyepiece
diaphragm, eyepiece field stop
Sehkeil/Ommatidium
ommatidium, facet, stemma
Sehkraft/Sehvermögen eyesight
Sehlappen/Lobus opticus
visual lobe, optic lobe
Sehne tendon
Sehnenscheide tendon sheath
Sehnenschnitt (Holz)
tangential section
Sehnenspindel
Golgi tendon organ (GTO),
neurotendinous spindle
Sehnerv/Nervus opticus optic nerve
Sehnervkreuzung/ Sehnervenkreuzung/ Chiasma opticum
optic chiasma
Sehpigment visual pigment
Sehpurpur/Rhodopsin
rose-purple, rhodopsin
Sehschärfe visual acuity
Sehvermögen vision, sight; eyesight;
(Sehstärke) strength of vision
Sehweite
range of vision, visual distance
Sehzentrum visual center
Seiche ***limn***
seiche (standing wave oscillation)
seicht/flach/ niedrig (Wasser) ***limn/mar***
shallow, low
Seide silk (fibroin/sericin)
Seidelbastgewächse/ Spatzenzungengewächse/ Thymelaeaceae
daphne family, mezereum family
seiden/Seiden... silken
seidenartig/seidenhaarig/seidig
silky, sericeous, sericate
Seidendrüse/Spinndrüse/Sericterium
silk gland, sericterium;
(Labialdrüse: Raupen) labial gland
Seidengewächse/Cuscutaceae
dodder family
seidenhaarig sericeous, sericate, silky

Seidenpflanzengewächse/ Schwalbenwurzgewächse/ Asclepioideae milkweed family
Seidenraupe silkworm
Seife soap; *geol* placer
➢ **Flüssigseife** liquid soap
➢ **Spülmittel** detergent, dishwashing detergent
➢ **Waschmittel** detergent, laundry detergent
Seifenbaumgewächse/Sapindaceae soapberry family
seihen strain, sift (z.B. Flamingos)
Seihschnabel water-straining bill
Seite/Flanke side, flank, latus
Seitenachse lateral axis, lateral branch
Seitenast ***bot*** lateral branch, offshoot
Seitenauge/Lateralauge/ Lateralocelle/Stemma (Ocellen) lateral eye/ocellus, stemma
seitenfrüchtig/pleurokarp pleurocarpic, pleurocarpous
Seitenkette ***chem*** side chain
Seitenknospe/Achselknospe lateral bud, axillary bud
Seitenkörper (Flagellaten) side body
Seitenkrone ***bot*** side crown
Seitenlinienorgan/Lateralisorgan lateralis organ
Seitenliniensystem lateral line system, lateralis system, acoustico-lateralis system
Seitenmoräne lateral moraine
Seitenpfropfung/Seitenveredelung/ Veredeln an die Seite ***hort*** side grafting
Seitenplatte (des Mesoderms) ***embr*** lateral plate
Seitenplatte/Seitenstück/Pleurit (Insekten: lateraler Sklerit) pleurite, lateral sclerite
Seitenspross/Seitentrieb/ Nebentrieb side shoot, lateral shoot
Seitenteil/Pleuron pleuron, lateral plate
Seitentrieb/Nebentrieb lateral shoot, side shoot, offshoot; (am Wurzelhals) sucker
➢ **kurzer Seitentrieb (am Wurzelhals)** offset
seitenwendig/lateral lateral
Seitenwinden (Schlangen) sidewinding
Seitenwurzel/Nebenwurzel lateral root
seitlich/lateral lateral
seitliche Spaltpfropfung ***hort*** side cleft grafting, side whip grafting, bottle grafting
seitliches Anplatten ***hort*** veneer side grafting, side-veneer grafting, spliced side grafting
➢ **mit Gegenzunge** ***hort*** side-tongue grafting
➢ **mit langer Gegenzunge** ***hort*** flap grafting
seitliches Einspitzen ***hort*** shield grafting, sprig grafting
Sekret secretion
sekretagog/die Sekretion anregend secretagogue
Sekretagogum/Sekretogogum secretagogue
Sekretdrüse secretory gland
Sekretion secretion
Sekretionsgewebe secretory tissue
Sekretionsprotein/Sekretprotein/ sekretorisches Protein secretory protein
Sekretionstapetum ***bot*** secretory tapetum
sekretorisch secretory
sekretorische Komponente (Antikörper) secretory component/piece (antibody)
Sekretorsystem secretor system
Sekretosom secretosome
Sekretzelle secretory cell
Sektorialchimäre sectorial chimera
Sekundärantwort secondary response
➢ **immunologische Sekundärantwort** secondary immune response, anamnestic response
Sekundärbiotop (Ersatzbiotop) secondary biotope/habitat
Sekundärholz, lockeres manoxylic wood
Sekundärinfekt/Sekundärinfektion secondary infection

Sekundärkonsument secondary consumer
Sekundärstoffe/ sekundäre Inhaltsstoffe secondary metabolites
Sekundärstoffwechsel secondary metabolism
Sekundärstruktur (Proteine) secondary structure
Sekundärwachstum secondary growth
Sekundärwand secondary wall
Sekundärxylem secondary xylem
Selaginellaceae/Moosfarngewächse selaginella/small club moss family, spike-moss family
Selbst-Ligation ***gen*** self-ligation
Selbst-Priming ***gen*** self-priming
Selbstassoziierung/ Selbstzusammenbau/ spontaner Zusammenbau (molekulare Epigenese) self-assembly
Selbstausbreitung self-dispersal, autochory
Selbstbefruchtung/Selbstung/ Autogamie self-fertilization, selfing, autogamy
selbstbestäubend self-pollinating, autophilous
Selbstbestäubung self-pollination, autophily
selbstentzündlich ***chem*** autoignitable
Selbstentzündung ***chem*** autoignition
Selbstheilung autotherapy
Selbstinkompatibilität self-incompatibility
Selbstmord-Substrat suicide substrate
Selbstorganisation self-organization
Selbstputzen ***ethol*** self-grooming, autogrooming, autopreening
Selbstreinigung self-cleansing
selbststeril self-sterile (self-incompatible)
Selbststerilität self-sterility (self-incompatibility)
Selbsttoleranz/Eigentoleranz self-tolerance
Selbstung/Selbstbefruchtung/ Autogamie selfing, self-fertilization, autogamy
Selbstversorgerwirtschaft subsistence economy
Selbstzusammenbau/ Spontanzusammenbau/ Selbstassoziierung/ spontaner Zusammenbau (molekulare Epigenese) self-assembly
selektieren/auslesen select
Selektion/Auslese selection
- **disruptive Selektion** disruptive selection, diversifying selection
- **frequenzabhängige Selektion** frequency-dependent selection
- **Gegenselektion/Gegenauslese** counterselection
- **gerichtete Selektion** directional selection
- **geschlechtliche/sexuelle Selektion** sexual selection
- **Gruppenselektion** group selection
- **künstliche S.** artificial selection
- **natürliche S.** natural selection
- **stabilisierende Selektion** stabilizing selection
- **Verwandtenselektion** kin selection
- **Verwandtschaftsselektion** kinship selection
- **Zuchtwahl** selective breeding, breed selection

Selektionsdifferential selection differential
Selektionsdruck selective pressure, selection pressure
Selektionsnachteil selective disadvantage
Selektionsvorteil selective advantage
Selektionswert/Selektionskoeffizient selection coefficient, coefficient of selection
selektiv selective
Selektivität selectivity
Selen (Se) selenium
selten/rar scarce, rare
seltene Art rare species
Seltenheit/Rarität scarcity, rarity
Semaphoront semaphoront

semelpar/unipar
semelparous, uniparous
(reproducing only once)
Semelparitie
(Big-Bang-Reproduktion)
semelparity
(big-bang reproduction)
semidominant semidominant
Semidominanz semidominance
Semidünnschnitt semithin section
semikonservative Replikation
semiconservative replication
Semilunarklappe/
halbmondförmige Klappe
(Herz: als Teile der Taschenklappe)
semilunar cusp, semilunar flap
(parts of semilunar valve)
semiterrestrisch semiterrestrial
Semperzelle/Sempersche Zelle/
Kristallzelle/Cristallogenzelle
Semper cell, crystal cell
Senfbaumgewächse/Salvadoraceae
mustard-tree family
Senföl mustard oil
Senfölglykoside/Glukosinolate/
Glucosinolate glucosinolates
Senke *geol* sink; depression, valley
Senke/Verbrauchsort
(von Assimilaten)
sink (importer of assimilates)
Senker/Absenker *bot* set, layer
Senker/Depressor *zool* (Muskel)
depressor muscle
Senker/Haustorium
holdfast, haustorium
Senkung/Absinken/Erdabsenkung
subsidence
Senkwasser/Sickerwasser/
Gravitationswasser
seepage water, soakage,
gravitational water
Sensibilität sensibility;
(leichte Erregbarkeit) irritability
Sensille sensilla
➢ **stiftführende Sensille/**
Skolopidium/Scolopidium
chordotonal sensilla,
scolopidium, scolophore
Sensitivität
(Empfindlichkeit) sensitivity;
(Feingefühl) sensitiveness

sensorisch sensory
Sepale/Sepalum (*pl* Sepalen)
sepal
Sepia (Sekret des Tintenfisches)
sepia
Sepsis/Septikämie/Blutvergiftung
sepsis, septicemia, blood poisoning
Septalfilament septal filament
Septe/Septum/
Scheidewand (*pl* Septen)
septum (*pl* septa), partition,
dissepiment, cross-wall,
dividing wall
septicid/septizid/
scheidewandspaltig/
scheidewandteilig/
wandspaltig/wandteilig
septicidal
septiert
(getrennt durch Zwischenwand)
septate (separated/divided by wall/
membrane)
septifrag/scheidewandbrüchig/
wandbrüchig septifragal
septisch septic
sequentielle Reaktion/Kettenreaktion
sequential reaction,
chain reaction
Sequenz *gen* sequence
➢ **Abschaltsequenz**
silencer (sequence)
➢ **Aminosäurensequenz**
amino acid sequence
➢ **Basensequenz** base sequence
➢ **Insertionssequenz**
insertion sequence
➢ **intervenierende Sequenz/**
dazwischenliegende Sequenz/
Intron intervening sequence,
non-coding sequence, intron
➢ **kodierende Sequenz/Exon**
coding/encoding sequence, exon
➢ **komplementäre Basensequenz**
complementary base sequence
➢ **Leadersequenz/Leitsequenz**
leader segment
➢ **Mastersequenz** master sequence
➢ **Rekombinationssignalsequenzen**
recombination signal sequences
➢ **Shine-Dalgarno-Sequenz**
Shine Dalgarno sequence

- ➢ **Signalsequenz/Signalpeptid** signal sequence, signal peptide
- ➢ **Terminationssequenz/Stopcodon** termination sequence/codon/factor, stop codon
- ➢ **Trailer-Sequenz** trailer segment
- ➢ **Triplettsequenzen** triplet sequences
- ➢ **untranslatierte Sequenz (UTS)** untranslated sequence (UTS)
- ➢ **Verstärker(sequenz)/Enhancer** enhancer (sequence)
- ➢ **Zielsequenz** target sequence
- ➢ **Zwischensequenz/Spacer** spacer

Sequenzierer/Sequenzierautomat sequencer, sequenator (*esp.* proteins)

Sequenzierung sequencing

- ➢ **Didesoxysequenzierung** dideoxy sequencing
- ➢ **Doppelstrangsequenzierung** double strand sequencing
- ➢ **Multiplex-Sequenzierung** multiplex sequencing
- ➢ **Plus-Minus-Verfahren** plus-minus sequencing
- ➢ **Transkript-Sequenzierung** transcript sequencing

Sequenzierungsautomat sequencer, sequenator (*esp.* proteins)

sequenzmarkierte Stelle (STS) ***gen*** sequence tagged site (STS)

sequenzspezifische Mutagenese site-specific mutagenesis

sequenzspezifische Rekombination site-specific recombination

Sequenzwiederholung repeat, repetition

- ➢ **direkte Sequenzwiederholung** direct repeat(s)
- ➢ **invertierte S./Palindrom** inverted repeat, palindrome
- ➢ **indirekte S.** indirect repeats
- ➢ **Kopf-an-Kopf-Wiederholungen** head-to-head repeats
- ➢ **lange terminale S.** long terminal repeats
- ➢ **Palindrom/umgekehrte Repetition/ umgekehrte Wiederholung** palindrome, inverted repeat
- ➢ **Schwanz-an-Schwanz Wiederholungen** tail-to-tail repeats
- ➢ **STRPs (Polymorphismen von kurzen direkten Wiederholungen)** STRPs (short tandem repeat polymorphisms)
- ➢ **Tandemwiederholung/ Tandemanordnung** tandem repeat, tandem duplication
- ➢ **umgekehrte terminale Repetitionen** inverted terminal repetitions, inverted terminal repeats (ITR)
- ➢ **verstreut liegende S.** dispersed repeats, interspersed repeats

serale Stadien/Pionierstadien seral stages, pioneer stages

Sericin/Serizin sericin, silk gelatin, silk glue

Serie (Rangstufe/Klassifizierung) series

Serie (Sukzessionsfolge) sere (a successional series)

serienelastische Komponente series elastic component (SEC)

Serienschnitte serial sections

Serin serine

Serizin/Sericin sericin, silk gelatin, silk glue

Serologie serology

serologisch serologic(al)

serös serous

Serosa/äußere Keimhülle/ äußere Eihülle/ äußeres Eihüllepithel serosa, serous membrane

Serotonin/Enteramin/ 5-Hydroxytryptamin serotonin, 5-hydroxytryptamine

Serotyp serotype, serovar

Serum (*pl* Seren) serum (*pl* sera or serums)

Serumabhängigkeit serum dependence

Sesambein/Sesamknöchelchen sesamoid bone

Sesamgewächse/Pedaliaceae sesame family, benne family

Sesquiterpen (C15) sesquiterpene

Sesselform (Cycloalkane) ***chem*** chair conformation

sesshaft/sessil sessile

Sesshaftigkeit/Sessilität sessility
sessil/sesshaft/festsitzend/ sitzend/festgeheftet sessile (firmly and permantently attached)
Sessilität/Sesshaftigkeit sessility
Sessoblast (sessiler/sitzender Statoblast) sessoblast
Seston seston
Seta seta
Setzhase/Häsin doe
Setzholz/Pflanzholz ***hort/agr*** dibber, dibble
Setzling ***bot*** seedling
Setzling/Dottersackbrut (junge Fischbrut v.a.Lachs) alevin, sacfry, yolk fry
Seuche/Epidemie epidemic
Sex (*siehe auch*: Geschlecht) sex, gender
➢ **männlich** male
➢ **weiblich** female
Sexduktion sexduction
Sexfaktor/Konjugationsfaktor ***micb*** sex factor
Sexpilus (*pl* Sexpili) sex pilus (*pl* sex pili)
Sexualdimorphismus/ Geschlechtsdimorphismus sexual dimorphism
Sexualhormon sex hormone
Sexualität sexuality
Sexualtrieb/Geschlechtstrieb sex drive
Sexualverhalten/ Geschlechtsverhalten sexual behavior
sexuell sexual
sexuell übertragbare Krankheit/ Geschlechtskrankheit/ venerische Krankheit sexually transmitted disease (STD), venereal disease (VD)
sexuelle Fortpflanzung sexual reproduction
sexueller Größenunterschied/ Dimegetismus dimegaly
sezernieren/abgeben (Flüssigkeit) secrete (excrete)
Sezierbesteck dissection equipment (dissecting set)
Seziernadel dissecting needle (teasing needle); (Stecknadel) dissecting pin
Sezierpinzette dissecting forceps
Sezierschere dissecting scissors
sezieren dissect
Sezierung dissection
Sharpeysche Faser Sharpey's fiber
Shikimisäure (Shikimat) shikimic acid (shikimate)
Shine-Dalgarno-Sequenz Shine Dalgarno sequence
Sialinsäure (Sialat) sialic acid (sialate)
Sich-Totstellen ***ethol*** feigning death
Sichel/Drepanium (Infloreszenz) drepanium (a helicoid cyme)
sichelförmig sickle-shaped, drepanoid, crescent, falcate, falciform
Sicheltanz (Bienen) sickle dance
Sichelzelle sickle cell
sicher ***tech*** safe; (personal protection) secure
Sicherheit ***tech*** safety; (personal protection) security
Sicherheitsbestimmungen safety regulations
Sicherheitsdatenblatt safety data sheet
Sicherheitsfaden ***arach*** safety line, dragline, securing thread
Sicherheitsmaßnahmen/ Sicherheitsmaßregeln security measures, safety measures, containment
➢ **biologische S.** biological containment
➢ **physikalische S.** physical containment
Sicherheitsraum/Sicherheitsbereich/ Sicherheitslabor (S1–S4) biohazard containment (laboratory) (classified into biosafety containment classes)
Sicherheitsrichtlinien safety guidelines
Sicherheitsstufe/Risikostufe risk class, security level
Sicherheitsvektor containment vector
Sicherheitsvorkehrung/ Sicherheitsvorbeugemaßnahme safety precaution

Sicherheitsvorrichtung safety device
Sicherheitswerkbank clean bench
Sicherheitswirt containment host
sichern/absichern secure
sichern (Wild)
stop and test the wind, scent
Sicht sight, view
sichtbar
visible; (erkennbar) discernible
➤ **kaum sichtbar** hardly visible, faint
➤ **unsichtbar** invisible
Sickerquelle/Sumpfquelle/Helokrene
helocrene
Sickerwasser/Senkwasser/ Gravitationswasser (Boden)
soakage, seepage water, gravitational water
Sieb sieve, sifter
➤ **Molekularsieb/Molekülsieb**
molecular sieve
Siebbein/Os ethmoidale ethmoid bone
Siebbeinplatte/ Lamina cribrosa ossis ethmoidalis
cribriform plate (cribriform lamina of ethmoid bone)
Siebbodenkaskadenreaktor/ Lochbodenkaskadenreaktor
sieve plate reactor
Siebelement/Siebröhrenelement ***bot***
sieve tube element
sieben sieve, sift
siebenteilig heptamerous
Siebfeld ***bot*** sieve area
Siebhaut/Hinfallhaut/ Dezidua/Decidua decidua
Siebkiemer/Verwachsenkiemer/ Septibranchia
septibranch bivalves, septibranchs
Siebplatte ***bot*** sieve plate
Siebplatte/Madreporenplatte ***zool***
sieve plate, madreporic plate, madreporite
Siebröhre ***bot*** sieve tube
Siebröhrenelement/Siebelement ***bot***
sieve tube element
Siebröhrenglied ***bot***
sieve tube member
Siebröhrenmutterzelle/ Siebzellenmutterzelle/ Phloemmutterzelle
sieve tube mother cell
Siebteil/Bastteil/Phloem phloem
Siebtrachee ***arach*** sieve trachea
Siebzelle ***bot*** sieve cell
Siedegefäß ***lab*** boiling flask
sieden/kochen boil
Siedepunkt boiling point
Siedestein/Siedesteinchen ***lab***
boiling stone, boiling chip
Siedeverzug ***chem***
defervescence, delay in boiling
Siegelbäume/Sigillariaceae
sigillaria family (clubmoss trees)
Signal-Rausch-Verhältnis
signal-to-noise ratio
Signalerkennungspartikel
signal recognition particle, signal recognition protein (SRP)
Signalfaden ***arach***
signal thread, signal line
Signalfälschung signal forgery
Signalhypothese signal hypothesis
signalisieren signal
Signalprotein/Sensorprotein
signal protein
Signalsequenz/Signalpeptid
signal sequence, signal peptide
Signalstoff signal substance
Signalübertragung
signal transduction
Signalwandler signal transducer
Signifikanzniveau/ Irrtumswahrscheinlichkeit
significance level, level of significance (error level)
Signifikanztest ***stat***
significance test, test of significance
Silage silage
Silberbaumgewächse/ Proteagewächse/Proteaceae
protea family, silk-oak family, Australian oak family
Silberliniensystem/ Argyrom (Ciliaten)
silverline system, argyrome
Silbersälmling smolt
Silicium/Silizium (Si) silicon
Siliciumdioxid (SiO_2)
silica, silicon dioxide
silieren ensilage
Silikon silicone (silicoketone)

Silur (erdgeschichtliche Periode) Silurian, Silurian Period
Simaroubaceae/ Bittereschengewächse quassia family
Simse (*Scirpus* u.a.: Cyperaceae) club-rush
Sinapinalkohol sinapic alcohol
Sinapinsäure sinapic acid
Sinn(e) sense(s); meaning; (Gefühl) feeling
➤ **Drehsinn/Rotationssinn** rotational sense, sense of rotation
➤ **einsinnig** unidirectional
➤ **Gehörsinn** hearing, sense of hearing
➤ **Geruchssinn/olfaktorischer Sinn** olfactory sense
➤ **Geschmackssinn** sense of taste, gustatory sense/sensation
➤ **Gesichtssinn** vision, eyesight
➤ **Schweresinn** gravitational sense
➤ **Spürsinn/Witterungssinn** scent
➤ **Tastsinn** tactile sense, sense of touch
Sinnesborsten sensory bristle
Sinnesgrube sensory pit
Sinneshaar sensory hair
➤ **Riechhärchen** olfactory hair
➤ **Spürhaar/Sinushaar/ Tasthaar/Vibrissa** tactile hair, vibrissa
Sinneshügel/Neuromaste neuromast
Sinneskegel/Sinnesstäbchen/ Riechkegel/Sensilla styloconica/ Sensilla basiconica sensory peg, olfactory peg
Sinneskuppel *entom* campaniform sensillum (*pl* -a)
Sinnesorgan sensory organ, sense organ
Sinnesphysiologie sensory physiology
Sinnespolster/Macula macula
Sinnesstift scolopale
Sinnstrang (DNA) sense strand
sinoaurikulär sinoauricular, sinoatrial
Sinopteridaceae/Pelzfarngewächse sinopterids
Sinus/Höhle/Vertiefung/ Ausweitung/Lakune sinus, cavity, depression, recess, dilatation, lacuna
Sinusdrüse sinus gland
Sinusknoten/Sinoatrialknoten/ SA-Knoten (Herz: prim. Autonomiezentrum) sinoauricular node, sinoatrial node (SAN), primary sinus node
Sipho(n)/Trichter/Infundibulum siphon, funnel, infundibulum
siphonal/röhrenartig siphoneous, siphonaceous, tubular
Siphonoglyphe siphonoglyph
Siphunkel/Siphunculus/Sipho (Nautilus) siphuncle, siphonet
Sippe/Geschlecht/ Verwandtschaft/Familie kin
Sippe/Großfamilie/Klan clan
Sippe/Tribus tribe
Sippenselektion kin selection
Sippenzentrum *bot* center of species diversity
Sirohäm siroheme
Sitosterin/Sitosterol sitosterol
Sitzbein/Gesäßbein/ Sitzknochen/Os ischii ischium
Sitzbeinhöcker/Tuber ischiadicum ischial tuber, ischial tuberosity
sitzend/festsitzend/ sesshaft/festgeheftet sessile, sedentary
Sitzschwiele/Gesäßschwiele/ Analkallosität sitting pad, ischial callosity, anal callosity
Skala (*pl* Skalen) scale
Skalid scalid (recurved hook)
Skalpell scalpel
Skalpellklinge scalpel blade
Skatol scatol, skatole
Skelett skeleton
➤ **Achsenskelett/Axialskelett/ Stammskelett/Rumpfskelett** axial skeleton
➤ **Außenskelett/Exoskelett/ Hautpanzer** exoskeleton, external skeleton
➤ **Dermalskelett/Hautskelett** dermal skeleton, dermatoskeleton, dermoskeleton, integumentary skeleton

- **Eingeweideskelett/ Viszeralskelett/Visceralskelett** visceral skeleton, visceroskeleton
- **Extremitätenskelett/ Gliedmaßenskelett** appendicular skeleton, skeleton appendiculare
- **Hautskelett/Dermalskelett** dermal skeleton, dermatoskeleton, dermoskeleton, integumentary skeleton
- **Herzskelett** cardiac skeleton, skeleton of the heart
- **Hydroskelett/ hydrostatisches Skelett** hydrostatic skeleton
- **Innenskelett/Endoskelett** endoskeleton, internal skeleton
- **Kiemenskelett/Branchialskelett** branchial skeleton, skeleton of the gills (gill arch skeleton)
- **Kopfskelett** head skeleton, cephalic skeleton
- **Kutikularskelett** cuticular skeleton
- **Rumpfskelett/Stammskelett/ Achsenskelett/Axialskelett** axial skeleton
- **somatisches Skelett** somatic skeleton
- **Viszeralskelett/Visceralskelett/ Eingeweideskelett** visceral skeleton, visceroskeleton
- **Zonoskelett (Extremitätengürtel)** zonoskeleton
- **Zytoskelett/Cytoskelett** cytoskeleton

Skelettmuskulatur skeletal musculature
Skelettnadel (Schwämme) spicule
Skene-Gänge Skene's tubules, Skene glands, paraurethral glands
Sklavenhaltung/Sklavenhalterei/ Dulosis (Ameisen) dulosis
Sklerenchym/Sclerenchym (*siehe dort*) sclerenchyma
sklerifiziert sclerified
Sklerifizierung sclerification
Sklerit (stark sklerotisierte Platte/Nadel) sclerite
Sklerokarp sclerocarp
Sklerophyt sclerophyte
Skleroprotein scleroprotein
Sklerotesta sclerotesta
sklerotisch sclerotic
sklerotisiert sclerotized, hardened
Sklerotisierung sclerotization, hardening
Sklerotium/Dauermyzel sclerotium, hypothallus
Sklerotom sclerotome
Sklerozyt/Sclerocyt sclerocyte
Skolex scolex
Skolopidium/Scolopidium/ stiftführende Sensille scolopidium, scolophore, chordotonal sensilla
Skorbut scurvy
Skorpione/Scorpiones scorpions
Skrotalnaht/Skrotalraphe scrotal raphe
Skrotalwulst scrotal swelling
Skrotum/Hodensack scrotum
Skulptur (Schalen-/Samentopographie) sculpture
Smilacaceae/Stechwindengewächse catbrier family
snRNP (kleines nukleäres Ribonukleoprotein) snRNP (small nuclear ribonucleic protein)
Sodbrennen heartburn, acid indigestion, pyrosis
Sog/Zug (Wasserleitung) tension, suction, pull
Sohlenballen sole pad
Sohlengang/Plantigradie plantigrade gait
Sohlengänger (Plantigrade) plantigrade
Solanaceae/Nachtschattengewächse nightshade family, potato family
Solanin solanine
Solarenergie/Sonnenenergie solar energy
Solarzelle solar cell, photovoltaic cell
Soldat (Insekten) soldier
Solenia solenia (gastrodermal tubes)

Solenoid (helikale Chromatinstruktur) solenoid
Solenozyt solenocyte, archinephridium
Solifluktion solifluction
soligen (Moore) soligenous
solitär/einzeln solitary, single
Solitärpflanze solitary plant
Sollwert nominal value, rated value, desired value
Solstitialbewegung *bot* sun tracking
Solubilisierung solubilization
Solvatation solvation
solvatisieren solvate
solvatisierter Stoff (Ion/Molekül) solvate
somaklonale Variation somaclonal variation
somatisch somatic
somatische Mutation somatic mutation
somatische Rekombination somatic recombination
somatische Zelle/Körperzelle somatic cell, body cell
Somatocöl/Somatocoel somatocoel
Somatoliberin somatoliberin, somatotropin release-hormone, somatotropin releasing factor (SRF), growth hormone release hormone/ factor (GRH/GRF)
Somatolyse somatolysis
Somatomedin somatomedin, insulin-like growth factor (IGF) (sulfation factor/ serum sulfation factor)
Somatopleura/somatisches Blatt/ Hautfaserblatt/parietales Blatt somatopleure
Somatostatin somatostatin, somatotropin release-inhibiting factor, growth hormone release-inhibiting hormone (GRIH)
Somatotropin/ somatotropes Hormon/ Wachstumshormon somatotropin (STH), growth hormone (GH)
Somazelle/Körperzelle somatic cell, body cell
Somit/Ursegment somite, somatome
sommergrün (laubwerfend) deciduous
➤ **immergrün** evergreen
Sommerholz summer wood
Sommerkleid *orn* summer plumage
sommerlich summer .., aestival (appearing in summer)
Sommerschlaf *bot* (Trockenschlaf/ Ästivation) estivation, aestivation; *zool* summer sleep
Sommersprossen freckles
Sommerwurzgewächse/ Orobanchaceae broomrape family
Sonde (Mikrosonde) probe, microprobe
➤ **mit Hilfe einer heterologen Sonde** heterologous probing
➤ **Protonensonde** proton microprobe
➤ **Ribosonde/RNA-Sonde** riboprobe
Sonderbehandlung special treatment
Sondermüll hazardous waste
Sonifikation/Beschallung/ Ultraschallbehandlung sonification, sonication
Sonnenblatt/Lichtblatt sun leaf
Sonnenbrand/Rindenbrand sunscald
Sonneneinstrahlung insolation
Sonnenenergie/Solarenergie solar energy
Sonnengeflecht/ Plexus solaris/Plexus coeliacus *neuro* solar plexus, celiac plexus
Sonnenorientierung solar tracking
Sonnenröschengewächse/ Cistrosengewächse/ Zistrosengewächse/Cistaceae rockrose family
Sonnenstich sunstroke (heatstroke: Hitzschlag)
Sonnenstrahlung solar radiation
Sonnentaugewächse/Droseraceae sundew family
Sonnentierchen/Heliozoen sun animalcules, heliozoans
Sonnenwende *astr* solstice
Sonnenwendigkeit/ Lichtwendigkeit/Heliotropismus heliotropism, solar tracking
Sonnenzeitalter solar age
Sonogramm sonogram

Sonographie/ Ultraschalldiagnose sonography, ultrasound, ultrasonography
Soral (*pl* Sorale) (Flechten) soralium (*pl* soralia)
➤ **Bortensoral/Randsoral** marginal soralium
➤ **Flecksoral** maculiform soralium
➤ **Helmsoral/Gewölbesoral** forniciform soralium
➤ **Kopfsoral** capitate/capitiform soralium
➤ **Kugelsoral** globose soralium
➤ **Lippensoral** labriform soralium
➤ **Manschettensoral** maniciform soralium
➤ **Punktsoral** punctiform soralium
➤ **Randsoral/Bortensoral** marginal soralium
➤ **Spaltensoral** rimiform soralium, fissoral soralium
Sorbens (*pl* Sorbentien) sorbent
Sorbinsäure (Sorbat) sorbic acid (sorbate)
Sorbit sorbitol
Soredium (*pl* Soredien) soredium (*pl* soredia)
Sorokarp sorocarp
Sorte sort, type, kind, variety, cultivar
Sortenreinheit purity of variety, variety purity
Sorus sorus, "fruit dot"
SOS-Antwort/SOS-Reaktion SOS response
Soziabilität/Geselligkeitsgrad sociability, gregariousness
Sozialbrache social fallow
Sozialisation sozialization
sozialisieren socialize
Sozialtrieb social drive
Sozialverhalten social behavior
Soziobiologie sociobiology
Soziologie sociology
Spacer/Zwischensequenz *gen* spacer
Spadix spadix (*pl* spadices)
Späher/Pfadfinder/Kundschafter (z.B. soziale Insekten) scout
Spalier *hort* espalier, trellis
Spalierobst espalier fruit
Spalt/Spalte cleft, crack, slit, crevice
Spaltamnion/Schizamnion schizamnion
Spaltbarkeit cleavage
Spaltbein/Schizopodium biramous appendage (schizopodal)
Spalte crevice, crack
spalten cleave, break, open, crack, split, break down
Spaltensoral (Flechten) fissoral soralium, rimiform soralium
Spaltfarngewächse/Schizaeaceae curly-grass family, climbing fern family
Spaltfrucht/Schizokarp schizocarp, schizocarpium
Spaltfuß/Spaltbein branched appendage/leg
➤ **einfach gegabelter Spaltfuß** two-branched appendage, biramous appendage
Spaltfüßer/Mysidacea opossum shrimps
Spaltfusion cleavage fusion
spaltig/gespalten (Blattrand) split, *suffix*: -fid (fiederspaltig: pinnatifid)
Spaltkapsel longitudinally dehiscent capsule
➤ **dorsicide/dorsizide Spaltkapsel** dorsicidal capsule
➤ **septicide/septizide Spaltkapsel** septicidal capsule
Spaltöffnung *bot* stoma, stomatal pore
Spaltpfropfung/ Pfropfen in den Spalt *hort* wedge grafting, cleft grafting
➤ **seitliche Spaltpfropfung** side cleft grafting, side whip grafting, bottle grafting
Spaltung cleavage, breakage, opening, cracking, splitting, breakdown; (Furchung) cleavage
Spaltungsregel (Mendel) law/principle of segregation
Span-Okulation/ Chipveredelung/Chipveredlung *hort* chip budding
spannen (Fortbewegung bei Spannerraupen) looping

Spannerraupe (Geometridae) looper, measuring worm, inchworm, spanworm
Spannfaden *arach* mooring thread, guyline (e.g., spiral guyline)
Spannhaut/Flughaut/Gleithaut/Flatterhaut/Patagium patagium
Spannkraft *physiol* tonicity
Spannung/Potenzialdifferenz potential difference, voltage
Spannungsklemme voltage clamp
spannungsregulierter Kanal voltage-sensitive channel, voltage-gated channel
Spannweite (Flügel) (wing) span
Spannweite *stat* range
Spanplatte (Holz) chipboard
Sparganiaceae/Igelkolbengewächse bur-reed family
Spargelgewächse/Asparagaceae asparagus family
sparren (Scheinhiebe versetzen) spar
Sparrknochen/Chevron chevron
Spartein sparteine
spät auftretend/öffnend/aufbrechend (z.B. Zapfen) serotinous, late in developing (e.g., cone)
Spatel *lab* spatula
spatelartig/spatelig spathose
spatelförmig spathulate, spatulate
Spatelplattenverfahren *micb* spread-plate method
Spatha/Blütenscheide spathe
Spätholz/Herbstholz/Engholz latewood
Spatzenzungengewächse/Seidelbastgewächse/Thymelaeaceae daphne family, mezereum family
Spechtvögel/Spechtartige/Piciformes woodpeckers and barbets and toucans and allies
Speck (Schweinespeck) bacon
Speck/Tran/Blubber (Walspeck: Unterhautfettschicht) blubber
Speckschwarte (Schwein) pork rind
Speiche/Radius (*auch*: Netzspeiche) *arach* spoke, radius
Speichel saliva
Speicheldrüse salivary gland
Speicheltasche/Salivarium salivarium
Speichergewebe storage tissue
speichern/anreichern/akkumulieren store, save, accumulate
Speicherparenchym storage parenchyma
Speicherprotein storage protein
Speicherung storage
Speicherwurzel storage root
speien spit
Speise/Essen food; *cul* dish
Speisebrei/Magenbrei/Chymus chyme
Speisepilz culinary/edible mushroom
Speiseröhre/Ösophagus esophagus, oesophagus
Speisetrüffel/Tuberaceae truffles
Spektrum (*pl* Spektren) spectrum (*pl* spectra/spectrums)
Spelze husk, glume (small bract)
➢ **Deckspelze** lemma, lower palea, outer palea
➢ **Hüllspelze** glume
➢ **Vorspelze** palea, palet, pale, glumella, inner glume
Spender/Donor donor
sperlingartig passeriform
Sperlingsvögel/Passeriformes passerines, passeriforms (perching birds)
Sperma/Samen sperm
Spermanetz *arach* sperm web
Spermatogenese spermatogenesis
Spermatophore/Samenträger/Samenpaket spermatophore, sperm packet
Spermatophyt/Samenpflanze spermatophyte, seed-bearing plant
Spermidin spermidine
Spermienbündel/Spermiozeugme/Spermiodesmos spermozeugma
Spermienkonkurrenz sperm competition (*now*: sperm precedence)
Spermin spermine
Spermium/Spermatozoon/Samen/Samenzelle sperm, spermium, spermatozoon

Sperrarterie/Polsterarterie artery with intimal cushions
sperren (Schnabel) gape, gaping
Sperrfilter ***micros*** selective filter, barrier filter, stopping filter, selection filter
Sperrholz plywood
Sperrkrautgewächse/ Himmelsleitergewächse/ Polemoniaceae phlox family
Spezialisierung specialization
Spezialist ***ecol*** specialist
spezifisch specific
➢ **unspezifisch** nonspecific
spezifische Wärme specific heat
spezifisches Gewicht (Dichte von Holz) specific gravity, wood density
Spezifität specificity
spezifizieren specify
Sphagnum-Moor peat bog
Sphäroplast spheroplast
Sphäroprotein/globuläres Protein globular protein
Sphärosom spherosome
Sphinganin sphinganine
Sphingosin sphingosine
Spiculum (Kopulationshaken: Nematoden) penial/copulatory spicule
Spiegel (Reh) rump patch
Spiegelschnitt/Radialschnitt (Holz) radial section, quartersawn
Spielgesang play song
Spieltheorie game theory
Spielverhalten play behavior, play
Spießer/Spießbock/Heldbock buck of first year (roebuck/elk/stag: with unbranched antlers)
spießförmig spear-shaped, hastate, hastiform
Spinalfortsatz spinous process
➢ **oberer Dornfortsatz/ Neurapophyse** neurapophysis
Spinalganglion spinal ganglion (dorsal root ganglion/ posterior root ganglion)
Spinalnerv spinal nerve
Spindel stalk, axis, spindle; (Columella: Schneckenschale) columella
➢ **Blattspindel/Rhachis/ Fiederblattachse** (Mittelrippe eines Fiederblattes) rachis
Spindelapparat spindle apparatus
Spindelbaumgewächse/ Baumwürgergewächse/ Celastraceae spindle-tree family, staff-tree family, bittersweet family
Spindeldiagramm spindle diagram
Spindelfaser spindle fiber
spindelförmig spindle-shaped, fusiform
Spindelgift spindle poison
Spindelorgan/Muskelspindel spindle organ, muscle spindle
Spindelpolkörper ***fung*** spindle pole body
Spinnborste spinning bristle
Spinndrüse/Seidendrüse/Sericterium (Labialdrüse) spinneret, sericterium (labial gland)
Spinndrüse silk gland, spinning gland
Spinndüse/Tubulus textori ***arach*** (silk gland) spigot
spinnen (Netz/Kokon) spin
Spinnen/Webspinnen/Araneae spiders
spinnenartig spiderlike, spidery, arachnoid
spinnenartiges Tier arachnid, arachnoid
Spinnenasseln/Scutigeromorpha scutigeromorphs
Spinnenfischartige/ Saugfischverwandte/Schildfische/ Gobiescociformes clingfishes
Spinnenforscher/Spinnenkundler araneologist, *sensu lato* arachnologist
Spinnenkunde araneology, *sensu lato* arachnology
Spinnenläufer/Notostigmophora/ Scutigeromorpha scutigeromorphs
Spinnennetz spiderweb, cobweb (Netztypen *siehe*: Netz)
Spinnentiere/Arachniden arachnids

Spinnfaden silk thread, silk line
➢ **Angelfaden/Wurffaden** casting line, "fishing line"
➢ **Beutefesselfäden (*Hyptiotes*)** swathing band (orb weavers)
➢ **Fangfaden** catching thread, trapline
➢ **Fangwolle** cribellate silk, catching wool
➢ **rituelle Fesselfäden** bridal veil (crab spiders)
➢ **Sicherheitsfaden** dragline, securing thread
➢ **Stolperfaden** trip-line, tripping line, barrier thread
➢ **Tropfenfaden** viscid line
➢ **Wurffaden/Angelfaden** casting line
➢ **Zickzackfaden** pendulum line
Spinngewebe cobweb, spiderweb; silk fabric
Spinngriffel/Cercus (Chilopoda) spinneret, cecus
Spinnplatte/Spinnsieb/Cribellum cribellum
Spinnseide silk
Spinnsieb/Spinnplatte/Cribellum cribellum
Spinnspule (silk gland) spool
Spinnwarze spinner, spinneret
spinnwebartig/spinnennetzartig spider-web like
Spinnwebe (Netz *oder* Faden) spiderweb, cobweb *or* silk thread/line
Spinnwebenhaut/Arachnoidea (mittlere Hirnhaut) arachnoid
Spiraculum/Stigma spiracle, stigma
Spiralcaecum spiral cecum
Spiraldarm spiral intestine
Spirale/Helix spiral, helix
Spiralfaden/Taenidium spiral thread, taenidium (spiral thickening of intima)
Spiralfalte (Chondrichthyes) spiral flap/valve
Spiralfurchung spiral cleavage
spiralig spiral, spiraled, twisted, helical
spiralig aufgewickelt spirally coiled, strombuliform
Spiralklappe (Froschherz) spiral valve
Spiralmine/Heliconomium (Blattmine) *bot* serpentine mine, heliconome
Spiraltextur (Holz) spiral grain
Spiralwindung spiral winding, coiling
Spirillen (*sg* Spirille) spirilla (*sg* spirillum)
Spiritus spirit
Spirometrie spirometry
Spirre/Trichterrispe/Anthela (Infloreszenz) anthela
spitz acute, sharp, pointed, sharp-pointed
spitz zulaufen (spitz zulaufend) taper (tapering/tapered), attenuate
Spitze point, tip, spike, fastigium
Spitze (zulaufende) spire
Spitze/Gipfel/ Scheitelpunkt/Höhepunkt apex, summit, peak
➢ **Blattspitze** leaf tip
Spitzeber/Binneneber cryptorchid pig
Spitzenmeristem apical meristem
Spitzenwachstum apical growth
Spitzhengst/Klopphengst (Kryptorchide) ridgeling, ridgling (cryptorchid)
Spitzhörnchen/Scandentia tree shrews
spitzig (mit steifer/harter Blattspitze) pungent
Splanchnopleura/Darmfaserblatt/ viscerales Blatt/viszerales Blatt splanchnopleure
Spleiß-Junktion/ Spleiß-Verbindungsstelle splicing junction
Spleiß-Stelle splice site
➢ **verborgene S.** cryptic splice site
spleißen *gen* splice
Spleißen *gen* splicing
➢ **alternatives Spleißen** alternative splicing
➢ **differenzielles Spleißen** differential splicing
Spleißosom spliceosome
Splinkers *gen* splinkers (sequencing primer linkers)

Splintholz
sapwood, splintwood, alburnum
Spongiom spongiome
Spongozyt/Spongocyt spongocyte
Spontanabort/Fehlgeburt
miscarriage
spontane Mutationsrate
spontaneous mutation rate
Spontanheilung spontaneous recovery
Spontanmutation
spontaneous mutation
Spontanzusammenbau/
Selbstzusammenbau self-assembly
sporadisch sporadic
Sporangienbehälter sporangiocarp
Sporangienträger sporangiophore
Sporangiole sporangiole
Sporangium sporangium
Spore spore
➢ **Arthrospore/Arthrokonidium/**
Oidium/Oidie arthrospore, arthroconidium, oidium
➢ **Chlamydospore/Gemme**
chlamydospore
(thick-walled resting spore)
➢ **Dauerspore/Hypnospore**
persistent spore, dormant spore, resting spore, hypnospore
➢ **Diaspore/Ausbreitungseinheit/**
Disseminule
diaspore, disseminule
➢ **Hypnospore/Dauerspore**
hypnospore, persistent spore, dormant spore, resting spore
➢ **Karpospore** carpospore
➢ **Knospenspore/Conidie**
conidium
➢ **Megaspore/Makrospore**
megaspore, macrospore
➢ **Memnospore** memnospore
(remains at place of origin)
➢ **Mikrospore** microspore
➢ **Pyknospore**
pycnospore, pycnidiospore
➢ **Scolespore** scolespore
➢ **Teleutospore**
teleutospore, teliospore
➢ **Zoospore/Schwärmer**
zoospore, swarm cell
➢ **Zygospore/Hypnozygote**
zygospore

Sporenbehälter/Sporangium
spore case, sporangium
Sporenornament spore sculpture
Sporentierchen/Sporozoen
spore-former, sporozoans
Sporenträger
spore-bearing structure, sporophore
Sporn (Immunodiffusion) spur
Sporn *bot* (z.B. an Blüte) (floral) spur
Sporn/Calcar *zool*
(Knochen-/Knorpelspange)
spur, calcar
Sporn/Fußgalle *zool* (Pferd: Horn am hinteren Fesselgelenk) ergot
Sporogonie sporogony, gamogony (in protozoans)
Sporokarp sporocarp
Sporophyt sporophyte
Sportfisch game fish
Sportfischerei sportfishing
Spottverhalten mocking behavior
Sprache language, speech
➢ **Körpersprache** body language
➢ **Symbolsprache** symbol language
➢ **Tanzsprache (Bienen)**
dance language
➢ **Tiersprache** animal language
sprechen speak; talk
Spreite blade, lamina; phyllid; frond
spreiten spread
Spreitenrand/Blattspreitenrand
leaf blade margin/edge
Spreitenspitze/Blattspreitenspitze
leaf tip
spreitig/spreitenförmig
laminar, laminiform, laminous
Spreitung spreading
Sprenger/Sprinkler (Bewässerung)
sprinkler
Spreu/Kaff *bot*
chaff (small dry scales/bracts)
spreuartig/voller Spreu
chaffy, paleaceous
Spreuschuppe/Spreublatt
ramentum, chaffy scale, palea, palet, pale
sprießen sprout, grow, bud
Springbein/Sprungbein
jumping leg, saltatory leg, saltatorial leg

springen jump, spring, bound, leap
springendes Gen jumping gene
Springfrucht/Streufrucht/ Öffnungsfrucht dehiscent fruit
Springkrautgewächse/ Balsaminengewächse/ Balsaminaceae balsam family, jewelweed family, touch-me-not family
Springschwänze/Collembolen springtails, garden fleas
Springtide spring tide
Sprinkler/Sprenger (Bewässerung) sprinkler
Spritzbewässerung sprinkler irrigation
Spritze syringe; (Injektion) shot, injection
- **Kanüle/Hohlnadel** needle

spritzen squirt; (injizieren) inject
Spritzenvorsatzfilter/ Spritzenfilter *lab* syringe filter
Spritzflasche *lab* wash bottle
Spritzloch/Blasloch/ Spiraculum (Wale) blow hole, vent, spiracle
Spritzwasser (Gischt *siehe auch dort*) splash water
Spritzwasserzone/Spritzzone/ Gischtwasserzone/Gischtzone (Supralitoral) splash zone (supralittoral zone)
Spritzwürmer/ Sternwürmer/Sipunculiden peanut worms, sipunculoids, sipunculans
Sprödblätterpilze/Sprödblättler/ Russulaceae Russula family
Spross/Trieb (junger Trieb) *bot* shoot, sprout
- **Adventivspross/Adventivtrieb/ Zusatztrieb** adventitious shoot
- **Ausläufer (oberirdisch)/ Kriechspross/ oberirdischer Stolon (photophil)** runner, sarment
- **Ausläufer (unterirdisch)/ Erdspross/Rhizom/ unterirdischer Stolon (geophil)** rhizome
- **Ausläufer/Ausläuferspross/ Stolon/Stolo *allg*** stolon
- **Brutspross/Brutknospe/Bulbille** bulbil
- **Erdspross/Rhizom/ unterirdischer Ausläufer/ unterirdischer Stolon (geophil)** rhizome
- **Flachspross/Phyllocladium** cladode, cladophyll, phylloclade
- **Flachspross/Platycladium** platyclade
- **Geiltrieb/Wasserschoss** water sprout, water shoot
- **Geiztrieb** sucker, side shoot, lateral shoot
- **Gipfeltrieb/ Terminaltrieb/Endtrieb** apical shoot, terminal shoot
- **Hauptspross/ Primärspross/Hauptachse** leading/main/primary shoot, main/primary axis
- **Infloreszenz-Kurztrieb** spur shoot
- **Jahrestrieb** annual shoot, one-year shoot, annual growth
- **Johannistrieb** lammas shoot
- **Kladodium/Cladodium (Flachspross eines Langtriebs)** cladode, cladophyll; *also*: phylloclade
- **Kriechspross/ oberirdischer Ausläufer/ oberirdischer Stolon (photophil)** runner, sarment
- **Kurztrieb** short shoot, short axis
- **Langtrieb** long shoot, long axis
- **Nebentrieb/Seitentrieb** lateral shoot, side shoot, offshoot
- **Schössling/Schoss (kleiner Spross)** (small) shoot, sprout, sprig
- **Seitenspross/ Seitentrieb/Nebentrieb** side shoot, lateral shoot, offshoot
- **sylleptischer Trieb** sylleptic shoot
- **Terminaltrieb/Endtrieb/Gipfeltrieb** terminal shoot, apical shoot
- **Wassertrieb/Wasserreis** watershoot, water sprout, water sucker, coppice-shoot

➢ **wurzelbürtiger Spross/ Wurzelspross/Wurzeltrieb** root sucker, offshoot, offset, slip; (Erdspross/Gehölzausläufer) sobole
➢ **Wurzelhalsschössling** root-collar shoot, offshoot (kurz> offset)
➢ **Wurzelspross/Wurzelschössling/ Wurzelreis/Erdspross (Gehölzausläufer)** root sucker, sobole; offset (short)

Sprossbündel shoot bundle (stem bundle)

sprossbürtige Wurzel shoot-borne root

Sprossdorn thorn (sharp-pointed modified branch)

Sprossknolle/Stengelknolle (oberirdisch) storage stem, stem-tuber; (unterirdisch) tuber, underground tuber, underground storage stem; (mit gedrungen-aufrechter Achse: *Gladiolus*) corm

Sprössling ***bot*** sapling

Sprosspflanze/Kormophyt cormophyte

Sprosspol (Embryo) ***bot*** shoot apex

Sprossranke (shoot) tendril, capreolus

Sprossscheitel/ Sprossvegetationspunkt (Apicalmeristem des Sprosses) shoot apex, apical meristem of shoot

Sprossspitze shoot apex, shoot tip

Sprossung/Knospung sprouting, budding; (Hefe) budding

Sprossungsnarbe (Hefe) bud scar

Sprosszuwachs shoot elongation

sprühen spray, atomize

Sprühgerät/Zerstäuber atomizer

Sprühregen mist, drizzle

Sprühwasser ***mar*** spray, ocean spray, sea spray

Sprühwasserzone spray zone

Sprungbein/Kanonenbein (Mittelfußknochen der Huftiere) cannon bone

Sprungbein/Springbein saltatory leg, saltatorial leg, jumping leg

Sprungbein/Talus talus, astragalus

Sprunggabel (Furca) furca; (Furcula) furcula

Sprunggabelhalter/Retinaculum furcal retinaculum

Sprunggelenk ankle joint; hock (horse)

Sprungschicht/Thermokline thermocline

Spüldrüse/von Ebnersche Drüse/ von Ebner-Drüse gustatory gland

Spule spool, coil
➢ **Federspule** quill
➢ **Spinnspule** spool (silk gland spool)

Spülsaum ***mar*** drift line (on shore), swash mark, intertidal fringe

Spulwürmer (*Ascaris* spp.) ascarid worms

Spur (Blattspur/Astspur) ***bot*** trace

Spur/Fährte track; scent

Spur/Überrest (meist *pl* Überreste) trace, remainder (meist *pl* remains)

Spurbiene/Kundschafterin scouting bee, scout bee

Spurenanalyse trace analysis

Spurenelement/Mikroelement trace element, microelement, micronutrient

Spurenfossil/Ichnofossil trace fossil, ichnofossil
➢ **Fluchtspuren/Fugichnia** escape traces
➢ **Fressbauten/Fodinichnia** feeding burrows
➢ **Jagdspuren/Verfolgerspuren/ Praedichnia** predation traces
➢ **Kriechspuren/Repichnia** crawling traces
➢ **Ruhespuren/Cubichnia** resting traces
➢ **Schreitfährten/Gradichnia** tracks
➢ **Weidespuren/Pascichnia** grazing traces
➢ **Wohnbauten/Domichnia** dwelling structures

Spurenkunde/Ichnologie ichnology

Spürhaar/Sinushaar/ Tasthaar/Vibrissa (ein Sinneshaar) tactile hair, vibrissa

Spurnaht/Sulcus groove, sulcus
Spurpheromon
trail pheromone, trail substance
Spürsinn/Witterungssinn scent
sputtern/besputtern sputter
Sputtern/Besputtern/Besputterung (Metallbedampfung)
sputtering
Squamata (Eidechsen & Schlangen)
squamata (*incl.* lizards & amphisbaenians & snakes)
Staat/Tierstaat animal colony
staatsbildend *entom*
colony-forming
Staatsquallen/Siphonophora
siphonophorans
Staatswald state forest
Stab-Kugel-Model/ Kugel-Stab-Model *chem*
stick-and-ball model, ball-and-stick model
Stäbchen rodlet
Stäbchen/Stäbchenbakterien/ Bazillen rods, bacilli
Stäbchen/Stäbchenzelle
rod, rod cell
Stabdiagramm
bar diagram, bar graph
stabil stable
➢ **instabil/nicht stabil**
unstable (instable)
Stabiliment/Stabilimentum (Netz) ***arach*** stabilimentum
➢ **zickzackförmiges Stabiliment**
hackled band, zig-zag silk
Stabilisator stabilizer
stabilisieren stabilize
Stabilisierung stabilization
stabkerniger Neutrophil
rod neutrophil, band neutrophil, stab neutrophil, stab cell
Staborgan/Staborganell (*Peranema*)
rod organ, ingestion rod (cytopharyngeal basket)
Stachel (Epidermisauswuchs)
prick, prickle
Stachel (Igel/Stachelschwein)
quill
Stachel *sensu lato* spine, spike
Stachel/Stechborsten
sting, stinger, piercing stylet
Stachelbeergewächse/ Grossulariaceae
gooseberry family, currant family
Stachelfische/„Dornhaie"/ Acanthodier/Acanthodii
spiny fishes, acanthodians
Stachelhaie/Squaliformes
bramble sharks & dogfishes sharks & allies
Stachelhäuter/Echinodermen/ Echinodermata echinoderms
stachelig/stachlig
sensu lato spiky, spikey, spiny, thorny; (Epidermisauswüchse) prickly
Stachelpilze/Stachelinge/ Hydnaceae
tooth fungus family, toothed fungi
Stachelsaum bristle-like coat (cell surface: clathrin)
Stachelsaumbläschen/ Stachelsaumvesikel/Korbvesikel
coated vesicle
Stachelsaumgrübchen coated pit
Stachelscheide sting sheath
Stachelschwänze/Igelwürmer/ Echiuriden/Echiura
spoon worms, echiuroid worms
stachelspitz (mit von Costa abgesetzter Spitze)
mucronate (hard-sharp pointed)
stachelspitzig cuspidate
Stachelweichtiere/Aculifera/ Amphineura
amphineurans
Stachelzellschicht/ Stratum spinosum epidermidis
spinous layer of epidermis
Stadium (*pl* Stadien) stage
Stadtökologie/Urbanökologie
urban ecology
Stadtwald/städtischer Wald/ Kommunalwald//Gemeindewald
urban forest, community forest
Stall
stable, sty (pigs), shed (cows), barn
Stallung(en) stables
staminat/männlich staminate, male
Staminodium
staminode, staminodium

Stamm/Achsenkörper (*pl* Stämme) stem, shoot axis
➢ **Baumstamm/Holzstamm** stem, trunk, bole, shaft
➢➢ **gefällter Baumstamm** log, lumber
➢ **Beerenrute** cane
➢ **Caudex/ Stamm von Palmen und Baumfarnen** caudex, trunk of tree (palms and treeferns)
➢ **Hochstamm (Wuchsform eines Baumes)** standard tree, standard
➢ **Scheinstamm/Blattstamm (*Musa*)** false stem, pseudostem, leafy stem
Stamm *micb* strain
➢ **Bakterienstamm** bacterial strain
➢ **Inzuchtstamm** inbred strain
➢ **Referenzstamm** reference strain
Stamm (z.B. bei Siphonophora) stem
Stamm *syst/tax* (z.B. Tierstamm) phylum (*pl* phyla/phylums)
Stammablauf (Wasser an Bäumen) stem flow
Stammart stem species
➢ **Typus-Art** type species
Stammbaum family tree, genealogical diagram, dendrogram; *gen* pedigree; *clad* evolutionary tree, phylogenetic tree
➢ **Alinierung** alignment
➢ **Mehrfach-Alinierung** multiple alignment
➢ **paarweise Alinierung** pairwise alignment
➢ **Apomorphie** (abgeleitetes, neu entstandenes Merkmal) apomorphy
➢ **Artbildung/Speziation** speciation
➢ **Außengruppe (Taxa)** outgroup
➢ **Aussterben** extinction
➢ **Autapomorphie** autapomorphy
➢ **Baum des Lebens/ Stammbaum des Lebens *phyl*** tree of life
➢ **Baumlänge** tree length
➢ **Chronogramm** chronogram
➢ **Dendrogramm** dendrogram
➢ **Dichotomie** dichotomy
➢ **Gap-Strafe** (Strafmaß für eine Lücke) gap penalty
➢ **gemeinsamer Vorfahre** common ancestor
➢ **Innengruppe (Taxa)** ingroup
➢ **Keildiagramm** wedge diagram
➢ **Knoten (Verzweigungspunkt)** node (branching point)
➢ **Knoten mit einfacher Verzweigung** bifurcating node
➢ **Knoten mit mehrfacher Verzweigung** multifurcating node
➢ **Konsensusbaum** consensus tree
➢ **Linie** lineage
➢ **Neighbor-Joining** neighbor joining (NJ)
➢ **Optimalitätskriterium** optimality criterion
➢ **Phylogramm/ phylogenetischer Baum/ phylogenetischer Stammbaum** (metrischer Stammbaum) phylogram, phylogenetic tree, tree of life
➢ **Plesiomorphie** (ursprüngliches Merkmal) plesiomorphy
➢ **Polytomie** polytomy, polychotomy
➢ **Schwestergruppe** sister group
➢ **Symplesiomorphie** (gemeinsames ursprüngliches Merkmal) symplesiomorphy
➢ **Synapomorphie** (gemeinsames, abgeleitetes Merkmal) synapomorphy
➢ **Tochtergruppe** daughter group
➢ **Topologie** topology
➢ **Verzweigung** bifurcation
➢ **Wurzel** root
➢ **Zweig/Ast** branch
Stammbaumforschung/ Ahnenforschung/ Familienforschung/Genealogie genealogy
stammbildend/ stengeltreibend/cauleszent caulescent (with stem above ground)
stammblütig/kauliflor/cauliflor cauliflorous
Stammblütigkeit/ Kauliflorie/Cauliflorie cauliflory

Stammbuch/Zuchtbuch/Herdbuch (*siehe:* Stutbuch) studbook
Stammbündel/Stammleitbündel axial bundle, cauline bundle
stammbürtig stem-borne, arising from the stem, cauline
Stämmchen stemlet
Stammesgeschichte/ Stammesentwicklung/ Abstammungsgeschichte/ Phylogenie/Phylogenese/Evolution phylogeny, phylogenesis, evolution
stammesgeschichtlich/phyletisch/ phylogenetisch/evolutionär phylogenetic, phyletic, evolutionary
Stammfäule stem rot
Stammform/Urform primitive form, basic form, parent form
Stammfuß/Stammanlauf/ Wurzelanlauf root butt, buttress (supportive ridge at base of tree trunk)
Stammholz log, lumber
Stammkrone crown
Stammkultur/Impfkultur stem culture, stock culture
stammlos acaulescent
Stammlösung stock solution
Stammnematogen stem nematogen
Stammreptilien/Cotylosauria stem reptiles, cotylosaurs
Stammschicht/Stammregion stem region, zone of tree trunks
Stammschleifenstruktur stem-loop structure
Stammskelett/Rumpfskelett/ Achsenskelett/Axialskelett axial skeleton
Stammstück/Haftglied/Stipes (Maxille) stipes
Stammsukkulente stem succulent
Stammzelle (Vorläuferzelle) stem cell (precursor cell); (Initiale) initial
➢ **adulte Stammzelle** adult stem cell (ASC)
➢ **embryonale Stammzelle** embryonic stem cell (ESC)
➢ **hämatopoietische Stammzelle** hematopoietic stem cell
➢ **Knochenmark-Stammzelle** bone marrow stem cell (BMSC)
➢ **maßgeschneiderte Stammzelle** tailored stem cell
➢ **menschliche/humane mesenchymale Stammzelle** human mesenchymal stem cell (hMSC)
➢ **mesenchymale Stammzelle** mesenchymal stem cell (MSC)
➢ **Nabelschnurblut-Stammzelle** umbilical cord stem cell
➢ **neonatale Stammzelle** neonatal stem cell
➢ **neurale Stammzelle** neural stem cell (NSC)
➢ **Schnur-Blut/Nabelschnurblut** cord blood
Stammzelltherapie stem cell therapy
Standard standard; (Typus) type
Standardabweichung *stat* standard deviation, root-mean-square deviation
Standardarbeitsvorschrift/ Standard-Arbeitsanweisung standard operating procedure (SOP)
Standardbedingung standard condition
Standardfehler/mittlerer Fehler *stat* standard error SE (standard error of the mean SEM)
standardisieren/vereinheitlichen standardize
Standardisierung/Vereinheitlichung standardization
Standardtisch *micros* plain stage
Ständerpilz mushroom
Ständerpilze/Basidiomycetes club fungi
Standort site, location (*see*: Fundort); *sensu stricto* habitat, place of growth
Standortangabe habitat specifications (information on site/habitat/location); (Beschreibung) habitat description
Standortansprüche habitat requirements
Standorttreue habitat fidelity
Standortbewertung habitat assessment (*sensu lato* site assessment)

Standortlehre habitat ecology
Standvogel
nonmigratory bird, resident
Stange pole
Stange (Geweih) main beam
Stängel (*siehe auch:* Stengel/Stiel)
stalk; *bot* stipe
Stapel stack
➤ **Membranstapel**
stacked membranes
Stapelkräfte stacking forces
stapeln stack
Staphyleaceae/ Pimpernussgewächse
bladdernut family
Stärke starch
➤ **Maisstärke** cornstarch
➤ **modifizierte Stärke**
modified starch
➤ **Quellstärke**
pregelatinized starch
➤ **vernetzte Stärke**
crosslinked starch
Stärkekorn starch granule
Starkionendifferenz
strong ion difference (SID)
Starklichtpflanze/Heliophyt
heliophyte
Starre torpor
➤ **Totenstarre/Leichenstarre**
rigor mortis
➤ **Trockenstarre/Anhydrobiose**
anhydrobiosis
Startcodon/Initationscodon *gen*
initiation codon
Starterkultur (Anzuchtmedium)
starter culture
(growth medium)
stationäre Phase
stationary phase,
stabilization phase
stationärer Zustand/ gleichbleibender Zustand
steady state
Statistik statistics
➤ **Biostatistik** biostatistics
statistische Abweichung
statistical deviation
statistische Verteilung
statistical distribution
statistischer Fehler statistical error

Stativ/Bunsenstativ *lab*
support stand, ring stand, stand
Stativring *lab*
ring (for support stand/ring stand)
Statoblast (Dauerknospe/Hibernaculum)
statoblast
(hibernaculum/winter bud)
Statozyste statocyst
Staubbeutel *bot* anther
➤ **basifix** basifixed
➤ **dithezisch (zweifächerig)**
dithecal (double-chambered),
tetrasporangiate
➤ **dorsifix** dorsifixed
➤ **extrors/außenwendig** extrorse
➤ **Fach/Lokulament/Loculament/ Loculus/Kompartiment**
locule, loculus, compartment
➤ **Faserschicht** fibrous layer
➤ **intrors/innenwendig** introrse
➤ **Konnektiv/Mittelband** connective
➤ **monothecisch (einfächerig)**
monothecal (single-chambered),
bisporangiate
➤ **Schwundschicht**
disappearing layer
➤ **Stomium (*pl* Stomien)**
stomium (*pl* stomia)
➤ **Theka/Theca (*pl* Theken/Thecen)/ Staubbeutelhälfte**
theca (*pl* thecae/thecas)
Staubblatt *bot* stamen
➤ **Anthere** anther
Staubblattkreis androecium
Staubblüte/männliche Blüte
staminate flower, male flower
Staubfaden/Filament *bot* filament
Staubgefäß *bot* stamen
Staubläuse/Psocoptera psocids
Stäublinge/Boviste/Lycoperdales
puffballs
Staubzelle/Körnchenzelle/Rußzelle (Alveolarmakrophage)
dust cell
(large alveolar macrophage)
stauchen compress
Stauchung compression
Staude
hardy/perennial herbaceous plant
(*see*: Staudengewächs/Geophyt)

Staudengewächs/ Geophyt/Erdpflanze/ Kryptophyt/Cryptophyt geophyte, geocryptophyte, *sensu lato* cryptophyte

Staudruck-Ventilation ***ichth*** ram ventilation

Staunässe (Boden) waterlogging, waterlogged soil

Stearinsäure/Octadecansäure (Stearat/Octadecanat) stearic acid, octadecanoic acid (stearate/octadecanate)

Stechapfelform/Echinozyt (Erythrozyt) burr cell, echinocyte, crenocyte

Stechborsten/Stachel sting, stinger, piercing stylet

stechen sting, pierce, puncture

stechend/beizend/ätzend (Geruch) pungent

stechend-saugend (Mundwerkzeuge) piercing-sucking, stylate-haustellate (mouthparts)

Stechpalmengewächse/ Aquifoliaceae holly family

Stechrochenartige/ Myliobatiformes stingrays

Stechrüssel ***entom*** beak, "stinger"

Stechsauger ***entom*** piercing-sucking mouthparts

Stechwindengewächse/Smilacaceae catbrier family

Steckling ***hort*** cutting (slip: herbaceous or softwood)

Steckling mit Astring (Stammsteckling) heel cutting

Stecklingsvermehrung ***hort*** cuttage, propagation by cuttings

Stehapparat, passiver (Pferd) passive stay-apparatus

Stehgewässer/Stillgewässer/ stehendes Gewässer/ lenitisches Gewässer stagnant water, standing water, still water, lenitic water, lentic water

Stehkolben/Siedegefäß ***lab*** Florence boiling flask, Florence flask (boiling flask with flat bottom)

steifhaarig hispid

Steigbügel/Stapes (Ohr) stirrup, stapes

steigen (Flug/Gelände) climb

Steilufer (am Fluss) river bluff

Stein/Steinkern/Putamen (Endokarp) stone, pit, putamen, pyrene

Steinbrechgewächse/Saxifragaceae saxifrage family

Steinbruch ***geol*** quarry

Steineibengewächse/Podocarpaceae podocarpus family

Steinfliegen/Uferfliegen/Plecoptera stoneflies

Steinfrucht stone, drupe, drupaceous fruit

Steinkanal stone canal, hydrophoric canal, madreporic canal

Steinkern (Putamen)/Stein stone, pit, putamen, pyrene

Steinkohle bituminous coal, soft coal (*siehe unter*: Kohle)

Steinkohlenwälder carboniferous swamp forests

Steinkorallen/Riffkorallen/ Madreporaria/Scleractinia stony corals, madreporarian corals, scleractinians

Steinläufer/Lithobiomorpha lithobiomorphs

Steinobst stone fruit, drupaceous fruit

Steinschale pit casing

Steinzelle (in Blättern/Saftfrüchten) grit cell

Steinzelle (isodiametrisch/palisadenförmig)/ Sclereide/Sklereide (Sclerenchym) stone cell, sclereid, sclereide, sclerid

Steiß/Steißbein/Os coccygis coccyx

Steißbein/Urostyl (frogs/toads) urostyl

Steißbeinwirbel/Steißwirbel coccygeal vertebra

Steißhühner/Tinamiformes tinamous

Stelärtheorie stelar theory

Stele stele, central cylinder

Stellenäquivalenz ecological equivalence

Stellglied controlling element, adjuster, actuator

Stellgröße adjustable variable
Stellknorpel/Aryknorpel/ Cartilago arytaenoidea arytenoid cartilage
Stelzvögel/Schreitvögel/ Ciconiiformes herons & storks & ibises & allies
Stemmphase stance phase
Stempel/Pistill ***bot*** pistil
Stempel-Methode ***micb*** replica plating
Stempelblüte/weibliche Blüte carpellate/pistillate flower, female flower
Stengel/Stängel/Stiel stalk; *bot* stipe
Stengelgemüse/Blattstielgemüse leaf stalk vegetable
Stengelknolle/Sprossknolle stem-tuber, storage stem
➢ **unterirdische S.knolle** tuber, underground tuber, underground storage stem; (mit gedrungen-aufrechter Achse: *Gladiolus*) corm
Stengelmark pulp
stengelumfassend/amplexikaul stem-clasping, amplexicaul
Stenogastrie stenogastry
stenohalin stenohaline
stenök stenoecious, stenecious, stenoecic
stenophag stenophagous
Stenotele stenotele
stenotherm stenothermic, stenothermous, stenothermal
Steppe steppe (temperate grasslands)
➢ **Bergsteppe** montane grassland
➢ **Felssteppe (Hochland)** fellfield
➢ **Kältesteppe/Tundra** tundra, Arctic grassland
➢ **Salzsteppe** salt flat
➢ **Waldsteppe** woodland
➢ **Wiesensteppe** meadow grasslands
➢ **Wüstensteppe** semidesert
Steppenroller ***bot*** tumbleweed
Ster (Holz) stere (stack of cordwood: 1 cbm)
sterben ***vb*** die
Sterben ***n*** dying
Sterbetafel life table
sterblich mortal
➢ **unsterblich** immortal
Sterblichkeit/Sterberate/Mortalität mortality, death rate
➢ **Bruttosterberate** crude death rate
➢ **Unsterblichkeit/Immortalität** immortality
Stereocilien (Lateralisorgan) microvilli
Stereoisomer stereoisomer
stereoselektiv stereoselective
stereoskopisches Sehen stereoscopic vision, binocular vision
Stereospezifität stereospecificity
steril/desinfiziert sterile, disinfected
steril/unfruchtbar sterile, infertile
➢ **fertil/fruchtbar** fertile
sterile Werkbank sterile bench
Sterilfiltration sterile filtration
Sterilisation/Sterilisierung sterilization, sterilizing
sterilisieren/unfruchtbar machen sterilize
Sterilität/Unfruchtbarkeit sterility, infertility
➢ **Fertilität/Fruchtbarkeit** fertility
Sterin/Sterol sterol
sterisch/räumlich steric, sterical, spacial
sterische Hinderung/ sterische Behinderung steric hindrance
Sterkuliengewächse/ Kakaogewächse/Sterculiaceae cacao family, cocoa family
Stern (Pferd) snip (white spot)
Sternaktivität (veränderte Spezifität von Restriktionsenzymen) star activity
Sternanisgewächse/Illiciaceae star-anise family, illicium family
sternförmig star-shaped, stellate
Sternhaar stellate hair
Sternit (ventraler Sklerit/Teil des Sternum) sternite
Sternmine (Blattmine) ***bot*** star mine, asteronome

Sternparenchym stellate parenchyma
Sternum/Brustbein
sternum, breastbone
Sternum/Brustplatte/Brustschild/ Bauchschild/Bauchteil (Insekten)
sternum, ventral plate
Sternwürmer/Spritzwürmer/ Sipunculiden peanut worms, sipunculoids, sipunculans
Sternzelle stellate cell
sterzeln (Bienen) vibrating dance, dorsoventral abdominal vibrating dance (DVAV) (fanning with lifted abdomen: exposing scent organ)
Stetigkeit constancy, presence degree
Steuerfeder/Retrix (*pl* retrices) *orn*
retrix (*pl* retrices)
steuern (in eine Richtung lenken) steer, steering;
(regulieren) regulate, control
Steuerung regulation, control,
(z.B. Stoffwechselvorgänge) control
Steuerung von Proteinen
protein targeting
Steuerungsmechanismus
regulatory mechanism
Stichkultur/Einstichkultur (Stichagar)
stab culture
Stichlingsartige/Stichlingsverwandte/ Gasterosteiformes
sticklebacks (and sea horses)
Stichprobe sample
➢ **Teilstichprobe** subsample
➢ **Zufallsstichprobe** random sample
Stichprobenerhebung sampling
Stichprobenfunktion *stat*
sample function, sample statistic
Stichprobenumfang *stat* sample size
Stickstoff (N) nitrogen
stickstoffenthaltend/Stickstoff...
nitrogen-containing, nitrogenous
stickstofffixierende Bakterien
nitrogen-fixing bacteria
Stickstofffixierung nitrogen fixation
stickstoffhaltige Base
nitrogenous base
Stickstoffkreislauf nitrogen cycle
Stickstoffmangel nitrogen deficiency
Stickstoffverbindung
nitrogenous compound,
nitrogen-containing compound
Stickstoffzeiger nitrogen indicator
Stiel *bot/zool*
stalk; pedicle, pedicel, peduncle
➢ **Blattstiel** leaf stalk, petiole
➢ **Blütenstiel** peduncle
➢ **S. eines Fiederblättchens** petiolule
➢ **Stiel einzelner Grasblüte** rachilla
➢ **Stiel einzelner Infloreszenzblüten**
pedicel
➢ **kurzer Stiel** stipe
➢ **Moossporogon** seta
➢ **Pilzstiel** stipe
Stiel (Crinoide) *zool*
stalk, stem, column, columna
Stielauge *entom* stalked eye
Stielchen/Caudicula/Kaudikula (Pollinienstielchen bei Gynostemium/Gynostegium) *bot*
caudicle
Stielchen/Petiolus („Taille"/Hinterleibsstiel) *zool*
waist, pedicel, petiole,
podeon, podeum
Stielquallen/Becherquallen/ Stauromedusae stauromedusas
stielrund terete
Stielzelle/Dislokatorzelle/ Dislocatorzelle/Wandzelle (Cycadeenpollen) stalk cell
Stier (früh kastriert)
steer (castrated early)
Stierkopfhaiartige/Doggenhaiartige/ Heterodontiformes
bullhead sharks
Stigma/Fleck stigma, spot
➢ **Tracheenstigma/Spiraculum**
tracheal spiracle
Stigma/Spiraculum stigma, spiracle
Stigmasterin/Stigmasterol
stigmasterol
Stilett stylet, stiletto
stilettförmig/griffelförmig
styliform, prickle-shaped,
bristle-shaped
stillen/säugen
nurse, suckle, breast-feed
Stillgewässer/Stehgewässer/ stehendes, lenitisches Gewässer
still water, stagnant water,
standing water, still water,
lenitic water, lentic water

Stillwasserzone *mar/limn* slack-water zone
Stimmband/Ligamentum vocale (*pl* Stimmbänder) vocal cord(s), vocal ligament
Stimmbandfortsatz/Processus vocalis vocal process
Stimmbildung/Lautbildung/ Phonation phonation
Stimmbruch change of voice, breaking of voice (at puberty)
Stimme voice
Stimmfalte/Stimmlippe/Plica vocalis vocal fold, true vocal cord
Stimmkopf/Syrinx *orn* syrinx (*pl* syringes/syrinxes)
Stimmritze/Rima glottidis (zw. Stimmlippen und Aryknorpeln des Kehlkopfs) rima glottidis (opening between the true vocal cords)
Stimmsack/Stimmbeutel vocal sac, vocal pouch, voice box
Stimulans/Anregungsmittel stimulant
stimulieren/anregen stimulate
Stinkdrüse (*siehe:* Wehrdrüse) repugnatorial gland
Stinkmorcheln/Phallaceae stinkhorns, stinkhorn family
Stipel/Nebenblatt *bot* stipule
➢ **ohne Stipeln/nebenblattlos** exstipulate, astipulate, estipulate
Stipulardorn/Nebenblattdorn *bot* stipular spine
Stirn/Frons forehead, frons
Stirnauge/Scheitelauge (Stirn-Ocelle) dorsal ocellus
Stirnbein/Os frontale frontal bone
Stirndrüse/Frontaldrüse frontal gland
Stirnherz frontal heart, frontal sac
Stirnhöcker/Tuber frontale frontal tuber, frontal tuberosity
Stirnhöhle/Sinus frontalis frontal sinus
Stirnlappen/Frontallobus frontal lobe
Stirnleiste/Frontalleiste frontal carina
Stirnnaht/Sutura frontalis frontal suture
Stirnorgan frontal organ
Stirnplatte frontal plate
Stirnzapfen (Truthahn: Hautlappen an Schnabelbasis) snood
Stocherschnabel/Sondenschnabel *orn* probing bill
Stöchiometrie stoichiometry
stöchiometrisch stoichiometric(al)
Stock/Stecken stick, cane
➢ **Bienenstock** beehive
➢ **Grundstock/Grundlage (Fundament/Stammform)** foundation, base, stock
➢ **Tierstock (Korallenstock/Bryozoenstock)** colony (corals/bryozoans); cormus
➢ **Wurzelstock** rootstock, stock
Stockausschlag/Stockreis root bud, root sucker, tiller; sucker formation after coppicing
Stockbiene house bee
stockbildend forming a corm/cormus; colonial
Stockwerk-Cambium/ etagiertes Cambium storied cambium, stratified cambium
stockwerkartig/etagiert/geschichtet storied, in tiers; stratified, layered
Stoff(e) osubstance, matter; material; (Gewebe) fabric, textile; cloth; (Wirkstoff) agent
Stoffaustausch mass/substance exchange
Stofffluss material flow, chemical flow
Stoffkreislauf/Nährstoffkreislauf *ecol* nutrient cycle
➢ **Kohlenstoffkreislauf** ocarbon cycle
➢ **Mineralstoffkreislauf** mineral cycle
➢ **Phosphorkreislauf** phosphorus cycle
➢ **Sauerstoffkreislauf** oxygen cycle
➢ **Schwefelkreislauf** sulfur cycle
➢ **Stickstoffkreislauf** nitrogen cycle
➢ **Wasserkreislauf** water cycle, hydrologic cycle
Stoffübergang/Massenübergang/ Stofftransport/Massentransport/ Massentransfer mass transfer
Stoffübergangszahl/ Stofftransportkoeffizient/ Massentransferkoeffizient mass transfer coefficient

Stoffwechsel/Metabolismus metabolism
- ➢ **Abbaustoffwechsel/ dissimilativer Stoffwechsel** dissimilative metabolism
- ➢ **Arbeitsstoffwechsel/ Leistungsstoffwechsel** active metabolism
- ➢ **Betriebsstoffwechsel** maintenance metabolism
- ➢ **Energiestoffwechsel** energy metabolism
- ➢ **Grundstoffwechsel/ Ruhestoffwechsel** basal metabolism
- ➢ **Intermediärstoffwechsel/ intermediärer Stoffwechsel/ Zwischenstoffwechsel** intermediary metabolism
- ➢ **Kometabolismus** cometabolism
- ➢ **Leistungsstoffwechsel/ Arbeitsstoffwechsel** active metabolism
- ➢ **Primärstoffwechsel** primary metabolism
- ➢ **Ruhestoffwechsel/ Grundstoffwechsel** basal metabolism
- ➢ **Sekundärstoffwechsel** secondary metabolism
- ➢ **Synthesestoffwechsel/ Anabolismus** synthetic reactions/metabolism, anabolism
- ➢ **Zellstoffwechsel** cellular metabolism
- ➢ **zufälliger Stoffwechsel** fortuitous metabolism
- ➢ **Zwischenstoffwechsel/ intermediärer Stoffwechsel** intermediary metabolism

Stoffwechselabbauprodukt/ Katabolit catabolite

Stoffwechselmuster metabolic pattern

Stoffwechselprodukt/Metabolit metabolite
- ➢ **Primärstoffwechselprodukt** primary metabolite
- ➢ **Sekundärstoffwechselprodukt** secondary metabolite

Stoffwechselrate/ Stoffwechselintensität/ Stoffumsatz/Metabolismusrate rate of metabolism, metabolic rate
- ➢ **Arbeitsumsatz/Leistungsumsatz** active metabolic rate
- ➢ **Grundstoffwechselrate/ Basalumsatz** basal metabolic rate (BMR)
- ➢ **Standardstoffwechselrate** standard metabolic rate

Stoffwechselspektrum/ metabolisches Spektrum metabolic scope, index of metabolic expansibility

Stoffwechselstörung metabolic derangement, metabolic disturbance

Stoffwechselsyntheseprodukt/ Anabolit anabolite

Stoffwechselumsatz metabolic turnover

Stoffwechselweg (Syntheseweg/Biosyntheseweg) metabolic pathway, metabolic shunt (synthetic/synthesis/ biosynthesis pathway)
- ➢ **Acetat-Malonat-Weg/ Polyketid-Syntheseweg/- Biosyntheseweg** acetate-malonate pathway, polyketide pathway
- ➢ **Acetat-Mevalonat-Weg** acetate-mevalonate pathway
- ➢ **amphiboler Stoffwechselweg** amphibolic pathway, central metabolic pathway
- ➢ **anaboler Stoffwechselweg/ Biosynthese-Stoffwechselweg** anabolic pathway, biosynthetic pathway
- ➢ **anaplerotischer Stoffwechselweg** anaplerotic pathway
- ➢ **Embden-Meyerhof-Weg** Embden-Meyerhof pathway, Embden-Meyerhof-Parnas pathway (EMP pathway), hexosediphosphate pathway, glycolysis

➢ **enzymatische Reaktionskette** enzymatic pathway
➢ **Leerlauf-Zyklus, Leerlaufcyclus** futile cycle
➢ **Mangelreaktion** stringent response
➢ **Methylerythritolphosphat-Weg (MEP-Weg)/DOXP-Weg** methylerythritol phosphate pathway (MEP pathway)
➢ **Mevalonat-Weg (MEV-Weg)** mevalonate pathway
➢ **Pentosephosphatweg/ Hexosemonophosphatweg/ Phosphogluconatweg** pentose phosphate pathway, pentose shunt, phosphogluconate oxidative pathway, hexose monophosphate shunt (HMS)
➢ **Reaktionskette** reaction pathway
➢ **Shikimat-Weg/Shikimisäureweg** shikimate pathway
➢ **uricolytischer Weg/ urikolytischer Weg** uricolytic pathway
➢ **Wiederverwertungs-stoffwechselwege/ Wiederverwertungsreaktionen** salvage pathway
➢ **Zimtsäureweg** cinnamate pathway

stöhnen/ächzen groan, moan
Stolon/Stolo//Ausläufer (Gehölzausläufer) stolon; (Hydrozoen) stolon (stalk-like structure)
Stolperfaden ***arach*** trip-line, tripping line, barrier thread
stolzieren strut (rooster), prance (horse)
Stomiiformes (Tiefseefische) deep-sea hatchetfishes and relatives
Stomochord stomochord, buccal tube
Stopfen/Korken/Stöpsel ***lab*** stopper, cork
Stoppcodon/Terminationscodon/ Abbruchcodon ***gen*** termination codon, terminator codon, stop codon, translational stop signal
➢ **PTC (vorzeitiges Stoppcodon)** PTC (premature termination codon)

Storaxgewächse/Styracaceae storax family
Storchennest ***bot/for*** (Abflachung der Baumkrone) "stork's nest", Storchennest (stunted treetop/crown)
Storchschnabelgewächse/ Geraniengewächse/Geraniaceae geranium family, cranesbill family
Störe & Löffelstöre/Acipenseriformes sturgeons & sterlets & paddlefishes
Störgröße disturbance value, interference factor
Stoß (mit Hörnern) butt
Stößel/Pistill (und Mörser) pestle (and mortar)
stoßen (Ziegen/Hirsche etc: mit dem Kopf) butting
Stoßfestigkeit (Holz) shock resistance
Stoßtauchen ***orn*** power diving (nose diving), plunge diving
Stoßzahn tusk
Strahl ray; beam; jet
➢ **Baststrahl** bast ray
➢ **Branchiostegalstrahl/ Kiemenhautstrahl (Radius branchiostegus)** ***ichth*** branchiostegal ray
➢ **Federstrahl/Radius (Bogenstrahl/Hakenstrahl)** ***orn*** barbule (notched/hooked barbule)
➢ **Flossenstrahl (aus Hautknochen)/ Dermotrichium** dermotrichium
➢ **Holzstrahl** wood ray
➢ **Hornstrahl (Huf)** horny frog
➢ **Hufstrahl/Cuneus ungulae** frog
➢ **Kiemenstrahl** gill ray
➢ **Lichtstrahl** beam of light
➢ **Markstrahl** ***bot*** pith ray, medullary ray
➢ **Neutronenstrahl** neutron beam
➢ **Polstrahl/Aster (meist** ***pl*****: Asteren/Polstrahlen)** ***cyt*** aster (in mitosis)
➢ **Röntgenstrahl** X-ray
➢ **Sonnenstrahl** ray (of sunshine), sunbeam
➢ **Wasserstrahl** jet of water

Strahl *zool* **(Pferde: Hufstrahl** *siehe dort***)** frog (triangular horny pad on underside of horse hoof)
Strahlbein/distales Sesambein/ Os sesamoideum distale navicular bone, distal sesamoid bone
strahlen shine; radiate
Strahlenbiologie radiation biology
Strahlenblüte (Zungenblüte) ray floret, ligulate flower
Strahlenbündel beam of rays
Strahlendiagramm *opt* ray diagram
Strahlenflosse ray fin
Strahlenflosser/Actinopterygii ray-finned bony fishes, actinopterygians
strahlenförmig/aktinomorph/radiär/ radiärsymmetrisch/zyklisch actinomorphic, radial, radially symmetrical, regular, cyclic
Strahlengang (Strahlendiagramm) path of light (ray diagram)
Strahlengriffelgewächse/ Actinidiaceae Chinese gooseberry family, actinidia family
Strahlenschäden radiation hazards, radiation injury
Strahlenschutz radiation control, radiation protection, protection from radiation
Strahlentherapie radiation therapy, radiotherapy
Strahlentierchen/Radiolarien radiolarians
Strahlkissen *siehe* Hufkissen
Strahlreaktor jet reactor
Strahlung radiation
- **Ausstrahlung/Emission/Ausstoss** emission
- **Bestrahlung** irradiation
- **Globalstrahlung** global radiation
- **ionisierende Strahlung** ionizing radiation
- **Kernstrahlung** nuclear radiation
- **photosynthetisch aktive Strahlung** photosynthetically active radiation (PAR)
- **radioaktive Strahlung** radioactive radiation
- **Sonneneinstrahlung** insolation
- **Sonnenstrahlung** solar radiation
- **Streustrahlung** scattered radiation, diffuse radiation
- **Wärmestrahlung** thermal radiation

Strahlungsenergie radiant energy
Strahlungsintensität radiation intensity
Strahlungsvermögen/ Emissionsvermögen (Wärmeabstrahlvermögen) emissivity
Strahlungswärme radiant heat
Strand beach, shore
- **Hochstrand/Sturmstrand (trockener Strand)** backshore
- **Vorstrand/Gezeitenstrand (nasser Strand)** foreshore

Strandbuhne/Seebuhne shore jetty
Stranddüne shore dune
Strandlinie/Küstenlinie shoreline, coastline
Strandmandelgewächse/ Combretaceae Indian almond family, white mangrove family
Strandpriel swash, tidal gully, tideway
Strandriff/Küstenriff fringing reef
Strang (*pl* Stränge) cord; *gen* strand
- **anticodierender Strang/ Nicht-Sinnstrang/ Matrizenstrang/Mutterstrang/ nichtcodierender Strang/ Antisinn-Strang (transkribierter Strang)** anticoding strand, antisense strand, template strand
- **codierender Strang/ kodierender Strang/Sinnstrang (nicht-transkribierter Strang)** coding strand, sense strand
- **Doppelstrang** double strand
- **Einzelstrang** single strand
- **Folgestrang** lagging strand
- **Leitstrang** leading strand
- **Minus-Strang/Negativ-Strang (nichtcodierender Strang)** minus strand (noncoding strand)
- **Nervenstrang** nerve strand, nerve cord

➢ **Plus-Strang/Positiv-Strang (codierender Strang)** plus strand (coding strand)
➢ **Sinnstrang** sense strand
➢ **Tochterstrang** daughter strand
Strang/Tractus (Nervenbahn) ***anat/neuro*** tract
Strangassimilation ***gen*** strand assimilation
strangaufwärts ***gen*** upstream
Strangbruch (DNA) strand break
➢ **Doppelstrangbruch** double-strand break
➢ **Einzelstrangbruch** single-strand break
Strangmoor/Aapamoor string bog, aapa mire
Strangverdrängung ***gen*** strand displacement
Strasburger-Zelle/Eiweißzelle Strasburger cell, albuminous cell
Strategie/Muster ***ecol/evol*** strategy, pattern
Stratifikation/Stratifizierung (Samenkeimung) stratification (seed germination)
Stratum germinativum/Keimschicht stratum germinativum, germinative layer
Strauch (*pl* Sträucher) shrub (*siehe*: Nanophanerophyt)
➢ **Dornstrauch/Dornenstrauch/ Dornbusch** thorn shrub, thorny thicket, thorn brush
➢ **Formbaum/Formstrauch (*auch* Zierschnitt)** topiary
➢ **Halbstrauch** half-shrub, semishrub, shrubby herb, suffrutescent plant
➢ **kleiner Strauch** shrublet
➢ **stacheliger Strauch** prickly shrub, bramble
➢ **Zierstrauch** ornamental shrub
➢ **Zwergstrauch/ holziger Chamaephyt** dwarf-shrub, woody chamaephyte
strauchartig shrub-like
Strauchbeeren/Strauchbeerenobst bush fruit (*Ribes*: currents, gooseberries, etc.)
Strauchflechten fruticose lichens, shrublike lichens
strauchig shrubby, frutescent, fruticose
Strauchsavanne shrub savanna
Strauchschicht shrub layer (in lower canopy of forest)
Straußenvögel/Strauße/Laufvögel/ Struthioniformes ostriches
strecken (in die Länge ziehen) elongate, extend
Strecker/Extensor (Muskel) extensor
Streckspannung/Fließspannung yield stress
Streckung/Verlängerung elongation, extension
Streckungswachstum elongational growth, extension growth
Streckungszone region of elongation
Streifenanbau ***agr*** strip cropping
Streifenfarngewächse/Aspleniaceae spleenwort family
streifenförmig strap-shaped, ligulate
Streifenkörper/Basalkern/ Basalkörper/Corpus striatum striate body, corpus striatum
streifennervig/längsnervig striately veined, striate veined
streifig/gestreift/parallelgestreift striped, parallely striped
➢ **breitstreifig/ breit gestreift/gebändert** fasciate, broadely striped
➢ **feinstreifig/feingestreift** striate, finely striped
Streitkolbengewächse/ Casuarinaceae she-oak family, beefwood family
Streptoneurie/Chiastoneurie streptoneurous nerve pattern
Stress stress
stressen stress
Stressfaser stress fiber
stressig/anstrengend stressful
Streu litter
➢ **Blattstreu/Laubstreu** leaf litter
➢ **Nadelstreu** needle litter
➢ **Waldstreu** forest litter
Streudiagramm scatter diagram (scattergram/scattergraph/scatterplot)

streuen/verstreuen/ ausstreuen/verteilen scatter, spread, distribute
Streufrucht/Springfrucht/ Öffnungsfrucht dehiscent fruit
Streulichtmessung/Nephelometrie nephelometry
Streuschicht/Streuhorizont/ Förna (Wald) litter layer
Streustrahlung scattered radiation, diffuse radiation
Streutasche ***ecol*** litter bag
Streuung/Ausbreitung dispersal, dissemination
Streuung/Verstreuen/Verteilung scattering, spreading, distribution
Streuung (Lichtstreuung) optical diffusion, dispersion, dissipation, scattering (light)
Streuungstextur (Holz) irregular grain
Streuungsverhalten ***stat*** scedasticity, heterogeneity of variances
Streuwiese straw meadow
Strichdiagramm line diagram
Strichliste tally chart
Strichvogel bird of passage
Strickleiternervensystem ladder-type nerve system, double-chain nerve system
Stridulationsorgan/ Schrillorgan/Zirporgan stridulating organ
stridulieren/schrillen/zirpen stridulate, chirp
Striegel ***entom*** strigil, strigilis (antennal comb/antennal cleaner; also file or scraper); (Kamm/Bürste: Pferdestriegel) currycomb
striegeln groom, brush; curry, currycomb (horses)
stringente Bedingungen/ strenge Bedingungen stringent conditions
Stringenz (von Reaktionsbedingungen) stringency (of reaction conditions)
Strobilation/Strobilisation strobilization
Stroh straw
Strohblume strawflower
Strom (Flüssigkeit/Luft) stream, flow
> **Luftstrom** airstream

Strom (großer Fluss) stream
Strom (Volumen pro Zeit) flow rate
Strom/Elektrizität ***colloquial/allg*** electricity, power, juice; (Ladung/Zeit) current
stromaufwärts upstream
Strombrecher (z.B. an Rührer von Bioreaktoren) baffle
strömen stream, flow
Stromfluss ***neuro*** current flow
Stromquelle/Stromzufuhr ***electr*** power supply
Stromschnelle rapids
Strömung (Flüssigkeit) current, flow; *electr* flux
> **auf die Küste zufließende Strömung** inshore current
> **Brandungslängsströmung/ Längsströmung (am Strand)** longshore current
> **Brandungsrückströmung/ Rippstrom/Reißstrom** rip current
> **Gezeitenströmung/Gezeitenstrom** tidal current
> **Konvektionsströmung/ Konvektionsstrom** convection current
> **Konzentrationsströmung** density current
> **laminare Strömung/ Schichtströmung** laminar flow
> **Meeresströmung** ocean current
> **Schichtströmung/ laminare Strömung** laminar flow
> **Trübungsströmung/ Trübungsstrom** turbidity current
> **turbulente Strömung** turbulent flow
> **Wirbelstrom (Vortex-Bewegung)** eddy current

Strömungsmesser current meter
Strömungsmuster flow pattern
Strömungswiderstand flow resistance, resistance to flow

Strophe (Vogelgesang)
verse (part of song)
Strudel eddy, swirl
strudeln whirl, swirl, eddy
➢ **Nahrung herbeistrudeln**
ciliary feeding
Strudelwürmer/Turbellarien
free-living flatworms, turbellarians
Strudler (Nahrungsstrudler)/ ciliärer Suspensionsfresser
ciliary feeder,
ciliary suspension feeder
Struktur structure
Struktur/Textur/Faser/ Fibrillenanordnung (Holz) grain
Strukturanalyse *chem*
structural analysis
Strukturaufklärung *chem*
structure elucidation
Strukturformel *chem*
structural formula
Strukturgen structural gene
Strukturprotein/Struktureiweiß
structural protein
Strunk/Blattstiel stipe
Strunk/Schaft/Stengel/Achse
stalk, stem, caudex
Strunk/Stumpf
stump, stub, stool, caudex
Strychnosgewächse/ Brechnussgewächse/ Loganiengewächse/Loganiaceae
logania family
Stubbe(n)/Baumstubbe/ Baumstumpf tree stump
Studiergesang rehearsal song
Stufe level, stage
➢ **Entwicklungsstufe**
developmental level/stage
➢ **Höhenstufe**
altitudinal zone/region/belt
Stufenfolge/Rangordnung/ Rangfolge/Hierarchie
order of rank, ranking, hierarchy
Stufung zonation
➢ **vertikale Stufung**
altitudinal zonation
Stuhl/Fäzes/Kot (Mensch)
stool, feces
Stuhlgang/Darmentleerung/ Defäkation defecation, egestion
Stuhlgang haben/ den Darm entleeren
defecate, egest
Stuhlprobe stool sample
Stülpzitze crater teat
stumme Infektion/stille Feiung
silent infection
stumme Mutation silent mutation
Stummel stump, stub
stummelartig stubby
Stummelbein/Stummelfuß stubby leg
Stummelfüßchen/Krüppelfüße/ Crepidotaceae Crepidotus family,
crep fungus family
Stummelfüßer/Onychophoren
velvet worms, onychophorans
Stummelschwanz (Pferde) dock
stummes Gen silent gene
stumpf obtuse, blunt
Stumpf/Strunk stump
➢ **Stubbe/Stumpen/Baumstumpf**
tree stump, tree stub, „stool“
Stumpfaustrieb
stump sprout, stump sucker, tiller
stumpfhöckrig/rundhöckrig/ bunodont (Zähne)
with low crowns and cusps,
bunodont
Sturm storm
➢ **Schneesturm**
snowstorm; (heftiger S.) blizzard
Sturmbö/heftiger Sturmwind squall
Sturmwind
gale, strong wind (51–101 km/h)
Sturmwurf/Windwurf wind fall
Sturzflug *orn* dive
Stürzpuppe/Pupa suspensa
suspended pupa
Sturzquelle/Rheokrene
flowing spring, rheocrene
Stutbuch/Gestütbuch/ Pferdestammbuch (Zuchtbuch für Pferde) studbook
Stute mare
➢ **Zuchtstute** broodmare
Stütze *hort/agr* prop; stake
(zusätzliche Pfahlstütze)
stutzen/abschneiden (Fell) trim, crop
stützen/unterstützen support, prop up
Stützgewebe supporting tissue
Stützorgan fulcrum

Stützwurzel prop root, stilt root, brace root
Stützzelle supporting cell
Stygal (Grundwasser als Lebensraum) stygal
Stylidiumgewächse/ Säulenblumengewächse/ Stylidiaceae trigger plant family
stylopisieren/stylepisieren stylopize
Styracaceae/Storaxgewächse storax family
subalpin subalpine
Suberinsäure/Korksäure/ Octandisäure suberic acid, octanedioic acid
Suberinschicht suberin layer/lamella, suberized layer/lamella
suberisieren/verkorken suberize
Suberisierung/Verkorkung (Suberinanlagerung/ Suberinauflagerung) suberization; suberification
subgenomische Bibliothek/ subgenomische Genbank subgenomic library
Subgerminalhöhle subgerminal cavity
Subitanei/Jungfernei parthenogenetic egg
Subklima subclimate
Subklonierung subcloning
Subkultur/Subkultivierung/Passage (einer Zellkultur) subculture, passage (of cell culture)
subletal sublethal
Sublimation sublimation
sublimieren sublimate
Sublitoral (Zone des Kontinentalschelfs) sublittoral (continental shelf zone)
submental/unter dem Kinn submental, beneath the chin
Submerskultur submerged culture
Subsistenz subsistence
Subspezies/Unterart subspecies
substituieren substitute; (ersetzen mit) replace by
Substitution/Ersatz substitution
Substitutionsvektor replacement vector
Substrat substrate
➢ **Folgesubstrat** following substrate
➢ **Leitsubstrat** leading substrate
Substraterkennung substrate recognition
Substratfresser substrate feeder
Substrathemmung/ Substratüberschusshemmung substrate inhibition
Substratkettenphosphorylierung substrate-level phosphorylation
Substratkonstante (K_s) substrate constant
Substratsättigung substrate saturation
Substratspezifität substrate specificity
subtraktive Genbank/ Subtraktionsbank/ Subtraktionsbibliothek subtractive library
subtraktive Klonierung subtractive cloning
Subtypisierung subtyping
Succinylcholin succinylcholine
Sucht/Abhängigkeit addiction, dependance
Suchtest ***gen/med*** screening, screening test
süchtig/abhängig addicted, dependant
süchtig machend/suchterzeugend addictive
Süchtigkeit addiction
Suchtmittel/Droge drug
Suchtprophylaxe drug prevention
Süd-Huftiere/Notoungulata notoungulates
südlich ***biogeo*** southern, austral
Suhle wallow
suhlen ***vb*** wallow
Suizidhemmung suicide inhibition
Sukkulente succulent
Sukkulenz/Dickfleischigkeit succulence
Sukzession succession
➢ **primäre Sukzession/ Erstbesiedlung** primary succession
➢ **sekundäre Sukzession/ Zweitbesiedlung** secondary succession

Sukzessionslehre/Syndynamik syndynamics
Sukzessionsstufe/ Sukzessionsstadium (ökologische S.) seral stage
Sulfat sulfate
Sulfurikanten sulfuricants
Sumachgewächse/Anacardiaceae sumac family, cashew family
Summation (räumliche/zeitliche) ***neuro*** (spatial/temporal) summation
Summe sum, total
summen (Insekten/Kolibri etc.) hum, buzz
Summenformel ***chem*** molecular formula
Summenhäufigkeit/ kumulative Häufigkeit ***stat*** cumulative frequency
Summenpotenzial gross potential
Summenregel sum rule
Sumpf swamp (im Englischen: vorwiegend bewaldeter Sumpf)
➢ **Küstensumpf** coastal swamp
➢ **Mangrovensumpf** mangrove swamp
➢ **Riedsumpf** reed swamp
➢ **Salzsumpf** salt swamp
➢ **Tropensumpf/tropischer Sumpf** tropical swamp
Sumpfblumengewächse/ Limnanthaceae false mermaid family, meadowfoam family
Sumpferde muck
Sumpffarngewächse/Lappenfarne/ Thelypteridaceae marsh fern family
Sumpffieber/Wechselfieber/ Malaria (*Plasmodium* spp.) malaria
sumpfig swampy, boggy
Sumpfland/Sumpflandschaft swampland, moorland
Sumpfmoor muskeg
Sumpfpflanze (Moorpflanze) helophyte, marsh plant (bog plant)
Sumpfschildkröten terrapins
Sumpfwald swamp forest
Sumpfwiese swamp meadow
Sumpfzypressengewächse/ Taxodiumgewächse/Taxodiaceae swamp-cypress family, redwood family, taxodium family
Supergenfamilie supergene family
Superhelix superhelix, supercoil
Superinfektion/Überinfektion superinfection
Superovulation superovulation
Superpositionsauge superposition eye
➢ **neurales S.** neural superposition eye
➢ **optisches Superpositionsauge** optical superposition eye, clear-zone eye
superspiralisiert/superhelikal/ überspiralisiert supercoiled
Supination supination
Supinationsstellung supinated position
Suppengrün herbs/vegetables for soup making
Suppenkraut potherb
Suppression/Unterdrückung suppression
Suppressorgen suppressor gene
supprimieren/ unterdrücken/zurückdrängen suppress
Surra (*Trypanosoma evansi*) surra
suspendieren (schwebende Teilchen in Flüssigkeit) suspend
suspensionsfressend suspension-feeding
Suspensionsfresser suspension feeder
Suspensor/Träger suspensor; stalk (**Marchantia**)
süß sweet
Süße sweetness
Süßgräser/Gräser/echte Gräser/ Spelzenblütler/Gramineae/Poaceae grasses, grass family
Süßstoff sweetener
Süßwasser freshwater
Süßwasserbryozoen/Armwirbler/ Lophopoda/Phylactolaemata phylactolaemates, "covered throat" bryozoans
Syconium syconium

·yllepsis syllepsis
·ylleptischer Trieb sylleptic shoot
·ylvische Furche/ Fissura lateralis cerebri lateral cerebral sulcus
·ymbiont ***allg*** symbiont; (in gegenseitiger Lebensgemeinschaft) mutualist
·ymbiose ***allg*** symbiosis; (gemeinnützige) mutualistic symbiosis, mutualism
➢ **Mutualismus/ gemeinnützige Symbiose** mutualistic symbiosis, mutualism
➢ **Parasitismus/Schmarotzertum** parasitism
➢ **Putzsymbiose** cleaning symbiosis
symbiotisch ***allg*** symbiotic; (gemeinnützig) mutualistic
Symmetrie symmetry
➢ **Bilateralsymmetrie** bilateral symmetry
➢ **Biradialsymmetrie** biradial symmetry
➢ **fünfstrahlige Symmetrie** pentamerous/pentameral symmetry, five-sided symmetry
➢ **Radiärsymmetrie/ Radialsymmetrie** radial symmetry
sympathisch (autonomes Nervensystem) sympathetic
Sympatrie sympatry
sympatrisch (in gleichen Arealen) sympatric
sympetal/verwachsenkronblättrig/ verwachsenblumenblättrig sympetalous
Symphile/echter Gast symphile
Symphilie/Gastpflege symphily
Symphorismus symphorism
Symphyse/Verwachsung symphysis, coalescence
„Symphyse"/Schambeinfuge/ Schamfuge/Symphysis pubica pubic symphysis
symplastes/ symplastisches Wachstum symplastic growth
symplesiomorph symplesiomorphic
Symplesiomorphie (gemeinsames ursprüngliches Merkmal) symplesiomorphy
Symplocaceae/ Rechenblumengewächse sweetleaf family
sympodial sympodial, determinate
Sympodium/Scheinachse sympodium, pseudaxis
Symport symport
synandrisch synandrous
synanthrop synanthropic
synapomorph synapomorphic
Synapomorphie (gemeinsames, abgeleitetes Merkmal) synapomorphy (cladistic homology)
Synapse synapse
Synaptikel synapticle
synaptisch synaptic
synaptischer Spalt/Synapsenspalt synaptic cleft
synaptisches Potenzial synaptic potential
synaptonemaler Komplex synaptonemal complex
Synaptosom/synaptisches Vesikel/ synaptisches Bläschen synaptosome, synaptic vesicle
Synarthrose/Fuge/Haft synarthrosis, synarthrodial joint
Synchondrose/Knorpelhaft synchondrosis
Synchronkultur synchronous culture
syncytial/synzytial syncytial
Syncytium/Synzytium syncytium
Syndaktylie syndactylism
Syndrom/Symptomenkomplex syndrome, complex of symptoms
Synergie/Zusammenwirken synergy
Synergismus/gegenseitige Förderung synergism
Synergist/Mitspieler/Förderer synergist
Syngamie/Gametogamie syngamy, gametogamy
synergetisch synergic, synergetic
synergistisch synergistic
Syngenese syngenesis
synkarp syncarpous
Synkope/„Ohnmacht" syncope, faint
Synnema synnema

Synökologie synecology
Synostose/Knochenhaft synostosis, synosteosis
Synovia/Gelenkschmiere synovial fluid
Synovialmembran/Synovialis synovial membrane
syntäne Gene (Gene auf einem Chromosom) syntenic genes
Syntänie synteny
Synthese synthesis
- ➤ **Biosynthese** biosynthesis
- ➤ **Chemosynthese** chemosynthesis
- ➤ **Halbsynthese** semisynthesis
- ➤ **Neusynthese/de-novo Synthese** de-novo-synthesis
- ➤ **Photosynthese** photosynthesis
- ➤ **präbiotische Synthese** prebiotic synthesis
- ➤ **Retrosynthese** retrosynthesis

Synthesestoffwechsel/Anabolismus synthetic reactions/metabolism, anabolism
Syntheseweg/Biosyntheseweg (*siehe:* Stoffwechselweg) synthetic/biosynthesis pathway
synthetisch synthetic(al)
- ➤ **biosynthetisch** biosynthetic(al)
- ➤ **halbsynthetisch** semisynthetic(al)
- ➤ **vollsynthetisch** totally synthetic(al)

synthetisieren synthesize
Syntypus/Syntyp syntype
Synusie/Synusia/Lebensverein synusia
Syrinx ***orn*** syrinx, voice box
Systemanalyse systems analysis
Systematik/Taxonomie systematics, taxonomy
Systematiker/Taxonom systematist, taxonomist
systematisch/taxonomisch systematic, taxonomic
Systembiologie systems biology
systemisch systemic
Szintillationszähler („Blitz"-Zähler) scintillation counter, scintillometer
szintillieren/funkeln/ Funken sprühen/glänzen scintillate

T-Effektorzelle effector T cell
T-Zelle T cell, T lymphocyte (T = thymic)
➢ **cytotoxische T-Zelle** cytotoxic T cell, killer T cell, T-killer cell (T_K or T_c)
➢ **T-Effektorzelle** effector T cell
➢ **T-Helferzelle/Helfer T-Zelle** helper T cell, T-helper cell (T_H)
➢ **T-Suppressorzelle/Suppressor T-Zelle** suppressor T cell, T-suppressor cell (T_S), regulator T-cell, regulatory T-cell
➢ **T-Vorläuferzelle** pre-T cell, T-cell precursor
Tabakmosaik-Virus tobacco mosaic virus
Taccaceae/Erdbrotgewächse tacca family
Tachytelie tachytely
tachytelisch tachytelic
Tag-Nacht-Gleiche/Tagundnachtgleiche/Äquinotikum equinox
Tag-Nacht-Periodizität/Tag-Nacht-Rhythmus (24-St.-Takt) diel periodicity, diel pattern
tagaktiv day-active, diurnal
➢ **nachtaktiv** nocturnal
Tagblüher/Tagpflanze diurnal plant
Tageslänge day length
Tagesperiodizität *siehe* Tag-Nacht-Periodizität
Tagesrhythmik/circadiane Rhythmik circadian rhythm
Tagesrhythmus (Gegensatz zu: Nachtrhythmus) diurnal rhythm
Tagliliengewächse/Hemerocallidaceae daylily family
Tagma (*pl* Tagmata) tagma (fusion of somites)
Tagmatisierung tagmatization, tagmosis
tagneutrale Pflanze day-neutral plant
Tagpflanze/Tagblüher diurnal plant
Taiga (Nadelwald der gemäßigten Zone) taiga (temperate coniferous forest)
Taille waist
„Taille"/Hinterleibsstiel/Stielchen/Petiolus *entom* waist, podeon, podeum, pedicel, petiole
Talg *med* sebaceous matter, sebum; *zool* tallow (extracted from animals), suet (from abdominal cavity of ruminants)
Talg.../talgig sebaceous, tallowy
Talgdrüse sebaceous gland
Talsperre valley barrage (dam)
Tamariskengewächse/Tamaricaceae tamarisk family, tamarix family
Tandemanordnung/Tandemwiederholung *gen* tandem duplication, tandem repeat
Tandemlauf *ethol* tandem running
Tandemwiederholungen *gen* tandem repeats
➢ **variable Anzahl von Tandemwiederholungen** variable number of tandem repeats (VNTR)
Tang/Seegras/Seetang seaweed
Tangentialschnitt tangential section
Tanggrasgewächse/Cymodoceaceae manatee-grass family
Tannat (Gerbsäure) tannate (tannic acid)
Tännelgewächse/Elatinaceae waterwort family
Tannenfamilie/Kieferngewächse/Föhrengewächse/Pinaceae fir family, pine family
Tannenwedelgewächse/Hippuridaceae marestail family, mare's-tail family
Tannin (Gerbstoff) tannin (tanning agent)
Tanz dance
➢ **Bienentanz (*siehe auch dort*)/Tanzsprache (Bienen)** dance language
Tapetum (Antheren) tapetum
➢ **invasives T./amöboides Tapetum** invasive tapetum, ameboid tapetum
➢ **Periplasmodialtapetum** plasmodial tapetum
➢ **parietales T./Sekretionstapetum** parietal tapetum, secretory tapetum, glandular tapetum
Taphonomie (Fossilisationslehre) taphonomy

Taphozönose taphocenosis
Tara (Gewicht des Behälters/ der Verpackung) tare (weight of container/packaging)
Tardigraden (*sg* Tardigrad *m*)/ Bärentierchen/Bärtierchen tardigrades, water bears
tarieren tare (determine weight of container/packaging in order to substract from gross weight)
Tarnfärbung/Schutzfärbung cryptic coloration, concealing coloration
Tarntracht *orn* cryptic dress (plumage/pelage/coat)
Tarnung camouflage
Tarpunähnliche/Elopiformes tarpons
Tarsaldrüse tarsal gland
Tarsenspinner/Fußspinner/ Embien/Embioptera webspinners, footspinners
Tasche (Enzym) pocket
Tasche/Beutel (Marsupialia) pouch
Tasche/Vertiefung (Elektrophorese-Gel) well, depression (at top of gel)
Taschenklappe (Herz) semilunar valve (consisting of three semilunar cusps)
Taste button, knob, key
tasten feel, touch, palpate
Taster/Tastfühler/Palpe labial feeler, palp
Tasterträger/Palpiger palpiger
Tasthaar/Spürhaar/Sinushaar/Vibrissa tactile hair, vibrissa
Tastkopf *micros* probe, probing head
Tastkörperchen tactile sensilla
Tastorgan tactile organ, touch sense organ
Tastsinn tactile sense, sense of touch
Tatze/Pfote paw
Tau *meteo* dew
taub (gefühllos) numb; (gehörlos) deaf
taub/leer/hohl (Frucht/Same) empty, seedless
Taubenschlag dovecote, pigeonry
Taubenvögel/Columbiformes doves & pigeons and allies
Taubheit/Gefühllosigkeit numbness
Taubheit/Gehörlosigkeit deafness
Tauchflächenreaktor immersing surface reactor
Tauchglocke (Wasserspinne) *arach* diving bell
Tauchkanalreaktor immersed slot reactor
Tauchsieder *lab* immersion heater
Tauchstrahlreaktor plunging jet reactor, deep jet reactor, immersing jet reactor
taumeln (Bakterien) tumble
Taurin taurine
Täuschblume deceptive flower
Täuschung deception, delusion; illusion
Tausendblattgewächse/ Seebeerengewächse/Haloragaceae water milfoil family
Tausendfüßler/Tausendfüßer/ Myriapoden/Myriapoda millipedes ("thousand-leggers"), myriapodians
tautomere Umlagerung tautomeric shift
Tautropfen dewdrop
Taxaceae/Eibengewächse yew family
Taxis (*pl* Taxien) taxis (*pl* taxes)
Taxodiumgewächse/ Sumpfzypressengewächse/ Taxodiaceae redwood family, taxodium family, swamp-cypress family
Taxon/taxonomische Einheit taxon, taxonomic unit
Taxonom taxonomist
Taxonomie (biologische Klassifizierung) taxonomy
➢ **numerische Taxonomie/Phänetik** numerical taxonomy, phenetics, taxometrics
Technik (einzelnes Verfahren/ Arbeitsweise) technique, technic
Technik/Technologie (Wissenschaft) technology
➢ **Umweltverfahrenstechnik** environmental process engineering
Technikfolgenabschätzung technology assessment

technisch technic(al); (Laborchemikalie) lab grade
technische(r) Assistent(in)/ Laborassistent(in)/Laborant(in) technical assistant, laboratory/lab technician, technical lab assistant
Technologie technology
technologisch technologic(al)
Teekräuter tea herbs
Teestrauchgewächse/Teegewächse/ Kamel(l)iengewächse/Theaceae tea family, camellia family
Tegment/Knospenschuppe/ Knospendecke tegmentum, protective bud scales
Tegula tegula (tile-shaped structure)
Teich pond
➤ **kleiner Teich/Tümpel** pool
Teichfadengewächse/ Zannichelliaceae horned pondweed family
Teichonsäure teichoic acid
Teichuronsäure teichuronic acid
Teigreife (Getreide) dough stage (wax-ripe stage)
Teil (des Ganzen) moiety, part, section; (Anteil/Hälfte) moiety
Teilblume/Merianthium partial flower, merianthium
Teilblütenstand/Teilinfloreszenz partial inflorescence
Teilchen/Partikel particle
Teilchengröße (Bodenpartikel) particle size, soil texture
teilen divide, fission, separate
Teilerhebung ***stat*** partial survey
Teilfrucht/Karpid (ein ganzes Karpell) fruitlet
Teilfrucht/Merikarp (Teil eines Karpells) mericarp
teilig/geteilt (Blattrand) parted, partite
Teilkorrelationskoeffizient ***stat*** partial correlation coefficient
Teilmenge/Portion/Fraktion portion, fraction
Teilmengenauswahl ***stat*** subset selection
Teilstichprobe ***stat*** subsample
Teilung division, fission, separation
➤ **Äquatorialteilung** equatorial division
➤ **Furchungsteilung/Blastogenese** blastogenesis
➤ **Furchungsteilung/Eifurchung** cleavage; segmentation
➤ **Gabelteilung/Gabelung/ Dichotomie** forking, bifurcation, dichotomy
➤ **Kernteilung/Mitose** nuclear division, mitosis
➤ **Längsteilung** longitudinal division, fission
➤ **Reduktionsteilung/ Reifeteilung/Meiose** reduction division, meiosis
➤ **Vielfachteilung/Mehrfachteilung (Bakterien)** multiple fission
➤ **Zellteilung** cell division, cytokinesis
➤ **Zweiteilung/binäre Zellteilung** binary fission, bipartition
Teilungsphase division phase
Teilungsrate division rate, rate of division
Teilzieher ***orn*** partially migratory bird
Tektorialmembran/Deckmembran/ Membrana tectoris tectorial membrane
Teleostei/„echte" Knochenfische teleosts, modern bony fishes
Teleutospore teleutospore, teliospore
Telma telma
Telmatophyt telmatophyte (wet meadow plant)
Telomer telomere
Telomtheorie telome theory
telozentrisches Chromosom telocentric chromosome
Temperatur temperature
➤ **obere kritische Temperatur (OKT)** upper critical temperature (UCT)
➤ **Phasenübergangstemperatur** phase transition temperature
➤ **Raumtemperatur** room temperature
➤ **Umgebungstemperatur** ambient temperature
➤ **untere kritische Temperatur (UKT)** lower critical temperature (LCT)

temperaturabhängig
temperature-dependent
Temperaturempfindlichkeit
temperature sensitivity
Temperaturgradient
temperature gradient
Temperaturorgel ***ecol***
temperature-gradient apparatus
Temperaturschwankung
fluctuation of temperature
temperenter Phage temperate phage
temperieren
(to bring) to a moderate temperature
Tenaculum tenacle, tenaculum
Tentaculaten/Kranzfühler/ Fühlerkranztiere tentaculates (bryozoans/phoronids/brachiopods)
Tentaculiferen/tentakeltragende Rippenquallen (Ctenophora)
tentaculiferans, "tentaculates"
Tentakel/Fanghaar tentacle
Tentakelarm tentacular arm
Tentakelebene tentacular plane
Tentakelgefäß (Ctenophoren)
tentacular canal
Tentakelscheide (Ctenophoren)
tentacle sheath
Tentorium ***entom*** tentorium
Tentoriumbrücke/ Corpus tentorii/Corpotentorium
tentorial ridge
Tentoriumgrube tentorial pit
Teppichhaiartige/Ammenhaiartige/ Orecolobiformes
carpet sharks, carpetsharks
teratogen/Missbildungen verursachend teratogenic
Teratogenese/ Missbildungsentstehung
teratogenesis, teratogeny
Teratologie (Lehre von Missbildungen)
teratology
Teratom teratoma
Tergit/Rückenplatte (dorsale Sklerite) tergite
Tergum/Rückenschild
tergum, back, roof, dorsal plate (consisting of tergites)
terminale Redundanz
terminal redundancy
Terminalknospe/Endknospe
terminal bud
Terminaltrieb/Endtrieb/Gipfeltrieb
terminal shoot, apical shoot
Terminationscodon/ Abbruchcodon/Stoppcodon
termination codon, terminator codon, stop codon
Terminus/Ende (Molekülende)
terminus
Termiten/„Weiße Ameisen"/Isoptera
termites
Terpene terpenes
➢ **Diterpene (C20)** diterpenes
➢ **Hemiterpene (C5)** hemiterpenes
➢ **Monoterpene/Terpene (C10)** monoterpenes, terpenes
➢ **Polyterpene** polyterpenes
➢ **Sesquiterpene (C15)** sesquiterpenes
➢ **Triterpene (C30)** triterpenes
Terpentinharz
pitch (resin from conifers)
Terrassierung terracing
terrestrisch/landlebend
terrestrial, land-dwelling
➢ **wasserlebend/im Wasser lebend/ wasserbewohnend/aquatisch**
aquatic
Territorialität territoriality
Territorialverhalten
territorial behavior
Territorium/Revier/Gebiet/ Wohnbezirk territory, range
Tertiär/Tertiärzeit/Braunkohlenzeit (erdgeschichtliche Periode)
Tertiary, Tertiary Period
Tertiärfollikel/Graafscher Follikel/ Graaf-Follikel
Graafian follicle, vesicular ovarian follicle
Tertiärstruktur (Proteine)
tertiary structure
Test/Prüfung assay
testikuläre Feminisierung
testicular feminization
Testis-Determinationsfaktor
testis-determining factor (TDF)
Testkreuzung testcross
Testmedium/Prüfmedium
(zur Diagnose) test medium

Testosteron testosterone
Testpartner ***gen*** tester
Testverfahren
test procedure, testing procedure
Tetanus/Wundstarrkrampf
(*Clostridium tetani*) tetanus
Tetrade tetrad
Tetradenanalyse tetrad analysis
tetraedrisch tetrahedral
tetraparental tetraparental
tetraploid tetraploid
Teuerlinge/Vogelnestpilze/
Nidulariaceae
bird's-nest fungi, bird's-nest family
Texasfieber (*Babesia* ssp.)
Texas fever, red-water fever,
hemoglobinuric fever (babesiosis)
Textur/Struktur/Faser
(Fibrillenanordnung: Dichte der
Leitelemente in Jahresring)
texture (*see* grain)
thallös membranous, foliose
(body type/construction)
Thallus (*pl* Thalli)/Lager
thallus (*pl* thalli/thalluses)
➤ **Fadenthallus** filamentous thallus
➤ **Prothallium/Vorkeim (Farne)**
prothallus
Thanatose/Totstellen/Totstellung
thanatosis, feigning death
Thanatozönose thanatocenosis
Theaceae/Teegewächse/
Kamel(l)iengewächse/
Teestrauchgewächse
tea family, camellia family
Thebain thebaine
Thein/Koffein theine, caffeine
Theka theca
Thekamöben/
beschalte Amöben/Testacea
testate amebas
Theligonaceae/Hundskohlgewächse
theliogonum family
Thelypteridaceae/
Lappenfarngewächse/
Sumpffarngewächse
marsh fern family
Thelytokie thelytoky, thelyotoky
Theobromin theobromine
Theophrastaceae Joe-wood family
Theophyllin theophylline
theoretisch theoretic, theoretical
Theorie theory
Thermalquelle thermal spring
Thermiksegelflug/Thermiksegeln ***orn***
thermal soaring
Thermodynamik thermodynamics
➤ **1./2. Hauptsatz**
(der Thermodynamik)
first/second law of thermodynamics
Thermogenese thermogenesis
Thermokline/Sprungschicht
thermocline
Thermometer thermometer
Thermometerhuhn ***zool*** mallee fowl
Thermoneutralzone
thermal neutral zone
Thermoregulation thermoregulation
Therophyt/kurzlebige Pflanze/
Annuelle/Einjährige
therophyte, annual plant
Thiamin (Vitamin B_1)
thiamine (vitamin B_1)
Thigmotaxis (*pl* Thigmotaxien)
thigmotaxis (*pl* thigmotaxes)
Thioharnstoff thiourea
Thorakalfuß/
Thorakopode/Thoracopod/
Thoraxbein/Rumpfbein
thoracopod, thoracic leg
Thorakalrückenplatte/
dorsales Thorakalschild/Notum
notum
(dorsal thoracic plate/thoracic tergum)
Thorakalschüppchen thoracic scale
Thorax/Brust/Brustkörper/
Brustkasten/Oberkörper
thorax, breast, chest, pectus
Thorax/Mittelleib (Insekten) thorax
Threonin threonine
Thrombin thrombin
Thrombozyt/Thrombocyt/
Plättchen/Blutplättchen
thrombocyte, platelet
Thylakoid thylakoid
Thylle tylosis, thylosis, tylose
Thyllenbildung
tylosis formation, tylosis
Thymelaeaceae/
Spatzenzungengewächse/
Seidelbastgewächse
daphne family, mezereum family

Thymin thymine
Thymindimer thymine dimer
Thymus/Thymusdrüse/Bries (Hals-/Brustthymus) thymus (gland)
Thyreotropin/Tyrotropin/ thyreotropes Hormon (TSH) thyrotropin, thyroid-stimulating hormone (TSH)
Thyroliberin/Thyreotropin-Freisetzungshormon (TRH/TRF) thyroliberin, thyreotropin releasing hormone/factor (TRH/TRF)
Thyroxin (T_4) thyroxine (*also*: thyroxin), tetraiodothyronine
Thyrse/Thyrsus/Strauß (Infloreszenz) thyrse, thyrsus
Thysanuren (Felsenspringer u. Silberfischchen etc.) thysanurans
Tide(n)/Gezeiten tide(s)
- **Ebbe** low tide
- **Flut/Tide** high tide, flood
- **Nipptide** neap tide
- **Springtide** spring tide

Tidebereich/Gezeitenzone tidal zone, intertidal zone
Tidenhub tidal lift
Tiedemannscher Körper/ schwammiger Körper Tiedemann's body
Tiefe (Meerestiefe) depth of the ocean, profundal depth
Tiefebene lowland, low-lying plain
Tiefenätzung deep etching
Tiefenschärfe/Schärfentiefe *opt* depth of focus, depth of field
Tiefland/Niederung bottomland, lowland
Tiefsee deep sea
Tiefseebecken deep-sea basin
Tiefseebereich, mittlerer/ mittlere Tiefseezone/ Bathypelagial (Wasser) bathypelagic zone
Tiefseebereich, unterster/ unterste Tiefseezone/ Abyssopelagial (Wasser) abyssopelagic zone
Tiefseeberg seamount
Tiefseeboden/Abyssal (Boden) abyssal zone
Tiefseeboden bewohnend/ Abyssobenthal (Boden) abyssobenthic
Tiefseeebene abyssal plain
Tiefseeerhebung deep-sea rise, oceanic rise
Tiefseegraben deep-sea trench
Tiefseegrabenbereich (Wasser) hadopelagic zone
Tiefseegrabenzone/Hadal (Hänge) hadal zone
Tiefseequallen/Kranzquallen/ Coronatae coronate medusas
Tiefseetafelberg/Tiefseekuppe guyot, tablemount (flat-topped seamount)
Tiefseevampire/ Vampirtintenschnecken/ Vampyromorpha vampire squids
tiefwurzelnde Pflanze deep-rooted plant
Tiegelzange *lab* crucible tongs
Tier animal
Tieraffen monkeys
Tierarzt/Veterinär veterinarian, vet
Tierasyl/Tierheim animal asylum, animal shelter
Tierausbreitung zoochory, animal-dispersal
tierblütig zoophilous
Tierblütigkeit/Zoophilie zoophily, pollination by animal vectors
Tierchen animalcule, little/small animal
Tierexkremente/Tierkot animal feces, droppings
Tierfreund animal lover
Tiergarten/Zoo/Zoologischer Garten zoo, zoological garden(s)
Tiergemeinschaft/Zoozönose animal community, zoocoenosis
Tiergeographie/Zoogeographie zoogeography
Tiergesellschaft/Sozietät (essenzielle Vergesellschaftung) (animal) society
Tierheilkunde/Tiermedizin/ Veterinärmedizin veterinary science, veterinary medicine

Tierheim/Tierasyl animal shelter, animal asylum
tierisch animal; (bestialisch/ animalisch) bestial; (brutal) brutal
tierisches Eiweiß animal protein
tierisches Fett animal fat
Tierkäfig animal cage
➢ **kleiner Tierkäfig/Verschlag (z.B. Geflügelstall)** hutch, coop
Tierklinik veterinary clinic, animal hospital
Tierkunde/Zoologie zoology
Tierläuse/Phthiriaptera (Mallophaga u. Anoplura) phthiriapterans
tierlieb fond of animals, animal-loving
Tiermedizin/Tierheilkunde/ Veterinärmedizin veterinary medicine/science
Tiermodell animal model
Tierpension (Hunde/Katzen) kennel (dogs/cats)
Tierpfleger/Tierwärter (animal) keeper, warden
Tierphysiologie animal physiology, zoophysiology
Tierpsychologie animal psychology, zoopsychology
Tierquälerei animal abuse, cruelty to animals
Tierrechte animal rights
Tierrechtler/Tierschützer animal rights advocate
Tierreich animal kingdom
Tierschutz (advocating of) animal rights, protection of animals
Tierschutzverein animal rights league
Tierseuche/Viehseuche epizooic disease, pest; livestock epidemic
Tierstaat animal society
Tierstock cormus; colony
Tiervirus animal virus
Tierwelt/Fauna fauna, animal life
Tierzucht (Nutztiere in der Landwirtschaft) animal husbandry, livestock breeding
Tierzucht/Tierzüchten ***sensu lato*** animal breeding
Tierzwinger (z.B. in Zoos) cage, enclosure; (staatl. Verwahrung verwaister Tiere) pound
Tigrolyse tigrolysis
Tiliaceae/Lindengewächse lime tree family, linden family
Tinktur tincture
Tinte ink
Tintenfische/Coleoidea/Dibranchiata coleoids
Tintengang ink duct
Tintensack/Tintenbeutel/Tintendrüse ink sac, ink gland
Tintenschnecken/ eigentliche Tintenschnecken/ Sepioidea (bzw.Sepiida) cuttlefish & sepiolas
➢ **achtarmige Tintenschnecken/ Kraken/Octopoda/Octobrachia** octopods, octopuses
➢ **zehnarmige Tintenschnecken/ Zehnarmer/ Decabrachia/Decapoda** cuttlefish & squids
Tintlinge/Tintenpilze/Coprinaceae inky cap family
Tischveredelung ***hort*** bench grafting
Titer titer
Titin titin
Titration titration
➢ **Rücktitration** back titration, backtitration
Titrationskurve titration curve
Titrationsmittel/Titrant titrant
titrieren titrate
Tittelpfropfung ***hort*** apical grafting (wedged scion inserted behind strip of bark) (after Tittel, 1916)
Tochter daughter
Tochtercyste exogenous cyst
Tochtergeneration/ Filialgeneration (F_1/F_2) filial generation
Tochtergeschwulst/Metastase metastasis
Tochterstrang ***gen*** daughter strand
Tochterzelle daughter cell
Tochterzwiebeln bulblets
Tocopherol/Tokopherol (Vitamin E) tocopherol (vitamin E)

Tod *n* death
➢ **Freitod/Suizid** suicide
➢ **Hirntod** brain death
➢ **plötzlicher Tod** sudden death
Todesart cause of death
Todesforschung/Lehre vom Tod/ Thanatologie thanatology
Todeskampf death struggle, agony
Todestrieb death instinct
Todesursache cause of death
Todeszeichen dsigns of death
tödlich/letal deadly, lethal
Toleranzbereich tolerance range
Toleranzgrenze tolerance limit
Tolerogen tolerogen
Tollwut/Hundswut/Rabies/Lyssa (*Lyssavirus*) rabies
Tölt (Gangart bei Pferden) running-step
Tomographie tomography
Tömösvarysches Organ/ Postantennalorgan organ of Tömösvary
Ton ***acust*** tone, sound
Ton ***geol*** clay
Tonikum tonic
Tönnchenlarve/Doliolaria (Crinoidea) doliolaria
Tönnchenlarve/ Dotterlarve/Vitellaria (Holothuroidea) vitellaria larva
Tönnchenpuppe/Pupa coarctata coarctate pupa
tonnenförmig barrel-shaped, dolioform
Tonnensalpen/Doliolida doliolids
Tonofibrillen tonofibrils
Tonofilament tonofilament
Tonoplast tonoplast
Tonus tone
➢ **Muskeltonus** muscle tone
Topferde potting soil (potting mixture: soil & peat a.o.)
Topffruchtbaumgewächse/ Deckeltopfbäume/Lecythidaceae brazil-nut family, lecythis family
Topfpflanze potted plant
topogen topogenic, topogenous
Topotypus/Topostandard topotype
Torf peat
➢ **Bleichmoostorf/Sphagnumtorf** sphagnum peat
➢ **Schilftorf/Rohrgrastorf** reed peat
➢ **Schwarztorf** black peat
➢ **Seggentorf** sedge peat, carex peat
➢ **Weißtorf/Hochmoortorf** white peat
Torfhügelmoor/Palsenmoor palsa bog
Torfhumus peat humus
Torfmoor bog, peat bog, peat moor, muskeg
Torfmoos/Bleichmoostorf/ Sphagnumtorf sphagnum peat
Torfmoose (Sphagnidae) peat mosses
Torfmull granulated peat, garden peat
Torfstich/Torfgrube peat bank, peatery
tormogene Zelle/Balgzelle tormogen cell (socket-forming cell)
Tornaria-Larve tornaria larva
Torpor/Starre (Kältestarre/Winterstarre) torpor (hibernation)
Torsion/Drehung torsion
Torstrom (*pl* Torströme) *neuro* gating current
tot dead
tot geboren stillborn
töten kill
Totenflecke/Leichenflecke (Livores mortis) postmortem lividity
Totenkopf/Totenschädel (Giftzeichen) skull and crossbones
Totenstarre/Leichenstarre rigor mortis
Toter dead person
totgeboren stillborn
Totgeburt stillbirth
Totholz ***for*** wood litter
Totraum deadspace
Totreife (Getreide) dead ripeness
totstellen feign death, play dead
Totstellreflex/Sichtotstellen/Akinese akinesis
Tötungsglas (Insekten) killing jar
Totvolumen dead volume
Totwasser quiet water, still water (stationary eddies in river)
Toxikologie toxicology
Toxin/Gift toxin
toxisch/giftig toxic, poisonous

Toxizität/Giftigkeit
toxicity, poisonousness
Toxophorium (Schmetterlingsraupen: Brenn- und Gifthaare) toxophore
Toxoplasmose (*Toxoplasma gondii*)
toxoplasmosis
Trab/Trott (schnelle Gangart)
trot (trotting gait)
Trabekel/Balken/Bälkchen
trabecula
Traberkrankheit scrapie
Trachealdrüse/Luftröhrendrüse
tracheal gland
Trachealring/Trachealknorpel/ Knorpelspange der Luftröhre
tracheal ring, tracheal cartilage
Trachee/Gefäß *bot* trachea, vessel
➢ **Leitertrachee** scalariform vessel
Trachee/Luftröhre/ Atemröhre/Kehle *zool*
trachea, windpipe, breathing tube
➢ **Fächertrachee/ Buchlunge/Fächerlunge** book lung
➢ **Röhrentrachee *arach***
tube trachea, tubular trachea
➢ **Siebtrachee *arach*** sieve trachea
Tracheenglied
vessel member, vessel element
Tracheenkieme tracheal gill
Tracheenöffnung/Tracheenstigma/ Spirakulum/Ostium
(tracheal) spiracle, ostium
Tracheentiere/Tracheata tracheates
Tracheide tracheid
Tracheole tracheole, tracheal capillary
Tracheophyt/Gefäßpflanze
tracheophyte, vascular plant
Tracht (Ertrag an Honig) yield
Tracht (Jungtiere/Wurf) litter
Tracht/Kleid (Fell/Gefieder)
coat, plumage
➢ **Schrecktracht/Schreckfärbung**
fright coloration
➢ **Schutztracht/schützende Nachahmung/Mimikry** mimicry
➢ **Tarntracht**
cryptic dress (plumage/pelage/coat)
➢ **Warntracht/Warnfärbung/ Abschreckfärbung**
warning coloration, aposematic coloration
Trachte (Huf) buttress of heel, angle of heel, angle of wall
Trachtenwand (Huf) wall of heel
trächtig/schwanger
gravid, pregnant
Trächtigkeit/ Schwangerschaft/Gravidität
pregnancy, gravidity
Trachylina/Trachymedusae
trachymedusas, trachyline medusas
Tractus olfactorius olfactory tract
träg/träge *chem* inert
Tragblatt/Deckblatt
bract, subtending bract
➢ **Tragblatt zweiter Ordnung/ Tragschuppe/ Deckschuppe/Brakteole**
bract-scale, bracteole, bractlet, secondary bract
Träger carrier; *bot* suspensor; (*Marchantia*) stalk; *chromat/med* carrier
Trägerarm *micros* arm
Trägerelektrophorese
carrier electrophoresis
Trägergas carrier gas
Trägerhyphe *fung*
suspensor, zygosporophore
Trägermolekül carrier molecule
Trägerprotein/Schlepperprotein
carrier protein
Trägersubstanz carrier
Trägheit inertia
Trägheitskraft inertial force
Tragling/Tragjunge clinging young
Tragschuppe/Deckschuppe/ Tragblatt zweiter Ordnung/ Brakteole
bract-scale, bracteole, bractlet, secondary bract
Tragtier/Lasttier
pack animal, beast of burden
Tragus (Ohr) tragus
Tragzeit/Tragezeit
gestation period, period of gestation
Trama (Lamellentrama) *fung*
trama (of fungal gill), dissepiment
Tramaplatte tramal plate
Trampelklette traple burr

Tran/Fischöl train oil, fish oil (also from whales)
➢ **Lebertran** cod-liver oil
Träne tear
tränen tear
tränenartig/Tränen... lacrimal (lachrymal)
Tränenbein/Os lacrimale lacrimal bone
Tränendrüse lacrimal gland
Tränengang/Tränenkanal tear duct, lacrimal duct
Tränennasengang/ Tränennasenkanal/ Ductus naso-lacrimalis nasolacrimal duct
Tränensack tear pouch
Tränke (für Tiere) watering place (for animals)
trans-Golgi-Netzwerk trans-Golgi network
Transadenylierung transadenylation
Transaminierung transamination
Transcytose transcytosis
Transduktion transduction
➢ **abortive T.** abortive transduction
➢ **spezielle Transduktion** specialized transduction
Transduktionskartierung transduction mapping
Transekt transect
➢ **Gürteltransekt** belt transect
➢ **Linientransekt** line transect
Transfektion transfection
➢ **abortive T.** abortive transfection
Transferöse transfer loop
Transformation transformation
➢ **Zelltransformation** cell transformation
Transformationskartierung transformation mapping
Transformationsreihe transformation series
transformieren transform
transformierendes (aktives) Prinzip transforming principle
transformierte Zelle transformed cell
transgen transgenic
transgene Pflanzen transgenic plants
transgenes Tier transgenic animal
Transhumanz transhumance, seasonal livestock movement
Transition transition
Transkript transcript
➢ **Primärtranskript** primary transcript
Transkript-Sequenzierung transcript sequencing
Transkription transcription
➢ **3′→ 5′ (drei Strich-fünf Strich/ drei Strich nach fünf Strich)** 3′→ 5′ (three prime five prime/ three prime to five prime)
Transkriptionsanalyse transcript analysis
Transkriptom transcriptome
Translation translation
➢ **hybridarretierte Translation** hybrid-arrested translation (HART)
➢ **Hybrid-Freisetzungstranslation** hybrid-release translation (HRT)
➢ **reverse Translation** reverse translation
Translationsbewegung translational motion
Translationsfusion translation fusion
Translator (Gynostegium) ***bot*** translator (caudicles + adhesive body)
Translokation translocation
➢ **balancierte Translokation** balanced translocation
➢ **reziproke Translokation/ interchromosomale Umordnung/ Austausch (zwischen Chromosomen)** interchange, interchromosomal rearrangement
Transmembranprotein transmembrane protein
Transmission (horizontale/vertikale) ***gen*** (horizontal/vertical) transmission
Transphosphorylierung transphosphorylation
Transpiration transpiration
Transpirationssog/Transpirationszug transpiration pull
Transpirationsstrom transpiration stream
Transpirationsweg transpiration pathway

Transplantat transplant, graft
➤ **Allotransplantat**
allograft (allogeneic graft)
➤ **Autotransplantat**
autograft (autologous graft)
➤ **Fremdtransplantat/ Xenotransplantat** xenograft (xenogeneic graft: from other species)
➤ **Gewebetransplantat**
tissue graft, tissue transplant
➤ **Hauttransplantat**
skin graft, skin transplant
➤ **Homotransplantat/ Allotransplantat**
homograft, syngraft (syngeneic graft), allograft
Transplantat-anti-Wirt-Reaktion
graft-versus-host reaction (GVH)
Transplantatabstoßung
graft rejection
transplantieren transplant
transponierbares Element ***gen***
transposable element
➤ **transponierbares menschliches Element (THE)**
transposable human element (THE)
Transport transport, transportation
➤ **aktiver Transport**
active transport, uphill transport
➤ **durch eine Membran hindurch**
membrane trafficking
➤ **erleichterter Transport**
facilitated transport
➤ **gekoppelter Transport**
coupled transport, co-transport
➤ **Membrantransport**
membrane transport
transportieren transport
Transportprotein transport protein
Transportwirt/Sammelwirt/ Stapelwirt/paratenischer Wirt
paratenic host
Transposition transposition
Transposon transposon
Transversalgefäß (Ctenophoren)
transverse canal
Transversalkanal (T-Kanal)
transverse tubule (T-tubule)
Transversion transversion
Trapaceae/Wassernussgewächse
water chestnut family
Traube/Botrys (Infloreszenz)
raceme, botrys
traubenförmig/traubig/botryoid/ razemös/racemös/racemos
grape-cluster-like, botryoid, botryose, racemose
Traubenzucker/ Glukose/Glucose/Dextrose
grape sugar, glucose, dextrose
Traufe ***zool*** trough
Träufelspitze (Blatt) ***bot*** drip tip
Träuschlinge/Schuppenpilze/ Strophariaceae Stropharia family
Treber/Biertreber brewers' grains
Treibgas propellant
Treibhaus/Gewächshaus
greenhouse, forcing house
Treibhauseffekt greenhouse effect
Treibholz driftwood
Treibjagd drive
Treibmittel/Gärmittel/Gärstoff
leavening
Treibstoffalkohol/Gasohol gasohol
Trennart/Differenzialart
differential species
trennen separate; divide
Trenngel separating gel (running gel)
Trennkammer ***chromat*** **(DC)**
developing chamber (TLC)
Trennmethode separation method
Trennschärfe ***chromat*** resolution
Trennschicht ***bot*** **(Blatt)**
abscission layer
Trennstufe ***chromat*** **(HPLC)** plate
Trennstufenhöhe height equivalent to theoretical plate (HETP)
Trennung separation
Trennung/Verteilung/Disjunktion
(der Tochterchromosomen) disjunction
Trennungsschicht/Trennschicht/ Ablösungsschicht/ Abszissionsschicht ***bot***
separation layer, abscission layer
Trennverfahren/Trennmethode
separation technique/procedure, separation method
Trester/Treber (*siehe auch dort*)
(Fruchtpressrückstand/ Traubenpressrückstand) marc; (Malzrückstand) draff

treten (begatten: Hahn) tread
treu/fest (Gesellschaftstreue)
exclusive
Treue (Gesellschaftstreue) fidelity
Triangulationszahl *vir*
triangulation number
Trias (erdgeschichtliche Periode)
Triassic, Triassic Period
Tribus (*pl* Triben)/Sippe tribe
Tricarbonsäure-Zyklus/Citrat-Zyklus/ Citratcyclus/Zitronensäurezyklus/ Krebs-Cyclus
tricarboxylic acid cycle (TCA cycle), citric acid cycle, Krebs cycle
trichal (haarförmig)/fadenförmig
filamentous, filliform, thread-shaped
Trichine (*Trichinella spiralis*)
trichina worm
Trichinose (Krankheit verursacht durch: *Trichinella spiralis*) trichinosis
trichogene Zelle
trichogen cell (seta-forming cell)
Trichogyne/ Empfängnishyphe *fung*
trichogyne
Trichter funnel
Trichter/Sipho/Infundibulum
funnel, siphon, infundibulum
Trichterblatt funnel-leaf
Trichterblüte
funnel-shaped corolla, funnel-shaped flower
Trichterfalle/Reusenfalle *bot*
(unidirectional) pitfall trap, funnel trap, weir basket trap
trichterförmig funnel-shaped, funnelform, infundibulate
Trichtergrube/Subgenitaltasche
subgenital pit
Trichternetz/Röhrennetz *arach*
funnel web, tube web
Trichterpflanze
funnel-leaved plant, infundibulate plant
Trichterrispe/Spirre (Infloreszenz)
anthela
tricolpat tricolpate
Trieb (Spross) *bot* shoot
Trieb/Drang/Impuls *ethol*
urge, drive, compulsion, impulse
Triebkraft *phys/mech* (Antrieb)
propulsive force
Triebverhalten/Instinktverhalten
instinctive behavior
Trift (Weide/Weidewiese)
pasture, pasturage
Trift/Weg zur Weide (Vieh)
cattle track
Triggerzone trigger zone
Triiodthyronin/Trijodthyronin (T_3)
triiodothyronine
trillern *orn* warble, trill
Trilliaceae/Einbeerengewächse
trillium family
trimitisch trimitic
trimmen/abschneiden/ zurückschneiden *hort/zool* trim
Trimmschere trimming shears
Trinkwasser drinking water
Trinokularaufsatz/Tritubus *micros*
trinocular head
triphasisch triphasic
Triplettbindungsversuch
triplet binding assay
Triplettsequenzen *gen*
triplet sequences
triploid triploid
Triploidie triploidy
triplostemon triplostemonous
trippeln (Bienen) spasmodic dance
trisom trisomic
Trisomie trisomy
tritiieren tritiate
Tritiummarkierung/Tritiumeinbau
tritiation, tritium labeling
Trochodendraceae/ Radbaumgewächse
trochodendron family, wheel-stamen tree family, yama-kuruma family
Trochus (vorderer Wimpernkranz)
trochus (anterior circlet of cilia)
trocken dry, arid
Trockenbeet (Kläranlage) drying bed
Trockenblotten dry blotting
Trockenblume/Strohblume
strawflower
Trockenfäule dry rot
Trockenfrucht dry fruit
Trockengebiet
arid land, arid region, dryland

Trockengewicht (*sensu stricto* Trockenmasse) dry weight (*sensu stricto* dry mass)
Trockenheit/Dürre dryness, drought
Trockenheit ertragende Pflanze xerophyte, xeric/xerophilous plant, drought tolerator
Trockenkultur dry farming, dryland farming
Trockenlandwirtschaft/ Trockenkultur dry farming, dryland farming, dryland culture
trockenlaufen *chromat* run dry
trockenlegen (Sumpf) drain
Trockenlegung drainage
Trockenmasse/Trockensubstanz dry mass, dry matter
Trockenmittel/Sikkativ siccative, desiccant, drying agent, dehydrating agent
Trockenperiode dry spell, drought
Trockenpflanze xerophyte, xeric plant, xerophilous plant
Trockenrasen dry meadow, arid grassland
trockenresistent drought resistant, xerophytic
Trockensavanne dry savanna
Trockenschlaf/ Sommerschlaf/Ästivation estivation
Trockenschrank *lab* drying cabinet (plant-drying cabinet)
Trockenschütte leaf cast (abscission of leaves) due to desiccation
Trockenstarre/Anhydrobiose anhydrobiosis
Trockensubstanz dry matter
trocknen dry
➢ **austrocknen** desiccate
➢ **eintrocknen** dry up, dehydrate
➢ **gefriertrocknen/lyophilisieren** freeze-dry, lypophilize
Trocknis/Austrocknungsschaden desiccation damage
Trog/Wanne trough
Trogons/Trogoniformes trogons
Trommelfell/Ohrtrommel/ Tympanalmembran/Tympanum eardrum, tympanic membrane, tympanum
Trompetenbaumgewächse/ Bignoniengewächse/Bignoniaceae trumpet-creeper family, trumpet-vine family, bignonia family
Tropaeolaceae/ Kapuzinerkressengewächse nasturtium family
Tropen tropics
➢ **feuchte Tropen** wet tropics
➢ **gemäßigte Tropen** moderate tropics
➢ **Subtropen** subtropics
➢ **trockene Tropen** dry tropics
Tropenkrankheiten tropical diseases
Tropentauglichkeit fitness for tropical climate
Tropfberieselungsschlauch *agr* soaker hose
Tropfbewässerung drip irrigation, trickle irrigation
Tröpfcheninfektion droplet infection
tropfen *vb* drip
Tropfen *n* drop
Tropfenfaden *arach* viscid line
Tropfflasche dropping bottle
Tropfglas/Tropfpipette dropper
Tropfkörper (Tropfkörperreaktor/ Rieselfilmreaktor) trickling filter
Tropftrichter *lab* dropping funnel
Trophamnion trophamnion
Trophie trophism
Trophieebene/Trophieniveau/ Trophiestufe/trophische Stufe/ trophische Ebene/ trophisches Niveau trophic level, feeding level
➢ **Konsument** consumer
➢ **Produzent** producer
➢ **Nahrungskette** food chain
➢ **Nahrungspyramide** food pyramid
➢➢ **Detritusnahrungskette** detritus food chain, detrital food chain
➢➢ **Weidekette/Weidenahrungskette/ Fraßnahrungskette/ Abweide-Nahrungskette** grazing food chain

Trophophase (Ernährungsphase) trophophase
Tropismus tropism
Troponin troponin
trüb turbid
Trüffeln/Tuberales truffles
Trugdolde/Scheindolde/Cymus/ Zymus/Cyme (Infloreszenz) cyme
➤ **eingablige Trugdolde** simple cyme, monochasium
➤ **zweigablige Trugdolde** compound cyme, dichasial cyme, dichasium
trugdoldig/cymös/zymös cymoid, cymose
Trypsin trypsine
Tryptophan tryptophan
Tsetseseuche/Schlafkrankheit (*Trypanosoma rhodesiense/ gambiense*) sleep sickness
tuberkular/knotig tubercular, tuberculate, tuberculated
tuberkulös (>Tuberkulose) tuberculous
Tuberkulose tuberculosis
tuberös tuberous, tuberal
Tubocurarin tubocurarine
tubulär tubular
Tubulin tubulin
Tubus *micros* tube, body tube
Tuff *geol* tuff, tufa
Tularämie/Hasenpest (*Pasteurella tularensis*) tularemia
Tullgren-Apparat *ecol* Tullgren funnel
Tumor/Wucherung/Geschwulst tumor
➤ **bösartiger Tumor/Krebs** malignant tumor, cancer
➤ **gutartige Geschwulst (benigne)** benign tumor
➤ **Krebs/malignes Karzinom** cancer, malignant neoplasm/carcinoma
➤ **Pflanzentumor** plant tumor
➤ **Wurzelhalstumor** (Stamm- oder Wurzeltumor verursacht durch *A. tumefaciens*) crown gall tumor
Tumornekrosefaktor (TNF) tumor necrosis factor
Tümpel pond, pool
➤ **Felstümpel** rockpool
➤ **Gezeitentümpel** tidal pool, tide pool
Tümpelquelle/Limnokrene limnocrene
Tundra tundra, polar grassland, arctic grassland
Tundramoor muskeg, bog
tunikat/tunicat tunicate
Tunnelmikroskopie tunneling microscopy
Tupelobaumgewächse/Nyssaceae sourgum family
Tüpfel pit
➤ **einfacher Tüpfel** simple pit
➤ **Fenstertüpfel** fenestriform pit
➤ **Hoftüpfel** bordered pit
➤ **verzweigter Tüpfel** ramiform pit
Tüpfelfarngewächse/Polypodiaceae polypody family, fern family
Tüpfelfeld pit field
Tüpfelhof pit chamber
Tüpfelhöhle pit cavity
Tüpfelöffnung/ Tüpfelporus/Tüpfelapertur pit aperture
Tüpfelpaar pit-pair
➤ **behöftes Tüpfelpaar** bordered pit-pair
➤ **verschlossenes/aspirates Tüpfelpaar** aspirated pit-pair
Tüpfelpfropfen (Rotalgen) pit plug
Tüpfelschließhaut pit membrane
Tüpfelung pitting
Tüpfelverbindung (Tüpfelkanal bei Rotalgen) pit connection
Turbanauge (Ephemeroptera) stalked compound eye
Turbellarien/Strudelwürmer turbellarians, free-living flatworms
Turbidimetrie/Trübungsmessung turbidimetry
Turbidostat turbidostat
turbulente Strömung turbulent flow
Turbulenz turbulence
turgeszent/geschwollen/ angeschwollen/schwellend/prall turgescent, swollen

Turgeszenz/Schwellung turgescence, swelling
Turgidität turgidity
Turgor/hydrostatischer Druck turgor, hydrostatic pressure
Turgordruck turgor pressure
Turio (*pl* Turionen) turio, turion, (detachable) winter bud, hibernaculum
Türkensattel/Sella turcica Turkish saddle, sella turcica
Turmreaktor column reactor
Turneraceae/Safranmalvengewächse turnera family
Tute/Ochrea ochrea, ocrea, mantle
Tympanalorgan/Gehörorgan tympanic organ
Typhaceae/Rohrkolbengewächse reedmace family, cattail family
Typhlosolis (Clitellata) typhlosole
Typhus/Fleckfieber/Flecktyphus/Typhus exanthematicus (*Rickettsia* spp.) typhus
Typhus/Unterleibstyphus/Typhus abdominalis (*Salmonella typhi*) typhoid fever, typhoid
Typus/Standard type
Typusart type species
Typusexemplar/Typusbeleg/Typbeleg type specimen
Typuskultur type culture
Tyrosin (Y) tyrosine

Übelkeit/Übelsein
nausea, sickness, illness
übelriechend/stinkend
fetid, smelly, smelling bad, stinking (nauseating smell)
Überart superspecies
➢ **Unterart/Subspezies** subspecies
Überaugenwulst/Augenbrauenwulst
brow ridge, brow crest
Überbevölkerung overpopulation
Überbeweidung/Überweidung
overgrazing
Überbleibsel relic
Überbrückung/ Wundüberbrückung ***hort***
bridge grafting, repair grafting
Überbrückungskreuzung
bridging cross
überdauern persist, survive
Überdauerung persistance, survival
Überdominanz overdominance
Überdosis overdose
Überdrehung overwinding
Überdüngung overfertilization
Überempfindlichkeit
hypersensitivity
Überempfindlichkeitsreaktion
hypersensitivity reaction
➢ **Soforttyp/anaphylaktischer Typ**
immediate-type hypersensitivity reaction (TITH)
➢ **Spättyp/verzögerter Typ**
delayed-type hypersensitivity reaction (TDTH)
Überexpression ***gen*** overexpression, high-level expression
Überfischung overfishing
Überfluss excess
Überfunktion
overactivity, hyperactivity
Übergang transition
➢ **Entwicklungsübergang**
developmental transition
Übergangsblätter/ Primärblätter/Erstlingsblätter
first foliage leaves
Übergangsepithel
transitional epithelium
Übergangsform/Zwischenstufe
intermediary form, transitory form, transient, intergrade
Übergangsfossil transitional fossil
Übergangsgesellschaft/Ökoton
ecotone
Übergangsmoor/Zwischenmoor
transitory bog
Übergangsphase transition phase
Übergangs-Waldmoor carr
Übergangszone (Wurzel-Spross)
transition(al) zone/region
Übergangszustand (Enzymkinetik)
transition state
Übergipfelung ***bot*** overtopping (unilateral dominance)
übergreifen ***med***
spread (e.g., disease/epidemic)
Übergriff/Attacke attack
überhängendes Ende/ klebriges Ende/kohäsives Ende
cohesive end, protruding end, overhanging end, overhanging extension
Überinfektion/Superinfektion
superinfection
überirdisch aboveground
➢ **unterirdisch**
underground, subterranean
Überkreuzungsaustausch/ Überkreuzungsstelle/ Crossing over
crossing over, crossover
Überkreuzvererbung
criss-cross inheritance
überlappend overlapping
➢ **dachziegelartig/ schuppenartig überlappend**
imbricate
überleben ***vb*** survive
Überleben ***n*** survival
Überlebenskampf
struggle for survival
Überlebenskurve survivorship curve
Überlebensrate survival rate
überlegen/vorherrschend/dominant
superior, dominant
Überlegenheit/Dominanz
superiority, dominance
Übernachtkultur ***micb***
overnight culture
Überordnung superorder
überragen protrude, project, stand/stick out, rise over

überragend/heraustretend (schlanker Wipfel/unten ausladend) excurrent
Überreplikation overreplication
übersättigen *chem* supersaturate
überschießen *neuro/ecol* (z.B. Kapazitätsgrenze) overshoot
Überschuss surplus; *neuro/ecol* overshoot
Überschussproduktion surplus production
Überschwemmung flood, flooding, undulation
Überschwemmungswald (Flussaue) (river) floodplain forest
Überschwemmungswiese floodplain meadow
übersommern estivate, aestivate, pass summer in dormant stage
Übersommerung estivation, aestivation
überspiralisiert/ superspiralisiert/superhelikal supercoiled
Überspiralisierung supercoiling
Übersprungshandlung displacement activity
Überstand supernatant
übertragbar transmissible, communicable
übertragbare Krankheit transmissible disease, communicable disease
übertragen *med* transmit (e.g., a disease)
Überträger/ Überträgerstoff/Transmitter transmitter
Überträger/Vektor vector
Übertragung (z.B. Krankheit) transmission
➢ **nicht-persistente Übertragung *vir*** nonpersistent transmission
➢ **propagative Übertragung *vir*** propagative transmission
➢ **venerische Übertragung** venereal transmission
übervölkern (übervölkert) overpopulate(d)
Übervölkerung overpopulation
Umfang girth
Umgang (Schneckenschale) whorl
Umgebung surroundings, environs, environment, vicinity
Umgebungsdruck ambient pressure
Umgebungstemperatur ambient temperature
umgewendet/anatrop (Samenanlage) anatropous
umgraben till, turn up (the soil)
umhüllen sheathe
Umkehrosmose/Reversosmose reverse osmosis
Umkehrphase/Reversphase reverse phase
Umkehrpotenzial reversal potential
Umkehrschleife (DNA) reverse turn
Umkehrtranskriptase/ Revertase/reverse Transkriptase reverse transcriptase
umkippen (Gewässer) turn over, turn anaerobic, become oxygen-deficient
umlagern/umordnen *chem* rearrange
Umlagerung/Umordnung *chem* rearrangement
➢ **tautomere Umlagerung** tautomeric shift
Umlaufdüsen-Reaktor/ Düsenumlaufreaktor nozzle loop reactor, circulating nozzle reactor
Umlaufreaktor/Umwälzreaktor/ Schlaufenreaktor loop reactor, circulating reactor, recycle reactor
Umordnung/Rearrangement (DNA/Gene/Genom) rearrangement
➢ **interchromosomale Umordnung/ reziproke Translokation, Austausch** (zwischen Chromosomen) interchange, interchromosomal rearrangement
umpflanzen/versetzen transplant, replant
Umriss contour, outline
Umrissfeder/Konturfeder *orn* contour feathers (pluma)

Umsatz turnover
Umsatzgeschwindigkeit/ Umsatzrate
turnover rate, rate of turnover
Umsatzzeit turnover period
umsetzen ***metabol***
process, metabolize
umstimmen reorient, reorientate
Umstimmung reorientation
Umstimmungs-Effekt ***physiol***
primer effect
umtopfen repot
Umtrieb/Umtriebszeit (Forst)
rotation, cutting cycle
Umtriebsbeweidung
rotational grazing
Umtriebszeit rotation period
umwälzen ***limno***
overturn (lake water)
Umwandlung/Transformation
transformation
Umwandlungsgestein
metamorphic rock
Umwelt environment
Umweltanalyse
environmental analysis
Umweltanalytik
environmental analytics
Umweltansprüche
environmental requirements
Umweltaudit/Öko-Audit
environmental audit
Umweltbedingungen
environmental conditions
Umweltbelastung
environmental burden, environmental load
Umweltchemie
environmental chemistry
Umwelteinflüsse
environmental effects
Umweltfaktor
environmental factor
umweltgerecht
environmentally compatible
Umweltkapazität/ Grenze der ökologischen Belastbarkeit
carrying capacity
Umweltkriminalität
environmental crime
Umweltmedizin
environmental medicine
Umweltmesstechnik
environmental monitoring technology
Umweltpolitik
environmental politics
Umweltschutz
environmental protection
Umweltschützer environmentalist
Umweltsünder person who litters or commits an environmental crime
Umweltvarianz
environmental variance
Umweltverfahrenstechnik
environmental process engineering
Umweltverhältnisse
environmental conditions
Umweltverschmutzer polluter
Umweltverschmutzung
environmental pollution
Umweltverträglichkeit
environmental compatibility
Umweltverträglichkeitsprüfung (UVP)
environmental impact assessment (EIA)
Umweltwiderstand
environmental resistance
Umweltwissenschaft
environmental science
Umweltzerstörung
environmental degradation
Unabhängigkeitsregel/ Kombinationsregel (*Mendel*)
law/principle of random (independent) assortment
unbefruchtet unfertilized
unbehaart/haarlos hairless, glabrous
unbelebt inanimate, lifeless, nonliving
unbeschränkt/unbegrenzt/ unbestimmt (Wachstum)
indefinite, unrestricted
unbeweglich/bewegungslos/fixiert
nonmotile, immotile, immobile, motionless, fixed
unbewohnbar uninhabitable
unbewusst unconscious
undulierende Membran
undulating membrane
undurchlässig/impermeabel
impervious, impermeable

Undurchlässigkeit/Impermeabilität imperviousness, impermeability
unersättlich insatiable
Unersättlichkeit insatiability
unfruchtbar/steril infertile, sterile
Unfruchtbarkeit/Sterilität infertility, sterility
ungeflügelt apterous, unwinged, exalate, wingless
ungefurcht/lissencephal ***neuro*** lissencephalous (no/few convolutions)
ungenießbar/nicht schmackhaft unpalatable
➤ **nicht essbar** uneatable, inedible
ungesättigt unsaturated
➤ **einfach ungesättigt** monounsaturated
➤ **mehrfach ungesättigt** polyunsaturated
ungeschlechtig/ geschlechtslos/ ohne Geschlecht/sächlich agamous, neuter
ungeschlechtlich/ asexuell/nicht sexuell asexual
ungestielt/sitzend not stalked, sessile
Ungeziefer pest
ungleich/nicht identisch/anders unequal, different
Ungleichblättrigkeit/ Verschiedenblättrigkeit/ Anisophyllie/Heterophyllie anisophylly, heterophylly
ungleiches Crossing-over unequal crossing over
Ungleichgewicht imbalance, disequilibrium
ungleichmäßig irregular, non-uniform
ungleichzähnig/heterodont heterodont, anisodont
unifazial (ringsum gleiche Oberfläche) unifacial
Uniformismus uniformitarianism, principle of uniformity
Uniformitätsregel (*Mendel*) law/principle of uniformity (F_1 of monohybrid cross)
unilokulär/einkammerig unilocular
unipar uniparous
uniparentale Vererbung uniparental inheritance
Uniport uniport
uniseriat/einreihig uniseriate, uniserial, single rowed
Univarianzanalyse univariant analysis
Universalprimer ***gen*** universal primer
Univolitismus univolinism
univoltin (mit einer Jahresgeneration) univoltine
Unkraut (*pl* Unkräuter) weed
Unkrautbekämpfung/ Unkrautvernichtung weed control
Unkrautbekämpfungsmittel/ Unkrautvernichtungsmittel/ Herbizid herbicide, weed killer
unlöslich insoluble
Unlöslichkeit insolubility
unnatürlich unnatural
unnütz/wertlos worthless
Unpaarhufer/Perssiodactyla odd-toed ungulates, perssiodactyls
unpolar apolar
unregelmäßig/irregulär/anomal irregular, anomalous
Unregelmäßigkeit/Anomalie irregularity, anomaly
unreif unripe, immature
Unreife immaturity, immatureness
unscharf ***micro/photo*** not in focus, out of focus, blurred
Unschärfe ***micro/photo*** blurredness, blur, obscurity, unsharpness
unspezifisch nonspecific
unsterblich immortal
Unsterblichkeit/Immortalität immortality
unteilbarer Faktor unit factor
Unterarm forearm
Unterarmschwungfedern/ Armschwingen secondaries, secondary feathers (secondary remiges)
Unterart/Subspezies subspecies

Unteraugendrüse suborbital gland
Unteraugenschild/Suboculare (Schlangen) subocular (scale)
Unterbewusstsein subconsciousness
Unterblatt underleaf, hypophyll; (Bauchblatt/Amphigastrium) underleaf, ventral leaf, amphigastrium
Unterboden (Einwaschungshorizont/ B-Horizont) subsoil (zone of accumulation/illuviation)
Unterdominanz underdominance
unterdrückbar suppressible
Unterdrückung suppression
untereinanderliegend subtending
Untereinheit subunit
unterernährt undernourished (*siehe*: fehlernährt)
Unterernährung undernourishment
Unterfunktion/Insuffizienz hypofunction, insufficiency
➢ **Überfunktion** hyperfunction, hyperactivity
untergärig bottom fermenting
➢ **obergärig** top fermenting
Untergehölz/Unterholz understory
untergeordnet (Gruppenhierarchie) subordinate
Untergesellschaft/Subassoziation subassociation
untergetaucht/submers submerged, submersed
untergliedern (untergliedert) subdivide(d)
Untergliederung subdivision
Untergrund/Ausgangsgestein (C-Horizont) loose rock, boulder layer, parent material
Untergrund/Boden ***allg*** bottom, floor
➢ **fester Untergrund/ festes Muttergestein/ Grundgestein/Ausgangsgestein** unmodified base, bedrock, parent rock
Untergrundbereich (Binnensee) profundal zone
untergrundbewohnend (Ozean) benthic
Untergruppe subgroup
Unterhaar underhair
Unterhaar-Kleid underfur
Unterhaut/Unterhautbindegewebe/ Subcutis/Tela subcutanea subcutis
Unterholz/Untergehölz understory
unterirdisch underground, belowground, subterranean
➢ **oberirdisch** aboveground, overground, superterranean
Unterkategorie/Subkategorie subcategory
Unterkiefer/Mandibel/ Unterkieferknochen lower jaw, lower jawbone, submaxilla, submaxillary bone, mandible
Unterkiefer/1. Maxille/Maxilla prima (Insekten) first maxilla
Unterkieferdrüse/Mandibulardrüse mandibular gland
Unterkühlung supercooling
Unterlage/Grundlage/ Untergrund/Substrat substrate
➢ **Pfropfunterlage** ***hort*** stock
unterlegen ***adv/adj*** inferior; defeated
Unterlegenheit inferiority; defeat
unterlegt von/mit/durch ***bot*** subtended by
Unterleib/Abdomen abdomen
unterliegen ***bot*** (ein Blatt dem anderen) subtend
Unterlippe/2. Maxille/ Maxilla secunda second maxilla
Unterlippe/Labium lower lip, labium
unterordnen subordinate, submit
Unterordnung (taxonomisch) suborder
Untersaat ***agr*** nurse crop
Unterscheidungsmerkmal differentiating characteristic
Unterschenkel shank
Unterschenkelknochen/ Tibiotarsus (Vögel) tibiotarsus
unterschlächtig/succub undershot, succubous
Unterschlundganglion/ Subösophagealganglion subesophageal ganglion

Unterschlupf/Versteck hideout, hideaway, hiding place, retreat, refuge
Unterseite underside, undersurface
unterständig ***bot*** epigynous
untersuchen/prüfen/ testen/analysieren investigate, examine, test, assay, analyze
Untersuchung/Prüfung/ Test/Probe/Analyse investigation, examination (exam), study, search, test, trial, assay, analysis
➢ **Fruchtwasseruntersuchung** analysis of amniotic fluid (for prenatal diagnosis)
➢ **medizinische/ ärztliche Untersuchung** medical examination, medical exam, medical checkup, physical examination, physical
➢ **Wasseruntersuchung** water analysis
Untersuchungsmedium/ Prüfmedium/Testmedium assay medium
unterteilt/kompartimentiert septate, divided, compartmentalized
Unterwasservegetation underwater vegetation, submerged vegetation
unterwerfen subdue
Unterwerfung/Demut submission, yield
Unterwerfungsgebärde/ Unterwerfungshaltung/ Demutsgebärde/Demutshaltung submissive gesture/posture
Unterwuchs undergrowth, understory
Unterzungendrüse sublingual gland
unvermischbar immiscible
Unvermischbarkeit immiscibility
unverschmutzt uncontaminated
unverträglich/inkompatibel incompatible
Unverträglichkeit/Inkompatibilität incompatibility
Unverträglichkeitsreaktion/ Inkompatibilitätsreaktion incompatibility reaction
unverzerrt/unverfälscht ***math/stat*** unbiased
unverzweigt *bot/zool* unbranched, unramified; *chem* (Kette) unbranched (chain)
unvollständige Blüte incomplete flower
unvollständige Penetranz incomplete penetrance
üppige Vegetation lush vegetation
Ur-Leibeshöhlentiere/ Ur-Coelomaten/Archicoelomaten archicoelomates
Ur-Raubtiere/Creodonta creodonts
Uracil uracil
Urbakterien/Archaebakterien (Archaea) archaebacteria, archebacteria
Urbanisierung urbanization
Urbanlandschaft urban landscape
Urbanökologie/Stadtökologie urban ecology
urbar/anbaufähig/nutzbar arable
Urbarmachung reclamation, making land suitable for cultivation
Urchromosom ancestral chromosome
Urdarm/Gastrocöl/Archenteron gastrocoel, archenteron (primitive gut of embryo)
ureotelisch/harnstoffausscheidend ureotelic, urea-excreting, excreting urea
Ureter/Harnleiter (sekundärer) ureter, urinary duct
Ureterknospe ***embr*** ureteric bud
Urethra/Harnröhre urethra
Urethraldrüse urethral gland
Urethralfalte urethral fold
Urethralplatte ***embr*** urethral plate
Urethralrinne urethral groove
Urethralsinus urethral sinus
URF (nicht zugeordnetes Leseraster) ***gen*** URF (unassigned reading frame)
Urfarne/Nacktfarne (Psilopsida) psilopsids
Urhirn/Archencephalon primitive brain, archencephalon

uricolytischer Weg/ urikolytischer Weg uricolytic pathway
uricotelisch/urikotelisch/ harnsäureausscheidend uricotelic, excreting ureic acid
Uridin uridine
Uridintriphosphat (UTP) uridine triphosphate (UTP)
Uridylsäure uridylic acid
Urin/Harn urine
urinieren/harnlassen/harnen urinate
Urinsekten/Apterygota/Flügellose apterygotes
Urkaryot *m* urkaryote
Urkeimzelle primordial germ cell
Urlandschaft primeval landscape
Urmund/Blastoporus/Protostom blastopore, protostoma
Urmundtiere/Urmünder/ Erstmünder/Protostomia protostomes
Urmützenschnecken/ Monoplacophoren monoplacophorans
Urnenblatt (*Dischidia*) urn-shaped leaf, pouch leaf, „flower pot“ leaf
urnenförmig urn-shaped, flask-shaped, urceolate
Urniere/Wolffscher Körper/ Mesonephros middle kidney, midkidney, Wolffian body, mesonephros
Urnierengang/Wolffscher Gang/ Ductus mesonephricus mesonephric duct, Wolffian duct
Urocaninsäure (Urocaninat)/ Imidazol-4-Acrylsäure urocanic acid (urocaninate)
Urogenitalfalte ***embr*** urogenital fold
Urogenitalleiste ***embr*** urogenital ridge
Urogenitalplatte ***embr*** urogenital plate
Urogenitalsystem urogenital system
Urolith/Harnstein urolith
Uronsäure (Urat) uronic acid (urate)
Urophyse ***ichth*** urophysis
Uropod/Uropodium (*pl* Uropodien) uropod
Urothel urothelium
Urpilze/Archimycetes/ Chytridiomycetes (Chytridiales) chytrids
Urraubsaurier/Pelycosauria pelycosaurs, pelycosaurians (early synapsids)
ursächlich/kausal causal (due to)
Ursamenzelle/Spermatogonium primordial male germ cell, spermatogonium
Urschleimpilze/haploide Schleimpilze/Protosteliomycetes protostelids
Urschuppensaurier/Eosuchia/ Younginiformes eosuchians (ancient two-arched reptiles)
Ursegment/Myotom myotome
Ursegment/Somit somite, somatome
Ursprung origin
ursprünglich/originär original, basic, simple, primitive
ursprünglich/urtümlich pristine
ursprungsgleich/homolog homologous
Ursubstanz/Urstoff original material, primary matter
Ursuppe primordial soup
Urticaceae/Nesselgewächse nettle family
Urtierchen/Urtiere/ „Einzeller“/Protozoen first animals, protozoans
Urtrieb basic instinct
Urtyp archetype, prototype; stock
Urvertrauen primordial trust
Urvögel/Archaeornithes ancestral birds, “lizard birds”, archaeornithes
Urwald rimeval forest, virgin forest, pristine forest, jungle
urweltlich primeval
Urwurzelzähner/Thecodontia thecodonts, dinosaur ancestors
Urzeit prehistoric times, primeval times
Urzeugungshypothese spontaneous generation hypothesis

Urzustand primordial/primitive state, original state
Usninsäure usnic acid
Uterus/Gebärmutter uterus, womb
Uterusepithel/Gebärmutterwand/ Endometrium
uteral epithelium, uteral lining, endometrium
Uterusglocke uterine bell
Uterushorn/Gebärmutterzipfel (Cornu uteri)
uterine horn, horn of uterus
Uterusmilch ***ichth*** uterine milk
Utilitarismus utilitarianism
Utriculus (kleiner Schlauch)/ Bläschen/Fangblase
utriculus, utricle, small bladder
UV-Spektroskopie UV spectroscopy

vag/vage/indifferent (Bodentreue/Gesellschaftstreue) indifferent
vagil/motil/frei beweglich vagile, freely motile
Vagilität/Motilität/Beweglichkeit (aktive Ausbreitungsfähigkeit) vagility, motility
Vagina/Scheide vagina
Vaginalträchtigkeit vaginal pregnancy
Vakuole vacuole
➢ **Gasvakuole** gas vacuole
➢ **Konkrementvakuole (Placozoa)** concrement vacuole
➢ **Nahrungsvakuole** food vacuole
➢ **pulsierende Vakuole/ kontraktile Vakuole** contractile vacuole, water expulsion vesicle (WEV)
➢ **Verdauungsvakuole** digestive vacuole, secondary lysosome
➢ **Zentralvakuole/große Vakuole *bot*** central vacuole
vakuolisieren vacuolize, vacuolate
Vakuolisierung vacuolization, vacuolation
Vakuum vacuum
Vakuumdestillation vacuum distillation, reduced-pressure destillation
Vakuumpumpe vacuum pump
Vakuumvorlage *dest* vacuum receiver
Vakzination/Vakzinierung/Impfung vaccination
Vakzine/Impfstoff vaccine (Impfstofftypen *siehe* Impfstoff)
Valenz valence, valency
Valerianaceae/Baldriangewächse valerian family
Valeriansäure/Baldriansäure/ Pentansäure (Valeriat/Pentanat) valeric acid, pentanoic acid (valeriate/pentanoate)
Validierung validation
Valin (V) valine
Valvifer valvifer
Valvula valve, valvula
Valvula uterina uterine valve
Vampirtintenschnecken/ Tiefseevampire/Vampyromorpha vampire squids
Vanillin vanillin
Vanillinsäure vanillic acid
Vannalfalte/Analfalte vannal fold, anal fold
Vannus/Analfeld/Analregion vannus, anal area
Variabilität/Veränderlichkeit/ Wandelbarkeit (*auch:* Verschiedenartigkeit) variability
Variabilitätsrückgang decay of variability
variable Anzahl von Tandem-wiederholungen *gen* variable number of tandem repeats (VNTR)
variable Region (*Ig*) *immun* variable region
Variante variant
Varianz/ mittlere quadratische Abweichung/ mittleres Abweichungsquadrat *stat* variance, mean square deviation
➢ **additive genetische Varianz** additive genetic variance
➢ **Dominanzvarianz** dominance variance
➢ **Umweltvarianz** environmental variance
Varianzheterogenität/ Heteroskedastizität *stat* heteroscedasticity
Varianzhomogenität/ Varianzgleichheit/ Homoskedastizität *stat* homoscedasticity
Varianzquotientenverteilung/ F-Verteilung/Fisher-Verteilung *stat* variance ratio distribution, F-distribution, Fisher distribution
Variation variation
➢ **somaklonale Variation** somaclonal variation
Variationsbreite *stat* range of variation/distribution
Variationskoeffizient *stat* coefficient of variation
Variegation/Scheckung/ Buntblättrigkeit variegation

Varietät/Abart/Spielart variety; sport
Varikosität ***neuro*** varicosity
Variolation variolation
vasoaktives intestinales Peptid (VIP) vasoactive intestinal polypeptide
Vasopressin/ antidiuretisches Hormon (ADH)/ Adiuretin vasopressin, antidiuretic hormone (ADH)
Vasotocin vasotocin
Vaterschaft paternity
Vaterschaftsbestimmung/ Vaterschaftstest paternity test
- **Ausschluss der Vaterschaft** paternity exclusion

Vegetarier vegetarian
- **Laktovegetarier** lactovegetarian
- **orthodoxer Vegetarier** (streng vegetarisch ohne jegliche tierische Produkte) vegan
- **Ovovegetarier** ovovegetarian

Vegetation vegetation, plant life
- **Klimaxvegetation** climax vegetation
- **Küstenvegetation/ Meeresküstenvegetation** maritime vegetation, coastal vegetation
- **Pioniervegetation** pioneer vegetation
- **ursprüngliche Vegetation** pristine vegetation
- **üppige Vegetation** lush vegetation
- **Zwergvegetation** dwarf vegetation

Vegetationsaufnahme relevé
Vegetationskegel vegetative cone, vegetative pole
Vegetationskunde/ Vegetationsökologie/ Pflanzenökologie plant ecology, phytoecology
Vegetationsperiode/Vegetationszeit vegetation period
Vegetationsplan vegetation map
Vegetationspunkt/ Apicalmeristem (Spross/Wurzel) growing point, apical meristem (shoot/root)
Vegetationsstufe/Höhenstufe vegetation(al) zone/region/belt, altitudinal zone/region/belt
Vegetationszone vegetational zone, biome
vegetativ vegetative
vegetative Zelle vegetative cell, somatic cell, body cell
vegetativer Kern/Zellkern (z.B. Pollen) vegetative nucleus
vegetativer Pol vegetal pole, vegetative pole
vegetieren vegetate
Veilchengewächse/Violoaceae violet family
Vektor vector
- **Apportiervektor** eviction vector
- **bidirektionaler Vektor** dual promoter vector, bidirectional vector
- **bifunktionaler Vektor/ Schaukelvektor** bifunctional vector, shuttle vector
- **Expressionsvektor** expression vektor
- **multifunktioneller Vektor/ Vielzweckvektor** multifunctional vector, multipurpose vector
- **Sicherheitsvektor** containment vector
- **Substitutionsvektor** replacement vector
- **transienter Expressionsvektor** transient expression vector

Velamen velamen
Veliconcha (Pediveliger) veliconcha (pediveliger)
Veligerlarve/Segellarve veliger larva
Velloziagewächse/ Baumliliengewächse/ Velloziaceae vellozia family
Velum velum
- **Apikalvelum** ***fung*** apical veil
- **Marginalvelum** ***fung*** marginal veil
- **Schleier/Cortina** (Rest des Velum partiale/universale am Hutrand) *fung* cortina

Velum partiale/ Velum hymeniale ***fung*** partial veil
Velum universale ***fung*** universal veil

Vene vein (*weitere Venenbezeichnungen in Wörterbüchern der Human- bzw. Veterinärmedizin*)
➢ **Drosselvene/Vena jugularis** jugular vein
➢ **Hohlvene/Vena cava** vena cava
➢ **Lungenvene/Vena pulmonis** pulmonary vein
Venenwinkel/Angulus venosus venous angle, Pirogoff's angle
venerische Übertragung venereal transmission
Venerologie venereology
Venole venule
Ventil valve
Ventilationsvolumen ventilation volume
Ventiltrichter/Ventilkropf (Vormagen/Proventriculus der Honigbiene) proventriculus
Ventraldrüse (Nematoden/*siehe auch:* H-Zelle) ventral gland, renette gland
Ventralnaht/Bauchnaht (des Fruchtblattes) ventral suture, ventral seam
Ventralschuppe/Bauchschuppe ventral scale
Ventrikel ventricle
Venushügel/Schamhügel/Mons pubis pubic prominence
Veränderlichkeit/Wandelbarkeit/Variabilität variability
Veränderung change, modification, variation
verankern (befestigen) anchor (fasten/attach)
Verankerung anchorage
Veranlagung/Disposition/Anfälligkeit disposition; (Prädisposition) predisposition
verarbeiten process, processing
Verarbeitung processing
verarmt/verkümmert depauperate, starved, reduced, underdeveloped; impoverished
Verarmung/Reduktion/Verringerung reduction
verästeln, sich/sich verzweigen ramify, branch; deliquescent
Verästelung/Verzweigung/Ramifikation branching, ramification
Verband/Allianz/Assoziationsgruppe alliance
Verbänderung/Fasziation fasciation
Verbenengewächse/Eisenkrautgewächse/Verbenaceae verbena family, vervain family
verbinden connect, bond, link
Verbindung *allg* connection, bond, linkage; *chem* compound
➢ **chemische Verbindung** (chemical) compound
➢ **energiereiche Verbindung** high energy compound
Verbindungsstrang (Siebpore) connecting strand
Verbiss/Wildverbiss (an Bäumen) damage caused by game, browsing damage
verborgene Spleißstelle *gen* cryptic splice site
verborgenfrüchtig cryptocarpous
Verbrauch consumption, use, usage
Verbraucher/Konsument consumer
Verbraucherschutz consumer protection
Verbreitung distribution, expansion; spread, spreading (dispersal *see* Ausbreitung)
➢ **disjunkte Verbreitung** disjunct distribution, discontinuous distribution
Verbreitungsgebiet/Areal geographic range, area of distribution
Verbreitungskarte/Arealkarte distribution map, range chart
verbrennen combust, incinerate, burn
Verbrennung combustion, incineration; *med* burn
Verbrennungswärme combustion heat, heat of combustion
Verdacht (auf eine Erkrankung) suspicion (of a disease)
Verdampfungswärme heat of vaporization

Verdau (enzymatischer) digest (enzymatic)
- **Doppelverdau** double digest
- **einfacher Verdau** single digest
- **Partialverdau** partial digest

verdauen digest
verdaulich digestible
Verdaulichkeit/Bekömmlichkeit digestibility
Verdauung digestion
Verdauungsdrüse digestive gland
Verdauungsenzym digestive enzyme
Verdauungshohlraum digestive cavity, gastrovascular cavity, enteron, coelenteron
Verdauungskanal/Verdauungstrakt alimentary canal/tract, digestive canal/tract
Verdauungssystem digestive system
verderblich perishable; (Früchte: leicht verderblich) highly perishable
verdickt enlarged, thickened
Verdickung thickening
Verdopplungszeit (Generationszeit) doubling time (generation time)
Verdrängung displacement
Verdrängungsreaktion *biochem* displacement reaction
- **doppelte/Doppel-Verdrängung (Pingpong-Reaktion)** double displacement reaction (ping-pong reaction)
- **einfache/Einzel-Verdrängung** single displacement reaction
- **zufällige/nicht-determinierte Verdrängung** random displacement reaction
- **geordnete Verdrängung** ordered displacement reaction

Verdrängungsschlaufe/Verdrängungsschleife (DNA) *gen* displaced loop, displacement loop
verdreht/gedreht/verkrümmt/eingewunden contorted
Verdriftung passive dispersal
verdünnen dilute, thin down
Verdünnung dilution, thinning down
Verdünnungs-Schüttelkultur dilution shake culture
Verdünnungsausstrich dilution streak, dilution streaking
verdunsten evaporate, vaporize
Verdunstung evaporation, vaporization
Verdunstungskälte/Verdunstungsabkühlung evaporative cooling
Verdunstungswärme heat of vaporization
Veredelung/Pfropfung *hort* grafting
vereinigen unite, unify, combine
Vereinigung union, unification, combination
verenden (Tiere) die, perish
verengen/einschnüren constrict
Verengung/Enge/Einschnürung constriction
vererbbar transmissible, heritable
vererben transmit, pass on
Vererbung heredity, inheritance, transmission (of hereditary traits)
- **cytoplasmatische Vererbung** cytoplasmic inheritance
- **maternale Vererbung** maternal inheritance
- **matrokline Vererbung** matroclinous inheritance
- **Mendelsche V. beim Menschen** Mendelian Inheritance in Man (MIM)
- **Mischvererbung** blending inheritance
- **mitochondriale Vererbung** mitochondrial inheritance
- **partikuläre Vererbung** particulate inheritance
- **Überkreuzvererbung** criss cross inheritance
- **uniparentale Vererbung** uniparental inheritance

Vererbungslehre/Genetik genetics, transmission genetics
Vererbungslinienbestimmung gene tracking
Vererbungsmodus/Erbgang mode of inheritance
verestern esterify
Veresterung esterification
Verfahren procedure, process, method, practice, technique

Verfahrenstechnik
process engineering
➢ **biologische Verfahrenstechnik/ Bioingenieurwesen/Biotechnik**
bioengineering
Verfall (körperlicher) decline
Verfallsdatum
expiration date, expiry date
verfaulen/zersetzen
foul, rot, decompose, decay
verfault/zersetzt
foul, rotten, decomposed, decayed
verfilzt matted, felted
verflochten
interwoven, intertwined, entangled
verflüssigen liquefy
Verflüssigung liquefaction
Verformung/Formänderung/ Deformation deformation
verfrüht precocious
Verfügbarkeit availability
vergären/fermentieren ferment
Vergärung/Fermentation
fermentation
Vergeilung/Etiolement etiolation
vergiften poison, intoxicate
vergiften (Tiergift) envenom
Vergiftung/Intoxikation
poisoning, intoxication
Vergiftung (Tiergift)
envenomation, envenomization
Vergiftungszentrale/ Entgiftungszentrale
poison control center
vergleichende Genomhybridisierung
comparative genome hybridization (CGH)
vergleichende Morphologie
comparative morphology
Vergleichssubstanz/ Referenzsubstanz
comparative substance,
control substance,
control, reference substance
vergrößern magnify, enlarge
Vergrößerung
magnification, enlargement
➢ ***x*-fache Vergrößerung**
magnification at *x* diameters
Vergrößerungsglas
magnifying glass, magnifier, lens

Verhalten behavior
➢ **angeborenes Verhalten**
innate behavior
➢ **angepasstes Verhalten/ beeinflusstes Verhalten**
conditioned behavior
➢ **Appetenzverhalten**
appetitive behavior
➢ **Ausdrucksverhalten**
expressive behavior
➢ **Bettelverhalten**
begging behavior
➢ **Brunstverhalten**
rutting behavior
➢ **Drohverhalten** threat behavior
➢ **egoistisches Verhalten**
selfish behavior
➢ **epideiktisches Verhalten**
epideictic behavior
➢ **epimeletisches Verhalten**
epimeletic behavior
➢ **Erkundungsverhalten**
exploratory behavior
➢ **erlerntes Verhalten/ Lernverhalten**
learned behavior,
acquired behavior
➢ **formkonstante Verhaltenselemente**
fixed action pattern
➢ **Fortpflanzungsverhalten**
reproductive behavior
➢ **Geschlechtsverhalten/ Sexualverhalten**
sexual behavior
➢ **Hassverhalten/Hassen**
mobbing behavior
➢ **Herden (Hüteverhalten)**
herding (guarding behavior)
➢ **Imponierverhalten/ Imponiergehabe/Imponiergebaren**
display behavior
➢ **Instinktverhalten/Triebverhalten**
instinctive behavior,
instinct behavior
➢ **Kampfverhalten** fighting behavior
➢ **Konsumverhalten**
consummatory behavior
➢ **Kontaktverhalten** huddling
➢ **Lernverhalten/erlerntes Verhalten**
learned behavior

- ➢ **Meideverhalten** avoidance behavior
- ➢ **Nachfolgeverhalten** following behavior
- ➢ **Neugierverhalten/Neugier** curiosity, inquisitiveness
- ➢ **Orientierungsverhalten/ Orientierung** orientational behavior, orientation
- ➢ **Paarungsverhalten** mating behavior
- ➢ **Putzverhalten** preening behavior
- ➢ **Ritualverhalten** ritualized behavior
- ➢ **Schreckverhalten** startle behavior
- ➢ **Sexualverhalten/ Geschlechtsverhalten** sexual behavior
- ➢ **Sozialverhalten** social behavior
- ➢ **Spielverhalten** play, play behavior
- ➢ **Spottverhalten** mocking behavior
- ➢ **Territorialverhalten** territorial behavior
- ➢ **Triebverhalten/Instinktverhalten** instinctive behavior
- ➢ **Wanderverhalten** migratory behavior
- ➢ **Warnverhalten** warning behavior, alarm behavior
- ➢ **Weideverhalten** foraging behavior
- ➢ **Werbeverhalten** courting behavior

Verhaltensänderung behavioral change, change of behavior
Verhaltensbarriere behavioral/ethological barrier, ethological isolation
Verhaltensforschung/ Verhaltensbiologie/Ethologie behavioral biology, ethology (study of animal behavior)
Verhaltensgenetik behavior genetics
Verhaltensmuster behavioral pattern
Verhaltensökologie/Ethökologie behavioral ecology
Verhaltensstörung/ Verhaltensanomalie behavioral disorder/anomaly, deviant behavior
Verhaltensweise behavior, mode of behavior
Verhältnis/Beziehung relationship
Verhältnis/Quotient/Proportion ratio, quotient, proportion
Verhältnisskala/Ratioskala ***stat*** ratio scale
verholzt/lignifiziert lignified
Verholzung/Lignifizierung lignification, sclerification
verhornen cornify (converting/ changing into horn), keratinize
verhornt/keratinisiert horny, cornified, keratinized
Verhornung/Keratinisierung cornification, keratinization
verhüten prevent; practice birth control
Verhütung prevention; (Kontrazeption) contraception
Verhütungsmittel/ empfängnisverhütendes Mittel/ Kontrazeptivum contraceptive
verjüngen/regenerieren rejuvenate, regenerate
verjüngen (spitz zulaufen) taper
verjüngt/spitz zulaufend (Blattspitze) attenuate, tapered, tapering
Verjüngung/Regeneration rejuvenation, regeneration
verkalken (verkalkt) calcify (calcified)
Verkalkung/Kalkeinlagerung/ Kalzifizierung/Calcifikation calcification
Verkarstung ***geol*** karstification
Verkehr/Geschlechtsverkehr (sexual) intercourse
verkehrt eiförmig obovate, inversely egg-shaped
verkehrt herzförmig obcordate, obcordiform, inversely heart-shaped
verkehrt lanzettförmig oblanceolate, inversely lanceolate
Verkernung medullation
verketten concatenate
Verkettung concatenation
Verkienung resinification, becoming resinous
Verklappung ocean dumping, discharge at sea
Verkleinerung ***photo*** (size) reduction
verknöchern ossify
Verknöcherung/ Knochenbildung/Ossifikation ossification

verkorkt/suberisiert corky, suberous
Verkorkung/Suberisierung suberification; suberization
verkrüppelt/krüppelig/krüppelhaft crippled, stunted
verkümmert/abortiv/rudimentär/ rückgebildet abortive
verkümmert/unterentwickelt vestigial (small and imperfectly developed), underdeveloped, stunted
verkümmert/verarmt depauperate, starved, reduced
verlagert/ektopisch (an unüblicher Stelle liegend) ectopic
Verlagerung (von Chromosomenabschnitten)/ Dislokation dislocation
Verlandung *limn* terrestrialization (lakes); *geol* silting up, filling up by sedimentation (rivers/lakes)
Verlangen/Bedürfnis desire; (starkes Verlangen) craving; (Sehnsucht) longing, yearning
Verlängerung elongation; (Ausdehnung) extension
Verlängerungszone/ Streckungszone (Wurzel) zone/region of extension, zone/region of elongation
Verlangsamungsphase/Bremsphase/ Verzögerungsphase deceleration phase
Verlauf (einer Krankheit) course (of a disease), progress, development, trend
Verlauf (einer Kurve) path, course, trend
verletzen injure
verletzlich vulnerable
Verletzlichkeit vulnerability, vulnerableness
Verletzung injury
Verlust loss; deficit, debt
➢ **Gewichtsverlust** weight loss
➢ **Sättigungsverlust/ Sättigungsdefizit** saturation deficit
➢ **Sauerstoffverlust/ Sauerstoffschuld/Sauerstoffdefizit** oxygen debt
➢ **Wasserverlust** water loss
vermehren/fortpflanzen/ reproduzieren propagate, reproduce
Vermehrung/Amplifikation/ Vervielfältigung amplification
Vermehrung/Fortpflanzung/ Reproduktion propagation, reproduction
➢ **geschlechtliche/ sexuelle Vermehrung** sexual reproduction
➢ **ungeschlechtliche/vegetative V.** asexual/vegetative reproduction
Vermehrung/Vervielfältigung/ Multiplikation multiplication
Vermehrungsorgan reproductive organ
Vermehrungsrate reproductive rate
Vermeidestrategie avoidance strategy
Vermeidung avoidance
Vermeidungsreaktion/ Meidereaktion *ethol* avoidance reaction, avoiding reaction
Vermiculit *hort* vermiculite
vermischbar miscible
➢ **unvermischbar** immiscible
Vermischbarkeit miscibility
➢ **Unvermischbarkeit** immiscibility
vermischen mix
Vermischung mix, mixing
vermitteln mediate; arrange between
Vermittler/Mediator mediator
vermodern/modern rot, decay, decompose, putrefy
Vermutung/Annahme hunch, guess, assumption
vernachlässigen neglect, ignore, disregard
Vernalisation/Kälteinduktion/ Keimstimmung vernalization
Vernässung waterlogging
Vernation/Knospenlage vernation, ptyxis, prefoliation
vernetzen/vernetzt netted, meshy, reticulate
Vernetzung webbing

vernichten destroy, eliminate
Vernichtung
destruction, elimination
veröden
(Landschaft) become desolate, become deserted, obliterate; *med* obliterate
verödet
(Landschaft) desolate(d), deserted, obliterate(d); *med* obliterate(d)
Verödung desolation, obliteration
Verpackung
(z.B. Virusnucleinsäure mit Virusproteinen) packaging (e.g., viral nucleic acid by viral proteins)
➢ **in vitro-Verpackung**
in vitro packaging
verpflanzen/transplantieren ***zool***
transplant
verpflanzen/umpflanzen/ umsetzen/versetzen ***bot***
replant
Verpflanzung/Transplantation
transplantation
verpuffen ***chem*** deflagrate
Verpuffung ***chem*** deflagration
verpuppen pupate
Verpuppung pupation, pupating
Verrieselung
(sprinkling) purification of wastewater on sewage fields
Versalzung (Boden) salinization
Versauerung acidification
Verschiedenartigkeit/Variabilität
variability
Verschiedenblättrigkeit/ Anisophyllie/Heterophyllie
anisophylly, heterophylly
Verschiedenheit/Mannigfaltigkeit/ Vielgestaltigkeit diversity
Verschleierung/Verkleidung (Täuschung) disguise
verschlingen devour
Verschlusskontakt/Engkontakt/ Schlussleiste/Kittleiste/ Tight junction (Zonula occludens)
tight junction
Verschlusskörper ***vir*** occlusion body
verschmelzen/fusionieren fuse
Verschmelzung/Fusion fusion
verschmutzen pollute, contaminate
verschmutzt
polluted, contaminated
➢ **unverschmutzt**
unpolluted, uncontaminated
Verschmutzung
pollution, contamination
➢ **Grundwasserverschmutzung**
groundwater pollution
➢ **Lärmverschmutzung**
noise pollution
➢ **Luftverschmutzung** air pollution
➢ **Umweltverschmutzung**
environmental pollution
➢ **Wasserverschmutzung**
water pollution
Verschmutzungsgrad
amount of pollution, degree of contamination
verseifen saponify
Verseifung saponification
Versengung/Brandfleck (Hitze/Klima)
scorch
versetzen/umpflanzen
transplant, replant
verseuchen (verseucht)
contaminate(d), pollute(d); (mit Mikroorganismen/Ungeziefer etc.) infest(ed)
Verseuchung contamination, pollution; (mit Mikroorganismen/Ungeziefer etc.) infestation
Verseuchungsgefahr
risk of contamination
Versickerung/Infiltration
seepage, infiltration
Verständigung/Kommunikation
communication
verstärken *tech* amplify; *metabol* enhance; *neuro* (Reiz) reinforce, amplify (stimulus)
Verstärker *tech* amplifier; *metabol* (Substanz) enhancer
Verstärker(sequenz)/Enhancer ***gen***
enhancer (sequence)
Verstärkerfolien (Autoradiographie)
screens/intensifying (autoradiography)
Verstärkung ***neuro*** **(Reiz)**
(stimulus) reinforcement, amplification

Verstärkungskaskade amplification cascade
Verstauchung ***med*** sprain
Versteck hideout, hideaway, hiding place, retreat, refuge
verstecken hide, conceal
Verstecken hiding, concealment
versteift stiffened
versteinern petrify
versteinert petrified
Versteinerung petrification
Versteppung transformation into grassland
Verstrahlung (radioaktiv) radioactive contamination
verstreuen/ausstreuen spread, scatter, disseminate
verstreut (liegen) intersperse, disperse
Versuch experiment, test, trial; (Ansatz) attempt
➤ **Doppelblindversuch** double-blind assay/study
➤ **Fehlversuch** mistrial, unsuccessful experiment/attempt
➤ **Feldversuch/ Freilanduntersuchung/ Freilandversuch** field study, field investigation, field trial
➤ **Isotopenversuch** isotope assay
➤ **Schutzversuch/ Schutzexperiment** protection assay/experiment
➤ **Triplettbindungsversuch** triplet binding assay
➤ **Vorversuch** pretrial, preliminary experiment
Versuchsanlage pilot plant
Versuchsanordnung experiment setup
Versuchsdurchführung performing an experiment, performance of an experiment
Versuchsreihe experimental series
Versuchsverfahren experimental procedure/protocol, experimental method
versumpfen paludify, become swampy
Versumpfung paludification
Verteidigung defense (*Br* defence)
verteilen disperse; distribute; spread
Verteiler distributer
➤ **Gasverteiler (Düse in Reaktor)** ***biot*** sparger
Verteilung ***chem/stat*** distribution; partitioning
➤ **Affinitätsverteilung** affinity partitioning
➤ **Altersverteilung** age distribution
➤ **bimodale Verteilung** bimodal distribution
➤ **Binomialverteilung** binomial distribution
➤ **F-Verteilung/Fisher-Verteilung/ Varianzquotientenverteilung** F-distribution, Fisher distribution, variance ratio distribution
➤ **freie/unabhängige Verteilung** ***gen*** independent assortment
➤ **Gauß-Verteilung/ Normalverteilung/ Gaußsche Normalverteilung** Gaussian distribution (Gaussian curve/normal probability curve)
➤ **Gegenstromverteilung** countercurrent distribution
➤ **Häufigkeitsverteilung** frequency distribution (FD)
➤ **Lognormalverteilung/ logarithmische Normalverteilung** lognormal distribution, logarithmic normal distribution
➤ **nicht-zufallsgemäße Verteilung** nonrandom disjunction
➤ **Normalverteilung** normal distribution
➤ **Poissonsche Verteilung/ Poisson-Verteilung** Poisson distribution
➤ **Randverteilung** marginal distribution
➤ **statistische Verteilung** statistical distribution
➤ **Varianzquotientenverteilung/ Fisher-Verteilung/F-Verteilung** variance ratio distribution, Fisher distribution, F-distribution

Verteilung/Trennung/Disjunktion (der Tochterchromosomen) ***gen*** disjunction
➢ **alternierende Verteilung** alternate disjunction
Verteilung/Zerstreuung dispersion, spreading
Verteilungsfunktion ***stat*** distribution function
Verteilungsmuster distribution pattern
vertikale Luftführung (Vertikalflow-Biobench) vertical air flow (clean bench with vertical air curtain)
Vertikalrotor ***centrif*** vertical rotor
Vertikalzonierung vertical zonation
vertilgen devour; (einverleiben) engulf
verträglich/kompatibel/tolerant compatible, tolerant
➢ **unverträglich/inkompatibel/intolerant** incompatible, intolerant
Verträglichkeit/Kompatibilität/Toleranz compatibility, tolerance
➢ **Unverträglichkeit/Inkompatibilität/Intoleranz** incompatibility, intolerance
Vertrauensintervall/Konfidenzintervall ***stat*** confidence interval
verunreinigen/kontaminieren contaminate
Verunreinigung/Kontamination impurity, contamination
Vervielfältigung/Vermehrung/Amplifikation amplification
verwachsen ***allg*** (ineinander gewachsen) intergrow; (angewachsen) fused, coalescent
verwachsen (zusammengewachsen) ***adj/adv*** *bot/zool* (gleiche Organe) connate; (ungleiche Organe) adnate
verwachsenblättrig/verwachsenblumenblättrig/verwachsenkronblättrig/sympetal sympetalous; (Fruchtblätter) syncarpous
Verwachsenkiemer/Siebkiemer/Septibranchia septibranch bivalves, septibranchs
Verwachsung ***allg*** intergrowth; fusion; coalescence, symphysis
Verwachsung ***bot/zool*** (gleicher Organe) connation, cohesion; (ungleiche Organe) adnation
verwandeln/metamorphosieren/die Gestalt ändern transform, change, metamorphose
Verwandlung/Metamorphose metamorphosis
➢ **unvollkommene/unvollständige V./M.** incomplete metamorphosis, gradual metamorphosis
➢ **vollkommene/vollständige V./M.** complete metamorphosis
verwandt akin, related
verwandt/zugehörig ***gen*** cognate
Verwandtenehe/konsanguine Ehe/Ehe unter Blutsverwandten consanguineous marriage
Verwandtenselektion kin selection
Verwandter (ersten/zweiten Grades) (first-degree/second-degree) relative
Verwandtschaft (generell) relationship, relatedness, kinship; (*spezifisch*) relatives
➢ **Blutsverwandtschaft** blood relationship, kinship, consanguinity
verwandtschaftliche Beziehung hereditary relationship
Verwandtschaftskoeffizient coefficient of relatedness
Verwandtschaftsselektion kinship selection
Verwandtschaftstheorie kinship theory
Verweilzeit/Verweildauer/Aufenthaltszeit/Verweildauer residence time; (Retentionszeit) retention time
➢ **mittlere V.** mean residence time
verwelken wither, wilt, fade (shrivel up)
verwelkend withering, wilting, fading, shrivelling, marcescent

verwerten ***metabol/ecol*** utilize
Verwertung ***metabol/ecol*** utilization
verwesen/zersetzen
putrefy, rot, decompose
Verwesung/Zersetzung
putrefaction, rotting, decomposition
verwildern *zool* become wild;
bot overgrow, grow wild;
(degenerieren) degenerate
verwildert *zool* feral;
bot escaped (e.g., from cultivation)
verwittern
geol weather; *bot* waste
Verwitterung
geol weathering; *bot* wastage
Verwitterungsbeständigkeit
durability
Verwitterungskruste/ Verwitterungs-rinde ***geol***
weathering rind
verwüsten obliterate
Verwüstung obliteration
verzehren/verschlingen/ herunterschlingen
devour, gulp down
verzerrt/verfälscht ***math/stat*** biased
➢ **unverzerrt/unverfälscht** ***math/stat***
unbiased
verziehen (Holz) warp
verzögern delay, retard
Verzögerung delay, retardation
Verzögerungseffekt delayed effect
Verzögerungsphase/ Verlangsamungsphase/ Bremsphase (Wachstum)
deceleration phase
verzuckern saccharify
Verzuckerung saccharification
verzweigen, sich branch out, ramify
verzweigt branched, ramified
➢ **unverzweigt**
unbranched, unramified
verzweigtkettig ***chem***
branched-chained
Verzweigung/ Verästelung/Ramifikation
branching, ramification;
chem branching
➢ **gabelige Verzweigung**
dichotomous branching
Verzweigungsstelle branch site
Verzweigungssystem (monopodiales/sympodiales) ***bot***
(monopodial/sympodial)
branching system
Verzwergung/Nanismus
nanism, dwarfishness
Vesikel ***nt*****/Bläschen** vesicle
➢ **Amphiesmalvesikel/ Amphiesmalbläschen**
amphiesmal vesicle
➢ **Endozytosevesikel/Endosom**
endocytic vesicle, endosome
➢ **Golgi-Vesikel** ***cyt*** Golgi vesicle
➢ **Inside-out-Vesikel**
(Vesikel mit der Innenseite
nach außen) inside-out vesicle
➢ **Korbvesikel/Stachelsaumbläschen/ Stachelsaumvesikel/coated vesicle**
coated vesicle
➢ **Right side-out-Vesikel**
(Vesikel mit der richtigen Seite nach
außen) right side-out vesicle
➢ **Stachelsaumvesikel/ Stachelsaumbläschen/ Korbvesikel/coated vesicle**
coated vesicle
➢ **synaptisches Vesikel/ synaptisches Bläschen/ Synaptosom**
synaptosome, synaptic vesicle
vesikulär/bläschenartig
vesicular, bladderlike
Vesikulartransport/ Zytopempsis/Cytopempsis
cytopempsis
Vestibül vestibule, vestibulum
Vestibulum labyrinthi (mit Utriculus und Sacculus)
vestibule
(with utricle and saccule)
Veterinärmedizin/Tiermedizin/ Tierheilkunde
veterinary medicine/science
Vibracularie vibraculum
Vibrionen vibrios
Vieh/Tier animal
➢ **Federvieh/Geflügel** fowl
➢ **Großvieh** large (farm) animals
➢ **Kleinvieh**
small livestock, small farm animals
(domestic animals)

- **landwirtschaftlich genutztes Vieh** livestock
- **Nutzvieh** domestic livestock (spez. Rinder: domestic cattle)
- **Rindvieh/Rinder** cattle
- **Schlachtvieh** slaughter animal, animals for slaughter; (Rinder) slaughter cattle, beef cattle
- **Stallvieh (Rinder u.a.)** barn animals (cattle a.o.)
- **Zuchtvieh** breeding cattle

Viehfutter animal feed
Viehhaltung livestock keeping, animal husbandry
Viehstall cattle shed, barn
Viehwirtschaft animal husbandry, ranching
Viehzucht *sensu lato* livestock breeding; *allg* animal husbandry, ranging; (Rinderzucht) cattle production, cattle breeding
vielbeinig/polypod polypod
Vielborster/ Borstenwürmer/Polychaeten bristle worms, polychaetes, polychetes, polychete worms
Vieleckbein, großes/Os trapezium trapezium bone, greater multangular bone
Vieleckbein, kleines/Os trapezoideum trapezoid bone, lesser multangular bone
Vielfachteilung/Mehrfachteilung (Bakterien) multiple fission
Vielfachzucker/Polysaccharid multiple sugar, polysaccharide
Vielfalt/Vielfältigkeit/ Vielgestaltigkeit/Mannigfaltigkeit diversity
- **biologische Vielfalt/Lebensvielfalt** biodiversity, biological diversity, biological variability

Vielfraß polyphage
vielkammerig/vielkämmrig/ polythalam/polythekal with many chambers, polythalamous, polythalamic, polythecal
vielkernig/mehrkernig multinucleate(d)
vielreihig/mehrreihig/multiseriat multiseriate, multiple rowed
vielschichtig/mehrschichtig multilayered
Vielweiberei/Polygynie (Polygamie) polygyny (polygamy)
Vielzeller *allg* multicellular lifeform
Vielzeller/Mitteltiere/Gewebetiere/ Metazoen/Metazoa metazoans
vielzellig multicellular
Vielzweckklonierungsstelle/ multiple Klonierungsstelle ***gen*** multiple cloning site (MCS)
Vielzweckvektor/ multifunktioneller Vektor multifunctional vector, multipurpose vector
vierfächerig/vierfächrig ***bot*** **(Fruchtknoten)** four-locular
vierfüßig quadrupedal
Vierfüßigkeit quadrupedalism
viergeißlig tetraflagellate(d)
vierhändig four-handed, quadrumanous
Vierhügel/Corpora quadrigemina corpora quadrigemina
Vierhügelplatte/ Lamina tecti/ Lamina quadrigemina quadrigeminal plate, lamina of roof of midbrain, tectal lamina of mesencephalon
vierkantig (Stengel) four-angled
vierlappig quadrilobate
Vierlinge quadruplets
vierspaltig quadrifid
vierteilig quadripartite
vierteilig-aufgesägt (Holzstamm) quartersawn
Viertelswert/Quartil ***stat*** quartile
vierwertig ***chem*** tetravalent
vierzählig/tetramer tetramerous, tetrameric, tetrameral
Vigreux-Kolonne ***lab*** vigreux column
Vikarianz vicariance
vikariieren vicariate
vikariierend vicarious
Vikariismus vicariism
Violdrüse (Schwanzwurzeldrüse des Fuchses) violet gland, supracaudal gland

Violoaceae/Veilchengewächse violet family
viral viral
virale Infektionen/ virale Erkrankungen viral infections, viral diseases
> **Dengue** dengue
> **Erkältung** cold
> **Gelbfieber** yellow fever
> **Grippe** influenza, flu
> **Kinderlähmung/Polio** polio
> **Masern** measels
> **Maul- und Klauenseuche** hoof-and-mouth disease
> **Mononukleose (EBV)** mononucleosis
> **Mumps** mumps
> **Pocken** pox
> **Rinderpocken** cowpox
> **Röteln** rubella
> **Tollwut** rabies
> **Vogelgrippe** bird flu
> **Windpocken (Herpes zoster: Varicella-Zoster-Virus)** chicken pox; (Gürtelrose) shingles
Virämie viremia
Virion/Viruspartikel/Virusteilchen virion, viral particle
Virioplasma virioplasm
Viroid viroid
Virologie virology
Viropexis viropexis
Virose/Viruserkrankung virosis
Virostatikum virostatic
virtuelles Bild ***micros*** virtual image
virulent virulent
> **nicht virulent** avirulent
Virulenz/Infektionskraft virulence (disease-evoking power/ ability of cause disease)
Virus (*pl* Viren) virus
> **amphotropes Virus** amphotropic virus
> **defektes Virus** defective virus
> **ecotropes Virus** ecotropic virus
> **ikosaedrisches Virus** icosahedral virus
> **Insektenviren** insect viruses
> **Pflanzenvirus** plant virus
> **Phagen/Bakteriophagen** phages, bacteriophages
> **Retrovirus** retrovirus
> **Satellitenvirus** satellite virus
> **Tiervirus** animal virus
> **Tumorviren/onkogene Viren** tumor viruses, oncogenic viruses
> **xenotropes Virus** xenotropic virus
Viruserkrankung/Virose viral infection, virosis
Virushülle viral coat
Viruskern/Zentrum (zentrale Virionstruktur) core
Viruspartikel/Virusteilchen/Virion viral particle, virion
viruzid virucidal, viricidal
Viscaceae/Mistelgewächse christmas mistletoe family
viskos/viskös/zähflüssig/dickflüssig viscous, viscid (glutinous consistency)
Viskosität/Dickflüssigkeit/ Zähflüssigkeit viscosity, viscousness
> **Viskositätskoeffizient** coefficient of viscosity
viszeral/Eingeweide.../ zu den Eingeweiden gehörend visceral, splanchnic
Viszeralganglion visceral ganglion
Viszeralskelett visceral skeleton, visceroskeleton
Vitaceae/Weinrebengewächse vine family, grape family
Vitalfarbstoff vital dye, vital stain
Vitalfärbung/Lebendfärbung vital staining
Vitalität/Lebenskraft vitality
Vitalkapazität vital capacity
Vitamin(e) vitamin(s)
> **Ascorbinsäure (Vitamin C)** ascorbic acid
> **Biotin (Vitamin H)** biotin
> **Carnitin (Vitamin T)** carnitine (vitamin B_T)
> **Carotin/Caroten/Karotin (Vitamin-A-Vorläufer)** carotin, carotene (vitamin A precursor)

- **Cholecalciferol/Calciol (Vitamin D_3)** cholecalciferol
- **Citrin (Hesperidin) (Vitamin P)** citrin (hesperidin)
- **Cobalamin/Kobalamin (Vitamin B_{12})** cobalamin
- **Ergocalciferol/Ergocalciol (Vitamin D_2)** ergocalciferol
- **Folsäure/ Pteroylglutaminsäure (Vitamin-B_2-Familie)** folic acid, folacin, pteroyl glutamic acid
- **Gadol/3-Dehydroretinol (Vitamin A_2)** gadol, 3-dehydroretinol
- **Menachinon (Vitamin K_2)** menaquinone
- **Menadion (Vitamin K_3)** menadione
- **Pantothensäure (Vitamin B_3)** pantothenic acid
- **Phyllochinon/Phytomenadion (Vitamin K_1)** phylloquinone, phytonadione
- **Pyridoxin/Pyridoxol/Adermin (Vitamin B_6)** pyridoxine, adermine
- **Retinol (Vitamin A)** retinol
- **Riboflavin/Lactoflavin (Vitamin B_2)** riboflavin, lactoflavin
- **Thiamin/Aneurin (Vitamin B_1)** thiamine, aneurin
- **Tocopherol/Tokopherol (Vitamin E)** tocopherol

Vitaminmangel vitamin deficiency
Vitellinmembran/primäre Eihülle/ Dotterhaut/Dottermembran/ Membrana vitellina vitelline layer, vitelline membrane
Vitellodukt yolk duct
Vitrine/Schaukasten showcase
Vittariaceae shoestring ferns
vivipar/lebendgebärend viviparous, live-bearing
Viviparie/Lebendgebären vivipary, viviparity, live-bearing
Vochysiaceae/Ritterspornbäume vochysia family
Vogel (Vögel/Aves) bird(s)

- **Jungvogel/Kücken/Küken** squab, chick
- **Raubvogel/Greifvogel** bird of prey, predatory bird, raptorial bird, raptor
- **Standvogel** nonmigratory bird, resident
- **Strichvogel** bird of passage
- **Zugvogel** migratory bird

Vögel betreffend/Vogel... avian
Vogelaugenholz bird's eye (wood texture)
Vogelausbreitung/Ornithochorie bird-dispersal, ornithochory
Vogelbecken-Dinosaurier/ Ornithischia bird-hipped dinosaurs, ornithischian reptiles
Vogelblume bird flower, ornithophile, bird-pollinated flower
vogelblütig/ornithophil bird-pollinated, ornithophilous
Vogelblütigkeit/Vogelbestäubung/ Ornithophilie bird pollination, ornithophily
Vogelgesang bird song
Vogelhaus/Voliere bird house, aviary
Vogelkäfig bird cage
„Vogelköpfchen"/Avicularie (Bryozoen) avicularium
Vogelkunde/Ornithologie ornithology, study of birds
Vogelkundler/Ornithologe ornithologist, birds specialist
Vogelnestpilze/Nestpilze/ Teuerlinge/Nidulariaceae bird's-nest fungi, bird's-nest family
Vogelwarte bird-watching station, bird-watching haunt, ornithological station
Vogelzucht aviculture
Vogelzüchter aviculturist
Vogelzug bird migration
Voliere/Vogelhaus aviary
Volk/Staat (Bienen/Ameisen) colony
Volkmannscher Kanal Volkmann canal, Volkmann's canal, canal of Volkmann (perforating canal)

volkstümlicher Name/ Vernakularname common name, vernacular name
Vollblut (Pferd) thoroughbred
Vollgesang ***orn*** full song
vollgesogen (mit Wasser) waterlogged
Vollinsekt/Vollkerf/Imago imago, adult insect
Vollkornmehl whole-grain flour
Vollmedium complete medium
Vollpipette/volumetrische Pipette transfer pipet, volumetric pipet
Vollplazenta/ Placenta vera/Placenta deciduata deciduate placenta
Vollreife (z.B. Getreide) full ripeness
Vollschmarotzer/ Vollparasit/Holoparasit holoparasite, obligate parasite
Vollzirkulation ***limn*** complete overturn
Volutinkörnchen/ metachromatische Granula ***pl*** volutin granule, metachromatic granule
Volva/Velum universale (becherförmige „Knolle" bei *Agaricus*) volva, universal veil; cup, pouch
Vorauflaufbehandlung ***agr*** pre-emergence treatment
Voraugendrüse/Antorbitaldrüse preorbital gland, antorbital gland
Voraugenschild/Praeoculare preocular (scale)
Voraussage prediction
Voraussagemodell predictive model
voraussagen predict, foretell, prophecy
voraussagend/vorausschauend predictive
vorausschauende Ökologie/ voraussagende Ökologie predictive ecology
voraussehen/erwarten foresee, anticipate, expect
Vorblatt/Bracteola secondary bract, bracteole, bractlet
Vorblatt/Prophyll first leaf, prophyll
Vorbrunst/Proöstrus proestrus
Vorderbein foreleg
Vorderbrust/Prothorax prothorax
Vorderdarm/Stomodaeum foregut, stomodeum
Vorderextremität forelimb
Vorderflügel (Oberflügel/ Deckflügel/Flügeldecke) forewing, front wing, tegmina
Vorderflughaut/Propatagium propatagium
Vorderfuß forefoot (*pl* forefeet), front foot
Vorderhirn/Prosencephalon (Vertebraten) forebrain, prosencephalon (telencephalon + diencephalon)
Vorderhirn/Protocerebrum (Insekten) protocerebrum
Vorderkiemer/ Vorderkiemenschnecken/ Streptoneura/Prosobranchia prosobranch snails, prosobranchs
Vorderkörper/Vorderleib/Prosoma/ Cephalothorax/„Kopf" prosoma, proterosoma, cephalothorax
vorderseitig (bauchseitig) front side, ventral
Vorfahre/Ahne ancestor, forebear, progenitor
Vorfluter receiving water
vorgeburtlich/pränatal antenatal, prenatal
vorgeschichtlich prehistoric, ancient
Vorhand (Pferd) forehand
Vorhaut/Präputium foreskin, preputium, prepuce
vorherrschen predominate
Vorhersage/Prognose prognosis
➢ **Wettervorhersage** weather forecast
vorhersagen predict, forecast
Vorhof/Atrium atrium
Vorhof/Vorraum/Vestibulum vestibule
Vorhofdrüse (Scheidenvorhof) vestibular gland
Vorhofgang/Scala vestibuli vestibular canal
Vorkeim (Prothallus: Farne) prothallus; (Protonema: Moose/gewisse Algen) protonema
Vorkeimung pregermination

Vorkern/Pronukleus/Pronucleus pronucleus
vorkiefrig/prognath prognathous, prognathic
Vorkiefrigkeit/Prognathie prognathism, prognathy
Vorklärbecken primary settling tank
Vorkommen occurrence, presence
Vorkultur preculture
Vorlage ***chem*** distillation receiver
Vorlauf forerun
Vorläufer/Präkursor precursor
Vorläuferzelle precursor cell
Vormagen/Blättermagen/ Psalter/Omasus (Wiederkäuer) third stomach, omasum, psalterium
Vormagen/Vorderdarm/Kropf/ Ingluvies (Insekten/Vögel) crop
Vormännlichkeit/Protandrie/ Proterandrie protandry
Vormilch/Biestmilch/ Kolostralmilch/Colostrum foremilk, colostrum
Vorniere/Pronephros fore-kidney, primitive kidney, primordial kidney, head kidney, pronephros
Vornierengang/primärer Nierengang/ primärer Harnleiter/ Wolffscher Gang Wolffian duct, Leydig's duct, mesonephric duct, archinephric duct
Vorpuppe/Propupa/Präpupa/ Semipupa propupa, prepupa
Vorrat stock, supply (meist supplies), provisions, reserve
Vorratshaltung hoarding of food
Vorratskammer storage chamber
Vorratsschädling storage pest
Vorrichtung device
Vorriff fore reef
Vorschild/Präscutum prescutum
Vorsicht caution, cautiousness, care, carefulness, precaution
Vorsicht! careful!, be careful!
vorsichtig cautious, careful
Vorsichtsmaßnahme/ Vorsichtsmaßregel ***lab*** precaution, precautionary measure
Vorspann geben/Anhängen/ Ammenveredelung ***hort*** inarching
Vorspelze ***bot*** palea, palet, pale, glumella, inner glume
Vorsteherdrüse/ Prostata/Prostatadrüse prostate, prostate gland
Vorstoß/Attacke attack
Vorstoß ***lab/chem*** adapter
Vorstrand foreshore
„Vortex"/Mixer/Mixette/ Küchenmaschine vortex, mixer
Vortrieb/Anschub thrust
Vorversuch pretrial, preliminary experiment
Vorwald/Vorholz nurse crop, pioneer crop, pioneer forest
vorwärts gerichtet/ aufwärts gerichtet antrorse
Vorwärtsmutation forward mutation
Vorwärtszieher/Protraktor (Muskel) protractor
Vorweiblichkeit/ Protogynie/Proterogynie protogyny
Vorzieher/Protractor (Muskel) protractor muscle
Vorzugstemperatur cardinal temperature
Vulkan volcano
Vulkanasche volcanic ash
Vulkanausbruch volcanic eruption
Vulkangestein volcanic rock

Waage scale (weight), balance (mass)
➢ **Analysenwaage** analytical balance
➢ **Feinwaage** precision balance
➢ **Laborwaage** laboratory balance
Wabe/Honigwabe honeycomb
wabenförmig/wabig honeycombed, alveolate, favose, faveolate
wach awake
Wachs wax
➢ **Plastilin** plasticine
wachsartig waxy, wax-like, ceraceous
wachsartig-weißlich reflektierend (Blattoberfläche) glaucous, "bloom"
Wachsbelag ***bot*** wax coating
Wachsblättler/Hygrophoraceae Hygrophorus family
Wachsblume wax plant
Wachsdrüse wax gland, ceruminous gland
wachsen grow; thrive
Wachsfüßchen (Plastilinfüßchen an Deckgläschen) *micros* wax feet, plasticine supports on edges of coverslip
Wachshaut/ Cera/Ceroma (am Schnabel) ***orn*** cere (on bill of birds)
Wachstum growth
➢ **akroplastes Wachstum** acroplastic growth
➢ **arithmetisches Wachstum** arithmetic growth
➢ **ausgewogenes Wachstum** balanced growth
➢ **basiplastes Wachstum** basiplastic growth
➢ **begrenztes/ beschränktes Wachstum** determinate growth, restricted growth, localized growth
➢ **Dickenwachstum/Verdickung** thickening
➢ **Erstarkungswachstum** expansion growth (Zimmermann/Tomlinson), corroborative growth (Troll)
➢ **Erweiterungswachstum/ Dilatationswachstum** dilational growth, dilation, dilatation
➢ **intrusives Wachstum** intrusive growth
➢ **Jahreswachstum** annual growth
➢ **Kopfwachstum/kopfseitiges Wachstum** head growth
➢ **Längenwachstum** longitudinal growth
➢ **polares Wachstum** polar growth
➢ **Primärwachstum** primary growth
➢ **radiäres Wachstum** radial growth
➢ **Randwachstum** marginal growth
➢ **Schwanzwachstum/ endständiges Wachstum** tail growth
➢ **Sekundärwachstum** secondary growth
➢ **Spitzenwachstum** apical growth
➢ **Streckungswachstum** extension growth, elongational growth
➢ **symplastes Wachstum** symplastic growth
➢ **unbegrenztes/ unbeschränktes Wachstum** indeterminate growth, open growth, unrestricted growth, diffuse growth
➢ **Zellwachstum** cell growth
Wachstumsfaktor growth factor
➢ **epidermaler Wachstumsfaktor** epidermal growth factor (EGF)
wachstumsfördernd growth-stimulating
Wachstumsform growth form
Wachstumsgeschwindigkeit/ Wachstumsrate/Zuwachsrate growth rate
wachstumshemmend growth-retarding, growth-inhibiting
Wachstumshemmer/Wuchshemmer/ Wuchshemmstoff growth inhibitor
Wachstumshormon/Somatotropin/ somatotropes Hormon growth hormone (GH), somatotropin
➢ **menschliches W. (Somatotropin/ somatotropes Hormon)** human growth hormone (hGH), human somatotropin

Wachstumskegel (Axon) *neuro*
growth cone
Wachstumskurve growth curve
Wachstumsleistung
growth rate (vigor)
Wachstumsperiode growth period
Wachstumsphase growth phase
➢ **Absterbephase** decline phase, phase of decline, death phase
➢ **Adaptationsphase/Anlaufphase/ Latenzphase/Inkubationsphase/ lag-Phase**
lag phase, latent phase, incubation phase, establishment phase
➢ **Beschleunigungsphase/ Anfahrphase** acceleration phase
➢ **Eingewöhnungsphase**
establishment phase
➢ **exponentielle Wachstumsphase/ exponentielle Entwicklungsphase**
exponential growth phase
➢ **lag-Phase/Adaptationsphase/ Anlaufphase/Latenzphase/ Inkubationsphase**
lag phase, establishment phase, latent phase, incubation phase
➢ **logarithmische Phase**
logarithmic phase (log-phase)
➢ **Ruhephase/Ruheperiode**
dormancy period
➢ **stationäre Phase**
stationary phase, stabilization phase
➢ **Teilungsphase** division phase
➢ **Verlangsamungsphase/ Bremsphase/Verzögerungsphase**
deceleration phase, retardation phase
Wachstumspunkt
growing point (apical meristem)
Wachstumsrate/Zuwachsrate/ Wachstumsgeschwindigkeit
growth rate
➢ **spezifische Wachstumsrate**
specific growth rate
Wachstumszone (Wurzel)
zone/region of cell division (apical meristem)
Wächter guard
Wackelgelenk/Amphiarthrosis (straffes Gelenk)
amphiarthrodial joint
Wade calf (of the leg)
Wadenbein/Fibula
splint bone, fibula
Wägetisch weighing table
wahrnehmen/empfinden (Reiz)
perceive
Wahrnehmung/ Empfindung/Perzeption (Reiz)
perception
Wahrscheinlichkeit
probability, likelihood
Wahrscheinlichkeitsfunktion
likelihood function
Waise (ohne Eltern) orphan
➢ **verwaist** orphaned
Wald
forest (Forst/ausgedehnter Wald), woods (Wald mittlerer Größe), grove (Wäldchen)
➢ **Altbestand**
old-growth (forest), mature forest
➢ **Ausschlagswald**
coppice forest, sprout forest
➢ **Auwald/Auenwald**
floodplain forest
➢ **Bannwald (in Austria)** protected forest for stabilizing slopes etc.
➢ **Bannwald/Naturwaldreservat (in S/W Germany)**
protected forest (no commercial usage)
➢ **Bergregenwald**
montane rain forest
➢ **Bergwald**
allg mountain forest; (immergrüne Coniferenstufe) montane forest
➢ **Bewuchs, unterer (Waldschicht)**
undergrowth
➢ **Blätterdach (Wald)**
(forest) canopy
➢ **Bruchwald/Bruchwaldmoor/ Bruchmoor/Sumpfwald/Waldmoor**
carr (fen woodland), swamp woods/forest, wooded swamp, paludal forest
➢ **Buschwald** maquis
➢ **Dickung**
young forest stand, young plantation
➢ **Dornwald** thorn woodland
➢ **Erholungswald**
amenity forest, recreational forest

- ➢ **Falllaubwald** deciduous forest
- ➢ **Femelwald/Plenterwald** shelterwood: uneven-aged stand, uneven-aged plantation (with selective logging)
- ➢ **Forst/Kulturwald/Wirtschaftswald** cultivated forest, tree plantation
- ➢ **Galeriewald** gallery forest, fringing forest
- ➢ **Gebirgswald** mountain forest, montane forest
- ➢ **Hain/Gehölz/Waldung** grove
- ➢ **Hartlaubwald** sclerophyllous forest
- ➢ **Hegewald/Schutzwald/Schonwald** protected forest (limited/specified usage)
- ➢ **Heidewald** heath forest
- ➢ **Hochmoorwald** (upland) bog forest
- ➢ **Hochwald** high forest
- ➢ **Jungwald/junger Wald** young forest
- ➢ **Kulturwald/Forst** cultivated forest, tree plantation
- ➢ **Laubwald** deciduous forest, broadleaf forest
- ➢ **lichter Wald** low-density stand
- ➢ **Mischwald** mixed forest
- ➢ **Mittelwald** middle-aged forest
- ➢ **Monsunwald** monsoon forest
- ➢ **Nadelwald** coniferous forest
- ➢ **Nadelwaldstufe/hochmontane Stufe** upper montane/subalpine conifer forest zone
- ➢ **Nebelwald** cloud/fog forest, humid/perhumid forest, montane rainforest
- ➢ **Niederwald (durch Rückschnitt)** coppice
- ➢ **Parkwald** parkland
- ➢ **Plenterwald/Femelwald** shelterwood: selectively cut/uneven-aged stand, uneven-aged forest/plantation
- ➢ **Regenwald** rain forest
- ➢ **Saisonwald** seasonal forest
- ➢ **Schutzwald/Schonwald/Hegewald** protected forest (limited/specified usage)
- ➢ **Staatswald** state forest
- ➢ **Stadtwald/städtischer Wald/Kommunalwald/Gemeindewald** urban forest, community forest
- ➢ **Streuschicht/Streuhorizont/Förna (Wald)** litter layer
- ➢ **Sumpfwald** swamp forest
- ➢ **Urwald** primeval forest, virgin forest, pristine forest, jungle
- ➢ **Vorwald/Vorholz** nurse crop, pioneer crop, pioneer forest
- ➢ **Zwergnadelwald/Zwergstrauchzone** pygmy conifer woodland
- ➢ **Zwergwald/Zwergwaldstufe** elfin forest, elfin woodland

Waldbau/Forstkultur silviculture

Waldboden forest floor
- ➢ **humusartiger W.** duff

Waldbrand forest fire

Wäldchen (kleines/niedriges) coppice, grove

Waldgesellschaft forest community

Waldgrenze forest line, timberline

Waldrand forest's edge

Waldschaden forest damage

Waldschlag clearing
- ➢ **Femelschlag/Femelhieb/Plenterschlag/Plenterung/Plenterbetrieb** sectional/uneven shelterwood method, femel coupe (selectively cut/uneven-aged stand, uneven-aged forest/plantation)
- ➢ **Kahlschlag** clear-cut, clearing, clearance
- ➢ **Plenterschlag/Plenterung/Plenterbetrieb/Femelschlag/Femelbetrieb** sectional/uneven shelterwood method, femel coupe (selectively cut/uneven-aged stand, uneven-aged forest/plantation)
- ➢ **Rückschnitt** (bis auf den Stumpf/für Neuaustrieb) coppice, coppicing
- ➢ **Rückschnitt (Gehölzrückschnitt)** pruning, pruning back
- ➢ **Saumschlag/Saumhieb** aisle clearing, strip felling
- ➢ **Schirmschlag/Schirmhieb** shelterwood method, selective logging/cutting (even-aged stand, even-aged forest/plantation)

Waldsteppe woodland
Waldsterben
"Waldsterben", forest deterioration, forest decline, dying of the forests
Waldstreu forest litter
Waldstück woodlot
Waldung/Wäldchen/Hain/ Baumgruppe grove
Waldzerstörung deforestation
Wale und Delphine/Cetacea
cetaceans: whales & porpoises & dolphins
Walfang whaling
Wallace-Linie ***biogeo*** Wallace's line
Wallach (Pferd) gelding
Wallriff/Barriereriff barrier reef
Walnussgewächse/Juglandaceae
walnut family
Walrat spermaceti
Walratöl spermaceti oil, sperm oil
walzenförmig/ zylindrisch/cylindrisch cylindrical
Walzengelenk trochoidal joint
Walzenspinnen/Solifugae/Solpugida
sun spiders, false spiders, windscorpions, solifuges, solpugids
walzig/stielrund/länglich zylindrisch
(an den Enden abgeflacht: z.B. Hülse) terete
Wamme/Triel/Brustlappen/Palear (Rind) dewlap, jowl
wandbrüchig/scheidewandbrüchig/ septifrag septifragal
Wanddruck ***bot***
wall pressure, turgor pressure
Wanderackerbau
shifting agriculture/cultivation, swidden agriculture/cropping
Wanderdüne shifting dune
Wanderung *ethol/chromat/electrophor*
migration; walking tour (long walk), hike
Wanderverhalten migratory behavior
Wandler transducer
wandspaltig/septizid ***bot*** septicidal
wandständig/wandbürtig/parietal ***bot*** parietal, borne on the wall
wandständige Plazentation/ Parietalplazentation ***bot***
parietal placentation
Wange/Gena cheek, gena
Wanne ***electrophor*** reservoir, tray
Wannenform (Cycloalkane) ***chem***
boat conformation
Wanzen/Heteroptera (Hemiptera)
true bugs, heteropterans
Warburgsches Atmungsferment/ Cytochromoxydase
Warburg's factor, cytochrome oxidase
Warmblüter warm-blooded animal
warmblütig warm-blooded
Warmblütigkeit warm-bloodedness
Wärme/Hitze warmth, heat
➤ **Erdwärme** geothermal energy
➤ **Erwärmung** warming
➤ **globale Erwärmung**
global warming
Wärmedurchgangszahl (*C*)
thermal conductance
Wärmepumpe heat pump
Wärmeschrank incubator
Wärmestrahlung thermal radiation
wärmesuchend/thermophil
thermophilic
Wärmetauscher ***lab*** heat exchanger
Wärmetransport heat transport
Wärmeübergang heat transfer
Warmhaus ***hort/agr*** hothouse
Warnfärbung/Warntracht/ Abschreckfärbung ***ethol***
warning coloration, aposematic coloration
Warnsignal/Alarmsignal
warning signal, alarm signal
Warnverhalten
warning behavior, alarm behavior
Warte ***zool***
observation point (of a guard animal)
Warve/Jahresschicht ***geol***
varve (one year's sediment deposit)
Warze (Höcker/Beule/Wölbung)
wart, tubercle, warty protuberance
warzenförmig
wart-shaped, verruciform
Warzenfortsatz (Schädel)
mastoid process
Warzenhof/Areola mammae (Brust)
areola
Warzenschnecken/Sternschnecken/ Doridacea/Holohepatica
doridacean snails, doridaceans

Warzenschwämme/ Kellerschwämme/Coniophoraceae dry rot family
warzig/höckerig warty, verrucose, tuberculate
Washingtoner Artenschutzabkommen/ Artenschutzübereinkommen Convention on International Trade in Endangered Species (CITES), Washington 1975
Wasser water
- ➢ **Abwasser** wastewater
- ➢ **Amnionwasser/Fruchtwasser/ Amnionflüssigkeit** amniotic fluid, "water"
- ➢ **Binnengewässer** inland water, inland waterbody
- ➢ **Brackwasser** brackish water (somewhat salty)
- ➢ **Brunnenwasser** well water
- ➢ **destilliertes Wasser** distilled water
- ➢ **entionisiertes Wasser** deionized water
- ➢ **Fließgewässer (Fluss/Strom)** flowing water (river/stream)
- ➢ **gereinigtes Wasser/ aufgereinigtes Wasser/ aufbereitetes Wasser** purified water
- ➢ **Gewässer** body of water, water body
- ➢ **Grundwasser** ground water
- ➢ **Haftwasser** film water, retained water
- ➢ **Hochwasser** high water, flood; *mar* high tide
- ➢ **hartes Wasser** hard water
- ➢ **Kristallisationswasser** water of crystallization
- ➢ **Küstengewässer** coastal waters
- ➢ **Leitungswasser** tap water
- ➢ **Meerwasser** seawater, saltwater
- ➢ **Niedrigwasser** low water
- ➢ **Oberflächenwasser** surface water
- ➢ **Peptonwasser** peptone water
- ➢ **phreatisch/Grundwasser...** phreatic (pertaining to groundwater)
- ➢ **Regenwasser** rainwater
- ➢ **Quellwasser** springwater
- ➢ **salziges Wasser** saline water
- ➢ **Salzwasser** saltwater
- ➢ **Schmelzwasser** meltwater
- ➢ **Schwarzwasser (Fluss)** black water (river)
- ➢ **Senkwasser/Sickerwasser** gravitational water, seepage water
- ➢ **Sickerwasser** drainage water, leachate/soakage, seepage/ gravitational water
- ➢ **Süßwasser** freshwater
- ➢ **trinkbares Wasser** potable water
- ➢ **Trinkwasser** drinking water
- ➢ **ungenießbar (kein Trinkwasser!)** unpotable, unsuitable for drinking
- ➢ **Vorfluter** receiving water
- ➢ **weiches Wasser** soft water
- ➢ **Weißwasser (Amazonas)** white water

Wasser lassen/urinieren urinate
Wasser speien/ spritzen/abblasen (Wale) spout, blow (water)
wasserabweisend water-repellent, water-resistant
Wasserährengewächse/ Aponogetonaceae Cape-pondweed family, water hawthorn family
Wasseraktivität/Hydratur water activity
Wasseraufbereitung water purification
Wasseraufbereitungsanlage water purification plant/facility, water treatment plant/facility
Wasseraufnahme water uptake
Wasserausbreitung/Hydrochorie water-dispersal, hydrochory
Wasserbad ***lab*** water bath
Wasserbewegung water movement
wasserbewohnend/ im Wasser lebend/aquatisch aquatic
Wasserbilanz water balance
Wasserblatt submerged leaf
Wasserblattgewächse/ Hydrophyllaceae waterleaf family
Wasserblüte (meist Algen) water bloom
Wasserblütigkeit/Hydrophilie pollination by water, hydrophily
Wasserdampf water vapor

wasserdicht/wasserundurchlässig waterproof
Wassereinlagerung/ Wasseranlagerung/Hydratation hydration
Wassereinzugsgebiet watershed, drainage basin/area/ district, catchment area/basin
Wasserflöhe/Cladocera water fleas, cladocerans
wasserfrei free from water; moisture-free; anhydrous
Wasserfront ***mar*** waterfront
Wassergefäßsystem/ Ambulakralsystem/ Ambulakralgefäßsystem water-vascular system, ambulacral system
Wassergehalt water content
Wassergraben trench, ditch, moat
Wassergüte/Wasserqualität water quality
Wasserhärte water hardness
Wasserhaushalt/Wasserregime water regime
Wasserhülle/Hydrationsschale ***chem*** hydration shell
Wasserhülle/Hydrosphäre der Erde hydrosphere
wässerig aqueous
➤ **nichtwässerig** nonaqueous
Wasserkanal aqueous channel
Wasserkapazität moisture capacity, water-holding capacity of soil
Wasserkreislauf water cycle, hydrologic cycle
Wasserlauf (Fluss/Bach..) waterway, watercourse
Wasserleben aquatic life, life in the water
wasserlebend/im Wasser lebend/ wasserbewohnend/aquatisch aquatic
Wasserleitbahn/ Wasserleitungsbahn ***lab*** water-conducting element/pathway
wasserleitend water-conducting
Wasserleitung/ Translokation (in Leitgewebe) water conductance/conduction/ translocation
Wasserlieschgewächse/ Schwanenblumengewächse/ Butomaceae flowering rush family
Wasserlinsengewächse/Lemnaceae duckweed family
wasserlöslich water-soluble
➤ **wasserunlöslich** insoluble in water
Wasserlunge (Holothurien) respiratory tree
Wasserlungenschnecken/ Basommatophora (Pulmonata) freshwater snails
Wassermohngewächse/ Limnocharitaceae water-poppy family
Wassernabelgewächse/ Hydrocotylaceae pennywort family
Wassernussgewächse/Trapaceae water chestnut family
Wassernymphe naiad
Wasserpflanze/Hydrophyt aquatic plant, water plant, hydrophyte
Wasserpotenzial/Hydratur/Saugkraft water potential
Wasserprobe water sample
Wasserreis (Spross) ***hort*** sucker, coppice-shoot
Wasserröhrengewächse/ Hydrostachyaceae hydrostachys family
Wassersack/Ascus (Bryozoen) compensation sac, ascus
Wassersättigung water saturation
Wassersättigungsdefizit water saturation deficit (WSD)
Wasserscheide ***geol*** watershed, water parting, water divide
Wasserschimmel/Saprolegniales water molds
Wasserschlauchgewächse/ Lentibulariaceae bladderwort family, butterwort family
Wasserschutzgebiet water reserve
Wassersog water tension, water suction
Wasserspalte/Hydathode water stoma, water pore, hydathode
wasserspaltend/hydrolytisch hydrolytic
Wasserspaltung/Hydrolyse hydrolysis
Wasserspeicherung water storage

Wasserspiegel water level
Wasserstelle watering place
Wassersterngewächse/Callitrichaceae water starwort family, starwort family
Wasserstoff (H) hydrogen
Wasserstoff-Elektrode hydrogen electrode
Wasserstoffbakterien/ Knallgasbakterien hydrogen bacteria (aerobic hydrogen-oxidizing bacteria)
Wasserstoffbrücke/ Wasserstoffbrückenbindung hydrogen bond
Wasserstoffion (Proton) hydrogen ion (proton)
Wasserstoffperoxid H_2O_2 hydrogen peroxide
Wasserstrahl jet of water
Wasserstrahlpumpe ***lab*** water pump, filter pump, vacuum filter pump
Wasserstress water stress
Wasserstrom, apoplastischer apoplast pathway
Wasserströmung water flow
Wassertiere aquatic animals, hydrocoles
Wassertransport (im Leitgewebe) water transport
Wassertransportweg (Wasser) water transport pathway
Wassertrieb ***bot/hort*** watershoot, water sprout, water sucker
wasserunlöslich insoluble in water
➢ **wasserlöslich** water-soluble
Wasseruntersuchung/Wasseranalyse water analysis
Wasserverbrauch water consumption, water usage
Wasserverlust water loss; dehydration
Wasserverschmutzung water pollution
Wasserversorgung water supply
Wasservögel waterfowl
Wasserwiederaufnahme/ Rehydratation rehydration
waten wade
watscheln waddle
Watt Wadden, coastal flat, tidal flat
➢ **Sandwatt** sandflat
➢ **Schlickwatt** mudflat
Watte absorbent cotton
Wattebausch/Tupfer cotton ball, cotton swab, swab
Wattenmeer intertidal flats
Wattestopfen cotton stopper
Wattrinne tidal channel
Watvögel & Möwenvögel & Alken/ Charadriiformes shorebirds & gulls & auks
Waugewächse/Resedagewächse/ Resedengewächse/Resedaceae mignonette family
weben/spinnen (Spinnennetz/Kokon) spin
weben weave
Weberknechte/Opiliones/Phalangida harvestmen, "daddy longlegs"
Webersche Linie/Weber-Linie Weber's line
Weberscher Apparat ***ichth*** Weberian apparatus
Webersches Knöchelchen Weberian ossicle, otolith
Webspinnen/Spinnen/Araneae spiders
Wechselbeziehung interrelation, interrelationship
Wechselfeld-Gelelektrophorese/ Puls-Feld-Gelelektrophorese pulsed field gel electrophoresis (PFGE)
wechselfeucht/poikilohydr/ poikilohydrisch poikilohydrous
Wechselfieber/Sumpffieber/ Malaria (*Plasmodium* spp.) malaria
Wechselgesang antiphonal singing
Wechseljahre/Klimakterium perimenopausal years; climacteric, climacterium
wechselseitig mutual
wechselständig alternate
Wechseltierchen/Wurzeltierchen/ Rhizopoden/Amöben am(o)ebas
wechselwarm/ poikilotherm/ektotherm poikilothermal, poikilothermous, cold-blooded, ectothermal, heterothermal

Wechselwirkung interaction
Wechselwirt alternate host
Wechselzahl k_{cat} (katalytische Aktivität) turnover number
Weckamin analeptic amine
Weckreaktion ***ethol*** arousal reaction
Wedel ***bot*** frond
➢ **Farnwedel** fern frond
➢ **Palmwedel** palm frond
wedeln/wackeln (Schwanz/Kopf) waggle, wag
Weg/Pfad way, path, pathway, trail
Wegerichgewächse/ Plantaginaceae plantain family
Wegfaden ***arach*** trail line
wegführend/ausführend/ableitend efferent
Wegweiserneuron guidepost neuron
Wegweiserzelle guidepost cell
Wehe (Gebärmutterkontraktion) uterine contraction
Wehen/in den Wehen liegen labor
Wehrdrüse (Schleimdrüse bei *Peripatus*: umgewandelte Schenkeldrüse) defensive gland (slime gland)
Wehrpolyp/ Dactylozoid/Dactylozooid stinging zooid, protective polyp, defensive polyp, dactylozooid
Weibchen female
➢ **Männchen** male
weiblich ***zool/bot*** female
➢ **männlich** male
weiblich/pistillat ***bot*** pistillate, carpellate
➢ **männlich/staminat** staminate
Weichagar soft agar
Weichbast soft bast
Weichholz soft wood
Weichmacher/Plastifikator softener (esp. in foods), plasticizer (in plastics a.o.)
weichschalig soft-shelled, malacostracous
Weichteile soft parts, soft tissue
Weichtiere/Mollusken/Mollusca mollusks
Weichtierkunde/Malakologie malacology, study of mollusks
Weide (*Salix*) ***siehe*** Weidengewächse
Weide/Weidewiese (Grünland)/ Trift (Heide) pasture
Weidefläche range, rangeland
Weidegänger/Abweider grazer
Weidekette/Weidenahrungskette grazing food chain
Weideland rangeland, grazing land, pasture, pastureland, pasturage
weiden/abgrasen/abfressen graze (herbs), pasture, browse (twigs/leaves of shrubs)
Weidenahrungskette/Weidekette grazing food chain
Weidengewächse/Salicaceae willow family
Weiderichgewächse/ Blutweiderichgewächse/ Lythraceae loosestrife family
Weidespuren/Pascichnia ***paleo*** grazing traces
Weideverhalten foraging behavior
Weidevieh grazing animals
Weidewirtschaft ***agr*** pasture farming, pastoral economy, pastoralism, agropastoralism
Weiher (z.B. Fischweiher) small pond (e.g., fish pond)
Wein wine
Weinbau viticulture (viniculture)
Weinbaukunde/Önologie enology
Weinberg vineyard
Weinfass wine cask
Weingeist spirit of wine (rectified spirit: alcohol)
Weinrebe/Weinstock vine, grapevine
Weinrebengewächse/Vitaceae vine family, grape family
Weinsäure/Weinsteinsäure (Tartrat) tartaric acid (tartrate)
Weinstein/Tartarus (Kaliumsalz der Weinsäure) tartar
Weinstock/Weinrebe vine, grapevine
Weisel/Bienenkönigin queen bee
Weisheitszahn/dritter Molar wisdom tooth, third molar
weiße Linie/Zona alba (Huf) white line
weiße Substanz (Gehirn) white matter
Weißfäule/Korrosionsfäule white rot
Weißmoor open treeless bog

Weißrost/Albuginaceae ***fung***
white rusts
Weitbarkeit (Gefäßwand)
compliance, capacitance
weiterleiten/fortleiten ***neuro***
propagate
Weiterleitung/Fortleitung ***neuro***
propagation
weiterverarbeiten/prozessieren
process
Weiterverarbeitung/Prozessierung
processing
weiterwachsend accrescent
Weithalsflasche ***lab***
wide-mouth flask, wide-neck bottle
Weitholz/Frühholz/Frühlingsholz
earlywood, springwood
Weitsichtigkeit/Hyperopie
farsightedness, hyperopia
➢ **Kurzsichtigkeit/Myopie**
nearsightedness, myopia
weitverbreitet/ubiquitär (überall verbreitet)
widespread, ubiquitous (existing everywhere)
Weitwinkel ***micros*** widefield
welk/schlaff
wilted, withered, faded, limp, flaccid
welken/verwelken wilt, wither, fade
welkend wilting, withering, fading, flaccid, deficient in turgor
Welkepunkt wilting point
Welkungsgrad, permanenter
permanent wilting percentage
Welkungskoeffizient
wilting coefficient
Welle wave
Wellenauflauf ***mar*** uprush, swash
Wellenbewegung undulation
➢ **seitliche Schlängelbewegung/ horizontale Schlängelbewegung (Schlangen)** lateral undulation, lateral undulatory movement
Wellenexposition wave exposure
Wellenflug ***orn*** undulating flight
Wellenlänge wavelength
Wellenrücklauf/Wellenrückstrom/ Rücksog ***mar*** backwash
Wellenschlagzone ***mar*** breaker zone
wellig wavy, undulate, repand (slightly undulating)
Welpe/Jungtier
(Fuchs/Wolf/Schakal/Bär/Löwe)
whelp, cub;
(junger Hund) whelp, pup, puppy
Welse/Welsartige/Siluriformes
catfishes
Weltbevölkerung global population
Weltmeere (sieben)
oceans, seas (the seven seas)
weltweit verbreitet/kosmopolitisch
occurring worldwide, cosmopolitan
Weltwirtschaftspflanze
worldwide/global economic plant, world-trade plant/crop
Welwitschiagewächse/ Welwitschiaceae welwitschia
Wendeglied/Pedicellus (Antenne)
antennal pedicel
Wendezehe ***orn*** **(z.B. Kuckuck/Papageien)**
zygodactylous toe
wenigbeinig/oligopod oligopod
Wenigborster/Oligochaeten
oligochetes
Wenigfüßer/Pauropoden pauropods
Werbegesang ***orn***
mating song, courtship song
Werberuf ***orn***
mating call, courtship call
Werbeverhalten courting behavior
werfen/verziehen, sich (Holz) warp
werfen/Junge werfen
litter, bear young
Werkbank (Labor-Werkbank)
bench (lab bench)
➢ **sterile Werkbank** sterile bench
Wertigkeit valency
➢ **einwertig** univalent
➢ **zweiwertig** bivalent, divalent
➢ **dreiwertig** trivalent
➢ **vierwertig** tetravalent
➢ **fünfwertig** pentavalent
Wesen/Kreatur being, creature
Wesen/Wesensart/Charakter/Natur
manner, character, nature
Western-Blot/Immunoblot
Western blot, immunoblot
Westwind(e) westerly wind (westerlies)
➢ **Ostwind(e)** easterly wind (easterlies)
Wettbewerb/Konkurrenz/ Existenzkampf competition

Wetter weather
➢ **bedeckt** overcast
➢ **bewölkt** cloudy
➢ **gemäßigt (mild)** temperate (mild)
➢ **sonnig** sunny
➢ **heiter** clear
➢ **regnerisch** rainy
➢ **Sprühregen** drizzle
➢ **stürmisch** stormy, gusty
➢ **Unwetter** storm, thunderstorm
Wetterfühligkeit meteorosensitivity
Wetterbedingungen weather conditions
Wetterkunde/Meteorologie meteorology
Wettervorhersage weather forecast
Wickel (cymöse Infloreszenz) cincinnus (scorpioid cyme)
Wickelkapsel/Volvent (Nematocyste) volvent
Wicklung twist, coil, winding, contortion
Widder/Schafbock/Rammler (männliches Schaf) ram
Widerhaken barb
widerhakig provided with barbs, glochidiate
Widerlagergewebe (Frucht) resistance tissue
Widerrist withers
Widersachertum/Antibiose antibiosis
Widerstand resistance
➢ **elektrischer Widerstand** electrical resistance
➢ **spezifischer W.** resistivity
widerstandsfähig resistive, resistant, hardy
Widerstandsfähigkeit resistance, resistivity, hardiness
Widerstandsthermometer resistance thermometer
wiederaufforsten/aufforsten/wiederbewalden/bestocken reforest, reafforest
Wiederaufforstung/Aufforstung/Wiederbewaldung/Bestockung reforestation, reafforestation, afforestation
Wiederaufnahme ***physiol*** re-uptake
wiederaufstoßen/regurgitieren/hochwürgen regurgitate
Wiederaufstoßen/Regurgitation/Hochwürgen regurgitation
wiederaufwachen reawaken
Wiederbefall reinfestation
wiederbeleben revive, resuscitate
Wiederbelebung (Reanimation) revival, resuscitation; (Katalysator) regeneration
wiederbesieden reestablish, resettle, recolonize
Wiederbesiedlung reestablishment, resettlement
Wiedereinbürgerung assisted reintroduction
wiederergänzen/regenerieren regenerate
Wiederergänzung/Regeneration regeneration
Wiederfangmethode/Rückfangmethode ***ecol*** capture-recapture method
wiedergewinnen recover, retrieve
Wiederholung/Sequenzwiederholung repeat, repetition (of a sequence)
Wiederholungsrisiko recurrence risk
wiederkäuen chew the cud (regurgitate)
Wiederkäuer/Retroperistaltiker/Ruminantier/Ruminantia ruminant, "cud chewers"
➢ **Nichtwiederkäuer** nonruminant
wiederverwenden reuse
Wiederverwendung reuse
wiederverwerten recycle
Wiederverwertung recycling
Wiederverwertungsreaktion/Wiederverwertungsstoffwechselweg salvage reaction, salvage pathway
wiegen weigh
➢ **abwiegen (eine Teilmenge)** weigh out
➢ **auswiegen (genau wiegen)** weigh out precisely
➢ **einwiegen (nach Tara)** weigh in (after setting tare)
wiehern neigh, whinny (low/gentle)

Wiese meadow
➢ **Auenwiese/Auwiese (Überschwemmungswiese)** riverine floodplain meadow, bottomland meadow
➢ **Bergwiese/alpine Matte** alpine meadow
➢ **Fettwiese** rich meadow, rich pasture
➢ **Magerwiese** rough meadow, rough pasture, poor grassland
➢ **Mähwiese** hay meadow, mowed meadow
➢ **Nasswiese** damp meadow, wet meadow (type of wetland)
➢ **Naturwiese** native meadow
➢ **Sumpfwiese** swamp meadow
➢ **Trift (Weide/Weidewiese)** pasture, pasturage
➢ **Überschwemmungswiese** floodplain meadow

Wiesenbach meadow creek
Wiesengrund lowlying meadow in a valley
Wiesenland meadowland
Wild (jagbare Tiere) game
➢ **Großwild/Hochwild** big game

Wild/Wildbret/Wildfleisch venison
Wildallel wild-type allele
Wildbahn hunting ground
➢ **freie Wildbahn** in the wild, free-ranging

Wildbestand game population, stock of game
Wildbret/Wildfleisch venison
Wilderer/Wilddieb poacher
wildern poach
Wildform/Wildtyp wild type
Wildgeflügel wildfowl
Wildgehege game preserve, game reserve, game enclosure
wildlebend wild, living in the wild
Wildnis wilderness
Wildmanagement game management, wildlife management
Wildpflanze wildflower
Wildreservat/Wildtierpark/Wildpark wildlife reserve, wildlife park, wild animal reserve, game reserve
Wildschutzgebiet wild animal sanctuary, wildlife sanctuary
Wildtyp/Wildform wild-type
Wildverbiss (z.B. an Baumrinde) damage caused by game, browsing damage
wildwachsend wild, growing in the wild
wildwachsende Pflanze wildflower
Wildwechsel deer path, run, runway
Willkür arbitrariness
willkürlich *allg* arbitrary, random; *med/psych* voluntary
Willkürmotorik voluntomotoricity, voluntary motility
Wimper/Augenwimper eyelash
Wimper/Zilie/Cilie/Flimmerhärchen cilium (*pl* cilia)
Wimperfeder (Ctenophoren) balancer, spring
Wimperflammenzelle flame cell
Wimperfurche (Ctenophoren) ciliated groove
Wimpergrube ciliated pit
Wimperkamm/Wimperplatte/ Wimperplättchen/ Schwimmplatte/ Ruderplatte/Ruderplättchen/ „Kamm" (Ctenophoren) comb plate, swimming plate, ciliary comb, ctene
Wimperkölbchen/Wimperkolben flame bulb
Wimperkranzlarve/Trochophora trochophore larva
Wimperlarve ciliated larva
Wimpermeridian/Wimperrippe/ Rippe/Pleurostiche (Ctenophoren) comb row, costa
Wimpernbüschel/Wimpernschopf tuft of cilia, ciliary tuft
Wimpernfarne/Woodsiaceae woodsia family
Wimpernkranz ciliary band
Wimpernschlag/Lidschlag (Auge) bat of an eye (lid)
Wimpernschlag/ Zilienschlag/Cilienschlag ciliary movement
Wimpernschopf ciliary tuft

Wimperntrichter/Flimmertrichter/ Eileitertrichter/Infundibulum (mit Ostium tubae) fimbriated funnel of oviduct, infundibulum

Wimpertierchen/Ciliaten/Ciliata ciliates

Wind wind
➢ **Abwind** downward wind; (Hang) katabatic wind
➢ **Antizyklon (Hochdruckgebiet)** anticyclone (rotating high-pressure wind system)
➢ **Aufwind** upwind, upcurrent; (Hang) anabatic wind
➢ **Bö** gust; (heftiger Windstoß/Sturmbö) squall, sudden violent gusty wind
➢ **Brise** breeze
➢ **Gegenwind** head wind
➢ **geostrophischer Wind** geostrophic wind
➢ **Hangabwind** katabatic wind
➢ **Hangaufwind** anabatic wind
➢ **Hurrikan/Orkan** (mittelamerik. Wirbelsturm) (>115 km/h) hurricane
➢ **in Windrichtung** leeward
➢ **Landwind** offshore wind
➢ **Oberflächenwind** surface wind
➢ **Orkan/Hurrikan** (mittelamerik. Wirbelsturm) (>115 km/h) hurricane
➢ **Ostwinde** easterlies (easterly wind/current), eastern wind
➢ **Passatwinde** trade winds, trades
➢ **Rückenwind** tail wind
➢ **Sandteufel (Staubteufel)** sand devil (dust devil)
➢ **Sandwirbel/Sandhose (Staubwirbel/Staubhose)** sand whirl (dust whirl)
➢ **Schneesturm (heftig)** blizzard
➢ **Seewind** onshore wind
➢ **Strahlströmung/Jetstream** jet stream
➢ **Sturmwind (51–101 km/h)** gale, strong wind
➢ **Taifun** (tropischer Zyklon: Philippinen/Chinesisches Meer) typhoon
➢ **Tornado** (Nordamerik. kleinräumige Großtrombe/Wirbelsturm) tornado (North American whirlwind), "twister"
➢ **Trombe/Wirbelsturm** whirlwind
➢ **Wasserhose (eine Trombe)** waterspout
➢ **Westwinde** westerlies (westerly wind/current), western wind
➢ **Windhose (eine Trombe)** wind spout, vortex (of a tornado)
➢ **Wirbelsturm** whirlwind (violent windstorm)
➢ **Zyklon (trop. Wirbelsturm)** cyclone, tropical windstorm
➢ **Zyklone (Tiefdruckgebiet)** cyclone (rotating low-pressure wind system or storm)

Windabrasion wind abrasion

Windausbreitung (der Frucht)/ Windstreuung/Anemochorie wind-dispersal, anemochory

Windbestäubung/Windblütigkeit/ Anemophilie wind pollination, anemophily

windblütig/anemophil wind-pollinated, anemophilous

Windbö gust; (heftiger Windstoß/Sturmbö) squall, sudden violent gusty wind

Windbruch windbreak (breaking of trees by wind), windfall

Windchill-Faktor/Windchill-Index (Abkühlungsgröße) windchill factor

winden wind, twist, coil

Windengewächse/Convolvulaceae bindweed family, morning glory family, convolvulus family

Windepflanze/Schlingpflanze winder, twiner; liana (woody)

Windfrost wind frost

Windgalle/Fesselgalle (Pferd) windgall

Windgeschwindigkeit wind speed, wind velocity

windgetragen airborne

Windmesser/Anemometer anemometer

Windmulde/Deflationskessel (im Sand) *geol* blowout, deflation basin
Windrichtung wind direction
➢ **in Windrichtung/ Windseite/Wetterseite** windward, windward side, luv
➢ **vorherrschende Windrichtung** prevailing direction of the wind
Windschatten/Windschattenseite lee, leeward, leeward side
Windschnappen/Luftkoppen (Pferd) wind sucking
Windschur wind shear, wind abrasion
Windschutz windbreak, shelterbelt
Windschutzbäume shelterwood, shelterbelt
Windstärke/Windintensität (*siehe:* Windgeschwindigkeit) wind force/strength/intensity
Windstille calm, windlessness
Windstoß/Bö gust (gust of wind)
Windstreuer ***bot*** anemochore
Windstreuung/Windausbreitung ***bot*** wind-dispersal, anemochory
Windung (Bewegung) spiral movement, spiral coiling
Windung/Gyros (Schneckenschale) whorl, spiral coil, gyre
Windung/Krümmung/Biegung winding, contortion, turn, bend
Windung/Spirale twist, coil, spiral (a series of loops)
Windungszahl (DNA) writhing number
Windwurf/Sturmwurf ***for*** windfall, windthrow, blowdown (of trees)
Winkel angle
Winkelrotor ***centrif*** angle rotor, angle head rotor
Winkelschleife/Umkehrschleife/ Haarnadelschleife/ beta-Schleife/β-Schleife hairpin loop, reverse turn, beta turn, β bend
winkelständig axile, axillar
winseln whimper, whine
Winteraceae/ Winterrindengewächse wintera family, Winter‘s bark family, drimys family
Winterfell winter fur, winter coat
winterfest/winterhart hardy
Wintergrüngewächse/Pyrolaceae wintergreen family, shinleaf family
Winterhärte winter hardiness
Winterknospe/Hibernakel winter bud, hibernaculum, turio, turion
Winterquartier winter quarters
Winterrindengewächse/ Winteraceae wintera family, Winter‘s bark family, drimys family
Winterschlaf winter sleep, hibernation
Winterschläfer hibernating animal
Winterstagnation ***limn*** winter stagnation
Wipfel/Baumwipfel treetop
Wirbel ***meteo/hydro*** whirl, eddy
Wirbel ***anat*** vertebra (auch bei Ophiuroiden); (Umbo) umbo (*pl* umbones)
➢ **Brustwirbel/Thorakalwirbel** thoracic vertebra
➢ **Halswirbel/Cervikalwirbel** cervical vertebra
➢ **Kreuzbeinwirbel/Sakralwirbel** sacral vertebra
➢ **Lendenwirbel/Lumbarwirbel** lumbar vertebra
➢ **Schwanzwirbel/Kaudalwirbel** caudal vertebra
➢ **Steißwirbel/Steißbeinwirbel** coccygeal vertebra
Wirbelbogen/Arcualium arcualium
➢ **oberer Wirbelbogen/Neuralbogen** neural arch
Wirbelhöhle (Molluskenschale) umbonal cavity
Wirbelkörper/Centrum centrum
Wirbellose/Wirbellose Tiere/ Invertebraten/Evertebraten invertebrates
Wirbelsäule/Rückgrat vertebral column, spinal column
Wirbelschichtreaktor/ Wirbelbettreaktor fluidized bed reactor

Wirbelstrom eddy current
Wirbeltiere/Vertebraten/Vertebrata vertebrates
wirken act, work, be effective, causing an effect, take effect
Wirkstoff/Wirksubstanz active ingredient, active principle, active component
Wirkung effect, action
➢ **Hauptwirkung** main/chief effect, main action
➢ **Nebenwirkung** side effect
➢ **sofortige Wirkung/ unmittelbare Wirkung** immediate effect, direct effect
Wirkungsgrad efficiency
➢ **ökologischer Wirkungsgrad** ecological efficiency
Wirkungsmechanismus mode of action
Wirkungsschlag/Kraftschlag effective stroke, power stroke
Wirkungsspezifität specificity of action
Wirkungsweise/Mechanismus mode of action, mechanism
Wirt ***allg*** **(Wirtsorganismus/Wirtstier)** host
➢ **Endwirt** final host
➢ **Fehlwirt/Irrwirt** accidental host, wrong host
➢ **Hauptwirt** main host, primary host, definitive host
➢ **Nebenwirt** secondary host
➢ **nicht-permissiver Wirt** non-permissive host
➢ **permissiver Wirt** permissive host
➢ **Reservoirwirt** reservoir host
➢ **Sammelwirt/Stapelwirt/ paratenischer Wirt/Transportwirt** paratenic host, transfer host
➢ **Sicherheitswirt** containment host
➢ **Wechselwirt** alternate host
➢ **Zufallswirt** random host
➢ **Zwischenwirt** intermediary host
Wirtel/Quirl whorl, verticil
wirtelig/quirlig whorled
Wirtelung/Dekussation decussation
Wirtsbereich host range
Wirtschaftspflanze economic plant
Wirtsorganismus host organism
Wirtspflanze host plant
Wirtsrasse host race
Wirtsspektrum host range
Wirtsspezifität host specificity
Wirtstier host animal
Wirtswechsel alternation of hosts
Wirtszelle host cell
wittern (Wild) scent, smell
Witterung/Geruchssinn ***zool*** scent
Witterung/Wetter ***meteo*** weather
Wobble-Base ***gen*** wobble base
Wobble-Hypothese ***gen*** wobble hypothesis
Wochenbettdepression postpartum depression
Wohnbauten/Domichnia ***paleo*** dwelling structures
Wohngebiet/ Heimbereich/Aktionsraum ***ecol*** home range
Wohnkammer (Schneckenschale) body whorl
Wohnquartier/Behausung dwelling
Wölbung (Höcker/Beule/Warze) protuberance, tubercle, wart
Wölbung/Koeffizient der Wölbung ***stat*** kurtosis
Wolffscher Gang/Vornierengang/ primärer Nierengang/ primärer Harnleiter Wolffian duct, Leydig's duct, mesonephric duct
Wolfram (W) tungsten
Wolfsmilchgewächse/Euphorbiaceae spurge family
Wolkenbruch ***meteo*** downpour
Wolkenimpfung ***meteo/ecol*** cloud seeding
Wollbaumgewächse/Bombacaceae cotton-tree family, silk-cotton tree family, kapok-tree family
Wolle wool
Wollfettdrüse wool fat gland
Wollhaar wooly hair
Wollhaarkleid undercoat
wollig wooly, lanate
Wollschildläuse (Coccoidea) mealybugs
Woodsiaceae/Wimpernfarne woodsia family

Woronin-Körper Woronin body
wuchern/proliferieren proliferate
wuchernd/proliferierend proliferative
Wucherung/Proliferation proliferation
Wucherung/Tumor/Geschwulst tumor
Wuchs growth, habit
Wuchsform/Habitus
growth form, appearance, habit
Wuchshemmer/Wachstumshemmer/ Wuchshemmstoff
growth inhibitor
Wuchskraft growth vigor
Wuchsrichtung direction of growth
Wuchsstoff (Pflanzenwuchsstoff)/ Phytohormon growth regulator, phytohormone, growth substance
Wulst bulge, collar, protuberant seam
Wulstlinge/Freiblättler/Amanitaceae
Amanita family
Wunde wound
Wunderblumengewächse/ Nyctaginaceae
four-o'clock family
Wundernetz/Rete mirabile
rete mirabile
Wundfäule wound rot
Wundgewebe/Wundcallus/Wundholz
wound tissue, callus
Wundheilung wound healing
Wundkambium/Wundcambium
wound cambium
Wundparasit wound parasite
Wundparenchym
traumatic parenchyma
Wundpaste (beim Baumschnitt) ***hort***
wound dressing
Wundüberbrückung/ Überbrückung ***hort***
repair grafting, bridge grafting
Wurf *zool* litter; (Schweine) farrow; *vir* burst
➢ **Zeitpunkt der Virusfreisetzung**
burst period
Würfelbein/Os cuboideum
cuboid bone
Würfelquallen/Cubozoa
box jellies, sea wasps, cubomedusas
Wurffaden/Angelfaden ***arach***
casting line
Wurfgeschwister/Geschwister eines Wurfes litter mate(s)
Wurfgröße *zool* (Anzahl Jungtiere/ Frischlinge) litter size; *vir* (Anzahl freigesetzter Viren) burst size
Wurfnetz (Netzwerferspinnen) ***arach***
casting web
würgen
choke (an etwas würgen), strangle (von etwas/jmd. gewürgt werden)
Würger/Baumwürger
strangler, tree strangler
wurmartig
wormlike, vermian, vermicular
Wurmfarngewächse/Dryopteridaceae
male fern family, dryopteris family
wurmförmig worm-shaped, vermiform
Wurmfortsatz des Blinddarms/ Appendix/Appendix vermiformis
appendix, vermiform appendix
wurmig wormy
Wurmmollusken/Wurmmolluscen/ Aplacophoren/Aplacophora
aplacophorans
Wurmschleichen/Doppelschleichen/ Amphisbaenia worm lizards, amphisb(a)enids, amphisbenians
Würze/Gewürz spice, seasoning
Würze (Bier) wort
Würze/würzige Zutat/ Geschmacksverbesserer (kräftig)
condiment
Wurzel *bot/zool* root;
(Crinoide) *zool* root, radix
➢ **Adventivwurzel** adventitious root
➢ **Ankerwurzel**
anchorage root, adhesion root
➢ **anwurzeln/anwachsen** take root
➢ **Assimilationswurzel**
assimilative root
➢ **Atemwurzel** pneumatophore, air root, airial root, aerating root
➢ **Beiwurzel/Nebenwurzel/ Adventivwurzel**
supplementary root, adventitious root
➢ **bewurzeln** root
➢ **Bewurzelung**
radication, rootage, rooting
➢ **Brettwurzel**
buttress root (*esp.* tropical trees)
➢ **Büschelwurzelsystem (Gräser)**
fibrous root system

- **Dorsalwurzel** *neuro* dorsal root, posterior root
- **Faserwurzel** fibrous root
- **Haarwurzel** hair root
- **Haftwurzel** holdfast root, clinging root
- **Hauptwurzel/Primärwurzel** main root, primary root
- **Keimwurzel** (gesamte Anlage innerhalb des Samens) seminal root
- **Keimwurzel/Radicula** embryonic root, radicle
- **Luftwurzel** aerial root, air root
- **Nährwurzel** feeder root
- **Nebenwurzel/Beiwurzel/ Adventivwurzel** supplementary/adventitious root
- **Nebenwurzel/Seitenwurzel** lateral root, secondary root
- **Pfahlwurzel** taproot
- **Pneumatophore/Atemwurzel** pneumatophore, aerating root
- **Primärwurzel/Hauptwurzel** primary root, main root
- **Saugwurzel** suction root, seeker
- **Seitentrieb** (am Wurzelhals) sucker; (kurz) offset
- **Seitenwurzel/Nebenwurzel** lateral root, secondary root
- **Speicherwurzel** storage root
- **sprossbürtige Wurzel** shoot-borne root (stem-borne adventitious root)
- **Streckungszone/ Verlängerungszone** zone of expansion, region of elongation
- **Stützwurzel** prop root, stilt root, brace root
- **tiefwurzelnde Pflanze** deep-rooted plant
- **Übergangszone (Wurzel-Spross)** transition(al) zone/region
- **Ventralwurzel/ motorische Wurzel** *neuro* ventral root, motor root, anterior root
- **Verlängerungszone/ Streckungszone (Wurzel)** zone/region of extension, zone/region of elongation
- **Wachstumszone** zone/region of cell division (apical meristem)
- **Zugwurzel** contractile root

Wurzelanlage root primordium
- **Hauptwurzelanlage** radicula

Wurzelanlauf/ Stammanlauf/Stammfuß root butt, buttress (supportive ridge at base of tree trunk)
wurzelartig rootlike, rhizoid
Wurzelausläufer/Gehölzausläufer sobolifer, sobole
Wurzelausschlag/Wurzeltrieb root sucker
Wurzelbereich root system domain
Wurzelbulbille root bulbil
wurzelbürtiger Spross root sucker, offshoot; (kurz) offset
Würzelchen rootlet, radicle
Wurzeldruck root pressure
wurzelecht own-rooted
Wurzelepidermis/Rhizodermis rhizodermis, epiblem(a)
Wurzelfäule (Krebsfäule der Wurzeln) root rot
wurzelförmig root-like, radiciform, rhizoid
Wurzelgalle (durch Nematoden) root gall, root knot
Wurzelgemüse root crop, root vegetable
Wurzelhaar/Wurzelhärchen root hair
Wurzelhaarzone root-hair zone, zone/region of maturation
Wurzelhals/Wurzelkrone root crown, root collar
Wurzelhalsfäule root-collar rot, collar rot
Wurzelhalsschössling root-collar shoot (sucker/offshoot)
Wurzelhalstumor (Stamm- oder Wurzeltumor verursacht durch *A. tumefaciens*) crown gall tumor
Wurzelhaube/Wurzelhäubchen/ Kalyptra root cap, calyptra
Wurzelkletterer/Wurzelklimmer root climber
Wurzelknie knee, root-knee
Wurzelknöllchen root nodule

Wurzelknolle
tuber, root tuber, tuberous root, adventitious storage root
Wurzelkonkurrenz root competition
Wurzelkrebse/Rhizocephala
rhizocephalans (parasitic "barnacles")
Wurzelkrone/Wurzelhals root crown
wurzellos rootless, arrhizous, arrhizal
Wurzelmundquallen/Rhizostomeae
rhizostome medusas
Wurzelpfropf *hort* root graft
Wurzelpfropfgrundlage/ Wurzelpfröpfling *hort*
rootstock, stock
Wurzelpfropfung/Wurzelveredlung *hort* root grafting
Wurzelpol (Embryo) root apex
Wurzelranke root tendril
Wurzelreis *siehe* Wurzelspross
Wurzelsaugspannung
root water tension
Wurzelscheide/Koleorhiza
root sheath, radicle sheath, coleorhiza
Wurzelspitze root apex, root tip
Wurzelspross/Wurzeltrieb/ Wurzelschössling/ Wurzelreis/Erdspross
root sucker; offset (short); (Gehölzausläufer) sobole
wurzelsprossbildend soboliferous
Wurzelspur root trace
Wurzelsteckling *hort* root cutting
Wurzelstele central cylinder of root
Wurzelstock/Rhizom/Erdausläufer
rootstock, rhizome
Wurzelstock/Strunk/Caudex
rootstock, caudex
Wurzeltrieb/Wurzelspross
offshoot, offset, slip, sucker
Wurzelwerk/Wurzelsystem
rootage, root system
Wüste desert
➤ **Halbwüste** semidesert
➤ **Kältewüste** cold desert
➤ **Kieswüste/Geröllwüste/Serir**
gravel desert, serir
➤ **Nebelwüste** fog desert
➤ **Sandwüste** sand desert
➤ **Steinwüste (Hamada)**
stone desert, stony desert, rock desert (hamada/hammada)
➤ **Wärmewüste** hot desert
Wüstenausbreitung
desertification, desert expansion
Wüstenbewohner desert dweller
Wüstenbiom desert biome
Wüstenblüte desert bloom
Wüstengemeinschaft
desert community, eremium
Wüstenlack desert varnish
Wüstenpflanze/Eremiaphyt
desert plant, eremophyte, eremad
Wüstenpflaster/Steinpflaster
desert pavement, stone pavement

X-Chromosom X chromosome
➢ **fragiles X-Chromosom (Syndrom)** fragile X chromosome (syndrome)
➢ **verbundene X-Chromosomen/ verklebte X-Chromosomen** attached X chromosomes
X-Chromosom-Inaktivierung X-chromosome inactivation
X-Körper (Einschlusskörper) x body (inclusion body)
X-Organ/Bellonci-Organ X-organ
Xanthan xanthan
Xanthangummi xanthan gum
Xanthen/ Methylene diphenylene oxid xanthene
Xanthin/2,6-Dioxopurin xanthine
Xanthismus xanthism
Xanthogensäure xanthogenic acid, xanthic acid, xanthonic acid, ethoxydithiocarbonic acid
xanthokarp/gelbfrüchtig xanthocarpous, having yellow fruits
Xanthophyll xanthophyll
Xanthorrhoeaceae/ Grasbaumgewächse grass tree family, blackboy family
Xenobiose xenobiosis
Xenobiotikum (*pl* Xenobiotika) xenobiotic (*pl* xenobiotics)
xenobiotisch xenobiotic
xenogen xenogenic
Xenoparasit xenoparasite
Xenospore xenospore (immediate germination)
Xenotransplantat/ Fremdtransplantat xenograft (xenogeneic graft: from other species)
xenotropes Virus xenotropic virus
Xeromorphismus xeromorphism
Xerophyt xerophyte, xeric plant, xerophilic plant
Xeroserie xerosere
xerotherm (trockenwarm) xerothermic
Xylem/Gefäßteil/Holzteil xylem
Xylemmutterzelle/ Tracheenmutterzelle/ Xylemprimane xylem mother cell
Xylemsaft xylem sap
Xylemsauger/Xylemsaftsauger xylem-sap feeders
Xylit xylitol/xylite
Xylol/Dimethylbenzol xylene, dimethylbenzene
Xylose xylose
Xylulose xylulose
Xyrisgewächse/Xyridaceae yellow-eyed grass family

Zacke indentation, projection, spike, notch, serration
zackig/gekerbt crenate
zaghaft timid, shy, cautious, hesitant
zäh tough, rigid
zähflüssig/dickflüssig/viskos/viskös viscous, viscid
Zähflüssigkeit/Dickflüssigkeit/Viskosität viscosity, viscousness
Zählkammer counting chamber
Zählplatte counting plate
zahm tame; domesticated
zähmen tame; domesticate; (Pferde) break in
Zähmung taming
Zahn (*pl* Zähne) tooth (*pl* teeth)
➢ **akrodont/auf der Kieferkante stehend (Teleostei/Echsen)** acrodont, attached to outer surface of bone/summit of jaws (teleosts/lizards)
➢ **Augenzahn (oberer Eckzahn)** eyetooth (canine tooth of upper jaw)
➢ **Backenzahn/Molar** molar (multicuspid tooth), grinder
➢➢ **Prämolar/vorderer Backenzahn** premolar (bicuspid tooth)
➢➢ **Weisheitszahn/dritter Molar** wisdom tooth, third molar
➢ **bleibende Zähne/zweite Zähne (Dauergebiss)** permanent teeth (permanent dentition)
➢ **brachyodont/niedrigkronig** brachydont, brachyodont, with low crowns
➢ **bunodont/rundhöckrig/stumpfhöckrig** bunodont, with low crowns and cusps
➢ **diphyodont (einmaliger Zahnwechsel)** diphyodont (with two sets of teeth)
➢ **Eckzahn** canine
➢ **Eizahn/Eischwiele (Reptilien)** egg tooth
➢ **Fangzahn/Fang/Reißzahn (Carnivora)** fang, carnassial tooth
➢ **Giftzahn (Schlangen)** poison tooth, venom tooth, fang
➢ **gleichartig bezahnt/homodont** homodont, isodont
➢ **halbmondhöckrig/selenodont** crescentic, selenodont, with crescent-shaped ridges
➢ **Hauer (z.B. Eber)** tusk, fang (large teeth)
➢ **Hauptzahn (Bivalvia)** cardinal tooth
➢ **heterodont/ungleichzähnig** heterodont, anisodont
➢ **hochkronig/hypsodont/hypselodont** with high crowns, hypsodont, hypselodont
➢ **homodont/gleichartig bezahnt** homodont, isodont
➢ **hypsodont/hypselodont/hochkronig** hypsodont, hypselodont (high crowns/short roots)
➢ **labyrinthodont/mit komplexer Struktur** labyrinthodont
➢ **lophodont/mit Querjochen** lophodont, with transverse ridges
➢ **Mahlzahn** grinding tooth
➢ **Milchzahn** milk tooth, deciduous tooth (first teeth/primary teeth)
➢ **monophyodont** (einfaches Gebiss/ohne Zahnwechsel) monophyodont (only one set of teeth)
➢ **Nagezähne** gnawing teeth (chisel-like)
➢ **niedrigkronig/brachyodont** with low crowns, brachydont, brachyodont
➢ **pleurodont/an der Kieferinnenseite** pleurodont, attached to inside surface of jaws
➢ **plikodont/mit gefalteten Höckern** plicodont
➢ **polyphyodont** (mehrfacher Zahnwechsel) polyphyodont
➢ **Prämolaren/vordere Backenzähne** premolars, bicuspid teeth
➢ **Reißzahn/Fangzahn/Fang (Carnivora)** fang, carnassial tooth
➢ **rundhöckrig/stumpfhöckrig/bunodont** with low crowns and cusps, bunodont

- **Säbelzahn** sabre tooth, saber tooth
- **Schlosszähne (Muscheln)** hinge teeth
- **Schneidezahn/Vorderzahn/Beißzahn** incisor, front tooth
- **selenodont/halbmondhöckrig (Zahnhöcker)** selenodont, crescentic, with crescent-shaped ridges
- **Stiftzähne (Hasen)** peg teeth (auxiliary incisors)
- **stumpfhöckrig/rundhöckrig/bunodont** with low crowns and cusps, bunodont
- **tetralophodont/mit vier Querjochen** tetralophodont, with four transverse ridges
- **thekodont/in Zahnfächern verankert** thecodont, teeth in sockets
- **triconodont/dreihöckrig (in einer Reihe)** triconodont (three crown prominences in a row)
- **ungleichzähnig/heterodont** heterodont, anisodont
- **Weisheitszahn/dritter Molar** wisdom tooth, third molar
- **Wolfszähne** wolf teeth, remnant teeth (horse: first premolar)

Zahnalveole/Zahnfach tooth socket, alveolar cavity, alveolus
Zahnanlage/Zahnkeim tooth germ
Zahnarme/Edentata/Xenarthra/Nebengelenktiere “toothless” mammals, edentates, xenarthrans
Zahnbein/Dentin dentin, dentine, substantia eburnea
Zahnbeinbildner/Odontoblast odontoblast
Zahnbelag/Plaque dental plaque
Zähnchen denticle
Zahndurchbruch/Dentition (Duchbruch der Zähne) dentition (development/cutting of teeth)
zahnen teethe, cut one‘s teeth, grow teeth
Zahnen/Zahnung teething, dentition
Zahnentwicklung tooth development
Zahnersatz tooth replacement
Zahnfach/Zahnalveole tooth socket, alveolar cavity, alveolus
Zahnfleisch gums, gingiva
Zahnformel/Gebissformel dental formula
Zahngrube (an Schloss der Muschelschale) hinge socket
Zahnhals tooth neck, dental neck
Zahnhöcker dental ridge, dental cusp, cusp
Zahnhöhle/Pulpahöhle dental cavity, pulp cavity
Zahnkeim/Zahnanlage tooth germ
Zahnkrone corona, dental crown
Zahnleiste dental lamina, dental lamella
zahnlos toothless, edentate
Zahnmark dental pulp, pulpa
Zahnreihe tooth row, arcade
Zahnschmelz dental enamel
Zahnschuppe/Placoidschuppe ***ichth*** dermal denticle, placoid scale
Zahnsystem/Zahnanordnung dentition
Zahntaucher/Hesperornithiformes western birds
Zahnwale/Odontoceti toothed whales & porpoises & dolphins
Zahnwechsel (second) dentition
Zahnwurzel dental root
Zange/Schere (Crustacea) forceps (seizing claws of crustaceans)
Zangensterne/Forcipulatida forcipulatids
Zannichelliaceae/Teichfadengewächse horned pondweed family
Zapfen ***bot*** cone, strobile, strobilus, “pine”
Zapfen/Zäpfchen/Zapfenzelle ***opt*** cone, cone cell
Zapfenbeere/Beerenzapfen ***bot*** fleshy cone, “berry”
Zapfenschuppe cone scale, cone bract
zappeln wiggle, struggle (fish on the hook)

Zaubernussgewächse/ Hamamelidaceae witch-hazel family
Zecken/Ixodides ticks
Zedrachgewächse/ Mahagonigewächse/Meliaceae mahogany family
Zeh/Zehe toe; (Rotatorien) toe (*siehe auch*: Sporn)
- **großer Zeh/Hallux** big toe, great toe, hallux
- **kleiner Zeh** small toe

Zeh/Zehe/Brutzwiebel bulbil, offset bulb; (Knoblauch) clove (of garlic)
Zehengang/Digitigradie digitigrade gait
Zehengänger/Digitigrade digitigrade
Zehenglied/Fingerglied/Phalanx phalanx (*pl* phalanges)
Zehenspitzengang/Hufgang/ Unguligradie unguligrade gait
Zehnarmer/ zehnarmige Tintenschnecken/ Decabrachia/Decapoda cuttlefish & squids
Zehnfußkrebse/Decapoda decapods
Zeichnung/Musterung (z.B. Tierfell/Haut/Flügel) pattern
Zeichnung/Fladerung (Holz) ***bot*** figure
Zeigerart indicator species, index species
Zeigerokular ***micros*** pointer eyepiece
Zeigerpflanze/Leitpflanze indicator plant, index plant
Zeigerwerte indicator value
Zeilandgewächse/ Zwergölbaumgewächse/ Cneoraceae spurge olive family
Zeitalter/Ära (erdgeschichtliches Zeitalter) (*siehe auch:* Äon/Epoche/Periode) age, geological age, era, geological era
- **Eophytikum** Eophytic Era
- **Erdaltertum/Paläozoikum** Paleozoic, Paleozoic Era
- **Erdmittelalter/Mesozoikum** Mesozoic, Mesozoic Era
- **Erdneuzeit/Neozoikum/ Känozoikum/Kaenozoikum** Neozoic, Neozoic Era, Cenozoic, Cenozoic Era (Cainozoic Era/Caenozoic Era)
- **Känozoikum/Kaenozoikum/ Erdneuzeit/Neozoikum** Cenozoic, Cenozoic Era, Neozoic Era (Cainozoic Era/Caenozoic Era)
- **Mesophytikum** Mesophytic Era
- **Mesozoikum/Erdmittelalter** Mesozoic, Mesozoic Era
- **Neozoikum/Erdneuzeit/ Känozoikum/Kaenozoikum** Neozoic, Neozoic Era, Cenozoic, Cenozoic Era (Cainozoic Era/Caenozoic Era)
- **Paläophytikum/Florenaltertum** Paleophytic Era
- **Paläozoikum/Erdaltertum** Paleozoic, Paleozoic Era
- **Präkambrium/Präcambrium** Precambrian, Precambrian Era

Zeitgeber Zeitgeber, synchronizer
Zeitgenosse contemporary
zeitgenössisch extant, contemporary
Zeithorizont time horizon
zeitlebens during an entire life
Zeitlosengewächse/Krokusgewächse/ Colchicaceae crocus family
Zelladhäsionsmolekül cell adhesion molecule (CAM)
Zellafter/Zytopyge/ Cytopyge/Zytoproct/Cytoproct cell-anus, cytopyge, cytoproct
Zellatmung cellular respiration
Zellaufschluss/ Öffnen der Zellmembran cell lysis
Zellaufschluss/Zellfraktionierung cell fractionation
Zellaufschluss/Zellhomogenisierung cell homogenization
Zellaufschlussgerät cell disrupter
Zellbiologie/Zytologie/Cytologie cell biology, cytology
Zellchemie/Zytochemie/Cytochemie cytochemistry
Zellcyclus/Zellzyklus cell cycle
Zelldichte cell density

Zelle cell
> **Dauerzelle** permanent cell
> **Feeder-Zelle** feeder cell
> **kernlose Zelle** enucleate cell, anucleate cell
> **nicht-permissive Zelle** non-permissive cell
> **permissive Zelle** permissive cell
> **somatische Zelle/Körperzelle** somatic cell, body cell
> **transformierte Zelle** transformed cell
> **vegetative Zelle** vegetative cell

Zelleinschluss (Inklusion) cell inclusion, cellular inclusion
Zellertrag cell yield
Zellextrakt cell extract
Zellfaden/Filament chain of cells, filament
Zellfaden/Trichom (bei Algen/Bakterien) trichome, trichoma
Zellfortsatz cell process
Zellfraktion cellular fraction
Zellfraktionierung cell fractionation
zellfrei cell-free
zellfreier Extrakt cell-free extract
zellfreies Proteinsynthesesystem cell-free protein synthesizing system
zellfreies System cell-free system
Zellfusion/Zellverschmelzung cell fusion
Zellgift/Zytotoxin/Cytotoxin cytotoxin
Zellhomogenisation/ Zellhomogenisierung cell homogenization
Zellhülle cell envelope
Zellhybridisierung cell hybridization
zellig cellular
> **nicht zellig/azellulär** acellular, noncellular

Zellinhalt cell content
Zellinie *siehe* Zelllinie
Zellkern/Nukleus nucleus, karyon
> **generativer Zellkern/ Mikronukleus** micronucleus
> **somatischer Zellkern/ Makronukleus** macronucleus, meganucleus

Zellkolonie cell colony
Zellkonstanz/Eutelie cell constancy, eutely
Zellkontakt cell junction
Zellkörper/Soma cell body, soma
Zellkultur cell culture
> **Gewebekultur** tissue culture
> **Haploidenkultur** haploid culture
> **Kalluskultur** callus culture
> **Kulturmedium (*siehe auch dort*)/ Medium/Nährmedium** medium, culture medium
> **Medium/Kulturmedium** medium, culture medium
> **Meristemkultur** meristem culture
> **Protoplastenkultur** protoplast culture
> **somaklonale Variation** somaclonal variation (SV)
> **Suspensionskultur** suspension culture
> **Wuchsstoff (Pflanzenwuchsstoff)/ Phytohormon** growth regulator, phytohormone, growth substance

Zelllinie cell lineage, cell line, celline
> **Dauerzelllinie/permanente Z.** immortalized cell line, continuous cell line
> **etablierte Zelllinie** established cell line
> **kontinuierliche Zelllinie** continuous cell line
> **Säuger-Zelllinie** mammalian cell line
> **Stammzelle** stem cell
> **transformierte Zelllinie** transformed cell line

Zelllysat cell lysate
Zellmembran/ Plasmamembran/Plasmalemma (outer) cell membrane, biological membrane, unit membrane, plasmalemma
Zellmund/Zellmundöffnung/ Zytostom/Cytostom cell-mouth, cytostome, cytostoma
Zellmundhöhlung/Peristom (Protozoen) buccal cavity, peristome, peristomium

Zelloberfläche cell surface
Zelloberflächenmarker
cell surface marker
Zellobiose/Cellobiose cellobiose
Zellplasma/Zytoplasma/Cytoplasma
cytoplasm
Zellproliferation cell proliferation
Zellsaft cell sap
zellschädigend/zytopathisch/ cytopathisch (zytotoxisch)
cytopathic (cytotoxic)
Zellschicksal cell fate
Zellschlauch siphon
Zellschlund/ Zytopharynx/Cytopharynx
gullet, cytopharynx
Zellskelett/Zytoskelett/Cytoskelett
cytoskeleton
Zellsorter/Zellsortierer/ Zellsortiergerät (Zellfraktionator)
cell sorter
➢ **fluoreszenzaktivierter Zellsorter**
fluorescence-activated cell sorter (*see*: FACS)
Zellsortierung cell sorting
Zellstoff wood pulp, cellulose pulp
➢ **Sulfit-Zellstoff**
sulfite wood pulp,
sulfite cellulose pulp
Zellstoffwatte wood wool
Zellstoffwechsel cellular metabolism
Zellteilung cell division, cytokinesis
Zelltheorie cell theory
Zelltod cell death
➢ **programmierter Zelltod (Apoptose)**
programmed cell death (apoptosis)
zelltötend/zytozid cytocidal
Zelltransformation
cell transformation
Zelltrennung/Zellseparation
cell separation
➢ **fluoreszenzaktivierte Z.**
fluorescence-activated cell sorting (FACS)
zellulär cellular
Zellulose/Cellulose cellulose
Zellverband cell aggregate
zellvermittelt cell-mediated
Zellverschmelzung/Zellfusion
cell fusion
Zellwachstum cell growth
Zellwand cell wall
Zellzahl cell count
Zellzyklus/Zellcyclus cell cycle
➢ **G1/G2-Phase („gap = Lücke")**
G1/G2 phase
➢ **M-Phase (Mitose)** M phase (mitosis)
➢ **S-Phase (Synthese)**
S phase (synthesis)
Zementdrüse/Kittdrüse/Klebdrüse
cement gland, adhesive gland,
colleterial gland
Zenckersches Organ (Spermatozoenpumpe)
Zencker's organ
Zentil/Perzentil/Prozentil ***stat***
centile, percentile
zentrales Dogma central dogma
Zentralkorn/Centroplast
central granule, axoplast, centroplast
Zentralkörper (Insekten)
central body
Zentralnervensystem (ZNS)
central nervous system (CNS)
Zentralplazentation ***bot***
free central placentation
Zentralstrang central strand
zentralwinkelständig/axial axile
zentralwinkelständige Plazentation
axile placentation
Zentralzylinder ***bot***
central cylinder, stele
zentrieren center
zentrifugal centrifugal
Zentrifugalkraft centrifugal force
Zentrifugation centrifugation
➢ **analytische Zentrifugation**
analytical centrifugation
➢ **Dichtegradientenzentrifugation**
density gradient centrifugation
➢ **Differenzialzentrifugation/ differenzielle Zentrifugation**
differential centrifugation
➢ **isopyknische Zentrifugation**
isopycnic centrifugation
➢ **präparative Zentrifugation**
preparative centrifugation
➢ **Ultrazentrifugation**
ultracentrifugation
➢ **Zonenzentrifugation**
zonal centrifugation
Zentrifuge centrifuge

Zentrifugenröhrchen centrifuge tube
zentrifugieren centrifuge
Zentriol/Centriol centriole
zentripetal centripetal
Zentromer/Centromer centromere
Zentrum/Viruskern (zentrale Virionstruktur) core
➢ **aktives Zentrum (Enzym)** active site, catalytic site
Zerebralganglion cerebral ganglion
Zerfall/Abbau/Zusammenbruch breakdown
Zerfall/Zersetzung/ Verrottung/Verfaulen decay, disintegration, decomposition
➢ **radioaktiver Zerfall** radioactive decay, radioactive disintegration
zerfallen decay, disintegrate, decompose, fall apart
Zerfallfrucht fissile fruit
Zerfließen/Zerschmelzen/Zergehen deliquescence
zerfließend/zerschmelzend/ zergehend deliquescent
Zerkarie/Cercarie/Schwanzlarve cercaria
Zerkleinerer shredder (large-particle detritivore)
zermahlen/zerreiben (pulverisieren) grind (pulverize)
Zermahlen/Zerreibung (Pulverisierung) grinding, trituration (pulverization)
zermalmen (mit Zähnen/Kiefern) grind
zerreiben/zermahlen triturate
Zerreißfestigkeit/ Reißfestigkeit/Zugfestigkeit (Holz) tensile strength
zerschlitzt/geschlitzt (gleichmäßig) incised, cut; (ungleichmäßig) lacerate, torn
zerschnitten dissected
zersetzen disintegrate, decay, decompose, degrade
Zersetzer/Destruent/Reduzent decomposer
Zersetzung disintegration, decay, decomposition, degradation
zerstäuben atomize
Zerstäuber/Sprühgerät (Wasserzerstäuber) atomizer, humidifier, mist blower, sprayer
zerstreuen/dispergieren scatter, disperse
zerstreut/schraubig (Blattstellung) alternate
zerstreutporig (Holz) diffuse porous
Zerstreuung/Dispergierung scattering, dispersion
zeugen/fortpflanzen procreate, reproduce, propagate
Zeugung/Fortpflanzung procreation, reproduction, propagation
zeugungsfähig/fruchtbar capable of reproducing, fertile
zeugungsunfähig/steril incapable of reproducing, sterile
Zicklein/Ziegenjunges kid
➢ **frischgeborenes Zicklein/ Ziegenjunges** yeanling
Zicklein gebären kidding (parturition in goats)
Zickzackfaden ***arach*** pendulum line
Ziegenbock billygoat, male goat
Zielorgan target organ
Zielsequenz ***gen*** target sequence
Zielzelle target cell
Zieralgen/Desmidiaceae desmids
Ziergarten ornamental garden, amenity garden
Ziergras ornamental grass
Zierkräuter ornamental herbs
Zierpflanze ornamental plant
Zierpflanzenbau/Blumenzucht amenity horticulture, floriculture (flower growing)
Zierschnitt (Formbaum/Formstrauch) topiary
Zierstrauch ***hort*** ornamental shrub
Zikaden/Zirpen/Auchenorrhyncha (Homoptera) cicadas
Ziliarkörper/Ciliarkörper/ Corpus ciliare ciliary body
Zilie/Cilie/Wimper/Flimmerhärchen cilium
zilientragend/cilientragend/ bewimpert bearing cilia, cilium-bearing, ciliated, ciliferous

Zimmerpflanze houseplant
Zimtaldehyd
cinnamic aldehyde, cinnamaldehyde
Zimtalkohol
cinnamic alcohol, cinnamyl alcohol
Zimtsäure/Cinnamonsäure (Cinnamat) cinnamic acid
Zimtsäureweg (Cinnamat)
cinnamate pathway
Zingiberaceae/Ingwergewächse
ginger family
Zink (Zn) zinc
Zinkfinger ***gen*** zinc finger
Zinn (Sn) tin
Zirbeldrüse/Pinealorgan/Epiphyse
epiphysis (pineal body)
zirkular/zirkulär/kreisförmig/rund
circular, round
Zirkularchromatographie
circular chromatography
Zirkulardichroismus/ Circulardichroismus
circular dichroism
Zirkularisierung/Ringschluss
circularization
Zirkulation/Zirkulieren circulation
Zirkulationssystem/Kreislaufsystem (offenes/geschlossenes)
circulatory system (open/closed)
zirkulieren circulate
zirkulierend/Zirkulations...
circulating, circulatory
Zirkumanaldrüse circumanal gland
zirpen/schrillen/stridulieren
chirp, stridulate
Zirpen/Schrillen/Stridulation
chirping, stridulation
Zirporgan/ Schrillorgan/Stridulationsorgan
stridulating organ
zischen (Schlange) hiss
Zisterne (ER) ***cyt***
cisterna (*pl* cisternae/cisternas)
➢ **paarweise liegende Zisternen**
paired cisternae
Zisterne (Wasserreservoir einiger Bromelien) ***bot***
cistern, water tank
Zistrosengewächse/ Cistrosengewächse/Cistaceae
rockrose family
Zitronensäure/Citronensäure (Zitrat/Citrat) citric acid (citrate)
Zitronensäurezyklus/ Citronensäurecyclus/Citrat-Zyklus/ Citratcyclus/ Krebs-Cyclus/ Tricarbonsäure-Zyklus
citric acid cycle, Krebs cycle, tricarboxylic acid cycle (TCA cycle),
Zitrullin/Citrullin citrulline
Zitrusfrucht/Citrusfrucht/ Hesperidium (eine Panzerbeere)
hesperidium
zittern (schaudern) shiver;
(vibrieren) quiver, tremble, vibrate
Zittern (Schaudern) shivering;
(Vibration) quivering, trembling, vibration
Zitterpilze/Gallertpilze/Tremellales
jelly fungi
Zitterrochen/elektrische Rochen/ Torpediniformes electric rays
Zitze/Mamille
nipple, mamilla, mammilla, teat
➢ **Afterzitze** accessory teat
➢ **Stülpzitze** crater teat
Zitzenfortsatz/Processus mamillaris (Wirbelkörper)
mam(m)illary process/tubercle
Zivilisation civilization
Zivilisationskrankheiten
diseases of civilization, "affluent peoples' diseases"
Zivilisationslandschaft
cultural landscape, anthropogenic landscape
ZNS (Zentralnervensystem)
CNS (central nervous system)
Zoarium (Bryozoen-Kolonie)
bryozoan colony
Zoëa (Decapoden-Larve)
zoëa (decapod crustacean larva)
Zoecium (Bryozoen: Gehäuse des Einzeltiers)
zoecium, zooecium
Zonensedimentation
zone/zonal sedimentation
Zonierung zonation
Zönobium/Cönobium/Coenobium (*pl* Coenobien)
coenobium (*pl* coenobia), cell family

Zönogenese/Coenogenese cenogenesis
Zönose coenosis, cenosis
Zonoskelett (Extremitätengürtel) zonoskeleton
Zonulafasern zonule fibers
Zoocecidium Tiergalle
Zoogeographie/Tiergeographie zoogeography
Zoonose zoonosis
Zooparasit (Schmarotzer in/auf Tieren) zoophagous parasite (thriving in/on animals)
zoophag zoophagous
Zooplankton zooplankton
Zoozönose/Tiergemeinschaft zoocoenosis, zoocenosis, animal community
Zosteraceae/Seegrasgewächse eel-grass family
Zotte villus (*pl* villi)
➢ **Chorionzotten** chorionic villi
➢ **Darmzotten/Villi intestinales** intestinal villi
➢ **Gefäßzotten** vascular villi
➢ **Mikrovillus (*pl* Mikrovilli)** microvillus (*pl* microvilli)
Zottenglatze/Chorion laeve chorion laeve (nonvillous chorion)
Zottenhaut/Chorion frondosum chorion frondosum
Zottenplazenta/ Chorioallantoisplazenta chorioallantoic placenta
Zubehör accessories
Zucht *bot* cultivation, breeding, growing
Zucht/Züchterei (Farm) *zool* breeding farm
Zuchtbuch/Stammbuch/Herdbuch (Pferde: Stutbuch) studbook
Zuchtbulle/Zuchtstier studbull
züchten/kultivieren/aufziehen *bot/micb* breed, cultivate, grow; *zool* raise, rear
Züchterei breeding farm; (Zuchtanlage z.B. für Geflügel) hatchery; (Zuchtbetrieb/ Gestüt für Pferde) studfarm
Zuchtform breed
Zuchthengst/Schälhengst/ Deckhengst/Beschäler studhorse, stud
Zuchtpferd stock horse
Zuchtstier/Zuchtbulle studbull
Zuchtstute broodmare
Züchtung/Kultivierung breed, breeding, cultivation, growing
➢ **aus der Kreuzung entfernt oder nicht verwandter Individuen gezüchtet** outbred
Züchtungsexperiment breeding experiment
Zuchtvieh breeding cattle
Zuchtwahl selective breeding, breed selection
➢ **natürliche Zuchtwahl/ natürliche Selektion** natural selection
zucken (Muskel) twitch
Zucker sugar
➢ **Aminozucker** amino sugar
➢ **Blutzucker** blood sugar
➢ **Doppelzucker/Disaccharid** double sugar, disaccharide
➢ **Einfachzucker/einfacher Zucker/ Monosaccharid** single sugar, monosaccharide
➢ **Fruchtzucker/Fruktose (Lävulose)** fruit sugar, fructose
➢ **Holzzucker/Xylose** wood sugar, xylose
➢ **Invertzucker** invert sugar
➢ **Isomeratzucker/ Isomerose/Isozucker/ Isosirup/Isoglucose-Sirup** high fructose corn syrup (HFCS)
➢ **Malzzucker/Maltose** malt sugar, maltose
➢ **Milchzucker/Laktose** milk sugar, lactose
➢ **Pilzzucker/Trehalose** trehalose, mycose
➢ **reduzierender Zucker** reducing sugar
➢ **Rohrohrzucker** crude cane sugar (unrefined)
➢ **Rohrzucker/Rübenzucker/ Saccharose/Sukrose/Sucrose** cane sugar, beet sugar, table sugar, sucrose

➢ **Rohzucker** raw sugar, crude sugar (unrefined sugar)
➢ **Traubenzucker/ Glukose/Glucose/Dextrose** grape sugar, glucose, dextrose
➢ **Verzuckerung** saccharification
➢ **Vielfachzucker/Polysaccharid** multiple sugar, polysaccharide
zuckerbildend sacchariferous
Zuckerdrüse (Placophora) sugar gland, subradular organ
zuckerhaltig sugar-containing
Zuckerkrankheit/Diabetes mellitus diabetes mellitus
Zuckerrohr sugar cane
Zuckersäure/Aldarsäure saccharic acid, aldaric acid
Zuckerstoffwechsel glycometabolism
Zuckreflex jerk
Zuckung twitch, twitching, convulsion
Zufall chance
zufällig by chance, at random
zufällige Paarung/Panmixie random mating
Zufallsabweichung ***stat*** random deviation
Zufallsauslese random screening
Zufallsereignis random event
Zufallsfehler ***stat*** random error
„Zufallsknäuel" ***gen*** random coil
Zufallspaarung random mating
Zufallsstichprobe/Zufallsprobe ***stat*** random sample
Zufallsvariable ***stat*** random variable
Zufallsverteilung ***stat*** random distribution
Zufallswirt random host
Zufallszahl ***stat*** random number
Zufluss tributary
zuführend/hinführend/zuleitend ***neuro*** afferent
Zug/Migration ***orn*** migration
Zug/Sog (Wasserleitung) tension, suction, pull
zugehörig/verwandt (Nucleotid/tRNA) cognate (nucleotide/tRNA)
Zügel/Stützleiste/Frenulum frenulum
Zügel ***orn*** (Bereich zwischen Schnabel und Augen) lore
Zügelschild/Loreale (Schlangen) loreal (scale)
zugespitzt (z.B. Blatt) attenuate, tapering, pointed
➢ **lang zugespitzt (konkav zulaufend)** acuminate, taper-pointed
zugewachsen overgrown
Zugfaser mantle fiber
Zugfestigkeit/Zerreißfestigkeit/ Reißfestigkeit (Holz) tensile strength
Zugfisch migratory fish
Zuggeißel pulling flagellum
Zugholz tension wood
Zugspannung (Wasserkohäsion) water tension
Zugstraße migratory route
Zugtier draft animal
Zugunruhe ***orn*** migratory restlessness
Zugvogel migratory bird
Zugwurzel contractile root
Zulauf (Eintrittsstelle einer Flüssigkeit) inlet
Zulaufkultur/Fedbatch-Kultur (semi-diskontinuierlich) fed-batch culture
Zulaufverfahren/ Fedbatch-Verfahren (semi-diskontinuierlich) fed-batch process/procedure
Zunahme gain, increase
➢ **Gewichtszunahme** weight gain, gain in weight
Zündbarkeit ignitability
Zunder tinder
Zündflamme ***lab*** pilot flame (from a pilot burner)
Zündfunke (ignition) spark
Zündung ignition
zunehmen gain, increase; gain weight
Zunge/Glossa/Lingua tongue, glossa, lingua
➢ **Klebzunge** sticky tongue
➢ **Schleuderzunge (Frösche/Chamäleons)** ballistic tongue

:unge/Reibplatte/Radula radula
- ➢ **Balkenzunge/docoglosse Radula** docoglossate radula
- ➢ **Bandzunge/taenioglosse Radula** taenioglossate radula
- ➢ **Bürstenzunge/ hystrichoglosse Radula** hystrichoglossate radula
- ➢ **Fächerzunge/rhipidoglosse Radula** rhipidoglossate radula
- ➢ **Federzunge/ptenoglosse Radula** ptenoglossate radula
- ➢ **Pfeilzunge/toxoglosse Radula** toxiglossate radula (hollow radula teeth)
- ➢ **Schmalzunge/rhachiglosse Radula/ stenoglosse Radula** rachiglossate radula

züngeln tongue flicking
Zungen../die Zunge betreffend lingual
Zungenbein/Hyoideum/Os hyoideum hyoid bone, lingual bone
Zungenbeinbogen/Schlundbogen/ Hyoidbogen ***embr*** hyoid arch
Zungenblüte (Strahlblüte) ray flower, ray floret
Zungenbogen/Zwischenbogen tongue bar, secondary bar
Zungenfarngewächse/ Elaphoglossaceae elephant's-ear fern family
zungenförmig tongue-shaped, linguiform, ligular, oblanceolate
Zungenmandel/Tonsilla lingualis lingual tonsil
Zungenpapille lingual papilla, gustatory papilla
- ➢ **Blattpapille/blättrige Papille** foliate papilla
- ➢ **fadenförmige Papille** threadlike papilla, filiform papilla
- ➢ **linsenförmige Papille** lentiform papilla
- ➢ **Pilzpapille** fungiform papilla
- ➢ **Wallpapille** vallate papilla

Zungenwürmer/Linguatuliden/ Pentastomitiden/Pentastomida tongue worms, linguatulids, pentastomids
Zünglein/Ligula ligule, ligula
zupacken/ergreifen grasping
zureiten (Pferd) break
zurückgeblieben (in der Entwicklung gehemmt) retarded, stunted
zurückgerollt/nach hinten eingerollt rolled backward, revolute
zurückschneiden ***hort*** cut, prune, trim
Zusammenbau/Assemblierung ***chem/gen*** assembly
Zusammenbruch/Abbau/Zerfall breakdown; *ecol* (population) crash
zusammengesetzt (zusammengesetztes Blatt) compound (compound leaf)
Zusammenhang/ Verhältnis/Verbindung relation, correlation, interrelationship, connection
Zusatzbezeichnung/Epitheton epithet
Zusatzstoff/Zusatz/Additiv additive, supplement
- ➢ **Lebensmittelzusatzstoff** food additive, nutritional supplement

zuspitzen taper
Zustand state, condition
- ➢ **gleichbleibender/ stationärer Zustand** steady state

zustöpseln stopper
zutage treten/zutage liegen ***geo*** outcrop
Zutageliegendes/Aufschluss ***geo*** outcrop
zuverlässig reliable
Zuverlässigkeit reliability
Zuwachs accretion, accrescence, additional growth, new growth, enlargement
- ➢ **Sprosszuwachs** shoot elongation

Zuwachs nach Blüte accrescence
zuwachsen/überwachsen overgrow
Zuwachsrate/Wachstumsrate/ Wachstumsgeschwindigkeit growth rate
Zuwachszone growth layer
Zuwanderung/Einwanderung/ Immigration immigration
zweiästig/biram two-branched, biramous

zweieiig/dizygot dizygous, dizygotic
zweifächerig (Fruchtknoten) bilocular
Zweiflügelfruchtgewächse/ Flügelnussgewächse/ Dipterocarpaceae meranti family, dipterocarpus family
zweifurchig bisulcate
Zweifüß(l)er biped
Zweifüßigkeit/Zweibeinigkeit/ Bipedie/Bipedität bipedalism, bipedality
Zweig twig, limb; (kleiner Zweig mit Blättern/Blüten) spray
zweigabelig/dichotom (einfach gegabelt) bifurcate, forked, dichotomous
zweigeißlig biflagellated
zweigeschlechtig/zwittrig bisexual, hermaphroditic
zweigeschlechtige Blüte/ Zwitterblüte bisexual flower, perfect flower, hermaphroditic flower
zweigeteilt two-parted
Zweiglein (small) twig, sprig
zweigliedrige Benennung/Bezeichnung binomial/binary nomenclature
Zweiglücke branch gap
Zweigspur branch trace
zweihäusig/ getrenntgeschlechtig/diözisch diecious, dioecious
Zweihäusigkeit/ Getrenntgeschlechtigkeit/Diözie dioecy, dioecism
zweihöckrig bitubercular, bicuspid (teeth)
zweihörnig (z.B. Uterus) two-horned, bicornate, bicornuate, bicornuous
Zweihügel/Corpora bigemina corpora bigemina
zweijährig biennial
zweikammerig/zweikämmrig/ dithalam/dithekal with two chambers, dithalamous, dithalamic, dithecal
zweikammreihig bipectinate
zweikeimblättrig dicotyledonous
Zweikeimblättrige/ Dikotyledone/Dikotyle dicotyledon, dicot
zweiklappig/doppelklappig bivalve
zweikronblättrig bipetalous
zweipolig/bipolar bipolar
zweireihig in two rows, two-row, biseriate
zweischeidig ***zool*** didelphic
zweischneidig (Initiale) ***bot*** with two cutting faces
Zweiseitentiere/Bilateria bilaterians
zweiseitig/bifazial/dorsiventral bifacial, dorsiventral
zweispaltig bifid
zweistachelig/zweidornig diacanthous
zweisträngig double-stranded, two-stranded
Zweisubstratreaktion/ Bisubstratreaktion bisubstrate reaction
- **Bi-Bi-Reaktion (zwei Substrate/ zwei Produkte)** Bi Bi reaction
- **doppelte Verdrängungsreaktion/ Doppel-Verdrängung (Pingpong-Reaktion)** double displacement reaction (ping-pong reaction)
- **einfache Verdrängungsreaktion/ Einzel-Verdrängung** single displacement reaction
- **geordnete Verdrängungsreaktion** ordered displacement reaction
- **zufällige Verdrängungsreaktion/ nicht-determinierte Verdrängungsreaktion** random displacement reaction

zweiteilig bipartite, dimeric, in two parts
Zweiteilung/binäre Zellteilung binary fission, bipartition
Zweitmünder/Neumundtiere/ Neumünder/Deuterostomia deuterostomes
zweiwertig/bivalent/divalent ***chem*** bivalent, divalent
Zweiwertigkeit ***chem*** bivalence, divalence
zweiwirtig/dixen dixenous, dixenic
zweizählig/dimer dimerous

zweizeilig distichous, two-ranked
Zwerchfell/Diaphragma
diaphragm, diaphragma
Zwerchfellatmung/Bauchatmung
diaphragmatic respiration, abdominal breathing
Zwerchfellnerv phrenic nerve
Zwergfadenwurm (*Strongyloides* spp.)
threadworms (causing strongyloidiasis)
Zwergfüßer/Symphyla symphylans
Zwerggeißelskorpione/ Schizomida/Schizopeltidia
schizomids
Zwergmännchen/Nannandrium *bot/ zool* dwarf male, nanander (e.g., male dwarf plant/ant)
Zwergmutante dwarf mutant
Zwergnadelwald/Zwergstrauchzone
pygmy conifer woodland
Zwergölbaumgewächse/ Zeilandgewächse/Cneoraceae
spurge olive family
Zwergpfeffergewächse/ Peperomiaceae peperomia family
Zwergstrauch/holziger Chamaephyt
dwarf-shrub, woody chamaephyte
Zwergvegetation dwarf vegetation
Zwergwald/Zwergwaldstufe
elfin forest, elfin woodland
Zwergwuchs
dwarfed growth, stunted appearance, dwarfism, nanism
zwergwüchsig stunt, dwarf
Zwicke/Zwitterrind
(steriles Kuhkalb: Zwillings-Geschwister eines ♂ Kalbs) freemartin, martin heifer
Zwickel/Trigona fibrosa (Herz)
fibrous trigone
Zwiebel/Zwiebelknolle/Bulbus bulb
zwiebelartig (Geruch/Geschmack)
alliaceous
zwiebelförmig bulbous
Zwiebelgemüse bulb vegetable
Zwiebelgewächse/Alliaceae
onion family
Zwiebelknolle bulb
Zwiebelkuchen
bulb "plate" with short internodes, contracted disk-like axis of bulb
Zwiebelstaude
bulbous perennial herb
zwieseln (sich)/sich gabeln
fork, bifurcate
Zwieselung (Stammverzweigung nah am Boden) *bot*
forking of trunk base/lower trunk
Zwilling(e) twin(s)
➢ **eineiige Zwillinge**
monozygous/monozygotic (identical) twins
➢ **zweieiige Zwillinge**
dizygous/dizygotic (fraternal) twins
Zwillingsflecken/Zwillingssektoren
twin spots
Zwillingsstudien twin studies
Zwinger (staatl. Verwahrung verwaister Tiere) pound
Zwinger/Käfig (z.B. in Zoos)
cage, enclosure
➢ **Hundezwinger (staatlich)**
dog pound
➢ **Hundezwinger/Hundepension/ Hundeheim** dog kennel
zwischenartlich/interspezifisch
interspecific
Zwischenbild *micros*
intermediate image
Zwischenblutung (menstrual)
intermenstrual bleeding
Zwischenbündelcambium
interfascicular cambium
Zwischenfeder/Mesoptile *orn*
mesoptile
zwischengeschlechtlich intersexual
Zwischenhirn
diencephalon, interbrain, betweenbrain
Zwischenkieferknochen
incisive bone
Zwischenkultur *agr*
intercropping, double cropping
Zwischenneuron/Interneuron
interneuron
Zwischenprodukt/ Zwischenform *biochem*
intermediate (product)/form
➢ **doppelköpfiges/janusköpfiges Z.**
double-headed intermediate
➢ **tetraedrisches Z.**
tetrahedral intermediate

Zwischenrippenfeld/Interkostalfeld intercostal field
Zwischenscheitelbein/ Os interparietale interparietal bone
Zwischensequenz/Spacer *gen* spacer
Zwischenstadium/Zwischenstufe intermediate state/stage
Zwischenstoffwechsel/ intermediärer Stoffwechsel intermediary metabolism
Zwischenstufe/Übergangsform intergrade, intermediary form, transitory form, transient
Zwischenveredlung/ Zwischenpfropfung *hort* double-working (grafting with interstock)
Zwischenwirbelkörper/Intercentrum intercentrum, hypocentrum
Zwischenwirbelscheibe/ Bandscheibe/ Discus intervertebralis intervertebral disk
Zwischenwirt intermediary host
Zwischenzehendrüse/ interdigitale Drüse/ Interdigitaldrüse interdigital gland
Zwischenzelle/Metula *fung* metula
Zwischenzellraum/Interzellulare intercellular space
zwitschern twitter, chirp; (singen) sing, warble
Zwitter/Hermaphrodit (*siehe auch dort*) hermaphrodite
Zwitterblüte/ zweigeschlechtige Blüte bisexual flower, perfect flower, hermaphroditic flower
Zwitterdrüse/ Zwittergonade/Ovotestis hermaphroditic gland/gonad, ovotestis
Zwittergang hermaphroditic duct
zwitterig/zwittrig/hermaphroditisch (zweigeschlechtlich) hermaphroditic (bisexual)
Zwitterion zwitterion (*not translated!*)
Zwitterrind/Zwicke (steriles Kuhkalb: Zwillings-geschwister eines ♂ Kalbes) freemartin
Zwittertum/Zwittrigkeit/ Hermaphroditismus hermaphroditism, hermaphrodism
➢ **Scheinzwittertum/ Pseudohermaphroditismus** pseudohermaphrodism
zwittrig/zweigeschlechtlich hermaphroditic, bisexual
Zwölffingerdarm/Duodenum duodenum
Zyanthium/Cyanthium cyanthium
Zyathium/Cyathium cyathium
Zygapophyse zygapophysis ("yoking" process)
Zygokarp/Zygotenfrucht/ Cystozygote/Oospore cystozygote, oospore
zygomorph zygomorphic, monosymmetrical, irregular
Zygophyllaceae/Jochblattgewächse caltrop family, creosote bush family
Zygospore/Hypnozygote zygospore
Zygosporocarp zygosporocarp
Zygotän (in meiotischer Prophase) zygotene
Zygote zygote
Zygotenfrucht/Zygokarp/ Cystozygote/Oospore (Dauerzygote) cystozygote, oospore
Zygotenkern/Synkaryon zygote nucleus, synkaryon
Zygotie zygosity
➢ **Autozygotie** autozygosity
➢ **Dizygotie/Zweieiigkeit** dizygosity
➢ **Hemizygotie** hemizygosity
➢ **Heterozygotie/Mischerbigkeit** heterozygosity
➢ **Homozygotie/ Reinerbigkeit/Reinrassigkeit** homozygosity
➢ **Monozygotie/Eineiigkeit** monozygosity
zygotisch zygotic
zygotische Induktion zygotic induction
zyklisch/cyclisch/ringförmig cyclic
Zyklisierung/Ringschluss *chem* cyclization

Zyklo-AMP/Cyclo-AMP/ zyklisches AMP (cAMP) cyclic AMP (cAMP)
Zyklomorphose/Cyclomorphose/ Temporalvariation cyclomorphosis
Zyklus/Cyclus (*auch im Sinne von*: Kreislauf/Kreisprozess) cycle
- **Arbeitszyklus (Gerät)** duty cycle
- **Citratcyclus/ Tricarbonsäure-Zyklus/ Zitronensäurezyklus/Krebs-Cyclus** citric acid cycle, Krebs cycle, tricarboxylic acid cycle (TCA cycle)
- **Doppelkreislauf** dual cycle
- **Glyoxalatzyclus/ Glyoxalatcyclus** glyoxylate cycle
- **Harnstoffzyklus/Harnstoffcyclus** urea cycle
- **Kohlenstoffkreislauf** carbon cycle
- **Leerlauf-Zyklus/Leerlaufcyclus** futile cycle
- **Mineralstoffkreislauf** mineral cycle
- **Mitosezyklus/Mitosecyclus** mitotic cycle
- **Nahrungskreislauf/ Nährstoffkreislauf/Stoffkreislauf** nutrient cycle
- **Phosphorkreislauf** phosphorus cycle
- **Sauerstoffkreislauf** oxygen cycle
- **Schwefelkreislauf** sulfur cycle
- **Stickstoffkreislauf** nitrogen cycle
- **Tricarbonsäure-Zyklus/ Zitronensäurezyklus/Citratcyclus/ Krebs-Cyclus** tricarboxylic acid cycle (TCA cycle), citric acid cycle, Krebs cycle
- **Wasserkreislauf** water cycle, hydrologic cycle
- **Zellzyklus/Zellcyclus** cell cycle

Zylinder cylinder
- **Leitbündelzylinder/Leitzylinder/ Leitbündelring** ***bot*** vascular cylinder
- **Linsenzylinder/Kristallkegel/ Kristallkörper/Conus** ***zool*** crystalline cone
- **Messzylinder** ***lab*** graduated cylinder
- **Mischzylinder** ***lab*** volumetric flask
- **Zentralzylinder** ***bot*** central cylinder, stele

Zylinderepithel/Säulenepithel columnar epithelium
- **hohes Zylinderepithel (hochprismatisches Epithel)** simple columnar epithelium

Zylinderglas/Becherglas ***lab*** beaker
Zylinderrosen/Ceriantharia tube anemones, cerianthids
Zylinderzelle (Axialzelle: *Dicyemida*) axial cell; (Wimperzelle: *Trichoplax*) cylinder cell, ciliated cell
zylindrisch/cylindrisch/walzenförmig cylindric, cylindrical
Zyme/Zyma/Zymus/Cymus/Cyme/ cymöser Blütenstand cyme, cymose inflorescence
zymogen zymogenic
Zymogen/Proenzym (Enzymvorstufe) zymogen, proenzyme (enzyme precursor)
zymös/cymös/cymos/trugdoldig (sympodial verzweigt) cymose, cymoid (sympodially branched)
Zynthie/Cynthia cynthia
Zypressengewächse/Cupressaceae cypress family
Zyste/Cyste cyst
Zystid/Cystid cystidium
zystieren/enzystieren encyst
zystische Fibrose/ Mukoviszidose/Mucoviszidose cystic fibrosis, mucoviscidosis
Zytidin/Cytidin cytidine
Zytochemie/Cytochemie/Zellchemie cytochemistry
Zytochrom/Cytochrom cytochrome
Zytogenetik/Cytogenetik cytogenetics
Zytokeratin/Cytokeratin cytokeratin
Zytokin/Cytokin cytokine
Zytokinese/Zellteilung cytokinesis, cell division
Zytologie/Cytologie/ Zellenlehre/Zellbiologie cytology, cell biology
zytolytisch/cytolytisch cytolytic
Zytometrie/Cytometrie cytometry
zytopathischer Effekt/ zytopathogener Effekt cytopathic effect

Zytopempsis/Cytopempsis/ Vesikulartransport cytopempsis
Zytopenie/Cytopenie cytopenia
Zytopharynx/Cytopharynx/ Zellschlund cytopharynx, gullet
Zytoplasma/Cytoplasma/Zellplasma cytoplasm
Zytoplasmaströmung/ Cytoplasmaströmung cytoplasmic streaming
zytoplasmatische Vererbung/ cytoplasmatische Vererbung cytoplasmic inheritance
Zytoproct/Cytoproct/ Zytopyge/Cytopyge/Zellafter cytoproct, cytopyge, cell-anus
Zytoskelett/Cytoskelett/Zellskelett cytoskeleton
Zytosol/Cytosol cytosol
Zytostatikum/Cytostatikum (meist *pl* Zytostatika/Cytostatika) cytostatic agent, cytostatic
zytotoxisch/cytotoxisch cytotoxic
Zytotoxizität/Cytotoxizität cytotoxicity

English
German

A band (muscle: *anisotropic*) A-Bande
A-site (aminoacyl site) A-Stelle (Aminoacyl-Stelle)
aapa mire/string bog Aapamoor (Mischmoor), Strangmoor
aardvark (of Africa)/Tubulidentata Erdferkel (Röhrchenzähner)
abattoir/slaughterhouse Schlachthaus, Schlachthof
abdomen Abdomen, Unterleib, Hinterleib
abdomen/opisthosoma Hinterkörper, Hinterleib, Abdomen, Opisthosoma
abdominal breathing/ diaphragmatic respiration Bauchatmung, Zwerchfellatmung
abdominal cavity Bauchhöhle
abdominal pregnancy Abdominalschwangerschaft, Bauchhöhlenträchtigkeit, Leibeshöhlenschwangerschaft, Leibeshöhlenträchtigkeit
abdominal ribs/gastralia (reptiles) Bauchrippen, Gastralia
abdominal somite/pleomere Abdominalsegment, Pleomer
abdominal wall Bauchdecke
abductor muscle Abzieher, Abduktor, Abductor (Muskel)
aberration Aberration, Abirrung, Abweichung; Anomalie; Abbildungsfehler, Bildfehler
- **autosomal aberration** Autosomenaberration, autosomale Aberration
- **chromatic aberration *opt/micros*** chromatische Aberration, chromatischer Abbildungsfehler, Farbabweichung, Farbfehler
- **chromosomal aberration/ chromosome aberration** chromosomale Aberration, Chromosomenaberration
- **sex-chromosome aberration** Heterosomenaberration, gonosomale Chromosomenaberration

abietic acid Abietinsäure
abiotic abiotisch
abomasum/reed/rennet-stomach/ fourth stomach Labmagen, Abomasus
abort (degenerate/remain rudimentary) *vb bot* verkümmern, in der Entwicklung zurückbleiben
abort (terminate pregnancy before term; induced) *vb* abtreiben, eine Fehlgeburt herbeiführen
abort/reject abortieren, abstoßen
abortion/termination of pregnancy (with expulsion of embryo/fetus; popularly often sensu: induced a.) Abort, Abortus, Fehlgeburt, Abgang
- **early abortion (up to 12th week)** Frühabort
- **induced abortion (termination of pregnancy)** Abtreibung, Schwangerschaftsabbruch, Abortinduktion, Beendigung der Schwangerschaft
- **miscarriage (after 12th week)** Spätabort
- **missed abortion** verhaltener Abort
- **spontaneous abortion/miscarriage** Spontanabort, Fehlgeburt

abortive abortiv, verkümmert, (zu)rückgebildet, rudimentär, unvollkommen/unvollständig entwickelt; steril, taub, unfruchtbar; *med* abgekürzt verlaufend, vorzeitig, verfrüht, gemildert
abortive infection *med/vet* abortive Infektion, im Frühstadium unterdrückte Infektion
abortive transduction abortive Transduktion
abortive transfection abortive Transfektion
aboveground/overground/ superterranean oberirdisch
- **underground/belowground/ subterranean** unterirdisch

abscission/falling off/ dropping off/shedding Abszission, Abwerfen, Abwurf
➤ **leaf abscission** Blattabwurf
abscission layer/separation layer Abszissionsschicht, Ablösungsschicht, Trennschicht, Trennungsschicht
abscission zone/separation zone Abszissionszone, Trennungszone
absorb absorbieren
absorbance/absorbancy/absorbency/ extinction (optical density) Absorbanz, Extinktion
absorbance index/absorptivity Absorptionsindex
absorbency Absorptionsvermögen, Absorptionsfähigkeit, Aufnahmefähigkeit
absorbent *adj/adv* absorbierend, absorptionsfähig, saugfähig; aufnahmefähig
absorbent *n* (absorbant) Absorbens, Absorptionsmittel, Aufsaugmittel
absorption Absorption
absorption coefficient Absorptionskoeffizient
absorption spectrum Absorptionsspektrum
absorptive absorbierend, aufsaugend
absorptivity/absorbance index Absorptionsindex
abundance (frequency of occurrence) Abundanz, Individuenzahl, Häufigkeit
abundance index/ cover abundance index/ species importance value Artmächtigkeit
abyssal/deep-sea floor/ocean floor Abyssal, Meeresgrund, Tiefseeboden
abyssal plain Tiefsee-Ebene
abyssal zone/deep-sea zone Abyssal (unterste Wasserschicht im Meer), Tiefseebereich, Tiefseezone
abyssobenthic/ deep-sea floor/ocean floor Abyssobenthal, Tiefseeboden (auf dem Tiefseeboden lebend/ den Tiefseeboden bewohnend)
abyssopelagic zone Abyssopelagial, unterster Tiefseebereich (Wasserschicht), Meerestiefenbereich, unterste Tiefseezone
abzymes (catalytic antibodies) Abzyme
acanthor larva Acanthor-Larve, Hakenlarve
acanthosome Akanthosom
acanthus family/Acanthaceae Akanthusgewächse
acaricide Acarizid, Akarizid, Milbenbekämpfungsmittel
acarology Acarologie, Milbenforschung
acaulescent/stemless akauleszent, stammlos
accelerating voltage (EM) *micros* Beschleunigungsspannung
acceleration of gravity Erdbeschleunigung
acceleration phase Beschleunigungsphase, Anfahrphase
acceptor Akzeptor
acceptor stem *gen* (protein synthesis) Akzeptorstamm
accessory akzessorisch, zusätzlich
accessory agent Hilfsstoff
accessory bud akzessorische Knospe, Beiknospe
accessory cell/auxiliary cell/ subsidiary cell Nebenzelle (Spaltöffnung)
accessory chromosome akzessorisches Chromosom, zusätzliches Chromosom
accessory gland akzessorische Drüse, Anhangsdrüse, Nebendrüse
accessory pigment akzessorisches Pigment
accessory teat Afterzitze
accidental host/wrong host Fehlwirt, Irrwirt
acclimate (artificial conditions)/ acclimatize (climate/seasons)/adapt akklimatisieren, anpassen
acclimation/acclimatization/ adaptation Akklimatisation, Akklimatisierung, Eingewöhnung, Anpassung, Adaptation; (climate/ seasons) Klimaanpassung

acclimatize (climate/seasons)/ acclimate (artificial conditions)/ adapt akklimatisieren, anpassen
accommodation (eye) Akkommodation, Scharfstellung
accrescence Zuwachs (nach Blüte)
accrescent fortwachsend, weiterwachsend
accretion/accrescence/additional growth/new growth/enlargement Zuwachs
accretion (cell wall growth) Auflagerung (Zellwandwachstum)
accrustation/adcrustation Akkrustierung, Adkrustierung
accumbent (lying along/against another body) anliegend (entlang anderem Gegenstand)
accumulation Akkumulation, Anhäufung
accuracy of measurement Messgenauigkeit
acellular/noncellular azellulär, nicht zellig
acellular slime molds/ plasmodial slime molds/ Myxomycetes echte Schleimpilze (plasmodial)
acelous/acoelous acöl, acoel
acentric chromosome azentrisches Chromosom
Aceraceae/maple family Ahorngewächse
aceriform ahornblattartig
acerose/needle-shaped nadelförmig
acetate (acetic acid/ethanoic acid) Acetat, Azetat (Essigsäure/Ethansäure)
acetic acid/ethanoic acid (acetate) Essigsäure, Ethansäure (Acetat)
acetic anhydride/ethanoic anhydride/acetic acid anhydride Essigsäureanhydrid
acetoacetic acid (acetoacetate)/ β-ketobutyric acid Acetessigsäure (Acetacetat), β-Ketobuttersäure
acetyl CoA/acetyl coenzyme A „aktivierte Essigsäure“, Acetyl-CoA
acetylcholine Acetylcholin (ACh)
acetylene Acetylen
***N*-acetylmuramic acid** *N*-Acetylmuraminsäure
achene/akene Achäne, Achaene
Achilles' tendon/tendon of the heel Achillessehne
achlamydeous achlamydeisch
achromatic achromatisch, unbunt
achromatic lens *micros* achromatische Linse
achromatic objective/achromat *micros* achromatisches Objektiv, Achromat
achromatic substage/condenser *micros* achromatischer Kondensor
aciculate/acicular/needle-shaped nadelförmig
acid/acidic *adv/adj* azid, sauer
acid *n* Säure (the following is a list of some important bio-organic acids)
- **abietic acid** Abietinsäure
- **acetic acid/ethanoic acid (acetate)** Essigsäure, Ethansäure (Acetat)
- **acetoacetic acid (acetoacetate)/ β-ketobutyric acid** Acetessigsäure (Acetacetat), β-Ketobuttersäure
- **acetyl CoA/acetyl coenzyme A** „aktivierte Essigsäure“, Acetyl-CoA
- ***N*-acetylmuramic acid (NAM)** *N*-Acetylmuraminsäure
- ***N*-acetylneuraminic acid (NAN)** *N*-Acetylneuraminsäure
- **aconitic acid (aconitate)** Aconitsäure (Aconitat)
- **adenylic acid (adenylate)** Adenylsäure (Adenylat)
- **adipic acid (adipate)** Adipinsäure (Adipat)
- **alginic acid (alginate)** Alginsäure (Alginat)
- **allantoic acid** Allantoinsäure
- **amino acid** Aminosäure
- **amygdalic acid/mandelic acid/ phenylglycolic acid** Mandelsäure, Phenylglykolsäure
- **anthranilic acid/ 2-aminobenzoic acid** Anthranilsäure
- **arachic acid/arachidic acid/ icosanic acid** Arachinsäure, Arachidinsäure, Eicosansäure

- **arachidonic acid/ icosatetraenoic acid** Arachidonsäure
- **ascorbic acid (ascorbate)** Ascorbinsäure (Ascorbat)
- **asparagic acid/ aspartic acid (aspartate)** Asparaginsäure (Aspartat)
- **azelaic acid/nonanedioic acid** Azelainsäure, Nonandisäure
- **behenic acid/docosanoic acid** Behensäure, Docosansäure
- **benzoic acid (benzoate)** Benzoesäure (Benzoat)
- **butyric acid/ butanoic acid (butyrate)** Buttersäure, Butansäure (Butyrat)
- **caffeic acid** Kaffeesäure
- **capric acid/decanoic acid (caprate/decanoate)** Caprinsäure, Decansäure (Caprinat/Decanat)
- **caproic acid/capronic acid/ hexanoic acid (caproate/hexanoate)** Capronsäure, Hexansäure (Capronat/Hexanat)
- **caprylic acid/octanoic acid (caprylate/octanoate)** Caprylsäure, Octansäure (Caprylat/Octanat)
- **carbonic acid (carbonate)** Kohlensäure (Karbonat/Carbonat)
- **carboxylic acids (carbonates)** Carbonsäuren, Karbonsäuren (Carbonate/Karbonate)
- **cerotic acid/hexacosanoic acid** Cerotinsäure, Hexacosansäure
- **chinic acid/kinic acid/ quinic acid (quinate)** Chinasäure
- **chinolic acid** Chinolsäure
- **chlorogenic acid** Chlorogensäure
- **cholic acid (cholate)** Cholsäure (Cholat)
- **chorismic acid (chorismate)** Chorisminsäure (Chorismat)
- **cinnamic acid (cinnamate)** Cinnamonsäure, Zimtsäure (Cinnamat)
- **citric acid (citrate)** Citronensäure, Zitronensäure (Citrat/Zitrat)
- **crotonic acid/α-butenic acid** Crotonsäure, Transbutensäure
- **cysteic acid** Cysteinsäure
- **deoxyribonucleic acid (DNA)** Desoxyribonucleinsäure (DNS), Desoxyribonukleinsäure (DNA)
- **diprotic acid** zweiwertige Säure, zweiprotonige Säure
- **ellagic acid/gallogen** Ellagsäure
- **erucic acid/(*Z*)-13-docosenoic acid** Erucasäure, Δ^{13}-Docosensäure
- **fatty acid** Fettsäure
- **ferulic acid** Ferulasäure
- **folic acid (folate)/ pteroylglutamic acid** Folsäure (Folat), Pteroylglutaminsäure
- **formic acid (formate/formiate)** Ameisensäure (Format/Formiat)
- **fumaric acid (fumarate)** Fumarsäure (Fumarat)
- **galacturonic acid** Galakturonsäure
- **gallic acid (gallate)** Gallussäure (Gallat)
- **gamma-aminobutyric acid (GABA)** γ-Aminobuttersäure
- **gentisic acid** Gentisinsäure
- **geranic acid** Geraniumsäure
- **gibberellic acid** Gibberellinsäure
- **glacial acetic acid** Eisessig
- **glucaric acid/saccharic acid** Glucarsäure, Zuckersäure
- **gluconic acid (gluconate)** Gluconsäure (Gluconat)
- **glucuronic acid (glucuronate)** Glucuronsäure (Glukuronat)
- **glutamic acid (glutamate)/ 2-aminoglutaric acid** Glutaminsäure (Glutamat), 2-Aminoglutarsäure
- **glutaric acid (glutarate)** Glutarsäure (Glutarat)
- **glycolic acid (glycolate)** Glykolsäure (Glykolat)
- **glycyrrhetinic acid** Glycyrrhetinsäure
- **glyoxalic acid (glyoxalate)** Glyoxalsäure (Glyoxalat)
- **glyoxylic acid (glyoxylate)** Glyoxylsäure (Glyoxylat)

- **guanylic acid (guanylate)** Guanylsäure (Guanylat)
- **gulonic acid (gulonate)** Gulonsäure (Gulonat)
- **homogentisic acid** Homogentisinsäure
- **humic acid** Huminsäure
- **hyaluronic acid** Hyaluronsäure
- **ibotenic acid** Ibotensäure
- **imino acid** Iminosäure
- **indolyl acetic acid/ indoleacetic acid (IAA)** Indolessigsäure
- **inosinic acid/ inosine monophosphate (IMP)/ inosine 5-phosphate** Inosinmonophosphat
- **iodoacetic acid** Iodessigsäure
- **isovaleric acid** Isovaleriansäure
- **jasmonic acid** Jasmonsäure
- **keto acid** Ketosäure
- **kojic acid** Kojisäure
- **lactic acid (lactate)** Milchsäure (Laktat)
- **lauric acid/decylacetic acid/ dodecanoic acid (laurate/dodecanate)** Laurinsäure, Dodecansäure (Laurat/Dodecanat)
- **levulinic acid** Lävulinsäure
- **lichen acid** Flechtensäure
- **lignoceric acid/tetracosanoic acid** Lignocerinsäure, Tetracosansäure
- **linolenic acid** Linolensäure
- **linolic acid/linoleic acid** Linolsäure
- **lipoic acid (lipoate)/thioctic acid** Liponsäure, Thioctsäure (Liponat)
- **lipoteichoic acid** Lipoteichonsäure
- **litocholic acid** Litocholsäure
- **lysergic acid** Lysergsäure
- **maleic acid (maleate)** Maleinsäure (Maleat)
- **malic acid (malate)** Äpfelsäure (Malat)
- **malonic acid (malonate)** Malonsäure (Malonat)
- **mandelic acid/phenylglycolic acid/ amygdalic acid** Mandelsäure, Phenylglykolsäure
- **mannuronic acid** Mannuronsäure
- **mevalonic acid (mevalonate)** Mevalonsäure (Mevalonat)
- **monoprotic acid** einwertige, einprotonige Säure
- **mucic acid** Schleimsäure, Mucinsäure
- **muramic acid** Muraminsäure
- **myristic acid/ tetradecanoic acid (myristate/tetradecanate)** Myristinsäure, Tetradecansäure (Myristat)
- **nervonic acid/ (*Z*)-15-tetracosenoic acid/ selacholeic acid** Nervonsäure, Δ^{15}-Tetracosensäure
- **neuraminic acid** Neuraminsäure
- **nicotinic acid (nicotinate)/niacin** Nikotinsäure (Nikotinat)
- **nucleic acid** Nucleinsäure, Nukleinsäure
- **oleic acid/ (*Z*)-9-octadecenoic acid (oleate)** Ölsäure, Δ^9-Octadecensäure (Oleat)
- **orotic acid** Orotsäure
- **orsellic acid/orsellinic acid** Orsellinsäure
- **osmic acid** Osmiumsäure
- **oxalic acid (oxalate)** Oxalsäure (Oxalat)
- **oxalosuccinic acid (oxalosuccinate)** Oxalbernsteinsäure (Oxalsuccinat)
- **oxoglutaric acid (oxoglutarate)** Oxoglutarsäure (Oxoglutarat)
- **palmitic acid/hexadecanoic acid (palmate/hexadecanate)** Palmitinsäure, Hexadecansäure (Palmat/Hexadecanat)
- **palmitoleic acid/ (*Z*)-9-hexadecenoic acid** Palmitoleinsäure, Δ^9-Hexadecensäure
- **pantoic acid** Pantoinsäure
- **pantothenic acid (pantothenate)** Pantothensäure (Pantothenat)
- **pectic acid (pectate)** Pektinsäure (Pektat)
- **penicillanic acid** Penicillansäure

- **performic acid** Perameisensäure
- **phosphatidic acid** Phosphatidsäure
- **phosphoric acid (phosphate)** Phosphorsäure (Phosphat)
- **phthalic acid (phthalate)** Phthalsäure (Phthalat)
- **phytanic acid** Phytansäure
- **phytic acid** Phytinsäure
- **picric acid (picrate)** Pikrinsäure (Pikrat)
- **pimelic acid** Pimelinsäure
- **plasmenic acid** Plasmensäure
- **prephenic acid (prephenate)** Prephensäure (Prephenat)
- **propionic acid (propionate)** Propionsäure (Propionat)
- **prostanoic acid** Prostansäure
- **pyrethric acid** Pyrethrinsäure
- **pyroligneous acid/wood vinegar** Holzessig
- **pyruvic acid (pyruvate)** Brenztraubensäure (Pyruvat)
- **resin acids** Harzsäure
- **retinic acid** Retinsäure
- **ribonucleic acid (RNA)** Ribonucleinsäure, Ribonukleinsäure (RNS/RNA)
- **saccharic acid/aldaric acid (glucaric acid)** Zuckersäure, Aldarsäure (Glucarsäure)
- **saccharinic acid** Saccharinsäure
- **saccharonic acid** Saccharonsäure
- **salicic acid (salicylate)** Salicylsäure (Salicylat)
- **shikimic acid (shikimate)** Shikimisäure (Shikimat)
- **sialic acid (sialate)** Sialinsäure (Sialat)
- **silicic acid (silicate)** Kieselsäure (Silikat)
- **sinapic acid** Sinapinsäure
- **sorbic acid (sorbate)** Sorbinsäure (Sorbat)
- **stearic acid/ octadecanoic acid (stearate/octadecanate)** Stearinsäure, Octadecansäure (Stearat/Octadecanat)
- **stomach acid/gastric acid** Magensäure
- **suberic acid/ octanedioic acid** Suberinsäure, Korksäure, Octandisäure
- **succinic acid (succinate)** Bernsteinsäure (Succinat)
- **tannic acid (tannate)** Gerbsäure (Tannat)
- **tartaric acid (tartrate)** Weinsäure, Weinsteinsäure (Tartrat)
- **teichoic acid** Teichonsäure
- **teichuronic acid** Teichuronsäure
- **uric acid (urate)** Harnsäure (Urat)
- **uridylic acid** Uridylsäure
- **urocanic acid (urocaninate)** Urocaninsäure (Urocaninat), Imidazol-4-Acrylsäure
- **uronic acid (urate)** Uronsäure (Urat)
- **usnic acid** Usninsäure
- **vaccenic acid/11-octadecenoic acid** Vaccensäure
- **valeric acid/pentanoic acid (valeriate/pentanoate)** Valeriansäure, Pentansäure (Valeriat/Pentanat)
- **vanillic acid** Vanillinsäure
- **xanthic acid/xanthonic acid/ xanthogenic acid/ ethoxydithiocarbonic acid** Xanthogensäure

acid amide Säureamid
acid-base balance Säure-Basen-Gleichgewicht
acid ester Säureester
acid-fast säurefest
acid-fastness Säurefestigkeit
acid indigestion/heartburn *med* Sodbrennen
acid rain saurer Regen
acidic azid, sauer; säuerlich; säurebildend, säurehaltig
acidification Säuerung, Säurebildung; Versauerung
acidifier (food) Säuerungsmittel
acidify ansäuern; versauern
acidity Azidität, Säuregrad, Säuregehalt
acidosis Acidose, Azidose
acinus cell Acinuszelle
acoelous/acelous acöl, acoel

aconitic acid (aconitate) Aconitsäure (Aconitat)
acontium (anthozoans) Acontium
acorn Eichel
acorn worms/enteropneusts/ Enteropneusta Eichelwürmer, Enteropneusten
acoustical hair/trichobothrium/ vibratory sensory hair Hörhaar, Becherhaar, Trichobothrium
acquiesce sich ergeben/fügen, stillschweigend dulden, hinnehmen; einwilligen
acquiescence Ergebung, Duldung, Einwilligung
acquire erwerben, aneignen, annehmen; erlernen
acquired behavior/learned behavior erlerntes Verhalten, Lernverhalten
acquired characteristic erworbenes Merkmal
acquired immune deficiency syndrome (AIDS) erworbenes Immunschwächesyndrom, Immunmangel-Syndrom (AIDS)
acquired immunity erworbene Immunität
acquisition time *vir* Aufnahmezeit
ACR (ancient conserved region) *gen* vorgeschichtliche konservierte Region
acranians/Acrania Schädellose
acrid/irritating/sharp/pungent beißend, scharf, stechend
acridine dye Acridinfarbstoff
acritarchs/Acritarcha Acritarchen (*sg* Acritarch)
acrocarpic/acrocarpous akrokarp, gipfelfrüchtig
acrocentric chromosome akrozentrisches Chromosom
acrodont acrodont
acron/prostomium Acron, Kopflappen, Prostomium
acronematic flagellum/ whiplash flagellum Peitschengeißel
acropetal/basifugal akropetal, basifugal
acropetal development Akropetalie
acrorhagus (tubercle with stinging cells) Acrorhagus, Nesselsack
acrosome Akrosom, Acrosom
acrostichal acrostich
acrostichoid acrostichisch
acrotony Akrotonie
act/work/be effective/ causing an effect/take effect wirken
actin Aktin, Actin
actin cable Aktinkabel
actin filament/microfilament Aktinfilament, Actinfilament, Mikrofilament
actinidia family/ Chinese gooseberry family/ Actinidiaceae Strahlengriffelgewächse
actinomorphic/actinomorphous/ star-shaped/radial/ radially symmetrical/regular/cyclic aktinomorph, strahlenförmig, sternförmig, radiär, radiärsymmetrisch, zyklisch
action potential/impulse/spike Aktionspotenzial, Spitzenpotenzial, Impuls
activated carbon Aktivkohle
activated sludge Belebtschlamm, Rücklaufschlamm
activated state aktivierter Zustand
activation energy/ energy of activation Aktivierungsenergie
activation tag Aktivierungsmarker
activator protein Aktivatorprotein
active ingredient/active component Wirkstoff
active metabolic rate Arbeitsumsatz, Leistungsumsatz
active metabolism Leistungsstoffwechsel, Arbeitsstoffwechsel
active principle Wirkstoff, Wirksustanz, aktiver Bestandteil

active site/catalytic site
aktives Zentrum,
katalytisches Zentrum
active transport/uphill transport
aktiver Transport
activity curve Aktivitätskurve
actual value/effective value Istwert
actualism Aktualismus
acuity, visual Sehschärfe
acuminate/taper-pointed
lang zugespitzt
(konkav zulaufend: z.B. Blattspitze)
acute/sharp/pointed/sharp-pointed
spitz
acute phase protein
Akutphasenprotein
acute transforming retrovirus
akut transformierendes Retrovirus
Adam's apple/laryngeal prominence/ prominentia laryngea (largest cartilage of larynx)
Adamsapfel
adamantoblast/ ameloblast/enamel cell
Adamantoblast
adapt/adjust to/acclimate/acclimatize
anpassen, akklimatisieren
adaptability Adaptabilität,
Anpassungsfähigkeit
adaptation/ acclimation/acclimatization
Adaptation, Adaption, Anpassung
adaptation/accustomation/ habituation Adaptation,
Adaption, Anpassung,
Gewöhnung, Eingewöhnung
adapted angepasst, adaptiert
adaptive adaptiv, anpassungsfähig
adaptive landscape/adaptive surface
adaptive Landschaft
adaptive peak Anpassungsgipfel
adaptive radiation
adaptive Radiation
adaptive value/selective value
Anpassungswert, Selektionswert
adcrustation/accrustation
Adkrustierung, Akkrustierung
adder's-tongue family/ grape fern family/Ophioglossaceae
Natternzungengewächse,
Rautenfarngewächse

addicted süchtig
➢ **become addicted** süchtig werden
addicted to drugs
drogenabhängig, drogensüchtig
addiction/dependance Sucht,
Süchtigkeit, Abhängigkeit
addictive suchterzeugend,
süchtig machend, abhängig machend
additive *n* Zusatzstoff, Additiv
additive genetic variance
additive genetische Varianz
addorsed/addossed
adossiert, rückseitig
adductor muscle Anzieher,
Schließmuskel, Adduktor,
Adductor(-Muskel) (*auch:*
Schalenschließmuskel)
adecticous pupa Pupa adectica
adelphogamy Adelphogamie,
Geschwisterbestäubung
adelphotaxon/sister taxon
Adelphotaxon, Schwestertaxon
adenine Adenin
adenohypophysis/ anterior lobe of pituitary gland
Adenohypophyse,
Hypophysenvorderlappen
adenosine Adenosin
adenosine diphosphate (ADP)
Adenosindiphosphat (ADP)
adenosine monophosphate (AMP)/ adenylic acid
Adenosinmonophosphat (AMP),
Adenylsäure
➢ **cyclic AMP (cAMP)**
zyklisches/cyclisches AMP (cAMP)
adenosine triphosphate (ATP)
Adenosintriphosphat (ATP)
adenovirus Adenovirus
adenylate cyclase
Adenylylcyclase, Adenylatcyclase
adenylic acid (adenylate)/ adenosine monophosphate
Adenylsäure (Adenylat),
Adenosinmonophosphat
adequate stimulus
adäquater Reiz
adherence/adhesion/attachment
Adhärenz, Adhäsion, Anheftung
adherence factor Adhärenzfaktor
adhesin Adhäsin, Adhesin

adhesion/adherence/attachment Adhäsion, Adhärenz, Anheftung
adhesion root/anchorage root Ankerwurzel
adhesive body Klebkörper, Klemmkörper
adhesive cell/colloblast/lasso cell Klebzelle, Kolloblast, Colloblast
adhesive disk Haftplatte, Haftscheibe, Saugnapf; Kletterorgan
adhesive gland/colleterial gland/ cement gland (insects) Haftdrüse, Klebdrüse, Kittdrüse, Zementdrüse
➢ **pedal gland** Fußdrüse
adhesive pad/pulvillus Haftlappen, Pulvillus, Lobulus lateralis
adhesive sac/metasomal sac/internal sac (bryozoans) Anheftungsorgan
adhesive thread (spiderweb: viscid, sticky line) Klebfaden
adhesive trap/flypaper trap Klebfalle
adiantum family/ maidenhair fern family/ Adiantaceae Frauenhaarfarngewächse
adipic acid (adipate) Adipinsäure (Adipat)
adipocyte/adipose cell/fat cell Adipozyt, Adipocyt, Fettzelle
adipose/fatty (animal fat) fettartig, fetthaltig, fettig, Fett...
adipose capsule of kidney/ fatty capsule of kidney Nierenfettkapsel, Nierenkapsel
adipose cell/adipocyte/fat cell Adipozyt, Adipocyt, Fettzelle
adipose fin Fettflosse
adipose tissue/fatty tissue Fettgewebe
adiposity Fettsucht
adjacent benachbart, angrenzend
adjust/focus *micros* (fine/coarse) justieren, fokussieren (Scharfeinstellung des Mikroskops: fein/grob)
adjustable variable Stellgröße
adjusted mean *stat* bereinigter Mittelwert, korrigierter Mittelwert
adjustment *stat* Bereinigung
adjustment/focus adjustment/ focus *micros* (fine/coarse) Justierung, Fokussierung (Scharfeinstellung des Mikroskops: fein, grob)
adjustment knob/ focus adjustment knob *micros* Justierschraube, Justierknopf, Triebknopf
adjuvant Adjuvans (*pl* Adjuvanzien), Hilfsstoff, Hilfsmittel
admixture Beimischung
adnate (unequal parts) angewachsen, verwachsen (der Länge nach/ungleiche Organe)
adnation (unequal parts) Verwachsung (unterschiedlicher Organe)
adolescence/ juvenile stage/juvenile phase Jugendstadium, Jugendphase, Jugendzeit
adoral zone membranelles (AZM) (ciliates) adorales Membranellenband
Adoxaceae/moschatel family Moschuskrautgewächse
adpressed/appressed angedrückt
adrenal gland Nebenniere
adrenaline/epinephrine Adrenalin, Epinephrin
adrenergic adrenerg
adrenocorticotropic hormone/ corticotropin (ACTH) adrenocorticotropes Hormon, Kortikotropin, Adrenokortikotropin
adsorb adsorbieren
adsorption *chem/phys* Adsorption
adsorption/apposition Anlagerung, Apposition
adult plant Adultpflanze
adulterate (make impure by mixture) zumischen, verdünnen; (wine) verschneiden, panschen; verfälschen
advanced fortgeschritten, höher entwickelt, weiterentwickelt, abgeleitet
advantage Vorteil
➢ **selective advantage** Selektionsvorteil

adventitious adventiv
adventitious plantlet (e.g., Kalanchoë) Brutpflänzchen
adventitious root Adventivwurzel, Beiwurzel, Nebenwurzel
➢ **stem-borne adventitious root** sprossbürtige Wurzel
adventitious shoot Adventivspross
aecium/aecidium/cluster cup Aecidium
aedeagus/intromittent organ/penis ***entom*** Aedeagus, Aedoeagus, Penis
aeolian ***geol*** äolisch
aeolidacean snails/aeolidaceans/ Aeolidiacea/Eolidiacea Fadenschnecken
aerate belüften, durchlüften
aeration Belüftung, Durchlüftung
aeration tank/aerator Belüftungsbecken (Belebungsbecken)
aerenchyma Aerenchym, Durchlüftungsgewebe
aerial courtship Flugbalz
aerial root/air root Luftwurzel
aerial survey ***ecol/stat*** Lufterhebung
aerie/eyrie (bird's nest on cliff/mountain) Horst, Adlerhorst, Raubvogelnest, Greifvogelnest
aerobic aerob, sauerstoffbedürftig
aerofoil/airfoil (wing) Tragfläche, Flügel
aerofoil section/airfoil section Flügelprofil
aerophyte/ air plant/aerial plant/epiphyte Luftpflanze, Epiphyt, Aufsitzerpflanze
aeroplankton/aerial plankton Aeroplankton
aestival (appearing in summer) sommerlich
aestivate/estivate/ pass summer in dormant stage übersommern
aestivation/estivation Ästivation, Aestivation, Knospendeckung; Sommerschlaf
aethalium (slime molds) Aethalium, Aethalie (*pl* Aethalien), Sammelfruchtkörper
afferent hinführend, zuführend, zuleitend; (rising) aufsteigend
affination (sugar filtration) Affination
affinated sugar Affinade
affinity Affinität
affinity blotting Affinitäts-Blotting
affinity constant Affinitätskonstante
affinity labeling Affinitätsmarkierung
affinity maturation ***immun*** Affinitätsreifung
affinity partitioning Affinitätsverteilung
affix/attach fixieren (befestigen, fest machen)
affixment/attachment Anheftung
afforestation/ reforestation/reafforestation Aufforstung, Wiederbewaldung
African elephant shrews/ Macroscelidea Rüsselspringer
African eyeworm disease/ loa (*Loa loa*) Kamerunbeule
African violet family/ gesneria family/gesneriad family/ gloxinia family/Gesneriaceae Gesneriengewächse
after-hyperpolarization Nach-Hyperpolarisation
afterbirth Nachgeburt
afterbrain/metencephalon (pons + cerebellum) Nachhirn, Metencephalon
afterdischarge ***n neuro*** Nachfeuerung, Nachentladung
afterdischarge ***vb neuro*** nachfeuern
afterfeather/accessory plume/ hypoptile/hypoptilum/hypopenna Afterfeder, Nebenfeder
afterripening/after-ripening Nachreifen
aftershaft/hyporachis/hyporhachis (median shaft of hypopenna) Afterschaft
aftervane/hypovexillum Nebenfahne
agamous/asexual/neuter ungeschlechtlich

agar Agar
- **blood agar** Blutagar
- **chocolate agar** Kochblutagar, Schokoladenagar

agar diffusion test Agardiffusionstest, Diffusionstest
agar plate Agarplatte
agar slant culture Schrägagarkultur, Schrägkultur
agaric Blätterpilz
agarics/Agaricales Lamellenpilze
Agaricus family/Agaricaceae Egerlinge
agava family/century plant family/ Agavaceae Agavengewächse
age *n* Alter; (geological era) Zeitalter, Ära
age/become old/senesce *vb* altern
age cohort Alterskohorte, altersspezifische Gruppe
age composition Alterszusammensetzung
age distribution Altersverteilung
age group/age class Altersgruppe
age structure Altersaufbau, Ätilität (Population)
ageing/aging/senescence Alterung, Altern, Seneszenz
agent Agenz, Agens (*pl* Agenzien), Wirkstoff
agglutinate/clump together agglutinieren, sich zusammenballen, verklumpen
aggradation *ecol* Anlandung
aggregate *n* Aggregat, Anhäufung, Ansammlung, Masse
aggregate *vb* anhäufen, ansammeln, sich ansammeln, vereinigen
aggregate fruit Sammelfrucht
aggregate structure (soil) Aggregatgefüge
aggregated species/ species aggregate (agg.) Sammelart
aggregation Aggregation, Zusammenschluss, Zusammenlagerung, Vereinigung, Ansammlung
aggression Aggression
aggressive inhibition Angriffshemmung, Aggressionshemmung
aggressive mimicry/ Peckhammian mimicry Angriffs-Mimikry, Angriffsmimikry, Peckhammsche Mimikry
aggressiveness Aggressivität
aging/ageing/senescence Alterung, Altern, Seneszenz
agitator vessel Rührbehälter
aglossate/without tongue zungenlos, ohne Zunge
aglycone/aglycon Aglycon
agranulocyte/agranular leukocyte Agranulozyt, Agranulocyt, agranulärer Leukozyt
agricultural landwirtschaftlich
agriculture/farming Landwirtschaft
agroforestry Agroforstwirtschaft
agroinfection Agroinfektion
agroinoculation Agroinokulation
agronomist Agronom, diplomierter Landwirt
agronomy Agronomie, Ackerbaukunde, Ackerbaulehre, Pflanzenbau
AIDS (Acquired Immune Deficiency Syndrome) AIDS (erworbenes Immunschwächesyndrom)
air bladder/float/ pneumatophore *bot* (algas) Schwimmblase (Algen)
air bladder/swimbladder *zool* Schwimmblase
air-breathing luftatmend
air capillaries Luftkapillaren
air chamber (*Marchantia*) Luftkammer
air curtain Luftvorhang (Vertikalflow-Biobench)
air embolism/cavitation Luftembolie
air humidity Luftfeuchtigkeit
air layering Luftablegerverfahren
air plant/aerial plant/ aerophyte/epiphyte Luftpflanze, Epiphyt, Aufsitzerpflanze
air pocket/air bag/air sac/vesiculum Luftsack (Pollen)
air pollutant Luftschadstoff

air pore (*Marchantia*) Atemöffnung
air root/aerial root Luftwurzel
air sac Luftsack
airborne windgetragen
airfoil/aerofoil (wing) Tragflügel, Flügel
airfoil section/aerofoil section Flügelprofil
airlift loop reactor Mammutschlaufenreaktor
airlift reactor/pneumatic reactor Airliftreaktor, pneumatischer Reaktor (Mammutpumpenreaktor)
airproof/airtight luftdicht, hermetisch verschlossen
airspace (leaf parenchyma) Hohlraum
Aizoaceae/fig marigold family/ carpetweed family/ mesembryanthemum family Mittagsblumengewächse, Eiskrautgewächse
akebia family/lardizabala family/ Lardizabalaceae Fingerfruchtgewächse
akin/related verwandt
akinesis (absence/arrest of motion) (*see also:* catalepsy) Akinese (reflektorische Bewegungslosigkeit)
akinete/resting cell Akinet, (unbewegliche) Dauerzelle
alanine Alanin
alar cell (mosses) Alarzelle, Blattflügelzelle
alarm substance/alarm pheromone Alarmstoff, Schreckstoff, Alarm-Pheromon
alary/alar/winglike flügelartig, schwingenartig
alate/winged geflügelt
albedo/reflective power (as a percentage) Albedo, Rückstrahlung
albumen gland Eiweißdrüse
albumin Albumin
alcohol Alkohol
aldehyde/acetic aldehyde/ acetaldehyde Aldehyd, Acetaldehyd
aldosterone Aldosteron
alembic (retort) (historischer) Distillierapparat (Retorte)
aleurone layer Aleuronschicht
alevin/sacfry/yolk fry (salmon larvae) Setzling, junge Fischbrut, Dottersackbrut (v.a.Lachs)
alga (*pl* algae/algas) Alge
➤ **bluegreen algae/cyanobacteria/ Cyanophyceae** Blaualgen, Cyanobakterien
➤ **brown algae/phaeophytes/ Phaeophyceae** Braunalgen
➤ **calcareous alga** Kalkalge
➤ **floridean algae/florideans/ Florideophyceae (red algae)** Florideen
➤ **golden algae/golden-brown algae/ Chrysophyceae** Goldalgen, Chrysophyceen
➤ **green algae/Chlorophyceae/ Isokontae** Grünalgen
➤ **red algae/Rhodophyceae** Rotalgen
➤ **terrestrial alga** Landalge, Luftalge
➤ **yellow-green algae/Xanthophyta** Gelbgrünalgen, Xanthophyten
algal bloom Algenblüte
algal fungi/lower fungi/ Phycomycetes Algenpilze, niedere Pilze
algal mat/algal layer Algenteppich, Matte
algicide Algenbekämpfungsmittel, Algizid
alginic acid (alginate) Alginsäure (Alginat)
alignment *gen* (sequence) Abgleichen, Gruppierung, Anordnung in einer Linie (von Sequenzen)
alicyclic alizyklisch
aliform/wing-shaped flügelförmig
alimentary zur Nahrung/Unterhalt dienend, Nahrungs.., Ernährungs.., Speise.., Verdauungs..
alimentary canal/alimentary tract/ digestive canal/digestive tract Verdauungskanal, Verdauungstrakt
aliphatic aliphatisch
aliquot (*sensu lato:* fraction/portion) Aliquote, aliquoter Teil (Stoffportion als Bruchteil einer Gesamtmenge); (sample/spot sample) Stichprobe

Alismataceae/water-plantain family/ arrowhead family Froschlöffelgewächse
alisphenoid bone Keilbeinflügelknochen, großer Keilbeinflügel
alive lebendig; (living) lebend
alive and well (idiomatic) gesund und munter; wohlauf
alkali blotting Alkali-Blotting
alkali-heath family/ sea heath family/Frankeniaceae Nelkenheidegewächse, Frankeniengewächse
alkaline/basic alkalisch, basisch
alkaliphile(s)/alkalophile(s) Alkalophile(r)
alkaloids Alkaloide
alkalosis Alkalose
alkaptonuria Alkaptonurie
all-or-none response Alles-oder-Nichts Antwort, Alles-oder-Nichts Reaktion
allantoic acid Allantoinsäure
allantoic placenta Allantoisplazenta
allantoin Allantoin
allantois Allantois, Harnsack, Harnhaut
allele Allel
➢ **multiple alleles** multiple Allele
➢ **null allele** Nullallel
➢ **wild-type allele** Wildallel
allele frequency Allelenfrequenz
allele-specific oligonucleotide (ASO) allelspezifisches Oligonucleotid (ASO)
allelic exclusion Allelausschluss, allele Exclusion, allele Exklusion
allelic replacement Allelen-Austauschtechnik
Allen's law/Allen's rule/ proportion rule Allensche Regel, Proportionsregel
allergen Allergen
allergenic allergen
allergic allergisch
allergy Allergie, Überempfindlichkeitsreaktion
Alliaceae/onion family Zwiebelgewächse, Lauchgewächse
alliaceous (smelling/tasting like garlic/onions) zwiebelartig (Geruch/Geschmack)
alliance Allianz, Verband, Assoziationsgruppe
alloantigen Alloantigen
allochory Allochorie, Fremdausbreitung
allochthonous biotopfremd, bodenfremd, eingeführt
allocycly Allozyklie
allofeeding füttern
allogamy/xenogamy/ cross-fertilization Allogamie, Fremdbefruchtung
allograft/homograft/syngraft Allotransplantat, Homotransplantat
allogrooming/social grooming Allogrooming, Fremdputzen (z.B. Fell bei Säugern)
allometry Allometrie
allopatric ("other country") *evol* allopatrisch (in getrennten Arealen)
allopreening Fremdputzen, Putzen an fremdem Körper (Vögel: Gefiederkraulen/ gegenseitiges Gefiederputzen)
allosteric interaction allosterische Wechselwirkung
allosteric transition allosterische Transition, allosterischer Übergang
allotment garden Schrebergarten
allotype Allotyp, Allotypus
alluvial fan Schwemmkegel, Schwemmfächer
alluvial plain/floodland/floodplain Schwemmland
aloe family/Aloeaceae Aloegewächse
alpine alpin
alpine grassland Matte, Mattenstufe
alpine marsh Hochgebirgsmoor
alpine meadow alpine Bergwiese, Matte
alpine mountains/ alpine mountain chain Hochgebirge
alpine region Hochgebirgsregion
alpine zone Hochgebirgsstufe

alternate ***adv/adj bot*** **(leaf arrangement)** alternierend, abwechselnd, wechselständig, zerstreut, schraubig
alternate ***vb*** alternieren, wechseln, abwechseln zwischen zweien
alternate disjunction (of chromosomes) alternierende Verteilung (von Chromosomen)
alternate host Wechselwirt
alternating field gel electrophoresis Wechselfeld-Gelelektrophorese
alternation Alternanz, Wechsel
alternation of generations Generationswechsel
alternation of hosts Wirtswechsel
alternation of nuclear phase Kernphasenwechsel
alternation rule Alternanzregel
alternative splicing ***gen*** alternatives Spleißen
altitude (above sea level)/ elevation/higher location Höhe (über dem Meeresspiegel), Höhenlage
altitudinal zonation vertikale Stufung
altitudinal zone/region/belt Höhenstufe (Vegetationsstufe *see* vegetational zone)
altricial animal/ nidicolous animal ***orn*** Nesthocker
➤ **precocial animal/ nidifugous animal** ***orn*** Nestflüchter
altruism/self-sacrifice Altruismus, Selbstlosigkeit, Selbstaufopferung, Uneigennützigkeit, Gemeinnutz
alula ***entom*** **(insects wing: small lobe)** Alula (Insekten: Flügellappen)
alula/spurious wing/ bastard wing ***orn*** Alula, Daumenfittich, Afterflügel, Nebenflügel, Ala spuria (Federngruppe am 1. Finger)
alular quill Daumenfeder
aluminum (Al) Aluminium
alveolar alveolär
alveolate/deeply pitted/ honeycombed/favose/faveolate kleingrubig; wabig
alveolus (*pl* alveoli) Alveole(n)
amacrine cell amakrine Zelle
Amanita family/Amanitaceae Freiblättler, Wulstlinge
amaranth family/cockscomb family/ pigweed family/Amaranthaceae Amarantgewächse, Fuchsschwanzgewächse
Amaryllidaceae/amaryllis family/ daffodil family Amaryllisgewächse, Narzissengewächse
amber Bernstein
ambient pressure Umgebungsdruck
ambient temperature Umgebungstemperatur
amble/pace (gait) Passgang
ambrosia cell (fungus cell) Ambrosiazelle
ambulacral foot/tube foot/podium Ambulakralfüßchen, Saugfüßchen
ambulacral groove Ambulakralfurche
ambulacral plate Ambulakralplatte
ambulacral system/ water-vascular system Ambulakralsystem, Wassergefäßsystem
ambush auflauern, aus dem Hinterhalt angreifen
ambush predator Laurer, Lauerräuber
amebas/amoebas/Amoebozoa Amöben, Wechseltierchen, Wurzeltierchen, Rhizopoden
➤ **testate amebas/Testacea** Thekamöben, beschalte Amöben
amebic dysentery/amebiasis (*Entamoeba histolytica*) Amöbenruhr, Amöbiasis
amebocyte Amöbozyt, Amöbocyt
ameboid amöboid
amenity forest/recreational forest Erholungswald
amensalism Amensalismus
American Society for the Prevention of Cruelty to Animals (New York) U.S. nationale Tierschutzvereinigung
Ames test Ames-Test
amictic amiktisch

amidation Amidierung
amide Amid
amination Aminierung
amine Amin
amino acid(s) Aminosäure(n)
➢ **alanine (A)** Alanin
➢ **arginine (R)** Arginin
➢ **asparagine (N)** Asparagin
➢ **aspartic acid (D)** Asparaginsäure
➢ **cysteine (C)** Cystein
➢ **essential amino acids** essenzielle Aminosäure
➢ **glutamic acid (E)** Glutaminsäure
➢ **glutamine (Q)** Glutamin
➢ **glycine (G)** Glycin
➢ **histidine (H)** Histidin
➢ **isoleucine (I)** Isoleucin
➢ **leucine (L)** Leucin
➢ **lysine (K)** Lysin
➢ **methionine (M)** Methionin
➢ **phenylalanine (F)** Phenylalanin
➢ **proline (P)** Prolin
➢ **serine (S)** Serin
➢ **threonine (T)** Threonin
➢ **tryptophan (W)** Tryptophan
➢ **tyrosine (Y)** Tyrosin
➢ **valine (V)** Valin
amino sugar Aminozucker
aminoacyl site (A-site) Aminoacyl-Stelle (A-Stelle)
aminoacyl-tRNA synthetase Aminoacyl-tRNA-Synthetase
aminoacylation Aminoacylierung
γ-aminobutyric acid (GABA) γ-Aminobuttersäure
Ammon's horn/ anterior hippocampus/ pes hippocampi Ammonshorn
ammonia Ammoniak
ammoniotelic/ammonotelic ammoniotelisch, ammonotelisch
ammonites/Ammonoidea Ammoniten
ammonitic suture lines ammonitische Lobenlinien
amniocentesis Amniozentese, Amnionpunktion, Fruchtwasserpunktion
amnion/"bag of waters" Amnion, Schafhaut, innere Eihaut, innere Keimhülle, inneres Eihüllepithel
➢ **pleuramnion** Pleuramnion, Faltamnion
➢ **schizamnion** Schizamnion, Spaltamnion
amniote egg amniotisches Ei, Ei amniotischer Tiere
amniotes/Amniota Nabeltiere
amniotic band amniotischer Strang, Simonart-Band
amniotic cavity Amnionhöhle
amniotic fluid/"water" Amnionflüssigkeit, Amnionwasser, Fruchtwasser
➢ **analysis of amniotic fluid (for prenatal diagnosis)** Fruchtwasseruntersuchung
amniotic fold Amnionfalte
amniotic sac Amnionsack, Fruchtblase, Fruchtwassersack, Fruchtsack
amorphous amorph
amphiarthrosis Amphiarthrose
amphibian/amphibious ***adv/adj*** amphibisch
amphibians/Amphibia (Lissamphibia) Amphibien, Lurche
➢ **anurans/Salientia/Anura (frogs and toads)** Froschlurche (Frösche und Kröten)
➢ **gymnophionas/Gymnophiona/ Caecilia/Apoda (caecilians)** Blindwühlen
➢ **urodeles/caudates/Urodela/ Caudata (salamanders & newts)** Schwanzlurche (Salamander und Molche)
amphibious/amphibian ***adv/adj*** amphibisch
amphibolic amphibol
amphibolic pathway/ central metabolic pathway amphiboler Stoffwechselweg
amphicarpy ***bot*** Amphikarpie
amphicelous amphicöl, amphicoel
amphid (nematodes) Amphid
amphidiploid/allopolyploid amphidiploid, allopolyploid
amphidromous amphidrom

amphiesmal vesicle Amphiesmalvesikel, Amphiesmalbläschen
amphigastrium/ ventral leaf/underleaf (liverworts) Amphigastrium, Bauchblatt, „Unterblatt"
amphiphilic amphiphil
amphipods (beach hoppers/ sand hoppers & sand fleas)/ Amphipoda Flohkrebse, Flachkrebse
amphisbenids/amphisbenians/ worm lizards/Amphisbaenia Wurmschleichen, Doppelschleichen
amphistyly ***zool*** Amphistylie
amphitoky/ amphitokous parthenogenesis Amphitokie
amphitrichous amphitrich
amphitropous (ovule) amphitrop, hufeisenförmig gekrümmt (Samenanlage)
amphoteric amphoter, amphoterisch
amphotropic amphotrop, amphotropisch
amplexicaul/stem-clasping amplexikaul, stengelumfassend
amplexus (mating embrace of male amphibians) Umklammerung (Amphibien)
amplification Amplifikation, Vervielfältigung, Vermehrung
amplification cascade Verstärkungskaskade
amplification refractory mutation system (ARMS) System der amplifizierungsresistenten Mutation (ARMS)
amplified gene amplifiziertes Gen
amplifier Verstärker
amplify amplifizieren, verstärken
amplimer Amplimer
ampoule/ampulla Ampulle
ampulla/bladder ***bot*** **(*Utricularia*)** Ampulle, Blase
ampulla/reservoir (Mastigophora) Ampulle, Geißelsäckchen, Schlund
ampullary gland (reproductive gland) Ampullardrüse
ampullary organ ***ichth*** Ampullenorgan
amygdaloid nucleus/ amygdaloid nuclear complex/ nucleus amygdalae/ corpus amygdaloideum Mandelkern, Mandelkörper, Mandelkernkomplex
amylopectin Amylopektin
amyocerate antenna (muscles only in base segment) Geißelantenne, Ringelantenne, amyocerate Antenne
anabatic wind Hangaufwind
anabiosis/suspended animation Anabiose, latentes Leben
anabolic (synthetic reactions of metabolism) anabol, anabolisch, aufbauend
anabolic pathway/ biosynthetic pathway anaboler Stoffwechselweg, Biosynthese-Stoffwechselweg
anabolism/synthetic reactions/ synthetic metabolism Anabolismus, Aufbau (Stoffwechsel), Synthesestoffwechsel
anabolite Stoffwechselsyntheseprodukt, Anabolit
Anacardiaceae/ cashew family/sumac family Sumachgewächse
anadromous anadrom
anaerobic anaerob
anaerobic fermentation anaerobe Dissimilation, anaerobe Gärung
anagenesis Anagenese
anal callosity/ ischial callosity/sitting pad Gesäßschwiele, Sitzschwiele, Analkallosität
anal cell Analzelle
anal cone/anal tube (crinoids) Afterhügel, Afterröhre, Analtubus
anal fan Analfächer
anal field/anal area/ vannal area/vannus Analfeld, Vannus
anal fin Afterflosse, Analflosse
anal fold ***embr*** Analfalte

anal fold/vannal fold/anal fold-line/ vannal fold-line *entom* Analfalte, Vannalfalte, Plica analis, Plica vannalis
anal gland/rectal gland (shark) Analdrüse (Hai)
anal loop (dragonflies) Analschleife (Libellen)
anal margin Analrand
anal pit *embr* Analgrube, Analgrübchen
anal plate *embr* Analplatte
anal proleg/anal leg (caterpillars) letzter Afterfuß, Nachschieber, Postpes, Propodium anale (Raupen)
anal sac/paranal sinus/sinus paranalis Analbeutel
anal tubercle/anal papilla Analhöcker, Analhügel
analeptic amine Weckamin
analog/analogue Analogon (*pl* Analoga)
analogize analogisieren
analogous analog, funktionsgleich
analogy Analogie
➢ **homology** Homologie
analysis (*pl* analyses) Analyse
analysis of amniotic fluid (for prenatal diagnosis) Fruchtwasseruntersuchung
analytic(al) analytisch
analytical balance Analysenwaage
analytical centrifugation analytische Zentrifugation
analyze analysieren
analyzer Analysator
anamorphic stage/ imperfect stage/asexual stage *fung* Nebenfruchtform
anamorphosis Anamorphose
ananthous/flowerless blütenlos
anaphylaxis Anaphylaxe
anaplerotic reaction anaplerotische Reaktion, Auffüllungsreaktion
anapophysis Anapophyse
anastomize (blood vessels) ineinandermünden; verästeln
anastomosis Anastomose, Einmündung, Querverbindung, Ineinandermünden
anatomy (internal structure) Anatomie (Morphologie der inneren Gestalt)
anatropous (ovule) anatrop, umgewendet (Samenanlage)
ancestor/forebear/progenitor Vorfahre, Ahne
ancestral Ahnen..., angestammt, Ur..., Erb..., ererbt
ancestral birds/"lizard birds"/ Archaeornithes Urvögel
ancestral chromosome Urchromosom
ancestrula (larva) Ancestrula
ancestry Abstammung
anchor ice *limn* Grundeis
anchor impeller *biot* (bioreactor) Ankerrührer
anchorage Verankerung
anchorage root/adhesion root Ankerwurzel
ancient DNA vorgeschichtliche DNA
androconium (*pl* androconia)/ scent scale(s) (♂ *Lepidoptera wings*) Duftschuppe, Duftfeld, Androkonie
androecium Staubblattkreis
androgen Androgen
androgenesis Androgenese
androgynophore/gynoandrophore Androgynophor
androsterone Androsteron
anellus Anellus
anemia „Blutarmut", Anämie
➢ **pernicious anemia** bösartige Blutarmut, perniziöse Anämie
anemochore *bot* Windstreuer
anemophilous/wind-pollinated anemophil, windblütig
anerobiosis/anoxybiosis Anerobiose
anesthesia Narkose
➢ **general anesthesia** Vollnarkose
➢ **local anesthesia** Lokalanästhesie, örtliche Narkose
➢ **refrigeration anesthesia** Vereisung
anestrus Anestrus, Anöstrus
aneuploid aneuploid
aneuploidy Aneuploidie

angiocarpic/angiocarpous angiokarp
angiosperm/flowering plant/ anthophyte/Anthophyta Angiosperme, Bedecktsamer, Decksamer, Blütenpflanze
angle Winkel
angle of attack *ethol* Angriffswinkel; *aer* Anstellwinkel
angle rotor/angle head rotor ***centrif*** Winkelrotor
anglerfishes/Lophiiformes Anglerfische, Armflosser
angular wink(e)lig, eckig, kantig
angular aperture Öffnungswinkel
anhydrobiosis Anhydrobiose, Trockenstarre
animal Tier
animal abuse Tierquälerei
animal asylum/animal shelter Tierheim
animal breeding Tierzucht, Tiere züchten (*sensu lato*)
animal cage Tierkäfig
animal community/zoocoenosis Tiergemeinschaft, Zoozönose
animal-dispersal/zoochory Tierausbreitung
animal feces/animal droppings/dung Tierexkremente, Tierkot; Losung
animal feed Viehfutter
animal husbandry/ranching/ranging Viehwirtschaft, Viehzucht
animal keeper Tierpfleger, Tierwärter
animal kingdom Tierreich
animal lore volkstümliche Tierkenntnis, überlieferte Tierkunde
animal lover Tierfreund
animal model Tiermodell
animal parasite tierischer Parasit, Zooparasit
animal physiology/zoophysiology Tierphysiologie
animal pole (cell) animaler Pol
animal psychology/zoopsychology Tierpsychologie
animal rightist/animal rights advocate Tierrechtler, Tierschützer
animal shelter Tierheim
animal society Tiergesellschaft (essenzielle Vergesellschaftung, Sozietät), Tierstaat
animal virus Tiervirus
animalcule (little/small animal) Tierchen (mikroskopisch kleines Tierchen)
animalism Animalismus
animate/alive belebt, lebendig (inaminate: unbelebt)
anion exchanger Anionenaustauscher
anisic aldehyde/anisaldehyde Anisaldehyd
anisogamy Anisogamie
anisophylly/heterophylly Anisophyllie, Heterophyllie, Verschiedenblättrigkeit, Ungleichblättrigkeit
anisotropic anisotrop, doppelbrechend
ankle (foot)/malleolus Knöchel (>Fußknöchel)
ankle joint Fußgelenk
anklebone/talus/astragalus Sprungbein, Talus
anklebone/tarsal bone/ tarsal/os tarsi Fußwurzelknochen, Fußgelenksknochen, Tarsal
ankylosis Ankylose
anlage/precursor/ preformation/early form/ primordium Anlage, Keim, Ansatz, Primordium
annatto family/bixa family/Bixaceae Annattogewächse
annealing/reannealing/reas- sociation/renaturation (of DNA) Doppelstrangbildung, Annealing, Reannealing, Reassoziation
annelids/segmented worms/ Annelida Anneliden, Ringelwürmer, Gliederwürmer, Borstenfüßer
Annonaceae/cherimoya family/ custard apple family Rahmapfelgewächse, Schuppenapfelgewächse
annual annuell, jährlich; *bot* einjährig
annual growth Jahreswachstum, Jahreszuwachs
annual plant/therophyte Therophyt, Annuelle, Einjährige (Pflanze)

annual ring/growth ring Jahresring
annual shoot/one-year shoot Jahrestrieb
annular/cyclic ringförmig, zyklisch
annular cartilage/cricoid cartilage Ringknorpel, Cartilago crinoidea
annular placenta/zonary placenta/ placenta zonaria Gürtelplazenta
annulate lamellae annulierte Lamellen
annulus Annulus, Anulus
➢ **inferior annulus/inferior ring (remains of velum partiale)** Annulus inferus, Ring, Kragen
➢ **superior annulus/ armilla/manchette (remains of velum universale)** Annulus superus, Armilla, Manchette
anogenital licking ***ethol*** Anogenitalmassage
anomalous/irregular anomal, irregulär, unregelmäßig
anomalous rectification anomale Gleichrichtung
anomalous secondary thickening anomales sekundäres Dickenwachstum
anomaly/irregularity Anomalie, Unregelmäßigkeit
anoxia Anoxie
anoxic anoxisch
ant *siehe:* ants
ant eaters/Vermilingua (Xenarthra) Ameisenbären
antedating/anticipation Antizipation
antenatal diagnosis/ prenatal diagnosis pränatale Diagnose
antenna (*pl* antennas/antennae) (feeler) Antenne (Fühler)
➢ **aristate antenna** grannenartiger Fühler
➢ **brachycerous antenna/ with short antennae** mit kurzen Fühlern
➢ **bristlelike/setaceous antenna** borstenartiger Fühler
➢ **capitate antenna (with a knoblike head)** kolbenförmiger Fühler
➢ **clubbed/clavate antenna** keulenförmiger, gekeulter Fühler
➢ **comblike/pectinate antenna** gekämmter Fühler
➢ **elbowed/geniculate antenna** geknieter Fühler
➢ **fan-shaped/flabelliform antenna/ flabellate antenna** fächriger Fühler, gefächerter Fühler, Fächerfühler
➢ **filiform/threadlike antenna/ hairlike antenna** fadenförmiger Fühler, Fadenfühler
➢ **flabelliform/flabellate antenna/ fan-shaped antenna** fächriger Fühler, gefächerter Fühler, Fächerfühler
➢ **geniculate/elbowed antenna** geknieter Fühler
➢ **lamellate antenna** blätterförmiger Fühler, lamellenartiger Fühler
➢ **moniliform antenna** Perlschnurfühler, rosenkranzförmiger Fühler
➢ **pectinate/comblike antenna** gekämmter Fühler
➢ **sawlike/serrate antenna** gesägter Fühler
➢ **setaceous/bristlelike antenna** borstenartiger Fühler
➢ **stylate antenna** stilettförmiger Fühler
➢ **threadlike, hairlike antenna/ filiform antenna** fadenförmiger Fühler, Fadenfühler
antenna complex (of chlorophyll molecules) Antennenkomplex (von Chlorophyllmolekülen)
antenna pigment Antennenpigment
antennal aperture Fühleröffnung, Antennalforamen
antennal club Fühlerkeule
antennal furrow/antennal pit Antennengrube, Fühlergrube, Fossa antennalis
antennal gland/ antennary gland/green gland Antennendrüse, Antennennephridium, grüne Drüse

antennal organ Antennalorgan
antennal pedicel
Pedicellus, Wendeglied
antennal scale/scaphocerite
Antennenschuppe, Scaphocerit
antennal scape Fühlerschaft, Scapus
antennal segment/antennomer
Antennensegment, Antennomer
antennal socket Fühlerpfanne
antennal sulcus Fühlerfurche,
Antennalfurche, Fühlerrinne
antennal suture Antennennaht,
Antennalnaht, Fühlerringnaht
antennary gland/antennal gland/ green gland Antennendrüse,
Antennennephridium, grüne Drüse
antennate Fühler besitzend
antennation (insects)
Antennenweisung,
Antennenkommunikation,
Kommunikation durch
Antennenberührung
antennifer/socket of antenna
Antennifer, Antennenträger
antennomer/antennal segment
Antennomer, Fühlersegment,
Antennensegment, Antennalsegment
antennule (first antenna: crustaceans)
Antennula, erste Antenne
antenodal antenodal
antenodal cross vein
Antenodalquerader
anthecology/pollination ecology
Blütenökologie
anthela Anthela, Spirre, Trichterrispe
anther Anthere, Staubbeutel
➢ **basifixed** basifix
➢ **connective**
Konnektiv, Mittelband
➢ **dithecal (double-chambered)/ tetrasporangiate** dithezisch
(zweifächerig)
➢ **disappearing layer**
Schwundschicht
➢ **dorsifixed** dorsifix
➢ **extrorse** extrors, außenwendig
➢ **fibrous layer** Faserschicht
➢ **introrse** intrors, innenwendig
➢ **locule/loculus/compartment**
Fach, Lokulament, Loculament,
Loculus, Kompartiment
➢ **monothecal (single-chambered)/ bisporangiate**
monothecisch (einfächerig)
➢ **stomium (*pl* stomia)**
Stomium (*pl* Stomien)
➢ **theca (*pl* thecae/thecas)**
Theka/Theca (*pl* Theken/Thecen),
Staubbeutelhälfte
antheridium Antheridium
anthesis/florescence/ flowering period Anthese,
Floreszenz, Blütezeit,
Blütenentfaltung
anthill/ant mound Ameisenhaufen
anthocarp/ infructescence/multiple fruit
Fruchtstand, Fruchtverband
anthoclade Anthocladium
anthophilous/flower-frequenting
Blüten besuchend
anthracene Anthrazen
anthracite/hard coal
Anthrazit, Kohlenblende
anthranilic acid/2-aminobenzoic acid
Anthranilsäure
anthropogenic
anthropogen (durch den Menschen
bedingt/vom Menschen geschaffen)
anthropoid anthropoid,
menschenartig, menschenähnlich
anthropoid apes/"apes"/Hominoidea
Menschenaffen, Menschenartige
anthropology/ science of human beings
Anthropologie, Menschenkunde,
Lehre/Wissenschaft vom Menschen
anthropomorphic anthropomorph,
von menschlicher Gestalt
anthropophagous/ feeding on human flesh
anthropophag,
den Menschen befallend
antibiosis Antibiose, Widersachertum
antibiotic(s)
Antibiotikum (*pl* Antibiotika)
➢ **broad-spectrum antibiotic**
Breitbandantibiotikum,
Breitspektrumantibiotikum
➢ **narrow-spectrum antibiotic**
Schmalbandantibiotikum,
Schmalspektrumantibiotikum

antibiotic resistance Resistenz gegen Antibiotika
antibody Antikörper
➤ **autoantibody** Autoantikörper
➤ **bispecific antibody/ hybrid antibody** bispezifischer Antikörper
➤ **catalytic antibody** katalytischer Antikörper
➤ **intrabody (intracellular antibody)** Intrakörper (intrazellulärer Antikörper)
➤ **monoclonal antibody** monoklonaler Antikörper
➤ **polyclonal antibody** polyklonaler Antikörper
anticipation/antedating Antizipation
anticoding strand/ antisense strand anticodierender Strang, Nichtsinnstrang
anticodon Anticodon
antidiuretic hormone (ADH)/ vasopressin antidiuretisches Hormon (ADH), Adiuretin, Vasopressin
antidote/antitoxin/antivenin (tierische Gifte) Gegengift
antidromic antidrom
antifeeding compound/ feeding deterrent Fraßhemmer
antifoam/antifoaming agent Entschäumer, Schaumhemmer, Antischaummittel
antigen Antigen
➤ **autoantigen/self-antigen** Autoantigen
➤ **cross reacting antigen** kreuzreagierendes Antigen
➤ **differentiation antigen** Differenzierungsantigen
➤ **group-specific antigen (gag)** gruppenspezifisches Antigen
➤ **histocompatibility antigen** Histokompatibilitätsantigen
➤ **type-specific antigen** typenspezifisches Antigen
➤ **very late antigen (VLA)** „sehr spätes Antigen“ (bildet sich spät in der Entwicklung)
antigen combining site/ antigen binding site/paratope Antigenbindungsstelle, Antigenbindestelle, Paratop
antigen drift/antigenic drift Antigendrift
antigen presentation Antigenpräsentation
antigen processing Antigen-Processing, Antigenweiterverarbeitung
antigen receptor Antigenrezeptor
antigen shift/antigenic shift Antigenshift
antigen variation Antigenvariation
antigen-presenting cell (APC) antigenpräsentierende Zelle
➤ **professional a.** professionelle antigenpräsentierende Zelle
antigenic antigen
antigenic determinant/epitope antigene Determinante, Antigendeterminante, Epitop
antigenic drift/antigen drift Antigendrift
antigenic shift/antigen shift Antigenshift
antigenic variance Antigenvarianz
antigenic variation antigene Variation
antigenicity Antigenität
antimetabolite Antimetabolit
antimicrobial index antimikrobieller Index
antimony (Sb) Antimon
anting ***orn*** einemsen
antiparallel antiparallel
antipetalous antipetal, vor den Kelchblättern stehend
antiphlogistic/anti-inflammatory antiphlogistisch, entzündungshemmend
antiphonal singing Wechselgesang
antipode/antipodal cell Antipode
antiport Antiport
antisense oligonucleotide Antisense-Oligonucleotid/ Anti-Sinn-Oligonucleotid/ Gegensinn-Oligonucleotid
antisense RNA Antisense-RNA, Gegensinn-RNA

antisense strand/anticoding strand Nicht-Sinnstrang, anticodierender Strang
antisense technique Antisense-Technik, Anti-Sinn-Technik, Gegensinntechnik
antisepalous antisepal, vor den Kronblättern stehend
antiserum Antiserum
antitermination protein Antiterminationsprotein, Antiterminator
antithetic theory/ interpolation theory of alternation of generations antithetischer, heterophasischer Generationswechsel (Heterogenese)
antlers Geweih (Gefänge)
> **bez tine** Eisspross
> **brow tine** Augspross
> **burr (base of antler)** Geweihbasis, Hornbasis
> **main beam** Stange
> **pedicel** Geweihrose
> **prong/spike** Geweihzacke, Geweihspross
> **royal antler** Mittelspross
> **rubbing** ***vb*** fegen
> **surroyal antler** Wolfsspross
> **velvet** Bast
antlion Ameisenjungfer (Ameisenlöwe *siehe* doodlebug)
antorbital gland/preorbital gland Voraugendrüse, Antorbitaldrüse
antrorse vorwärts gerichtet, aufwärts gerichtet
ants/*Formicidae* Ameisen
> **dinergate/soldier** Dinergat, Soldat
> **ergate/worker** Ergat, Arbeiterin
> **gamergate (fertilized, ovipositing worker)** Gamergat
> **macraner (large-size ♂ ant)** Makraner (große ♂ Ameise)
> **macrergate** Makroergat
> **macrogyne (large ♀ ant/queen)** Makrogyne (große Ameisenkönigin)
> **micraner (dwarf ♂ ant)** Mikraner (kleine ♂ Ameise)
> **micrergate/ microergate/dwarf worker** Mikrergat, Zwergarbeiterin
> **microgyne (dwarf ♀ ant)** Mikrogyne (kleine ♀ Ameise)
> **pterergate (with rudiments of wings)** Pterergat (Arbeiterin mit Stummelflügeln)
anucleate kernlos
anus Anus, After
anus vent/anal aperture/vent After, Analöffnung
anvil (bone)/incus (ear) Amboss, Incus
aortic arch Aortenbogen
aortic bodies/Zuckerkandl's bodies Aortenkörper, Zuckerkandl-Organ
aortic valve/valva aortae (heart) Aortenklappe
AP site (apurinic or apyrimidinic site) AP-Stelle (purin- oder pyrimidinlose Stelle)
aperture/opening/orifice Apertur, Öffnung, Mündung
aperture *micros* Apertur, Blende; *bot* (pollen) Keimpore, Keimstelle
apes/anthropoid apes/Hominoidea Menschenartige
> **great apes/pongids/Pongidae** Menschenaffen
> **lesser apes/gibbons/Hylobatidae** Gibbons
> **old-world monkeys & apes/ Catarrhina** Altweltaffen, Schmalnasenaffen
apetalous (without petals) apetal
apex (*pl* apices) (summit/point/spike/ fastigium) Spitze, Gipfel, Höhepunkt; (peak: highest among other high points) Scheitelpunkt
aphids/Aphidina Blattläuse
aphrodisiac *n* Aphrodisiakum (*pl* Aphrodisiaka)
aphthous fever/ foot-and-mouth disease (Aphthovirus) Maul-und-Klauenseuche
aphyllous/without leaves blattlos
aphylly/absence of leaves Blattlosigkeit, Aphyllie

Apiaceae/parsley family/ carrot family/umbellifer family/ Umbelliferae Umbelliferen, Doldenblütler, Doldengewächse
apiary/bee yard Bienenhaus, Bienenstand
apical apikal, endständig, gipfelständig, an der Spitze gelegen
apical bud/terminal bud Gipfelknospe
apical cell Scheitelzelle
apical complex (Apicomplexa) Apikalkomplex
apical furrow Scheitelfurche, Scheitelgrube
apical grafting Veredeln auf den Kopf
apical growth Spitzenwachstum
apical meristem Apicalmeristem, Apikalmeristem, Scheitelmeristem, Spitzenmeristem, Vegetationspunkt
apical sense organ/statocyst (ctenophores) Scheitelorgan, Apikalorgan, Statocyste
apical shoot/terminal shoot Gipfeltrieb
apiculate/pointleted (leaf tip) zugespitzt (mit feiner Spitze endend)
apiculture/beekeeping Bienenzucht
apiology Bienenzüchterei
aplacophorans/Aplacophora Aplacophoren, Wurmmollusken
apnea Apnoe
apocarpous apokarp, chorikarp, freiblättriges Fruchtblatt
apochlamydeous apochlamydeisch
apocrine gland apokrine Drüse
Apocynaceae/ periwinkle family/dogbane family Hundsgiftgewächse, Immergrüngewächse
apod/apodal apod, fußlos, beinlos
apoenzyme Apoenzym
apolar unpolar
apomorphic apomorph, apomorphisch
apomorphism Apomorphie
Aponogetonaceae/ water hawthorn family/ cape-pondweed family Wasserährengewächse
apopetalous/choripetalous/ dialypetalous/polypetalous (with many free petals) apopetal, choripetal, polypetal, frei-/getrenntkronblättrig, frei-/getrenntblumenblättrig
apophysis Apophyse
apoplast pathway apoplastischer Wasserstrom
apoptosis/programmed cell death Apoptose, programmierter Zelltod
apopyle Apopyle
appearance Erscheinungsbild, Erscheinungsform
appeasement gesture Befriedungsgebärde
appeasement ritual Befriedungsritual
append befestigen, anbringen, anhängen, anheften; hinzufügen, anfügen
appendage/appendix Anhang, Anhängsel; Anhangsgebilde
appendages ***zool*** Gliedmaßen
appendicular musculature Extremitätenmuskulatur
appendicular skeleton Extremitätenskelett, Gliedmaßenskelett
appendicularians/ Appendicularia/Larvacea Appendicularien, geschwänzte Schwimm-Manteltiere
appendix/vermiform appendix Appendix, Wurmfortsatz des Blinddarms, Appendix vermiformis
appetence/appetency (fixed/strong desire) Appetenz
appetitive behavior Appetenzverhalten
application Anwendung; *chromat* Auftragung, Applikation
applied angewandt
apply anwenden; *chromat* auftragen, applizieren
apposition/accretion (Zellwandwachstum durch) Auflagerung
apposition eye Appositionsauge
appressed/adpressed angedrückt

appressorium/holdfast Appressorium, Haftscheibe, Haftorgan
approach/method ***n*** Ansatz, Methode
approach ***vb math/stat*** **(e.g., a value)** sich annähern, näherkommen, annähern, erreichen (z.B. einen Wert)
approach grafting ***bot/hort*** Ablaktieren, Ablaktion
approximation ***math*** Näherung
apterial/featherless federlos
apterium (***pl*** **apteria)/ featherless space** Federrain, federlose Stelle, Apterium
apterous/unwinged/ exalate/wingless ungeflügelt, flügellos
aptery Flügellosigkeit
apterygial (without fins) flossenlos
apterygotes/Apterygota Flügellose, Urinsekten
apurinic or apyrimidinic site (AP site) purin- oder pyrimidinlose Stelle (AP-Stelle)
apyrene (sperm) apyren
aquarium/fishtank Aquarium
aquatic aquatisch, wasserlebend, wasserbewohnend, im Wasser lebend
aquatic animals/hydrocoles Wassertiere
aquatic life/life in the water Wasserleben
aquatic plant/ water plant/hydrophyte Wasserpflanze, Hydrophyt
aqueous wässerig
➢ **nonaqueous** nichtwässerig
aqueous channel Wasserkanal
aqueous humor (eye) Kammerwasser
Aquifoliaceae/holly family Stechpalmengewächse
arable urbar
arable land/tillable land kultivierbares Land, anbaufähiger Boden, urbarer Boden
arachic acid/arachidic acid/ icosanic acid Arachinsäure, Arachidinsäure, Eicosansäure
arachidonic acid/ icosatetraenoic acid Arachidonsäure
arachnid/arachnoid ***n*** spinnenartiges Tier
arachnids/Arachnida Arachniden, Spinnentiere
arachnoid/arachnoidea ***neuro*** **(membrane of brain)** Spinnwebenhaut
arachnoid/spiderlike/spidery spinnenartig
arachnology/ araneology ***sensu lato*** Spinnenkunde
Araliaceae/ginseng family/ivy family Efeugewächse
araneologist/arachnologist ***sensu lato*** Spinnenforscher, Spinnenkundler
araneology/arachnology ***sensu lato*** Spinnenkunde
araucaria family/ monkey-puzzle tree family/ Araucariaceae Araukariengewächse
arbitrary/random willkürlich, zufällig
arbor/bowery Gartenlaube, Laube
arboreal/treelike baumartig, Baum...
arboreal/living in trees baumbewohnend
arboreous/forested/wooded bewaldet
arborescent baumartig verwachsen, baumartig verzweigt, sich baumartig ausbreitend
arboretum Arboretum
arboricole/arboricolous/arboreal/ tree-dwelling/living in trees arborikol, arboricol, baumbewohnend
arboriculture Baumzucht (speziell Ziersträucher/Zierbäume)
arborist/arboriculturist Baumzüchter
arborization/branching Arborisation, baumartige Verzweigung
arboroid/dendroid/dentritic baumartig
arbuscule (tree-like small shrub/ dwarf tree) Bäumchen, baumartiger Strauch, niedriger Baum

archaebacteria/archebacteria/ archaea/archea Archaebakterien, Archaea, Archaeen
archaeocyte/archeocyte Archäozyt, Archäocyt, Archaeozyt, Archaeocyt
archaeornithes/ancestral birds/ "lizard birds"/Archaeornithes Urvögel
archebacteria (Archaea) Archaebakterien, „Urbakterien“
Archean Eon/Archeozoic Eon (early Precambrian) Archaikum (Altpräkambrium/ frühes Präcambrium)
archegonium Archegonium
archencephalon/primitive brain Archencephalon, Archenzephalon, Urhirn
archeopulmonates/ Archaeopulmonata Altlungenschnecken
archespore/sporoblast Archespor
archetype/prototype (*also in the sense of:* stock) Urtyp, Archetyp
archicoel/archicoele (blastocoel/blastocoele) Archicöl, Archicoel (Blastocöl/Bastocoel)
archicoelomates/Archicoelomata Archicoelomaten, Ur-Leibeshöhlentiere, Ur-Coelomaten
archinephric duct Vornierengang
archipterygial fin/archipterygium Archipterygium (Urflosse)
➤ **metapterygial fin/metapterygium** Metapterygium
arciform/arcuate/arched bogenförmig, gebogen
arctic/polar arktisch, polar
arcualium Arcualium, Wirbelbogen
area Gegend, Gebiet
area of distribution/geographic range Areal, Verbreitunggebiet
area of expansion Ausbreitungsgebiet
area sampling Flächenstichprobe(nverfahren)
Arecaceae/palm family/Palmae Palmen
arenaceous/sandy/sandlike sandhaltig; sandartig; in sandigem Boden wachsend
arenicolous/ sabulicolous/psammobiontic im Sand lebend, im Sand wohnend
areola/areole Areole; kleiner Hof, kleiner (Haut-)Bezirk; Gewebsspalte
areola/areola mammae (of mammary gland) Warzenvorhof, Warzenhof
areolar glands Warzenvorhofdrüsen, Montgomery-Knötchen
areolar tissue lockeres Bindegewebe
areole/areola Areole; kleiner Hof, kleiner (Haut-)Bezirk; Gewebsspalte
areometer (hydrometer) Aräometer, Senk-, Tauch-, Flüssigkeitswaage
argillaceous tonhaltig, tonartig, Ton...
arginine Arginin
arid/dry arid, trocken
arid land/arid region/dryland Trockengebiet
aril Arillus, Samenmantel; Samenwarze
arista Arista
aristate/awned begrannt, Grannen tragend
Aristotle's lantern Laterne des Aristoteles
➤ **auricle** Aurikel
➤ **comminator muscle/ interpyramid muscle** Interpyramidalmuskel, interpyramidaler Muskel
➤ **compass** Kompass
➤ **epiphysis** Epiphyse
➤ **pyramid** Pyramide
➤ **rotule** Rotula
➤ **tooth guide** Zahnführung
arithmetic growth arithmetisches Wachstum
arithmetic mean ***stat*** arithmetisches Mittel
arks/Arcidae Archenmuscheln
arm Arm
arm/limb ***micros*** Trägerarm
arm/pinnule (crinoids) Arm
arm bone/humerus Oberarmknochen, Oberarmbein, Humerus

arm canal/brachial canal Mundarmgefäß
arm disk Mundarmscheibe
arm-palisade (conifers) ***bot*** Armpalisade
armadillos (Xenarthra: Cingulata/Loricata) Gürteltiere
armilla/manchette/superior annulus (remains of velum universale) Armilla, Manschette, Annulus superus
armor/test/theca/lorica/shell/case Panzer
armored/thecate gepanzert
armpit/axilla Achsel, Achselhöhle (Arm)
ARMS (amplification refractory mutation system) ARMS (System der amplifizierungsresistenten Mutation)
aroid family/arum family/calla family/Araceae Aronstabgewächse
arolium (pretarsus) Arolium, Afterkralle, Haftläppchen
aromatic aromatisch
arousal/excitement Erregung, Aufregung
arousal reaction ***ethol*** Weckreaktion
arrangement/set-up (experiment) Anordnung, Ansatz (Versuchsansatz/Versuchsaufbau)
arrest ***vb gen*** **(chromosomes in metaphase)** arretieren
arrhenotokous arrhenotok
arrhenotoky/arrhenotokous parthenogenesis Arrhenotokie, arrhenotoke Parthenogenese
arrhizous/arrhizal/rootless wurzellos
arrow poison Pfeilgift
arrow worms/chaetognathans Borstenkiefer, Pfeilwürmer, Chaetognathen
arrowgrass family/Juncaginaceae Dreizackgewächse
arrowhead family/water-plantain family/Alismataceae Froschlöffelgewächse
arrowhead-shaped/sagittate/sagittiform pfeilförmig
arrowroot family/prayer plant family/Marantaceae Pfeilwurzelgewächse
ARS (autonomously replicating sequence) autonom replizierende Sequenz (ARS)
arsenic (As) Arsen
arteriole (small artery) Arteriole, Äderchen
artery Arterie *(for different arteries please consult a medical dictionary)*
arthrobranch/arthrobranchia/joint gill Arthrobranchie
arthropods/Arthropoda Arthropoden, Gliederfüßer
arthrospore/Oidie arthrospore, oidium
articular gegliedert, Gelenk..., Glieder...
articular bristle Gliederborste
articular capsule/joint capsule Gelenkkapsel
articular cartilage Gelenkknorpel
articular disk (meniscus) Gelenkzwischenscheibe (Meniskus)
articular pivot of antenna Fühlergelenk
articular process Gelenkfortsatz
articular socket/acetabulum Gelenkpfanne, Gelenkgrube, Acetabulum
articulate(d)/jointed gegliedert, mit Gelenk, gelenkig, gelenkartig verbunden, Glied..., Glieder.., Gelenk...
articulates/articulated animals/Articulata Articulaten, Gliedertiere
articulation Artikulation, Gelenkverbindung, Gelenk
artifact/artefact Artefakt
artificial color(s)/coloring künstliche(r) Farbstoff(e)
artificial flavor(s)/flavoring künstliche(r) Geschmackstoff(e)
artificial insemination künstliche Befruchtung
artificial light/lighting künstliche Beleuchtung

arum family/calla family/ aroid family/Araceae Aronstabgewächse
arundinaceous/reedlike schilfrohrartig, riedförmig
arytenoid cartilage/ Cartilago arytaenoidea Aryknorpel, Stellknorpel
ascarid worms (*Ascaris* spp.) Spulwürmer
ascendent/ascendant *adv/adj* *mech/phys* aufsteigend
> **descendent/descendant *adv/adj*** *mech/phys* absteigend; (derived) *gen/evol* abstammend von

aschelminths/nemathelminths/ pseudocoelomates Aschelminthen, Schlauchwürmer, Rundwürmer (*sensu lato*), Nemathelminthen (Pseudocölomaten)
ascidial/ascidiform/sac-like/bag-like/ pitcher-shaped/flask-shaped schlauchförmig, kannenförmig, krugförmig, sackförmig
ascidiate kannenartig, krugartig, sackartig, schlauchartig
ascidiate leaf/pitcher leaf Schlauchblatt, Kannenblatt
ascidiform kannenförmig, krugförmig, schlauchförmig
Asclepiadaceae/milkweed family Schwalbenwurzgewächse, Seidenpflanzengewächse
ascorbic acid/vitamin C (ascorbate) Ascorbinsäure (Ascorbat)
ascus Askus
asexual/agamous/neuter ungeschlechtlich
asexual reproduction/ vegetative reproduction ungeschlechtliche Vermehrung/ Fortpflanzung, vegetative Vermehrung/ Fortpflanzung
ash Asche
asparagic acid/aspartic acid (aspartate) Asparaginsäure (Aspartat)
asparagine/aspartamic acid Asparagin
asparagus family/Asparagaceae Spargelgewächse
ASPCA (American Society for the Prevention of Cruelty to Animals) U.S. nationale Tierschutzvereinigung
aspect ratio Seitenverhältnis; *aer* Streckung
aspidium family/sword fern family/ Aspidiaceae/Dryopteridaceae Schildfarngewächse, Wurmfarmgewächse
Aspleniaceae/spleenwort family Streifenfarngewächse
ass/*Equus asinus* (domestic ass: donkey/burro) Esel
> **hinny (♀ ass/donkey** x **♂ horse stallion)** Maulesel (Eselstute x Pferdehengst)
> **jack/jackass (♂ uncastrated ass/donkey)** männlicher Esel
> **jennet/jenny (♀ ass/donkey)** Eselin
> **mule (♀ horse** x **♂ ass/donkey)** Maultier (Pferdestute x Eselhengst)

assay/test/trial/examination/ exam/investigation Probe, Versuch, Untersuchung, Test, Prüfung
assay material/test material/ examination material Probe, Probensubstanz, Untersuchungsmaterial
assay medium Untersuchungsmedium, Prüfmedium, Testmedium
assemblage/group Gruppe, Gruppierung
assembly Assemblierung, Zusammenbau
> **disassembly** Disassemblierung, Zerlegen, Zerlegung, Auseinandernehmen
> **reassembly** Reassemblierung, Wiederzusammenbau
> **self-assembly** Selbst-Assemblierung, Selbstzusammenbau, spontaner Zusammenbau (molekulare Epigenese), Spontanzusammenbau

assembly initiation complex ***vir*** Initiationskomplex der Assemblierung
assess ***vb*** bewerten, erfassen
assessment Bewertung, Erfassung
assimilate ***n*** Assimilat
assimilate ***vb*** assimilieren
assimilate stream Assimilatstrom
assimilation (anabolism) Assimilation
assimilative root Assimilationswurzel
assimilatory assimilatorisch
association analysis ***ecol*** Assoziierungsanalyse
association area ***neuro*** Assoziationsfeld
associative learning/ learning by experience Assoziationslernen, Erfahrungslernen
assortative mating assortative Paarung, bewusste Paarung, abgestimmte Partnerwahl, übereinstimmende Paarung, sortengleiche Paarung, Gattenwahl
assortment Sortieren, Ordnen; Auswahl; Sammlung, Zusammenstellung
➢ **independent assortment** ***gen*** unabhängige Verteilung, freie Verteilung
➢ **law of random assortment/ principle of random assortment/ principle of independent assortment (Mendel)** Kombinationsregel, Unabhängigkeitsregel
aster ***cyt*** Aster, Polstrahlen
Asteraceae/aster family/ composite family/daisy family/ sunflower family/Compositae Köpfchenblütler, Korbblütler
asteronome/star mine Sternmine
astichous astich
astigmatism Astigmatismus
astomatous ***bot*** ohne Spaltöffnungen
astomous/astomatous/mouthless astom, mundlos, ohne Mund, ohne Öffnung
astomy/mouthlessness Astomie, Mundlosigkeit
astringency Adstringenz
astringent/astringent agent/ astringent substance Adstringens, adstringierender Stoff
astringent/styptic ***adv/adj*** adstringent, zusammenziehend
astrocyte Astrozyt
atavism/throwback (primitive characteristic) Atavismus, Rückschlag (ursprüngliches Merkmal)
Athyriaceae/lady fern family Frauenfarngewächse
atoke atok
atoll Atoll, Atollriff, Lagunenriff
atomic atomar, Atom...
atomic bond Atombindung
atomic force microscopy (AFM) Rasterkraftmikroskopie
atomic number Atomzahl
atomic weight Atomgewicht
atomize zerstäuben
atomizer Zerstäuber, Sprühgerät
atrial cavity/peribranchial cavity (ascidians/lancelets) Peribranchialraum
atrial fibrillation Vorhofflimmern
atrial natriuretic peptide (ANP)/ atrial natriuretic factor (ANF)/ atriopeptin atriales natriuretisches Peptid (ANP), Atriopeptin
atrioventricular bundle/ bundle of His (heart) Hissches Bündel (tert. Autonomiezentrum)
atrioventricular node/ Aschoff and Tawara node/ A-T node (heart) Atrioventrikularknoten, Aschoff-Tawara-Knoten (sek. Autonomiezentrum)
atrium/auricle (heart) Atrium, Aurikel, Vorhof, Herzvorhof, Herzvorkammer

atropine Atropin
atropous/ orthotropous/orthotropic (ovule) atrop, aufrecht, geradläufig (Samenanlage)
attached befestigt, angeheftet
➢ **firmly attached (permanently)/ sessile** festsitzend, festgewachsen, festgeheftet, aufsitzend, sessil
attachment/affixment Anheftung, Befestigung, Ansatz
attack *n* Attacke, Angriff, Übergriff
attack *vb* attackieren, angreifen
attack and rend (prey) reißen (Beute)
attempt *n* Ansatz, Versuch
attenuate/ tapering/pointed *adj/adv bot* verjüngt, spitz zulaufend, (keilförmig) zugespitzt
attenuate *vb micb/vir* attenuieren, abschwächen (die Virulenz vermindern)
attenuation Attenuation, Attenuierung, Abschwächung
attract/lure locken, anlocken
attractant Attraktans (*pl* Attraktanzien), Lockmittel, Lockstoff
attracting call *orn* Lockruf
attracting song *orn* Lockgesang
attraction Lockung, Anlockung
audition Hörvermögen, Gehör
auditory das Gehör/die Ohren betreffend, Gehör..., Hör...
auditory canal/auditory meatus Gehörgang
auditory center Hörzentrum
auditory nerve Hörnerv
auditory ossicle/ear ossicle/ossiculum Ohrenknöchelchen, Gehörknöchelchen
auditory tube/eustachian tube Ohrtrompete, Eustachische Röhre
auks/Alcidae (Charadriiformes) Alken
aulopiform fishes/Aulopiformes Fadensegelfische
aural Ohr..., Ohr(en) betreffend
auricle (leaf) Blattöhrchen (Gräser)
auricle/atrium Aurikel, Atrium, Herzvorhof, Herzvorkammer
➢ **pinna/ear conch/ external ear/outer ear** Ohrmuschel, äußeres Ohr, Pinna
➢ **pollen press/pollen packer (bees)** Pollenschieber, Aurikel
auriculars (ear coverts) Ohrenfedern
auriculate/eared/ear-like geöhrt
austral/southern südlich
Australian oak family/silk-oak family/ protea family/Proteaceae Proteagewächse, Silberbaumgewächse
Australian pitcher-plant family/ Cephalotaceae Krugblattgewächse
autapomorphy (unique/derived character state) Autapomorphie
autecology Autökologie
autoalloploidy Autoalloploidie
autoantibody Autoantikörper
autoantigen/self-antigen Autoantigen
autocatalysis Autokatalyse
autochthonous autochthon, bodenständig
autoclave *n* Autoklav
autoclave *vb* autoklavieren
autocrine autokrin, autocrin
autoecious autözisch
autogamy/orthogamy/ self-fertilization/selfing Autogamie, Selbstbefruchtung
autogeneous control autogene Kontrolle
autograft (autologous graft) Autotransplantat
autohemotherapy Eigenblutbehandlung
autoignitable selbstentzündlich
autoignition Selbstentzündung
autoimmune autoimmun
autoimmune disease Autoimmunkrankheit
autoimmunity Autoimmunität
autologous autolog
automaticity center (sinus node) Automatiezentrum (Sinusknoten)
automictic automiktisch

autonomic/autonomous/ self-governing/self-controlling/ spontaneous/independent autonom, spontan, unabhängig, vegetativ, selbstständig funktionierend
autonomic center vegetatives Zentrum
autonomic nervous system (ANS)/ involuntary nervous system autonomes Nervensystem, vegetatives Nervensystem
autonomic reflex vegetativer Reflex
autonomous/autonomic/ self-governing/self-controlling/ spontaneous/independent autonom, spontan, unabhängig, vegetativ, selbstständig funktionierend
autonomous control element (ACE) autonomes Kontrollelement
autonomous(ly) replicating sequence (ARS) autonom replizierende Sequenz (ARS)
autoparasite Autoparasit
autoparasitism Autoparasitismus
autophagosome/autosome Autophagosom
autophagy Autophagie
autophily/self-pollination Selbstbestäubung
autopoiesis Autopoiese
autopolyploid autopolyploid
autopreening/autogrooming/ self-grooming (mammals) Putzen am eigenen Körper, Selbstputzen
autopreening *orn* Gefiederputzen, Gefiederkraulen (selbst); (autogrooming/self-grooming: mammals) Putzen am eigenen Körper, Selbstputzen
autoradiography/radioautography Autoradiographie, Autoradiografie
autosomal autosomal
➢ **autosomal-dominant** autosomal-dominant
➢ **autosomal-recessive** autosomal-rezessiv
autosome Autosom
autotherapy/self-healing Selbstheilung
autotomize autotomieren, selbst verstümmeln
autotomy Autotomie, Selbstverstümmelung
autotroph/autotrophic ("self-feeding") autotroph
autotrophy Autotrophie
autozooid/feeding polyp (Octocorallia) Autozooid, Zooid, Fangpolyp, Fresspolyp
autozygosity Autozygotie
autumn/fall Herbst
autumn coloration/fall coloration Herbstfärbung
autumn foliage Herbstlaub
auxillary heart Nebenherz, auxilläres Herz
auxins Auxine
auxotrophic auxotroph
auxotrophy Auxotrophie
availability Verfügbarkeit
average/mean Durchschnitt (Mittelmaß)
avian Vögel betreffend, Vogel...
aviary/birdhouse Voliere, Vogelhaus
avicularium (*pl* avicularia) Avicularie, „Vogelköpfchen"
aviculture Vogelzucht
aviculturist Vogelzüchter
avidity Avidität
avirulent nicht virulent
avoidance Vermeidung, Meidung
avoidance behavior Meideverhalten
avoidance reaction/ avoiding reaction Meidereaktion, Vermeidungsreaktion
avoidance strategy Vermeidestrategie
awake wach
awl-shaped/subulate pfriemlich, ahlenförmig
awn Granne
awned/aristate begrannt, Grannen tragend
axenic culture/pure culture Reinkultur

axial/axile achsenständig
axial bundle/cauline bundle Stammbündel, Stammleitbündel
axial cell (*Dicyemida*) Axialzelle, Zylinderzelle
axial filament Axialfilament
axial gland (echinoderms) Axialorgan (Axialdrüse, braune Drüse)
axial rod/axoneme Achsenfaden, Axonema, Axonem
axial sinus (echinoderms) Axialsinus, „Fortsatzsinus", Fortsatz des Axialorgans
axial skeleton Axialskelett, Achsenskelett, Stammskelett, Rumpfskelett, Skelett des Stammes
axial spur Achsensporn
axil Achsel
axillary achselständig
axillary bud/lateral bud Achselknospe, Seitenknospe
axillary bulbil Achsenbulbille
axillary feathers/axillars Achselfedern
axillary meristem Achselmeristem
axillary region *entom* (wing) Axillarregion, Gelenkfeld
axis Achse
➢ **lateral axis** Seitenachse
➢ **principal axis** Abstammungsachse, Hauptachse
axis/epistropheus/ second cervical vertebra Axis, zweiter Halswirbel
axolemma Axolemm, Axolemma, Mauthnersche Scheide
axon Axon
➢ **giant axon** Riesenaxon, Riesenfaser, Kolossalfaser
axon hillock/growth cone Axonhügel, Axonkegel, Wachstumskegel
axoneme/axial rod/axial complex Axonema, Axonem, Achsenfaden
axopodium Axopodium
axosome Axosom, Axialkorn
azelaic acid/nonanedioic acid Azelainsäure, Nonandisäure
azeotropic azeotrop
azeotropic mixture azeotropes Gemisch
Azollaceae/ mosquito fern family/ duckweed fern family Algenfarngewächse

B cell/B lymphocyte (B = Bursa)
B-Zelle, B-Lymphocyt
➢ **virgin B cell** unreife B-Zelle
baa (bleat of sheep) mäh (blöken)
BAC (bacterial artificial chromosome)
künstliches Bakterienchromosom
bacca/berry (esp. from interior ovary)
Beere (unterständig)
(*see also:* nuculane)
baccate/pulpy/fleshy/as a berry
beerig, Beeren..., fleischig
bacciferous/ berry-producing/bearing berries
beerentragend
bacciform/berry-shaped
beerenförmig
bachelor Junggeselle
bacillary bazillär, Bazillen..., bazillenförmig, stäbchenförmig
back *n* Rücken; Rückseite
back mutation Rückmutation
back of the head Hinterkopf
back of the knee/ bend of the knee Kniekehle
back-mutation/reverse mutation
Rückmutation
backcrossing/backcross
Rückkreuzung
background Hintergrund
➢ **genetic background**
genetischer Hintergrund, genotypischer Hintergrund
background radiation
Hintergrundstrahlung
backshore *mar*
Hochstrand, Sturmstrand
backtracking (of polymerase)
Rückwärtsbewegung
bacteremia Bakteriämie
bacteria (*pl* but also used as *sg*) (*sg* actually: bacterium)
Bakterien
➢ **archebacteria (archaea/*sg* archaeon)**
Archaebakterien, „Urbakterien"
➢ **bacilli (*sg* bacillus) (rods)**
Bacillen, Bazillen (Stäbchen)
➢ **cocci (*sg* coccus) (spherical forms)**
Coccen, Kokken (kugelig)
➢ **denitrifying bacteria**
denitrifizierende Bakterien, Denitrifikanten
➢ **eubacteria ("typical" bacteria)**
Eubakterien, „echte" Bakterien
➢ **hydrogen bacteria (aerobic hydrogen-oxidizing bacteria)** Knallgasbakterien, Wasserstoffbakterien
➢ **luminescent bacteria**
Leuchtbakterien
➢ **myxobacteria**
Myxobakterien, Schleimbakterien
➢ **nitrogen-fixing bacteria**
stickstofffixierende Bakterien
➢ **nodule bacteria**
Knöllchenbakterien
➢ **purple bacteria**
Purpurbakterien
➢ **putrefactive bacteria**
Fäulnisbakterien
➢ **pyogenic bacteria**
Eiterbakterien, Eitererreger
➢ **rickettsias/rickettsiae (*sg* rickettsia) (rod-shaped to coccoid)**
Rickettsien (Stäbchen- oder Kugelbakterien)
➢ **spirilla (*sg* spirrilum) (spiraled forms)**
Spirillen (schraubig gewunden)
➢ **sulfur bacteria**
Schwefelbakterien
➢ **thermophilic bacteria**
wärmesuchende Bakterien, thermophile Bakterien
➢ **vibrios (mostly comma-shaped)**
Vibrionen (meist gekrümmt)
bacterial bakteriell
bacterial artificial chromosome (BAC)
künstliches Bakterienchromosom
bacterial culture Bakterienkultur
bacterial diseases
bakterielle Erkrankungen (bakterielle Infektionskrankheiten)
➢ **anthrax (*Bacillus anthracis*)**
Anthrax, Milzbrand
➢ **borelliosis (*Borrelia* spp.)**
Rückfallfieber
➢ **chancre** Schanker
➢ **cholera (*Vibrio comma*)**
Cholera, Brechruhr

- **diphtheria (*Corynebacterium diphtheriae*)** Diphtherie
- **dysentery/shigellosis (*Shigella* spp.)** Dysenterie, Bakterienruhr
- **enteric salmonella (*Salmonella* spp.)** Enteritis-Salmonellen
- **gonorrhea (*Neisseria gonorrhoeae*)** Gonorrhö, Tripper, Lues
- **legionnaires' disease (*Legionella pneumophila*)** Legionärskrankheit
- **leprosis (*Mycobacterium leprae*)** Lepra, Aussatz
- **listeriosis (*Listeria monocytogenes*)** Listeriose
- **Lyme disease (*Borrelia burgdorferi*)** Lyme-Borreliose, Erythema-migrans-Krankheit
- **meningitis, bacterial (*Neisseria meningitidis*)** bakterielle Hirnhautentzündung
- **paratyphus (*Salmonella paratyphi*)** Paratyphus
- **pertussis/whooping cough (*Bordetella pertussis*)** Keuchhusten
- **plague (*Yersinia pestis*)** Pest
- **Q fever (*Coxiella burnetii*)** Q-Fieber
- **Rocky-Mountains spotted fever (*Rickettsia rickettsi*)** Amerikanisches Felsengebirgsfleckfieber
- **shigellosis/dysentery (*Shigella* spp.)** Ruhr, Bakterienruhr, Dysenterie
- **syphilis (*Treponema pallidum*)** Syphilis, Lues
- **tetanus (*Clostridium tetani*)** Tetanus, Wundstarrkrampf
- **tuberculosis (*Mycobacterium tuberculosis*)** Tuberkulose
- **tularemia (*Francisella tularensis*)** Tularämie
- **typhoid fever/typhoid (*Salmonella typhi*)** Typhus, Unterleibstyphus, Typhus abdominalis
- **typhus (*Rickettsia* spp.)** Typhus, Fleckfieber, Flecktyphus, Typhus exanthematicus
- **whooping cough/pertussis (*Bordetella pertussis*)** Keuchhusten

bacterial flora Bakterienflora
bacterial infection bakterielle Infektion
bacterial lawn Bakterienrasen
bacterial nodule Bakterienknöllchen
bacterial strain Bakterienstamm
bactericidal/bacteriocidal bakterizid, keimtötend (*see* germicidal)
bacterioids Bakterioide
bacteriologic/bacteriological bakteriologisch
bacteriology Bakteriologie, Bakterienkunde
bacteriophage/ phage/bacterial virus Bakteriophage, Phage
bacterium (*pl* bacteria: also used as *sg*) Bakterie, Bakterium (*pl* Bakterien)
bacterivorous/bactivorous bakterienfressend
baculum/os penis/penisbone (bone within the penis) Penisknochen
badlands erodierte und wüstenartige Landschaft (zerklüftete Erosionslandschaft)
baffle *biot* (bioreactor impellers) Strombrecher
baffle plate Prallblech, Prallplatte, Ablenkplatte (Strombrecher z.B. am Rührer von Bioreaktoren)
"bag of waters"/amnion Amnion, Schafhaut, innere Eihaut, innere Keimhülle, inneres Eihüllepithel
bailer/gill bailer/scaphognathite Atemplatte, Scaphognathide, Scaphognathit

bait Köder
baker's yeast Backhefe, Bäckerhefe
baking/heat treatment Backen, Hitzebehandlung
balance ***vb*** wiegen, ausbalancieren; abgleichen
balance/equilibrium Gleichgewicht
balance ***metabol/math*** Bilanz
balance ***phys*** **(for measuring mass/weight)** Waage
➤ **analytical balance** Analysenwaage
➤ **laboratory balance** Laborwaage
➤ **precision balance** Feinwaage
balanced growth ausgewogenes Wachstum
balanced lethal balanciert letal
balanced polymorphism balancierter Polymorphismus
balanced translocation balancierte Translokation
balancer/haltere (dipterans) Schwingkölbchen, Haltere
balancer/spring (ctenophores) Wimperfeder
balanophora family/ Balanophoraceae Kolbenträgergewächse, Kolbenschmarotzer
Balbiani rings Balbiani-Ringe
bald/bare/barren/glabrous kahl
bald-headed glatzköpfig
bale (hay/straw/cotton) Ballen (Heuballen/Strohballen)
baleen/whalebone Fischbein, Walbein
ball-and-socket joint/spheroid joint Kugelgelenk
ball-and-stick model/ stick-and-ball model ***chem*** Kugel-Stab-Model, Stab-Kugel-Model
ballistic capsule Schleuderkapsel
ballistic dispersal Schleuderausbreitung
ballistic fruit Schleuderfrucht, ballistische Frucht
ballooning Fadenflug, „Luftschiffen", „Ballooning" (Spinnen: Altweibersommer)
balsam (a plant exudate) Balsam
balsam family/jewelweed family/ touch-me-not family/ Balsaminaceae Balsaminengewächse, Springkrautgewächse
BALT (bronchus/bronchial/ bursa-associated lymphoid tissue) bronchusassoziiertes lymphatisches Gewebe, bronchienassoziiertes lymphatisches Gewebe
band ***electrophor/chromat*** Bande
➤ **main band** Hauptbande
➤ **satellite band** Satellitenbande
band shift assay Gelretentionsanalyse
band-shaped/fascial/fasciate bandförmig
banded/fasciate gebändert, breit gestreift
banding/ringing (e.g., birds) Beringung
banding pattern ***gen*** **(of chromosomes)** Bänderungsmuster, Bandenmuster (von Chromosomen)
banding technique ***gen*** Bänderungstechnik
bank(s)/shore/coast Ufer
bank reef/patch reef Fleckenriff
banking ***orn/aer*** Kurvenschräglage, Querneigung, Querlage
banner/banner petal/ standard petal/vexillum Fahne
bar diagram/bar graph/bar chart Stabdiagramm
barb Bart; Widerhaken
➤ **main branch of feather** Federast, Ramus
Barbados cherry family/ malpighia family/Malpighiaceae Malpighiengewächse, Barbadoskirschengewächse
barbate/bearded gebärtet
barbellate (e.g., pappus) mit borstigen Widerhaken versehen
barbels/barbs/beard Barteln

barberry family/Berberidaceae Berberitzengewächse, Sauerdorngewächse
barbs/barbels/whiskers Bartfäden, Barthaare (Fische)
barbule (notched/hooked barbule) ***orn*** Federstrahl, Radius (Bogenstrahl, Hakenstrahl)
bare/barren/bald/glabrous kahl
bark ***vb*** **(e.g. dog)** bellen
bark/cortex ***n bot*** Rinde
➤ **tertiary bark/dead outer bark/ rhytidome** Borke, Rhytidom
bark grafting/rind grafting Rindenpfropfung, Pfropfen hinter die Rinde
barn/shed Stall
barn animals (***spec.*****: barn cattle)** Stallvieh
barnacles (cirripedes/Cirripedia) Seepocken (Rankenfüß(l)er/Cirripeden)
barophile ***n*** barophiler Organismus
barophilic/barophilous barophil
Barr body Barrkörperchen
barrel ***biochem*** **(protein structure)** Fass, Fass-Struktur
barrel (trunk of a quadruped) Rumpf
barren ***adv/adj*** **(unproductive wasteland)** öde, dürr, kahl, unproduktiv
barren ***n*****/barren land** Ödland
barren/empty (seed/fruit) taub, leer
barren/ incapable of producing offspring unfruchtbar, steril
barrier Barriere, Sperre, Schranke
➤ **behavioral barrier/ethological barrier** Verhaltensbarriere
➤ **blood-brain barrier (BBB)** Blut-Hirn-Schranke
➤ **energy barrier** Energiebarriere
➤ **mating barrier** Paarungsschranke
➤ **physiologic barrier** physiologische Schranke
➤ **postzygotic barrier** postzygotische Fortpflanzungsbarriere
➤ **reproductive barrier** Fortpflanzungsbarriere
barrier filter/selective filter/ stopping filter/selection filter Sperrfilter
barrier function Barrierefunktion
barrier reef Barriereriff, Wallriff
barrier web ***arach*** dreidimensionales Schutzgewebe
Bartholin's gland/ greater vestibular gland/ glans vestibularis major Bartholin-Drüse
basal body Basalkörper
basal cell Basalzelle
basal disk/pedal disk (anthozoa) Fußscheibe
basal fold/plica basalis Basalfalte
basal ganglion/cerebral nucleus/ corpus striatum Basalganglion, Stammganglion
basal lamina/basement membrane Basallamina, Basalmembran
basal layer/basal zone Basalschicht
basal medium Basisnährmedium, Basisnährboden
basal metabolic rate/basal rate/ base metabolic rate (BMR)/ metabolic basal rate/ metabolic base rate Basalumsatz, basale Stoffwechselrate, Grundstoffwechselrate, Grundumsatz
basal metabolism Grundstoffwechsel, Ruhestoffwechsel
basal placentation basale Plazentation, basiläre Plazentation, grundständige Plazentation
basal plate Basalplatte
basapophysis Basapophyse
base ***bot/hort*** Stock, Grundlage
base ***chem*** Base
base/foot ***micros*** **(supporting stand)** Fuß, Stativfuß
base/nitrogenous base ***gen/biochem*** stickstoffhaltige Base
base analogue/base analog ***gen*** Basenanalogon (*pl* Basenanaloga)
base composition/base ratio ***gen*** Basenzusammensetzung
base deficit ***gen*** Basendefizit

base excess *gen* Basenüberschuss
base material/ ground substance/matrix Grundsubstanz, Grundgerüst, Matrix
base material/ starting material/raw material Grundstoff, Rohstoff
base of leaf blade Blattspreitengrund, Blattspreitenbasis
base pair *gen* Basenpaar
base pairing *gen* Basenpaarung
base-pairing rules *gen* Basenpaarungsregeln
base substitution *gen* Basensubstitution, Basenaustausch
base-stacking Basenstapelung
basella family/Madeira vine family/ Basellaceae Schlingmeldengewächse
basement membrane/basal lamina Basalmembran, Basallamina
basic/alkaline basisch, alkalisch
basic building block Grundbaustein
basic research Grundlagenforschung
basicity Basizität, basischer Zustand
basidium (*pl* basidia) Basidie (*pl* Basidien)
basifixed basifix
basify basisch machen
basilar membrane Basilarmembran
basin Bassin, Becken; *geol* Senkungsmulde, Kessel; (kleine) Bucht
- **deflation basin/blowout** *geol* Deflationskessel, Windmulde
- **depression** Vertiefung, Mulde
- **drainage basin/drainage area/ catchment basin/catchment area/ watershed** Wassereinzugsgebiet, Grundwassereinzugsgebiet, Flusseinzugsgebiet, Sammelbecken

basipetal basipetal
basipetal development Basipetalie
basipodite Basipodit
basitony *bot* Basitonie
basket cell *neuro* Korbzelle
bast/secondary phloem/ secondary bark Bast, sekundäres Phloem
bast fiber Bastfaser
bast ray Baststrahl
bastard/hybrid Bastard, Hybride
bastardize/hybridize bastardieren, hybridisieren
bastardization/hybridization Bastardisierung, Hybridisierung
bat pollination/ chiropterophily Fledermausbestäubung, Fledermausblütigkeit, Chiropterophilie
bat-pollinated flower/ chiropterophile Fledermausblume
batch Ansatz, Charge
batch culture Satzkultur, diskontinuierliche Kultur, Batch-Kultur
batch process Satzverfahren
Batesian mimicry Batessche Mimikry
bathyal zone (*upper*: continental slope; *lower*: continental rise) Bathyal (Meeresboden)
bathypelagic zone Bathypelagial, mittlerer Tiefseebereich, mittlere Tiefseezone
batis family/saltwort family/Bataceae Batisgewächse
bats/chiropterans/Chiroptera Fledermäuse, Flattertiere
battery of nematocysts/cnidophore Nesselbatterie, Cnidophore
bay/bight/gulf Bucht, Meerbusen, Golf
baymouth bar/bay bar/bay barrier Nehrung (vor einem Haff)
bayou Altwasser, sumpfiger Flussnebenarm
beach hoppers/ sand hoppers & sand fleas and relatives/amphipods/Amphipoda Flohkrebse, Flachkrebse
bead-bed reactor Kugelbettreaktor
beads-on-a-string structure (chromatin) Perlschnurstruktur

beak (strong/short/broad bill) Schnabel (*see also*: bill)
➢ **seed-cracking beak** Kernbeißerschnabel, Kernbeißer
➢ **water-straining beak** Seihschnabel
beak/rostrum (e.g., bugs) Schnabel, Rüssel (Stechrüssel), Rostrum (Wanzen)
beaker *chem* Becherglas, Zylinderglas
beaker tongs *lab* Becherglaszange
beam Balken, Holzbalken
beam *zool* (antlers) Stange (Geweih)
beam of light Lichtstrahl, Lichtbündel
beam of rays Strahlenbündel
bean family/pea family/ legume family/pulse family/ Fabaceae/Papilionaceae (Leguminosae) Hülsenfruchtgewächse, Hülsenfrüchtler, Schmetterlingsblütler
bear young/give birth/bear offspring gebären, niederkommen, Junge bekommen
➢ **litter** Junge werfen
bear's-foot fern family/ davallia family/Davalliaceae Hasenfußfarngewächse
beard Bart
beard worms/beard bearers/ pogonophorans Bartwürmer, Bartträger
bearded/barbate (having hair tufts) gebärtet
beast (wildes) Tier, Bestie (*bes.* vierbeinige Säuger)
beast of burden/pack animal Lasttier
beating/throbbing of the heart Herzklopfen
beaver lodge Bieberburg
bed load *soil/mar* Bodenfracht, Geschiebe
bedrock/rock base/parent material/ parent rock (unmodified) Grundgestein, Muttergestein, Ausgangsgestein, fester Untergrund
bedstraw family/madder family/ Rubiaceae Rötegewächse, Labkrautgewächse, Krappgewächse
bee Biene, Imme
➢ **drone** Drohne, Drohn
➢ **follower bee** Nachläuferin
➢ **forager/field bee/flying bee** Flugbiene, Trachtbiene, Sammelbiene, Sammlerin
➢ **guard bee** Wächterbiene, Wehrbiene
➢ **house bee** Stockbiene
➢ **nurse bee** Ammenbiene
➢ **queen bee** Bienenkönigin, Königin, Weisel
➢ **scout bee** Spurbiene, Kundschafter, Pfadfinder
➢ **worker bee** Arbeitsbiene, Arbeiterin
bee bread/cerago Bienenbrot, Cerago
bee colony Bienenvolk
bee dance Bienentanz
➢ **bumping run** Rumpellauf
➢ **buzzing run/breaking dance** Schwirrlauf
➢ **fanning with lifted abdomen (exposing Nasanov organ)** Sterzeln
➢ **figure-eight dance/ waggle dance/wagging dance/ tail-wagging dance** Schwänzeltanz
➢ **jerk dance** Rucktanz
➢ **jostling dance/run** Drängeln
➢ **night dance** Nachttanz
➢ **persistent dance** Dauertanz
➢ **quiver dance/tremble dance/ trembling dance** Zittertanz
➢ **round dance** Rundtanz
➢ **shaking dance** Rütteltanz
➢ **sickle dance (bowed figure 8)** Sicheltanz
➢ **spasmodic dance** Trippeln
➢ **tremble dance/trembling dance/ quiver dance** Zittertanz
➢ **vibrating dance/dorsoventral abdominal vibrating dance (DVAV)** Schütteltanz, Schüttelbewegung
➢ **waggle dance/wagging dance/ tail-wagging dance/ figure-eight dance** Schwänzeltanz

bee language Bienensprache
bee milk/royal jelly
Königin-Futtersaft, Gelée Royale
bee pollination/melittophily
Bienenbestäubung
bee yard/apiary
Bienenhaus, Bienenstand
beech family/Fagaceae
Buchengewächse, Becherfrüchtler
beef-steak fungi/Fistulinaceae
Reischlinge
beefwood family/she-oak family/ Casuarinaceae
Streitkolbengewächse, Känguruhbaumgewächse
beehive (artificial nest)
Bienenstock, Bienenkorb (künstliche Behausung)
beekeeper/apiarist
Bienenzüchter, Imker
beekeeping/apiculture
Bienenzucht
beeswax Bienenwachs
beet Rübe
beet sugar (cane sugar)/ table sugar/sucrose
Rübenzucker (Rohrzucker), Sukrose, Sucrose
beetle pollination/cantharophily
Käferbestäubung
beetle-pollinated flower/ coleopterophile Käferblume
beetles/Coleoptera Käfer
beg betteln
begging behavior Bettelverhalten
begonia family/Begoniaceae
Schiefblattgewächse
behavior Verhalten
➢ **acquired behavior/ learned behavior**
erlerntes Verhalten, Lernverhalten
➢ **alarm behavior/warning behavior**
Warnverhalten
➢ **aposematic behavior/ warning behavior**
Warnverhalten
➢ **appetitive behavior**
Appetenzverhalten
➢ **avoidance behavior**
Meideverhalten
➢ **begging behavior**
Bettelverhalten
➢ **conditioned behavior**
konditioniertes Verhalten, angepasstes Verhalten, beeinflusstes Verhalten
➢ **consummatory behavior**
Konsumverhalten
➢ **courting behavior**
Werbeverhalten
➢ **curiosity/inquisitiveness**
Neugier, Neugierverhalten
➢ **display behavior**
Imponierverhalten, Imponiergehabe, Imponiergebaren
➢ **epideictic behavior**
epideiktisches Verhalten
➢ **epimeletic behavior**
epimeletisches Verhalten
➢ **exploratory behavior**
Erkundungsverhalten
➢ **expressive behavior**
Ausdrucksverhalten
➢ **fighting behavior**
Kampfverhalten
➢ **following behavior**
Nachfolgeverhalten
➢ **foraging behavior**
Weideverhalten
➢ **herding (guarding behavior)**
Herden (Hüteverhalten)
➢ **innate behavior**
angeborenes Verhalten
➢ **instinct behavior/instinctive behavior** Instinktverhalten, Triebverhalten
➢ **learned behavior**
Lernverhalten, erlerntes Verhalten
➢ **marking behavior**
Markierverhalten
➢ **mating behavior**
Paarungsverhalten
➢ **migratory behavior**
Wanderverhalten
➢ **misbehavior** Fehlverhalten; schlechtes Benehmen, Ungezogenheit
➢ **mobbing behavior**
Hassen, Hassverhalten
➢ **orientational behavior/orientation**
Orientierungsverhalten, Orientierung

➢ **play behavior/play** Spielverhalten
➢ **postcopulatory behavior** Nachbalz
➢ **precopulatory behavior/ precopulatory rite** Begattungsvorspiel
➢ **preening behavior** Putzverhalten
➢ **reproductive behavior** Fortpflanzungsverhalten
➢ **ritualized behavior** Ritualverhalten
➢ **rutting behavior** Brunstverhalten
➢ **selfish behavior** egoistisches Verhalten
➢ **sexual behavior** Sexualverhalten, Geschlechtsverhalten
➢ **social behavior** Sozialverhalten
➢ **soliciting behavior** Begattungsaufforderung
➢ **startle behavior** Schreckverhalten
➢ **territorial behavior** Territorialverhalten
➢ **threat behavior** Drohverhalten

behavior genetics/ behavioral genetics Verhaltensgenetik
behavioral barrier/ ethological barrier Verhaltensbarriere
behavioral disorder/ behavioral anomaly/ deviant behavior Verhaltensstörung, Verhaltensanomalie
behavioral ecology Verhaltensökologie, Ethökologie
behavioral pattern Verhaltensmuster
beheading/pollarding (of trees) köpfen
behenic acid/docosanoic acid Behensäure, Docosansäure
being/creature Wesen, Kreatur
belch aufstoßen; (burp) „rülpsen“
belemnites/Belemnitida Belemniten
bell ***n*** **(medusa)** Glocke
bell ***vb*** **(deer/stag)** röhren (Hirsch)
bell-shaped/campanular/ campaniform glockenförmig
bell-shaped curve (Gaussian curve) Glockenkurve (Gaußsche Kurve)
bellflower family/bluebell family/ Campanulaceae Glockenblumengewächse
bellows/lung Lunge
belly/undersurface of animal's body Unterseite, Bauchseite (Vorderseite)
belly/venter/abdomen Bauch, Abdomen
belt desmosome Gürteldesmosom
belt transect Gürteltransekt
Beltian bodies/Belt's bodies/ food bodies (Acacia) Beltsche Körperchen, Futterkörper
ben oil/benne oil Behenöl
bench (lab bench) Werkbank (Labor-Werkbank)
➢ **sterile bench** sterile Werkbank

bench grafting ***hort*** Tischveredelung
bend of the arm/ bend of elbow/crook of the arm/ inside of the elbow Armbeuge, Ellenbeuge
bend of the knee/back of the knee/ hollow behind knee/poples/ popliteal fossa/popliteal space Kniekehle
bending resistance (wood) Biegesteifigkeit
bending strength (wood) Biegefestigkeit, Tragfähigkeit
beneficial/beneficient/useful nützlich
beneficial insect/beneficient insect Nutzinsekt
beneficial species/ beneficient species Nutzart, Nützling
benefit/advantage ***n*** Nutzen, Vorteil, Gewinn
benefit ***vb*** nützen
benign benigne, gutartig
➢ **malignant** maligne, bösartig

benignity/benign nature Benignität, Gutartigkeit
➢ **malignancy** Malignität, Bösartigkeit

benne family/sesame family/ Pedaliaceae Sesamgewächse
benthic/benthonic den Meeresboden bewohnend, bodenbewohnend, untergrundbewohnend (Ozean)
benthic zone (floor) Benthal, Meeresbodenbereich
benthon/benthos/ benthos community Benthos, Gewässergrundbewohner, Bodenbewohner, Meeresbodenorganismen (Organismen des Benthal)
benzofuran/coumarone Benzofuran, Cumaron
benzoic acid (benzoate) Benzoesäure (Benzoat)
Berlese funnel Berlese-Apparat
berm ***mar*** Berm, Strandwall
berries ***general/culinary*** Beerenobst
berry ***bot*** Beere
➤ **with hard rind (hesperidium and pepo/gourd)** Panzerbeere (Hesperidium und Kürbisfrucht, *siehe dort*)
bet-hedging ***ethol*** Risikoversicherung, auf Nummer sicher gehen
beta barrel/barrel beta-Fass, β-Fass, beta-Rohr
beta sheet/ β sheet/ beta pleated sheet/pleated sheet beta-Faltblatt, β-Faltblatt
beta turn/ β-turn/ β bend/ hairpin loop/reverse turn (DNA/protein) beta-Schleife, β-Schleife, Haarnadelschleife, Winkelschleife, Umkehrschleife, beta-Drehung, β-Drehung
betaine/lycine/oxyneurine/ trimethylglycine Betain
Betulaceae/birch family Birkengewächse
betweenbrain/ interbrain/diencephalon Zwischenhirn
bez tine (antlers) Eisspross (Geweih)
bezoar (stomach ball/hair ball) Bezoar (Magenkugel)
Bi Bi reaction ***biochem*** Bi-Bi-Reaktion (zwei Substrate-zwei Produkte)
bias/systematic error Voreingenommenheit; *stat* Bias, systematischer Fehler
➤ **unbiasedness** Unvoreingenommenheit; *stat* Treffgenauigkeit
biased voreingenommen; *stat* verfälscht, verzerrt, mit einem systematischen Fehler behaftet
➤ **unbiased** unvoreingenommen; *stat* unverfälscht, unverzerrt, frei von systematischen Fehlern
bicarpellate ***bot*** aus zwei Fruchtblättern bestehend
bichirs & reedfishes and allies/ Polypteriformes Flösselhechte, Flösselhechtverwandte
bicistronic bizistronisch, bicistronisch
bicuspid ***adv/adj*** zweihöckerig, bikuspidal
bicuspid ***n*** Prämolar, vorderer Backenzahn
bicuspid valve/mitral valve (heart) Mitralklappe
Bidder's organ (toads) Biddersches Organ
bidentate zweizähnig
bidirectional replication bidirektionale Replikation
bidiscoidal placenta Placenta bidiscoidalis
biennial zweijährig
bifacial/dorsiventral/zygomorph bifazial, zweiseitig, dorsiventral, zygomorph
bifid zweispaltig
biflagellated zweigeißlig
bifurcate/Y-shaped/ forked/dichotomous zweigabelig, einfach gegabelt, dichotom
bifurcation/forking/dichotomy Gabelung, Gabelteilung, Dichotomie
big-bang reproduction/ semelparity Big-Bang-Fortpflanzung, Semelparitie

bight Bucht, Einbuchtung
bignonia family/ trumpet-creeper family/ trumpet-vine family/Bignoniaceae Bignoniengewächse, Trompetenbaumgewächse
bilabiate zweilippig
bilateral bilateral, zweiseitig; beide Seiten betreffend
bilateral cleavage Bilateralfurchung, bilaterale Furchung
bilateral symmetry Bilateralsymmetrie
bilaterally symmetrical/ monosymmetrical/ zygomorphic/irregular bilateralsymmetrisch, monosymmetrisch, zygomorph, unregelmäßig
bilaterians/Bilateria Zweiseitentiere
➤ **deuterostomes/Deuterostomia** Neumünder, Neumundtiere, Zweitmünder
➤ **protostomes/Protostomia** Urmünder, Urmundtiere, Erstmünder
bile Galle, Gallenflüssigkeit
bile duct Gallengang
bile salts Gallensalze
bilharziosis/schistosomiasis/ blood fluke disease (*Schistosoma* spp.) Bilharziose, Schistosomiasis
bill *zool* (*see:* beak) Schnabel, schnabelähnliche Schnauze
➤ **decurved bill (curved downwards)** Hakenschnabel
➤ **probing bill** Stocherschnabel, Sondenschnabel
➤ **recurved bill (curved upwards)** nach vorne/oben gebogener Schnabel
➤ **spoon-shaped bill** Löffelschnabel
➤ **water-straining bill/ filter-feeding bill (flamingo)** Seihschnabel
billet Holzscheit, Holzklotz
billing schnäbeln
billygoat/male goat Ziegenbock
bilocular zweifächerig
bimodal distribution/ two-mode distribution bimodale Verteilung
binary fission/bipartition binäre Zellteilung, Zweiteilung
binding curve Bindungskurve
binding energy/bond energy Bindungsenergie
bindweed family/ morning glory family/ convolvulus family/ Convolvulaceae Windengewächse
binoculars Binokular
binomial distribution *stat/math* Binomialverteilung
binomial formula binomische Formel
binomial nomenclature/ binary nomenclature binominale/binäre Nomenklatur, zweigliedrige Benennung/ Bezeichnung
bioassay/biological assay biologischer Test
bioavailability Bioverfügbarkeit
biocenosis/biocoenose/ biotic community Biocönose, Biozönose, Biozön, Organismengemeinschaft, Lebensgemeinschaft
biochemical *n* Biochemikalie
biochemical oxygen demand/ biological oxygen demand (BOD) biochemischer Sauerstoffbedarf, biologischer Sauerstoffbedarf (BSB)
biochemistry Biochemie
biodegradability biologische Abbaubarkeit
biodegradable biologisch abbaubar
biodegradation Biodegradation, biologischer Abbau
biodeterioration biologische Zersetzung
biodiversity/biological diversity/ biological variability biologische Vielfalt, Lebensvielfalt
bioenergetics Bioenergetik
bioengineering Biotechnik, biologische Verfahrenstechnik, Bioingenieurwesen
bioequivalence Bioäquivalenz

bioethics Bioethik
biogenetic law/biogenetic principle/ law of recapitulation/Haeckel's law biogenetische Regel, biogenetisches Grundgesetz
biogenic biogen
biogeochemical cycle (nutrient cycle) biogeochemischer Zyklus/Kreislauf (Stoffkreislauf/Nährstoffkreislauf)
biohazard biologische Gefahr, biologisches Risiko
bioherm Bioherm
bioindicator/biological indicator Bioindikator
bioinorganic bioanorganisch
biolistics/microprojectile bombardment Biolistik
biologic(al)/biotic biologisch, biotisch
biological clock biologische Uhr
biological containment biologische Sicherheit(smaßnahmen)
biological oxygen demand/ biochemical oxygen demand(BOD) biologischer Sauerstoffbedarf, biochemischer Sauerstoffbedarf (BSB)
biological pest control biologische Schädlingsbekämpfung
biological response mediator/ biological response modifier „biological response" Mediator, biological response modifier (*not translated!*)
biological rhythm/biorhythm Biorhythmus
biological species biologische Art
biological warfare/biowarfare biologische Kriegsführung
biological warfare agent biologischer Kampfstoff
biological weapons biologische Waffen
biologist/bioscientist/life scientist Biologe *m*, Biologin *f*
biology/bioscience/life sciences Biologie, Biowissenschaften
biology lab technician/ biological lab assistant BTA (biologisch-technischeR AssistentIn)
bioluminescence Biolumineszenz
biomass Biomasse
➤ **total biomass** Gesamtbiomasse
biomathematics Biomathematik
biome/vegetational zone Vegetationszone
biomechanics Biomechanik
biomedicine Biomedizin
biomembrane biologische Membran
biometry/biometrics Biometrie
biomolecule Biomolekül
bionics Bionik
biophysics Biophysik
bioreactor Bioreaktor (Reaktortypen *siehe* reactor)
bioremediation biologische Sanierung
biorhythm/biological rhythm Biorhythmus
biorhythmicity Biorhythmik
biosafety biologische Sicherheit
biosafety committee Komittee für biologische Sicherheit
bioscience/life science/biology Biowissenschaft, Biologie
biosphere Biosphäre
biostatics Biostatik
biostatistics Biostatistik
biosynthesis Biosynthese
biosynthesize biosynthetisieren
biosynthetic(al) biosynthetisch
biosynthetic reaction (anabolic reaction) Biosynthesereaktion
biosynthetic(al) biosynthetisch
biotechnology Biotechnologie
biotic/biological biotisch, biologisch
biotic community/biocenosis Lebensgemeinschaft, Organismengemeinschaft, Biozön, Biozönose, Biocönose
biotic pyramid Nahrungspyramide
biotin (vitamin H) Biotin
biotin labelling/biotinylation Biotin-Markierung, Biotinylierung
biotope/life zone Biotop, Lebensraum
➤ **humid biotope** Feuchtbiotop
biotransformation/bioconversion Biotransformation, Biokonversion
biparental biparental

bipartite/dimeric/in two parts zweiteilig
bipectinate zweikammreihig
biped *n* Zweifüß(l)er
bipedal biped, bipedisch, zweibeinig, zweifüßig
bipedalism/bipedality (two-footed locomotion) Bipedie, Bipedität, Zweibeinigkeit, Zweifüßigkeit
bipennate/bipinnate zweifach pennat/pinnat, zweifach gefiedert
bipolar cell bipolare Zelle, Bipolarzelle
biradial symmetry Biradialsymmetrie
biramous *bot* **(having two branches)** biram, einfach verzweigt/gegabelt (in zwei Hauptäste)
biramous appendage (schizopodal) Spaltbein, Schizopodium
birch family/Betulaceae Birkengewächse
bird cage Vogelkäfig
bird-dispersal/ornithochory Vogelausbreitung
bird flower/ornithophile/ bird-pollinated flower Vogelblume
bird-hipped dinosaurs/ ornithischian reptiles/Ornithischia Vogelbecken-Dinosaurier
bird migration Vogelzug
bird of passage Strichvogel
bird of prey/ predatory bird/raptorial bird Raubvogel, Greifvogel
bird-pollinated/ornithophilous vogelblütig
bird pollination/ornithophily Vogelbestäubung, Vogelblütigkeit, Ornithophilie
bird's eye (wood texture) Vogelaugenholz
bird's-nest fungi/bird's-nest family/ Nidulariaceae Nestpilze, Nestlinge, Vogelnestpilze, Teuerlinge
birdhouse/aviary Vogelhaus, Voliere
birding/bird watching Vogelbeobachtung
birds/Aves Vögel
birefringence/double refraction Doppelbrechung
birth Geburt
➤ **afterpains** Nachwehen
➤ **afterbirth** Nachgeburt
➤ **childbirth** Kindesgeburt, Niederkunft
➤ **give birth/bear young/ bear offspring** gebären, niederkommen, Junge bekommen
➤ **labor** Wehen
➤ **live-birth/vivipary** Lebendgeburt, Viviparie
➤ **multiple birth** Mehrlingsgeburt
➤ **parturition/delivery/giving birth** Niederkunft, Gebären
➤ **premature birth** Frühgeburt
➤ **stillbirth** Totgeburt
birth control Geburtenkontrolle
birth defect Geburtsfehler
birth weight Geburtsgewicht
birthmark Muttermal
birthrate/natality Geburtenrate, Geburtenzahl, Natalität
birthwort family/ Dutchman's-pipe family/ Aristolochiaceae Osterluzeigewächse
biseriate/in two rows/two-row zweireihig
bisexual/hermaphroditic zweigeschlechtlich, zwittrig
bisexual flower/ hermaphroditic flower/ perfect flower zwittrige Blüte, Zwitterblüte
bisubstrate reaction Bisubstratreaktion, Zweisubstratreaktion
bisulcate zweifurchig
bisymmetrical/bilateral disymmetrisch, bilateral
bitch Weibchen (*speziell:* Hündin)
bite Biss
biting beißend
biting lice/chewing lice/Mallophaga Haarlinge & Federlinge
biting-chewing/mandibulate (mouthparts) beißend-kauend (Mundwerkzeuge)

bitter bitter
bitterness Bitterkeit
bitters Bitterstoffe
bittersweet family/staff-tree family/ spindle-tree family/Celastraceae Spindelbaumgewächse, Baumwürgergewächse
bituminous coal/soft coal (*see:* **coal)** Steinkohle, bituminöse Kohle
bivalence/divalence Zweiwertigkeit
bivalent/divalent *chem* bivalent, divalent, zweiwertig; *gen* bivalent, doppelchromosomig
bivalent ***n*** Bivalent, Chromosomenpaar
bivalve/bivalved ***adj/adv*** zweiklappig, doppelklappig
bivalves/pelecypods/ "hatchet-footed animals"/ Pelecypoda/Bivalvia/ Lamellibranchiata (clams: sedimentary/mussels: freely exposed) Muscheln („Zweischaler")
bivium (holothurians) Bivium, Interradie
bivouac (ants) Biwak
bixa family/annatto family/Bixaceae Annattogewächse
black body schwarzer Körper
black corals/thorny corals/ antipatharians/Antipatharia Dornkorallen, Dörnchenkorallen
black horse Rappe
black mildews/Meliolales schwarze Mehltaupilze
black smoker (white smoker) schwarzer Raucher (weißer Raucher)
blackboy family/grass tree family/ Xanthorrhoeaceae Grasbaumgewächse
blackwater fever Schwarzwasserfieber
bladder Blase
➢ **air bladder/float/ pneumatophore** ***bot*** **(algas)** Schwimmblase (Algen)
➢ **air bladder/swimbladder** ***zool*** Schwimmblase
➢ **gallbladder** ***zool*** Gallenblase
➢ **urinary bladder** Harnblase

bladder cell Blasenzelle
bladder hair Blasenhaar
bladder trap/utriculus/utricle Fangblase
bladderlike/bladdery/ utriculate/utricular blasenartig, blasenförmig
bladdernut family/Staphyleaceae Pimpernussgewächse
bladderworm/cysticercus (tapeworm larva) Blasenwurm, Finne, Cysticercus
bladderwort family/ butterwort family/ Lentibulariaceae Wasserschlauchgewächse
blade/lamina Blatt, Spreite, Blattspreite; (phyllid: certain algas) Phylloid
blade/spire (grass) (schmal/spitz zulaufendes) Grasblatt
➢ **culm/stalk (grass)** Halm
blanch (bleach by excluding light) bleichen
blank ***n stat/math*** Blindwert
➢ **to leave blank** ***math*** frei lassen
blanket bog/climbing bog Deckenmoor
blastocoel/blastocoele Blastula-Höhle, Blastocöl, Furchungshöhle, primäre Leibeshöhle, primäre Körperhöhle
blastocyst Blastocyste
blastoderm Blastoderm
blastodisc/germinal disk/germ disk (➢cicatricle/"eye") Keimscheibe, Embryonalschild, Diskus, Discus (➢Hahnentritt)
blastogenesis Blastogenese, Furchungsteilung
blastokinesis Blastokinese, Keimbewegung
blastomere Blastomere, Furchungszelle
blastopore/protostoma Blastoporus, Protostom, Urmund
blastozooid Blastozooid
blastula Blastula, Blasenkeim, Keimblase
blaze (horse: white stripe) Blesse

bleach *n* Bleiche
bleach *vb* bleichen (*activ*: weiss machen/aufhellen), ausbleichen
bleak (goat) meckern
bleat blöken
blechnum family/deer fern family/ Blechnaceae Rippenfarngewächse
bleed bluten
bleeding ***zool/bot*** **(e.g., plant wound)** Bluten
bleeding/hemorrhage ***med/vet*** Bluten, Blutung, Hämorrhagie
bleeding heart family/ fumitory family/Fumariaceae Erdrauchgewächse
blemish ***n zool*** Fehler, Makel
blending inheritance Mischvererbung
blepharoplast/blepharoblast/ mastigosome/kinetosome (flagellar basal granule/ corpuscle/body) Blepharoplast, Kinetosom, Basalkörper
blet ***vb*** **(internal decay of fruit)** teigig werden, überreif werden (Innenfäule)
blind spot (optic disk) blinder Fleck
blizzard heftiger Schneesturm
bloat blähen, aufblähen
bloated (auf)gebläht, geschwollen, aufgedunsen
bloating Blähung
block holder ***micros*** Blockhalter
block synthesis Blockverfahren
blocking reagent Blockierungsreagens
blood Blut
➢ **fresh blood** Frischblut
➢ **native blood** Nativblut
➢ **occult blood** Okkultblut, okkultes Blut
➢ **whole blood** Vollblut
blood agar Blutagar
blood cell/ blood corpuscle/blood corpuscule Blutkörperchen
➢ **band granulocyte/stab cell/band cell/rod neutrophil** stabkerniger Granulocyt
➢ **basophil granulocyt** basophiler Granulocyt
➢ **eosinophil granulocyte** eosinophiler Granulocyt
➢ **granulocyte (polymorphonuclear)** Granulocyt, Granulozyt (polymorphkerniger Leukozyt)
➢ **lymphocyte** Lymphozyt, Lymphocyt
➢ **monocyte** Monozyt, Monocyt
➢ **neutrophil granulocyte** neutrophiler Granulocyt
➢ **red blood cell (RBC)/erythrocyte** rotes Blutkörperchen, Erythrocyt, Erythrozyt
➢ **reticulocyte/proerythrocyte (immature RBC)** Retikulocyt, Reticulozyt, Proerythrozyt
➢ **segmented granulocyte/ filamented neutrophil** segmentkerniger Granulocyt
➢ **thrombocyte/blood platelet** Thrombozyt, Thrombocyt, Blutplättchen
➢ **white blood cell (WBC)/leukocyte** weißes Blutkörperchen, Leukocyt, Leukozyt
blood-brain barrier Blut-Hirn-Schranke
blood clot Blutgerinnsel, Blutkoagulum
blood clotting Blutgerinnung
blood clotting factor Blutgerinnungsfaktor, Gerinnungsfaktor
blood coagulation Blutgerinnung
blood corpuscle/blood corpuscule/ blood cell Blutkörperchen
blood count/hematogram Blutbild, Blutkörperchenzählung, Blutzellzahlbestimmung, Hämatogramm
blood culture Blutkultur
blood donation Blutspende
blood dust/hemoconia/hemokonia Blutstäubchen, Hämokonia
blood factor Blutfaktor
blood flow Blutfluss, Durchblutung
blood fluke/schistosome (*Schistosoma* spp.) Pärchenegel
blood group Blutgruppe
blood group incompatibility Blutgruppenunverträglichkeit

blood grouping/blood typing Blutgruppenbestimmung
blood island Blutinsel
blood meal (feeding on blood) Blutmahlzeit; (ground dried blood) Blutmehl
blood plasma Blutplasma
blood platelet/thrombocyte Blutplättchen, Thrombozyt, Thrombocyt
blood poisoning Blutvergiftung, Sepsis
blood pressure Blutdruck
blood sedimentation Blutsenkung
blood smear Blutausstrich
blood substitute Blut-Ersatz
blood-sucking/sanguivorous/ hematophagous blutsaugend, sich von Blut ernährend
blood sugar Blutzucker
blood sugar level Blutzuckerspiegel
blood supply/circulation Blutzufuhr, Blutversorgung, Durchblutung
blood test Bluttest, Blutuntersuchung
blood typing/blood grouping Blutgruppenbestimmung
blood vessel Blutgefäß (Ader)
bloodletting Aderlass
bloodstream Blutstrom, Blutkreislauf
bloodwort family/redroot family/ kangaroo paw family/ haemodorum family/ Haemodoraceae Haemodorumgewächse
bloom ***vb*** blühen
➢ **in bloom** in Blüte (stehen)
bloom/flower ***n*** Blüte, Blume
bloom/the flowering state Blüte (blühender Zustand)
blossom/flower Blüte
blot ***vb*** blotten; klecksen, Flecken machen, beflecken
blot ***n*** Blot; Klecks, Fleck
➢ **enzyme-linked immunotransfer blot (EITB)** enzymgekoppelter Immunoelektrotransfer
blot hybridization Blothybridisierung
blotch mine Platzmine
blotting/blot transfer ***n*** Blotten
➢ **affinity blotting** Affinitäts-Blotting
➢ **alkali blotting** Alkali-Blotting
➢ **capillary blotting** Diffusionsblotting
➢ **direct blotting electrophoresis/ direct transfer electrophoresis** Blotting-Elektrophorese, Direkttransfer-Elektrophorese
➢ **dry blotting** Trockenblotten
➢ **genomic blotting** genomisches Blotting
➢ **ligand blotting** Liganden-Blotting
➢ **wet blotting** Nassblotten
blowhole/vent/spiracle (whales) Blasloch, Spritzloch, Spiraculum
blowout/deflation basin ***geol*** Deflationskessel, Windmulde
blubber Speck, Tran, Blubber (Walspeck: Unterhautfettschicht)
blue corals/Coenothecalia/ Helioporida Blaukorallen
bluebell family/bellflower family/ Campanulaceae Glockenblumengewächse
bluegreen algae/cyanobacteria/ Cyanophyceae Blaualgen, Cyanobakterien
bluff (e.g., river bluff) ***geol*** Steilufer, Felsufer, Steilküste, steile Felsküste, Steilwand, Felswand, Klippe
bluff/grove (clump of trees on open plain) Baumgruppe
blunt/obtuse stumpf
blunt end ***gen*** glattes Ende, bündiges Ende
blunt end ligation ***gen*** Ligation glatter Enden
blurred/out of focus/not in focus (picture) unscharf
blurredness/blur/ obscurity/unsharpness ***photo*** Unschärfe
boar (male pig: not castrated) Eber (männliches Schwein)
➢ **male wild boar** Keiler

board/plank Brett
boat conformation (cycloalkanes) ***chem*** Wannenform
body/soma Körper
body cavity Körperhöhle, Leibeshöhle
➢ **primary b.c./ blastocoel/blastocoele** primäre Körperhöhle, primäre Leibeshöhle, Blastocöl
➢ **secondary b.c./ coelom/perigastrium** sekundäre Körperhöhle, sekundäre Leibeshöhle, Cölom, Coelom
body cell/somatic cell Körperzelle, Somazelle
body covering/integument (skin) Körperdecke, Integument
body covering/vesture/vestiture Körperhülle, Hülle, Mantel
body fluid Körperflüssigkeit
body mass index (BMI) Körpermassenindex
body of water/water body Gewässer
body plan/construction/structure Bauplan
body surface Körperoberfläche (generell)
body surface area Körperoberfläche (spez. Maß)
body temperature Körpertemperatur
➢ **elevated body temperature** erhöhte Körpertemperatur
bog (ombrogenic/ombrotrophic peatland) Moor (ombrogen/ oligotroph), Torfmoor; Luch
➢ **blanket bog/moor** Deckenmoor, terrainbedeckendes Moor
➢ **half-bog/early bog** Anmoor
➢ **palsa bog** Palsenmoor, Torfhügelmoor
➢ **peat bog** Torfmoor, Sphagnum-Moor
➢ **quaking bog/ quagmire/schwingmoor** Schwingrasen
➢ **raised bog/(upland/high) moor** Hochmoor
➢ **string bog/aapa mire** Strangmoor, Aapamoor
➢ **transitory bog** Übergangsmoor, Zwischenmoor
bog drainage rill Rülle
bog forest (upland) Hochmoorwald
bog hollow/ditch/rivulet (in raised bog) Schlenke
bog moss/peat moss (*Sphagnum*) Torfmoos
bog myrtle family/wax-myrtle family/ sweet gale family/Myricaceae Gagelgewächse
bog plant/marsh plant/helophyte Sumpfpflanze, Moorpflanze
bogbean family/Menyanthaceae Bitterkleegewächse, Fieberkleegewächse
boggy/swampy sumpfig
bogmoss family/mayaca family/ Mayacaceae Moosblümchen
boil ***vb*** sieden, kochen
boil/furuncle ***n med*** Furunkel, Blutgeschwür („Blutschwär")
boil disease (*Myxobolus pfeifferi*) Beulenkrankheit
boiling flask Siedegefäß
➢ **with round bottom** Rundkolben (Siedegefäß)
boiling point Siedepunkt
boiling stone/boiling chip Siedestein, Siedesteinchen
boldo family/monimia family/ Monimiaceae Monimiengewächse
bole Baumstamm
boletes/bolete mushroom family/ Boletaceae Röhrenpilze, Röhrlinge
boletus mushroom/pore mushroom/ pore fungus Röhrenpilz, Röhrling, Porling
boll (cotton) Baumwollkapsel
Bollinger body/Bollinger's granule (inclusion body) Bollinger-Körper (*viraler Einschlusskörper*)
bolting/shooting ***bot/hort*** schießen (früh in Blüte)

bond/link *vb chem* binden
bond/linkage Bindung
- **atomic bond** Atombindung
- **carbon bond** Kohlenstoffbindung
- **chemical bond** chemische Bindung
- **conjugated bond** konjugierte Bindung
- **covalent bond** kovalente Bindung
- **disulfide bond/disulfide bridge** Disulfidbindung (Disulfidbrücke)
- **double bond** Doppelbindung
- **glycosidic bond/glycosidic linkage** glykosidische Bindung
- **heteropolar bond** heteropolare Bindung
- **high energy bond** energiereiche Bindung
- **homopolar bond/nonpolar bond** homopolare Bindung, unpolare Bindung
- **hydrogen bond** Wasserstoffbrücke, Wasserstoffbrückenbindung
- **hydrophilic bond** hydrophile Bindung
- **hydrophobic bond** hydrophobe Bindung
- **ionic bond** Ionenbindung
- **multiple bond** Mehrfachbindung
- **peptide bond** Peptidbindung
- **peptide bond/peptide linkage** Peptidbindung
- **triple bond** Dreifachbindung

bone Knochen
- **alisphenoid bone** Keilbeinflügelknochen, großer Keilbeinflügel
- **anklebone/talus/astragalus** Sprungbein, Talus
- **anklebone/tarsal bone/ tarsal** Fußwurzelknochen, Fußgelenksknochen, Tarsal
- **anvil/anvil bone/incus (ear)** Amboss, Incus
- **arm bone/humerus** Oberarmknochen, Oberarmbein, Humerus
- **breastbone/sternum** Brustbein, Sternum
- **calcaneus/calcaneum/heelbone** Fersenbein
- **cancellous bone/spongy bone** spongiöser Knochen
- **cannon bone (from hock to fetlock)** Kanonenbein, Sprungbein (Hauptmittelfußknochen der Huftiere), *Pferd:* Röhrbein
- **capitate bone/capitate/ capitatum/os capitatum** Kapitatum, Kopfbein
- **cardiac bone/ heart ossicle/os cordis** Herzknochen
- **carpal bones** Handwurzelknochen
- **cheekbone/malar bone/ zygomatic bone/os zygomaticum** Backenknochen, Wangenbein, Jochbein
- **chevron (bone)/hemal arch** Sparrknochen, Haemapophyse, ventraler Wirbelbogen, Chevron
- **coccyx/os coccygis** Steiß, Steißbein, Schwanzfortsatz
- **coffin bone/pedal bone (horses: distal phalanx)** Hufbein
- **collarbone/clavicle** Schlüsselbein, Clavicula
- **compact bone/dense bone** kompakter Knochen
- **coronary bone (horse: small pastern bone)** Kronbein
- **cranial bone** Schädelknochen
- **cuboid bone** Würfelbein
- **cuneiform bone/os cuneiforme** Keilbein
- **dermal bone** Hautknochen, Deckknochen, Belegknochen
- **elbow bone/ulna** Ulna, Elle
- **ethmoid bone/os ethmoidale** Siebbein
- **femoral bone/femur/ thighbone/os femoris** Femur, Oberschenkelknochen
- **fibrous bone** Faserknochen, Geflechtknochen
- **fishbone** Gräte
- **flank bone/ilium/os ilium** Darmbein, Ilium

- **flat bone/os planum** platter Knochen
- **frontal bone/os frontale** Stirnbein
- **hamate bone/unciform bone** Hakenbein
- **hammer/malleus (ear)** Hammer, Malleus
- **heelbone/calcaneum/calcaneus/os calcis** Fersenbein
- **hipbone/innominate bone/os coxae (lateral half of pelvis)** Hüftbein, Hüftknochen (Beckenhälfte: Darmbein, Sitzbein, Schambein)
- **hollow bone/pneumatic bone/os pneumaticum** Hohlknochen, pneumatischer Knochen
- **hyoid bone/lingual bone/os hyoideum** Hyoideum, Zungenbein
- **ilium/flank bone/os ilium** Ilium, Darmbein
- **incisive bone/os incisivum** Zwischenkieferknochen
- **innominate bone/hipbone/os coxae (lateral half of pelvis)** Hüftbein, Hüftknochen (Beckenhälfte: Darmbein, Sitzbein, Schambein)
- **interparietal bone/os interparietale** Zwischenscheitelbein
- **jawbone** Kieferknochen
  - **lower jawbone/lower jaw/submaxilla/submaxillary bone/mandible** Unterkiefer, Unterkieferknochen, Mandibel
- **jugal/jugal bone (*see:* cheekbone)** Jugale, Jochbein
- **kneecap/knee bone/patella** Kniescheibe, Patella
- **lacrimal bone/os lacrimale** Tränenbein
- **laminar bone** lamellärer Knochen, Lamellenknochen
- **long bone/os longum** langer Knochen, Röhrenknochen
- **lunate bone/semilunar bone/os lunatum** Mondbein
- **marsupial bone/os marsupialis** Beutelknochen
- **mastoid bone/mastoid/processus mastoideus** Warzenfortsatz (des Schläfenbeins)
- **maxilla/upper jawbone (vertebrates)** Oberkiefer
- **maxillary bone/os maxillare** Oberkieferbein
- **metacarpal bone** Mittelhandknochen
- **metatarsal bone** Mittelfußknochen
- **nasal bone/os nasale** Nasenbein
- **navicular bone/distal sesamoid/os sesamoideum distale (horse)** Strahlbein, distales Sesambein
- **navicular bone/os naviculare** Kahnbein, Fußwurzelknochen
- **occipital bone/os occipitale** Hinterhauptbein
- **ossicle/small bone** Knöchelchen
- **palatine bone/os palatinum** Palatinum, Gaumenbein
- **parietal bone/os parietale** Scheitelbein
- **pastern bone (long pastern)** Fesselknochen, Fesselbein
  - **short p.b./small p.b./middle phalanx (horse)** Kronbein
- **patella/knee bone/genu** Patella, Kniescheibe
- **pedal bone/coffin bone (horse)** Hufbein
- **pelvic bone/pelvis/pubis (ilium & ischium)** Beckenknochen (Darmbein & Sitzbein)
- **penis bone/baculum/os penis** Penisknochen
- **periotic bone/periotic/os perioticum** Felsenbein
- **petrous bone/petrosal bone (of temporal bone)** Felsenbein (des Schläfenbeins)
- **pinbone/ischium/os ischii (hipbone esp. in quadrupeds)** Sitzbein

- **pisiform bone/pisiform/ os pisiforme** Erbsenbein
- **ploughshare bone/vomer** Pflugscharbein, Vomer
- **pneumatic bone/hollow bone/ os pneumaticum** pneumatischer Knochen, Hohlknochen, Knochen mit lufthaltigen Zellen
- **pterygoid bone/pterygoid process/ os pterygoides** Pterygoid, Flügelbein
- **pubic bone/pubis/os pubis** Schambein
- **pygostyle (ploughshare bone/ vomer of birds)** Pygostyl, Schwanzstiel (Pflugscharbein/Vomer der Vögel)
- **quadrate bone/quadratum** Quadratbein
- **radius (bone of forearm)** Speiche
- **rib/costa** Rippe, Costa
- **rostral bone/os rostrale** Rüsselbein
- **scaphoid bone/os scaphoideum** Kahnbein, Handwurzelknochen
- **semilunar bone/lunate bone/ os lunatum** Mondbein
- **sesamoid bone/os sesamoideum** Sesambein, Sesamknöchelchen; Gleichbein
- **sesamoid bone, distal (horse)** Strahlbein
- **shinbone/tibia** Schienbein(knochen), Schiene, Tibia
- **short bone/os breve** kurzer Knochen
- **shoulder blade/scapula** Schulterblatt
- **shoulder girdle/pectoral girdle** Schultergürtel, Brustgürtel
- **sphenethmoid bone/ os sphenethmoideum/ os en ceinture** Gürtelbein
- **sphenoid bone/ os sphenoidale (skull)** Keilbein
- **splint bone/fibula** Wadenbein, Fibula
- **spongy bone/cancellous bone** spongiöser Knochen
- **sternum/breastbone (vertebrates)** Sternum, Brustbein
- **stifle bone (horse)** Kniescheibe
- **stirrup/stapes (ear)** Steigbügel, Stapes
- **sutural bone/epactal bone/ wormian bone** Schaltknochen, Nahtknochen
- **talus/os tali (astragalus)** Rollbein, Sprungbein
- **tarsal bone** Fußwurzelknochen
- **temporal bone/os temporale** Schläfenbein
- **thigh bone/femur/os femoris** Oberschenkelknochen, Femur
- **trapezium bone/ greater multangular bone** großes Vieleckbein
- **trapezoid bone/ lesser multangular bone** kleines Vieleckbein
- **triangular bone/ triquestral bone/os triquestrum** Dreiecksbein
- **tubular bone (long/hollow)** Röhrenknochen
- **turbinals/turbinate bones/ conchae nasalis** Nasenmuscheln (schleimhaut-überzogene Knorpelplatten)
- **tympanic bone/tympanic** Paukenbein, Tympanicum
- **unciform bone/hamate bone** Hakenbein
- **ungual bone/unguicular bone/ os ungulare** Klauenbein
- **upper jawbone/upper jaw/maxilla** Oberkiefer, Oberkieferknochen, Maxilla
- **whalebone/baleen** Walbein, Fischbein
- **wishbone/furcula/fourchette (birds: united clavicles)** Gabelbein, Furcula
- **wormian bone/sutural bone/ epactal bone** Schaltknochen, Nahtknochen
- **wrist bone/carpal bone** Handwurzelknochen, Handgelenksknochen, Carpalia (Ossa carpalia)

bone cell/osteocyte
Knochenzelle, Osteocyt, Osteozyt
➤ **bone-forming cell/osteoblast**
Osteoblast,
knochenbildende Zelle
bone crest
Knochenleiste, Knochenkamm
bone-forming cell/osteoblast
Osteoblast, knochenbildende Zelle
bone marrow/medulla of bone
Knochenmark
➤ **red bone marrow**
rotes Knochenmark,
blutbildendes Knochenmark
➤ **yellow bone marrow/**
fatty bone marrow Fettmark,
gelbes fetthaltiges Knochenmark
bone marrow cell/myelocyte
Knochenmarkzelle,
Myelozyt, Myelocyt
bone marrow grafting/
marrow grafting
Knochenmarktransplantation
bone meal Knochenmehl
bone tissue/osseous tissue
Knochengewebe
bonitation Bonitierung
bony Knochen..., knöchern
book gills (gill book) Buchkiemen,
Kiemenbeine, Blattbeine, Blattfüße
(dichtstehende Kiemenlamellen:
Xiphosuriden)
book lice/psocids/Psocoptera/
Copeognatha Bücherläuse
(Staubläuse & Flechtlinge)
book lung/lung book
Buchlunge, Fächerlunge,
Fächertrachee
booming (sounds)
brummen, summen;
(prairie chicken etc.) laute
Knallgeräusche von sich geben
booster vaccination (booster shot)
Auffrischimpfung
(Auffrischinjektion)
borage family/Boraginaceae
Bor(r)etschgewächse,
Rau(h)blattgewächse
bordered flowerbed/border
Rabatte
bordered pit Hoftüpfel
boreal/northern nördlich
boreal forest/
temperate coniferous forest
borealer Wald, borealer Nadelwald,
Nadelwald der gemäßigten Zone
borer (insects) Bohrer
(gang-/lochgrabendes Insekt)
boron (B) Bor
boss/protuberance ***med/vet***
Schwellung, Beule, Höcker
bostryx (helicoid cyme) Schraubel
botanical ***n*** Pflanzenheilmittel
botanical garden(s)/botanic garden(s)
Botanischer Garten
botanist Botaniker
botanize botanisieren, Pflanzen zu
Studienzwecken sammeln
botany/plant science
Botanik, Pflanzenkunde
botfly & cattle grub infestation
(*Hypoderma bovis* et spp.)
Dasselbeule
bothrium Bothrium, Sauggrube
bothrosome/sagenogen/
sagenogenetosome Bothrosom,
Sagenogen, Sagenogenetosom
bothryoidal tissue (hirudinids)
Bothryoidgewebe
botryose/racemose
traubig, razemös, racemös
bottle with faucet
(carboy with spigot)
Ballon (für Flüssigkeiten)
bottleneck ***stat***
Flaschenhals, Engpass
bottom/floor (of sea/ocean/lake)
Boden (Meeres-/Gewässergrund)
bottom (basis) Untergrund
bottom dweller Grundbewohner
bottom fermenting (beer) untergärig
➤ **top fermenting (beer)** obergärig
bottomland
(river floodplain wetland)
Tiefland (Schwemmland)
boulder(s) ***geol*** Block (*pl* Blöcke)
bound/leap/jump
springen, hochhüpfen
boundary elements (insulators)
Begrenzungselemente (Isolatoren)
boundary layer ***mar/limn***
Grenzschicht

bourse/knob/cluster base ***hort/bot***
Fruchtkuchen
bouton/bouton terminal/ end-foot ***neuro***
Endknöpfchen, Bouton
bovine Rinder betreffend, Rinder...
bovine spongiform encephalopathy (BSE)
bovine spongiforme Enzephalopathie
bowel movement
Stuhlgang, Entleerung
bowl-shaped flower Napfblume
Bowman's capsule
Bowman-Kapsel
Bowman's gland/olfactory gland
Bowman-Spüldrüse, Bowmansche Spüldrüse, Drüse der Riechschleimhaut
box family/Buxaceae
Buchsbaumgewächse
box jellies/sea wasps/ cubomedusas/Cubomedusae/ Cubozoa
Würfelquallen
brace root/prop root (e.g. corn)
Stützwurzel
brachial/arm-like
brachial, Arm..., armartig
brachial canal/arm canal
Mundarmgefäß
brachiate/brachiferous/having arms
armtragend, mit Armen
brachiate ***vb*** **(swing using arms: gibbons)**
(mit Armschwung von Halt zu Halt) hangeln
brachiation Brachiation, Hangeln, Schwingklettern, Schwinghangeln
brachiator
Hangler, Schwingkletterer
brachidium (brachiopods)
Brachidium, Armgerüst
brachiomeric musculature
Brachialmuskulatur
brachiopods/lampshells/Brachiopoda
Brachiopoden, Armfüßer
brachycerous/short-horned
kurzgehörnt
brachydont/brachyodont (with low crowns)
brachyodont, niedrigkronig
brachypodous/with short legs
kurzfüßig, mit kurzem Fuß
brachypterous/with short wings
kurzflüglig, stummelflüglig
brachyptery
Kurzflügligkeit, Kurzflügeligkeit
brachystomatous/ with a short proboscis (insects)
mit kurzem Rüssel
brachyural/brachyurous
kurzschwänzig (Krabben: Abdomen unter den Thorax geklappt)
bracken ferns (hypolepis family/Hypolepidaceae)
Adlerfarne
bracket/conk (shelf-like sporophyte)
Konsole (Fruchtkörper von Baumpilzen, z.B. *Fomes*)
bracket fungi/polypore family/ Poriales/Polyporaceae
Porlinge, Echte Porlinge
bracket fungus/ shelf fungus/tree fungus
konsolenförmiger Baumschwamm, Baumpilz
brackish marsh Brackmarsch
brackish water (somewhat salty)
Brackwasser
bract/subtending bract ***bot***
Braktee, Tragblatt, Deckblatt
bract ***zool*** **(siphonophorans)**
Deckstück
bract-scale/secondary bract/ bracteole/bractlet
Tragschuppe, Deckschuppe, Brakteole, Tragblatt zweiter Ordnung/zweiten Grades
bracteate
mit Tragblättern/Deckblättern, Brakteen...
bracteolate
mit Tragschuppen/Deckschuppen
bracteole/bract-scale/bractlet/ secondary bract
Brakteole, Tragschuppe, Deckschuppe, Tragblatt zweiter Ordnung/zweiten Grades
bradytelic bradytelisch
bradytely Bradytelie
brae/steep bank/slope/hillside
Abhang

brain (encephalon) Gehirn, Hirn (Encephalon/Enzephalon)
- ➢ **afterbrain/metencephalon (pons + cerebellum)** Nachhirn, Metencephalon
- ➢ **archencephalon/primitive brain** Archencephalon, Urhirn
- ➢ **betweenbrain/interbrain/ diencephalon** Zwischenhirn, Diencephalon
- ➢ **cerebellum/epencephalon** Cerebellum, Kleinhirn, Hinterhirn
- ➢ **cerebrum/endbrain/telencephalon** Großhirn, Endhirn, Telencephalon
- ➢ **deutocerebrum (insects)** deutocerebrum, Mittelhirn
- ➢ **diencephalon/ interbrain/betweenbrain** Diencephalon, Zwischenhirn
- ➢ **endbrain/cerebrum/ telencephalon** Endhirn, Großhirn, Telencephalon
- ➢ **forebrain/prosencephalon (telencephalon + diencephalon) (vertebrates)** Vorderhirn, Prosencephalon
- ➢ **hindbrain/rhombencephalon** Rautenhirn, Rhombencephalon
- ➢ **interbrain/betweenbrain/ diencephalon** Zwischenhirn, Diencephalon
- ➢ **marrow brain/medullary brain/ myelencephalon** Markhirn, Myelencephalon
- ➢ **medulla/medulla oblongata** verlängertes Rückenmark
- ➢ **mesencephalon/midbrain (vertebrates)** Mesencephalon, Mittelhirn
- ➢ **metencephalon/afterbrain (pons + cerebellum)** Nachhirn, Metencephalon (Hinterhirn)
- ➢ **midbrain/mesencephalon (vertebrates)** Mittelhirn, Mesencephalon
- ➢ **myelencephalon/marrow brain/ medullary brain** Myelencephalon, Markhirn (gl.: Nachhirn)
- ➢ **neocerebellum (lateral lobes of cerebellum)** Neocerebellum, Neukleinhirn
- ➢ **neoencephalon/neencephalon** Neoencephalon, Neencephalon, Neuhirn
- ➢ **olfactory brain/"nose brain"/ rhinencephalon** Riechhirn, Rhinencephalon
- ➢ **paleoencephalon/paleencephalon** Paläoencephalon, Paleencephalon, Althirn
- ➢ **primitive brain/archencephalon** Urhirn, Archencephalon
- ➢ **prosencephalon/forebrain (telencephalon + diencephalon) (vertebrates)** Prosencephalon, Vorderhirn
- ➢ **protocerebrum (insects)** Protocerebrum, Vorderhirn
- ➢ **rhinencephalon/ olfactory brain/"nose brain"** Rhinencephalon, Riechhirn
- ➢ **rhombencephalon/hindbrain** Rhombencephalon, Rautenhirn
- ➢ **tritocerebrum (insects)** Tritocerebrum, Hinterhirn

brain-heart infusion agar Hirn-Herz-Infusionsagar

brain stem/truncus cerebri Hirnstamm

braincase/skull/head capsule/cranium Hirnkapsel, Schädel, Hirnschädel, Cranium, Kranium

bramble/bush berries (*Rubus* spp.) Himbeersträucher, Brombeersträucher

bramble sharks & dogfishes sharks and allies/Squaliformes Stachelhaie

bran Kleie

branch/limb Ast

branch collar Astwulst, Astring (am Astansatz)

branch migration (DNA) ***gen*** Schenkelwanderung

branch out/ramify sich verzweigen

branch site Verzweigungsstelle

branched *chem* verzweigt; *bot* (ramified) verzweigt

branched appendage/branched leg (arthropods) Spaltfuß, Spaltbein

branched-chained ***chem*** verzweigtkettig

branchial branchial, die Kiemenbögen betreffend
branchial arch/gill arch/ visceral arch/gill bar Branchialbogen, Kiemenbogen
branchial gut/branchial basket/ pharynx Kiemendarm, Pharynx
branchial pump Kiemenpumpe
branchial skeleton Branchialskelett, Kiemenskelett
branchiferous kiementragend
branching ***chem*** Verzweigung
branching/ramification Verästelung, Verzweigung, Ramifikation
branching system (monopodial/sympodial) (monopodiales/sympodiales) Verzweigungssystem
branchiomeric musculature Branchialmuskulatur
branchiostegal membrane/ branchiostegous membrane/ gill membrane Branchiostegalmembran, Kiemenhaut
branchiostegal ray/ radius branchiostegus Branchiostegalstrahl, Kiemenhautstrahl
branny kleiig, grobmehlig
brawn (full strong muscles) Muskeln, muskulöser Teil
brawny/muscular muskulös, fleischig
bray (cry of donkey/mule) schreien (Esel)
brazil-nut family/Lecythidaceae Topffruchtbaumgewächse, Deckeltopfbäume
bread molds/zygospore fungi/ zygomycetes (coenocytic fungi) Jochpilze, Zygomyceten
break through ***n*** **(surviving carrier of a lethal mutation)** Durchbrenner (überlebender Träger einer Letalmutation)
breakage-fusion/ breakage and reunion ***gen*** Bruch-Fusion, Bruch und Wiedervereinigung
breakage-fusion-bridge Bruch-Fusions-Brücke
breakdown Abbau, Zerfall, Zusammenbruch
breaker zone Wellenschlagzone
breakers/surf Brandung, Meeresbrandung
breakwater/jetty/mole Mole
breakthrough Durchbruch
breast/mamma/bosom weibliche Brust, Busen
breast/thorax Brust, Thorax
breastbone/sternum Brustbein, Sternum
breastbone keel/breastbone ridge/ carina Brustbeinkamm, Carina
breath ***n*** Atem; Atemzug
➢ **to take a breath** Atem holen, Atem schöpfen, Luft holen, einen Atemzug machen
breathe/respire ***vb*** atmen
➢ **breathe in/inhale** einatmen, Luft holen, Atem schöpfen
➢ **breathe out/exhale** ausatmen
breathing/respiration Atmung, Respiration
breech position (birth) Steißlage (Geburt)
breed ***n*** **(form with new characteristics)** Zuchtform, Zucht, Brut
breed/breeding/cultivation/growing Züchtung, Kultivierung
breed/cultivate/grow züchten, kultivieren
breed in hineinzüchten, hineinkreuzen
breed out wegzüchten, herauskreuzen
breed true/breed pure ***vb*** reinerbig sein
➢ **true-bred/pure-bred** ***adj/adv*** reinerbig
breeding experiment Züchtungsexperiment
breeding period/incubation period Brutdauer, Inkubationszeit
breeding place/breeding ground Brutstätte
breeding season Brutzeit, Brütezeit (Jahreszeit)

breeze ***meteo*** Brise
➢ **land breeze** Landbrise
➢ **sea breeze/ocean breeze** Meeresbrise
brew ***n*** Gebräu, Bräu (Gebrautes)
brew ***vb*** brauen
brewers' grains Treber, Biertreber
brewers' yeast/brewer's yeast Brauereihefe, Bierhefe
brewery Brauerei
bridge grafting/repair grafting Überbrückung, Wundüberbrückung
bridge line/bridging thread (spiderweb) Brückenfaden
bridge of the nose Nasenrücken
bridging cross Überbrückungskreuzung
bright field ***micros*** Hellfeld
brightener/clearant/clearing agent (optical brightener) Aufheller, Aufhellungsmittel (optischer Aufheller)
brightfield microscopy Hellfeld-Mikroskopie
brisket (cattle: breast or lower chest) Bruststück, Vorderbrust (bei Schlachttieren)
bristle/seta Borste
bristle worms/ polychetes/polychete worms Borstenwürmer, Vielborster, Polychaeten
bristle-like/setaceous borstenartig
bristle-like coat (cell surface: clathrin) Stachelsaum
bristle-pointed borstig spitz
bristle-shaped/setiform borstenförmig
bristletails/thysanurans Borstenschwänze, Thysanuren (Felsenspringer, Fischchen)
bristly/setose/ setaceous/chaetigerous borstig
brittle stars/ serpent stars & basket stars (*Gorgonocephalus/Astrophyton*) Schlangensterne, Ophiuroiden
broad heritability (H^2) allgemeine Erblichkeit (H^2)
broadleaf tree (*pl* broadleaves)/ hardwood Laubbaum (*pl* Laubbäume)
brochure/pamphlet Broschüre, Informationsschrift
bromatium/gongylidium (*pl* gongylidia) Bromatium, Gongylidie, „Kohlrabi"
bromelain Bromelain
bromeliads/bromelia family/ pineapple family/Bromeliaceae Bromelien, Bromeliengewächse, Ananasgewächse
bronchiole Bronchiole, Bronchiolus, Bronchulus
bronchus (*pl* bronchi) Bronchus (*pl* Bronchien), Ast der Luftröhre
brood/breed/incubate ***vb*** bebrüten, brüten, inkubieren
brood/hatch ***n*** Brut (Nachkommen)
brood bud/bulbil Brutknöllchen, Brutknospe, Bulbille
brood capsule Brutkapsel
brood chamber (*Daphnia*) Brutraum
brood parasite Brutparasit, Brutschmarotzer
brood parasitism Brutparasitismus
brood patch/incubation patch ***orn*** Brutfleck
brood pouch/marsupium Brutbeutel, Marsupium
brood provisioning/brood care/ brooding/parental care Brutfürsorge, Brutpflege
brood spot/brood patch ***orn*** Brutfleck
brooding/incubating Bebrüten, Brüten, Inkubieren
broodmare Zuchtstute
brook/creek Bach
broom ***bot*** Ginster
broomrape family/Orobanchaceae Sommerwurzgewächse
brotulas & cusk-eels & pearlfishes/ Ophidiiformes Eingeweidefische
brow/eyebrow Braue, Augenbraue
brow/forehead Stirn
brow ridge/brow crest Überaugenwulst, Augenbrauenwulst

brow tine (antlers)
Augspross (Geweih)
brown algae/phaeophytes/ Phaeophyceae Braunalgen
brown body (bryozoans)
brauner Körper
brown coal/lignite (*see also:* coal)
Braunkohle, Lignit
brown fat braunes Fett
brown rot Braunfäule (Destruktionsfäule)
browse (twigs/leaves of shrubs/bark)
abfressen (*see*: graze), äsen
browser (woody shoots/leaves/bark)
junge Sprösslinge abfressendes Tier
browsing damage (damage caused by game)
Verbiss, Wildverbiss, Fraßschaden
bruise *n* Quetschung, Prellung; Bluterguss, blauer Fleck
Brunner's gland/duodenal gland
Brunnersche Drüse, Duodenaldrüse
brush/scrubland Buschland
brush/thicket/scrub/ thick shrubbery
Gestrüpp, Dickicht
brush/underwood/undergrowth
Unterholz
brush border *cyt* Bürstensaum, Stäbchensaum, Mikrovillisaum, Rhabdorium
brush fire Buschfeuer
brush hair *bot* Fegehaar
brushwood/spray Reisig
bryology Bryologie, Mooskunde
bryozoans/moss animals/ Ectoprocta/Polyzoa/Bryozoa
Bryozoen, Moostierchen
➢ **cheilostomates/Cheilostomata**
Lappenmünder, Lippenmünder
➢ **ctenostomates/Ctenostomata**
Kammmünder
➢ **gymnolaemates/ "naked throat" bryozoans/ Stelmatopoda/Gymnolaemata**
Kreiswirbler
➢ **phylactolaemates/"covered throat" bryozoans/freshwater bryozoans/ Lophopoda/Phylactolaemata**
Armwirbler, Süßwasserbryozoen
➢ **stenostomates/ stenolaemates/"narrow-throat" bryozoans/Stenostomata/ Stenolaemata** Engmünder
BSE (bovine spongiform encephalopathy) BSE (bovine spongiforme Enzephalopathie)
bubble column reactor *biot* (bioreactor)
Blasensäulen-Reaktor
bubble linker PCR
Blasen-Linker PCR
bubble shells/Cephalaspidea
Kopfschildschnecken, Kopfschildträger
bubonic plague (*Yersinia pestis*)
Beulenpest, Bubonenpest
buccal buccal, den Mund betreffend, Mund...
buccal cavity/peristome/peristomium (protozoans)
Buccalhöhle, Zellmundhöhlung, Peristom
buccal field/mouth field
Buccalfeld, Mundfeld
buccal nerve ring
Schlundring (Nervenring)
buccal sucker Mundsaugnapf (Prohaptor bei Trematoden)
buck (adult male goat/deer/antilope)
adultes Säugermännchen: Bock (Ziegenbock/Rehbock), Männchen (male rabbit > Rammler)
buckeye family/ horse chestnut family/ Hippocastanaceae
Rosskastaniengewächse
bucking (cutting felled tree into specific lengths)
Ausformung, Aushaltung
buckling strength/ buckling resistance/ folding strength (wood)
Knickfestigkeit
buckthorn family/coffeeberry family/ Rhamnaceae
Kreuzdorngewächse
buckwheat family/dock family/ knotweed family/ smartweed family/Polygonaceae
Knöterichgewächse

bud *vb* Knospen treiben, knospen; okulieren
bud/eye *bot* Knospe, Auge
> **accessory bud** akzessorische Knospe, Beiknospe
> **adventitious bud** Adventivknospe
> **apical bud** Gipfelknospe
> **axillary bud** Achselknospe, Seitenknospe
> **dormant bud/resting bud/ quiescent bud** schlafende Knospe, ruhende Knospe
> **flower bud/floral bud** Blütenknospe
> **foliage bud** Blattknospe, Laubknospe
> **latent bud** Ersatzknospe, Proventivknospe
> **naked bud** nackte Knospe, offene Knospe (ohne Knospenschuppen)
> **protected bud** geschlossene Knospe (mit Knospenschuppen)
> **renewal bud** Erneuerungsknospe
> **terminal bud** Endknospe, Terminalknospe
> **winter bud/hibernaculum/ turio/turion** Winterknospe, Überwinterungsknospe, Hibernakel, Turio, Turione
bud/frustule *zool* **(polyps)** Knospe, Frustel, Frustula
bud bracts/bud envelope Knospenhülle
bud cluster/eye cluster Beiknospengruppe
bud cutting/eye cutting/ single eye cutting/ leaf bud cutting Augensteckling
bud dormancy Knospenruhe
bud gap Knospenlücke
bud grafting/budding Okulieren, Okulation, Augenveredlung, Äugeln
bud primordium Knospenanlage
budding *adj/adv* knospend
budding *n* Knospung
budding/bud grafting Okulieren, Okulation, Augenveredlung, Äugeln
> **chip budding** Chipveredelung, Chipveredlung, Span-Okulation
> **flute budding/ring budding** Ring-Okulation, Ringveredlung
> **patch budding/plate budding** Platten-Okulation
> **ring budding/annular budding** Ring-Okulation
> **shield budding** Schild-Okulation (Augenschild/Schildchen)
> **T-budding (shield budding)** Okulieren mit T-Schnitt
budding/frustulation *zool* **(polyps)** Knospung, Frustulation
budding/sprouting knospend, sprießen; Knospung, Sprossung
budding potential/budding rate Ausschlagvermögen
buddleja family/Buddlejaceae Sommerfliedergewächse
buffer *n* Puffer
buffer *vb* puffern
buffer well Pufferwanne
buffering Pufferung
buffering capacity Pufferkapazität
bufonin Bufonin
bufotenine Bufotenin
bufotoxin Bufotoxin
bugs/hemipterans/ Rhynchota/Hemiptera (Heteroptera & Homoptera) Schnabelkerfe, Halbflügler
"bugs" *populär für:* „Insekten“ allgemein
building block Baustein, Bauelement
bulb Blumenzwiebel, Zwiebelknolle
bulb "plate" with short internodes Zwiebelkuchen
bulb-shaped/bulbous/tuberous knollenförmig, zwiebelförmig
bulb vegetable Zwiebelgemüse
bulbil/brood bud Bulbille, Brutknöllchen, Brutknospe, Brutspross; Zehe, Brutzwiebel
> **axillary bulbil (aboveground)** Achsenbulbille

bulblet Brutkörper, unterirdischer Zwiebelbrutkörper, Tochterzwiebel
bulbotuber/corm/"solid bulb" (swollen shoot base) unterirdische Hypokotylknolle, „Knollenzwiebel"
bulbourethral gland/ Cowper's gland Bulbourethraldrüse, Cowpersche Drüse
bulbous/bulbose/ bulb-shaped/tuberous zwiebelförmig, knollenförmig, knollig
bulbous perennial herb Zwiebelstaude
bulge/collar/protuberant seam Wulst, Kragen
bulk flow/mass flow (water) Massenströmung
bulking sludge Blähschlamm
bull (adult male mammal: cattle/elephant/whale/seal) Bulle (erwachsenes männliches Tier)
bullate/bubblelike/blistered blasig, bläschenartig
bulliform/ bubble-shaped/bubblelike bläschenförmig
bulliform cell/motor cell Motorzelle, motorische Zelle, Gelenkzelle (im Schwellkörper des Blattes)
bunch/cluster/tuft Büschel
bundle/fascicle Bündel, Faszikulus
➢ **closed bundle (vascular bundle)** ***bot*** geschlossenes Leitbündel
➢ **open bundle (vascular bundle)** ***bot*** offenes Leitbündel
bundle of His/ atrioventricular bundle (heart) Hissches Bündel (tert. Autonomiezentrum)
bundle sheath Bündelscheide, Leitbündelscheide
bundle-sheath extension erweiterte Bündelscheide
bundled/fasciculate gebündelt
bunny Häschen
bunodont (with low crowns and cusps) bunodont, stumpfhöckrig, rundhöckrig
buoyancy Auftrieb
buoyant schwebend
buoyant density Schwimmdichte, Schwebedichte
burden Last (*auch:* Ausmaß eines Parasitenbefalls)
➢ **viral burden** Virenlast
buret/burette Bürette
Burgess shale Burgess-Schiefer
burl/lignotuber/wood knot (woody outgrowth with wavy grain) Maserknolle, Wurzelhalsknolle (Auswuchs an bestimmten Bäumen)
burn/combust/incinerate verbrennen
burn ***n med*** Verbrennung
burr (base of antler) Geweihbasis, Hornbasis
burr/bur/burry fruit Klette, Klettfrucht, Klettenfrucht
burr-reed family/Sparganiaceae Igelkolbengewächse
burr cell/echinocyte/crenocyte Stechapfelform, Echinozyt (Erythrozyt)
burr knot ***bot/hort*** Wurzelfeld
burrow/earth hole/cave Bau, Loch, Erdloch, Höhle, Erdhöhle (*auch*: Fraßgang)
burrow ***vb*** einen Gang/Höhle graben
bursa copulatrix/genital pouch Begattungstasche
bursa of Fabricius Bursa Fabricii
Burseraceae/incense tree family/ torchwood family/ frankincense tree family Balsambaumgewächse
burst ***vb general*** aufplatzen, zum Platzen bringen
burst ***n neuro*** Burst, Salve, Aktivitätsschub
burst ***n vir*** Wurf
burst-forming unit (BFU) *not translated*: im Knochenmark gebildete Vorläuferzelle bzw. Stammzelle (pre-CFU)

burst period
Zeitpunkt der Virusfreisetzung
burst size ***vir*** Wurfgröße
(Anzahl freigesetzter Viren)
burster neuron Bursterneuron
bush Busch
bush fruit/bush berries
(*Ribes*: currents/gooseberries, etc.)
Strauchbeeren,
Strauchbeerenobst
bushes/shrubbery/thicket/
underbrush (in forest)
Gebüsch
bushy/shrubby/fruticose buschig
Butomaceae/flowering rush family
Wasserlieschgewächse,
Schwanenblumengewächse
butt ***n zool***
Stoß (mit Kopf/Hörnern)
butt ***vb zool***
stoßen (mit Kopf/Hörnern)
butt (base of plant stem from
which roots arise) ***bot***
Stammbasis
buttercup family/crowfoot family/
Ranunculaceae
Hahnenfußgewächse
buttercup tree family
(silk-cotton tree family)/
cochlospermum family/
Cochlospermaceae
Nierensamengewächse
butterfly pollination/psychophily
Schmetterlingsbestäubung
butterfly-pollinated flower/
psychophile
Schmetterlingsblume
butterwort family/
bladderwort family/
Lentibulariaceae
Wasserschlauchgewächse
butting
stoßen (mit dem Kopf/Hörnern)
buttocks/posterior/behind/rump
Gesäß
buttocks display ***ethol*** Gesäßweisen
button/knob/key Taste
button ***fung***
(immature stage of mushroom)
junger Pilz
button gall/spangle gall (oak)
große Linsengalle, Bechergalle
buttress (supportive ridge at
base of tree trunk)
Wurzelanlauf, Stammanlauf
➤ **leaf buttress**
Blatthöcker, frühe Blattanlage
➤ **plank buttress/buttress root**
(*esp.* tropical trees) Brettwurzel
buttress root (*esp.* tropical trees)
Brettwurzel
buttress zone/
spur-and-groove zone (reef)
Grat-Rinnen-System
butyric acid/butanoic acid (butyrate)
Buttersäure, Butansäure (Butyrat)
Buxaceae/box family
Buchsbaumgewächse
buzzing run (bees) Schwirrlauf
buzzing sound
(bees during waggle dance)
Schwirrgeräusch
byproduct/by-product/
residual product Nebenprodukt

C-banding (centromer-banding) C-Banding, Centromer-Banding
C_0t-analysis/value (*pronounce* cot; product of total concentration of DNA at time 0 and hybridization time t) C_0t-Analyse/Wert (*sprich* kott; Produkt aus DNA-Gesamtkonzentration zur Zeit 0 und Hybrisierungszeit t)
CAAT box (a component of the nucleotide sequence that makes up the eukaryotic promoter) CAAT-Box (Bestandteil der Nucleotidsequenz des eukaryotischen Promotors)
cabbage family/mustard family/ Cruciferae/Brassicaceae Kreuzblütler, Kreuzblütlergewächse
cable theory Kabeltheorie
Cabombaceae/ fanwort family/water-shield family Haarnixengewächse
cacao family/cocoa family/ Sterculiaceae Sterkuliengewächse, Kakaogewächse
cackle (geese) schnattern
cactus family/Cactaceae Kaktusgewächse, Kakteen
cadaver/carcass/corpse Kadaver, Leiche
cadaveric rigidity/rigor mortis Totenstarre, Leichenstarre
cadaverine Cadaverin
cadaverous smell Leichengeruch
CADD (computer-aided drug design) computerunterstützte Planung von Wirkstoffen
caddis flies/Trichoptera Haarflügler, Köcherfliegen
cadence (rhythm of horse beat) Kadenz
caduceus *med* Merkurstab
caducous (falling off prematurely) frühzeitig abfallend/absterbend
caesalpinia family/Caesalpiniaceae Caesalpinogewächse, Johannisbrotgewächse
caespitose/cespitose (growing densely in tufts) rasig, rasenartig, grasbüschelartig
caffeic acid Kaffeesäure
caffeine/theine (1,3,7-trimethylxanthine) Koffein, Thein
cage Käfig
Cainozoic Era/Caenozoic Era/ Cenozoic Era/Cenozoic/ Neozoic Era Känozoikum, Kaenozoikum, Erdneuzeit, Neozoikum (erdgeschichtliches Zeitalter)
Cala-Azar/kala azar (*Leishmania donovani*) Cala-Azar, Kala-Azar, schwarzes Fieber, viszerale Leishmaniasis
calamistrum Calamistrum, Kräuselkamm
calamites/calamite family/ giant horsetail family/ Calamitaceae Calamiten, Schachtelhalmbäume
calamus family/sweetflag family/ Acoraceae Kalmusgewächse
calcaneal tendon/ Achilles' tendon/ tendon of the heel Achillessehne
calcaneal tuber/ tuberosity of calcaneus/ tuber calcanei Fersenbeinhöcker
calcaneus/calcaneum/heelbone Fersenbein
calcaneus/heel Ferse
calcar/spur (bony/spur-like process) *zool* Sporn (Knochen-/Knorpelspange)
calcarate/spurred gespornt
calcareous kalkig, kalkartig, kalkhaltig
calcareous alga Kalkalge
calcareous corpuscle/ calcareous body Kalkkörper
calcareous shell Kalkschale
calcareous sponges/Calcarea Kalkschwämme
calcariform/spur-shaped sporenförmig
calcicole/calciphile calcicol, kalzikol, kalkhold, kalkliebend

calciferol/ergocalciferol Calciferol, Ergocalciferol (Vit. D_2)
calciferous gland Kalkdrüse
calcification Calcifikation, Kalzifizierung, Verkalkung, Kalkeinlagerung
calcified verkalkt
calcified cartilage verkalkter Knorpel
calcifuge/basifuge/calciphobe calcifug, kalzifug, kalkfliehend, kalkmeidend; Kalkflieher
calcify verkalken
calciphile/calcicole kalkliebend, kalziphil, kalzikol, kalkhold
calcitonin Calcitonin, Kalzitonin
calcium (Ca) Kalzium, Calcium
caldarium/heated greenhouse/ hot-house Caldarium, Warmhaus
calf (*pl* calves) *n* Kalb (*pl* Kälber); Jungtier
calf (of the leg) Wade
calibrate kalibrieren
calibration Kalibrierung
caliche/lime pan Caliche, Kalkanreicherungshorizont
call/note/call note *n* Ruf
➢ **alarm call** Warnruf
➢ **attracting call** Lockruf
➢ **begging call** Bettelruf
➢ **contact call** Kontaktruf
➢ **distress call** Notruf
➢ **flight call** Flugruf
➢ **mating call/courtship call** Paarungsruf, Werberuf
➢ **mobbing call *orn*** Sammelruf
➢ **reassurance call/reassuring call** Beschwichtigungsruf
➢ **threat call** Drohruf
call *vb* rufen
call repertoire/repertory Rufrepertoire
calla family/arum family/ aroid family/Araceae Aronstabgewächse
Callitrichaceae/water starwort family/starwort family Wassersterngewächse
callosity Kallosität, Schwiele
callosum/corpus callosum Balken
callus *bot* (wound) Kallus, Wundholz, Wundcallus
callus *zool* Kallus, Hornhaut (verhornte Haut)
callus culture Callus-Kultur, Kallus-Kultur
calm *n meteo* Windstille
calmodulin Calmodulin
caloric value Brennwert
calorie Kalorie
calorimetry Kalorimetrie
calotte/polar cap (*Dicyemida*) Kalotte, Polarzellen-Kappe
calotte cell/polar cell (*Dicyemida*) Polzelle, Polarzelle
caltrop family/creosote bush family/ Zygophyllaceae Jochblattgewächse
calvarium/calvaria/dome of skull Schädeldach, Kalotte
calve *vb* kalben
Calvin cycle Calvin-Zyklus, Calvin-Cyclus
Calycanthaceae/ strawberry-shrub family/ spicebush family Gewürzsträucher
calycera family/Calyceraceae Kelchhorngewächse
calyciform/cup-shaped kelchförmig
calycle/calyculus/epicalyx Nebenkelch, Außenkelch
calyptra Calyptra, Kalyptra, Haube; Mooshaube
calyx (sepals) Kelch, Blütenkelch (Sepalen)
cambium Cambium, Kambium
➢ **cork cambium/phellogen** Korkcambium, Phellogen
➢ **fascicular cambium** Faszikularcambium
➢ **interfascicular cambium** Zwischenbündelcambium
➢ **nonstoried cambium/ nonstratified cambium** nichtetagiertes Cambium
➢ **storied/stratified cambium** etagiertes Cambium, Stockwerk-Cambium
➢ **wound cambium** Wundcambium

Cambrian Period/Cambrian (geological time) Cambrium, Kambrium
camellia family/tea family/Theaceae Teegewächse, Kameliengewächse, Teestrauchgewächse
camellia gall Weidenrose (Galle)
cameral fluid (nautilus) Kammerflüssigkeit
camouflage *n* Tarnung
camouflage *vb* tarnen
campaniform/campanular/ campanulate/bell-shaped glockenförmig, glockig
campaniform sensilla Sinneskuppel
Campanulaceae/bluebell family/ bellflower family Glockenblumengewächse
campylokinesis Krümmungsbewegung
campylotropous/bent (ovule) kampylotrop, campylotrop, gekrümmt, krummläufig (Samenanlage)
canalized character kanalisiertes Merkmal
cancellous bone/spongy bone spongiöser Knochen
cancer (malignant neoplasm/carcinoma) Krebs (malignes Karzinom)
- **adenocarcinoma** Adenokarzinom, Drüsenzell-Krebs
- **lymphoma** Lymphom
- **melanoma** Melanom
- **sarcoma** Sarkom
- **squamous cell carcinoma** Plattenepithelkarzinom

cancer grading Krebs-Grading, Krebs-Stadieneinteilung der Zelldifferenzierung (Differenzierungsgrad)
cancer risk Krebsrisiko
cancer staging (TNM or 0-IV) Krebs-Stadieneinteilung der Ausbreitung (Stadienbestimmung)
cancer suspect agent/ suspected carcinogen mutmaßliche krebsverdächtige Substanz
cancer therapy Krebstherapie
cancerogenic/cancer-causing kanzerogen, canzerogen, krebserzeugend
cancerous/malignant kanzerös, krebsartig, krebsbefallen, Krebs betreffend; bösartig
cancroid cancroid, krabbenartig
candelabra-shaped kandelaberförmig
candidate gene Kandidatengen
cane (thin shoot) dünner Schaft
cane (woody shoot of brambles/ shrubs) Rute, Beerenrute
cane/stick (hollow/pithy reed or sugarcane) Rohr (Schilfrohr/Zuckerrohr), Rohrstock
cane sugar Rohrzucker
canella family/ white cinnamon family/ wild cinnamon family/Canellaceae Kaneelgewächse
canescent *bot* (hoary/greyish-white/ fine/short white hair) fein grau-weißlich behaart
canine *adj/adv* (relating to dogs) Hunde betreffend, Hunde..., Hunds...
canine *adj/adv* (relating to cuspid/canine tooth) Eckzahn/Eckzähne betreffend, Eckzahn...
canine *n* (dogs and relatives) Hund (Hundeverwandte)
canine/canine tooth/dog tooth/ cuspid (tooth with one point) Eckzahn
canine ascarid (*Toxocara canis*) Hundespulwurm
canker *bot* Baumkrebs
cankerworm/inchworm/ measuring worm Spannerraupe
canna family/ Queensland arrowroot family/ Cannaceae Blumenrohrgewächse
Cannabaceae/hemp family Hanfgewächse
cannibalism Kannibalismus
cannibalistic kannibalistisch

cannon bone (from hock to fetlock) Kanonenbein, Sprungbein (Hauptmittelfußknochen der Huftiere), *Pferd:* Röhrbein
cannula Kanüle
canopy (cover of foliage in forest) Baumkronenbereich, Baumwipfelzone, Blätterdach, Laubdach (Wald)
canter/Canterbury gallop (slow gallop) Kanter (kurzer/leichter Galopp)
➢ **disunited canter** Kreuzgalopp
canterelle family/cantarelle family/ chanterelle family/ chantarelle family/Cantharellaceae Pfifferlinge
cantharophily/beetle pollination Käferbestäubung
canyon/gorge Schlucht
caoutchouc/rubber/india rubber Kautschuk
cap/pileus ***fung*** Hut, Pilzhut
cap cell (scolopidium) Kappenzelle
cap structure (modified 5′ end of eukaryotic mRNA molecule) Cap-Struktur (modifiziertes 5′-Ende eines eukaryotischen mRNA-Moleküls)
CAP (catabolite activator protein) Katabolitaktivatorprotein
CAP site (attachment point for the catabolite activator protein) CAP-Stelle (Anheftungspunkt des Katabolitaktivatorproteins)
capacitance (C) elektrische Kapazität
capacitive current (*Ic*) ***neuro*** kapazitiver Strom
capacitor Kondensator
capacity Kapazität
➢ **carrying capacity** Kapazitätsgrenze, Umweltkapazität, Belastungsfähigkeit, Grenze der ökologischen Belastbarkeit, Tragfähigkeit (Ökosystem)
cape-pondweed family/ water hawthorn family/ Aponogetonaceae Wasserährengewächse
caper family/Capparidaceae/ Capparaceae Kaperngewächse
capillary ***n*** Kapillare, Haargefäß
capillary blotting Diffusions-Blotting
capillary electrophoresis Kapillarelektrophorese
capillary pipet Kapillarpipette
capitate (with knob-like head or tip) kopfig, köpfchenartig
capitate sorelium/ capitiform sorelium (lichens) Kopfsoral
capitulum/cephalium/ flower head ***bot*** Capitulum, Cephalium, Blütenköpfchen, Köpfchen, Korb, Körbchen
capitulum/ rounded articular eminence/ rounded articular extremity ***zool*** Capitulum, Gelenkkopf
capnophilic kapnophil, kohlendioxidliebend
capon Kapaun
capping ***gen*** Capping (Anlagerung der Cap-Struktur)
capreolate Ranken..., rankentragend, mit Ranken versehen
capreolus/shoot-tendril Ranke (*speziell:* Sprossranke)
capric acid/decanoic acid (caprate/decanoate) Caprinsäure, Decansäure (Caprinat/Decanat)
Caprifoliaceae/honeysuckle family Geißblattgewächse
caprine Ziegen betreffend, ziegenähnlich, Ziegen...
caprinized vaccine in Ziegen erzeugter Impfstoff
caproic acid/capronic acid/ hexanoic acid (caproate/hexanoate) Capronsäure, Hexansäure (Capronat/Hexanat)
caprylic acid/octanoic acid (caprylate/octanoate) Caprylsäure, Octansäure (Caprylat/Octanat)

capsid (viral shell) Capsid, Kapsid
capsomere (virion: morphological unit) Capsomer, Kapsomer
capsule ***bot*** Kapsel
- **ballistic capsule** Schleuderkapsel
- **circumscissile capsule/lid capsule/ pyxis/pyxidium** Deckelkapsel
- **dorsicidal capsule** dorsizide/dorsicide Spaltkapsel
- **explosive capsule** Explodierkapsel, Explosionskapsel (Springkapsel)
- **lid capsule/circumscissile capsule/ pyxis/pyxidium** Deckelkapsel
- **loculicidal capsule** lokulizide/loculicide Spaltkapsel, fachspaltige Kapsel
- **longitudinally dehiscent capsule** Spaltkapsel
- **poricidal/porose capsule** Lochkapsel, Löcherkapsel, Porenkapsel, porizide Kapsel
- **septicidal capsule** septizide/septicide Spaltkapsel, wandspaltige Kapsel

captacula (Scaphopoda) Captacula, Fangfäden(büschel)
captive gefangen
captivity Gefangenschaft
capturing zone (web) Fangzone, Fangnetz (innerhalb Radnetz)
carapace (insects/turtles) Carapax
carbohydrate Kohlenhydrat
carbon (C) Kohlenstoff
carbon bond Kohlenstoffbindung
carbon compound Kohlenstoffverbindung
carbon source Kohlenstoffquelle
carbonic acid (carbonate) Kohlensäure (Karbonat/Carbonat)
carboniferous swamp forests Steinkohlenwälder
Carboniferous Period/ Carboniferous/"Carbon Age" (geological time) Karbon, Steinkohlenzeit
carbonization/coalification ***paleo*** Karbonisation, Inkohlung
carboxylic acids (carbonates) Carbonsäuren, Karbonsäuren (Carbonate/Karbonate)
carboxysome/polyhedral body Carboxysom
carcass/corpse/cadaver Leiche, Kadaver
carcinoembryonic antigen (CEA) carcinoembryonales Antigen
carcinogen Karzinogen
carcinogenic karzinogen, carcinogen, krebserregend, krebserzeugend
carcinoma Karzinom
cardboard/paperboard/fiberboard Karton
cardia (opening between esophagus and stomach) Magenmund
cardia/cardiac stomach/gizzard (insects) Kaumagen, Cardia
cardiac (*see also:* coronary) kardial, das Herz betreffend, Herz...
cardiac activity Herzaktivität
cardiac arrest Herzstillstand
cardiac gland Herzdrüse
cardiac jelly Herzgallerte
cardiac muscle Herzmuskel
cardiac output Herzausstoß
cardiac output per minute Herzminutenvolumen (HMV)
cardiac pacemaker Herzschrittmacher
cardiac skeleton/ skeleton of the heart Herzskelett
cardiac stomach/cardia/gizzard (insects) Kaumagen, Cardia
cardiac valve/ coronary valve/heart valve Herzklappe
cardinal temperature Vorzugstemperatur
cardinal tooth (bivalves) Hauptzahn
cardinal vein Kardinalvene
cardo (basal segment of maxilla) Cardo (*pl* Cardines), Angelstück
care/provide for ***vb*** pflegen, versorgen
care/provisioning ***n*** Pflege, Versorgung, Fürsorge
caretaker/nurse (e.g., asexual individual in social insects) Amme
Caricaceae/papaya family Melonenbaumgewächse
caridoid caridoid, garnelenartig
carina/keel Kiel

carinate/keeled/having a keel gekielt
carinate birds Carinaten, Kielbrustvögel
carnassial Fleischfresser..., Reiß...
carnassial tooth/fang (carnivores) Reißzahn, Fangzahn, Fang
carnation family/pink family/ Caryophyllaceae Nelkengewächse
carnitine (vitamin B_T) Carnitin (Vitamin T)
carnivore/flesh-eater/meat-eater Carnivor, Karnivor, Fleischfresser
carnivores/Carnivora Carnivore, Karnivore, Raubtiere
> **terrestrial carnivores/Fissipedia** Landraubtiere
carnivorous/flesh-eating/meat-eating carnivor, karnivor, fleischfressend
carob gum/carob seed gum/ locust gum/locust bean gum Karobgummi, Johannisbrotkernmehl
carotid/carotid artery Halsschlagader, Kopfschlagader
carotid body/Glomus caroticum Carotidenkörper
carotin/carotene (vitamin A precursor) Carotin, Caroten, Karotin (Vitamin-A-Vorläufer)
carpal bones Handwurzelknochen
carpel(s) Karpell(e), Carpell(e), Fruchtblatt (*pl* Fruchtblätter)
> **angiocarpic/angiocarpous** angiokarp
> **apocarpic/apocarpous** apokarp, chorikarp, freiblättrig
> **bicarpellate** zweiblättrig, aus zwei Fruchtblättern bestehend
> **hemiangiocarpic/ hemiangiocarpous** hemiangiokarp
> **monocarpellate** einblättrig, aus einem Fruchtblatt bestehend
> **ovary** Ovar, Ovarium, Fruchtknoten
> **paracarpic/paracarpous** coeno-parakarp
> **pleurocarpic/pleurocarpous** pleurokarp, seitenfrüchtig
> **stigma (of carpel/pistil)** Narbe (Fruchtblattnarbe)
> **style (of carpel/pistil)** Griffel, Stylus
> **syncarpic/syncarpous** synkarp, coenokarp, coeno-synkarp, verwachsenblättrig
>> **without septa** parakarp
> **unicarpellary/monocarpellate (of fruit)/simple fruit/ apocarpous fruit** Einblattfrucht
> **ventral suture/ ventral seam (of carpel)** ***bot*** Ventralnaht, Bauchnaht
carpellate/pistillate/female weiblich
carpellate flower/pistillate flower Stempelblüte, weibliche Blüte
carpellode ***bot*** Karpellodium
carpetweed family/ fig marigold family/ mesembryanthemum family/ Aizoaceae Mittagsblumengewächse, Eiskrautgewächse
carpogonium (algae) Karpogon, Carpogon
carpophagous/feeding on fruit/ frugivorous karpophag, fruchtfressend, frugivor, fruktivor
carpophore/fruit bearer (receptacle) ***bot*** Karpophor, Fruchtträger, Fruchthalter
carpopodite Carpopodit
carposis Karpose
carpospore (algae) Karpospore, Carpospore, Carpogonidie
carps & characins & minnows & suckers & loaches/Cypriniformes Karpfenfische, Karpfenartige
carpus Carpus, Karpus, Handwurzel
carr (fen woodland) Bruchmoor, Bruchwald, Übergangs-Waldmoor
carrageenan/carrageenin (*Irish moss* extract) Carrageenan
carrier Träger; Trägersubstanz; *chromat* Träger
> **gene carrier** Genträger
carrier electrophoresis Trägerelektrophorese
carrier gas Trägergas

carrier molecule Trägermolekül
carrier protein Trägerprotein, Schlepperprotein
carrion/decaying carcass Aas
carrion feeder/scavenger Aasfresser, Unratfresser
carrion flower Aasblume
carrot family/parsley family/ umbellifer family/Apiaceae/ Umbelliferae Umbelliferen, Doldenblütler, Doldengewächse
carrying capacity Kapazitätsgrenze, Umweltkapazität, Belastungsfähigkeit, Grenze der ökologischen Belastbarkeit, Tragfähigkeit (Ökosystem)
cartilage Knorpel
➤ **articular cartilage** Gelenksknorpel
➤ **arytenoid cartilage/ cartilago arytaenoidea** Aryknorpel, Stellknorpel
➤ **calcified cartilage** verkalkter Knorpel
➤ **costal cartilage** Rippenknorpel
➤ **elastic cartilage** elastischer Knorpel
➤ **epiglottic/epiglottal cartilage** Kehldeckelknorpel, Schließknorpel
➤ **fibrous cartilage/fibrocartilage** fibröser Knorpel, Faserknorpel
➤ **hyaline cartilage** hyaliner Knorpel
➤ **Meckel's cartilage** Meckelscher Knorpel
➤ **thyroid cartilage/cartilago thyreoidea** Schildknorpel
➤ **tracheal cartilage/tracheal ring** Trachealknorpel, Knorpelspange der Luftröhre, Trachealring
➤ **xiphoid cartilage/ cartilago xiphoidea** Schaufelknorpel
cartilage cell/chondrocyte Knorpelzelle, Chondrozyt
cartilaginous knorpelig
cartilaginous fishes/chondrichthians/ Chondrichthyes Knorpelfische
cartridge/cassette Kassette
caruncle *bot* Caruncula, Karunkula, Mikropylenwulst, Samenwarze (an Mikropyle)
caruncle *zool/orn* Fleischlappen, Fleischauswuchs
Caryophyllaceae/pink family/ carnation family Nelkengewächse
caryopsis/grain Caryopse, Karyopse, „Kernfrucht", Kornfrucht (Grasfrucht)
cascade Kaskade, Kascade
cascade system (e.g., enzymes) Kaskadensystem
case/casing/shell Gehäuse, Panzer
case/chamber/valve Kammer, Fach
case *med* Fall
case *zool* (*Trichoptera*: in some species ➤tube) Köcher
casein Casein
cash crop (leicht verkäufliches) Landbauprodukt, Kultur mit „garantiertem" Ertrag
cashew family/sumac family/ Anacardiaceae Sumachgewächse
casing Gehäuse
Casparian strip Casparischer Streifen
casque (bill) *orn* Schnabelaufsatz (Nashornvögel)
cassowaries & emus/Casuariiformes Kasuare & Emus
cast *zool* (insect exuvia) Exuvie, abgestoßene Haut
cast *zool* (worm excrement) von Würmern aufgeworfenes Erdhäufchen (Kotwurst)
cast/mold *paleo* Abguss
caste Kaste
casting (lugworm: *Arenicola*) Kotwurst
castor/castoreum (beaver oil) Bibergeil, Castoreum
castor gland/preputial gland (beaver) Präputialdrüse
castor oil/ricinus oil Kastoröl, Rizinusöl
castrate/geld kastrieren
castration Kastration
Casuarinaceae/she-oak family/ beefwood family Streitkolbengewächse, Känguruhbaumgewächse
cat's-tail/cattail/reedmace Rohrkolben

catabolic (degradative reactions) catabol, katabol, katabolisch, abbauend
catabolism Stoffwechselabbau
catabolite Katabolit, Stoffwechselabbauprodukt
catabolite activator protein (CAP) Katabolitaktivatorprotein
catabolite repression Katabolit-Repression, Katabolitrepression (Hemmung), katabolische Repression
catadromous katadrom
catalepsy/catalepsis/ shamming dead reflex Katalepsie, *med* Starrsucht; Totstellreaktion, Totstellreflex
catalysis Katalyse
catalyst Katalysator
catalytic(al) katalytisch
catalytical unit/ unit of enzyme activity (*katal*) katalytische Einheit, Einheit der Enzymaktivität (*katal*)
catalyze katalysieren
cataphyll Niederblatt
catapult fruit/catapult capsule Katapultfrucht, Katapultkapsel
catastrophism Katastrophentheorie
catbrier family/Smilacaceae Stechwindengewächse
catch tentacle/tentacular arm Fangarm, Tentakelarm
catchment area/catchment basin/ drainage area/drainage basin/ watershed Wassereinzugsgebiet, Grundwassereinzugsgebiet, Flusseinzugsgebiet, Sammelbecken
catecholamine Katecholamin
categorization Kategorisierung, Einstufung
categorize kategorisieren, einstufen, einteilen, einer Rangstufe zuordnen
category Kategorie, Rangstufe
catenane/concatenate Catenan, Concatenat
catenation Catenation, Ringbildung
caterpillar Raupe
caterpillar movement/ rectilinear movement (snakes) Raupenbewegung, Integumentbewegung
catfishes/Siluriformes Welse, Welsartige
catgut (from sheep intestines) Katgut, Darmsaite (Nähfaden aus Schafgedärmen)
cation exchanger Kationenaustauscher
catkin/ament/amentum Kätzchen
catkin-mistletoe family/ Eremolepidaceae Eremolepidaceae
cattail family/cat's-tail family/ reedmace family/Typhaceae Rohrkolbengewächse
cattle Vieh, Rindvieh, Rinder
- ➢ **bull (adult male)** Bulle (erwachsenes männliches Tier)
- ➢ **calf *n*** Kalb, Jungvieh, Jungrind
- ➢ **cow (adult female)** Kuh (erwachsenes Muttertier)
- ➢ **dairy cow** Milchkuh
- ➢ **freemartin/martin heifer (sterile ♀ calf: twin of ♂ calf)** Zwicke, Zwitterrind (steriles Kuhkalb: Zwillings-Geschwister eines ♂ Kalbs)

cattle grub & botfly infestation (*Hypoderma bovis* et spp.) Dasselbeule
cattle production/cattle breeding Viehzucht, Rinderzucht
cattle ranching Rinderwirtschaft
cattle shed/barn Viehstall
caudal den Schwanz betreffend, Schwanz...
caudal furca Schwanzgabel
caudal gland (rectal gland) Schwanzdrüse (Rektaldrüse)
caudal heart Caudalherz
caudal plate/pygidium (trilobites) Schwanzschild, Pygidium
caudal shield/pygidium (bugs) Analschild, Pygidium (Wanzen)
caudal vertebra/coccygial vertebra Schwanzwirbel

caudate/tail-pointed (ending with tail-like appendage) geschwänzt, geschwanzt (Blatt: mit Träufelspitze)
caudate nucleus/nucleus caudatus Schweifkern
caudex/stalk/stem Strunk, Schaft, Achse
caudex/stump/stub/stool/stem base Caudex, Stumpf, Strunk
caudex/trunk of tree (palms/treeferns) Stamm (Palmen/Baumfarne)
caudicle (stalk of pollinium) Kaudikula, Caudicula, Stielchen
caudofoveates/Caudofoveata Schildfüßer
caulescence ***bot*** Kauleszenz, Cauleszenz
➢ **concaulescence** ***bot*** Konkauleszenz, Concauleszenz
caulescent (with stem above ground) ***bot*** cauleszent, kauleszent, stammbildend, stengeltreibend
➢ **acaulescent/stemless** akauleszent, stammlos
➢ **concaulescent** konkauleszent (Seitensprosse auf/an Hauptspross)
caulescent perennial herb/ giant rosette plant/ giant leaf-rosette plant Schopfrosettenpflanze
caulid/stemlet/stipe (algas/mosses) Cauloid, Kauloid, Stämmchen (Algen/Moose)
cauliflorous kauliflor, stammblütig
cauliflory Kauliflorie, Stammblütigkeit
cauline (arising from the stem) stammbürtig
cauline bundle/axial bundle Stammbündel, Stammleitbündel
causal morphology Entwicklungsmechanik
caustic/corrosive/mordant ***chem*** ätzend, korrosiv
cauterization ***med*** Ätzen, Ätzung
cauterize ***med*** ätzen, ausbrennen, kauterisieren
caution! (careful!) Vorsicht!
caution/cautiousness/care/ carefulness/precaution Vorsicht
cautious/careful vorsichtig
cave/crypt/cavity Höhle, Höhlung
cave-dwelling/cavernicolous (troglophilic) höhlenbewohnend
cavernous bodies/erectile tissue Corpora cavernosa, Schwellkörper
cavitate/break (water column) reißen (Wassersäule)
cavitation (xylem/phloem; rupture of water column) Kavitation
cavity/chamber/ventricle Höhle, Kammer, Ventrikel (kleine Körperhöhle)
cavity/lumen Hohlraum, Höhlung, Lumen
CBA-paper (cyanogen bromide activated paper) CBA-Papier
CD (cluster of differentiation) CD (Differenzierungscluster)
CDE (centromere DNA sequence elements) CDE-Elemente (DNA-Sequenzelemente am Centromer)
CDR (complementarity determining region) ***gen*** CDR (komplementaritätsbestimmende Region)
cecidiology Cecidologie, Gallenkunde, Lehre von den Gallen
cecidium/gall Cecidium, Galle, Pflanzengalle
cecidology Cecidologie, Gallenkunde, Lehre von den Gallen
cecidozoa Cecidozoen, gallerzeugende Tiere
Celastraceae/staff-tree family/ spindle-tree family/ bittersweet family Spindelbaumgewächse, Baumwürgergewächse
celiac/coeliac (pertaining to the abdominal cavity) die Bauchhöhle betreffend, Bauchhöhlen...
celiac plexus/solar plexus Sonnengeflecht

cell *bot* (of ovary) Fach; (mericarpic nutlet/segment of loment) Klause

cell *cyt* Zelle

➢ **blood cell** Blutzelle, Blutkörperchen

➢ **body cell/somatic cell** Körperzelle, somatische Zelle

➢ **daughter cell** Tochterzelle

➢ **enucleate cell** kernlose Zelle

➢ **feeder cell** Feeder-Zelle

➢ **founder cell** Gründerzelle

➢ **germ cell** Keimzelle

➢ **helper cell** Helferzelle

➢ **memory cell** Gedächtniszelle

➢ **mother cell** Mutterzelle

➢ **non-permissive cell** nicht-permissive Zelle

➢ **permanent cell** Dauerzelle

➢ **permissive cell** permissive Zelle

➢ **somatic cell/body cell** somatische Zelle, Körperzelle

➢ **stem cell** Stammzelle

➢ **transformed cell** transformierte Zelle

➢ **vegetative cell** vegetative Zelle

cell adhesion molecule Zelladhäsionsmolekül

cell aggregate Zellverband

cell anus/cytopyge/cytoproct Zellafter, Zytopyge, Cytopyge, Zytoproct, Cytoproct

cell-attached patch zellulär-befestigter Patch, Membranflicken

cell biology/cytology Zellbiologie, Zellenlehre, Cytologie, Zytologie

cell body/soma Zellkörper, Soma

cell-bound zellgebunden

cell colony Zellkolonie

cell constancy/eutely Zellkonstanz, Eutelie

cell content Zellinhalt

cell count (number of cells) Zellzahl

cell count/germ count Keimzahl (Anzahl von Mikroorganismen)

cell culture Zellkultur

cell cycle Zellzyklus, Zellcyclus

➢ **G1 phase** G1-Phase („gap = Lücke")

➢ **G2 phase** G2-Phase („gap = Lücke")

➢ **M phase (mitosis)** M-Phase (Mitose)

➢ **S phase (synthesis)** S-Phase (Synthese)

cell death Zelltod

cell density Zelldichte

cell division/cytokinesis Zellteilung, Cytokinese, Zytokinese

cell envelope Zellhülle

cell extract Zellextrakt

cell fate Zellschicksal

cell fractionation Zellaufschluss, Zellfraktionierung

cell-free zellfrei

cell-free extract zellfreier Extrakt

cell-free protein synthesizing system zellfreies Proteinsynthesesystem

cell-free system zellfreies System

cell fusion Zellfusion, Zellverschmelzung

cell growth Zellwachstum

cell homogenization Zellhomogenisation, Zellhomogenisierung, Zellaufschluss

cell hybridization Zellhybridisierung

cell inclusion/cellular inclusion Zelleinschluss (Inklusion)

cell junction Zellkontakt

cell line Zelllinie

➢ **cloned cell line** klonierte Zelllinie

➢ **continuous cell line/ immortalized cell line** kontinuierliche Zelllinie, Dauerzelllinie, permanente Zelllinie

➢ **established cell line** etablierte Zelllinie

➢ **mammalian cell line** Säuger-Zelllinie

➢ **stem cell** Stammzelle

➢ **transformed cell line** transformierte Zelllinie

cell lineage/cell line/celline Zelllinie

cell lysate Zelllysat

cell lysis Zellaufschluss (Öffnen der Zellmembran)

cell mass Zellmasse

cell-mediated zellvermittelt

cell-mediated immune response zellvermittelte Immunantwort

cell membrane (outer)/ unit membrane/plasmalemma/ biological membrane Zellmembran, Plasmamembran, Plasmalemma, biologische Membran
cell-mouth/cytostome/cytostoma Zellmund, Zellmundöffnung, Zytostom, Cytostom
cell process Zellfortsatz
cell proliferation Zellproliferation
cell sap Zellsaft
cell senescence Zellalterung, Zellseneszenz
cell separation Zelltrennung, Zellseparation
cell sorter Zellsorter, Zellsortierer, Zellsortiergerät (Zellfraktionator)
cell sorting Zellsortierung
cell surface Zelloberfläche
cell surface marker Zelloberflächenmarker
cell theory Zelltheorie
cell therapy Zelltherapie
cell transformation Zelltransformation
cell wall Zellwand
cell-wall defective *adv/adj* mit defekter Zellwand, mit schadhafter Zellwand
cell yield Zellertrag
cellobiose Zellobiose, Cellobiose
cellular zellig, zellulär
cellular fraction Zellfraktion
cellular metabolism Zellstoffwechsel
cellular respiration Zellatmung
cellular slime molds/Acrasiomyycetes/ Dictyosteliomycetes (Myxomycota) Acrasiomyceten, zelluläre Schleimpilze
cellularity Zellularität, zellulärer Aufbau
- ➢ **multicellularity** Vielzelligkeit, vielzellige Organisationsstufe
- ➢ **unicellularity** Einzelligkeit, einzellige Organisationsstufe

cellularization Zellularisierung
cellulose Zellulose, Cellulose
celom/coelom Cölom
cement gland/adhesive gland Zementdrüse, Kittdrüse, Klebdrüse
Cenozoic/Cenozoic Era/ Caenozoic Era/ Cainozoic Era/Neozoic Era Känozoikum, Kaenozoikum, Erdneuzeit, Neozoikum (erdgeschichtliches Zeitalter)
census Zensus, Erhebung (*auch:* Volkszählung)
center *vb* zentrieren
centile/percentile Zentil, Perzentil, Prozentil
centimorgan (unit of genetic recombination) Centimorgan (Einheit für genetische Rekombination)
centipedes/chilopodians Hundertfüßer, Chilopoden
central body (insect brain) Zentralkörper
central cylinder/stele (of stem) Zentralzylinder des Sprosses, Sprossstele; (of root) Zentralzylinder der Wurzel, Wurzelstele
central dogma zentrales Dogma
central fibril/axial filament/axoneme Achsenfaden, Axonema
central granule/axoplast/centroplast Zentralkorn, Centroplast
central leader *bot/hort* Mittelleittrieb
central nervous system Zentralnervensystem
central placentation Zentralplazentation
centrifugal zentrifugal
centrifugal force Zentrifugalkraft
centrifugation Zentrifugation
- ➢ **analytical centrifugation** analytische Zentrifugation
- ➢ **density gradient centrifugation** Dichtegradientenzentrifugation
- ➢ **differential centrifugation** Differenzialzentrifugation, differenzielle Zentrifugation
- ➢ **fractional centrifugation** fraktionierte Zentrifugation
- ➢ **isopycnic centrifugation** isopycnische Zentrifugation, isopyknische Zentrifugation
- ➢ **preparative centrifugation** präparative Zentrifugation

➤ **ultracentrifugation** Ultrazentrifugation
➤ **zonal centrifugation** Zonenzentrifugation
centrifuge *n* Zentrifuge
centrifuge *vb* zentrifugieren
centrifuge cell Zentrifugenzelle
centrifuge rotor/centrifuge head Zentrifugenrotor
centrifuge tube Zentrifugenröhrchen
centriole Centriol, Zentriol
centripetal zentripetal
centro-acinar cell centroacinäre Zelle
centromere Centromer, Zentromer
centromere DNA sequence elements (CDE) CDE-Elemente (DNA-Sequenzelemente am Centromer)
centroplast/central granule/axoplast Centroplast, Zentralkorn
centrum (of vertebra) Wirbelkörper, Centrum
century plant family/agava family/ Agavaceae Agavengewächse
cepaceous zwiebelartig (Geruch/Geschmack)
cephalic den Kopf betreffend, Kopf...
cephalic flexure/cranial flexure ***embr*** Scheitelbeuge
cephalic gland/frontal gland Kopfdrüse, Stirndrüse, Frontaldrüse
cephalic vesicles ***embr*** Hirnbläschen
cephalization/head development Cephalisation, Kopfbildung
cephalopods Cephalopoden, Kopffüßer
cephalotaxus family/ plum yew family/Cephalotaxaceae Kopfeibengewächse
cephalothorax (fused head and thorax) Cephalothorax, Kopfbruststück
ceraceous/waxy/wax-like wachsartig
cerago/bee bread Cerago, Bienenbrot
ceramide Ceramid
cerata (nudibranchs) Cerata, Rückenanhänge
ceratitic suture line ceratitische Lobenlinie/Nahtlinie
Ceratophyllaceae/hornwort family Hornblattgewächse
cercaria Cercarie, Zerkarie, Schwanzlarve
Cercidiphyllaceae/ katsura-tree family Katsurabaumgewächse
cercus/cercopod (clasping organs) Cercus, Aftergriffel, Afterraife, Afterfühler, Schwanzborsten (Schwanzanhang)
cere (on bill of birds) Cera, Wachshaut (am Schnabel)
cereal(s) (grain) Getreide, Getreidepflanze(n); (foodstuff made from grain) Getreidekost (Frühstücksgetreidekost); (flakes) Getreideflocken
cerebellum/epencephalon Kleinhirn, Hinterhirn, Cerebellum
cerebral cerebral, zerebral, das Hirn betreffend, Hirn...
cerebral commissure Cerebralkommissur, Zerebralkommissur
cerebral concussion Gerhirnerschütterung
cerebral cortex Großhirnrinde
➤ **auditory cortex** Hörrinde
➤ **neocortex** Neocortex, Neokortex
➤ **optic cortex** Sehrinde
cerebral ganglion Cerebralganglion, Zerebralganglion
cerebral hemisphere Hirnhemisphäre, Großhirnhälfte
cerebral membrane/cerebral meninx (*pl* meninga) Gehirnhaut, Hirnhaut, Meninx (*pl* Meninga)
cerebral meninx (*pl* meninga/meninges)/ cerebral membrane Hirnhaut, Gehirnhaut, Meninx (*pl* Meninga)
cerebral peduncle/crura cerebri Hirnschenkel, Hirnstiel
cerebroside Cerebrosid
cerebrospinal fluid (CSF) Gehirn-Rückenmark-Flüssigkeit, Liquor cerebrospinalis
cerebrum/endbrain/telencephalon Großhirn, Endhirn, Telencephalon
cerianthids/tube anemones/ Ceriantharia Zylinderrosen

cerotic acid/hexacosanoic acid Cerotinsäure, Hexacosansäure
cerumen Wachs
➤ **earwax** Ohrenschmalz
ceruminous gland/wax gland Wachsdrüse; Ohrenschmalzdrüse
cervical cervikal, zervikal, Hals/Nacken/Gebärmutterhals betreffend
cervical flexure *embr* Nackenbeuge
cervical os (opening of the cervix) Muttermund, Gebärmuttermund
cervical plexus Halsgeflecht
cervical sclerite Halsschild
cervical spine Halswirbelsäule (HWS)
cervical vertebra Halswirbel (HW), Cervikalwirbel
cervix Cervix, Zervix, Gebärmutterhals
cesarean section/cesarean *med/vet* Kaiserschnitt
cesium (Cs) Cäsium
cesium chloride gradient Cäsiumchloridgradient
cespitose/caespitose/caespitulose (growing densely in tufts) grasbüschelartig, rasig, rasenartig
cesspool/cesspit Klärgrube
cetaceans (whales & porpoises & dolphins)/Cetacea Wale und Delphine
CFCs (chlorofluorocarbons/ chlorofluorinated hydrocarbons) FCKW (Fluorchlorkohlenwasserstoffe)
CGH (comparative genome hybridization) CGH (vergleichende Genomhybridisierung)
chaeta (*pl* chaetae)/bristle/seta Chaete, Borsten
chaetiferous/chaetiphorous mit Borsten versehen, Borsten...
chaetoblast (annelids) Chaetoblast, Borstenbildungszelle
chaetotaxy Chaetotaxie
chaff/bracts (small dry scales) Spreu, Kaff
chaffy/paleaceous spreuartig, voller Spreu
Chagas disease (*Trypanosoma cruzi*) Chagas Krankheit
chain (branched/unbranched) Kette (verzweigte/unverzweigte)
➤ **heavy chain (H-chain)** schwere Kette (H-Kette)
➤ **light chain (L-chain)** leichte Kette (L-Kette)
chain form/open-chain form Kettenform
chain formula/open-chain formula Kettenformel
chain length Kettenlänge
chain of cells/filament Zellfaden, Filament
chain reaction Kettenreaktion
chain-terminating technique Kettenabbruchverfahren
chair conformation (cycloalkanes) *chem* Sesselform
chalaza/treadle Chalaze, Hagelschnur
chamaephyte Chamaephyt
➤ **woody chamaephyte/dwarf-shrub** holziger Chamaephyt, Zwergstrauch
chamber/valve/case Kammer, Fach
chamber *electrophor* Kammer
chambered/valvate gekammert, gefächert, fächrig
chance Zufall
change/modification/variation Veränderung, Variation
channel (*see:* membrane channel) Kanal
➤ **ligand-gated channel** ligandenregulierter/ ligandengesteuerter Kanal
➤ **mechanically gated channel** mechanisch gesteuerter Kanal
➤ **resting channel/leakage channel** Ruhemembrankanal, Leckkanal
➤ **voltage-sensitive channel/ voltage-gated channel** spannungsregulierter/spannungsgesteuerter Kanal
channel current Kanalstrom
channel gate Kanaltor
channel protein Kanalprotein, Tunnelprotein
chanterelle family/chantarelle family/ canterelle family/cantarelle family/ Cantharellaceae Pfifferlinge
chaos theory Chaostheorie
chaotropic agent chaotrope Substanz

chaotropic series chaotrope Reihe
chaperone protein/chaperone/ molecular chaperone Chaperon, molekulares Chaperon, Begleitprotein
chaperonin Chaperonin
characins (tetras & piranhas)/ Characiformes Salmler
character/characteristic Charakter, Eigenschaft, Merkmal
➤ **acquired c.** erworbene Eigenschaft
➤ **canalized c.** kanalisiertes Merkmal
➤ **derived c.** abgeleitetes Merkmal
➤ **inborn/innate c./ genetically determined c.** Erbmerkmal, angeborenes Merkmal
character congruence ***phyl/clad*** Merkmalskongruenz, Merkmalsüberseinstimmung
character difference Merkmalsunterschied
character displacement ***evol*** Konstrastbetonung, Merkmalsverschiebung (Merkmalsdifferenz-Regel)
character divergence Merkmalsdivergenz
character phylogeny Merkmalsphylogenetik
character species Charakterart, Leitart
character state ***clad*** Merkmalszustand
➤ **apomorphy (derived)** Apomorphie (abgeleitet)
➤ **autapomorphy (unique/derived)** Autapomorphie (neu erworben/abgeleitet)
➤ **plesiomorphy (ancestral)** Plesiomorphie (ursprünglich)
➤ **symplesiomorphy (shared/ancestral)** Symplesiomorphie (gemeinsam/ursprünglich)
➤ **synapomorphy (shared/derived)** Synapomorphie (gemeinsam/abgeleitet)
characteristic/character Eigenschaft, Merkmal; Charakter
➤ **acquired** erworben
➤ **derived** abgeleitet
characteristic value Kennwert
charcoal Holzkohle
charge/feed beschicken
charge separation Ladungstrennung
chase ***n hunt*** Hatz, Hetzjagd
chase ***vb*** jagen, hetzen
chatter/jabber (monkeys/apes) schnattern
cheek/gena Backe, Wange, Gena
cheek gland Backendrüse
cheek pouch (e.g. hamster) Backentasche
cheek tooth Backenzahn
cheekbone/zygomatic bone/ malar bone/os zygomaticum Backenknochen
cheese-skipper (Piophilidae larva) Käsefliegenlarve
cheilostomates/Cheilostomata (bryozoans) Lappenmünder, Lippenmünder
chelate ***n chem*** Chelat, Komplex
chelate ***vb chem*** komplexieren
chelate ***adj/adv*** **(claw-bearing)** mit Scheren versehen
chelating agent/chelator ***chem*** Chelatbildner, Komplexbildner
chelation/chelate formation ***chem*** Chelatbildung, Komplexbildung
chelicera/fang/cheliceral fang Chelicere, Chelizere, Kieferfühler, Scherenkiefer, Klaue, Fresszange, Greifzange
cheliceral fang Chelicerenklaue, Scherenfinger (Unguis)
chelicerates/Chelicerata Cheliceraten, Chelizeraten
cheliferous mit Scheren versehen, scherentragend, Scheren...
chelifore (pycnogonids) Chelifore
cheliform/chelate/pincerlike/clawlike scherenartig, zangenartig
cheliped Scherenfuß
chemical bond (***see also:*** **bond)** chemische Bindung
chemical complexity chemische Komplexität
chemical oxygen demand (COD) chemischer Sauerstoffbedarf (CSB)
chemical warfare chemische Kriegsführung
chemical warfare agent chemischer Kampfstoff

chemical weapons chemische Waffen
chemiosmosis Chemiosmose
chemiosmotic hypothesis/theory chemiosmotische Hypothese/Theorie
chemisorption Chemisorption, chemische Adsorption
chemoaffinity hypothesis Chemoaffinitäts-Hypothese
chemoheterotroph(ic) chemoheterotroph
chemoheterotrophy Chemoheterotrophie
chemolithotroph(ic)/ chemoautotroph(ic) chemolithotroph, chemoautotroph
chemolithotrophy/chemoautotrophy Chemolithotrophie, Chemoautotrophie
chemomorphosis Chemomorphose (Gestaltentwicklung entsprechend chemischer Umweltreize)
chemoorganotroph(ic) chemoorganotroph
chemoorganotrophy Chemoorganotrophie
chemostat Chemostat
chemosynthesis Chemosynthese
chemotaxis Chemotaxis (*pl* Chemotaxien)
chemotherapy Chemotherapie
Chenopodiaceae/goosefoot family Gänsefußgewächse
cherimoya family/ custard apple family/Annonaceae Rahmapfelgewächse, Schuppenapfelgewächse
chest/thorax Oberkörper, Brustkorb, Brustkasten, Thorax
chestnut (horse: above knee/ lower hock on medial side of leg) Kastanie
chevron (bone)/hemal arch Sparrknochen, Haemapophyse, ventraler Wirbelbogen, Chevron
chew/masticate kauen, zerkauen
➢ **chew the cud (regurgitate)** wiederkäuen
chewing/mastication ***n*** Kauen, Zerkauen
chewing/masticatory ***adj*** kauend
chewing lice/biting lice/Mallophaga Haarlinge & Federlinge
chewing-biting (mouthparts) kauend-beißend
chi-square test Chi-Quadrat-Test
chiasma (*pl* chiasmata) Chiasma (Chiasmata), Überkreuzung
➢ **optic chiasma/chiasma opticum** Sehnervenkreuzung
chicken Huhn
➢ **chick** Küken
➢ **hen** Henne
➢ **rooster/cock/male chicken** Hahn
➢ **young hen/pullet** Hühnchen
chicken coop Hühnerstall
chicken embryo culture Eikultur (Hühnerei)
chief association Hauptassoziation
chief cell (stomach) Hauptzelle
chigger/"red bug"/harvest mite (parasitic red mite larva) Erntemilbenlarve, parasitische Larve von Trombidiidae
childbed fever/puerperal fever (bacterial) Kindbettfieber, Wochenbettfieber, Puerperalfieber
childbirth Kindesgeburt, Niederkunft
childhood Kindheit
chilidium/chilidial plate Chilidium, Verschlussplatte
chill abkühlen, kühlen, gefrieren
chilling Abkühlung, Kühlen, Gefrieren
chilling damage/chilling injury Kälteschaden, Kälteschädigung, Erkältung, Unterkühlungsschaden
chimera Chimäre, Pfropfhybride, Zellhybride
chimeras/ratfishes/rabbit fishes/ Holocephali Chimären, Seedrachen, Seekatzen
chine (backbone/spine) Rückgrat, Kreuz
chine (cattle: a cut with all or part of the backbone) Kamm, Kammstück
Chinese gooseberry family/ actinidia family/Actinidiaceae Strahlengriffelgewächse
chinic acid/kinic acid/ quinic acid (quinate) Chinasäure

chinine/quinine Chinin
chinolic acid Chinolsäure
chinoline/quinoline Chinolin
chinone Chinon
chip budding *hort*
Chipveredelung, Chipveredlung, Span-Okulation
chipboard Spanplatte
chiral chiral
chirality Chiralität
chiropatagium (bats) Chiropatagium (Flughaut der Fledermäuse)
chiropterochory/bat-dispersal
Fledermausausbreitung
chiropterophile/bat-pollinated flower
Fledermausblume
chiropterophilous/bat-pollinated
fledermausblütig
chiropterophily/bat-pollination/ pollination by bats
Fledermausbestäubung
chirp/cheep *orn* piepen, piepsen
chirp/stridulate *entom*
zirpen, schrillen, stridulieren
chirping/stridulation
Zirpen, Schrillen, Stridulation
chitin Chitin
chitinous chitinös, Chitin...
chitinous shell Chitinschale
chitterlings/chitlins (hog intestines)
Gedärme, Gekröse (Schweine)
chlamydospore
Chlamydospore (Gemme)
chloragogen cell/chloragogue cell (oligochetes) Chloragogzelle
chlorenchyma Chlorenchym, Assimilationsparenchym
chloride cell *ichth*
Chloridzelle, Ionocyt
chlorinate chlorieren
chlorinated hydrocarbons (CHCs)
chlorierte Kohlenwasserstoffe (CKW)
chlorination Chlorierung
chlorine (Cl) Chlor
chlorofluorocarbons/ chlorofluorinated hydrocarbons (CFCs)
Fluorchlorkohlenwasserstoffe (FCKW)
chlorogenic acid Chlorogensäure
chlorophyll Chlorophyll
chloroplast Chloroplast
chlorosome
Chlorosom (Chlorobium-Vesikel)
choana/internal nostril/internal naris
Choane, innere Nasenöffnung
choanoflagellates/Choanoflagellata
Choanoflagellaten
chocolate agar
Schokoladenagar, Kochblutagar
choke *vb* würgen, erwürgen, erdrosseln, ersticken
cholecalciferol (vitamin D_3)
Cholecalciferol, Calciol (Vitamin D_3)
cholecystokinin-pancreozymin (CCK-PZ) Cholecystokinin-Pankreozymin (CCK-PZ)
cholesterol Cholesterin, Cholesterol
cholic acid (cholate)
Cholsäure (Cholat)
cholinergic cholinerg
chondroid tissue
chondroides Gewebe, Knorpelgewebe (Parenchymknorpel)
chondrotonal sensilla/ scolopidium/scolophore
stiftführende Sensille, Scolopidium
chordal plate/notochordal plate
Chordaplatte
chordates Chordaten, Chordatiere, Rückgrattiere
chordotonal chordotonal
chordotonal organ
Chordotonalorgan, Saitenorgan
chorioallantoic placenta
Chorioallantoisplazenta, Zottenplazenta
chorion (external extraembryonic membrane)
Chorion, äußere Eihaut
chorion/eggshell (insect egg)
Chorion, Eischale
chorion frondosum Zottenhaut
chorion laeve (nonvillous chorion)
Chorion laeve, Zottenglatze
chorionic placenta
Chorionplazenta
chorionic villi Chorionzotten
chorionic villus biopsy/ chorion villi biopsy/ chorionic villus sampling (CVS)
Chorionzotten-Biopsie

choripetalous/ apopetalous/polypetalous (with many free petals) choripetal, apopetal, polypetal
chorismic acid (chorismate) Chorisminsäure (Chorismat)
choroid/chorioid/chorioidea Aderhaut
chorology/biogeography Chorologie, Arealkunde, Verbreitungslehre
chromaffin/chromaffine/chromaffinic chromaffin
chromatid Chromatid
chromatin Chromatin
chromatin thread Chromatinfaden
chromatogram Chromatogramm
chromatograph Chromatograph
chromatography Chromatographie, Chromatografie
- **affinity chromatography** Affinitätschromatographie
- **bonded-phase chromatography** Festphasenchromatographie
- **capillary chromatography** Kapillarchromatographie
- **chiral chromatography** enantioselektive Chromatographie
- **circular chromatography** Zirkularchromatographie, Rundfilterchromatographie
- **column chromatography** Säulenchromatographie
- **gas-liquid chromatography** Gas-Flüssig-Chromatographie
- **gas chromatography** Gaschromatographie
- **gel permeation chromatography/ molecular sieving chromatography** Gelpermeationschromatographie, Molekularsiebchromatographie
- **high-pressure liquid chromatography/high performance liquid chromatography (HPLC)** Hochdruckflüssigkeits-chromatographie, Hochleistungschromatographie
- **immunoaffinity chromatography** Immunaffinitätschromatographie
- **ion-exchange chromatography** Ionenaustauschchromatographie
- **liquid chromatography (LC)** Flüssigkeitschromatographie
- **molecular sieve chromatography/ molecular sieving chromatography/ gel permeation chromatography/ gel filtration** Molekularsiebchromatographie, Gelpermeationschromatographie, Gelfiltration
- **paper chromatography** Papierchromatographie
- **partition chromatography** Verteilungschromatographie
- **preparative chromatography** präparative Chromatographie
- **recognition site affinity chromatography** Erkennungssequenz-Affinitätschromatographie
- **reversed phase chromatography/ reverse-phase chromatography** Umkehrphasenchromatographie
- **salting-out chromatography** Aussalzchromatographie
- **size exclusion chromatography (SEC)** Ausschlusschromatographie, Größenausschlusschromatographie
- **supercritical fluid chromatography (SFC)** überkritische/superkritische Fluidchromatographie, Chromatographie mit überkritischen Phasen
- **thin-layer chromatography** Dünnschichtchromatographie

chromatophore/pigment cell Chromatophore, Pigmentzelle, Farbzelle
chromium (Cr) Chrom
chromocenter Chromozentrum
chromomere Chromomer
chromoplast Chromoplast
chromosomal aberration/ chromosome aberration chromosomale Aberration, Chromosomenaberration
chromosomal breakage syndrome Syndrom mit erhöhter Chromosomeninstabilität

chromosome Chromosom
- **accessory chromosome** akzessorisches Chromosom, zusätzliches Chromosom
- **acentric chromosome** azentrisches Chromosom
- **acrocentric chromosome** akrozentrisches Chromosom
- **ancestral chromosome** Urchromosom
- **artificial chromosome** Minichromosom
- **dicentric chromosome** dizentrisches Chromosom
- **giant chromosome** Riesenchromosom
- **harlequin chromosomes** Harlekin-Chromosomen
- **homologous chromosome** homologes Chromosom
- **human artificial chromosome (HAC)** künstliches Humanchromosom, künstliches menschliches Chromosom, menschliches Minichromosom
- **isodicentric chromosome** isodizentrisches Chromosom
- **lampbrush chromosome** Lampenbürstenchromosom
- **metacentric chromosome** metazentrisches Chromosom
- **metaphase chromosome** Metaphasenchromosom
- **multiforked chromosome** Chromosom mit mehreren Replikationsgabeln
- **polytene chromosomes** polytäne Chromosomen
- **ring chromosome** Ringchromosom
- **satellite chromosome** Satellitenchromosom
- **submetacentric chromosome** submetazentrisches Chromosom
- **telocentric chromosome** telozentrisches Chromosom

chromosome complement Chromosomensatz/-bestand

chromosome hopping/ jumping/walking Chromosomenhopsen, -springen, -wandern

chromosome instability Chromosomeninstabilität

chromosome-mediated gene transfer chromosomenvermittelter Gentransfer

chromosome painting Fluoreszenzmarkierung ganzer Chromosomen

chromosome puff Chromosomenpuff

chromosome set Chromosomensatz

chromosome theory (of inheritance) Chromosomentheorie (der Vererbung)

chronic/chronical chronisch

chronospecies Chronospezies

chronotropic chronotrop

chrysalis (*pl* chrysalids/chrysalides) (pupa of holometabolic insects) Chrysalis (Puppe holometaboler Insekten)

Chrysobalanaceae/ cocoa-plum family/ coco-plum family Goldpflaumengewächse

chuck (cut of beef: parts of neck/ shoulder & area of first three ribs) Schulterstück, Bugstück

chyle Chylus, Darmlymphe

chylific ventricle/chylific cecum Chylusblindsack

chyme Chymus, Speisebrei, Magenbrei

chymosin/lab ferment/rennin Chymosin, Labferment, Rennin

chymotrypsine Chymotrypsin

chytrids/Chytridiomycetes/ Archimycetes (Chytridiales) Urpilze

cicadas/Auchenorrhyncha (Homoptera) Zikaden, Zirpen

cicatricle/"eye"/ blastodisc/germinal disk Hahnentritt, Keimscheibe

cicatrix/cicatrice/scar *med* Cicatricula, Narbe, Wundnarbe

cidaroids/Cidaroida Lanzenseeigel

ciliary band Wimpernkranz, Wimperkranz

ciliary body/corpus ciliare Ciliarkörper, Ziliarkörper

ciliary feeder/ ciliary suspension feeder ciliärer Suspensionsfresser, Nahrungsstrudler
ciliary feeding Nahrung herbei strudeln
ciliary loop/corona ciliata (Chaetognatha) Corona ciliata
ciliary pit (Gnathostomulida) Ciliengrube
ciliary tuft Wimperschopf
ciliated/bearing cilia/ cilium-bearing/ciliferous bewimpert, gewimpert, zilientragend, cilientragend
ciliated crown/ciliated organ/ corona (rotifers) Räderorgan, Krone (Rotatorien)
ciliated epithelium Flimmerepithel, Wimperepithel, Geißelepithel
ciliated groove (ctenophores) Wimperfurche
ciliated larva Wimperlarve
ciliated pit Wimpergrube
ciliates/Ciliata Ciliaten, Wimpertierchen
ciliation Bewimperung
cilium (*pl* cilia) Cilie, Zilie, Wimper, Flimmerhaar, Flimmerhärchen, Kinozilie, Kinozilium (Haarzelle)
cincinnal bract wickelartige Schuppe/Deckschuppe
cincinnus (scorpioid cyme) *bot* Wickel
cinereous/ash-colored aschenfarbig, aschfarben
cinnamic acid Cinnamonsäure, Zimtsäure (Cinnamat)
cinnamic alcohol/cinnamyl alcohol Zimtalkohol
cinnamic aldehyde/cinnamaldehyde Zimtaldehyd
cinnamon fern family/ flowering fern family/ royal fern family/ Osmundaceae Königsfarngewächse, Rispenfarngewächse
circadian rhythm circadianer Rhythmus, Tagesrhythmus (-rhythmik)
circannual rhythm circannueller Rhythmus, Jahresrhythmus (-rhythmik)
circinate/coiled/volute aufgerollt (schneckenförmig)
circinate vernation (ferns) Blattentwicklung aus aufgerollter Knospenlage (Farne)
circle Kreis
circuit/electric circuit Stromkreis
circuit/neural circuit *neuro* Schaltkreis, Schaltsystem
➢ **reverberating circuit** zurückwirkender Schaltkreis
circular/orbicular kreisförmig, kreisrund
circular chromatography Zirkularchromatographie, Rundfilterchromatographie
circular dichroism Circulardichroismus, Zirkulardichroismus
circular shaker/rotary shaker Rundschüttler
circularization Zirkularisierung, Ringschluss
circulate zirkulieren
circulating/circulatory zirkulierend, Zirkulations...
circulation Zirkulation, Zirkulieren; Kreislauf; (bloodstream) Kreislauf, Blutkreislauf
➢ **blood circulation** Blutkreislauf
➢ **fetal circulation** fetaler Blutkreislauf
➢ **pulmonary circulation** kleiner Blutkreislauf, Lungenkreislauf
➢ **systemic circulation** Körperkreislauf
circulation/blood supply/ blood circulation Durchblutung
circulatory shock Kreislaufschock, Kreislaufkollaps

circulatory system (open/closed)
Zirkulationssystem,
Blutkreislaufsystem, Kreislaufsystem
(offenes/geschlossenes)
circumapical band (rotifers)
Circumapicalband
circumcise/circumcising (prepuce/clitoris)
beschneiden (Präputium/Clitoris)
circumcision (prepuce/clitoris)
Beschneidung (Präputium/Clitoris)
circumduction Zirkumduktion,
Kreisbewegung
circumnutation Circumnutation
circumscissile (e.g., capsule)
rundherum aufreißend
cirrate mit Ranken
cirrose/cirrous (leaf with prolonged midrib)
mit Ranken, rankenartige Blattspitze
cirrus (*pl* cirri) *bot/zool*
Cirre (*pl* Cirren)
cirrus/tendril *bot* Ranke
cirrus/feeding leg (thoracopod of barnacles)
Rankenfuß
cirrus pouch/cirrus sac (flatworms)
Cirrusbeutel
CISS (chromosomal in situ suppression hybridization)
chromosomale in-situ
Suppressionshybridisierung
Cistaceae/rockrose family
Cistrosengewächse,
Zistrosengewächse,
Sonnenröschengewächse
cisterna (*pl* cisternae/cisternas) (of ER)
Zisterne (des ER)
➤ **paired cisternae/cisternas**
paarweise liegende Zisternen
(des ER)
cistron Cistron
CITES (Convention on International Trade in Endangered Species): Washington 1975
Washingtoner
Artenschutzabkommen/
Artenschutzübereinkommen
citric acid (citrate)
Citronensäure, Zitronensäure
(Citrat/Zitrat)
citric acid cycle/tricarboxylic acid cycle (TCA cycle)/Krebs cycle
Citrat-Zyklus, Citratcyclus,
Zitronensäurezyklus,
Tricarbonsäure-Zyklus,
Krebs-Cyclus
citrulline Citrullin, Zitrullin
clade (*see also:* phylogeny)
Klade, Clade
➤ **bifurcation**
(*allg*/einfache) Verzweigung
➤ **cladogram** Kladogramm
➤ **crown group/crown clade**
Kronengruppe
➤ **daughter group** Tochtergruppe
➤ **dendrogram** Dendrogramm
➤ **ingroup (cladistics)** Innengruppe
➤ **midpoint rooting**
Mittelpunktsbewurzelung
➤ **molecular clock** molekulare Uhr
➤ **most recent common ancestor (MRCA)**
jüngster gemeinsamer Vorfahre
➤ **multifurcation**
(mehrfache) Verzweigung
➤ **node (branching point)**
Knoten (Verzweigungspunkt)
➤ **outgroup (cladistics)**
Außengruppe
➤ **parent group/parent clade**
Elterngruppe
➤ **phylogram** Phylogramm
➤ **sister groups** Schwestergruppen
➤ **stem group** Stammgruppe
➤ **subgroup/subclade** Untergruppe
cladistics (phylogenetic systematics)
Kladistik, Cladistik
(phylogenetische Systematik)
➤ **likelihood *clad*** Likelihood
(Wahrscheinlichkeit unter
bestimmten Annahmen/Modellen/
Hypothesen)
➤ ***monophyletic*** monophyletisch
➤ **monophylum (*pl monophyla)***
Monophylum
(monophyletische Gruppe)
➤ **monophyly** Monophylie
➤ **Ockham's razor (*also: Occam's)***
Ockhams Rasiermesser
➤ **ordered character**
geordnetes Merkmal

➢ **paraphyletic** paraphyletisch
➢ **paraphylum (*pl paraphyla)*** Paraphylum (paraphyletische Gruppe)
➢ **paraphyly** Paraphylie
➢ **parsimony** Parsimonie
➢ **polyphyletic** polyphyletisch
➢ **polyphylum (*pl* polyphyla)** Polyphylum (polyphyletische Gruppe)
➢ **polytomy** Polytomie
➢ **unordered character** ungeordnetes Merkmal

cladode/cladophyll Cladodium, Kladodium (Flachspross eines Langtriebs)
cladogenesis Cladogenese, Kladogenese
cladogram Cladogramm, Kladogramm
clam shrimps/Conchostraca Muschelschaler
clam shrimps & water fleas/ Diplostraca/Onychura Doppelschaler, Krallenschwänze
clamp/clip Klammer, Klemme
clamp *fung* (Basidiomycetes) Schnalle (Basidiomyceten)
clamp/corpuscle/corpusculum *bot* (milkweeds) Klemmkörper (Asclepiadaceen)
clamp connection *fung* (Basidiomycetes) Schnallenverbindung (Basidiomyceten)
clamp holder *lab* Muffe
clan Klan, Sippe, Großfamilie
clarification/purification Klärung (z.B. absetzen, entfernen von Schwebstoffen aus einer Flüssigkeit)
clasp reflex Klammerreflex
clasper *zool* (sharks/rays/skates) Haftorgan
clasper/tendril/climbing shoot *bot* Ranke
claspered/bearing tendrils mit Ranken versehen
class Klasse
class frequency/cell frequency *stat* Klassenhäufigkeit, Besetzungszahl, absolute Häufigkeit
class switch *immun* Klassenwechsel
class-switching *immun* Klassenwechsel, Klassensprung
class trait Klassenmerkmal
classical conditioning (Pavlovian c.) klassische Konditionierung (Pawlowsche K.)
classification/classifying Klassifizierung, Klassifikation, Einteilung, Gliederung
➢ **taxonomic c.** Gruppeneinteilung

classify klassifizieren, gliedern
classifying/classification Klassifizierung, Klassifikation, Einteilung, Gliederung
claustral cell (sealed queen ant cell) Kessel, Brutkammer
clavate/club-shaped/club-like keulenartig
clavus/heloma/corn *med* Clavus, Hühnerauge
claw *orn* (talon) Klaue, Kralle; (nail) Nagel; *bot* (unguis) Nagel (des Kronblattes), Unguis
➢ **dewclaw/false foot** Afterklaue
➢ **grasping claws/clasper(s)/clasps** Greifzange, Haltezange, Klasper
➢ **poison claw** Giftklaue
➢ **raptorial claw (predatory birds)** Greiffuß, Fang
➢ **sole of claw** Krallensohle
➢ **wall of claw** Krallenwall

claw gland Klauendrüse
clay Ton
➢ **heavy clay soil (marsh)** Klei, schwerer Kleiboden
➢ **modeling clay** Knete, Knetmasse, Plastilin

clay licking (mineral lick) Tonlecken (Mineralienlecken)
clean bench Sicherheitswerkbank
clean room Reinraum bzw. Reinstraum (je nach Partikelanzahl/m^3)
cleaning symbiosis Putzsymbiose
clear/clarify/purify klären (z.B. absetzen, entfernen von Schwebstoffen aus einer Flüssigkeit)
clear/fell (of a forest) abholzen, fällen, roden, kahlschlagen

clear-cut/clear cutting/ clearance/land clearance Abholzung, Kahlschlag
clear-cutting/land clearing abholzen, abforsten, kahlschlagen
clear plaque klarer Plaque
clear-zone eye/ optical superposition eye optisches Superpositionsauge
clearance (*not translated: used as such!*) Clearance, Klärung, Klärfaktor, Clearance-Wert, Filtrierung
clearance rate Filtrierrate
clearant/clearing agent *micros* Aufheller, Aufhellungsmittel
clearing (felling) *for* Abholzung, Kahkschlag, Rodung
clearing/aisle Schlag, Waldschlag; Lichtung; Schneise
cleavage/breakage/ opening/cracking/ splitting/breakdown *chem* Spaltung; Spaltbarkeit
cleavage/segmentation *zool/embr* (egg cleavage) Furchung, Furchungsteilung (Eifurchung)
➢ **bilateral cleavage** bilaterale Furchung, Bilateralfurchung
➢ **complete/holoblastic cleavage** totale Furchung, vollständige Furchung, holoblastische Furchung
➢ **determinate cleavage** determinative Furchung, determinierte Furchung (nichtregulative)
➢ **equal cleavage** äquale Furchung, gleichmäßige Furchung
➢ **holoblastic/complete cleavage** holoblastische/vollständige/ totale Furchung
➢ **irregular cleavage** unregelmäßige Furchung
➢ **meridional cleavage** Meridionalfurchung
➢ **regulative cleavage** regulative Furchung (nichtdeterminativ)
➢ **spiral cleavage** Spiralfurchung
➢ **superficial cleavage** superfizielle Furchung, oberflächliche Furchung, Oberflächenfurchung
➢ **total cleavage** totale Furchung
➢ **unequal cleavage** inäquale Furchung, ungleichmäßige Furchung
cleavage fusion Spaltfusion
cleavage site *gen* Schnittstelle
cleave (groove/striate/furrow/fissure) *zool/embr* furchen
cleave/break/open/crack/split/break down *chem* spalten
cleft/crack/slit/crevice Spalt, Spalte
cleft grafting/wedge grafting Spaltpfropfung, Pfropfen in den Spalt
cleft lip Lippenspalte
cleft palate Gaumenspalte
cleidoic egg/shelled egg/"land egg" (reptiles/birds) kleidoisches Ei, beschaltes Ei
cleistocarpous kleistokarp
cleistogamous kleistogam
cleistogamy Kleistogamie
cleistothecium/cleistocarp Kleistothecium
cleptobiosis Cleptobiose, Kleptobiose
clethra family/white-alder family/ Clethraceae Scheinellergewächse
clicking sound (whales) Klicklaut
cliff Fels, Klippe
climacteric *n* Klimakterium, kritische/entscheidende Phase; (menopause) Klimakterium, Klimax, Wechseljahre, Menopause
climate Klima
➢ **continental climate** Kontinentalklima, Binnenklima, Landklima
➢ **oceanic climate/marine climate/ maritime climate/coastal climate** Meeresklima, Küstenklima
climatic klimatisch, Klima...
climatic belt Klimagürtel
climatic catastrophe/disaster Klimakatastrophe

climatic change Klimawechsel
climatology
Klimatologie, Klimakunde
climax/culmination
Klimax, Höhepunkt
climax/orgasm Orgasmus
climax/to have an orgasm *vb*
den Höhepunkt erreichen,
einen Orgasmus haben
climax community
Klimaxgesellschaft
climax formation Klimaxformation
climax vegetation Klimaxvegetation
climber/vine/scandent plant
Kletterpflanze, Rankengewächs
climbing/scandent
klimmend, kletternd
climbing fern family/ curly-grass family/Schizaeaceae
Spaltfarngewächse
climbing fiber Kletterfaser
climbing foot Kletterfuß
cline (phenotypic/character gradient)
Cline, Kline, Klin,
Merkmalsgefälle, Merkmalsgradient,
Merkmalsprogression
➢ **chemocline *limn*** Chemokline (chemische Sprungschicht)
➢ **ecocline (gradient of vegetation and biotopes)**
Ökocline, Ökokline, Ökoklin
➢ **step cline** Stufen-Kline
➢ **thermocline *limn***
Thermokline, Sprungschicht
clingfishes/Gobiescociformes
Saugfischverwandte, Schildfische,
Spinnenfischartige
clinical feature klinisches Merkmal
clinical symptom
klinisches Symptom
clinical syndrome
klinisches Syndrom
clip *n* Klammer
➢ **stage clip *micros***
Objekttisch-Klammer
clip *vb* abschneiden, beschneiden,
stutzen; scheren (z.B. Schafe)
clip/shears Schere; Schermaschine
(Schur der Schafwolle)
clipping
Scheren, Stutzen, Beschneiden
clitellates/Clitellata
Clitellaten, Gürtelwürmer
clitellum Clitellum, Drüsengürtel
clitoris Clitoris, Klitoris, Kitzler
cloaca Kloake
cloacal opening/ cloacal aperture/vent
Kloakenöffnung
cloaked adult/coarctate pupa
coarctate Puppe
clock Uhr
➢ **biological clock** biologische Uhr
➢ **molecular clock** molekulare Uhr
clod (of soil)
Scholle, Klumpen, Erdklumpen
clonal selection theory
Klonselektionstheorie,
klonale Selektionstheorie
clone *n* Klon
clone *vb* klonieren
clone bank/bank/DNA-library
Genbank, DNA-Bibliothek
cloning Klonierung
➢ **positional cloning**
Positionsklonierung
➢ **somatic cell nuclear transfer cloning**
Kerntransferklonierung einer
somatischen Zelle
➢ **subcloning** Subklonierung
➢ **subtractive cloning**
subtraktive Klonierung,
Subtraktionsklonierung
cloning vector Klonierungsvektor
close-set stand/dense stand (of trees)
dichter Baumbestand
closing mechanism
Schließmechanismus
clot *n* Gerinnsel
clot *vb* gerinnen
clotting Gerinnung
clotting factor (blood)
Gerinnungsfaktor
cloud forest/fog forest/ humid forest/perhumid forest
Nebelwald
cloud seeding (silver iodide) *meteo/ecol*
Wolkenimpfung
clove (of garlic)
Zehe (Knoblauchzehe)

cloven-hoofed paarzehig
cloven-hoofed animals/ even-toed ungulates/artiodactyls/ Artiodactyla Paarhufer
cloverleaf ***gen*** Kleeblatt
club fungi/Basidiomycetes Ständerpilze
club fungus Keulenpilz
club-like/clubbed/clavate keulenartig
club-root/hernia Hernie
club-shaped/club-like/clavate keulenartig
clubmoss trees/lepidophyte trees/ Lepidodendrales Lepidophyten, Bärlappbäume
clubmosses/clubmoss family/ lycopods/Lycopodiaceae Bärlappgewächse
clusia family/garcinia family/ mamey family/mangosteen family/ Clusiaceae/Guttiferae Klusiengewächse
cluster Gruppe
➢ **gene cluster** Gengruppe, Gencluster
cluster/bunch Büschel
cluster analysis Clusteranalyse
cluster base/knob/bourse ***hort/bot*** Fruchtkuchen
cluster cup/aecium/aecidium ***fung*** Aecidium
cluster of differentiation (CD) Differenzierungscluster (CD)
clustered in Gruppen
clutch (nest of eggs) Gelege, Eigelege, Brut, Nest mit Eiern
clutch size Brutgröße
Cneoraceae/spurge olive family Zeilandgewächse, Zwergölbaumgewächse
cnida/thread capsule/ nematocyst (urticator) Cnide, Nesselkapsel, Nematocyste
➢ **glutinant cnida** Glutinant, Klebkapsel, Haftkapsel
➢ **penetrant cnida** Penetrant, Durchschlagskapsel
➢ **tube cnida/ptychocyst (Ceriantharia)** Ptychozyste, Ptychonema (eine Astomocnide)
➢ **volvent cnida** Volvent, Wickelkapsel
cnidarians/coelenterates/ Cnidaria/Coelenterata Hohltiere, Nesseltiere, Coelenteraten
cnidocyte/cnidoblast/ nematocyte/stinging cell Cnidocyt, Cnidozyt, Nematocyt, Nematozyt, Nesselzelle
coacervate Koazervat
coagulate/set/curdle koagulieren, gerinnen
coal Kohle
➢ **anthracite/hard coal** Anthrazit, Kohlenblende
➢ **bituminous coal/soft coal** bituminöse Kohle, Steinkohle
➢ **lignite/brown coal** Lignit, Braunkohle
➢ **subbituminous coal** subbituminöse Kohle, Glanzbraunkohle
coalescence/symphysis Verwachsung (allgemein)
coalescent/fused by growth verwachsen
coalification/carbonization Inkohlung
coarctate/compressed/constricted zusammengepresst, aneinandergedrückt, verengt
coarctate larva/larva coarctata/ pseudocrysalis Scheinpuppe, Pseudocrysalis
coarctate pupa/pupa coarctata Tönnchenpuppe
coarctation/stricture Verengung, Striktur, Koarktation
coarse/sturdy/rough/ robust/tough/hard grob; derb
coarse adjustment/ coarse focus adjustment ***micros*** Grobjustierung, Grobeinstellung (Grobtrieb)
coarse adjustment knob ***micros*** Grobjustierschraube, Grobtrieb
coarse-grained grobkörnig; (Holz) grobfaserig

coast/seaboard/shore (*see also:* shoreline) Küste (Ufer/Gestade)
- ➤ **alluvial coast/ shoreline of progradation** Anschwemmungsküste, Anwachsküste
- ➤ **cliffed coast** Kliffküste
- ➤ **fjord(ed) coast/fjord shoreline** Fjordküste
- ➤ **low coast** Flachküste
- ➤ **ria coast/ria shoreline** Riasküste
- ➤ **skerry coast/ schären-type coastline (rocky isle)** Schärenküste
- ➤ **steep coast** Steilküste

coastal desert Küstenwüste
coastal dune Küstendüne
coastal flat/tidal flat Watt
coastal marsh Küstenmarsch, Seemarsch
coastal plain Küstenebene
coastal strip Küstenstreifen, Küstenstrich
coastal swamp/marsh Küstensumpf
coastal upwelling (water) aufwärtsstrebende vertikale Küstenströmung (Auftrieb/Auftriebswasser)
coastal vegetation/ maritime vegetation Küstenvegetation
coastal waters Küstengewässer
coastal zone/littoral zone Küstenzone, Uferzone
coastline/shoreline (waterline) (for different types *see:* shoreline) Küstenlinie, Küstenstrich
coat Hülle, Schale, Ummantelung; Mantel; *tech* Schutzschicht, Schutzfilm
- ➤ **laboratory coat/labcoat** Laborkittel
- ➤ **seed coat/testa (develops from integuments)** Samenhülle, Samenschale
- ➤ **viral coat** Virushülle

coat/plumage Tracht, Kleid (Fell/Gefieder)
- ➤ **undercoat/underfur** Unterhaarkleid, Wollhaarkleid
- ➤ **winter coat/winter fur** Winterfell

coat protein Hüllprotein
coated pit „coated pit", Stachelsaumgrübchen
coated vesicle Korbvesikel, Stachelsaumbläschen, Stachelsaumvesikel
cob/corn cob/ear Maiskolben
cobalt (Co) Kobalt, Cobalt
coca family/Erythroxylaceae Kokastrauchgewächse
cocaine Kokain
cocarcinogen Kokarzinogen
coccal coccal, kokkal
coccoid coccoid, kokkoid
coccolith Coccolit, Kokkolit Kalkplättchen, Kalkkörperchen
coccoliths/Coccolithales/ Coccolithophoridae Coccolithophoriden, Kalkflagellaten
coccus (*pl* cocci) Kokkus (*pl* Kokken), Kugelbakterium
coccygial vertebra/caudal vertebra Steißwirbel, Steißbeinwirbel, Schwanzwirbel
coccyx/os coccygis Steiß, Steißbein, Schwanzfortsatz
cochlea (ear) Schnecke
cochlear/spoon-like cochlear, löffelartig
cochlear duct/scala media Cortischer Kanal, Schneckengang
cochleate/cochleiform/ irregularly helical/ coiled like a snail's shell cochlear, schraubenartig gewunden, schneckenhausförmig eingerollt, schneckenhausartig gewunden
cochlospermum family/ buttercup tree family (silk-cotton tree family)/ Cochlospermaceae Nierensamengewächse
cock/rooster Hahn
cock's comb/crista galli (bony ridge in skull) Hahnenkamm, Crista galli
cockerel (under 1 year) Hähnchen, junger Hahn
cockroaches/Blattodea Schaben

cockscomb family/amaranth family/ Amaranthaceae Amarantgewächse, Fuchsschwanzgewächse
cocoa-plum family/ coco-plum family/ Chrysobalanaceae Goldpflaumengewächse
coconversion Cokonversion
cocoon Kokon, Puppenhülle, Gespinst (Raupenkokon)
cod-liver oil Lebertran
code/encode *vb* codieren, kodieren
code *n* Code
➢ **one-letter-code** Ein-Buchstaben-Code
codfishes & haddock & hakes/ Gadiformes Dorschfische
coding capacity Codierungskapazität, Kodierungskapazität
coding strand/sense strand codierender Strang, kodierender Strang, Sinnstrang
codominance Codominanz, Kodominanz
codominant codominant, kodominant
codon Codon, Kodon
➢ **initiation codon** Startcodon, Initiationscodon
➢ **nonsense codon** Nichtsinncodon, Nonsense-Codon
➢ **PTC (premature termination codon)** vorzeitiges Stoppcodon
➢ **punctuation codon** Satzzeichencodon
➢ **stop codon/termination codon/ terminator codon** Abbruchcodon, Stoppcodon
codon preference Codon-Präferenz
codon usage Codon-Nutzung
coefficient of association *stat* Assoziationskoeffizient
coefficient of coincidence *stat* Coinzidenzfaktor, Koinzidenzfaktor
coefficient of contingency *stat* Kontingenzkoeffizient
coefficient of relatedness Verwandtschaftskoeffizient
coefficient of variation *stat* Variationskoeffizient
coeliac/celiac (pertaining to the abdominal cavity) die Bauchhöhle betreffend, Bauchhöhlen...
coeliac plexus/celiac plexus/ solar plexus Sonnengeflecht
coelom/celom Coelom (Cölom)
➢ **acelous/acoelous** acöl, acoel
➢ **hydrocoel/hydrocoele** Hydrocoel
➢ **mesocoel/mesocoele** Mesocoel
➢ **metacoel/metacoele** Metacoel
➢ **procoel/procoele** Procoel
➢ **protocoel/protocoele** Axocoel, Protocoel
➢ **pseudocoel/bastocoele** Pseudocoel, Blastocoel
➢ **rhynchocoel/rhynchocoele** Rhynchocoel
➢ **schizocoel/schizocoele/ "split coelom"** Schizocoel
➢ **somatocoel** Somatocoel
coelomates Coelomaten
➢ **acoelomates** Acoelomaten
➢ **eucoelomates** Eucoelomaten
➢ **pseudocoelomates/ blastocoelomates** Pseudocoelomaten
coelomic fluid Cölomflüssigkeit
coenenchyme Coenenchym
coenobium (*pl* coenobia)/cell family Coenobium, Cönobium, Zönobium (*pl* Coenobien)
coenocytic coenocytisch
coenosarc Coenosark
coenzyme Coenzym, Koenzym
coercion Zwang
coevolution Coevolution, Koevolution
coexistance Koexistenz
cofactor Cofaktor
coffeeberry family/buckthorn family/ Rhamnaceae Kreuzdorngewächse
coffin Sarg
coffin bone/pedal bone (horses: distal phalanx) Hufbein
coffin joint (horses) Hufgelenk
cognate (nucleotide/tRNA) zugehörig, verwandt (Nucleotid/tRNA)
cohabitation Beischlaf

cohesion Kohäsion
cohesion theory (cohesion-tension theory) Kohäsionstheorie
cohesive kohäsiv
cohesive end ***gen*** überhängendes Ende, klebriges Ende, kohäsives Ende
cohesiveness Kohäsivität
cohort Kohorte
coil ***vb*** aufwinden, wickeln, in Ringen übereinanderlegen
coil ***n*** Knäuel, Spule
➤ **cooling coil** Kühlschlange
➤ **heating coil** Heizschlange
➤ **random coil** „Zufallsknäuel", ungeordnetes Knäuel
➤ **spiral coil/gyre** Windung, Gyros
➤ **supercoil/superhelix** Superhelix
➤ **supercoiling** ***gen*** Überspiralisierung
coil conformation/ loop conformation Knäuelkonformation, Schleifenkonformation
coiled/twisted/wound aufgewickelt
coiled coil (superspiraled helices/helixes) Doppelwendel-Dimer (superspiralisierte Helices)
cointegrate structure (fusion of two replicons) Fusionsprodukt (Fusion zweier Replikons)
coir (coconut fiber) Coir (Kokosfaser)
coitus/coition/copulation/ sexual intercourse Koitus, Kopulation, Kopulationsakt, Begattungsakt, Geschlechtsverkehr
Colchicaceae/crocus family Krokusgewächse, Zeitlosengewächse
colchicine Colchicin, Kolchizin
cold ***n*** Kälte; *med* Erkältung, „Schnupfen"
cold desert Kältewüste
cold frame ***hort*** glasgedeckter Pflanzkasten/ Anzuchtkasten/Frühbeetkasten
cold house/cold storage Eishaus
cold house/cool greenhouse/ orangery Kalthaus, Frigidarium, Orangerie
cold room/cold-storage room Kühlraum
cold shock Kälteschock
cold storage Kühllagerung
➤ **cold-storage room/cold room** Kühlraum
cold store Kühlhaus, Kühllager, Eishaus
cold-blooded/poikilothermal/ poikilothermic wechselwarm, wechselblütig, poikilotherm
cold-sensitive kälteempfindlich, kältesensitiv
cole/cabbage Kohl
coleoids/Coleoidea/Dibranchiata Tintenfische
coleopterophile/cantharophile/ beetle-pollinated flower Coleopterophile, Cantharophile, Käferblume
coleoptile/plumule sheath Coleoptile, Koleoptile, Keimscheide, Keimblattscheide
coleorhiza/root sheath/ radicle sheath Koleorhiza, Coleorhiza, Wurzelscheide
colies/mousebirds/Coliiformes Mausvögel
colinearity Colinearität, Kolinearität
collagen Kollagen
collapse ***n*** Kollaps
collapse/deflate (lung) kollabieren
collar Kragen
collar cell/choanocyte Kragengeißelzelle, Kragenzelle, Choanozyt
collarbone/clavicle Schlüsselbein, Clavicula
collateral kollateral
collection Kollektion, Sammlung
collector lens/collecting lens Kollektorlinse

collenchyma
Collenchym, Kollenchym
➢ **angular collenchyma**
Kantenkollenchym,
Eckenkollenchym
➢ **lacunar collenchyma**
Lückenkollenchym
➢ **lamellar collenchyma/ tangential c./plate c.**
Plattenkollenchym
collencyte Collenzyt, Collencyt
colleter (multicellular glandular trichome; sticky/viscous secretions)
Colletere, Kolletere
(Leimzotte/Drüsenzotte)
colleterial gland/adhesive gland/ cement gland (insects)
Kittdrüse, Klebdrüse, Zementdrüse
(Lepidoptera: Glandula sebacea)
collide kollidieren
colligative property ***stat***
kolligative Eigenschaft (Teilchenzahl)
collimate ***vb***
Lichtstrahlen parallel ausrichten
collimating lens
parallel-richtende Sammellinse
collimating slit
Kollimationsblende, Spaltblende
collimator Kollimator
collision (enzyme kinetics) Kollision
colloblast/lasso cell/adhesive cell
Colloblast, Kolloblast, Klebzelle
colloidal gold kolloidales Gold
coloboma Kolobom
colon Colon, Kolon, Grimmdarm
colon cancer Dickdarmkrebs
(*sensu strictu:* Grimmdarmkrebs)
colonial/colony-forming
kolonial, koloniebildend
(forming a corm > stockbildend)
colonization Kolonisation,
Kolonisierung, Besiedlung
colonize kolonisieren, besiedeln
colony (ants/bees) Kolonie, Volk,
Staat (Bienenvolk/Ameisenstaat)
colony/cormus (corals/bryozoans)
Stock, Tierstock (Korallenstock/
Bryozoenstock)
colony bank Koloniebank
colony-forming/colonial
koloniebildend, kolonial
colony-forming unit (CFU)
koloniebildende Einheit (KBE)
(im Knochenmark gebildete
Vorläuferzelle/Stammzelle)
colophony/rosin Kolophonium
color/shade/tint/tone/pigmentation
Färbung, Farbton, Pigmentation
color blindness Farbenblindheit
color-matching Farbanpassung
color vision Farbensehen
colorectal cancer Dickdarmkrebs,
kolorektales Karzinom
colostrum/foremilk
Colostrum, Kolostralmilch,
Vormilch, Biestmilch
colt (male horse/pony under 4 years)
männliches Fohlen
colugos/flying lemurs/ dermopterans/Dermoptera
Pelzflatterer, Riesengleitflieger
colulus Colulus
columella Columella, Gewebesäule
columella ***zool*** **(snail shell)**
Columella,
Spindel (Schneckenschale)
column ***biot*** **(bioreactor)**
Kolonne, Turm
column/gynostemium (orchids)
Säule, Säulchen
column/pillar Säule
column chromatography
Säulenchromatographie,
Säulenchromatografie
column reactor
Säulenreaktor, Turmreaktor
columnar säulenartig, säulenförmig
columnar epithelium
Zylinderepithel, Säulenepithel
columnicidal columnicid, columnizid,
säulenspaltig
coma/comal tuft/ hair-tuft/head of hairs
Haarschopf, Haarbüschel,
Haarkranz; Blattschopf
comatulids/feather stars/Comatulida
Haarsterne, Federsterne,
Comatuliden
comb/crest/ridge/pecten
Kamm, Crista
(rooster > Hahnenkamm)
comb cell Kammzelle

comb jellies/sea combs/ sea gooseberries/sea walnuts/ ctenophores/Ctenophora Rippenquallen, Kammquallen, Ctenophoren
comb honey Scheibenhonig
comb plate/swimming plate/ ciliary comb/ctene Wimperkamm, Wimperplatte, Wimperplättchen, Schwimmplatte, Ruderplatte, Ruderplättchen, „Kamm"
comb-shaped/cteniform kammförmig
comblike/rakelike/ctenoid/ctenose/ pectinate/pectiniform kammartig, kammförmig, gekämmt
Combretaceae/ white mangrove family/ Indian almond family Strandmandelgewächse
combustible brennbar
combustion/incineration Verbrennung
combustion heat/heat of combustion Verbrennungswärme
comestible/edible genießbar, essbar
comma-less (DNA-code) kommalos (DNA-Code)
command function Kommandofunktion
command neuron Kommandoneuron
Commelinaceae/spiderwort family Commelinengewächse
commensal ***n*** Kommensale, Mitesser
commensalism Kommensalismus
➢ **hostile commensalism/ synechthry/synecthry** Raubgastgesellschaft, Synechthrie
comminator muscle/ interpyramid muscle (Aristotle's lantern) Interpyramidalmuskel
commissure Kommissur, Verbindungsstelle; (Knochen-) Fuge, Naht
common name/vernacular name volkstümlicher Name, Vernakularname
communal breeding system/ cooperative breeding kooperatives Brutpflegesystem
communal courtship Gruppenbalz
communicable disease/ transmittable disease/ contagious disease/ infectious disease übertragbare Krankheit, ansteckende Krankheit, Infektionskrankheit
communicating ramus Ramus communicans
➢ **gray ramus** Ramus communicans griseus
➢ **white ramus/visceral ramus** Ramus communicans albus
communication Kommunikation, Verständigung
community/association Gemeinschaft, Gesellschaft
➢ **plant community** Pflanzengesellschaft
comose/tufted/ having a tuft of hairs dichthaarig, schopfig, haarschopfig, mit Haarbüschel, haarbüschelig
compact bone/dense bone kompakter Knochen
companion cell Begleitzelle, Geleitzelle
company Gesellschaft, Beisammensein
comparative embryology vergleichende Embryologie
comparative genome hybridization (CGH) vergleichende Genomhybridisierung
comparative morphology vergleichende Morphologie
comparative substance Vergleichssubstanz
compartmentalize kompartimentieren
compartmentation/ compartmentalization/ sectionalization/division Kompartimentierung, Unterteilung, Fächerung
compass plant/heliotropic plant Kompasspflanze, Medianpflanze

compatibility/tolerance Kompatibilität, Verträglichkeit, Toleranz
compatible/tolerant kompatibel, verträglich, tolerant
➢ **incompatible/intolerant** inkompatibel, unverträglich, intolerant
compensation depth ***mar*** Kompensationstiefe
compensation point Kompensationspunkt
compensation sac/ascus (bryozoans) Wassersack, Ascus
compete konkurrieren
➢ **outcompete** im Widerstreit/ in der Konkurrenz überlegen sein, durch Konkurrenz „ausschalten"
competence (for evocation) Kompetenz (zur Blühinduktion)
competent (cell/culture) kompetent
competition Kompetition, Wettbewerb, Konkurrenz, Existenzkampf
➢ **evasion of competition** Konkurrenzvermeidung
➢ **sperm competition (*now:* sperm precedence)** Spermienkonkurrenz
competitive kompetitiv
competitive exclusion, principle of/ exclusion principle (Gause's rule/principle) Konkurrenz-Ausschluss-Prinzip, Konkurrenz-Exklusions-Prinzip
competitive inhibition kompetitive Hemmung, Konkurrenzhemmung
competitor Konkurrent
complement ***immun*** Komplement
complement binding reaction/ complement fixation reaction Komplementbindungsreaktion (KBR)
complement cascade Kaskade des Komplementsystems
complement fixation (CF) ***immun*** Komplementbindung
complement fixation test (CFT) ***immun*** Komplementbindungsreaktion (KBR)
complementarity Komplementarität
complementarity determining region (CDR) komplementaritätsbestimmende Region (CDR)
complementary komplementär
complementation Komplementation
➢ **alpha c.** Alpha-Komplementation
➢ **intraallelic complementation** intraallele Komplementation
➢ **intragenic complementation** intragene Komplementation
complementation groups ***gen*** Komplementationsgruppen
complete flower vollständige Blüte
complete medium Vollmedium
complexity (chemical/kinetic) Komplexität (chemische/kinetische)
compliance ***med*** Befolgung (von Medikationsvorschriften)
compliance/capacitance (vessel wall) Weitbarkeit
composite family/daisy family/ sunflower family/aster family/ Compositae/Asteraceae Köpfchenblütler, Korbblütler
composition Zusammensetzung
compost ***n*** Kompost
compost ***vb*** kompostieren
compost heap Komposthaufen
composter/compost bin Kompostbehälter
compound ***adv/adj*** **(e.g., leaf)** zusammengesetzt (z.B. Blatt)
compound ***n chem*** Verbindung
➢ **carbon compound** Kohlenstoffverbindung
➢ **chemical compound** chemische Verbindung
➢ **high-energy compound** energiereiche Verbindung
compound crossing over Mehrfachaustausch
compound eye/facet eye Komplexauge, Facettenauge, Netzauge, Seitenauge
➢ **stalked compound eye (Ephemeroptera)** Turbanauge
compound heterozygote zusammengesetzt-heterozygot, compound-heterozygot

compound leaf/divided leaf
Fiederblatt (ganzes!), gefiedertes Blatt
compound locus *gen*
Locus aus mehreren eng gekoppelten Genen
compound microscope
zusammengesetztes Mikroskop
compress/compressed
stauchen, gestaucht
compressed/contracted
gestaucht, zusammengezogen
compression
Kompression, Stauchung
compression resistance (wood)
Druckfestigkeit
compression wood
Druckholz, Rotholz
computed tomography (CT)
Computertomographie, Computertomografie
computer-aided drug design (CADD)
computerunterstützte Planung von Wirkstoffen
concatemer Concatemer, Konkatamer
concatenate/catenane *n*
Concatenat, Catenan
concatenate *vb* verketten
concatenation Verkettung
concaulescence *bot* Konkauleszenz
concave mirror Hohlspiegel
concentrate konzentrieren, einengen
concentration Konzentration
➢ **inhibitory concentration**
Hemmkonzentration
➢ **limiting concentration**
Grenzkonzentration
➢ **maximum permissible workplace concentration/ maximum permissible exposure**
MAK-Wert (maximale Arbeitsplatz-Konzentration)
➢ **median effective concentration (EC_{50})**
mittlere effektive Konzentration
➢ **median lethal concentration (LC_{50})**
mittlere letale Konzentration
➢ **median inhibitory concentration (IC_{50})/inhibitory concentration at 50% cell viability**
mittlere Hemmkonzentration
➢ **minimal inhibitory concentration (MIC)**
minimale Hemmkonzentration (MHK)
concentration gradient
Konzentrationsgradient, Konzentrationsgefälle
concentricycloids/ concentricycloideans/sea daisies/ Concentricycloidea
Concentricycloidea, Seegänseblümchen
conceptacle (*Fucus*) Konzeptakel
conception (fertilization of egg cell by sperm)
Konzeption, Empfängnis
conceptive (capable of conceiving)
empfängnisfähig
concertina movement (snakes)
Harmonikabewegung, Regenwurmbewegung
conch (mollusk shell) Muschel, Muschelschale von Gastropoden (*speziell:* große gewundene Meeresschnecken-Muschelschale)
conch/ear conch/external ear/ outer ear/auricle/pinna
Ohrmuschel, äußeres Ohr, Pinna
conchae nasalis/ turbinals/turbinate bones
Nasenmuscheln (schleimhautüberzogene Knorpelplatten)
conchiform/conchoid/shell-shaped
schalenförmig, muschelförmig
conchology Konchyliologie, Muschelkunde
concomitant immunity/premunition
begleitende Immunität, Prämunität
concrement vacuole (Placozoa)
Konkrementvakuole
condensate Kondensat, Kondenswasser, Schwitzwasser
condensation *chem* Kondensation
condensation/compaction/ compression *gen* Verdichtung, Komprimierung, Verkürzung
condensation reaction/ dehydration reaction
Kondensationsreaktion, Dehydrierungsreaktion

condense/liquify ***chem/lab***
(from gaseous state)
kondensieren, flüssig werden
condense
(make denser or more compact)/
shorten (e.g., chromosomes)
verdichten, komprimieren,
kürzen, verkürzen
condenser *chem/lab* Kühler;
opt/micros Kondensor
➤ **Liebig condenser**
Liebigkühler
➤ **reflux condenser**
Rückflusskühler
condenser adjustment knob/
substage adjustment knob ***micros***
Kondensortrieb
condenser diaphragm
(iris diaphragm) ***micros***
Aperturblende, Kondensorblende
(Irisblende)
condensing point ***chem***
Kondensationspunkt
condiment Würze
condition ***n*** *med* Leiden;
math (sufficient/necessary)
(hinreichende/notwendige)
Bedingung
condition/prerequisite ***n***
Vorraussetzung
condition ***vb chromat***
konditionieren
conditional/conditioned
konditional, eingeschränkt;
ethol bedingt
conditional-lethal mutation
konditional letale Mutation,
bedingt letale Mutation
conditional reinforcement ***ethol***
bedingte Verstärkung
conditional reflex (CR)
bedingter Reflex
conditioned/conditional ***ethol***
angepasst, beeinflusst; bedingt
conditioned/conditional reflex (CR)
(classical conditioning)
bedingter Reflex
conditioned/conditional response
bedingte Reaktion
conditioned/conditional stimulus
bedingter Reiz

conditioning/training
Konditionierung, Dressur;
chromat Konditionierung
➤ **classical conditioning/**
Pavlovian conditioning ***ethol***
klassische Konditionierung,
Pawlowsche Konditionierung
➤ **operant conditioning/**
instrumental conditioning
(trial-and-error learning) ***ethol***
operante Konditionierung,
instrumentelles Lernen
conduct/transport/translocate/lead
leiten (Elektrizität, Flüssigkeiten)
conductance (G) Leitfähigkeit
conducting tissue/vascular tissue
Leitgewebe (Gefäße)
conduction/conductance/
transport/translocation
Leitung, Fortleitung,
Weiterleitung, Transport
conductivity Leitfähigkeit
conductor ***electr*** Leiter
condyle Condylus,
Gelenkhöcker, Gelenkfortsatz
condyloid joint/ellipsoidal joint
Eigelenk, Ellipsoidgelenk
cone Kegel, Zapfen, Zäpfchen
cone (e.g. vegetative cone) Kegel
cone/strobile/strobilus
Zapfen, Blütenzapfen
cone cell
Zapfenzelle, Zapfen, Zäpfchen
cone gall Kegelgalle
cone scale/cone bract Zapfenschuppe
cone-shaped/conical
kegelförmig, konisch
confidence interval ***stat***
Konfidenzintervall,
Vertrauensintervall,
Vertrauensbereich,
Mutungsintervall
confidence level ***stat***
Konfidenzniveau,
Konfidenzwahrscheinlichkeit
confidence limit ***stat***
Konfidenzgrenze, Vertrauensgrenze,
Mutungsgrenze
confidentiality ***med*** Schweigepflicht
confirm bestätigen
confirmation Bestätigung

confirmatory data analysis konfirmatorische Datenanalyse
conflict Konflikt, Auseinandersetzung
confluent (cells) konfluent
confocal laser scanning microscopy konfokale Laser-Scanning Mikroskopie
conformation Konformation
➢ **boat conformation (cycloalkanes)** ***chem*** Wannenform
➢ **chair conformation (cycloalkanes)** ***chem*** Sesselform
➢ **coil conformation/ loop conformation** ***gen*** Knäuelkonformation, Schleifenkonformation
➢ **relaxed (conformation)** relaxiert, entspannt
➢ **repulsion conformation** ***gen*** **(DNA)** Repulsionskonformation
➢ **ring conformation/ring form** Ringform
conformation polymorphism Konformationspolymorphismus
conformational epitope/ discontinuous epitope Konformationsepitop
congenial kongenial, verwandt, gleichartig
congenic strains (mice) kongene/congene Stämme (Mäuse)
congenital/innate/inborn kongenital, angeboren, ererbt
congruence Kongruenz, Übereinstimmung; *math* Deckungsgleichheit
➢ **character congruence** ***phyl/ clad*** Merkmalskongruenz, Merkmalsüberseinstimmung
conical/cone-shaped konisch, kegelförmig
conidiophore Conidienträger, Konidienträger
conidium Conidie, Konidie, Knospenspore
conies/Hyracoidea Schliefer
coniferous Zapfen tragend
coniferous forest Nadelwald
coniferous tree/conifer/softwood tree Nadelbaum
conifer(s) Konifere(n)
coniferyl alcohol/coniferol Coniferylalkohol
conispiral turmförmig gewunden
conjugate konjugieren
conjugated bond konjugierte Bindung
conjugation Konjugation
conjugation mapping Konjugationskartierung
conjunctival sac (eye) ***zool*** Konjunktivalsack
conjunctive tissue (eye/monocots) ***zool/bot*** Bindegewebe
conk konsolenförmiger Pilz-Fruchtkörper; (dadurch bedingte) Holzfäule
connard family/zebra wood family/ Connaraceae Connaragewächse
connate/coalescent (firmly united) fest verwachsen/angewachsen, zusammengewachsen, fest vereinigt (gleiche Teile)
connation/cohesion Verwachsung (gleicher Organe)
connect/bond/link verbinden
connectance Konnektanz, Beziehungsgefüge, Verknüpfungsgrad
connecting link Bindeglied (Brückentier)
connecting strand (sieve pore) ***bot*** Verbindungsstrang (Siebpore)
connection/bond/linkage Verbindung
connective (part of anther) Konnektiv, Mittelband
connective tissue Bindegewebe
conodonts/Conodontophorida ("fascinating little whatzids") Conodonten
coreceptor Korezeptor
corepressor Korepressor
consanguineal/consanguineous konsanguin, blutsverwandt
consanguineous marriage konsanguine Ehe, Ehe unter Blutsverwandten, Verwandtenehe
consanguinity Konsanguinität, Blutsverwandtschaft

conscious bewusst, bei Bewusstsein
➢ **unconscious**
unbewusst; *med* bewusstlos
consciousness Bewusstsein;
med Bewusstseinszustand
➢ **unconsciousness**
Bewusstlosigkeit
consensus sequence ***gen***
Consensussequenz,
Konsensussequenz
consensus tree ***phyl/clad***
Konsensusbaum, Konsensbaum
consent Einverständnis
➢ **informed consent**
(medical/genetic counseling)
Einverständniserklärung nach
ausführlicher Aufklärung
conservation ***ecol***
Konservierung, Erhaltung,
Bewahrung, Schutz (Naturschutz),
Schonung; Einsparung
➢ **energy conservation**
Energieeinsparung
➢ **environmental conservation**
Erhaltung der Umwelt,
Umweltschonung
➢ **resource conservation**
Ressourcenschonung
conservationist ***ecol***
Naturschützer (Anhänger des
Naturschutzgedankens)
conservator (amtlicher) Konservator,
Museumsdirektor
conservatory
Konservatorium; Treibhaus,
Gewächshaus; Wintergarten
conserve/preserve
(keep from spoiling)
konservieren, präservieren, erhalten,
haltbar machen (vor Fäulnis schützen)
consist konsistieren, beschaffen sein
consistency
Konsistenz, Beschaffenheit
consistency index (CI)
Konsistenz-Index
conspecific ***adj/adv***
konspezifisch (von der gleichen Art)
conspecific/peer ***n***
(member of same species)
Artgenosse
conspecificity Konspezifität
constancy/presence degree
Konstanz, Stetigkeit
constant region ***immun***
konstante Region
constant truncation
konstanter Schwellenwert
constipation *med* Verstopfung
constitution Konstitution
constitutive heterochromatin
konstitutives Heterochromatin
constitutive mutant
konstitutive Mutante
constriction Verengung,
Enge, Einschnürung
construction/structure/
body plan/anatomy
Aufbau, Struktur, Bauplan, Anatomie
consume konsumieren, verbrauchen
consumer
(primary/secondary/tertiary) ***ecol***
Konsument, Verbraucher
(1./2./3. Ordnung)
consumer protection
Verbraucherschutz
consummatory act
Konsumhandlung
consummatory behavior
Konsumverhalten
consumption Konsum, Verbrauch
contact call ***orn*** Kontaktruf
contact cell (wood parenchyma)
Belegzelle (Holzparenchym)
contact inhibition
Kontaktinhibition, Kontakthemmung
contagion/infection
Ansteckung, Infektion
contagion index Kontagionsindex,
Infektionsindex
contagious/infectious ansteckend,
ansteckungsfähig, infektiös
contagious disease/infectious disease
ansteckende Krankheit,
infektiöse Krankheit
contagiousness Kontagiosität
containment (biological/physical)
Sicherheit(smaßnahmen)
(biologische/physikalische)
containment host Sicherheitswirt
containment vector Sicherheitsvektor
contaminate kontaminieren, verunreinigen, belasten, verschmutzen

contaminated
kontaminiert, belastet (verschmutzt)
contamination
Kontamination, Verunreinigung; Belastung (Verschmutzung)
contemporary/extant zeitgenössisch, heute lebend, existierend, bestehend
contiguous/adjoining/ boardering/touching
angrenzend, anliegend, anstoßend, berührend
continental climate Kontinentalklima, Binnenklima, Landklima
continental drift Kontinentaldrift, Kontinentalverschiebung
continental edge/continental fringe
Kontinentalrand
continental location Kontinentallage
continental rise Kontinentalfuß, Kontinentalfußregion
continental shelf
Festlandsockel, Kontinentalsockel, Kontinentalschelf, Schelf
continental slope
Kontinentalböschung
contingency table Kontingenztafel
contingent negative variation (CNV)
Erwartungspotenzial
continuous culture/ maintenance culture
kontinuierliche Kultur
contort drehen, verdrehen, krümmen
contorted gedreht, verdreht, verkrümmt, eingewunden
contortion
Verdrehung, Verkrümmung
contour/outline Umriss
contour farming/contour planting
Anbau/Anpflanzung entlang der Höhenlinien
contour feather ***orn***
Konturfeder, Umrissfeder
contour plowing
Pflügen entlang der Terrainkonturen
contraception Kontrazeption, Empfängnisverhütung
contraceptive ***adv/adj***
kontrazeptiv, empfängnisverhütend
contraceptive ***n*** Kontrazeptivum, empfängnisverhütendes Mittel, Verhütungsmittel
contract kontrahieren
contracted cymoid/cymose umbel/ pseudosciadioid
Scheindolde, Pseudosciadioid
contractile fiber kontraktile Faser
contractile protein/motile protein
kontraktiles Protein, motiles Protein
contractile root Zugwurzel
contractile vacuole/ water expulsion vesicle
kontraktile Vakuole, pulsierende Vakuole
contraction Kontraktion
contraction period
Kontraktionsphase
contracture Kontraktur
contrast ***n*** Kontrast
➢ **negative contrast/ negative contrasting** ***micros***
negativer Kontrast, Negativkontrastierung
contrast ***vb*** kontrastieren
contrast staining/differential staining
Kontrastfärbung, Differenzialfärbung
control/regulate ***vb***
kontrollieren, regulieren, steuern
control/regulation ***n***
Kontrolle, Regulierung; Steuerung
➢ **autogeneous control**
autogene Kontrolle
➢ **birth control** Geburtenkontrolle
➢ **feedback control system**
Regelkreis
➢ **poison control center/ poison control clinic**
Entgiftungszentrale, Vergiftungszentrale, Entgiftungsklinik
➢ **pollution control** Umweltschutz
control element/control unit
Regelglied
control system Kontrollsystem
➢ **feedback control system**
Regelkreis
➢ **of a process** Regelstrecke
controlled variable/ controlled condition Regelgröße
controlling element/ adjuster/actuator
Stellglied

Convallariaceae/ lily-of-the-valley family Maiglöckchengewächse
Convention on International Trade in Endangered Species (CITES): Washington 1975 Washingtoner Artenschutzabkommen/ Artenschutzübereinkommen
converge konvergieren, zusammenlaufen, sich (einander) annähern
convergence Konvergenz, Zusammenlaufen, Annäherung
convergent konvergent, zusammenlaufend, sich (einander) annähernd
convergent circuit konvergenter Schaltkreis
convergent evolution konvergente Evolution
conversion Konversion, Umordnung, Übergang; Genkonversion
➢ **chromatid conversion** Chromatidenkonversion
➢ **half-chromatid conversion** Halbchromatidenkonversion
convolute/convoluted/rolled up zusammengerollt, gewickelt, gewunden, seitlich eingewickelt, übereinandergerollt
convolution Einrollung (seitlich eingewickelt/zusammengerollt)
convolvulus family/ morning glory family/ bindweed family/Convolvulaceae Windengewächse
cook/boil kochen
cooked-meat broth Fleischbrühe, Kochfleischbouillon, Siedfleischbouillon
cool ***vb*** kühlen, abkühlen
cooling Abkühlung
cooling coil Kühlschlange
Coomassie Blue Coomassie-Blau
coop/pen/hutch (e.g., chickens) kleiner Tierkäfig, kleiner Verschlag, Auslauf (z.B. Geflügelstall/Hühnerstall)
cooperate ***vb*** kooperieren
cooperative binding kooperative Bindung
cooperativity Kooperativität
coordinate ***vb*** koordinieren
coordination Koordination
copepods/Copepoda Ruderfußkrebse, Ruderfüßer
copper (Cu) Kupfer
copper grid ***micros*** Kupfernetz
coppice/coppicing Rückschnitt bis auf den Stumpf für Neuaustrieb
coppice forest/sprout forest Ausschlagswald, Niederwald (durch Rückschnitt; kleines, niedriges Wäldchen)
copra (dried coconut meat) Kopra
coprodeum Coprodeum, Kotdarm, Kotraum
coprophagist Coprophage, Koprophage, Kotfresser, Dungfresser
coprophagous/coprophagic coprophag, koprophag, kotfressend, dungfressend
coprophagy Coprophagie, Koprophagie, Dungfressen, Kotfressen
coprophilic/coprophilous ***fung/bact*** coprophil, koprophil, mistbewohnend, dungbewohnend
copulate/mate kopulieren, begatten, paaren
copulation/coitus/sexual union/ mating/sexual intercourse Kopulation, Kopulationsakt, Koitus, Begattungsakt, Geschlechtsverkehr, Paarung
➢ **extrapair copulation (EPC)** Seitensprung
➢ **pseudocopulation** Scheinpaarung
copulation wheel/mating wheel (Odontata) Paarungsrad
copulatory organ/ intromittent organ/penis Begattungsorgan (männliches), Penis
copy number ***gen*** Kopienzahl
coracidium (cestoda larva) Coracidium-Larve, Korazidium (eine Schwimmlarve)

coracoid Coracoid, Rabenbein, Rabenschnabelbein
coral (bright-red ovary/roe of lobster) unbefruchteter Hummerrogen (auch gekocht)
coral fungus family/Clavariaceae Korallenpilze, Keulenpilze
coral reef Korallenriff
coral reef pinnacle Korallenpfeiler
corals Korallen
➤ **black corals/thorny corals/ antipatharians/Antipatharia** Dornkorallen, Dörnchenkorallen, schwarze Edelkorallen
➤ **blue corals/ Coenothecalia/Helioporida** Blaukorallen
➤ **fire corals/stinging corals/ milleporine hydrocorals/ Milleporina** Feuerkorallen
➤ **hexacorals/ hexacorallians/Hexacorallia** Hexacorallia
➤ **horny corals/ gorgonians/Gorgonaria** Rindenkorallen, Hornkorallen
➤ **milleporine hydrocorals/ fire corals/stinging corals/ Milleporina** Feuerkorallen
➤ **octocorals/octocorallians/ Octocorallia** Octocorallia
➤ **soft corals/alcyonaceans/ Alcyonaria/Alcyonacea** Lederkorallen
➤ **stony corals/true corals/ scleractinians/ Madreporaria/Scleractinia** Steinkorallen, Riffkorallen
➤ **stylasterine hydrocorals/ Stylasterida** Stylasteriden
➤ **thorny corals/black corals/ antipatharians/Antipatharia** Dornkorallen, Dörnchenkorallen, schwarze Edelkorallen
corbiculum/pollen basket Corbiculum, Pollenkörbchen, Körbchen
cordate/cordiform/heart-shaped herzförmig
cordon *bot/hort* Kordon, Schnurbaum, Schnurspalierbaum
cordwood Klafterholz
core Core, Kern, Mark
core *bot* (fruit) Kerngehäuse (einer Frucht)
core *vir* zentrale Virionstruktur, Kernstruktur, Zentrum
core/drill core *geol* Kern, Bohrkern
core enzyme Core-Enzym, Kernenzym (RNA-Polymerase)
core octamer Core-Octamer
core particle Kernpartikel
core species Kernart
coremium Coremium, Koremium, Koremie
corepressor Corepressor, Korepressor
Cori cycle Cori-Zyklus, Cori-Cyclus
coriaceous/leathery ledrig, lederartig
coriaria family/Coriariaceae Gerbersträucher, Gerberstrauchgewächse
corium/dermis/cutis vera Corium, Korium, Lederhaut, Dermis
cork/phellem/secondary bark Kork, Phellem
cork cambium/phellogen Korkkambium, Phellogen
corkwood family/Leitneriaceae Korkholzgewächse
corky/suberous verkorkt
corm *bot* (swollen shoot base)/ bulbotuber/"solid bulb" unterirdische Hypokotylknolle/ Stengelknolle, „Knollenzwiebel"
corm/cormus/colony *zool* Kormus, Stock, Tierstock (corals: Korallenstock)
cormel/cormlet (*Gladiolus*) Brutknolle
cormidium (siphonophores) Cormidium
cormophyte Kormophyt, Achsenpflanze, Sprosspflanze
cormus *bot* Kormus
cormus/corm/colony Tierstock (corals: Korallenstock)
corn/grain/kernel Korn

corn grits/hominy grits Maisgrütze, Maisgrieß
Cornaceae/dogwood family Hartriegelgewächse, Hornstrauchgewächse
cornea (eye) Cornea, Hornhaut
corned gepökelt, eingesalzen
corned beef gepökeltes Rindfleisch
corneous/hornlike (horny texture) hornartig (hornartige Beschaffenheit)
corner frequency Grenzfrequenz
cornification Verhornung
cornified/horny verhornt
cornified cell envelope (CE) (epidermis) Hornzellen versiegelnde Schicht
cornified sheath/horn sheath Hornscheide
cornify (converting/changing into horn) verhornen
cornigerous/horned gehörnt, mit Hörnern
cornstalk Maisstengel
cornsteep liquor Maisquellwasser
cornu (*pl* cornua) Horn, hornförmige Struktur
➢ **cornu Ammonis** Ammonshorn
cornute gehörnt, hornförmig, hornartig
corolla Blumenkrone, Blütenkrone, Korolle, Krone
corolla tube/tubular corolla Blütenröhre, Röhrenblüte (mit verwachsenen Kronblättern)
corona/crown Krone, Kranz; (teeth) Zahnkrone
coronal/wreath-shaped kranzförmig
coronal groove *zool* Coronalfurche, Ringfurche
coronal scale *bot* Schlundschuppe
coronal stomach/coronal sinus Kranzdarm
coronal suture (skull) Kranznaht
coronary band/coronary ring/ coronary cushion (horse) Kronsaum, Kronband
coronary bone (horse: small pastern bone) Kronbein
coronary groove/ coronary sulcus (heart) Herzkranzfurche
coronary valve/cardiac valve/ heart valve Herzklappe
➢ **aortic valve** Aortenklappe
➢ **atrioventricular valve** Atrioventrikularklappe, Segelklappe
➢ **mitral valve/bicuspid valve (with two cusps/flaps)** Mitralklappe, Bikuspidalklappe, Zweisegelklappe, zweizipflige Segelklappe
➢ **pulmonary valve/pulmonic valve** Pulmonalklappe
➢ **semilunar valve (consisting of three semilunar cusps/flaps)** Taschenklappe (aus drei halbmondförmigen Falten = Semilunarklappen)
➢ **tricuspid valve (with three cusps/flaps)** Trikuspidalklappe, Dreisegelklappe, dreizipflige Segelklappe
coronary vessel (arteries/veins) Herzkranzgefäß (Arterien/Venen)
coronate medusas/Coronatae Kranzquallen, Tiefseequallen
coronet (at hoof) Krone, Haarkranz (am Huf)
corpora allata Corpora allata
corpora cardiaca Corpora cardiaca
corpora pedunculata/ pedunculate bodies/ mushroom bodies Corpora pedunculata, Pilzkörper
corpse Gebeine, sterbliche Hülle
corpse/carcass/cadaver Leiche, Kadaver
corpus luteum Gelbkörper
corpus striatum Corpus striatum, Basalkern, Basalkörper
corral Korral, Pferch
corrasion (mechanical erosion by wind/water/snow) Korrasion
➢ **sand blasting/wind carving** Sandschliff, Windschliff, Windkorrasion
correctness/exactness/accuracy *stat* Richtigkeit, Genauigkeit

correlation coefficient *stat*
Korrelationskoeffizient
➢ **partial correlation coefficient**
Teilkorrelationskoeffizient
➢ **product-moment correlation coefficient**
Produkt-Moment-Korrelationskoeffizient, Maßkorrelationskoeffizient
➢ **rank correlation coefficient**
Rangkorrelationskoeffizient
corresponding entsprechend; *math* einander zugeordnet
corresponding member
korrespondierendes Mitglied
corroborative growth (Troll)/ establishment growth (Zimmermann/Tomlinson) *bot*
Erstarkungswachstum
corrode korrodieren, ätzen, beizen
corrosion Korrosion, Ätzen, Ätzung
corrosive
korrodierend, ätzend, beizend
corrugated/corrugative/ crumpled irregularly/in folds
gerunzelt, runzelig, gewellt, geriffelt
corrugation irrigation
Furchenberieselung
corrugative/corrugated/ rugose/wrinkled
gewellt, geriffelt, runzelig, gerunzelt
corset bearers/loriciferans/Loricifera
Korsetttierchen, Panzertierchen, Loriciferen
cortex Rinde
➢ **auditory cortex *neuro***
Hörrinde
➢ **cerebral cortex *neuro***
Großhirnrinde
➢ **hair cortex** Haarrinde
➢ **neocortex/neopallium *neuro***
Neocortex, Neokortex, Neopallium, Neuhirnrinde
➢ **optic cortex *neuro*** Sehrinde
➢ **paleocortex *neuro***
Palaeocortex, Palaeokortex, Archicortex, Althirnrinde
➢ **renal cortex** Nierenrinde
➢ **secondary cortex/phelloderm *bot***
Korkrinde, Phelloderm

cortical layer/cortical zone
Cortexschicht
cortical parenchyma
Rindenparenchym
cortication Kortikation, Berindung; Rindenbildung
corticoliberin/ corticotropin-releasing hormone (CRH)/ corticotropin-releasing factor (CRF)
Corticoliberin, Corticotropin-freisetzendes Hormon, corticotropes Releasing-Hormon
corticotropin/ adrenocorticotropic hormone (ACTH)
Corticotropin, Kortikotropin, Adrenokortikotropin, adrenocorticotropes Hormon, adrenokortikotropes Hormon
cortina *fung* Cortina, Schleier
cortinal zone Schleierzone
Cortinarius family/Cortinariaceae
Schleierlinge, Haarschleierpilze
cortisol/hydrocortisone
Cortisol, Hydrocortison
cortisone Cortison, Kortison
Corylaceae/hazel family
Haselnussgewächse
corymb (inflorescence)
Corymbus, Ebenstrauß
➢ **umbel-like panicle**
Doldenrispe, Schirmrispe
➢ **umbel-like raceme**
Doldentraube, Schirmtraube
cosmid Cosmid
cosmine Cosmin
cosmoid scale *ichth*
Cosmoidschuppe
cosmopolitan/cosmopolite *n*
Kosmopolit
cosmopolitan/ occurring worldwide *adj/adv*
kosmopolitisch, weltweit verbreitet
costa/rib *zool*
Costa (große Längsader), Rippe
costa/rib/vein *bot* (leaf)
Costa, Rippe (Blattrippe)
costal kostal, Rippen...
costal arch/arcus costalis
Rippenbogen

costal cartilage (vertebrates) Rippenknorpel
costal field/costal area *entom* Costalfeld, Remigium
costal fold *entom* Costalfalte
costal plate (crinoids/tortoises) Costalplatte
costal pleura/pleura costalis Rippenfell
costal process/processus costalis Lendenwirbelquerfortsatz
costate gerippt, mit Rippen
cotransduction Cotransduktion, Kotransduktion
cotransfection Cotransfektion, Kotransfektion
cotransformation Cotransformation, Kotransformation
cotranslational cotranslational
cotton Baumwolle
cotton swab/swab Wattebausch, Tupfer
cotton-tree family/ silk-cotton tree family/ kapok-tree family/Bombacaceae Wollbaumgewächse
cotyledon/seminal leaf Kotyledone, Cotyledone, Keimblatt
cotyledonary placenta Placenta cotyledonaria, Placenta multiplex
cotyloid/cotyliform/cup-shaped schalenförmig, tassenförmig, becherförmig
cotyloid cavity (joint) Hüftgelenkpfanne, Hüftpfanne, Acetabulum
cotyloid ligament Hüftband
couch (otter) (höhlenartiger) Bau, Lager
cough *n* Husten
cough *vb* husten
Coulter counter Coulter-Zellzählgerät
counterattack Gegenangriff
countercurrent Gegenstrom
countercurrent distribution Gegenstromverteilung
countercurrent electrophoresis Gegenstromelektrophorese, Überwanderungselektrophorese
countercurrent extraction Gegenstromextraktion
counterevolution Evolutionsumkehr
counterselection Gegenselektion, Gegenauslese
countershading (e.g., fish) Gegenschattierung
countersinging *orn* Gesangsduett, Duettgesang
counterstain *vb micros* gegenfärben
counterstain/counterstaining *micros* Gegenfärbung
counting chamber Zählkammer
counting plate Zählplatte
country Land
➢ **developed countries/ industrialized nations/ core countries/ more-developed countries (MDCs)** Industrieländer
➢ **developing countries/ peripheral countries/less-developed countries (LDCs)** Entwicklungsländer
➢ **semi-peripheral countries** Schwellenländer
countryside/landscape Landschaft
couple *vb* koppeln
coupled (couple)/linked (link) gekoppelt (koppeln)
coupled reaction gekoppelte Reaktion
coupled transport/co-transport gekoppelter Transport
coupling potential Kopplungspotenzial
course game/coursing game Wild mit Hunden hetzen
course microscope Kursmikroskop
course of a disease Verlauf einer Krankheit
course of development Entwicklungsgang
courting behavior Werbeverhalten
courtship/mating behavior/display Liebeswerbung, Balz
➢ **aerial courtship** Flugbalz
➢ **communal courtship** Gruppenbalz
➢ **lek courtship/lek behavior** Arenabalz
➢ **postcopulatory behavior** Nachbalz

courtship song/mating song Balzgesang
cousin (first/second cousin) Cousin(e)/Kousin(e) (ersten/zweiten Grades)
covalent bond kovalente Bindung
covariance Kovarianz
covariance analysis Kovarianzanalyse
cove enge Schlucht; kleine Bucht (am Meer mit kleiner Mündung)
cove forest Schluchtwald
cover *n* Decke, Abdeckung, Schutz
cover/stand/growth *n bot* Bewuchs
cover/protect *vb* abdecken, zudecken, schützen
cover/serve/leap *vb zool* decken, begatten, bespringen
cover abundance index/ species importance value Artmächtigkeit
cover cell Deckzelle
cover value Deckungswert
coverage percentage/coverage level Deckungsgrad
covering cell/supporting cell Deckzelle, Stützzelle
covering gall Umwallungsgalle
coverslip/coverglass *micros* Deckglas
covert/shelter/hiding place Deckung, Schutz, Versteck, Schlupfwinkel
covert/wing covert/protective feather/tectrix (*pl* tectrices) Decke, Deckfeder, Tectrix
➢ **lesser/minor covert** kleine Decke (Flügeldecke/Flügelfeder)
➢ **marginal/marginal tectrix** Randdecke
➢ **median covert** mittlere Decke
covey (quails) Schwarm
cow (mature female) Kuh (erwachsenes Muttertier)
cow dropping/cowpat/ cow pie/cow dung Kuhfladen
cowhide Kuhhaut; Rindsleder
coworker Mitarbeiter, Arbeitskollege
Cowper's gland/bulbourethral gland Cowpersche Drüse, Cowper-Drüse, Bulbourethraldrüse
coxal gland Coxaldrüse
coxal joint/hip joint Hüftgelenk
coxopodite Coxopodit
crab apple Holzapfel
crab pincers/chela Krebsschere, Klaue
crabs/Brachyura Krebse, echte Krabben
crack/break down/open *vb chem* aufspalten, spalten, öffnen
cracking/opening *chem* Aufspaltung, Öffnen; *Erdöl:* kracken
cram/stuff (fowl: geese) mästen (Gefügel)
cranes & rails and allies/Gruiformes Kranichvögel, Kranichverwandte
cranesbill family/geranium family/ Geraniaceae Geraniengewächse, Storchschnabelgewächse
cranial kranial, Schädel..., den Schädel betreffend
cranial/cephalic/superior Kopf..., am Kopfende stehend/ befindlich (oben/apikal/terminal)
cranial base Schädelbasis
cranial bone Schädelknochen
cranial flexure/ cephalic flexure *embr* Scheitelbeuge, Mittelhirnbeuge
cranial floor/ skull base/base of skull (interne) Schädelbasis
cranial fossa Schädelgrube
cranial index Schädelindex
cranial roof/skull roof/clavarium Schädeldach, Schädeldecke
cranial suture Schädelnaht
➢ **coronal suture** Kranznaht
➢ **frontal suture** Stirnnaht
➢ **lambdoid suture** Lambdanaht
➢ **plane suture** ebenflächige Naht (Schädelknochennaht mit ebenen Flächen)
➢ **sagittal suture** Pfeilnaht
➢ **serrate suture** Sägenaht
➢ **squamosal suture** Schuppennaht

cranium/braincase/skull/ head capsule Cranium, Kranium, Hirnkapsel, Schädel
➢ **branchiocranium/ branchial cranium** Branchiocranium, Kiemenschädel, Kiemenskelett
➢ **chondrocranium/ cartilaginous cranium** Chondrocranium, Knorpelschädel
➢ **dermatocranium** Dermatocranium, Hautknochenschädel
➢ **desmocranium (presursor of chondrocranium)** ***embr*** Desmocranium, Bindegewebsschädel
➢ **neurocranium/cerebral cranium** Neurocranium, Neuralcranium, Hirnschädel, Gehirnschädel
➢ **osteocranium** Osteocranium, Knochenschädel
➢ **viscerocranium/visceral cranium/ splanchnocranium/facial skeleton** Viscerocranium, Gesichtsschädel, Eingeweideschädel

Crassulaceae/stonecrop family/ sedum family/orpine family Dickblattgewächse
crassulacean acid metabolism (CAM) Crassulaceen-Säurestoffwechsel
crate planks/crate boards Kistenbretter
crater teat/crater tit/crater nipple Stülpzitze
crawl kriechen
crawling traces/repichnia *paleo* Kriechspuren
crayfishes/crawdads Flusskrebse
creatine Kreatin
creature/being Kreatur, Wesen, Geschöpf
crèche/nesting colony Nistkolonie
creek/brook Bach; *Brit* kleine Bucht
creep (turgor steady state) Turgor-Fließgleichgewicht
creeper/trailing plant Kriechpflanze
creeping/crawling/repent kriechend (am Boden entlang kriechend)
creeping foot (mollusks) Kriechfuß
creeping frustule (asexual polyp bud) Kriechfrustel (Polypenknospe)
cremaster Cremaster
cremocarp (schizocarp of Umbelliferae) Doppelachäne
crenate/ with rounded teeth/scalloped kerbzähnig, zackig gekerbt
crenulate/finely notched fein kerbzähnig, feingekerbt, feinkerbig
creodonts/Creodonta Ur-Raubtiere
creosote bush family/caltrop family/ Zygophyllaceae Jochblattgewächse
Crepidotus family/ crep fungus family/Crepidotaceae Stummelfüßchen, Krüppelfüße
crepuscular dämmerungsaktiv, im Zwielicht erscheinend
crescent *adj/adv* sichelförmig, halbmondförmig; zunehmend, wachsend
crescent *n* Halbmond, Sichel
➢ **gray crescent (amphibian egg)** grauer Halbmond

crescentic/crescent-shaped halbmondförmig
➢ **with crescent-shaped ridges/ selenodont** halbmondhöckrig, selenodont (Zahnhöcker)

Cretaceous Period/Cretaceous Kreidezeit, Kreide
crevice/fissure/crack Spalt, Spalte, Riss; Felsspalte
cri-du-chat syndrome Katzenschrei-Syndrom
crib biting/cribbing (horses: nervous habit) Krippenbeißen
cribellum *arach* Cribellum, Spinnplatte, Spinnsieb
cribriform (pierced with small holes like a sieve) siebartig, siebförmig, kribriform
cribriform plate (horizontal plate of ethmoid bone) Siebbeinplatte

cricoid/ring-like cricoid, krikoid, ringförmig
cricoid cartilage/Cartilago cricoidea Ringknorpel, Kricoidknorpel
crinkle/leaf curl Blattkräuselkrankheit
crinophagy Crinophagie
crippled/stunted krüppelig, krüppelhaft, verkrüppelt
criss-cross inheritance Überkreuzvererbung
cristate/crested scheitelartig, kammartig, schopfartig
criteria *sg&pl* (*sg actually* criterion) Kriterium (*pl* Kriterien), Kennzeichen, unterscheidendes Merkmal
critical point kritischer Punkt
critical point drying (CPD) Kritisch-Punkt-Trocknung
critical temperature kritische Temperatur
- ➢ **lower critical temperature (LCT)** untere kritische Temperatur (UKT)
- ➢ **upper critical temperature (UCT)** obere kritische Temperatur (OKT)

critter *dial* (domestic animal/farm animal) Haustier; (lower animal) Getier (z.B. Insekten/Schnecken)
CRM+ (positive for cross-reacting material) positiv für kreuzreagierendes Material
croak (frog) quaken
crochet (any small hooklike structure) Häkchen; Hakenfortsatz
crocodiles/Crocodilia Krokodile, Panzerechsen
crocus family/Colchicaceae Krokusgewächse, Zeitlosengewächse
crook of the arm/bend of the arm/ inside of the elbow Ellenbeuge, Armbeuge
crop *agr* (plant crop) Kultur, Pflanzenkultur; (produce: plant/animal product grown and harvested) Feldfrucht, Bodenprodukt, Landerzeugnis, Naturerzeugnis, Landbauprodukt
- ➢ **cash crop** (leicht verkäufliches) Landbauprodukt, Kultur mit „garantiertem" Ertrag
- ➢ **fiber crop/fiber plant** Faserpflanze
- ➢ **food crop/forage plant/food plant** Nahrungspflanze
- ➢ **heavy crop** reiche Ernte
- ➢ **intercrop** Zwischenkultur
- ➢ **mixed crop/mixed stand** Mischkultur
- ➢ **nurse crop** *agr* Untersaat; *for* Vorholz
- ➢ **oil crop** Ölsaat (ölliefernde Pflanzen)
- ➢ **root crop/root vegetable** Hackfrucht, Wurzelgemüse
- ➢ **standing crop** Erntebestand, auf dem Halm stehende Ernte

crop (pouched enlargement of gullet) ***zool*** Vormagen, Vorderdarm, Kropf, Ingluvies (Insekten, Vögel)
- ➢ **honey crop/ honey stomach/honey sac (bees)** Kropf, Honigmagen

crop milk/pigeon milk (milky secretion from crop lining) Kropfmilch, Kropfsekret (Tauben)
crop plant/cultivated plant Kulturpflanze
crop rotation Anbaurotation, Fruchtwechsel, Fruchtfolge
crop yield/harvest/crop Ernteertrag
cropping/plant production Ackerbau
- ➢ **strip cropping/strip farming *agr*** Streifenanbau, Streifenkultur, Streifenflurwirtschaft

cropping method/ technique/procedure Anbaumethode/-verfahren
cross/breed/crossbreed/interbreed kreuzen, züchten
cross *vb* (legs) (arms: fold) kreuzen (Arme: schränken/verschränken)
cross *n* (e.g., between different species) Kreuzung, Kreuzungsprodukt
- ➢ **bridging cross** Überbrückungskreuzung
- ➢ **dihybrid cross** Dihybridkreuzung
- ➢ **double cross** Doppelkreuzung
- ➢ **monohybrid cross** Monohybridkreuzung

➢ **outcrossing** Herauskreuzen, Auskreuzen
➢ **single cross** Einfachkreuzung
➢ **testcross** Testkreuzung
➢ **three point testcross** Drei-Faktor-Kreuzung

cross bridge (myosin filament) Querbrücke
cross-fertilization/ allogamy/xenogamy Kreuzbefruchtung, Fremdbefruchtung, Allogamie, Xenogamie
cross-field electrophoresis (CEP) Kreuzelektrophorese
cross-flow filtration Querstromfiltration, Kreuzstrom-Filtration
cross-fostering Fremdaufzucht
cross-hair disk *micro:* eyepiece Zwischenlegscheibe mit Fadenkreuz (Okular)
cross hybridization Kreuzhybridisierung
cross-linked quervernetzt
cross linker/crosslinking agent quervernetzendes Agens
cross-linking Quervernetzung
cross-matching *immun* Kreuzprobe
cross-pollination Kreuzbestäubung
cross-protection Kreuzimmunität, übergreifender Schutz
cross-reaction Kreuzreaktion
cross-reactive kreuzreaktiv
cross-reactivity Kreuzreaktivität
cross section/transverse section Hirnschnitt, Querschnitt
cross vein Querader
cross wall Querwand
crossbeam impeller Kreuzbalkenrührer
crossgrain Querfaserung
crossgrained querfaserig, widerspänig
crossgrained timber/crosscut wood Hirnholz
crossing/cross/crossbre(e)d/breed/ crossbreeding/interbreeding Kreuzung, Züchtung, Kreuzzüchtung
crossing over/crossover Crossing over, Überkreuzungsaustausch (homologer Chromatidenabschnitte), Überkreuzungsstelle

➢ **compound crossing over** Mehrfachaustausch
➢ **unequal crossing over** ungleiches Crossing-over

crosswall Querwand
crotch/crutch Schritt (zwischen den Beinen)
crotonic acid/α-butenic acid Crotonsäure, Transbutensäure
croup (rump of horse) Kruppe, Hinterteil
crow *vb* krähen
crowberry family/Empetraceae Krähenbeerengewächse
crowded/tufted (leaves) gedrängt (Blätter)
crowfoot family/buttercup family/ Ranunculaceae Hahnenfußgewächse
crown/treetop/apex/tip *bot* Krone, Gipfel, Spitze, Baumkrone, Baumgipfel, Stammkrone
crown/calyx *zool* (crinoids) Calyx (kelchförmiger Körper der Crinoiden)
crown gall tumor (by *Agrobacterium tumefaciens*) „Wurzelhalstumor" (Infektionstumor an Stamm und Wurzel)
crown grafting *hort* Kronenveredlung
crown layer/upper canopy Kronenregion, Kronenschicht, obere Baumschicht
crown rosette plant/tree (terminally tufted leaves) Schopfpflanze/-baum
crozier (Ascomycetes) Askushaken, Askushakenzelle
crozier/fiddlehead (ferns) eingerolltes junges Farnblatt
cruciate kreuzförmig
cruciate ligament Kreuzband
crucible *lab* Schmelztiegel
crucible tongs *lab* Tiegelzange

Cruciferae/mustard family/ cabbage family/Brassicaceae Kreuzblütler, Kreuzblütlergewächse
cruciform kreuzförmig
cruciform structure kreuzförmige Struktur
crude/coarse/rough/tough derb, grob, roh
crude data Rohdaten
crude extract Rohextrakt
crumb structure (soil) Krümelstruktur
crural/femoral krural, Schenkel..., den Schenkel betreffend, zum Schenkel gehörig
crural feathers Beinfedern, Schenkelfedern
crust fungus family/Corticiaceae Rindenpilze
crustaceans Crustaceen, Krebstiere, „Krebse"
crustose/crustaceous krustig
crustose fungus Krustenpilz
crustose lichens Krustenflechten
cryochamber Gefrierkammer
cryoelectron microscopy Kryoelektronenmikroskopie
cryofracture/freeze-fracture Gefrierbruch
cryophyte (plant preferring low temperatures) Kryophyt, Kältepflanze
cryoprotectant Gefrierschutzmittel
cryostat Kryostat
cryostat section Kryostatschnitt
cryoultramicrotomy Kryoultramikrotomie
crypt/cave/cavity Höhle, Höhlung, Grube, Vertiefung
crypt of Lieberkühn/intestinal gland Lieberkühnsche Krypte
cryptic verborgen, geheim
cryptic coloration/ concealing coloration Tarnfärbung, Schutzfärbung
cryptic dress/camouflage dress (plumage/pelage/coat) Tarntracht, Tarnkleid
cryptic species verborgene Art, kryptische Art
cryptic splice site verborgene Spleißstelle
cryptocarpous verborgenfrüchtig
cryptogam Kryptogame, blütenlose Pflanze
Cryptogrammaceae/ rock-brake fern family/ parsley fern family Rollfarngewächse
cryptomonads/Cryptophyceae Kryptomonaden
cryptophyte/geophyte/ geocryptophyte (*sensu lato*) Cryptophyt, Kryptophyt, Geophyt, Erdpflanze, Staudengewächs
➢ **hemicryptophyte** Hemikryptophyt
cryptorchid *n* Kryptorchide
cryptorchid horse/ridgeling Spitzhengst, Klopphengst
cryptorchid pig Spitzeber, Binneneber
cryptorchism Kryptorchismus
crystal cell Kristallzelle, Cristallogenzelle, Sempersche Zelle
crystalline cone Kristallkegel, Kristallkörper, Linsenzylinder, Conus
crystalline style (bivalves) Kristallstiel
crystallization Kristallisation
crystallize/crystalize kristallisieren
crystallography Kristallographie, Kristallografie
➢ **X-ray crystallography** Röntgenkristallographie, Röntgenkristallografie
ctene/swimming plate/ciliary comb Schwimmplatte, Ruderplatte, Ruderplättchen, „Kamm", Wimperplättchen
cteniform/comb-shaped kammförmig
ctenoid scale *ichth* Ctenoidschuppe, Kammschuppe
ctenose/ctenoid/pectinate/ pectiniform/comblike/rakelike kammartig, kammförmig, gekämmt
ctenostomates/Ctenostomata (bryozoans) Kammmünder
cuboid bone Würfelbein

cuboidal epithelium
kubisches Epithel, Pflasterepithel
cubomedusas/box jellies/ sea wasps/Cubomedusae/Cubozoa
Würfelquallen
cuckoos & turacos and allies/ Cuculiformes
Kuckucksvögel
cucullate/hooded/hood-like (e.g., petals)
helmartig, haubenförmig
cucumiform gurkenförmig
Cucurbitaceae/cucumber family/ gourd family/pumpkin family
Kürbisgewächse
cucurbitaceous
gurkenartig, kürbisartig, zu den Kürbisgewächsen gehörend
cud/bolus
wiedergekäutes Futter (Klumpen)
➢ **chew the cud** wiederkäuen
cue Signal, Bedeutung, Hinweis, Orientierungshinweis, Schlüssel, Auslöser
culinary kulinarisch
culinary mushroom/edible mushroom
Speisepilz
culinary herbs Küchenkräuter
cull ***n*** Aussortierte, Ausschuss; Merzvieh; Ausschussware; Ausschussholz
cull ***vb*** aussortieren, auslesen, auswählen; Merzvieh aussondern
culm ***bot*** Grashalm, Grasstengel
culm node (grasses) Halmknoten
culmen ***orn*** Culmen, Schnabelfirst
culmiferous halmtragend
cultivability Anbaueignung
cultivar/cultivated variety/ domestic variety Kulturform
cultivate (till/crop/grow) kultivieren, anbauen; *micb* kultivieren
cultivated land
landwirtschaftliche Nutzfläche
cultivated variety/ domestic variety/cultivar
Kulturform
cultivation/breeding/growing
Kultivierung, Zucht, Züchtung
cultivation/cropping/growing
Anbau

culture Kultur
➢ **batch culture**
Satzkultur, Batch-Kultur, diskontinuierliche Kultur
➢ **blood culture**
Blutkultur
➢ **cell culture** Zellkultur
➢ **chicken embryo culture**
Eikultur
➢ **continuous culture/ maintenance culture**
kontinuierliche Kultur
➢ **dilution shake culture**
Verdünnungs-Schüttelkultur
➢ **enrichment culture**
Anreicherungskultur
➢ **maintenance culture**
Erhaltungskultur
➢ **mixed culture**
Mischkultur
➢ **perfusion culture**
Perfusionskultur
➢ **pure culture/axenic culture**
Reinkultur
➢ **roller tube culture**
Rollerflaschenkultur
➢ **shake culture**
Schüttelkultur
➢ **slant culture/slope culture**
Schrägkultur (Schrägagar)
➢ **smear culture**
Abstrichkultur
➢ **stab culture**
Einstichkultur, Stichkultur (Stichagar)
➢ **static culture**
statische Kultur
➢ **stem culture/stock culture**
Stammkultur
➢ **streak culture**
Ausstrichkultur
➢ **submerged culture**
Submerskultur, Eintauchkultur
➢ **surface culture**
Oberflächenkultur
➢ **synchronous culture**
Synchronkultur
➢ **tissue culture**
Gewebekultur
culture dish Kulturschale

culture medium/medium
Kulturmedium, Nährmedium, Medium
➢ **complete medium**
Komplettmedium, Vollmedium
➢ **complex medium**
komplexes Medium
➢ **deficiency medium**
Mangelmedium
➢ **defined medium**
synthetisches Medium (chem. definiertes Medium)
➢ **differential medium**
Differenzierungsmedium
➢ **enrichment medium**
Anreicherungsmedium
➢ **minimal medium**
Minimalmedium
➢ **selective medium**
Selektivmedium, Elektivmedium
cumaceans/Cumacea Kumazeen
cumulative frequency *stat*
Summenhäufigkeit, kumulative Häufigkeit
cuneate/cuneiform/ sphenoid/wedge-shaped
keilförmig
cuneiform bone/os cuneiforme
Keilbein
Cunoniaceae/lightwood family
Cunoniaceae
cup animals/scyphozoans/ Scyphozoa
Schirmquallen, Scheibenquallen, Echte Quallen, Scyphozoen
cup fern family/ Dennstaedtiaceae
Schüsselfarngewächse
Cupressaceae/cypress family
Zypressengewächse
cupule/cupula Cupula
➢ **flower cup/floral cup *bot***
Blütenbecher
➢ **small sucker *zool***
kleine Haftscheibe/Saugnapf; Kuppel; Gallertkuppe(l)
curable heilbar
curare Curare
curd (milk) geronnene, dicke Milch
curd/coagulate *n*
Gerinnsel, Koagulat
curdle/set/coagulate *vb*
gerinnen, koagulieren
cure *vb* (ferment: meat) pökeln; *polym* härten, aushärten
cure/drug/medication *n*
Heilmittel
cure/heal *vb* heilen
cure/healing *n* (recovery/relief from disease)
Heilung
cure/treatment *n* Behandlung
cure-all/panacea Allheilmittel
curing (meat) Pökeln
curing *polym* Härten, Aushärten
curing agent *polym*
Härter, Aushärtungskatalysator
curing period *polym*
Härtezeit, Abbindezeit
curiosity/inquisitiveness (behavior)
Neugier, Neugierverhalten
curious neugierig
curly-grass family/ climbing fern family/ Schizaeaceae
Spaltfarngewächse
currant family/gooseberry family/Grossulariaceae
Stachelbeergewächse
current *phys/electro/neuro* (charge per time)
Strom (*pl* Ströme)
➢ **capacitive current (I_c) *neuro***
kapazitiver Strom
➢ **channel current *neuro***
Kanalstrom
➢ **end-plate current/ synaptic current *neuro***
Endplattenstrom
➢ **gating current *neuro***
Torstrom
➢ **ionic current *neuro***
Ionenstrom
➢ **leak current/leakage current (I_l) *neuro*** Leckstrom
➢ **membrane current**
Membranstrom
➢ **threshold current *neuro***
Schwellenstrom
➢ **unitary current**
Einheitsstrom

current/flow (liquid)
Strömung (Flüssigkeit)
➢ **convection current**
Konvektionsstrom,
Konvektionsströmung
➢ **density current**
Konzentrationsströmung
➢ **eddy current**
Wirbelstrom (Vortex-Bewegung)
➢ **inshore current** ***mar***
auf die Küste zufließende Strömung
➢ **longshore current** ***mar***
Brandungslängsstrom,
Längsströmung (am Strand)
➢ **ocean current** Meeresströmung
➢ **rip current** ***mar***
Brandungsrückströmung,
Rippstrom, Reißstrom
➢ **tidal current** ***mar***
Gezeitenströmung, Gezeitenstrom
➢ **turbidity current** Trübungsstrom,
Trübungsströmung
current flow ***neuro*** Stromfluss
curry/currycomb ***vb***
(clean coat of a horse)
striegeln
currycomb ***n*** Striegel
Cuscutaceae/dodder family
Seidengewächse
cushion plant Polsterpflanze
cushion-shaped/pulvinate
kissenförmig, polsterförmig
cuspid/canine/canine tooth/
dog tooth (tooth with one point)
Eckzahn
cuspidate stachelspitzig
custard apple family/
cherimoya family/Annonaceae
Rahmapfelgewächse,
Schuppenapfelgewächse
cut/incised schnittig, geschnitten,
eingeschnitten
cut/prune/trim
beschneiden, zurückschneiden
cut flower Schnittblume
cut grass/hay/mowing Mahd, Heu
cutaneous kutan, Haut...
cutaneous respiration/
cutaneous breathing/
integumentary respiration
Hautatmung
cutaway drawing
Ausschnittszeichnung
cuticle/cuticula Cuticula, Kutikula
cuticle of the hair
Oberflächenhäutchen
cuticular skeleton
Cuticularskelett, Kutikularskelett
cuticularization
Cutikularisierung,
Cutin/Kutin-Auflagerung,
Cutin/Kutin-Anlagerung
cutinization
Cutinisierung, Cutin-Einlagerung
cutis/skin
Cutis, Haut, eigentliche Haut
cutis vera/dermis/corium
Lederhaut, Korium, Corium,
Dermis
cuttage ***hort*** Stecklingsvermehrung
cutting/pruning ***hort***
Beschneiden, Zurückschneiden
cutting/slip ***hort*** Steckling
➢ **bud cutting/eye cutting/**
single eye cutting/
leaf bud cutting
Augensteckling
➢ **heel cutting**
Steckling mit Astring
(Stammsteckling)
➢ **root cutting**
Wurzelsteckling
cutting face/cutting plane ***bot***
Schnittfläche, Schnittebene
➢ **apical cell with**
one/two/three cutting faces
einschneidige/zweischneidige/
dreischneidige Scheitelzelle
cuttlebone Schulp
cuttlefish & sepiolas/
Sepioidea (Sepiida)
eigentliche Tintenschnecken
cuttlefish & squids/
Decabrachia/Decapoda
zehnarmige Tintenschnecken,
Zehnarmer
cutworm
Raupe bestimmter Eulenfalter
cuvette/spectrophotometer tube
Küvette
Cuvierian tubules/tubules of Cuvier
Cuviersche Schläuche

cyanastrum family/Cyanastraceae Cyanastrumgewächse
cyanelle Cyanelle
cyanogen bromide activated paper (CBA-paper) Bromcyan-aktiviertes Papier (CBA-Papier)
cyanogen bromide cleavage Bromcyanspaltung
cyanthium (euphorbs) Cyanthium, Zyanthium
cyathea family/tree fern family/ Cyatheaceae Becherfarngewächse, Baumfarne
cyathiform/cup-shaped becherförmig
cycads/cycad family/ Cycas family/Cycadaceae Palmfarngewächse
cyclanthus family/panama-hat family/ jipijapa family/Cyclanthaceae Scheinpalmen, Scheibenblumengewächse
cycle Kreis, Kreislauf
cyclic zyklisch, cyclisch, ringförmig
cyclic AMP/cAMP (adenosine monophosphate) cyclisches AMP, zyklisches AMP, Cyclo-AMP, Zyklo-AMP, cAMP (Adenosinmonophosphat)
cyclic electron transport zyklischer/cyclischer Elektronentransport
cyclic phosphorylation zyklische/cyclische Phosphorylierung
cyclization ***chem*** Zyklisierung, Ringschluss
cyclobutyl dimer Cyclobutyldimer
cycloid scale ***ichth*** Cycloidschuppe, Rundschuppe
cyclomorphosis ***ecol*** Zyklomorphose, Temporalvariation
cyclone (rotating low-pressure wind system or storm) Zyklone (Tiefdruckgebiet)
cyclone (tropical whirlwind/tornado) Zyklon (trop. Wirbelsturm)
cyclostomes/Cyclostomata Rundmäuler, Kreismünder
cydippid larva Cydippe-Larve
cylinder ***chem*** Zylinder
cylinder cell/ ciliated cell (*Trichoplax*) Zylinderzelle, Wimperzelle
cylindric/cylindrical cylindrisch, zylindrisch, walzenförmig
cyme/cymose inflorescence Cyme, Cyma, Cymus, Zyme, cymöser/zymöser Blütenstand, Trugdolde, Scheindolde
- ➤ **dichasial cyme/dichasium** Dichasium, zweigablige Trugdolde
- ➤ **fan-shaped cyme/rhipidium** Fächel
- ➤ **helicoid cyme → bostryx** Schraubel
- ➤ **helicoid cyme → drepanium** Drepanium, Sichel
- ➤ **monochasial cyme/ simple cyme/monochasium** Monochasium, eingablige Trugdolde
- ➤ **pleiochasial cyme/pleiochasium** Pleiochasium, vielgablige Trugdolde
- ➤ **scorpioid cyme/cincinnus** Wickel

cyme with sessile flowers Knäuel
cyme with very short pedicles Büschel
Cymodoceaceae/ manatee-grass family Tanggrasgewächse
cymoid/cymose (sympodially branched) cymös, cymos, zymös, trugdoldig (sympodial verzweigt)
cymule verkürzte Trugdolde (als Teilblütenstand), Scheinquirl (bei Tubifloren)
cynthia Zynthie, Cynthia
Cyperaceae/sedge family Riedgräser, Riedgrasgewächse, Sauergräser
cypress family/Cupressaceae Zypressengewächse
cypris larva Cypris-Larve
cypsela/inferior bicarpellary achene unterständige Achäne (Asteraceen)

cyrilla family/leatherwood family/ Cyrillaceae Lederholzgewächse
cyst Cyste, Zyste
cyst wall Cystenwand, Zystenwand
cystacanth Cystacanthus, Hakencyste
cysteamine Cysteamin
cysteic acid Cysteinsäure
cysteine Cystein
cystic fibrosis/mucoviscidosis zystische Fibrose, Mukoviszidose, Mucoviszidose
cystid/zooecium (*sensu lato*) Cystid
cystidium Cystidium, Cystidie, Zystid
cystine Cystin
cystozygote/oospore Cystozygote, Zygotenfrucht, Zygokarp (Oospore)
cytidine Cytidin, Zytidin
➢ **deoxycytidine** Desoxycytidin
cytidine triphosphate (CTP) Cytidintriphosphat
cytochemistry Cytochemie, Zytochemie, Zellchemie
cytochrome Cytochrom, Zytochrom
cytocidal zelltötend, zytozid
cytogenetics Cytogenetik, Zytogenetik
cytohet Cytohet
cytokeratin Zytokeratin, Cytokeratin
cytokine (biological response mediator) Cytokin, Zytokin
cytokinesis/cell division Cytokinese, Zytokinese, Zellteilung
cytology/cell biology Cytologie, Zytologie, Zellenlehre, Zellbiologie
cytolytic cytolytisch, zytolytisch
cytometry Zytometrie, Cytometrie
cytopathic (cytotoxic) cytopathisch, zytopathisch, zellschädigend (zytotoxisch)
cytopathic effect zytopathischer Effekt, zytopathogener Effekt
cytopempsis Cytopempsis, Zytopempsis, Vesikulartransport
cytopenia Cytopenie, Zytopenie
cytopharynx/gullet Cytopharynx, Zytopharynx, Zellschlund
cytoplasm Cytoplasma, Zytoplasma, Zellplasma
cytoplasmic cytoplasmatisch, zytoplasmatisch
cytoplasmic inheritance cytoplasmatische Vererbung, zytoplasmatische Vererbung
cytoplasmic plaque cytoplasmatischer Plaque, zytoplasmatischer Plaque
cytoplasmic streaming/ plasma streaming/cyclosis Cytoplasmaströmung, Zytoplasmaströmung, Plasmaströmung, Dinese
cytoproct/cytopyge/cell anus Cytoproct, Zytoproct, Cytopyge, Zytopyge, Zellafter
cytosine Cytosin
cytoskeletal Cytoskelett..., Zytoskelett...
cytoskeleton Cytoskelett, Zytoskelett, Zellskelett
cytosol Cytosol, Zytosol
cytosome/microbody Cytosom
cytostatic cytostatisch, zytostatisch
cytostatic agent/cytostatic Cytostatikum, Zytostatikum (meist *pl* Zytostatika/Cytostatika)
cytotoxic cytotoxisch, zytotoxisch
cytotoxic T cell/killer T cell/ T-killer cell (T_K or T_c) cytotoxische T-Zelle
cytotoxicity Zytotoxizität, Cytotoxizität
cytotoxin Zellgift, Zytotoxin, Cytotoxin

dabble (waterfowl) gründeln (Wasservögel)
dactylopodite Dactylopodit
daffodil family/amaryllis family/Amaryllidaceae Amaryllisgewächse, Narzissengewächse
dairy Molkerei
dairy cattle Milchvieh
dairy cow Milchkuh
dairy husbandry Milchwirtschaft
dairy product Milchprodukt, Molkereiprodukt
daisy family/sunflower family/ aster family/composite family/ Compositae/Asteraceae Köpfchenblütler, Korbblütler
dam (riverine/fluvial/coastal) Damm
dam (mother animal: horses etc.) Muttertier; (sheep) Mutterschaf
damage caused by game/ browsing damage Wildverbiss (z.B. an Baumrinde)
dance Tanz
➢ **bee dance** Bienentanz
➢ **round dance (bees)** Rundtanz
➢ **shaking dance (bees)** Schütteltanz, Schüttelbewegung
➢ **sickle dance (bees)** Sicheltanz
➢ **spasmodic dance (bees)** trippeln
➢ **tail-wagging dance/ waggle dance (bees)** Schwänzeltanz
➢ **tremble dance/trembling dance (bees)** Zittertanz
➢ **vibrating dance (bees)/ dorsoventral abdominal vibrating dance (DVAV)** Schütteltanz, Schüttelbewegung
➢ **waggle dance/ tail-wagging dance (bees)** Schwänzeltanz
dander Kopf-/Haar-/Hautschüppchen (von Tieren; evtl. allergene Wirkung)
dandruff Schuppen (Kopfschuppen/ Haarschuppen/Hautschuppen)
danger/hazard/risk/chance Gefahr, Risiko
danger area Gefahrenbereich
danger zone Gefahrenzone
dangerous/hazardous/risky gefährlich, riskant
dangerous goods/ hazardous materials Gefahrgut
dangerous substance/ hazardous material Gefahrstoff
dansylation Dansylierung
daphne family/mezereum family/ Thymelaeaceae Spatzenzungengewächse, Seidelbastgewächse
dapple-grey horse Apfelschimmel
dark reaction Dunkelreaktion
dark repair/ light-independent DNA repair lichtunabhängige DNA-Reparatur
darkfield *micros* Dunkelfeld
darkfield microscopy Dunkelfeld-Mikroskopie
darners/darning needles (aeshnid dragonflies) große Libellen (einige Arten speziell in Nordamerika)
dart/love dart (gastropods) Pfeil, Liebespfeil
dart sac (mollusks) Pfeilsack
darters *Br* (libellulid dragonflies) Segellibellen
Darwinian fitness Darwinsche Fitness
Darwinian selection/natural selection natürliche Selektion/Auslese
data (*pl; used as sg & pl; often attrib*)/ fact Daten, Tatsache, Angabe
date *n* Datum
date *vb* datieren
dating *n* Datierung
datisca family/durango root family/ Datiscaceae Scheinhanfgewächse
dauer larva (temporarily dormant larva) Dauerlarve
daughter cell Tochterzelle
daughter strand Tochterstrang
davallia family/ bear's-foot fern family/ Davalliaceae Hasenfußfarngewächse
day-neutral plant tagneutrale Pflanze

daylily family/Hemerocallidaceae Tagliliengewächse
dead ***adv/adj*** tot
dead ripeness (fruit/grain) Totreife
dead volume Totvolumen
deadly/lethal tödlich, letal
deadnettle family/mint family/ Lamiaceae/Labiatae Lippenblütengewächse, Lippenblütler
deadspace Totraum
deaf taub, gehörlos
deafness Taubheit, Gehörlosigkeit
dealate (having shed the wings) flügellos, mit abgeworfenen Flügeln
deamidation/deamidization/desamidization Desamidierung
deamination/desamination Desaminierung
death Tod
death phase/decline phase/ phase of decline ***micb*** Absterbephase
death rate/mortality rate Absterberate, Mortalitätsrate
decanter Abklärflasche, Dekantiergefäß
decapitate/crown/top köpfen, kappen, abwerfen
decapitation of tree/ beheading of tree/topping/ pollarding Köpfen, Kappen (von Bäumen), Abwerfen (Krone)
decapods/Decapoda Zehnfußkrebse
decay Zerfall, Zersetzung, Verrottung, Verfaulen
➢ **radioactive decay/radioactive disintegration** radioaktiver Zerfall
decay/decompose/ disintegrate/fall apart ***vb*** zerfallen, sich zersetzen
decay/decomposition/ disintegration ***n*** Zersetzung, Zerfall
decay/rot/foul/putrefy ***vb*** faulen, verfaulen, verwesen, modern, vermodern
decay/rot/fouling/putrefaction ***n*** Fäulnis, Verwesung, Moder, Vermoderung
decay of variability Variabilitätsrückgang
decaying/rotting verfaulend, modernd, moderig
deceleration phase/ retardation phase Verlangsamungsphase, Bremsphase, Verzögerungsphase
deception/delusion/illusion Täuschung
deceptive flower Täuschblume
decerating agent ***micros*** **(for removing paraffin)** Entparaffinierungsmittel
decidua Decidua, Dezidua, Hinfallhaut, Siebhaut
deciduous/falling/shedding abfallend
deciduous (dropping of leaves/ leaf-dropping) laubwerfend, blattwerfend
deciduous (summergreen) sommergrün
deciduous dentition/ lacteal dentition/primary dentition Milchgebiss
deciduous forest/broadleaf forest Laubwald, Falllaubwald
deciduousness/dropping of leaves/ leaf-dropping Laubwerfen
decline (physical) Verfall (körperlicher)
decline phase Absterbephase
decompose/disintegrate/ decay/fall apart zersetzen, zerfallen
decomposer Zersetzer, Destruent, Reduzent
decomposing wood holzzersetzend
decomposition/disintegration/decay Zersetzung, Zerfall
decontaminate dekontaminieren, entseuchen, reinigen, säubern, entgiften
decontamination Dekontaminierung, Dekontamination, Entseuchung, Entgiftung, Reinigen (Beseitigung von Verunreinigungen)
decorticate/debark entrinden, schälen (Rinde)
decortication Entrindung
decouple/uncouple entkoppeln
decoupling/uncoupling Entkopplung
decticous pupa Pupa dectica

decumbent/lodged/ prostrate with tips rising up (cereals) niederliegend, niedergedrückt
decurrent herablaufend, herabhängend
decurrent/deliquescent *bot* (tree form) (nach oben) ausladend (sympodiale Wuchsform)
decussate/crossed dekussiert, gekreuzt, kreuzgegenständig
decussation Dekussation, Wirtelung
dedifferentiation Dedifferenzierung, Entdifferenzierung
deep etching Tiefenätzung
deep-rooted plant tiefwurzelnde Pflanze
deep sea (*see also:* abyssal) Tiefsee
deep-sea basin Tiefseebecken
deep-sea floor Tiefseeboden
deep-sea trench Tiefseegraben, Tiefseerinne
deep-sea trough Tiefseetrog
deer/fallow deer Damwild
deer/venison *culinary* Rotwild
deer fern family/blechnum family/ Blechnaceae Rippenfarngewächse
deer path/run/runway Wildwechsel
defecate/egest den Darm entleeren, Stuhlgang haben (➢Mensch)
defecation/egestion Defäkation, Darmentleerung, Klärung, Koten; (Mensch) Stuhlgang
defecation ceremony Defäkationszeremonie
defecation disturbance Defäkationsstörung
defecation reflex Defäkationsreflex
defective gene defektes Gen, Defektgen
defective interfering particle (DI particle)/von Magnus particle DI-Partikel, Von-Magnus-Partikel
defective mutant Defektmutante
defective virus defektes Virus
defense Verteidigung, Abwehr
defense protein Abwehrprotein
defensive gland (*Peripatus*: slime gland) Wehrdrüse (*Peripatus*: Schleimdrüse)
defensive medicine Defensivmedizin
defervescence/delay in boiling Siedeverzug
deficiency Defizienz, Mangel
➢ **nutrient deficiency** Nährstoffarmut, Nährstoffmangel, Nährstoffverknappung
➢ **immune deficiency/ immunodeficiency** Immunschwäche
➢ **vitamin deficiency** Vitaminmangel
deficiency medium Mangelmedium
deficiency symptom Defizienzerscheinung, Mangelerscheinung, Mangelsymptom
deficient/lacking mangelnd, Mangel...
definite/restricted (growth) beschränkt, begrenzt, bestimmt
deflagrate verpuffen
deflagration Verpuffung
deflation *geol* (*see also:* corrasion) Deflation, Ausblasung
deflation basin/blowout *geol* Deflationskessel, Windmulde
deflect ablenken
deflection Ablenkung
deflexed/ abruptly bent or turned downward umgeknickt, umgebogen, zurückgebogen, heruntergebogen
deflorate *adv bot* abgeblüht, verblüht
deflorate/deflower *vb zool* deflorieren, entjungfern
defloration *bot* Abblühen, Verblühen
defloration *zool* Defloration, Entjungferung
defoliate/denude entblättern, entlauben
defoliated/denuded entblättert, entlaubt
defoliation/denudation/ stripping of leaves Entlaubung
➢ **complete d. (by pests)** Kahlfraß (durch Schädlinge)
defoliation by pests Kahlfraß durch Schädlinge

deforestation Abholzung, Entwaldung, Waldzerstörung
deformation Deformation, Verformung, Formänderung
deformity Deformität, Deformation, Missbildung; Missgestalt; Abartigkeit
degas/outgas entgasen
degassing/gassing-out Entgasen, Entgasung
degeneracy Degenerierung, Degeneration, Entartung
degenerate ***adj/adv*** degeneriert, entartet; zurückgebildet
degenerate ***vb*** degenerieren, entarten
degenerate/regress rückbilden
degeneration/regression Degeneration, Rückbildung; Verfall, Verkümmerung
deglutition/swallowing Schlucken, Schluckakt
degradability Abbaubarkeit
degradation/decomposition/breakdown Abbau, Zersetzung
degrade/decompose/break down abbauen, zersetzen
degree of freedom (df) ***stat*** Freiheitsgrad
degree of latitude/parallel Breitengrad
dehisce/break open aufplatzen, aufspringen; sich öffnen
dehiscence/breaking open Dehiszenz, Aufspringen, Aufplatzen
dehiscent aufspringend, aufplatzend
dehiscent fruit Streufrucht, Springfrucht, Öffnungsfrucht
dehydrate dehydratisieren, entwässern
dehydration Dehydratation, Entwässerung
dehydrogenate dehydrieren
dehydrogenation Dehydrierung
delamination (endoderm) Delamination, Abblätterung (Entodermbildung)
delay/retard ***vb*** verzögern
delay/retardation ***n*** Verzögerung
delayed effect Verzögerungseffekt
delayed rectification verzögerte Gleichrichtung
delayed-type hypersensitivity reaction (TDTH) Überempfindlichkeitsreaktion vom Spättyp (verzögerter Typ)
deletion ***gen*** Deletion (Mutation unter Verlust von Basenpaaren)
deletion analysis Deletionsanalyse
deletion mapping Deletionskartierung
deletion mutation Deletionsmutation
deliberate release experiment Freisetzungsexperiment
deliquescence Zerfließen, Zerschmelzen, Zergehen
deliquescent ***chem*** zerfließend, zerschmelzend, zergehend
deliquescent ***bot*** **(branching)** zerfließend, sich fein verästelnd, reich verzweigt
delouse/delousing lausen, Lausen
deltoid deltaförmig, dreieckig; breit-eiförmig (Blattform)
deltoid muscle Deltamuskel
demanding/having high requirements/having high demands anspruchsvoll
deme Dem
demersal auf den Meeresboden sinkend, nahe dem Meeresboden lebend
demister Entfeuchter
demography (study of populations: growth rates/age structure) Demographie
demosponges/Demospongiae Gemeinschwämme
den (bear: often a hollow or cavern) Bau; (lions) Lager, Rastplatz
denaturation/denaturing Denaturierung
denature denaturieren
denatured (DNA/protein/egg white) denaturiert (DNS/Proteine/Eiweiß)
denatured egg white denaturiertes Eiweiß
denaturing/denaturation Denaturierung
denaturing gel denaturierendes Gel
dendrite Dendrit, Markfortsatz

dendritic cell
Dendritenzelle, dendritische Zelle
dendritic sheath
Dendritenscheidezelle
dendritic spine Dendritenspine
dendrogram (phylogenetic relationships)
Dendrogramm
dendroid/dentritic/arboroid
baumartig
dendrologist Dendrologe
dendrology Dendrologie, Gehölzkunde, Baumkunde
dendronotacean snails/ dendronotaceans/Dendronotacea
Bäumchenschnecken
denitrification Denitrifikation, Denitrifizierung (Nitrat-Atmung)
denitrify denitrifizieren
Dennstaedtiaceae/cup fern family
Schüsselfarngewächse
dense (mass/vol) dicht
dense body
dense body (*not translated!*)
density (mass/vol) Dichte
density dependent dichteabhängig
density gradient Dichtegradient
density gradient centrifugation
Dichtegradientenzentrifugation
density independent
dichteunabhängig
dental alveolus/ alveolar cavity/tooth socket
Zahnfach, Zahnalveole
dental cavity/pulp cavity
Zahnhöhle, Pulpahöhle
dental cusp/dental ridge
Zahnhöcker
dental enamel Zahnschmelz
dental formula Zahnformel
dental lamina Zahnleiste
dental pulp/pulpa Zahnmark
dental replacement Zahnersatz
dental ridge/cusp Zahnhöcker
dental root Zahnwurzel
dentate/toothed gezähnt
dentate gyrus ***neuro/anat***
Gyrus dentatus
denticle Zähnchen
denticulate/finely dentate
gezähnelt, fein gezähnt
dentin/dentine/ substantia eburnea
Dentin, Zahnbein
dentition/teeth Gebiss
dentition (development/cutting of teeth)
Dentition, Zahndurchbruch
➢ **second dentition**
Zahnwechsel
dentition (type/number/ arrangement of teeth)
Zahntyp, Zahnsystem, Zahnformel, Zahnstruktur
➢ **acrodont/ attached to outer surface of bone/ summit of jaws (teleosts/lizards)**
akrodont, auf der Kieferkante stehend (Teleostei/Echsen)
➢ **brachydont/brachyodont/ with low crowns**
brachyodont, niedrigkronig
➢ **bunodont/ with low crowns and cusps**
bunodont, rundhöckrig, stumpfhöckrig
➢ **deciduous dentition/ milk dentiition/ lacteal dentition/ primary dentition**
Milchgebiss
➢ **diphyodont (with two sets of teeth)**
diphyodont (einmaliger Zahnwechsel)
➢ **heterodont/anisodont**
heterodont, ungleichzähnig
➢ **homodont/isodont**
homodont, gleichartig bezahnt
➢ **hypsodont/hypselodont (high crowns/short roots)**
hypsodont, hypselodont, hochkronig
➢ **isodont/homodont**
homodont, gleichartig bezahnt
➢ **labyrinthodont (with complicated arrangement of dentine)**
labyrinthodont (mit komplexer Struktur)
➢ **lophodont/with transverse ridges**
lophodont, mit Querjochen

➢ **monophyodont (only one set of teeth)** monophyodont (einfaches Gebiss/ohne Zahnwechsel)
➢ **permanent dentition/ permanent teeth** Dauergebiss, bleibendes Gebiss
➢ **pleurodont/ attached to inside surface of jaws** pleurodont, an der Kieferinnenseite
➢ **plicodont/ with folded cusps (elephants)** plicodont (mit gefalteten Höckern)
➢ **polyphyodont** polyphyodont (mehrfacher Zahnwechsel)
➢ **selenodont/crescentic/ with crescent-shaped ridges** selenodont, halbmondhöckrig (Zahnhöcker)
➢ **tetralophodont/ with four transverse ridges** tetralophodont, mit vier Querjochen
➢ **thecodont/teeth in sockets** thekodont, in Zahnfächern verankert
➢ **triconodont (three crown prominences in a row)** triconodont, dreihöckrig (in einer Reihe)

denture Zahnersatz
denudation/stripping Denudation, Entblößung, Beraubung; Entlaubung
denuded/stripped of leaves *bot* entlaubt
deoxycytidine Desoxycytidin
deoxyribonucleic acid (DNA) Desoxyribonucleinsäure (DNS/DNA), Desoxyribonukleinsäure
depauperate/starved/reduced/ underdeveloped/impoverished verarmt, verkümmert
dephosphorylation Dephosphorylierung
depolarization Depolarisation
depolarize depolarisieren
depopulate entvölkern
depopulation Entvölkerung
deposit/sediment *vb* ablagern, sedimentieren, sich niederschlagen
deposit/sediment *n* (precipitate) Ablagerung, Sediment, Niederschlag (Präzipitat)
deposit feeder Depositfresser
deposition/deposit/sedimentation Ablagerung, Sedimentation
depress herabsetzen, unterdrücken
depression/basin Vertiefung, Mulde
depressor muscle Depressor, Senker
depth of focus/depth of field Tiefenschärfe, Schärfentiefe
depurination Depurinisierung
derivation *math/theor* Ableitung
derivative Derivat, Abkömmling (von etwas abgeleitet)
derivatization Derivatisation, Derivatisierung
derivatize derivatisieren
derive *math/theor* ableiten
derived abgeleitet
derived characteristic abgeleitetes Merkmal
dermal/dermic/dermatic dermal, Haut...
dermal bone/membrane bone Hautknochen, Deckknochen, Belegknochen
dermal branchiae/skin gills/papulae Papulae
dermal denticle/placoid scale Hautzahn, Zahnschuppe, Placoidschuppe, Dentikel
dermal gland Dermaldrüse, Hautdrüse
dermal musculature Hautmuskulatur
dermal papilla Dermispapille, Hautpapille
dermal papula Papula
dermal plate Hautplatte
dermal skeleton/dermatoskeleton/ dermoskeleton/exoskeleton Hautskelett, Dermalskelett
dermal tissue/ boundary tissue/exodermis Abschlussgewebe
dermatoglyphs Dermatoglyphen
dermatome Dermatom
dermatophyte Dermatophyt, Hautpilz

dermatoskeleton/dermal skeleton/ exoskeleton Hautskelett, Außenskelett, Hautpanzer, Exoskelett
dermis/corium/true skin/cutis vera Dermis, Korium, Lederhaut
dermo-epidermal junction zone dermo-epidermale Junktionszone
dermomyotome Dermomyotom
dermopterans/colugos/ flying lemurs/Dermoptera Pelzflatterer, Riesengleitflieger
dermotrichium Dermotrichium, Flossenstrahl (aus Hautknochen)
desalinate entsalzen
desalination Entsalzung
descend from/ originate from/derive from abstammen von
descendant/descendent *adv/adj* *mech/phys* absteigend; (derived) *gen/evol* abstammend von
descendant/offspring/progeny *n* Deszendent, Abkömmling, Nachkomme
descending *mech/phys* absteigend
descent/origin Abstammung
desert *n* Wüste
➢ **cold desert** Kältewüste
➢ **fog desert** Nebelwüste
➢ **gravel desert (serir)** Kieswüste, Geröllwüste (Serir)
➢ **hot desert** Wärmewüste
➢ **sand desert** Sandwüste
➢ **semidesert** Halbwüste
➢ **stone desert/stony desert/ rock desert (hammada)** Steinwüste (Hamada)
desert bloom Wüstenblüte
desert inky cap fungi/Podaxales Podaxales
desert pavement/stone pavement Wüstenpflaster, Steinpflaster
desert plant/eremophyte/eremad Wüstenpflanze, Eremiaphyt
desert varnish Wüstenlack
desertification/desert expansion Wüstenausbreitung
desiccate/dry up/dry out trocknen, austrocknen
desiccation Austrocknung, Trocknis
desiccation avoidance Austrocknungsvermeidung
desiccation tolerance Austrocknungstoleranz
desiccator *chem/lab* Exsikkator
desire/craving starkes Verlangen, Bedürfnis
desmids/Desmidiaceae Zieralgen
desmosome/bridge corpuscule/ bridge corpuscle/macula adherens Desmosom, Macula adhaerens
➢ **belt desmosome** Gürteldesmosom, Banddesmosom
➢ **hemidesmosome** Hemidesmosom
➢ **spot desmosome** Plaquedesmosom
desolated verödet, verwüstet; verlassen
desolation/obliteration Verödung, Verwüstung
detassel *vb* (of corn) entfernen der männlichen Blütenstände des Mais
detect/prove nachweisen
detection/proof Nachweis
detection limit Nachweisgrenze
detection method Nachweismethode
detergent Detergens, Reinigungsmittel
determinate/restricted beschränkt, begrenzt, bestimmt; *bot* endständig
determinate cleavage determinative Furchung, determinierte Furchung (nichtregulative)
determinate growth/limited growth begrenztes Wachstum, beschränktes Wachstum
determinate inflorescence geschlossene Infloreszenz
determination Determination, Determinierung, Bestimmung
determine/elucidate bestimmen, feststellen, aufklären
deterrent/repellent Abschreckstoff, Schreckstoff, Repellens
detorsion (gastropods: nerve cords) Detorsion, Rückdrehung
detoxification Entgiftung

detoxify entgiften
detritivore/detritus-feeder
Abfallfresser, Detritusernährer, Detritivor
detritivory Detritivorie
detritus Detritus
detritus food chain
Detritusnahrungskette
detritus-feeder/detritivore
Detritusernährer, Detritusfresser, Detritivor
deuter cell/pointer cell/eurycyst
Deuter
deuterostomes/Deuterostomia
Zweitmünder, Neumundtiere, Neumünder
deuterotoky Deuterotokie
deutocerebrum (insects)
Deutocerebrum, Mittelhirn
deutoplasm Deutoplasma, Nahrungsdotter
develop/emerge/unfold
entwickeln, entstehen
developing chamber (TLC)
Trennkammer (DC)
development Entwicklung
➢ **course of development**
Entwicklungsgang
➢ **embryonal development/ embryonic development/ embryogenesis/embryogeny**
Embryonalentwicklung, Embryogenese, Embryogenie, Keimesentwicklung
➢ **evolutionary development**
evolutionäre Entwicklung
➢ **head development/cephalization**
Kopfbildung, Cephalisation
➢ **hemimetabolic development/ hemimetabolous development**
hemimetabole Entwicklung
➢ **holometabolic development**
holometabole Entwicklung
➢ **mosaic development**
Mosaikentwicklung
➢ **ontogenic development**
Ontogenie, ontogenetische Entwicklung
➢ **phylogenic development**
Phylogenie, phylogenetische Entwicklung
➢ **regulative development**
regulative Entwicklung
➢ **retrogressive development/ retrogressive evolution**
Rückentwicklung
➢ **sustainable development**
dauerhaft-umweltgerechte Entwicklung, nachhaltige Entwicklung
developmental biology
Entwicklungsbiologie
➢ **evo-devo (evolutionary developmental biology/ evolution of development)**
evolutionäre Entwicklungsbiologie
developmental cycle
Entwicklungszyklus
developmental genetics
Entwicklungsgenetik
developmental level
Entwicklungsstufe
developmental noise
Entwicklungsschwankung
developmental stage/ developmental phase
Entwicklungsstadium (*pl* Entwicklungsstadien), Entwicklungsphase
developmental state
Entwicklungszustand, Entwicklungsstufe
deviant abweichend
deviate from abweichen von
deviation
Abweichung; Ablenkung
➢ **random deviation** ***stat***
Zufallsabweichung
➢ **standard deviation/ root-mean-square deviation** ***stat***
Standardabweichung
➢ **statistical deviation**
statistische Abweichung
device ***n***
Vorrichtung, Einrichtung, Gerät
devil's-claw family/ unicorn plant family/ martynia family/Martyniaceae
Gemsbockgewächse
devoid of ohne, bar, ...los
devoid of life leblos, ohne Leben
devoid of plants pflanzenlos

Devonian Period/Devonian (geological time) Devon
devour/gulp down verschlingen, verzehren, herunterschlingen
dew Tau
dewclaw/false foot Afterklaue
dewdrop Tautropfen
dewlap (cattle) Wamme; (birds/reptiles: wattle) Kehllappen
dextrorse dextrors, rechtsdrehend, rechtswindend
diabetes mellitus Zuckerkrankheit, Diabetes mellitus
- ➤ **adult-onset diabetes** Altersdiabetes

diadelphous diadelphisch, zweibrüderig
diadromous diadrom
diagnose diagnostizieren
diagnosis Diagnose
- ➤ **antenatal diagnosis/ prenatal diagnosis** pränatale Diagnose, pränatale Diagnostik
- ➤ **differential diagnosis** Differenzialdiagnose
- ➤ **prenatal diagnosis/antenatal diagnosis** pränatale Diagnose, pränatale Diagnostik
- ➤ **presymptomatic diagnosis** präsymptomatische Diagnose, präsymptomatische Diagnostik

diagnostic diagnostisch
diagnostic approach diagnostischer Ansatz
diagnostic species Kennart
diagonal gait Diagonalgang, Kreuzgang
diagram/plot ***math/graph/stat*** Diagramm, Kurve
- ➤ **bar diagram/bar graph/bar chart** Stabdiagramm
- ➤ **dot diagram** Punktdiagramm
- ➤ **floral diagram/flower diagram** Blütendiagramm
- ➤ **frequency diagram** Häufigkeitsdiagramm, Häufigkeitskurve
- ➤ **hist(i)ogram/strip diagram** Hist(i)ogramm, Streifendiagramm
- ➤ **line diagram/line graph** Strichdiagramm
- ➤ **Lineweaver-Burk plot/ double-reciprocal plot** Lineweaver-Burk-Diagramm
- ➤ **phase diagram** Phasendiagramm
- ➤ **pie chart** Kreisdiagramm
- ➤ **Ramachandran plot** Ramachandran-Diagramm
- ➤ **Scatchard plot** Scatchard-Diagramm
- ➤ **scatter diagram/scattergram/ scattergraph/scatterplot** Streudiagramm

diakinesis Diakinese
dialypetalous/apopetalous/ choripetalous/polypetalous (with many free petals) dialypetal, apopetal, choripetal, polypetal, frei-/getrenntkronblättrig, frei-/getrenntblumenblättrig
dialysis Dialyse
dialyze dialysieren
diameter at breast height (dbh) Brusthöhendurchmesser (BHD)
diapause Diapause
diapensia family/Diapensiaceae Diapensiagewächse, Diapensiengewächse
diaphragm/diaphragma ***zool*** Diaphragma, Zwerchfell; Membran; *micros* Blende
- ➤ **condenser diaphragm (iris diaphragm)** ***micros*** Aperturblende, Kondensorblende (Irisblende)
- ➤ **disk diaphragm (annular aperture)** ***micros*** Ringblende
- ➤ **field diaphragm** Feldblende, Leuchtfeldblende, Kollektorblende
- ➤ **iris diaphragm** ***opt*** Irisblende
- ➤ **pelvic diaphragm/pelvic floor** Beckenboden
- ➤ **pericardial septum/diaphragm** Perikardialseptum, Diaphragma

diaphragm aperture ***micros*** Blendenöffnung

diaphragmatic respiration/ abdominal breathing Zwerchfellatmung, Bauchatmung
diapophysis (transverse process of neural arch for rib attachment)) Diapophyse, Rippenfortsatz
diarrhea Diarrhö
diarthrodial joint/ diarthrosis/synovial joint Diarthrose, Gelenk, Articulatio
diarthrosis Diarthrose, echtes Gelenk
diaspore/propagule/disseminule Diaspore, Ausbreitungseinheit, Disseminule
diastema (toothless space) Diastemma, Zwischenraum: Zahnlücke, Lücke in Zahnreihe
diatom Diatomee, Kieselalge
diatomaceous earth Diatomeenerde, Kieselerde
diatoms/Bacillariophyceae Diatomeen, Kieselalgen
diatropism Diatropismus
dibber/dibble ***agr/hort*** Dibbelstock, Setzholz, Pflanzholz
dicentric chromosome dizentrisches Chromosom
dichasium/dichasial cyme (inflorescence) Dichasium, zweigablige Trugdolde
dichlorodiphenyltrichloroethane (DDT) Dichlordiphenyltrichlorethan
dichlorodiphenyltrichloroethylene (DDE) Dichlordiphenyldichlorethylen
dichogamy/heteracmy Dichogamie
dichotomous/forked dichotom, gabelig verzweigt
dichotomous branching gabelige Verzweigung
dichotomous venation Gabeladerung, Gabelnervatur, Fächeraderung
dichotomy/ (repeated) forking/bifurcation Dichotomie, Gabelung, Gabelteilung
dicksonia family/Dicksoniaceae Dicksoniengewächse (Baumfarne)
dicotyledon/dicot Dikotyle, Dikotyledone, Zweikeimblättrige
dicotyledonous dikotyl, zweikeimblättrig
dictyosome/Golgi body Diktyosom, Dictyosom
dictyotene Dictyotän
didelphic zweischeidig
dideoxy sequencing Didesoxy-Sequenzierung
dideoxynucleotide Didesoxynucleotid, Didesoxynukleotid
didierea family/Didieraceae Armleuchterbäume
diductor muscle Klaffmuskel
didymous/twinlike/occurring in pairs doppelt, gepaart
die sterben
die off absterben
dieback teilweise absterben
diecious/dioecious diözisch, zweihäusig, getrenntgeschlechtlich
diel pattern/diel rhythm/ diel periodicity 24-Stunden-Rhythmus/Takt, Tag-Nacht-Rhythmus, Tag-Nacht-Periodizität
dielectric constant Dielektrizitätskonstante
diencephalon/ interbrain/betweenbrain Zwischenhirn
diestrus Diöstrus, Dioestrus
diet/food/feed/nutrition Diät, Kost, Speise, Nahrung
- ➤ **balanced diet** ausgewogene Diät, Vollkost
- ➤ **bland diet** Schonkost
- ➤ **fruitjuice diet** Saftfasten
- ➤ **to be on a diet** eine Diät machen

dietary Diät..., diät, die Diät betreffend
dietary fiber Ballaststoffe
dietary recommendations/guidelines Ernährungsempfehlungen, Ernährungsrichtlinien
dietetic diätetisch
dietetics Diätetik
difference/differing/variability Unterschied; Verschiedenartigkeit, Unterschiedlichkeit, Variabilität

differential centrifugation Differenzialzentrifugation, differentielle Zentrifugation
differential diagnosis Differenzialdiagnose
differential display (form of RT-PCR) differenzieller Display (Form der RT-PCR)
differential interference (Nomarski) Differenzial-Interferenz
differential species Differenzialart, Trennart
differential staining/contrast staining Differenzialfärbung, Kontrastfärbung
differentiate differenzieren
differentiating characteristic Unterscheidungsmerkmal
differentiation Differenzierung
differentiation antigen Differenzierungsantigen
diffract ***opt*** beugen
diffraction pattern Beugungsmuster
diffuse diffundieren
diffuse light diffuses Licht
diffuse placenta Placenta diffusa
diffuse porous (wood) zerstreutporig
diffuse secondary thickening (certain monocots) „anomales" sekundäres Dickenwachstum
diffusion coefficient Diffusionskoeffizient
dig ***vb*** graben
dig/excavation ***geol/paleo*** Ausgrabung
digest ***vb metabol*** verdauen
digest ***vb*** **(sewage)** faulen (im Faulturm der Kläranlage)
digest ***n*** **(enzymatic)** Verdau (enzymatischer)
➢ **double digest** Doppelverdau
➢ **partial digest** Partialverdau
digester/digestor/sludge digester/ sludge digestor Faulturm
digestibility Verdaulichkeit, Bekömmlichkeit
digestible verdaulich
digestion *allg* Verdauung
➢ **acid indigestion/heartburn/pyrosis** Sodbrennen
➢ **indigestion** ***general*** Verdauungsstörung, Indigestion; Magenverstimmung
digestion/ degradative reactions/ degradative metabolism/ catabolism Abbau, Stoffwechselabbau
digestive canal/digestive tract/ alimentary canal/alimentary tract Verdauungskanal, Verdauungstrakt
digestive cavity/ gastrovascular cavity/enteron Verdauungshohlraum
digestive enzyme Verdauungsenzym
digestive gland Verdauungsdrüse
digestive gland/"liver" (mollusks/echinoderms) Mitteldarmdrüse, Darmdivertikel
digestive gland duct (echinoderms) Darmkanal
digestive system Verdauungssystem
digestive tract Verdauungstrakt
➢ **one-way digestive tract** durchgängiger Verdauungstrakt
digging/fossorial/burrowing grabend, Grab...
digital cushion/cuneal cushion/ pulvinus digitalis (horse) Hufkissen (Strahlkissen + Ballenkissen)
digital pad ***zool*** **(e.g., frogs)** Fingerballen
digitate/fingered digitat, gefingert
digitate venation fingerförmige Nervatur/Aderung
digitiform/fingershaped/fingerlike fingerförmig
digitigrade Digitigrade, Zehengänger
digitigrade gait Digitigradie, Zehengang
digotoxin Digitoxin
digoxin Digoxin
dihedral symmetry diedrische Symmetrie
dihybrid cross ***gen*** Dihybridkreuzung
dikaryotic phase Dikaryophase, Paarkernphase

dike Damm, Deich (am Meer)
dilation/dilatation/expansion
Dilatation, Ausweitung, Erweiterung
dilation growth/dilatation growth/ expansion growth/ extension growth
Dilatationswachstum, Erweiterungswachstum
dilator muscle Dilator, Erweiterer
dillenia family/silver-vine family/ Dilleniaceae
Dilleniengewächse, Rosenapfelgewächse
dilute ***vb*** verdünnen
dilute ***adj/adv*** verdünnt
➢ **semidilute** halbverdünnt
➢ **undiluted** unverdünnt
dilution Verdünnung
dilution shake culture
Verdünnungs-Schüttelkultur
dilution streak/ dilution streaking ***micb***
Verdünnungsausstrich
dimegaly Dimegetismus, sexueller Größenunterschied
dimer Dimer
➢ **cyclobutyl dimer** Cyclobutyldimer
➢ **thymine dimer** Thymindimer
dimerization Dimerisierung
dimerize dimerisieren
dimerous dimer, zweizählig
dimictic ***limn*** dimiktisch
dimitic dimitisch
dimorphism Dimorphismus
dinergate/soldier Dinergat, Soldat
dinoflagellates/Pyrrhophyceae
Dinoflagellaten, Panzergeißler
dinosaur(s) Dinosaurier
➢ **dinosaur ancestors/ thecodonts/Thecodontia**
Urwurzelzähner
dioecious/diecious (postnatal: gonochoric/gonochoristic)
diözisch, zweihäusig, getrenntgeschlechtlich (speziell postnatal: gonochor)
dioecy/dioecism (postnatal: gonochory/gonochorism)
Diözie, Zweihäusigkeit, Getrenntgeschlechtlichkeit (speziell postnatal: Gonochorismus)
dioestrus/diestrus
Diöstrus, Dioestrus
diopter (D) (unit) Dioptrie
dioptric dioptrisch
Dioscoreaceae/yam family
Yamswurzelgewächse, Schmerwurzgewächse
diphasic diphasisch
diphycercal diphycerk, diphyzerk, protocerk, protozerk
diphyodont (single dentition)
diphyodont (einmaliger Zahnwechsel)
diploid diploid
diplosome Diplosom
diplostemonous diplostemon
diplotene Diplotän
dipole moment Dipolmoment
diprotic acid
zweiwertige/zweiprotonige Säure
Dipsacaceae/ teasel family/scabious family
Kardengewächse
dipstick Teststreifen
dipterocarpus family/meranti family/ Dipterocarpaceae
Zweiflügelfruchtgewächse, Flügelnussgewächse
direct repeats ***gen*** direkte Sequenzwiederholungen
direct transfer electrophoresis/ direct blotting electrophoresis
Direkttransfer-Elektrophorese, Blottingelektrophorese
directional orientation
Richtungsorientierung
directional selection
gerichtete Selektion/Auslese
disaccharide/double sugar
Disaccharid, Doppelzucker
➢ **lactose (milk sugar)**
Laktose, Lactose (Milchzucker)
➢ **maltose (malt sugar)**
Maltose (Malzzucker)
➢ **sucrose (cane sugar/beet sugar/table sugar)**
Sukrose, Sucrose, Saccharose (Rohrzucker/Rübenzucker)
disadvantage Nachteil
➢ **advantage** Vorteil

disappearing layer (anther) ***bot***
Schwundschicht
disassortative mating
Fremdpaarung
disc *see also:* disk
discal cell/discoidal cell
Diskalzelle, Discalzelle, Discoidalzelle
discernible
wahrnehmbar, erkennbar, sichtbar
discharge ***n neuro*** Entladung
discharge/outflow/draining off ***n***
Ausfluss, Abfluss
discharge/drain/lead out/ lead away/carry away ***vb***
ausführen, wegführen, ableiten (Flüssigkeit)
disclimax
Disklimax (Störungsklimax)
discoidal/disk-like/disc-like
discoidal, diskoidal
discoidal cleavage
discoidale/diskoidale/ scheibenförmige Furchung
discoidal placenta
Placenta discoidalis
discontinuity Diskontinuität
discontinuous replication
diskontinuierliche Replikation
disease/illness Krankheit
➢ **autoimmune disease**
Autoimmunkrankheit
➢ **childhood disease**
Kinderkrankheit
➢ **contagious disease/ infectious disease**
ansteckende Krankheit, infektiöse Krankheit, Infektionskrankheit
➢ **course of a disease**
Verlauf einer Krankheit
➢ **inheritable disease** Erbkrankheit
➢ **inherited/hereditary/ genetic disease**
Erbkrankheit, erbliche Erkrankung
➢ **metabolic disease**
Stoffwechselkrankheit
➢ **monogenic disease**
monogene (Erb-)Krankheit
➢ **notifiable diseases**
anzeigepflichtige Krankheiten
➢ **parasitic disease**
parasitäre Krankheit
➢ **polygenic disease**
polygene (Erb-)Krankheit
➢ **sexually transmitted disease (STD)**
Geschlechtskrankheit
➢ **transmissible disease/ communicable disease**
übertragbare Krankheit
disease-causing/pathogenic
krankheitserregend, pathogen
disease-causing agent/pathogen
Krankheitserreger
diseases of civilization
Zivilisationskrankheiten
disembowel
ausweiden, ausnehmen
disequilibrium Ungleichgewicht
disguise ***n***
Verschleierung, Verkleidung
disinfect desinfizieren
disinfectant Desinfektionsmittel
disinfection
Desinfizierung, Desinfektion
disinfest
von Ungeziefer befreien, entseuchen
disinfestation
Befreiung von Ungeziefer, Entseuchung
disinhibition
Enthemmung, Disinhibition
disintegrate/decay/decompose
zersetzen, zerfallen
disintegration/decay/decomposition
Zersetzung, Zerfall
disjunct/disjunctive disjunkt, zerstückelt, voneinander isoliert
disjunction
Trennung, Verteilung; *gen* Disjunktion (der Tochterchromosomen)
➢ **alternate disjunction**
alternierende Verteilung
➢ **non-disjunction**
Non-Disjunction, Chromosomenfehlverteilung
➢ **nonrandom disjunction**
nicht-zufallsgemäße Verteilung
disjunction/discontinuity/isolation
Disjunktion, Isolierung, Isolation

disk (disc) Scheibe
➢ **adhesive disk** Haftplatte, Haftscheibe, Saugnapf; Kletterorgan
➢ **articular disk/meniscus/disk** Gelenkmeniskus, Gelenkzwischenscheibe, Meniskus, Diskus
➢ **basal disk/pedal disk (anthozoa)** Fußscheibe
➢ **cross-hair disk *micros* (eyepiece)** Zwischenlegscheibe mit Fadenkreuz (Okular)
➢ **intervertebral disk** Bandscheibe
➢ **oral disk/peristome/peristomium** Oralscheibe, Mundscheibe, Peristom
➢ **suction disk** Saugscheibe, Saugnapf

disk/meniscus (articular disk) Meniskus, Diskus (Gelenkmeniskus/ Gelenkzwischenscheibe)
disk diaphragm (annular aperture) ***micros*** Ringblende
disk electrophoresis Diskelektrophorese, diskontinuierliche Elektrophorese
disk flower/disk floret/ tubular flower Scheibenblüte, Röhrenblüte (Asterales)
disk-shaped scheibenförmig
disk turbine impeller Scheibenturbinenrührer
dislocate dislozieren, verlagern
dislocation *gen* Dislokation, Verlagerung (von Chromosomenabschnitten)
disomic disom
disomy Disomie
disorder Ordnungslosigkeit; *med* (disease) Störung, Krankheit, Erkrankung
➢ **heritable disorder** erbliche Erkrankung, Erbkrankheit
➢ **mental disorder** Geisteserkrankung, Geisteskrankheit

dispersal/dissemination/propagation Ausbreitung, Streuung, Propagation
➢ **animal-dispersal/zoochory** Tierausbreitung
➢ **ant-dispersal/myrmecochory** Ameisenausbreitung
➢ **ballistic dispersal** Schleuderausbreitung
➢ **bat-dispersal/chiropterochory** Fledermausausbreitung
➢ **bird-dispersal/ornithochory** Vogelausbreitung
➢ **passive dispersal** passive Ausbreitung, Verdriftung
➢ **self-dispersal/autochory** Selbstausbreitung
➢ **sweepstake dispersal** Zufallsverbreitung
➢ **water-dispersal/hydrochory** Wasserausbreitung
➢ **wind-dispersal/anemochory** Windausbreitung

dispersal unit/ propagule/diaspore/disseminule Ausbreitungseinheit, Propagationseinheit, Fortpflanzungseinheit, Diaspore
disperse/scatter zerstreuen, dispergieren
dispersion/colloid *chem* Dispersion, Kolloid
dispersion/scattering/spreading Dispersion, Zerstreuung, Dispergierung, Verteilung
dispersive replication *gen* disperse Replikation
displaced loop/displacement loop Verdrängungsschlaufe, Verdrängungsschleife
displacement Verdrängung
displacement activity *ethol* Übersprungshandlung
displacement reaction *biochem* Verdrängungsreaktion
➢ **double displacement reaction (ping-pong reaction)** doppelte Verdrängungsreaktion, Doppel-Verdrängung (Pingpong-Reaktion)
➢ **ordered displacement reaction** geordnete Verdrängungsreaktion

➢ **random displacement reaction** zufällige Verdrängungsreaktion, nicht-determinierte Verdrängungsreaktion
➢ **single displacement reaction** einfache Verdrängungsreaktion, Einzelverdrängung
display *vb* zurschaustellen, zeigen
display *n ethol* Schaustellung (protzig)
display *n* (apparatus) Anzeige (*Gerät*)
display behavior Imponierverhalten, Imponiergehabe, Imponiergebaren
disposable entsorgbar, Einmal..., Einweg..., zum Wegwerfen bestimmt
disposable gloves Einweghandschuhe
disposable syringe Einwegspritze
dispose of (e.g., trash/waste/chemicals) wegwerfen, wegschaffen, beseitigen, entsorgen
disposition Disposition, Veranlagung, Anfälligkeit
disrupt (e.g., tissue) zerreißen, zertrümmern (z.B. Gewebe)
disruptive selection/ diversifying selection disruptive Selektion/Auslese
dissect *anat* präparieren, sezieren
dissected *bot* zerschnitten
dissecting dish/dissecting pan Präparierschale
dissecting instruments (dissecting set) Präparierbesteck
dissecting microscope Präpariermikroskop
dissecting needle/probe Präpariernadel
dissection *anat* Präparation, Sezierung
disseminate/disperse/spread/release ausstreuen
dissemination/dispersal/spreading/ releasing Ausstreuung
disseminule/propagule/diaspore Diaspore
dissepiment/partition/ cross-wall/dividing wall/septum Scheidewand, Septe, Septum
dissimilation/catabolism Dissimilation, Katabolismus, Stoffwechselabbau
dissimilatory dissimilatorisch
dissipate/scatter streuen
dissipation/scattering Streuung
dissociate dissoziieren
dissociation Dissoziation
dissociation constant (K_i) Dissoziationskonstante
dissociation rate Dissoziationsgeschwindigkeit
dissolution/disintegration *chem* Auflösung, Aufschluss
dissolve lösen (*chem*: in einem Lösungsmittel), auflösen
dissolve/disintegrate/break up *chem* aufschließen
dissolved gelöst (lösen)
dissolved organic carbon (DOC) gelöster organischer Kohlenstoff
dissymmetrical/asymmetrical dissymmetrisch, asymmetrisch, unsymmetrisch
distichous/distichate/two-ranked distich, zweizeilig
distichy Distichie
distil/distill/still destillieren
distillate Destillat
distillation Destillation
distillation receiver *chem* Vorlage
distillers' grains/stillage Schlempe (Nassschlempe)
distilling apparatus/still Destilliergerät
distilling flask/retort Destillierkolben
distortion (of a joint) *med* Verstauchung (eines Gelenks)
distribute aufspalten, verteilen
distribution/ expansion/spread/spreading Verbreitung (Ausbreitung *see* dispersal)
distribution *stat/chem* Verteilung
➢ **bimodal d./two-mode d.** bimodale Verteilung
➢ **statistical d.** statistische Verteilung

distribution function *stat* Verteilungsfunktion
distribution map *biogeo* Verteilungskarte
disturbance value/ interference factor Störgröße
distyly/dimorphic heterostyly Distylie
disulfide bond/disulfhydryl bridge/ disulfide bridge Disulfidbindung, Disulfidbrücke
disymmetrical/bilateral/biradial/ bilaterally symmetrical/ radially symmetrical disymmetrisch, bilateral
ditch Graben
ditch-grass family/Ruppiaceae Saldengewächse
dithalamous/dithalamic/ with two chambers/dithecal dithalam, zweikammerig, zweikämmrig, dithekal
diuresis Diurese, Harnfluss, Harnausscheidung
diurnal tagaktiv
diurnal birds of prey (falcons and others)/ Falconiformes Greifvögel
diurnal plant Tagblüher, Tagpflanze
diurnal rhythm Tagesrhythmus (*as opposed to*: Nachtrhythmus)
divaricate (widely divergent) ausgespreizt, sperrig
dive *n* (in air) Sturzflug; (in water) Tauchgang
dive *vb* (in air) im Sturzflug fliegen; (in water) tauchen
diverge divergieren, auseinandergehen, auseinanderstreben
divergence/divergency Divergenz, Auseinanderstreben
divergent circuit *neuro* divergenter Schaltkreis
divergent transcription *gen* divergente Transkription
divers/loons/Gaviiformes Seetaucher
diverse divers, vielfältig
diversiflorous verschiedenblütig
diversity/variability Diversität, Vielfalt, Variabilität, Mannigfaltigkeit
diverticulum/cecum (blind-ended) Divertikulum, Divertikel, Caecum, Aussackung, Blindsack, Blinddarm, Darmblindsack, Darmdivertikulum
divide *vb* gliedern, einteilen
divide/fission/separate teilen
divided unterteilt, gegliedert
divided/parted/partite (divided into parts) geteilt, gegliedert, unterteilt
dividing wall/cross-wall/ partition/dissepiment/septum Scheidewand, Septe, Septum
diving bell (water spiders) *arach* Tauchglocke
division Division, Teilung, Gliederung, Unterteilung, Einteilung
- ➤ **subdivision** Untergliederung, Unterteilung

division/phylum Abteilung, Phylum
division/fission/separation *cyto* Teilung
- ➤ **binary fission/bipartition** binäre Zellteilung, Zweiteilung
- ➤ **cell division/cytokinesis** Zellteilung, Cytokinese, Zytokinese
- ➤ **equatorial division** Äquatorialteilung
- ➤ **longitudinal division/fission** Längsteilung
- ➤ **multiple fission** Vielfachteilung, Mehrfachteilung
- ➤ **nuclear division/ mitosis (karyokinesis)** Kernteilung, Mitose
- ➤ **reduction division/meiosis** Reduktionsteilung, Reifeteilung, Meiose

division phase Teilungsphase
dixenous/dixenic dixen, zweiwirtig
dizygosity Dizygotie, Zweieiigkeit
dizygous/dizygotic dizygot, zweieiig
DNA (deoxyribonucleic acid) DNS (Desoxyribonucleinsäure/ Desoxyribonukleinsäure), DNA
- ➤ **3′→5′ (three prime five prime/ three prime to five prime)** 3′→5′ (drei Strich-fünf Strich/ drei Strich nach fünf Strich)

- **A form** A-Form, A-Konformation
- **alpha-DNA** alpha-DNA
- **ancient DNA** vorgeschichtliche DNA
- **anonymous DNA** anonyme DNA
- **B form** B-Form, B-Konformation
- **C form** C-Form, C-Konformation
- **cccDNA (covalently closed circles DNA)** cccDNA (DNA aus kovalent geschlossenen Ringen)
- **cDNA (complementary DNA)** cDNA (komplementäre DNA)
- **cruciform DNA** kreuzförmige DNA
- **DNA footprint** DNA-Fußabdruck, DNA-Footprint
- **extragenic DNA** extragene DNA
- **figure eight** Achterform
- **fold-back DNA/snap-back DNA** in sich gefaltete DNA, zurückgebogene DNA
- **foreign DNA** Fremd-DNA
- **junk DNA** unnütze DNA, überflüssige DNA, wertlose DNA
- **linker DNA** Linker-DNA
- **minisatellite DNA** Minisatelliten-DNA
- **native DNA** native DNA
- **oc-DNA (open circle DNA)** oc-DNA (offene ringförmige DNA)
- **passenger DNA** passagere DNA, Passagier-DNA
- **promiscuitive DNA** promiskuitive DNA
- **repetitive DNA** repetitive DNA
- **satellite DNA** Satelliten-DNA
- **selfish DNA** egoistische DNA
- **single copy DNA** Einzelkopie-DNA, nichtrepetitive DNA
- **stuffer DNA** Stuffer-DNA
- **Z-form** Z-Form, Z-Konformation

DNA bending DNA-Biegung, DNA-Verbiegung

DNA-binding protein DNA-bindendes Protein

DNA-dependent DNA polymerase DNA-abhängige DNA-Polymerase

DNA fingerprinting/DNA profiling DNA-Fingerprinting, genetischer Fingerabdruck

DNA library/DNA bank DNA-Bibliothek, DNA-Bank

DNA polymerase DNA-Polymerase

DNA repair DNA-Reparatur

- **dark repair/ light independent DNA repair** lichtunabhängige DNA-Reparatur
- **excision repair** Exzisionsreparatur
- **light repair** Lichtreparatur
- **mismatch repair** Fehlpaarungsreparatur

DNA replication (*see also:* replication) DNA-Replikation

DNA sequencer DNA-Sequenzierungsautomat

DNA sequencing DNA-Sequenzierung

DNA synthesis DNA-Synthese

- **unscheduled DNA synthesis** außerplanmäßige DNA-Synthese

DNA tumor virus DNA-Tumorvirus

DNA-world DNA-Welt

DOC (dissolved organic carbon) gelöster organischer Kohlenstoff

docile gelehrig, folgsam, gefügig, fromm (Pferd)

docility Gelehrigkeit, Folgsamkeit, Fügsamkeit, Gefügigkeit

dock *n* (horses) Schwanzstumpf, Schwanzstummel, Stummelschwanz

dock/docking *vb* (horses) Schwanz stutzen, anglisieren

dock family/buckwheat family/ knotweed family/ smartweed family/ Polygonaceae Knöterichgewächse

docking protein Docking-Protein, Andockprotein

docoglossate radula docoglosse Radula, Balkenzunge

doctor Doktor; (physician) Arzt

- **general practitioner** Allgemeinarzt, Allgemeinmediziner

dodder family/Cuscutaceae Seidengewächse

doe adultes Säugerweibchen, Geiß (Rehgeiß/Hirschkuh; auch: Ziege/Hase/Känguruh etc.)

dog Hund
➢ **bitch (female dog)** Hündin
➢ **male dog** Rüde
➢ **puppy** Welpe, Junghund
dogbane family/periwinkle family/ Apocynaceae Hundsgiftgewächse, Immergrüngewächse
dogfish sharks/Squaliformes Dornhaiartige
dogwood family/Cornaceae Hartriegelgewächse, Hornstrauchgewächse
doldrums Kalmen, Kalmengürtel
dolioform/barrel-shaped tonnenförmig
doliolaria larva Doliolaria, Tönnchenlarve
doliolids/Doliolida Tonnensalpen
dolipore Doliporus
DOM (dissolved organic matter) gelöste organische Substanz
domain (tertiary structure) Domäne
domatium ***bot*** **(lodging for insects/ mites)** Domatium (*pl* Domatien)
dome (ctenophores) Kuppel
dome web ***arach*** Haubennetz
domestic häuslich, Haus.., heimisch; einheimisch; inländisch, Inlands.., im Inland erzeugt; Kultur...
domestic animal/ domesticated animal domestiziertes Tier, Haustier
domestic fowl Haushuhn
domestic variety/ cultivated variety/cultivar Kulturform
domesticate (to make domestic) domestizieren, zu Haustieren/ Kulturpflanzen machen, zähmen, züchten
domesticated animal/ domestic animal domestiziertes Tier, Haustier
domestication Domestikation; Zähmung; Kultivierung; Haustierwerdung
dominance Dominanz
➢ **codominance** Kodominanz
➢ **delayed dominance** verzögerte Dominanz
➢ **incomplete dominance** Semidominanz, Partialdominanz, unvollständige Dominanz
➢ **shifting dominance** variable Dominanz
dominance index Dominanzindex
dominance variance Dominanzvarianz
dominant dominant
dominant negative dominant negativ
dominate dominieren, beherrschen, vorherrschen
DON (dissolved organic nitrogen) gelöster organische(r) Stickstoff(verbindungen)
donor Donor, Spender
➢ **recipient (*also:* host) (transplants/graft)** Empfänger, Rezipient (z.B. Transplantate)
donor cell Donorzelle
doodlebug (antlion larva) Ameisenlöwe (Larve der Ameisenjungfer)
DOP (dioctyl phthalate) smoke DOP (Dioctylphthalat)-Vernebelung
DOP-PCR (degenerate oligonucleotide primer PCR) DOP-PCR (PCR mit degeneriertem Oligonucleotidprimer)
dopamine Dopamin
doridacean snails/doridaceans/ Doridacea/Holohepatica Warzenschnecken, Sternschnecken
dories (John Dory) and others/ Zeiformes Petersfischartige: Petersfische und Eberfische
dormancy/inactive state *allg* Ruhezustand; (endogenous) Dormanz (*see*: quiescence)
dormancy period Ruhephase, Ruheperiode
dormant/resting/quiescent schlafend, ruhend
dormant egg/resting egg (winter egg) Latenzei, Dauerei

dorsal dorsal, rückseitig, Rücken...
➢ **ventral**
ventral, bauchseitig, Bauch...
dorsal fin Rückenflosse
dorsal horn Flügelplatte (Neuralrohr)
dorsal ocellus Stirnauge, Scheitelauge (Stirn-Ocelle)
dorsal root/posterior root ***neuro*** Dorsalwurzel
dorsal root ganglion/spinal ganglion/posterior root ganglion Spinalganglion
dorsal shield/carapace (turtles) Rückenschild, Carapax
dorsal suture/dorsal seam Dorsalnaht, Rückennaht
dorsicidal dorsizid, dorsicid, rückenspaltig
dorsifixed dorsifix
dorsiventral/dorsoventral/bifacial dorsiventral, dorsoventral, bifazial, zweiseitig
dorsoventral abdominal vibrating dance (DVAV)/ vibrating dance (bees) Schütteltanz, Schüttelbewegung
dosage/dose Dosis
dosage compensation Dosiskompensation
dosage effect Dosiseffekt
dosage sensitivity Dosisempfindlichkeit
dose ***vb*** dosieren
dose ***n*** Dosis; Gabe, Portion
➢ **lethal dose** Letaldosis, letale Dosis, tödliche Dosis
➢ **median lethal dose (LD_{50})** mittlere Letaldosis, mittlere letale Dosis
➢ **overdose** Überdosis
dose equivalent ***rad*** Dosisäquivalent
dose-response curve/ dose-effect curve ***stat*** Dosis-Wirkungskurve
dot blot/spot blot Rundlochplatte
dot diagram ***stat*** Punktdiagramm
double blind assay Doppelblindversuch
double bond ***chem*** Doppelbindung
double cross Doppelkreuzung
double diffusion/ double immunodiffusion (Ouchterlony technique) Doppeldiffusion, Doppelimmundiffusion
double digest Doppelverdau
double displacement reaction (ping-pong reaction) ***biochem*** doppelte Verdrängungsreaktion, Doppel-Verdrängung (Pingpong-Reaktion)
double fertilization doppelte Befruchtung
double-headed intermediate (enzymatic reaction) ***biochem*** doppelköpfiges Zwischenprodukt, januskköpfiges Zwischenprodukt
double helix (DNA) Doppelhelix
double heterozygote doppelt-heterozygot
double infection Doppelinfektion
double layer/bilayer (membrane) Doppelschicht
double membrane Doppelmembran
double raceme (inflorescence) Doppeltraube
double recombination ***gen*** doppelte Rekombination
double refraction/birefringence Doppelbrechung
double spike Doppelähre
double strand ***gen*** Doppelstrang
double strand break ***gen*** Doppelstrangbruch
double-strand sequencing ***gen*** Doppelstrangsequenzierung
double-stranded/two-stranded ***gen*** zweisträngig
double sugar/disaccharide Doppelzucker, Zweifachzucker, Disaccharid
double umbel (inflorescence) Doppeldolde
double-working (grafting with interstock) Zwischenveredlung
doubling time (generation time) Verdopplungszeit (Generationszeit)
dough Teig
dough stage (grain) Teigreife

dourine (*Trypanosoma equiperdum*) Beschälseuche
doves & pigeons and allies/ Columbiformes Taubenvögel
dovetail connection *micros* Schwalbenschwanzverbindung
down *orn* Flaum
➢ **natal down/neossoptile/neoptile (a down feather)** Nestdune, Neossoptile, Neoptile
➢ **powder-down feather/pulviplume** Puderdune, Pulvipluma
down feather/down/plumule Daune, Dune, Dunenfeder, Flaumfeder, dunenartige Feder
down mutation Down-Mutation
downregulation/ down-regulation *metabol* Herunterregulierung, Herabregulation, Runterregulierung
➢ **receptor downregulation** Rezeptor-Ausdünnungsregulation
➢ **upregulation/ up-regulation *metabol*** Hochregulierung, Heraufregulation
downstream abwärts (Richtung 3'-Ende eines Polynucleotids)
➢ **upstream** stromaufwärts, aufwärts (Richtung 5'-Ende eines Polynucleotids)
downstroke/ downward stroke of wing Flügelabschlag
➢ **upstroke/upward stroke of wing** Flügelaufschlag
downward classification Herunterstufung
downward stroke of wing Flügelabschlag
downy/pubescent flaumig, feinstflaumig
downy mildews/Peronosporaceae falsche Mehltaupilze
Dracaenaceae/ dragon-blood tree family Drachenbaumgewächse
draff (malting residue) Treber, Trester (*hier speziell:* Malzrückstand)
draft animal Zugtier
drag *n aer/orn* Luftwiderstand, Strömungswiderstand
drag *vb* schleppen, schleifen, ziehen
drag effect *physio* Schleppeffekt
dragline *arach* Schleppfaden, Schleppleine, Zugleine
dragon-blood tree family/ Dracaenaceae Drachenbaumgewächse
dragonflies (anisopterans) and damselflies (zygopterans)/ Odonata Libellen
drain *vb* entwässern, drainieren, abfließen/ablaufen lassen; (bog/swamp) trockenlegen (Moor/Sumpf)
drainage/draining Drainage, Abfluss, Ablauf, Entwässerung, Trockenlegung
drainage basin/drainage area/ catchment basin/ catchment area/watershed Wassereinzugsgebiet, Grundwassereinzugsgebiet, Flusseinzugsgebiet, Sammelbecken
drainage channel Entwässerungskanal, Ablaufrinne
drainage ditch Entwässerungsgraben
drainage water/leachate/soakage/ seepage/gravitational water Sickerwasser
drake (♂ duck) Enterich, Erpel
drepanium (a helicoid cyme) *bot* Drepanium, Sichel
drepanoid/sickle-shaped/ crescent/falcate/falciform sichelförmig
dress *vb* (kill and prepare for market) zurichten, behandeln
dress *vb* (coat or treat with fungicides/pesticides) beizen (Saatgut)
dressing/fertilizing material *n agr* Dünger, Düngmittel, Düngung
dressing (removing feathers and blood from birds) Geflügel ausbluten lassen und rupfen (küchenfertig machen)

dressing agent (pesticides/fungicides) Saatgutbeizmittel
drey (squirrel's nest) Kobel (Eichhörnchen-Nest)
drift Drift; Verschiebung; *meteo* Verwehung; Fluktuation
➢ **antigen drift/antigenic drift** Antigendrift
➢ **continental drift** ***geol*** Kontinentaldrift, Kontinentalverschiebung
➢ **genetic drift/Sewall Wright effect** Gendrift, genetische Drift
➢ **glacial drift** ***geol*** Glazialgeschiebe
➢ **random drift (Sewall-Wright)** zufallsbedingte Drift, Zufallsdrift, ungerichtete Fluktuation
➢ **snow drift** ***meteo*** Schneewehe, Schneeverwehung
➢ **steady drift** gerichtete Fluktuation
drift line/intertidal fringe (on shore) Spülsaum
driftwood Treibholz
drill ***n agr*** Saatrille; Drillreihe (drill row)
drill core ***geol/paleo*** Bohrkern
drill furrow ***agr*** Saatrille, Drillfurche
drink ***vb*** trinken
drinkability/potability Trinkbarkeit
drinkable/potable trinkbar
➢ **not drinkable/unpotable** nicht trinkbar
drinking water Trinkwasser
drip ***vb*** tropfen
drip irrigation/trickle irrigation Tropfbewässerung, Tröpfchenbewässerung
drip tip (leaf) Träufelspitze
drive ***n ethol*** Antrieb, Trieb
➢ **sex drive** Sexualtrieb
driving potential Antriebspotenzial
drone (bee) Drohne, Drohn
drooping schlaff herabhängend, herunterhängend
drooping funnel ***lab*** Tropftrichter
drooping leaf herunterhängendes Blatt
drop ***n*** **(of a liquid)** Tropfen
dropper Tropfglas, Tropfpipette
dropping bottle Tropfflasche
➢ **dropper vial** Pipettenflasche
dropping funnel ***lab*** Tropftrichter
droppings Tierexkremente, Dung, Tiermist
Droseraceae/sundew family Sonnentaugewächse
drought Dürre
drought avoidance Dürrevermeidung
drought-avoiding dürremeidend
drought-enduring dürreertragend, dürreüberdauernd
drought-evading dürremeidend
drought hardiness/drought tolerance Dürrehärte, Dürrefestigkeit, Dürrebeständigkeit
drought resistance Dürreresistenz
drought tolerance Austrocknungstoleranz
drought-tolerant dürretolerant, dürreduldend
drought-resistant (xerophytic) dürreresistent, dürrefest, trockenresistent
drug Droge
➢ **addicted to drugs** drogenabhängig, drogensüchtig
➢ **herbal drug** Pflanzendroge
➢ **to be drugged** unter Drogen stehen
➢ **mind-altering drug** Rauschdroge
drug abuse Drogenmissbrauch
drug addiction Drogenabhängigkeit, Sucht
drug delivery Wirkstofflieferung, Wirkstoffabgabe
drug delivery system (DDS) Wirkstoffliefersystem, Arzneistoffliefersystem, Wirkstoffapplikationssystem, Arzneistoffapplikationssystem (in vivo Transport- und Dosiersystem)
drug design zielgerichtete “Konstruktion” neuer Medikamente am Computer
➢ **computer-aided drug design (CADD)** computerunterstützte Planung von Wirkstoffen
drug eruption Arzneimitteldermatitis

drumlin (elongate/oval hill of glacial drift) Drumlin, Drummel, langgestreckter Moränenhügel (Rückenberg/Schildberg)
drumstick/leg (fowl) Keule, Schlegel
drupaceous fruit Steinobst
drupe/drupaceous fruit/stone Steinfrucht
druse/granule Druse
dry/arid *adv/adj* trocken
dry *vb* trocknen
➢ **freeze-dry/lypophilize** gefriertrocknen, lyophilisieren
dry farming/dryland farming Trockenkultur, Trockenlandwirtschaft
dry fruit Trockenfrucht
dry mass/dry matter Trockenmasse, Trockensubstanz
dry matter Trockensubstanz
dry meadow/arid grassland Trockenrasen
dry rot Trockenfäule
dry rot family/Coniophoraceae Kellerschwämme, Warzenschwämme
dry spell/drought Trockenperiode
dry wash/dry valley (wadi) Trockental (Wadi)
dry weight (*sensu stricto*: dry mass) Trockengewicht (*sensu stricto*: Trockenmasse)
drying bed Trockenbeet (Kläranlage)
drying cabinet (plant-drying cabinet) Trockenschrank
dryness/drought Trockenheit, Dürre
Dryopteridaceae/dryopteris family/ male fern family/ Aspidiaceae/aspidium family Wurmfarngewächse
duckweed family/Lemnaceae Wasserlinsengewächse
duckweed fern family/ mosquito fern family/Azollaceae Algenfarngewächse
duct Gang, Kanal; (passageway) Ausführgang, Ausführkanal
ductility Duktilität, Dehnbarkeit, Streckbarkeit
duetting Duettgesang, Paargesang
duff (raw humus) humöser/humusartiger Waldboden (Rohhumus)
Dufour's gland/alkaline gland (hymenopterans) Dufour-Drüse
dulosis (ants) Dulosis, Sklavenhaltung, Sklavenhalterei
dun (horse: black points/dorsal stripe) Falbe
dun (subadult/sub-imago of mayflies) Subimago der Eintagsfliegen; künstl. Angelfliege
dune Düne
➢ **barchan/crescentic dune/ crescent-shaped dune** Sicheldüne, Bogendüne, Barchan
➢ **blowout dune** Deflationsdüne, Haldendüne
➢ **brown dune** Braundüne
➢ **coastal dune** Küstendüne
➢ **dome dune** Kuppeldüne, Haufendüne
➢ **foredune** Vordüne
➢ **inland dune** Binnendüne, Inlandsdüne, Innendüne, Festlandsdüne, Kontinentaldüne
➢ **lineal dune** Strichdüne, Silk-Düne
➢ **linguoid dune** Zungendüne
➢ **parabolic dune** Paraboldüne, Parabeldüne
➢ **primary dune** Primärdüne
➢ **secondary dune (yellow dune/ white dune)** Sekundärdüne (Gelbdüne/Weißdüne)
➢ **seif dune/longitudinal dune** Seif, Längsdüne, Longitudinaldüne
➢ **shifting dune/mobile dune/ migratory dune** Wanderdüne
➢ **shore dune** Stranddüne
➢ **shrub-coppice dune/nebkha** Kupste, Kupstendüne
➢ **star dune** Sterndüne, Pyramidendüne
➢ **tertiary dune (grey dune)** Tertiärdüne (Graudüne)
➢ **transverse dune** Tranversaldüne, Querdüne
dune field Dünenfeld

dung/manure Dung (tierische Exkremente)
dung-fly flower/sapromyophile Aasfliegenblume, Sapromyiophile
duodenal gland/Brunner's gland Duodenaldrüse, Brunnersche Drüse
duodenum Duodenum, Zwölffingerdarm
dura mater/pachymeninx (tough membrane around brain) Dura mater, Pachymeninx, harte Gehirnhaut, harte Hirnhaut
durability/shelf-life Haltbarkeit
durability (wood) Verwitterungsbeständigkeit
duramen/heartwood Kernholz
durango root family/ datisca family/Datiscaceae Scheinhanfgewächse
dust allergy Hausstauballergie
dust cell (large alveolar macrophage: a pulmonary histiocyte) Staubzelle, Körnchenzelle, Rußzelle (Alveolarmakrophage)
dust plug *micros* (nosepiece) Schutzkappe
Dutchman's-pipe family/ birthwort family/Aristolochiaceae Osterluzeigewächse
dwarf *n* Zwerg
dwarf male Zwergmännchen
dwarf mutant Zwergmutante
dwarf-shrub/chamaephyte Zwergstrauch
dwarf vegetation Zwergvegetation
dwarfed growth/dwarfishness/ dwarfism/stunted appearance/ nanism/microsomia Zwergwuchs, Nanismus, Kümmerwuchs
dwell *vb* sich aufhalten, leben, wohnen
dwelling Wohnquartier, Behausung
dwelling structures/domichnia *paleo* Wohnbauten
dy/gel mud Dy, Torfschlamm
dyability/stainability Anfärbbarkeit
dyable/stainable anfärbbar
dyad Dyade
dye/add color/add pigment *vb* färben, einfärben; (stain) anfärben
dye/colorant/pigment Farbstoff, Pigment
➢ **vital dye/vital stain** Vitalfarbstoff
dyeable/stainable anfärbbar
dyeing/staining Anfärbung
dynamic soaring dynamischer Segelflug
dynein Dynein
dynorphin Dynorphin
dysentery Ruhr
dysmorphic dysmorph
dysmorphy Dysmorphie
dysodont dysodont
dysphotic zone *limn* dysphotische Zone, Dämmerzone
dysplasia Dysplasie
dyspnea Dyspnoe
dystrophic *ecol* dystroph (nährstoffarm und humusreich)
dystrophic/wrongly nourished/ inadequately nourished *physio* dystroph, schlecht ernährt, mangelhaft ernährt

ear Ohr
ear/cob (corn)
Getreideähre, Fruchtstand des Getreides; Kolben (Mais)
"ear bone"/"ear stone"/otolith
Hörsteinchen, Gehörstein, Otolith
ear conch/auricle/ external ear/outer ear/pinna
Ohrmuschel, äußeres Ohr, Pinna
ear opening/auditory meatus
Ohrenöffnung
eardrum/ tympanic membrane/tympanum
Trommelfell, Ohrtrommel, Tympanalmembran, Tympanum
earlobe Ohrläppchen
early bloomer Frühblüher
early protein ***vir*** Frühprotein
earlywood/springwood
Frühholz, Weitholz, Frühlingsholz
earth/ground/soil Erde, Boden
Earth/World Erde, Welt
earth balls (Geastraceae) Erdsterne; (Sclerodermataceae) Hartboviste
earth history/history of the Earth/ geologic history Erdgeschichte
earth tongues/Geoglossaceae
Erdzungen
Earth history/history of the Earth/ geologic history
Erdgeschichte
Earth science/geology Geologie
earwax/cerumen
Ohrenschmalz, Cerumen
earwigs/Dermaptera Ohrwürmer
East Indian pitcher plant family/ nepenthes family/Nepenthaceae
Kannenpflanzengewächse
easterlies Ostwinde
➤ **westerlies** Westwinde
eat essen
eat into/corrode ***chem***
ätzen, korrodieren
eat through ***chem*** hindurchfressen
eatable/edible essbar, genießbar
➤ **uneatable/inedible**
nicht essbar, ungenießbar
ebb/low tide/ebb tide Ebbe
ebony family/Ebenaceae
Ebenholzgewächse
eccrine ekkrin
ecdysis/molt/molting
Ekdyse, Ecdysis, Häutung, Federverlust, Haarverlust
➤ **loosing feathers**
Federverlust
➤ **loosing hair/shedding hair**
Haarverlust
➤ **shedding skin** Häutung
ecdysone Ecdyson
ecesis (pioneer stage of dispersal to a new habitat) ***ecol***
Neubesiedlung
echinate igelborstig
echinocyte/crenocyte/burr cell
Echinozyt, Stechapfelform (*Erythrozyt*)
echinoderms/Echinodermata
Echinodermen, Stachelhäuter
echinulate/with small bristles
kleinborstig, kleindornig
echiuroid worms/ spoon worms/Echiura
Echiuriden, Igelwürmer, Stachelschwänze
echolocation
Echolotpeilung, Echoortung
eclipse ***orn***
(state of being in eclipse plumage)
im Winterkleid (Schlichtkleid)
eclipse period/eclipse ***vir***
Eklipse
eclipse plumage/ inconspicuous plumage (drake/♂ duck)
Schlichtkleid; Winterkleid
eclosion (insects: hatching from egg/larva/pupa)
Schlüpfen (Insekt aus Ei/Larve/ Puppe); Entpuppung
ecobalance (life cycle assessment/ analysis) Ökobilanz
ecocline (gradient of vegetation and biotopes)
Ökocline, Ökokline, Ökoklin
ecogenetics Ökogenetik
ecogram Ökogramm
ecological ökologisch
ecological balance
ökologisches Gleichgewicht
ecological diversity/biodiversity
ökologische Vielfalt

ecological efficiency ökologische Effizienz, ökologischer Wirkungsgrad
ecological niche ökologische Nische
ecological potency ökologische Potenz
ecological pyramid ökologische Pyramide
ecological succession ökologische Sukzession
ecological valency/valence ökologische Valenz
ecologist Ökologe
ecology Ökologie
➢ **anthecology/pollination ecology** Blütenökologie
➢ **autecology** Autökologie
➢ **behavioral ecology** Verhaltensökologie, Ethökologie
➢ **geoecology/environmental geology** Geoökologie
➢ **habitat ecology** Standortlehre
➢ **human ecology** Humanökologie
➢ **landscape ecology** Landschaftsökologie
➢ **paleoecology** Paläoökologie, Palökologie
➢ **phytoecology/plant ecology** Pflanzenökologie, Vegetationskunde, Vegetationsökologie
➢ **population ecology** Populationsökologie, Demökologie
➢ **predictive ecology** vorausschauende Ökologie, voraussagende Ökologie
➢ **synecology** Synökologie
➢ **systems ecology** Systemökologie
➢ **terrestrial ecology** terrestrische Ökologie, Festlandsökologie, Epeirologie
➢ **urban ecology** Urbanökologie, Stadtökologie
economic plant/ useful plant/crop plant Nutzpflanze, Weltwirtschaftspflanze, Wirtschaftspflanze
ecophene Ökophän *nt*
ecophenotypy Ökophänotypie
ecospecies Ökospezies
ecosphere Ökosphäre
ecosystem Ökosystem
ecotone Ökoton, Übergangsgesellschaft
ecotope Ökotop
ecotropic ecotropisch
ecotype Ökotyp
ecozone Ökozone
ectocarp/epicarp/exocarp Ektokarp
ectocochlea/external shell Ectocochlea, Außenschale
ectoderm/outer germ layer Ectoderm, Ektoderm, primäres Keimblatt, äußeres Keimblatt
ectoparasite/exoparasite/epizoon (*see also*: skin parasite) Ektoparasit, Exoparasit, Außenparasit (*siehe*: Hautparasit)
ectopic ektopisch, verlagert (an unüblicher Stelle liegend/ auf unübliche Weise)
ectopic pairing (of chromosomes) ektopische Paarung (unspezifische Paarung von Chromosomen)
ectopy Ektopie (an unüblicher Stelle/ auf unübliche Weise)
ectothermic ektotherm
ectothermy Ektothermie
edaphic edaphisch
eddy/swirl Strudel
eddy current Wirbelstrom (Vortex-Bewegung)
edentate/toothless zahnlos
edentates/"toothless" mammals/ xenarthrans/Edentata/Xenarthra Zahnarme, Nebengelenktiere
edge/margin Rand
edge effect *ecol* Randeffekt
edible/eatable essbar, genießbar
➢ **inedible/uneatable** nicht essbar, ungenießbar
editing Editieren, Redigieren
Edman degradation Edmanscher Abbau
eel-grass family/Zosteraceae Seegrasgewächse
eel-like/anguilliform aalartig, anguilliform

eels/Anguilliformes
Aalfische, Aalartige
effect *n* Wirkung
effect *vb*
bewirken, verursachen, veranlassen
➤ **affect *vb***
betreffen, sich auswirken auf; *med* angreifen, befallen
effective stroke/power stroke
Wirkungsschlag, Kraftschlag
effector organ Erfolgsorgan
effector T cell T-Effektorzelle
efferent ausführend, wegführend, ableitend (Flüssigkeit); absteigend
efficiency Effizienz, Wirkungsgrad
efficiency of plating
Plattierungseffizienz
effluent Ablauf, Ausfluss (herausfließende Flüssigkeit)
efflux Ausstrom
egest/excrete
ausscheiden (Exkrete/Exkremente)
egestion/excretion
Ausscheidung, Exkretion
egg/egg cell/ovum (female gamete)
Ei, Eizelle (weibliche Geschlechtszelle)
➤ **dormant egg/resting egg (winter egg)** Latenzei, Dauerei
➤ **mosaic egg** Mosaikei
➤ **nurse egg/trophic egg** Nährei
➤ **parthenogenetic egg**
Subitanei, Jungfernei
➤ **regulative egg** Regulationsei
➤ **resting egg/dormant egg (winter egg)** Latenzei, Dauerei
➤ **roe (fish eggs esp. enclosed in ovarian membrane)**
Rogen (Fischeier innerhalb der Eierstöcke), Fischlaich
➤ **trophic egg/nurse egg** Nährei
egg (reproductive body: embryo & nutrients & hard shell)
Ei (Fortpflanzungseinheit: Embryo & Nährstoffe & Schale)
➤ **amniote egg** amniotisches Ei, Ei amniotischer Tiere
➤ **cleidoic egg/shelled egg/ "land egg" (reptiles/birds)**
kleidoisches Ei, beschaltes Ei
➤ **clutch (nest of eggs)** Gelege, Eigelege, Brut, Nest mit Eiern
➤ **fish eggs (roe)**
Fischeier, Fischlaich (Rogen)
➤ **hatch eggs/brood eggs** ausbrüten
➤ **lay eggs/deposit eggs**
Eier legen, ablegen
➤ **roe (crustaceans: lobster eggs)** Eier
➤ **spawn *n* (many small eggs of aquatic animals: *esp.* fish/mollusks)**
Laich
egg burster/hatching spine (insects)
Eizahn, Oviruptor
egg capsule/ovicapsule/ootheca
Eikapsel, Oothek
egg case Eiertasche, Eierbeutel
egg cell/egg/ovum (female gamete)
Eizelle, Ei (weibliche Geschlechtszelle)
egg cell/ovocyte/oocyte (before and during meiosis)
Eizelle, Ovozyt, Oozyt, Ovocyt, Oocyt (vor und während Meiose)
egg culture medium Eiernährboden
egg glue Eierleim
egg guide/gonapophysis
Gonapophyse
egg jelly (amphibians)
gallertige Eihülle
egg-laying/oviparous *adj/adv*
eierlegend, ovipar
egg-laying/egg deposition/ deposit of eggs/oviposition *n*
Eiablage, Oviposition
egg-laying apparatus/ egg-laying organ/ egg depositor/ovipositor
Legeapparat, Legeorgan, Ovipositor (Insekten)
egg medium Eiernährmedium
egg membrane Eihaut, Eihülle, „Eimembran“, Oolemma
egg raft (gastropods/culicids)
Eischiffchen, Eiplatte
egg-rolling *ethol* Eirollbewegung
egg sac (copepods) Eisäckchen
egg sac/"cocoon" *arach*
Eisack, Eipaket, Eikokon
egg-shaped/ovate eiförmig
egg string Eischnur, Laichschnur, Laichkette

egg tooth (reptiles)
Eizahn, Eischwiele
egg tube/ovarian tube/ovariole
Eiröhre, Eischlauch, Ovariole, Ovariolschlauch (Insekten)
egg white/egg albumen Eiweiß
➢ **denatured egg white**
denaturiertes Eiweiß
➢ **native egg white**
natives Eiweiß, Eiklar
egg yolk/yolk/vitellum
Eidotter, Dotter, Eigelb
➢ **centrolecithal (yolk aggregated in center)**
zentrolezithal, centrolecithal, Dotter im Zentrum
➢ **isolecithal (yolk distributed nearly equally)**
isolezithal, isolecithal, Dotter gleichmäßig verteilt
➢ **mesolecithal (with moderate yolk content)**
mesolezithal, mesolecithal, mäßig dotterreich
➢ **oligolecithal (with little yolk)**
oligolezithal, oligolecithal, mikrolecithal, dotterarm
➢ **polylecithal (with large amount of yolk)**
polylezithal, polylecithal, makrolecithal, dotterreich
➢ **telolecithal (yolk in one hemisphere)**
telolezithal, telolecithal, Dotter an einem Pol
eggshell Eischale;
(insect egg: chorion) Chorion
eglandulous/eglandular
drüsenlos
ejaculate/discharge sperm ***vb***
ejakulieren, Samen ausspritzen, sich entsamen
ejaculate/discharged sperm ***n***
Ejakulat, ausgespritzte(r) Samen(flüssigkeit)
ejaculation/seminal discharge
Ejakulation, Samenerguss, Samenausstoß
ejaculatory duct/ductus ejaculatorius
Ausspritzungsgang, Samenausführgang, Samengang
ejection device/ballistic device
Schleudervorrichtung
ejectisome/ejectosome (an extrusome) Ejectisom
Elaeagnaceae/oleaster family
Ölweidengewächse
Elaeocarpaceae/makomako family
Elaeocarpusgewächse
elaiosome
Elaiosom, Ölkörper (Samen)
Elaphoglossaceae/ elephant's-ear fern family
Zungenfarngewächse
elastic elastisch
elastic cartilage elastischer Knorpel
elastic fiber elastische Faser
elasticity Elastizität
elastin Elastin
elastotubule
Elastotubulus (*pl* Elastotubuli)
elater Elatere, Schleuderzelle
Elatinaceae/waterwort family
Tännelgewächse
elbow/cubitus Ellenbogen, Cubitus
➢ **bend of the elbow/ bend of the arm/crook of the arm/ inside of the elbow**
Armbeuge, Ellenbeuge
elbow bone/ulna Elle, Ulna
electric rays/Torpediniformes
elektrische Rochen, Zitterrochen
electricity (*colloquial:* power/juice)
Elektrizität, Strom
electrocardiogram
Elektrokardiogramm (EKG)
electroencephalogram
Elektroencephalogramm (EEG)
electrogenic elektrogen
electroimmunodiffusion/ counter immunoelectrophoresis
Elektroimmunodiffusion
electromotive force (emf/E.M.F.)
elektromotorische Kraft (EMK)
electromyography (emg)
Elektromyographie
electron acceptor
Elektronenakzeptor, Elektronenraffer
electron carrier Elektronenüberträger
electron donor
Elektronendonor, Elektronenspender

electron energy loss spectroscopy (EELS) Elektronen-Energieverlust-Spektroskopie
electron micrograph elektronenmikroskopisches Bild, elektronenmikroskopische Aufnahme
electron spin resonance (ESR)/ electron paramagnetic resonance (EPR) Elektronenspinresonanz (ESR)
electron transfer Elektronenübertragung
electron transport Elektronentransport
➢ **cyclic e.t.** zyklischer, cyclischer Elektronentransport
➢ **noncyclic e.t.** nichtzyklischer, nichtcyclischer, linearer Elektronentransport
electron-transport chain Elektronentransportkette
electroneutral (electrically silent) elektroneutral
electronic elektronisch
electrophilic attack electrophiler Angriff
electrophorese ***vb*** elektrophoretisch auftrennen
electrophoresis Elektrophorese
➢ **alternating field gel electrophoresis** Wechselfeld-Gelelektrophorese
➢ **capillary electrophoresis** Kapillarelektrophorese
➢ **carrier electrophoresis** Trägerelektrophorese
➢ **countercurrent electrophoresis** Gegenstromelektrophorese, Überwanderungselektrophorese
➢ **cross field electrophoresis (CEP)** Kreuzelektrophorese
➢ **denaturing gradient gel electrophoresis (DGGE)** denaturierende Gradientengelelektrophorese
➢ **disk electrophoresis/ discontinuous electrophoresis** Diskelektrophorese, diskontinuierliche Elektrophorese
➢ **direct transfer electrophoresis** Direkttransfer-Elektrophorese, Blotting-Elektrophorese
➢ **free electrophoresis (carrier-free electrophoresis)** freie Elektrophorese
➢ **gel electrophoresis** Gelelektrophorese
➢ **multilocus enzyme electrophoresis (MLEE)** Multilokus-Enzymelektrophorese
➢ **paper electrophoresis** Papierelektrophorese
➢ **pulsed field gel electrophoresis (PFGE)** Puls-Feld-Gelelektrophorese
➢ **zone electrophoresis** Zonenelektrophorese
electrophoretic elektrophoretisch
electrophoretic mobility elektrophoretische Mobilität
electroplaque Elektroplaque (*pl* Elektroplaques, *slang:* Elektroplaxe)
electroporation Elektroporation
electroretinogram Elektroretinogramm (ERG)
electrotonic potential elektrotonisches Potenzial
elementary body Elementarkörperchen
elephants and relatives/Proboscidea Rüsseltiere
elephant birds/Aepyornithiformes Elefantenvögel, Madagaskarstrauße
elephant shrews, African/ Macroscelidea Rüsselspringer
elephant's-ear fern family/ Elaphoglossaceae Zungenfarngewächse
elfin forest/elfin woodland Zwergwald, Zwergwaldstufe
elicitation (of a reaction) Auslösung (einer Reaktion)
elicitor Elicitor, Auslöser
eliminate/eradicate/extirpate eliminieren, entfernen; ausrotten, ausmerzen
elimination/eradication/ extirpation Eliminierung, Entfernung; Ausrottung, Ausmerzen

ELISA (enzyme-linked immunosorbent assay) ELISA (enzymgekoppelter Immunadsorptionstest, enzymgekoppelter Immunnachweis)
ellagic acid/gallogen Ellagsäure
ellipsoidal joint/condyloid joint Ellipsoidgelenk, Eigelenk
elliptic/elliptical elliptisch
elm family/Ulmaceae Ulmengewächse
elodea family/tape grass family/ frog-bit family/ Hydrocharitaceae Froschbissgewächse
elongation/extension Elongation, Streckung, Verlängerung
➢ **region of elongation (growth)** ***bot*** Streckungszone
elongation factor ***gen*** Elongationsfaktor
elongational growth/extension growth Streckungswachstum
eluate ***n*** Eluat
eluate ***vb*** eluieren
elucidate (interrelationships/ chemical structures) aufklären (Strukturen/ Zusammenhänge)
elucidation Aufklärung (Strukturen/ Zusammenhänge)
eluent/eluant Elutionsmittel, Eluens (Laufmittel)
eluotropic series eluotrope Reihe (Lösungsmittelreihe)
eluting strength (eluent strength) Elutionskraft
elution Elution, Auswaschen, Auswaschung, Herausspülen
elutriate auswaschen, schlämmen, reinigen
elutriation Auswaschen, Auswaschung, Schlämmung
eluviation Auswaschung
elver junger Aal
elytron/elytrum (*pl* elytra)/ wing sheath/wing cover/wing case (insects) Elytre, Deckflügel, Flügeldecke
emanate hervorquellen
emarginate/shallowly notched ausgerandet
emasculation (flower) Emaskulation, Entmannung, Kastrierung
embankment künstliche Böschung/Damm
Embden-Meyerhof pathway/ Embden-Meyerhof-Parnas pathway (EMP pathway)/ hexosediphosphate pathway/ glycolysis Embden-Meyerhof-Weg
embed einbetten
embedded specimen Einbettungspräparat, eingebettetes Präparat
embedding Einbettung
embedding machine/ embedding center Einbettautomat, Einbettungsautomat
embolism (obstruction) Embolie
embolium (insect wing) Embolium
embolus Embolus
emboly/invagination Embolie, Invagination, Einfaltung, Einstülpung
embryo Embryo, Keimling
embryo sac (♀ gametophyte) ***bot*** Embryosack, Keimsack
embryo transfer Embryotransfer
embryoid/somatic embryo Embryoid, somatischer Embryo
embryonal/embryonic embryonal
embryonal development/ embryonic development/ embryogenesis/embryogeny Embryonalentwicklung, Embryogenese, Embryogenie, Keimesentwicklung
embryonation Embryonenbildung
embryonic shell Embryonalschale, Larvenschale, Primärschale
➢ **prodissoconch (mollusks: bivalves)** Prodissoconch
➢ **protoconch (mollusks: gastropods)** Protoconch
embryonic stem cell embryonale Stammzelle
embryonic stalk/body stalk/ connecting stalk Bauchstiel
emerge/develop/unfold entwickeln, entstehen

emerge (e.g., rise from a fluid) herausragen, herauskommen, hervorkommen, hervortreten, auftauchen (aus dem Wasser)
emergence Hervorkommen; Emergenz, Auswuchs
emergency Notfall
emergency response Notfalleinsatz
emigration Emigration, Abwanderung, Auswanderung
emission Emission, Ausstoß, Ausstrahlung
emissivity Strahlungsvermögen, Emissionsvermögen (Wärmeabstrahlvermögen)
emissivity coefficient (absorptivity coefficient) Emissionskoeffizient
emit ausstrahlen, abstrahlen, aussenden, emittieren; absondern, ausscheiden; ausströmen, verströmen
emollient erweichendes Mittel
Empetraceae/crowberry family Krähenbeerengewächse
empiric(al) empirisch
empirical formula empirische Formel
emulsification Emulgieren, Emulgierung
emulsifier Emulgator, Emulgierungsmittel
emulsify emulgieren
emulsion Emulsion
enamel (tooth) Zahnschmelz
enamel organ Schmelzorgan
enantiomere Enantiomer
enation (*Lycophyta*) Auswuchs
enbalm einbalsamieren
encapsidate *vir* verpacken
encapsulation Einkapselung
encapsule einkapseln
enclose einschließen, umgeben mit; beilegen, beifügen
enclosed pasture/fenced pasture Koppel (Weide)
enclosure (e.g. within zoos) Gehege (Tiergehege)
➢ **game preserve/game reserve** Wildgehege
➢ **outdoor enclosure** Freigehege
encode/code *vb* codieren
encrustation/incrustation Inkrustierung
encrusting krustenbildend
encyst encystieren, enzystieren, zystieren
encystment Enzystierung, Encystierung
end-bulb/Krause's bulb/ Krause's corpuscle Krause-Endkolben
end-foot (astrocyte) Endfüßchen
end-group analysis/ terminal residue analysis Endgruppenanalyse, Endgruppenbestimmung
end labelling Endmarkierung
end moraine Endmoräne
end-plate current/synaptic current Endplattenstrom
end-plate potential (epp) Endplattenpotenzial
end-point dilution technique *vir* Endpunktverdünnungsmethode
end-product inhibition/ feedback inhibition Endprodukthemmung, Rückkopplungshemmung
endanger (threaten) *ethol* gefährden (bedrohen)
endangered *ethol* gefährdet; *ecol* bedroht
endangered species *ecol* bedrohte Art
endangerment (threat) Gefährdung (Bedrohung)
endbrain/cerebrum/telencephalon Endhirn, Großhirn, Telencephalon
endemic/native *adv/adj* (e.g., species/disease) endemisch, einheimisch; auf ein bestimmtes Gebiet beschränkt, lokal begrenzt
endemic *n* (occurrance of an endemic disease) Endemie
endemic *n* (endemic species/ endemic organism/ endemic lifeform) Endemit
➢ **neoendemic** Neoendemit, primärer Endemit
➢ **paleoendemic** Paläoendemit, Reliktendemit

endemism/endemicity Endemismus
endergonic endergon, energieverbrauchend
➤ **exergonic** exergon, energiefreisetzend
endite Endit
endocarp Endokarp
endocrine endokrin
endocrine gland endokrine Drüse
endocuticle Endocuticula, Endokutikula
endocytic vesicle/endosome Endozytosevesikel, Endosom
endocytosis Endocytose, Endozytose
➤ **receptor-mediated endocytosis** rezeptorvermittelte Endozytose, rezeptorgekoppelte Endozytose
endoderm/entoderm Endoderm, Entoderm, inneres Keimblatt, primäres Keimblatt
endodermis Endoderm, Endodermis, Innenhaut
endogamy/inbreeding Inzucht
endolymph Endolymphe
endomitosis Endomitose
endoparasite Endoparasit, Innenparasit
endoplasmic reticulum (ER) (smooth/rough ER) endoplasmatisches Retikulum (ER) (glattes/raues ER)
endopod/endopodite (inner branch) Endopodit (Innenast)
endopolyploidy Endopolyploidie
endoreic/endorheic ***limn*** endorheisch (Entwässerung im Inland)
endorphin Endorphin
endoskeleton Endoskelett, Innenskelett
endosome/endocytic vesicle Endosom, Endozytosevesikel
endosperm Endosperm, Nährgewebe
endosymbiont Endosymbiont
endosymbiont theory Endosymbiontentheorie
endotheliochorial placenta endothelio-choriale Plazenta
endothelium Endothel
endothermic endotherm
endothermy Endothermie
endurance/persistence/ hardiness/perseverance Ausdauer, Dauerhaftigkeit
endure ausdauern
endysis Endysis, Federneubildung (feathers), Fellneubildung (fur/pelage)
enemy/predator Feind, Fressfeind
energetics Energetik
energy Energie
➤ **activation energy/ energy of activation** Aktivierungenergie
➤ **binding energy/bond energy** Bindungsenergie
➤ **geothermal energy** Erdwärme, geothermische Energie
➤ **maintenance energy** Erhaltungsenergie
➤ **radiant energy** Strahlungsenergie
➤ **solar energy** Solarenergie, Sonnenenergie
energy barrier Energiebarriere
energy charge Energieladung
energy flux Energiefluss
energy metabolism Energiestoffwechsel
energy profile Energieprofil
energy requirements Energiebedarf
energy-rich energiereich
energy source Energiequelle
energy transfer Energieübergang, Energietransfer
engorge (e.g., ticks/leeches) mit Blut vollsaugen
engulf einverleiben, verschlingen
enhance ***metabol*** verstärken
enhancer ***metabol*** Verstärker (Substanz)
enhancer ***gen*** Enhancer, Verstärker
enhancer sequence ***gen*** Verstärkersequenz
enkephalin Enkephalin
enlarge/magnify ***micros*** vergrößern

enlarged/thickened verdickt
enlargement/thickening (expansion) Erweiterung, Ausdehnung (dicker werden)
enlargement/magnification ***micros*** Vergrößerung
enology Önologie, Weinbaukunde
enrich anreichern
enrichment Anreicherung
➢ **filter enrichment** Filteranreicherung
enrichment culture Anreicherungskultur
enrichment zone/paracladial zone Bereicherungszone
ensiform/gladiate/ xiphoid/sword-shaped schwertförmig
ensilage Silospeicherung von Grünfutter
ensile einsilieren, einmieten, Grünfutter in Silo aufbewahren
ENT (ear-nose-throat) HNO (Hals-Nasen-Ohren)
entelechy Entelechie
enteral/enteric enterisch
enterocoel/"intestine coelom" Enterocöl
enthalpy Enthalpie
entire/simple (leaf margin) ganzrandig (Blatt)
entocodon Glockenkern
entoderm/endoderm/ inner germ layer Entoderm, Endoderm, inneres Keimblatt, primäres Keimblatt
entoecism Entökie, Einmietung, Schutzeinmietung
Entoloma family/Entolomataceae Rotblättler
entomochory (dispersal of seeds/ spores by insects) Entomochorie, Insektenverbreitung
entomologic(al) entomologisch, insektenkundlich
entomology/study of insects Entomologie, Insektenkunde
entomophagous/insectivorous (feeding on insects) entomophag, insectivor
entomophagy (feeding on insects) Entomophagie
entomophile/ insect-pollinated flower Insektenblume
entomophilous/pollinated by insects entomophil, insektenblütig
entomophily/insect-pollination Entomophilie, Insektenbestäubung
entrails/innards/viscera/guts (fish viscera etc.) Innereien, Eingeweide
entrain mit sich fortziehen, nach sich ziehen
entrainment (rhythm adjustment) Rhythmusanpassung (circadian)
entropy Entropie
enucleate (remove nucleus) ***vb*** entkernen, den Kern entfernen
enucleate cell kernlose Zelle
enurination/urine spraying Harnspritzen
envelope/hull Hülle (*auch:* Viren/Bakterien); (water: jacket) Wasserhülle
envenom vergiften (Tiergift)
envenomation/envenomization Vergiftung (Tiergift)
environment Umwelt, Milieu
environmental die Umwelt betreffend, Umwelt.., Milieu...
environmental analysis Umweltanalyse
environmental analytics Umweltanalytik
environmental audit Öko-Audit, Umweltaudit
environmental chemistry Umweltchemie
environmental compatibility Umweltverträglichkeit
environmental conditions Umweltverhältnisse, Umweltbedingungen
environmental contamination Umweltverschmutzung
environmental crime Umweltkriminalität
environmental degradation Umweltzerstörung

environmental factor
Umweltfaktor, Milieufaktor
environmental geology/geoecology
Geoökologie
environmental hazard
Umweltgefahr, Umweltgefährdung
environmental impact
Umweltverträglichkeit, Auswirkungen auf die Umwelt
environmental impact assessment (EIA)
Umweltverträglichkeitsprüfung (UVP)
environmental insult
„Umweltschmähung", Angriff auf die Umwelt
environmental medicine
Umweltmedizin
environmental monitoring
Umweltmessung(en)
environmental politics
Umweltpolitik
environmental pollution
Umweltverschmutzung
environmental protection/ nature protection/ environmental conservation/ nature conservation/nature preservation
Umweltschutz, Naturschutz
environmental requirements
Umweltansprüche
environmental resistance
Umweltwiderstand
environmental science
Umweltwissenschaft
environmental variance
Umweltvarianz
environmental warden
Landschaftspfleger
environmentalism (doctrine emphasizing environmental factors over hereditary traits) „Milieutheorie"
environmentalist Umweltschützer
environmentally compatible
umweltgerecht, umweltverträglich
enzymatic enzymatisch, Enzym...
enzymatic catalysis Enzymkatalyse
enzymatic coupling Enzymkopplung
enzymatic degradation
enzymatischer Abbau
enzymatic inhibition/ enzymatic repression/ inhibition of enzyme
Enzymhemmung
enzymatic pathway
enzymatische Reaktionskette
enzymatic reaction Enzymreaktion
enzymatic specificity/enzyme specificity Enzymspezifität
enzyme Enzym, Ferment
- ➤ **apoenzyme** Apoenzym
- ➤ **coenzyme** Coenzym, Koenzym
- ➤ **core enzyme** Kernenzym (RNA-Polymerase)
- ➤ **digestive enzyme** Verdauungsenzym
- ➤ **holoenzyme** Holoenzym
- ➤ **isozyme/isoenzyme** Isozym, Isoenzym
- ➤ **key enzyme** Schlüsselenzym, Leitenzym
- ➤ **multienzyme complex/ multienzyme system** Multienzymkomplex, Multienzymsystem, Enzymkette
- ➤ **processive enzyme** prozessiv arbeitendes Enzym
- ➤ **proenzyme/zymogen** Proenzym, Zymogen
- ➤ **repair enzyme** Reparaturenzym
- ➤ **restriction enzyme** Restriktionsenzym
- ➤ **tracer enzyme** Leitenzym

enzyme activation/ activation of enzyme
Enzymaktivierung
enzyme activity (*katal*)
Enzymaktivität (*katal*)
enzyme cascade Enzymkaskade
enzyme-immunoassay/ enzyme immunassay (EIA)
Enzymimmunoassay, Enzymimmuntest (EMIT-Test)
enzyme-linked immuno-electrotransfer blot (EITB)
enzymgekoppelter Immunoelektrotransfer
enzyme-linked immunosorbent assay (ELISA) enzymgekoppelter Immunadsorptionstest, enzymgekoppelter Immunnachweis (ELISA)

enzyme-substrate complex
Enzym-Substrat-Komplex,
Enzym-Substrat-Zwischenverbindung
Eocene/Eocene Epoch (geological time) Eozän
eon (*pl* eons) (geological time)
Äon *m* (*pl* Äonen), Weltalter
> **Archean Eon/Archeozoic Eon (early Precambrian)**
Archaikum (Altpräkambrium/ frühes Präcambrium)
> **Phanerozoic Eon/Phanerozoic**
Phanerozoikum
> **Proterozoic Eon/Proterozoic (late Precambrian)**
Proterozoikum (Jungpräkambrium/ spätes Präcambrium/Eozoikum)
Eophytic Era (geobotanical age)
Eophytikum
eosuchians (ancient two-arched reptiles)/ Eosuchia/Younginiformes
Urschuppensaurier
epacris family/Epacridaceae
Australheidegewächse
epaxial epaxionisch (Rumpfmuskulatur)
ependymal cell Ependymzelle
ephedra family/mormon tea family/ joint-pine family/Ephedraceae
Meerträubelgewächse
ephemeral (taking place or occurring once only/short-lived)
ephemer, ephemerisch, flüchtig, vergänglich, vorübergehend; (e.g., insect/plant) kurzlebig; nur einen Tag dauernd
ephemere Ephemere
ephippium Ephippium
epiblast Hypoblast
epiblem(a)/rhizodermis
Rhizodermis, Wurzelepidermis
epiboly Epibolie (Umwachsung)
epibranchial furrow
Epibranchialrinne
epicalyx *bot* Außenkelch
epicardium Epikard
epicarp/exocarp/ectocarp
Ektokarp
epicondyle Epikondyle, Gelenkhöcker
epicotyl *bot* Epikotyl, Epicotyl
epicuticle Epicuticula, Epikutikula, Grenzlamelle
epideictic behavior
epideiktisches Verhalten
epidemic *n* Epidemie, Seuche
epidemic *adj/adv* epidemisch
epidemic parotitis
Mumps, Ziegenpeter
epidemiologic(al) epidemiologisch
epidemiology Epidemiologie
epidermal/cutaneous
epidermal, Haut.., die Haut betreffend
epidermal growth factor (EGF)/ urogastrone
epidermaler Wachstumsfaktor, Epidermiswachstumsfaktor
epidermis
Epidermis, primäres Abschlussgewebe; Oberhaut; (certain invertebrates) Hypodermis
epididymis Epididymis, Nebenhoden
epifauna Epifauna
epigean/epigeal/epigeous (insects living on surface)
auf der Oberfläche lebend, auf dem Erdboden lebend
epigean germination/ epigeal germination
epigäische Keimung
epigenetic epigenetisch
epigenetic factors
epigenetische Faktoren
epigenetics Epigenetik
epigeous *bot* epigäisch
epiglottic/epiglottal cartilage
Kehldeckelknorpel, Schließknorpel
epiglottis Epiglottis, Kehldeckel
epigynous epigyn, unterständig
epigynum Epigyne
epiillumination/epi-illumination/ incident illumination *micros*
Auflicht, Auflichtbeleuchtung
epimeletic behavior
epimeletisches Verhalten
epimerization Epimerisierung
epimerize epimerisieren
epinephrine/adrenaline
Epinephrin, Adrenalin
epipetalous epipetal
epiphyll Epiphyll

epiphyllous (attached/growing on leaves) epiphyll (auf Blättern wachsend)
epiphysis (pineal body) Epiphyse, Zirbeldrüse, Pinealorgan
epiphyte/air plant/ aerial plant/aerophyte Epiphyt, Aufsitzerpflanze, Luftpflanze
epipod/epipodite Epipodit
episepalous episepal
episome ***gen*** Episom (integrationsfähiges Plasmid)
epistasis Epistase (Unterdrückung des Phänotyps eines nichtallelen Gens)
epitheca/epicone (dinoflagellate frustule) Epitheka
epistemology/theory of knowledge Epistemologie, Erkenntnistheorie
epithecium (*pl* epithecia) Epithezium, Epithecium
epithelial tissue Epithelgewebe
epitheliochorial placenta epithelio-choriale Plazenta
epitheliomuscular cell/ epitheliomuscle cell Hautmuskelzelle
epitheliomuscular tube Hautmuskelschlauch
epithelium (*pl* epithelia) Epithel (*pl* Epithelien)
- **ciliated epithelium** Flimmerepithel, Wimperepithel, Geißelepithel
- **columnar epithelium** Zylinderepithel, Säulenepithel
- **cuboidal epithelium** kubisches Epithel, Pflasterepithel
- **germinal epithelium** Keimepithel
- **glandular epithelium** Drüsenepithel
- **olfactory epithelium/nasal mucosa** Nasenschleimhaut, Riechepithel
- **pseudostratified columnar e.** hohes-mehrschichtiges Epithel
- **sensory epithelium** Sinnesepithel
- **simple columnar epithelium** hochprismatisches Epithel, hohes Zylinderepithel
- **squamous epithelium** Plattenepithel, Säulenepithel, Zylinderepithel
- **stratified epithelium** zweischichtiges Epithel, mehrschichtiges Epithel
- **transitional epithelium** Übergangsepithel

epithet (subordinate unit within genus) Epitheton, Beiname, Zusatzbezeichnung
- **specific epithet** Artname, Artbezeichnung (zweiter, kleingeschriebener Teil des Artnamens)

epitoke epitok
epitope/antigenic determinant Epitop, Antigendeterminante
- **conformational epitope/ discontinuous epitope** Konformationsepitop
- **continuous epitope/linear epitope** kontinuierliches, lineares Epitop

epizoic (living attached to body of an animal) aufsiedelnd
epizoic/epizoochorous epizoochor (epizoochore Verbreitung)
epizooic/epizootic eine Tierseuche betreffend
epizooic disease/epizooic pest/ livestock epidemic Tierseuche, Viehseuche
epizoon/ectoparasite Ektoparasit
epizoon/epizoan/epizoite Epizoon (*pl* Epizoen), Aufsiedler
Epoch (lower/middle/ upper *or* early/middle/late) (*see also:* eon/era/period) Epoche (frühe/mittlere/späte)
- **Eocene Epoch/Eocene** Eozän
- **Holocene Epoch/ Holocene/Recent Epoch/Recent** Holozän, Jetztzeit, Alluvium
- **Ice Age/Glacial Epoch/ Pleistocene Epoch/Diluvial** Eiszeit, Glazialzeit, Pleistozän, Diluvium
- **Miocene Epoch/Miocene** Miozän
- **Oligocene Epoch/Oligocene** Oligozän
- **Paleocene Epoch/Paleocene** Paläozän

➤ **Pleistocene Epoch/Glacial Epoch/ Diluvial/Ice Age** Pleistozän, Diluvium, Glazialzeit, Eiszeit
➤ **Pliocene Epoch/Pliocene** Pliozän
➤ **Triassic, Lower** Buntsandstein
➤ **Triassic, Middle** Muschelkalk
➤ **Triassic, Upper** Keuper
epoecism Epökie, Aufsiedlung
equal cleavage äquale Furchung, gleichmäßige Furchung
equally pinnate/ equally pennate/paripinnate paarig gefiedert, paarig pinnat, paarig pennat
equate ***math*** gleichen
equation ***math*** Gleichung
equation of the ***x*****th order** Gleichung *x*ten Grades
equatorial cleavage Äquatorialfurchung, äquatoriale Furchung
equatorial division Äquatorialteilung
equidistance Äquidistanz
equilibrium Gleichgewicht
equilibrium centrifugation/ equilibrium centrifuging Gleichgewichtszentrifugation
equilibrium constant Gleichgewichtskonstante
equilibrium dialysis Gleichgewichtsdialyse
equilibrium organ (static/dynamic) Gleichgewichtsorgan (statisches/ dynamisches)
equilibrium potential Gleichgewichtspotenzial
equilibrium state Gleichgewichtszustand
equine Pferde betreffend, Perde...
equinox Äquinotikum, Tag-Nacht-Gleiche, Tagundnachtgleiche
Equisetaceae/horsetail family Schachtelhalmgewächse
era (*pl* eras)/geological era (*see also:* eon/epoch/period) Ära (*pl* Ären), Erdzeitalter
➤ **Cenozoic Era/Cenozoic/ Neozoic Era/Neozoic (Cainozoic Era/Caenozoic Era)** Känozoikum, Kaenozoikum, Neozoikum, Erdneuzeit
➤ **Eophytic Era/Eophytic** Eophytikum
➤ **Mesophytic Era/Mesophytic** Mesophytikum
➤ **Mesozoic Era/Mesozoic** Mesozoikum, Erdmittelalter
➤ **Neozoic Era/Neozoic/ Cenozoic Era/Cenozoic (Cainozoic Era/Caenozoic Era)** Neozoikum, Känozoikum, Kaenozoikum, Erdneuzeit
➤ **Paleophytic Era/Paleophytic** Paläophytikum, Florenaltertum
➤ **Paleozoic Era/Paleozoic** Paläozoikum, Erdaltertum
➤ **Precambrian Era/Precambrian** Präcambrium, Präkambrium
eradicate/extirpate/eliminate ausrotten, ausmerzen, eliminieren
eradication/extirpation (pests) Ausrottung, Ausmerzung
erect/strict/upright/straight aufrecht
erect ***vb*** **(state of penis/clitoris)** erigieren, aufrichten, aufstellen, steif sein
erectile tissue/cavernous tissue/ cavernous bodies Schwellkörper, Corpora cavernosa
erection Erektion, Erigieren, Aufrichten, Aufrichtung
eremophyte/eremad/desert plant Eremiaphyt, Wüstenpflanze
ergasiophyte Ergasiophyt
ergastic substance ergastische Substanz
ergate/worker (ants) Ergat, Arbeiterin
➤ **dinergate/soldier** Dinergat, Soldat
➤ **gamergate (fertilized, ovipositing worker)** Gamergat
➤ **macrergate** Makroergat
➤ **micrergate/microergate/ dwarf worker** Mikrergat, Zwergarbeiterin
➤ **pterergate (with rudiments of wings)** Pterergat (Arbeiterin mit Stummelflügeln)

ergot/calcar metacarpeum *zool* **(horses: horny stub behind fetlock)** Sporn
ergot fungi/ergot family/ Clavicipitaceae Kernkeulen
ergotamine Ergotamin
Erica Erika
Ericaceae/heath family Heidekrautgewächse
Eriocaulaceae/pipewort family Eriocaulongewächse
Erlenmeyer flask Erlenmeyer Kolben
erosion Erosion
➢ **gully erosion** Grabenerosion, rinnenartige Erosion (Schluchterosion)
➢ **pluvial erosion** Regenerosion
➢ **sheet erosion** Schichterosion, Schichtfluterosion, Flächenerosion
➢ **soil erosion** Bodenerosion
errant (straying outside proper path/ bounds) abweichend, umherirrend
erratic/eccentric/strange abartig, seltsam, unberechenbar, launenhaft, unzuverlässig, exzentrisch, ausgefallen
erratic/free-moving/unattached (*often:* moved by other agent) frei beweglich, wandernd
error/mistake (defect) Fehler (Defekt)
➢ **inborn error** ***gen*** Erbleiden, angeborener Fehler
➢ **random error** ***stat*** zufälliger Fehler, Zufallsfehler
➢ **standard error (standard error of the mean = SEM)** ***stat*** Standardfehler (des Mittelwerts), mittlerer Fehler
➢ **statistical error** statistischer Fehler
➢ **systematic error/bias** ***stat*** systematischer Fehler, Bias
error in measurement/ measuring mistake Messfehler
error of estimation ***stat*** Schätzfehler
erucic acid/(*Z*)-13-docosenoic acid Erucasäure, Δ^{13}-Docosensäure
eruciform larva (with more than 5 pairs of abdominal prolegs: Tenthredinidae) Afterraupe (Blattwespenlarven)
erythroblast/normoblast Erythroblast, Normoblast
erythrocyte/red blood cell (RBC) Erythrocyt, Erythrozyt, rotes Blutkörperchen
erythrocyte ghost Erythrozytenschatten, Schatten (ausgelaugtes rotes Blutkörperchen)
erythropoiesis Erythrozytenreifung, Erythropoese
erythropoietin (EPO)/ erythropoiesis-stimulating factor (ESF) Erythropoetin
Erythroxylaceae/coca family Kokastrauchgewächse
escape ***vb*** entkommen; verwildern
escape traces/fugichnia (trace fossil) Fluchtspuren (Spurenfossil)
escarpment Böschung, steiler Abhang; Steilabbruch
eserine/physostigmine Eserin, Physostigmin
esker (long/narrow ridge/ mound of deposited debris along stagnant glacier) Esker, langgestreckter Geschiebehügel (am Gletscher), fluvioglazialer Wallberg
esophageal gland (gastropods) Schlunddrüse
esophagus/oesophagus/gullet Ösophagus, Speiseröhre, Kehle
espalier/trellis Spalier
espalier fruit Spalierobst
essential essenziell, wesentlich, unentbehrlich
essential for life/vital lebenswichtig, lebensnotwendig, vital
essential oil/ethereal oil ätherisches Öl
EST (expressed sequence tag) ***gen*** exprimierte sequenzmarkierte Stelle
establish/naturalize/acclimate einbürgern
establish/start (a culture) ***micb*** etablieren, anzüchten (einer Kultur)
establish an hypothesis/a theory eine Hypothese/Theorie aufstellen
established cell line etablierte Zelllinie

establishment/settlement/ naturalization/acclimatization Einbürgerung
establishment growth/ corroborative growth Erstarkungswachstum
establishment phase Eingewöhnungsphase
esterification Veresterung
esterify verestern
esthetasc/aesthetasc Ästhetask, Riechschlauch
esthete/aesthete (photosensitive structure in chitons) Ästhet (*pl* Ästheten)
estimate ***n stat*** Schätzwert
estimate/assume ***vb*** schätzen, annehmen
estimation/estimate/assumption Schätzung, Annahme
➢ **least squares estimation (LSE)** ***stat*** Methode der kleinsten Quadrate (MKQ-Schätzung)
➢ **method of estimation** ***stat*** Schätzverfahren
estival/aestival frühsommerlich
estivate/aestivate ***vb*** **(pass summer in dormant stage)** übersommern
estivation/aestivation Ästivation, Aestivation, Knospendeckung; Sommerschlaf, Übersommerung
estradiol/progynon Östradiol
estrogen Östrogen
estrone Östron, Estron
estrous ***adj/adv*** östrisch, östral, Brunst..., die Brunst betreffend
estrous cycle/estrus cycle/estral cycle Östruszyklus, Brunstzyklus
estrus Östrus, Brunst (nicht: Brunft! *siehe dort*)
➢ **anestrus** Anöstrus, Anestrus
➢ **diestrus** Diöstrus, Dioestrus
➢ **metestrus** Metöstrus, Metoestrus, Nachbrunst
➢ **proestrus** Proöstrus, Prooestrus, Vorbrunst
estuarine estuarin, Flussdelta betreffend, Ästuar...
estuarine marsh Flussmarsch (an der Flussmündung/im Flussdelta)
estuary Ästuar, Ästuarium (*pl* Ästuarien) (trichterförmige Flussmündung), Flussdelta
etch ***vb metal/tech/micros*** ätzen (*see:* freeze etching)
etchant ***metal/tech/micros*** Ätzmittel
etching ***metal/tech/micros*** Ätzen, Ätzung, Ätzverfahren (*see:* freeze etching)
ethanol/ethyl alcohol/alcohol Äthanol, Ethanol, Äthylalkohol, Ethylalkohol, Alkohol
➢ **graded ethanol series** aufsteigende Alkoholreihe
ether Äther, Ether
ethereal oil/essential oil ätherisches Öl
ethmoid bone/os ethmoidale Siebbein
ethogram/behavioral inventory/ behavioral repertoire Ethogramm, Verhaltensinventar, Verhaltensrepertoire
ethological/behavioral ethologisch, Verhaltens...
ethological barrier/behavioral barrier Verhaltensbarriere
ethological isolation/ behavioral isolation ethologische Isolation
ethology/study of behavior Ethologie, Verhaltensforschung, Verhaltensbiologie
ethylene Äthylen, Ethylen
etiolation Etiolement, Vergeilung
etioplast Etioplast
eubacteria ("typical" bacteria) Eubakterien („echte“ Bakterien)
eucarpic eukarp
euchromatin Euchromatin
eucommia family/Eucommiaceae Guttaperchagewächse
eugenics/eugenetics Eugenik, Eugenetik, Erbhygiene, Rassenhygiene
euglenoids/euglenids/Euglenophyta Euglenen, Euglenophyta, Augenflagellaten
eukaryote (eucaryote) Eukaryont, Eukaryote, Eucaryont, Eucaryot

eukaryotic (eucaryotic) eukaryontisch, eukaryotisch, eucaryontisch, eucaryotisch
eukaryotic cell Eucyt, Eucyte
eulamellibranch bivalves/ Eulamellibranchia Lamellenkiemer, Blattkiemer
eulittoral/eulittoral zone Eulitoral
Euphorbiaceae/spurge family Wolfsmilchgewächse
euphotic zone euphotische Zone
eupnea Eupnoe
eupyrene (sperm) eupyren
euryhaline euryhalin
euryoecious/euryecious/euryoecic euryök
eurypterids/sea scorpions/ Eurypterida Seeskorpione
eurytele Eurytele
eusociality Eusozialität
eustachian tube/auditory tube Eustachische Röhre
eutely/cell constancy Eutelie, Zellkonstanz
euthyneural nerve pattern Euthyneurie, sekundäre Orthoneurie
eutrophic/nutrient-rich eutroph, nährstoffreich
eutrophicate eutrophieren
eutrophication Eutrophierung
evagination/outpocketing Ausstülpung, Evagination
evaluate (e.g., results) auswerten (z.B. Ergebnisse)
evaluation Beurteilung, Bewertung, Abschätzung; Auswertung; *math* Bestimmung, Berechnung;
evanescent schwindend, verwelkend
evaporate verdunsten
evaporating dish Abdampfschale
evaporation Verdunstung
evaporative cooling Verdunstungskälte
evapotranspiration Evapotranspiration
even-toed ungulates/ cloven-hoofed animals/ artiodactyls/Artiodactyla Paarhufer
evening-primrose family/ willowherb family/ Oenotheraceae/Onagraceae Nachtkerzengewächse
evenness/equitability ***ecol*** Äquität, Äquitabilität
evergreen immergrün
eviction vector Apportiervektor
eviscerate (sea cucumber) auswerfen der Eingeweide (Cuviersche Schläuche)
evo-devo (evolution of development/ evolutionary developmental biology) evolutionäre Entwicklungsbiologie
evocation Evocation, Blühinduktion
evoke hervorrufen, wachrufen, herbeirufen
evoked potential evoziertes Potenzial
evolution/phylogeny/phylogenesis Evolution, Phylogenie, Phylogenese, Abstammungsgeschichte, Stammes-geschichte, Stammesentwicklung
- ➢ **coevolution** Koevolution
- ➢ **concerted evolution** konzertierte Evolution
- ➢ **convergent evolution** konvergente Evolution
- ➢ **counterevolution** Evolutionsumkehr
- ➢ **determinate evolution** Orthoevolution
- ➢ **gradualism/gradual evolution** Gradualismus, allmähliche Evolution
- ➢ **iterative evolution** iterative Evolution, sich wiederholende Evolution
- ➢ **neutral evolution** neutrale Evolution
- ➢ **phyletic evolution** phyletische Evolution
- ➢ **punctuated equilibrium/ punctualism** Punktualismus
- ➢ **quantum evolution** Quantenevolution
- ➢ **reticulate evolution** netzartige Evolution, retikulate Evolution
- ➢ **retrogressive evolution/ retrogressive development** Rückentwicklung

evolutionarily stable strategy (ESS) evolutionär stabile Strategie, evolutionsstabile Strategie
evolutionary/phylogenetic/phyletic evolutionär, abstammungsgeschichtlich, phylogenetisch, phyletisch
evolutionary developmental biology/evolution of development (evo-devo) evolutionäre Entwicklungsbiologie
evolutionary epistemology (EE) evolutionäre Erkenntnistheorie (EE)
evolutionary genetics Evolutionsgenetik
evolutionary model Evolutionsmodell
➢ **general nonreversible model** generell nichtreversibles Modell
➢ **general time-reversible model (GTR)** generell zeitreversibles Modell
evolutionary theory/ theory of evolution Evolutionstheorie, Deszendenztheorie
evolutionary timescale evolutionsrelevanter Zeitrahmen
ewe/female sheep weibliches Schaf; (dam) Mutterschaf
exalbuminous eiweisslos
examination under a microscope/ usage of a microscope Mikroskopieren
examine under a microscope/ use a microscope mikroskopieren
exarate pupa/pupa exarata (free appendages) gemeißelte Puppe
excavate *geol* ausgraben
excavation *geol* Ausgrabung
exchange *n* Austausch
exchange *vb* austauschen
exchange reaction Austauschreaktion
exciple/excipulum (lichens) Excipulum, Rand (Flechten)
➢ **ectal exciple** Ektalexcipulum
➢ **excipulum proprium/proper margin (without algae)** Eigenrand
➢ **medullary exciple** Entalexcipulum, inneres Excipulum
➢ **thalline exciple/excipulum thallium** Lagerrand
excise *gen* herausschneiden, aussschneiden
excise *med* exzidieren, herausschneiden, abschneiden
excision Excision, Exzision, Herausschneiden
excision repair *gen* Excisionsreparatur, Exzisionsreparatur
excitability/irritability/sensitivity Erregbarkeit
excitable erregbar
excitation/irritation Erregung, Irritation
excitatory exzitatorisch, erregend
excitatory postsynaptic potential (EPSP) exzitatorisches postsynaptisches Potenzial
excite/irritate erregen
excite/stimulate reizen, anregen, stimulieren
excited state erregter Zustand, angeregter Zustand
exciter *micros* Erreger
exciter filter Erregerfilter
exclusion Exklusion, Ausschluss
➢ **allelic exclusion** Allelausschluss, allele Exclusion, allele Exklusion
exclusion principle Ausschlussprinzip
➢ **competitive exclusion principle/ principle of competitive exclusion (Gause's rule/principle)** Konkurrenz-Ausschlussprinzip, Konkurrenz-Exklusionsprinzip
exclusive exklusiv, ausschließlich; anspruchsvoll
exclusive (fidelity/sociality) *ethol/ecol* treu, fest
excrescence Auswuchs
excreta/excretions Ausscheidungen, Exkrete, Exkremente
excretion Exkret, Exkretion, Ausscheidung
excretions/excreta/excrements *zool* Exkretion, Exkrete, Exkremente, Ausscheidungen
excretory canal Exkretionskanal
excretory cell Exkretzelle

excretory organ Exkretionsorgan, Ausscheidungsorgan
excretory system Exkretionssystem, Ausscheidungssystem
excretory tissue/secretory tissue Ausscheidungsgewebe
excurrent überragend, heraustretend; (Blatt) auslaufend
excurrent (tree form: main stem reaching top) ***bot*** geradstämmig, monopodiale Wuchsform, astlos in die Spitze auslaufend; überragend/heraustretend (schlanker Wipfel/unten ausladend)
excurrent aperture/ exhalant aperture (egestive aperture) Ausströmöffnung (Egestionsöffnung)
excursion/field trip Exkursion
exergonic exergon, energiefreisetzend
exhalation Exhalation, Ausatmung, Expiration
exhale/breathe out ausatmen
exhaust/deplete ***vb*** **(soil)** ausmergeln, auslaugen
exhaust/tire ***vb phys*** erschöpfen, ermüden, entkräften
exhaustion Erschöpfung, Ermüdung, Entkräftung
exhaustion hybridization Erschöpfungshybridisierung
exhibit/show/display ***vb*** ausstellen, zurschaustellen, zeigen
exhibition/show/display Ausstellung, Zurschaustellung
exine (pollen/spore) Exine, Außenschicht
existing/extant existierend, bestehend
exit Ausgang
exit ***tech*** Austritt (z.B. Austrittsöffnung)
exit pupil ***opt*** Austrittspupille
exite (arthropods) Exit
exocarp/epicarp/ectocarp Exokarp, Ektokarp
exoconjugant Exokonjugant
exocytosis Exozytose, Exocytose
exodermis/dermal tissue Exodermis, Außenhaut, Abschlussgewebe
exogenous exogen
exogenous cyst Tochtercyste
exon ***gen*** **(encoding sequence)** Exon
exon cloning Exonklonierung
exon shuffling Hin-und Herschieben von Exons, Exonmischung, Exonshuffling
exon trapping gezielte Exonisolierung
exoparasite/ectoparasite/epizoon (***see also*****: skin parasite)** Exoparasit, Ektoparasit, Außenparasit (*siehe*: Hautparasit)
exopod/exopodite (outer branch) Exopodit (Außenast)
exoreic/exorheic ***limn*** exorheisch (Entwässerung in den Ozean)
exoskeleton Exoskelett, Außenskelett, Hautpanzer
exothermic exotherm
expansion/dilation/dilatation Expansion, Dilatation, Ausweitung; *bot* (growth) Erweiterungswachstum, Dilatationswachstum
expansion tissue mechanisches Gewebe, Expansionsgewebe
expansivity Dehnbarkeit
experiment ***vb*** experimentieren, einen Versuch machen
experiment ***n*** **(test/trial)** Versuch
- **deliberate release experiment/ environmental release experiment** Freisetzungsexperiment
- **perform an experiment** einen Versuch durchführen
- **performance of an experiment** Versuchsdurchführung
- **preliminary experiment/pretrial** Vorversuch

experimental experimentell, Versuchs...
experimental procedure/ experimental protocol/ experimental method Versuchsverfahren
experimental series Versuchsreihe
experimental setup Versuchsanordnung
expert Experte; (referee) Gutachter
expertise Expertise, Gutachten

expiration/exhalation
Ausatmen, Ausatmung, Expiration, Exhalation
expiration date/expiry date
Verfallsdatum
expire verfallen, auslaufen, ablaufen, zu Ende gehen
expire/exhale ausatmen
explant ***n*** Explantat
explant ***vb*** explantieren, auspflanzen
explode/blow up/detonate
explodieren, in die Luft fliegen, detonieren
explorative data analysis
explorative Datenanalyse
exploratory behavior
Erkundungsverhalten
explosion/detonation
Explosion, Detonation
explosive fruit/explosive capsule
Explodierfrucht (Springfrucht), Explodierkapsel (Springkapsel)
explosives Explosivstoffe
exponential growth phase
exponenzielle Wachstumsphase, exponenzielle Entwicklungsphase
expose ***vb*** **(film)** ***opt*** belichten
expose ***vb*** **(e.g., to a hazardous chemical/radiation)**
aussetzen (einem Schadstoff/ einer Strahlung)
exposed hymenium fungi/ Hymenomycetes Hautpilze
exposure
Ausgesetzsein, Gefährdung
exposure (to light: film/plant)
Belichtung
express ***vb***
ausdrücken; *gen* exprimieren
expressed sequence tag (EST)
exprimierte sequenzmarkierte Stelle (EST)
expression Expression, Ausdruck
➢ **high level expression** ***gen***
Überexpression
expression cassette/cartridge
Expressionskassette
expression cloning
Expressionsklonierung
expression library
Expressionsbibliothek
expression vector
Expressionsvektor
expressivity
Expressivität, Ausprägungsgrad
exsert/protrude
vorstehen, herausstehen
exserted/protruding
hervorgestreckt
exstipulate/astipulate/estipulate
nebenblattlos, ohne Stipeln
extant/contemporary/recent
heute lebend, zeitgenössisch, gegenwärtig existierend, derzeit bestehend, rezent
extend dehnen, strecken (in die Länge ziehen); verlängern
extension Dehnung, Streckung; Ausdehnung, Verlängerung
➢ **primer extension** ***gen***
Primer-Extension, Primer-Verlängerung
extension growth/ elongational growth ***bot***
Streckungswachstum
extensive farming/ extensive agriculture
Extensivwirtschaft, extensive Wirtschaft
extensor Strecker, Extensor
exterior layer/outer layer
Außenschicht
external/extrinsic
äußerlich, von außen, extern
external shell/ectocochlea
Außenschale, Ectocochlea
external stimulus Außenreiz
extinct/died out ausgestorben
➢ **become extinct/die out**
aussterben
extinction ***opt***
Extinktion, Auslöschung
extinction/dying out Aussterben
extinction coefficient/absorptivity
Extinktionskoeffizient
extirpate/eradicate
ausrotten, ausmerzen
extirpation/eradication
Ausrottung, Ausmerzung
extracellular
extrazellulär, außerzellulär
extrachromosomal extrachromosomal

extract *vb* extrahieren, herauslösen, entziehen, gewinnen; absaugen
➢ **extract with ether/ shake out with ether** ausäthern, ausethern
extract *n* Extrakt, Auszug
➢ **alcoholic extract** alkoholischer Auszug
➢ **alkaline extract** alkalischer Auszug
➢ **aqueous extract** wässriger Auszug
➢ **cell extract** Zellextrakt
➢ **cell-free extract** zellfreier Extrakt
➢ **crude extract** Rohextrakt
➢ **meat extract** ***micb*** Fleischextrakt
➢ **soda extract** Sodaextrakt, Sodaauszug
➢ **yeast extract** Hefeextrakt
extraction Extraktion, Extrahieren, Extrahierung; chem. Auszug; (Luft/Gase: z.B. Sauglüftung) Abzug, Absaugung; Entzug; Gewinnung
➢ **continuous extraction** kontinuierliche Extraktion
➢ **countercurrent extraction** Gegenstromextraktion
➢ **fractionation (*also: see there*)** Fraktionierung
➢ **fume extraction** Rauchabzug (Raumentlüftung)
➢ **ion-pair extraction** Ionenpaar-Extraktion
➢ **liquid-liquid extraction (LLE)** Flüssig-Flüssig-Extraktion
➢ **selective extraction** selektive Extraktion
➢ **simultaneous distillation-extraction** simultane Destillation/Extraktion
➢ **solid-liquid extraction (SLE)** Fest-Flüssig-Extraktion
➢ **solid-phase extraction (SPE)** Festphasenextraktion
➢ **solid-state microextraction (SPME)** Festphasenmikroextraktion
➢ **solvent extraction** Lösungsmittel-Extraktion
➢ **supercritical fluid extraction (SCFE)** Fluidextraktion, Destraktion, Hochdruckextraktion (HDE)
➢ **thermodesorption (TDS)** Thermodesorption

extractive distillation Extraktivdestillation, extrahierende Destillation
extraembryonic membrane Embryonalhülle, Keimhülle, extraembryonale Membran
extranuclear gene extranukleäres/extranucleäres Gen
extrapair copulation (EPC) Seitensprung
extravasation Extravasation, Flüssigkeitsaustritt aus einem Gefäß
extremity/limb Extremität
extrinsic/extrinsical extrinsisch
extrorse extrors
extrusome/extrusive organelle Extrusom, Ausschleuderorganelle
➢ **discobolocyst** Discobolocyste
➢ **ejectisome/ejectosome/ ejectile body** Ejectisome
➢ **haptocyst** Haptocyste
➢ **kinetocyst** Kinetocyste
➢ **muciferous body** Schleimsack
➢ **mucocyst** Mucocyste
➢ **nematocyst** Nematocyste
➢ **rhabdocyst** Rhabdocyste
➢ **spindle trichocyst** Spindeltrichocyste
➢ **toxicyst** Toxicyste
exudate/exudation/discharge/ secretion Exsudat, Exsudation, Absonderung, Abscheidung
exude/secrete/discharge absondern, abscheiden (Flüssigkeiten)
exumbrella (medusa) Exumbrella, Schirmoberseite, Schirmaußenwand
exuvia (cast-off skin/shell etc.) Exuvie
exuvial fluid/molting fluid Exuvialflüssigkeit, Häutungsflüssigkeit, Ecdysialflüssigkeit
eyas (unfledged bird) Nestling (bes. Nestfalke/-habicht)
eye ***bot*** **(node/bud, e.g., potato)** Auge (z.B. Kartoffel)

eye ***zool*** Auge
➢ **apposition eye** Appositionsauge
➢ **clear-zone eye/ optical superposition eye** optisches Superpositionsauge
➢ **compound eye/facet eye** Komplexauge, Facettenauge, Netzauge, Seitenauge
➢ **compound eye, stalked (*Ephemeroptera*)** Turbanauge
➢ **facet eye/compound eye** Facettenauge, Komplexauge, Netzauge, Seitenauge
➢ **lateral eye/lateral ocellus/ stamma** Lateralauge, Seitenauge, Lateralocelle, Stemma
➢ **lens eye/lenticular eye** Linsenauge
➢ **main eye** Hauptauge
➢ **median eye/midline eye (a dorsal ocellus)** Mittelauge, Medianauge (Stirnocelle)
➢ **naupliar eye (median eye)** Naupliusauge
➢ **neural superposition eye** neurales Superpositionsauge
➢ **ocellus/simple eye (dorsal and lateral)** Ocellus, Ocelle, Einzelauge, Punktauge, Nebenauge (*siehe:* Scheitelauge/Stirnauge)
➢ **optic superposition eye/ clear-zone eye** optisches Superpositionsauge
➢ **parietal eye (*Sphenodon*)** Parietalauge
➢ **pigment cup eye/inverted eye** Pigmentbecherauge, Becherauge
➢ **pineal eye/epiphyseal eye (median eye)** Pinealauge (bei Neunauge: *Petromyxon*)
➢ **retinal cup eye/everted eye** Blasenauge
➢ **simple eye/ocellus (dorsal/lateral)** Einzelauge, Punktauge, Nebenauge, Ocelle, Ocellus
➢ **stalked compound eye (*Ephemeroptera*)** Turbanauge
➢ **stalked eye** Stielauge
➢ **stemma (insect larvas)/lateral eye/lateral ocellus** Lateralauge, Lateralocellus, Seitenauge (Punktauge/Einzelauge)
➢ **stemma (*pl* stemmata/stemmas) (dorsal/lateral ocellus)** Stemma, Punktauge (Einzelauge/Ocelle)
➢ **superposition eye** Superpositionsauge
➢ **>neural s.e.** neurales Superpositionsauge
➢ **>optical s.e./clear-zone eye** optisches Superpositionsauge

eye chamber Augenkammer
eye cluster/bud cluster ***bot*** Beiknospengruppe
eye cutting/single eye cutting/bud cutting/leaf bud cutting ***hort*** Augensteckling
eye lens/ocular lens Augenlinse, Okularlinse
eye socket/eyepit/orbit Augenhöhle, Orbita
eyeball Augapfel, Bulbus
eyebrow Augenbraue
eyebrow flash/eyebrow raise ***ethol*** Augengruß
eyecup Augenbecher
eyelash Augenwimper, Wimper
eyelid/palpebra Augenlid, Lid, Augendeckel
➢ **third eyelid** Blinzelhaut, Nickhaut
eyepiece/ocular ***opt/micros*** Okular
➢ **binoculars** Binokular
➢ **pointer eyepiece** Zeigerokular
➢ **spectacle eyepiece/ high-eyepoint ocular** Brillenträgerokular
➢ **trinocular head** Trinokularaufsatz, Tritubus, Dreiertubus

eyepit/eye socket/orbit Augenhöhle
eyesight Sehkraft, Sehvermögen, Sehleistung
eyespot/stigma Augenfleck, Stigma
eyestalk Augenstiel
eyetooth (canine tooth of upper jaw) Augenzahn (oberer Eck-/Reißzahn)
eyeworm disease, African/loa (*Loa loa*) Kamerunbeule
eyrie/aerie (bird's nest on cliff/mountain) Horst, Adlerhorst, Raubvogelnest, Greifvogelnest

fabaceous/leguminous (e.g., fabaceous flower/plant) hülsenfrüchtig, Hülsenfrucht..., Hülsenfrüchtler betreffend
fabric/mesh/network (e.g., spiders: cobweb) Gewebe (z.B. Spinngewebe)
fabricated data gefälschte Daten
face *n* Gesicht
face maks Gesichtsmaske
face value Nennwert, Nominalwert
facet eye/compound eye Facettenauge, Komplexauge, Netzauge, Seitenauge
facial expression Miene, Gesichtsausdruck
facial features Gesichtszüge
facies Fazies
facilitate erleichtern, fördern
facilitated transport erleichterter Transport
facilitating *neuro* bahnend
facilitation *neuro* Facilitation, Bahnung
facilitator neuron Bahnungsneuron
facultative/optional fakultativ, optional, freigestellt
facultative heterochromatin fakultatives Heterochromatin
FAD/FADH$_2$ (flavin adenine dinucleotide) FAD/FADH$_2$ (***F***lavin-***A***denin-***D***inukleotid)
fade (*see:* bleichen) ausbleichen (*passiv*/z.B. Fluoreszenzfarbstoffe)
fading (*see:* bleichen) Ausbleichen (*passiv*/z.B. Fluoreszenzfarbstoffe)
Fagaceae/beech family Buchengewächse, Becherfrüchtler
failure Versagen, Störung; Ausfall; Fehler, Defekt; (fracture) Bruch; Riss; Schadenfall, Zwischenfall
failure to thrive Gedeihstörung
faint *vb* in Ohnmacht fallen
fairy ring *fung* Hexenring
fairy shrimps/anostracans/Anostraca Schalenlose, Kiemenfüße
falcate/falciform/sickle-shaped sichelförmig
falconer/hawker Falkner
falconery Falknerei
fall/autumn Herbst
fall ill/get sick/sicken/ contract a disease erkranken
falling liquid film Rieselfilm
Fallopian tube/uterine tube (oviduct of mammals) Eileiter
fallow Brache, Brachfeld
➤ **to lie fallow** brachliegen
fallow deer Damwild
false/spurious falsch
false mermaid family/ meadowfoam family/ Limnanthaceae Sumpfblumengewächse
false negative falsch negativ
false positive falsch positiv
false scorpions/pseudoscorpions/ Pseudoscorpiones/Chelonethi Afterskorpione, Pseudoskorpione
false spiders/sun spiders/ windscorpions/solifuges/ solpugids/Solifugae/Solpugida Walzenspinnen
false tissue/paraplectenchyma/ pseudoparenchyma Scheingewebe, Pseudoparenchym
false whorl/pseudowhorl *bot* Scheinquirl, Scheinwirtel, Doppelwickel
falx cerebri (sickle-shaped fold in dura mater) Großhirnsichel, Falx cerebri
family Familie
family trait Familienmerkmal
family tree/genealogical diagram/ dendrogram (pedigree) Stammbaum
fan *n* Fächer
fan *vb* (bees) fächeln; (with lifted abdomen: exposing Nasanov organ) sterzeln
fan palm Fächerpalme
fan-shaped/flabellate fächerförmig
fan tail Fächerschwanz
fang/carnassial tooth (carnivores) Reißzahn, Fangzahn, Fang
➤ **poison fang/venomous fang/ unguis (chelicerates)** Giftklaue
➤ **poison tooth/venom tooth (snakes)** Giftzahn

fanning (bees) Fächeln
➢ **with lifted abdomen (exposing Nasanov organ)** Sterzeln
fanwort family/water-shield family/ Cabombaceae Haarnixengewächse
farinaceous mehlig, mehlartig; (starchy) stärkehaltig
farm *n* Farm, Bauernhof
farm *vb* Landwirtschaft betreiben
farmer Bauer, Landwirt
farming/agriculture Landwirtschaft, Ackerwirtschaft
farming/tillage/cultivation Bodenbestellung, Ackern, Ackerbau; Ackerwirtschaft
farmland/tillage/tilth/ cultivated land/arable land Ackerland
farrow (bring forth young pig litter) ferkeln, abferkeln (Wurf kleiner Schweine hervorbringen)
fascia (ensheating band of connective tissue) Bindegewebshülle, Faszie
fascial/fasciate/band-shaped bandförmig
fasciate/banded/broadely striped breit gestreift, breit streifig, gebändert
fasciate *bot* (stems teratologically grown together) verbändert, zusammengewachsen (flächig verwachsen)
fasciation Fasziation, Verbänderung
fascicle (bundle) *zool* Faserbündel, Strang, Faszikel
fascicle *bot* (inflorescence: cyme with very short pedicles) Faszikel, Fasciculus, Büschel
fascicled *bot* büschelig, in Büscheln
fascicular büschelförmig
fasciculate/clustered/ bundled/growing in bundles gebündelt, bündelartig, büschelartig wachsend
fast *vb* fasten
fast-twitch fiber schnell kontrahierende Faser
fasten befestigen
fastidious *micb* (difficult to culture/ complex nutritional requirements) anspruchsvoll
fastigiate gebüschelt, zur Spitze zu gedrängt, zugespitzt
fastigium/spike Spitze
fasting Fasten; *med* nüchtern
fat Fett
➢ **animal fat** tierisches Fett, Tierfett
➢ **brown fat** braunes Fett
➢ **dietary fat** Nahrungsfett, Speisefett
➢ **hydrogenated fat** gehärtetes Fett
➢ **low-fat** fettarm
➢ **vegetable fat** pflanzliches Fett, Pflanzenfett
➢ **wool fat/wool grease** Wollfett
fat body Fettkörper, Corpus adiposum
fat cell/adipocyte/adipose cell Fettzelle, Adipozyt, Adipocyt
fat droplet Fetttröpfchen
fat storage/fat reserve Fettspeicher, Fettreserve
fat-soluble fettlöslich
➢ **fat-insoluble/insoluble in fat** fettunlöslich
fat substitute/fat mimetic Fettersatzstoff
fate map *embr/gen* Anlagenplan, Anlagenkarte, Determinationskarte, Schicksalskarte
fatigue/tiring *n* Ermüdung
fatigue/tiring *vb* ermüden
fatten mästen
fatty/adipose fettartig, fetthaltig, fettig, Fett...
fatty acid Fettsäure
➢ **essential fatty acids (EFA)** essenzielle Fettsäuren
➢ **monounsaturated fatty acids (MUFA)** einfach ungesättigte Fettsäuren
➢ **nonesterified fatty acids (NEFA)** nichtesterifizierte Fettsäuren
➢ **polyunsaturated fatty acids (PUFA)** mehrfach ungesättigte Fettsäuren
➢ **saturated fatty acids (SFA)** gesättigte Fettsäuren
➢ **trans fatty acids (TFA)** trans-Fettsäuren
➢ **unsaturated fatty acids (UFA)** ungesättigte Fettsäuren

fatty capsule of kidney/ adipose capsule of kidney Nierenfettkapsel, Nierenkapsel
fatty tissue/adipose tissue Fettgewebe
faucet gland (of bucket orchid) Pleuridium
fauna (animal life) Fauna, Tierwelt
fauna (faunal work/manual: with key) Fauna, Tierbestimmungsbuch
faunal faunistisch
faunal break Faunenschnitt
faunal complex Faunenkomplex
faunal element Faunenelement
faunal province Faunenprovinz
faunal realm Faunenreich
faunal region/ zoogeographical region Faunenregion, Tierregion, tiergeographische Region
faunistics Faunistik
faveolate/favose/honeycombed/ alveolate/deeply pitted wabig; kleingrubig
fawn Rehkitz
FCS (fetal calf serum) fetales Kälberserum
feather Feder
➤ **auriculars (ear coverts)** Ohrenfedern
➤ **axillary feather/axillar** Achselfeder
➤ **contour feather** Konturfeder, Umrissfeder
➤ **covert/wing covert/ protective feather/ tectrix (*pl* tectrices)** Decke, Deckfeder, Tectrix
➤ **down feather/down/plumule** Daune, Dune, Dunenfeder, Flaumfeder, dunenartige Feder
➤ **flight feather/remex (*pl* remiges)** Schwungfeder, Remex
➤ **humeral feather/humeral/ tertial feather (tertiaries)** Humeralfeder (Humeralflügel)
➤ **lesser covert/minor covert** kleine Decke (Flügeldecke/Flügelfeder)
➤ **marginal covert/marginal tectrix** Randdecke
➤ **median covert/median tectrix** mittlere Decke
➤ **natal down/neossoptile/neoptile (a down feather)** Nestdune, Neossoptile, Neoptile
➤ **pinfeather** Stoppelfeder
➤ **powder-down feather/pulviplume** Puderdune, Pulvipluma
➤ **primary feather (primaries/primary remiges)** Handschwinge, Hautschwinge, Handschwungfeder
➤ **primary tectrix** Handdecke
➤ **quill feather** Schwanzfeder
➤ **rectrix (*pl* rectrices)** Steuerfeder
➤ **remex (*pl* remiges)/flight feather** Schwungfeder
➤ **scapular feather** Schulterfeder, Schulterblattfeder
➤ **secondary feather (secondaries/secondary remiges)** Armschwinge, Armschwungfeder, Unterarmschwungfeder
➤ **secondary tectrix** Armdecke
➤ **tectrix (*pl* tectrices)/ covert/wing covert/ protective feather/deck feather** Decke, Deckfeder, Tectrix
feather papilla Federpapille, Federbalg
feather parasite (bird louse/ body louse:Mallophaga) Federling
feather ruffling Fiedersträuben
feather stars/comatulids/Comatulida Haarsterne, Federsterne, Comatuliden
feather tract/pteryla Federflur, Pteryla
featherless/apterial federlos
featherless space/ apterium (*pl* apteria) Federrain, federlose Stelle, Apterium
feathery/plumose fedrig, federig
feathery mistletoe family/ Misodendraceae Federmistelgewächse
feces Fäkalien, Kot, Stuhl
fecund fruchtbar
fecundate fruchtbar machen, befruchten
fecundation Fekundation, Befruchtung
fecundity Fekundität, Fruchtbarkeit

fed-batch culture
Zulaufkultur, Fedbatch-Kultur (semi-diskontinuierlich)
fed-batch process/ fed-batch procedure
Zulaufverfahren, Fedbatch-Verfahren (semi-diskontinuierlich)
fed-batch reactor/fed-batch reactor
Fedbatch-Reaktor, Fed-Batch-Reaktor, Zulaufreaktor
feed ***n*** Futter, Nahrung (*see also:* fodder, forage)
➢ **concentrate feed/concentrate**
Kraftfutter, Konzentratfutter
➢ **succulent feed** Saftfutter
feed ***vb*** füttern
feed on something/ingest
fressen, sich ernähren, etwas zu sich nehmen, sich von etwas ernähren
feed-forward inhibition/ reciprocal inhibition ***neuro***
Vorwärtshemmung
feedback inhibition/ end-product inhibition
Rückkopplungshemmung, Endprodukthemmung, negative Rückkopplung
feedback loop Rückkopplungsschleife
feedback system/ feedback control system
Regelkreis
feeder cell Feeder-Zelle
feeder root Nährwurzel
feeding Füttern, Fütterung
feeding attractant
fraßauslösender Stoff, Fraßstimulans
feeding burrows/fodinichnia ***paleo***
Fressbauten
feeding deterrent
Fraßhemmer, Phagodeterrens
feeding efficiency/profitability
Profitabilität
feeding grounds
Futterplatz, Futterstelle
feeding habits
Fressgewohnheiten
feeding polyp/nutritive polyp/ gastrozooid/trophozooid
Fresspolyp, Nährtier, Gasterozoid, Trophozoid
feeding value
Nährwert (des Futters)
feedlot/feed yard Viehkoppel
feedstock ***tech/mech***
Beschickungsgut
feedstuff(s) Futter; Futtermittel; Futtermittelbestandteile
feel/sense/perceive
empfinden, fühlen, spüren
feel/touch/palpate tasten
feeler/antenna
(*see also under:* antenna)
Fühler, Antenne
feeling/sensation Gefühl, Gefühlssinn; (mood) Stimmung
Fehling's solution
Fehlingsche Lösung
feign/sham vortäuschen, simulieren, sich verstellen, heucheln
feign death/play dead totstellen
feigning death Sich-Totstellen
felid(s) Felide(n), Katzen, Katzenartige
feline katzenartig, Katzen betreffend, Katzen... (Felidae)
fell ***vb for*** fällen
fellfield
Felsrasen, Felssteppe (Hochland)
felling (clearing) Rodung
felling (logging)
Fällen, Baumfällen
felty/felt-like/tomentose filzig
female ***adj/adv*** weiblich
➢ **male** ***adj/adv*** männlich
female ***n*** Weibchen
➢ **male** ***n*** Männchen
femoral femoral, zum Oberschenkel gehörend, den Oberschenkel betreffend
femoral artery
Oberschenkelschlagader, Oberschenkelarterie
femoral gland (follicular gland: lizards)
Schenkeldrüse (Follikulärorgan: Eidechsen)
femur/femoral bone/ thighbone/os femoris
Femur, Oberschenkelknochen
femur (*pl* femora) (arthropods)
Femur, Schenkel

fen/fenland (minerotrophic peatland: fed by underground water or interior drainage) Fehn, Fenn (minerotrophes vererdetes Flachmoor/Niedermoor)
fence post Zaunpfosten
fenestrated flame cell (protonephridia) Reusengeißelzelle, Cyrtocyte (*siehe*: Flammenzelle)
fenestrated leaf gefenstertes Blatt
fenistiform pit Fenstertüpfel
feral verwildert
ferment *vb* fermentieren, gären, vergären
fermentation Fermentation, Gärung, Vergärung
fermentation chamber reactor/ compartment reactor/ cascade reactor/ stirred tray reactor Rührkammerreaktor
fermentation layer (soil) Fermentationsschicht, Vermoderungshorizont
fermentation tube Gärröhrchen, Einhorn-Kölbchen
fermenter/fermentor (*see:* reactor/bioreactor) Fermenter, Gärtank
fern Farn
fern family/Polypodiaceae Tüpfelfarngewächse
ferredoxin Ferredoxin
ferrunginous rost-rot
fertile fertil, fruchtbar, fortpflanzungsfähig
➢ **infertile/sterile** infertil, steril, unfruchtbar, nicht fortpflanzungsfähig
➢ **interfertile** untereinander fruchtbar/ reproduktionsfähig
fertility Fertilität, Fruchtbarkeit
fertility factor (F factor) Fertilitätsfaktor (F-Faktor)
fertilization/application of fertilizer *agr* Düngung
fertilization Fertilisation, *sensu stricto:* Befruchtung (Bestäubung *see* pollination)
➢ **cross-fertilization/ xenogamy/allogamy** Kreuzbefruchtung (Xenogamy), Fremdbefruchtung (Allogamie)
➢ **double fertilization *bot*** doppelte Befruchtung
➢ **in-vitro fertilization (IVF)** In-vitro-Fertilisation, Reagensglasbefruchtung
➢ **self-fertilization/autogamy** Selbstbefruchtung, Autogamie
fertilization cone Empfängnishügel
fertilization membrane Befruchtungsmembran
fertilize (gametes) befruchten; (supply soil with plant nutrients) düngen
fertilizer/plant food/manure Dünger, Düngemittel
ferulic acid Ferulasäure
fetal fetal, fötal
fetal calf serum (FCS) fetales Kälberserum
fetid/foetid (adverse odor) stinkend (übelriechend)
fetlock (horse: metatarso-phalangeal articulation) Köte, Fesselkopf, Fesselgelenk
fetlock hair Kötenbehang, Kötenhaare, Fesselhaare
fetus Fötus *m*, Fetus *m*, Fet *m*
fiber Faser
➢ **bast fiber *bot*** Bastfaser
➢ **climbing fiber** Kletterfaser
➢ **coir (coconut fiber)** Coir (Kokosfaser)
➢ **contractile fiber** kontraktile Faser
➢ **dietary fiber** Ballaststoffe
➢ **elastic fiber** elastische Faser
➢ **fast-twitch fiber** schnell-kontrahierende Faser
➢ **gelatinous fiber** gelatinöse Faser
➢ **giant fiber/Mauthner's cell** Riesenfaser, Mauthnersche Zelle, Mauthner-Zelle (Fische)
➢ **intrafusal fiber** Intrafusalfaser

> **libriform fiber (wood)** Libriformfaser, Holzfaser
> **lint (cotton fiber)** Lint, Lintbaumwolle
> **linters (short cotton fibers)** Linters (kurze Baumwollfasern)
> **mantle fiber** Zugfaser
> **mossy fiber** Moosfaser
> **Muellerian fiber/fiber of Müller** *ophth* Müller-Faser
> **muscle fiber/myofiber** Muskelfaser
> **nerve fiber** Nervenfaser
> **nuclear bag fiber** Kernhaufenfaser
> **nuclear chain fiber** Kernkettenfaser
> **parallel fiber** Parallelfaser
> **perivascular fiber** Perivaskularfaser
> **phasic fiber** phasische Faser
> **phloem fiber** Phloemfaser
> **polar fiber (microtubule)** Polfaden (Mikrotubulus)
> **Purkinje fiber/conduction myofiber** Purkinje-Faser
> **sclerenchymatous fiber** ***bot*** Sklerenchymfaser
> **septate fiber** septierte Faser
> **Sharpey's fiber** Sharpeysche Faser
> **slow-twitch fiber** langsam-kontrahierende Faser
> **soft fiber** weiche Faser
> **spindle fiber** ***cyt*** Spindelfaser
> **stress fiber** Stressfaser
> **zonule fibers** Zonulafasern

fiber/dietary fiber Ballaststoffe, Fasersoffe
> **crude fiber (CF)** Rohfaser (XF)
> **soluble fiber** lösliche Ballaststoffe
> **insoluble fiber** unlösliche Ballaststoffe
> **total fiber (TF)** Gesamtballaststoffe

fiber cell Faserzelle
fiber plant/fiber crop Faserpflanze
fiber tracheid Fasertracheide
fibril Fibrille
fibrillar fibrillär
fibrin Fibrin (Blutfaserstoff)
fibrinogen Fibrinogen
fibroblast Fibroblast
fibrocartilage fibröser Knorpel, Faserknorpel
fibroin Fibroin
fibrous/stringy faserig
fibrous bone Faserknochen, Geflechtknochen
fibrous cartilage/fibrocartilage Faserknorpel
fibrous layer (anther) Faserschicht
fibrous proteins fibrilläre Proteine, Faserproteine
fibrous root system Büschelwurzelsystem
Fick diffusion equation Ficksche Diffusionsgleichung
fiddle-shaped/panduriform geigenförmig
fiddlehead/crozier schneckenförmig eingerolltes junges Farnblatt
fidelity (community) Treue, Gesellschaftstreue
field/land/farmland Acker; (meadow) Wiese
field/plain/open fields/meadowland Feld, Flur
field bee/forager Sammelbiene, Sammlerin
field boundary strip/balk Ackerrain, Feldrain
field capacity/field moisture capacity/ capillary capacity (soil moisture) Feldkapazität
field diaphragm Feldblende, Leuchtfeldblende, Kollektorblende
field exercise Geländeübung
field guide Feldführer
field inversion gel electrophoresis (FIGE) Feldinversions-Gelelektrophorese
field lens ***micros*** Feldlinse
field of view/scope of view/ field of vision/range of vision/ visual field Sehfeld, Blickfeld, Gesichtsfeld
field stop (a field diaphragm in eyepiece: ocular aperture) *micros* Sehfeldblende, Gesichtsfeldblende
field study/ field investigation/field trial Feldversuch, Freilanduntersuchung, Freilandversuch

field trip/excursion Exkursion
fig family/mulberry family/Moraceae Maulbeergewächse
fig marigold family/ carpetweed family/ mesembryanthemum family/ Aizoaceae Mittagsblumengewächse, Eiskrautgewächse
fight-or-flight reaction Kampf-oder-Flucht-Reaktion
fighting behavior Kampfverhalten
figure/design (wood) Maserung, Masertextur, Fladerung, Figur, Zeichnung (Holz)
filament *bot* (stamen) Filament, Staubfaden (Staubblatt)
filament/thread Filament, Faden
- **chain of cells** Zellfaden, Filament
- **intermediate filament** intermediäres Filament

filamentous/filliform/ thread-shaped/threadlike trichal (haarförmig), fadenförmig
filamentous lichens/hairlike lichens Fadenflechten, Haarflechten
filarial worms Filarien
filbert Haselnussfrucht
file meristem/rib meristem Rippenmeristem
filial generation (first/second) (erste/zweite) Tochtergeneration, Filialgeneration
filibranch bivalves/Filibranchia Fadenkiemer
filibranch gill Filibranchie, Fadenkieme
filiciform farnartig
filiform/filamentous/ threadlike/hairlike fadenförmig, fadenartig, haarförmig, trichal
fill-in reaction/filling in reaction Auffüllreaktion
filling (of palps) Laden (der Palpen)
filly (female horse/pony under 4 years) weibliches Fohlen/Füllen, Stutenfohlen
film reactor (bioreactor) Filmreaktor
film water Haftwasser
filmy fern family/Hymenophyllaceae Hautfarngewächse, Schleierfarngewächse
filoplume Filopluma, Fadendune, Fadenfeder
filopodium Filopodium
filter/pass through *vb* filtrieren, passieren
filter *n* Filter
- **barrier filter/selective filter/ stopping filter/selection filter** Sperrfilter
- **exciter filter** Erregerfilter
- **folded filter** Faltenfilter
- **HEPA filter (high efficiency particulate air filter)** HOSCH-Filter (Hochleistungsschwebstofffilter)
- **membrane filter** Membranfilter
- **noise filter** Rauschfilter
- **polarizing filter/polarizer** Polarisationsfilter, „Pol-Filter", Polarisator
- **round filter (filter paper disk)** Rundfilter
- **stopping filter/barrier filter/ selective filter/selection filter** Sperrfilter
- **suction filter/vacuum filter** Nutsche, Filternutsche
- **syringe filter** Spritzenvorsatzfilter, Spritzenfilter
- **trickling filter** Tropfkörper (Tropfkörperreaktor/ Rieselfilmreaktor)

filter disk method Filterblättchenmethode
filter enrichment Anreicherung durch Filter
filter feeder Filtrierer, Filterer
filter-feeding Filtern, Nahrungsfiltern
filter flask/vacuum flask Filtrierflasche, Filtrierkolben, Saugflasche
filter holder *micros* Filterträger
filter network/filtering network Filternetzwerk
filter pump Filterpumpe
filtering Filtrierung, Filtrieren
filtrate *n* Filtrat
filtrate *vb* klären, filtrieren

filtration
Klärung, Filtrierung, Filtration
➢ **cross-flow filtration**
Querstromfiltration,
Kreuzstrom-Filtration
➢ **gel filtration**
Gelfiltration (*see:* gel permeation)
➢ **infiltration**
Infiltration; (seepage) Versickerung
➢ **riverbed filtration** Uferfiltration
➢ **sterile filtration** ***lab*** Sterilfiltration
➢ **suction filtration/vacuum filtration**
Saugfiltration, Vakuumfiltration
➢ **ultrafiltration** Ultrafiltration
filz gall Filzgalle
fimbriate/fimbriated/fringed
fransenartig, gefranst, befranst
fimbriated funnel of oviduct/ infundibulum Flimmertrichter, Wimperntrichter, Eileitertrichter, Infundibulum (mit Ostium tubae)
fimbricidal fimbricid, fimbrizid, fransenspaltig
fin Flosse
➢ **adipose fin** Fettflosse
➢ **anal fin** Afterflosse, Analflosse
➢ **archipterygial fin/archipterygium**
Archipterygium (Urflosse)
➢ **caudal fin/tail fin** Schwanzflosse
➢ **dorsal fin** Rückenflosse
➢ **lobe fin** Quastenflosse
➢ **metapterygial fin/metapterygium**
Metapterygium
➢ **pectoral fin** Brustflosse
➢ **pelvic fin/ventral fin** Bauchflosse
➢ **ray fin** Strahlenflosse
➢ **tail fin/caudal fin** Schwanzflosse
➢ **ventral fin/pelvic fin** Bauchflosse
fin rot Flossenfäule
final host Endwirt
final image ***micros*** Endbild
finalism Finalismus
findings Befund
fine adjustment/ fine focus adjustment ***micros***
Feinjustierung, Feineinstellung
fine-adjustment knob ***micros***
Feinjustierschraube, Feintrieb, Mikrometerschraube
fine structure Feinstruktur, Feinbau
finely notched/crenulate feingekerbt
finely serrate/finely saw-edged/ serrulate/serratulate
feingesägt, kleingesägt
finely striped/striated
feingestreift, feinstreifig
finger/digit Finger, Digitus
fingered/digitate gefingert
fingerlike/fingershaped/digitiform
fingerförmig, digitat
fingernail Fingernagel
fingerprint Fingerabdruck
fingerprinting/ genetic fingerprinting/ DNA fingerprinting
Fingerprinting, genetischer Fingerabdruck
fingertip Fingerspitze, Fingerkuppe
➢ **torulus tactilis/ volar, soft portion of fingertip**
Fingerbeere, Fingerballen
fir clubmoss family/Huperziaceae
Teufelsklauengewächse
fir family/pine family/Pinaceae
Tannenfamilie, Kieferngewächse, Föhrengewächse
fire/firing ***vb neuro*** feuern
fire brigade/fire department
Feuerwehr
fire corals/stinging corals/ milleporine hydrocorals/ Milleporina
Feuerkorallen
fire extinguisher Feuerlöscher, Feuerlöschgerät, Löschgerät
firefighter/fireman
Feuerwehrmann
firewood/fuelwood
Brennholz, Feuerholz
firmly attached (permanently)/ sessile festsitzend, festgewachsen, festgeheftet, aufsitzend, sessil
firn/névé Firn, Gletschereis
firn region/firn zone Firnregion
"first animals"/protozoans
Urtierchen, Urtiere, „Einzeller“, Protozoen
first cousin Cousin ersten Grades
first-degree relative
Verwandter ersten Grades
first-order kinetics
Kinetik erster Ordnung

first-order reaction
Reaktion erster Ordnung
(Reaktionskinetik)
Fischer projection/Fischer formula/
Fischer projection formula
Fischer-Projektion, Fischer-Formel,
Fischer-Projektionsformel
fish *vb* fischen, angeln
fish *n* Fisch;
(*pl* fish) Fische ein und derselben Art;
(*pl* fishes) Fische verschiedener Arten
fish *n* (culinary) Fisch (kulinarisch)
FISH
(fluorescence *in situ* hybridization)
FISH (*In-situ*-Hybridisierung
mit Fluoreszenzfarbstoffen)
fish birds/Ichthyornithiformes
Fischvögel
fish-eater/piscivore Fischfresser
fish-eating/piscivorous fischfressend
fish eggs (roe)
Fischeier, Fischlaich (Rogen)
fish hatchery Fischzuchtanlage,
Fischzuchtstation
fish ladder Fischleiter
fish lice/Branchiura/Argulida
Fischläuse, Karpfenläuse,
Kiemenschwänze
fish meal Fischmehl
fishery Fischerei
fishes/Pisces
Fische (Fische verschiedener Arten)
fissiparity Fissiparie
fist Faust
fist-walking
Faustgang (Handknöchel)
fitness/suitability Fitness, Eignung
> **Darwinian fitness**
Darwinsche Fitness
> **frequency-dependent fitness**
frequenzabhängige Fitness
> **inclusive fitness**
Gesamteignung, Gesamtfitness
fix fixieren (mit Fixativ härten)
fixation Fixierung, Fixieren
fixative Fixativ, Fixiermittel
fixed action pattern (FAP)
Erbkoordination (formkonstante
Verhaltenselemente)
fixed-angle rotor *centrif*
Festwinkelrotor
fixed bed reactor/solid bed reactor
(bioreactor)
Festbettreaktor
flabellate/fan-shaped fächerförmig
flabellate antenna/
flabelliform antenna/
fan-shaped antenna
Fächerfühler
flaccid/limp/weak
(wilting/deficient in turgor)
schlaff, schlapp, erschlaffend
(welkend)
flag leaf Fahnenblatt, Fähnchenblatt
flagellar
geißelartig, begeißelt, Geißel...
flagellar basal body/
flagellar corpuscle/
flagellar granule/kinetosome/
mastigosome/blepharoplast/
blepharoblast
Basalkörper, Kinetosom,
Blepharoplast
flagellar pocket/
reservoir/anterior pocket
Geißelsäckchen
flagellar swelling/paraflagellar body
Paraflagellarkörper
flagellaria family/Flagellariaceae
Peitschenklimmer
flagellate(d)/bearing flagella
flagellat, begeißelt
flagellates/mastigophorans/
Flagellata/Mastigophora
Geißeltierchen, Geißelträger,
Flagellaten
flagellation Begeißelung
flagelliform
geißelförmig, peitschenförmig
flagellomer Flagellomer
flagellum (mosses) *bot*
peitschenähnlicher,
kleinblättriger oberirdischer Spross
flagellum (*pl* flagella/flagellums)
Flagelle, Geißel
(Antenne: Fühlergeißel)
> **acronematic flagellum/**
whiplash flagellum
Peitschengeißel
> **pleuronematic flagellum/**
tinsel flagellum/flimmer flagellum
Flimmergeißel

➢ **pulling flagellum** Zuggeißel
➢ **pushing flagellum** Schubgeißel
➢ **tinsel flagellum/flimmer flagellum/pleuronematic flagellum** Flimmergeißel
➢ **trailing flagellum** Schleppgeißel
➢ **whiplash flagellum/ acronematic flagellum** Peitschengeißel
flame bulb Wimperkölbchen, Wimperkolben
flame cell/flame bulb (terminal flame bulb) Flammenzelle, Wimperflammenzelle
➢ **fenestrated flame cell (protonephridia)** Reusengeißelzelle, Cyrtocyte (*siehe*: Flammenzelle)
flame ionization detector (FID) Flammenionisationsdetektor
flame-resistant nicht entflammbar
flame retardant *n*/flame retarder Flammschutzmittel, Flammenverzögerungsmittel
flame-retardant *adj/adv* feuerhemmend, flammenhemmend, nicht leicht entflammbar
flameproof flammsicher, flammensicher, feuerbeständig, flammfest, feuerfest, nicht/schwer entflammbar
flamingoes and relatives/ Phoenicopteriformes Flamingos
flammability Entflammbarkeit, Entzündbarkeit, Brennbarkeit
flammable/inflammable/combustible entflammbar, entzündlich, brennbar
flank/side (e.g., of horse) Flanke
flank bone/ilium/os ilium Darmbein, Ilium
flank meristem/peripheral meristem Flankenmeristem
flanking region *gen* flankierende Region
flap/flutter (e.g., with wings) *vb* flattern; (mit den Flügeln) schlagen
flap grafting *hort* seitliches Anplatten mit langer Gegenzunge
flap of skin Hautfalte, Hautlappen
flapping flight Schlagflug, Flatterflug
flark (open water pool in bog: esp. in aapa mire) Flarke (wassergefüllte Risse im Hochmoor)
flash destillation Kurzweg-Destillation
flash point Flammpunkt
flask Kolben, Gefäß, Flasche
➢ **boiling flask with round bottom** Rundkolben, Siedegefäß
➢ **distilling flask/retort** Destillierkolben, Retorte
➢ **Erlenmeyer flask** Erlenmeyer Kolben
➢ **filter flask/vacuum flask** Filtrierkolben, Filtrierflasche, Saugflasche
➢ **Florence boiling flask/ Florence flask (boiling flask with flat bottom)** Stehkolben, Siedegefäß
➢ **shake flask** Schüttelkolben
➢ **swan-necked flask/ S-necked flask/gooseneck flask** Schwanenhalskolben
➢ **volumetric flask** Messkolben
flat bed gel/horizontal gel horizontal angeordnetes Plattengel
flat-blade impeller (bioreactor) Scheibenrührer, Impellerrührer
flat bone/os planum platter Knochen
flatfishes/Pleuronectiformes Plattfische
flatsawn (wood) flach-aufgesägt
flatulence/bloating Flatulenz, Blähungen
flatworms/platyhelminths/ Platyhelminthes Plattwürmer, Plathelminthen, Plathelminthes
➢ **free-living flatworms/ turbellarians/Turbellaria** Strudelwürmer, Turbellarien
flavine mononucleotide (FMN) Flavinmononukleotid (FMN)
flavonoid Flavonoid
flavor/flavoring/aromatic substance Geschmacksstoff, Aromastoff
➢ **off-flavor (spontaneous food constituent alteration)** Aromafehler

flax family/Linaceae Leingewächse
flax lily family/Phormiaceae Phormiumgewächse
flay ***bot*** **(of bark)** abschälen (Rinde etc.)
flay ***zool*** **(remove skin from carcass)** die Haut abziehen
flea-bitten grey horse/ flea-bitten white horse Fliegenschimmel
fleas/Siphonaptera/Aphaniptera/ Suctoria Flöhe
fledge flügge werden
- **fully fledged/full-fledged (able to fly)** flügge (flugfähig)

fledgling eben flügge gewordener Vogel/ Jungvogel
fleece (coat of wool) Wolle, Wollkleid
fleece (wool of a sheep from one shearing) Schur (Schurwolle)
flense flensen (abhäuten/Walspeck abziehen)
flesh/meat Fleisch; *fung* Pilzfleisch, Fleisch
flesh-eater/meat-eater/carnivore Fleischfresser, Karnivor, Carnivor
flesh-eating/ meat-eating/carnivorous fleischfressend, karnivor, carnivor
fleshy fleischig
fleshy cone/"berry" Beerenzapfen
fleshy-finned fishes/ sarcopterygians/ Sarcopterygii/Choanichthyes Fleischflosser
fleshy fruit Saftfrucht
fleshy taproot Rübe
flews (dogs) Lefze(n)
flex/bend/curve back (arm/leg/muscles) beugen (Arm/Bein/Muskeln)
flexible/pliable biegsam
flexion (muscle) Beugung
flexor (muscle) Flexor, Beuger
flexuose/flexuous (curved in a zig-zag manner) wellig gebogen, schlängelnd gebogen
flexure Biegung, Beugung, Krümmung, Flexur
- **cephalic flexure** ***embr*** Scheitelbeuge, Mittelhirnbeuge
- **cervical flexure** ***embr*** Nackenbeuge
- **pontine flexure** ***embr*** Brückenbeuge

flight/flock (birds) Schwarm, Schar (Vogelschar)
flight Flug
- **bounding flight** Bolzenflug, Bogenflug
- **circling/circling flight** Kreisen
- **climb** Steigflug
- **dive** Sturzflug
- **drag** Luftwiderstand, Strömungswiderstand
- **dynamic soaring** dynamischer Segelflug
- **flapping flight** Schlagflug (Flatterflug)
- **glide/gliding/gliding flight** Gleitflug
- **homing** Zielflug
- **hovering flight (hummingbirds)** Schwirrflug (Kolibris)
- **hovering** Schwebeflug (in der Luft stehen)
- **level flight** Geradeausflug
- **lift** Auftrieb
- **migratory flight** Wanderflug
- **nuptial flight** Brautflug
- **propulsive flight/powered flight** Kraftflug
- **slope soaring** Hangsegeln
- **soaring (*see there*)** Segelflug
- **stall** ***n*** Sackflug
- **stall** ***vb*** absacken, abrutschen
- **static soaring** statischer Segelflug
- **sustained flight** Dauerflug
- **tethered flight** fixierter Flug
- **thermal soaring** Thermiksegelflug, Thermiksegeln
- **thrust** Vortrieb, Anschub, Schub, Schubkraft
- **windhovering** Rütteln im Wind

flight distance Flugentfernung, Flugweite
flight feather/remex (*pl* remiges) Schwungfeder, Remex
flight reaction/escape reaction Fluchtreaktion

flight song ***orn*** Fluggesang
flightless/unable to fly flugunfähig
flightlessness/unableness to fly Flugunfähigkeit
flimmer/tinsel Flimmerhärchen
flimmer flagellum/tinsel flagellum/ pleuronematic flagellum Flimmergeißel
flip-flop Drehung um 180°, Handstandüberschlag
flip-flop mechanism (membrane lipids/gene expression) Flip-Flop-Mechanismus (Membranlipide, Genexpression)
flipper/fluke Schwimmflosse (groß/fleischig), paddelartig Flosse (z.B. bei Delphinen), Paddel
float ***n*** **(air sac/pneumatophore)** Schwebeorgan, Gasbehälter, Pneumatophor
float ***vb*** **(suspend)** schweben
floating/suspended schwebend
floating fern family/water fern family/ Parkeriaceae Hornfarngewächse
floating leaf Schwimmblatt
floating ribs/costae fluitantes frei endende Rippen
floatoblast (bryozoans) Flottoblast
floccose flockig
flocculation Flockulation
flock ***n*** Schar, Schwarm (Vögel), Herde (Schafe)
flock ***vb*** **(e.g., birds)** sammeln, versammeln, zusammenscharen, in Scharen zusammenkommen
flock ***vb chem*** flocken, ausflocken
flocking Flockung
flood/inundate ***vb*** überschwemmen, überfluten
flood/flooding/inundation Überschwemmung, Überflutung
flood irrigation Bewässerung durch Überflutung
floodplain/alluvial plain/ floodland/alluvial land Überschwemmungsebene, Schwemmland (Flussaue)
floodplain forest Auwald, Überschwemmungswald
floodplain meadow Überschwemmungswiese
floor plate/subplate ***neuro*** Bodenplatte
flora Flora, Pflanzenwelt
floral Blumen.., Blüten.., geblümt
floral biology Blütenbiologie
floral bract (hypsophyll) Braktee (Hochblatt)
floral bud/flower bud Blütenknospe
floral diagram/flower diagram Blütendiagramm
floral envelope Blütenhülle
floral guide Blütenmal
floral induction Blühinduktion, Blüteninduktion
floral leaves Blütenblätter
floral realm Florenreich
- **Australis** Australis
- **Capensis** Capensis (kapländische Region)
- **Holarctic (Nearctic & Palearctic)** Holarktis (Nearktis & Paläarktis)
- **Neotropic(al)** Neotropis
- **Paleotropic(al)** Paläotropis

Florence boiling flask/Florence flask (boiling flask with flat bottom) Stehkolben, Siedegefäß
florescence/flowering period/ anthesis Floreszenz, Blütezeit, Anthese
floret Blütchen, Blümchen, kleine Blume; Einzelblüte (z.B. Grasblüte/Kompositenblüte)
floricane (second-year cane) Fruchtrute (Beerensträucher)
floriculture Blumenzucht
floriculturist Blumenzüchter, Blumengärtner
floridean algae/florideans Florideen
floridean starch Florideenstärke
florist Florist, Blumenzüchter; Blumenhändler
florist shop Blumengeschäft
floristic ***adv/adj*** floristisch
floristic/floristics ***n*** Floristik
floristic composition Florenzusammensetzung
floristic element Florenelement
floristic region Florengebiet
floristic unit Floreneinheit

flour Mehl
➤ **guar flour/guar gum** Guarmehl, Guargummi
➤ **whole-grain flour** Vollkornmehl
flourish/thrive florieren, gedeihen, sprießen (gut wachsen)
flow ***n*** Fluss, Fließen
flow ***vb*** fließen
flow chart Fließschema
flow cytometry Durchflusszytometrie, Durchflusscytometrie
flow pattern Strömungsmuster
flow rate (volume per time) Strom (Volumen pro Zeit), Durchflussgeschwindigkeit
flow reactor (bioreactor) Durchflussreaktor
flow resistance/resistance to flow Strömungswiderstand
flower ***vb*** blühen, in Blüte stehen
flower ***n*** (blossom) Blüte; (plant) Blume
➤ **bat-pollinated flower/ chiropterophile** Fledermausblume
➤ **bee-pollinated flower/ melittophile** Bienenblume
➤ **beetle-pollinated flower/ cantharophile/coleopterophile** Käferblume
➤ **bird-pollinated flower/ bird flower/ornithophile** Vogelblume
➤ **bisexual flower/ hermaphroditic flower/ perfect flower** zwittrige Blüte, Zwitterblüte, zweigeschlechtliche Blüte
➤ **bowl-shaped flower** Napfblume
➤ **butterfly-pollinated flower/ psychophile** Schmetterlingsblume
➤ **carpellate flower/pistillate flower** Stempelblüte, weibliche Blüte
➤ **carrion flower** Aasblume
➤ **complete flower** vollständige Blüte
➤ **cut flower** Schnittblume
➤ **deceptive flower** Täuschblume
➤ **disk flower/disk floret/ tubular flower** Scheibenblüte, Röhrenblüte (Asterales)
➤ **dung-fly flower/sapromyophile** Aasfliegenblume
➤ **fly-pollinated flower/myophile** Fliegenblume
➤ **funnel-shaped flower** Trichterblüte
➤ **gall flower (figs)** Gallenblüte
➤ **incomplete flower** unvollständige Blüte
➤ **insect-pollinated flower/ entomophile** Insektenblume
➤ **moss "flower"** Moosblüte
➤ **moth-pollinated flower (geometers)/phalaenophile** Mottenblume (Spanner)
➤ **moth-pollinated flower (hawk-moths)/sphingophile** Nachtschwärmerblume
➤ **perfect flower/bisexual flower/ hermaphroditic flower** zwittrige Blüte, Zwitterblüte, zweigeschlechtliche Blüte
➤ **pinch-trap flower** Klemmfallenblume, Klemmfallenblüte
➤ **pistillate flower/carpellate flower/ female flower** Stempelblüte, weibliche Blüte
➤ **pitfall trap/ slippery-slide trap (flower)** Kesselfallenblume, Gleitfallenblume
➤ **ray flower/ray floret/ ligulate flower** Strahlenblüte, Zungenblüte
➤ **showy flower** auffällige Blüte, prachtvolle Blüte, prächtige Blüte
➤ **solitary flower/single flower** Solitärblüte, Einzelblüte
➤ **staminate flower** Staubblüte, männliche Blüte
➤ **strawflower** Strohblume, Trockenblume
➤ **trap flower/trap blossom/ prison flower** Fallenblume, Fallenblüte

➢ **tubular flower/disk flower/ disk floret** Röhrenblüte, Scheibenblüte (Asterales)
➢ **unisexual flower/ imperfect flower** eingeschlechtliche Blüte
➢ **wildflower** Wildpflanze, wildwachsende Pflanze
flower abscission Blütenfall
flower animals/anthozoans/Anthozoa Blumentiere, Blumenpolypen, Anthozoen
flower bud/floral bud Blütenknospe
flower cup/floral cup/cupule/cupula Blütenbecher, Cupula
flower diagram/floral diagram Blütendiagramm
flower funnel Blütenschlund
flower head/capitulum/cephalium Blütenköpfchen, Köpfchen, Korb, Körbchen, Capitulum, Cephalium
flower organ Blütenorgan
flower pot Blumentopf
"flower pot" leaf/urn-shaped leaf/ pouch leaf (*Dischidia*) Urnenblatt
flower scent/flower perfume Blütenduft
flower stalk/peduncle Blütenstengel, Blütenstiel
flower structure Blütenbau
flower tuft Blütenschopf
flowerbed/patch Blumenbeet, Beet
flowering blühend, in Blüte stehend
➢ **free-flowering** mit freien Blütenblättern (radialsymmetrisch/ nicht verwachsen)
flowering period/anthesis/ florescence Blütezeit, Anthese, Blütenentfaltung, Floreszenz
flowering plant/angiosperm/ anthophyte Blütenpflanze, Angiosperme
flowering rush family/Butomaceae Wasserlieschgewächse, Schwanenblumengewächse
flowering sequence Aufblühfolge
flowing water (river/stream) Fließgewässer (Fluss/Strom)
fluctuate fluktuieren, schwanken
fluctuation Fluktuation, Schwankung
➢ **annual fluctuations** Jahresschwankungen
fluctuation analysis/noise analysis Fluktuationsanalyse, Rauschanalyse
fluctuation of population Populationsschwankung, Bevölkerungsschwankung
fluctuation test Fluktuationstest
flue gases ***ecol*** Rauchgase
fluence Flussrate
fluid/liquid ***adv/adj*** flüssig
fluid/liquid ***n*** Flüssigkeit
fluid bed reactor (bioreactor) Fließbettreaktor
fluid-mosaic model Flüssigmosaikmodell
fluidity Fluidität, Fließfähigkeit
fluidized bed reactor Wirbelschichtreaktor, Wirbelbettreaktor
fluke/tail fluke (lobe on whale's tail) Fluke, Schwanzruder, Schwanzflosse
flukes/trematodes/Trematoda Saugwürmer, Egel, Trematoden
fluoresce fluoreszieren
fluorescence Fluoreszenz
fluorescence photobleaching recovery/fluorescence recovery after photobleaching (FRAP) Fluoreszenzerholung nach Lichtbleichung
fluorescence quenching Fluoreszenzlöschung
fluorescence-activated cell sorter fluoreszenzaktivierter Zellsorter/ Zellsortierer
fluorescence-activated cell sorting (FACS) fluoreszenzaktivierte Zelltrennung
fluorescence-in-situ-hybridization (FISH) Fluoreszenz-in-situ-Hybridisation (FISH)
fluorescent fluoreszierend
fluorescent screen Leuchtschirm
fluoridate fluoridieren
fluoridation Fluoridierung
fluorinate fluorieren
fluorinated hydrocarbons (FHCs) Fluorkohlenwasserstoffe (FKW)

fluorine (F) Fluor
flush end ***gen***
glattes Ende, bündiges Ende
flush irrigation Berieselung
flute budding/ring budding ***hort***
Ring-Okulation, Ringveredlung
flutter/flap (the wings)
flattern (mit den Flügeln schlagen)
fluttering leaves flatternde Blätter
fluvial plain Flussebene
flux Strömung
flux (volume per time per transect; light/energy) Fluss
fly ***vb*** fliegen
fly-pollinated flower/myophile
Fliegenblume, Myophile
flying lemurs/colugos/ dermopterans/Dermoptera
Pelzflatterer, Riesengleitflieger
FMN (flavin mononucleotide)
FMN (*F*lavin*m*ono*n*ucleotid)
foal Fohlen, Füllen
➢ **colt (male horse/pony under 4 years)**
männliches Fohlen/Füllen
➢ **filly (female horse/pony under 4 years)**
weibliches Fohlen/Füllen
foaling gebären eines Fohlens, Fohlen gebären
foam ***vb*** schäumen
foam ***n*** Schaum; (froth/sea spray/ ocean spray) *mar* Gischt
focal length Brennweite
focal plane Brennebene
focal point/focus Brennpunkt
focus/adjustment ***micros*** **(fine/coarse)**
Justierung (Scharfeinstellung des Mikroskops: fein/grob)
focus/focal point Brennpunkt
focus (focusing or focussing) ***vb***
fokussieren, scharf einstellen
➢ **in focus/focussed (picture)**
scharf
➢ **not in focus/blurred/out of focus (picture)** unscharf
focus formation Fokusbildung
focus-forming unit (ffu)
fokusbildende Einheit
focus map Fokuskarte
focussing Scharfeinstellung

fodder/forage Futter
➢ **roughage** Raufutter
fodder plant/forage plant
Futterpflanze
fog Nebel
fog desert Nebelwüste
fold/plication/wrinkle
Falte; (proteins) Faltungselement (in Proteinstrukturen)
fold gall (leaf margin) Blattrandgalle
folded/pleated/plicate gefaltet, faltig
folded filter Falterfilter
foliaceous/foliose/phylloid/leaf-like
blattartig, laubblattartig
foliage/leafage/leaves
Belaubung, Blattwerk, Laubwerk, Laub
foliage eruption/leafing
Laubausbruch
foliage leaf Laubblatt, Folgeblatt
➢ **primary foliage leaves/ first foliage leaves**
Primärblätter, Erstlingsblätter
foliage plant/leafy plant
Grünpflanze, Blattpflanze
foliaged/foliate/ provided with leaves/ leaf-bearing/leaved beblättert
foliar Blatt..., blättrig
foliar gap/leaf gap Blattlücke
foliar plantlet/adventitious plantlet (*Kalanchoë*) Brutpflänzchen
foliar trace/leaf trace Blattspur
foliate/provided with leaves/ leaf-bearing/foliaged beblättert
foliation/leafing (leaf development/ontogeny)
Blattbildung, Blattentwicklung
foliation/prefoliation/vernation
Blattfolge in der Knospe, Vernation, Knospenlage
folic acid (folate)/ pteroylglutamic acid
Folsäure (Folat), Pteroylglutaminsäure
foliferous/foliating/producing leaves
sich belauben
foliiform/leaf-shaped/leaf-like
blattförmig, blattartig
foliolate/leafletted blättchenartig, kleinblättrig, fiederblättrig

foliole/leaflet/pinna Blättchen, Fieder, Blattfieder, Fiederblättchen, Teilblatt
foliose/folious/ leafy/resembling a leaf Blatt..., Laub..., blattartig, blättrig, laubartig; vielblättrig
foliose lichens Blattflechten, Laubflechten
follicle ***bot*** **(fruit)** Follikel, Balg, Balgfrucht
follicle ***zool*** Follikel
➢ **Graafian follicle/ vesicular ovarian follicle** Graafscher Follikel, Graaf-Follikel, Tertiärfollikel
➢ **hair follicle** Haarfollikel, Haarbalg
➢ **lymph follicle/lymph nodule** Lymphfollikel, Lymphknötchen
➢ **primary follicle** Primärfollikel
➢ **secondary follicle** Sekundärfollikel
➢ **splenic follicle/splenic node/ splenic nodule/splenic corpuscle/ Malpighian body/ Malpighian corpuscle** Milzfollikel, Milzknötchen, Malpighi-Körperchen, Milzkörperchen
follicle-stimulating hormone (FSH) Follitropin, follikelstimulierendes Hormon (FSH)
follicular gland (femoral gland) Follikulärorgan, Follikulärdrüse (Schenkeldrüse: Eidechsen)
follower ***zool*** Laufsäugling
following behavior Nachfolgeverhalten
following substrate Folgesubstrat
fontanel Fontanelle
food/
food Essen, Futter, Nahrung; (diet) Kost, Essen, Diät
➢ **plant food/fertilizer/manure** Dünger, Düngemittel
➢ **staple food/ basic food/main food source** Grundnahrungsmittel, Hauptnahrung, Hauptnahrungsquelle
food additive Lebensmittelzusatzstoff
food begging Futterbetteln
food chain Nahrungskette
➢ **detritus food chain** Detritusnahrungskette
➢ **grazing food chain** Fraßnahrungskette, Abweidenahrungskette, Weidenahrungskette
food chemistry Lebensmittelchemie
food coloring Lebensmittelfarbstoff
food crop/forage plant/food plant Nahrungspflanze
food crop production Nahrungspflanzenanbau
food hoarding Futterhorten
food inspection Lebensmittelüberwachung, Lebensmittelkontrolle
food poisoning Nahrungsmittelvergiftung
food preservation Nahrungsmittelkonservierung
food preservative Lebensmittelkonservierungsstoff
food requirements Nahrungsbedürfnisse
food source Nahrungsquelle
food supply Nahrungsangebot; Nahrungszufuhr
food vacuole/gastriole Nahrungsvakuole
food value/nutritive value Nährwert
food web Nahrungsnetz, Nahrungsgefüge
foodstuff/nutrients Lebensmittel
foot (*pl* feet) Fuß; (haustorium) Fuß, Haustorium
➢ **ambulacral foot/ tube foot/podium** Ambulakralfüßchen, Saugfüßchen
➢ **arch of foot** Fußgewölbe
➢ **climbing foot** Kletterfuß
➢ **creeping foot (mollusks)** Kriechfuß
➢ **false foot/dewclaw** Afterklaue
➢ **grasping foot/prehensile foot** Greiffuß
➢ **side-foot/parapod** Parapodium
➢ **swimming foot** Schwimmfuß
➢ **wading foot** ***orn*** Schreitfuß
➢ **webbed foot/swimming foot (e.g., birds)** Schwimmfuß

foot-and-mouth disease/ aphthous fever (*Aphthovirus*) Maul-und-Klauenseuche
foot sole/pedal sole/planta Fußsohle, Planta (*also*: Kriechsohle/Kriechfußsohle)
footfall Schritt, Tritt
foothills/foothill zone kolline Stufe, Hügelstufe, Hügellandstufe, Vorgebirge
footpad/torus Fußballen
footprint (DNA footprint) DNA-Fußabdruck, DNA-Footprint
footprinting Fußabdruckmethode
forage *vb* auf Nahrungssuche gehen, Nahrung suchen, Futter suchen
forage *n* (animal food, *esp.* by browsing/grazing) Futter, Viehfutter; (the act of foraging) Futtersuche, Nahrungssuche
> **green forage/ greenstuff/green feed/soilage** Grünfutter, Grünzeug
forager Sammler
forager/field bee Sammelbiene, Sammlerin
foraging behavior Weideverhalten
foraminicidal foraminicid, foraminizid, fensterspaltig
foraminiferans/forams Lochträger, Foraminiferen
forb (nongraminoid herbaceous plant) Krautpflanze, krautige Pflanze (nicht Gräser)
force *n* Kraft
force *vb* zwingen, erzwingen
force/forcing *bot* (fast growing/early flowering) rasch hochzüchten, früh zur Reife bringen
force microscopy Kraftmikroskopie
> **atomic force microscopy (AFM)** Rasterkraftmikroskopie
forcing bed/hotbed *hort* Frühbeet, Mistbeet
forcipate/forked like foreceps gegabelt, scherenförmig
forcipulatids/Forcipulatida Zangensterne
forcipule/prehensor/poison claw (*Chilopoda*) Giftklaue
fore-kidney/pronephros Vorniere, Pronephros
fore reef Vorriff
forearm Unterarm
forebear/ancestor/progenitor Vorfahre, Ahne
forebrain/prosencephalon (telencephalon & diencephalon) Vorderhirn, Prosencephalon
forefoot (*pl* forefeet)/front foot Vorderfuß (*pl* Vorderfüße)
foregut *embr* Vorderdarm
foregut/stomodaeum/stomodeum Vorderdarm, Munddarm, Mundbucht, Stomodaeum
forehand (horse) Vorhand
forehead/frons Stirn, Frons
forehoof Vorderhuf
foreleg/front leg Vorderbein
forelimb Vorderextremität
forelock (e.g., horse) Stirnhaare, Schopf
foremilk/colostrum Vormilch, Biestmilch, Kolostralmilch, Colostrum
forensic *adv/adj* forensisch, Gerichts..., gerichtlich
forensic medicine Gerichtsmedizin
forensics Forensik
forequarter(s) Vorderviertel (Pferd: Vor(der)hand)
forerun Vorlauf
foreshore *mar* Vorstrand, Gezeitenstrand
foreskin/preputium/prepuce/sheath Vorhaut, Präputium, Scheide
forest (*see:* woods) Wald größerer Ausdehnung
> **cultivated forest/ tree farm/tree plantation** Forst, Wirtschaftswald
> **urban forest/community** Stadtwald
> **young forest** Jungwald
forest administration/forest service Forstverwaltung
forest canopy Blätterdach, Kronendach (Wald)
forest damage Waldschaden

forest deterioration/forest decline Waldsterben
forest edge/fringe Waldrand
forest fire Waldbrand
forest floor Waldboden
forest line/timberline Waldgrenze
forest litter Waldstreu
forest plantation Forstkultur (Pflanzung)
➢ **young and protected forest plantation** Schonung
forest ranger/forest warden Forstwart
forest science/forestry Forstwissenschaft, Forstkunde
forest tree Forstbaum
forest warden/forest ranger Forstwart
forested/wooded/arboreous bewaldet
forester Förster
forestry Forstwesen, Forstwirtschaft
forewing/front wing/tegmina Vorderflügel (Oberflügel/Deckflügel/Flügeldecke)
forficulate/forficiform scherenförmig
fork *n* Gabel, Gabelung, Abzweig
fork *vb* sich gabeln, sich zwieseln
forked/furcate gegabelt
➢ **bifurcate/Y-shaped/dichotomous** gegabelt, dichotom
forking/bifurcation/dichotomy Gabelung, Gabelteilung, Dichotomie
forking of trunk Stammverzweigung
➢ **at base/lower trunk** Zwieselung (Stammverzweigung nah am Boden)
➢ **at midhight** Gabelung (Forstbaum)
form pruning/shape pruning Erziehungsschnitt, Formschnitt
formation Formation
formic acid (formate) Ameisensäure (Format)
formyl methionine (fMet) Formylmethionin
forniciform sorelium (lichens) Helmsoral, Gewölbesoral
fornix Fornix, Gewölbe
fortified milk mit Vitaminen (Mineralien) angereicherte Milch
fortify/enrich anreichern
forward mutation Vorwärtsmutation
fossil *adj/adv* fossil, versteinert
fossil *n* Fossil (*pl* Fossilien), Versteinerung
➢ **index fossil/zone fossil/zonal fossil** Leitfossil, Faziesfossil
➢ **living fossil** lebendes Fossil
➢ **trace fossil/ichnofossil** Spurenfossil, Ichnofossil
➢ **transitional fossil** Übergangsfossil
➢ **zone fossil/zonal fossil/ index fossil** Leitfossil, Faziesfossil
fossil fuel fossiler Brennstoff
fossil record fossiles Zeugnis, Fossilieninventar
fossil remains fossile Überreste
fossiliferous (strata) fossilienführend, Fossilien enthaltend
fossilization Fossilisierung
fossilized fossilisiert
fossorial zum Graben geeignet, Grab...
fossorial leg Grabbein
foster/nurture/rear/bring up aufziehen, erziehen
foster child Pflegekind
foster mother Pflegemutter
foster parents Pflegeeltern
foster raising Ammenaufzucht
foul/rot/decompose/decay verfaulen, zersetzen
foulbrood (bees) Faulbrut
fouling/rotting verfaulen
founder cell Gründerzelle
founder effect Gründereffekt
founder mouse Gründermaus
founder polyp/primary polyp Gründerpolyp, Primärpolyp
founder population Gründerpopulation
founder principle/founder effect Gründerprinzip, Gründereffekt
four-angled/quadrangular vierkantig
four-handed/quadrumanous vierhändig
four-locular vierfächerig
four-o'clock family/Nyctaginaceae Wunderblumengewächse

fovea/small pit/small depression kleine Grube, Grübchen
foveate/pitted grubig
foveolate (having small pits or depressions) kleingrubig
fowl Federvieh, Geflügel
➤ **poultry (domestic)** Geflügel (Hausgeflügel)
foxglove family/figwort family/ snapdragon family/ Scrophulariaceae Braunwurzgewächse, Rachenblütler
fraction Fraktion
fraction collector Fraktionssammler
fractional centrifugation fraktionierte Zentrifugation
fractional precipitation fraktionierte Fällung
fractionate fraktionieren
fractionating column Fraktioniersäule
fractionation Fraktionierung
fragile X chromosome (syndrome) fragiles X-Chromosom (Syndrom)
fragrance (scent/pleasant smell) angenehmer Duft/Geruch; (perfume: stronger scent) angenehmer Geruchsstoff; (fragrances/fragrant substances) Riechstoffe
fragrant/pleasantly smelling (angenehm) duftend, wohlriechend
frame line (spiderweb) ***arach*** Rahmenfaden (Spinnennetz)
frameshift ***gen*** Rasterverschiebung, Leserasterverschiebung
frameshift mutation Rasterschub-Mutation, Rastermutation, Rasterverschiebungsmutation
framework region (of immunoglobulins) Gerüstregion
frankincense tree family/ incense tree family/ torchwood family/Burseraceae Balsambaumgewächse
frass (debris produced by insects) Fraßmehl
frass (feces of insect larvas) Kot von Insektenlarven
fray ***vb*** ausfransen
frayed/fringed/fimbriate(d) fransig
freckle/macula solaris Sommersprosse
free-floating/pendulous frei schwebend
free-flowering mit freien Blütenblättern (radialsymmetrisch/nicht verwachsen)
free-living freilebend
free pupa/pupa libra freie Puppe
free-running rhythm freilaufender Rhythmus
free zone (web) freie Zone
freemartin/martin heifer (sterile ♀ calf: twin of ♂ calf) Zwicke, Zwitterrind (steriles Kuhkalb: Zwillingsgeschwister eines ♂ Kalbs)
freeze einfrieren, gefrieren
freeze-dry/lypophilize gefriertrocknen, lyophilisieren
freeze-drying/lyophilization Gefriertrocknung, Lyophilisierung
freeze-etch ***vb*** gefrierätzen
freeze-etching Gefrierätzung
freeze-fracture/freeze-fracturing/ cryofracture Gefrierbruch
freeze preservation/ cryopreservation Gefrierkonservierung, Kryokonservierung
freeze storage Gefrierlagerung
freeze substitution Gefriersubstitution
freezer Kühltruhe, Tiefkühltruhe, Gefrierschrank, Tiefkühlschrank
freezer compartment Kühlfach (eines Kühlschranks)
freezing microtome/cryomicrotome Gefriermikrotom
freezing point Gefrierpunkt
freezing-point depression Gefrierpunktserniedrigung
French layering/continuous layering ***hort*** Ablegen (mehrere Jungpflanzen pro Trieb)
frenulum Frenulum, Zügel, Stützleiste
frequence-dependent selection frequenzabhängige Selektion/Auslese

frequency Frequenz, Häufigkeit
➤ **gene frequency**
Genfrequenz, Genhäufigkeit
frequency (of occurrence)/abundance
Häufigkeit
frequency-dependent fitness
frequenzabhängige Fitness
frequency-dependent selection
frequenzabhängige Selektion
frequency diagram *stat*
Häufigkeitsdiagramm,
Häufigkeitskurve
frequency distribution *stat*
Häufigkeitsverteilung
frequency histogram
Häufigkeitshistogramm
frequency of occurrence/abundance
Häufigkeit
frequency ratio *stat*
relative Häufigkeit
frequent/abundant häufig
"fresh mass" (fresh weight)
„Frischmasse“ (Frischgewicht)
fresh weight
(*sensu stricto*: fresh mass)
Frischgewicht
(*sensu stricto*: Frischmasse)
freshwater Süßwasser
freshwater snails/
Basommatophora (Pulmonata)
Wasserlungenschnecken
Freund's adjuvant
Freundsches Adjuvans
fright Schreck, Angst, Ängstigung
fright coloration
Schreckfärbung, Schrecktracht
frighten *vb* ängstigen, erschrecken
fringe/seam/border/edge Saum
fringe community/gallery community
Saumgesellschaft
fringed/fimbriate/fimbriated
fransenartig, befranst, gefranst
fringing reef
Saumriff, Küstenriff, Strandriff
frit *lab* Fritte
frog (triangular horny pad inside horse hoof) (*see also*: hoof)
Hufstrahl, Strahl (am Pferdehuf)
frog-bit family/tape grass family/
elodea family/Hydrocharitaceae
Froschbissgewächse
frog-stay/spine of frog/spina cunei
(horse hoof) Hahnenkamm
frogs and toads/
anurans/Salientia/Anura
Froschlurche (Frösche und Kröten)
frond (ferns/palms/kelp)
Blattwedel, Wedel; Braunalgenspreite
front *meteo/mar* Front
➤ **cold front** Kaltfront
➤ **occluded front/occlusion**
Okklusion
➤ **stationary front** stationäre Front
➤ **warm front** Warmfront
front side/ventral vorderseitig
(bauchseitig), ventral
frontal bone/os frontale Stirnbein
frontal carina
Frontalleiste, Stirnleiste
frontal gland/cephalic gland
Frontaldrüse, Stirndrüse, Kopfdrüse
frontal heart/frontal sac Stirnherz
frontal lobe/lobus frontalis
Frontallobus, Stirnlappen
frontal membrane (bryozoans)
Frontalmembran
frontal organ Stirnorgan
frontal plate Stirnplatte
frontal sinus/sinus frontalis
Stirnhöhle (Nebenhöhle: Schädel)
frontal suture (skull) Stirnnaht
frontal tuber/
frontal tuberosity/tuber frontale
Stirnhöcker
frost Frost
➤ **ground frost** Bodenfrost
➤ **hoarfrost/white frost**
(fine/feathery)
feinflockiger Reif, Raureif
➤ **permafrost**
Permafrost, Dauereis, Dauerfrost
➤ **rime/rime frost**
Raufrost, Raureif
frost blight/nip Frostbrand
frost damage/
frost injury/freezing injury
Frostschaden, Frostschädigung
frost drought damage/
frost desiccation damage/
winter desiccation damage
Frosttrocknis
frost hardening Frosthärtung

frost hardiness Frosthärte, Frostbeständigkeit
frost protection irrigation Frostschutzberegnung
frost-resistant/frost hardy frostbeständig, frostresistent
frost-tender/susceptible to frost frostempfindlich
frost tolerance Frostverträglichkeit
frozen section *micros* Gefrierschnitt
fructiferous/bearing fruit/fruiting fruchtend, fruchttragend
fructification/fruit formation Fruchtbildung
fructification/fruitbody/ fruiting body/carposoma Fruchtkörper, Karposom
fructose (fruit sugar) Fruktose, Fructose (Fruchtzucker)
frugivore/fructivore Frugivor, Fruktivor, Fruchtfresser
frugivorous/fruit-eating/ carpophagous/feeding on fruit frugivor, fruktivor, fruchtfressend, karpophag
fruit Frucht; (culinary) Obst
➤ **achene/akene** Achäne, Achaene
➤➤**inferior bicarpellary achene/ cypsela** unterständige Achäne (Asteraceen)
➤ **acorn** Eichel
➤ **aggregate fruit** Sammelfrucht
➤ **apocarpous fruit/ unicarpellary fruit/ monocarpellate fruit/simple fruit** Einblattfrucht
➤ **ballistic fruit/ballist** ballistische Frucht, Schleuderfrucht
➤ **berry** Beere
➤ **bur/burr/burry fruit** Klette, Klettenfrucht
➤ **capsule** Kapsel
➤➤**ballistic c.** Schleuderkapsel
➤➤**catapult c.** Katapultkapsel
➤➤**circumscissile c./lid capsule/ pyxis/pyxidium** Deckelkapsel
➤➤**dorsicidal capsule** dorsizide/dorsicide Spaltkapsel
➤➤**explosive capsule** Explodierkapsel, Explosionskapsel (Springkapsel)
➤➤**lid capsule/ circumscissile capsule/ pyxis/pyxidium** Deckelkapsel
➤➤**loculicidal capsule** lokulizide/loculicide Spaltkapsel, fachspaltige Kapsel
➤➤**longitudinally dehiscent capsule** Spaltkapsel
➤➤**poricidal c./porose capsule** Lochkapsel, Löcherkapsel, Porenkapsel, porizide Kapsel
➤➤**septicidal capsule** septizide/septicide Spaltkapsel, wandspaltige Kapsel
➤ **caryopsis/grain** Karyopse, Caryopse, „Kernfrucht", Kornfrucht (Grasfrucht)
➤ **catapult fruit/catapult capsule** Katapultfrucht, Katapultkapsel
➤ **cell/mericarpic nutlet (one-seeded segment/ fruitlet of loment)** Klause
➤ **cereal** Halmfrucht (Getreide)
➤ **cypsela/ inferior bicarpellary achene** unterständige Achäne (Asteraceen)
➤ **cystocarp/cystocarpium** Hüllfrucht, Cystokarp
➤ **dehiscent fruit** Springfrucht, Streufrucht, Öffnungsfrucht
➤ **drupe/drupaceous fruit/stone** Steinfrucht
➤ **dry fruit** Trockenfrucht
➤ **explosive fruit** Explodierfrucht
➤ **false fruit/spurious fruit/ pseudocarp/pseudofruit** Scheinfrucht
➤ **filbert** Haselnussfrucht
➤ **fissile fruit** Zerfallfrucht
➤ **fleshy fruit** Saftfrucht
➤ **follicle** Follikel, Balg, Balgfrucht
➤ **gourd/pepo** Gurkenfrucht, Kürbisfrucht, Panzerbeere
➤ **grain/caryopsis** „Kernfrucht", Kornfrucht, Karyopse, Caryopse
➤ **hesperidium** Hesperidium, Citrusfrucht, Zitrusfrucht (eine Panzerbeere)
➤ **indehiscent fruit** Schließfrucht
➤ **key/samara** Flügelnuss

- **legume/pod** Hülse
- **lid capsule/circumscissile capsule/ pyxis/pyxidium** Deckelkapsel
- **loment/lomentum/ lomentaceous fruit/ jointed fruit** Bruchfrucht, Gliederhülse, Gliederfrucht, Klausenfrucht
- **lomentose siliqua** Gliederschote
- **mericarp** Merikarp, Teilfrucht
- **mericarpic nutlet/cell (one-seeded segment/ fruitlet of loment)** Klause
- **nuculane/nuculanium** (*Henderson*: berry from superior ovary: medlar/grape) oberständige Beere (z.B. Traube); (*Spjut*: dry pericarp/hard endocarp/outer layer fibrous: coconut/almond/walnut) Nussfrucht mit trocken-faserigem Perikarp
- **nut** Nuss
- **nutlet/nucule** Nüsschen
- **pepo/gourd** Gurkenfrucht, Kürbisfrucht, Panzerbeere
- **pod/legume** Hülse
- **pome/core-fruit** Pomum, Apfelfrucht
- **poricidal capsule/porose capsule** Lochkapsel, Löcherkapsel, Porenkapsel, porizide Kapsel
- **pseudocarp/pseudofruit/ false fruit/spurious fruit** Scheinfrucht
- **pyxis/pyxidium/lid capsule/ circumscissile capsule** Deckelkapsel
- **samara/key** Flügelnuss
- **schizocarp/schizocarpium** Schizokarp, Spaltfrucht
- **septicidal capsule** Bruchkapsel, septicide/septizide Spaltkapsel
- **silicle** Schötchen
- **silique/siliqua** Schote
  - **lomentose silique** Gliederschote
- **simple fruit** Einzelfrucht
- **simple fruit/apocarpous fruit/ unicarpellary fruit/ monocarpellate fruit** Einblattfrucht
- **sorosis/fleshy multiple fruit** Beerenverband, Beerenfruchtstand
- **spurious fruit/ false fruit/pseudocarp/pseudofruit** Scheinfrucht
- **stone/drupe/drupaceous fruit** Steinfrucht
- **syconium/sycone** Sykonium, Steinfruchtverband, Feigenfrucht
- **utricle/utriculus** Utriculus, Schlauchfrucht
- **winged fruit** Flügelfrucht

fruit abscission Fruchtfall

fruit-bearing shrubs Beerensträucher

fruit body/fruitbody/ fruiting body/fructification Fruchtkörper, Karposom

fruit core Kerngehäuse (einer Frucht)

fruit growing Obstbau

fruit orchard Obstplantage

fruit pulp Fruchtfleisch, Fruchtmus

fruit skin/peel Haut einer Frucht, Fruchtschale

fruit stalk Fruchtstiel

fruit sugar/fructose Fruchtzucker, Fruktose

fruit tree/fruit-bearing tree Obstbaum

fruit wall/ovary wall/seed vessel/ pericarp Fruchtwand, Perikarp
- **endocarp** Endokarp (innere Fruchtwandschicht)
- **exocarp/epicarp/ectocarp** Exokarp, Ektokarp (äußere Fruchtwandschicht)
- **mesocarp** Mesokarp (mittlere Fruchtwandschicht)

fruiting fruchtend

fruiting body/fruitbody Fruchtkörper

fruitlet Früchtchen; Einzelfrucht, Teilfrucht, Karpid, Karpidium (entire carpel)

frustule (diatoms) Schale

frutescent/fruticose/ shrub-like/shrubby/bushy sich strauchartig entwickeln; strauchartig, strauchig, buschig

fruticose lichens/shrublike lichens Strauchflechten

fruticulose (etwas) strauchartig

fry ***ichth*** Brut, Fischbrut
fugacious/short-living/short-lived/ soon disappearing kurzlebig, hinfällig, flüchtig; früh abfallend, früh verblühend
fulcrum Stützorgan
full-grown ausgewachsen
full song Vollgesang
fulvous/tawny gelbbraun, rötlich-gelb, lohfarben
fumaric acid (fumarate) Fumarsäure (Fumarat)
fume hood/hood Rauchabzug, Dunstabzugshaube, Abzug
fumigate begasen
fumigation Begasung
fumitory family/ bleeding heart family/Fumariaceae Erdrauchgewächse
functional genomics funktionelle Genomik
functional group ***chem*** funktionelle Gruppe
functional system/behavior system Funktionskreis
fundus gland Fundusdrüse
fungicide Pilzbekämpfungsmittel, Fungizid
fungicide treatment/ pesticide treatment (of seeds) Beizmittel (zur Saatgutbehandlung)
fungus (*pl* funguses/fungi) Pilz
fungus garden Pilzgarten
funicle/funiculus/ ovule stalk/seed stalk Funiculus, Nabelstrang, Samenstiel
funnel/siphon/infundibulum Trichter, Siphon, Infundibulum
funnel-leaf/ascidiate leaf (*Nepenthes*) Trichterblatt, Schlauchblatt
funnel-leaved plant/ infundibulate plant Trichterpflanze
funnel-shaped/infundibulate trichterförmig
funnel-shaped flower Trichterblüte
funnel trap, unidirectional ***arach*** Trichterfalle, Reusenfalle
funnel web/tube web ***arach*** Trichternetz, Röhrennetz
funnelform trichterförmig
fur/coat Fell, Pelz
furan Furan
furca Furca, Sprunggabel
furcal retinaculum Retinaculum, Sprunggabelhalter
furcate/forked gegabelt
furcula (insects) Furcula, Sprunggabel
furcula/fourchette/wishbone (birds: united clavicles) Furcula, Gabelbein
furfuraceous/scurfy schorfig, Schorf..., kleinschuppig
furrow/groove/sulcus Furche, Graben, Rinne
furrow irrigation Grabenbewässerung, Furchenbewässerung
furrowed/grooved/fissured/sulcate gefurcht, furchig, gerieft
furuncular furunkulös, Furunkel...
fused/coalescent/connate verwachsen, angewachsen
fusiform/spindle-shaped spindelförmig
fusiform initial ***bot*** Fusiforminitiale
fusion/coalescence/symphysis Verwachsung
fusion Fusion, Verschmelzung; Verwachsung
- ➢ **transcription fusion** Transkriptionsfusion
- ➢ **translation fusion** Translationsfusion

fusion protein Fusionsprotein
futile cycle Leerlauf-Zyklus, Leerlaufzyklus

G-banding
G-Banding, Giemsa-Banding
gaggle *n*
(flock of geese: not in flight)
Schar Gänse
Gaia hypothesis Gaia-Hypothese
gain/increase *n* Zunahme, Gewinn, Steigerung, Vergrößerung
gain/increase *vb* zunehmen, gewinnen, steigern, vergrößern
gait/pace Gang, Gangart
➢ **canter/Canterbury gallop/lope (slow gallop)**
Kanter (leichter Galopp)
➢ **diagonal gait**
Diagonalgang, Kreuzgang
➢ **digitigrade gait**
Digitigradie, Zehengang
➢ **disunited canter**
Kreuzgalopp
➢ **gallop/run (fast three-beat gait)**
Galopp (Sprunglauf)
➢ **lope (horse: easy natural gait resembling a canter)**
leichter Kanter
➢ **orthograde gait/ erect gait/upright gait**
aufrechter Gang, aufrechte Gangart
➢ **pace** Passgang
➢ **paso** Pasos
➢ **plantigrade gait**
Plantigradie, Sohlengang
➢ **rack/single foot**
schneller Passgang
➢ **running walk** Tölt
➢ **trot/trotting gait**
Trab, Trott (schnelle Gangart)
➢ **unguligrade gait**
Unguligradie, Zehenspitzengang, Hufgang
➢ **walk** Schritt
galactosamine Galaktosamin
galactose Galaktose
galactosemia Galaktosämie
galacturonic acid
Galakturonsäure
gale/strong wind (51–101 km/h) *meteo* Sturmwind
galea/outer lobe of maxilla
Galea, Außenlade
gall/cecidium
Galle, Cecidium, Pflanzengalle
➢ **ball gall** Galle durch *Eurosta solidaginis* an *Solidago* (USA)
➢ **button gall (oak)**
Große Linsengalle, Bechergalle
➢ **camellia gall** Weidenrose (durch *Rhabdophaga rosaria*)
➢ **cone gall** Kegelgalle
➢ **covering gall** Umwallungsgalle
➢ **filz gall** Filzgalle
➢ **fold gall** Blattrandgalle
➢ **knopper gall** Knoppergalle
➢ **leaf gall** Blattgalle
➢ **marble gall** Schwammkugelgalle
➢ **mark gall/medullar gall** Markgalle
➢ **oak apple** Eichenschwammgalle
➢ **petiolar gall** Blattstielgalle
➢ **pin cushion gall/bedeguar**
Schlafapfel, Bedeguar
➢ **pineapple gall** Ananasgalle
➢ **pit gall** Zweiggalle durch *Asterolecanium variolosum* an *Quercus*
➢ **pouch gall** Beutelgalle
➢ **purse gall** Blattstielgalle durch *Pemphigus bursarius* an *Populus*
➢ **roll gall** Rollgalle
➢ **root gall** Wurzelgalle
➢ **twig gall**
Stengelgalle, Zweiggalle
gall apple *bot* Gallapfel
gall flower (figs) Gallenblüte
gallbladder *zool* Gallenblase
galler(s)/gallmaker(s)
Gallerreger (*sg & pl*)
gallery Galerie, unterirdischer Gang, Stollen, Laufgang
gallery forest/fringing forest
Galeriewald
gallic acid (gallate)
Gallussäure (Gallat)
gallicolous
gallicol, gallenbewohnend, Gall...
gallinaceous hühnerartig
gallinaceous birds/fowl-like birds/ Galliformes Hühnervögel
gallop/run (fast three-beat gait)
Galopp (Sprunglauf)
gallstone/biliary calculus
Gallenstein

game/play Spiel
game/hunted animals ***hunt***
Wild (jagbare Tiere), Wildbret
game birds (legally hunted)
Jagdgeflügel
game fish Sportfisch
game population/stock of game
Wildbestand
game preserve/
game reserve/game enclosure
Wildgehege
game theory ***ethol*** Spieltheorie
gamergate
(fertilized, ovipositing worker ant)
Gamergat
gametangiogamy/
union of gametangia
Gametangiogamie
gametangiophore Gametangiophor
gamete/sex cell Gamet, Keimzelle, Geschlechtszelle
gametocyst Gametocyst, Gametozyst
gametocyte Gametocyt, Gametozyt
gametogamy/syngamy
Gametogamie, Syngamie
gametogony/gamogony
Gametogonie, Gamogonie
gametophore Gametangienträger
gametophyte Gametophyt
gamma particle (chytrids)
Gammakörper
gander (adult male goose)
Ganter, Gänserich
ganglion Ganglion, Nervenknoten (*siehe auch Wörterbücher der Human- und Veterinärmedizin*)
➢ **basal ganglion/cerebral nucleus/ corpus striatum**
Basalganglion, Stammganglion
➢ **cerebral ganglion**
Cerebralganglion, Zerebralganglion
➢ **pedal ganglion** Pedalganglion
➢ **spinal ganglion/ dorsal root ganglion/ posterior root ganglion**
Spinalganglion
➢ **subesophageal ganglion/ suboesophageal ganglion**
Subösophagealganglion, Unterschlundganglion
➢ **supraesophageal ganglion/ supraoesophageal ganglion/"brain"**
Oberschlundganglion, Supraösophagealganglion, „Gehirn"
➢ **ventral ganglion**
Ventralganglion, Bauchnervenknoten
➢ **visceral ganglion**
Visceralganglion, Viszeralganglion
ganglionic ganglionär
ganglioside Gangliosid
ganoid scale ***ichth***
Ganoidschuppe, Schmelzschuppe
ganoine Ganoin
gap Lücke, Spalt
➢ **bud gap** Knospenlücke
➢ **leaf gap/foliar gap** Blattlücke
➢ **leaf trace gap** Blattspurlücke
gap junction
Kommunikationskontakt, Macula communicans, Nexus, Gap junction (Zellkontakte)
gap phase (cell cycle)
G-Phase („gap = Lücke")
gape/gaping ***vb***
klaffen, offen stehen (Muschel); sperren, aufsperren (Schnabel)
gape ***n*** **(beak/bill)** Schnabelspalt
garcinia family/mangosteen family/ mamey family/clusia family/ Clusiaceae/Guttiferae
Klusiengewächse
garden ***n*** Garten
➢ **botanical garden(s)/ botanic garden(s)**
Botanischer Garten
➢ **herb garden** Kräutergarten
➢ **ornamental garden/ amenity garden** Ziergarten
➢ **zoological garden(s)/zoo**
Zoo, Zoologischer Garten, Tiergarten
garden/gardening ***vb***
Gartenbau betreiben, im Garten arbeiten, gärtnern
garden market/gardening market/ horticulture shop Gärtnerei
garden peat/granulated peat
Torfmull
garden plant Gartenpflanze
gardener/horticulturist Gärtner

gardening/horticulture Gärtnerei, Gärtnern; Gartenbau
gardening supplies Gärtnereibedarf
Garryaceae/silk-tassel tree family/ silktassel-bush family Becherkätzchengewächse
gars/Lepisosteiformes Knochenhechte
gas chamber (nautilus) Gaskammer
gas constant Gaskonstante
gas exchange/gaseous interchange/ exchange of gases Gasaustausch
gas gland Gasdrüse
gas mask Gasmaske
gasket Dichtungsring, Dichtungsmanschette
gaskin (horse: lower thigh between stifle and hock) Hose, Unterschenkel (Hinterschenkel)
gasohol Treibstoffalkohol, Gasohol
gasp ***vb*** **(for air)** schnappen (nach Luft)
gaster Gaster
gastralia/abdominal ribs (reptiles) Gastralia, Bauchrippen
gastric cecum/digestive cecum/ gastric diverticulum/ digestive diverticulum Magenblindsack, Magendivertikel
gastric filament Gastralfilament
gastric gland (rotifers) Magendrüse
gastric inhibitory peptide (GIP)/ glucose-dependent insulin-release peptide gastrointestinal-inhibitorisches Peptid, gastrisches Inhibitor-Peptid (GIP), glucoseabhängiges Insulin-releasing-Peptid
gastric juice Magensaft
gastric mill/triturating mill Magenmühle
gastric mucosa/mucous tunic (mucosal layer of stomach) Magenschleimhaut, Tunica mucosa
gastric pit/foveola gastrica Magengrübchen
gastric pouch Gastraltasche, Darmsack
gastric ulcer Magengeschwür
gastricsin (pepsin C) Gastricsin (Pepsin C)
gastrin Gastrin
gastritis Gastritis, Magenschleimhautentzündung
gastrocoel/archenteron/ primitive gut ***embr*** Gastrocöl, Archenteron, Urdarm
gastrodermal tube/solenia Gastrodermis-Kanal, Solenie
gastrointestinal tract Gastrointestinaltrakt, Magen-Darm-Trakt
gastrolith Gastrolith, Magenstein, Magensteinchen, Hummerstein
gastrotrichs Gastrotrichen, Bauchhaarlinge, Bauchhärlinge, Flaschentierchen
gastrovascular system Gastrovaskularsystem
gastrula Gastrula, Becherkeim, Becherlarve
gate ***neuro*** Tor
gate impeller Gitterrührer
gate neuron steuerndes Neuron, regulierendes Neuron
gated ion channel Ionenschleuse
gatherer/collector Sammler
gating current ***neuro*** Torstrom (*pl* Torströme)
gating mechanism Schleusenmechanismus
gauge/calibrate/adjust ***vb*** eichen, kalibrieren, justieren; (measure precisely) genau messen, abmessen, ausmessen
gauge (instrument for measuring/testing) Messgerät, Messfühler, Anzeiger, Messer (*auch:* Zollstab, Lehre)
gauge/diameter (e.g., needle) Durchmesser, Stärke, Dicke
gauge/dimensions/size Dimensionen, Größe
gauge/standard Maß, Maßstab, Norm, Normmaß, Standard, Standardmaß
Gaussian curve Gauß'sche Kurve
Gaussian distribution (Gaussian curve/normal probability curve) Gauß-Verteilung, Normalverteilung, Gauß'sche Normalverteilung

gauze Gaze
gavage Sondenernährung
GC (gas chromatography) GC (Gaschromatographie)
Geiger counter Geiger-Zähler
geitonogamy (*sensu stricto*: geitonophily) Geitonogamie, Nachbarbestäubung
gel *vb* gelieren
gel *n* Gel, Gallerte
➢ **denaturing gel** denaturierendes Gel
➢ **flat bed gel/horizontal gel** horizontal angeordnetes Plattengel
➢ **native gel** natives Gel
➢ **running gel/separating gel** Trenngel
➢ **slab gel** hochkant angeordnetes Plattengel
➢ **stacking gel** Sammelgel
gel electrophoresis Gelelektrophorese
➢ **alternating field gel electrophoresis** Wechselfeld-Gelelektrophorese
➢ **field inversion gel electrophoresis (FIGE)** Feldinversions-Gelelektrophorese
➢ **gradient gel electrophoresis** Gradienten-Gelelektrophorese
➢ **pulsed field gel electrophoresis (PFGE)** Pulsfeld-Gelelektrophorese
➢ **SDS gel electrophoresis (sodium dodecyl sulfate)** SDS-Gelelektrophorese, Natriumdodecylsulfat-Gelelektrophorese
➢ **temperature gradient gel electrophoresis** Temperaturgradienten-Gelelektrophorese
gel filtration Gelfiltration (*see:* gel permeation)
gel permeation chromatography/ molecular sieve chromatography Gelpermeations-Chromatographie, Molekularsiebchromatographie
gel retardation analysis Gelretentionsanalyse
gel retention analysis Gelretentionsanalyse
gel retention assay/ electrophoretic mobility shift assay (EMSA) Gelretentionstest
gel-sol-transition Gel-Sol-Übergang
gel well *electrophor* Geltasche
gelatin Gelatine
gelatinous/gel-like gallertartig
gelatinous lichens Gallertflechten
gelation Gelieren
geld/castrate (stallion) reißen (Hengst), kastrieren
gelding kastriertes ♂ Tier (Pferd: Wallach)
gelling agent Geliermittel
gelling point Gelierpunkt
gemma (*pl* gemmae or gemmas) Gemma, Gemme (*pl* Gemmen), Brutkörper, Brutkörperchen
gemma cup Brutbecher
gemmation/budding Knospung, Knospenbildung; Knospenanordnung
gemmiform/bud-shaped knospenförmig
gender/sex Geschlecht
gene Gen, Erbfaktor
➢ **amplified gene** amplifiziertes Gen
➢ **candidate gene** Kandidatengen
➢ **cell-specific gene** zellspezifisches Gen
➢ **discontinuous gene** diskontinuierliches Gen, gestückeltes Gen, Mosaikgen
➢ **early gene** frühes Gen
➢ **extrachromosomal gene** extrachromosomales Gen
➢ **extranuclear gene** extranukleäres/extranucleäres Gen
➢ **fusion gene** Fusionsgen
➢ **heterologous gene** Fremdgen
➢ **homeotic gene** homöotisches Gen
➢ **housekeeping gene** Haushaltsgen, Haushaltungsgen, konstitutives Gen
➢ **jumping gene** springendes Gen
➢ **late gene** spätes Gen
➢ **luxury gene** Luxusgen
➢ **master gene** Meistergen
➢ **mimic genes** mimische Gene

➢ **modifier gene** Modifikationsgen
➢ **nested genes** ineinandergesetzte Gene, ineinandergeschachtelte Gene
➢ **overlapping genes** überlappende Gene
➢ **regulatory gene** Regulationsgen
➢ **reporter gene** Reportergen
➢ **resistance gene** Resistenzgen
➢ **sex-influenced gene** geschlechtsbeeinflusstes Gen
➢ **sex-limited gene** geschlechtsbeschränktes Gen
➢ **silent gene** stummes Gen
➢ **single copy gene** Einzelkopie-Gen
➢ **split gene** gestückeltes Gen, Mosaikgen
➢ **structural gene** Strukturgen
➢ **suppressor gene** Suppressorgen
➢ **switch gene** Schaltergen, Schlüsselgen
➢ **syngenic genes** syngene Gene (Gene auf *einem* Chromosom)
➢ **tissue-specific gene** gewebespezifisches Gen

gene activation Genaktivierung
gene amplification Gen-Verstärkung, Genamplifikation
gene carrier Genträger
gene cloning Genklonierung
gene cluster Gengruppe, Gencluster
gene complex Genkomplex
gene conversion Genkonversion
gene disruption/gene replacement/ gene targeting Allelen-Austauschtechnik
gene dosage Gendosis
gene dosage effect Gendosiseffekt
gene egoism Genegoismus
gene eviction/gene rescue Genrückgewinnung
gene exchange Genaustausch
gene expression Genexpression
➢ **control of gene expression** Kontrolle der Genexpression, Genexpressionskontrolle
➢ **differential gene expression** differenzielle Genexpression

gene family Genfamilie
gene farming Gen-Farming
gene flow Genfluss, Genwanderung
gene frequency Genfrequenz, Genhäufigkeit
gene knockout Gen-Knockout (Ausschaltung von Genen durch homologe Rekombination)
gene linkage Genkopplung
gene linkage map Genkopplungskarte
gene locus Genlocus
gene map/genetic map (***see also:*** **map**) Genkarte
gene mapping/genetic mapping Genkartierung
gene pool Genpool
gene product Genprodukt
gene superfamily Gensuperfamilie
gene surgery/gene therapy Gentherapie
gene targeting/ gene disruption/gene replacement Gen-Targeting, Allelen-Austauschtechnik
gene technology/ genetic engineering Gentechnologie, Gentechnik, Genmanipulation
gene therapy/gene surgery Gentherapie
➢ **germ line g.t.** Keimbahngentherapie
➢ **somatic g.t.** somatische Gentherapie

gene tracking Bestimmung von Vererbungslinien
gene transfer Gentransfer, Genübertragung
genealogy Genealogie, Stammbaumforschung, Ahnenforschung, Familienforschung
generalist Generalist
generate/develop (gases) generieren; bilden, entwickeln
generation Generation
➢ **filial generation (F1=first/F2=second)** (erste/zweite) Tochtergeneration, Filialgeneration

generation/development ***chem*** **(gases)** Bildung, Entwicklung
generation period Generationsdauer
generation time (doubling time) Generationszeit (Verdopplungszeit)
generator potential Generatorpotenzial

generic name
(nonproprietary name) Sammelname, allgemeingültiger Name, allgemeingültige Bezeichnung; (genus name) Gattungsname
genet Genet (Gesamtheit eines Klons)
genetic analysis Erbanalyse
genetic code genetischer Code
genetic colonization
genetische Kolonisierung
genetic counsel(l)ing
genetische Beratung
genetic diagnostics Gendiagnostik
genetic disorder Erbkrankheit
genetic dissection
genetische Dissektion
genetic distance genetische Distanz
genetic drift/Sewall Wright effect
Gendrift, genetische Drift
genetic engineering
Gentechnik (*sensu lato:* Gentechnologie → gene technology)
genetic fingerprinting/ DNA fingerprinting
genetischer Fingerabdruck, DNA-Fingerprinting
genetic fixation genetische Fixierung
genetic hazard
Erbschaden, genetischer Schaden
genetic immunization
genetische Immunisierung
genetic load/genetic burden/ genetic bond/mutational bond
Erblast, genetische Last, genetische Bürde, genetische Belastung
genetic mapping Genkartierung
genetic marker genetischer Marker
genetic predisposition
genetische Prädisposition
genetic risk genetisches Risiko
genetic screening
genetischer Suchtest
genetic susceptibility
genetische Anfälligkeit
genetic tree/gene tree (phylogenetic tree)
Genbaum, Genstammbaum
➢ **orthologs** Orthologe
➢ **paralogs** Paraloge
➢ **xenologs** Xenologe

genetic variation genetische Varianz
genetically engineered
gentechnisch verändert
genetically engineered organism (GEO)/genetically manipulated organism (GMO) gentechnisch veränderter Organismus (GVO)
genetics (study of inheritance)
Genetik (Vererbungslehre)
➢ **behavior genetics**
Verhaltensgenetik
➢ **biochemical genetics/ molecular genetics**
Molekulargenetik
➢ **clinical genetics** klinische Genetik
➢ **developmental genetics**
Entwicklungsgenetik
➢ **direct genetics** direkte Genetik
➢ **ecogenetics** Ökogenetik
➢ **eugenics/eugenetics**
Eugenik, „Erbhygiene"
➢ **formal genetics** formale Genetik
➢ **human genetics** Humangenetik
➢ **molecular genetics**
Molekulargenetik
➢ **pharmacogenetics**
Pharmakogenetik
➢ **phenogenetics** Phänogenetik
➢ **population genetics**
Populationsgenetik
➢ **reverse genetics** reverse Genetik
➢ **transmission genetics**
Vererbungslehre
genicular (pertaining to region of the knee)
das Knie(gelenk) betreffend, Knie...; knieartig
geniculate/bent like a knee
knieförmig gebogen
geniculate body ***neuro*** Kniehöcker
geniculate nucleus ***neuro/anat***
Kern des Kniehöckers
genital display ***ethol***
Genitalpräsentieren, Präsentierung des Genitals
genital fold ***embr*** Genitalfalte
genital opening/genital aperture/ genital pore/gonopore
Genitalöffnung, Begattungsöffnung, Genitalporus, Geschlechtsöffnung, Gonopore

genital plate ***embr*** Genitalplatte
genital pouch/bursa copulatrix Begattungstasche
genital presentation ***ethol*** Genitalpräsentieren
genital primordium ***embr*** Genitalanlage
genital ridge/gonadal ridge ***embr*** Genitalleiste, Keimdrüsenleiste
genital tubercle/ tuberculum genitale ***embr*** Genitalhöcker, Geschlechtshöcker
genitals/genitalia/genital organs/ sexual organs Genitalien, Geschlechtsteile, Geschlechtsorgane
genome Genom
➢ **chloroplast genome** Chloroplastengenom
➢ **HUGO (Human Genome Project)** Menschliches Genomprojekt
➢ **mitochondrial genome** Mitochondriengenom, mitochondriales Genom
➢ **nuclear genome** Kerngenom
➢ **viral genome** Virengenom, virales Genom
genome analysis Genomanalyse
genomic blotting genomisches Blotting
genomic imprinting genomische Prägung
genomic library genomische Bibliothek
genomics Genomik
➢ **functional genomics** funktionelle Genomik
➢ **structural genomics** strukturelle Genomik
genotype Genotyp, Genotypus
➢ **diploid** diploid
➢ **dominant** dominant
➢ **haploid** haploid
➢ **hemizygous** hemizygot
➢ **heterozygous** heterozygot
➢ **homozygous** homozygot
➢ **recessive** rezessiv
genotyping Gendiagnostik, Bestimmung des Genotyps
gentian family/Gentianaceae Enziangewächse
gentisic acid Gentisinsäure
genu/patella (arthropods) Knie, Patella
genus (*pl* genera) Gattung
geo-ecology/environmental geology Geoökologie
geobotany/plant geography/ phytogeography Geobotanik, Pflanzengeographie, Pflanzengeografie
geocole/geodyte/ terricole/soil-dwelling organism Bodenorganismus
geoecology/environmental geology Geoökologie
geogenous geogen
geographic range/area of distribution Verbreitungsgebiet, Areal
geographical geographisch, geografisch, erdkundlich
geography Geographie, Geografie, Erdkunde
➢ **biogeography** Biogeographie
➢ **human geography** Humangeographie
➢ **physical geography** Physische Geographie
➢ **social geography** Sozialgeographie
➢ **zoogeography** Zoogeographie, Tiergeographie
geological geologisch, erdgeschichtlich
geological epoch erdgeschichtliche Epoche
geological era Erdzeitalter
geological period erdgeschichtliche Periode
geology/Earth science Geologie
➢ **Earth history** Erdgeschichte
➢ **mineralogy** Mineralogie
➢ **pedology/soil science** Pedologie, Bodenkunde
➢ **physical geology** Physische Geologie
➢ **plate tectonics** Plattentektonik
➢ **stratigraphy** Stratigraphie
geonasty Geonastie

geophagous geophag, Erde essend
geophagy/geophagism
Geophagie, Erde essen
geophilomorphs/Geophilomorpha
Erdläufer
geophilous geophil
geophyte/geocryptophyte/ cryptophyte (*sensu lato*)
Geophyt, Erdpflanze, Kryptophyt, Cryptophyt, Staudengewächs
geotaxis Geotaxis (*pl* Geotaxien)
geranic acid Geraniumsäure
geranium family/cranesbill family/ Geraniaceae Geraniengewächse, Storchschnabelgewächse
geranyl acetate Geranylacetat
germ ***micb*** Keim
germ/embryo
Keim, Keimling, Embryo
➢ **wheat germ** Weizenkeim(e)
germ band (insect egg) Keimstreifen
germ cell/embryonic cell
Keimzelle, embryonale Zelle, Embryonalzelle
germ count/cell count Keimzahl (Anzahl von Mikroorganismen)
germ disk/germinal disk/blastodisc
Keimscheibe, Embryonalschild, Diskus, Discus
germ-free/sterile keimfrei, steril
germ layer ***embr***
Keimschicht, Keimblatt, Blatt
➢ **inner germ layer/ endoderm/entoderm**
Endoderm, Entoderm, inneres Keimblatt, primäres Keimblatt
➢ **mesoderm**
Mesoderm, sekundäres Keimblatt
➢ **outer germ layer/ectoderm**
Ectoderm, Ektoderm, primäres Keimblatt, äußeres Keimblatt
germ line/germline Keimbahn
germ plasm/idioplasm/gonoplasm
Keimplasma, Idioplasma
germ spot/macula germinativa
Keimfleck
germ-tube (hypha from spore)
Keimschlauch
germicidal keimtötend
germinability Keimfähigkeit
germinable keimfähig
germinal center Keimzentrum
germinal disk/germ disk/blastodisc
Keimscheibe, Embryonalschild, Diskus, Discus
germinal epithelium Keimepithel
germinal layer (*Echinococcus*)
Keimschicht
germinal streak/primitive streak ***embr***
Keimstreifen, Primitivstreifen
germinal vesicle/Purkinje's vesicle
Keimbläschen (großer Oocytenkern)
germinate/sprout keimen, sprießen
germinating keimend
➢ **after frost (frost germinator)**
frostkeimend (Frostkeimer)
➢ **in darkness (dark germinator)**
dunkelkeimend (Dunkelkeimer)
➢ **in light (light germinator)**
lichtkeimend (Lichtkeimer)
germination Keimung
➢ **epigean germination/ epigeal germination**
epigäische Keimung
➢ **hypogean germination/ hypogeal germination**
hypogäische Keimung
➢ **light-induced germination (photodormancy)**
Hellkeimung
➢ **pregermination** Vorkeimung
germination aperture Keimpore
germination percentage
Keimzahl, Keimunganteil
germline/germ line Keimbahn
germline hypothesis/germline theory
Keimbahnhypothese, Keimbahntheorie
germline mosaic/germinal mosaic/ gonadal mosaic/gonosomal mosaic
Keimbahnmosaik
gesneria family/gesneriad family/ gloxinia family/ African violet family/ Gesneriaceae
Gesneriengewächse
gestagen/progestin
Gestagen, Progestin, Corpus-luteum-Hormon, „Schwangerschaftshormon“

gestation/pregnancy/gravidity
Gestation, Schwangerschaft, Trächtigkeit, Gravidität
gestational period/gestation period/ period of gestation
Tragzeit, Tragezeit, Schwangerschaftsperiode
gesture
Gestik, Geste, Gebärde
ghost/cell ghost
Ghost, leere Zellhülle (*see:* erythrocyte ghost)
giant axon
Riesenaxon, Riesenfaser, Kolossalfaser
giant cell Riesenzelle, Kolossalzelle
giant chromosome
Riesenchromosom
giant fiber/Mauthner's cell
Riesenfaser, Mauthnersche Zelle, Mauthner-Zelle (Fische)
giardiasis (*Giardia lamblia*)
Giardiasis, Lamblienruhr
gibberellic acid Gibberellinsäure
gibberellins Gibberelline
gibbose/gibbous
aufgetrieben, angeschwollen; *orn* (on bill of birds:) höckerig, buckelig)
gibbosity
Auftreibung, Schwellung; *orn* (on bill of bird:) Höcker, Buckel, Wölbung
giblets (edible viscera of fowl)
Innereien (essbare Organe des Geflügels)
gill/lamella *fung*
Lamelle, Pilzlamelle, „Blatt“
gill Kieme
- **book gills (gill book)** Buchkiemen, Kiemenbeine, Blattbeine, Blattfüße (dichtstehende Kiemenlamellen: Xiphosuriden)
- **compressible gill** kompressible Gaskieme
- **dendrobranchiate gill** Dendrobranchie
- **external gill/ectobranch** Außenkieme, äußere Kieme
- **filibranch gill** Fadenkieme, Filibranchie
- **foot gill/podobranch** Podobranchie
- **gaseous gill/gaseous plastron/ air-bubble gill** Gaskieme
- **gill plume/gill comb/ctenidium** Kammkieme, Fiederkieme, Ctenidie, Ctenidium
- **hemibranch** Hemibranchie
- **holobranch** Holobranchie
- **internal gill/entobranch** Innenkieme, innere Kieme
- **joint gill/arthrobranch** Arthrobranchie
- **lamellar gill/sheet gill/ lamellibranch/eulamellibranch** Blattkieme, Lamellibranchie, Eulamellibranchie
- **phyllobranchiate gill** Phyllobranchie
- **physical gill** physikalische Kieme
- **pseudobranch (accessory/spurious gill in some fish)** Pseudobranchie
- **pseudolamellar gill/ pseudolamellibranch** Scheinblattkieme, Pseudolamellibranchie
- **side gill/pleurobranch** Pleurobranchie
- **tracheal gill** Tracheenkieme
- **trichobranchiate gill** Trichobranchie

gill arch/branchial arch/visceral arch
Kiemenbogen, Branchialbogen, Viszeralbogen (Gesamtheit der Teile)
gill bailer/bailer/scaphognathite
Atemplatte, Scaphognathide, Scaphognathit
gill bar/branchial bar/visceral bar (skeleton only)
Kiemenbogen, Branchialbogen, Viszeralbogen (nur Knorpelspange)
gill basket Kiemenkorb
gill cavity/gill chamber
Kiemenhöhle, Kiemenkammer
gill cleaner
Kiemenbürste (Flabellum)
gill comb/gill plume/ctenidium
Kammkieme, Fiederkieme, Ctenidie
gill cover/operculum
Kiemendeckel, Operkulum

gill filament
Kiemenfilament, Kiemenfaden
gill fungus/gill mushroom
Lamellenpilz, Blätterpilz
gill heart/branchial heart (cephalopods) Kiemenherz
gill lamella (fish/bivalves)
Kiemenblatt, Kiemenblättchen, Kiemenlamelle, Hemibranchie (Fische, Muscheln)
gill opening/gill aperture
Kiemenöffnung
gill plume/gill comb/ctenidium
Fiederkieme, Kammkieme, Ctenidie
gill pouch/branchial sac/ pharyngeal pouch
Kiementasche, Kiemensack
gill raker (bristle-like process on gill arch)
Kiemendorn (*pl* gill rakers)
gill ray Kiemenstrahl
gill rod (cephalochordates)
Kiemenbalken
gill slit/pharyngeal slit/gill cleft/ branchial cleft/pharyngeal cleft
Kiemenspalte, Viszeralspalte
gill trama/dissepiment
Lamellentrama
gilled puffballs/Hymenogastrales (Hymenogastraceae)
Erdnussartige (Pilze)
gilt (young ♀ pig before becoming a sow) junge Sau, Jungsau
gin/ginning (cotton) ***vb***
(Baumwolle) entkörnen, egrenieren
ginger family/Zingiberaceae
Ingwergewächse
ginglymus joint/hinge joint
Scharniergelenk
ginkgo family/Ginkgoaceae
Ginkgogewächse
ginseng family/ivy family/Araliaceae
Efeugewächse, Araliengewächse
girdle ***vb*** umgürten
girdle/ring ***vb*** **(tree bark)** ***for*** ringeln
girdle/cingulum ***n***
Gürtel, Gurt, Cingulum
girdle lamella ***bot***
Gürtellamelle (Thylakoid)
girdled pupa/pupa cingulata
Gürtelpuppe
girdling/ringing (tree bark) ***for***
Gürteln, Ringelung
girth Umfang
give birth/bear young/bear offspring
gebären, niederkommen, Junge bekommen
giving birth/parturition
Gebären, Niederkunft
gizzard ***orn*** Muskelmagen
gizzard/proventriculus (insects/crustaceans)
Kaumagen, Proventriculus
glabrous/hairless (smooth)
haarlos, unbehaart
glacial acetic acid Eisessig
glacial drift Glazialgeschiebe, Glazialdrift
glacial lake Gletschersee
glacial melt(ing)
Gletscherschmelze
glacial relic Glazialrelikt
glacial till/glacial detritus/ moraine/till
Moräne, Gletscherschutt, Glazialschutt, Gletschergeröll
glacier Gletscher
glade Lichtung, Schneise
gladiate/xiphoid/ensiform/ sword-shaped schwertförmig
gladius/pen (chitinous internal shell)
Gladius, Rückenfeder
gland Drüse
➢ **accessory gland**
akzessorische Drüse, Anhangsdrüse
➢ **adhesive gland/colleterial gland/ cement gland (insects)**
Haftdrüse, Klebdrüse, Kittdrüse, Zementdrüse
➢ **adrenal gland** Nebenniere
➢ **albumen gland** Eiweißdrüse
➢ **ampullary gland (reproductive gland)**
Ampullardrüse
➢ **anal gland/rectal gland (shark)**
Analdrüse (Hai)
➢ **antennal gland/antennary gland/ green gland** Antennendrüse, Antennennephridium, grüne Drüse
➢ **antorbital gland/preorbital gland**
Voraugendrüse, Antorbitaldrüse
➢ **apocrine gland** apokrine Drüse

- **Bartholin's gland/ greater vestibular gland/ glandula vestibularis major** Bartholin-Drüse
- **Bowman's gland/olfactory gland** Bowman-Spüldrüse, Drüse der Riechschleimhaut
- **Brunner's gland/duodenal gland** Brunnersche Drüse, Duodenaldrüse
- **bulbourethral gland/ Cowper's gland** Bulbourethraldrüse, Cowpersche Drüse
- **calciferous gland** Kalkdrüse
- **castor gland/preputial gland (beaver)** Präputialdrüse
- **caudal gland (rectal gland)** Schwanzdrüse (Rektaldrüse)
- **cement gland/adhesive gland** Zementdrüse, Kittdrüse, Klebdrüse
- **cephalic gland/frontal gland** Kopfdrüse, Stirndrüse, Frontaldrüse
- **ceruminous gland/wax gland** Wachsdrüse; Ohrenschmalzdrüse
- **cheek gland** Backendrüse
- **circumanal gland** Zirkumanaldrüse
- **claw gland** Klauendrüse
- **colleterial gland/adhesive gland/cement gland (insects)** Kittdrüse, Klebdrüse, Zementdrüse (Lepidoptera: Glandula sebacea)
- **Cowper's gland/ bulbourethral gland** Cowpersche Drüse, Cowper-Drüse, Bulbourethraldrüse
- **coxal gland** Coxaldrüse
- **defensive gland (*Peripatus*: slime gland)** Wehrdrüse (Schleimdrüse)
- **dermal gland** Dermaldrüse, Hautdrüse
- **digestive gland *sensu lato*** Verdauungsdrüse
- **digestive gland/"liver" (mollusks/echinoderms)** Mitteldarmdrüse, Darmdivertikel
- **Dufour's gland/alkaline gland (hymenopterans)** Dufour-Drüse
- **duodenal gland/Brunner's gland** Duodenaldrüse, Brunnersche Drüse
- **endocrine gland** endokrine Drüse
- **esophageal gland (gastropods)** Schlunddrüse
- **exocrine gland/eccrine gland** exokrine Drüse, ekkrine Drüse
- **femoral gland (follicular gland: lizards)** Schenkeldrüse (Follikulärorgan: Eidechsen)
- **follicular gland (femoral gland)** Follikulärorgan, Follikulärdrüse (Schenkeldrüse: Eidechsen)
- **frontal gland/cephalic gland** Frontaldrüse, Stirndrüse, Kopfdrüse
- **fundus gland** Fundusdrüse
- **gas gland** Gasdrüse, Schwimmblasendrüse (Roter Körper)
- **gastric gland (rotifers)** Magendrüse
- **gland of Zeis/ sebaceous ciliary gland** Zeis-Drüse
- **granular gland/poison gland (amphibians)** Körnerdrüse
- **green gland/antennal gland/ antennary gland** grüne Drüse, Antennendrüse, Antennennephridium
- **gustatory gland (mammals)** Spüldrüse, von Ebnersche Drüse, Ebner-Drüse
- **Harderian gland/Harder's gland** Hardersche Drüse
- **hedonic gland (amphibians)** hedonische Drüse
- **hermaphroditic gland/ hermaphroditic gonad/ovotestis** Zwitterdrüse
- **holocrine gland** holokrine Drüse
- **hypopharyngeal gland (bees)** Hypopharynxdrüse, Futtersaftdrüse
- **inguinal gland** Leistendrüse
- **ink gland/ink sac** Tintendrüse, Tintensack, Tintenbeutel
- **interdigital gland** interdigitale Drüse, Interdigitaldrüse, Zwischenzehendrüse
- **labial gland** Labialdrüse
- **lacrimal gland** Tränendrüse
- **lingual gland** Zungendrüse

- **lymphatic gland** Lymphdrüse
- **mammary gland** Brustdrüse, Milchdrüse
- **mandibular gland** Mandibulardrüse, Unterkieferdrüse
- **maxillary gland** Schalendrüse, Maxillendrüse, Maxillennephridium
- **Mehlis' gland/shell gland (cement gland)** Mehlissche Drüse, Schalendrüse
- **Meibomian gland** Meibom-Drüse
- **merocrine gland** merokrine Drüse
- **metatarsal gland** Metatarsaldrüse
- **midgut gland/ digestive gland/"liver"** Mitteldarmdrüse, „Leber"
- **midgut gland/hepatopancreas** Mitteldarmdrüse, Hepatopankreas
- **molting gland/Y organ** Carapaxdrüse, Y-Organ
- **mucous gland** Schleimdrüse
- **musk gland (scent gland)** Moschusdrüse (Duftdrüse)
- **Nassanov gland/Nassanov's gland** Nassanov Drüse, Nassanoffsche Drüse
- **nidamental gland/shell gland** Nidamentaldrüse, Schalendrüse, Eischalendrüse
- **odoriferous gland/scent gland** Duftdrüse, Brunftdrüse, Brunftfeige (Gämse)
- **oil gland** Öldrüse, Schmierdrüse
- **olfactory gland/Bowman's gland** Bowman-Drüse, Bowmansche Drüse, Drüse der Riechschleimhaut
- **parathyroid gland/parathyroidea** Nebenschilddrüse, Beischilddrüse, Epithelkörperchen
- **parotid gland/parotis/parotid (mammals: salivary gland)** Parotis, Ohrspeicheldrüse
- **parotoid gland (amphibians)** Parotoiddrüse, Parotisdrüse, Ohrdrüse, Duvernoysche Drüse
- **pedal gland/adhesive gland/ cement gland (rotifers)** Fußdrüse, Klebdrüse, Kittdrüse
- **perineal gland** Perinealdrüse, Dammdrüse
- **pineal gland/pineal body/ conarium/epiphysis** Pinealorgan, Epiphyse, Zirbeldrüse
- **pituitary gland/hypophysis** Hirnanhangsdrüse, Hypophyse
- **poison gland** Giftdrüse
- **preorbital gland/antorbital gland** Voraugendrüse, Antorbitaldrüse
- **preputial gland/castor gland (beaver)** Präputialdrüse
- **prostate gland/prostate** Prostata, Prostatadrüse, Vorsteherdrüse
- **prostatic gland (annelids: spermiducal gland)** Kornsekretdrüse
- **prothoracic gland (an ecdysial, molting gland)** Prothoraxdrüse
- **purple gland** Purpurdrüse
- **pygidial gland/anal gland** Pygidialdrüse, Analdrüse
- **rectal gland** Rectaldrüse, Rektaldrüse (*see*: Klebdrüse, Kittdrüse, Zementdrüse)
- **rectal gland/anal gland (shark)** Analdrüse (Hai)
- **renette gland/ventral gland (nematodes)** Ventraldrüse
- **repugnatorial gland** Stinkdrüse (*siehe:* Wehrdrüse)
- **salivary gland** Speicheldrüse
- **salt gland** Salzdrüse
- **scent gland/odoriferous gland** Duftdrüse, Brunftdrüse, Brunftfeige (Gämse)
- **sebaceous gland** Talgdrüse, Haartalgdrüse
- **secretory gland** Sekretdrüse
- **seminal gland/vesicular gland/ seminal vesicle (♂ accessory reproductive gland)** Bläschendrüse, Samenblase, Samenbläschen
- **sex gland/germ gland/gonad** Geschlechtsdrüse, Keimdrüse, Gonade
- **shell gland/Mehlis' gland (cement gland)** Schalendrüse, Mehlissche Drüse

- **shell gland/nidamental gland** Schalendrüse, Nidamentaldrüse
- **silk gland/spinning gland/ sericterium (caterpillars: labial gland)** Seidendrüse, Spinndrüse, Sericterium (Labialdrüse: Raupen)
- **sinus gland** Sinusdrüse
- **slime gland/mucous gland** Schleimdrüse
- **sublingual gland** Unterzungendrüse
- **suborbital gland** Unteraugendrüse
- **sugar gland/subradular organ** Zuckerdrüse
- **supracaudal gland** Schwanzwurzeldrüse
- **sweat gland/sudoriferous gland/ sudoriparous gland** Schweißdrüse
- **tarsal gland** Tarsaldrüse
- **tarsal gland/Meibomian gland** Meibom-Drüse
- **temporal gland (elephant)** Schläfendrüse
- **thymus (gland)** Thymus, Thymusdrüse, Bries (Halsthymus/Brustthymus)
- **thyroid gland/thyreoidea** Schilddrüse
- **urethral gland** Urethraldrüse
- **uropygial gland/ preen gland/oil gland** Bürzeldrüse
- **ventral gland/renette gland (nematodes)** Ventraldrüse
- **vesicular gland/seminal gland/ seminal vesicle (♂ accessory reproductive gland)** Bläschendrüse, Samenblase, Samenbläschen
- **vestibular gland (♀ vaginal gland)** Vorhofdrüse
- **violet gland/supracaudal gland** Violdrüse (Schwanzwurzeldrüse des Fuchses)
- **wax gland/ceruminous gland** Wachsdrüse
- **wool fat gland** Wollfettdrüse
- **yolk gland/ vitellarian gland/vitelline gland/ vitellarium/vitellogen** Dotterstock, Dotterdrüse, Vitellar, Vitellarium

gland cell Drüsenzelle
glandular drüsig
glandular epithelium Drüsenepithel
glandular hair Drüsenhaar
glandular secretion (secreted substance matter) Drüsensekret; (process/phenomenon) Drüsensekretion
glandular tissue Drüsengewebe
glass homogenizer (Potter-Elvehjem homogenizer; Dounce homogenizer) Glashomogenisator („Potter"; Dounce)
glass pestle ***lab*** Glasstößel, Glaspistill (Homogenisator)
glass rod ***lab*** Glasstab
glass sponges/Hexactinellida Glasschwämme, Hexactinelliden
glasshouse *see* greenhouse
glaucous/grey-green (with a bloom) blaugrün, bläulich-grün, graugrün, wachsartig schimmernd, weißlich reflektierend (Blattoberfläche)
glaze ***n*** Glatteis, dünne Eisschicht
GLC (gas-liquid chromatography) GFC (Gas-Flüssig-Chromatographie)
gleichenia family/Gleicheniaceae Gleicheniengewächse
gleization (soil) Gleybildung, Vergleyung
glenoid glenoid, flachschalig
glenoid cavity/glenoid fossa/ cavitas glenoidalis/ fossa glenoidalis Gelenkpfanne der Skapula, Schultergelenkpfanne
glial cell Gliazelle
glide ***vb*** **(flight)** gleiten
glide/gliding ***n*** **(flight)** Gleitflug
glide angle/gliding angle Gleitwinkel
gliding joint/plane joint (arthrodia) Gleitgelenk, ebenes Gelenk
global warming globale Erwärmung
globe daisy family/ globularia family/Globulariaceae Kugelblumengewächse
globose soralium (lichens) Kugelsoral
globular protein globuläres Protein, Sphäroprotein

globularia family/ globe daisy family/Globulariaceae Kugelblumengewächse
globulin Globulin
glochid ***bot*** **(barbed bristle/ hair of areole of cacti)** Glochid (*pl* Glochiden)
glochidiate/ provided with barbed hairs widerhakig, mit widerhakigen Borsten
glochidium (larva) Glochidium
glomerular filtration Glomerulusfiltration
glomerular filtration rate (GFR) glomeruläre Filtrationsrate
glomerular ultrafiltrate Primärharn, Glomerulusfiltrat
glomerule/flower cluster Blütenknäuel
glomerulus/ network of blood capillaries Glomerulus, Gefäßknäuel
glossiness Lackglanz
glossy glänzend
glottis Glottis
glove ***lab*** Handschuh (Laborschutzhandschuh)
glove box Handschuhkasten, Handschuhschutzkammer
gloxinia family/gesneria family/ gesneriad family/ African violet family/Gesneriaceae Gesneriengewächse
glucaric acid/saccharic acid Glucarsäure, Zuckersäure
glucocorticoid Glucocorticoid
gluconeogenesis Gluconeogenese
gluconic acid (gluconate) Gluconsäure (Gluconat)
glucosamine Glukosamin, Glucosamin
glucose (grape sugar) Glukose, Glucose (Traubenzucker)
glucosinolates Glukosinolate, Glucosinolate, Senfölglykoside
glucosuria/glycosuria Glukosurie, Glycosurie
glucuronic acid (glucuronate) Glucuronsäure (Glukuronat)
glumaceous spelzblütig, spelzig
glume ***bot*** Hüllspelze
glumella/palea/pale/inner glume Vorspelze
glumellule/lodicule/paleola Schüppchen, Lodicula, Schwellkörper (Grasblüte)
glumose spelzig, Spelzen...
glutamic acid (glutamate)/ 2-aminoglutaric acid Glutaminsäure (Glutamat), 2-Aminoglutarsäure
glutamine Glutamin
glutaric acid (glutarate) Glutarsäure (Glutarat)
glutathione Glutathion
gluteal fold Gesäßfalte
gluten (glutelin & gliadin) Gluten
glutinant Glutinant, Klebkapsel, Haftkapsel
glutine (glue from animals) Glutin (Knochenleim)
glutinous/mucilaginous/ viscid/slimy (sticky) glutinös, schleimig (klebrig)
glycemia Glykämie
glyceraldehyde/dihydroxypropanal Glyzerinaldehyd, Glycerinaldehyd
glycerol Glyzerin, Glycerin, Propantriol
glycine/glycocoll Glycin, Glyzin, Glykokoll
glycocalyx (cell coat) Glykokalyx
glycocoll/glycine Glykokoll, Glycin, Glyzin
glycogen Glykogen
glycol aldehyde/ glycolal/hydroxyaldehyde Glykolaldehyd, Hydroxyacetaldehyd
glycolic acid (glycolate) Glykolsäure (Glykolat)
glycolysis Glykolyse
glycometabolism Zuckerstoffwechsel
glycosaminoglycan/ mucopolysaccharide Glykosaminoglykan
glycosidic bond/glycosidic linkage glykosidische Bindung
glycosuria/glucosuria Glykosurie, Glukosurie

glycyrrhetinic acid Glycyrrhetinsäure
glyoxalic acid (glyoxalate) Glyoxalsäure (Glyoxalat)
glyoxylate cycle Glyoxalatzyklus
glyoxylic acid (glyoxylate) Glyoxylsäure (Glyoxylat)
glyoxysome Glyoxysom
glyphosate Glyphosat
GM-CSF (granulocyte-macrophage colony-stimulating factor) GM-CSF (Granulocyten-Makrophagen-koloniestimulierender Faktor)
GMO (genetically engineered organism/ genetically modified organism) GVO (gentechnisch veränderter Organismus)
gnarl/burl/burr ***bot*** Knorren (an Baum), Holzmaser, Maser, Maserknolle
gnarled knorrig
gnathobase/blade (crustaceans) Kaulade
gnathochilarium Gnathochilarium
gnathopod Gnathopod
gnathos Gnathos
gnathosoma/capitulum Gnathosoma, Capitulum
gnathostomulids/Gnathostomulida Kiefermäuler, Kiefermündchen, Gnathostomuliden
gnaw nagen (an etwas nagen)
gnawer/rodent Nager, Nagetier
gnawing nagend
gnawing mammals/ rodents (except rabbits)/Rodentia Nagetiere
Gnetaceae/joint-fir family Gnetumgewächse, Gnemonbaumgewächse
Goblet cell (mucus-producing) Becherzelle, Schleimzelle
goggles/safety goggles/ safety spectacles Schutzbrille
goiter Struma, Kropf
gold-labelling Goldmarkierung
golden algae/golden-brown algae/ Chrysophyceae Goldalgen, Chrysophyceen

Golgi apparatus/Golgi complex Golgi-Apparat
Golgi body/dictyosome Golgi-Körper, Diktyosom, Dictyosom
Golgi staining method Golgi-Anfärbemethode
Golgi tendon organ (GTO)/ neurotendinous spindle Sehnenspindel
Golgi vesicle Golgi-Vesikel
Gomphidius family/Gomphidiaceae Schmierlinge
gomphosis Gomphose, Einzapfung
gonad/sex gland Gonade, Keimdrüse, Geschlechtsdrüse
- ➤ **ovary** Ovar, Ovarium, Eierstock
- ➤ **ovotestis/hermaphroditic gonad/ hermaphroditic gland** Ovotestis, Zwitterdrüse
- ➤ **testis (*pl* testes)/testicle** Hoden, Samendrüse

gonadal mosaic/gonadic mosaic/ germline mosaic/ germinal mosaic/ gonosomal mosaic Keimbahnmosaik, gonadales Mosaik
gonadoliberin/gonadotropin releasing hormone, factor (GnRH/GnRF) Gonadoliberin, Gonadotropin-Freisetzungshormon
gonadotropin Gonadotropin
gonadotropin releasing hormone/ gonadotropin releasing factor (GnRH/GnRF)/gonadoliberin Gonadotropin-Releasing Hormon, Gonadoliberin
gongylidium (*pl* gongylidia)/ bromatium Gongylidie, Bromatium, „Kohlrabi“
goniatitic suture line goniatische Lobenlinie/Nahtlinie
gonochoric/gonochoristic gonochor
gonochory/gonochorism Gonochorismus
gonocyte Gonocyt, Gonozyt
gonopalpon Genitaltaster
gonopod/gonopodium Gonopodium, Genitalfuß, Begattungsfuß

Good Laboratory Practice (GLP) Gute Laborpraxis
Good Manufacturing Practice (GMP) Gute Industriepraxis, Gute Herstellungspraxis (GHP) (Produktqualität)
Good Work Practices (GWP) Gute Arbeitspraxis
goodness of fit ***stat*** Güte der Anpassung
gooseberry family/currant family/ Grossulariaceae Stachelbeergewächse
gooseflesh/goose pimples/ goose bumps Gänsehaut
goosefoot family/Chenopodiaceae Gänsefußgewächse
gordian worms/horsehair worms/ hairworms/threadworms/ nematomorphans/nematomorphs/ Nematomorpha Saitenwürmer
gorge/canyon Schlucht
gorger (animal which gulps down entire prey) Schlinger
gorgonians/horny corals/Gorgonaria Rindenkorallen, Hornkorallen
gosling junge Gans, Gänschen, Gössel (Gänseküken)
gossamer (film of cobwebs floating in air) Altweibersommer (Spinnengewebe)
gourd/pepo Kürbisfrucht, Gurkenfrucht, Panzerbeere
gourd family/pumpkin family/ cucumber family/Cucurbitaceae Kürbisgewächse
gout Gicht
GPP (gross primary production) Bruttoprimärproduktion
Graafian follicle/ vesicular ovarian follicle Graafscher Follikel, Graaf-Follikel, Tertiärfollikel
gradation Abstufung, Staffelung, Stufenfolge
grade (group at same organizational level) Gruppe (derselben Organisationsstufe)
graded ethanol series Alkoholreihe, aufsteigende Äthanolreihe
graded potential graduiertes Potenzial
gradient Gradient, Gefälle
gradient gel electrophoresis Gradienten-Gelelektrophorese
gradient hypothesis Gradienten-Hypothese
graduate ***vb*** graduieren, in Grade einteilen/unterteilen
graduated graduiert, mit einer Gradeinteilung versehen
graduated cylinder Messzylinder
graduated pipette/measuring pipet Messpipette
graft ***vb bot/hort*** pfropfen
graft/slip/scion/cion ***bot/hort*** Pfropfreis (*pl* Pfropfreiser), Edelreis, Reis, Pfröpfling
graft/transplant ***n*** **(tissue/skin)** Transplantat
graft/transplant ***vb*** **(tissue/skin)** transplantieren, verpflanzen
graft rejection Transplantatabstoßung
graft union ***bot*** Pfropfstelle
graft-versus-host reaction (GVH) Transplantat-anti-Wirt-Reaktion
grafting ***med*** Transplantation, Implantation
grafting ***bot/hort*** Pfropfung, Veredelung, Veredlung
➢ **apical grafting** Veredeln auf den Kopf
➢ **approach grafting** Ablaktieren, Ablaktion
➢ **bark grafting/rind grafting** Rindenpfropfung, Pfropfen hinter die Rinde
➢ **bench grafting** Tischveredelung
➢ **bridge grafting/repair grafting** Überbrückung, Überbrücken, Wundüberbrückung
➢ **bud grafting/budding** Augenveredlung, Äugeln, Okulieren, Okulation
➢ **cleft grafting/wedge grafting** Spaltpfropfung, Pfropfen in den Spalt
➢ **double working/intergrafting** Zwischenpfropfung/-veredlung
➢ **flap grafting** seitliches Anplatten mit langer Gegenzunge

➢ **inarching** Ammenveredlung, Anhängen, Vorspann geben
➢ **inlay grafting** Geißfußpfropfung, Geißfußveredelung (Triangulation)
➢ **intergrafting/double working** Zwischenpfropfung, Zwischenveredlung
➢ **nurse grafting (nurse-root grafting)** Ammenveredelung
➢ **rind grafting/bark grafting** Rindenpfropfung, Pfropfen hinter die Rinde
➢ **root grafting** Wurzelpfropfung, Wurzelveredlung
➢ **saddle grafting** Sattelschäften
➢ **shield grafting/sprig grafting** seitliches Einspitzen
➢ **side grafting** Seitenpfropfung, Seitenveredelung, Veredeln an die Seite
➢ **side-tongue grafting** seitliches Anplatten mit Gegenzunge
➢ **side-veneer grafting/ veneer side grafting/ spliced side grafting** Anplatten, seitliches Anplatten
➢ **splice grafting/whip grafting** Kopulation, Kopulieren, Schäften (Pfropfung)
➢ **sprig grafting/shield grafting** seitliches Einspitzen
➢ **top grafting/top working** Astpfropfung, Astveredlung
➢ **wedge grafting/cleft grafting** Spaltpfropfung, Pfropfen in den Spalt
➢ **whip grafting/splice grafting** Kopulation, Kopulieren, Schäften (Pfropfung)

grain (form of wood texture) Faser, Faserung, Faserorientierung, Struktur, Fibrillenanordnung (Schnittholz)
grain (particle size) Körnung (Korngröße)
grain/kernel (cereal) Korn (Getreide)
grain filling (poorly or well-filled) ***bot/agr*** Ährenfüllung, Kornfüllung
gram equivalent Grammäquivalent
Gram stain Gram-Färbung
➢ **gram-negative** gramnegativ
➢ **gram-positive** grampositiv
Gramineae/grass family/Poaceae Süßgräser, Gräser
graminifoliose grasblättrig
graminoid/graminaceous/grassy grasartig
Grandry's corpuscle (duck bill) Grandrysches Körperchen
granivorous granivor, samenfressend, körnerfressend
granivorous animal Körnerfresser
granular granulär
granular gland/poison gland (amphibians) Körnerdrüse
granule cell Körnerzelle (Cerebellum)
granule cell layer Körnerschicht
granulocyte Granulocyt, Granulozyt (polymorphonuklearer Leukozyt)
➢ **band g./stab cell** stabkerniger Granulocyt
➢ **basophil granulocyte** basophiler Granulocyt
➢ **eosinophil granulocyte** eosinophiler Granulocyt
➢ **neutrophil granulocyte** neutrophiler Granulocyt
➢ **polymorphonuclear granulocyte** polymorphkerniger Granulocyt, polymorphonuklearer Leukozyt
➢ **segmented g./filamented g.** segmentkerniger Granulocyt
granulocyte-macrophage stimulating factor (GM-CSF) Granulocyten-Makrophagen-stimulierender Faktor (GM-CSF)
granulopoesis Granulopoese
granulosis viruses Granulaviren
granum (*pl* grana) Granum (*pl* Grana)
grape family/vine family/Vitaceae Weinrebengewächse
grape sugar/glucose Traubenzucker, Glukose, Glucose
grapevine Weinrebe, Weinstock
graph/diagram (*math* curve) Grafik, Graphik, Diagramm, Schaubild (*math* Kurve)

graph paper Millimeterpapier
➤ **semi-log graph paper** halblogarithmisches Millimeterpapier
graphic representation grafische/graphische Darstellung
graptolites/Graptolithina Graptolithen
grasp ***n*** Klammergriff
grasp ***vb*** ergreifen, zupacken, festhalten
grasping/prehensile/ able to grasp/raptorial Greif..., zum Greifen geeignet, zupackend, ergreifend
grasping claws/clasper(s)/clasps Greifzange, Haltezange, Klasper
grasping foot/prehensile foot Greiffuß
grass/lawn Gras, Rasen
grass cover/sod/turf (nonforage grass) Rasendecke
grass family/Gramineae/Poaceae Süßgräser, Gräser
grass heath (a tussock community) Grasheidenstufe
grass of Parnassus family/ Parnassiaceae Herzblattgewächse
grass tree family/blackboy family/ Xanthorrhoeaceae Grasbaumgewächse
grasses (Poaceae) echte Gräser, Süßgräser (Spelzenblütler)
grassland Grasland; Weideland
➤ **arctic grassland/polar grassland (tundra)** arktisches Grasland
➤ **savanna** Savanne
➤ **steppe** Steppe
➤ **temperate grassland** gemäßigtes Grasland
➤ **transformation into grassland** Versteppung
➤ **tropical grassland (savanna)** tropisches Grasland
grassy/graminoid/graminaceous grasartig
grate/bar screen (sewage treatment plant) Rechen (Kläranlage)
gratuitous inducer freiwilliger Induktor
graupel/sleet/soft hail Graupel, Schneeregen
gravel Kies, Schotter
gravel bar Schotterbank
gravel pit Kiesgrube
gravid/pregnant trächtig, schwanger
gravidity/pregnancy Trächtigkeit, Schwangerschaft, Gravidität
gravitation/gravity/ gravitational force Gravitation, Schwerkraft
gravitational field Schwerefeld
gravitational sense Schweresinn
gravitational water/seepage water Senkwasser, Sickerwasser
gravity/gravitation/ gravitational force Gravitation, Schwerkraft
gray crescent (amphibian egg) ***embr*** grauer Halbmond
gray-green/glaucous graugrün, blaugrün
gray horse Schimmel
gray matter/substantia grisea ***neuro*** graue Substanz (Hirn- u. Rückenmark)
gray ramus/ gray communicating ramus Ramus communicans griseus
graze/pasture (herbaceous plants) grasen, abgrasen, abfressen, weiden (Wild: äsen)
grazer (grazing on herbaceous plants) grasendes Tier
grazer (invertebrates) Weidegänger
grazing/browsing Weiden (Wild> Nahrungsaufnahme: Äsung/Geäse)
grazing animals Weidevieh
grazing food chain Fraßnahrungskette, Abweidenahrungskette, Weidenahrungskette, Weidekette
grazing traces/pascichnia ***paleo*** Weidespuren
grease ***n*** Fett, Schmalz; Schmierfett
grease ***vb*** fetten, einfetten, schmieren, einschmieren
grebes/Podicipediformes Lappentaucher

green algae/Chlorophyceae/ Isokontae Grünalgen
green density Rohdichte
green fluorescent protein (GFP) grün fluoreszierendes Protein (GFP)
green forage/greenstuff/soilage Grünfutter, Grünzeug
green gland/antennal gland/ antennary gland grüne Drüse, Antennendrüse, Antennennephridium
green manure Gründünger
green revolution grüne Revolution
greenery/green (floristics) Grün
greenhouse Treibhaus, Gewächshaus (Glashaus); (open to the public) Pflanzenschauhaus
greenhouse effect *ecol* Treibhauseffekt
greens/potherbs Suppenkraut, Blattgemüse (gekochtes)
greenstuff/green forage/soilage Grünfutter, Grünzeug
gregarious gregär, Herden..., in Herden lebend, Gruppen..., in Gruppen lebend, gesellig (Herdentiere/Insekten)
gregariousness/sociability Geselligkeitsgrad, Soziabilität
gressorial/gressorious/ adapted for walking zum Laufen geeignet, Lauf...
gressorial leg/walking leg Laufbein
grey *see* gray grau
grid *micros* (for EM) Gitter, Netz, Gitternetz, Trägernetz, Probenträger(netz) für Elektronenmikroskopie
grilse Jakobslachs, Bartolomäuslachs
grind (with teeth/jaws) zermalmen, mahlen
grinding tooth Mahlzahn
grip *n* Griff
gristle/cartilage Knorpel
grit *n geol* Kies, Grus, grober Sand
grit *n agr* Korn, Schrot, Grütze
➢ **grits/hominy grits (U.S.: coarse cornmeal)** Maisgrütze, Maisgrieß, grobes Maismehl
grit *vb* mahlen, knirschen
grit cell (in fruit) Steinzelle (Frucht)
grit chamber (sewage treatment plant) Sandfang (Kläranlage)
grits (U.S.: coarse cornmeal) Maisgrütze, Maisgrieß, grobes Maismehl
grizzly (grizzled coat/fur) grauhaarig (mit gräulichem Fell)
groats/grits (hulled/ground grain) Grütze, Grieß
groin/inguinal zone/regio inguinalis Hüftbeuge, Leiste, Leistenbeuge, Leistengegend, Inguinalgegend
groom putzen, säubern
groom/brush/currycomb (horses) pflegen, striegeln
grooming Putzen, Grooming
➢ **allogrooming/social grooming** Allogrooming, Fremdputzen (z.B. Fell bei Säugern)
➢ **autogrooming/autopreening/ self-grooming (mammals)** Putzen am eigenen Körper, Selbstputzen
➢ **pseudogrooming** Scheinputzen
groove/furrow/sulcus Furche, Rinne, Grube, Sulcus
➢ **major groove *gen* (DNA)** große Furche, große Rinne, tiefe Rinne (DNA-Struktur)
➢ **minor groove *gen* (DNA)** kleine Furche, kleine Rinne, flache Rinne (DNA Struktur)
grooved/furrowed/sulcate gefurcht, furchig, gerieft
gross energy (GE) Bruttoenergie
gross potential Summenpotenzial
gross production Bruttoproduktion, Gesamtproduktion
gross productivity Bruttoproduktivität
gross weight Bruttogewicht
Grossulariaceae/currant family/gooseberry family Stachelbeergewächse
ground (soil) Boden, Erde, Erdoberfläche
ground cover/herbaceous soil cover Bodendecker

ground frost Bodenfrost
ground level Erdoberfläche
ground meristem Grundmeristem
ground moraine/basal moraine Grundmoräne, Untermoräne
ground pecking ***ethol*** Bodenpicken
ground sharks/Carcharhiniformes Grundhaiartige
ground state Grundzustand
ground stratum/ground layer Bodenschicht
ground tissue/fundamental tissue/ parenchyma Grundgewebe, Parenchym
ground water Grundwasser
group/assemblage Gruppe
group importance value Gruppenmächtigkeit
group-specific antigen (gag) gruppenspezifisches Antigen
group transfer Gruppenübertragung
group value Gruppenwert
grouping of classes ***stat*** Klassierung
grove Hain, Baumhain, Plantage; Gehölz, Waldung, Wäldchen, kleines Waldstück
grow wachsen; *hort/agr* anbauen
- **fast growing** schnellwüchsig, schnellwachsend, raschwachsend
- **outgrow** größer werden als, herauswachsen aus, hinauswachsen über
- **overgrow** zuwachsen, überwachsen, überwuchern; verwildern
- **regrow/regenerate/reestablish** regenerieren, nachwachsen, wiederergänzen
- **slow growing** schwachwüchsig, langsamwachsend

growing point/apical meristem ***bot*** Wachstumspunkt
growl/snarl (wütend) knurren; (bear) brummen
grown gewachsen
- **full-grown** ausgewachsen
- **ingrown** eingewachsen
- **overgrown** überwuchert, zugewachsen

growth Wachstum; Wuchs
- **acroplastic growth** akroplastes Wachstum
- **annual growth** Jahreswachstum
- **apical growth** Spitzenwachstum
- **arithmetic growth** arithmetisches Wachstum
- **balanced growth** ausgewogenes Wachstum
- **basiplastic growth** basiplastes Wachstum
- **cell growth** Zellwachstum
- **corroborative growth (*Troll*)/ establishment growth (*Zimmermann/Tomlinson*)** Erstarkungswachstum
- **determinate growth/ restricted growth** begrenztes/beschränktes Wachstum
- **diffuse growth (animals)** diffuses Wachstum, zerstreutes/verteiltes Wachstum
- **dilation growth/ dilatation growth** Dilatationswachstum, Erweiterungswachstum
- **direction of growth** Wuchsrichtung
- **elongational growth/ extension growth** Streckungswachstum
- **establishment growth (*Zimmermann/Tomlinson*)/ corroborative growth (*Troll*)** Erstarkungswachstum
- **extension growth/ elongational growth** Streckungswachstum
- **head growth** Kopfwachstum, kopfseitiges Wachstum
- **indeterminate growth/ unrestricted growth** unbegrenztes/unbeschränktes Wachstum
- **intrusive growth** intrusives Wachstum
- **localized growth (plants)** lokalisiertes Wachstum, örtlich begrenztes Wachstum

- **longitudinal growth** Längenwachstum
- **mosaic growth** Mosaikwachstum
- **old-growth/old-growth forest/ old-growth stand/mature forest** Altbestand, alter Baumbestand (Wald)
- **outgrowth/protrusion** Auswuchs
- **polar growth** polares Wachstum
- **population growth** Populationszuwachs, Populationswachstum, Bevölkerungswachstum
- **primary growth** Primärwachstum
- **secondary growth** Sekundärwachstum
- **symplastic growth** symplastes Wachstum
- **tail growth** Schwanzwachstum, endständiges Wachstum
- **thickening growth** Dickenwachstum
- **vigorous growth** kräftiges Wachstum
- **zero growth** Nullwachstum

growth cone/axon hillock ***neuro*** Wachstumskegel, Axonhügel, Axonkegel
growth curve Wachstumskurve
growth factor Wachstumsfaktor
growth flush (leaves of trop. plants) Blattausschüttung
growth form/habit/ external appearance Wuchsform, Habitus, äußere Gestalt, äußeres Erscheinungsbild
growth hormone (GH)/somatotropin Wachstumshormon, Somatotropin, somatotropes Hormon
growth inhibitor Wachstumshemmer, Wuchshemmer, Wuchshemmstoff
growth layer Zuwachszone
growth period Wachstumsperiode
growth phase Wachstumsphase

- **acceleration phase** Beschleunigungsphase, Anfahrphase
- **death phase/decline phase/ phase of decline** Absterbephase
- **deceleration phase/ retardation phase** Verlangsamungsphase, Bremsphase, Verzögerungsphase
- **decline phase/phase of decline/ death phase** Absterbephase
- **division phase** Teilungsphase
- **dormancy period** Ruhephase, Ruheperiode
- **establishment phase** Eingewöhnungsphase
- **exponential growth phase** exponenzielle Wachstumsphase, exponenzielle Entwicklungsphase
- **lag phase/ incubation phase/ latent phase/establishment phase** lag-Phase, Adaptationsphase, Anlaufphase, Latenzphase, Inkubationsphase
- **logarithmic phase (log-phase)** logarithmische Phase
- **stationary phase/ stabilization phase** stationäre Phase
- **transition phase** Übergangsphase

growth rate Zuwachsrate, Wachstumsrate (Wachstumsgeschwindigkeit)

- **specific growth rate** spezifische Wachstumsrate

growth-retarding/growth-inhibiting wachstumshemmend
growth ring/annual ring (wood) Jahresring
growth-stimulating wachstumsfördernd
growth substance Wuchsstoff
growth vigor Wuchskraft
grub/scarabeiform larva/ thick wormlike larva (Coleoptera/ Hymenoptera/certain Diptera) Engerling (im Boden lebende Käferlarve), Bienenlarve u.a. (*see:* maggot)
grub ***vb*** **(for food)** graben, wühlen
grunt grunzen
guaiazulene Guajazulen
guanidine Guanidin
guanine Guanin
guanosine Guanosin
guanosine triphosphate (GTP) Guanosintriphosphat (GTP)
guanylic acid (guanylate) Guanylsäure (Guanylat)

guar gum/guar flour (cluster bean) (*Cyamopsis tetragonoloba*/ Fabaceae)
Guargummi, Guarmehl
guar meal/guar seed meal
Guar-Samen-Mehl
guard *n* Wächter, Bewachung
guard *vb* bewachen
guard/rostrum (thunderbolt)
Rostrum (Donnerkeil)
guard bee Wächterbiene, Wehrbiene
guard cell *bot* Schließzelle
guard hair *zool* Deckhaar (Grannenhaare und Leithaare)
➢ **long & smooth guard hair**
Leithaar
➢ **short guard hair**
Grannenhaar
Guarnieri body (an inclusion body)
Guarnierischer Einschlusskörper
gubernaculum testis Leitband
guest Gast
guide *n* (guiding information: pamphlet/brochure) Führer (Broschüre/Informationsschrift); (tour guide) Führer (Führungsperson)
guided tour Führung
guidepost cell Wegweiserzelle
guidepost neuron Wegweiserneuron
guild Gilde, Lebensgemeinschaft
➢ **ecological guild**
ökologische Gilde,
ökologische Lebensgemeinschaft
➢ **reproductive guild**
reproduktive Gilde,
reproduktive Lebensgemeinschaft
guinea worm/medina worm (*Dracunculus medinensis*)
Drachenwurm, Medinawurm, Guineawurm
guitarfishes/Rhinobatoidei
Geigenrochen
gular den Kehlbereich betreffend
gular plate/gula (fish/prognathous insects)
Gularplatte, Kehlplatte, Schlundplatte
gular pouch/gular sac
Kehlsack (Pelikan/Frosch)
gullet/cytopharynx Zellschlund, Zytopharynx, Cytopharynx
gullet/pharynx/hypostome/ oral cone/manubrium
Mundrohr, Magenstiel, Manubrium
gulls & shorebirds & auks/ Charadriiformes
Möwenvögel & Watvögel & Alken
gully erosion *geol* Grabenerosion, rinnenartige Erosion (Schluchterosion)
gulonic acid (gulonate)
Gulonsäure (Gulonat)
gum (plant gum)
Gummi (*nt*/*pl* Gummen) (Lebensmittel-/Pflanzensaft-/ Polysaccharidgummen etc.); Pflanzengummi
gum (eye)
Augenbutter, Augenschmalz
gums/gum resins Schleimharze, Gummiharze, Gummen
gum(s)/gingiva Zahnfleisch
gum arabic (acacia gum)
Gummi arabicum, Akazien-Gummi
gummous (resembling/composed of gum)
gummiartig, aus Gummi (Pflanzengummen)
gummy/gummatous (viscous/sticky)
gummös, gummiartig, klebrig; gummihaltig
gust Windstoß, Bö
gustatory den Geschmack betreffend, Geschmacks...
gustatory bud/taste bud
Geschmacksknospe
gustatory gland (mammals)
Spüldrüse, von Ebnersche Drüse, Ebner-Drüse
gustatory nerve Geschmacksnerv
gustatory organ Geschmacksorgan
gustatory papilla/lingual papilla
Geschmackspapille
➢ **filiform papilla/threadlike papilla**
fadenförmige Papille
➢ **foliate papilla**
Blattpapille, blättrige Papille
➢ **fungiform papilla** Pilzpapille
➢ **lentiform papilla**
linsenförmige Papille
➢ **vallate papilla** Wallpapille
gusty böig (stürmisch)

gut/alimentary canal/digestive tract *sensu lato* (stomach & intestines) Verdauungskanal
gut/intestines Darmkanal
➤ **branchial gut** Kiemendarm
➤ **foregut** Vorderdarm
➤ **head gut** Kopfdarm
➤ **hindgut** Hinterdarm, Enddarm
➤ **midgut** Mitteldarm, Rumpfdarm
➤ **primitive gut/ archenteron/gastrocoel** Urdarm, Archenteron, Gastrocöl
➤ **tail gut/postanal gut** Schwanzdarm
gut/eviscerate/disembowel *vb* (e.g., fish) ausweiden, ausnehmen
gut-associated lymphatic tissue (GALT) darmassoziiertes lymphatisches Gewebe
guts/bowels/entrails Gedärme, Eingeweide
guttation/droplet secretion/ exudation Guttation, Tropfenabscheidung, Exsudation
guyline (e.g., spiral guyline) *arach* Spannfaden (beim Netzbau der Spinnen)
guyot/flat-topped seamount (tablemount) *mar* Tiefseekuppe, Tiefseetafelberg
gymnocarps (coral fungi & pore fungi and allies) Aphyllophorales
gymnolaemates/"naked throat" bryozoans/Stelmatopoda/ Gymnolaemata Kreiswirbler
gymnophionas/caecilians/ wormlike amphibians (legless)/ Gymnophiona/Caecilia/Apoda Blindwühlen
gymnosperm *adj/adv* nacktsamig
gymnosperms/naked-seed plants Gymnospermen, Nacktsamer
gynandromorph/ gyander/sex mosaic Gynandromorph, Gynander
gynandromorphism Gynandromorphismus
gynoandrophore/ androgynophore Gynoandrophor, Androgynophor
gynogenesis Gynogenese
gynophore Gynophor
gynostegium (Asclepiadaceae) Gynostegium
gynostemium/column (orchids) Gynostemium, Griffelsäule, Säule, Säulchen (Orchideen)
gyrencephalous/gyrencephalic (convoluted surface) gyrencephal, gefurcht (Gehirn)
gyroconic gyrocon (Cephalopoden: Gehäuse)
gyttja/necron mud Gyttia, Gyttja, Grauschlamm, Halbfaulschlamm

habenular body Habenula, Zirbeldrüsenstiel, Epiphysenstiel
habit (regular performance) Gewohnheit
habit/external appearance/aspect/ growth form Habitus, äußeres Erscheinungsbild, Wuchsform
habit/growth form/appearance Habitus, Wuchsform, Erscheinung, Wuchs
habitat/place of living/ place of growth (*sensu stricto*) Habitat, Standort, Lebensraum
habitat assessment (*sensu lato*: site assessment) Standortbewertung
habitat ecology Standortlehre
habitat imprinting Biotopprägung
habitat requirements Standortansprüche
habituate/get used to/adapt gewöhnen, anpassen
habituation/habit-formation/ adaptation Habituation, Gewöhnung, Anpassung (z.B. Gewöhnungslernen)
hackle (dog: erectile hairs along neck and back) aufstellbare Rücken- bzw. Nackenhaare
hackle (domestic fowl: neck plumage: long narrow feathers) lange Nackenfedern/Halsfedern
hackled band/zig-zag silk *arach* zickzackförmiges Stabiliment, Stabilimentum
hadal zone (slopes) hadische Zone, Hadal (Böden/Hänge der Tiefseegrabenzone)
hadopelagic zone Tiefseegrabenbereich (Wasser)
Haeckel's law/biogenetic law/ biogenetic principle biogenetische Regel, biogenetisches Grundgesetz
Hageman factor (blood clotting factor XII) Hageman-Faktor (Blutgerinnungsfaktor XII)
hagfishes/Myxiniformes (Myxinida) Schleimaale, Ingerartige, Inger
hail Hagel
hair Haar
➤ **acoustical hair/trichobothrium/ vibratory sensory hair** Hörhaar, Becherhaar, Trichobothrium
➤ **bladder hair** Blasenhaar
➤ **brush hair** Fegehaar
➤ **fetlock hair** Kötenbehang, Kötenhaare, Fesselhaare
➤ **glandular hair** Drüsenhaar
➤ **guard hair** Deckhaar (Grannenhaare & Leithaare)
➤➤ **long & smooth guard hair** Leithaar
➤➤ **short guard hair** Grannenhaar
➤ **olfactory hair** Riechhärchen (Sinneshaar)
➤ **pelage/furcoat (mammals: hairy covering/thick coat of hair)** dichte Haarbedeckung, Körperbedeckung der Säugetiere
➤ **pile (coat of short/fine furry hairs) *zool*** Flaum, Wolle, Pelz, Haar (Fell)
➤ **root hair** Wurzelhaar, Wurzelhärchen
➤ **sensitive hair/trigger hair** Fühlhaar, Reizhaar
➤ **sensory hair** Sinneshaar
➤ **stellate hair** Sternhaar
➤ **stinging hair/urticating hair/ urticating trichome** Brennhaar
➤ **tactile hair/vibrissa (*pl* vibrissae)** Vibrissa, Spürhaar, Sinushaar, Tasthaar (ein Sinneshaar)
➤ **trigger hair/sensitive hair** Reizhaar, Fühlhaar
➤ **underhair** Unterhaar, Wollhaar
➤ **urticating hair/ urticating trichome/stinging hair** Brennhaar
➤ **wooly hair** Wollhaar
hair/hairiness/pilosity Behaarung
hair bulb Haarbulbus, Haarzwiebel
hair cell Haarzelle
hair cortex Haarrinde
hair-covering/indumentum/ coat of hair/furcoat Haarkleid
hair erector muscle/ arrector pili muscle/ musculus arrector pili Haarmuskel
hair follicle Haarfollikel, Haarbalg
hair medulla Haarmark

hair pencil/tibial tuft (butterflies) Haarpinsel, Duftpinsel
hair root Haarwurzel
hair root sheath Haarwurzelscheide
hair sensilla Haarsensille
hair shaft Haarschaft
hair-tuft Haarschopf, Haarbüschel, Haarkranz
hairiness/hair Behaarung
hairless/glabrous/bald haarlos, unbehaart, kahl
hairpin loop/reverse turn/ beta turn/ β bend Haarnadelschleife, Winkelschleife, Umkehrschleife, Haarnadelstruktur, beta-Schleife, β-Schleife
hairworms/horsehair worms/ threadworms/nematomorphans/ nematomorphs/Nematomorpha Saitenwürmer
hairy *zool* haarig (*siehe*: behaart); *bot* (pilose) behaart
half-bog/early bog Anmoor
half-bog soil anmooriger Boden
half-chromatid conversion Halbchromatidenkonversion
half-life *rad* Halbwertszeit; (enzyme) Halblebenszeit
half-shrub/suffrutecsent plant Halbstrauch
half-sibs Halbgeschwister
Haller's organ (ticks) Hallersches Organ
halophyte Salzpflanze
Haloragaceae/water milfoil family/ milfoil family Seebeerengewächse, Meerbeerengewächse, Tausendblattgewächse
haltere/balancer Haltere, Schwingkölbchen
Hamamelidaceae/witch-hazel family Zaubernussgewächse
hamate/hamulose/hooked hakig, hakenartig, Haken...
hamate bone/unciform bone Hakenbein
hamburger (lean & fat ground beef) (mager und fettes) Rinderhack(fleisch) (ohne Herz/ Leber/Niere...)
hamiform/hook-shaped hakenförmig
hammer/malleus (ear) Hammer, Malleus (Ohr)
hamstring Kniesehne (Mensch); Sehne der ischiokruralen Muskeln; Achillessehne (Vierfüßer)
hamstring muscles (quadrupeds: caudal muscles) ischiokrurale Muskeln, Oberschenkelbeuger
hamulate/ with small hook-like processes mit kleinen Häkchen versehen
hamulus/hooklet Haken, Häkchen, hakenartiger Fortsatz
hand-shaped/palmate handförmig
hapaxanthic/hapaxanthous/ hapanthous/ monocarp/monocarpic hapaxanth, monokarp(isch)
haplochlamydeous/ monochlamydeous haplochlamydeisch, monochlamydeisch, einfachblumenblättrig, mit einfacher Blütenhülle
haploid haploid
haploidization Haploidisierung
haploinsufficiency Haploinsuffizienz
haplostemonous haplostemon
haplotype Haplotype
haplotyping Bestimmung des Haplotyps, Haplotypanalyse
haptocyst (an extrusome) Haptocyste
haptor (trematodes: attachment organ) Haptor (Haftorgan)
hard bast Hartbast
hard coal/anthracite Glanzkohle, Anthrazit
hard-leaf/hard-leaved plant/ sclerophyll/sclerophyllous plant Hartlaub, Hartlaubgewächs, Sklerophyll
harden härten
hardening ***n*** Abhärtung
➤ **hardening off** ***n*** Abhärten

Harderian gland/Harder's gland Hardersche Drüse
hardiness/persistence/perseverance Ausdauer
hardness/toughness Härte
hardpan (soil) ***geol*** verhärtete Bodenschicht
hardwood (tree) Laubbaum (*speziell:* Angiospermen)
hardwood (wood of hardwood trees) Hartholz
hardy/persistent/enduring abgehärtet, ausdauernd (widerstandsfähig); winterfest, winterhart
Hardy-Weinberg equilibrium Hardy-Weinberg-Gleichgewicht
Hardy-Weinberg law Hardy-Weinberg-Gesetz
hare (großer) Hase
hare lip/cleft lip Hasenscharte, Lippenspalte
harem Harem
harlequin chromosomes Harlekin-Chromosomen
harmful/causing damage schädlich
harmful organism/harmful lifeform Schadorganismus
harpagone/harpe (insects: male claspers) Harpagon, Harpe (Valven bei Insekten)
harrow *n* Egge
harrow *vb* eggen
Hartig net *fung* Hartigsches Netz
harvest *n* Ernte
harvest *vb* ernten
harvest mite/chigger/red bug (parasitic red mite larva) Erntemilbenlarve, parasitische Larve von Trombidiidae
harvestmen/"daddy longlegs"/Opiliones/Phalangida Weberknechte
hash *Br*/ground meat *US* Hackfleisch
hash/hashish Haschisch
Hassall's corpuscle/thymic corpuscle Hassall-Körperchen
hastate/hastiform/spear-shaped (e.g., leaf) spießförmig
hatch/brood (eggs/young) ausbrüten
hatch/emerge (from egg/chrysalis/pupa) schlüpfen, ausschlüpfen
hatchery *zool* Züchterei, Zuchtanlage
"hatchet-footed animals"/bivalves/pelecypods/Pelecypoda/Bivalvia/Lamellibranchiata (clams: sedimentary/mussels: freely exposed) Muscheln
hatchetfishes and relatives (deep-sea)/Stomiiformes Stomiiformes (Tiefseefische)
hatchling frisch ausgebrütetes Junges
Hatschek's pit/Hatschek's groove Hatscheksche Grube
haunch/hindquarter Hinterbacke, Gesäß; Keule, Lendenstück
haunch/hip Hüfte, Lende
haunch bone/ilium/iliac/os ilium Darmbein
haustellate mit saugenden Mundwerkzeugen
haustorium/foot Haustorium, Fuß
haustorium/holdfast Haustorium, Senker
haustorium/sucker Haustorium, Saugorgan
Haversian canal/haversian canal (central canal) Haverssscher Kanal
Haversian system/haversian system/osteon Haverssches System, Osteon
hawkers *Br* (aeshnid Anisopterans) große Libellen
Haworth projection/Haworth formula *chem* Haworth-Projektion, Haworth-Formel
hay Heu
hay/mowing/cut grass Mahd
hay infusion Heuaufguß
hay meadow/mowed meadow Mähwiese
haylage (hay silage) Halbheu, Gärheu, Abwelkheu
hazard/source of danger Gefahrenquelle
hazard class Gefahrenstufe, Gefahrenklasse, Risikostufe

hazard code Gefahrencode, Gefahrenkennziffer
hazard icon Gefahrensymbol
hazard potential Gefahrenpotenzial
hazard warnings Gefahrenbezeichnungen, Gefährlichkeitsmerkmale
➢ **asphyxiant** erstickend
➢ **carcinogenic (Xn)** krebserzeugend, karzinogen, kanzerogen
➢ **corrosive (C)** ätzend
➢ **dangerous for the environment (N = nuisant)** umweltgefährlich
➢ **explosive (E)** explosionsgefährlich
➢ **extremely flammable (F+)** hochentzündlich
➢ **extremely toxic (T+)** sehr giftig
➢ **flammable (R10)** entzündlich
➢ **harmful/nocent (Xn)** gesundheitsschädlich
➢ **hazardous material** gefährlicher Stoff
➢ **highly flammable (F)** leicht entzündlich
➢ **irritant (Xi)** reizend
➢ **lachrymatory** tränend (Tränen hervorrufend)
➢ **moderately toxic** mindergiftig
➢ **mutagenic (T)** erbgutverändernd, mutagen
➢ **nocent/harmful (Xn)** gesundheitsschädlich
➢ **nuisant (N)/dangerous for the environment** umweltgefährlich
➢ **oncogenic** onkogen
➢ **oxidizing (O)/pyrophoric** brandfördernd
➢ **radioactive** radioaktiv
➢ **sensitizing** sensibilisierend
➢ **teratogenic** teratogen
➢ **toxic (T)** toxisch, giftig
➢ **toxic to reproduction (T)** fortpflanzungsgefährdend, reproduktionstoxisch
hazardous gefährlich; riskant
hazardous materials regulations Gefahrgutbestimmungen
hazardous waste Sondermüll
hazel family/Corylaceae Haselnussgewächse
head (cephalon/caput) Kopf
head/front part Vorderteil, Kopfende
head *chem* (fat molecule) Kopf
head/flower head/ capitulum/cephalium *bot* Korb, Körbchen, Köpfchen, Capitulum, Cephalium
head-body length Kopf-Rumpf-Länge
head-foot (mollusks) Kopffuß, Cephalopodium
head growth Kopfwachstum, kopfseitiges Wachstum
head gut/foregut Kopfdarm
head process/ notochordal process Kopffortsatz, Chordafortsatz
head-space gas chromatography Dampfraum-Gaschromatographie
head-to-head ramming *ethol* Kopf-an-Kopf-Stoßen
head-to-head repeats *gen* Kopf-an-Kopf-Wiederholungen
head wind *meteo/aer* Gegenwind
heading *aer/orn* Kurs, Flugrichtung
headwater(s) Quellbereich, Quellgebiet, Oberlauf (der Flüsse)
heal heilen
healing Heilung
➢ **self-healing/autotherapy** Selbstheilung
health Gesundheit
➢ **public health** öffentliche Gesundheit
healthy gesund
➢ **unhealthy** ungesund
hear hören (vernehmen)
hearing/sense of hearing Gehör, Gehörsinn
hearing threshold/ auditory threshold Hörschwelle, Hörgrenze

heart Herz
➢ **auxillary heart** Nebenherz, auxilläres Herz
➢ **frontal heart/frontal sac** Stirnherz
➢ **gill heart/branchial heart (cephalopods)** Kiemenherz
➢ **lateral heart** Lateralherz
➢ **lymph heart** Lymphherz
➢ **tubular heart** Röhrenherz, Herzschlauch
heart beat (simple contraction) Herzschlag (einfache Kontraktion)
heart failure Herzversagen
heart rate (beats per minute: bpm) Herzschlagfrequenz (HF); (pulse) Puls
heart rot (wood) Kernfäule
heart-shaped/cordate/cordiform herzförmig
heart urchins/Spatangoida Herzigel, Herzseeigel
heart valve/ cardiac valve/coronary valve (*see:* "coronary valve" for different types) Herzklappe
heart-weight rule/Hesse's rule ***evol*** Herzgewichtsregel, Reihenregel, Hessesche Regel
heartburn/acid indigestion/pyrosis Sodbrennen
heartwood/duramen Kernholz
heartworm (*Dirofilaria* spp.) Herzwurm
heat ***n phys*** Hitze
heat ***vb phys*** heizen, erhitzen
heat (female) ***zool*** Brunst (weibliche)
➢ **in heat (female)/sexually aroused** brünstig, in der Brunst, geschlechtlich erregt; rossig (Stute); läufig (Hündin)
heat cramps Hitzekrämpfe
heat exchanger Wärmetauscher
heat exhaustion Hitzeerschöpfung
heat of vaporization Verdunstungswärme
heat-resistant/heat-stable hitzebeständig
heat shock Hitzeschock
heat shock gene Hitzeschockgen
heat shock protein Hitzeschockprotein
heat shock reaction/ heat shock response Hitzeschockreaktion
heat tolerance Hitzeverträglichkeit
heat-tolerant hitzeverträglich
heat transfer Wärmeübergang
heat transport Wärmetransport
heat treatment/baking Hitzebehandlung, Backen
heath/heathland Heide, Heideland
heath family/Ericaceae Heidekrautgewächse
heath forest Heidewald
heath sedge Heidegras
heather (*Calluna vulgaris*)/heath Heidekraut
heating coil Heizschlange
heatstroke Hitzschlag
heavy chain (H chain) ***immun*** schwere Kette (H-Kette)
heavy metal contamination Schwermetallverunreinigung, Schwermetallbelastung
hectocotylus/hectocotylized arm/ heterocotylus Geschlechtstentakel, Geschlechtsarm, Hectocotylus
hedge Hecke
hedge clippers Heckenschere
hedge plant Heckenpflanze
hedonic gland (amphibians) hedonische Drüse
heel (mammals) Ferse
heel/calcaneum/calcaneus/ hypotarsus (birds) Fersenbein, Hypotarsus
heel cutting ***bot*** Steckling mit Astring (Stammsteckling)
heelbone/calcaneum/calcaneus/ os calcis Fersenbein
heifer Färse (junge Kuh: noch nicht gekalbt)
height equivalent to theoretical plate (HETP) Trennstufenhöhe
helical/spiraled helical, helikal, treppenhausförmig gewunden, schraubig, spiralig
➢ **irregularly helical (like a snail shell)/cochleate** schraubenartig gewunden, schneckenhausartig gewunden, cochlear

helical ribbon impeller (bioreactor)
Wendelrührer
helicone (gastropod shell)
Kegelspirale
heliconome/serpentine mine
Spiralmine
heliotropism/solar tracking
Heliotropismus, Lichtwendigkeit, Sonnenwendigkeit
helix (*pl* helices or helixes)/spiral
Helix, Spirale (*pl* Helices)
helix-loop-helix
Helix-Loop-Helix (Strukturmotiv)
helix-turn-helix
Helix-Turn-Helix (Strukturmotiv)
hellgrammite/dobson (dobsonfly larva: esp. *Corydalis cornutus*)
Schlammfliegenlarve (Megaloptera)
helophyte/bog plant/marsh plant
Sumpfpflanze, Moorpflanze
helotism Helotismus
Helotium family/Helotiaceae
Becherchen
helper cell Helferzelle
helper T cell/T-helper cell (TH)
T-Helferzelle, Helfer T-Zelle
helper virus Helfervirus
hemadsorption inhibition test (HAI test)
Hämadsorptionshemmtest (HADH)
hemagglutination inhibition test (HI test)
Hämagglutinationshemmtest (HHT)
hemal arch Hämalbogen, Haemalbogen
hemal canal/hemal duct
Hämalkanal, Haemalkanal
hemal system
Hämalsystem, Haemalsystem
hemapophysis
Hämapophyse, unterer Dornfortsatz
hematocrit Hämatokrit
hematocyte/hemocyte
Hämatocyt, Hämatozyt, Hämocyt, Hämozyt, Haematozyt, Blutzelle
hematophagous/sanguivorous/ blood-sucking
blutsaugend, sich von Blut ernährend
hematopoiesis
Haematopoese, Hämatopoese, Blutbildung, Blutzellbildung
heme Häm
Hemerocallidaceae/daylily family
Tagliliengewächse
hemiacetal Halbacetal
hemiangiocarpic/hemiangiocarpous
hemiangiokarp
hemibranch (gill) Hemibranchie
hemichordates/Branchiotremata/ Hemichordata
Hemichordaten, Kragentiere
hemiclitoris/hemiclitores (snakes)
Hemiklitoris(e)
hemicryptophyte Hemikryptophyt
hemicyclic hemizyklisch
hemielytron/hemelytron
Hemielytre, Halbdecke
hemihomocercal
hemihomocerk, hemihomozerk
hemimetabolic development/ hemimetabolous development
hemimetabole Entwicklung
Hemionitidaceae/ strawberry fern family
Nacktfarngewächse
hemiparasite/semiparasite
Hemiparasit, Halbparasit, Halbschmarotzer
hemipenis (snakes) Hemipenis
hemisphere Hemisphäre; Halbkugel
➢ **cerebral hemisphere *anat***
Hirnhemisphäre, Großhirnhälfte
➢ **Eastern Hemisphere *geol* (Earth)**
Osthemisphäre
➢ **global hemisphere *geol* (Earth)**
Erdhemisphäre, Erdhalbkugel, Erdhälfte
➢ **Northern Hemisphere *geol* (Earth)**
Nordhemisphäre, Nordhalbkugel
➢ **Southern Hemisphere *geol* (Earth)**
Südhemisphäre, Südhalbkugel
➢ **Western Hemisphere *geol* (Earth)**
Westhemisphäre
hemizygosity Hemizygotie
hemizygous hemizygot
hemochorial placenta
hemo-choriale Plazenta
hemoendothelial placenta
Labyrinthplazenta

hemoglobin Hämoglobin
hemolymph Hämolymphe
hemorrhage/profuse bleeding Hämorrhagie, Blutung, Blutsturz
hemorrhagic hämorrhagisch, Blutung betreffend, durch Blutung gekennzeichnet
hemp family/Cannabaceae Hanfgewächse
hen Henne
➢ **young hen/pullet** Hühnchen
Henderson-Hasselbalch equation Henderson-Hasselbalch Gleichung, Henderson-Hasselbalchsche Gleichung
HEPA filter (high efficiency particulate air filter) HOSCH-Filter (Hochleistungsschwebstoffilter)
heparin Heparin
hepatic die Leber betreffend, Leber...; *bot* Lebermoose betreffend
hepatic duct/ductus hepaticus Lebergang; Gallengang; *med* (Mensch) gemeinsamer Gallengang an der Leberpforte (nach Vereinigung des r. u. l. Gallengangs)
hepatic lobe Leberlappen
hepatic lobules Leberläppchen
hepatic portal Leberpforte
hepatic sacculation Lebersack, Lebersäckchen, Leberblindsack (*siehe*: Mitteldarmdrüse)
hepatopancreas (decapods) Hepatopankreas, Mitteldarmdrüse
hepatotoxic leberschädigend, hepatotoxisch
heptamer Heptamer
heptamerous siebenteilig
herb/herbaceous plant (annual and biennial)/wort/weed Kraut, Krautpflanze, krautige Pflanze
herb garden Kräutergarten
herbaceous krautig
herbaceous plant/herb Krautpflanze, krautige Pflanze
herbaceous plant layer Krautschicht
herbal ***n*** Kräuterbuch
herbal drug Pflanzendroge
herbarium (*pl* herbariums/herbaria) Herbar (*pl* Herbarien)
➢ **accession** Akzession
➢ **voucher specimen** Belegexemplar
➢ **type specimen** Typusexemplar
➢ **preserve as an herbarium specimen** herbarisieren
herbicide/weed killer Herbizid, Unkrautvernichtungsmittel, Unkrautbekämpfungsmittel
herbivore Herbivore, Pflanzenfresser, pflanzenfressendes Tier
herbivorous pflanzenfressend
herbs/vegetables for soup making Suppengrün
➢ **culinary herbs** Küchenkräuter
Herbst corpuscle *orn* Herbstsches Körperchen
herd/flock ***n*** Herde
herd instinct/herding instinct Herdentrieb, Herdeninstinkt
herding zu einer Herde sammeln
herding (guarding behavior) Herden (Hüteverhalten)
hereditary/heritable hereditär, ererbt, vererbt, erblich, Erb...
hereditary disease/genetic disease/ genetic defect/inherited disease/ heritable disorder Erbkrankheit, erbliche Erkrankung
hereditary information/ genetic information Erbinformation
hereditary material/ genome Erbgut, Erbträger, Erbmaterial, Erbsubstanz, Genom
hereditary relationship Erbverwandtschaft, verwandtschaftliche Beziehung
hereditary trait/ hereditary characteristic Erbmerkmal
heredity/inheritance/transmission (of hereditary traits) Vererbung

heritability
Heritabilität, Erblichkeitsgrad
➢ **broad heritability (H^2)**
allgemeine Erblichkeit
➢ **h. in the narrow sense (h^2)**
Erblichkeit im engeren Sinne
hermaphrodism Hermaphroditismus, Zwittertum, Zwittrigkeit
hermaphrodite Hermaphrodit, Zwitter
➢ **sequential hermaphrodite**
Sukzedanhermaphrodit
➢ **simultaneous/ synchronous hermaphrodite**
Simultanhermaphrodit
hermaphroditic (bisexual)
hermaphroditisch, zwittrig (zweigeschlechtlich)
hermaphroditic duct Zwittergang
hermaphroditic gland/ hermaphroditic gonad/ovotestis
Zwitterdrüse
hermaphroditism/ hermaphrodism
Zwittertum, Zwittrigkeit, Hermaphroditismus
hermatypic/reef-building
hermatypisch, riffbildend
Hernandiaceae/Hernadia family
Eierfruchtbaumgewächse
hernia Hernie, Bruch
herniated (vertebral) disk/ herniated nucleus pulposis
Bandscheibenprolaps/-vorfall
herons & storks & ibises and allies/ Ciconiiformes
Stelzvögel, Schreitvögel
herpetology Herpetologie (Amphibien- und Kriechtierkunde/ Reptilienkunde)
herrings and relatives/Clupeiformes
Heringsfische, Heringsverwandte
hesperidium
Hesperidium, Zitrusfrucht, Citrusfrucht (eine Panzerbeere)
Hesse's rule/heart-weight rule *evol*
Hessesche Regel, Herzgewichtsregel, Reihenregel
heterobasidium (*pl* heterobasidia)
Heterobasidie, Phragmobasidie
heterocarpous
heterokarp, verschiedenfrüchtig
heterocelous/heterocoelous
heterocöl, heterocoel
heterocercal
heterocerk, heterozerk
heterochlamydeous
heterochlamydeisch
heterochromatin Heterochromatin
➢ **constitutive h.**
konstitutives Heterochromatin
➢ **facultative h.**
fakultatives Heterochromatin
heterochronous heterochron
heterochrony/heterochronism
Heterochronie
heterocyclic heterozyklisch
heterodont/anisodont
heterodont, ungleichzähnig
heteroduplex *gen* Heteroduplex
heteroduplex mapping
Heteroduplex-Kartierung
heteroecious/ heterecious/heteroxenous
heterözisch
heteroecy/heteroecism
Heteröcie, Heterözie
heterogametic sex
heterogametisches Geschlecht
heterogamous heterogam
heterogamy
Heterogamie, Heterogonie, zyklische Parthenogenese
heterogeneity
Heterogenität, Ungleichartigkeit, Verschiedenartigkeit, Andersartigkeit
heterogeneous/ consisting of dissimilar parts/ mixed heterogen, ungleichartig, verschiedenartig, andersartig (*antonym*: homogen)
heterogenesis Heterogenese
heterogenetic
heterogenetisch, genetisch unterschiedlichen Ursprungs
heterogenote Heterogenote *f*
heterogenous (of different origin)
heterogen, unterschiedlicher Herkunft
heterogeny/heterogeneity
Heterogenität, Heterogenie, unterschiedlicher Herkunft

heterogony/heterogamy Heterogonie, zyklische Parthenogenese
heterograft ***bot*** Fremdpfropfen, Fremdpfropfung
heterolactic fermentation heterofermentative, unreine Milchsäuregärung
heterologous gene/foreign gene Fremdgen
heterologous probe ***gen*** heterologe Sonde
heterologous probing ***gen*** mit Hilfe einer heterologen Sonde
heteromorphous heteromorph, anders gestaltet, verschiedengestaltig
heterophylly/anisophylly Heterophyllie, Anisophyllie, Verschiedenblättrigkeit, Ungleichblättrigkeit
heteroplasmy Heteroplasmie
heteropolar bond heteropolare Bindung
heteropolymer Heteropolymer
heteroscedasticity ***stat*** Varianzheterogenität, Heteroskedastizität
heterosis/hybrid vigor Heterosis, Bastardwüchsigkeit
heterostyly Heterostylie, Verschiedengriffeligkeit
heterothermic heterotherm
heterothermy Heterothermie
heterotroph/heterotrophic ("other-feeding") heterotroph
heterotrophy Heterotrophie
heterotypic heterotypisch
heterozygosity Heterozygotie, Mischerbigkeit
➢ **loss of heterozygosity (LoH)** Verlust der Heterozygotie, Heterozygotieverlust
heterozygote Heterozygote
➢ **compound heterozygote** zusammengesetzt-heterozygot, compound-heterozygot
➢ **double heterozygote** doppelt-heterozygot
heterozygote advantage Heterozygotenvorteil
heterozygous heterozygot, mischerbig
heuristic heuristisch
hexacanth larva/hooked larva/ oncosphere (cestodes) Sechshakenlarve, Oncosphaera-Larve
hexacorallians/hexacorals/ Hexacorallia Hexacorallia
hexamer/hexon ***vir*** Hexamer, Hexon
hexose monophosphate shunt (HMS)/ pentose phosphate pathway/ pentose shunt/ phosphogluconate oxidative pathway Hexosemonophosphatweg, Pentosephosphatweg, Phosphogluconatweg
hibernaculum/winter bud Hibernaculum, Hibernakel, Dauerknospe, Winterknospe
hibernate/overwinter überwintern
hibernation/overwintering Überwinterung, Winterschlaf
hide/conceal ***vb*** verstecken
hide ***n zool*** **(esp. large/heavy skins: cowhide)** Fell, Haut
hideout/hideaway/hiding place/ retreat/refuge Versteck, Unterschlupf
hiding/concealment Verstecken
hierarchical hierarchisch
hierarchy Hierarchie, Rangfolge, Rangordnung
high density lipoprotein (HDL) Lipoprotein hoher Dichte
high-energy bond energiereiche Bindung
high-energy compound energiereiche Verbindung
high fructose corn syrup Isomeratzucker, Isomerose
high-level expression ***gen*** Überexpression
high mobility group (HMG-box) Gruppe von hoher Beweglichkeit
high-molecular hochmolekular
high-pressure liquid chromatography/high performance liquid chromatography (HPLC) Hochdruckflüssigkeits-chromatographie, Hochleistungschromatographie

high throughput Hochdurchsatz
high tide/flood Tide, Flut
high voltage electron microscopy (HVEM)
Höchstspannungselektronenmikroskopie, Hochspannungselektronenmikroskopie
higher plants höhere Pflanzen
highland Hochland
highmoor peat/ sphagnum peat/moss peat
Hochmoortorf
hill Hügel
hill country/rolling countryside
Hügelland
Hill coefficient/Hill constant
Hill-Koeffizient, Kooperativitätskoeffizient
Hill equation Hill-Gleichung
Hill plot Hill-Auftragung
Hill reaction Hill-Reaktion
hillside/hill slope/ mountainside/mountain slope
Hang, Abhang (Hügel/Berg)
hillside location/slope location
Hanglage
hilly hügelig
hilly terrain hügeliges Gelände, Hügellandschaft
hilum/funiculus scar
Hilum, Nabel, Samennabel
hindbrain/rhombencephalon
Rautenhirn, Rhombencephalon
hindgut ***embr*** Hinterdarm
hindgut/proctodeum
Hinterdarm, Enddarm (Colon & Rectum), Proctodaeum
hindlegs/posterior legs
Hinterbeine
hindlimb Hinterextremität
hindpaw Hinterpfote
hindquarter(s)/haunch
Hinterteil, Hinterleib, Hinterviertel (Pferd: Hinterhand)
hindwing Hinterflügel (Unterflügel)
hinge Scharnier, Gelenk; Schlossleiste (Muscheln)
hinge (immunglobulin molecule/ collagen type VII molecule)
Gelenk (Immunglobulinmolekül/ Kollagen Typ VII-Molekül)
hinge joint/ginglymus joint
Scharniergelenk
hinge ligament
Schlossligament, Schlossband
hinge socket (bivalves) Zahngrube (an Schloss der Muschelschale)
hinge teeth (bivalves)
Schlosszähne
hinny
(♀ ass/donkey x ♂ horse stallion)
Maulesel (Eselstute x Pferdehengst)
hip Hüfte
➢ **point of hip/ coxal tuber/tuber coxae**
Hüfthöcker
hip/rose hip ***bot*** Hagebutte
hip joint/coxal joint/coxa ***vert/entom***
Hüftgelenk, Coxa
hipbone/innominate bone/os coxae (lateral half of pelvis)
Hüftbein, Hüftknochen (Beckenhälfte: Darmbein, Sitzbein, Schambein)
Hippocastanaceae/buckeye family/ horse chestnut family
Rosskastaniengewächse
Hippuridaceae/marestail family/ mare's-tail family
Tannenwedelgewächse
hirsute (with coarse/stiff hairs)
rauhaarig, borstig
hispid (with stiff hairs/spines/bristles)
kurzborstig, steifhaarig
hiss (e.g., snake) fauchen, zischen
histamine Histamin
histidine Histidin
histiocyte (*actually:* macrophage)
Histiozyt, Gewebswanderzelle, Gewebs-Makrophage (*eigentlich:* Makrophage)
histocompatibility
Histokompatibilität, Gewebeverträglichkeit
histocompatibility antigen
Histokompatibilitätsantigen
➢ **major histocompatibility antigens**
Haupthistokompatibilitätsantigene
➢ **minor histocompatibility antigens**
Nebenhistokompatibilitätsantigene

histocompatibility complex Histokompatibilitätskomplex
➤ **major histocompatibility complex (MHC)** Haupthistokompatibilitätskomplex
histogram *stat* Histogramm
➤ **frequency histogram** Häufigkeitshistogramm
histoincompatibility Histoinkompatibilität, Gewebeunverträglichkeit
histology Histologie, Gewebelehre
histone Histon
histone-like protein histonartiges Protein
HLA complex (human leucocyte antigen complex) menschlicher Leukozytenantigenkomplex
hoard/hoard up *vb* hamstern, raffen, horden
hoarding *n* Hamstern
hoarding of food Vorratshaltung
hoarfrost/white frost (fine/feathery) feinflockiger Reif, Raureif
hock (quadrupeds: horse/cattle) Sprunggelenk (Knöchel)
hock (slaughter animals) Hachse (Sprunggelenk der Schlachttiere)
hock *orn* Mittelfußgelenk
hoe culture/cultivation/agriculture Hackkultur, Hackbau
hog/swine/pig Schwein
hog cholera/swine fever (viral) Schweinefieber
Hogness box/ Goldberg-Hogness box/TATA box Hogness-Box, TATA-Box
holandric holandrisch
holandry Holandrie
hold-up time *biot* Rückhaltezeit, Verweildauer, Aufenthaltsdauer
holdfast/appressorium Haftscheibe, Haftorgan, Senker; Rhizoid (kelp/mosses); Appressorium
holdfast root Haftwurzel
hole/burrow Erdhöhle, Erdloch, Bau
holistic holistisch
Holliday structure *gen* Holliday-Struktur
hollow *adj/adv* hohl
hollow bone/pneumatic bone Hohlknochen
hollow impeller shaft *biot* (bioreactors) Hohlwelle (Rührer in Bioreaktoren)
hollow stirrer *biot* Hohlrührer
holly family/Aquifoliaceae Stechpalmengewächse
holobasidium (*pl* holobasidia)/ homobasidium Holobasidie (*pl* Holobasidien), Homobasidie
holoblastic cleavage/ complete cleavage holoblastische/vollständige/totale Furchung
holobranch (gill) Holobranchie (Kieme)
holocarpic holokarp
Holocene/Recent/Holocene Epoch/ Recent Epoch Holozän, Jetztzeit, Alluvium (erdgeschichtliche Epoche)
holocrine holokrin
holoenzyme Holoenzym
hologynic hologyn
hologyny Hologynie
holometabolic/holometabolous holometabol
holometabolic development holometabole Entwicklung
holometabolism Holometabolie
holometabolous/holometabolic holometabol
holomictic holomiktisch
holonephros Holonephros
holoparasite/obligate parasite Holoparasit, Vollschmarotzer, Vollparasit
holotype Holotypus, Holotyp, Holostandard
home range *ecol* Aktionsraum, Streifgebiet
homeobox gene/*Hox* gene Homöobox-Gen, *Hox*-Gen
homeodomain *gen* Homöodomäne
homeostasis Homöostase, Homöostasie
homeotic gene homöotisches Gen
homeotic mutation homöotische Mutation
homing/philopatry *ethol* Ortstreue

homing instinct Heimkehrvermögen, Heimfindevermögen, Zielflug
homing receptor (lymphocyte surface protein) *homing*-Rezeptor
hominy (soaked/washed/ hulled corn kernels) eingeweichte/gewaschene/geschälte Maiskörner
hominy grits/corn grits (U.S.: coarse cornmeal) Maisgrütze, Maisgrieß, grobes Maismehl
homocelous homocöl, homocoel
homocercal homocerk, homozerk
homodont/isodont homodont, gleichartig bezahnt
homoduplex ***gen*** Homoduplex
homeosmotic/homoiosmotic homoiosmotisch
homeotherm/homoiotherm/ warm-blooded animal Homoiotherme, Warmblütler
homeothermic/homoiothermic/ endothermic/warm-blooded homoiotherm, gleichwarm, endotherm, warmblütig
homeothermy/homoiothermy/ homoiothermism/ warm-bloodedness Homoiothermie, Warmblütigkeit
homogametic sex homogametisches Geschlecht
homogamy Homogamie
homogenate ***n*** Homogenat
homogeneity (with same kind of constituents) Homogenität, Einheitlichkeit, Gleichartigkeit
homogeneous (having same kind of constituents) homogen, einheitlich, gleichartig
homogenization Homogenisation, Homogenisierung
homogenize homogenisieren
homogenizer Homogenisator
homogenote Homogenote *f*
homogenous (of same origin) homogen, gleicher Herkunft
homogentisic acid Homogentisinsäure
homogeny/homogeneity Homogenität
homograft/syngraft/allograft Homotransplantat, Allotransplantat
homoiochlamydeous/ homochlamydeous homoiochlamydeisch, gleichartige Hüllblätter
homoiosmotic/homeosmotic homoiosmotisch
homoiotherm/homeotherm/ warm-blooded animal Homoiotherme, Warmblütler
homoiothermic/homeothermic/ endothermic/warm-blooded homoiotherm, gleichwarm, endotherm, warmblütig
homoiothermy/homeothermy/ homoiothermism/ warm-bloodedness Homoiothermie, Warmblütigkeit
homolactic fermentation homofermentative Milchsäuregärung, reine Milchsäuregärung
homologization Homologisierung
➢ **analogization** Analogisierung
homologize homologisieren
➢ **analogize** analogisieren
homologous homolog, ursprungsgleich
➢ **analogous** analog, funktionsgleich
homologous chromosome homologes Chromosom
homologous recombination homologe Rekombination
homologous theory/ transformation theory of alternation of generations homologer Generationswechsel
homology Homologie, Ursprungsgleichheit
➢ **analogy** Analogie
homonomous homonom
homonym Homonym
homonymous/homonymic homonym
homonymy Homonymie
homopolar bond/nonpolar bond homopolare Bindung
homopolymer Homopolymer

homopterans (cicadas & aphids & scale insects)/Homoptera Pflanzensauger
homoscedasticity ***stat*** Varianzhomogenität, Varianzgleichheit, Homoskedastizität
homoserine Homoserin
homotype Homotyp
homotypic homotypisch
homozygosity Homozygotie (Reinerbigkeit/Reinrassigkeit)
homozygous (true-bred/pure-bred) homozygot (reinerbig/reinrassig)
honey Honig
➢ **comb honey** Scheibenhonig
honey crop/honey stomach/ honey sac (bees) Kropf, Honigmagen
honey guide ***bot*** Honigmal
honeybush family/Melianthaceae Honigstrauchgewächse
honeycomb Wabe, Honigwabe
honeycomb stomach/ honeycomb bag/ second stomach/reticulum Netzmagen, Haube, Retikulum
honeycombed/favose/faveolate/ alveolate/deeply pitted wabig, wabenförmig; kleingrubig
honeydew Honigtau
honeysuckle family/Caprifoliaceae Geißblattgewächse
hood ***zool*** **(*****Nautilus*****)** Kopfkappe
hood/fume hood ***chem/lab*** Abzug, Rauchabzug, Dunstabzugshaube
hoof (***pl*** **hoofs/hooves)/ungula** Huf, Lauf (Huftier)
➢ **bar/pars inflexa lateralis** Eckstrebe
➢ **bulb/pad** Hufballen
➢ **buttress of heel/angle of heel/ angle of wall** Trachte
➢ **coffin bone/pedal bone** Hufbein
➢ **collateral groove/commissure/ sulcus paracunealis** seitliche Strahlfurche
➢ **cuneal cushion/pulvinus cunealis** Strahlkissen, Strahlpolster
➢ **digital cushion/plantar cushion/ pulvinus digitalis** Hufkissen (Strahlkissen + Ballenkissen)
➢ **forehoof/toe** Vorderhuf, Zeh
➢ **frog/cuneus ungulae** Hufstrahl
➢➢**cleft of frog/median cleft/ central cleft/central groove/ central sulcus/** ***sulcus cunealis centralis*** mittlere Strahlfurche
➢➢**crus of frog/crus cunei** Strahlschenkel
➢➢**horny frog/cuneus corneus** Hornstrahl
➢➢**point of frog/apex cunei** Strahlspitze
➢ **heel/buttress** Trachte
➢ **heel wall/wall of heel** Trachtenwand
➢ **limbus** Saum
➢ **navicular bone/distal sesamoid/ os sesamoideum distale** Strahlbein, distales Sesambein
➢ **navicular bursa/ bursa podotrochlearis (hoof)** Hufrollenschleimbeutel
➢ **pastern bone → long pastern/ first phalanx** Fesselknochen, Fesselbein
➢ **pastern bone → short pastern/ small pastern bone/ second phalanx/middle phalanx** Kronbein
➢ **quarter (pars lateralis: side of wall between toe and heel)** Seitenwand, Seitenteil
➢ **seat of corn*** Eckstrebenwinkel, Sohlenwinkel (*corn >cornu >horn = hardening/ thickening of epidermis)
➢ **semilunar zone (podotrochlea)** Hufrolle
➢ **toe** Zehe
➢ **toe wall** Zehenwand, Zehenteil, Rückenteil
hoof bar Eckstrebe
hoof capsule Hufkapsel
hoof dermis (corium) Hufléderhaut
hoof-like/ungulate hufartig
hoof plate Hufplatte
hoof-shaped/unguliform hufförmig

hoof sole (horny sole)
Hufsohle (Hornsohle)
hoof wall (paries corneus)
Hufwand, Hufwall
hoofed/hooved/ungulate
behuft, mit Hufen, Huf...
hoofed game Schalenwild
hoofed mammals/ungulates
Huftiere
hoofprint Hufabdruck (Spur)
hook Haken
hook-shaped/unciform/hamiform
hakenförmig
hooked/hook-like/uncinate/hamate
hakig
hooklet/barbicel/
hamulus (*pl* hamuli)
Häkchen, Hamulus (an Feder)
hookworms
(*Ancylostoma/Necator* spp.)
Hakenwürmer
hoot (owl) heulen, schreien
hop (e.g., rabbit) hoppeln
hop/jump/skip/leap hüpfen
hops Hopfen
horizon Horizont
➢ **boulder layer/loose rock layer**
(C-horizon)
Untergrund (C-Horizont)
➢ **fermentation layer (soil)**
Fermentationsschicht,
Vermoderungshorizont
➢ **litter layer *bot* (forest)**
Streuschicht, Streuhorizont, Förna
➢ **soil horizon** Bodenhorizont
➢ **subsoil**
(zone of accumulation/illuviation)
Unterboden,
unterer Mineralhorizont
(B-Horizont)
➢ **time horizon** Zeithorizont
➢ **topsoil**
(zone of leaching/eluviation)
Oberboden, Krume, Bodenkrume,
Bodendeckschicht,
oberer Mineralhorizont
➢ **zone of accumulation/**
zone of illuviation (B-horizon)
Einwaschungshorizont
horizontal gel/flat bed gel
horizontal angeordnetes Plattengel
horizontal transmission *gen/med*
horizontale Transmission,
horizontale Übertragung
hormocyst *fung/lich* Hormocyste
hormocystangium Hormocystangium
hormonal hormonal, hormonell
hormone Hormon
➢ **adrenaline/epinephrine**
Adrenalin, Epinephrin
➢ **adrenocorticotropic hormone/**
corticotropin (ACTH)
adrenocorticotropes Hormon,
Kortikotropin, Adrenokortikotropin
➢ **aldosterone** Aldosteron
➢ **androsterone** Androsteron
➢ **antidiuretic hormone (ADH)/**
vasopressin
antidiuretisches Hormon (ADH),
Adiuretin, Vasopressin
➢ **atrial natriuretic peptide (ANP)/**
atrial natriuretic factor (ANF)/
atriopeptin atriales natriuretisches
Peptid (ANP), Atriopeptin
➢ **calcitonin** Calcitonin, Kalzitonin
➢ **cholecystokinin-pancreozymin**
(CCK-PZ) Cholecystokinin-
Pankreozymin (CCK-PZ)
➢ **corticoliberin/corticotropin-**
releasing hormone (CRH)/
corticotropin-releasing factor
(CRF) Corticoliberin, Corticotropin-
freisetzendes Hormon, corticotropes
Releasing-Hormon (CRH)
➢ **corticosterone**
Corticosteron, Kortikosteron
➢ **corticotropin/**
adrenocorticotropic hormone
(ACTH) Corticotropin, Kortikotropin,
Adrenokortikotropin,
adrenokortikotropes Hormon (ACTH)
➢ **cortisol/hydrocortisone**
Cortisol, Hydrocortison
➢ **cortisone** Cortison, Kortison
➢ **endorphin** Endorphin, Endomorphin
➢ **epinephrine/adrenaline**
Epinephrin, Adrenalin
➢ **erythropoietin/**
erythropoiesis-stimulating factor
(ESF) Erythropoetin
➢ **estrogen** Östrogen
➢ **estrone** Östron, Estron

- **follicle-stimulating hormone (FSH)** Follitropin, follikelstimulierendes Hormon (FSH)
- **gastric inhibitory peptide (GIP)/ glucose-dependent insulin-release peptide** gastrointestinal-inhibitorisches Peptid, gastrisches Inhibitor-Peptid (GIP), glucoseabhängiges Insulin-releasing-Peptid
- **gastricsin/pepsin C** Gastricsin (Pepsin C)
- **gastrin** Gastrin
- **gestagen/progestin** Gestagen, Progestin, Corpus-luteum-Hormon, „Schwangerschaftshormon"
- **glucagon** Glucagon, Glukagon
- **glucocorticoids** Glukokortikoide
- **gonadoliberin/gonadotropin releasing hormone, factor (GnRH/GnRF)** Gonadoliberin, Gonadotropin-Freisetzungshormon
- **gonadotropin** Gonadotropin
- **gonadotropin releasing hormone, factor (GnRH/GnRF)/gonadoliberin** Gonadotropin-Releasing Hormon, Gonadoliberin
- **growth hormone (GH)/ somatotropin** Wachstumshormon, Somatotropin, somatotropes Hormon
- **human chorionic gonadotropin (hCG)** Choriongonadotropin (hCG)
- **human growth hormone (hGH)/ human somatotropin** menschliches Wachstumshormon (Somatotropin, somatotropes Hormon)
- **human placental lactogen (HPL)/ human chorionic somatomammotropin (HCS)** Plazentalaktogen
- **inhibin** Inhibin
- **insulin** Insulin
- **interstitial-cell stimulating hormone (ICSH)/luteinizing hormone (LH)** zwischenzellstimulierendes Hormon, Lutropin, Luteotropin, luteinisierendes Hormon (LH)
- **juvenile hormone (JH)** Juvenilhormon
- **luteinizing hormone (LH)/ interstitial-cell stimulating hormone (ICSH)** Lutropin, Luteotropin, luteinisierendes Hormon (LH), zwischenzellstimulierendes Hormon
- **melanocyte-stimulating hormone (MSH)** Melanotropin, melanozytenstimulierendes Hormon (MSH)
- **melanoliberin/ melanotropin releasing hormone/ melanotropin releasing factor (MRH/MRF)** Melanoliberin, Melanotropin-Freisetzungshormon
- **melatonin** Melatonin
- **molt-inhibiting hormone (MIH)** häutungshemmendes Hormon
- **Mullerian inhibiting hormone (MIH)** Anti-Müller-Hormon (AMH)
- **norepinephrine/noradrenaline** Norepinephrin, Noradrenalin
- **oxytocin** Oxytocin, Oxytozin
- **parathyroid hormone/ parathyrin/parathormone (PTH)** Nebenschilddrüsenhormon, Parathyrin, Parathormon (PTH)
- **phytohormone** Phytohormon, Pflanzenwuchsstoff
- **progesterone** Progesteron
- **prolactin (PRL)/ luteotropic hormone (LTH)** Prolaktin, Prolactin (PRL), Mammatropin, mammotropes Hormon, lactotropes Hormon, luteotropes Hormon (LTH)
- **prolactoliberin/ prolactin releasing hormone/ prolactin releasing factor (PRH/PRF)** Prolaktoliberin, Prolaktin-Freisetzungshormon
- **prostaglandin** Prostaglandin
- **relaxin** Relaxin
- **releasing hormone/ release hormone/ releasing factor/release factor** Freisetzungshormon, Freisetzungsfaktor, freisetzendes Hormon, freisetzender Faktor

- **secretin** Secretin, Sekretin
- **sex hormone** Sexualhormon
- **somatoliberin/ somatotropin release-hormone/ somatotropin releasing factor (SRF)/growth hormone release hormone/factor (GRH/GRF)** Somatoliberin, Somatotropin-Freisetzungshormon
- **somatomedin/ insulin-like growth factor (IGF) (sulfation factor/ serum sulfation factor)** Somatomedin
- **somatostatin/ somatotropin release-inhibiting factor/ growth hormone release-inhibiting hormone (GRIH)** Somatostatin
- **somatotropin (STH)/ growth hormone (GH)** Somatotropin, somatotropes Hormon, Wachstumshormon
- **testis-determining factor (TDF)** Testis-Determinationsfaktor
- **testosterone** Testosteron
- **thyroliberin/ thyreotropin releasing hormone/ factor (TRH/TRF)** Thyroliberin, Thyreotropin-Freisetzungshormon (TRH/TRF)
- **thyrotropin/ thyroid-stimulating hormone (TSH)** Thyr(e)otropin, Tyrotropin, thyreotropes Hormon, thyreoideastimulierendes Hormon
- **thyroxine (*also:* thyroxin)/ tetraiodothyronine (T_4)** Thyroxin
- **triiodothyronine (T_3)** Triiodthyronin
- **vasoactive intestinal polypeptide (VIP)** vasoaktives intestinales Peptid (VIP)
- **vasopressin/ antidiuretic hormone (ADH)** Vasopressin, Adiuretin, antidiuretisches Hormon (ADH)
- **vasotocin** Vasotocin

horn Horn
- **horns** Gehörn, Hörner (antlers) Geweih

horn sharks/Heterodontiformes Doggenhaiartige

horn tubule (hoof) Hornröhrchen

horned/cornigerous gehörnt

horned pondweed family/ Zannichelliaceae Teichfadengewächse

hornworm (hawk moth/sphinx moth larva) Schwärmerlarve, Schwärmerraupe (mit Afterhorn)

hornwort Hornmoos

hornwort family/Ceratophyllaceae Hornblattgewächse

horny Horn..., aus Horn, hornig

horny/excited sexually sexuell erregt, geschlechtlich sein, geil sein

horny cell Hornzelle

horny corals/gorgonian corals/ gorgonians/Gorgonaria Hornkorallen, Rindenkorallen

horny frog/foot pad (hoof) Hornstrahl

horny hoof/hoof capsule (horse) Hornschuh, Hufkapsel

horny layer Hornschicht

horny sole (hoof) Hornsohle

horny sponges/Cornacuspongiae Hornschwämme, Netzfaserschwämme

horny wall (hoof) Hornschuhwand, Hornwand, Hufwand

horotelic horotelisch

horotely Horotelie

horse Pferd
- **black horse** Rappe
- **broodmare** Zuchtstute
- **colt (male horse/pony under 4 years)** männliches Fohlen/Füllen
- **dam (mother animal)** Muttertier
- **dapple-grey horse** Apfelschimmel
- **filly (female horse/pony under 4 years)** weibliches Fohlen/Füllen, Stutenfohlen

- ➢ **flea-bitten grey horse/ flea-bitten white horse** Fliegenschimmel
- ➢ **grey horse** Schimmel
- ➢ **hinny (♀ ass/donkey x ♂ horse stallion)** Maulesel (Eselstute x Pferdehengst)
- ➢ **mare** Stute
- ➢ **mule (♀ horse x ♂ ass/donkey)** Maultier (Pferdestute x Eselhengst)
- ➢ **mustang (small naturalized horse of western plains)** Mustang (verwildertes Präriepferd)
- ➢ **roan (red roan/strawberry roan)** Rotschimmel
- ➢ **sire (male parent)** Vatertier, männliches Stammtier (Pferd: Beschäler/Zuchthengst)
- ➢ **skewbald horse** Schecke
- ➢ **stallion** Hengst (Zuchthengst: stud/studhorse)
- ➢ **stock horse** Zuchtpferd
- ➢ **stud (group of horses bred and kept by one owner)** Gestüt
- ➢ **studhorse/stud (*see:* stallion)** Zuchthengst, Schälhengst, Deckhengst, Beschäler
- ➢ **thoroughbred** Vollblut
- ➢ **white horse** weißer Schimmel

horse chestnut family/ buckeye family/Hippocastanaceae Rosskastaniengewächse

horse latitudes Rossbreiten

horse radish peroxidase Meerrettichperoxidase

horsehair worms/hairworms/ threadworms/gordian worms/ nematomorphans/ nematomorphs/Nematomorpha Saitenwürmer

horseradish tree family/Moringaceae Moringagewächse, Bennussgewächse, Behennussgewächse, Pferderettichgewächse

horseshoe crabs/Xiphosura Pfeilschwanzkrebse

horsetail/scouring rush Schachtelhalm

horsetail family/Equisetaceae Schachtelhalmgewächse

horticultural show/ horticultural exhibit Blumenschau, Gartenschau, Gartenbauausstellung

horticulture/gardening Gartenbau; Gärtnerei, Gärtnern

horticulturist/gardener Gärtner

host Wirt (*allg* Wirtsorganismus/Wirtstier)

- ➢ **alternate host** Wechselwirt
- ➢ **containment host** Sicherheitswirt
- ➢ **final host** Endwirt
- ➢ **intermediary host** Zwischenwirt
- ➢ **main host/primary host/ definitive host** Hauptwirt
- ➢ **non-permissive host** nicht-permissiver Wirt
- ➢ **paratenic host/transfer host** paratenischer Wirt, Sammelwirt, Stapelwirt, Transportwirt
- ➢ **permissive host** permissiver Wirt
- ➢ **reservoir host** Reservoirwirt
- ➢ **secondary host** Nebenwirt
- ➢ **wrong host/accidental host** Fehlwirt, Irrwirt

host animal Wirtstier

host cell Wirtszelle

host organism Wirtsorganismus

host plant Wirtspflanze

host race Wirtsrasse

host range Wirtsspektrum, Wirtsbereich

host specificity Wirtsspezifität

hostile commensalism/ synechthry/synecthry Raubgastgesellschaft, Synechthrie

hot plate *lab* Heizplatte

hot spot Hot-Spot, sensible Position (Stelle in einem Gen mit hoher Mutabilität)

hot spring heiße Quelle

hotbed/forcing bed *hort* (cold frame & heating) beheizter glasgedeckter Pflanzkasten (Frühbeet/Treibbeet); (heated with fermenting manure) Mistbeet

hothouse (greenhouse) Warmhaus (Gewächshaus)

hourglass (*Latrodectus*) *arach* Sanduhr

house bee Stockbiene

house plant Zimmerpflanze
housekeeping gene konstitutives Gen, Haushaltungsgen, Haushaltsgen
hovering *orn* Schweben, in der Luft stehen
hovering flight (hummingbirds) Schwirrflug (Kolibris)
howl heulen
hub/nub (web) *arach* Netznabe
huddle kuscheln, schmiegen; kauern
huddling *ethol* Kontaktverhalten
HUGO (Human Genome Project) Menschliches Genomprojekt
hull (e.g., cereal seed husk/ grain husk/outer covering) Schale, Hülle, Hülse (Samenschale); Außenkelch
hum/buzz (insects/hummingbirds etc.) summen
human *adj/adv* menschlich, den Menschen betreffend, human, Human...
human/human being Mensch
human artificial chromosome (HAC) künstliches Humanchromosom, künstliches menschliches Chromosom
human chorionic gonadotropin (hCG) menschliches Choriongonadotropin
human genetics Humangenetik, Anthropogenetik
human growth hormone (hGH)/ human somatotropin menschliches Wachstumshormon (Somatotropin/somatotropes Hormon)
human leucocyte antigen complex (HLA complex) menschlicher Leukozytenantigen-Komplex (HLA-Komplex)
human placental lactogen (HPL)/ human chorionic somatomammotropin (HCS) Plazentalaktogen
Human Genome Project (HUGO) Menschliches Genomprojekt
human race *sensu* **human species** Mensch, Menschen, Menschheit
humanity Menschheit
humanize vermenschlichen; der menschlichen Natur anpassen
humankind/humans Menschheit, Menschengeschlecht
humanlike menschenähnlich
humeral cross-vein Humeralquerader
humeral feathers/humerals/ tertiaries/tertial feathers Humeralflügel
humic acid Huminsäure
humid/moist feucht
humid biotope Feuchtbiotop
humidifier/mist blower/sprayer Zerstäuber, Wasserzerstäuber
humidify befeuchten
humidity/moisture Feuchtigkeit, Feuchte
humification Humifizierung, Humifikation, Humusbildung
humify humifizieren
hummingbirds/Trochiliformes Kolibris
hummock/hillock/tussock Bult, Bülte
humor/body fluid Humor, Körperflüssigkeit
➢ **aqueous humor (eye)** Kammerwasser
hump (cattle/camels) Höcker, Fetthöcker
hump/bulge/knoll/mound Buckel, Erhebung
humped höckerig, buckelig
humpless ohne Höcker
humus Humus
➢ **duff (raw humus)** humöser/humusartiger Waldboden (Rohhumus)
➢ **moder (humus layer)** Moder
➢ **mor humus (acid pH)** Rohhumus, saurer Auflagehumus; Trockentorf
➢ **mull humus/mull (near neutral pH)** Mull (milder Dauerhumus)
➢ **raw humus/skeletal humus** Rohhumus
➢ **unstable humus/ friable humus/crustable humus** Nährhumus
humus layer Humusschicht, Humusauflage

hunch/guess/assumption Vermutung, Annahme
hunger Hunger
hungry hungrig
hunt *vb* jagen
hunt/hunting *n* Jagd, Jägerei
hunter Jäger
hunter-gatherer Jäger-Sammler
hunting ground Wildbahn
hunting range/hunting grounds/ hunting territory Jagdgründe
Huperziaceae/fir clubmoss family Teufelsklauengewächse
hurricane (+115 km/h) Hurrikan, Orkan
hurt/be painful schmerzen
husk (corn) Liesche, Maishülse
husk/coat/cover Schale, Schutzschicht, Hülle
husk/glume (small bract) Spelze
husk/pod Hülse, Schote, Schale
hutch/coop/pen (e.g., chickens) kleiner Tierkäfig, kleiner Verschlag, Auslauf (z.B. Geflügelstall)
hyacinth family/Hyacinthaceae Hyazinthengewächse
hyaline/clear/transparent hyalin, glasartig, klar, glasklar, durchsichtig
hyaline cartilage hyaliner Knorpel
hyaline cell Hyalinzelle, Hyalocyt
hyaluronic acid Hyaluronsäure
hybrid/crossbred *adj/adv* hybrid, durch Kreuzung erzeugt
hybrid/crossbreed *n* Hybride, Hybrid, Mischling, Bastard
hybrid antibody bispezifischer Antikörper
hybrid-arrest translation (HART) hybridarretierte Translation
hybrid cell Hybridzelle
hybrid DNA/chimeric DNA Hybrid-DNA
hybrid-release translation (HRT) Hybrid-Freisetzungstranslation
hybrid sterility Hybridensterilität, Bastardsterilität
hybrid swarm Hybridschwarm, Bastardschwarm (Bastardpopulation)
hybrid vigor/heterosis Bastardwüchsigkeit, Heterosis
hybrid zone Hybridisierungzone, Bastardisierungszone
hybridization/bastardization Hybridisierung, Bastardisierung
- ➢ **CISS (chromosomal in situ suppression hybridization)** chromosomale in-situ Suppressionshybridisierung
- ➢ **comparative genome hybridization (CGH)** vergleichende Genomhybridisierung
- ➢ **competition hybridization** Kompetitionshybridisierung
- ➢ **cross hybridization** Kreuzhybridisierung
- ➢ **DNA(RNA)-driven hybridization** DNA(RNA)-getriebene Hybridisierung
- ➢ **exhaustion hybridization** Erschöpfungshybridisierung
- ➢ **fluorescence-in-situ-hybridization (FISH)** Fluoreszenz-In-Situ-Hybridisation
- ➢ **in situ hybridization** In-Situ-Hybridisierung
- ➢ **sandwich hybridization** Sandwich-Hybridisierung
- ➢ **saturation hybridization** Sättigungshybridisierung
- ➢ **whole-mount in-situ-hybridization** Gesamt-in-situ-Hybridisierung

hybridize hybridisieren
hybridoma Hybridom
hydathode/ water stoma/water pore Hydathode, Wasserspalte
hydatid Hydatide
hydnora family/Hydnoraceae Lederblumengewächse
hydracid Wasserstoffsäure
hydrangea family/Hydrangeaceae Hortensiengewächse
hydranth (Cnidaria) Hydranth
hydrate *n* Hydrat
hydrate *vb* hydratisieren (mit Wasser reagieren)

hydration/solvation
Hydratation, Hydratisierung, Solvation (Wassereinlagerung, Wasseranlagerung)
➢ **dehydration**
Dehydratation (Wasserverlust)
➢ **rehydration**
Rehydratation (Wasserwiederaufnahme), Rehydrierung
hydration shell
Hydratationsschale, Hydrathülle, Wasserhülle
hydric hydrisch
hydrocarbons (HCs)
Kohlenwasserstoffe (KW)
➢ **chlorinated hydrocarbons (CHCs)**
chlorierte Kohlenwasserstoffe (CKW)
➢ **chlorofluorocarbons/chloro-fluorinated hydrocarbons (CFCs)**
Fluorchlorkohlenwasserstoffe (FCKW)
➢ **fluorinated hydrocarbons (FHCs)**
Fluorkohlenwasserstoffe (FKW)
Hydrocharitaceae/frog-bit family/ tape grass family/elodea family
Froschbissgewächse
hydrochory/water-dispersal
Hydrochorie, Wasserausbreitung
hydrocoel/hydrocoele Hydrocoel
hydrocoles/aquatic animals
Wassertiere
Hydrocotylaceae/pennywort family
Wassernabelgewächse
hydrogen (H) Wasserstoff
hydrogen bacteria (aerobic hydrogen-oxidizing bacteria)
Knallgasbakterien, Wasserstoffbakterien
hydrogen bond
Wasserstoffbrücke, Wasserstoffbrückenbindung
hydrogen cyanide/hydrocyanic acid/ prussic acid
Blausäure, Zyanwasserstoff
hydrogen electrode
Wasserstoff-Elektrode
hydrogen peroxide
Wasserstoffperoxid
hydrogenate hydrieren (Anlagern von Wasserstoff)
hydrogenation
Hydrierung; Hydrogenierung (Wasserstoffanlagerung)
hydrologic cycle/water cycle
Wasserkreislauf
hydrolysis Hydrolyse, Wasserspaltung
hydrolytic
hydrolytisch, wasserspaltend
hydronasty Hydronastie
hydrophilic (water-attracting/water-soluble)
hydrophil (wasseranziehend/wasserlöslich)
hydrophilicity (water-attraction/water-solubility)
Hydrophilie (wasseranziehend/wasserlöslich)
hydrophobic (water-repelling/water-insoluble)
hydrophob (wasserabweisend/ wasserabstoßend/wasser-unlöslich)
hydrophobicity (water-insolubility)
Hydrophobie (wasserabweisend/ wasserabstoßend/wasser-unlöslich)
Hydrophyllaceae/waterleaf family
Wasserblattgewächse
hydrophyte/aquatic plant
Hydrophyt, Wasserpflanze
hydroponics (soil-less culture/ solution culture) Hydrokultur
hydrosere ***ecol*** Hydroserie
hydroskeleton/hydrostatic skeleton
Hydroskelett, hydrostatisches Skelett
hydrosphere
Hydrosphäre, Wasserhülle
hydrostachys family/ Hydrostachyaceae
Wasserröhrengewächse
hydrothermal vent
hydrothermaler Schlot
hydrous ***chem*** wasserhaltig
hydroxyapatite Hydroxyapatit
hydroxylation Hydroxylierung
hydroxyproline Hydroxyprolin
hydrozoans/hydra-like animals/ hydroids/Hydroidea
Hydrozoen
hygiene Hygiene
hygienic hygienisch
hygrochastic hygrochastisch

hygrophorus family/Hygrophoraceae Wachsblättler
hygrophyte (thriving in moist habitats) Hygrophyt
hygroscopic hygroskopisch
hymen Hymen, Jungfernhäutchen
hymenochaete family/ Hymenochaetaceae Borstenporlinge
Hymenophyllaceae/filmy fern family Hautfarngewächse, Schleierfarngewächse
hymenopterans/Hymenoptera Hautflügler
hymenopterous wing Hautflügel
hyoid arch Hyoidbogen, Zungenbeinbogen (Gesamtheit aller Teile)
hyoid bar (skeleton only) Hyoidbogen, Zungenbeinbogen (nur Knorpelspange)
hyoid bone/lingual bone/os hyoideum Hyoideum, Zungenbein
hyolithids/Hyolithida Hyolithen
hypanthium/floral cup Hypanthium, Achsenbecher, Blütenbecher, vergrößerter/scheibenförmiger Blütenboden/Blütenachse
hypaxial hypaxionisch (Rumpfmuskulatur)
hypercalcemia Hyperkalzämie
hypercapnia Hyperkapnie
hyperchromasia/hyperchromia/ hyperchromatism Hyperchromasie
hyperchromicity/ hyperchromic effect/ hyperchromic shift Hyperchromizität
hyperchromicity/hyperchromism Hyperchromie
hyperemia Hyperämie
hyperglycemia Hyperglykämie
hyperglycemic hyperglykämisch
Hypericaceae/St. John's wort family Hartheugewächse, Johanniskrautgewächse
hypernatremia ***hema*** Hypernatriämie (erhöhter Natriumgehalt)
hyperopia/farsightedness Hyperopie, Weitsichtigkeit
➢ **myopia/nearsightedness** Myopie, Kurzsichtigkeit
hyperparasite/superparasite Hyperparasit, Überparasit
hyperphagia Hyperphagie, Fresssucht, Esssucht, Gefräßigkeit
hyperploid hyperploid
hyperpnea Hyperpnoe
hyperpolarization Hyperpolarisierung
hypersensitivity/allergy Hypersensibilität, Überempfindlichkeit, Allergie
hypersensitivity reaction Überempfindlichkeitsreaktion
➢ **delayed-type h.r. (TDTH)** Überempfindlichkeitsreaktion vom Spättyp, verzögerter Typ
➢ **immediate-type h.r. (TITH)** Überempfindlichkeitsreaktion vom Soforttyp, anaphylaktischer Typ
hypertension ***med*** Hochdruck, Bluthochdruck
hypertonic hyperton(isch)
hypertonicity/hypertonia Hypertonie
hypertrophic hypertroph
hypertrophy Hypertrophie
hypervariable region ***immun*** hypervariable Region
hypha (*pl* hyphas/hyphae) Hyphe, Pilzfaden
➢ **raquet hypha (raquet mycelium)** Raquettehyphe, Keulenhyphe (Raquettemyzel/Keulenmyzel)
hypnospore/resting spore/ persistant spore/dormant spore Hypnospore, Dauerspore
hypobranchial furrow/endostyle Hypobranchialrinne, Endostyl
hypocercal hypocerk, hypozerk
hypocotyl Hypokotyl, Keimsprossachse
hypodermic needle Nadel, Kanüle, Hohlnadel (Spritze)
hypogean germination/ hypogeal germination hypogäische Keimung
hypogeous hypogäisch

hypoglycemia Hypoglykämie
hypoglycemic hypoglykämisch
hypognathous hypognath
hypogynous hypogyn, oberständig
hypolepis family/Hypolepidaceae (*incl.* bracken ferns) Buchtenfarngewächse (inkl. Adlerfarne)
hypophyseal pouch/ hypophyseal sac/ Rathke's pouch Hypophysentasche, Rathkesche Tasche
hypoploid hypoploid
hypopneustic hypopneustisch
hypoptile/afterfeather/ accessory plume/ hypopenna *orn* Nebenfeder, Afterfeder
hyporheic hyporheisch
hypostome/oral cone/ peduncle/gullet/manubrium Magenstiel, Mundrohr, Manubrium
hypotheca/hypocone (dinoflagellate frustule) Hypotheka
hypothermic hypothermisch
hypothesis Hypothese
hypothetic/hypothetical hypothetisch
hypotonic hypoton, hypotonisch
hypotonicity/hypotonia Hypotonie
hypotrophic hypotroph
hypotrophy Hypotrophie
hypoxia Hypoxie
hypoxic hypoxisch
hypsodont (with high crowns) hypsodont, hypselodont, hochkronig
hypsophyll Hochblatt
hypural fan *ichth* Hypurale, Schwanzfächer
hysteresis Hysterese
hysterotely *entom* Hysterotelie
hysterothecium *fung* Hysterothecium
hystrichoglossate radula hystrichoglosse Radula, Bürstenzunge

I band (muscle: *isotropic*) I-Bande
ibotenic acid Ibotensäure
Ice Age/Glacial Epoch/ Pleistocene Epoch/Diluvial Eiszeit, Glazialzeit, Pleistozän, Diluvium
ice-bath Eisbad
ice cap/ice sheet (glacial ice cover) Eisdecke; Gletscher
ice nucleating activity *micb* Eiskernaktivität
ice scouring *meteo/bot* Eisabscheuerung
ichnofossil/trace fossil Ichnofossil, Spurenfossil
ichnology Ichnologie, Spurenkunde
ichthyology Ichthyologie, Fischkunde
ichthyosaurs/fish-reptiles (ocean-living reptiles)/ Ichthyosauria/Ichthyoptergia Fischsaurier
identification Identifizierung, Bestimmung
identify identifizieren, bestimmen
identity Identität
➤ **nonidentity *immun*** Verschiedenheit (Nicht-Identität)
➤ **partial identity *immun*** Teilidentität, partielle Übereinstimmung
identity by descent (IBD) identisch aufgrund gemeinsamer Abstammung, abstammungsidentisch
identity by state (IBS) eigenschaftsidentisch (identisch aufgrund von Zufällen)
idioblast Idioblast
idiophase Idiophase (Produktionsphase)
idioplasm/germ plasm/gonoplasm Idioplasma, Keimplasma
idiotope Idiotop
idiotype Idiotyp
idling reaction *gen* Leerlaufreaktion
igneous glutflüssig, magmatisch
igneous rock *geol* Erstarrungsgestein, Eruptivgestein
ignitable entzündbar
ignite entzünden
ignition Entzündung, Zündung
ileum Ileum, Hüftdarm
ilium/flank bone/os ilium Ilium, Darmbein
ill/sick krank
illegitimate recombination *gen* illegitime Rekombination
illicium family/star-anise family/ Illiciaceae Sternanisgewächse
illness/sickness/disease/disorder (Störung) Erkrankung, Krankheit
illuminance Beleuchtungsstärke
illuminate beleuchten
illumination Beleuchtung
➤ **epiillumination/ incident illumination *micros*** Auflicht, Auflichtbeleuchtung
➤ **Koehler illumination** Köhlersche Beleuchtung
➤ **oblique illumination** Schräglichtbeleuchtung
➤ **transillumination/ transmitted light illumination** Durchlicht, Durchlichtbeleuchtung
illuminator Leuchte
illuviation Einwaschung
image *vb* abbilden
image *n* Bild, Abbildung
➤ **intermediate image *micros*** Zwischenbild
➤ **virtual image *micros*** virtuelles Bild
image point Bildpunkt
imaginal anlage Imaginalanlage
imaginal disk/imaginal bud Imaginalscheibe
imaginal ring Imaginalring
imago (*pl* imagoes/imagines)/ adult insect Imago (*pl* Imagines), Vollinsekt, Adultinsekt
imbalance/disequilibrium Ungleichgewicht
imbibe/hydrate imbibieren, hydratieren
imbibition/hydration Imbibition, Hydratation
imbricate/overlapping dachig, dachziegelartig, schuppenartig, schindelartig überlappend

imidazole Imidazol
imino acid Iminosäure
imitate/mimic nachahmen, mimen
imitating/mimetic nachahmend, fremde Formen nachbildend, mimetisch
imitation Imitation, Nachahmung
immature unreif
immaturity/immatureness Unreife
immediate-type hypersensitivity reaction Überempfindlichkeitsreaktion vom Soforttyp, anaphylaktischer Typ
immerse eintauchen, untertauchen; einbetten
immersed ***bot*** ganz unter Wasser
immersed slot reactor (bioreactor) Tauchkanalreaktor
immersing surface reactor (bioreactor) Tauchflächenreaktor
immersion Immersion, Eintauchen, Untertauchen
immersion heater ***lab*** Tauchsieder
immigrate einwandern (Zellen)
immigration Immigration, Einwanderung, Zuwanderung
immiscibility Unvermischbarkeit
immiscible unvermischbar
immobile/fixed/motionless immobil, fixiert, bewegungslos, unbeweglich
immobility/motionlessness Immobilität, Bewegungslosigkeit
immobilization Immobilisation, Immobilisierung
immobilize (to make immobile) immobilisieren
immortal unsterblich
immortality Immortalität, Unsterblichkeit
immortalized cell immortalisierte Zelle
immortalized celline/cell line immortalisierte Zelllinie
immotile/fixed unbeweglich, fixiert
immune immun
immune adherence Immunadhärenz
immune complex Immunkomplex
immune defect Immundefekt
immune deficiency/ immunodeficiency Immunschwäche
➢ **acquired immune deficiency syndrome (AIDS)** erworbenes Immunschwächesyndrom, erworbenes Immunmangel-Syndrom
➢ **severe combined immune deficiency (SCID)** schwerer kombinierter Immundefekt
immune electron microscopy (IEM) Immun-Elektronenmikroskopie (IEM)
immune reaction Immunreaktion
immune recognition Immunerkennung
immune response Immunantwort
immune system Immunsystem
➢ **adaptive immune system** erworbenes Immunsystem
➢ **innate immune system** angeborenes Immunsystem
immune tolerance/ immunological tolerance Immuntoleranz
immunity Immunität
➢ **acquired immunity/ adaptive immunity (active/passive)** erworbene Immunität (aktive/passive)
➢ **artificial immunity** künstliche Immunität
➢ **cell-mediated immunity (CMI)** zellvermittelte Immunität
➢ **cellular immunity** zelluläre Immunität
➢ **concomitant immunity/ premunition** begleitende Immunität, Prämunität
➢ **innate immunity** angeborene Immunität
➢ **natural immunity** natürliche Immunität
➢ **passive immunity** passive Immunität
immunization/vaccination Immunisierung, Impfung
➢ **genetic immunization** genetische Immunisierung
➢ **protective immunization** Schutzimpfung

immunize/vaccinate immunisieren, impfen
immunoaffinity chromatography Immunaffinitätschromatographie
immunoassay Immunoassay
immunoblot/Western blot Immunoblot, Western-Blot
immunocompetence/ immunologic competence Immunkompetenz
immunocompromized abwehrgeschwächt
immunodiffusion Immundiffusion, Immunodiffusionstest; Gelpräzipitationstest
- **double diffusion/ double immunodiffusion** Doppelimmundiffusion
- **double radial immunodiffusion (DRI) (Ouchterlony technique)** doppelte radiale Immundiffusion (Ouchterlony-Methode)
- **radial immunodiffusion (RID)** radiale Immundiffusion
- **single immunodiffusion (Oudin test)** einfache Immundiffusion (Oudin-Methode)
- **single radial immunodiffusion (SRI) (Mancini technique)** einfache radiale Immundiffusion (Mancini-Methode)

immunoelectrophoresis Immunelektrophorese
- **countercurrent immunoelectrophoresis/ counterelectrophoresis** Überwanderungs-immunelektrophorese, Überwanderungselektrophorese
- **rocket immunoelectrophoresis** Raketenimmunelektrophorese
- **charge-shift immunoelectrophoresis** Tandem-Kreuzimmunelektrophorese
- **crossed immunoelectrophoresis/ two-dimensional immunoelectrophoresis** Kreuzimmunelektrophorese

immunofluorescence Immunfluoreszenz
immunofluorescence chromatography Immunfluoreszenzchromatographie
immunofluorescence microscopy Immunfluoreszenzmikroskopie
immunogen Immunogen
immunogenetics Immungenetik
immunogenic immunogen
immunogenicity Immunogenität, Immunisierungsstärke
immunoglobulin fold Immunglobulinfaltung
immunogold-silver staining Immunogold-Silberfärbung
immunologic(al) immunologisch
immunological memory immunologisches Gedächtnis
immunology Immunologie
immunopathology Immunpathologie, Immunopathologie
immunopathy Immunkrankheit, Immunopathie
immunoprecipitation Immunpräzipitation
immunoprophylaxis Immunprophylaxe
immunoradiometric assay (IRMA) immunoradiometrischer Assay
immunoscreening Immunscreening
immunosuppression/ immune suppression Immunsuppression
immunosurveillance/ immunological surveillance immunologische Überwachung, Immunüberwachung
impaling (shrikes) ***ethol/orn*** Aufspießen
imparipinnate/odd-pinnate/ unequally pinnate (pinnate with an odd terminal leaflet) unpaarig gefiedert
impeller/stirrer/agitator ***biot*** **(bioreactors)** Rührer, Rührwerk
- **anchor impeller** Ankerrührer
- **crossbeam impeller** Kreuzbalkenrührer

- **disk turbine impeller** Scheibenturbinenrührer
- **flat-blade impeller** Scheibenrührer, Impellerrührer
- **four flat-blade paddle impeller** Kreuzblattrührer
- **gate impeller** Gitterrührer
- **helical ribbon impeller** Wendelrührer
- **hollow stirrer** Hohlrührer
- **marine screw impeller** Schraubenrührer
- **multistage impulse countercurrent impeller** Mehrstufen-Impuls-Gegenstrom (MIG) Rührer
- **off-center impeller** exzentrisch angeordneter Rührer
- **paddle stirrer/paddle impeller** Schaufelrührer, Paddelrührer
- **pitch screw impeller** Schraubenspindelrührer
- **pitched-blade fan impeller/ pitched-blade paddle impeller/ inclined paddle impeller** Schrägblattrührer
- **profiled axial flow impeller** Axialrührer mit profilierten Blättern
- **propeller impeller** Propellerrührer
- **rotor-stator impeller/ Rushton-turbine impeller** Rotor-Stator-Rührsystem
- **screw impeller** Schneckenrührer
- **self-inducting impeller with hollow impeller shaft** selbstansaugender Rührer mit Hohlwelle
- **stator-rotor impeller/ Rushton-turbine impeller** Stator-Rotor-Rührsystem
- **turbine impeller** Turbinenrührer
- **two flat-blade paddle impeller** Blattrührer
- **two-stage impeller** zweistufiger Rührer
- **variable pitch screw impeller** Schraubenspindelrührer mit unterschiedlicher Steigung

impeller shaft ***biot*** **(biorectors)** Rührerwelle

imperfect fungi/deuteromycetes/ Deuteromycetes Deuteromyceten, unvollständige Pilze, Fungi imperfecti

imperfect stage/ anamorphic/asexual stage ***fung*** Nebenfruchtform

impermeability/imperviousness Impermeabilität, Undurchlässigkeit

impermeable/impervious impermeabel, undurchlässig

impervious *see* impermeable

implant ***n*** **(organs)** Implantat

implant ***vb*** (organs) einpflanzen; *embr* einnisten, implantieren

implantation (organ) Einpflanzung

implantation/nidation ***embr*** Implantation, Nidation, Einnistung

impoundment (of water) Wassersammelbecken

impregnate befruchten, schwängern; *chem* durchdringen, sättigen; *phys* imprägnieren, durchtränken

impregnation Befruchtung, Schwängerung; *chem* Durchdringung, Sättigung; *phys* Imprägnation, Imprägnierung, Durchtränkung

impress *allg* beeindrucken; *paleo* abdrücken (einen Abdruck hinterlassen)

impression *allg* Eindruck; *paleo* Addruck

imprint ***vb ethol/gen*** prägen

imprinting ***ethol/gen*** Prägung

- **habitat imprinting** Biotopprägung
- **genomic imprinting** genomische Prägung

impulse Impuls, Erregung

impulse propagation Nervenleitung

impurity/contamination Verunreinigung, Kontamination

inactive inaktiv

inactive state/ dormant state/dormancy Ruhezustand

inanimate/lifeless/nonliving/dead unbelebt, leblos, tot
inarching ***hort*** Ammenveredelung, Anhängen (Vorspann geben)
inborn angeboren
inborn error Erbleiden, angeborener Fehler
inbred line Inzuchtlinie
inbred strain Inzuchtstamm
inbreed ***vb*** Inzucht betreiben
inbreeding/endogamy Inzucht, Reinzucht
incense tree family/ torchwood family/ frankincense tree family/ Burseraceae Balsambaumgewächse
incest Inzest
inchworm/measuring worm/looper/ spanworm (geometer moth larva) Spannerraupe
incidence Vorkommen, Auftreten, Häufigkeit, Verbreitung, Ausdehnung; Einfallen (Licht)
incident light einfallendes Licht, auftreffendes Licht
incipient anfangend, anfänglich, beginnend
incipient plasmolysis Grenzplasmolyse
incised/evenly notched/evenly cut gleichmäßig geschlitzt/zerschlitzt/eingeschnitten
incision/indentation/cut Einschnitt
incisive bone Zwischenkieferknochen
incisor/front tooth Schneidezahn, Vorderzahn, Beißzahn
incite/chase (inciting/chasing) hetzen
inclination Neigung, Neigungswinkel
incline/slope Hang, Abhang, Schräglage, Neigung
inclusion (intracellular) Einschluss; (intercalation) Einlagerung
inclusion body Einschlusskörperchen
➤ **Bollinger body/ Bollinger's granule** Bollinger Körper (viraler Einschlusskörper)
➤ **cell inclusion/cellular inclusion** Zelleinschluss (Inklusion)
➤ **Guarnieri body** Guarnierischer Einschlusskörper
➤ **Negri body** Negrisches Körperchen, Negri Körper
➤ **nuclear inclusion body** Kerneinschlusskörper
➤ **x body** X-Körper
inclusive fitness Gesamtfitness, Gesamteignung
incompatibility Inkompatibilität, Unverträglichkeit
incompatibility group Inkompatibilitätsgruppe
incompatibility reaction Inkompatibilitätsreaktion, Unverträglichkeitsreaktion
incompatible inkompatibel, unverträglich
incomplete dominance unvollständige Dominanz
incomplete metamorphosis/ gradual metamorphosis unvollkommene/unvollständige Metamorphose/Verwandlung
incomplete penetrance ***gen*** unvollständige Penetranz
incrustation/encrustation Inkrustierung
incubate (brood/breed) inkubieren (brüten/bebrüten)
incubation (brooding/breeding) Inkubation (Brüten/Bebrütung/Bebrüten)
incubation patch/brood patch ***orn*** Brutfleck
incubation period/breeding period Inkubationszeit, Brutdauer
incubator Brutschrank
incubous incub, oberschlächtig
incurrent aperture/ inhalant aperture/ ingestive aperture (e.g., sponges) Einströmöffnung, Ingestionsöffnung
incus/anvil (bone) Amboss
indefinite/unrestricted (growth) unbeschränkt, unbegrenzt, unbestimmt

indehiscent fruit Schließfrucht
indels (insertions/deletions) ***gen*** Insertionen-Depletionen
indentation/indenture/ notch/crenation/cut Einbuchtung, Kerbe, Einkerbung, Einschnitt
indentation/projection/ spike/notch/serration Zacke
indented eingedrückt
independent assortment unabhängige/freie Verteilung
indeterminate cleavage nichtdeterminative Furchung (regulative Furchung)
indeterminate growth unbegrenztes Wachstum, unbeschränktes Wachstum
indeterminate inflorescence offene Infloreszenz
index fossil Leitfossil, Faziesfossil
index number/indicator ***stat*** Kennzahl, Kennziffer
index plant/indicator plant Zeigerpflanze, Anzeigerpflanze, Leitpflanze
index species/guide species (indicator species) Leitart (Zeigerart)
Indian almond family/ white mangrove family/ Combretaceae Strandmandelgewächse
Indian lotus family/lotus lily family/ Nelumbonaceae Lotusblumengewächse
Indian pipe family/Monotropaceae Fichtenspargelgewächse
indican/indoxyl sulfate Indikan, Indoxylsulfat
indicator Indikator, Anzeiger
➢ **bioindicator** Bioindikator
indicator plant/index plant Indikatorpflanze, Zeigerpflanze, Anzeigerpflanze, Leitpflanze
indicator species (index species/guide species) Zeigerart (Leitart)
indifferent (soil/fidelity) indifferent, vag, vage (Bodentreue/Gesellschaftstreue)
indifferent species indifferente Art
indigenous/native/endemic einheimisch
indigenous species/ native species/ native organism/native lifeform Indigen, einheimische Art
indigestion Verdauungsstörung, Indigestion; Magenverstimmung
➢ **acid indigestion/heartburn** Sodbrennen
individual ***n*** Individuum
individual(ly) ***adv/adj*** individuell
indolyl acetic acid/ indoleacetic acid (IAA) Indolessigsäure
induce induzieren, veranlassen, bewirken, auslösen, fördern
induced fit (enzymes) induzierte Anpassung, induzierte Passform
induced vomiting provoziertes Erbrechen
inducer Induktor
➢ **gratuitous inducer** freiwilliger Induktor
inducible induzierbar, herbeiführbar
induction Induktion; Auslösung
induction period Induktionszeit; (start-up period) Anlaufperiode, Startperiode
indusium/episporangium (fern) Indusium, Schleier (Farn)
industrial melanism Industriemelanismus
inedible/uneatable nicht essbar, ungenießbar
inert ***chem*** träg, träge
inert gas/rare gas Edelgas
inertia Trägheit
inertial force Trägheitskraft
infancy Säuglingsalter, frühe Kindheit
infant (child under age of 2 years) Säugling, Kleinkind (unter 2 Jahren)
infant mortality Säuglingssterblichkeit
infanticide Kindermord
infauna Infauna

infect *vb*
infizieren; jemanden anstecken
infection/contagion
Infektion, Ansteckung; (infectious disease) Infekt, Infektionskrankheit (*see also*: inflammation)
➤ **abortive infection**
abortive Infektion
➤ **agroinfection** Agroinfektion
➤ **airborne/aerial infection**
aerogene Infektion
➤ **bacterial infection**
bakterielle Infektion
➤ **chain of infection** Infektionskette
➤ **chronic infection**
chronische Infektion
➤ **concurrent/complex infection**
Mehrfachinfektion
➤ **contact infection**
Kontaktinfektion
➤ **contagious infection**
ansteckende Infektionskrankheit
➤ **covert/silent/inapparent/ subclinical infection**
stumme Infektion, stille Feiung
➤ **double infection**
Doppelinfektion
➤ **droplet infection**
Tröpfcheninfektion
➤ **incomplete infection**
unvollständige Infektion
➤ **latent infection** latente Infektion
➤ **local infection**
lokale Infektion, örtliche Infektion
➤ **lytic infection** lytische Infektion
➤ **multiplicity of infection**
Infektionsmultiplizität
➤ **nosocomial infection/ hospital-acquired infection**
nosokomiale Infektion, Nosokomialinfektion, Krankenhausinfektion
➤ **opportunistic infection**
opportunistische Infektion
➤ **persisting infection**
anhaltende Infektion, persistente Infektion
➤ **productive infection**
produktive Infektion
➤ **secondary infection**
Sekundärinfektion
➤ **silent/covert/inapparent/ subclinical infection**
stumme Infektion, stille Feiung
➤ **source of infection**
Ansteckungsherd, Ansteckungsquelle
➤ **viral infection**
virale Infektion, Virusinfektion
infectiosity Infektiosität, Ansteckungsfähigkeit
infectious infektiös, ansteckend, ansteckungsfähig
infectious disease Infektionskrankheit
infectious dose
(ID_{50} = 50% infectious dose)
Infektionsdosis
infectious waste infektiöser Abfall
infective infektiös; übertragbar
infectivity Infektionsvermögen, Ansteckungsfähigkeit
inference Schlussfolgerung; *stat* Schlussweise
inferior tieferstehend, tiefer, unten, Unter...; untergeordnet; (defeated) unterlegen; (inadequate) minderwertig; *bot* unterständig
inferiority
Untergeordnetheit; Unterlegenheit; (inadequacy) Minderwertigkeit
infertile/sterile
infertil, steril, unfruchtbar, nicht fortpflanzungsfähig
infertility/sterility
Unfruchtbarkeit, Sterilität
infest (pests/parasites)
befallen (Schädlingsbefall)
infestation (with pests/parasites)
Befall (Parasitenbefall)
infiltrate *vb* infiltrieren, eindringen; (seep into) einsickern
infiltration Infiltration; (seepage) Versickerung
inflame entzünden
inflammation Entzündung
➤ **colitis** Dickdarmentzündung
➤ **conjunctivitis**
Bindehautsentzündung, Konjunktivitis
➤ **cystitis** Blasenentzündung
➤ **gastritis**
Magenschleimhautentzündung

> **gingivitis** Zahnfleischentzündung
> **hepatitis** Leberentzündung
> **meningitis** Hirnhautentzündung
> **middle ear infection** Mittelohrentzündung
> **oophoritis** Eierstockentzündung
> **otitis** Ohrenentzündung
> **pharyngitis** Rachenentzündung, Pharyngitis
> **pneumonia** Lungenentzündung
> **throat infection** Halsentzündung
> **urethritis** Harnwegsentzündung

inflammed/inflammatory entzündlich

inflate (inflated) aufblasen (aufgeblasen)

inflected/inflexed (nach innen) geknickt

inflorescence/flower cluster Infloreszenz, Blütenstand

> **bostryx (a helicoid cyme)** Schraubel
> **botrys/raceme** Traube, Botrys
> **capitulum/cephalium/flower head** Capitulum, Cephalium, Blütenköpfchen, Köpfchen, Korb, Körbchen
> **cincinnus/scorpioid cyme** Wickel
> **corymb** Corymbus, Ebenstrauß
>> **umbel-like panicle** Doldenrispe, Schirmrispe
>> **umbel-like raceme** Doldentraube, Schirmtraube
> **cyme/cymose inflorescence** Cyme, Cyma, Cymus, Zyme, cymöser/zymöser Blütenstand, Trugdolde, Scheindolde
>> **scorpioid cyme/cincinnus** Wickel
>> **dichasial cyme/dichasium** Dichasium, zweigablige Trugdolde
>> **pleiochasial cyme/pleiochasium** Pleiochasium, vielgablige Trugdolde
>> **fan-shaped cyme/rhipidium** Fächel
>> **monochasial cyme/simple cyme/monochasium** Monochasium, eingablige Trugdolde
>> **helicoid cyme → bostryx** Schraubel
>> **helicoid cyme → drepanium** Drepanium, Sichel
>> **with sessile flowers** Knäuel
>> **with very short pedicles** Büschel
> **cymule** verkürzte Trugdolde (als Teilblütenstand), Scheinquirl (bei Tubifloren)
> **determinate inflorescence** geschlossene Infloreszenz
> **dichasium/dichasial cyme** Dichasium, zweigablige Trugdolde
> **drepanium (a helicoid cyme)** Drepanium, Sichel
> **fascicle (inflorescence: cyme with very short pedicles)** Faszikel, Fasciculus, Büschel
> **indeterminate inflorescence** offene Infloreszenz
> **juba/loose panicle/panicle of grasses** (lockere) Grasrispe
> **monochasium/monochasial cyme/simple cyme** Monochasium, eingablige Trugdolde
> **panicle** Rispe, Blütenrispe
>> **loose panicle/juba/panicle of grasses** (lockere) Grasrispe
>> **umbel-like panicle (a corymb)** Doldenrispe, Schirmrispe
> **pleiochasium/pleiochasial cyme** Pleiochasium, vielgablige Trugdolde
> **raceme/botrys** Traube, Botrys
>> **umbel-like raceme (a corymb)** Doldentraube, Schirmtraube
> **rhipidium/fan-shaped cyme** Fächel
> **spike** Ähre
> **spire** Blütenähre
> **tassel** männliche Infloreszenz des Mais
> **truncate inflorescence** Rumpfinfloreszenz
> **truncate synflorescence** Rumpfsynfloreszenz
> **umbel/sciadium** Dolde, Umbella, Sciadium
>> **simple umbel** einfache Dolde
>> **compound umbel** zusammengesetzte Dolde
> **umbel-like panicle (a corymb)** Doldenrispe, Schirmrispe
> **umbel-like raceme (a corymb)** Doldentraube, Schirmtraube

influence Influenz, Einfluss
influent ***n ecol***
Influent (*pl* Influenten)
influx Einstrom
informed consent (medical/genetic counseling) Einverständniserklärung nach ausführlicher Aufklärung
infrared spectroscopy Infrarot-Spektroskopie, IR-Spektroskopie
infructescence/ multiple fruit/anthocarp Fruchtstand, Fruchtverband
infundibulate plant/ funnel-leaved plant Trichterpflanze
infundibulum/ fimbriated funnel of oviduct Infundibulum, Wimperntrichter, Flimmertrichter, Eileitertrichter (mit Ostium tubae)
infusiform infusiform
infusiform larva infusiforme Larve
infusorigen Infusorigen
ingest einnehmen, etwas zu sich nehmen, Nahrung aufnehmen
ingestion/food intake Einnahme, Nahrungsaufnahme
ingress (cells) einwandern
ingression (cells) Einwanderung
ingrown eingewachsen
inguinal inguinal, Leisten...
inguinal canal/canalis inguinalis Leistenkanal
inguinal gland Leistendrüse
inguinal pouch/inguinal sinus/ sinus inguinalis (sheep) Inguinaltasche
inguinal zone/groin/regio inguinalis Hüftbeuge, Leiste, Leistenbeuge, Leistengegend, Inguinalgegend
inhabit/ lodge/occupy/dwell/reside bewohnen
inhabitant/dweller Bewohner
inhalant ***n*** Inhalant, Inhalationsmittel
inhalation Inhalation, Einatmung, Einatmen, Inspiration
inhale/breathe in einatmen, Luft holen, Atem schöpfen
inherent innewohnend, eigen; angeboren
inherit erben, ererben
inheritable erbbar, vererbbar, Erb...
inheritable disease Erbkrankheit
inheritance Vererbung; (mode of i.) Erbgang
- **autosomal inheritance** autosomale Vererbung
- **blending inheritance** Mischvererbung
- **criss-cross inheritance** Überkreuzvererbung
- **cytoplasmic inheritance** cytoplasmatische Vererbung
- **dominant inheritance** dominante Vererbung
- **intermediate inheritance** intermediärer Erbgang, intermediäre Vererbung
- **maternal inheritance** maternale Vererbung
- **matroclinous inheritance** matrokline Vererbung
- **mitochondrial inheritance** mitochondriale Vererbung
- **multifactorial inheritance** multifaktorielle Vererbung
- **mode of inheritance** Vererbungsmodus, Erbgang
- **monogenic inheritance** monogener Erbgang
- **particulate inheritance** partikuläre Vererbung
- **polygenic inheritance** polygene Vererbung
- **recessive inheritance** rezessive Vererbung
- **sex-linked inheritance** geschlechtsgebundene Vererbung
- **uniparental inheritance** uniparentale Vererbung
- **X-linked inheritance** X-chromosomale Vererbung

inheritance pattern Vererbungsmuster
inherited ererbt, vererbt, Erb...
inhibit hemmen

inhibition Inhibition, Hemmung
➢ **aggressive inhibition** ***ethol*** Angriffshemmung, Aggressionshemmung
➢ **allosteric inhibition** allosterische Hemmung
➢ **competitive inhibition** kompetitive Hemmung, Konkurrenzhemmung
➢ **contact inhibition** ***cyt*** Kontakthemmung
➢ **end-product inhibition** Endprodukthemmung
➢ **feedback inhibition** Rückwärtshemmung, Rückkopplungshemmung
➢ **feed-forward inhibition/ reciprocal inhibition** ***neuro*** Vorwärtshemmung
➢ **irreversible inhibition** irreversible Hemmung
➢ **noncompetitive inhibition** nichtkompetitive Hemmung
➢ **reciprocal inhibition** reziproke Hemmung, gegenseitige Hemmung
➢ **reversible inhibition** reversible Hemmung
➢ **substrate inhibition** Substratinhibition
➢ **suicide inhibition** Suizidhemmung
➢ **uncompetitive inhibition** unkompetitive Hemmung

inhibition zone Hemmzone
inhibitory hemmend, inhibierend, inhibitorisch
inhibitory concentration Hemmkonzentration
inhibitory neuron Hemmungsneuron, inhibitorisches Neuron
inhibitory postsynaptic potential (IPSP) inhibitorisches postsynaptisches Potenzial
inhomogeneity Inhomogenität
inhomogeneous inhomogen, ungleichmäßig beschaffen
initial/stem cell (primordial cell) Initiale, Initialzelle, Stammzelle (Primordialzelle/Primane)
initial distribution ***stat*** Ausgangsverteilung
initial magnification Primärvergrößerung
initial population Ausgangspopulation
initial segment Initialsegment (myelinisierte Fasern)
initial velocity (vector)/initial rate Anfangsgeschwindigkeit (v_0: Enzymkinetik)
initiating ring Initialring, Initialschicht
initiation codon Initiationscodon
initiation complex Initiationskomplex
initiation factor Initiationsfaktor
inject injizieren, spritzen; einspritzen
injection Injektion, Spritze; Einspritzung
injure verletzen
injury Verletzung
ink Tinte
ink duct Tintengang
ink sac/ink gland Tintensack, Tintenbeutel, Tintendrüse
inky cap family/Coprinaceae Tintlinge, Tintenpilze
inland landeinwärts
inland sea Binnenmeer (saltwater), Binnensee (freshwater)
inland water/inland waterbody Binnengewässer
inlay grafting Geißfußpfropfung, Geißfußveredelung (Triangulation)
inlet Zulauf (Eintrittsstelle einer Flüssigkeit)
innate angeboren; angewachsen, im Inneren entstanden, endogen
innate behavior angeborenes Verhalten
innate releasing mechanism (IRM) ***ethol*** angeborener auslösender Mechanismus (AAM)
inner cell mass innere Zellmasse
inner ear Innenohr
inner layer/interior layer Innenschicht
innervate innervieren
innervation Innervation, Innervierung

inoculate/vaccinate
inokulieren, einimpfen, impfen
inoculating loop Impföse
inoculating needle Impfnadel
inoculating wire Impfdraht
inoculation/vaccination (immunization) Impfen, Impfung, Einimpfung, Beimpfung, Inokulation, Vakzination (Immunisierung)
inoculum/vaccine Impfstoff, Inokulum, Inokulat, Vakzine
inorganic anorganisch
inosine Inosin
inosine monophosphate (IMP)/ inosinic acid/inosine 5-phosphate
Inosinmonophosphat
inosine triphosphate (ITP)
Inosintriphosphat
inositol Inosit, Inositol
inotropic inotrop
input Eingabe, Einsatz, Einbringen (eingebrachte/zugeführte Menge); *ecol* Eintrag; *tech/electr* Eingangsleistung; *Computer:* Eingabe
➢ **output** *agr* Ertrag, Produktion; *ecol* Austrag; *tech/electr* Ausgangsleistung; *Computer:* Ausgang, Ausgabe
inquiline (e.g., mussels/snails)
mitbewohnend
inquilinism Inquilinismus, Einmietung, Synökie
insatiable unersättlich
insect Insekt, Kerf, Kerbtier
➢ **chrysalis (*pl* chrysalids/chrysalides) (pupa of holometabolic insects)** Chrysalis (Puppe holometaboler Insekten)
➢ **imago (*pl* imagoes/imagines)/ adult insect** Imago (*pl* Imagines), Vollinsekt, Adultinsekt
➢ **instar** Entwicklungsstadium zwischen Häutungen bei Insekten, Erscheinungsform
➢ **larva (*pl* larvas/larvae)** Larve
➢ **naiad (aquatic nymph)** Wassernymphe
➢ **nymph** Nymphe
➢ **pupa** Puppe

insect frass (debris from feeding)
Fraßmehl; (feces) Insektenfäkalien/-kot in Bohrgängen und Minen
insect-pollinated flower/ entomophile
Insektenblume, Entomophile
insect pollination/entomophily
Insektenbestäubung, Insektenblütigkeit, Entomophilie
insect-trap Insektenfalle
insectary Insektarium
insecticide Insektizid, Insektenvernichtungsmittel
insectivore
Insektivor(e), Insektenfresser
insectivorous
insektivor, insektenfressend
insects Insekten, Kerfe, Kerbtiere
➢ **beneficial insects/ beneficient insects**
Nutzinsekten
➢ **pest insects** Schadinsekten
➢ **winged insects/ pterygote insects/Pterygota**
Fluginsekten, geflügelte Insekten
➢ **wingless insects/Apterygota**
ungeflügelte Insekten
inseminate besamen, inseminieren
insemination
Insemination, Inseminierung, Besamung, Samenübertragung
➢ **artificial insemination**
künstliche Besamung
➢ **heterologous insemination**
heterologe Insemination
➢ **homologous insemination**
homologe Insemination
insensible/unconscious
unsensibel, unbewußt (gefühllos/nicht reagierend)
insensible (without awareness of the senses)
unempfindlich, empfindungslos
inserted inseriert, eingefügt
insertion Einfügung; *bot* Anheftungsmodus der Blätter/ Blütenorgane an der Sprossachse
➢ **antipetalous** antipetal, vor den Kelchblättern stehend
➢ **epipetalous (stamens inserted upon petals)** epipetal

insertion mutation Insertionsmutation
insertion sequence Insertionssequenz
insertional (in)activation
Insertions(in)aktivierung
inshore current
auf die Küste zufließende Strömung
inside-out patch inside-out patch
(Innenseite nach außen)
inside-out vesicle
Inside-out Vesikel (Vesikel mit
der Innenseite nach außen)
insidious/developing gradually (disease) ***med***
schleichend, langsam; tückisch
insolation Sonneneinstrahlung
insolubility Unlöslichkeit
insoluble unlöslich
➢ **in fat** fettunlöslich
➢ **in water** wasserunlöslich
inspection (on-site inspection)
Begehung, Besichtigung
(z.B. Geländebegehung)
inspiration/inhalation
Einatmung, Einatmen,
Inspiration, Inhalation
inspire/inhale inspirieren, einatmen
instar Entwicklungsstadium
zwischen Häutungen bei Insekten,
Erscheinungsform
instinct Instinkt
➢ **death instinct/aggressive instinct**
Todestrieb
➢ **herd instinct/herding instinct**
Herdentrieb, Herdeninstinkt
➢ **homing instinct**
Heimkehrvermögen,
Heimfindevermögen, Zielflug
➢ **interlocking (instinct)**
Verschränkung (Instinkt)
➢ **sexual instinct/life instinct/eros**
Sexualtrieb, Geschlechtstrieb
instinct behavior/instinctive behavior
Instinktverhalten, Triebverhalten
instinct interlocking
Instinktverschränkung
instinct-training-interlocking
Instinkt-Dressur-Verschränkung
instinctive instinktiv
insufficiency/hypofunction
Unterfunktion, Insuffizienz
insula (brain) Insel, Inselfeld
insularity Abgeschlossenheit
integral proteins (intrinsic proteins)
integrale Proteine
(intrinsische Proteine)
integrated pest management (IPM)
integrierte Schädlingsbekämpfung,
integrierter Pflanzenschutz
integument/covering (e.g., body covering/skin)
Integument, Decke, Hülle
(z.B. Körperdecke/Haut)
intensifying screens (autoradiography)
Verstärkerfolien (Autoradiographie)
intensive care unit Intensivstation
intensive farming/ intensive agriculture
Intensivwirtschaft,
intensive Wirtschaft
interaction Interaktion,
Wechselwirkung
interaction variance
Interaktionsvarianz
intercalary (inserted between others)
intercalar, interkalar, eingeschoben
intercalary meristem ***bot***
interkalares Meristem,
Restmeristem
intercalary vein ***entom***
Intercalarader, Interkalarader
intercalated disk (muscle/bivalves)
Glanzstreifen, Kittlinie
intercalation/inclusion
Interkalation, Einlagerung
intercalation agent/ intercalating agent
interkalierendes Agens
intercellular interzellulär
intercellular junction
interzelluläre Verbindung,
interzelluläre Junktion
intercellular space
Interzellularraum, Interzellulare,
Zwischenzellraum
intercentrum/hypocentrum
Intercentrum, Zwischenwirbelkörper
interchange/interchromosomal rearrangement ***gen***
Austausch (zwischen Chromosomen),
reziproke Translokation,
interchromosomale Umordnung

intercistronic region/ intergenic region intergene Region
intercostal field Interkostalfeld, Zwischenrippenfeld
intercourse/sexual intercourse Verkehr, Geschlechtsverkehr
intercrop Zwischenkultur
intercropping/double cropping Zwischenkultur
interdigital gland interdigitale Drüse, Interdigitaldrüse, Zwischenzehendrüse
interdisciplinary research interdisziplinäre Forschung
interface Grenzfläche
interfascicular cambium Zwischenbündelcambium
interference assay Interferenzassay
interference microscopy Interferenzmikroskopie
interferon Interferon
interfertile (able to interbreed) untereinander fruchtbar/ reproduktionsfähig
intergeneric (between genera) zwischen Gattungen
interglacial/interglacial period Zwischeneiszeit
intergrade/intermediary form/ transitory form/transient Zwischenstufe, Übergangsform
intergrafting/double working *hort* Zwischenpfropfung/-veredlung
intergrow ineinander wachsen, verwachsen
intergrowth Verwachsung
interlocking (instinct) Verschränkung (Instinkt)
intermediary intermediär, dazwischenliegend
intermediary form/transitory form/ transient/intergrade Übergangsform, Zwischenstufe
intermediary host Zwischenwirt
intermediary metabolism intermediärer Stoffwechsel, Zwischenstoffwechsel
intermediate *n* Zwischenprodukt
➢ **double-headed intermediate** doppelköpfiges Zwischenprodukt, janusköpfiges Zwischenprodukt
intermediate density lipoprotein (IDL) Lipoprotein mittlerer Dichte
intermediate filament intermediäres Filament, Intermediärfilament
intermediate image *micros* Zwischenbild
intermediate inheritance intermediärer Erbgang, intermediäre Vererbung
intermediate product/ intermediate form Zwischenprodukt, Zwischenform
intermediate state/stage Zwischenstadium, Zwischenstufe
intermembrane space Intermembranraum
internal/intrinsic innerlich, von innen, intern
internal nostril/internal naris/choana innere Nasenöffnung, Choane
International Unit (IU)/SI unit (*fr:* Système Internationale) Internationale Maßeinheit, SI Einheit
international unit system/ SI unit system (*fr:* Système Internationale) internationales Maßeinheitensystem, SI-Einheitensystem
interneuron Zwischenneuron, Interneuron
internode Internodium, Zwischenknoten
interparietal bone/os interparietale Zwischenscheitelbein
interphase Interphase
interpyramid muscle/ comminator muscle (Aristotle's lantern) Interpyramidalmuskel
interrelate in Zusammenhang bringen, in Wechselbeziehung setzen
interrelation/interrelationship Wechselbeziehung
interrupted mating unterbrochene Paarung
intersex Intersex, Zwitter
intersexual zwischengeschlechtlich
intersexuality Intersexualität, Zwischengeschlechtlichkeit

interspecific
interspezifisch, zwischenartlich
intersperse/disperse
verstreut (liegen)
interstitial interstitiell
interstitial cell
Interstitialzelle,
Zwischenzelle
interstitial fauna (meiofauna)
Interstitialfauna, Sandlückenfauna
(Meiofauna)
interstitial fluid (ISF)/tissue fluid
Interstitialflüssigkeit,
interstitielle Flüssigkeit
interstitial region
interstitielle Region
interstitial space/interstice
(*pl* interstices)
Interstitialraum, Interstitium,
(Gewebs-)Zwischenraum
intertidal flats Wattenmeer
intertidal zone/tidal zone/
littoral zone/eulittoral zone
Tidebereich, Gezeitenzone, Eulitoral
interval Intervall
interval scale *stat* Intervallskala
intervening sequence (IVS)/intron
intervenierende Sequenz,
dazwischenliegende Sequenz, Intron
intervertebral disk/
discus intervertebralis
Zwischenwirbelscheibe,
Bandscheibe,
intestinal Darm..., Intestinal...
intestinal loop *embr* Darmbucht
intestinal obstruction
Darmverschluss
intestine(s) Darm
➢ **foregut *embr*** Vorderdarm
➢ **hindgut *embr*** Hinterdarm
➢ **large intestines** Dickdarm
➢ **mid intestine/midgut/**
mesenteron/ventricle/
ventriculus/"stomach"
Mitteldarm, Mesenteron,
„Magen", Ventriculus (Insekten)
➢ **midgut *embr*** Mitteldarm
➢ **midgut/intestine**
Nahrungsdarm
➢ **small intestines** Dünndarm
➢ **spiral intestine** Spiraldarm

intestines/entrails/
innards/guts/viscera
(human: bowels/intestines/guts)
Gedärme, Eingeweide,
Innereien, Viscera, Splancha
➢ **chitterlings/chitlins (hog intestines)**
Gedärme, Gekröse (Schweine)
intima (innermost layer,
esp. of blood vessels) Intima
(innerste Schicht, v.a. Blutgefäßwand)
intine (pollen/spore)
Intine, Innenschicht
intrabody (intracellular antibody)
Intrakörper
(intrazelluläre Antikörper)
intracellular(ly) *adv/adj* intrazellulär
intrachange/
intrachromosomal recombination
gen intrachromosomale Umordnung
intrafusal fiber (muscle)
Intrafusalfaser
intramembrane particle/
membrane intercalated particle
Intramembran-Partikel
intrasexual
innerhalb des gleichen Geschlechts
intraspecific
intraspezifisch, innerartlich
intrinsic/intrinsical intrinsisch
intrinsic factor/hemopoietic factor
Intrinsic-Faktor,
hämopoetischer Faktor
introduce/import
einführen, importieren
introduced/imported (allochthonous)
eingeführt
introgression Introgression
intron/intervening sequence
Intron, intervenierende Sequenz,
dazwischenliegende Sequenz
introrse (anthers) *bot*
intrors, einwärts gewendet
introvert/turn inward *vb*
einstülpen, nach innen richten
introvert (proboscis: Priapula) *n*
Introvert
intrude eindringen
intruder Eindringling
intrusion Intrusion, Eindringen
intrusive growth
intrusives Wachstum

intussusception (introsusception/ invagination) *med* Intussuszeption, Invagination; (cell wall growth) Intussuszeption, Einlagerung (Zellwandwachstum)
invagination/emboly Invagination, Einstülpung, Einfaltung, Embolie
invariant residue ***math*** unveränderter/invarianter Rest
invasion Invasion, Eindringung
invasive invasiv, in die Umgebung hineinwachsend
invasiveness Invasivität
inventive erfinderisch
inventory Inventar; Bestandsaufnahme
➢ **to make an inventory** eine Bestandsaufnahme/-liste machen
inversion Inversion, Umkehrung
➢ **chromosome inversion** ***gen*** chromosomale Inversion
➢ **paracentric inversion** ***gen*** parazentrische Inversion
➢ **pericentric inversion** ***gen*** perizentrische Inversion
➢ **temperature inversion** ***meteo*** Temperaturinversion
inversion mutation Inversionsmutation
invert umkehren, auf den Kopf stellen
invert sugar Invertzucker
invertebrates Invertebraten, Evertebraten, Wirbellose, wirbellose Tiere
inverted invers, umgekehrt
inverted repeat/inverted repetition/ palindrome ***gen*** invertierte/gegenläufige/umgekehrte Sequenzwiederholung, Palindrom
inverted terminal repetitions/ inverted terminal repeats (ITR) ***gen*** umgekehrte terminale Repetitionen
investigate/examine/ test/try/assay/analyze prüfen, untersuchen, testen, probieren, analysieren
investigation/examination (exam)/test/trial/assay/analysis Untersuchung, Prüfung, Test, Probe, Analyse
involucral bracts/phyllary ***bot*** Involukralschuppe, Involukralblätter
involucre/envelope Involukrum, Hülle
involucre ***bot*** **(whorl of bracts at base of inflorescence)** Hüllkelch, Hüllblattkreis
involuntary musculature unwillkürliche Muskulatur
involute/rolled inward involutiv, nach innen (oben) eingerollt
involution ***bot*** Involution, Einrollung (Blatt)
iodination Iodierung (mit Iod reagieren/substituieren)
iodine (I) Iod
iodine number/iodine value Iodzahl
iodization Iodierung (mit Iod/Iodsalzen versehen)
iodize iodieren (mit Iod/Iodsalzen versehen)
iodoacetic acid Iodessigsäure
ion channel (membrane channel) Ionenkanal (Membrankanal)
ion equilibrium/ionic steady state Ionengleichgewicht
ion exchange Ionenaustausch
ion-exchange resin Ionenaustauscherharz
ion exchanger Ionenaustauscher
ion pair Ionenpaar
ion pore Ionenpore
ion product Ionenprodukt
ion pump Ionenpumpe
ion transport Ionentransport
ionic ionisch
ionic bond Ionenbindung
ionic conductivity Ionenleitfähigkeit
ionic coupling Ionenkopplung
ionic current Ionenstrom
ionic radius Ionenradius
ionic strength Ionenstärke
ionization Ionisation
ionize ionisieren
ionizing radiation ionisierende Strahlen/Strahlung
ionophore Ionophor
ionophoresis Ionophorese, Iontophorese

IPM (integrated pest management)
integrierte Schädlingsbekämpfung, integrierter Pflanzenschutz
Iridaceae/iris family
Schwertliliengewächse
iridescent schillernd
iridocyte/iridophore/ leucophore/guanophore
Iridocyt, Iridozyt, Flitterzelle, Leucophor, Guanophor
iris ***zool*** Iris, Regenbogenhaut
iris diaphragm ***opt*** Irisblende
iris family/Iridaceae
Schwertliliengewächse
IRM (innate releasing mechanism)
ethol angeborener auslösender Mechanismus (AAM)
iron (Fe) Eisen
iron-regulating factor (IRF)
eisenregulierender Faktor
iron-sulfur protein
Eisen-Schwefel-Protein
ironpan/hardpan/ortstein
Eisenstein, Ortstein
ironwood Eisenhölzer
irradiance/ fluence rate/radiation intensity/ radiant-flux density
Bestrahlungsintensität, Bestrahlungsdichte
irradiate bestrahlen
irradiation Bestrahlung
irregular/non-uniform
ungleichmäßig, unregelmäßig
irregular/zygomorphic/ bilaterally symmetrical/ monosymmetrical
unregelmäßig, zygomorph, bilateralsymmetrisch, monosymmetrisch
irregular grain (wood)
Streuungstextur
irregularity Unregelmäßigkeit
irregularly helical (like a snail shell)/cochleate
schraubenartig gewunden, schneckenhausartig gewunden, cochlear
irreversible inhibition
irreversible Hemmung
irrigate bewässern, berieseln
irrigated crop Bewässerungskultur
irrigation
agr Bewässerung; Beregnung, Berieselung; *med* Ausspülung
➢ **furrow irrigation**
Grabenbewässerung, Furchenbewässerung
➢ **overhead irrigation**
Beregnung von oben
➢ **surge irrigation**
Schwallbewässerung
irrigation ditch
Bewässerungsgraben
irritability/excitability/sensitivity
Reizbarkeit, Erregbarkeit
irritable/excitable/sensitive
reizempfänglich, reizbar
irritable/sensible
empfindlich (reizempfänglich)
irritate ***med/physio/chem***
reizen, irritieren
irritation/stimulation
Irritation, Reizung, Stimulation
irritation/stimulus Reiz, Stimulus
isabelline
isabellfarben (gelb-olivbraun)
ischemia Ischämie
ischemic ischämisch
ischial callosity/ sitting pad/anal callosity
Gesäßschwiele, Sitzschwiele, Analkallosität
ischial tuber/ischial tuberosity/ tuber ischiadicum Sitzbeinhöcker
ischiopodite Ischiopodit
ischium/os ischii
Sitzbein, Gesäßbein, Sitzknochen
isidium Isidie
island Insel
➢ **blood island** Blutinsel
island biogeography
Inselbiogeografie
island hopping Inselhüpfen
isle/island (esp. islet)
Insel (*bes.* kleine Insel)
islet/a little island
Inselchen, kleine Insel; Zellinsel
islet of Langerhans/pancreatic islet
Langerhanssche Insel, Pankreasinsel, Inselorgan
islet organ Inselorgan

isoacceptors Isoakzeptoren
isobar Isobare (*pl* Isobaren)
isocoenosis (*pl* isocoenoses) Isozönose
isodicentric chromosome isodizentrisches Chromosom
isoelectric focusing isoelektrische Fokussierung, Isoelektrofokussierung
isoelectric point isoelektrischer Punkt
Isoetaceae/quillwort family Brachsenkrautgewächse
isogamous isogam
isogamy Isogamie
isogenous/isogenic/genetically identical isogen, genetisch identisch
isolate isolieren; absondern, abtrennen
isolation Isolation; Absonderung, Abtrennen
➢ **ecological isolation** ökologische Isolation
➢ **ethological isolation/behavioral isolation** ethologische Isolation
➢ **prezygotic isolation** präzygotische Isolation
➢ **postzygotic isolation** postzygotische Isolation
➢ **reproductive isolation** reproduktive Isolation
➢ **seasonal isolation/temporal isolation** saisonale Isolation
➢ **spatial isolation** räumliche Isolation
isolation medium Isolationsmedium
isolecithal isolecithal, isolezithal (mit gleichmäßig verteiltem Dotter)
isoleucine Isoleucin
isomeric isomer
isomerism/isomery Isomerie
isomerization Isomerisation
isomerize isomerisieren
isomerous isomer, gleichzählig
isometry Isometrie
isophene Isophän *nt*
isopods/Isopoda (sea slaters & rock lice & pill bugs etc.) Isopoden, Asseln
isoprene Isopren
isopycnic centrifugation isopycnische Zentrifugation, isopyknische Zentrifugation
isosmotic isosmotisch
isotachophoresis Isotachophorese
isotelic (producing same effect) isotel, die gleiche Wirkung erzielend
isotomy (forking in regular manner) Isotomie, Gabelung in gleichen Achsen
isotonic isotonisch
isotonicity Isotonie
isotope Isotop
➢ **unstable isotope/radioisotope** instabiles Isotop, Radioisotop, Radionuklid
isotope assay Isotopenversuch
isotropic/isotropous isotrop, einfachbrechend
isotype Isotyp, Isotypus, Isostandard
isotype switching Isotypwechsel, Klassenwechsel
isovaleric acid Isovaleriansäure
isozyme/isoenzyme Isozym, Isoenzym
isthmus (of oviduct) Isthmus, Eileiterenge
iterative evolution iterative Evolution, sich wiederholende Evolution
iteroparity Iteroparitie
iteroparous iteropar
ITR (inverted terminal repetitions/inverted terminal repeats) ***gen*** umgekehrte terminale Repetitionen (Sequenzwiederholung)
IVF (in-vitro fertilization) In-vitro-Fertilisation, Reagensglasbefruchtung
ivory Elfenbein
IVS (intervening sequence)/intron ***gen*** IVS (intervenierende Sequenz/dazwischenliegende Sequenz), Intron
ivy family/ginseng family/Araliaceae Efeugewächse, Araliengewächse

jack/jackass (♂ uncastrated ass/ donkey) männlicher Esel
jacket cell *bot* (mosses) Mantelzelle
jacket cell *zool* (*Dicyemida*) Hüllzelle
Jacobson's organ/vomeronasal organ Jacobsonsches Organ, vomeronasales Organ
jamming avoidance reaction elektrische Meidereaktion
japygids/diplurans/Diplura Doppelschwänze
jasmonic acid Jasmonsäure
jaundice Gelbsucht, Ikterus
jaw/beak (squid/cuttlefish) Kiefer, Schnabel
jaw Kiefer, Maul; Schlund, Kehle, Rachen, Mundöffnung
- **lower jaw (horses)** Ganasche
- **lower jaw/lower jawbone/ submaxilla/submaxillary bone/ mandible** Unterkiefer, Unterkieferknochen, Mandibel
- **pharyngeal jaw(s)/trophi (rotifers)** Kiefer, Trophi

jawbone Kieferknochen
- **lower jawbone** Unterkieferknochen
- **upper jawbone** Oberkieferknochen

jawed vertebrates/ jaw-mouthed animals/ gnathostomatans/*Gnathostomata* Kiefermünder
jawless fishes/agnathans/*Agnatha* Kieferlose, Agnathen
jejunum Jejunum, Leerdarm
jelly Gelee, Gallerte
jelly fungi/Tremellales Zitterpilze, Gallertpilze
jellyfishes Quallen
jennet/jenny (♀ ass/donkey) Eselin
jerk Zuckreflex, ruckartige Bewegung
jet loop reactor (bioreactor) Düsenumlaufreaktor, Strahl-Schlaufenreaktor
jet reactor (bioreactor) Strahlreaktor
jewelweed family/balsam family/ touch-me-not family/ Balsaminaceae Balsaminengewächse, Springkrautgewächse
jimmy (*pl* jimmies) (adult ♂ blue crab) männliche Blaukrabbe (*see also:* sook)
jipijapa family/panama-hat family/ cyclanthus family/Cyclanthaceae Scheinpalmen
Joe-wood family/Theophrastaceae Theophrastaceen
joey (baby kangaroo) *Australian* junges Känguruh
Johnston's organ Johnstonsches Organ
joint/articulation/hinge Gelenk, Verbindung, Angelpunkt
- **amphiarthrodial joint/ amphiarthrosis** Wackelgelenk, straffes Gelenk
- **ankle joint** Fußgelenk
- **ball-and-socket joint/ spheroid joint/spheroidal joint/ enarthrodial articulation/ enarthrosis** Kugelgelenk, Nussgelenk, Enarthrose, Articulatio cotylica
- **condylar joint/ articulatio bicondylaris** Walzengelenk
- **diarthrodial joint/diarthrosis/ synovial joint** Diarthrose, Gelenk, Articulatio
- **ellipsoidal joint** Ellipsoidgelenk, Eigelenk
- **ginglymus joint/hinge joint** Scharniergelenk
- **gliding joint/plane joint/ arthrodial joint (arthrodia)** Gleitgelenk, ebenes Gelenk, Arthrodialgelenk
- **hinge joint/ginglymus joint** Scharniergelenk
- **hip joint/coxal joint** Hüftgelenk
- **knee joint** Kniegelenk
- **pastern joint** Fesselbeingelenk, Krongelenk
- **pivot joint/ trochoid(al) joint/rotary joint** Zapfengelenk
- **saddle joint/sellaris joint** Sattelgelenk
- **stifle joint (horse)** Kniegelenk

- **synarthrodial joint/synarthrosis** Synarthrose, Fuge, Haft
- **thurl (hip joint in cattle)** Hüftgelenk
- **trochoid(al) joint/ pivot joint/rotary joint** Zapfengelenk
- **wrist/wrist joint** Handgelenk

joint capsule/articular capsule Gelenkkapsel
joint cavity Gelenkspalt
joint-fir family/Gnetaceae Gnetumgewächse, Gnemonbaumgewächse
joint fluid Gelenkflüssigkeit
joint-pine family/mormon tea family/ ephedra family/Ephedraceae Meerträubelgewächse
jointed/articulate/articulately jointed gelenkig, gelenkartig verbunden
Jordan's organ/ chaetosoma/chaetosema Jordansches Organ, Chaetosoma, Chaetosema
jostling run (bees) Drängeln
jowl (a cut of fish: head and adjacent parts) ***ichth*** Kopfstück
jowl (wattle/dewlap/ pendulous part of double chin) Kehllappen, Kinnlappen (Wamme/Doppelkinnfalte)
jowl/cheek Backe; (cheek meat of a hog) Backenfleisch
jowl/jaw/mandible Kiefer; Unterkiefer
juba/loose panicle/panicle of grasses (lockere) Grasrispe
jugal (bone) Jugale, Jochbein
jugal area/jugal region/jugum/neala Jugalfeld, Jugum, Neala
jugal cell Jugalzelle
jugal fold Jugalfalte
jugal vein Jugalader
Juglandaceae/walnut family Walnussgewächse
jugular vein/vena jugularis Drosselvene
jump/spring/bound/leap springen
jumping gene springendes Gen
Juncaceae/rush family Binsengewächse
juncaceous/rushy/rushlike binsenartig
junciform/rush-shaped binsenförmig
junction zone ***cyt*** Junktionszone

- **dermo-epidermal junction zone** dermo-epidermale Junktionszone

jungle Dschungel
jungle book Dschungelbuch
junk DNA unnütze DNA, überflüssige DNA, wertlose DNA
Jurassic Period/Jurassic (geological time) Jurazeit, Jura
juvenile ***adj/adv*** jugendlich, Jugend..., jung
juvenile form Jugendform
juvenile hormone (JH) Juvenilhormon
juvenile plant/young plant Jungpflanze
juvenile song/subsong ***orn*** Jugendgesang, Dichten (Jungvögel)
juvenile stage/ juvenile phase/adolescence Jugendstadium, Jugendphase, Jugendzeit
juvenility Jugendlichkeit, Jugend

K selection K-Selektion
K strategist/K-selected species (slow development) K-Stratege
kairomone Kairomon
kala azar/Cala-Azar (*Leishmania donovani*) Kala-Azar, Cala-Azar, schwarzes Fieber, viszerale Leishmaniasis
kallikrein Kallikrein
kame (short ridge/mount at glacial front formed by meltwater) Kame (fluvioglazialer Sand-/ Kieshügel an Gletscherfront)
kamptozoans/Entoprocta Kelchwürmer, Nicktiere, Kamptozooen
kangaroo paw family/ bloodwort family/redroot family/ haemodorum family/ Haemodoraceae Haemodorumgewächse
kapok-tree family/ silk-cotton tree family/ cotton-tree family/ Bombacaceae Wollbaumgewächse
karst lake Karstsee
karyogamy/nuclear fusion Karyogamie, Kernvereinigung, Kernverschmelzung
karyogram/karyotype Karyogramm, Karyotyp
karyoplasm/nucleoplasm Kernplasma, Karyoplasma, Nucleoplasma
karyotype Karyotyp
karyotyping Bestimmung des Karyotyps, Karyotypanalyse
katabatic wind Hangabwind
katsura-tree family/ Cercidiphyllaceae Katsurabaumgewächse
keel/carina Kiel; *bot* Kiel, Schiffchen
keeled/having a keel/carinate gekielt
kelp/brown seaweed (Laminariales) Brauntang
kennel (commercial caretaking of cats/dogs) öffentlich-kommerzielle Tierpension
- ➢ **dog kennel** Hundepension, Hundeheim
- ➢ **pack of dogs** Hundemeute
- ➢ **shelter/container for dogs** Hundezwinger

keratin Keratin
keratin filament Keratinfilament
keratinization/cornification Keratinisierung, Verhornung
keratinized/cornified/horny keratinisiert, verhornt
keratinocyte Keratinozyt, Keratinocyt
keratinosome/ Odland body/lamellar body Keratinosom
kernel/corn/grain Korn
kernel/seed Kern
keto acid Ketosäure
ketoaldehyde/aldehyde ketone Ketoaldehyd
ketone Keton
ketone body (acetone body) Ketonkörper
ketonuria/acetonuria Ketonurie
kettle *geol* Kessel, Gletschertopf, Gletschermühle
kettle lake Muldensee
key (for identification) Bestimmungsschlüssel
- ➢ **dichotomous key** zweigliedriger Bestimmungsschlüssel

key bed/marker bed *geol/paleo* Leithorizont
key enzyme Schlüsselenzym, Leitenzym
key evolutionary innovation (KEI) evolutionäre Schlüsselinnovation
key stimulus/sign stimulus (release stimulus) Schlüsselreiz, Auslösereiz
key substance Schlüsselsubstanz
keystone predator Schlüsselräuber
keystone species Schlüsselart
kidding (parturition in goats) Zicklein gebären

kidney Niere
➤ **holonephros/archinephros** Holonephros, Archinephros
➤ **mesonephros/ middle kidney/midkidney** Mesonephros, Urniere, Wolffscher Körper
➤ **metanephros/hind kidney/ definitive kidney** Metanephros, Nachniere, definitive Niere
➤ **multilobular kidney/ multipyramidal kidney/ polypyramidal kidney** multipyramidale Niere, mehrwarzige Niere, zusammengesetzte Niere, gelappte Niere
➤ **opisthonephros** Opisthonephros, Rumpfniere
➤ **pronephros/fore-kidney/ primitive kidney/ primordial kidney/head kidney** Pronephros, Vorniere, Kopfniere
➤ **unilobular kidney/ unipyramidal kidney/ monopyramidal kidney** unipyramidale Niere, einwarzige Niere

kidney-shaped/reniform nierenförmig
kieselguhr (loose/porous diatomite) Kieselgur
killer cell/K cell Killer-Zelle, Killerzelle
killifishes/Cyprinodontiformes Kleinkärpflinge
killing jar *entom* Tötungsglas
kiln/kiln oven Darre, Darrofen
kiln-dry (grain/lumber/tobacco) darren
kilosequencing *gen* Kilosequenzierung
kin Sippe, Geschlecht, Verwandtschaft, Familie
kin selection Verwandtenselektion
kind/species Art, Spezies
kindle *n* (young rabbit) Häschen, frischgeborenes Häschen/Kaninchen
kindle *vb* (bear young rabbits) gebären (speziell bei Hasen/Kaninchen)
kinematic viscosity kinematische Viskosität
kinesis Kinese
kinetic complexity kinetische Komplexität
kinetics Kinetik
➤ **first-order kinetics** Kinetik erster Ordnung
➤ **nonsaturation kinetics** Nichtsättigungskinetik
➤ **reaction kinetics** Reaktionskinetik
➤ **reassociation kinetics** Reassoziationskinetik
➤ **saturation kinetics** Sättigungskinetik
➤ **second-order kinetics** Kinetik zweiter Ordnung
➤ **zero-order kinetics** Kinetik nullter Ordnung

kinetin/zeatin Kinetin
kinetium/kinety Kinet
kinetochore Kinetochor
kinetocyst Kinetocyst
kinetoplast Kinetoplast
kinetosome/basal body Kinetosom, Basalkörper
kingfishers & bee-eaters & hoopoes & rollers & hornbills/ Coraciiformes Rackenvögel
kinorhynchs/Kinorhyncha Hakenrüssler
kinship Verwandtschaft, Blutsverwandtschaft
kinship selection Verwandtschaftsselektion
kinship theory Verwandtschaftstheorie
kit (young fur-bearing animal) Junges (bes. von Felltieren)
kitten (young cat) Kätzchen, junge Katze, Katzenjunges
kiwis/Apterygiformes Kiwis
kleptoparasite/cleptoparasite Kleptoparasit

knee Knie
➢ **bend of the knee/back of the knee/ hollow behind knee/poples/ popliteal fossa/popliteal space** Kniekehle
knee/knee-root ***bot*** Knie, Wurzelknie
knee joint Kniegelenk
kneecap/knee bone/patella Kniescheibe, Patella
knock down ***vb*** **(gene)** herunterregulieren (eines Gens)
knockout mutation Knockout-Mutation
➢ **conditional knockout mutation** konditionelle Knockout-Mutation
knoll/hummock (rounded knoll) kleiner Hügel
knoll/mound/bulge/hump Buckel, Erhebung
knopper gall ***bot*** Knoppergalle
knot ***bot*** Knoten, Astknoten; Auge, Knospe (Holz)
knotweed family/dock family/ buckwheat family/ smartweed family/Polygonaceae Knöterichgewächse
knuckle (hand) Knöchel, Handknöchel
knuckle-walking Knöchelgang, Knöchelgehen (Fußknöchel)
Koch's postulate Koch's Postulat, Kochsches Postulat
Koehler illumination Köhlersche Beleuchtung
kojic acid Kojisäure
krameria family/ratany family/ Krameriaceae Krameriagewächse
Krause's end bulb/bouton Krausesches Körperchen
Krebs cycle/citric acid cycle/ tricarboxylic acid cycle (TCA cycle) Krebs-Cyclus, Citrat-Zyklus, Citratcyclus, Zitronensäurezyklus, Tricarbonsäure-Zyklus
krill and allies/Euphausiacea Krill, Leuchtkrebse
Kupffer cell/ stellate reticuloendothelial cell Kupffer-Zelle, Kupffer-Sternzelle
kurtosis ***stat*** Häufungsgrad, Häufigkeitsgrad; Wölbung, Koeffizient der Wölbung, Exzess, Steilheit
kype (♂ salmon) Laichhaken

lab/laboratory Labor
lab ferment/rennin/chymosin
Labferment, Rennin, Chymosin
lab grade *chem* (quality designation)
technisch (Qualitätsbezeichnung)
label *n* Markierung, Etikett
label *vb* markieren,
ein Etikett aufkleben
labial gland Labialdrüse
**labial palp/labipalp/
labial feeler/palp/palpus/
palpus labialis**
Labialpalpus, Labialtaster, Palpe,
Lippentaster, Taster, Tastfühler
labial suture Labialnaht
**Labiatae/mint family/
deadnettle family/Lamiaceae**
Lippenblütengewächse,
Lippenblütler
labidognathous labidognath
labium/lower lip (vertebrates)
Labium, Unterlippe
labium/second maxilla (insects)
Labium, Unterlippe, 2. Maxille
labium (folds at margin of vulva)
Labium vulvae, Schamlippe
labor/uterine contractions *n*
Wehen (in den Wehen liegen)
➤ **afterpains** Nachwehen
➤ **first stage pains**
Eröffnungswehen
➤ **induction of labor**
Geburtseinleitung
labor *vb* in den Wehen liegen,
Wehen haben
laboratory/lab Labor
➤ **animal laboratory** Tierlabor
➤ **biohazard containment laboratory
(classified into biosafety
containment classes)**
Sicherheitslabor (S1–S4)
➤ **isotope laboratory**
Isotopenlabor
laboratory apron Laborschürze
laboratory balance Laborwaage
laboratory coat/labcoat Laborkittel
**laboratory equipment/
lab equipment** Laborgerät
laboratory facilities/lab facilities
Laboreinrichtung/-ausstattung
laboratory findings Laborbefund
laboratory jack
höhenverstellbarer Tisch
laboratory safety Laborsicherheit
laboratory scale/lab scale
Labormaßstab
**laboratory table/lab table/
laboratory bench/lab bench**
Labortisch, Labor-Werkbank
**laboratory technician/lab technician/
technical lab assistant**
technische(r) Assistent(in) TA,
Laborassistent(in), Laborant(in)
labriform soralium (lichens)
Lippensoral
labrum/upper lip Labrum, Oberlippe
**labware/laboratory supplies/
lab supplies** Laborbedarf
**labyrinthulids/slime nets/
Labyrinthulomycetes**
Netzschleimpilze
**labyrithine placenta/
hemoendothelial placenta**
Labyrinthplazenta
lacerate/torn
ungleichmäßig zerschlitzt/geschlitzt,
ungleichmäßig eingeschnitten
laceration
Laceration, Riss, Zerreißung;
med Fleischwunde, Risswunde
lachrymal/lacrimal
tränenartig, Tränen...
lacinia/inner lobe of maxilla
Lacinia, Innenlade
laciniate/slashed gefranst, geschlitzt
lacrimal/lachrymal
tränenartig, Tränen...
lacrimal bone/os lacrimale
Tränenbein
lacrimal duct/tear duct
Tränengang, Tränenkanal
lacrimal gland Tränendrüse
lacrimal lake/lacus lacrimalis
Tränensee
lactamide Laktamid, Lactamid,
Milchsäureamid
lactate (lactic acid)
Laktat (Milchsäure)
lactate *vb* laktieren,
Milch geben/produzieren/absondern
lactation Laktation,
Milchabsonderung (aus Milchdrüsen)

lactic acid (lactate) Milchsäure (Laktat)
lactic acid fermentation/ lactic fermentation Milchsäuregärung
lactifer/laticifer *bot* Milchröhre, Milchsaftröhre
lactiferous milchführend
lactiferous duct/milk duct Milchgang
lactiferous sinus/milk cistern Milchsinus, Milchzisterne
lactose (milk sugar) Laktose, Lactose (Milchzucker)
lacuna/space/cavity Lakune, Spalt, Hohlraum
lacunar system Lakunensystem
lacustrine See..., Seen betreffend (Binnenseen), an/in Seen wachsend oder lebend
lacustrine plant Seepflanze
ladder-shaped/scalariform leiterförmig
ladder-type nerve system/ double-chain nerve system Strickleiternervensystem
lady fern family/Athyriaceae Frauenfarngewächse
lag *vb* zurückbleiben, nachhinken
lag phase/latent phase/ incubation phase/ establishment phase Anlaufphase, Latenzphase, Inkubationsphase, Verzögerungsphase, Adaptationsphase, lag-Phase
lagg/fen water trough (drainage channel within a raised bog) Lagg (Entwässerungsgraben im Hochmoor)
lagging nachhängend, zurückbleibend
lagging strand *gen* Folgestrang
lagoon Lagune
lair (resting/living place: game/wild animal) Lager, Rastplatz
lake See
➢ **freshwater lake** Süßwassersee
➢ **saline lake/salt lake** Salzsee
lake zonation/lacustrine zonation Seenzonierung (Gewässerzonierung)
lakeshore/shore of a lake/ banks of a lake Seeufer
Lamarckism Lamarckismus
lamb (little sheep) Lamm, Schäfchen
lamb/lambing *vb* Lämmer gebären
lambdoid suture (skull) Lambdanaht
lame *adj/adv* lahm
lame *vb* lahmen
lamella Lamelle
lamellar gill/sheet gill/ lamellibranch/eulamellibranch Blattkieme, Lamellibranchie, Eulamellibranchie
lamellate lamellenartig, blattartig
lamellate antenna lamellenartiger Fühler, blätterförmiger Fühler
lamellated corpuscle/ Pacinian body/Pacinian corpuscle Lamellenkörperchen, Endkörperchen, Pacinisches Körperchen, Pacini-Körperchen
lameness Lähmung (*see* paralysis); Lähme
Lamiaceae/mint family/ deadnettle family (Labiatae) Lippenblütengewächse, Lippenblütler
lamina/lamella/blade (thin layer) Lamina, Lamelle (Platte/Spreite/Blatt)
➢ **basal lamina/basement membrane** Basallamina, Basalmembran
➢ **blade/frond/phyllid (algas/mosses)** Algenspreite, Moosblättchen, Phylloid
➢ **dental lamina** Zahnleiste
➢ **leaf lamina/leaf blade** Blattspreite
➢ **nuclear lamina** Kernfaserschicht, Kernlamina
laminar/laminiform/laminous laminal, spreitig, spreitenförmig, blättrig, plättchenartig geschichtet
laminar bone lamellärer Knochen, Lamellenknochen
laminar flow laminare Strömung, Schichtströmung

laminar flow workstation/ laminar flow hood/ laminar flow unit Querstrombank
laminate placentation/ laminar placentation/ lamellate placentation laminale Plazentation, flächenständige Plazentation
laminated/layered laminiert, geschichtet
laminiform plattenförmig, plättchenartig
lammas shoot Johannistrieb
lampbrush chromosome Lampenbürstenchromosom
lampreys/Petromyzontida Neunaugen, Neunaugenartige
lampshells/brachiopods/Brachiopoda Armfüßer, Brachiopoden („Lampenmuscheln")
lanate/wooly wollig
lancelet/cephalochordates (Amphioxiformes) Lanzettfischchen, Cephalochordaten
lanceolate lanzettförmig, lanzettlich
land life/life on land/terrestrial life Landleben
land snails/Stylommatophora (Pulmonata) Landlungenschnecken
landfill/sanitary landfill Mülldeponie, Müllgrube (geordnet)
landlocked landumschlossen; in Binnengewässer eingeschlossen
landscape/countryside Landschaft
landscape architect Landschaftsplaner, Landschaftsarchitekt
landscape ecology Landschaftsökologie
landscape planning Landschaftsplanung
Lang's vesicle Bursalorgan
language Sprache
➤ **animal language** Tiersprache
➤ **body language** Körpersprache
➤ **dance language (bees)** Tanzsprache
➤ **symbol language** Symbolsprache

lanosterol Lanosterin, Lanosterol
lanternfishes & blackchins/ Myctophiformes Laternenfische
lanthionine Lanthionin
lapinized vaccine durch Hasen erzeugter Impfstoff
lappet Hautlappen, Fleischlappen
lard Schmalz (Schweineschmalz), Schweinefett
lardizabala family/akebia family/Lardizabalaceae Fingerfruchtgewächse
lardon Speckstreifen
large intestines Dickdarm
larva (*pl* larvas/larvae) Larve
➤ **ancestrula** Ancestrula
➤ **aquatic nymph/naiad** Wassernymphe
➤ **auricularia larva** Auricularia
➤ **bladderworm/cysticercus (tapeworm larva)** Blasenwurm, Finne, Cysticercus
➤ **cercaria** Cercarie, Zerkarie, Schwanzlarve
➤ **cheese skipper/cheese maggot (Piophilidae larva)** Käsefliegenlarve
➤ **chigger/"red bug"/harvest mite (parasitic red mite larva)** Erntemilbenlarve, parasitische Larve von Trombidiidae
➤ **ciliated larva** Wimperlarve
➤ **coarctate larva/larva coarctata/ pseudocrysalis** Scheinpuppe, Pseudocrysalis
➤ **coracidium (cestoda larva)** Coracidium-Larve, Korazidium (eine Schwimmlarve)
➤ **cutworm** Raupe bestimmter Eulenfalter
➤ **cydippid larva** Cydippe-Larve
➤ **cypris larva** Cypris-Larve
➤ **dauer larva (temporarily dormant larva)** Dauerlarve
➤ **doliolaria larva (vitellaria larva) (Crinoida)** Doliolaria-Larve
➤ **doodlebug (antlion larva)** Ameisenlöwe (Larve der Ameisenjungfer)

➢ **eruciform larva** (with more than 5 pairs of abdominal prolegs: Tenthredinidae) Afterraupe (Blattwespenlarven)
➢ **gastrula** Gastrula, Becherkeim, Becherlarve
➢ **glochidium** Glochidium
➢ **grub** (thick wormlike larva/ scarabeiform larva: Coleoptera/ Hymenoptera/certain Diptera) Engerling (im Boden lebende Käferlarve), Bienenlarve u.a. (*see:* maggot)
➢ **hellgrammite/dobson (dobsonfly larva: esp. *Corydalis cornutus*)** Schlammfliegenlarve (Megaloptera)
➢ **hexacanth larva/ hooked larva/oncosphere (cestodes)** Sechshakenlarve, Oncosphaera-Larve, Onkosphäre
➢ **hornworm (hawk moth/sphinx moth larva)** Schwärmerlarve, Schwärmerraupe (mit Afterhorn)
➢ **inchworm/measuring worm (geometer moth larva)** Spannerraupe
➢ **infusiform larva** infusiforme Larve
➢ **lasidium** Lasidium
➢ **maggot (apodal larva)** Made (apode Larve)
➢ **miracidium (fluke larva)** Miracidium (*pl* Miracidien), Mirazidium (Digenea-Larve)
➢ **mitraria larva (a metatrochophore)** Mitraria, Mitraria-Larve
➢ **Mueller's larva** Müllersche Larve
➢ **mysis larva** Mysis-Larve
➢ **naiad/aquatic nymph** Wassernymphe
➢ **naupliar larva/nauplius** Naupliuslarve, Nauplius
➢ **nymph** Nymphe
➢➢ **aquatic nymph/naiad** Wassernymphe
➢ **oncosphere/hexacanth larva/ hooked larva (cestodes)** Oncosphaera-Larve, Onkosphäre, Sechshakenlarve
➢ **pericalymma/test-cell larva** Pericalymma, Hüllglockenlarve
➢ **pilidium larva (nemertines)** Pilidium, Pilidium-Larve
➢ **pluteus larva** Pluteuslarve, Pluteus
➢ **primary larva** Primärlarve, Junglarve, Eilarve
➢ **procercoid (cestodes)** Procercoid, Prozerkoid (Cestoda-Postlarve)
➢ **redia (flukes)** Redie
➢ **rotiger/pseudotrochophore (larva)** Rotiger, Pseudotrochophora
➢ **sacfry/yolk fry/alevin (salmonid larvas with yolk sac)** Dottersackbrut (Lachs)
➢ **silkworm (silkmoth larva)** Seidenraupe
➢ **tornaria larva** Tornaria-Larve
➢ **toxophore (butterfly larva)** Toxophorium (Schmetterlingsraupen: Brenn- und Gifthaare)
➢ **trochophore larva** Trochophora-Larve, Wimperkranzlarve
➢ **veliger larva** Veligerlarve, Segellarve
➢ **vitellaria larva/yolk larva** Vitellaria-Larve, Vitellaria
➢ **wiggler (mosquito larva)** Schnakenlarve
➢ **wireworm (elaterid larva)** Drahtwurm
➢ **yolk fry/sacfry/alevin (salmon larvas)** Dottersackbrut
➢ **yolk larva/vitellaria/ lecithotroph larva** Dotterlarve, Vitellaria-Larve
➢ **zoëa (decapod crustacean larva)** Zoëa

larval proleg/false leg Abdominalbein, Bauchfuß, Propes, Pes spurius (larval)
larviform larvenförmig
larviparous larvipar
larvipary Larviparie
laryngeal laryngeal, Larynx.., Kehlkopf...
laryngeal aditus Kehlritze

laryngeal prominence/Adam's apple Adamsapfel
larynx (Adam's apple) Larynx, Kehlkopf (Adamsapfel)
lasidium (larva) Lasidium
latency Latenz
latency period Latenzzeit
latent bud Proventivknospe, Ersatzknospe
latent period Latenzzeit
latent phase/incubation phase/ establishment phase/lag phase Latenzphase, Adaptationsphase, Anlaufphase, Inkubationsphase, lag-Phase
latent shoot Ersatztrieb, Stresstrieb, Proventivtrieb
lateral lateral, seitlich; seitenwendig
lateral axis/lateral branch Seitenachse
lateral branch/offshoot Seitenast
lateral bud/axillary bud Seitenknospe, Achselknospe
lateral cerebral sulcus/ fissura lateralis cerebri Sylvische Furche
lateral eye/lateral ocellus/stamma Lateralauge, Seitenauge, Lateralocelle, Stemma
lateral heart Lateralherz
lateral line system/lateralis system/ acoustico-lateralis system Seitenliniensystem
lateral magnification Lateralvergrößerung, Seitenverhältnis, Seitenmaßstab, Abbildungsmaßstab
lateral moraine Seitenmoräne
lateral pore Lateralpore
lateral root Nebenwurzel, Seitenwurzel
lateral shoot/side shoot/offshoot Seitentrieb
lateral undulation/ lateral undulatory movement (snakes) seitliche/horizontale Wellenbewegung, Schlängeln, Schlängelbewegung
lateralis organ Seitenlinienorgan, Lateralisorgan
laterite (soil) Laterit
laterization/latosolization (soil) Laterisation, Lateritisierung, Lateritbildung
latewood Spätholz, Engholz
latex Latex, Milchsaft
latex tube Milchröhre
lath/plank Latte
laticifer/lactifer ***bot*** Milchröhre, Milchsaftröhre
latitude Breitengrad
lattice sampling/grid sampling ***stat*** Gitterstichprobe(nverfahren)
laurel family/Lauraceae Lorbeergewächse
Laurer's canal (vestigial copulatory canal) Laurerscher Kanal
lauric acid/decylacetic acid/ dodecanoic acid (laurate/dodecanate) Laurinsäure, Dodecansäure (Laurat, Dodecanat)
law of combining ratios Gesetz der konstanten Proportionen (Mischungsverhältnisse)
law of conservation of matter/mass Massenerhaltungssatz, Gesetz von der Erhaltung der Masse
law of conservation of energy Energieerhaltungssatz
law of large numbers ***stat*** Gesetz der großen Zahlen
law of mass action Massenwirkungsgesetz
law of random assortment/ principle of random assortment/ principle of independent assortment (Mendel) Kombinationsregel, Unabhängigkeitsregel
law of segregation/ principle of segregation (Mendel) Spaltungsregel
law of thermodynamics (first/second) (1./2.) Hauptsatz (der Thermodynamik)
law of uniformity/ principle of uniformity (F_1 of monohybrid cross) (Mendel) Uniformitätsregel
lawn ***bot/micb*** Rasen

lawn culture Rasenkultur
laxative Abführmittel
lay eggs/deposit eggs
Eier legen, ablegen
layer/story/stratum/sheet *allg/geol*
Schicht
layer *bot* Ableger, Absenker
layering *allg/geol* Schichtung
layering/layerage *bot/hort*
Absenkervermehrung,
Absenken, Ablegervermehrung
➤ **continuous layering/
French layering**
Ablegen mehrerer
Jungpflanzen pro Trieb
➤ **mound layering/
stool layering/stooling**
Ablegervermehrung durch Anhäufeln
➤ **simple layering** Absenken
➤ **stool layering/mound layering**
Ablegervermehrung durch Anhäufeln
(Abrisse nach Anhäufeln)
➤ **tip layering**
Absenken von Triebspitzen
➤ **trench layering**
Absenken in Bodenfurchen
LCR (locus control region)
LCR (Lokus-Kontrollregion)
LD_{50} (median lethal dose)
mittlere Letaldosis,
mittlere letale Dosis
**LDCs (less-developed countries/
developing countries/
peripheral countries)**
Entwicklungsländer
LDL (low density lipoprotein)
LDL (Lipoproteinfraktion
niedriger Dichte)
leach (soil/minerals) auslaugen
**leachate (lixivium)/soakage/
seepage/gravitational water/
drainage water**
Lauge, Laug(en)lösung
(Bodenauslaugung), Sickerwasser
leaching (soil: dissolved minerals)
Auslaugung, Auswaschung,
Herauslösen
lead (Pb) Blei
lead (of a key) führende(r)/
übergeordnete(r) Stelle/Eintrag
(eines Bestimmungsschlüssels)

leader *zool* (animal in group)
Leittier
leader *bot* (main shoot)
Haupttrieb, Leittrieb, Höhentrieb
leader segment *gen* Leader-Sequenz
**leading shoot/main shoot/
primary shoot/main axis/
primary axis** Hauptspross,
Primärspross, Hauptachse
leading strand *gen* Leitstrang
leading substrate Leitsubstrat
**leadwort family/sea lavender family/
plumbago family/
Plumbaginaceae**
Bleiwurzgewächse,
Grasnelkengewächse
leaf (*pl* leaves) Blatt (*pl* Blätter)
➤ **amphigastrium/ventral leaf/
underleaf (liverworts)**
Amphigastrium, Bauchblatt,
„Unterblatt“
➤ **ascidiate leaf/pitcher leaf**
Schlauchblatt, Kannenblatt
➤ **compound leaf/divided leaf**
zusammengesetztes Blatt,
Fiederblatt (ganzes!),
gefiedertes Blatt
➤ **cotyledon/seminal leaf**
Kotyledone, Cotyledone, Keimblatt
➤ **drooping leaf**
herunterhängendes Blatt
➤ **fenestrated leaf** gefenstertes Blatt
➤ **flag leaf** Fahnenblatt, Fähnchenblatt
➤ **floating leaf** Schwimmblatt
➤ **“flower pot” leaf/urn-shaped leaf/
pouch leaf (*Dischidia*)** Urnenblatt
➤ **foliage leaf** Laubblatt, Folgeblatt
➤➤ **primary foliage leaves/
first foliage leaves**
Primärblätter, Erstlingsblätter
➤ **funnel-leaf/ascidiate leaf
(*Nepenthes*)**
Trichterblatt, Schlauchblatt
➤ **in leaf/leaved** beblättert
➤ **nectar leaf/nectariferous leaf/
honey leaf**
Nektarblatt, Honigblatt
➤ **nest leaf**
Nischenblatt, Mantelblatt
➤ **peltate leaf**
peltates Blatt, Schildblatt

- **pitcher leaf/ascidiate leaf** Kannenblatt, (*sensu lato*: Schlauchblatt)
- **primary leaf** Primärblatt
- **producing leaves/coming into leaf** Blätter austreiben
- **production of leaves/ coming into leaf** Blattaustrieb
- **seminal leaf/cotyledon** Keimblatt, Kotyledone, Cotyledone
- **shade leaf/sciophyll** Schattenblatt
- **submerged leaf** Wasserblatt
- **sun leaf** Sonnenblatt, Lichtblatt
- **trap leaf** Fallenblatt
- **underleaf/hypophyll** Unterblatt
- **urn-shaped leaf/pouch leaf/ "flower pot" leaf (*Dischidia*)** Urnenblatt
- **ventral leaf/amphigastrium/ underleaf (liverworts)** Bauchblatt, „Unterblatt", Amphigastrium

leaf abscission/shedding of leaves Blattfall, Laubfall

leaf apex/leaf tip Blattspitze

- **acuminate/taper-pointed** lang zugespitzt (konkav zulaufend: z.B. Blattspitze)
- **acute/sharp/ pointed/sharp-pointed** spitz
- **apiculate/pointleted (forming small tip)** (fein) zugespitzt (mit feiner Spitze endend)
- **aristate/awned** begrannt, Grannen tragend
- **caudate/tail-pointed (ending with tail-like appendage)** geschwänzt, geschwanzt, mit Schwanz versehen (mit Träufelspitze)
- **cirrose/cirrous (leaf with prolonged midrib)** mit Ranken, rankenartige Blattspitze
- **cuspidate (gradually terminating in sharp/rigid point)** stachelspitzig (lang zugespitzt)
- **emarginate/shallowly notched** ausgerandet
- **mucronate (abruptly terminating in sharp/hard point)** stachelspitz
- **mucronulate** kleinspitzig
- **obtuse (blunt or rounded end of leaf)** stumpf
- **pungent (with stiff/sharp point)** spitzig
- **retuse (obtuse with broad shallow notch)** eingebuchtet
- **rotund/rounded** abgerundet, rundlich
- **setose/bristly/set with bristles** borstig
- **truncate/terminating abruptly** gestutzt
- **uncinate/barbed/hooked** hakig, mit Haken

leaf area index (LAI) Blattflächenindex (BFI)

leaf area ratio (LAR) Blattflächenverhältnis

leaf arrangement/ phyllotaxy/phyllotaxis Blattanordnung, Blattstellung, Beblätterung, Phyllotaxis

- **alternate leaf arrangement** wechselständige Blattstellung
- **crowded leaf arrangement** gedrängte Blattstellung
- **decussate leaf arrangement** kreuzgegenständige (dekussierte) Blattstellung
- **distichous/ two-ranked/two-rowed l.a.** distiche Blattstellung, zweizeilige Blattstellung
- **opposite leaf arrangement** gegenständige Blattstellung
- **scattered leaf arrangement** zerstreute (disperse) Blattstellung
- **spiral leaf arrangement** schraubige Blattstellung
- **whorled leaf arrangement** quirlständige, wirtelige Blattstellung

leaf axil Blattachsel

leaf axis Blattachse

leaf base (*see also:* leaf blade base) Blattbasis, Blattgrund

leaf blade/leaf lamina (*see also:* leaf shapes) Blattspreite

leaf blade apex *see* leaf apex

leaf blade base/base of blade Blattspreitengrund
- **acute (equally curved convexly to the base)** (gleichmäßig) in den Stiel verschmälert, zugespitzt
- **attenuate/tapering/pointed (convex sides/ concave towards base)** verschmälert (an der Basis konkave Spreitenränder)
- **auriculate/eared/ear-like** geöhrt
- **cordate/cordiform/ heart-shaped** herzförmig
- **cuneate/cuneiform/ sphenoid/wedge-shaped** keilförmig
- **hastate/hastiform/spear-shaped** spießförmig
- **oblique** schief, schräg
- **reniform/kidney-shaped** nierenförmig
- **rotund/rounded** rundlich, abgerundet
- **sagittate/sagittiform/ arrowhead-shaped** pfeilförmig
- **truncate** gestutzt

leaf blade margin/leaf blade edge/ edge of blade/margin of blade (*see also:* leaf margin) Blattspreitenrand

leaf-borne blattbürtig

leaf bundle Blattbündel

leaf buttress Blatthöcker, frühe Blattanlage

leaf cast (caused by frost/ dryness/fungal disease) Schütte, Blattschütte, Nadelschütte; Frostschütte, Trockenschütte

leaf curl/leaf roll Blattkräuselkrankheit

leaf cushion/leaf pulvinus Blattkissen, Blattpolster, Gelenkpolster

leaf cutter Blattschneider

leaf cutting Blattsteckling

leaf drop, early frühzeitiger Blattfall

leaf-eating/folivorous blattfressend, blätterfressend

leaf fiber Blattfaser

leaf flushing, rapid Blattausschüttung, Laubausschüttung

leaf flutter Blattflattern

leaf gall Blattgalle

leaf gap/foliar gap Blattlücke

leaf lamina/leaf blade Blattspreite

leaf-like/phylloid/ foliaceous/foliose blattartig, blattförmig

leaf litter Blattstreu, Laubstreu, Laubschicht

leaf margin/leaf edge Blattrand
- **ciliate/bearing cilia** bewimpert, gewimpert
- **crenate/ with rounded teeth/scalloped** kerbzähnig, zackig gekerbt
- **crenulate/finely notched** fein kerbzähnig, feingekerbt, feinkerbig
- **curled** kräuselig, gekräuselt
- **dentate/toothed** gezähnt
- **denticulate/finely dentate** gezähnelt, fein gezähnt
- **digitate/fingered** digitat, gefingert
- **entire/simple** ganzrandig
- **gnawed** ausgebissen
- **incised/evenly notched/evenly cut** gleichmäßig geschlitzt/zerschlitzt/ eingeschnitten
- **lacerate/torn** ungleichmäßig zerschlitzt/geschlitzt, ungleichmäßig eingeschnitten
- **laciniate/slashed** gefranst, geschlitzt
- **lobate/lobed** lappig, gelappt
- **palmate/fingered/hand-shaped** gefingert, handförmig
- **palmatifid (divided to middle)** fingerspaltig, handförmig gespalten
- **palmatilobate/palmately lobed** fingerlappig, handförmig gelappt
- **palmatipartite/palmately partite** fingerteilig, handförmig geteilt
- **palmatisect** fingerschnittig, handförmig (ein)geschnitten

- **repand (slightly uneven and waved margin)** leicht gewellt, geschweift, randwellig
- **runcinate/ retroserrate/hook-backed (e.g., dandelion leaf margin)** schrotsägeförmig, rückwärts gesägt
- **serrate/serrated/sawed/saw-edged** sägeförmig gezackt, gesägt
- **serrulate/serratulate/ finely serrate/finely saw-edged** feingesägt, kleingesägt
- **sinuate (strongly waved margin)** buchtig, gebuchtet
- **spinose/spinous** (grob)stachelig
- **undulate** gewellt, wellig

leaf primordium Blattprimordium, Blattanlage

leaf pulvinus/leaf cushion Blattpolster, Blattkissen, Gelenkpolster

leaf roll/leaf curl Blattkräuselkrankheit

leaf scar Blattnarbe

leaf shape Blattform

- **acerose/aciculate/acicular/ needle-shaped** nadelförmig
- **auriculate/eared/ear-like** geöhrt
- **cordate/cordiform/heart-shaped** herzförmig
- **cuneate/cuneiform/ sphenoid/wedge-shaped** keilförmig
- **deltoid** deltaförmig, breiteiförmig, dreieckig
- **elliptic/elliptical** elliptisch
- **ensiform/gladiate/ xiphoid/sword-shaped** schwertförmig
- **falcate/falciform/sickle-shaped** sichelförmig
- **hastate/hastiform/spear-shaped** spießförmig
- **lanceolate** lanzettförmig, lanzettlich
- **lineal/linear** linear, linealisch
- **lyrate/lyriform/lyre-shaped** leierförmig, lyraförmig
- **obcordate/obcordiform/ inversely heart-shaped** verkehrt herzförmig
- **oblanceolate/ inversely lanceolate** verkehrt lanzettförmig
- **oblong** länglich
- **obovate/inversely egg-shaped** verkehrt eiförmig
- **orbicular/circular** kreisförmig, kreisrund
- **orbiculate/nearly round** kreisförmig, fast rund
- **ovate/egg-shaped** eiförmig
- **panduriform/fiddle-shaped** geigenförmig
- **peltate leaf** peltates Blatt, Schildblatt
- **peltate/peltiform/shield-shaped** schildförmig
- **reniform/kidney-shaped** nierenförmig
- **rhombic/rhomboid/ diamond-shaped** rhombisch, rautenförmig
- **runcinate/ retroserrate/hook-backed (e.g., dandelion leaf)** schrotsägeförmig
- **sagittate/sagittiform/ arrowhead-shaped** pfeilförmig, pfeilspitzenförmig
- **spathulate/spatulate/ spoon-shaped** spatelförmig
- **subulate/awl-shaped** pfriemlich

leaf sheath Blattscheide

leaf stalk/petiole Blattstiel

leaf stalk vegetable Stengelgemüse

leaf surface Blattoberfläche

- **lower leaf surface/ abaxial leaf surface** Blattunterseite
- **upper leaf surface** Blattoberseite

leaf tendril Blattranke

leaf tip/leaf apex Blattspitze, Blattspreitenspitze

leaf trace/foliar trace Blattspur
leaf trace bundle
Blattspurstrang, Blattspurbündel
leaf trace gap Blattspurlücke
leaf vein/leaf rib
Blattader, Blattnerv, Blattrippe
leaf venation
Blattaderung, Blattnervatur
leafage/foliage/leaves
Belaubung, Blattwerk,
Laubwerk, Laub
leafing/unfolding of leaves
Blattentfaltung
leafless/aphyllous
blattlos, unbeblättert
leaflet Blättchen, Blattfieder
leafy vegetable/leaf vegetable
Blattgemüse
leak *n* Leck
leak *vb* tropfen, herauslaufen,
undicht sein
leak current/
leakage current (I_l) ***neuro***
Leckstrom
leakage Leckage, Leck, Lecken
leakage channel/resting channel
neuro Leckkanal,
Ruhemembrankanal
leakage conductance (g_l) ***neuro***
Leckleitfähigkeit
leaky mutant durchlässige Mutante
leaky mutation
durchlässige Mutation
lean (meat etc.) *adj/adv* mager
learn *vb* lernen
learned behavior
Lernverhalten, erlerntes Verhalten
learning Lernen
learning theory Milieutheorie
least significant difference/
critical difference *stat*
Grenzdifferenz (GD)
least squares estimation (LSE) *stat*
Methode der kleinsten Quadrate
(MKQ-Schätzung)
leatherwood family/cyrilla family/
Cyrillaceae
Lederholzgewächse
leathery/coriaceous ledrig, lederartig
leavening
Treibmittel, Gärmittel, Gärstoff

lecithin Lecithin
lecithotrophic lecithotroph
lectin Lektin
lectotype Lectotypus, Lectotyp,
Lectostandard
lecythis family/brazil-nut family/
Lecythidaceae
Topffruchtbaumgewächse,
Deckeltopfbäume
lee/lee side
Lee, windgeschützte Seite,
Windschattenseite
(dem Wind abgekehrte Seite)
➢ **luv/windward side**
Luv, Wetterseite, Windseite
(dem Wind zugewandte Seite)
leeches/hirudineans/
Hirudinida (Annelida)
Egel, Blutegel, Hirudineen
leeward (opposite windward)
im Windschatten,
auf der Windschattenseite
left-handed (helix) *gen/biochem*
linksgängig
left-handed/sinistral linkshändig
leg Bein
leg/drumstick (fowl) Keule, Schlegel
leg/foot (birds) Lauf
leg beat Laufschlag
legume/leguminous plant/
fabaceous plant Hülsenfrüchtler
legume/pod Hülse
legume family/bean family/
pea family/pulse family/Fabaceae/
(Papilionaceae/Leguminosae)
Hülsenfruchtgewächse,
Hülsenfrüchtler,
Schmetterlingsblütler
leguminous/fabaceous
(e.g., flower/plant)
hülsenfrüchtig, Hülsenfrucht...,
Hülsenfrüchtler betreffend
leishmaniasis Leishmaniose
➢ **cutaneous l./oriental sore**
(*Leishmania* spp.)
kutane Leishmaniose,
Hautleishmaniose, Orientbeule
➢ **visceral l./kala azar/Cala-Azar**
(*Leishmania donovani*)
viszerale Leishmaniose, Kala-Azar,
Cala-Azar, schwarzes Fieber

lek (communal mating ground) ***ethol/ecol*** Balzarena
lemma/lower palea/outer palea Deckspelze
Lemnaceae/duckweed family Wasserlinsengewächse
lemniscus (*pl* lemnisci) Lemnisk (*pl* Lemnisken)
length constant (membrane) Längskonstante
lennoa family/Lennoaceae Lennoagewächse
lens/lense Linse
➢ **collimating lens** parallel-richtende Sammellinse
lens/magnifying glass Lupe, Vergrößerungsglas
lens eye/lenticular eye Linsenauge
lens placode Linsenplakode
lens tissue Linsenpapier
Lentibulariaceae/ bladderwort family/ butterwort family Wasserschlauchgewächse
lentic/lenitic (of/in standing water) lentisch, lenitisch (in stehendem Gewässer lebend)
lenticel Lentizelle, Korkpore
lenticular nucleus/ nucleus lentiformis Linsenkern
lentiform/lenticular/lentil-shaped linsenförmig
lepidodendron family (clubmoss trees)/ Lepidodendraceae Schuppenbäume
lepidophyte trees/club-moss trees/ Lepidodendrales Lepidophyten, Bärlappbäume
lepidopterans (butterflies & moths)/ Lepidoptera Schuppenflügler (Schmetterlinge & Motten)
lepidosaurs/Lepidosauria Schuppenkriechtiere
leprose leprös
leptocaulous/slender-stemmed dünnstämmig, schlankstämmig
leptomeninx/ pia-arachnoid membrane weiche Hirnhaut, Leptomeninx (Arachnoidea & Pia mater)
leptospirosis/Weil's disease/ swamp fever/infectious anemia (*Leptospira interrogans*) Leptospirose, Weil-Krankheit, Weilsche Krankheit
leptotene Leptotän
lerp (Australia/Tasmania: sweet/waxy secretion/manna on eucalyptus from jumping plant lice) Manna an Eucalyptus (Schutzsekret von Pflanzenläusen)
➢ **sugar-lerp (*Australian term*)/ honeydew** Honigtau
lesion/injury/harm Läsion (Schädigung/Verletzung/Störung), krankhafte Veränderung (durch Verletzung/Krankheit)
less-developed countries (LDCs)/ developing countries/ peripheral countries) Entwicklungsländer
lesser covert/minor covert *orn* kleine Decke (Flügeldecke/Flügelfeder)
lestobiosis Lestobiose
lethal/deadly letal, tödlich
lethal dose Letaldosis, letale Dosis, tödliche Dosis
➢ **median lethal dose (LD_{50})** mittlere Letaldosis, mittlere letale Dosis
lethal mutant Letalmutante
lethal mutation letale Mutation
lethality Letalität
leucine Leucin
leucine zipper (protein) *gen* Leucin-Reißverschluss
leucopenia Leukopenie
leucoplast Leukoplast
leukemia Leukämie, „Weißblütigkeit"
leukocyte/white blood cell (WBC) (*see also:* blood cells) Leukocyt, Leukozyt, weißes Blutkörperchen
leukocytosis Leukocytose
levan Lävan

levator/lifter (muscle: raising an organ or part) Levator, Heber
levee/dike Deich (Fluss)
leverage mechanism Hebelmechanismus
leveret (hare in 1. year) Häschen, junger Hase
levulinic acid Lävulinsäure
Leydig cell Leydigsche Zwischenzelle
liana/woody climber Liane, Kletterpflanze, Schlingpflanze (holzig/verholzt)
liberate (release/set free) freisetzen (Wärme/Energie/Gase etc.)
library/bank (clone bank) Bibliothek, Klonbank
➤ **genomic library** genomische Bibliothek, genomische Genbank
➤ **subgenomic library** subgenomische Bibliothek, subgenomische Genbank
➤ **subtractive library** subtraktive Genbank, Subtraktionsbank, Subtraktionsbibliothek
libriform fiber Libriformfaser, Holzfaser
lichen Flechte
➤ **crustose lichens** Krustenflechten
➤ **filamentous lichens/ hairlike lichens** Haarflechten, Fadenflechten
➤ **foliose lichens** Blattflechten, Laubflechten
➤ **fruticose lichens/ shrublike lichens** Strauchflechten
➤ **gelatinous lichens** Gallertflechten
➤ **umbilicate foliose lichens** Nabelflechten (Blattflechten)
lichen acid Flechtensäure
lichenin Lichenin (Flechtenstärke, Moosstärke)
lichenization Lichenisierung
lichenized lichenisiert
lick ***vb*** lecken
➤ **anogenital licking** ***ethol*** Anogenitalmassage
➤ **clay licking** Tonlecken
➤ **mineral licking** Mineralienlecken
lid/opercle/operculum (e.g., gill cover) Deckel, Operculum, Operkulum (z.B. Kiemendeckel)
lid capsule/circumscissile capsule/ pyxis/pyxidium Deckelkapsel
lid-like/operculiform deckelförmig, deckelartig
Lieberkühn's organelle/ watchglass organelle (hymenostome ciliates) Lieberkühnsches Organell
life Leben
life community/ biotic community/biocoenose Lebensgemeinschaft, Biocönose
life cycle/"life history" Lebenszyklus, Lebenskreislauf, Entwicklungs-Zyklus
life cycle assessment (LCA) ***ecol*** Ökobilanz
life expectancy Lebenserwartung
life form Lebensform
life process(es) Lebensvorgang (-vorgänge)
life science(s)/biology Biowissenschaften, Biologie
life scientist/biologist Biologe
life size Lebensgröße
life span Lebensdauer, Lebensspanne
life table/mortality table Sterbetafel, Sterblichkeitstabelle
life zone/biotope Lebenszone, Lebensraum, Biotop
lifeform/organism Lebensform, Lebewesen, Organismus
lifeless/inanimate/dead leblos, tot
lifestyle/ mode of life/way of life/habits Lebensweise
lifetime Lebenszeit; *neuro* Öffnungsdauer (eines Membrankanals)

lift-to-drag ratio (L/D ratio) Gleitzahl, Gleitwinkel; Verhältnis von Auftrieb zu (Luft-)Widerstand
ligament Ligament, Band
ligament sac Ligamentsack
ligand Ligand
ligand blotting Liganden-Blotting
ligate ligieren, verknüpfen
ligation Ligation, Verknüpfung
➢ **blunt end ligation** Ligation glatter Enden
➢ **self-ligation** Selbst-Ligation
light *n* Licht
➢ **artificial light/lighting** künstliche Beleuchtung
➢ **beam of light** Lichtstrahl, Lichtbündel
➢ **diffracted light** gebeugtes Licht
➢ **diffuse light** diffuses Licht
➢ **exposure (to light)** Belichtung
➢ **incident light** einfallendes Licht, auftreffendes Licht
➢ **path of light (ray diagram)** Strahlengang (Strahlendiagramm)
➢ **plane-polarized light** linear polarisiertes Licht
➢ **polarized light** polarisiertes Licht
➢ **ray/beam (of light)** Strahl
➢ **reflected light** Reflexlicht, reflektiertes Licht
➢ **scattered light** Streulicht
light chain (L-chain) leichte Kette (L-Kette)
light-harvesting complex (LHC) Lichtsammelkomplex
light-independent lichtunabhängig
light-induced germination of seed/ photodormant seed Hellkeimer, Lichtkeimer (Samen)
light intensity Lichtstärke, Lichtintensität
light microscope (compound microscope) Lichtmikroskop (zusammengesetztes Mikroskop)
light microscopy Lichtmikroskopie
light permeability Lichtdurchlässigkeit
light reaction Lichtreaktion
➢ **dark reaction** Dunkelreaktion
light repair (DNA) Lichtreparatur
light scattering Lichtstreuung
light-sensitive/photosensitive lichtempfindlich (leicht reagierend)
light sensitivity/photosensitivity Lichtempfindlichkeit (leicht reagierend)
light source Lichtquelle
light stimulus Lichtreiz
lightwood family/Cunoniaceae Cunoniaceae
ligneous/woody holzartig, holzig
lignicolous/lignicole holzbewohnend, auf Holz wachsend
lignification/sclerification Lignifizierung; (wood formation) Verholzung
lignified/sclerified lignifiziert, verholzt
lignin Lignin
lignite/brown coal Lignit, Weichbraunkohle & Mattbraunkohle
lignoceric acid/tetracosanoic acid Lignocerinsäure, Tetracosansäure
lignotuber/burl/woody outgrowth ebenerdige Maserknolle, Wurzelhalsknolle, Kropf (Auswuchs an Wurzelanlauf bestimmter Bäume)
ligular/tongue-shaped zungenförmig
ligulate/strap-shaped streifenförmig
ligule/ligula Ligula, Zünglein
ligule ***bot*** **(grasses)** Ligula, Blatthäutchen
likelihood ***clad*** Likelihood (Wahrscheinlichkeit unter bestimmten Annahmen/ Modellen/Hypothesen)
likelihood function Wahrscheinlichkeitsfunktion
lily family/Liliaceae Liliengewächse
lily-of-the-valley family/ Convallariaceae Maiglöckchengewächse
limaciform nackschneckenförmig

limb/extremity/appendage (articulated) Gliedmaße, Extremität (*pl* Gliedmaßen/Extremitäten); *bot* Ast
- **ascending limb (loop of Henle)** aufsteigender Ast (Henlesche Schleife)
- **descending limb (loop of Henle)** absteigender Ast (Henlesche Schleife)

limb muscle/appendicular muscle Extremitätenmuskel
limbate gesäumt, andersfarbig gerändert
lime ***n chem*** Kalk
lime/calcify ***vb*** kalken
lime tree family/linden family/ Tiliaceae Lindengewächse
liminal (pertaining to a threshold) einen Grenzwert/Schwellenwert betreffend, Schwellen...
liminal stimulus Schwellenreiz
liming Kalkung
limit of resolution ***opt*** Auflösungsgrenze
limited capacity control system (LCCS) limitiertes Kapazitätskontrollsystem
limiting factor begrenzender Faktor, limitierender Faktor, Grenzfaktor
Limnanthaceae/ false mermaid family/ meadowfoam family Sumpfblumengewächse
limnetic/limnal/limnic limnisch, im Süßwasser lebend
Limnocharitaceae/ water-poppy family Wassermohngewächse
limnocrene Limnokrene, Tümpelquelle
limnogenous limnogen
limnology Limnologie, Seenkunde (Binnengewässerkunde)
limnomedusas/Limnomedusae/ Limnohydrina Limnomedusen, Limnohydrinen
limonene Limonen
limp schlaff (welk)
limpets & keyhole limpets & abalone/archeogastropods/ Archaeogastropoda/Diotocardia Altschnecken
limy/limey kalkig, kalkartig, kalkhaltig
Linaceae/flax family Leingewächse
linden family/lime tree family/ Tiliaceae Lindengewächse
line diagram Strichdiagramm
line transect ***ecol*** Linientransekt
line transect method ***ecol/stat*** Linienstichprobe(nverfahren)
LINE (long interspersed nuclear element) ***gen*** langes eingeschobenes nukleäres Element
lineal/linear linear, linealisch
Lineweaver-Burk plot/ double-reciprocal plot Lineweaver-Burk-Diagramm
lingual Zungen..., die Zunge betreffend
lingual papilla/gustatory papilla Zungenpapille, Geschmackspapille
- **filiform papilla/threadlike papilla** fadenförmige Papille
- **foliate papilla** Blattpapille, blättrige Papille
- **fungiform papilla** Pilzpapille
- **lentiform papilla** linsenförmige Papille
- **vallate papilla** Wallpapille

lining Auskleidung, Überzug, Oberflächenschicht
linkage Kopplung (Genkopplung)
- **partial linkage** partielle Kopplung
- **sex linkage** Geschlechtskopplung

linkage analysis Kopplungsanalyse
linkage disequilibrium Kopplungsungleichgewicht
linkage equilibrium Kopplungsgleichgewicht
linkage group Kopplungsgruppe
- **partial linkage group** partielle Kopplungsgruppe

linkage map Genkopplungskarte
linked genes gekoppelte Gene
linker DNA Linker-DNA
- **polylinker** Polylinker

linolenic acid Linolensäure
linolic acid/linoleic acid Linolsäure
lint (cotton fiber)
Lint, Lintbaumwolle
linters (short cotton fibers)
Linters (kurze Baumwollfasern)
lip/labellum Lippe, Labellum
➢ **lower lip/labium**
Unterlippe, Labium
lip-curling/"flehmen" flehmen
lip smacking *ethol* Lippenschnalzen
lipid Lipid
➢ **glycolipid** Glykolipid
➢ **phospholipid** Phospholipid
lipid bilayer Lipiddoppelschicht (biol. Membran)
lipid raft Lipid-Mikrodomäne
lipofection Lipofektion
lipoic acid (lipoate)/thioctic acid
Liponsäure, Dithiooctansäure, Thioctsäure, Thioctansäure (Liponat)
lipophilic lipophil
lipoprotein Lipoprotein
➢ **HDL (high density lipoprotein)**
(Lipoproteinfraktion hoher Dichte)
➢ **IDL (intermediate density lipoprotein)**
(Lipoproteinfraktion mittlerer Dichte)
➢ **LDL (low density lipoprotein)**
(Lipoproteinfraktion niedriger Dichte)
➢ **VHDL (very high density lipoprotein)**
(Lipoproteinfraktion sehr hoher Dichte)
➢ **VLDL (very low density lipoprotein)**
(Lipoproteinfraktion sehr niedriger Dichte)
liposome Liposom
lipoteichoic acid
Lipoteichonsäure
liquefaction Verflüssigung
liquefy verflüssigen
liquid *n* Flüssigkeit
liquid *adj/adv* flüssig
liquid chromatography (LC)
Flüssigkeitschromatographie
liquid manure (total excretions diluted with water) Gülle; (urine) Jauche
lissencephalous (no/few convolutions) lissencephal (ungefurcht/glattes Gehirn)
list (dark stripe on back) Aalstrich
lithobiomorphs/Lithobiomorpha
Steinläufer
lithotroph(ic) lithotroph
lithotrophy Lithotrophie
litocholic acid Litocholsäure
litter/bear young *vb* Junge werfen
litter *n bot* Streu
litter *n zool*
Wurf, Tracht (Jungtiere/Wurf)
litter *vb ecol* verunreinigen, (Müll) herumliegenlassen
➢ **don't litter!** entsorgen Sie Ihren Müll sachgerecht!
litter layer *bot* (forest)
Streuschicht, Streuhorizont, Förna
litter mate Wurfgeschwister, Geschwister eines Wurfes
litter size *zool* Wurfgröße
littoral *adj/adv*
küstenbewohnend, uferbewohnend, am Ufer lebend
littoral/littoral zone/ intertidal zone/ eulittoral zone (marine)
Litoral, Litoralzone, Litoralbereich, Gezeitenzone, Tidebereich, Eulitoral
littoral/littoral zone (lake)
Uferregion, Uferzone (Gewässer)
littoral fringe
Küstensaum, Ufersaum
live *adj/adv* lebend, lebendig
live *vb* leben, lebendig sein
live-bearing/viviparous *adj/adv*
lebendgebärend, vivipar
live-bearing/vivipary/viviparity *n*
Lebendgebären, Viviparie
live-birth/vivipary
Lebendgeburt, Viviparie
live culture/living culture
Lebendkultur
live germ count Lebendkeimzahl
live vaccine
Lebendimpfstoff, Lebendvakzine
live weight Lebendgewicht

liver Leber
liverwort Lebermoos
livestock
landwirtschaftlich genutztes Vieh
livestock breeding Tierzucht (Nutztiere in der Landwirtschaft), Viehzucht (*sensu lato*)
livestock keeping/ animal husbandry Viehhaltung
livestock unit
Großvieheinheit (500 kg Lebendgewicht)
living fossil lebendes Fossil
lizard-hipped dinosaurs/ saurischian reptiles/ saurischians/Saurischia
Echsenbecken-Dinosaurier
lizard's tail family/Saururaceae
Molchschwanzgewächse
lizards/Lacertilia (Squamata)
Echsen, Eidechsen
load *vb* füllen, auffüllen, beladen, belasten, beanspruchen
load/freight Last, Belastung; Fracht (Flüssigkeit/Abwasser)
➢ **bed load *soil/mar***
Bodenfracht, Geschiebe
➢ **genetic load**
Erblast, genetische Last, genetische Bürde, genetische Belastung
➢ **mutational load**
Mutationsbelastung, Mutationslast
➢ **silt load/suspension load *soil/mar***
Schwebfracht
loaded (unloaded) form
beladene (entladene) Form (z.B. ADP→ATP)
loading
Beladung, Belastung
➢ **phloem loading**
Phloembeladung
➢ **phloem unloading**
Phloementladung
➢ **wing loading *aer/orn***
Flügel-Flächen-Belastung
loam Lehm
loasa family/Loasaceae
Blumennesselgewächse, Loasagewächse

lobe Lappen
➢ **adenohypophysis/ anterior lobe of pituitary gland**
Adenohypophyse, Hypophysenvorderlappen
➢ **earlobe** Ohrläppchen
➢ **frontal lobe/ lobus frontalis *neuro***
Frontallobus, Stirnlappen
➢ **galea/outer lobe of maxilla**
Galea, Außenlade
➢ **lacinia/inner lobe of maxilla**
Lacinia, Innenlade
➢ **mantle lobe (brachiopods)**
Mantellappen, Kragenlappen
➢ **neurohypophysis/ posterior lobe of pituitary gland**
Neurohypophyse, Hypophysenhinterlappen
➢ **occipital lobe/ lobus occipitalis *neuro***
Okzipitallappen, Hinterhauptslappen
➢ **optic lobe/visual lobe/ lobus opticus** Sehlappen
➢ **parietal lobe/ lobus parietalis *neuro***
Parietallappen, Scheitellappen
➢ **polar lobe (cleavage)** Pollappen
➢ **temporal lobe/ lobus temporalis *neuro***
Temporallappen, Schläfenlappen
➢ **visual lobe/ optic lobe/lobus opticus**
Sehlappen
lobe fin Quastenflosse
lobe-finned fishes/ crossopterygians/Crossopterygii
Quastenflosser
lobed/lobate lappig, gelappt
lobelia family/Lobeliaceae
Lobeliengewächse
lobopodium Lobopodium
lobster (*Homarus* spp.) Hummer
➢ **spiny lobster (*Palinurus* spp.)**
Languste
lobster pot (*Genlisea*) Schlauchblatt
lobule Läppchen
local/native/endemic *adj/adv*
örtlich, heimisch, einheimisch, endemisch

locale *n* Ort, Platz, Standort
localized potential lokales Potenzial, Lokalpotenzial
locate orten
location Lage (Ort)
lock-and-key principle Schlüssel-Schloss-Prinzip, Schloss-Schlüssel-Prinzip
lock jaw ***med*** Kiefersperre
locomotion Lokomotion, Fortbewegung, Ortsveränderung (Bewegung)
locomotory Lokomotorik
locule/lock/loculus (chamber/cell) Fach, Loculament, Lokulament (von Ovar/Anthere/Sporangium)
loculicidal loculizid, lokulicid, fachspaltig
loculicidal capsule lokulizide Spaltkapsel
locus Locus, Lokus, Ort, Stelle
➢ **compound locus** ***gen*** Locus aus mehreren eng gekoppelten Genen
locust Heuschrecke
locust gum/locust bean gum/ carob gum/carob seed gum Johannisbrotkernmehl, Karobgummi
lod score ("logarithm of the odds ratio") Lod-Wert (Logarithmus des Chancenverhältnisses)
lodge ***n*** **(e.g., beaver)** (höhlenartig) Bau, Lager
lodge ***vb*** (animals) lagern; (crops) umlegen (z.B. durch Wind)
lodicule/paleola/glumellule Lodicula, Schwellkörper, Schüppchen (Grasblüte)
loess Löss
log ***n*** gefällter Holz-/Baumstamm, (*pl* logs) Langhölzer
log (cut trees for lumber) (Bäume) fällen; (log off/clear land in lumbering) kahlschlagen
log on/off ***vb tech*** ein Gerät an-/abschalten, in ein Programm einsteigen/aus einem Programm „aussteigen", draufgehen/runtergehen
logania family/Loganiaceae Strychnosgewächse, Brechnussgewächse, Loganiengewächse
logarithmic normal distribution/ lognormal distribution ***stat*** logarithmische Normalverteilung, Lognormalverteilung
logarithmic phase (log-phase) ***ecol/ micb*** logarithmische Phase
logging/lumbering/felling of trees/ timber harvesting Holzfällen
lognormal distribution/ logarithmic normal distribution ***stat*** Lognormalverteilung, logarithmische Normalverteilung
LoH (loss of heterozygosity) Verlust der Heterozygotie, Heterozygotieverlust
loin Lende
lomasome Lomasom
loment/lomentum/ lomentaceous fruit/ jointed fruit Gliederfrucht, Bruchfrucht, Klausenfrucht, Gliederhülse
London dispersion forces London-Dispersionskräfte
lone wolf/loner ***ethol*** Einzelgänger
long ***vb*** **(for something)** nach etwas verlangen, sich nach etwas sehnen
long bone/os longum langer Knochen, Röhrenknochen
long-chain langkettig
long-day plant Langtagspflanze
long-distance transport Ferntransport
long interspersed nuclear element (LINE) langes eingeschobenes nukleäres Element
long-lived langlebig
long period interspersion langphasige Einstreuung
long shoot/axis Langtrieb
long-term potentiation (LTP) Langzeitpotenzierung
long terminal repeat (LTR) ***gen*** lange terminale Sequenzwiederholung

longevity Langlebigkeit
longing/yearning Verlangen, Sehnsucht
longisection/longitudinal section/ long section Längsschnitt
longitude ***geogr*** Längengrad
➢ **latitude** ***geogr*** Breitengrad
longitudinal division/fission Längsteilung
longitudinal muscle Längsmuskel
longitudinal section Längsschnitt
longitudinal vein Längsader
longshore current ***mar*** Brandungslängsstrom, Längsströmung (am Strand)
loop Schlaufe
➢ **displacement loop** Verdrängungsschlaufe
loop conformation/ coil conformation ***gen*** Schleifenkonformation, Knäuelkonformation
loop of Henle Henle-Schleife, Henlesche Schleife
loop reactor/circulating reactor/ recycle reactor (bioreactor) Umlaufreaktor, Umwälzreaktor, Schlaufenreaktor
looper/measuring worm/ inchworm/spanworm ***entom*** Spannerraupe
looping (movement of loopers) ***entom*** Spannen (Fortbewegung bei Spannerraupen)
loosestrife family/Lythraceae Weiderichgewächse, Blutweiderichgewächse
lope ***n*** **(horse: easy natural gait resembling a canter)** leichter Kanter
lophodont (teeth with transverse ridges) lophodont, mit Querjochen
lophotrichous lophotrich
loppers ***hort*** Astschere
lopseed family/Phrymaceae Phrymagewächse
Loranthaceae/mistletoe family (showy mistletoe family) Mistel-/Riemenblumengewächse
lore *orn* Zügel (Vogel: Bereich zwischen Schnabel und Augen); *entom* Mundleiste; *ichth/herp* Bereich zwischen Augen und Nasenöffnungen
loreal (scale: snakes) Loreale, Zügelschild
Lorenzini flask Lorenzinische Ampulle (Ampullenrezeptor)
lorica (a girdle-like skeleton)/case Lorica, Panzer, Panzerplatte
loriciferans/corset bearers/Loricifera Loriciferen, Korsetttierchen, Panzertierchen
loss ***n*** Verlust
loss of function mutation Funktionsverlustmutation
loss of heterozygosity (LoH) Verlust der Heterozygotie, Heterozygotieverlust
lotic (of/in actively moving water) lotisch
lotus effect Lotus-Effekt
lotus lily family/Indian lotus family/ Nelumbonaceae Lotusblumengewächse
low density lipoprotein (LDL) Lipoprotein niedriger Dichte, Lipoproteinfraktion niedriger Dichte
low-fat fettarm
low-grade nieder-/minderwertig
low-molecular niedermolekular
low-molecular-weight compound niedermolekulare Verbindung
low-resolution ***opt*** niederaufgelöst
low tide/ebb tide/ebb Ebbe
lower critical temperature (LCT) untere kritische Temperatur (UKT)
lower plants/primitive plants niedere Pflanzen
lower primates/prosimians/Prosimii Halbaffen
Lower Triassic (epoch) Buntsandstein (Epoche)
lowland Tiefland, Niederung
LSE (least squares estimation) MKQ-Schätzung (Methode der kleinsten Quadrate)
LTR (long terminal repeat) ***gen*** lange terminale Sequenzwiederholung

lubricate
gleitfähig machen, schmieren
lubricant
Schmiermittel, Schmiere, Gleitmittel
lubrication
Schmieren, Schmierung, Ölen
lucid/luminous
glatt und glänzend; leuchtend
lumbar lumbar, Lenden...
lumbar vertebra
Lumbalwirbel, Lendenwirbel
lumber/timber/wood *n*
Stammholz, Brauchholz, Bauholz, Nutzholz, Schnittholz, Holz
lumber *vb* (wood) Holz aufbereiten
lumber industry/timber industry
Holzwirtschaft
lumbering/logging/felling of trees
Holzfällen
lumberer/lumberjack/ woodcutter/woodchopper
Holzfäller
lumen Lumen, Hohlraum, Höhlung
luminescence Lumineszenz
luminescent lumineszent, leuchtend
luminescent bacteria
Leuchtbakterien
luminosity Leuchtkraft
luminous leuchtend, Leucht...
luminous organ/ light-emitting organ/ photophore
Leuchtorgan, Photophore
lump Klumpen, Brocken;
med Beule, Höcker;
Knoten, Geschwulst
lump of soil Scholle, Erdscholle
lumpy (soil) klumpig, schollig
(schwerer Boden)
lunar bone Mondbein
lunar cycle (28 d) Mondzyklus
lunar periodicity
Lunarperiodik, Lunarperiodizität, Mondperiodik
lunar rhythm/ circamonthly rhythm
Lunarrhythmus, Mondrhythmus
lunate bone/semilunar bone
Mondbein
lunatic Geistesgestörter, Wahnsinniger;
Unzurechnungsfähiger

lung Lunge
➢ **book lung/lung book**
Buchlunge, Fächerlunge, Fächertrachee
➢ **pulmonary**
die Lunge betreffend, Lungen...
➢ **suction lung** Sauglunge
lung book/book lung (arachnids)
Buchlunge, Fächerlunge, Fächertrachee
lungfishes/Dipnoi Lungenfische
lunule Lunula
lure *n* Köder
lure/attract *vb*
anlocken, locken, ködern
luring/attraction Anlockung
luring song/soliciting song
Lockgesang
lush üppig
lush vegetation üppige Vegetation
luteinizing hormone (LH)/ interstitial-cell stimulating hormone (ICSH) Lutropin, Luteotropin, Luteinisierendes Hormon (LH), zwischenzellstimulierendes
Hormon
luv/windward side
Luv, Wetterseite, Windseite
(dem Wind zugewandte Seite)
➢ **lee/lee side**
Lee, windgeschützte Seite, Windschattenseite
(dem Wind abgekehrte Seite)
luxury gene Luxusgen
lycopsids (Lycopsida)/clubmosses
Bärlappe
lymph Lymphe
lymph heart Lymphherz
lymph node Lymphknoten
lymph nodule/lymph follicle
Lymphknötchen, Lymphfollikel
lymph vessel/lymphatic vessel
Lymphgefäß
lymphatic lymphatisch
lymphatic gland Lymphdrüse
lymphatic system
Lymphsystem, Lymphgefäßsystem
lymphatic vessel/lymph vessel
Lymphgefäß

lymphatics Lymphgefäße
lymphocyte (*see also:* blood cells) Lymphocyt, Lymphozyt
lymphokine Lymphokin (lymphozytäres Zytokin/Cytokin)
lyonization Lyonisierung
lyophilization/freeze-drying Lyophilisierung, Gefriertrocknung
lyophilize/freeze-dry lyophilisieren, gefriertrocknen
lyotropic series/Hofmeister series lyotrope Reihe, Hofmeistersche Reihe
lyre-shaped/lyrate/lyriform leierförmig, lyraförmig
lysate Lysat
➤ **cleared lysate** geklärtes Lysat
lyse *vb* lysieren
lysergic acid Lysergsäure
lysigenic/lysigenous lysigen
lysine Lysin
lysis Lyse
lysogenic (temperate) lysogen (temperent)
lysogenic conversion lysogene Konversion
lysogeny Lysogenie
lysosome Lysosom
➤ **secondary lysosome/ phagolysosome** sekundäres Lysosom
lysozyme Lysozym
Lythraceae/loosestrife family Weiderichgewächse, Blutweiderichgewächse
lytic lytisch
lytic cycle lytischer Zyklus
lytic infection lytische Infektion
lytic phage lytischer Phage
lytic plaque lytischer Hof

maar/volcanic lake Maar
macerate mazerieren
maceration Mazeration
mackerel sharks and relatives/Lamniformes Makrelenhaiverwandte
macrandrous makrandrisch
macraner (large-size ♂ ant) Makraner (große ♂ Ameise)
macrergate (ants) Makroergat
macrocarpous großfrüchtig
macrocephalous großköpfig
macrocyte Makrocyt, Makrozyt
macroevolution Makroevolution
macrofauna Makrofauna
macrogyne (large female ant) Makrogyne
macromere Makromer
macromolecule Makromolekül
macronucleus/meganucleus Makronukleus, somatischer Zellkern
macronutrients Kernnährelemente, Makronährstoffe
macrophage Makrophage
macroscopic makroskopisch
macrospecies Makrospezies, Großart
macrospore/megaspore Makrospore, Megaspore
macrosporophyll Makrosporophyll, Samenblatt
macrosystematics Makrosystematik
macula/spot Macula, Fleck, fleckförmiger Bezirk
➤ **macula adherens/macula adhaerens/desmosome/bridge corpuscule/bridge corpuscle** Desmosom, Macula adhaerens
➤ **macula lutea/yellow spot** ***ophthal*** gelber Fleck
➤ **sensory spot/acoustic macula (of membranous labyrinth)** ***ichth*** Hörfleck, Sinnesfleck, Sinnespolster (im inneren Labyrinth)
macular/maculate/spotted gefleckt, fleckig
maculiform soralium (lichens) Flecksoral
mad cow disease (bovine spongiform encephalopathy = BSE) Rinderwahnsinn
madder family/bedstraw family/Rubiaceae Rötegewächse, Labkrautgewächse, Krappgewächse
Madeira vine family/basella family/Basellaceae Schlingmeldengewächse
madreporian body Madreporenköpfchen
madreporic canal/stone canal/hydrophoric canal Steinkanal
madreporic plate/madreporite/sieve plate Madreporenplatte, Siebplatte
maggot (apodal larva) Made (apode Larve)
magnesium (Mg) Magnesium
magnetic magnetisch
magnetic resonance imaging (MRI)/nuclear magnetic resonance imaging Magnetresonanztomographie (MRT), Kernspintomographie (KST)
magnetic stirrer Magnetrührer
magnetism Magnetismus
magnetosome Magnetosom
magnification/enlargement Vergrößerung
➤ **initial magnification** Primärvergrößerung; Maßstabzahl
➤ **lateral magnification** Lateralvergrößerung, Seitenverhältnis, Seitenmaßstab, Abbildungsmaßstab
➤ **total magnification/overall magnification** Gesamtvergrößerung
magnification at ***x*** **diameters** *x*-fache Vergrößerung
magnify/enlarge vergrößern
magnify at ***x*** **diameters** *x*-fach vergrößern
magnifying glass/magnifier/lens Vergrößerungsglas, Lupe
mahogany family/Meliaceae Zedrachgewächse, Mahagonigewächse

maiden flight Jungfernflug
main axis/principal axis Hauptachse
main band Hauptbande
main beam (antler)
Stange (Geweih)
main eye Hauptauge
main host/
primary host/definitive host
Hauptwirt
mainland Festland
maintenance Erhaltung;
(servicing) Wartung, Instandhaltung
maintenance coefficient
Erhaltungskoeffizient
maintenance culture ***micb***
Erhaltungskultur
(kontinuierliche Kultur)
maintenance energy
Erhaltungsenergie
maintenance metabolism
Betriebsstoffwechsel
maintenance pruning ***hort***
Erhaltungsschnitt
major groove (DNA structure)
große Furche, große Rinne,
tiefe Rinne (DNA-Struktur)
major histocompatibility
complex (MHC)
Haupthistokompatibilitätskomplex
makomako family/Elaeocarpaceae
Elaeocarpusgewächse
Mal de Calderas
(*Trypanosoma equinum*)
Kreuzlähme
malabsorption Malabsorption
➢ **lactose malabsorption**
Laktosemalabsorption
malacology/study of mollusks
Malakologie, Weichtierkunde
malacophily/snail pollination
Schneckenbestäubung
malacostracous/soft-shelled
weichschalig
malar region Backenregion,
Jochbeingegend (Vögel)
malaria (*Plasmodium* spp.)
Malaria, Sumpffieber
MALDI (matrix-assisted
laser desorption/ionization)
matrixgestützte Laserdesorption/
Ionisierung
MALDI-TOF-MS (matrix-assisted
laser desorption/ionization–time
of flight (mass spectrometry)
matrixgestützte Laserdesorption/
Ionisierung in Verbindung mit
Flugzeitmassenspektrometrie
male ***adj/adv***
männlich, männlichen Geschlechts
➢ **female** ***adj/adv***
weiblich, weiblichen Geschlechts
male ***n*** Männchen
➢ **female** ***n*** Weibchen
male/staminate ***bot***
männlich, staminat
male chicken/cock/rooster Hahn
male clasper/harpagone/harpe
Haltezange (Insektenmännchen),
Harpagon, Harpe
male dog Rüde
male fern family/Dryopteridaceae/
dryopteris family/
Aspidiaceae/aspidium family
Wurmfarngewächse
maleic acid (maleate)
Maleinsäure (Maleat)
malformation Fehlbildung
malic acid (malate)
Äpfelsäure (Malat)
malignancy
Malignität, Bösartigkeit
malignant maligne, bösartig
mallard wilder Enterich
malleate/hammer-shaped
hammerförmig
mallee scrub/formation (Australia)
Macchie-ähnliche Formation
(mehrstämmige
Sträucher aus Lignotuber)
malleolus/ankle
(hammershaped projection)
Malleolus, Knöchel, Fußknöchel
malleus/hammer (an ear bone)
Hammer (Knochen im Innenohr)
mallow family/Malvaceae
Malvengewächse
malnourished fehlernährt
malnutrition Fehlernährung
malodorous schlecht riechend,
unangenehm riechend
malonic acid (malonate)
Malonsäure (Malonat)

malpighia family/ barbados cherry family/ Malpighiaceae Malpighiengewächse, Barbadoskirschengewächse
Malpighian body/ Malpighian corpuscle (splenic nodule) Malpighi-Körperchen, Milzkörperchen, Milzknötchen, Milzfollikel; (renal corpuscle) Malpighi-Körperchen, Nierenkörperchen
Malpighian layer/germinal layer/ germinative layer/ stratum germinativum Keimschicht, Stratum germinativum
Malpighian tubule Malpighi-Gefäß, Malpighisches Gefäß, Malpighischer Schlauch, Malpighi-Schlauch
MALT (mucosa-associated lymphoid tissue) schleimhautassoziiertes lymphatisches Gewebe
malt Malz
malt sugar/maltose Malzzucker, Maltose
malting (process) Mälzung
maltose (malt sugar) Maltose (Malzzucker)
Malvaceae/mallow family Malvengewächse
mamilla/mammilla/ nipple (multiple ducts)/ teat (single duct) Mamille, Brustwarze, Zitze
mamillary body/ corpus mamillare *neuro* Mamillarkörper
mamillary process/ mamillary tubercle/ processus mamillaris (vertebras) Zitzenfortsatz
mamillate/ with nipplelike protuberances mit warzenartigen Erhebungen, mit kleinen Warzen
mamilliform/nipple-shaped warzenförmig
mamma/breast (*pl* mammae/mammas) Brust, Busen
mammallike reptiles (advanced synapsids)/Therapsida säugetierähnliche Reptilien, Therapsiden
mammalogy Mammalogie, Säugerkunde, Säugetierkunde
mammals/Mammalia Säugetiere, Säuger
➤ **gnawing mammals/rodents (except rabbits)/Rodentia** Nagetiere
➤ **hoofed mammals/ungulates** Huftiere
➤ **"toothless" mammals/edentates/ xenarthrans/Edentata/Xenarthra** Zahnarme, Nebengelenktiere
➤ **pouched mammals/ metatherians/Metatheria/ Didelphia** Beutelsäuger (marsupials/Marsupialia)
➤ **small mammals** Kleinsäuger, Kleintiere
mammary gland Brustdrüse, Milchdrüse
"man"/mankind (*better:* humankind/humans) Mensch, Menschheit
manatee-grass family/ Cymodoceaceae Tanggrasgewächse
manchette/armilla/superior anulus (remains of velum universale) Manschette, Armilla, Anulus superus
mandelic acid/ phenylglycolic acid/amygdalic acid Mandelsäure, Phenylglykolsäure
mandible Mandibel
mandibular arch Mandibularbogen, Kieferbogen (Gesamtheit der Teile)
mandibular bar (skeleton only) Kieferbogen, Mandibularbogen (nur Knorpelspange)
mandibular gland Mandibulardrüse, Unterkieferdrüse
mane Mähne
maned gemähnt, mit einer Mähne

mangal/mangrove formation *biogeo* Mangrove(n), Mangrovenwald, Gezeitenwald
manganese (Mn) Mangan
manger Futtertrog, Futterraufe, Krippe
mangosteen family/mamey family/ clusia family/garcinia family/ Clusiaceae/Guttiferae Klusiengewächse
mangrove(s) (*see also:* **mangal)** Mangrove(n)
mangrove family/ red mangrove family/ Rhizophoraceae Mangrovengewächse
mangrove swamp Mangrovensumpf
maniciform soralium (lichens) Manschettensoral
mankind/humankind/"man" Menschen, Menschheit
manner/character/nature Wesen, Wesensart, Charakter, Natur
mannitol Mannit
mannuronic acid Mannuronsäure
manoxylic wood locker gebautes Sekundärholz
mantids/Mantodea/Mantoptera Gottesanbeterinnen & Fangschrecken
mantis shrimps/ Hoplocarida/Stomatopoda Fangschreckenkrebse, Maulfüßer
mantle/pallium (mollusks) Mantel, Pallium
mantle/tunic Mantel, Tunica
mantle cavity/pallial cavity Mantelhöhle
mantle cell Mantelzelle
mantle fiber *cyt* Zugfaser
mantle fold Marginalfalte, Mantelfalte (Mantelrand)
mantle girdle (chitons) Mantelgürtel, Gürtel, Perinotum
mantle layer *embr* Mantelschicht
mantle leaf Mantelblatt; Nischenblatt
mantle lobe (brachiopods) Mantellappen, Kragenlappen
manual (with keys for identification) Bestimmungsbuch
manual/handbook Handbuch
manual/primary feather *orn* Handschwinge
manubrium Manubrium, Schlundrohr
manure Mist, Stallmist, Dünger
➢ **liquid manure** (total excretions diluted with water) Gülle, Flüssigmist; (urine) Jauche
manure/dung/droppings (Tierkot) Mist, Dung
manyplies/third stomach/ psalterium/omasum Blättermagen, Vormagen, Psalter, Omasus
map *n* Karte, Landkarte
➢ **biological map** biologische Karte
➢ **fate map** *gen* Determinationskarte, Schicksalskarte
➢ **focus map** Fokuskarte
➢ **genetic map** genetische Karte
➢ **linkage map** Kopplungskarte
➢ **physical map** physische Karte
map/plot kartieren
map unit Karteneinheit
MAPH (multiplex amplifiable probe hybridization) Hybridisierung mit vielen amplifizierbaren Sonden
maple family/Aceraceae Ahorngewächse
mapping/plotting Kartierung
➢ **deletion mapping** *gen* Deletionskartierung
➢ **fate mapping** *gen* Schicksalskartierung
➢ **gene mapping/genetic mapping** Genkartierung
➢ **positional mapping** Positionskartierung
➢ **transduction mapping** Transduktionskartierung
➢ **transformation mapping** Transformationskartierung
mapping function Kartierungsfunktion
maquis/macchie Maquis, Macchia, Macchie, Buschwald

Marantaceae/arrowroot family/ prayer-plant family Marantagewächse, Pfeilwurzelgewächse
marattia family/Marattiaceae Marattiaceae
marble gall Schwammkugelgalle
marc (fruit/grape press residue) Trester, Treber (*hier speziell:* Frucht-/ Traubenrückstände)
marcescent/shrivelling (withered leaves on plant) verwelkend, abtrocknend (an lebender Pflanze)
Marcgraviaceae/shingleplant family Honigbechergewächse
marcotage *hort* Markottage
➢ **marcotage using moss *hort*** Abmoosen
mare Stute
➢ **broodmare** Zuchtstute
marestail family/mare's-tail family/ Hippuridaceae Tannenwedelgewächse
marginal marginal, randständig
marginal coverts/marginal tectrices Randdecken
marginal distribution *stat* Randverteilung
marginal meristem Marginalmeristem, Randmeristem
marginal placentation randständige Plazentation
marginal plate (tortoise carapace) Randplatte
marginal veil *fung* Marginalvelum
mariculture Meereskultur, marine Aquakultur
marine/maritime marin, Meeres..., das Meer betreffend; im Meer lebend, meeresbewohnend; maritim
marine animal Meerestier
marine biology Meeresbiologie, Marinbiologie
marine carnivores (seals/sealions/walruses)/ Pinnipedia Flossenfüßer, Robben
marine climate/maritime climate/ oceanic climate/ coastal climate Meeresklima, Küstenklima
marine phosphorescence Meeresleuchten
marine sciences/oceanography Meereskunde, Ozeanographie, Ozeanografie
marine screw impeller Schraubenrührer
maritime/marine maritim; Meeres..., das Meer betreffend; meeresbewohnend
maritime climate/marine climate/ oceanic climate/coastal climate Meeresklima, Küstenklima, ozeanisches Klima
maritime vegetation/ coastal vegetation Küstenvegetation, Meeresküstenvegetation
mark/brand/earmark markieren, kennzeichnen
marker (genetic/radioactive) Marker, Markersubstanz (genetischer/radioaktiver)
marker bed/key bed *paleo* Leithorizont
marking *ethol* Markieren
marking behavior Markierverhalten
marking of territory/ territorial marking Reviermarkierung
marl Mergel
marrow Mark
➢ **bone marrow** Knochenmark
➢ **vegetable marrow (squashes & zucchini)** Gemüsekürbisse, Markkürbisse
marrow brain/medullary brain/ myelencephalon Markhirn, Myelencephalon
marrow cavity/medullary cavity Markhöhle
marrow grafting/ bone marrow grafting Knochenmarkstransplantation

marsh (dominated by grasses)
Marsch
➢ **brackish marsh**
Brackmarsch
➢ **coastal marsh**
Küstenmarsch, Seemarsch
➢ **estuarine marsh**
Flussmarsch
(an der Flussmündung/im Flussdelta)
➢ **freshwater marsh**
Süßwassermarsch
➢ **high marsh** Hochmarsch
➢ **peat marsh** Torfmarsch
➢ **river-mouth marsh**
Flussmündungsmarsch
➢ **riverine marsh** Flussmarsch
➢ **salt marsh (salt meadow)**
Salzmarsch (Salzwiese)
➢ **shallow marsh/low marsh**
Tiefmarsch
➢ **tidal marsh**
Tidenmarsch, Gezeitenmarsch
➢ **young marsh/juvenile marsh**
Koog
marsh fern family/Thelypteridaceae
Sumpffarngewächse,
Lappenfarngewächse
marsh plant/bog plant/helophyte
Moorpflanze, Sumpfpflanze
marshland/marsh Marschland
marshy moorig, sumpfig
marsilea family/water clover family/ Marsileaceae
Kleefarne, Kleefarngewächse
marsupial bone/os marsupialis
Beutelknochen
marsupials/pouched mammals/ Marsupialia
Beuteltiere
martynia family/devil's-claw family/ unicorn plant family/ Martyniaceae
Gemsbockgewächse
masculin/male
maskulin, männlich
masculinity
Männlichkeit, männliche Art
masculinization/virilization
Maskulinisierung,
Virilisierung, Vermännlichung
mash (e.g., for brewing) Maische

mass Masse
➢ **dry mass/dry matter**
Trockenmasse, Trockensubstanz
➢ **"fresh mass" (fresh weight)**
„Frischmasse“ (Frischgewicht)
➢ **molar mass ("molar weight")**
Molmasse, molare Masse
(„Molgewicht“)
➢ **molecular mass ("molecular weight")**
Molekülmasse
(„Molekulargewicht“)
➢ **relative molecular mass/ molecular weight (M_r)**
relative Molekülmasse,
Molekulargewicht (M_r)
mass action constant
Massenwirkungskonstante
mass exchange/substance exchange
Stoffaustausch
mass extinction Massensterben
mass flow/bulk flow (water)
Massenströmung
mass reproduction/ mass spread/outbreak
Massenvermehrung
mass spectroscopy
Massenspektroskopie (MS)
mass spread/mass outbreak
Massenausbreitung,
Massenvermehrung
mass transfer
Stoffübergang, Massenübergang,
Stofftransport, Massentransport,
Massentransfer
mass transfer coefficient
Stoffübergangszahl,
Stofftransportkoeffizient,
Massentransferkoeffizient
masseter muscle Kaumuskel
mast/fattening/stuffing (of animals)
Mast (Viehmast/Tiermast)
mast cell Mastzelle
master gene Meistergen
master sequence Mastersequenz
mastic *n* (resin) Mastix (Harz)
mastication/chewing *n*
Kauen, Zerkauen
masticatory/chewing *adj* kauend
masticatory/gum/chewing gum *n*
Kaumittel (Gummiharz), Kaugummi

masticatory muscle/ muscle of mastication Kaumuskel
masticatory surface Kaufläche
mastigonema Geißelhärchen
mastoid(al) warzenartig, warzenähnlich, brustwarzenförmig
mastoid bone/mastoid/ processus mastoideus Warzenfortsatz (des Schläfenbeins)
mat Matte, Polster
mat-like vegetation Polstervegetation
match ***vb*** passen, entsprechen, zs.fügen
mate/copulate/pair begatten, sich paaren, kopulieren
mate/mating partner Geschlechtspartner
mate feeding ***ethol*** Partnerfüttern
mate guarding Partnerbewachen
maternal matern, mütterlich, mütterlicherseits, Mutter...
maternal effect maternaler Effekt, maternale Prädetermination
maternity/motherhood Mutterschaft
matgrass Borstgras
mating Paarung
➢ **assortative mating** assortative Paarung, übereinstimmende Paarung, sortengleiche Paarung, Gattenwahl, bewusste Paarung
➢ **backcross mating/backcross** Rückkreuzung
➢ **disassortative mating** Fremdpaarung, sortenungleiche Paarung
➢ **interrupted mating** unterbrochene Paarung
➢ **random mating** Zufallspaarung, zufällige Paarung, Panmixie
➢ **tripartite mating** ***gen*** Dreifachpaarung
mating affinity Paarungsaffinität
mating barrier Paarungsschranke
mating behavior Paarungsverhalten
mating call/courtship call Paarungsruf, Werberuf
mating line/mating thread (male spider) ***arach*** Begattungsfaden
mating partner/mate Geschlechtspartner
mating plug/sphragis (***Lepidoptera*****)** Sphragis, Begattungssiegel, Kopulationssiegel
mating preference Paarungsbevorzugung
mating song/courtship song Werbegesang
mating system Partnerschaftssystem, Paarungssystem
mating type Paarungstyp, Kreuzungstyp
matriarchal matriarchalisch
➢ **patriarchal** patriarchalisch
matrilineal ***gen*** durch die mütterliche Linie vererbt
➢ **patrilineal** ***gen*** durch die väterliche Linie vererbt
matrix/base material Matrix, Grundgerüst, Grundsubstanz
matrix/stroma (chloroplast) Matrix, Stroma
matroclinous inheritance matrokline Vererbung
matrotrophic matrotroph
matted verflochten, verfilzt
maturation Reifung, Reifen, Gedeihen
maturation-development Reifungsentwicklung
maturation promoting factor Reifungs-Förderfaktor
mature/ripe ***adv/adj*** reif
mature/ripen ***vb*** reifen, gedeihen
maturing/ripening Reifen
maturity/ripeness Reife
Mauthner's cells Mauthnersche Zellen, Riesenfasern
maxilla (***pl*** **maxillas/maxillae)** Maxille, Kiefer
➢ **first maxilla/maxilla prima (insects)** erste Maxille, Unterkiefer
➢ **second maxilla/labium (insects)** zweite Maxille, Labium, Unterlippe
maxilla/upper jawbone (vertebrates) Oberkiefer
maxillary bone/os maxillare Oberkieferbein

maxillary gland
Schalendrüse, Maxillendrüse, Maxillennephridium
maxillary palp/palpus maxillaris
Maxillarpalpus, Maxillartaster, Kiefertaster
maxillary plate/maxilliped plate (insects: galea & lacinia)
Kaulade
maxilliped/maxillipede/ gnathopodite/jaw-foot/ foot-jaw/pes maxillaris
Maxilliped, Maxillarfuß, Kieferfuß
maxillopods Kieferfüßer
maxillule/maxillula (first maxilla: crustaceans)
Maxillula, erste Maxille
maximum likelihood
Maximum Likelihood
maximum permissible workplace concentration/ maximum permissible exposure
MAK-Wert (maximale Arbeitsplatz-Konzentration)
maximum rate (*Vmax* enzyme kinetics/growth)
Maximalgeschwindigkeit
maximum yield Höchstertrag
may apple family/Podophyllaceae
Fußblattgewächse, Maiapfelgewächse
mayaca family/bogmoss family/ Mayacaceae Moosblümchen
mayflies/Ephemeroptera
Eintagsfliegen
MCS (multiple cloning site) *gen*
Vielzweckklonierungsstelle
MDCs (more-developed countries/ developed countries/ industrialized nations/ core countries) Industrieländer
meadow Wiese
➤ **alpine meadow**
alpine Bergwiese, Matte
➤ **damp meadow/wet meadow/ wetland** Nasswiese
➤ **dry meadow/arid grassland**
Trockenrasen
➤ **floodplain meadow**
Überschwemmungswiese
➤ **hay meadow/mowed meadow**
Mähwiese
➤ **native meadow** Naturwiese
➤ **rich meadow/pasture** Fettwiese
➤ **riverine floodplain meadow**
Auwiese, Auenwiese, Flussauenwiese
➤ **rough meadow/rough pasture/ poor grassland** Magerwiese
➤ **salt meadow** Salzwiese
meadow-beauty family/ melastome family/ Melastomataceae
Schwarzmundgewächse
meadowfoam family/ false mermaid family/ Limnanthaceae
Sumpfblumengewächse
meadowland Wiesenland
meal (act of eating) Mahlzeit
➤ **blood meal** Blutmahlzeit
meal Mehl, Pulver, Gemahlenes; (coarsely ground grain) grobes Mehl
➤ **bone meal** Knochenmehl
➤ **whole meal** Getreideschrot
➤ **oatmeal** Haferbrei
mealworm Mehlwurm
mealy/farinaceous mehlig
mealybugs (Coccoidea)
Wollschildläuse
mean/mean value/ arithmetic mean/average *stat*
Mittelwert, arithmetisches Mittel, Durchschnittswert
➤ **adjusted mean**
bereinigter Mittelwert, korrigierter Mittelwert
➤ **arithmetic mean**
arithmetisches Mittel
➤ **harmonic mean**
harmonisches Mittel
➤ **quadratic mean/ root mean square (RMS)**
quadratisches Mittel, Quadratmittel
➤ **regression to the mean**
Regression zum Mittelwert
mean residence time
mittlere Verweilzeit

mean square deviation/variance ***stat*** mittlere quadratische Abweichung, mittleres Abweichungsquadrat, Varianz
meander Mäander
meander bend Mäanderbiegung
measle Finne, Blasenwurm-Larve (speziell: im Fleisch des Haustiers)
measles ***vir*** Masern
➢ **German measles/rubella** Röteln
measly (infected with measels) mit Masern infiziert
measly (meat: with larval tapeworms) finnig, finnenhaltig
measly (meat: with trichina worms) trichinös, trichinenhaltig
measure ***n*** Maß
measure ***vb*** messen, abmessen
measurement/test/testing/ reading/recording Messung
measuring cup Messbecher
measuring unit/measuring device Messglied (Größe)
measuring worm/ looper/inchworm/spanworm (geometer moth larva) Spannerraupe
meat/flesh Fleisch
meat extract ***micb*** Fleischextrakt
meat infusion ***micb*** **(meat digest/tryptic digest)** Fleischwasser, Fleischbrühe, Fleischsuppe
meat inspection Fleischbeschau
mechanical stage ***micros*** Kreuztisch
Meckel's cartilage Meckelscher Knorpel (Mandibulare)
Meckel's diverticulum Meckelsches Divertikel
meconium Kindspech, Mekonium
media/median vein (insect wing) Media, Medialader (Medianzelle)
medial moraine Mittelmoräne
median covert ***orn*** mittlere Decke
median eye/midline eye (a dorsal ocellus) Mittelauge, Medianauge (Stirnocelle)
median layer/median zone Mittelschicht
median lethal dose (LD_{50}) mittlere Letaldosis, mittlere letale Dosis
median longitudinal plane Sagittalebene (parallel zur Mittellinie)
median value ***stat*** Medianwert, Zentralwert
median vein/media (insect wing) Media, Medialader (Medianzelle)
mediator Vermittler, Mediator
medical examination/medical exam/ physical examination/physical medizinische Untersuchung
medical lab technician medizinisch-technische(r) LaborassistentIn (MTLA)
medical record Krankenblatt/-akte
medicinal plant Arzneipflanze, Heilpflanze
medicine/drug Medikament, Medizin, Droge
medium/culture medium/ nutrient medium Medium, Kulturmedium, Nährmedium
➢ **basal medium** Basismedium, Basisnährboden, Basisnährmedium
➢ **complete medium** Komplettmedium, Vollmedium
➢ **complex medium** komplexes Medium
➢ **conditioned medium** konditioniertes Medium
➢ **deficiency medium** Mangelmedium
➢ **defined medium** synthetisches Medium (chemisch definiertes Medium)
➢ **differential medium** Differenzierungsmedium
➢ **egg medium** Eiermedium, Eiernährmedium
➢ **enrichment medium** Anreicherungsmedium
➢ **maintenance medium** Erhaltungsmedium
➢ **minimal medium** Minimalmedium

- **rich medium/complete medium** Vollmedium, Komplettmedium
- **selective medium** Selektivmedium, Elektivmedium
- **test medium (for diagnosis)** Testmedium, Prüfmedium

medulla/pith/core Mark
medulla oblongata verlängertes Rückenmark
medullar/medullary/pithy medullär, markhaltig, markig, Mark...
medullar gall/mark gall Markgalle
medullary cavity/marrow cavity Markhöhle
medullary tube/ tubus medullaris ***embr*** Medullarrohr, Markrohr, Neuralrohr
medullation Verkernung
medusa Meduse, „Qualle"
medusas Quallen

- **box jellies/sea wasps/ cubomedusas/Cubomedusae/ Cubozoa** Würfelquallen
- **comb jellies/sea combs/ sea gooseberries/sea walnuts/ ctenophores/Ctenophora** Rippenquallen, Kammquallen, Ctenophoren
- **coronate medusas/Coronatae** Kranzquallen, Tiefseequallen
- **cup animals/ scyphozoans/Scyphozoa** Schirmquallen, Scheibenquallen, Echte Quallen, Scyphozoen
- **rhizostome medusas/ Rhizostomeae** Wurzelmundquallen
- **semeostome medusas/ Semaeostomeae** Fahnenquallen, Fahnenmundquallen
- **siphonophorans/Siphonophora** Siphonophoren, Staatsquallen
- **stauromedusas/Stauromedusae** Stielquallen, Becherquallen
- **tentaculiferans/"tentaculates" (Ctenophora)** Tentaculiferen, tentakeltragende Rippenquallen

megalopterans: dobsonflies, fishflies, alderflies (neuropterans)/Megaloptera Schlammfliegen
megaphyllous großblättrig
megasequencing ***gen*** Megasequenzierung
megaspore/macrospore Megaspore, Makrospore
megaspore mother cell/ macrospore mother cell/ megasporocyte Megasporenmutterzelle, Makrosporenmutterzelle; Embryosackmutterzelle
Mehlis' gland/shell gland (cement gland) Mehlissche Drüse, Schalendrüse
meiofauna/mesofauna (0.2–2 mm) Meiofauna, Mesofauna
meiosis/reduction division Meiose, Reifeteilung, Reduktionsteilung

- **anaphase** Anaphase
- **crossing over** Crossing-over
- **diplotene** Diplotän
- **interphase** Interphase
- **leptotene** Leptotän
- **metaphase** Metaphase
- **pachytene** Pachytän
- **prophase** Prophase
- **telophase** Telophase

meiotic nondisjunction meiotische Non-Disjunktion, Chromosomenfehlverteilung bei der Meiose
Meissner's corpuscle/ corpuscle of touch Meissner Körperchen, Meissner-Tastkörperchen
melanization Melanisierung
melanocyte Melanozyt, Melanocyt
melanocyte-stimulating hormone (MSH) Melanotropin, melanozytenstimulierendes Hormon
melanoliberin/ melanotropin releasing hormone/ melanotropin releasing factor (MRH/MRF) Melanoliberin, Melanotropin-Freisetzungshormon

melanoma Melanom
➤ **malignant melanoma** malignes Melanom, schwarzer Hautkrebs
melanophage Melanophage
Melanthiaceae/ false hellebore family/ death camas family Germergewächse, Schwarzblütengewächse
melastome family/ meadow-beauty family/ Melastomataceae Schwarzmundgewächse
melatonin Melatonin
Meliaceae/mahogany family Zedrachgewächse, Mahagonigewächse
Melianthaceae/honeybush family Honigstrauchgewächse
melittophily/bee pollination Bienenbestäubung
mellowness Gare (Boden)
melon (cetaceans) Melone
melt ***n*** Schmelze
melt ***vb*** schmelzen, aufschmelzen
melting curve Schmelzkurve
melting point Schmelzpunkt
melting temperature Schmelztemperatur
meltwater Schmelzwasser
membrane Membran
➤ **basement membrane/ basal lamina** Basalmembran, Basallamina
➤ **basilar membrane** Basilarmembran
➤ **cell membrane** Zellmembran
➤ **cerebral membrane/meninx** Hirnhaut, Meninx
➤ **double membrane** Doppelmembran
➤ **egg membrane** „Eimembran", Eihaut, Eihülle
➤ **extraembryonic membrane** Embryonalhülle, Keimhülle
➤ **fertilization membrane** Befruchtungsmembran
➤ **fetal membranes** Eihäute
➤ **frontal membrane (bryozoans)** Frontalmembran
➤ **mucous membrane/mucosa** Schleimhaut, Schleimhautepithel
➤ **nuclear membrane** Kernmembran
➤ **outer membrane** Außenmembran
➤ **peritrophic membrane** peritrophische Membran
➤ **plasma membrane/ (outer) cell membrane/ unit membrane/ ectoplast/plasmalemma** Plasmamembran, Zellmembran, Ektoplast, Plasmalemma
➤ **stacked membranes** Membranstapel
➤ **tympanic membrane/ eardrum/tympanum** Trommelfell, Ohrtrommel, Tympanalmembran, Tympanum
➤ **undulating membrane** undulierende Membran
➤ **unit membrane/ double membrane** Elementarmembran, Doppelmembran
➤ **vitelline membrane/ vitelline layer/membrana vitellina** Vitellinmembran, Dotterhaut, Dottermembran, primäre Eihülle
membrane attack complex ***immun*** Membran-Angriffskomplex
membrane-bound membrangebunden
membrane capacitance Membrankapazität
membrane channel Membrankanal
➤ **ion channel** Ionenkanal
➤ **ligand-gated channel** ligandenregulierter/ ligandengesteuerter Kanal
➤ **mechanically gated channel** mechanisch gesteuerter Kanal
➤ **resting channel/leakage channel** Ruhemembrankanal, Leckkanal
➤ **voltage-sensitive channel/ voltage-gated channel** spannungsregulierter/ spannungsgesteuerter Kanal
membrane-coated membranumgeben
membrane conductance Membranleitfähigkeit
membrane current Membranstrom

membrane filter Membranfilter
membrane flow Membranfluss
membrane flux
Membrandurchfluss
membrane fusion Membranfusion
membrane ghost
Membran-Ghost (künstlich hergestellte leere Membranhülle)
membrane length constant (space constant)
Membranlängskonstante (Raumkonstante)
membrane potential
Membranpotenzial
membrane protein
Membranprotein
membrane reactor
Membranreaktor
membrane time constant
Membranzeitkonstante
membrane trafficking
Transport durch eine Membran hindurch
membrane transport
Membrantransport
membranelle Membranelle
membranous membranös
memnospore (remaining at place of origin)
Memnospore
memory Gedächtnis
➢ **long-term memory**
Langzeitgedächtnis
➢ **permanent memory**
bleibendes Gedächtnis
➢ **short-term memory**
Kurzzeitgedächtnis
memory cell Gedächtniszelle
menadione (vitamin K_3)
Menadion
menaquinone (vitamin K_2)
Menachinon
menarche (first menstruation)
Menarche (erste Menstruation)
➢ **first menstrual flow**
Initialblutung, Menarche
Mendel's law(s)
Mendelsche(s) Gesetz(e)
mendelian ***adj/adv***
mendelnd, nach den Mendelschen Gesetzen vererbt
Mendelian Inheritance in Man (MIM)
Mendelsche Vererbung beim Menschen
mendelize mendeln
meninx (*pl* meninga/meninges)
Hirnhaut, Gehirnhaut
meniscus (articular disk)
Meniskus (Gelenkzwischenscheibe)
Menispermaceae/moonseed family
Mondsamengewächse
menopause (cessation of ovulation/ menstruation) Menopause
➢ **perimenopausal years**
Wechseljahre
menstrual cycle
Menstruationszyklus
menstruate menstruieren
menstruation/period
Menstruation, Periode, Regel, Monatsblutung, Blutung
Menyanthaceae/bogbean family
Bitterkleegewächse, Fieberkleegewächse
meranti family/ dipterocarpus family/ Dipterocarpaceae
Zweiflügelfruchtgewächse, Flügelnussgewächse
mercury (Hg) Quecksilber
mericarp Merikarp, Teilfrucht
mericlinal chimera
Meriklinalchimäre
meridional canal/ gastrovascular canal (ctenophores)
Meridionalkanal, Rippengefäß
meridional cleavage
Meridionalfurchung
meristem
Meristem, Bildungsgewebe
➢ **apical meristem/growing point**
Spitzenmeristem, Scheitelmeristem, Wachstumspunkt, Vegetationspunkt
➢ **axillary meristem**
Achselmeristem
➢ **block meristem**
Blockmeristem
➢ **flank meristem/ peripheral meristem**
Flankenmeristem

➢ **ground meristem** Grundmeristem
➢ **intercalary meristem** interkalares Meristem, Restmeristem
➢ **lateral meristem** laterales Meristem
➢ **marginal meristem** Randmeristem
➢ **plate meristem** Plattenmeristem
➢ **primary thickening (PTM) meristem** primärer Meristemmantel
➢ **rib meristem/file meristem** Rippenmeristem
➢ **secondary meristem** Folgemeristem
➢ **terminal meristem** Endmeristem
➢ **tiered meristem** Etagenmeristem

Merkel cell Merkelzelle
Merkel's corpuscle/ Merkel's disk/tactile disk Merkelsches Körperchen
mermaid's purse/sea purse Seemaus, Eikapsel der Knorpelfische
meroblastic cleavage/ incomplete cleavage meroblastische Furchung, unvollständige Furchung, partielle Furchung
merocrine gland merokrine Drüse
merocyte Merocyt, Merozyt
merogamy Merogamie
merogenesis/segmentation Merogenese, Segmentierung
merognathite Merognathit
merogony Merogonie
meromictic meromiktisch
meromyosin Meromyosin
meropodite Meropodit
merospermy Merospermie
merostomes/merostomates/ Merostomata Hüftmünder
Mertensian mimicry Mertenssche Mimikry
mesembryanthemum family/ fig marigold family/ carpetweed family/Aizoaceae Mittagsblumengewächse, Eiskrautgewächse
mesenchymal mesenchymatisch
mesenchyme Mesenchym (embryonales Bindegewebe)
mesentery Mesenterium, Gekröse
mesh web ***arach*** Maschennetz
meshy maschig
mesic/moderately moist gekennzeichnet durch mittlere Feuchtigkeitsmenge
mesocarp Mesokarp
mesocoel/mesocoele Mesocöl, Mesocoel
mesoderm Mesoderm, sekundäres Keimblatt
mesofauna Mesofauna
mesogastropods: periwinkles & cowries/ Mesogastropoda/Taenioglossa Mittelschnecken
mesogloea/mesoglea Mesoglöa, Stützschicht
mesohyl Mesohyl
mesolecithal mesolecithal, mesolezithal, mäßig dotterreich
mesomerism Mesomerie
mesonotum Mesonotum, Mesothorakalschild (dorsal)
mesophile Mesophile
mesophilic (20–45°C) mesophil
mesophyll (spongy + palisade parenchyma) Mesophyll
mesophyte Mesophyt
Mesophytic Era Mesophytikum
mesoptile Mesoptile, Zwischenfeder
mesosaprobes Mesosaprobien
mesosaurs/Mesosauria Rechengebissechsen
mesoscutellum (bugs) Mesoscutellum
mesosome Mesosom
mesothelium Mesothel
mesothorax Mesothorax, Mittelbrust

mesotrophic (intermediate levels of minerals) mesotroph
Mesozoic/Mesozoic Era (geological age) Mesozoikum, Erdmittelalter
messenger Bote, Botenstoff
messenger RNA/mRNA Messenger-RNA, Boten-RNA, mRNA
metabiosis Metabiose
metabolic metabolisch, sich verwandelnd
metabolic disturbance/ metabolic derangement Stoffwechselstörung
metabolic engineering Stoffwechsel-Engineering
metabolic pathway/metabolic shunt Stoffwechselweg
> **acetate-mevalonate pathway** Acetat-Mevalonat-Weg
> **amphibolic pathway/ central metabolic pathway** amphiboler Stoffwechselweg
> **anabolic pathway/ biosynthetic pathway** anaboler Stoffwechselweg, Biosynthese-Stoffwechselweg
> **anaplerotic pathway** anaplerotischer Stoffwechselweg
> **cinnamate pathway** Zimtsäureweg
> **Embden-Meyerhof pathway/ Embden-Meyerhof-Parnas pathway (EMP metabolic pathway)/ hexosediphosphate pathway/ glycolysis** Embden-Meyerhof-Weg
> **enzymatic pathway** enzymatische Reaktionskette
> **feedback inhibition/ end-product inhibition** negative Rückkopplung, Rückkopplungshemmung, Endprodukthemmung
> **futile cycle** Leerlauf-Zyklus, Leerlaufcyclus
> **mevalonate pathway** Mevalonat-Weg
> **pentose phosphate pathway/ pentose shunt/ phosphogluconate oxidative pathway/ hexose monophosphate shunt (HMS)** Pentosephosphatweg, Hexosemonophosphatweg, Phosphogluconatweg
> **salvage pathway** Wiederverwertungs-stoffwechselwege, Wiederverwertungsreaktionen
> **shikimate pathway** Shikimat-Weg, Shikimisäureweg
> **stringent response (repression of biosynthesis during starvation)** Mangelreaktion

metabolic rate Metabolismusrate, Stoffwechselrate, Energieumsatzrate
> **active metabolic rate** Arbeitsumsatz, Leistungsumsatz

metabolic scope/ index of metabolic expansibility metabolisches Spektrum, Stoffwechselspektrum
metabolic turnover Stoffwechselumsatz
metabolism Metabolismus, Haushalt, Stoffwechsel; Verwandlung, Formänderung
> **active metabolism** Arbeitsstoffwechsel, Leistungsstoffwechsel
> **basal metabolism** Grundstoffwechsel, Ruhestoffwechsel
> **cellular metabolism** Zellstoffwechsel
> **crassulacean acid metabolism (CAM)** Crassulaceen-Säurestoffwechsel
> **energy metabolism** Energiestoffwechsel
> **holometabolism** Holometabolie
> **intermediary metabolism** intermediärer Stoffwechsel, Zwischenstoffwechsel

➢ **maintenance metabolism**
Betriebsstoffwechsel
➢ **primary metabolism**
Primärstoffwechsel
➢ **secondary metabolism**
Sekundärstoffwechsel
➢ **synthetic metabolism/ synthetic reactions/anabolism**
Synthesestoffwechsel, Anabolismus

metabolite
Metabolit, Stoffwechselprodukt
metabolization
Metabolisierung (‚Verstoffwechselung')
metabolize
umwandeln (Stoffwechsel), „verstoffwechseln"
metabolomics Metabolomik
metacarpal ***n***
Metacarpus, Mittelhand
metacarpal bone
Mittelhandknochen
metcarpal phalangeal joint
Grundgelenk
metacentric chromosome
metazentrisches Chromosom
metacercaria/adolescaria
Metacercarie, Metazerkarie
metachromatic granules/ volutin granules
metachromatische Granula (*pl*)
metagenesis (alternation of generations)
Metagenese (Generationswechsel)
metal-ore leaching, microbial/ microbial leaching of metal ores
mikrobielle Erzlaugung
metallothionein
Metallothionein
metamere/segment
Metamer, echtes Segment
metamerism/segmentation
Metamerie, Segmentierung
metamorphic
metamorph, metamorphisch, die Gestalt verändernd
metamorphose/metamorphize ***vb***
metamorphosieren (sich verwandeln)
metamorphosis
Metamorphose, Umwandlung, Verwandlung (*vs* metamorphism)
➢ **complete metamorphosis**
vollkommene/vollständige Metamorphose, vollkommene/ vollständige Verwandlung
➢ **incomplete metamorphosis**
unvollkommene/unvollständige Metamorphose, unvollkommene/ unvollständige Verwandlung

metamorphotic metamorphotisch
metanephros/ hind kidney/definitive kidney
Metanephros, Nachniere, definitive Niere
metaphase chromosome
Metaphasenchromosom
metaphyll Folgeblatt
metaphyte (multicellular plant)
Metaphyt
metaplasia Metaplasie
metasaprobity Metasaprobität
metastasis
Metastase, Tochtergeschwulst
metastasize
metastasieren, Metastasen bilden
metatarsal ***n*** Metatarsus, Mittelfuß
metatarsal bone Mittelfußknochen
metatarsal gland Metatarsaldrüse
metathorax
Metathorax, Hinterbrust
metatroph metatrophic
metazoans/Metazoa
Metazoen, „Vielzeller", Mitteltiere, Gewebetiere
meteorology (study of weather and weather forecasting)
Meteorologie, Wetterkunde
meteorosensitivity Wetterfühligkeit
metestrus Metöstrus, Metoestrus, Nachbrunst
methane Methan
methanogenic
methanbildend, methanogen
methanogenic organism/ methanogen Methanbildner
methanophile methanophil
methionine Methionin
methodology Methodik
methroxate Methroxat

methylate methylieren
methylation
Methylierung, Methylieren
metoestrus *see* metestrus
metonotum Metanotum,
Metathorakalschild (dorsal)
metric scale metrische Skala
metric unit metrische Einheit
metrological messtechnisch
metrology Messtechnik
mevalonic acid (mevalonate)
Mevalonsäure (Mevalonat)
mezereum family/
daphne family/Thymelaeaceae
Spatzenzungengewächse,
Seidelbastgewächse
micellation Micellierung
micelle Mizelle
Michaelis constant (K_M)/
Michaelis-Menten constant
Michaeliskonstante,
Halbsättigungskonstante
Michaelis-Menten equation
Michaelis-Menten-Gleichung
micrergate/microergate/
dwarf worker (ants) Mikrergat
microanalysis Mikroanalyse
microanatomy/histology
Mikroanatomie, Histologie
microarray Mikroarray
microbe/microorganism
Mikrobe, Mikroorganismus
microbial mikrobiell
microbial metal-ore leaching/
microbial leaching of metal ores
mikrobielle Erzlaugung
microbiological mikrobiologisch
microbiologist Mikrobiologe
microbiology Mikrobiologie
microbody
Mikrobody, Mikrokörperchen
microcell Mikrozelle
microcephalic/microcephalous
mikrocephal, kleinköpfig
microclimate Mikroklima
microcosm Mikrokosmos
microdeletion Mikrodeletion
microdissection (microscope)
Mikrodissektion(s-Mikroskop)
microfauna
Mikrofauna, Kleintierwelt

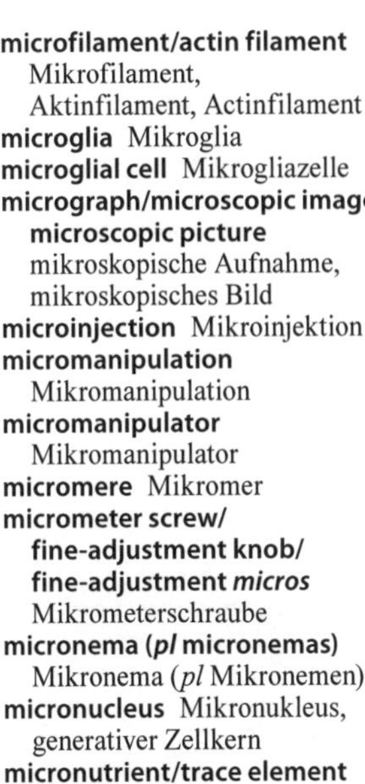

microfilament/actin filament
Mikrofilament,
Aktinfilament, Actinfilament
microglia Mikroglia
microglial cell Mikrogliazelle
micrograph/microscopic image/
microscopic picture
mikroskopische Aufnahme,
mikroskopisches Bild
microinjection Mikroinjektion
micromanipulation
Mikromanipulation
micromanipulator
Mikromanipulator
micromere Mikromer
micrometer screw/
fine-adjustment knob/
fine-adjustment *micros*
Mikrometerschraube
micronema (*pl* micronemas)
Mikronema (*pl* Mikronemen)
micronucleus Mikronukleus,
generativer Zellkern
micronutrient/trace element
Spurenelement
microorganism/microbe
Mikroorganismus
(*pl* Mikroorganismen)
microphage (small phagocyte)
Mikrophage
micropipet Mikropipette
micropipet tip
Mikropipettenspitze
microprobe/probe Sonde
➢ **proton microprobe**
Protonensonde
microprocedure Mikroverfahren
micropropagation
Mikrovermehrung
micropyle Mikropyle, Keimmund
microsatellite Mikrosatellit
microsatellite instability (MIN/MSI)
Mikrosatelliteninstabilität
microscope Mikroskop
➢ **compound microscope/**
light microscope
zusammengesetztes Mikroskop,
Lichtmikroskop
➢ **condenser** Kondensor
➢ **confocal microscope**
Konfokalmikroskop

> **course microscope** Kursmikroskop
> **dissecting microscope** Präpariermikroskop
> **electron microscope** Elektronenmikroskop
> **examination under a microscope/ usage of a microscope** Mikroskopieren *n*
> **examine under a microscope/ use a microscope** mikroskopieren
> **light microscope/ compound microscope** Lichtmikroskop, zusammengesetztes Mikroskop
> **polarizing microscope** Polarisationsmikroskop
> **scanning electron microscope** Rasterelektronenmikroskop
> **stereo microscope** Stereomikroskop
> **transmission electron microscope** Transmissionselektronenmikroskop

microscope accessories Mikroskopzubehör
microscope arm/limb Arm, Trägerarm
microscope clip/stage clip Objekttischklammer
microscope depression slide/ concavity slide/cavity slide Objektträger mit Vertiefung
microscope foot/base Fuß, Basis
microscope illuminator Mikroskopierleuchte
microscope pillar Säule
microscope slide Objektträger

> **prepared microscope slide** Mikropräparat

microscope stage Objekttisch
microscopic(al) mikroskopisch
microscopic image/ microscopic picture/ micrograph mikroskopisches Bild, mikroskopische Aufnahme
microscopic preparation/ microscopic mount mikroskopisches Präparat

> **blood smear** Blutausstrich
> **permanent mount/ permanent slide** mikroskopisches Dauerpräparat
> **scraping mount/scraping** Schabepräparat
> **squash mount/squash** Quetschpräparat
> **wet mount/wet preparation** Nasspräparat, Frischpräparat, Lebendpräparat, Nativpräparat
> **whole mount** Totalpräparat

microscopic procedure Mikroskopierverfahren
microscopy Mikroskopie

> **atomic force microscopy (AFM)** Rasterkraftmikroskopie
> **brightfield microscopy** Hellfeld-Mikroskopie
> **confocal laser scanning microscopy** konfokale Laser-Scanning Mikroskopie
> **cryo electron microscopy** Kryoelektronenmikroskopie
> **darkfield microscopy** Dunkelfeld-Mikroskopie
> **force microscopy** Kraftmikroskopie
> **high voltage electron microscopy (HVEM)** Hochspannungs-elektronenmikroskopie
> **immune electron microscopy** Immun-Elektronenmikroskopie
> **interference microscopy** Interferenzmikroskopie
> **light microscopy** Lichtmikroskopie
> **phase contrast microscopy** Phasenkontrastmikroskopie
> **polarizing microscopy** Polarisationsmikroskopie
> **scanning electron microscopy (SEM)** Rasterelektronenmikroskopie (REM)
> **scanning force microscopy (SFM)** Raster-Kraftmikroskopie (RKM)

➢ **scanning tunneling microscopy (STM)**
Raster-Tunnelmikroskopie (RTM)
➢ **transmission electron microscopy (TEM)**
Transmissionselektronenmikroskopie, Durchstrahlungselektronenmikroskopie
microscopy accessories
Mikroskopierzubehör
microspecies
Mikrospezies, Kleinart
microsphere Mikrosphäre
microsporangiate cone/ pollen-bearing cone
männlicher Zapfen
microspore Mikrospore
microtome Mikrotom
➢ **freezing microtome/ cryomicrotome**
Gefriermikrotom
➢ **rotary microtome**
Rotationsmikrotom
➢ **sliding microtome**
Schlittenmikrotom
➢ **ultramicrotome** Ultramikrotom
microtome blade
Mikrotommesser
microtome chuck
Mikrotom-Präparatehalter, Objekthalter (Spannkopf)
microtomy Mikrotomie
microtrabecular network
Mikrotrabekulargeflecht
microtubule
Mikrotubulus (*pl* Mikrotubuli)
microtubule-associated protein (MAP)
mikrotubuliassoziiertes Protein
microtubule organizing center (MTOC)
Mikrotubulus-Organisationszentrum
microvillus (*pl* microvilli)
Mikrovillus (*pl* Mikrovilli); Stereocilien (Lateralisorgan)
microwhipscorpions/ palpigrades/Palpigradi
Palpigraden
micro-RNAs (miRNAs)/ small temporal RNAs (stRNAs)
kleine temporäre RNAs
mictic miktisch
micturate/urinate
miktuieren, harnen, urinieren
micturition/urination Miktion, Harnen, Harnlassen, Urinieren
mid intestine
Mitteldarm (*sensu stricto*)
midbrain/mesencephalon
Mittelhirn
middle ear/midear Mittelohr
middle lamella Mittellamelle
Middle Triassic (epoch) Muschelkalk
middlings/shorts (from wheat milling)
Mittelmehl (Weizenfuttermehl)
midgut *embr* Mitteldarm
midgut/intestine Nahrungsdarm
midgut/mesenteron/ventricle/ ventriculus/"stomach" *entom*
Mitteldarm, Mesenteron, „Magen", Ventriculus (Insekten)
midgut gland/digestive gland/"liver"
Mitteldarmdrüse, „Leber"
midgut gland/hepatopancreas
Mitteldarmdrüse, Hepatopankreas
➢ **midgut diverticulum/cecum**
Mitteldarmdivertikel, Mitteldarmventrikel (Blindsack)
midparent value Elternmittelwert
midrib/midvein/costa Mittelrippe, Costa (*see also:* rachis)
mignonette family/Resedaceae
Resedagewächse, Resedengewächse, Waugewächse
migrate wandern
migration *biogeo*
Migration, Wanderung, Zug (Vögel)
migration *chromat/electrophor*
Wanderung
migratory animal Durchzügler
migratory behavior Wanderverhalten
migratory bird Zugvogel
migratory fish Zugfisch
migratory restlessness Zugunruhe
migratory route Zugstraße
mildew *fung* Mehltaupilz
➢ **black mildews/Meliolales**
schwarze Mehltaupilze
➢ **downy mildews/Peronosporaceae**
falsche Mehltaupilze
➢ **powdery mildews/Erysiphales**
echte Mehltaupilze

milfoil family/water milfoil family/ Haloragaceae Seebeerengewächse, Meerbeerengewächse, Tausendblattgewächse
milk ***vb*** melken
milk ***n*** Milch
➤ **bee milk/royal jelly** Königin-Futtersaft, Gelée Royale
➤ **crop milk/pigeon milk (milky secretion from crop lining)** Kropfmilch, Kropfsekret (Tauben)
➤ **crude milk** Rohmilch
➤ **curd** geronnene dicke Milch
➤ **foremilk/colostrum** Vormilch, Biestmilch, Kolostralmilch, Colostrum
➤ **treading/kneading (milk elicitation movement)** Milchtritt
➤ **uterine milk** ***ichth/entom*** Uterusmilch, Uterinmilch
milk cistern/lactiferous sinus Milchzisterne, Milchsinus
milk duct/lactiferous duct Milchgang
milk line/mammary ridge Milchleiste
milk stage/milk ripeness (grain) Milchreife
milk sugar/lactose Milchzucker, Laktose
milk teeth/deciduous teeth/ first teeth/primary teeth Milchzähne
milk vein (e.g., cow) Milchvene
milk well (e.g., cow) Milchgrube
milkfishes and relatives/ Gonorhynchiformes Milchfischverwandte, Sandfische
milkweed family/Asclepiadaceae Schwalbenwurzgewächse, Seidenpflanzengewächse
milkwort family/Polygalaceae Kreuzblümchengewächse, Kreuzblumengewächse
mill/shape ***vb*** **(wood)** fräsen (Holz)
milleporine hydrocorals/fire corals/ stinging corals/Milleporina Feuerkorallen
milling (fish school) Kreisen (Fischschwärme)
millipedes/"thousand-leggers"/ diplopods/myriapodians/ Myriapoda Doppelfüßer, Diplopoden, Tausendfüßler, Myriapoden
milt (sperm-containing liquid of male fish) Milch (Spermaflüssigkeit der männlichen Fische)
milt/soft roe (testes of fish) Fischhoden
milter (male fish during spawning season) Milchner, Milcher
mimesis Mimese
mimic ***n*** Mimik
mimic/imitate ***vb*** mimen, nachahmen, nachmachen („nachäffen")
mimic genes mimische Gene
mimicry Mimikry, Schutztracht, Warntracht, Angleichung, schützende Nachahmung
➤ **aggressive mimicry/ Peckhamian mimicry** Angriffs-Mimikry, Peckhamsche Mimikry
➤ **automimicry** Automimikry
➤ **Batesian mimicry** Batessche Mimikry
➤ **behavioral mimicry/ ethomimicry** Verhaltensmimikry, Ethomimikry
➤ **Mertensian mimicry** Mertenssche Mimikry
➤ **Muellerian mimicry** Müllersche Mimikry
➤ **Peckhamian mimicry/ aggressive mimicry** Peckhamsche Mimikry, Angriffs-Mimikry
➤ **protective mimicry** Verteidigungs-Mimikry
➤ **vocal mimicry** stimmliche Nachahmung
mimosa family/Mimosaceae Mimosengewächse

mine (damage by insect larvae on leaves) Mine, Blattmine, Fraßgang
➢ **blotch mine** Platzmine
➢ **serpentine mine/heliconome** Spiralmine
➢ **star mine/asteronome** Sternmine
mineral ***n*** Mineral (*pl* Mineralien)
mineral ***adj*** Mineral.., anorganisch
mineral lick/mineral licking Mineralienlecken
mineral oil Mineralöl
mineral soil Mineralboden
mineralization Mineralisation, Mineralisierung
mineralocorticoid Mineralokortikoid, Mineralocorticoid
minerotrophic minerotroph
miniature endplate potential (mepps) ***neuro*** Miniaturendplattenpotenzial, Miniaturenendplattenpotenzial (MEPP)
minichromosome Minichromosom
minigene Minigen
minimal inhibitory concentration/ minimum inhibitory concentration (MIC) minimale Hemmkonzentration (MHK)
minimal medium Minimalmedium
miniprep/minipreparation Miniprep, Minipräparation
minisatellite ***gen*** Minisatellit
minisequencing Minisequenzierung
minor groove (DNA) kleine Furche, kleine Rinne, flache Rinne (DNA-Struktur)
minor histocompatibility antigens Nebenhistokompatibilitätsantigene
minor histocompatibility complex Nebenhistokompatibilitätskomplex
mint family/deadnettle family/ Lamiaceae/Labiatae Lippenblütengewächse, Lippenblütler
minus strand (noncoding strand) ***gen*** Minus-Strang, Negativ-Strang (nichtcodierender Strang)
minute respiratory volume Atemminutenvolumen (AMV)
Miocene/Miocene Epoch Miozän (erdgeschichtliche Epoche)
miracidium (fluke larva) Miracidium (*pl* Miracidien), Mirazidium (Digenea-Larve)
mire (European: from old Norse term)/ peatland (peat-forming wetlands: bogs & fens) ***n*** Moor
miscarriage Fehlgeburt, Spontanabort
miscibility Mischbarkeit
➢ **immiscibility** Unvermischbarkeit
miscible mischbar
➢ **immiscible** unvermischbar
mismatch (of bases) ***gen*** Fehlpaarung, Basenfehlpaarung
mismatch DNA repair Fehlpaarungsreparatur
Misodendraceae/ feathery mistletoe family Federmistelgewächse
mispairing of chromosomes Fehlpaarung, Chromosomenfehlpaarung
➢ **slipped strand mispairing/ slippage replication/ replication slippage** Fehlpaarung durch Strangverschiebung
missense mutation Missense-Mutation, Fehlsinnmutation
missing contact analysis Kontaktpunktanalyse
missing link fehlende Zwischenstufe
Mississippian/Lower Carboniferous Frühes Karbon
mist/drizzle ***n*** Sprühregen
mist/slight fog ***n*** leichter Nebel
mistletoe family (showy mistletoe family)/ Loranthaceae Mistelgewächse, Riemenblumengewächse
misty dunstig, leicht nebelig
mites & ticks/Acari/Acarina Milben & Zecken

mitochondrial crista (*pl* cristae/cristas) Crista (*pl* Cristae) (mitochondrial)
mitochondrial inheritance mitochondriale Vererbung
mitochondrion (*pl* mitochondria/mitochondrions) Mitochondrion, Mitochondrium (*pl* Mitochondrien)
mitosis/nuclear division/ duplication division Mitose, Kernteilung
➢ **anaphase** Anaphase
➢ **interphase** Interphase
➢ **metaphase** Metaphase
➢ **prophase** Prophase
➢ **telophase** Telophase
mitotic mitotisch
mitotic cycle Mitosezyklus
mitotic recombination mitotische Rekombination
mitotic stage Mitosestadium
mitral cell Mitralzelle
mitral valve/bicuspid valve (heart) Mitralklappe, Bikuspidalklappe
mix *vb* mixen, mischen
mix *n* Mix, Mischung
mixed antiserum Mischantiserum
mixed crop/mixed stand Mischkultur
mixed culture Mischkultur
mixed forest Mischwald
mixed-function oxidase mischfunktionelle Oxidase
mixer/blender (vortex) Mixer, Mixette, Küchenmaschine (Vortex)
mixing Vermischung
mixis Mixis
mixoploid mixoploid
mixoploidy Mixoploidie
mixotrophic/mesotrophic mixotroph
mixotropic series mixotrope Reihe
mixture Mischung, Gemenge
mneme Gedächtnis, Erinnerung
moan stöhnen, ächzen
moas/Dinornithiformes Moas
moat Wassergraben
mobbing behavior Hassen, Hassverhalten
mobbing call *orn* Sammelruf
mobile/vagile/wandering beweglich, mobil, vagil (Ortsveränderung des Gesamtorganismus)
mobility/vagility Beweglichkeit, Mobilität, Vagilität (Ortsveränderung des Gesamtorganismus)
mobility shift experiment Gelretardationsexperiment
mock-hunting Jagdspiel
modal value *stat* Modalwert
mode Modus, Art und Weise, Modalwert
mode of action/mechanism Wirkungsweise, Mechanismus
mode of inheritance Vererbungsmodus, Erbgang
model building Modellbau
moder (humus layer) Moder
modern bowfin/Amiiformes Kahlhechte (Schlammfische)
modification Modifikation, Veränderung
modifier gene Modifikationsgen
modify modifizieren, verändern, abändern
module Modul, Funktionseinheit
moiety/part/section Teil (des Ganzen), Anteil, Hälfte
moist feucht
moistness Feuchte, Feuchtheit
moisture Feuchtigkeit
moisture capacity/ water holding capacity of soil Wasserkapazität
molality Molalität
molar *n* Molar, hinterer Backenzahn
molar mass ("molar weight") molare Masse, Molmasse („Molgewicht")
molar volume Molvolumen
mold/cast *paleo* Abguss (eines Fossils)
mold/mould/mildew (rot) *allg* Schimmel, Moder

mold/mould ***fung***
Schimmelpilz
➢ **acellular slime molds/ plasmodial slime molds/ Myxomycetes**
echte Schleimpilze (plasmodial)
➢ **bread molds/zygospore fungi/ Zygomycetes (coenocytic fungi)**
Jochpilze, Zygomyceten
➢ **cellular slime molds/ Acrasiomycetes/ Dictyosteliomycetes (Myxomycota)** Acrasiomyceten, zelluläre Schleimpilze
➢ **slime molds/Myxomycota**
Schleimpilze
➢ **water molds/Saprolegniales**
Wasserschimmel
moldy/mouldy/putrid/musty
moderig (Geruch)
mole/jetty/breakwater Mole
molecular biology
Molekularbiologie
molecular clock molekulare Uhr
molecular cytogenetics
molekulare Cytogenetik
molecular formula Summenformel
molecular genetics
Molekulargenetik
molecular ion Molekülion
molecular mass ("molecular weight")
Molekülmasse („Molekulargewicht")
molecular sieve
Molekularsieb, Molekülsieb
molecular sieve chromatography/ gel permeation chromatography (gel filtration)
Molekularsiebchromatographie, Gelpermeationschromatographie (Gelfiltration)
molecular weight/ relative molecular mass (M_r)
Molekulargewicht, relative Molekülmasse (M_r)
molecule Molekül
molluscicide
Schneckenbekämpfungsmittel, Molluskizid
mollusks/Mollusca
Mollusken, Weichtiere

molt/molting ***n*** **(shedding plumage/feathers)**
Gefiederwechsel, Mauser
➢ **active molt** aktive Mauser
➢ **complete molt/full molt**
Vollmauser
➢ **eclipse molt/postbreeding molt/ prebasic molt/postnuptial molt**
Ruhemauser, Postnuptialmauser
➢ **fright molt/fright loss/stress molt**
Schreckmauser, Stressmauser
➢ **juvenal molt/juvenile molt (presupplemental and first prebasic molts)**
Jugendmauser
➢ **partial molt** Teilmauser
➢ **postjuvenal molt**
Postjuvenilmauser, postjuvenile Mauser
➢ **prealternate molt/prenuptial molt**
Brutmauser, Paarungsmauser
➢ **primary molt** Erstmauser
➢ **prolonged molt (stuck in the molt)**
verlängerte Mauser, unvollständige Mauser, verzögerte Mauser
molt/shedding skin/ shedding exoskeleton Häutung
molt/shed feathers ***vb*** mausern
molt/shed skin or exoskeleton ***vb***
häuten
molt limit Mausergrenze
molting fluid/exuvial fluid
Häutungsflüssigkeit, Ecdysialflüssigkeit, Exuvialflüssigkeit
molting season/molting time/ molting period/molt/deplumation
Mauser, Mauserzeit, Gefiederwechsel
molybdenum (Mo) Molybdän
monascous monask
monecious (monoecious)
monözisch, einhäusig, gemischtgeschlechtlich
➢ **diecious/dioecious**
diözisch, zweihäusig, getrenntgeschlechtlich
monecy/monoecy/monecism/ monoecism
Monözie, Einhäusigkeit, Gemischtgeschlechtlichkeit

monestrous (monoestrous) monöstrisch
mongrel ***zool*** Mischling
moniliform moniliat, perlschnurartig
moniliform antenna rosenkranzförmiger Fühler, Perlschnurfühler
monimia family/boldo family/ Monimiaceae Monimiengewächse
monitor ***n*** Monitor, Bildschirm; Überwacher
monitor ***vb*** überwachen
monitoring Überwachung
monkey (primates with tails) Tieraffen
➢ **apes (without tails)** Menschenaffen
monkey-puzzle tree family/ araucaria family/Araucariaceae Araukariengewächse
monkfishes/angel sharks/ Squatiniformes Engelhaie, Engelhaiartige
monocarp/monocarpic/hapaxanthic/ hapaxanthous/hapanthous monokarpisch, hapaxanth
monocarpellate fruit Einblattfrucht
monocentric species monozentrische Art
monochasium/monochasial cyme/ simple cyme Monochasium, eingablige Trugdolde
monochlamydeous/ haplochlamydeous monochlamydeisch, haplochlamydeisch, einfachblumenblättrig, mit einfacher Blütenhülle
monocistronic monocistronisch, monozistronisch
monoclonal monoklonal
monoclonal antibody (MAb) monoklonaler Antikörper (mAb)
monocolpate monocolpat
monocotyledon/monocot Monokotyle, Monokotyledone, Einkeimblättrige
monocotyledonous einkeimblättrig
monoculture Monokultur
monocyte/mononuclear leucocyte Monocyt, Monozyt
monodelphous/monodelphic/ monadelphous (having single female genital tract) monodelphisch, einscheidig
monoecious/monecious monözisch, einhäusig, gemischtgeschlechtlich
monoestrous *see* monestrous
monogamous monogam
monogamy Monogamie, Einehe
monogenic monogen
monogenic diseases monogene Krankheiten
monogonont monogonont
monogynous monogyn, einweibig
monohybrid cross Monohybridkreuzung
monolayer/monomolecular layer einlagige Schicht, monomolekulare Schicht
monolayer cell culture Einschichtzellkultur
monomictic monomiktisch
monomitic monomitisch
monomorphic/monomorphous monomorph, gleichgestaltet
monomorphism Monomorphismus
mononuclear mononukleär, mononucleär
monophagous/monotrophic/ univorous monophag, monotroph
monophasic monophasisch, einphasisch
monophyletic monophyletisch
monophyodont monophyodont
monoplacophorans/ Monoplacophora Urmützenschnecken, Einplatter, Monoplacophoren
monopodial (indeterminate) monopodial
monopodial branching system monopodiales Verzweigungssystem
monopodium Monopodium
monoprotic acid einwertige, einprotonige Säure
monospecific monospezifisch
monospecificity Monospezifität
monosymmetrical/zygomorphic monosymmetrisch, zygomorph

monothalamous/monothalamic/ single-chambered/monothecal monothalam, einkammerig, einkämmrig, monothekal
monothetic monothetisch
monotokous monotok
monotremes (prototherians)/ Monotremata (Prototheria) Kloakentiere
monotrichous monotrich
Monotropaceae/Indian pipe family Fichtenspargelgewächse
monotypic species monotypische Art
monounsaturated einfach ungesättigt
monounsaturated fatty acid einfach ungesättigte Fettsäure
monoxenous/monoxenic einwirtig, homoxen
monozygosity Monozygotie, Eineiigkeit
monozygous/monozygotic eineiig, monozygot
monozygous twins/ monozygotic twins/identical twins eineiige Zwillinge
monsoon forest Monsunwald
montane/mountain ***adj/adv*** montan, Berg..., Gebirgs...
montane forest Bergwald (immergrüne Coniferenstufe)
montane heathland Bergheide
montane perennial herb Hochstaude
montane plant Bergpflanze, Gebirgspflanze
montane rain forest Bergregenwald, Nebelwald
montane zone/montane region Bergstufe, Bergwaldstufe, montane Stufe
moo (cattle) muhen
moonfishes/Lampriformes Glanzfische, Glanzfischartige, Gotteslachsverwandte
moonseed family/Menispermaceae Mondsamengewächse
moor/peatland (bogs/fens) Moor, Torfmoor; (raised bog) Hochmoor; (dry) Bergheide; Heidemoor
mooring thread/guyline ***arach*** Spannfaden
moorland Moorlandschaft, Sumpflandschaft; Heideland
mor humus (acid pH) Rohhumus, saurer Auflagehumus; Trockentorf
Moraceae/fig family/mulberry family Maulbeergewächse
moraine/till/glacial till Moräne, Gletscherschutt, Gletschergeröll
➢ **end moraine** Endmoräne
➢ **ground moraine/ basal moraine** Grundmoräne, Untermoräne
➢ **lateral moraine** Seitenmoräne
➢ **medial moraine** Mittelmoräne
➢ **terminal moraine** Frontalmoräne, Stirnmoräne
morbid morbid, erkrankt, krankhaft, kränklich
morbidity Morbidität (Häufigkeit der Erkrankungen), Erkrankungsrate
mordant (fixing dye onto specimen) Beize, Beizenfärbungsmittel
more-developed countries (MDCs)/ developed countries/ industrialized nations/ core countries Industrieländer
morels/morel family/Morchellaceae Morcheln
Moringaceae/horseradish tree family Moringagewächse, Bennussgewächse, Behennussgewächse, Pferderettichgewächse
mormon tea family/joint-pine family/ ephedra family/Ephedraceae Meerträubelgewächse
mormyrids/Mormyriformes Nilhechte
morning glory family/ bindweed family/ convolvulus family/ Convolvulaceae Windengewächse
morph Morphe
morphogenesis Morphogenese
morphogenetic morphogenetisch

morphology
(external/descriptive morphology)
Eidonomie
(Morphologie der äußeren Gestalt)
➢ **causal morphology**
Entwicklungsmechanik
➢ **comparative morphology**
vergleichende Morphologie
morphometrics Morphometrie
morphopoesis Morphopoese
morphospecies Morphospezies,
morphologische Art
mortal sterblich
mortality Mortalität,
Sterblichkeit, Sterberate
mortality rate Absterberate
mortar (and pestle)
Mörser (und Stößel/Pistill)
morula Morula, Maulbeerkeim
mosaic Mosaik
➢ **germline mosaic/germinal mosaic/**
gonadal mosaic/gonosomal mosaic
Keimbahnmosaik
➢ **gonadic mosaic** gonadales Mosaik
mosaic bilayer model
Mosaikdoppelschichtmodell
mosaic development ***embr/gen***
Mosaikentwicklung
mosaic egg Mosaikei
mosaic gene
Mosaikgen, gestückeltes Gen
mosaicism ***gen***
Vorkommen eines Gens im Mosaik
moschatel family/Adoxaceae
Moschuskrautgewächse
mosquito fern family/
duckweed fern family/Azollaceae
Algenfarngewächse
mosquitoes/Nematocera (Diptera)
Mücken & Schnaken
moss Moos, Laubmoos
moss animals/bryozoans/
Ectoprocta/Polyzoa/Bryozoa
Moostierchen, Bryozoen
moss carpet Moosteppich,
Moospolster, Mooskissen
moss "flower" Moosblüte
moss layer Moosschicht
moss mat Moosdecke
moss peat/sphagnum peat/
highmoor peat Hochmoortorf
mosses Moose, Laubmoose
mossy fiber Moosfaser
moth pollination/phalaenophily
Mottenbestäubung,
Phalaenophilie
moth-pollinated flower (geometers)/
phalaenophile
Mottenblume (Spanner)
moth-pollinated flower
(hawk-moths)/sphingophile
Nachtschwärmerblume
mother Mutter
➢ **nursing mother/foster mother**
Pflegemutter
mother cell Mutterzelle
mother of vinegar Essigmutter
mother-of-pearl Perlmutter, Perlmutt
mother plant Mutterpflanze
moths/Heterocera Motten
motile (capable of moving)
motil, beweglich, bewegungsfähig
(Bewegung eines Körperteils)
motile/vagile
motil, beweglich, vagil
motility (capable of movement)
Motilität, Beweglichkeit,
Bewegungsvermögen
(Bewegung eines Körperteils)
motility/vagility
(free to move about)
Motilität, Beweglichkeit, Vagilität
(frei beweglich)
motion/movement/locomotion
Bewegung, Fortbewegung,
Lokomotion
➢ **rotational motion**
Rotationsbewegung
➢ **translational motion**
Translationsbewegung
➢ **vibrational motion**
Schwingungsbewegung
motoneuron/motor neuron
Motoneuron
motor cell/bulliform cell
Motorzelle, motorische Zelle,
Gelenkzelle
(im Schwellkörper des Blattes)
motor endplate/myoneural junction
motorische Endplatte
motor neuron/motoneuron
Motoneuron

motor root/anterior root/ ventral root *neuro* motorische Wurzel, Ventralwurzel
motor unit motorische Einheit
motoric/motor ... *physiol/neuro* motorisch, Motor...
mottled gefleckt, gesprenkelt
mould/mold *fung* Schimmelpilz
mould/mold/mildew (rot) Schimmel, Moder
mouldy/moldy/putrid/musty moderig (Geruch)
mound Erdhügel, Erdwall, Erddamm, Erhebung, kleiner Hügel
mound layering/ stool layering/stooling *hort/bot* Ablegervermehrung durch Anhäufeln
mount/cover *vb* **(copulate)** bespringen
mount *vb* *micros* präparieren
mount *n* *micros* Präparat
> **blood smear** Blutausstrich
> **microscopic preparation/ microscopic mount** mikroskopisches Präparat
> **permanent mount/permanent slide** mikroskopisches Dauerpräparat
> **scraping mount/scraping** Schabepräparat
> **squash mount/squash** Quetschpräparat
> **wet mount/wet preparation** Nasspräparat, Frischpräparat, Lebendpräparat, Nativpräparat
> **whole mount** Totalpräparat
mountain Berg (*pl* mountains: Berge/Gebirge)
mountain chain/mountain range/ mountain ridge Bergkette, Gebirgskette
mountain crest/mountain ridge Gebirgskamm, Berggrat
mountain forest/montane forest Bergwald, Gebirgswald
mountain ridge/mountain crest Gebirgskamm, Berggrat, Bergrücken
mountain slope/hillslope Berghang
mountainous gebirgig
mountains Berge, Gebirge
mountainside/mountain slope Berghang
mountant/mounting medium *micros* Einbettungsmittel, Einschlussmittel
mousebirds/colies/Coliiformes Mausvögel
mouth Mund; Mündung
mouth cavity/oral cavity/ buccal cavity Mundhöhle
mouth field/buccal field Mundfeld, Buccalfeld
mouth of the uterus/ orifice of the uterus/orificium uteri Gebärmuttermund, Muttermund
mouthbreeder Maulbrüter
mouthbreeding/ oral gestation/buccal incubation Maulbrüten
mouthpart/oral appendage Mundgliedmaße (*pl* Mundgliedmaßen)
mouthparts Mundwerkzeuge
move *vb* bewegen
movement/motion/locomotion Bewegung, Fortbewegung, Lokomotion
moving bed reactor (bioreactor) Fließbettreaktor
MS (mass spectrometry) MS (Massenspektrometrie)
mucic acid Schleimsäure, Mucinsäure
mucilage/slime (plant) Schleim (pflanzlich)
mucilage cell Schleimzelle
mucilage gland Schleimdrüse
mucilaginous/glutinous/slimy schleimig
mucilaginous canal schleimführender Kanal
mucin Mucin
muck (feces/urine from domestic animals in wet state) Mist (Stallmist), Dung (flüssig)
muck (highly decomposed peat) Sumpferde
mucous/slimy schleimig
mucous gland Schleimdrüse
mucous membrane/mucosa Schleimhaut, Schleimhautepithel
> **gastric mucous membrane** Magenschleimhaut

mucoviscidosis/cystic fibrosis Mukoviszidose, Mucoviszidose, zystische Fibrose
mucro (sharp point) Mucrone
mucronate (sharp/hard pointed) ***bot*** stachelspitz
mucronulate kleinspitzig
mucus/mucilage/slime/ooze Schleim
mud (alluvial: silt/sludge) Schlamm, Schlick
mud bottom Schlickgrund
mud flat Watt, Schlickwatt
Mueller... *see* Müller...
mulberry family/fig family/ Moraceae Maulbeergewächse
mulch ***n*** Mulch
mulch ***vb*** mulchen
mule (♀ horse x ♂ ass/donkey) Maultier (Pferdestute x Eselhengst)
mull/mull humus (near neutral pH) Mull (milder Dauerhumus)
Müller cell ***ophth*** Müller-Stützzelle
Müller's duct/Mueller's duct/ Müller's canal/Müllerian duct/ paramesonephric duct Müllerscher Gang
Müller's larva/Mueller's larva Müllersche Larve
Müllerian fiber/Muellerian fiber/ fiber of Müller ***ophth*** Müller-Faser
Müllerian inhibiting hormone/ Muellerian inhibiting hormone (MIH) Anti-Müller-Hormon (AMH)
Müllerian mimicry/ Muellerian mimicry Müllersche Mimikry
multicellular vielzellig, mehrzellig
multicellular lifeform Vielzeller, vielzelliges Lebewesen
multicistronic/polycistronic multizistronisch, multicistronisch, polyzistronisch, polycistronisch
multicomponent virus Multikomponentenvirus
multidentate vielzähnig, mehrzähnig
multienzyme complex/ multienzyme system Multienzymkomplex, Multienzymsystem, Enzymkette
multifactorial inheritance/ polygenic inheritance multifaktorieller Erbgang, polygener Erbgang
multiforked chromosome Chromosom mit mehreren Replikationsgabeln
multifunctional vector/ multipurpose vector Vielzweckvektor, multifunktioneller Vektor
multigene family Multigenfamilie
multilayered vielschichtig, mehrschichtig
multilocus enzyme electrophoresis (MLEE) Multilokus-Enzymelektrophorese
multinucleate(d)/multinuclear/ polynucleate(d)/polynuclear vielkernig, mehrkernig
multiparous multipar (mehrmals geboren habend/mehrere Junge gleichzeitig werfen)
multipartite/pluripartite vielteilig
multiple alleles multiple Allele
multiple birth Mehrlingsgeburt
➢ **progeny of m.b.** Mehrlinge
multiple bond Mehrfachbindung
multiple cloning site (MCS) Vielzweckklonierungsstelle, Polylinker
multiple-factor hypothesis ***gen*** Mehrfaktortheorie, Polygentheorie
multiple fission Vielfachteilung, Mehrfachteilung
multiple fruit/infructescence Fruchtstand, Fruchtverband
multiple sugar/polysaccharide Vielfachzucker, Polysaccharid
multiplex family ***gen*** Familie mit mehreren befallenen Mitgliedern
multiplication Multiplikation, Vervielfältigung, Vermehrung
multiplicity of infection (m.o.i.) ***vir*** Multiplizität der Infektion, Infektionsmultiplizität
multipolar cell Multipolarzelle

multiseriate/ multiple rowed/in several rows multiseriat, mehrreihig, vielreihig
multistage ***adv/adj*** mehrstufig
multistage impulse countercurrent impeller (bioreactor) Mehrstufen-Impuls-Gegenstrom-Rührer, MIG-Rührer
multivesicular body multivesikulärer Körper
multivoltine/polyvoltine multivoltin, polyvoltin, plurivoltin
mummification Mummifizierung
mummify mumifizieren (ledern werden/trocken werden)
mummy Mumie
muramic acid Muraminsäure
murein Murein
muriform (like a brick wall) mauerförmig, mauerartig
murine Mäuse/Ratten betreffend, zu den Mäusen/Ratten gehörig, von Mäusen/Ratten stammend, Maus.../Ratten...
muscarine Muscarin
muscarinic receptor muscarinischer Rezeptor, muskarinischer Rezeptor
muscle (***see also:*** **musculature)** Muskel
- **abductor muscle** Abzieher, Abduktor, Abductor(-Muskel)
- **adductor muscle** Anzieher, Schließmuskel, Adduktor, Adductor(-Muskel)
- **cardiac muscle** Herzmuskel
- **comminator muscle/ interpyramid muscle** Interpyramidalmuskel, interpyramidaler Muskel (Aristotle's lantern)
- **depressor muscle** Depressor, Senker, Niederleger
- **diductor muscle** Klaffmuskel
- **dilator muscle** Dilator, Erweiterer
- **flexor** Flexor, Beuger
- **hair erector muscle/ arrector pili muscle/ musculus arrector pili** Haarmuskel
- **levator/lifter (muscle: raising an organ or part)** Levator, Heber
- **limb muscle/appendicular muscle** Extremitätenmuskel
- **longitudinal muscle** Längsmuskel
- **masticatory muscle/ muscle of mastication** Kaumuskel
- **masseter muscle** Kaumuskel
- **pedal retractor muscle** Fußretraktor
- **protractor muscle** Protraktor, Vorzieher, Vorwärtszieher
- **retractor muscle** Retraktormuskel, Retraktor, Rückzieher, Rückwärtszieher
- **ring muscle/circular muscle** Ringmuskel
- **rotator muscle** Rotator, Drehmuskel, Dreher
- **smooth muscle/plain muscle/ non-striated muscle/ unstriped muscle** glatter Muskel (glatte Muskulatur)
- **sphincter muscle** Sphinkter, Schließmuskel
- **strap muscle** bandförmiger Muskel
- **striated muscle/striped muscle** gestreifte Muskulatur

muscle belly/venter musculi Muskelbauch
muscle bundle Muskelbündel
muscle fascia Muskelfaszie, Muskelbinde
muscle fascicle Muskelfaserbündel
muscle fiber/myofiber Muskelfaser
muscle fibril/myofibril/myofibrilla Myofibrille, Muskelfibrille
muscle insertion Muskelansatz
muscle mass Muskelmasse
muscle origin Muskelursprung
muscle segment/myotome Ursegment, Myotom
muscle tone Muskelspannung, Muskeltonus

muscle twitching Muskelzucken
muscular muskulär, die Muskeln betreffend; muskulös
muscular contraction Muskelkontraktion
musculature/muscles Muskulatur
- **appendicular musculature** Extremitätenmuskulatur
- **brachiomeric musculature** Brachialmuskulatur
- **dermal musculature** Hautmuskulatur
- **involuntary musculature** unwillkürliche Muskulatur
- **obliquely striated musculature** schräggestreifte Muskulatur
- **skeletal m.** Skelettmuskulatur
- **smooth musculature (plain muscle/non-striated muscle/ unstriped muscle)** glatte Muskulatur
- **striated m./striped musculature** gestreifte Muskulatur
- **trunk m.** Rumpfmuskulatur
- **visceral musculature** viscerale Muskulatur, Eingeweidemuskulatur
- **voluntary musculature** willkürliche Muskulatur

mushroom/fungus Ständerpilz, Pilz
mushroom bodies/ pedunculate bodies/ corpora pedunculata Pilzkörper *pl*, Corpora pedunculata
musk Moschus
musk bag Moschusbeutel
musk gland (scent gland) Moschusdrüse (Duftdrüse)
muskeg (Canadian term for peatlands) Moor (ombrogen/oligotroph), Torfmoor; kanadisches Tundramoor
mussels/Mytiloidea Miesmuscheln
must (unfermented/uncleared juice) Most
must/musth (elephants) Brunst-Wut männlicher Elefanten
mustang (small naturalized horse of western plains) Mustang (verwildertes Präriepferd)
mustard family/cabbage family/ Cruciferae/Brassicaceae Kreuzblütler, Kreuzblütlergewächse
mustard oil Senföl
mustard-tree family/Salvadoraceae Senfbaumgewächse
mutability Mutabilität, Mutierbarkeit, Mutationsfähigkeit
mutable mutabel, mutierbar
mutagen Mutagen, mutagen
mutagenesis Mutagenese
- **directed mutagenesis** gerichtete Mutagenese
- ***in vitro* m.** *in vitro*-Mutagenese
- **oligonucleotide-directed m.** oligonucleotidgesteuerte Mutagenese
- **site-directed mutagenesis** ortsspezifische Mutagenese
- **site-specific mutagenesis** sequenzspezifische Mutagenese

mutagenic mutagen, mutationsauslösend
mutagenicity Mutagenität
mutant Mutante
- **aging mutant** Alterungsmutante
- **breakthrough** „Durchbrenner" (überlebende letale Mutation)
- **conditional-lethal** konditional-letale Mutante, bedingt letale Mutante
- **constitutive mutant** konstitutive Mutante
- **cryptic mutant** kryptische Mutante
- **leaky mutant** durchlässige Mutante
- **lethal mutant** Letalmutante

mutarotation Mutarotation
mutate mutieren
mutation Mutation
- **ARMS (amplification refractory mutation system)** ARMS (System der amplifizierungs-resistenten Mutation)
- **back mutation/reverse mutation** Rückmutation
- **conditional lethal mutation** konditional letale Mutation, bedingt letale Mutation

- **deletion mutation** Deletionsmutation
- **down mutation** Down-Mutation
- **dynamic mutation** dynamische Mutation
- **forward mutation** Vorwärtsmutation
- **frameshift mutation** Leserasterverschiebung(smutation)
- **gain of function mutation** Funktionsgewinnmutation
- **germ-line mutation** Keimbahnmutation
- **homeotic mutation** homöotische Mutation
- **induced mutation** induzierte Mutation
- **insertion mutation** Insertionsmutation
- **inversion mutation** Inversionsmutation
- **knockout mutation** Knockout-Mutation
- **leaky mutation** durchlässige Mutation
- **lethal mutation** letale Mutation, Letalmutation
- **loss of function mutation** Funktionsverlustmutation
- **missense mutation** Missense-Mutation, Fehlsinnmutation
- **new mutation** Neumutation
- **nonsense mutation** Nonsense-Mutation, Nichtsinnmutation
- **pleiotropic mutation** pleiotrope Mutation
- **point mutation** Punktmutation
- **polar mutation** polare Mutation
- **pre-mutation** Prämutation
- **reverse mutation/back mutation** Rückmutation
- **sense mutation** Sinnmutation
- **silent mutation/ samesense mutation** stumme Mutation
- **somatic mutation** somatische Mutation
- **spontaneous mutation** Spontanmutation
- **temperature-sensitive mutation** temperatursensitive Mutation
- **uniparental mutation** uniparentale Mutation
- **unstable mutation** instabile Mutation

mutation rate Mutationsrate

mutational bond/genetic load/ genetic burden/genetic bond Erblast, genetische Last, genetische Belastung

mutational load Mutationsbelastung, Mutationslast

mute stumm

- **deaf mute** taubstumm

mutilate verstümmeln

mutilation Verstümmelung

mutton Hammel

mutual/mutualistic gegenseitig, wechselseitig

mutualism/mutualistic symbiosis Mutualismus, Gegenseitigkeit, gemeinnützige Symbiose

mutualist Symbiont (in gegenseitiger/ gemeinnütziger Lebensgemeinschaft)

mutualistic symbiotisch (gemeinnützig)

mutualistic symbiosis/mutualism gemeinnützige Symbiose

muzzle (snout) Maul, Schnauze; (glandular muzzle of bovids) Flotzmaul

mycelial cord Myzelstrang

mycelium (*pl* myceliums/mycelia/mycelias) Myzel (*pl* Myzelien), Pilzgeflecht

- **aerial mycelium** Luftmyzel
- **dikaryotic mycelium** Paarkernmyzel
- **persistent mycelium/ mycelium perenne** Dauermyzel
- **primary mycelium** Primärmyzel, Einkernmyzel
- **raquet mycelium (raquet hyphae/raquet hyphas)** Raquettemyzel, Keulenmyzel (Raquettehyphen/Keulenhyphen)
- **secondary mycelium** Sekundärmyzel, Paarkernmyzel
- **spawn/mycelium fecundum** Pilzbrut

mycetism/mushroom poisoning Pilzvergiftung
mycobiont Mykobiont, Mycobiont, Pilzpartner
mycologist Mykologe
mycology Mykologie, Pilzkunde
mycophagy Mykophagie, Mycetophagie
mycoplasma Mykoplasma (*pl* Mykoplasmen)
mycorrhiza Mykorrhiza, „Pilzwurzel"
mycotoxin Mykotoxin
mycotrophism Mykotrophie
myelin sheath Markscheide, Myelinscheide
myelinated myelinisiert, markhaltig
myelination/myelinization Myelinisation, Myelinisierung
myelocyte/bone marrow cell (an early polymorphonuclear leukocyte) Myelozyt, Myelocyt, Knochenmarkzelle
myeloma Myelom
myiasis (Diptera larva) Myiasis, Madenkrankheit
myoblast/myogenic cell/ sarcoblast/sarcogenic cell Myoblast, Sarkoblast
myocardial infarction Herzschlag, Herzinfarkt
myocerate antenna (muscles in each antennal segment) myocerate Antenne, Gliederantenne
myofibril/muscle fibril/myofibrilla Myofibrille, Muskelfibrille
myogenic myogen
myomere/myotome Myomer, Myotom
myoneme Myonem
myopia/nearsightedness Myopie, Kurzsichtigkeit
➤ **hyperopia/farsightedness** Hyperopie, Weitsichtigkeit
myotatic reflex/stretch reflex myotatischer Reflex, Dehnungsreflex
myotome/muscle segment Myotom, Ursegment
myotubule (*pl* myotubules) Myotubulus (*pl* Myotubuli)
Myricaceae/wax-myrtle family/ bayberry family/bog myrtle family/ sweet gale family Gagelgewächse
myristic acid/tetradecanoic acid (myristate/tetradecanate) Myristinsäure, Tetradecansäure (Myristat)
Myristicaceae/nutmeg family Muskatnussgewächse
myrmecochory/ant-dispersal Ameisenausbreitung
myrmecophilous **myrmekophil**
myrmecophyte/ myrmecoxenous plant Myrmekophyt, Ameisenpflanze
myrsine family/Myrsinaceae Myrsinaceae
mysis larva Mysis-Larve
myxobacteria Myxobakterien, Schleimbakterien
myxocyte Myxozyt, Schleimzelle
myxomatosis Myxomatose

Nacré wall/nacreous wall
Nacréwand
nacreous perlmuttartig glänzend, perlmutterartig glänzend
nacreous layer/hypostracum
Nacréschicht, Perlmutterschicht, Hypostracum
nacrine/mother-of-pearl colored
perlmuttfarben, perlmutterfarben
NAD/NADH (nicotinamide adenine dinucleotide)
NAD/NADH (Nikotinamid-Adenin-Dinukleotid)
NADP/NADPH (nicotinamide adenine dinucleotide phosphate)
NADP/NADPH (Nikotinamid-Adenin-Dinukleotid-Phosphat)
nagana/nagana disease (*Trypanosoma* spp.)
Nagana, Naganaseuche
naiad/aquatic nymph
Wassernymphe
nail/unguis/ungula Nagel, Unguis
najas family/water nymph family/ Najadaceae
Nixenkrautgewächse
naked/nude nackt
naked bud *bot*
nackte Knospe, offene Knospe (ohne Knospenschuppen)
nakedness/nudeness/nudity
Nacktheit
name/term/designation
Namensbezeichnung, Bezeichnung
- ➢ **common name/vernacular name** volkstümlicher Name, volkstümliche Bezeichnung, Vernakularname,
- ➢ **nonproprietary name** ungeschützter Name/Bezeichnung
- ➢ **official name** offizieller Name, amtliche Bezeichnung
- ➢ **proper name** Eigenname
- ➢ **proprietary name** Markenbezeichnung
- ➢ **scientific name** wissenschaftlicher Name
- ➢ **species name** Artname
- ➢ **specific name/specific epithet** Artname, Artbezeichnung, Epitheton
- ➢ **substitute name** Ersatzname
- ➢ **systematic name** systematischer Name
- ➢ **trivial name** Trivialname
- ➢ **vernacular name/common name** Vernakularname, volkstümliche Bezeichnung, volkstümlicher Name

name tag
Namensetikett, Namensschildchen
naming/designation (nomenclature)
Namensgebung, Benennung, Bezeichnung (Nomenklatur)
nanander/nanandrium (dwarf male plant)
Nannandrium, Zwergmännchen
nanandrous
nannandrisch, zwergmännlich
nanism/dwarfishness/dwarfism/ microsomia
Nanismus, Zwergwuchs, Kümmerwuchs; Verzwergung
nanophanerophyte (shrubs under 2 m in height)
Nanophanerophyt, Strauch
nanous/dwarfish/undersized
zwergenhaft
napaceous/turnip-like rübenartig
nape/back of the neck/nucha
Nacken, Genick
naphthalene Naphthalin
napiform/turnip-shaped
rübenförmig
narcomedusas/Narcomedusae
Narkomedusen
narcosis Narkose
narcotic *adj/adv* narkotisch, betäubend; berauschend
narcotic *n* Narkotikum, Betäubungsmittel; Rauschgift
narcotics act
Betäubungsmittelgesetz
nacotize narkotisieren, betäuben
nare/naris (mostly *pl*: nares)/ nostril of vertebrates
Nasenloch, Nasenöffnung (Vertebraten)
nasal bone/os nasale Nasenbein
nasal capsule Nasenkapsel
nasal cavity/nasal chamber
Nasenhöhle

nasal opening/nasal aperture Nasenloch, Nasenöffnung
nascent (in process of formation) entstehend, werdend, in Entstehung begriffen
nascent *chem* freiwerdend
nasolacrimal duct Tränennasengang, Tränennasenkanal
nasopalatine duct Nasengaumengang
nasopharyngeal duct Nasenrachengang
Nassanov gland/Nassanov's gland (bees) Nassanov Drüse, Nassanoffsche Drüse
nastic nastisch
nastic movement/nasty Nastie, nastische Bewegung
- ➢ **geonastic movement/geonasty** Geonastie
- ➢ **nyctinastic movement/nyctinasty** Nyktinastie
- ➢ **photonastic movement/photonasty** Photonastie
- ➢ **scotonastic movement/scotonasty** Skotonastie

nasturtium family/Tropaeolaceae Kapuzinerkressengewächse
nasty (*see:* nastic movement) Nastie, nastische Bewegung
nasute (termites) Nasensoldat, Nasutus-Soldat
natal/relating to birth Geburts..., die Geburt betreffend
natal down/neossoptile/neoptile (a down feather) *orn* Nestdune, Neossoptile, Neoptile
natality/birthrate Natalität, Geburtenrate
natatorial leg/swimming leg (insects) Schwimmbein
natatorial/swim.../swimming ... zum Schwimmen geeignet, Schwimm...
national park Nationalpark
native/indigenous heimisch, einheimisch
native/original im Urzustand, naturbelassen, ursprünglich
native (not denatured) nativ (nicht-denaturiert)
native egg white natives Eiweiß, Eiklar
native meadow Naturwiese
native plant einheimische Pflanze
natural natürlich
natural balance Naturhaushalt (natürliches Gleichgewicht)
natural catastrophe/disaster Naturkatastrophe
natural enemy natürlicher Feind, natürlicher Fressfeind
natural environment/natural setting Naturlandschaft
natural gas Erdgas
natural history Naturgeschichte
natural history museum Naturkundemuseum
natural law Naturgesetz
natural monument Naturdenkmal
natural product Naturstoff
natural product chemistry Naturstoffchemie
natural resources natürliche Rohstoffe
natural sciences/science Naturwissenschaften
natural scientist/scientist Naturwissenschaftler, Naturforscher
natural selection natürliche Selektion/Auslese
naturalization/acclimatization/settlement/establishment Naturalisation, Einbürgerung
naturalize/acclimatize naturalisieren, einbürgern
nature conservation Naturschutz
nature conservation league/nature protection league/environmentalist group Naturschutzbund, Naturschutzverein
nature conservation movement Naturschutzbewegung
nature guide Naturführer
nature-nurture/nature-versus-nurture Veranlagung contra Umwelt und Erziehung

nature protection/ nature conservation/ nature preservation/ environmental protection Naturschutz, Umweltschutz
nature reserve/wildlife reserve/ wildlife sanctuary/protected area Naturschutzgebiet, Naturreservat
nature trail/nature walk Naturlehrpfad
naturopathy Naturheilkunde
naupliar eye (median eye) Naupliusauge
naupliar larva/nauplius Naupliuslarve, Nauplius
nausea Übelkeit, Brechreiz
nauseate übel werden
nauseating Übelkeit erregend
nauseous/nauseating/sickening Übelkeit/Brechreiz verursachend/ erregend/hervorrufend/auslösend
nautilus (*pl* nautili)/Nautiloidea Nautilusverwandte
navel/umbilicus/ophamos Nabel
navel-like/umbilicate/omphaloid nabelartig, omphaloid
navicular/scaphoid/cymbiform navikular, kahnförmig, bootförmig
navicular bone Kahnbein, Fußwurzelknochen
➤ **distal sesamoid/ *os sesamoideum distale* (horse)** Strahlbein, distales Sesambein
navicular bursa/ bursa podotrochlearis (hoof) Hufrollenschleimbeutel
navicular zone/semilunar zone (hoof: navicular bursa/ bursa podotrochlearis) Hufrolle, Fußrolle
neap tide Nipptide
neb/nib Schnabel (Vögel/Schildkröten)
nebulin Nebulin
neck Hals
neck *micros* Hals, Tubusträger
neck (tooth) Zahnhals
neck cell/neck canal cell *bot* Halskanalzelle
necron unzersetztes totes Algen-/Pflanzenmaterial
necron mud/gyttja Grauschlamm, Halbfaulschlamm, Gyttia, Gyttja
necrophilous/ growing on dead tissue nekrophil, auf totem Gewebe wachsend
necrosis Nekrose
necrotic nekrotisch
necrotize nekrotisieren; Nekrose verursachend
necrotroph/necrotrophic nekrotroph
nectar Nektar (Blütensaft)
nectar gland/nectary Nektarium, Nektardrüse, Honigdrüse
nectar guide/honey guide Saftmal, Honigmal
nectar leaf/honey leaf Nektarblatt, Honigblatt
nectariferous leaf/ nectar leaf/honey leaf Honigblatt
nectariferous scale Honigschuppe
nectary/nectar gland Nektarium, Nektardrüse, Honigdrüse
➤ **extrafloral nectary** extraflorales Nektarium
➤ **extranuptial nectary** extranuptiales Nektarium
➤ **floral nectary** florales Nektarium
nectophore/nectocalyx/ swimming bell (siphonophores) Nectophore, Schwimmglocke
needle Nadel; Kanüle, Hohlnadel
needle arrangement Benadlung
needle litter/needle litter layer *bot* Nadelstreu
needle-shaped/acicular nadelförmig
negative staining/ negative contrasting Negativkontrastierung
Negri body (an inclusion body) Negrisches Körperchen, Negri Körper
neigh/whinny (low/gentle) wiehern
nekton (high mobility) Nekton (starke Eigenbewegung)

Nelumbonaceae/lotus lily family/ Indian lotus family Lotusblumengewächse
nemathelminths/aschelminths/ Nemathelminthes/Aschelminthes Nemathelminthen, Aschelminthen, Schlauchwürmer, Rundwürmer *(sensu lato)*
nematicide Nematizid, Nematodenbekämpfungsmittel
nematocyst/cnida/ thread capsule/urticator Nematocyste, Nematozyste, Cnide, Nesselkapsel
➢ **adherent nematocyst** Glutinant
➢ **battery of nematocysts/ cnidophore** Nesselbatterie, Cnidophore
➢ **penetrant nematocyst** Penetrant
➢ **volvent nematocyst** Volvent
nematocyte/ cnidocyte/cnidoblast/stinger cell Nematocyt, Nematozyt, Cnidocyt, Cnidozyt, Cnidoblast, Nesselzelle
nematodes/roundworms/nematoda Nematoden, Fadenwürmer
nematogen (*Dicyemida*) Nematogen
nematophore/nematocalyx Nematophore
nemertines/nemerteans/ proboscis worms/rhynchocoelans/ ribbon worms (broad/flat)/ bootlace worms (long)/ Nemertini/Rhynchocoela Schnurwürmer
neocerebellum (lateral lobes of cerebellum) Neukleinhirn, Neocerebellum
neocortex/neopallium Neocortex, Neopallium, Neuhirnrinde
neoencephalon/neencephalon Neuhirn, Neoencephalon, Neencephalon
neoendemism Neoendemismus
neogastropods: whelks & cone shells/ Neogastropoda/Stenoglossa Neuschnecken, Schmalzüngler
Neogene (geological period) Neogen, Jung-Tertiär, Jungtertiär
neonatal Neugeborene betreffend, neonatal
neonate *n* (newborn: first 4 weeks) Neugeborenes (*adj* neugeboren)
neossoptile/neoptile/natal down (a down feather) Neossoptile, Neoptile, Nestdune
neoteny Neotenie
neotype Neotyp, Neotypus, Neostandard
Neozoic Era/Cenozoic Era/ Cenozoic/Caenozoic Era/ Cainozoic Era Neozoikum, Erdneuzeit, Känozoikum, Kaenozoikum (erdgeschichtliches Zeitalter)
nepenthes family/ East Indian pitcher plant family/ Nepenthaceae Kannenpflanzengewächse, Kannenstrauchgewächse
nepheloid layer *mar* Bodentrübe
nephelometry Nephelometrie, Streulichtmessung
nephric/renal (*see also:* renal) Nieren..., die Niere betreffend
nephric ridge/nephrogenic ridge Nierenleiste
nephridiopore Nephridialporus, Nephridialöffnung, Nierenöffnung (Exkretionsporus)
nephrocyte Nephrocyt, Nephrozyt
nephron/functional unit of kidney (*see also:* kidney/renal) Nephron, Nierenelement, „Elementarapparat"
➢ **collecting duct/collecting tubule/ papillary duct/ductus papillaris** Sammelrohr
➢ **convoluted tubule (distal/proximal)** gewundenes Kanälchen (distal/proximal)
➢ **loop of Henle/ loop of the nephron/ nephronic loop** Henlesche Schleife, Henle-Schleife
nephrostome Nephrostom
nephrotome/renal plate Nephrotom, Nierenplatte
neritic zone/neritic province neritische Region, Flachmeerzone

Nernst equation Nernst-Gleichung, Nernstsche Gleichung
nerve Nerv
> **auditory nerve** Hörnerv
> **gustatory nerve** Geschmacksnerv
> **olfactory nerve** Riechnerv, Geruchsnerv
> **optic nerve/nervus opticus** Sehnerv
> **phrenic nerve** Zwerchfellnerv
> **radial nerve** Radiärnerv
> **spinal nerve** Spinalnerv
nerve bundle Nervenbündel
nerve cell Nervenzelle
nerve cord Nervenstrang, Markstrang; Nervenbahn
nerve ending Nervenendigung
nerve fiber Nervenfaser
nerve growth factor (NGF) Nervenwachstumsfaktor
nerve impulse Nervenimpuls
nerve net (invertebrates)/ neuronal network Nervennetz, Nervengeflecht
nerve ring Nervenring
> **buccal nerve ring** Schlundring
nerve root Nervenwurzel
nerve strand/nerve cord Nervenstrang
nerve system/nervous system (*see also there*) Nervensystem
> **autonomic/vegetative/visceral/ involuntary nerve system** autonomes/vegetatives/viscerales/ unwillkürliches Nervensystem
> **double-chain nerve system/ ladder-type nerve system** Strickleiternervensystem
> **peripheral nerve system (PNS)** peripheres Nervensystem
> **somatic/voluntary nerve system (SNS)** animales Nervensystem, animalisches Nervensystem
nervonic acid/ (*Z*)-15-tetracosenoic acid/ selacholeic acid Nervonsäure, Δ^{15}-Tetracosensäure
nervous nervös; Nerven..., Nerven betreffend
nervous system/nerve system Nervensystem
> **autonomic nervous system (ANS)/ involuntary nervous system** autonomes Nervensystem, vegetatives Nervensystem
> **central nervous system (CNS)** Zentralnervensystem (ZNS)
> **peripheral nervous system (PNS)** peripheres Nervensystem
> **somatic/ voluntary nervous system (SNS)** animales Nervensystem, animalisches Nervensystem
nervous tissue Nervengewebe
nest *n* Nest
> **communal nest** Gemeinschaftsnest
> **cup nest** Napfnest
> **domed nest** Kegelnest
> **globular nest** Kugelnest
> **ground nest** Bodennest
> **platform nest** Plattformnest
> **retort nest** Retortennest
nest *vb* nisten
nest leaf Nischenblatt, Mantelblatt
nest odor Nestgeruch
nest parasitism Nestparasitismus
nest relief Brutablösung
nested genes ineinandergesetzte Gene, ineinandergeschachtelte Gene
nested primer *gen* verschachtelter Primer
nesting/nestling/nidulant nistend (eingebettet in einer Aushöhlung)
nesting box Nistkasten
nesting colony/crèche Nistkolonie
nesting site Nistplatz
nestle *vb* schmiegen, sich anschmiegen, kuscheln, sich einnisten, sich behaglich niederlassen
nestling *n* (young bird still confined to nest) Nestling
net/web Netz (web types *see also under:* web)
net-like/reticulate/reticular netzartig, netzförmig, retikulär
net production *ecol* Nettoproduktion
net weight (net wt.) Nettogewicht

netted/meshy/reticulate vernetzt, netzartig
nettle family/Urticaceae Nesselgewächse
nettle rash Nesselausschlag, Nesselsucht, Urtikaria
nettle ring Nesselring
network Netzwerk; Geflecht
➢ **filter network/filtering network** Filternetzwerk
➢ **microtrabecular network** Mikrotrabekulargeflecht
➢ **neural network/ neuronal network** neuronales Netz, Nervennetz, Nervengeflecht
➢ **neuromotor network** neuromotorisches Netzwerk
➢ **trans-Golgi network** Trans-Golgi-Netzwerk
network theory *immun* Netzwerktheorie, Gittertheorie
neural/neuric neural, neuronal
neural arch/basidorsale Neuralbogen, oberer Wirbelbogen
neural crest Neuralleiste, Ganglienleiste
neural encoding neuronale Kodierung
neural fold Neuralfalte, Neuralwulst, Medullarwulst
neural groove Neuralrinne, Medullarrinne
neural map neurale Karte
neural network neuronales Netz, Netzwerk
neural plate Neuralplatte, Nervenplatte, Medullarplatte, Markplatte
neural superposition eye neurales Superpositionsauge
neural tube/medullary tube/ nerve cord/spinal cord Neuralrohr, Medullarrohr, Markrohr, Rückenmark
neuraminic acid Neuraminsäure
neurapophysis Neurapophyse, Spinalfortsatz, oberer Dornfortsatz
neuritic plaques neuritische Plaques
neurobiology Neurobiologie
neurocranium Neurocranium, Hirnschädel, Gehirnschädel
neurofilament Neurofilament
neurogenesis Neurogenese
neuroglial cell Neurogliazelle
neurohemal organ Neurohämalorgan
neurohypophysis/ posterior lobe of pituitary gland Neurohypophyse, Hypophysenhinterlappen
neurolemma Neurolemm(a), Neurilemm(a)
neurolemma cell/neurolemmocyte/ Schwann cell Schwannsche Zelle
neurology Neurologie
neuromast Neuromaste *f*, Sinneshügel, Endhügel
neuromere Neuromer
neuromotor network neuromotorisches Netzwerk
neuron/neurone/nerve cell Neuron, Nervenzelle
➢ **afferent neuron** afferentes Neuron
➢ **bipolar neuron/bipolar cell** Bipolarzelle
➢ **burster neuron** Bursterneuron
➢ **command neuron** Kommandoneuron
➢ **efferent neuron** efferentes Neuron
➢ **guidepost neuron** Wegweiserneuron
➢ **inhibitory neuron** Hemmungsneuron
➢ **interneuron** Zwischenneuron, Interneuron
➢ **motoneuron/motor neuron** Motoneuron
➢ **multipolar neuron/multipolar cell** Multipolarzelle
➢ **pioneer neuron** Pionierneuron
➢ **pseudounipolar cell** Pseudounipolarzelle
➢ **pyramidal neuron/pyramidal cell** Pyramidenzelle
➢ **relay neuron** Relaisneuron

➢ **sensory neuron**
Sensorneuron, sensorisches Neuron
➢ **trigger neuron/ command interneuron**
Triggerneuron, Befehlsinterneuron
➢ **unipolar neuron/unipolar cell**
Unipolarzelle
neuronal neuronal, neuronisch
neuronal circuit neuronaler Schaltkreis
neuropeptide Neuropeptid
neuropil Neuropil
neuropterans (dobson flies&ant lions)/ Planipennia/Neuroptera
Hafte, echte Netzflügler
neurosecretory neurosekretorisch
neurotoxic neurotoxisch
neurotoxicity Neurotoxizität
neurotransmitter Neurotransmitter
neuston Neuston
neuter/agamous ungeschlechtig
neuter/castrate ***vb*** kastrieren
neutralization test (NT)
Neutralisationstest (NT)
neutrophil Neutrophil *n*
➢ **rod neutrophil/band neutrophil/ stab neutrophil/stab cell**
stabkerniger Neutrophil
➢ **segmented neutrophil/ filamented neutrophil/ polymorphonuclear granulocyte**
segmentkerniger Neutrophil
neutrophilic neutrophil
névé/firn Firn, Gletschereis
new-world monkeys (South American monkeys and marmosets)/Platyrrhina
Neuweltaffen, Breitnasenaffen
Newtonian fluid
Newtonsche Flüssigkeit
➢ **non-Newtonian fluid**
nicht-Newtonsche Flüssigkeit
nexin Nexin
nib Splitter (z.B. Kakaobohnensplitter)
nibble (rabbits) knabbern
niche Nische, Wirkungsfeld
➢ **ecological niche**
ökologische Nische
➢ **fundamental niche**
fundamentale Nische
➢ **realized niche** realisierte Nische
niche overlap Nischenüberlappung
niche shift Nischenverschiebung
niche size Nischengröße
niche width/niche breadth
Nischenbreite
nick Kerbe, Schlitz, Bruchstelle; *gen* (in single-strand DNA) Einzelstrangbruch
➢ **staggered nicks (e.g., in double-strand DNA)**
versetzte Einzelstrangbrüche (z.B. in doppelsträngiger DNA)
nick translation ***gen*** Nick-Translation
nicked/notched
eingekerbt, gekerbt, kerbig
nickel (Ni) Nickel
nicotine Nikotin, Nicotin
nicotinic acid (nicotinate)/niacin
Nikotinsäure, Nicotinsäure (Nikotinat)
nicotinic acid amide/nicotinamide/ niacinamide Nikotinsäureamid, Nicotinsäureamid, Niacinamid
nicotinic receptor
nikotinischer, nicotinischer Rezeptor
nictitate/blink
blinzeln, die Augen zwinkern
nictitating membrane/third eyelid
Blinzelhaut, Nickhaut
nictitation/nictation
Blinzeln, Augenzwinkern
nidamental gland/shell gland
Nidamentaldrüse, Schalendrüse, Eischalendrüse
nidation/implantation Einnistung
nidicolous ***orn*** nesthockend
nidicolous animal/altricial animal ***orn***
Nesthocker
nidifugous ***orn*** nestflüchtend
nidifugous animal/ precocial animal ***orn*** Nestflüchter
nidulant/nesting/nestling
nistend, eingebettet (in kleiner Aushöhlung)
night-active/nocturnal nachtaktiv
nightjars/goatsuckers/oilbirds/ Caprimulgiformes
Nachtschwalben
nightshade family/potato family/ Solanaceae
Nachtschattengewächse

NIOSH (National Institute for Occupational Safety and Health) U.S. Institut für Sicherheit und Gesundheit am Arbeitsplatz
nipple/mamilla/mammilla/teat Zitze, Mamille; Brustwarze
Nissl granules (rough ER with ribosomes) Nissl-Schollen, Tigroidschollen (raues ER)
nit (head louse eggs attached to hair) Nisse
nitrate Nitrat
nitrification Nitrifikation, Nitrifizierung
nitrite Nitrit
nitrogen (N) Stickstoff
nitrogen cycle Stickstoffkreislauf
nitrogen deficiency Stickstoffmangel
nitrogen fixation Stickstofffixierung
nitrogen-fixing bacteria stickstofffixierende Bakterien
nitrogenous/nitrogen-containing stickstoffenthaltend, Stickstoff...
nitrogenous base stickstoffhaltige Base
nitrogenous compound/ nitrogen-containing compound Stickstoffverbindung
nival zone nivale Stufe
noble rot Edelfäule
nociception Nozizeption, Nocizeption, Wahrnehmung von Schmerz, Schmerzempfinden
nociceptive nozizeptiv, nocizeptiv, Schmerz empfindend, schmerzempfindlich
nocturnal nachtaktiv; nächtlich, Nacht...
➢ **crepuscular** dämmerungsaktiv, im Zwielicht erscheinend
➢ **diurnal** tagaktiv, Tag...
nocturnal animal Nachttier
nocturnal plant Nachtpflanze, Nachtblüher
nod nicken
nodal plexus Knotengeflecht
nodding nickend
node Nodium, Knoten
nodule Knötchen; *bot* Knöllchen
➢ **bacterial nodule** Bakterienknöllchen
➢ **root nodule** Wurzelknöllchen
nodule bacteria Knöllchenbakterien
noise *neuro* Rauschen
noise filter Rauschfilter
nolana family/Nolanaceae Glockenwindengewächse
nomenclature/designation/name Nomenklatur, Benennung, Bezeichnung, Name
➢ **binomial nomenclature/ binary nomenclature** binominale/binäre Nomenklatur, zweigliedrige Benennung/Namensgebung
nomenclature/system of terms Nomenklatur, Gesamtheit der Fachausdrücke
nominal scale *stat* Nominalskala
nominal value/rated value/ desired value Sollwert
noncompetitive inhibition nichtkompetitive Hemmung
noncyclic electron transport nichtzyklischer/nichtcyclischer/ linearer Elektronentransport
noncyclic phosphorylation nichtzyklische/nichtcyclische/lineare Phosphorylierung
nondisjunction (of chromosomes) Non-Disjunktion, Chromosomenfehlverteilung
nonessential nicht essenziell
nonhomologous recombination nichthomologe Rekombination
nonidentity *immun* Verschiedenheit (Nicht-Identität)
non-Mendelian ratio nicht-Mendelsches Aufspaltungsverhältnis
nonmigratory bird/resident bird Standvogel
nonmotile/immotile/immobile/ motionless/fixed unbeweglich, bewegungslos, fixiert

nonmyelinated
myelinlos, nicht myelinisiert, marklos, markfrei
nonoverlapping
nicht-überlappend
nonparental tetrade (NPD)
nicht-parentaler Dityp (NPD)
nonpenetrance
unvollständige Penetranz
nonpermissive cell
nichtpermissive Zelle
nonpermissive host
nichtpermissiver Wirt
nonpersistent transmission *vir*
nicht-persistente Übertragung
non-point source
Flächenquelle
nonpolar unpolar
nonruminant Nichtwiderkäuer
nonsaturation kinetics
Nichtsättigungskinetik
nonsense codon
Nonsense-Codon, Nichtsinn-Codon
nonsense mutation
Nonsense-Mutation
nonspecific unspezifisch
nonstructural protein
Nichtstrukturprotein
nontemplate strand (noncoding strand)
Nichtmatrizenstrang (nichtcodierender Strang)
nonviable/not viable
lebensunfähig
nonvolatile
nicht flüchtig, schwerflüchtig
noosphere Noosphäre
norepinephrine/noradrenaline
Norepinephrin, Noradrenalin
norm of reaction
Reaktionsnorm
normal distribution *stat*
Normalverteilung
northern/boreal nördlich
"nose brain"/rhinencephalon
Riechhirn, Rhinencephalon
nosema disease/nosemosis (*Nosema apis*)
Nosemaseuche
nosepiece/nosepiece turret
Revolver, Objektivrevolver
➤ **double nosepiece**
Zweifachrevolver
➤ **quadruple nosepiece**
Vierfachrevolver
➤ **quintuple nosepiece**
Fünffachrevolver
➤ **triple nosepiece**
Dreifachrevolver
nosocomial infection/ hospital-acquired infection
Nosokomialinfektion, nosokomiale Infektion, Krankenhausinfektion
nostril Nüster, Nasenloch
notacanthiforms/Notacanthiformes
Dornrückenaale
notaspideans/Notaspidea
Flankenkiemer
notation Notierung, Aufzeichnung; *chem/med* Bezeichnungssystem
notation/scoring *stat* Bonitur
notch Kerbe, Einschnitt
notched/nicked/crenate
gekerbt, kerbig, eingeschnitten
➤ **finely notched/crenulate (small rounded teeth)** feingekerbt
notched zone/strengthening zone (orb web) *arach*
Befestigungszone
nothosaurs/Nothosauria
Nothosaurier
notochord Notocorda, Rückensaite, Chorda dorsalis
notochordal plate/chordal plate
Chordaplatte
notochordal process/head process
Chordafortsatz, Kopffortsatz
notochordal sheath Chordascheide
notopodium Notopodium
notoungulates/Notoungulata
Süd-Huftiere
notum (*pl* nota) (thoracic tergum)
Notum (Thorakalrückenplatte/ dorsales Thorakalschild)
nozzle loop reactor/ circulating nozzle reactor (bioreactor)
Düsenumlaufreaktor, Umlaufdüsen-Reaktor

NPP (net primary production) Nettoprimärproduktion
NSF (National Science Foundation) „Nationale Wissenschaftsstiftung“ (U.S. Forschungsgemeinschaft)
nub/hub (web) ***arach*** Netznabe
nucellus Nuzellus, „Knospenkern“
nucha/nape of the neck Nacken
nuchal nuchal, zum Nacken gehörend, den Nacken betreffend, Nacken...
nuchal crest Nackenkamm
nuchal ligament Nackenband
nuchal organ Nuchalorgan, Nackenorgan
nuchal region Nackengegend, Nackenregion
nuciferous/nut-bearing Nuss..., Nüsse bildend
nuclear nukleär, nucleär
nuclear bag fiber Kernhaufenfaser
nuclear cap Kernkappe
nuclear catastrophe ***phys/ecol*** Nuklearkatastrophe
nuclear chain fiber Kernkettenfaser
nuclear dimorphism Kerndimorphismus
nuclear disintegration ***phys*** atomarer Zerfall
nuclear division/mitosis (karyokinesis) Kernteilung, Mitose
nuclear dualism Kerndualismus
nuclear envelope Kernhülle
nuclear genome Kerngenom
nuclear lamina Kernfaserschicht, Kernlamina
nuclear magnetic resonance (NMR) Kernspinresonanz, kernmagnetische Resonanz
nuclear magnetic resonance spectroscopy (NMR spectroscopy) kernmagnetische Resonanzspektroskopie, Kernspinresonanz-Spektroskopie
nuclear matrix Kernmatrix, Kerngrundsubstanz
nuclear medicine/nuclear radiology Nuklearmedizin
nuclear membrane Kernmembran
nuclear phase Kernphase
nuclear polyhedrosis viruses (NPV) Kernpolyederviren
nuclear pore Kernpore
nuclear threat nukleare Bedrohung
nuclear transfer/ nuclear transplantation Kerntransfer, Kerntransplantation
nuclear waste ***ecol*** Atommüll
nuclease Nuclease, Nuklease
nucleic acid Nucleinsäure, Nukleinsäure
nucleic acid hybridization Nucleinsäurehybridisierung, Nukleinsäurehybridisierung
nucleocapsid Nucleokapsid, Nukleokapsid
nucleoid/nuclear body Nucleoid, Nukleoid, Kernäquivalent, Karyoid, „Bakterienkern“
nucleolar organizer/ nucleolus organizer (NOR) Nukleolus-Organisator, Nucleolus-Organisator
nucleolus Nucleolus, Nukleolus, Kernkörperchen
nucleophilic attack ***chem*** nucleophiler Angriff
nucleoplasm Nucleoplasma, Nukleoplasma, Kernplasma
nucleoside Nucleosid, Nukleosid
nucleoskeleton Kerngerüst
nucleosome Nucleosom, Nukleosom
nucleotide Nucleotid, Nukleotid
nucleotide-pair substitution Nucleotidpaaraustausch, Nukleotidpaaraustausch
nucleus/karyon Nucleus, Nukleus, Zellkern
- **amygdaloid nucleus/ amygdaloid nuclear complex/ nucleus amygdalae/ corpus amygdaloideum** ***neuro/anat*** Mandelkern, Mandelkörper, Mandelkernkomplex
- **anucleate cell/enucleate cell** kernlose Zelle
- **caudate nucleus/ nucleus caudatus** ***neuro/anat*** Schweifkern
- **cerebral nucleus/basal ganglion/ corpus striatum** ***neuro/anat*** Basalganglion, Stammganglion

- ➢ **enucleate/to remove the nucleus** entkernen, den Kern entfernen
- ➢ **geniculate nucleus *neuro/anat*** Kern des Kniehöckers
- ➢ **lenticular nucleus *neuro/anat*** Linsenkern, Nucleus lentiformis
- ➢ **macronucleus/meganucleus *cyt*** Makronukleus, somatischer Zellkern
- ➢ **micronucleus *cyt*** Mikronukleus, generativer Zellkern
- ➢ **olivary nucleus *neuro/anat*** Olivenkern
- ➢ **paranucleus *cyt*** Nebenkern
- ➢ **polar nucleus *cyt*** Polkern
- ➢ **pronucleus *cyt*** Pronukleus, Pronucleus, Vorkern
- ➢ **resting nucleus *cyt*** Ruhekern
- ➢ **zygote nucleus/synkaryon *cyt*** Zygotenkern, Synkaryon

nucleus-associated organelle kernassoziiertes Organell

nuculane/nuculanium (*Henderson*: berry from superior ovary: medlar/grape) oberständige Beere (z.B. Traube); (*Spjut*: dry pericarp/hard endocarp/outer layer fibrous: coconut/almond/walnut) Nussfrucht mit trocken-faserigem Perikarp

nucule/nutlet Nüsschen

nude/naked nackt

nude mouse Nacktmaus

nudeness/nudity/nakedness Nacktheit

nudibranchs/sea slugs/Nudibranchia Nudibranchier, Nacktkiemer, Meeresnacktschnecken

nudity/nudeness/nakedness Nacktheit

null allele Nullallel

null cell Null-Zelle

null hypothesis Nullhypothese

nulliparous nullipar

nullisomic nullisom

nullizygous nullizygot

numb taub, gefühllos

numbness Taubheit, Gefühllosigkeit

numerical taxonomy/ taxometrics/phenetics numerische Taxonomie, Phänetik

nuptial dress/nuptial plumage/ breeding plumage/ courtship plumage *orn* Brutkleid, Prachtkleid, Hochzeitskleid

nuptial flight Brautflug, Hochzeitsflug

nuptial gift Brautgeschenk

nurse *n* (animal) Amme

nurse *vb* nähren, füttern; versorgen, betreuen

nurse bee/nursery bee (worker bee) Ammenbiene (Arbeitsbiene/Arbeiterin)

nurse cell Nährzelle, Saftzelle

nurse crop *agr* Untersaat; *for* Vorholz

nurse grafting *bot* (nurse-root grafting) Ammenveredelung

nursery *zool* (e.g., in a zoo) Aufzuchtstätte, „Kinderstube“

nursery *hort* Pflanzgarten, Pflanzschule, Pflanzenaufzuchtbetrieb

- ➢ **tree nursery** Baumschule

nursery bed *hort* Aufzuchtbeet

nursery web (nursery tent) ***arach*** Brutgespinst, Eigespinst (Schutzgespinst für Jungspinnen)

nursing mother/foster mother Pflegemutter

nursing position Saugstellung

nurture *n* Nahrung; Pflege, Erziehung

- ➢ **nature-nurture/ nature-versus-nurture** Veranlagung contra Umwelt und Erziehung

nurture/bring up/rear/foster aufziehen, erziehen

nurture/feed *vb* ernähren, nähren, füttern

nut Nuss

nut clams/*Nuculacea* Nussmuscheln

nut shell Nussschale

nutation Nutation

nutlet/nucule Nüsschen

- ➢ **mericarpic nutlet/cell** Klause

nutlike/nutty nussartig

nutmeg family/Myristicaceae Muskatnussgewächse

nutrient Nährstoff
➢ **macronutrients** Kernnährelemente
➢ **micronutrients/trace elements** Spurenelemente
nutrient broth Nährbouillon, Nährbrühe
nutrient budget Nährstoffhaushalt
nutrient cycle (biogeochemical cycle) Stoffkreislauf, Nährstoffkreislauf (biogeochemischer Zyklus/Kreislauf)
➢ **mineral cycle** Mineralstoffkreislauf
➢ **nitrogen cycle** Stickstoffkreislauf
➢ **oxygen cycle** Sauerstoffkreislauf
➢ **phosphorus cycle** Phosphorkreislauf
➢ **sulfur cycle** Schwefelkreislauf
➢ **water cycle/hydrologic cycle** Wasserkreislauf
nutrient deficiency Nährstoffarmut, Nährstoffverknappung
nutrient-deficient/ oligotroph/oligotrophic nährstoffarm, oligotroph
nutrient demand/ nutrient requirement Nährstoffbedarf
nutrient medium (solid and liquid)/ culture medium/substrate Nährboden, Nährmedium, Kulturmedium, Medium, Substrat *(siehe auch:* Medium/Kulturmedium)
nutrient protein Nährstoffprotein
nutrient requirements/ nutritional requirements Nahrungsbedürfnisse
nutrient-rich/eutroph/eutrophic nährstoffreich, eutroph
nutrient salt Nährsalz
nutrient solution Nährlösung
nutrient supply Nährstoffzufuhr
nutrient tissue Nährgewebe
nutrient uptake Nährstoffaufnahme
nutrition Nahrung, Ernährung
nutrition surveillance Lebensmittelüberwachung
nutritional labelling Nahrungsmittel-Kennzeichnung
nutritional recommendations/ dietary guidelines Ernährungsempfehlungen, Ernährungsrichtlinien
nutritional requirements Nahrungsbedarf (*pl* Nahrungsbedürfnisse)
nutritive/nourishing nahrhaft, nährend
nutritive/nutritional Nahrung betreffend, Ernährung betreffend, Nähr...
nutritive animal/feeding polyp/ gasterozooid/trophozooid (nutritive polyp) Nährtier, Fresspolyp, Gasterozoid, Trophozoid (Fresspolyp)
nutritive-muscular cell Nährmuskelzelle
nutritive ratio/nutrient ratio Nährstoffverhältnis
nutritive value/food value Nährwert
nuzzle/sniff at beschnuppern, beschnüffeln
Nyctaginaceae/four-o'clock family Wunderblumengewächse
nymph Nymphe
➢ **naiad (aquatic nymph)** Wassernymphe
Nymphaeaceae/water-lily family Seerosengewächse
nymphiparous nymphipar
nymphipary Nymphiparie
Nyssaceae/sourgum family Tupelobaumgewächse

oak apple (gall)
Eichenschwammgalle
obcordate/obcordiform/ inversely heart-shaped
verkehrt herzförmig
obdiplostemonous obdiplostemon
obese/excessively fat/overweight
fett, fettleibig, korpulent, übergewichtig
objective ***micros*** Objektiv
oblanceolate/inversely lanceolate
verkehrt lanzettförmig
obligate/restricted obligat, Zwangs...
obligate parasite/holoparasite
obligater Parasit, Vollschmarotzer, Vollparasit, Holoparasit
obligatory/obligate
obligatorisch, obligat
oblique schief, schräg
oblique illumination
Schräglichtbeleuchtung
obliquely striated musculature
schräggestreifte Muskulatur
obliterate
verwüsten, zerstören; vernichten; *med* obliterieren, veröden
obliteration Verwüstung, Zerstörung; Vernichtung; *med* Verödung
obliterative shading
unauffällige Färbung, unauffälliger Farbton (z.B. Süßwasserfische)
oblong länglich
obovate/inversely egg-shaped
verkehrt eiförmig
obstetrics Geburtshilfe
obtect pupa/pupa obtecta
bedeckte Puppe, Mumienpuppe
obturator (outgrowth)
Obturator (Gewebewucherung)
obtuse (blunt or rounded end of leaf)
stumpf
oceanic climate/marine climate
ozeanisches Klima, Meeresklima
oceanography/oceanology
Ozeanographie, Ozeanografie, Ozeanologie
occipital bone/os occipitale
Hinterhauptbein
occipital lobe/lobus occipitalis
Hinterhauptlappen, Okzipitallappen
occiput (dorsal/posterior part of head)
Occiput, Hinterhaupt
occlude/obstruct/close
verschließen, verstopfen
occlude (teeth)
schließen (obere u. untere Zähne)
occluded front/occlusion ***meteo***
Okklusion
occludens junction ***see*** **tight junction**
occlusion/obstruction/blockage
Okklusion, Verschließung, Verstopfung; Verschluss
occlusion (teeth) Okklusion, Kieferschluss, Zahnreihenschluss
➤ **normal occlusion** Normalbiss
occlusion body ***vir*** Verschlusskörper
occlusor Occlusor, Okklusor
occupation
Beruf, Arbeit, Beschäftigung
occupational hazard
Gefahr am Arbeitsplatz
occupational hygiene
Arbeitsplatzhygiene
occupational safety/ workplace safety
Arbeitsplatzsicherheit
occurrence/presence
Vorkommen, Anwesenheit, Präsenz
ocean Ozean
ocean disposal/ocean dumping
Ozeanverklappung
ocean floor/seafloor/seabed
Meeresboden, Meeresgrund
ocean spray Sprühwasser
oceanfront
Meeresfront, Küstenfront
oceanic ozeanisch
oceanic location/coastal location
Meeresküstenlage
oceanic climate/maritime climate/ marine climate/coastal climate
Meeresklima, Küstenklima, ozeanisches Klima
oceanic zone/oceanic region/ oceanic province
ozeanische Region, Hochsee
oceanography Ozeanographie, Ozeanografie, Meereskunde
ocellar center Ocellenzentrum
ocellar pedicel Ocellenstiel

ocellus/eye spot (Lepidoptera) Ocellus, Augenfleck
ocellus/simple eye (dorsal and lateral) Ocellus, Ocelle, Einzelauge, Punktauge, Nebenauge (*siehe:* Scheitelauge/Stirnauge)
ochna family/Ochnaceae Grätenblattgewächse
ochre ocker
ochrea/ocrea/mantle ***bot/fung*** Ochrea, Tute
ocotillo family/Fouquieriaceae Ocotillogewächse
octad Oktade
octocorallians/octocorals/ Octocorallia/Alcyonaria Octocorallia, achtstrahlige Korallen
octopods/octopuses/ Octopoda/Octobrachia achtarmige Tintenschnecken, Kraken
ocular/eyepiece ***micros*** Okular
➢ **binoculars** Binokular
➢ **high-eyepoint ocular/ spectacle eyepiece** Brillenträgerokular
➢ **pointer eyepiece** Zeigerokular
➢ **trinocular head** Trinokularaufsatz, Tritubus
ocular aperture ***micros*** Sehfeldblende
ocular lens Okularlinse, Augenlinse
ocular micrometer Okularmikrometer
odd-pinnate/unequally pinnate/ imparipinnate (pinnate with an odd terminal leaflet) unpaarig gefiedert
odd-toed ungulates/Perissodactyla Unpaarhufer
odds ratio Chancenverhältnis
odontoblast Odontoblast, Zahnbeinbildner
odontophore/radula support Odontophor, Radulapolster
odor Geruch, Duft (*see:* smell)
odor trail Geruchsfährte, Geruchsspur, Duftspur
odoriferous gland/scent gland Duftdrüse, Brunftdrüse, Brunftfeige (Gämse)
odorous/odoriferous duftend, riechend; wohlriechend
➢ **malodorous** schlecht/unangenehm riechend; stinkend
oenocyte Oenocyt, Oenozyt
oenology/enology Önologie, Weinkunde
Oenotheraceae/willowherb family/ evening-primrose family/ Onagraceae Nachtkerzengewächse
oestrous *see* estrous
oestrus *see* estrus
off-flavor (foods) Aromafehler
offal (butchery: parts removed in animal dressing) ***agr*** Fleischabfall, Innereien
offset ***bot/hort*** kurzer Seitentrieb (am Wurzelhals); Wurzelspross, Wurzeltrieb
offset bulb/bulblet/bulbil Brutzwiebel
offshoot/lateral shoot Nebentrieb, Seitentrieb
offshoot/offset/slip/sucker Wurzelspross, Wurzeltrieb
offshoot (derived descendant) ***evol*** Seitenzweig, Seitenlinie
offshore wind Landwind
offspring/descendant/ progeny/young Abkömmling, Deszendent, Nachkomme, Nachwuchs
oidium/oidiospore Oidium, Oidie, Oidiospore
➢ **arthrospore (arthroconidium)** Arthrospore
oil Öl
➢ **ben oil/benne oil** Behenöl
➢ **canola oil (rapeseed oil)** Speise-Rapsöl, Rüböl
➢ **castor oil/ricinus oil** Rizinusöl
➢ **coconut oil** Kokosöl
➢ **cod-liver oil** Lebertran
➢ **corn oil** Maisöl
➢ **cotton oil** Baumwollsaatöl
➢ **crude oil/petroleum** Erdöl

➤ **essential oil/ethereal oil** ätherisches Öl
➤ **fusel oil** Fuselöl
➤ **linseed oil** Leinöl
➤ **lubricating oil** Schmieröl
➤ **mineral oil** Mineralöl
➤ **mustard oil** Senföl
➤ **olive oil** Olivenöl
➤ **olive kernel oil** Olivenkernöl
➤ **palm oil** Palmöl
➤ **peanut oil** Erdnussöl
➤ **pumpkinseed oil** Kürbiskernöl
➤ **safflower oil** Saffloröl
➤ **sesame oil** Sesamöl
➤ **soybean oil** Sojaöl
➤ **sperm oil (whale)** Walratöl
➤ **sunflower seed oil** Sonnenblumenöl
➤ **vegetable oil** Pflanzenöl
➤ **virgin oil (olive)** Jungfernöl
oil bath ***lab*** Ölbad
oil body Ölkörper
oil cavity ***bot*** Ölbehälter
oil crops Ölsaaten (ölliefernde Pflanzen)
oil gland ***zool*** Öldrüse, Schmierdrüse
oil pollution Ölverschmutzung, Ölpest
oil reservoir ***geol*** Ölvorkommen, ölführende Schicht
oil shale ***geol*** Ölschiefer, Brandschiefer
oil slick Ölschlick, Ölteppich
oil spill ***ecol*** Ölkatastrophe
oil well ***geol*** Ölquelle
oilbirds/nightjars/goatsuckers/ Caprimulgiformes Nachtschwalben
oilseed Ölsaat, Ölsamen
oily ölig
Okazaki fragment Okazaki-Fragment
olax family/tallowwood family/ Olacaceae Olaxgewächse
Old man's ears and allies/ Auriculariales Ohrlappenpilze
old-growth/old-growth forest/ old-growth stand/mature forest Altbestand, alter Baumbestand (Wald)
old-world monkeys (*incl.* apes)/ Catarrhina Altweltaffen, Schmalnasenaffen
Oleaceae/olive family Ölbaumgewächse
oleaginous fruits Ölfrüchte
Oleandraceae/ stalwart sword fern family Nierenfarngewächse
oleaster family/Elaeagnaceae Ölweidengewächse
olecranon/point of the elbow Olekranon, Ellenbogenhöcker, Ellenbogenspitze, Ellenbogenfortsatz
oleic acid/ (*Z*)-9-octadecenoic acid (oleate) Ölsäure, Δ^9-Octadecensäure (Oleat)
oleosome Oleosom
olericulture Gemüseanbau
olfaction/process of smelling Riechen
olfaction/sense of smell Geruchssinn
olfactory den Geruchssinn betreffend, Geruchs..., Riech...
olfactory dome (sensory dome)/ olfactory bulb/bulbus olfactorius Riechhügel, Riechkolben
olfactory epithelium/nasal mucosa Nasenschleimhaut, Riechepithel
olfactory gland/Bowman's gland Bowman-Drüse, Bowmansche Drüse, Drüse der Riechschleimhaut
olfactory hair Riechhärchen (Sinneshaar)
olfactory mucosa Riechschleimhaut
olfactory nerve Riechnerv, Geruchsnerv
olfactory organ Riechorgan
olfactory peg/sensory peg (sensilla styloconica/basiconica) Riechkegel, Sinneskegel, Sinnesstäbchen
olfactory pit (a sensory pit) Riechgrube
olfactory plate (sensory plate) Riechplatte, Porenplatte (Sensilla placodea)
olfactory sense olfaktorischer Sinn, Geruchssinn
olfactory threshold Riechschwelle

olfactory tract/tractus olfactorius Riechbahn
olfactory trail/scent trail Duftspur
olfactory tubercle Riechwulst
Oligocene/Oligocene Epoch Oligozän (erdgeschichtliche Epoche)
oligochetes/Oligochaeta Wenigborster, Oligochaeten
oligodendrocyte Oligodendrozyt, Oligodendrocyt
oligolecithal (with little yolk) oligolecithal, oligolezithal, mikrolecithal, dotterarm
oligomer Oligomer
oligomerous oligomer
oligomictic oligomiktisch
oligonucleotide Oligonucleotid, Oligonukleotid
➢ **antisense oligonucleotide** Antisense-Oligonucleotid, Anti-Sinn-Oligonucleotid, Gegensinn-Oligonucleotid
➢ **ASO (allelspecific oligonucleotide)** allelspezifisches Oligonucleotid
oligonucleotide-directed mutagenesis oligonucleotidgesteuerte Mutagenese, oligonukleotidgesteuerte Mutagenese
oligonucleotide ligation assay (OLA) Oligonucleotidligationstest
oligopod ***adj/adv*** oligopod, wenigbeinig
oligosaprobic oligosaprob
oligotrophic oligotroph, nährstoffarm
olivary nucleus ***neuro*** Olivenkern
olive/olivary nucleus ***neuro/anat*** Olive, Olivenkern
olive family/Oleaceae Ölbaumgewächse
omasum/third stomach/ manyplies/psalterium Omasus, Blättermagen, Vormagen, Psalter
ombrogenous ombrogen, niederschlagsbedingt
ombrophilous (thriving under conditions of abundant rain) ombrophil
ombrophobous (intolerant to prolonged rain) ombrophob
ombrophyte Ombrophyt
ombrotrophic ("rainstorm fed") ombrotroph (Nährstoffe aus Niederschlägen)
Omega loop (proteins) Omega-Schleife (Proteine)
ommatidium/facet/stemma Ommatidium, Sehkeil
omnipotence Omnipotenz
omnipotent omnipotent
omnivore Omnivore, Allesfresser
omnivorous omnivor, allesfressend
Onagraceae/willowherb family/ evening-primrose family/ Oenotheraceae Nachtkerzengewächse
oncogene/onc gene Onkogen
oncogenic/oncogenous onkogen, oncogen, krebserzeugend
oncogenic protein Onkoprotein, onkogenes Protein
oncogenicity Onkogenität
oncology Onkologie
oncosphere/hexacanth larva/ hooked larva (cestodes) Oncosphaera-Larve, Onkosphäre, Sechshakenlarve
oncotic pressure onkotischer Druck, kolloidosmotischer Druck
one-enzyme-one-gene theory Ein Enzym-ein Gen-Theorie
one-gene-one-polypeptide theory Ein Gen-ein Polypeptid-Theorie
one-gene-one-protein theory Ein Gen-ein Protein-Theorie
one-horned/unicornate/ unicornuate/unicornuous einhörnig
one-letter code ***gen*** Ein-Buchstaben-Code
one-toed einzehig
one-way digestive tract durchgängiger Verdauungstrakt
onion family/Alliaceae Zwiebelgewächse, Lauchgewächse
onshore wind Seewind
ontogenesis/ontogeny/development (of the individual) Ontogenese, Ontogenie, Entwicklungsgeschichte (des Einzelorganismus)

ontogenetic ontogenetisch, entwicklungsgeschichtlich
oocyst Oocyste
oocyte/ovocyte/ovicyte/egg cell (before and during meiosis) Oocyt, Oozyt, Ovocyt, Ovozyt, (unreife) Eizelle (vor und während Meiose)
ooecium/ovicell Ooecium, Ovicelle (Brutkammer)
oogamy Oogamie, Eibefruchtung
oogenesis Oogenese, Eibildung
oogonium/ovogonium Oogonium, Ureizelle; *fung* (oosporangium) Oogonium, Sporangium
ookinete Ookinet
oolemma/zona pellucida Oolemma, Eihülle, Eihaut, Zona pellucida
oomycetes/Oomycota (water molds & downy mildews) Eipilze, Oomyzeten, Oomyceten
oophagy/egg cannabalism (social insects) Oophagie
ooplasm/ovoplasm Ooplasma, Bildungsplasma, Eiplasma
oospore Oospore
oostegite (crabs) Oostegit, Brutplatte
ootheca (egg case/egg pod) Oothek (bei Blattopteroida: Eipaket)
ootype Ootyp
oozooid/oozoite (ascidians) Oozooid
open promoter complex *gen* offener Promotorkomplex
open reading frame (ORF) *gen* offenes Leseraster
open sea/pelagic zone/ oceanic zone/oceanic province Hochsee, offenes Meer, Hochseebereich, ozeanische Region
open time *neuro* Öffnungszeit, Offenzeit
opening/aperture/orifice/mouth/ perforation/entrance *n* Öffnung, Mund, Mündung
opening/dehiscent *adv/adj bot* öffnend
operant conditioning *ethol* operante Konditionierung, instrumentelles Lernen
operator *gen* Operator
operculate/opercular/ operculiferous/bearing a lid gedeckelt, mit Deckel versehen, Deckel...
operculiform/lid-like deckelförmig, deckelartig
operculum/opercle/lid Operkulum, Deckel
operon Operon
ophidian/snake-like schlangenartig, Schlangen...
ophidiophobia Schlangenphobie
Ophioglossaceae/ adder's-tongue family/ grape fern family Natternzungengewächse, Rautenfarngewächse
ophiology/study of snakes Ophiologie, Schlangenkunde
opiate Opiat
opisthaptor/opisthohaptor/ Baer's disk Opisthaptor, Opisthohaptor
opisthobranch snails/ opisthobranchs/Opisthobranchia Hinterkiemer, Hinterkiemenschnecken
opisthocelous/opisthocoelous opisthocöl, opisthocoel
opisthognathous opistognath
opisthonephros Opisthonephros, Rumpfniere
opossum shrimps/ mysids/Mysidacea Spaltfüßer, Mysidaceen
opportunistic opportunistisch
opportunistic species/opportunist Opportunist
opposable opponierbar, entgegenstellbar
opposite/opposing (contrary/reverse) gegenteilig, umgekehrt, entgegengesetzt; *bot* (position) gegenständig, gegenüberliegend
opsin/scotopsin Opsin
opsonin Opsonin
opsonization Opsonierung, Opsonisation, Opsonisierung
optic/optical optisch

optic chiasma/chiasma opticum Sehnervkreuzung
optic cup ***embr*** Augenbecher
optic diffusion/optical diffusion/ dispersion/dissipation/scattering (light) Lichtstreuung
optic lobe/visual lobe/lobus opticus Sehlappen
optic nerve/nervus opticus Sehnerv
optic refraction Refraktion, optische Brechung, Lichtbrechung
optic stalk ***embr*** Augenbecherstiel
optic superposition eye/ clear-zone eye optisches Superpositionsauge
optic tectum/ optic lobe/tectum opticum Mittelhirndach
optic vesicle/ vesicula ophthalmica ***embr*** Augenblase, Augenbläschen
optical density/absorbance optische Dichte, Absorption
optical diffusion/dispersion/ dissipation/scattering (light) Streuung (Lichtstreuung)
optical refraction Refraktion, optische Brechung, Lichtbrechung
optical resolution optische Auflösung
optical specificity optische Spezifität
optics Optik
option/choice/alternative Option, Wahl, Alternative
optional/facultative optional, freiwillig, freigestellt, wahlfrei, fakultativ
oral apparatus (ciliates) Oralapparat, Buccalapparat
oral arm (polyps/echinoderms) Mundarm
oral disk/peristome/peristomium Oralscheibe, Mundscheibe, Peristom
oral vestibule Mundbucht, Vestibulum
orb web ***arach*** Radnetz
orbicular/circular kreisförmig, kreisrund
orbiculate/nearly round kreisförmig, fast rund
orbicule (pollen) ***bot*** kleine kreisförmige Erhebung auf Pollenexine
orbit/eye socket Augenhöhle, Orbita
orchard/grove Baumgarten, Baumhain
orchids/orchid family/orchis family/ Orchidaceae Orchideen, Knabenkrautgewächse
order Ordnung
order of rank/ranking/hierarchy Rangordnung, Rangfolge, Stufenfolge, Hierarchie
order statistics Ordnungsstatistik
ordered displacement reaction geordnete Verdrängungsreaktion
ordinal scale ***stat*** Ordinalskala
Ordovician Period/Ordovician (geological time) Ordovizium
ORF (open reading frame) ***gen*** offenes Leseraster
organ Organ
organ of Corti/spiral organ Cortisches Organ
organ of Jullien Julliensches Organ
organ of Tömösvary Tömösvarysches Organ, Postantennalorgan
organelle Organell *nt*, Organelle *f*
➢ **chloroplast** Chloroplast
➢ **endoplasmatic reticulum (ER)** endoplasmatisches Retikulum
➢ **Golgi apparatus/Golgi complex** Golgi-Apparat
➢ **Golgi body/dictyosome** Diktyosom, Dictyosom
➢ **Golgi vesicle** Golgi-Vesikel
➢ **lysosome** Lysosom
➢ **mitochondrion (*pl* mitochondria/mitochondrions)** Mitochondrion, Mitochondrium (*pl* Mitochondrien)
➢ **phagolysosome/ secondary lysosome** sekundäres Lysosom
➢ **phagosome** Phagosom
➢ **vacuole** Vakuole
organic organisch
➢ **inorganic** anorganisch

organic debris/organic waste organischer Abfall, organische Abfallstoffe
organic carbon organischer Kohlenstoff
➢ **dissolved organic carbon (DOC)** gelöster organischer Kohlenstoff
➢ **particulate organic carbon (POC)** partikulärer organischer Kohlenstoff
➢ **total organic carbon (TOC)** organischer Gesamtkohlenstoff (organisch gebunden)
organic farming organischer Landbau
organic matter (OM) organisches Material, organische Substanzen
organism/lifeform Organismus, Lebensform, Lebewesen
➢ **genetically engineered organism (GEO)/genetically manipulated organism (GMO)** gentechnisch veränderter Organismus (GVO)
➢ **harmful organism/ harmful lifeform** Schadorganismus
➢ **host organism** Wirtsorganismus
➢ **microorganism/microbe** Mikroorganismus (*pl* Mikroorganismen)
➢ **pathogenic organism/pathogen** Krankheitserreger, Erreger, pathogener (Mikro)Organismus
organismal organismisch
organizational form Organisationstyp, Organisationsform
organizational level/ grade of organization Organisationsstufe
organizer *embr* Organisator (dorsale Blastoporenlippe)
organogenesis Organogenese, Organbildung, Organentwicklung
orgasm/sexual climax Orgasmus, sexueller Höhepunkt
➢ **clitoral orgasm** Klitoralorgasmus
oricidal oricid, orizid, rachenspaltig
oriental sore/cutaneous leishmaniasis (*Leishmania* spp.) Orientbeule, Hautleishmaniose, kutane Leishmaniose
orientation/orientational behavior Orientierung, Orientierungsverhalten
orientational movement/ taxy/taxis (*pl* taxes) Orientierungsbewegung, Taxie, Taxis
orifice/mouth/opening Öffnung, Mund, Mündung
origin/descent/provenance Ursprung, Abstammung, Herkunft, Provenienz
origin of replication Replikationsursprung, Replikationsstartpunkt
original/basic/simple/primitive originär, ursprünglich
ornamental garden/amenity garden Ziergarten
ornamental grass Ziergras
ornamental plant Zierpflanze
ornamental shrub Zierstrauch
ornithine Ornithin
ornithine-urea cycle Ornithin-Harnstoff-Zyklus
ornithischian reptiles/ bird-hipped dinosaurs/ Ornithischia Vogelbecken-Dinosaurier
ornithochory/bird-dispersal Vogelausbreitung
ornithology/study of birds Ornithologie, Vogelkunde
ornithophile/bird-pollinated flower/ bird flower Vogelblume
ornithophilous/bird-pollinated vogelblütig
Orobanchaceae/broomrape family Sommerwurzgewächse
orobranchial cavity Orobranchialhöhle, Mund-Kiemenhöhle
orophyte/mountain plant Orophyt, Bergpflanze
orotic acid Orotsäure
orphan Waise
orphaned verwaist

orpine family/sedum family/ stonecrop family/Crassulaceae Dickblattgewächse
orsellic acid/orsellinic acid Orsellinsäure
ortet Ortet, Klonausgangspflanze, Klonmutterpflanze
orthodromic *neuro* orthodrom
orthoevolution/ determinate evolution Orthoevolution
orthogenesis (apparently predetermined developement) Orthogenese (geradlinige Entwicklung)
orthognathous orthognath
ortholog *gen* ortholog (Gene)
orthology Orthologie
orthopterans/Orthoptera Geradflügler
orthostichous orthostich
orthotropism Orthotropismus
orthotropous/orthotropic/atropous orthotrop
OSHA (Occupational Safety and Health Administration) U.S. Bundesamt für Sicherheit und Gesundheit am Arbeitsplatz
osmeterium/osmaterium Osmaetherium
osmic acid Osmiumsäure
osmiophilic (staining readily with osmium stains) osmiophil (kontrastierbar mit Osmiumsäurederivaten)
osmium tetraoxide Osmiumtetroxid
osmoconformer Osmokonformer
osmolality Osmolalität
osmolarity Osmolarität
osmophile osmophil
osmophore Osmophor
osmoregulation Osmoregulation
osmoregulator Osmoregulierer
osmosis Osmose
➢ **reverse osmosis** Reversosmose, Umkehrosmose
osmotaxis Osmotaxie
osmotic osmotisch
osmotic potential osmotisches Potenzial
osmotic pressure (OP) osmotischer Druck
osmotic shock osmotischer Schock
osmotrophic osmotroph
Osmundaceae/flowering fern family/ cinnamon fern family/ royal fern family Königsfarngewächse, Rispenfarngewächse
osphradium (*pl* osphradia) Osphradium (***pl*** Osphradien)
osseous (composed of or resembling bone) knöchern, knochenartig, Knochen...
ossicle/small bone Knöchelchen
ossification Ossifikation, Verknöcherung, Knochenbildung
ossify verknöchern
osteoblast/bone-forming cell Osteoblast, knochenbildende Zelle
osteoclast/giant cell Osteoklast
osteocyte/bone cell Osteocyt, Osteozyt, Knochenzelle
osteogenesis Osteogenese, Knochenbildung, Knochenentstehung
osteoglossiforms/ Osteoglossiformes Knochenzüngler, Knochenzünglerartige
ostium Ostium, Öffnung; (of oviduct: ostium tubae) Eileiteröffnung
ostracoderms/Ostracodermata Schalenhäuter
ostriches/Struthioniformes Laufvögel, Strauße, Straußenvögel
OTA (Office of Technology Assessment) US-Büro für Technikfolgenabschätzung
otic otisch, Ohr...
otic capsule Ohrkapsel
otic placode Ohrplakode
otoconia Hörsand
outbreak (of disease) Ausbruch (einer Krankheit)
outbred durch Kreuzung entfernt oder nicht verwandter Individuen gezüchtet

outbred population
gemischte Population (keine Inzucht)
outbreed
nicht verwandte Individuen kreuzen
outbreeding Züchtung durch Kreuzung entfernt oder nicht verwandter Individuen
outcompete im Widerstreit/in der Konkurrenz überlegen sein, durch Konkurrenz „ausschalten“
outcrop ***n geol***
zutageliegende Schicht, Ausstrich, Ausbiss
outcrop ***vb geol***
zutagetreten, zutageliegen, anstehen, ausstreichen, ausbeißen
outcrossing
Herauskreuzen, Auskreuzen
outer layer/exterior layer
Außenschicht
outgroup (cladistics) Außengruppe
➢ **ingroup (cladistics)** Innengruppe
outgrow größer werden als, herauswachsen aus, hinauswachsen über
outgrowth/protrusion Auswuchs
outlet Ablauf, Ausfluss (Austrittsstelle einer Flüssigkeit)
outlier ***stat*** Ausreißer
outpocketing/evagination/protrusion
Ausbuchtung, Ausstülpung (z.B. Darmdivertikel)
output *agr* Ertrag, Produktion;
ecol Austrag;
tech/electr Ausgangsleistung;
Computer: Ausgang, Ausgabe
➢ **input** Eingabe, Einsatz, Einbringen (eingebrachte/zugeführte Menge);
ecol Eintrag;
tech/electr Eingangsleistung;
Computer: Eingabe
outside-out patch outside-out Patch
outside-out vesicle
outside-out Vesikel (Vesikel mit der Außenseite nach außen)
outwash/outwash plain Sander
ovarian ball Ovarialballen
ovarian pregnancy
Ovariolenträchtigkeit, Ovarialträchtigkeit, Ovarialschwangerschaft
ovariole/egg tube (insects)
Ovariole, Ovariolschlauch, Eischlauch, Eiröhre
ovary ***bot***
Ovar, Ovarium, Fruchtknoten
ovary ***zool*** Ovar, Ovarium, Eierstock
ovary/germarium Keimstock, Germarium
ovary wall/fruit wall/pericarp
Fruchtwand, Perikarp
ovate/egg-shaped eiförmig
overactivity/hyperactivity
Überfunktion, Hyperaktivität
overdominance Überdominanz
overdominant überdominant
overdose ***n*** Überdosis
overexpress ***gen*** überexprimieren
overexpression ***gen*** Überexpression
overgraze überweiden
overgrazing Überweidung
overgrow zuwachsen, überwachsen, überwuchern; verwildern
overgrown überwuchert, zugewachsen
overhanging end/protruding end/ protruding extension ***gen***
überhängendes Ende
overhead irrigation
Bewässerung/Beregnung von oben
overlapping/imbricate überlappend
overlapping genes überlappende Gene
overpopulation Überpopulation; Überbevölkerung, Übervölkerung
overreplication ***gen*** Überreplikation
overshoot ***n neuro/ecol*** Überschuss
overshoot ***vb neuro/ecol***
überschießen (z.B. Kapazitätsgrenze)
overstory/overstory growth
Oberholz, Oberstand, Schirmbestand, Überwuchs
overtopping (unilateral dominance) ***bot*** Übergipfelung
overturn ***n*** **(lake water)** ***limn***
Umwälzung (Vollzirkulation)
overturn ***vb*** **(lake water)** ***limn***
umwälzen
overwinding ***gen*** Überdrehung
overwinter/hibernate überwintern
ovicell/ooecium (bryozoans)
Ovicelle, Ooecium, Ooecie, Embryosack (Brutkammer)

ovicyte/ovocyte/oocyte/egg cell (before and during meiosis) Ovocyt, Ovozyt, Oocyt, Oozyt, (unreife) Eizelle (vor und während Meiose)
oviduct Ovidukt, Eileiter
oviger (egg-carrying leg: certain arachnids/pycnogonids) Oviger, Eiträger (Brutbein)
ovigerous oviger, eitragend, eiführend
ovine Schafe betreffend, Schafs...
oviparous/egg-laying ovipar, eierlegend
oviposit Eier (ab)legen, eierlegen
ovipositor (insects)/ egg-laying apparatus/ egg-laying organ/egg depositor Ovipositor, Legeapparat, Legeorgan
ovipositor sheath Legescheide
ovisac/brood pouch/egg case Eisack, Bruttasche
ovoid/egg-shaped eiförmig
ovotestis/hermaphroditic gonad/ hermaphroditic gland Ovotestis, Zwitterdrüse
ovulate *vb* ovulieren, springen (Ei)
ovulate cone/ovuliferous cone *bot* weiblicher Zapfen
ovulation Ovulation, Eisprung, Follikelsprung
ovule *bot* Samenanlage
➢ **amphitropous** hufeisenförmig, amphitrop
➢ **anatropous/inverted** gegenläufig, umgewendet, anatrop
➢ **atropous/orthotropous/straight** aufrecht, geradläufig, atrop
➢ **campylotropous/bent** krummläufig, campylotrop, kampylotrop
➢ **hemitropous/turned half round** halbumgewendet, hemitrop, hemianatrop
ovuliferous scale/seed scale Samenschuppe, Fruchtschuppe

owls/Strigiformes Eulen
ox (*pl* oxen) Ochse
oxalic acid (oxalate) Oxalsäure (Oxalat)
Oxalidaceae/wood-sorrel family Sauerkleegewächse
oxaloacetic acid (oxaloacetate) Oxalessigsäure (Oxalacetat)
oxalosuccinic acid (oxalosuccinate) Oxalbernsteinsäure (Oxalsuccinat)
oxbow/oxbow lake/cutoff Altarm (Mäanderabschnürung)
oxidant/oxidizing agent Oxidationsmittel
oxidation Oxidation
oxidation-reduction reaction Redoxreaktion
oxidative oxidativ
oxidative phosphorylation/ carrier-level phosphorylation oxidative Phosphorylierung
oxidative stress oxidativer Stress
oxidize oxidieren
oxidizing oxidierend
oxidizing agent/oxidant Oxidationsmittel
oxoglutaric acid (oxoglutarate) Oxoglutarsäure (Oxoglutarat)
oxygen (O) Sauerstoff
oxygen debt Sauerstoffschuld, Sauerstoffverlust, Sauerstoffdefizit
oxygen deficiency Sauerstoffmangel
oxygen-deficient sauerstoffarm
oxygen partial pressure Sauerstoffpartialdruck
oxygen transfer rate (OTR) Sauerstofftransferrate
oxytocin (OT) Oxytocin, Oxytozin
oyster spat Austernlaich
ozone Ozon
ozone depletion Ozonabbau
ozone hole Ozonloch
ozone layer Ozonschicht, Ozonosphäre

P-protein body/ phloem protein body/slime body/ slime plug P-Protein, Proteinkörper, Schleimkörper, Schleimpfropfen (in Siebröhren)
pace/fast amble (gait) Passgang
pace/rate of movement Fortbewegungsgeschwindigkeit, Tempo
pacemaker Schrittmacher *(siehe:* Sinusknoten)
pacemaker potential Schrittmacherpotenzial
pacer/side-wheeler Passgänger
pachydont pachydont
pachymeninx harte Hirnhaut, Pachymeninx (Dura mater)
pachytene (in meiotic prophase) ***gen*** Pachytän
Pacinian body/Pacinian corpuscle/ lamellated corpuscle Pacini-Körperchen, Pacinisches Körperchen, Lamellenkörperchen, Endkörperchen
pack (dogs/wolves) Rudel, Meute
pack animal Lasttier, Tragtier
packaging (e.g., viral nucleic acid by viral proteins) Verpackung (z.B. Virusnucleinsäure mit Virusproteinen)
➢ ***in vitro*** **packaging** *In vitro*-Verpackung
packed bed reactor (bioreactor) Packbettreaktor, Füllkörperreaktor
packing efficiency/ packing ratio ***biochem/gen*** Packungsverhältnis (DNA: Spiralisierungsgrad)
pad (finger pad/foot pad/toe pad/ paw pad/palmar pad) Ballen (Fingerballen/Fußballen/ Zehenballen/Sohlenballen)
paddle stirrer/paddle impeller (bioreactor) Schaufelrührer, Paddelrührer
paddle wheel reactor Schaufelradreaktor
paddock (***dial*****: frog/toad)** Kröte, Frosch
paedogenesis/pedogenesis Pädogenese
Paeoniaceae/peony family Pfingstrosengewächse
pain Schmerz
➢ **low-back pain** Kreuzschmerzen, Lumbago
➢ **to be painful/hurt** schmerzen
pain sensation Schmerzgefühl
painful schmerzhaft
pair ***n*** Paar
pair/mate ***vb*** **(copulate)** paaren (begatten/kopulieren)
paired cisternae (of ER) paarweise liegende Zisternen (des ER)
pairing/mating (copulating) Paarung (Begattung/Kopulation)
pairing season/mating season Paarungssaison, Paarungszeit
palatable genießbar, schmackhaft
palatal arch Gaumenbogen
palatal velum Gaumensegel
palate/roof of mouth (vertebrates)/ roof of pharynx (insects) Gaumen
➢ **bony palate/osseous palate/ palatum osseum** knöcherner Gaumen
➢ **hard palate** harter Gaumen
➢ **soft palate/velum palatinum** weicher Gaumen, Gaumensegel, Velum
palatine bone/os palatinum Palatinum, Gaumenbein
palea/pale/palet/ glumella/inner glume ***bot*** Vorspelze
paleobotany/paleophytology Paläobotanik, Paläophytologie, Phytopaläontologie
Paleocene/Paleocene Epoch Paläozän (erdgeschichtliche Epoche)
paleocortex Palaeocortex, Archicortex, Althirnrinde
paleoecology Paläoökologie, Palökologie
paleoencephalon/paleencephalon Althirn, Paläoencephalon, Paleencephalon
paleoendemic Paläoendemit, Reliktendemit

paleoendemism/relict endemism Paläoendemismus, Reliktendemismus
Paleogene (geological period) Paläogen, Alt-Tertiär, Alttertiär
paleola/lodicule/glumellule Schwellkörper, Lodicula, Schüppchen (Grasblüte)
paleontology Paläontologie
Paleophytic Era/"Age of Ferns" Paläophytikum, Florenaltertum, Farnzeitalter
paleospecies (chronospecies) Paläospezies (Chronospezies)
Paleozoic/Paleozoic Era Paläozoikum, Erdaltertum (erdgeschichtliches Zeitalter)
palet/palea/pale/ glumella/inner glume ***bot*** Vorspelze
palindrome/inverted repeat ***gen*** Palindrom, umgekehrte Repetition, umgekehrte Wiederholung, invertierte Sequenzwiederholung
palingenesis Palingenese
palisade cell Palisadenzelle
palisade parenchyma Palisadenparenchym
palisade worm (*Strongylus equinus* et spp.) Palisadenwurm
pallial line Palliallinie, Mantellinie
pallial sinus Pallialraum, Mantelhöhle
pallium/mantle Pallium, Mantel
palm (of hand) Handfläche, hohle Hand
palm family/Arecaceae/Palmae Palmen
palm frond Palmwedel
palmar/volar palmar, volar, die Handinnenfläche betreffend, Handflächen...
palmate/fingered/hand-shaped gefingert, handförmig
palmately veined handnervig
palmatifid (divided to middle) fingerspaltig, handförmig gespalten
palmatilobate/palmately lobed fingerlappig, handförmig gelappt
palmatipartite/palmately partite fingerteilig, handförmig geteilt
palmatisect fingerschnittig, handförmig (ein)geschnitten
palmfern/cycad Palmfarn
palmitic acid/hexadecanoic acid (palmate/hexadecanate) Palmitinsäure, Hexadecansäure (Palmat/Hexadecanat)
palmitoleic acid/ (*Z*)-9-hexadecenoic acid Palmitoleinsäure, Δ^9-Hexadecensäure
palp/palpus Palpe, Taster, Tastfühler
- **labial palp/labipalp/ labial feeler/palpus labialis** Labialpalpus, Lippentaster
- **maxillary palp/palpus maxillaris** Maxillarpalpus, Maxillartaster, Kiefertaster

palp proboscis/palp appendage (bivalves) Mundlappenanhang
palpal endite (with scapula) Pedipalpenlade
palpebra/eyelid/blepharon Augenlid, Lid
palpebral palpebral, das Augenlid betreffend, Augenlid..., Lid...
palpebral sebum/ gum/sebum palpebrale (from Meibomian gland) Augenbutter, Augenschmalz
palpiger Palpiger, Tasterträger
palsa bog Palsenmoor, Torfhügelmoor
paludification ***limn*** Versumpfung
palustrine Sumpf..., sumpfig, im Sumpf wachsend
palynology Pollenkunde
pamphlet/brochure/booklet Broschüre, Informationsschrift
pampiniform rankenförmig
pampiniform body/ Rosenmüller's body Nebenovar, Nebeneierstock, Epoophoron, Rosenmüller'-Organ
pan ***n geol*** Pfanne, Mulde, Becken
panacea Panazee, Panaze, Universalmittel, Allheilmittel, Wundermittel

panama-hat family/jipijapa family/ cyclanthus family/Cyclanthaceae
Scheinpalmen
pancreas
Pankreas, Bauchspeicheldrüse
pancreatic islet/ islet of Langerhans
Pankreasinsel, Inselorgan, Langerhanssche Insel
pancreatic juice
Bauchspeichel, Pankreassaft
pancreatic polypeptide (PP)
pankreatisches Polypeptid (PP)
Pandanaceae/screw-pine family
Schraubenbaumgewächse, Schrauben"palmen"
pandemic *adv/adj* (occurring over a wide area)
pandemisch, sich weit ausbreitend
pandemic *n* Pandemie
panduriform/fiddle-shaped
geigenförmig
pangolins/scaly anteaters/ Pholidota Schuppentiere
panicle (an inflorescence)
Rispe, Blütenrispe
➢ **umbel-like panicle (a corymb)**
Doldenrispe, Schirmrispe
paniculate/panicular
paniculat, panikulat, rispig
panspermia/panspermatism *evol*
Panspermie
pant/panting (e.g., dog) hecheln
pantoic acid Pantoinsäure
pantophagous/pantophagic
pantophag
pantothenic acid (pantothenate)
Pantothensäure (Pantothenat)
pap/nipple Brustwarze
pap/tit/teat (of cow) Euter
PAP stain/Papanicolaou's stain
PAP-Färbung, Papanicolaou-Färbung
Papaveraceae/poppy family
Mohngewächse
papaya family/Caricaceae
Melonenbaumgewächse
paper chromatography
Papierchromatographie, Papierchromatografie
paper electrophoresis
Papierelektrophorese
papilionaceous/ butterfly-like (flower)
schmetterlingsartig, schmetterlingsblütig
papilla (*see also:* lingual papilla)
Papille
➢ **anal papilla/anal tubercle *arach***
Analhügel
➢ **dermal papilla**
Dermispapille, Hautpapille
➢ **feather papilla**
Federpapille, Federbalg
➢ **gustatory papilla/ lingual papilla (*see there*)**
Geschmackspapille
➢ **mammary papilla** Brustwarze
pappus *bot*
Pappus, Haarkelch, Federkelch (Haarkranz des Blütenkelchs)
parabasal body Parabasalkörper
parabiosis Parabiose
parabronchus (*pl* parabronchi)
Parabronchus (*pl* Parabronchien), Lungenpfeife
paracarpous coeno-parakarp
paracentric inversion
parazentrische Inversion
parachute (patagium)
Fallschirm (Spannhaut)
paracorolla
Parakorolle, Nebenkrone
paracrine parakrin, paracrin
paradidymis Paradidymis
paradigm/pattern/example
Paradigma, Muster, Beispiel
paraflagellar body/ flagellar swelling (euglenids)
Paraflagellarkörper
paraglossa Paraglossa, Nebenzunge
parallel evolution/parallelism
parallele Evolution, Parallelentwicklung, Parallelismus
parallel fiber Parallelfaser
parallel-veined parallelnervig
parallel venation
Paralleladerung, Parallelnervatur
parallelism/parallel evolution
Parallelismus, parallele Evolution, Parallelentwicklung

parallely striped parallelgestreift
parallely veined paralleladrig
paralog ***gen*** paralog
paralogy Paralogie
paralysis Paralyse, Lähmung
➢ **hemiplegia** Halbseitenlähmung
➢ **paraplegia** Querschnittslähmung
➢ **quadriplegia** Quadriplegie, Tetraplegie
paralyze paralysieren, lähmen
paramere Paramer *nt*
paramesonephric duct/ Mueller's duct Müllerscher Gang
parametric parametrisch
paranal sinus/ anal sac/sinus paranalis Analbeutel
paranasal sinus Nasennebenhöhle
paranemic joint ***gen*** paranemische Verbindung
paranucleus Nebenkern
paraparietal organ/ parapineal organ/ parietal organ of epiphysis Parietalorgan, Parapinealorgan
parapatric parapatrisch
parapatry Parapatrie, Kontakt-Allopatrie
paraphyletic paraphyletisch
paraphysis Paraphyse („Saftfaden")
paraplegia Querschnittslähmung
➢ **hemiplegia** Halbseitenlähmung
➢ **quadriplegia** Quadriplegie, Tetraplegie
parapod/side-foot Parapodium
parapterum/parapteron *orn* Schulterfittich; *entom* (small sclerite like a shoulder lappet/tegula) Parapterum
pararetrovirus Pararetrovirus
parasite Parasit, Schmarotzer
➢ **animal parasite/zooparasite/ a parasitic animal (*see:* zoophagous parasite)** tierischer Parasit, parasitierendes Tier (nicht: Zooparasit)
➢ **brood parasite** Brutparasit, Brutschmarotzer
➢ **cleptoparasite/kleptoparasite** Kleptoparasit
➢ **endoparasite** Endoparasit, Innenparasit
➢ **exoparasite/ectoparasite/epizoon** Außenparasit, Exoparasit, Ektoparasit (Hautparasit)
➢ **facultative parasite** fakultativer Parasit, Gelegenheitsparasit
➢ **hemiparasite/semiparasite** Hemiparasit, Halbparasit, Halbschmarotzer
➢ **hyperparasite/superparasite** Hyperparasit, Überparasit
➢ **kleptoparasite/cleptoparasite** Kleptoparasit
➢ **obligate parasite/holoparasite** Vollschmarotzer, Vollparasit, Holoparasit
➢ **phytoparasite/parasitic plant (*see:* plant parasite)** pflanzlicher Parasit, parasitierende Pflanze (nicht: Phytoparasit)
➢ **plant parasite (thriving in/on plants)** Phytoparasit, Pflanzenparasit (Schmarotzer in/auf Pflanzen)
➢ **skin parasite/dermatozoan** Hautparasit, Hautschmarotzer, Dermatozoe
➢ **superparasite/hyperparasite** Hyperparasit, Überparasit
➢ **zooparasite/animal parasite/ a parasitic animal (*see:* zoophagous parasite)** tierischer Parasit, parasitierendes Tier (nicht: Zooparasit)
➢ **zoophagous parasite (thriving in/on animals)** Zooparasit (Schmarotzer in/auf Tieren)
parasitemia Parasitämie
parasitic parasitär, parasitisch, schmarotzend
parasitism Parasitismus, Schmarotzertum
➢ **autoparasitism** Autoparasitismus
➢ **brood parasitism** Brutparasitismus

➢ **hyperparasitism/superparasitism** Hyperparasitismus, Überparasitismus
➢ **multiple parasitism/polyparasitism** Multiparasitismus
➢ **social parasitism** Sozialparasitismus
parasitize parasitieren, schmarotzen
parasitoid Parasitoide
parasitologist Parasitologe
parasitology Parasitologie
parasitosis Parasitose
parasomal sac parasomaler Sack
parasome Parasome, Nebenkörper
parasympathetic parasympathisch (autonomes Nervensystem)
parasympathetic nerve system parasympathisches Nervensystem, Parasympathikus (autonomes Nervensystem)
paratenic host/transfer host paratenischer Wirt, Sammelwirt, Stapelwirt, Transportwirt
parathion Parathion (E 605)
parathyrin/parathormone/ parathyroid hormone (PTH) Parathyrin, Parathormon, Nebenschilddrüsenhormon (PTH)
parathyroid gland/parathyroidea Nebenschilddrüse, Beischilddrüse, Epithelkörperchen
parathyroid hormone/ parathyrin/parathormone (PTH) Nebenschilddrüsenhormon, Parathyrin, Parathormon (PTH)
paratope/antigen combining site/antigen binding site Paratop, Antigenbindestelle, Antigenbindungsstelle
paratype Paratypus, Parastandard
paraxial rod (Kinetoplastida) Achsenstab
parchment fungus family/Stereaceae Rindenschichtpilze
parchment-bark family/ pittosporum family/tobira family/ Pittosporaceae Klebsamengewächse
parchmentlike (e.g., wings/egg case) pergamentartig
parenchyma/ground tissue/ fundamental tissue Parenchym, Grundgewebe
➢ **apotracheal parenchyma** apotracheidales Parenchym
➢ **axial parenchyma** axiales Parenchym
➢ **boundary parenchyma** Kontaktparenchym
➢ **cortical parenchyma** Rindenparenchym
➢ **diffuse parenchyma** diffuses Parenchym
➢ **palisade parenchyma** Palisadenparenchym
➢ **paratracheal parenchyma** paratracheidales Parenchym
➢ **phloem parenchyma** Phloemparenchym
➢ **pseudoparenchyma/ paraplectenchyma** Pseudoparenchym
➢ **ray parenchyma** Markstrahlparenchym
➢ **spongy parenchyma** Schwammparenchym
➢ **stellate parenchyma** Sternparenchym
➢ **storage parenchyma** Speicherparenchym
➢ **traumatic parenchyma** Wundparenchym
➢ **wood parenchyma** Holzparenchym
➢ **wound parenchyma** Wundparenchym
➢ **xylem parenchyma** Xylemparenchym
parenchymatous parenchymatisch
parent Elternteil; (parents) Eltern
parent compound/ parent molecule (backbone) ***chem*** Grundkörper
parent rock/ bedrock/base (unmodified) fester Untergrund, Muttergestein, Grundgestein, Ausgangsgestein
parent substance Muttersubstanz
parental care ***ethol*** elterliche Fürsorge
parental ditype (PD) parentaler Dityp (PD)

parental generation Elterngeneration
parental investment *ethol* Elternaufwand
parenthood Elternschaft
parenthosome/parenthesome/ septal pore cap Parenthosom, Parenthesom, Porenkappe
parents Eltern
➢ **foster parents** Pflegeeltern
parfocal *opt* abgeglichen
parfocality *opt* Abgeglichenheit
paries Wand, Wandung (eines Hohlraums)
parietal/borne on the wall parietal, wandbürtig, wandständig
parietal bone/os parietale Scheitelbein
parietal cell/oxyntic cell (HCl production) Belegzelle
parietal eye (*Sphenodon*) Parietalauge
parietal lobe/lobus parietalis *neuro* Scheitellappen
parietal organ of epiphysis/ paraparietal organ/ parapineal organ Parietalorgan, Parapinealorgan
parietal placentation Parietalplazentation, wandständige Plazentation
parietal pleura/pleura parietalis Rippenfell
parietal tuber/parietal tuberosity/ tuber parietale Scheitelhöcker
paripinnate/even-pinnate/ equally pinnate paarig gefiedert
park tree Parkbaum
parkland Parkwald, Parklandschaft
Parnassiaceae/ grass of Parnassus family Herzblattgewächse
paroecism Parökie, Beisiedlung
paroophoron/parovarium Paroophoron, Beieierstock
parotid gland/parotis/parotid (mammals: salivary gland) Parotis, Ohrspeicheldrüse
parotoid gland (amphibians) Parotoiddrüse, Parotisdrüse, Ohrdrüse, Duvernoysche Drüse
parovarium/epoophoron Nebeneierstock, Epoophoron
paroxysm Paroxysmus, Krampf, Anfall
parr (young salmon: stage between fry and smolt) Sälmling, Lächsling (junge Lachsbrut)
parrots & parakeets/Psittaciformes Papageien
parsimony Parsimonie
parted/partite (leaf margin) teilig, geteilt
parthenocarpic parthenokarp
parthenocarpy Parthenokarpie
parthenogenesis Parthenogenese, Jungfernzeugung
parthenogenetic egg parthenogenetisches Ei, Subitanei, Jungfernei
partial correlation coefficient Teilkorrelationskoeffizient
partial digest *biochem* Partialverdau
partial linkage partielle Kopplung
partial pressure Partialdruck
particulate inheritance partikuläre Vererbung
particulate organic carbon (POC) partikulärer organischer Kohlenstoff
partite/parted (leaf margin) teilig, geteilt (Blattrand)
partition/cross-wall/dividing wall/ dissepiment/septum Scheidewand, Septe, Septum
parturition/delivery/giving birth Niederkunft, Gebären
party (wild boar) Rudel, Schar
PAS stain (periodic acid-Schiff stain) PAS-Anfärbung (Periodsäure-Schiff-Reagens)
passage Gang, Weg; Durchgang; Verbindungsgang; ***med/physiol*** (bowel movement) Stuhlgang, Entleerung
passage/subculture Passage, Subkultivierung
passage cell Durchlasszelle
passageway Ausführgang

passenger DNA
passagere DNA, Passagier-DNA
passeriform sperlingartig
passerines/passeriforms (perching birds)/Passeriformes
Sperlingsvögel
passionfruit family/Passifloraceae
Passionsblumengewächse
pastern (horse) Fessel
pastern bone (long pastern)
Fesselknochen, Fesselbein
➢ **short/small pastern bone/ middle phalanx (horse)**
Kronbein
pastern joint
Fesselbeingelenk, Krongelenk
Pasteur effect Pasteur-Effekt
Pasteur pipet Pasteurpipette
pasteurize pasteurisieren
pasteurizing/pasteurization
Pasteurisierung, Pasteurisieren
pastoral (relating to shepherds/herdsmen)
Schäfer..., Hirten...,
Schäfer/Hirten betreffend
pastoral (devoted to livestock raising)
Vieh..., Viehzucht betreffend
pastoral (relating to the countryside)
ländlich
pastoral economy/pastoralism/ pasture farming
Weidewirtschaft
pasture/pasturage
Weide, Weidewiese (Grünland),
Trift (Heide)
➢ **permanent pasture** Dauerweide
pasture farming/pastoral economy/ pastoralism/agropastoralism
Weidewirtschaft
pasturing Beweidung
patagium Patagium, Flughaut,
Flatterhaut, Spannhaut, Gleithaut
patch ***allg*** Flicken; Fleck, Stelle
patch/flowerbed
Beet, Blumenbeet
patch budding ***hort***
Platten-Okulation
patch clamp
„Membranfleck-Klemme"
patch clamp technique
Patch-Clamp Verfahren
patch reef/bank reef
Fleckenriff
patching Patching, Verklumpung,
Fleckbildung
patella/knee bone/genu
Patella, Kniescheibe
paternal väterlich,
väterlicherseits, Vater...
paternity Vaterschaft
paternity exclusion
Ausschluss der Vaterschaft
paternity test
Vaterschaftsbestimmung,
Vaterschaftstest,
Vaterschaftsnachweis
path/pathway
Bahn, Pfad, Weg; Leitung
path difference ***opt***
Gangunterschied
path of light (ray diagram)
Strahlengang
(Strahlendiagramm)
pathogen ***n***
Krankheitserreger, Erreger,
pathogener (Mikro)Organismus
pathogenic (causing or capable of causing disease)
pathogen, krankheitserregend
pathogenicity Pathogenität
pathological (altered or caused by disease)
pathologisch, krankhaft
pathology Pathologie,
Lehre von den Krankheiten
pathway Bahn, Pfad, Weg;
Leitung; (Reaktions-)Kette
➢ **acetate-mevalonate pathway**
Acetat-Mevalonat-Weg
➢ **amphibolic pathway/ central metabolic pathway**
amphiboler Stoffwechselweg
➢ **anabolic pathway/ biosynthetic pathway**
anaboler Stoffwechselweg,
Biosynthese-Stoffwechselweg
➢ **anaplerotic pathway**
anaplerotischer Stoffwechselweg
➢ **apoplast pathway**
apoplastischer Wasserstrom
➢ **cinnamate pathway**
Zimtsäureweg

> **Embden-Meyerhof pathway/ Embden-Meyerhof-Parnas pathway (EMP pathway)/ hexosediphosphate pathway/ glycolysis**
  Embden-Meyerhof-Weg
> **enzymatic pathway**
  enzymatische Reaktionskette
> **metabolic pathway/ metabolic shunt**
  Stoffwechselweg
> **methylerythritol phosphate pathway (MEP pathway)**
  Methylerythritolphosphat-Weg (MEP-Weg), DOXP-Weg
> **mevalonate pathway**
  Mevalonat-Weg
> **pentose phosphate pathway/ pentose shunt/ phosphogluconate oxidative pathway/ hexose monophosphate shunt (HMS)**
  Pentosephosphatweg, Hexosemonophosphatweg, Phosphogluconatweg
> **reaction pathway**
  Reaktionskette
> **salvage pathway**
  Wiederverwertungs-stoffwechselwege, Wiederverwertungsreaktionen
> **shikimate pathway**
  Shikimat-Weg, Shikimisäureweg
> **transpiration pathway**
  Transpirationsweg
> **uricolytic pathway**
  uricolytischer Weg, urikolytischer Weg
> **water transport pathway**
  Wassertransportweg

patriarchal patriarchalisch
pattern/design
  Muster, Musterung
pattern/sample/model (specimen)
  Muster, Vorlage, Modell
pattern formation
  Musterbildung
pattern recognition ***neuro***
  Mustererkennung
paturon/ basal segment of chelicera
  Paturon, Chelicerengrundglied, Chelizerenbasalsegment
paunch/rumen/ ingluvies/first stomach
  Pansen, Rumen
pauropods/Pauropoda
  Wenigfüßer, Pauropoden
paw ***n*** Pfote, Tatze, Pranke (Tatze großer Raubtiere)
paw/pawing ***vb***
  (mit der Pfote) scharren
paw/pawing/paw the ground (horse: scraping the ground)
  scharren
PCR (polymerase chain reaction)
  PCR (Polymerasekettenreaktion)
> **bubble linker PCR**
  Blasen-Linker PCR
> **differential display (form of RT-PCR)**
  differentieller Display (Form der RT-PCR)
> **DOP-PCR (degenerate oligonucleotide primer PCR)**
  DOP-PCR (PCR mit degeneriertem Oligonucleotidprimer)
> **hot start PCR** Hot-start-PCR
> **inverse PCR**
  inverse Polymerasekettenreaktion
> **IRP (island specific PCR)**
  IRP (inselspezifische PCR)
> **ligation-mediated PCR**
  ligationsvermittelte Polymerasekettenreaktion
> **nested PCR** Nested-PCR, ineinandergeschachtelte PCR
> **RACE-PCR (rapid amplification of cDNA ends-PCR)**
  RACE-PCR (schnelle Vervielfältigung von cDNA-Enden-PCR)
> **real-time PCR**
  Echtzeit/Realzeit-PCR
> **RT-PCR (reverse transcriptase-PCR)**
  RT-PCR (PCR mit reverser Transkriptase)
> **touchdown PCR**
  Touchdown-PCR

pea family/bean family/Fabaceae Hülsenfrüchtler, Schmetterlingsblütler
peak value/maximum (value) Scheitelwert, Höchstwert, Maximum
peanut worms/ sipunculoids/sipunculans Spritzwürmer, Sternwürmer, Sipunculiden
pear-shaped/pyriform birnenförmig
pearl Perle
peat Torf
➢ **black peat** Schwarztorf
➢ **granulated peat/garden peat** Torfmull
➢ **reed peat** Schilftorf
➢ **sedge peat** Seggentorf
➢ **white peat** Weißtorf (Hochmoortorf)
peat bank/peatery Torfstich
peat bog Sphagnum-Moor, Torfmoor
peat clay/organic silt Mudde, organogener Schlamm
peat moss/bog moss (*Sphagnum*) Torfmoos
pebble Kiesel, Kieselstein
pebrine (*Nosema bombycis*) Fleckenkrankheit (Seidenraupen)
peck/pick *vb* picken
peck order/pecking order Hackordnung
Peckhamian mimicry Peckhamsche Mimikry
pecten (bird's eye) Pecten
pecten (*pl* pectines)/ comb/brush/rake Pecten, Kamm, Bürste, Rechen
pecten/pollen comb Pollenkamm
pectic acid (pectate) Pektinsäure (Pektat)
pectic compounds/substances Pektine
pectin Pektin
pectinate/pectiniform/ctenose/ ctenoid/comblike/rakelike kammartig, kammförmig, gekämmt
pectinella Pektinelle
pectineus (muscle) Kammmuskel, Pektineus
pectoral brustständig, Brust...
pectoral fin Brustflosse
pectoral girdle/shoulder girdle Brustgürtel, Schultergürtel
ped/soil aggregate Gefügekörper (Boden)
pedal bone/coffin bone (horse) Hufbein
pedal ganglion Pedalganglion
pedal gland/adhesive gland/ cement gland (rotifers) Fußdrüse, Klebdrüse, Kittdrüse
pedal laceration (sea anemones: *Actiniaria*) Laceration der Fußscheibe
pedal retractor muscle Fußretraktor
pedal sole/foot sole/planta Fußsohle, Planta (*auch:* Kriechfußsohle)
Pedaliaceae/ sesame family/benne family Sesamgewächse
pedate fußförmig
pediatrics Kinderheilkunde
pedicel *bot* Blütenstiel (einzelner Infloreszenzblüten)
pedicel *zool* (antler) Geweihrose
pedicellaria (*pl* pedicellarias/pedicellariae) Pedicellarie, Pedizellarie
➢ **gemmiform pedicellaria/ globiferous pedicellaria/ poison(ous) pedicellaria/ toxic pedicellaria** gemmiforme Pedicellarie, globifere Pedicellarie, drüsige Pedicellarie, Giftpedicellarie, Giftzange
➢ **ophiocephalous pedicellaria** ophiocephale Pedicellarie, gezähnte Beißzange
➢ **tridentate pedicellaria** tridactyle Pedicellarie, tridentate Pedicellarie, dreiklappige Zange, Klappzange
➢ **trifoliate pedicellaria/ triphyllous pedicellaria** trifoliate Pedicellarie, triphyllate Pedicellarie, Putzzange

pedicellus/pedicel Pedicellus, Pedizellus
pedigree Stammbaum
pediveliger Pediveliger, Velichoncha
pedobiology/soil biology Pedobiologie, Bodenbiologie
pedogamy/paedogamy Pädogamie
pedogenesis/paedogenesis Pädogenese
pedologist/soil scientist Pedologe, Bodenkundler
pedology/soil science Pedologie, Bodenkunde
pedomorphosis Pädomorphose
pedonic pedonisch
pedosphere Pedosphäre
peduncle/flower stalk Blütenstiel, Blütenschaft; Blütenstandsstiel
pedunculate/stalked (flower stalk) gestielt
peel/skin ***n*** Haut, Schale
peel/skin ***vb*** **(remove the skin of, e.g., fruit)** schälen, die Haut abmachen
peep/squeak (mouse) piepen, piepsen
peer ***vb*** spähen, schauen, starren; hervorschauen, hervorstehen, herausstehen
peer ***n*** Ebenbürtige, Gleichrangige, Genossen, Kollegen; Kumpels
peer-review Begutachtungsverfahren (von Experten überprüft: Manuskripte)
peg Pflock
peg (sensilla) ***zool*** Kegel
pelage/furcoat (mammals: hairy covering/thick coat of hair) dichte Haarbedeckung, Körperbedeckung der Säugetiere
pelagial zone Freiwasserzone, Pelagial
pelagic/pelagial/open-sea pelagisch, pelagial
pelagic organisms/ pelagic community Pelagos (Organismen des Pelagial)
pelagic zone/open sea Pelagial, pelagische Zone, Hochseebereich, Freiwasserzone
pellet ***centrif*** Pellet (Niederschlag in Zentrifugierröhrchen)
pellet(s) Pellet, Kügelchen, Pille
➢ **feed pellets** Futterkügelchen
➢ **rabbit feces (dry/round/brown)** Hasenkot (trocken/rund)
➢ **regurgitated matter (predatory birds)** Gewölle
➢ **reingested rabbit feces (soft/greenish)** Blinddarmkot, Vitaminkot
pellicula/pellicle Pellicula
pellucid/translucent (not hyaline) durchscheinend, lichtdurchlässig
pellucid dots ***bot*** Ölzellen (durchscheinend: Blätter)
pelt Fell, Tierhaut, Tierpelz (die ganze abgezogene Tierhaut)
peltate/peltiform/shield-shaped schildförmig
peltate leaf peltates Blatt, Schildblatt
pelvic bone/pelvis/pubis (ilium & ischium) Beckenknochen (Darmbein & Sitzbein)
pelvic cavity Beckenhöhle
pelvic fin Bauchflosse
pelvic floor/pelvic diaphragm Beckenboden
pelvic girdle/pelvic arch/hip girdle Beckengürtel
pelvis Pelvis, Becken
pelycosaurs/pelycosaurians (early synapsids)/Pelycosauria Urraubsaurier
pen/coop/hutch (e.g., chickens) kleiner Tierkäfig, kleiner Verschlag, Auslauf (z.B. Geflügelstall)
pen/female swan weiblicher Schwan
pen/fold (small fenced-in area for sheep/cattle/pigs etc.) Pferch (kleines Gehege)
pen/gladius Rückenfeder, Gladius, pergamentartiger Schulp
pen shells/Pectinidae Kammmuscheln
pen tray ***lab*** Federschale
pendulous/hanging down hängend, herabhängend; frei schwebend

penetrance Eindringen; Penetranz
➢ **complete/incomplete p.** ***gen*** vollständige/unvollständige Penetranz
penetrate penetrieren, eindringen, durchstoßen, durchstechen; (den Penis einführen)
penetrating odor/smell penetranter/aufdringlicher Geruch
penguins/Sphenisciformes Pinguine
penial/penile Penis betreffend, phallisch, Penis...
penial spicule/copulatory spicule (nematodes) Spiculum (Kopulationshaken: Nematoden)
penicillanic acid Penicillansäure, Penizillansäure
penicillin Penicillin, Penizillin
peninsula Halbinsel
penis (*pl* penes)/phallus/ copulatory organ/ intromittent organ Penis, Phallus, männliches Glied, Rute, männliches Begattungsorgan
penis/aedeagus/ intromittent organ ***entom*** Penis, Aedeagus, Aedoeagus
penis bone/baculum/os penis Penisknochen
penis bulb (trematoda) Bursa
penninerved/pinnately nerved/ pinnately veined fiedernervig, fiederadrig
Pennsylvanian/Upper Carboniferous Spätes Karbon
pennywort family/Hydrocotylaceae Wassernabelgewächse
pentadactyl/ limb with five digits (five-toed) fünffingerig, fünffingrig, fünfstrahlig, pentadaktyl (Fünfzahl von Fingern, Zehen)
pentadactylism/pentadactyly Pentadaktylie, Fünffingrigkeit, Fünfzahl von Fingern und Zehen
pentamer/penton ***vir*** Pentamer, Penton
pentameric/pentamerous pentamer, fünfzählig, fünfstrahlig, fünfteilig
pentamerous symmetry/ pentameral symmetry/ five-sided symmetry pentamere Symmetrie, fünfstrahlige Symmetrie
pentamery Pentamerie, fünfstrahlige Radiärsymmetrie
pentandrous mit fünf Staubblättern
pentavalent fünfwertig
pentose phosphate pathway/ pentose shunt/ phosphogluconate oxidative pathway/ hexose monophosphate shunt (HMS) Pentosephosphatweg, Hexosemonophosphatweg, Phosphogluconatweg
pentosuria Pentosurie
peony family/Paeoniaceae Pfingstrosengewächse
peperomia family/Peperomiaceae Zwergpfeffergewächse
peplomer Peplomer
pepo/gourd Kürbisfrucht, Gurkenfrucht, Panzerbeere
pepper family/Piperaceae Pfeffergewächse
pepsin (pepsin A) Pepsin (Pepsin A)
peptic ulcer peptisches Ulkus, Ulcus pepticum
peptide Peptid
peptide bond/peptide linkage Peptidbindung
peptide chain Peptidkette
peptidoglycan/mucopeptide Peptidoglykan, Mukopeptid
peptidyl transferase Peptidyltransferase
peptidyl-site/P-site Peptidyl-Stelle, P-Stelle
peptone Pepton
peptone water Peptonwasser
peptonization Peptonisierung
peptonize peptonisieren
peramorphosis Peramorphose
perceive wahrnehmen, empfinden (Reiz)
percentage Prozentsatz, prozentualer Anteil

perceptible/sensible wahrnehmbar, empfindbar
perception Perzeption, Wahrnehmung, Empfindung
perch/roost *vb* rasten, sich setzen, sich niederlassen (zur Ruhe/Schlaf)
perch & perchlike fishes/Perciformes Barschfische, Barschartige
percolate (flow through) durchsickern, durchfließen
percolation (flowing through) Durchsickern, Durchfluss
perennial perennierend, ausdauernd, mehrjährig
perennial herb (hardy/with woody base) Staude
pereon/pereion Pereion, Peraeon, Pereon (Brust/Thorax bei Crustaceen)
pereopod/pereiopod (walking leg of pereion) Pereiopode, Peraeopode (Schreitbein/Brustfuß des Pereon)
perfect flower/bisexual flower/ hermaphroditic flower zwittrige Blüte, Zwitterblüte
perfect stage/ telomorphic stage *fung* Hauptfruchtform
perfoliate durchwachsen, durchwachsenblättrig
perforated perforiert, löchrig
perforation plate (xylem) Perforationsplatte, perforierte Endwand (Xylem)
performance value/ performance coefficient Leistungszahl
performic acid Perameisensäure
perfuse perfundieren, durchströmen, durchspülen; übergießen, überströmen
perfusion culture Perfusionskultur
perianth Perianth, differenzierte Blütenhülle, differenzierter Blütenhüllkreis/ Blütenhüllblattkreis
peribranchial cavity/atrial cavity (ascidians/lancelets) Peribranchialraum
pericalymma/test-cell larva Pericalymma, Hüllglockenlarve
pericambium/pericycle Perikambium, Perizykel
pericardial cavity/ pericardial chamber/ pericardial sac/pericardial sinus Perkardialhöhle, Perikardialraum, Perikardialsack, Perikardialbeutel, Perikardialsinus
pericardial septum/diaphragm Perikardialseptum, Diaphragma
pericardium Pericard, Perikard, Herzbeutel
pericarp Fruchtwand, Perikarp
perichondrium Perichondrium, Knorpelhaut
periclinal chimera Periklinalchimäre
pericyte Pericyt, Perizyt
peridium Peridie
perigon Perigon, einheitliche Blütenhülle, einheitlicher Blütenhüllkreis/ Blütenhüllblattkreis
perigonadial cavity/gonocoel Gonadenhöhle, Gonocoel
perigynium Fruchtsack, Fruchtknotenhülle (Gräser)
perigynous perigyn, mittelständig
perikaryon/ cell body/soma (neurons) Perikaryon, Zellkörper, Soma
perilymph Perilymphe
perineal perineal, den Damm betreffend, Damm...
perineal gland Perinealdrüse, Dammdrüse
perineal swelling (chimpanzee) Dammschwiele
perineal tear Dammriss
perinephric fat/perirenal fat Nierenfett
perineum Perineum, Damm
perinuclear space/ perinuclear cistern perinukleärer Raum, perinukleärer Spaltraum, perinukleäre Zisterne, Cisterna karyothecae

period (geological time)
(*see also:* **eon/epoch/era**) Periode
➢ **Cambrian Period/Cambrian**
Cambrium, Kambrium
➢ **Carboniferous Period/ Carboniferous/'Coal Age'**
Karbon, Steinkohlenzeit
➢ **Cretaceous Period/Cretaceous**
Kreidezeit, Kreide
➢ **Devonian Period/Devonian**
Devon
➢ **Jurassic Period/Jurassic**
Jurazeit, Jura
➢ **Neogene**
Neogen, Jung-Tertiär, Jungtertiär
➢ **Ordovician Period/Ordovician**
Ordovizium
➢ **Paleogene**
Paläogen, Alt-Tertiär, Alttertiär
➢ **Permian Period/Permian** Perm
➢ **Quaternary Period/Quarternary**
Quartärzeit, Quartär
➢ **Silurian Period/Silurian** Silur
➢ **Tertiary Period/Tertiary**
Tertiärzeit, Tertiär, Braunkohlenzeit
➢ **Triassic Period/Triassic**
Triaszeit, Trias

period of gestation/ gestational period
Tragzeit, Tragezeit, Schwangerschaft(speriode)
periodic(al) periodisch
periodic acid-Schiff stain (PAS stain)
Periodsäure, Schiff-Reagens (PAS-Anfärbung)
periodic table (of the elements)
Periodensystem (der Elemente)
periodicity Periodizität
periodontitis
Parodontose, Paradontose
periople/epidermis limbi (on hoof of equines) Perioplum
periosteum Periost, Knochenhaut
periostracum
Periostracum, Schalenhäutchen
periotic (situated around the ear)
um das Innenohr herum liegend (betr. Knochenelemente)
periotic bone/periotic/os perioticum
Felsenbein
peripatric peripatrisch
peripheral
peripher (am Rand befindlich)
peripheral meristem/flank meristem
Flankenmeristem
peripheral nervous system
peripheres Nervensystem
peripheral protein/extrinsic protein
peripheres Protein, extrinsisches Protein
periphyton (attached algae) ***limn***
Periphyton, Aufwuchs, Bewuchs
periplasmatic space/ periplasmic space
periplasmatischer Raum
periproct Periprokt, Afterfeld
perirenal fat/perinephric fat
Nierenfett
perish verderben; zugrunde gehen
perishable (foods) verderblich
➢ **highly perishable (fruit)**
leicht verderblich (Früchte)
perisperm Nährgewebe (nucellar)
peristalsis Peristaltik
peristaltic peristaltisch
peristome/peristomium
(border of mouth/oral margin) (polyps/sea urchins)
Peristom, Mundfeld;
(buccal cavity: ciliates) Peristom, Buccalhöhle (Zellmundhöhlung)
peritoneum
Peritoneum, Bauchfell
peritrichous peritrich
peritrophic membrane
peritrophische Membran
periwinkle family/dogbane family/ Apocynaceae
Hundsgiftgewächse, Immergrüngewächse
perlite Perlit, Perlstein
permafrost
Permafrost, Dauereis, Dauerfrost
permafrost soil
Permafrostboden, Dauerfrostboden
permanent cell Dauerzelle
permanent mount/ permanent slide ***micros***
mikroskopisches Dauerpräparat
permanent pasture Dauerweide

permanent teeth bleibende Zähne
permanent tissue/secondary tissue Dauergewebe
permanent wilting percentage permanenter Welkungsgrad
permeability Permeabilität, Durchlässigkeit
➢ **impermeability/imperviousness** Impermeabilität, Undurchlässigkeit
permeable permeabel, durchlässig
➢ **impermeable/impervious** impermeabel, undurchlässig
permeant(s) ***zool*** Permeant(en)
Permian Period/Permian (geological time) Perm
permissible workplace exposure zulässige Arbeitsplatzkonzentration
permissive cell permissive Zelle
permissive host permissiver Wirt
permissivity/permissive conditions Permissivität, permissive Bedingungen
pernicious anemia bösartige Blutarmut, perniziöse Anämie
peroxisome Peroxisom
persistence/hardiness/perseverance Persistenz, Ausdauer
persistent persistent, ausdauernd
persistent spore/resting spore Dauerspore
perthotrophic/perthophytic perthotroph, perthophytisch
pervious/permeable durchlässig, permeabel; undicht
➢ **impervious/impermeable** undurchlässig, impermeabel; dicht
perviousness/permeability Durchlässigkeit, Permeabilität
pest Schädling, Ungeziefer
pest control Schädlingskontrolle, Schädlingsbekämpfung
➢ **biological pest control** biologische Schädlingsbekämpfung
pest infestation Schädlingsbefall
pest insect Schadinsekt
pesticide/ plant-protective agent/biocide Pestizid, Schädlingsbekämpfungsmittel, Pflanzenschutzmittel, Biozid
pesticide resistance Pestizidresistenz
pestle (and mortar) Stößel, Pistill (und Mörser)
pet zahmes Haustier (Liebhaberei)
petaloid ***adv/adj*** petaloid, kronblattartig
petaloid ***n*** Petalodium
petals/corolla Kronblätter, Blütenkronblätter; (sepals/calyx) Sepalen, Kelchblätter, Blütenkelchblätter Blumenhüllblätter
➢ **apetalous (without petals)** apetal
➢ **apopetalous/choripetalous/ dialypetalous/polypetalous (with many free petals)** apopetal, choripetal, polypetal, frei-/getrenntkronblättrig, frei-/getrenntblumenblättrig
➢ **sympetalous** sympetal, verwachsenblättrig, verwachsenblumenblättrig, verwachsenkronblättrig
petasma Petasma
petiolar gall Blattstielgalle
petiolate/stipitate/stalked gestielt
petiole/leaf stalk ***bot*** Blattstiel
petiole/podeon/podeum ***zool*** **(hymenopterans)** Petiolus, Hinterleibsstiel, „Taille“
Petri dish/Petri plate Petrischale
petrification Versteinerung *(Vorgang)*
petrified versteinert
petrify versteinern
petrol (*Br*) (gasoline/gas *US*) Benzin
petroleum/crude oil Erdöl, Petroleum
petroleum ether Petroläther
petrophyte/rock plant Felspflanze
petrosal das Felsenbein betreffend, Felsenbein...
petrosal bone/petrous bone (of temporal bone) Felsenbein (des Schläfenbeins)
petrous steinhart, felsig
Peyer's patch Peyersche Plaque

phage/bacteriophage Phage, Bakteriophage
➢ **lysogenic phage** lysogener Phage
➢ **lytic phage** lytischer Phage
➢ **temperate phage** temperenter Phage
➢ **virulent phage/ lysogenizing phage** virulenter Phage
phagemid Phagemid
phagocyte Phagozyt, Phagocyt
phagocytize phagozytieren, phagocytieren
phagocytosis Phagozytose, Phagocytose
➢ **pinocytosis** Pinozytose
phagolysosome/ secondary lysosome sekundäres Lysosom
phagosome/heterophagosome (*siehe auch:* Autophagosom) Phagosom, Heterophagosom
phagotrophic phagotroph
phalaenophily/moth pollination Mottenbestäubung, Phalaenophilie
phalangeal phalangeal, Finger-/Zehenglieder betreffend
phalanx (*pl* phalanges) Phalanx, Fingerglied, Zehenglied
phallic threat Phallusdrohen
phallus/penis/copulatory organ/ intromittent organ Phallus, Penis, männliches Glied, männliches Begattungsorgan
phanerophyte (woody plant; aerial dormant buds) Phanerophyt, Holzgewächs (Bäume/Sträucher)
Phanerozoic Eon/Phanerozoic Phanerozoikum
pharate (cloaked adult/coarctate pupa) pharat (coarctate Puppe)
pharmacist Pharmazeut(in), Apotheker
pharmaceutic(al) *adj/adv* pharmazeutisch
pharmaceutical *n* Pharmazeutikum, Pharmakon, Medikament, Arznei, Arzneimittel, Drogen
pharmacodynamics Pharmakodynamik
pharmacogenetics Pharmakogenetik
pharmacognosy Pharmakognosie, Drogenkunde
pharmacology Pharmakologie
pharmacopeia Arzneibuch
pharmacy (pharmaceutical science/ study of drugs) Pharmazie, Pharmazeutik, Arzneikunde, Arzneilehre
pharmacy/drugstore Apotheke (subscription drugs)
pharyngeal pharyngial, den Schlund betreffend; den Rachen betreffend
pharyngeal arch Pharyngialbogen, Schlundbogen (*siehe auch:* branchial arch)
pharyngeal basket (ciliates) Reusenapparat der Mundbucht
pharyngeal jaws/trophi (rotifers) Kiefer, Trophi
pharyngeal plane Schlundebene
pharyngeal pouch Schlundtasche
pharyngeal tonsil Rachentonsille, Rachenmandel
pharynx/air pipe Pharynx, Luftröhre
pharynx/gullet Pharynx, Schlund
pharynx/mastax (rotifers) Pharynx, Mastax, Kaumagen
phase boundary Phasengrenze, Phasentrennlinie
phase contrast *micros* Phasenkontrast
phase-contrast microscopy Phasenkontrastmikroskopie
phase diagram Phasendiagramm
phase ring/phase annulus Phasenring
phase transition Phasenübergang
phase transition temperature Phasenübergangstemperatur
phase variation Phasenveränderung
phasic fiber phasische Faser
phasmid Phasmid, Schwanzpapillendrüse
phellem/cork Phellem

phelloderm/secondary cortex Phelloderm, Korkrinde
phellogen/cork cambium Phellogen
phenanthrene Phenanthren
phene Phän *nt*
➢ **ecophene** Ökophän
➢ **isophene** Isophän
phenetics/numerical taxonomy/ taxometrics Phänetik, numerische Taxonomie
phenocopy Phänokopie
phenogenesis Phänogenese
phenogenetics Phänogenetik
phenogram (numerical taxonomy) Phänogramm, Ähnlichkeitsdendrogramm
phenol Phenol
phenology Phänologie
phenon Phänon
phenospermy Leerfrüchtigkeit, Kenokarpie
phenotype Phänotyp, Phaenotypus
➢ **genotype** Genotyp, Genotypus
phenylalanine Phenylalanin
phenylketonuria (PKU) Phenylketonurie
pheomelanin Phäomelanin
pheophytin Phäophytin
pheromone Pheromon
philiform (cup-shaped/saucer-shaped) becherförmig
philopatry/homing Philopatrie, Ortstreue
phlebotomy/venesection Phlebotomie, Aderlass, Veneneröffnung
phloem Phloem, Siebteil, Bastteil
➢ **external phloem** externes Phloem, äußeres Phloem, Außenphloem
➢ **internal phloem** internes Phloem, inneres Phloem, Innenphloem
➢ **interxylary phloem** interxylares Phloem
➢ **intraxylary phloem** intraxylares Phloem
phloem loading Phloembeladung
phloem sap Phloemsaft
phloem unloading Phloementladung
phlox family/Polemoniaceae Sperrkrautgewächse, Himmelsleitergewächse
phonation (production of sounds) Phonation, Lautbildung, Stimmbildung
phorbol ester Phorbolester
phoresis/phoresy/phoresia Phoresie
Phormiaceae/flax lily family Phormiumgewächse
phoronids/Phoronida Phoroniden, Hufeisenwürmer
phorozooid Phorozooid, Pflegetier, Tragtier (Ascidien)
phosphate Phosphat
phosphatidic acid Phosphatidsäure
phosphatidylcholine Phosphatidylcholin
phosphodiester bond Phosphodiesterbindung
phosphogluconate oxidative pathway/ pentose phosphate pathway/ pentose shunt/ hexose monophosphate shunt (HMS) Phosphogluconatweg, Pentosephosphatweg, Hexosemonophosphatweg
phosphorescence Phosphoreszenz
➢ **marine phosphorescence** Meeresleuchten
phosphoric acid (phosphate) Phosphorsäure (Phosphat)
phosphorous ***adj/adv*** phosphorhaltig, phosphorig, Phosphor...
phosphorus ***n*** **(P)** Phosphor
phosphorylation Phosphorylierung
➢ **cyclic phosphorylation** zyklische/cyclische Phosphorylierung
➢ **noncyclic phosphorylation** nichtzyklische/nichtcyclische/ lineare Phosphorylierung
➢ **oxidative phosphorylation/ carrier-level phosphorylation** oxidative Phosphorylierung
➢ **substrate-level phosphorylation** Substratkettenphosphorylierung
➢ **transphosphorylation** Transphosphorylierung

photoallergenic photoallergen
photoautotrophic photoautotroph
photodegradable lichtabbaubar
photodegradation Lichtabbaubarkeit
photobleaching Photobleichung, Lichtbleichung
photoheterotroph(ic) photoheterotroph
photolithotroph(ic)/ photoautotroph(ic) photolithotroph, photoautotroph
photomultiplier *opt* Photomultiplier, Photovervielfacher
photoorganotrophic(al) photoorganotroph
photoperception Lichtwahrnehmung
photoperiodism Photoperiodismus
photophore/luminous organ/ light-emitting organ Photophore, Leuchtorgan
photoreactivation Photoreaktivierung
photorespiration Photorespiration, Photoatmung, Lichtatmung
photosensibilization Photosensibilisierung
photostability Lichtbeständigkeit
photostable lichtbeständig
photosynthesis Photosynthese
photosynthesize photosynthetisieren
photosynthetic photosynthetisch
photosynthetic photon flux (PPF) Photonenstromdichte
photosynthetic product/ photosynthate Photosyntheseprodukt
photosynthetic quotient Photosynthesequotient, Assimilationsquotient
photosynthetic unit Photosynthese-Einheit
photosynthetically active radiation (PAR) photosynthetisch aktive Strahlung
phototroph(ic)/photosynthetic phototroph, photosynthetisch
phototrophy Phototrophie
phototropic phototrop
phototropism Phototropismus
phragmocone Phragmokon
phragmoplast Phragmoplast
phragmosome Phragmosom
phratry Phratrie
phreatic (pertaining to groundwater) phreatisch, Grundwasser...
phreatophyte Phreatophyt, Grundwasserpflanze
phrenic Zwerchfell...
phrenic nerve Zwerchfellnerv
phrenology (*according to* Gall) Phrenologie
Phrymaceae/lopseed family Phrymagewächse
phthalic acid (phthalate) Phthalsäure (Phthalat)
phthirapterans/Phthiraptera (Mallophaga & Anoplura) Tierläuse
phycology Algenkunde
phyletic phyletisch, Stammes...
phyletic evolution phyletische Evolution
phyllary/involucral bract Involukralblatt, Involukralschuppe
phyllid/leaflet/blade/lamina (algas/mosses) Phylloid
phylloclade Phyllokladium, Phyllocladium (Flachspross eines Kurztriebs)
phyllode Phyllodium, Blattstielblatt
phyllody (floral organ into leaflike structure) Phyllodie, Verlaubung
phylloid/phylloidal/ leaf-like/foliaceous blattartig
phylloid *n* (leaf-like organ) Phylloid, blattartiges Organ (*pl* Phyllidien)
phyllome Phyllom, Blattorgan
phyllopod (a swimming appendage) Phyllopodium (*pl* Phyllopodien), Blattbein
phyllopods/branchiopods/ Phyllopoda/Branchiopoda Blattfußkrebse, Kiemenfüßer
phylloquinone/phytonadione (vitamin K_1) Phyllochinon
phyllotaxis/phyllotaxy/ leaf arrangement/leaf position Blattstellung, Blattanordnung, Blattfolge, Phyllotaxis

phylogenesis/phylogeny/evolution
Phylogenese, Phylogenie, Stammesgeschichte, Stammesentwicklung, Abstammungsgeschichte, Evolution
phylogenetic/phyletic/evolutionary
phylogenetisch, phyletisch, stammesgeschichtlich, evolutionär
phylogenetic history
Stammesgeschichte
phylogenetic methods
phylogenetische Methoden
➢ **bootstrap method**
Bootstrap-Verfahren
➢ **distance method**
Distanz-Verfahren
➢ **jackknife method**
Jacknife-Verfahren
➢ **maximum likelihood**
Maximum Likelihood
➢ **parsimony** Parsimonie
phylogenetic tree/evolutionary tree (general family tree)
Stammbaum
phylogeny Phylogenie
➢ **alignment** Alinierung
➢➢ **multiple alignment**
Mehrfach-Alinierung
➢➢ **pairwise alignment**
paarweise Alinierung
➢ **apomorphy**
Apomorphie (abgeleitetes/neu entstandenes Merkmal)
➢ **autapomorphy** Autapomorphie
➢ **bifurcating node**
Knoten mit einfacher Verzweigung
➢ **bifurcation** Verzweigung
➢ **branch** Zweig, Ast
➢ **chronogram** Chronogramm
➢ **common ancestor**
gemeinsamer Vorfahre
➢ **consensus tree**
Konsensusbaum, Konsensbaum
➢ **daughter group** Tochtergruppe
➢ **dendrogram** Dendrogramm
➢ **dichotomy** Dichotomie
➢ **gap penalty**
Gap-Strafe
(Strafmaß für eine Lücke)
➢ **ingroup** Innengruppe (Taxa)
➢ **lineage** Linie
➢ **multifurcating node**
Knoten mit mehrfacher Verzweigung
➢ **neighbor joining (NJ)**
Neighbor-Joining
➢ **node (branching point)**
Knoten (Verzweigungspunkt)
➢ **optimality criterion**
Optimalitätskriterium
➢ **outgroup** Außengruppe (Taxa)
➢ **plesiomorphy (original/basic character)**
Plesiomorphie
(ursprüngliches Merkmal)
➢ **polytomy/polychotomy**
Polytomie
➢ **root** Wurzel
➢ **rooted** gewurzelt
➢ **speciation**
Artbildung, Speziation
➢ **symplesiomorphy**
Symplesiomorphie (gemeinsames ursprüngliches Merkmal)
➢ **synapomorphy** Synapomorphie
(gemeinsames/abgeleitetes Merkmal)
➢ **topology** Topologie
➢ **tree length** Baumlänge
➢ **tree of life**
Baum des Lebens,
Stammbaum des Lebens
➢ **unrooted** ungewurzelt
➢ **wedge diagram** Keildiagramm
phylogram/phylogenetic tree/ tree of life
Phylogramm,
phylogenetischer Baum,
phylogenetischer Stammbaum
(metrischer Stammbaum)
phylum (*pl* phyla/phylums)
Phylum, Stamm
physical
physikalisch; physisch;
med körperlich
physical containment (level)
Laborsicherheitsstufe
physical map physische Karte
physical state Aggregatzustand
physical work körperliche Arbeit
physician/doctor Arzt, Doktor
➢ **general practitioner**
Allgemeinarzt,
Allgemeinmediziner

physician assistant (PA) ArzthelferIn
physiologic(al) physiologisch
physiologic barrier physiologische Schranke
physiologist Physiologe
physiology Physiologie
physoclist (without pneumatic duct) Physoclist
physogastry Physogastrie
physostome (with open pneumatic duct) Physostom
phytanic acid Phytansäure
phytic acid Phytinsäure
phytoalexin Phytoalexin
phytobezoar (stomach ball) Phytobezoar (Magenkugel)
phytocecidium Phytocecidium, von Pilzen hervorgerufene Pflanzengalle
phytocoenon/community type/ nodum/abstract plant community Phytozönon, Pflanzengesellschaft (allgemein/abstrakt)
phytocoenose/ concrete plant community Phytozönose, spezifische Pflanzengesellschaft
phytoecology/plant ecology Pflanzenökologie, Vegetationskunde, Vegetationsökologie
phytogeography/ plant geography/geobotany Pflanzengeographie, Pflanzengeografie, Geobotanik
phytohormone Phytohormon, Pflanzenwuchsstoff
phytol Phytol
Phytolaccaceae/pokeweed family Kermesbeerengewächse
phytophagous/herbivorous/ plant-eating/feeding on plants pflanzenfressend
phytosterol Phytosterin, Phytosterol
phytotoxic phytotoxisch, pflanzenschädlich
pia mater Pia mater
PIC (polymorphism information content) Informationsgehalt eines Polymorphismus
pickerel-weed family/ water hyacinth family/ Pontederiaceae Hechtkrautgewächse
pickle ***vb*** pökeln, sauer einlegen (Gurken, Hering etc.)
pickling Pökeln, in Salzlake oder Essig einlegen (Gurken, Hering etc.)
picric acid (picrate) Pikrinsäure (Pikrat)
pie chart Kreisdiagramm
pier/quay Pier, Kai
pierce ***vb*** stechen, durchstechen; durchdringen (Laut)
piercing-sucking/ stylate-haustellate (mouthparts) stechend-saugend (Mundwerkzeuge)
pig (*see also:* swine) Schwein
piglet/little pig Ferkel; Saugferkel
pigment/colorant Pigment, Farbstoff
- ➤ **accessory pigment** akzessorisches Pigment
- ➤ **antenna pigment** Antennenpigment
- ➤ **bile pigments** Gallenfarbstoffe
- ➤ **respiratory pigment** Atmungspigment

pigment cell/chromatophore Pigmentzelle, Farbzelle, Chromatophore
pigment cup eye/inverted eye Pigmentbecherauge, Becherauge
pigment layer (eye) Pigmentschicht
pigmentation Pigmentierung, Färbung; Pigmentierung
pigweed family/cockscomb family/ amaranth family/Amaranthaceae Amarantgewächse, Fuchsschwanzgewächse
pile (coat of short/fine furry hairs) ***zool*** Flaum, Wolle, Pelz, Haar (Fell)
pile (supportive long/ slender column of timber) ***bot/tech*** Pfahl, Holzpfahl, Stützpfahl, Pfeiler

pileate/pileiform/ cap-shaped/having a pileus pileat, haubenförmig, kappenförmig, hutförmig, konsolenförmig
pileus/cap ***fung*** Hut, Schirm, Haube, Kappe, Pilzhut
piliferous/piligerous/bearing hairs (hairy) behaart (haarig)
piliform/trichoid haarförmig, haarartig
pill bugs/woodlice/sowbugs/Isopoda Asseln
pillar/column Säule
piloerection ***zool*** Haarsträuben, Fellsträuben
pilose/downy/pubescent feinbehaart, flaumig
pilose/piliferous/bearing hairs (hairy) behaart (haarig)
pilot plant ***tech*** Versuchsanlage
piloting lotsen, lenken, führen
pilus (***pl*** **pili)/a hair** Pilus, Haar
pilus (on bacterial surface) Pilus, Konjugationsrohr, Konjugationsfortsatz (auf Bakterienoberfläche)
pimelic acid Pimelinsäure
pin cushion gall/bedeguar Schlafapfel, Bedeguar
pin feather sich entwickelnde Feder (noch innerhalb Federscheide)
pin-point colony ***micb*** Kleinstkolonie
Pinaceae/pine family/fir family Tannenfamilie, Kieferngewächse, Föhrengewächse
pinacocyte Pinacocyt, Pinakozyt
pinbone/ischium/os ischii (hipbone esp. in quadrupeds) Sitzbein
pincers Pinzette; Krebsschere
➤ **tail pincers (e.g., earwigs)** Schwanzzange
pinch clamp ***lab*** Quetschhahn
pinch trap ***bot*** Klemmfalle
pinch-trap flower Klemmfallenblume, Klemmfallenblüte
pine Kiefer, Föhre
"pine"/cone Zapfen
pine family/fir family/Pinaceae Tannenfamilie, Kieferngewächse, Föhrengewächse
pineal body/pineal gland/ conarium/epiphysis Pinealorgan, Epiphyse, Zirbeldrüse
pineal eye/epiphyseal eye (median eye) Pinealauge (bei Neunauge: *Petromyxon*)
pineapple family/bromeliads/ bromelia family/Bromeliaceae Bromelien, Bromeliengewächse, Ananasgewächse
pineapple gall Ananasgalle
pinecone/"pine" Kiefernzapfen, Kienapfel
pinewood chip Kienspan
ping-pong reaction/ double-displacement reaction Pingpong-Reaktion, doppelte Verdrängungsreaktion
pinion ***n orn*** **(terminal section of wing: carpus/metacarpus/phalanges)** Flügelspitze
pinion ***vb orn*** **(restrain flight by cutting pinion of one wing)** die Flügel stutzen
pinion/flight feather ***n orn*** Schwungfeder (Armschwinge)
pink family/carnation family/ Caryophyllaceae Nelkengewächse
pinna/leaflet Fieder, Fiederblatt, Fiederblättchen (ersten Grades), Teilblatt
pinnate/pennate pinnat, pennat, gefiedert, fiedrig, fiederig, fiederblättrig, federförmig
➤ **bipinnate** zweifach gefiedert
➤ **imparipinnate/ odd-pinnate/unequally pinnate (pinnate with an odd terminal leaflet)** unpaarig gefiedert

➢ **paripinnate/ even-pinnate/equally pinnate (pinnate with paired terminal leaflets)** paarig gefiedert
➢ **quadripinnate/ divided pinnately four times** vierfach gefiedert
➢ **tripinnate (three times pinnate)** dreifach gefiedert
pinnate appendage/pinnate leg Fiederfuß
pinnate venation Fiederaderung, Fiedernervatur
pinnately cleft/ pinnately split/pinnatifid fiederspaltig
pinnately incised/pinnatisect fiederschnittig
pinnately-leaved palm Fiederpalme
pinnately lobed/pinnatilobate fiederlappig
pinnately parted/ pinnately partite/pinnatipartite fiederteilig
pinnately veined/ pinnately nerved/penninerved fiederaderig, fiedernervig
pinnatifid/ pinnately split/pinnately cleft fiederspaltig
pinnatilobate/pinnately lobed fiederlappig
pinnation Fiederung
pinnatipartite/ pinnately parted/pinnately partite fiederteilig
pinnatisect/pinnately incised fiederschnittig
pinnule/pinnula Pinnula, Fiederchen, Fiederblättchen (zweiten Grades)
pinocytosis Pinozytose, Pinocytose
pinwheel ***neuro*** Orientierungszentrum, Windmühle, Windrad
pinworm (*Enterobius vermicularis*) Madenwurm
pioneer neuron Pionierneuron
pioneer organism Pionierorganismus
pioneer plant Pionierpflanze
pioneer species Pionierart
pioneer vegetation Pioniervegetation
pip (small seed of several-seeded fleshy fruit) Kern (einer vielsamigen Frucht, z.B. Apfel/Traube/Zitrus)
pipe/tube Rohr, Röhre
Piperaceae/pepper family Pfeffergewächse
piperazine Piperazin
piperidine Piperidin
piperine Piperin
pipet/pipette ***vb*** pipettieren
pipet/pipette ***n*** Pipette
➢ **capillary pipet** Kapillarpipette
➢ **graduated pipet/ measuring pipet** Messpipette
➢ **micropipet** Mikropipette
➢ **Pasteur pipet** Pasteurpipette
➢ **suction pipet/patch pipet** Saugpipette
➢ **transfer pipet/volumetric pipet** Vollpipette, volumetrische Pipette
pipet bulb/rubber bulb Pipettierball, Pipettierbällchen
pipet helper Pipettierhilfe
pipeting nipple/rubber nipple Pipettierhütchen, Pipettenhütchen, Gummihütchen
pipewort family/Eriocaulaceae Eriocaulongewächse
pirate perch and freshwater relatives/ Percopsiformes Barschlachse
piriform/pear-shaped birnenförmig
piriform recess/recessus laryngis Morgagnische Tasche
piscine Fisch..., Fische betreffend
piscivorous Fisch fressend
pisiform/pea-shaped erbsenförmig
pisiform bone/pisiform Erbsenbein

pistil Pistill, Stempel
➢ **angiocarpic/angiocarpous** angiokarp
➢ **apocarpic/apocarpous** apokarp, chorikarp, freiblättrig
➢ **hemiangiocarpic/ hemiangiocarpous** hemiangiokarp
➢ **paracarpic/paracarpous** coeno-parakarp
➢ **pleurocarpic/pleurocarpous** pleurokarp, seitenfrüchtig
➢ **syncarpic/syncarpous** synkarp, coenokarp, coeno-synkarp
➢➢**without septa** parakarp
pistillate/carpellate/female pistillat, weiblich
pistillate flower/carpellate flower/ female flower Stempelblüte, weibliche Blüte
pistillode Pistillodium
pit/fovea Grube, Loch, Vertiefung
pit/stone/putamen/pyrene *bot* Stein, Steinkern, Putamen (Endokarp), Obststein
pit/crypt (snakes) Grube
pit (phloem) Tüpfel (*m*, österr. *n*)
➢ **bordered pit** Hoftüpfel
➢ **fenistriform pit** Fenstertüpfel
➢ **ramiform pit** verzweigter Tüpfel
➢ **simple pit** einfacher Tüpfel
pit aperture Tüpfelapertur, Tüpfelöffnung
pit casing (fruit) Steinschale
pit cavity Tüpfelhöhle
pit chamber/pit cavity Tüpfelhof
pit connection (red algas) Tüpfelverbindung (mit Tüpfelkanal)
pit field Tüpfelfeld
pit membrane Tüpfelschließhaut
pit organ (snakes) Grubenorgan
pit-pair Tüpfelpaar
➢ **aspirated pit-pair** verschlossenes/aspirates Tüpfelpaar
➢ **bordered pit-pair** behöftes Tüpfelpaar
pit plug (red algas) Tüpfelpfropfen
pitch *n* (highness/lowness of sound) Tonhöhe
pitch *n* (DNA: helix periodicity) *gen* Ganghöhe (DNA-Helix: Anzahl Basenpaare pro Windung)
pitch *n* (resin from conifers) Koniferenharz, Terpentinharz
pitch screw impeller (bioreactor) Schraubenspindelrührer
pitched-blade fan impeller/ pitched-blade paddle impeller/ inclined paddle impeller (bioreactor) Schrägblattrührer
pitcher/ascidium Krug, Kanne, *sensu lato:* Schlauch
pitcher leaf/ascidiate leaf Kannenblatt, (*sensu lato:* Schlauchblatt)
pitcher plant Kannenpflanze
pitcher-plant family/ Sarraceniaceae Schlauchpflanzengewächse, Krugpflanzengewächse
pitfall Falle, Fallgrube, Fallstrick
pitfall trap *hunt* Bodenfalle
pitfall trap/ slippery-slide trap *bot* (flower) Kesselfallenblume, Gleitfallenblume
pith/medulla/core Mark
pith ray/medullary ray Markstrahl
pithy/medullary markig, markhaltig, medullär
pitted (phloem) getüpfelt
pitted (removal of pit/stone) entkernt
pitted/foveate grubig, mit einer Grube versehen, vertieft
pitting Entkernung, Entkernen; (phloem) Tüpfelung
pituitary gland/pituitary/hypophysis Hirnanhangsdrüse, Hypophyse
pituitary stalk Hypophysenstiel
pivot joint/trochoid(al) joint Walzengelenk
pizzle (penis esp. of bull) Penis, Rute (spez. des Rinderbullen)
placebo Placebo, Plazebo, Scheinarznei

placenta *bot*
Plazenta, Samenleiste
placenta *zool*
Plazenta, Mutterkuchen
➢ **allantoic placenta**
Allantoisplazenta
➢ **annular placenta/ zonary placenta/Placenta zonaria**
Gürtelplazenta
➢ **bidiscoidal placenta**
Placenta bidiscoidalis
➢ **chorioallantoic placenta**
Chorioallantoisplazenta, Zottenplazenta
➢ **cotyledonary placenta**
Placenta cotyledonaria, Placenta multiplex
➢ **deciduate placenta/ placenta vera/placenta deciduata**
Vollplazenta
➢ **diffuse placenta** Placenta diffusa
➢ **discoidal placenta**
Placenta discoidalis
➢ **hemochorial placenta**
haemo-choriale Plazenta
➢ **hemoendothelial placenta**
Labyrinthplazenta
➢ **labyrinthine placenta/ hemoendothelial placenta**
Labyrinthplazenta
➢ **semiplacenta/ nondeciduate placenta/ placenta adeciduata**
Semiplacenta, Halbplazenta
➢ **syndesmochorial placenta**
syndesmo-choriale Plazenta
➢ **zonary placenta/ annular placenta/ Placenta zonaria**
Gürtelplazenta
placentals/eutherians/ Placentalia/Eutheria
Plazentatiere
placentation Plazentation
➢ **axile placentation**
zentralwinkelständige Plazentation
➢ **basal placentation**
basale Plazentation, basiläre Plazentation, grundständige Plazentation
➢ **free central placentation**
Zentralplazentation
➢ **laminar/lamellate placentation**
laminale Plazentation, flächenständige Plazentation
➢ **marginal placentation**
randständige Plazentation
➢ **parietal placentation**
Parietalplazentation, wandständige Plazentation
placentome Plazentom
placer *geol*
Seife, erzseifenhaltige Stelle
placode Plakode
➢ **lens placode** Linsenplakode
➢ **otic placode** Ohrplakode
placoderms/Placodermi
Placodermen, Plattenhäuter
placodonts/placodontians (mollusk-eating euryapsids)/ Placodontia
Pflasterzahnsaurier
placoid/plate-like
tellerförmig, schildförmig
placoid scale/dermal denticle
Placoidschuppe, Zahnschuppe, Hautzahn, Dentikel
placophorans (incl. chitons)/ Placophora
Käferschnecken
plagiotropic/plagiotropous/ obliquely inclined
lagiotrop
plagiotropism
Plagiotropismus
plague Plage, Seuche; Pest
➢ **bubonic plague (*Yersinia pestis*)**
Beulenpest, Bubonenpest
plain (extensive level country) *n geogr*
Ebene
plain/ordinary *adv/adj*
einfach, schlicht, gewöhnlich
plain stage *micros* Standardtisch
plainsawn/flatsawn/ tangential section (wood)
Sehnenschnitt, Fladerschnitt (Holz)
planarians/Tricladida
Planarien
planation Planation

plane/flat/level ***adv/adj math/tech***
eben, flach
plane/flat surface/ level surface ***n math/tech***
Ebene, Fläche
plane family/plane tree family/ sycamore family/Platanaceae
Platanengewächse
plane mirror/plano-mirror
Planspiegel
plane-polarized light
linear polarisiertes Licht
plane suture (skull)
ebenflächige Naht (Schädelknochennaht mit ebenen Flächen)
planispiral planspiral, flach-scheibenförmig gewunden
plank Planke, Bohle
plank buttress/buttress root ***bot***
Brettwurzel
plankter/planktonic organism
Plankter, Planktont, Planktonorganismus
planktivorous
planktivor, planktonfressend
plankton (passive drifters)
Plankton (passiv schwebend)
- **femtoplankton** Femtoplankton
- **microplankton** Mikroplankton, Kleinplankton
- **nanoplankton/nannoplankton** Nanoplankton
- **phytoplankton** Phytoplankton, pflanzliches Plankton
- **potamoplankton** Potamoplankton, Flussplankton
- **ultraplankton** Ultraplankton
- **zooplankton** Zooplankton, tierisches Plankton

plankton strainer (a food-strainer)
Planktonseiher
planktonic planktonisch
planktonic organism/plankter
Planktonorganismus, Plankter, Planktont
planktotroph ***n*** Planktonfresser
plano-concave mirror Plan-Hohlspiegel, Plankonkav

plant/flower/growth/wort ***n***
Pflanze, Blume, Gewächs
- **adult plant** Adultpflanze
- **air plant/aerial plant/ aerophyte/epiphyte** Luftpflanze, Epiphyt, Aufsitzerpflanze
- **annual plant/therophyte** Therophyt, Annuelle, Einjährige (Pflanze)
- **aquatic plant/ water plant/hydrophyte** Wasserpflanze, Hydrophyt
- **bog plant/marsh plant/helophyte** Sumpfpflanze, Moorpflanze
- **creeper/trailing plant** Kriechpflanze
- **crop plant/cultivated plant** Kulturpflanze
- **crown rosette plant/tree (terminally tufted leaves)** Schopfpflanze/-baum
- **cushion plant** Polsterpflanze
- **day-neutral plant** tagneutrale Pflanze
- **desert plant/eremophyte/eremad** Wüstenpflanze, Eremiaphyt
- **devoid of plants** pflanzenlos
- **diurnal plant** Tagblüher, Tagpflanze
- **economic plant/ useful plant/crop plant** Nutzpflanze, Weltwirtschaftspflanze, Wirtschaftspflanze
- **fiber plant/fiber crop** Faserpflanze
- **flowering plant/angiosperm/ anthophyte** Blütenpflanze, Angiosperme
- **fodder plant/forage plant** Futterpflanze
- **foliage plant/leafy plant** Grünpflanze, Blattpflanze
- **funnel-leaved plant/ infundibulate plant** Trichterpflanze
- **garden plant** Gartenpflanze
- **hedge plant** Heckenpflanze
- **herbaceous plant/herb** Krautpflanze, krautige Pflanze
- **higher plants** höhere Pflanzen

> **host plant** Wirtspflanze
> **house plant** Zimmerpflanze
> **index plant/indicator plant** Zeigerpflanze, Anzeigerpflanze, Leitpflanze
> **juvenile plant/young plant** Jungpflanze
> **lacustrine plant** Seepflanze
> **long-day plant** Langtagspflanze
> **lower plants/primitive plants** niedere Pflanzen
> **marsh plant/bog plant/helophyte** Moorpflanze, Sumpfpflanze
> **medicinal plant** Arzneipflanze, Heilpflanze
> **montane plant** Bergpflanze, Gebirgspflanze
> **mother plant** Mutterpflanze
> **native plant** einheimische Pflanze
> **nocturnal plant** Nachtpflanze, Nachtblüher
> **ornamental plant** Zierpflanze
> **pioneer plant** Pionierpflanze
> **poisonous plant** Giftpflanze
> **potted plant** Topfpflanze
> **rock plant/petrophyte** Felspflanze
> **rosette plant** Rosettenpflanze
> **ruderal plant** Ruderalpflanze, Schuttpflanze
> **scandent plant/climber/(climbing) vine** Kletterpflanze
> **seed-bearing plant/spermatophyte** Samenpflanze, Spermatophyt
> **shade-loving plant/shade plant/sciophyte** Schattenpflanze
> **short-day plant** Kurztagspflanze
> **solitary plant** Solitärpflanze, Einzelpflanze
> **succulent plant/succulent** Sukkulente
> **suffrutescent plant/half-shrub** Halbstrauch
> **sun plant/heliophyte** Lichtpflanze, Heliophyt
> **terrestrial plant** Landpflanze
> **vascular plant** Gefäßpflanze
> **woody plant** Gehölz, Holzgewächs

plant ***vb*** **(to set/put in ground for growth)** pflanzen
plant/cultivate/grow ***vb*** anpflanzen
plant biogeography/plant geography/phytogeography/geobotany Pflanzengeographie, Pflanzengeografie, Geobotanik
plant chemical/phytochemical Pflanzeninhaltsstoff
plant community Pflanzengesellschaft, Pflanzengemeinschaft
plant consumer Pflanzenkonsument
plant cover/vegetational cover/vegetation Pflanzendecke
plant debris sich zersetzendes Pflanzenmaterial
plant disease Pflanzenkrankheit
plant diversity Pflanzenvielfalt
plant-eating/phytophagous/herbivorous pflanzenfressend
plant ecology/phytoecology Pflanzenökologie, Vegetationskunde, Vegetationsökologie
plant geography/plant biogeography/phytogeography/geobotany Pflanzengeographie, Pflanzengeografie, Geobotanik
plant kingdom Pflanzenreich
plant lore volkstümliche Pflanzenkenntnis, überlieferte Pflanzenkunde
plant parasite (thriving in/on plants) Phytoparasit, Pflanzenparasit (Schmarotzer in/auf Pflanzen)
plant pest Pflanzenschädling
plant physiology Pflanzenphysiologie
plant pigment Pflanzenfarbstoff
plant press Pflanzenpresse
plant production/cropping Feldbau

plant protection Pflanzenschutz
plant-protective agent/pesticide Pflanzenschutzmittel, Pestizid
plant show Pflanzenschau
plant sociology/phytosociology Pflanzensoziologie
plant specimen Pflanzenmaterial, Belegexemplar
plant virus Pflanzenvirus
plant waste Pflanzenabfälle
plantain family/Plantaginaceae Wegerichgewächse
plantation Plantage, Pflanzung, Anpflanzung
plantigrade (animal) Plantigrade, Sohlengänger
plantigrade gait Plantigradie, Sohlengang
plantlet Pflänzchen
plaque Hof, Lysehof, Aufklärungshof, Plaque
➢ **clear plaque** klarer Plaque
plaque assay Plaque-Test
plaque-forming unit (PFU) Plaque-bildende Einheit (PBE), Kolonie-bildende Einheit (KBE)
plasma/cytoplasm Plasma, Cytoplasma, Zytoplasma
plasma cell Plasmazelle
plasma membrane/ (outer) cell membrane/ unit membrane/ectoplast/ plasmalemma Plasmamembran, Zellmembran, Ektoplast, Plasmalemma
plasma skimming Plasmaabschöpfung
plasma streaming/ cytoplasmic streaming/cyclosis Plasmaströmung, Dinese
plasmalogen Plasmalogen
plasmatic plasmatisch
plasmenic acid Plasmensäure
plasmid Plasmid
➢ **broad host range plasmid** Plasmid mit breitem Wirtsbereich
➢ **conjugative plasmid/ self-transmissible plasmid/ transferable plasmid** konjugatives Plasmid
➢ **cryptic plasmid** kryptisches Plasmid
➢ **mobilizable plasmid** mobilisierbares Plasmid
➢ **non-conjugative plasmid** nicht-konjugatives Plasmid
➢ **relaxed plasmid** relaxiertes Plasmid, schwach kontrolliertes Plasmid
➢ **single copy plasmid** Einzelkopie-Plasmid
plasmid amplification Plasmidamplifikation
plasmid curing Plasmidkurierung (Entfernung eines Plasmid aus einer Wirtszelle)
plasmid incompatibility Plasmidinkompatibilität
plasmid instability Plasmidinstabilität
plasmid mobilization Plasmidmobilisierung
plasmid promiscuity Plasmidpromiskuität
plasmin/fibrinolysin Plasmin, Fibrinolysin
plasmodesm/plasmodesma (*pl* plasmodesmas/plasmodesmata) Plasmodesmos, Plasmodesma (*pl* Plasmodesmen/Plasmodesmata)
plasmodesmatal frequency Plasmodesmendichte
plasmodial tapetum Periplasmodialtapetum
plasmodiocarp Plasmodiokarp
plasmolysis Plasmolyse
➢ **incipient plasmolysis** Grenzplasmolyse
plasticine Plastilin
plasticity Plastizität, Formbarkeit
plasticizer Plastifikator, Weichmacher
plastid *n* Plastide
plastination Plastination
➢ **whole mount plastination** Ganzkörperplastination
plastome Plastom
plastron/plastrum Plastron, Bauchpanzer, Bauchplatte, Brustschild (Schildkröten/Vögel)

plate ***bot/zool/micb*** Platte
➢ **maxilliary plate/maxilliped plate (insects: galea and lacinia)** Kaulade
plate (HPLC) Trennstufe
plate assay/plating ***micb*** Platten-Test, Plattenverfahren
plate collenchyma/ lamellar c./tangential collenchyma Plattenkollenchym
plate count Plattenzählverfahren
plate meristem Plattenmeristem
plateau ***math*** Plateau (flache Stelle in einer Kurve)
plateau/elevated plane/tableland Hochfläche, Hochebene
plated puffballs/Gautieriales Morcheltrüffeln
platelet (blood) Plättchen, Blutplättchen
platelet-derived growth factor (PDGF) Plättchenwachstumsfaktor, Blutplättchen-Wachstumsfaktor, Plättchenfaktor
plating (plating out) Plattierung, Plattieren (Ausplattieren)
➢ **efficacy of plating** Plattierungseffizienz
➢ **replica plating** Replicaplattierung
plating method Plattierungsmethode
platyclade Platycladium, Flachspross
play/play behavior Spielverhalten
play face ***ethol*** **(apes)** Spielgesicht
play-fight(ing) ***ethol*** Kampfspiel
play song Spielgesang
pleated/plicate/folded gefaltet, faltig
pleated sheet/beta pleated sheet/ beta-sheet beta-Faltblatt
plectenchyma Plectenchym, Flechtgewebe
plectognath fishes/ Tetraodontiformes/Plectognathi Kugelfischverwandte
plectonemic winding plektonemische Windung
pleiochasium/pleiochasial cyme Pleiochasium, vielgablige Trugdolde
pleiotrop/pleiotropic pleiotrop
pleiotropic mutation pleiotrope Mutation
pleiotropy Pleiotropie
Pleistocene Epoch/Glacial Epoch/ Diluvial/Ice Age Pleistozän, Diluvium, Glazialzeit, Eiszeit (erdgeschichtliche Teilepoche)
pleomere/abdominal somite Pleomer, Abdominalsegment
pleomorphism/polymorphism Pleomorphismus, Polymorphismus, Mehrgestaltigkeit
pleon (abdomen of crustaceans) Pleon
plerocercoid Plerocercoid
plesiomorphic plesiomorph
plesiomorphism Plesiomorphie
plesiosaurs/Plesiosauria Plesiosaurier
pleura Pleura
➢ **parietal pleura/pleura parietalis** Brustfell
➢ **pulmonary pleura/visceral pleura/ pleura pulmonalis/pleura visceralis** Lungenfell
pleural cavity/cavitas pleuralis Pleurahöhle
pleurapophysis Pleurapophyse
pleurite/lateral sclerite Pleurit, Seitenplatte, Seitenstück, lateraler Sklerit
pleurobranch/pleurobranchia Pleurobranchie
pleurocarpic/pleurocarpous pleurokarp, seitenfrüchtig
pleuron/lateral plate Pleuron, Seitenteil
pleuronematic flagellum/ tinsel flagellum/flimmer flagellum Flimmergeißel
pleuston Pleuston
pliability/flexibility Biegsamkeit
pliable/flexible biegsam
plicate/pleated/folded gefaltet, faltig
plication/fold/wrinkle Falte
Pliocene/Pliocene Epoch Pliozän (erdgeschichtliche Epoche)
ploidy Ploidie

plot ***vb math/geom***
auftragen, „plotten“, aufzeichnen
plot (graph/diagram/curve) ***n math/geom*** Diagramm, Kurve
➢ **Lineweaver-Burk plot/ double-reciprocal plot**
Lineweaver-Burk-Diagramm
➢ **Ramachandran plot**
Ramachandran-Diagramm
➢ **Scatchard plot**
Scatchard-Diagramm
plotter Plotter, Kurvenzeichner
plotting/mapping Kartierung
plough/plow/till pflügen
ploughshare bone/vomer
Pflugscharbein, Vomer
pluck ***n*** **(innards)** Innereien (Schlachttiere: Schweine/Rinder)
pluck ***vb*** **(feathers)**
ausreißen, rupfen (Federn)
plug flow
Pfropfströmung, Pfropfenströmung
plug-flow reactor (bioreactor)
Pfropfenströmungsreaktor, Kolbenströmungsreaktor
plum yew family/ cephalotaxus family/ Cephalotaxaceae
Kopfeibengewächse
plumage/ptilosis
Gefieder, Federkleid, Ptilosis
➢ **basic plumage**
Schlichtkleid
➢ **breeding plumage**
see nuptial plumage
➢ **camouflage plumage/ cryptic plumage (dress/pelage/coat)**
Tarntracht, Tarnkleid
➢ **display plumage/ conspicuous plumage**
Prachtkleid
➢ **eclipse plumage/ inconspicuous plumage (drake/♂ duck)** Schlichtkleid
➢ **juvenile plumage** Jugendkleid
➢ **nuptial plumage/ breeding plumage/ courtship plumage**
Brutkleid, Hochzeitskleid (Vögel)
plumage ruffling/feather ruffling
Gefiedersträuben
plumbago family/ sea lavender family/ leadwort family/Plumbaginaceae
Bleiwurzgewächse, Grasnelkengewächse
plumed seed
Samen mit fedrigen Flughaaren
plumose/feathery fedrig, federig
plumule/plumula/ terminal embryonic bud
Plumula, Keimknospe, Stammknospe, Sprossknospe, terminale Embryoknospe
plunge ***vb*** eintauchen
plunge diving ***orn***
Stoßtauchen, Sturztauchen
plunger pollination
sekundäre Pollenpräsentation
plunging jet reactor/deep jet reactor/ immersing jet reactor (bioreactor)
Tauchstrahlreaktor
pluriennal plurienn, mehrjährig wachsend bis zur Blüte (z.B. *Agave*)
plurilocular/multilocular
plurilokulär, mehrkammerig
plus strand (coding strand) ***gen***
Plus-Strang, Positiv-Strang (codierender Strang)
Pluteus family/Pluteaceae
Dachpilze, Dachpilzartige
pluviometer/rain gauge
Regenmesser
plywood Sperrholz, Furnierholz
PNA (peptide-nucleic acids) technology PNA (Peptid-Nucleinsäuren)-Technologie
pneumathode ***bot***
Pneumatode, Atemöffnung
pneumatic bone/hollow bone
pneumatischer Knochen, Hohlknochen, Luftknochen
pneumatophore/ air root/aerating root
Pneumatophore, Atemwurzel
pneumonia
Pneumonie, Lungenentzündung
pneumonic plague (*Yersinia pestis*)
Lungenpest

Poaceae/grass family/Gramineae Süßgräser, Gräser
poach wildern, räubern, stehlen
poacher Wilderer, Wilddieb
POC (particulate organic carbon) partikulärer organischer Kohlenstoff
pocket (enzyme) Tasche
pocosin/"swamp-on-a-hill" (U.S. peatland: SE coastal plains) amerikan. Waldmoor
pod (whales/dolphins/seals) Koppel, Schwarm, Zug (Gruppe: Wale/Delphine/Seehunde)
pod/legume Hülse
pod-grass family/ scheuchzeria family/ Scheuchzeriaceae Blumenbinsengewächse, Blasenbinsengewächse
podeon/podeum/petiole (hymenopterans) Hinterleibsstiel, „Taille", Petiolus
podetium Podetium
podium/tube-foot/ambulacral foot Ambulakralfüßchen, Saugfüßchen
podobranch/podobranchia/foot-gill Podobranchie
podocarpus family/Podocarpaceae Steineibengewächse
podocyte Podocyt, Podozyt, Füßchenzelle
Podophyllaceae/may apple family Fußblattgewächse, Maiapfelgewächse
Podostemaceae/riverweed family Blütentange
podotheca ***orn*** Podotheka
poikilohydrous poikilohydrisch, wechselfeucht
poikilothermic/poikilothermal/ poikilothermous/cold-blooded/ ectothermal/heterothermal poikilotherm, wechselwarm, ektotherm
point mutation Punktmutation
point source Punktquelle
pointed/acute/sharp spitz, zugespitzt
poison/intoxicate ***vb*** vergiften
poison/toxin ***n*** Gift, Toxin
➢ **respiratory poison** Atmungsgift
poison claw Giftklaue
poison control center/ poison control clinic Entgiftungszentrale, Vergiftungszentrale, Entgiftungsklinik
poison fang/venomous fang (unguis) Giftzahn, Giftklaue
poison gland Giftdrüse
poison information center Giftinformationszentrale
poison tooth/venom tooth/fang (snakes) Giftzahn
poisoning/intoxication Vergiftung, Intoxikation
poisonous/toxic giftig, toxisch
poisonous materials Giftstoffe
poisonous plant Giftpflanze
poisonousness/toxicity Giftigkeit, Toxizität
Poisson distribution Poissonsche Verteilung, Poisson Verteilung
pokeweed family/Phytolaccaceae Kermesbeerengewächse
polar polar
polar body Polkörper, Richtungskörper
polar cap (within polar sac) Polkappe
polar cap/calotte (*Dicyemida*) Polarzellen-Kappe, Kalotte
polar capsule Polkapsel
polar cell/calotte cell (Dicyemida) Polzelle, Polarzelle
polar fiber (microtubule) Polfaden (Mikrotubulus)
polar field (ctenophores) Polplatte
polar growth polares Wachstum
polar lobe (cleavage) Pollappen
polar mutation polare Mutation
polar nucleus Polkern
polar plasm/pole plasm Polplasma
polar plates (coelenterates) Polfelder
polar ring (*Apicomlexa*) Polring
polarimeter Polarimeter
polarity Polarität
polarization Polarisation
polarized light polarisiertes Licht
➢ **plane-polarized light** linear polarisiertes Licht

polarizing filter/polarizer Polarisationsfilter, „Pol-Filter“, Polarisator
polarizing microscope Polarisationsmikroskop
pole (long/slender length of wood) Stange
pole (opposite ends) Pol
pole cell Polzelle
pole granules Polgranula
pole plasm Polplasma
Polemoniaceae/phlox family Sperrkrautgewächse, Himmelsleitergewächse
polian vesicle Polische Blase
poll/back of the head/occiput (crest/top/apex: *esp.* horses/cattle) Hinterkopf, Hinterhaupt
pollakanthic pollakanth
pollarding/beheading of tree/ decapitation of tree Kappen, Köpfen (eines Baumes)
pollen Pollen, Blütenstaub
pollen basket/corbiculum (bees) Pollenkörbchen, Corbiculum
pollen brush (bees) Pollenbürstchen
pollen case/theca Pollensackgruppe, Theca, Theka
pollen chamber Pollenkammer
pollen comb/pecten (bees) Pollenkamm
pollen cone/male cone/ microstrobilus/ microsporangiate strobilus Pollenzapfen, männlicher Zapfen
pollen grain Pollenkorn
pollen press/pollen packer/auricle (bees) Pollenschieber, Aurikel
pollen sac (saccus/locule/loculus) Pollensack, Pollenfach (Lokulament)
pollen transfer Pollenübertragung
pollen tube Pollenschlauch
pollen tube cell Pollenschlauchzelle
pollenkitt/pollen coat *bot* Pollenkitt
pollinarium Pollinarium
pollinate bestäuben
pollination *sensu stricto:* Bestäubung (Befruchtung *see* fertilization)
- **animal pollination/zoophily** Tierbestäubung, Tierblütigkeit, Zoophilie
- **bat pollination/ chiropterophily** Fledermausbestäubung, Fledermausblütigkeit, Chiropterophilie
- **bee pollination/melittophily** Bienenbestäubung
- **beetle pollination/cantharophily** Käferbestäubung
- **bird pollination/ornithophily** Vogelbestäubung, Vogelblütigkeit, Ornithophilie
- **butterfly pollination/psychophily** Schmetterlingsbestäubung
- **cross-pollination** Kreuzbestäubung, Fremdbestäubung
- **fly-pollination/myiophily** Fliegenbestäubung, Myiophilie
- **hawk moth pollination/ sphingophily** Nachtfalterbestäubung, Nachtschwärmerbestäubung, Sphingophilie
- **insect pollination/entomophily** Insektenbestäubung, Insektenblütigkeit, Entomophilie
- **moth pollination/phalaenophily** Mottenbestäubung, Phalaenophilie
- **plunger pollination** sekundäre Pollenpräsentation
- **self-pollination/autophily** Selbstbestäubung, Autophilie
- **snail pollination/malacophily** Schneckenbestäubung
- **wasp pollination/sphecophily** Wespenbestäubung
- **water pollination/hydrophily** Wasserbestäubung, Wasserblütigkeit, Hydrophilie
- **wind pollination/anemophily** Windbestäubung, Windblütigkeit, Anemophilie

pollination drop/ pollination droplet Bestäubungstropfen, Befruchtungströpfchen

pollinator Bestäuber
pollinium Pollinium
polliwog/tadpole Kaulquappe
pollutant/contaminant
Umweltgift,
Schadstoff, Schmutzstoff
pollute/contaminate
verschmutzen, kontaminieren
polluter
Umweltverschmutzer
pollution/contamination
Verschmutzung, Kontamination,
Umweltverschmutzung
➢ **air pollution**
Luftverschmutzung
➢ **environmental pollution**
Umweltverschmutzung
➢ **noise pollution**
Lärmverschmutzung
➢ **water pollution**
Wasserverschmutzung
pollution control Umweltschutz
polyacrylamide Polyacrylamid
polyadenylation Polyadenylierung
polyandrous polyandrisch
polyandry
Polyandrie, Vielmännerei
polyaxenic polyaxenisch
polycentric species
polyzentrische Art
**polychetes/polychaetes/
polychete worms/bristle worms**
Polychaeten, Vielborster,
Borstenwürmer
polycistronic polycistronisch
polyculture
Polykultur, Mischkultur
polyenergid polyenergid
polyestrous (polyoestrous)
polyöstrisch
Polygalaceae/milkwort family
Kreuzblümchengewächse,
Kreuzblumengewächse
polygamous
polygam; *bot* polygamisch
polygamy
Polygamie, Vielehe
polygenic polygen
(von mehreren Genen abhängig)
polygenic diseases
polygene (Erb-)Krankheiten
**Polygonaceae/dock family/
buckwheat family/
knotweed family/
smartweed family**
Knöterichgewächse
polygynous polygyn, vielweibig
polygyny Polygynie, Vielweiberei
polyhedral symmetry
polyedrische Symmetrie,
vielflächige Symmetrie
polylecithal polylecithal, polylezithal,
makrolecithal, dotterreich
polylinker/multiple cloning site ***gen***
Polylinker,
multiple Klonierungsstelle
polymer Polymer
**polymerase chain reaction
(*see also:* PCR)**
Polymerasekettenreaktion
polymerization Polymerisation
polymerize polymerisieren
polymictic polymiktisch
polymorphic/pleomorphic
mehrgestaltig,
polymorph, pleomorph
polymorphism/pleomorphism
Polymorphismus, Pleomorphismus,
Mehrgestaltigkeit
➢ **balanced polymorphism** ***gen***
balancierter Polymorphismus
➢ **conformation polymorphism** ***gen***
Konformationspolymorphismus
➢ **SNP (single nucleotide
polymorphism) (pronounce: SNiPs)**
Einzelnucleotidpolymorphismus
➢ **STRPs (short tandem repeat
polymorphisms)** ***gen***
Polymorphismen von
kurzen direkten Wiederholungen
**polymorphism information content
(PIC)** Informationsgehalt
eines Polymorphismus
**polymorphonuclear leukocyte/
granulocyte**
polymorphonuklearer Leukozyt,
Granulocyt, Granulozyt
polynuclear
polynukleär, polynucleär
polynucleotide
Polynucleotid, Polynukleotid
polyoestrous *see* polyestrous

polyp (outgrowth of tissue) Polyp (Gewebewucherung)
polyp/hydroid Polyp
➢ **autozooid/feeding polyp (*Octocorallia*)** Autozooid, Zooid, Fangpolyp, Fresspolyp
➢ **defense polyp/protective polyp/ stinging zooid/dactylozooid** Wehrpolyp, Dactylozoid, Dactylozooid
➢ **feeding polyp/nutritive polyp/ gastrozooid/trophozooid** Fresspolyp, Nährtier, Gasterozoid, Gastrozooid, Trophozoid, Trophozooid
➢ **founder polyp/primary polyp** Gründerpolyp, Primärpolyp
➢ **protective polyp/defense polyp/ stinging zooid/dactylozooid** Wehrpolyp, Dactylozoid, Dactylozooid
➢ **reproductive polyp/gonozooid** Geschlechtspolyp, Gonozoid, Gonozooid
➢ **siphonozooid** Siphonozooid, Pumppolyp
➢ **stinging zooid/protective polyp/ defense polyp/dactylozooid** Wehrpolyp, Dactylozoid, Dactylozooid
polyphage Vielfraß
polyphagous/polyphagic polyphag, allesfressend (begrenzte Nahrungsauswahl)
polyphenism Polyphänismus
polypheny/pleiotropy/pleiotropism Polyphänie, Pleiotropie
polyphyletic polyphyletisch
polyphyodont polyphyodont
polypide Polypid
polyploid polyploid
polyploidy Polyploidie
polypnea Polypnoe
polypod polypod, vielbeinig
Polypodiaceae/fern family Tüpfelfarngewächse
polypoid stage Polypenstadium
polypore family/bracket fungi/ Poriales/Polyporaceae Porlinge, Echte Porlinge
polyprotein Polyprotein
polysome/polyribosome Polysom, Polyribosom
polystemonous polystemon
polytene chromosomes polytäne Chromosomen
polythalamous/polythalamic/ with many chambers/polythecal polythalam, vielkammerig, vielkämmrig, mehrkammerig, polythekal
polythetic polythetisch
polytokous polytok
polytomy/polychotomy Polytomie
polytypic species polytypische Art
polyunsaturated mehrfach ungesättigt
polyunsaturated fatty acid mehrfach ungesättigte Fettsäure
polyvoltine/multivoltine polyvoltin, plurivoltin, mit mehreren Jahresgenerationen
polyxenous/polyxenic mehrwirtig, heteroxen
pomaceous fruit Kernobst
pome Apfelfrucht
pomegranate family/Punicaceae Granatapfelgewächse
pomology Obstbaukunde
pond/pool Teich, Tümpel
➢ **small pond (e.g., fish pond)** Weiher (z.B. Fischweiher)
pond scum Kahmhaut, Oberflächenhäutchen (auf Teich)
pondweed family/ Potamogetonaceae Laichkrautgewächse
pongids/great apes/Pongidae Menschenaffen
pons varolii Varolsbrücke, Brücke
Pontederiaceae/ pickerel-weed family/ water hyacinth family Hechtkrautgewächse
pontine flexure *embr* Brückenbeuge
pool *n* (*see also:* pond) Tümpel; Lache
pool *n* (whole quantity of a particular substance: body substance, metabolite etc.) „Pool" (Gesamtheit einer Stoffwechselsubstanz)

pool/combine/accumulate
poolen, vereinigen, zusammenbringen, zusammenfassen
pooling of data ***stat***
Zusammenfassung von Daten
poor grassland/ rough pasture/rough meadow
Magerwiese
poples/popliteal fossa/ popliteal space/bend of knee/ back of the knee/ hollow behind knee
Kniekehle
poppy family/Papaveraceae
Mohngewächse
populate bevölkern
population/reproductive group
Population, Fortpflanzungsgemeinschaft; Bevölkerung
➢ **depopulation** Entvölkerung
➢ **fluctuation of population**
Populationsschwankung, Bevölkerungsschwankung
➢ **founder population**
Gründerpopulation
➢ **game population/stock of game**
Wildbestand
➢ **initial population**
Ausgangspopulation
➢ **overpopulation**
Überpopulation; Überbevölkerung, Übervölkerung
population control
Populationskontrolle, Bevölkerungskontrolle
population crash
Populationszusammenbruch, Bevölkerungszusammenbruch
population curve
Populationskurve, Bevölkerungskurve
population density
Populationsdichte, Bevölkerungsdichte
population ecology
Populationsökologie, Demökologie
population equivalent (PE)
Einwohnergleichwert (EGW)
population genetics
Populationsgenetik
population growth
Populationszuwachs, Populationswachstum, Bevölkerungswachstum
population pressure
Populationsdruck, Bevölkerungsdruck
population pyramid
Populationspyramide, Bevölkerungspyramide
population screening
Reihenuntersuchung
population size
Populationsgröße, Bevölkerungsgröße
population viability analysis (PVA)
Analyse der Überlebensfähigkeit einer Population
porcine schweineartig, Schweine betreffend, Schweine...
pore mushroom/ pore fungus/boletus mushroom
Porling, Röhrenpilz, Röhrling
pore of Kohn Kohnsche Pore
poricidal
poricid, porizid, lochspaltig
poricidal capsule
Porenkapsel, Lochkapsel
porin Porin
pork Schweinefleisch
porker Mastferkel, Mastschwein
porosity Porosität, Durchlässigkeit
porous porös, porig, durchlässig
porpoise Kleintümmler (no “beak” as in dolphins)
portal vein/vena portae
Pfortader
portion/fraction
Teilmenge, Portion, Fraktion
Portulacaceae/purslane family
Portulakgewächse
Posidonia family/Posidoniaceae
Neptungrasgewächse, Neptungräser
position effect
Positionseffekt, Lageeffekt
positional cloning
Positionsklonierung
positional mapping ***gen***
Positionskartierung
positron emission tomography (PET)
Positronenemissionstomographie

post *n* **(upright piece of wood/metal as a stay/support)** Pfosten, Pfahl
post-emergence treatment *agr* Nachauflaufbehandlung
post-mortem examination Obduktion
postabdomen/metasoma Postabdomen, Metasoma
postantennal organ Postantennalorgan, Hinterfühlerorgan
postcopulatory behavior Nachbalz
postfloration Postfloration, Nachblüte
posttetanic potentiation (PTP) posttetanische Potenzierung
posttranslational posttranslational
posture/stance Haltung, Stellung, Lage
postzygotic barrier postzygotische Fortpflanzungsbarriere
pot *n* Topf
➢ **flower pot** Blumentopf
pot *vb* eintopfen
➢ **repot (a plant)** umtopfen
➢ **potted plant** Topfpflanze
➢ **potting soil** Topferde, Blumenerde
pot/marijuana/marihuana (dried leaves/flowering tops of pistillate hemp plant) Marihuana
potamic potamal, von Flüssen transportiert, Fluss...
potamodromous/ migrating in fresh water potamodrom, in Fließgewässern wandernd
Potamogetonaceae/ pondweed family Laichkrautgewächse
potamoplankton Potamoplankton, Flussplankton
potassium (K) Kalium
potato family/nightshade family/ Solanaceae Nachtschattengewächse
potential *adj/adv* potenziell, möglich, eventuell, latent vorhanden
potential *n* Potenzial; *electr* Spannung
➢ **action potential** Aktionspotenzial
➢ **contingent negative variation (CNV)** Erwartungspotenzial
➢ **coupling potential** Kopplungspotenzial
➢ **electrotonic potential** elektrotonisches Potenzial
➢ **end plate potential (epp)** Endplattenpotenzial
➢ **equilibrium potential** Gleichgewichtspotenzial
➢ **evoked potential** evoziertes Potenzial
➢ **excitatory postsynaptic potential (EPSP)** exzitatorisches postsynaptisches Potenzial
➢ **generator potential** Generatorpotenzial
➢ **graded potential** graduiertes Potenzial
➢ **gross potential** Summenpotenzial
➢ **inhibitory postsynaptic potential (IPSP)** inhibitorisches postsynaptisches Potenzial
➢ **localized potential** lokales Potenzial, Lokalpotenzial
➢ **membrane potential** Membranpotenzial
➢ **osmotic potential** osmotisches Potenzial
➢ **pacemaker potential** Schrittmacherpotenzial
➢ **readiness potential** Bereitschaftspotenzial
➢ **resting potential** Ruhepotenzial
➢ **reversal potential** Umkehrpotenzial
➢ **solute potential** Löslichkeitspotenzial
➢ **threshold potential** Schwellenpotenzial
potential difference/voltage Potentialdifferenz, Spannung
potherbs/greens Suppenkraut, Blattgemüse (gekochtes)
pothole/deep pool Kolk, Moorauge, Blänke

potted plant Topfpflanze
Potter-Elvehjem homogenizer (glass homogenizer)
„Potter“ (Glashomogenisator)
potting soil (potting mixture: soil & peat a.o.)
Topferde, Blumenerde
pouch/sac/ sac-like cavity/pocket/bursa
Beutel, Sack, Tasche, Bursa
pouch/marsupium
Beutel, Brutbeutel, Marsupium
pouch ***orn*** Kehlhautsack
pouch gall Beutelgalle
pouched/saccate
sackförmig, taschenförmig
pouched mammals/marsupials/ metatherians/Metatheria/ Didelphia Beuteltiere, Marsupialia
poulard/poularde (sterilized hen/ or killed before sexual maturity)
Poularde, Masthuhn (geschlachtet vor Geschlechtsreife) (*see also:* pullet)
poult (young fowl)
Junggeflügel;
junger Truthahn, Jungpute
poultry
Geflügel, Hausgeflügel, Federvieh
pound (public enclosure for stray dogs/cats) institutionalisierter Zwinger für verwaiste Hunde/Katzen, Tierheim, Tierasyl
➢ **dog pound** Hundezwinger
pour/water the plants gießen
pour-plate method
Plattengussverfahren, Gussplattenmethode
pout ***n*** Schmollen;
Schmollmund, Schnute, Flunsch
pout (pouting) ***vb*** schmollen;
eine Schnute/Flunsch ziehen
powder-down feather/pulviplume ***orn***
Puderdune, Pulvipluma
powdery mildews/Erysiphales
echte Mehltaupilze
power diving/ nose diving (from air) ***orn***
Stoßtauchen
power stroke/effective stroke (forward stroke)
Kraftschlag, Wirkungsschlag
power supply
Stromquelle, Stromzufuhr
prairie Prärie
prayer-plant family/ arrowroot family/Marantaceae
Pfeilwurzelgewächse
pre-emergence treatment ***agr***
Vorauflaufbehandlung
pre-mutation Prä-Mutation
pre-proinsulin/preproinsulin
Prä-Proinsulin, Präproinsulin
pre-mRNA/rRNA/tRNA (precursor xRNA)
Prä-xRNA, Vorläufer-xRNA
pre-T cell/T-cell precursor
T-Vorläuferzelle
preadaptation
Präadaptation, Vorangepasstsein
prebiotic(al) präbiotisch
prebiotic soup präbiotische Suppe
prebiotic synthesis
präbiotische Synthese
Precambrian/Precambrian Era
Präkambrium, Präcambrium (erdgeschichtliches Zeitalter)
precaution/ precautionary measure
Vorsichtsmaßnahme, Vorsichtsmaßregel
precipitate/deposit ***n***
Präzipitat, Fällung, Ausfällung, Abscheidung
precipitate/deposit ***vb***
präzipitieren, fällen, ausfällen, abscheiden
precipitation Präzipitation, Ausfällung, Ausfällen, Fällung, Fällen; *meteo* Niederschlag
precise/exact präzis, genau, exakt
precision/exactness
Präzision, Genauigkeit
precision balance
Präzisionswaage, Feinwaage
precision grip Präzisionsgriff
precoated plate Fertigplatte
precocial animal/ nidifugous animal ***orn***
Nestflüchter
➢ **altricial animal/ nidicolous animal** ***orn***
Nesthocker

precocious verfrüht
precocious *bot* (flowering before leaf formation) frühblühend (vor der Beblätterung)
precopulatory rite/ precopulatory behavior Begattungsvorspiel
preculture Vorkultur
precursor Präkursor, Vorläufer
precursor cell Vorläuferzelle
predaceous/predatory räuberisch
predaceous instinct Raubinstinkt
predation Raub, Räubertum, Jagd
predator/predatory animal Prädator, Räuber, Raubfeind, Raubtier, Fressfeind, Jäger
predator-prey relationship Räuber-Beute-Verhältnis
predatory/predaceous/raptorial (greifend) räuberisch, Raub...
predatory animal Raubtier
predatory bird/ bird of prey/raptorial bird Raubvogel, Greifvogel
predatory insect Raubinsekt, räuberisches Insekt
predictive ecology vorausschauende Ökologie, voraussagende Ökologie
predictive medicine vorhersagende Medizin
predilection site Prädilektionsstelle
predisposition Prädisposition, Veranlagung
predominate vorherrschen
preen *vb* (das Gefieder) putzen, sich putzen
preening Körperpflege
preening *orn* (plumage) Gefiederputzen, Gefiederkraulen
preening behavior Putzverhalten
preferential preferenziell, Vorzugs.., bevorrechtigt
preferential/favorably associated (fidelity) *biogeo/ecol* preferenziell, hold
prefloration (aestivation) Präfloration, Knospenlage/-deckung der Blütenblätter
prefoliation/vernation (mode of packing of leaves: all parts of a bud) Vernation, Blattlage in der Knospe, Knospenlage aller Laubblätter einer Knospe; (of single parts: ptyxis) Ptyxis
pregerminate vorkeimen
pregnancy/gravidity/gestation Schwangerschaft, Trächtigkeit, Gestation
➤ **abdominal pregnancy** Abdominalschwangerschaft, Bauchhöhlenträchtigkeit, Leibeshöhlenschwangerschaft, Leibeshöhlenträchtigkeit
➤ **tubal pregnancy** Eileiterschwangerschaft, Oviduktträchtigkeit
➤ **ectopic pregnancy/ extrauterine pregnancy (EUP)** ektopische Schwangerschaft, Extrauteringravidität (EUG)
➤ **ovarian pregnancy** Ovarialschwangerschaft, Ovariolenträchtigkeit, Ovarialträchtigkeit
pregnant/gravid/gestational schwanger, trächtig
➤ **pseudopregnant** pseudopregnant, scheinschwanger
pregnenolone Pregnenolon
prehensile/grasping/ able to grasp/raptorial zum Greifen geeignet, zupackend, ergreifend, Greif...
prehensile foot/grasping foot Greiffuß
prehensile hand/grasping hand Greifhand
prehensile mask (dragonfly larva: retractible prehensile labium) Fangmaske
prehensile organ Greiforgan
prehensile tail Greifschwanz
prehensile tentacle Greifarm (Tentakel)
prehensility Fähigkeit zum Greifen, Greiffähigkeit

preimplantation testing Präimplantationstest (Untersuchung vor Einnistung des Eis)
preinitiation complex Präinitiationskomplex
premature verfrüht, frühzeitig
premature birth Frühgeburt
prematurity Frühzeitigkeit, Vorzeitigkeit; Prämaturität, Frühreife
premaxilla Prämaxille
premolar/bicuspid tooth Prämolar, vorderer Backenzahn
premunition/concomitant immunity Prämunität, Präimmunität, Prämunition, begleitende Immunität
prenatal pränatal, vorgeburtlich
prenatal diagnosis Pränataldiagnose, pränatale Diagnostik
prenatal diagnostics Pränataldiagnostik, pränatale Diagnostik
prenylation Prenylierung
preorbital gland/antorbital gland Voraugendrüse, Antorbitaldrüse
preparation Präparation, Vorbereitung; Zubereitung
preparation (*Lebewesen:* preserved specimen) Präparat
preparative centrifugation präparative Zentrifugation
prepare/dissect/mount präparieren
prepatent period Präpatenz, Latenzzeit
prephenic acid (prephenate) Prephensäure (Prephenat)
prepriming complex Prä-Startkomplex
preproinsulin/pre-proinsulin Präproinsulin, Prä-Proinsulin
prepuce/foreskin/sheath Präputium, Vorhaut, Scheide
prepupa/propupa Präpupa, Propupa, Vorpuppe, Semipupa
preputial gland/castor gland (beaver) Präputialdrüse
preputial sac (insects) Präputialsack, Penisblase
prescutum Präscutum, Vorschild
presence Präsenz, Anwesenheit, Vorhandensein, Vorliegen
presence degree Stetigkeit
preservation Preservierung, Bewahrung, Erhaltung
preservation of species Arterhaltung
preservative *n* Konservierungsstoff, Konservierungsmittel, Präservierungsstoff; Präservativ
preserve/conserve preservieren, konservieren, bewahren, erhalten, haltbar machen
preserved specimen Präparat
pressboard Pressspan
pressure cycle reactor (bioreactor) Druckumlaufreaktor
pressure-flow theory/ pressure-flow hypothesis Druckstromtheorie, Druckstromhypothese
presymptomatic diagnosis präsymptomatische Diagnose, präsymptomatische Diagnostik
pretarsus (insects) Prätarsus, Klauenglied, Krallenglied, Krallensegment, Krallensockel
pretrial/preliminary experiment Vorversuch
prevalence/prevalency Prävalenz
prevalent prävalent sein, vorherrschen, überwiegen; überhandnehmen
prey *n* Beute, Jagdbeute, Beutetier
prey *vb* erbeuten, auf Beutejagd gehen
priapulans Priapuliden, Priapswürmer
prick/prickle Stachel (Epidermisauswuchs)
prickle cell (skin) Stachelzelle (der Haut)
prickle-shaped/ bristle-shaped/styliform stilettförmig, griffelförmig
prickly stachelig, stachlig

prickly shrub/bramble stacheliger Strauch
pride *n* Stolz
pride *n* **(a company of lions)** Rudel, Schar
primaries/primary feathers (primary remiges) Handschwingen, Hautschwingen
primary consumer Primärkonsument
primary culture Primärkultur
primary growth Primärwachstum, primäres Dickenwachstum
primary host/ main host/definitive host Hauptwirt
primary larva Primärlarve, Junglarve, Eilarve
primary leaf Primärblatt
primary metabolism Primärstoffwechsel
primary metabolite Primärmetabolit, Primärstoffwechselprodukt
primary product/initial product Ausgangsprodukt
primary production Primärproduktion
primary response Primärantwort
primary settlement/ primary succession Erstbesiedlung, primäre Sukzession
primary settling tank Vorklärbecken
primary structure Primärstruktur
primary tectrices *orn* Handdecken
primary thickening meristem (PTM) primärer Meristemmantel
primary transcript Primärtranskript
primary wall Primärwand
primary xylem Primärxylem
primates Primaten, Herrentiere
➢ **apes/great apes** Menschenaffen
➢ **dry-nosed monkeys/Haplorrhini** Trockennasenaffen, Haarnasenaffen
➢ **lower primates/ prosimians/Prosimii** Halbaffen
➢ **monkeys (primates with tails)** Tieraffen, Äffchen
➢ **New-World monkeys (South American monkeys and marmosets)/Platyrrhina** Neuweltaffen, Breitnasenaffen
➢ **Old-World monkeys (*incl.* apes)/Catarrhina** Altweltaffen, Schmalnasenaffen
➢ **wet-nosed monkeys/Strepsirhini** Feuchtnasenaffen, Nacktnasenaffen
prime *adj/adv* primär, grundlegend, erster
prime *n* Anfang, Beginn
prime *vb* vorbereiten, präparieren
primer *gen* Primer
➢ **nested primer** verschachtelte Primer
➢ **universal primer** Universalprimer
primer effect *physiol* Umstimmungs-Effekt
primer extension *gen* Primer-Extension, Primer-Verlängerung
primer extension analysis Primer-Extensionsanalyse (Verfahren zur Bestimmung des 5'-Endes einer mRNA)
primeval forest/virgin forest/ pristine forest/jungle Urwald
priming *gen* Priming
➢ **RNA priming** RNA-Priming
➢ **self-priming** Selbst-Priming
primiparous erstgebärend
primitive/primordial/ of earliest origin primitiv, ursprünglich, früh (frühen Ursprungs)
primitive/ not differentiated or specialized primitiv, undifferenziert (→omnipotent)
primitive brain/archencephalon Urhirn, Archenzephalon, Archencephalon
primitive form/ basic form/parent form Stammform, Urform
primitive groove *embr* Primitivrinne
primitive node/Hensen's node/ primitive knot/Hensen's knot Primitivknoten, Hensenscher Knoten, Hensen-Knoten

primitive pit Primitivgrube
primitive plate ***embr*** Primitivplatte
primitive ray-finned bony fishes/ Chondrostei Altfische
primitive streak/ germinal streak (gastrulation) ***embr*** Primitivstreifen, Keimstreifen
primocane Erstjahrestrieb einer zweijährigen Rutenpflanze (z.B. Himbeere)
primordial/primitive/ original/first formed primordial, ursprünglich, zuerst angelegt
primordial cell/initial Primordialzelle, Primane, Initiale, Initialzelle
primordial male germ cell/ spermatogonium Ursamenzelle, Spermatogonium
primordial soup Ursuppe
primordium/anlage Primordium, Anlage
primosome Primosom
primrose family/Primulaceae Primelgewächse, Schlüsselblumengewächse
principle of competitive exclusion/ exclusion principle (Gause's rule/principle) Konkurrenz-Ausschluss-Prinzip, Konkurrenz-Exklusions-Prinzip
prion (protein infectious agent) Prion
priority rule Prioritätsregel
prismatic layer Prismenschicht
pristine ursprünglich, urtümlich
pristine forest/primeval forest/ virgin forest/jungle Urwald
pro-oestrus *see* proestrus
probability Wahrscheinlichkeit
probe (microprobe) Sonde (Mikrosonde)
➢ **DNA probe** DNA-Sonde
➢ **riboprobe** Ribosonde, RNA-Sonde
probe/probing head Tastkopf
probing bill Stocherschnabel
probiosis Probiose, Nutznießung
proboscis Proboscis, Rüssel
proboscis/acorn (prosoma/protocoel of enteropneusts) Eichel
proboscis receptacle/rhnychocoel Rüsselscheide, Rhynchocoel
proboscis receptacle retractor Rüsselscheidenretraktor
procercoid (cestodes) Procercoid, Prozerkoid (Cestoda-Postlarve)
process ***vb biochem/gen/neuro*** prozessieren, verarbeiten, weiterverarbeiten, behandeln; weiterleiten; (metabolize) umsetzen
process ***n*** Prozess, Verfahren, Behandlung
process ***n neuro*** Fortsatz
process control Prozesskontrolle
process engineering Verfahrenstechnik
processed antigen prozessiertes Antigen, weiterverarbeitetes Antigen
processed pseudogene weiterverarbeitetes Pseudogen
processing Prozessierung, Verarbeitung, Weiterverarbeitung
➢ **antigen processing** Antigenprocessing, Antigenweiterverarbeitung
➢ **RNA processing** RNA-Processing, RNA-Weiterverarbeitung
processivity Prozessivität
procoel/procoele Procöl, Procoel
procoelous procöl, procoel
procurved procurv, prokurv
prodissoconch (bivalve larva: premetamorphic shell) Prodissoconch, Prodissoconcha
prodrug Prodrug (Arzneivorstufe)
produce ***n*** Erzeugnis, Naturerzeugnis, Landbauprodukt
produce/make produzieren, erzeugen, herstellen
producer Produzent, Erzeuger, Hersteller

product Produkt
- ➢ **by-product/residual product** Nebenprodukt
- ➢ **end product** Endprodukt
- ➢ **side product** Nebenprodukt

product inhibition Produkthemmung
product-moment correlation coefficient Produkt-Moment-Korrelationskoeffizient, Maßkorrelationskoeffizient
product rule Produktregel
productive produktiv
productivity Produktivität
proenzyme/zymogen Proenzym, Zymogen
proestrus Proöstrus, Vorbrunst
professional antigen presenting cell professionelle antigenpräsentierende Zelle
profiled axial flow impeller (bioreactor) Axialrührer mit profilierten Blättern
profitability/feeding efficiency Profitabilität
proflavin Proflavin
profundal ***n*** Tiefe (Meerestiefe)
profundal depth Meerestiefe
profundal zone (inland waterbody) Untergrundbereich (Binnensee)
progenesis (precocious reproduction) Progenese
progenitor/forebear/ancestor Vorfahre, Ahne
progenote Progenot *m*
progeny/descendant/offspring Nachkomme, Deszendent, Abkömmling; Nachkommenschaft
progeny of a multiple birth Mehrlinge
progesterone Progesteron
progestin Progestin
proglottis/proglottid/ tape "segment" (tapeworms) Proglottide, „Segment"
prognathism/prognathy Prognathie, Vorkiefrigkeit
prognathous/prognathic prognath, vorkiefrig
programmed cell death (apoptosis) programmierter Zelltod (Apoptose)
progymnosperms Progymnospermen
prohaptor/buccal sucker (flukes) Prohaptor, Mundsaugnapf
proinsulin Proinsulin
projection/spike/serration vorstehender Teil, Vorsprung, Zacke
projection field/ projection area ***neuro*** Projektionsfeld
prokaryote (procaryote) Prokaryont, Prokaryot *m* (Procaryont/Procaryot)
prokaryotic (procaryotic) prokaryontisch, prokaryotisch (procaryontisch/procaryotisch)
prokaryotic cell prokaryotische Zelle, Protocyt, Protocyte
prolactin (PRL)/ luteotropic hormone (LTH) Prolaktin, Prolactin (PRL), Mammatropin, Mammotropes Hormon, Lactotropes Hormon, Luteotropes Hormon (LTH)
prolactoliberin/ prolactin releasing hormone/ prolactin releasing factor (PRH/PRF) Prolaktoliberin, Prolaktin-Freisetzungshormon
prolamellar body Prolamellarkörper
proleg/pes spurius Propes, Bauchfuß (larvales Abdominalbein)
- ➢ **with crochets on planta in a row** Klammerfuß, Pes semicoronatus (Bauchfüße bei Großschmetterlinglarven)
- ➢ **with crochets on planta in a circle** Kranzfuß, Pes coronatus (Bauchfüße bei Kleinschmetterlinglarven)

proliferate proliferieren, wuchern, sich stark vermehren
proliferation Proliferation, Wucherung
proliferative wuchernd, proliferierend

proliferative zone/ budding zone (tapeworms) Proliferationszone, Sprossungszone
proline Prolin
promiscuity Promiskuität (wahllose/ungebundene Geschlechtsbeziehungen)
promiscuous promiskuitiv, gemischt; in Promiskuität lebend
promiscuous DNA promiskuitive DNA
promontory (a bodily prominence) ***anat*** vorstehender/vorspringender Körperteil
promoter (strong/weak) Promotor (starker/schwacher)
promoter complex (open/closed) Promotorkomplex (offener/geschlossener)
pronation Pronation, Einwärtsdrehung (um Längsachse)
pronephric duct Pronephros-Gang, primärer Harnleiter
prong/spike (point of antler) Geweihzacke, Geweihspross, Geweihspitze
pronghorn gegabeltes Horn/Geweih
pronotum Pronotum, Prothorakalschild, dorsales Halsschild
pronucleus Pronukleus, Pronucleus, Vorkern
proof (alcohol grade) 200% des jeweiligen Alkoholgehaltes (60 proof = 30% Alkohol)
proofreading Korrekturlesen
prop Stütze
prop root/stilt root Stützwurzel, Stelzwurzel
propagate/reproduce fortpflanzen, vermehren, reproduzieren
propagate ***neuro*** weiterleiten, fortleiten, propagieren
propagation/reproduction Vermehrung, Fortpflanzung, Reproduktion
propagation ***neuro*** **(nerve impulse)** Fortleitung, Weiterleitung
propagative transmission ***vir*** propagative Übertragung
propagule/dispersal unit/ diaspore/disseminule Ausbreitungseinheit, Propagationseinheit, Fortpflanzungseinheit, Diaspore
propellants/propellents Treibmittel, Treibgase
propeller impeller Propellerrührer
proper name Eigenname
prophage Prophage
prophase Prophase
prophyll (a bracteole/bractlet/ secondary bract) Prophyll, Vorblatt
propionic acid (propionate) Propionsäure (Propionat)
propionic aldehyde/ propionaldehyde Propionaldehyd
proplastid Proplastide
propodite Propodit
proportion rule/ Allen's law/Allen's rule Proportionsregel, Allen'sche Regel
proportional truncation proportionaler Schwellenwert
propositus Proband, Propositus
proprioceptor/proprioreceptor Proprioceptor
propulsion Antrieb, Voranbringen (Fortbewegung)
propulsive flight ***orn*** Kraftflug, Schlagflug
propulsive force Antriebskraft, Triebkraft
propupa/prepupa Propupa, Präpupa, Vorpuppe, Semipupa
prosenchymatous prosenchymatisch
prosimians/ lower primates/Prosimii Halbaffen
prosobranch snails/prosobranchs/ Streptoneura/Prosobranchia Vorderkiemer, Vorderkiemenschnecken

prosoma/proterosoma/ cephalothorax Prosoma, Vorderkörper, Vorderleib, Cephalothorax, „Kopf“
prosopyle (sponges) zuführende Kammerpore
prostaglandin Prostaglandin
prostanoic acid Prostansäure
prostate/prostate gland Prostata, Prostatadrüse, Vorsteherdrüse
prostatic gland (annelids: spermiducal gland) Kornsekretdrüse
prosthecate prosthekat, prostekat
prosthetic group prosthetische Gruppe
prostomium Prostomium, Kopflappen
prostrate/procumbent/trailing/lying liegend, niederliegend
protandric/protandrous protandrisch, proterandrisch
protandric hermaphrodite proterandrischer Hermaphroditismus, protandrisches Zwittertum
protandry Protandrie, Proterandrie, Vormännlichkeit
protea family/Australian oak family/ silk-oak family/Proteaceae Proteagewächse, Proteengewächse, Silberbaumgewächse
proteasome Proteasom
protect (protected) schützen (geschützt)
protected bud geschlossene Knospe (mit Knospenschuppen)
protected forest Schutzwald (Schonwald/Hegewald/Bannwald/ Naturwaldreservat)
protected forest plantation, young Schonung
protection assay/ protection experiment Schutzversuch, Schutzexperiment
protective clothing Schutzkleidung
➤ **workers' protective clothing** Arbeitsschutzkleidung
protective device Schutzvorrichtung
protective gloves Schutzhandschuhe
protective hood Schutzhaube
protective immunization Schutzimpfung
protective measure/ precautionary measure Schutzmaßnahme
protective polyp/defensive polyp/ stinging zooid/dactylozooid Wehrpolyp, Dactylozoid
protective protein Schutzprotein
protective resemblance/ protective adaptation ***ethol*** Schutzanpassung
protein Protein, Eiweiß
➤ **acute phase protein** Akutphasenprotein
➤ **carrier protein** Trägerprotein, Schlepperprotein
➤ **contractile protein/motile protein** kontraktiles/motiles Protein
➤ **defense protein** Abwehrprotein
➤ **fibrous proteins** fibrilläre Proteine, Faserproteine
➤ **globular proteins** globuläre Proteine, Sphäroproteine
➤ **heat shock protein (HSP)** Hitzeschockprotein
➤ **integral (intrinsic) proteins** integrale (intrinsische) Proteine
➤ **integral membrane protein** integrales Membranprotein
➤ **nonstructural protein** Nichtstrukturprotein
➤ **nutrient protein** Nährstoffprotein
➤ **peripheral (extrinsic) proteins** periphere (extrinsische) Proteine
➤ **polyprotein** Polyprotein
➤ **protective protein** Schutzprotein
➤ **regulative protein/ regulatory protein** Regulatorprotein, regulatives Protein, regulatorisches Protein
➤ **scleroprotein** Skleroprotein
➤ **signal protein** Signalprotein

➢ **single-cell protein (SCP)** Einzellerprotein
➢ **storage protein** Speicherprotein, Reserveprotein
➢ **structural protein** Strukturprotein, Gerüstprotein, Stützprotein
➢ **transport protein** Transportprotein

protein aggregation Proteinaggregation, Proteinzusammenlagerung
protein body Proteinkörper
protein deficiency Eiweißmangel
protein engineering gezielte Konstruktion von Proteinen
protein folding Proteinfaltung
protein tagging Protein-Tagging
protein targeting Steuerung von Proteinen
protein truncation test (PTT) Nachweis verkürzter Proteine
proteinaceous proteinartig, proteinhaltig, Protein..., aus Eiweiß bestehend, Eiweiß...
proteinoid Proteinoid
proteinuria Proteinurie
proteoglycan Proteoglycan
proteolysis Proteolyse, Eiweißspaltung
proteolytic proteolytisch, eiweißspaltend
proteomics Proteomik
Proterozoic Eon (late Precambrian) Proterozoikum (Jungpräkambrium/ spätes Präcambrium/Eozoikum)
prothallus Prothallus, Prothallium; Vorlager (Vorkeim von Farnen)
prothoracic gland (an ecdysial, molting gland) Prothoraxdrüse
prothoracicotropic hormone (PTTH)/ brain hormone prothoracotropes Hormon, Aktivationshormon
prothorax Prothorax, Vorderbrust
prothrombin/thrombinogen Prothrombin
protists/Protista Protisten
proto-oncogene Protoonkogen
protobranch (gills) Protobranchie, Kammkieme
protobranch bivalves/ Protobranchiata (Bivalvia) Kammkiemer, Fiederkiemer
protocell Protozelle
protocerebrum (insects) Protocerebrum, Vorderhirn
protocoel/protocoele Protocöl, Protocoel, Axocöl, Axocoel
protoconch (nuclear whorls) Protoconch, Larvenschale, Embryonalschale, Embryonalgewinde
protocorm Protokorm
protocorm-like body Protokormus-ähnlicher Körper
protofilament Protofilament
protofrogs/proanurans/Proanura Proanura
protogynous protogyn, proterogyn
protogyny Protogynie, Proterogynie, Vorweiblichkeit
protomer Protomer
proton gradient Protonengradient
proton microprobe Protonensonde
proton motive force protonenmotorische Kraft
proton pump Protonenpumpe
protonema Protonema (Vorkeim: Moose/einige Algen)
protoplasm Protoplasma
protoplast Protoplast
protopod/protopodite (basal part) Protopodit (Sympodit)
protostelids/Protosteliomycetes Urschleimpilze, haploide Schleimpilze
protostomes/Protostomia Urmundtiere, Urmünder, Erstmünder
protozoans/"first animals" Protozoen, „Einzeller", Urtierchen, Urtiere
protractor muscle Protraktor, Vorzieher, Vorwärtszieher
protrude vorstehen, hervorstehen, herausstehen

protruding
vorstehend, hervorstehend
protruding end/overhanging end/ overhanging extension (DNA)
überhängendes Ende
protrusion/projection/outgrowth
Ausbuchtung, Auswuchs
protrusive (e.g., pharynx of turbellarians)
ausstülpbar
protuberance/tubercle
Auswuchs, Wölbung (Höcker/Beule/Warze)
proturans Beintastler, Protura
proventriculus Proventrikulus, Ventiltrichter, Ventilkropf (Vormagen der Honigbiene)
provirus Provirus
prowl *vb zool* (e.g., cats)
umherstreifen, herumschleichen
proximal proximal, ursprungsnah, dem Zentrum zu gelegen
pruinose bereift
prune/trim *hort* beschneiden, zuschneiden, zurückschneiden, stutzen, einkürzen
pruners/pruning shears/ pruning snips (secateurs)
Gartenschere, Trimmschere
pruning *hort*
Rückschnitt, Stutzen (Gehölzschnitt)
➢ **form pruning/ shape pruning/training**
Erziehungsschnitt
➢ **maintenance pruning**
Erhaltungsschnitt
➢ **tree pruning** Baumschnitt
pruning back *hort* Rückschnitt
pruning of woody plants
Gehölzschnitt
psammobiontic/sabulicolous/ arenicolous
im Sand lebend, im Sand wohnend
psammolittoral habitat
Sandlückensystem
psammon (interstitial flora/fauna)
Psammon
psammophilous (thriving in sandy habitats)
psammophil, sandliebend
psammophyte (plant growing in unconsolidated sand)
Psammophyt, Sandpflanze
pselaphognaths/Pselaphognatha
Pinselfüßer
pseudanthium Scheinblüte
pseudaxis/sympodium
Scheinachse, Sympodium
pseudobranch
Pseudobranchie, Tracheenkieme
pseudobulb
Pseudobulbe, Luftknolle
pseudocarp/false fruit/spurious fruit
Scheinfrucht
pseudocopulation Scheinpaarung
pseudodominance
Pseudodominanz
pseudofruit Scheinfrucht
pseudogamy/pseudomixis
Pseudogamie
pseudogene Pseudogen
➢ **conventional pseudogene**
konventionelles Pseudogen
➢ **processed pseudogene**
prozessiertes Pseudogen, weiterverarbeitetes Pseudogen
pseudogrooming Scheinputzen
pseudohermaphrodism
Pseudohermaphroditismus, Scheinzwittertum
pseudohermaphrodite
Pseudohermaphrodit, Scheinzwitter
pseudolamellar gill/ pseudolamellibranch
Pseudolamellibranchie, Scheinblattkieme
pseudoparenchyma/ paraplectenchyma/false tissue
Pseudoparenchym, Scheingewebe
pseudopod *cyt*
Pseudopodium, Scheinfüßchen
pseudopregnant
pseudopregnant, scheinschwanger
pseudoscorpions/false scorpions/ Pseudoscorpiones/Chelonethi
Pseudoskorpione, Afterskorpione
pseudostem/false stem (banana)
Scheinstamm
pseudostigmatic organ (orbatids)
pseudostigmatisches Organ

pseudostratified columnar epithelium hohes mehrschichtiges Epithel
pseudounipolar cell Pseudounipolarzelle
psilopsids Psilopsida, Urfarne, Nacktfarne
psilotum family/Psilotaceae Gabelfarngewächse
psocids/Psocoptera Staubläuse
psychobiology Psychobiologie
psychogenetic(al) psychogenetisch
psychologic(al)/ psychic/psychogenic psychologisch, psychisch, psychogen
psychology Psychologie
➢ **behavioral psychology** Verhaltenspsychologie
psychotic (e.g., animals in zoos) psychotisch
psychrometer/ wet-and-dry-bulb hygrometer Psychrometer (ein Luftfeuchtigkeitsmessgerät)
psychrophyt Psychrophyt (kälteangepasste Pflanze)
psychrotrophic/psychrophilic (thriving at low temperatures) psychrotroph, psychrophil
PTC (premature termination codon) vorzeitiges Stoppcodon
ptenoglossate radula ptenoglosse Radula, Federzunge
pterergate Pterergat (Arbeiterin mit Stummelflügeln)
pteridology Farnkunde
pteris family/Pteridaceae Flügelfarngewächse, Schwertfarne
pterobranchs/Pterobranchia Flügelkiemer
pteropods/Pteropoda Flügelschnecken, Flossenfüßer
➢ **naked pteropods/Gymnosomata** Ruderschnecken, nackte Flossenfüßer (Flügelschnecken)
➢ **shelled pteropods/ sea butterflies/Thecosomata** Seeschmetterlinge, beschalte Flossenfüßer (Flügelschnecken)
pterosaurs (extinct flying reptiles)/ Pterosauria Flugsaurier
pterostigma Pterostigma, Flügelmal, Flügelrandmal, Makel an Flügelrand
pterygiophore Pterygophor, Flossenträger, Radius
pterygoid bone/ pterygoid process/ os pterygoides Pterygoid, Flügelbein
pteryla/feather tract Pteryla, Federflur
pterylosis Pterylographie, Pterylografie, Flurenmuster
PTT (protein truncation test) Nachweis verkürzter Proteine
ptychocyst/ tube cnida (*Ceriantharia*) Ptychozyste, Ptychonema (eine Astomocnide)
ptychophyllous faltenblättrig
ptychospermous faltensamig
ptyxis (arrangement/ folding of single parts in a bud) Blattlage eines Einzelblattes in der Knospe, Knospenlage eines Blattes
puberty/sexual maturity Pubertät, Geschlechtsreife
pubescence Flaumbehaarung, Feinbehaarung; Geschlechtsreife
pubescent (arriving at or having reached puberty) geschlechtsreif werdend
pubescent/downy feinbehaart, flaumig
pubic arch Schambogen
pubic bone/pubis/os pubis Schambein
pubic presentation *ethol* Schamweisen
pubic prominence/mons pubis Venushügel, Schamhügel
pubic region/zone/area Schamgegend, Scham, Schambeingegend
pubic symphysis/symphysis pubica Schambeinfuge, Schamfuge
public park/public gardens öffentliche Grünanlage
puddle Pfütze, Lache

pudendal fissure/rima pudendi Schamspalte
puerperal fever/childbed fever (bacterial) Puerperalfieber, Kindbettfieber, Wochenbettfieber
puffballs/Lycoperdales Stäublinge, Boviste
➢ **plated puffballs/Gautieriales** Morcheltrüffeln
pullet/young hen Hühnchen, junges Huhn
pulling flagellum Zuggeißel
pulmonary die Lunge betreffend, Lungen...
pulmonary alveolus/alveola Lungenalveole, Lungenbläschen, Alveole
pulmonary artery Lungenarterie
pulmonary cavity/pulmonary sac (pulmonate snails) Lungenhöhle
pulmonary circulation Lungenkreislauf, kleiner Blutkreislauf
pulmonary pleura/ pleura pulmonalis Lungenfell
pulmonary valve/pulmonic valve Pulmonalklappe
pulmonate snails (freshwater & land snails and slugs)/Pulmonata Lungenschnecken, Pulmonaten
pulp *general* Pulpe, Brei (breiige Masse)
pulp *bot* (fruit) Fruchtpulpe, Fruchtfleisch
pulp *bot* (stem) Stengelmark
pulp *zool* (tooth) Pulpa, Pulpe
pulp cavity of quill Pulpa, Federseele
pulp cavity of tooth Pulpahöhle
pulpwood Faserholz, Papierholz
pulsate/throb/beat pulsieren
pulsatile flow Pulsstrom, Pulsströmung
pulsation/pulse beat/throb Pulsschlag
pulse Puls, Impuls, Stoß; Pulsieren; *electr* Stromstoß, Impuls; *med* Puls; *bot* (legumes) Hülsenfrüchte
pulse labeling/pulse chase Pulsmarkierung
pulse rate Pulszahl
pulsed field gel electrophoresis (PFGE) Puls-Feld-Gelelektrophorese, Wechselfeld-Gelelektrophorese
pulvinate/cushion-shaped polsterförmig, kissenförmig
pulvinus Pulvinus, Blattpolster, Blattkissen, Gelenkpolster
pumice Bims, Bimsstein
pumping stomach Saugmagen (Vorratsmagen: Kropf der Culiciden)
pumpkin family/gourd family/ cucumber family/Cucurbitaceae Kürbisgewächse
punctiform punktförmig
punctiform soralium (lichens) Punktsoral
punctualism Punktualismus
punctuated gepunktet, punktiert
punctuated equilibrium *evol* durchbrochenes Gleichgewicht
punctuation codon *gen* Satzzeichencodon
puncture *n* (needle biopsy) Punktion; (Ein)Stich, Loch
puncture/tap *vb* punktieren
pungency scharfer Geruch, stechender Geruch
pungent (odor) scharf, stechend, beizend, ätzend; *bot* (with stiff/sharp point) spitzig
Punicaceae/pomegranate family Granatapfelgewächse
Punnett square Punnett-Schema
pupa Puppe
➢ **adecticous pupa/pupa adectica** Pupa adectica
➢ **decticous pupa/pupa dectica** Pupa dectica
➢ **exarate pupa/pupa exarata (free appendages)** gemeißelte Puppe
➢ **free pupa/pupa libra** freie Puppe
➢ **girdled pupa/pupa cingulata** Gürtelpuppe
➢ **obtect pupa/pupa obtecta** bedeckte Puppe, Mumienpuppe
➢ **suspended pupa/pupa suspensa** Stürzpuppe

puparium/pupal instar Puparium
pupate sich verpuppen
pupation/pupating Verpuppung
pupil (eye) Pupille
pupiparous pupipar
pupipary Pupiparie
pure-bred/true-bred reinrassig
pure breeding line/ pure breeding strain reinerbige Linie, reine Linie, reinerbiger Stamm, reiner Stamm
pure culture/axenic culture Reinkultur
purgative n Abführmittel
purification Reinigung, Säuberung; Aufarbeitung; (isolation) Isolation, in Reinform darstellen
purification procedure/ purification technique Reinigungsverfahren
purify reinigen, säubern; aufarbeiten; (isolate) isolieren, darstellen
purine Purin
Purkinje cell Purkinje-Zelle
Purkinje fiber/conduction myofiber Purkinje-Faser
purple gland Purpurdrüse
purple membrane Purpurmembran
purr (cat) schnurren
purse web ***arach*** Gespinstschlauch, Röhrennetz, Röhrengespinst
purslane family/Portulacaceae Portulakgewächse
pursuit diving ***orn*** Verfolgungstauchen
pus Eiter
pushing flagellum Schubgeißel
pusule Pusule
putamen Putamen
putrefaction/rotting/decomposition Verwesung, Zersetzung
putrefactive fäulniserregend
putrefactive bacteria Fäulnisbakterien
putrefy/rot/decompose verwesen, zersetzen
putrescine Putrescin, Putreszin
pycnium/pycnidium Pyknidium, Pyknidie (Pyknosporenlager)
pycnogonids/pantopods/seaspiders/ Pycnogonida/Pantopoda Asselspinnen
pycnospore/pycnidiospore Pyknospore
pycnoxylic wood dichtfaseriges Holz
pygidial gland/anal gland Pygidialdrüse, Analdrüse
pygidium/caudal shield (arthropods) Pygidium, Afterlappen, Afterschild, Analschild
pygmy conifer woodland Zwergnadelwald, Zwergstrauchzone
pygostyle (ploughshare bone/vomer of birds) Pygostyl, Schwanzstiel (Pflugscharbein/Vomer der Vögel)
pyknosis/pycnosis Pyknose (Kernverdichtung, Karyoplasmaagglutination)
pyloric cecum Pylorus-Anhang
pyloric stomach (echinoderms) Mitteldarm
pylorus (crustaceans: posterior region of gizzard) Pylorus, Filtermagen
pylorus (lower opening of stomach into duodenum) Pylorus, Pförtner
pyramid-shaped treetop/crown Pyramidenkrone
pyramid tract/corticospinal tract Pyramidenbahn (verlängertes Rückenmark)
pyramidal bone/triangular bone/ triquetral bone/os triquetrum Dreiecksknochen
pyramidal cell/pyramidal neuron Pyramidenzelle
pyran Pyran
pyrethric acid Pyrethrinsäure
pyrethrin Pyrethrin
pyridoxine/adermine (vitamin B_6) Pyridoxin, Pyridoxol, Adermin
pyriform/piriform/pear-shaped birnenförmig
pyriform organ/piriform organ (bryozoans) birnenförmiges Organ

pyrimidine Pyrimidin
pyroacetic acid Rohessigsäure
Pyrolaceae/wintergreen family/ shinleaf family Wintergrüngewächse
pyroligneous acid/wood vinegar Holzessig
pyroligneous alcohol/wood alcohol/ pyroligneous spirit/wood spirit (*chiefly:* methanol) Holzgeist
pyrolysis Pyrolyse
pyrophyte *ecol* Pyrophyt (stark feuerresistente Pflanze/ durch Brände gefördert)
pyrosequencing *gen* Pyrosequenzierung
pyrosis/heartburn/acid indigestion Sodbrennen
pyrosomes/Pyrosomida (phosphorescent tunicates) Feuerwalzen
pyrrhophytes Pyrrhophyten, Feueralgen
pyrrole Pyrrol
pyrrolidine Pyrrolidin
pyruvic acid (pyruvate) Brenztraubensäure (Pyruvat)
pyxidate (with lid) gedeckelt, mit Deckel
pyxis/pyxidium/ circumscissile capsule/ lid capsule Deckelkapsel

quack (duck) quaken
quadrate bone/quadratum Quadratbein
quadrifid/deeply cleft in four parts vierspaltig
quadrilobate/four-lobed vierlappig
quadripartite/divided into four parts vierteilig
quadripinnate/ divided pinnately four times vierfach gefiedert
quadrumanous/four-handed vierhändig
quadruped ***adj/adv*** vierfüßig
quadruped ***n*** Quadrupede, Vierfüßer
quadrupedal vierfüßig
quadrupedalism Vierfüßigkeit
quadruplets ***gen*** Vierlinge
quagmire/quaking bog (swampy/muddy ground) Morast, Sumpfland, Moorboden, Moorgrund, Schwingrasen (vibrierender/schwankender Hochmoorboden)
qualitative qualitativ
quality Qualität
quality control Qualitätskontrolle
quantification/quantitation *med/chem* Quantifizierung
quantify/quantitate *med/chem* quantifizieren
quantile/fractile Quantil, Fraktil
quantitative quantitativ
quantitative phenotye quantitativer Phänotyp
quantity Quantität
quantity (to be measured) Messgröße
quantum evolution Quantenevolution
quarantine Quarantäne
quarry ***geol*** Steinbruch
quarry/prey ***zool*** verfolgtes Tier/Wild, Jagdbeute
quarter (hindquarter) ***zool*** Viertel (Hinterviertel); croup (rump of horse) Kruppe
quarter (hoof) Trachte
quarternary structure (proteins) Quartärstruktur
quartersawn/radial section (wood) vierteilig-aufgesägt (Holzstamm/Stammholz), Radialschnitt, Spiegelschnitt
quartile ***stat*** Quartil, Viertelswert
quasi-equivalence theory Quasi-Äquivalenz-Theorie
quasispecies Quasispezies
quassia family/Simaroubaceae Bittereschengewächse
Quaternary Period/Quaternary (geological age) Quartär
quay/wharf Kai
queen Königin
queen bee Bienenkönigin, Weisel
queen substance (bees) Königin-Substanz, Gelée royale
Queensland arrowroot family/ canna family/Cannaceae Blumenrohrgewächse
quick-stain ***micros*** Schnellfärbung
quiescence (exogenous) Quieszenz, Ruhe, Stille
quiescent/resting ruhend
quiescent bud/resting bud ruhende Knospe
quiescent center/quiescent zone ruhendes Zentrum
quiescent stage Ruhestadium
quill/calamus (central shaft of feather) Federspule, Calamus
quill/horny spine (hedgehogs/porcupine) Stachel, Hornstachel
quill feather ***orn*** Schwanzfeder
quillwort family/Isoetaceae Brachsenkrautgewächse
quinic acid Chinasäure
quinquefoliolate fünfblättrig gefiedert
quinquepartite fünfteilig
quiver/tremble zittern

R banding (reverse banding) R-Banding, Revers-Banding
R_f value (retention factor/ ratio of fronts) *chromat* R_f-Wert
rabbit(s)/lagomorph(s)/Lagomorpha Hase(n)
rabbit ears Löffel (Hasenohren)
rabid *adj/adv* (a rabid animal) tollwütig; wild
rabies (*Lyssavirus*) Rabies, Tollwut, Hundswut, Lyssa
race Rasse
race hygiene/racial hygiene Rassenhygiene (Nazi term for Aryan eugenics), Erbhygiene
RACE-PCR (rapid amplification of cDNA ends-PCR) RACE-PCR (schnelle Vervielfältigung von cDNA-Enden-PCR)
raceme/botrys (an inflorescence) Traube, Botrys
- ➢ **umbel-like raceme (a corymb)** Doldentraube, Schirmtraube

racemose/botryoid/botryose/ grape-cluster-like razemös, racemös, racemos, botrytisch, traubig, traubenförmig
rachiglossate radula Schmalzunge, rhachiglosse Radula, stenoglosse Radula
rachilla *bot* Blütenstiel einzelner Grasblüten, Ährchenachse, kleine sekundäre Rhachis
rachis (midrib of compound leaf) Rhachis, Blattachse, Blattspindel, Blattrippe, Blattstiel (an gefiedertem Blatt), Fiederblattachse, Mittelrippe eines Fiederblattes
rachitic/rickety rachitisch
racial rassisch, Rassen...
racial discrimination Rassendiskriminierung
racism Rassismus
racist *adj* rassistisch
racist *n* Rassist
rack (vial rack/test tube rack) Ständer
racquet organ/malleolus (solifugids) Malleolus, hammerförmiges Organ
radial/cyclic/radially symmetrical/ regular/actinomorphic radiär, radiärsymmetrisch, zyklisch, strahlenförmig, aktinomorph
radial canal Radialkanal, Radiärkanal
radial cell/radius Radialzelle, Radius
radial cleavage Radiärfurchung
radial glial cell Radialgliazelle
radial nerve Radiärnerv
radial section/quartersawn (wood) Radialschnitt, Spiegelschnitt (Holz)
radial symmetry Radialsymmetrie, Radiärsymmetrie
radial thread/radius/spoke (spiderweb) *arach* Netzspeiche, Radius
radially symmetrical/actinomorphic radiärsymmetrisch
radiant strahlend, scheinend
radiant energy Strahlungsenergie
radiant heat Strahlungswärme
radiate strahlen, ausstrahlen, verbreiten
radiation *evol* Radiation, Entfaltung, Ausstrahlung
- ➢ **adaptive radiation** adaptive Radiation

radiation *phys* Strahlung; Ausstrahlung
- ➢ **background radiation** Hintergrundsstrahlung
- ➢ **electromagnetic radiation** elektromagnetische Strahlung
- ➢ **harmful radiation** gesundheitsschädliche Strahlung
- ➢ **ionizing radiation** ionisierende Strahlung
- ➢ **nuclear radiation** Kernstrahlung
- ➢ **radioactive radiation/radioactivity** radioaktive Strahlung, Radioaktivität
- ➢ **scattered radiation/ diffuse radiation** Streustrahlung
- ➢ **solar radiation** Sonnenstrahlung

radiation biology Strahlenbiologie
radiation burn Strahlenverbrennung
radiation control/ protection from radiation Strahlenschutz
radiation genetics Strahlengenetik
radiation hybrid Bestrahlungshybridzellen
radiation intensity Strahlungsintensität
radiation load Strahlenbelastung
radiation protection Strahlenschutz
radiation sickness/ radiation syndrome Strahlenkrankheit, Strahlensyndrom
radiation source Strahlenquelle
radical ***chem*** Radikal
> **free radical** freies Radikal
radical scavenger Radikalfänger
radication/rootage/rooting Bewurzelung
radiciform/rhizoid/rootlike wurzelförmig, wurzelartig
radicle/radicula/embryonic root Radicula, Keimwurzel, Hauptwurzelanlage
radicle sheath/root sheath/ coleorhiza Wurzelscheide, Koleorhiza, Coleorhiza
radioactive radioaktiv
radioactive decay/ radioactive disintegration radioaktiver Zerfall
radioactive exposure radioaktive Belastung
radioactive marker radioaktiver Marker
radioactively contaminated radioaktiv verseucht
radioactivity Radioaktivität
radioallergosorbent test (RAST) Radio-Allergo-Sorbent Test
radioautography Autoradiographie, Autoradiografie
radiobiology Radiobiologie, Strahlenbiologie
radiocarbon method Radiokarbonmethode, Radiokohlenstoffmethode
radiodiagnosis Strahlendiagnose
radioimmunoassay Radioimmunassay, Radioimmunoassay
radioimmunoelectrophoresis Radioimmunelektrophorese
radiolabeling radioaktive Markierung
radiolarian ooze Radiolarienschlamm
radiolarians/Radiolaria Radiolarien (*sg* Radiolarie), Strahlentierchen
radiology Radiologie, Strahlenkunde
radionuclide Radionuklid
radiosensitive strahlenempfindlich
radiotherapy Strahlentherapie
radius ***math/geom*** Radius
radius (bone of forearm) Speiche
radix/root (crinoids) Wurzel
radula Radula, Reibplatte, „Zunge“
> **docoglossate radula** docoglosse Radula, Balkenzunge
> **hystrichoglossate radula** hystrichoglosse Radula, Bürstenzunge
> **ptenoglossate radula** ptenoglosse Radula, Federzunge
> **rachiglossate radula** rhachiglosse Radula, stenoglosse Radula, Schmalzunge
> **rhipidoglossate radula** rhipidoglosse Radula, Fächerzunge
> **taenioglossate radula** taenioglosse Radula, Bandzunge
> **toxiglossate radula (hollow radula teeth)** toxoglosse Radula, Pfeilzunge (hohl)
radula support/odontophore Radulapolster, Odontophor
Rafflesiaceae/rafflesia family Schmarotzerblumengewächse
rafted timber/rafted logs/raft wood Floßholz, Flößholz
rafting (wood) Flößen, Treiben
rain forest Regenwald
rain shadow Regenschatten
rain-shadow desert Regenschattenwüste
rain showers Regenfälle

rainy season
Regenzeit, Pluvialzeit
raise/grow/cultivate *hort/agr*
ziehen, anbauen, kultivieren
raise/rear *zool* aufziehen, erziehen
raised bog/ (upland/high) moor/peat bog
Hochmoor
ram (male sheep)
Schafbock, Widder
ram ventilation *ichth*
Staudruck-Ventilation
Ramachandran plot
Ramachandran-Diagramm
ramate/ramous/ramose
verzweigt
ramate (rotifers: grinding-type trophi)
ramat
ramentum/chaffy scale/palea/pale
Spreuschuppe
rameous/ramal astständig
ramet (individual member of clone)
Ramet, Klonindividuum, Klonmitglied, Einzelpflanze eines Klons (→Zweig/Steckling eines Ortet)
ramification/branching
Ramifikation, Verästelung, Verzweigung
ramiflorous zweigblütig, astblütig
ramiform zweigförmig
ramify/branch
sich verästeln, sich verzweigen
ramous/ramose/ramate verzweigt
rancid ranzig
rancidity Ranzigkeit
rand/slope community of raised bog
Randgehänge
random *adj/adv* zufällig, wahllos, ziellos, ungeordnet, verstreut
random coil „Zufallsknäuel“, ungeordnetes Knäuel
random deviation
Zufallsabweichung
random displacement reaction
zufällige Verdrängungsreaktion, nicht-determinierte Verdrängungsreaktion
random drift (Sewall-Wright)
zufallsbedingte Drift, Zufallsdrift
random error
zufälliger Fehler, Zufallsfehler
random event Zufallsereignis
random mating
Zufallspaarung, zufällige Paarung, Panmixie
random number
Zufallszahl, beliebige Zahl
random sample
Zufallsprobe, Zufallsstichprobe
random screening Zufallsauslese
random variable Zufallsvariable
random-walk model
„Random-Walk“-Modell
random-walk process
„Random-Walk“-Prozess, Irrfahrtprozess
randomization Randomisierung
randomize randomisieren, eine Zufallsauswahl treffen
range *vb agr*
das Vieh frei weiden lassen
range *n ecol* Bereich, Gebiet, Raum; Ausdehnung, Umfang; *geogr* Areal, Verbreitungsgebiet
- ➤ **geographic range/ area of distribution** Verbreitungsgebiet, Areal
- ➤ **home range *ecol*** Aktionsraum
- ➤ **host range (parasites)** Wirtsspektrum
- ➤ **hunting range/hunting grounds/ hunting territory** Jagdgründe
- ➤ **mountain range/ mountain chain/mountain ridge** Bergkette, Gebirgskette

range/field (*see also:* rangeland)
Freiland, Feld; unkultiviertes Weide-/Jagdgebiet
range/distance *rad*
Entfernung, Reichweite
range *stat* Spannweite; Streuungsbreite, Toleranzbreite, Bereich
range chart/range map
Arealkarte
range of distribution/ range of variation *stat*
Variationsbreite
range of measurement
Messbereich

range of occurrence/ geographic range/ area of occurrence Verbreitungsgebiet, Areal
range of saturation/ zone of saturation Sättigungsbereich, Sättigungszone
range of vision/field of view/ scope of view/field of vision/ visual field Sehfeld, Blickfeld, Gesichtsfeld
rangeland/grazing land/pasture/ pastureland/pasturage Weideland, Weidefläche
ranger Forstaufseher, Jagdaufseher, Wächter
raniform froschartig, froschförmig
ranine (of or relating to frogs) Frosch..., froschartig, zu den Fröschen gehörig, Frösche betreffend
ranine (referring to undersurface of tongue) Unterzungen...
ranine artery/ arteria profunda linguae tiefe Zungenschlagader
rank *n* (relative standing/position) Rang, Stufe
rank/classify *vb* einordnen, einstufen, klassifizieren
rank correlation coefficient *stat* Rangkorrelationskoeffizient
rank statistics/rank order statistics Rangmaßzahlen
ranking scale *stat* ranking scale *(used as such: not translated)*
Ranunculaceae/buttercup family/ crowfoot family Hahnenfußgewächse
Ranvier's node/node of Ranvier/ neurofibral node Ranvierscher Schnürring
raphe *bot* Raphe, Samennaht, Samenwulst
rapid freezing Schnellgefrieren
raptorial/raptorious Raub..., räuberisch
raptorial bird/raptor/ predatory bird/bird of prey Raubvogel, Greifvogel
raptorial claw (predatory birds) Greiffuß, Fang
raquet hyphae/raquet hyphas (raquet mycelium) Raquettehyphen, Keulenhyphen (Raquettemyzel/Keulenmyzel)
rare/scarce selten
rare species seltene Art
rareripe (fruit/vegetable) früh reifend, frühreif
rarity/scarcity Seltenheit
rash Exanthem, Ausschlag
rasorial (fowl) scharrend
rasp/scraper *n* (plectrum) *zool/entom* (→stridulation) Schrillkante
ratany family/krameria family/ Krameriaceae Krameriagewächse
rate constant (enzyme kinetics) Geschwindigkeitskonstante
rate of metabolism/metabolic rate Stoffwechselrate, Stoffwechselintensität, Metabolismusrate
rate-determining step/reaction geschwindigkeitsbestimmende(r) Schritt, Reaktion
rate-limiting step/reaction geschwindigkeitsbegrenzende(r) Schritt/Reaktion
Rathke's pouch/ hypophyseal pouch/ hypophyseal sac Rathkesche Tasche, Hypophysentasche
rating scale *stat* rating scale *(used as such: not translated)*
ratio/quotient/proportion/relation Verhältnis, Quotient, Proportion
ratio scale *stat* Verhältnisskala, Ratioskala
ratite/having an unkeeled sternum (insects) mit ungekieltem Sternum
ratite birds (flightless birds) Ratiten, Flachbrustvögel
ratoon *bot* Schössling (*speziell:* Zuckerrohr); Schösslinge treiben
ravine *n* Schlucht, Bergschlucht, Klamm, Hohlweg
raw/crude roh, grob; ungekocht

raw data Rohdaten
raw material Rohstoff
raw sewage Rohabwasser
raw sludge Rohschlamm
raw sugar/crude sugar (unrefined sugar) Rohzucker
ray Strahl; (beam of light) Lichtstrahl
➤ **pith ray/medullary ray** Markstrahl
➤ **solar ray** Sonnenstrahl
➤ **wood ray** Holzstrahl
ray fin Strahlenflosse
ray-finned bony fishes/ actinopterygians/Actinopterygii Strahlenflosser
ray floret/ray flower/ligulate flower Strahlenblüte, Zungenblüte
ray initial Markstrahlinitiale
ray parenchyma Markstrahlparenchym
rays & skates/Rajiformes Rochenartige
razor blade Rasierklinge
re-uptake Wiederaufnahme
reabsorb reabsorbieren, wiederaufnehmen („rückresorbieren")
reabsorption Reabsorption, Wiederaufnahme
react reagieren
reactant Reaktand, Reaktionsteilnehmer, Ausgangsstoff
reaction Reaktion
➤ **first-order reaction** ***kinet*** Reaktion erster Ordnung
➤ **second-order reaction** ***kinet*** Reaktion zweiter Ordnung
➤ **third-order reaction** ***kinet*** Reaktion dritter Ordnung
➤ **zero-order reaction** ***kinet*** Reaktion nullter Ordnung
reaction center Reaktionszentrum, Photosynthesereaktionszentrum
reaction intermediate Reaktionszwischenprodukt
reaction kinetics Reaktionskinetik
reaction pathway Reaktionskette
reaction rate Reaktionsgeschwindigkeit, Reaktionsrate
reaction sequence/reaction pathway Reaktionsfolge
reaction wood Reaktionsholz
reactive force Gegenkraft, Rückwirkungskraft
reactivity/reactiveness Reaktionsfähigkeit
reactor/bioreactor ***biot*** Reaktor, Bioreaktor
➤ **airlift loop reactor** Mammutschlaufenreaktor
➤ **airlift reactor/pneumatic reactor** Airliftreaktor, pneumatischer Reaktor, Mammutpumpenreaktor
➤ **bead-bed reactor** Kugelbettreaktor
➤ **bubble column reactor** Blasensäulen-Reaktor
➤ **column reactor** Säulenreaktor, Turmreaktor
➤ **fedbatch reactor/fed-batch reactor** Fedbatch-Reaktor, Fed-Batch-Reaktor, Zulaufreaktor
➤ **fermentation chamber reactor/ compartment reactor/ cascade reactor/ stirred tray reactor** Rührkammerreaktor
➤ **film reactor** Filmreaktor
➤ **fixed-bed reactor/ solid bed reactor** Festbettreaktor
➤ **flow reactor** Durchflussreaktor
➤ **fluidized-bed reactor** Wirbelschichtreaktor, Wirbelbettreaktor
➤ **immersed slot reactor** Tauchkanalreaktor
➤ **immersing surface reactor** Tauchflächenreaktor
➤ **jet loop reactor** Strahlschlaufenreaktor, Strahl-Schlaufenreaktor
➤ **jet reactor** Strahlreaktor
➤ **loop reactor/circulating reactor/ recycle reactor** Umlaufreaktor, Umwälzreaktor, Schlaufenreaktor
➤ **membrane reactor** Membranreaktor

➢ **moving-bed reactor** Fließbettreaktor
➢ **nozzle loop reactor/ circulating nozzle reactor** Düsenumlaufreaktor, Umlaufdüsen-Reaktor
➢ **packed bed reactor** Packbettreaktor, Füllkörperreaktor
➢ **paddle wheel reactor** Schlaufenradreaktor
➢ **plug-flow reactor** Pfropfenströmungsreaktor, Kolbenströmungsreaktor
➢ **plunging jet reactor/ deep jet reactor/ immersing jet reactor** Tauchstrahlreaktor
➢ **pressure cycle reactor** Druckumlaufreaktor
➢ **sieve plate reactor** Siebbodenkaskadenreaktor, Lochbodenkaskadenreaktor
➢ **solid phase reactor** Festphasenreaktor
➢ **stirred cascade reactor** Rührkaskadenreaktor
➢ **stirred loop reactor** Rührschlaufenreaktor, Umwurfreaktor
➢ **stirred-tank reactor** Rührkesselreaktor
➢ **tray reactor** Gärtassenreaktor
➢ **trickling filter reactor** Tropfkörperreaktor, Rieselfilmreaktor
➢ **tubular loop reactor** Rohrschlaufenreaktor

read/record messen, ablesen (z.B. Messdaten)
read through (a stop codon) hinweglesen über (ein Stoppcodon)
readiness potential Bereitschaftspotenzial
reading/recording (data) Ablesung (z.B. Messdaten)
reading fidelity Lesetreue
reading frame ***gen*** Leserahmen, Leseraster
➢ **closed reading frame** geschlossenes Leseraster
➢ **open r.f.** offenes Leseraster
➢ **unassigned r.f./unclassified r.f.** nicht zugeordnetes Leseraster
➢ **unidentified reading frame** unbekanntes Leseraster

readthrough ***gen*** darüber hinweg lesen, Durchlesen, Überlesen (eines Terminationssignals)
reagent Reagenz (*pl* Reagenzien), Reagens (*pl* Reagentien)
reagent grade (chemicals) ***lab*** analysenrein, zur Analyse
reagin/reaginic antibody (IgE antibodies) Reagin, IgE-Antkörper
real image ***micros*** reelles Bild
real-time PCR Echtzeit/Realzeit-PCR
reallocation of arable land/ consolidation of arable land Flurbereinigung
reanimate(d) wiederbeleben (wiederbelebt)
reannealing/annealing/ reassociation/renaturation (of DNA) Doppelstrangbildung, Reannealing, Annealing, Reassoziation, Renaturierung
rear/foster/nurture/bring up aufziehen, erziehen
rear reef Rückriff
rearing/fostering/ nurturing/upbringing Aufzucht, Erziehung
rearrange ***chem*** umlagern, umordnen
rearrangement ***chem*** Umlagerung, Umordnung
rearrangement/reassortment ***gen*** **(DNA/genes/genome)** Rearrangement, Umordnung, Neuordnung
reassembly Wiederzusammenbau, Wiederzusammenfügung
reassociation/annealing/reannealing/ renaturation/reassociation (DNA) Doppelstrangbildung, Annealing, Reannealing, Renaturierung, Reassoziation
reassociation kinetics Reassoziationskinetik
reassuring gesture Beschwichtigungsgeste, Beruhigungsgeste

recalcitrant/
not responsive to treatment (e.g., seeds)
nicht auf Reize reagierend
recalcitrant/resistant
beständig, schwer abbaubar, widerstandsfähig
recapitulation theory/ principle of recapitulation
Rekapitulations-Theorie
receiving water Vorfluter
recent/contemporary/extant
rezent, gegenwärtig, heute lebend
Recent/Holocene/Recent Epoch/ Holocene Epoch
Jetztzeit, Holozän (erdgeschichtliche Epoche)
recent publication/paper
kürzlich erschienene/veröffentlichte Publikation, kürzlich erschienene Veröffentlichung
receptacle/receptaculum
Rezeptakel, Rezeptakulum; *bot* torus of a flower
receptive empfänglich
receptor Rezeptor, Empfänger
➢ **adrenergic receptor**
adrenerger Rezeptor
➢ **antigen receptor**
Antigenrezeptor
➢ **baroreceptor** Barorezeptor
➢ **chemoreceptor**
Chemorezeptor
➢ **cholinergic receptor**
cholinerger Rezeptor
➢ **mechanoreceptor**
Mechanorezeptor
➢ **membrane receptor**
Membranrezeptor
➢ **muscarinic receptor**
muscarinischer Rezeptor, muskarinischer Rezeptor
➢ **nicotinic receptor**
nikotinerger Rezeptor
➢ **osmoreceptor** Osmorezeptor
➢ **phasic receptor**
phasischer Rezeptor
➢ **postsynaptic receptor**
postsynaptischer Rezeptor
➢ **photoreceptor** Photorezeptor
➢ **stretch receptor (muscle)**
Dehnungsrezeptor
➢ **taste receptor/gustatory receptor**
Geschmacksrezeptor
➢ **thermoreceptor** Thermorezeptor
receptor-down regulation
Rezeptor-Ausdünnungsregulation
receptor-mediated endocytosis
rezeptorvermittelte Endozytose, rezeptorgekoppelte Endozytose
recessed end ***gen***
zurückgesetztes Ende
recessive rezessiv
recipient (*also*: host) (transplants/graft)
Empfänger, Rezipient (z.B. Transplantate)
recipient cell Empfängerzelle
reciprocal ***adj/adv*** reziprok, wechselseitig, gegenseitig; umgekehrt
reciprocal ***n stat***
Kehrwert, reziproker Wert
reciprocal translocation
reziproke Translokation
reciprocating shaker
Reziprokschüttler
recognition Erkennung
recognition site
Erkennungssequenz
recognition site affinity chromatography
Erkennungssequenz-Affinitätschromatographie
recognize erkennen
recolonization Wiederbesiedlung
recolonize wiederbesiedeln
recombinant ***adv/adj***
rekombiniert, rekombinant
recombinant ***n*** **(cell)**
Rekombinante (Zelle)
recombinant DNA molecule
rekombiniertes DNA-Molekül, rekombinantes DNA-Molekül
recombinant DNA technology
rekombinierte DNA-Technologie (Methoden mit Hilfe rekombinierter DNA), rekombinante DNA-Technologie
recombinant protein rekombiniertes/ rekombinantes Protein

recombination Rekombination
➢ **double recombination** doppelte Rekombination
➢ **general recombination** allgemeine Rekombination
➢ **homologous recombination** homologe Rekombination
➢ **illegitimate recombination** illegitime Rekombination
➢ **mitotic recombination** mitotische Rekombination
➢ **non-homologous recombination** nichthomologe Rekombination
➢ **site-specific recombination** sequenzspezifische Rekombination
➢ **targeted homologous r.** Allelen-Austauschtechnik
recombination frequency Rekombinationsfrequenz
recombination nodule Rekombinationsknoten
recombination signal sequences Rekombinationssignalsequenzen
recombine rekombinieren
recommended daily allowance (RDA) empfohlener täglicher Bedarf
reconstitute rekonstituieren
reconstitution Rekonstitution
record(s)/protocol *n* Aufzeichnung, Protokoll, Akte
➢ **lab records/lab protocol** Laboraufzeichnungen, Laborprotokoll
record *vb neuro* ableiten
record/read *vb* (data) ablesen (z.B. Messdaten)
record/register *vb* aufnehmen, aufschreiben, registrieren
recording *neuro* Ableitung
recording/reading (data) Ablesung (z.B. Messdaten)
recording/registration Aufnahme, Aufschreiben, Registrierung
recover erholen
recovery Erholung
recovery stroke (backstroke) Erholungsschlag
recreational forest/amenity forest Erholungswald
rectal gland Rectaldrüse, Rektaldrüse (*see:* Klebdrüse, Kittdrüse, Zementdrüse)
➢ **anal gland (shark)** Analdrüse (Hai)
rectification Gleichrichtung
rectifier Gleichrichter
rectify gleichrichten
rectilinear movement/ caterpillar movement (snakes) Integumentbewegung, Raupenbewegung
rectum Rectum, Rektum, Mastdarm
recuperate sich erholen, wiederherstellen; genesen
recuperation Erholung, Wiederherstellung, Genesung
recurrence risk Wiederholungsrisiko
recurved/bent backwards recurv, rekurv, zurückgebogen
recycle wiederverwerten
recycling Recycling, Wiederverwertung
red algae/Rhodophyceae Rotalgen
red blood cell (RBC)/erythrocyte rotes Blutkörperchen, Erythrocyt, Erythrozyt
red body (swimbladder) roter Körper
Red Data Book Rote Liste
red mangrove family/ mangrove family/Rhizophoraceae Mangrovengewächse
Red Queen's hypothesis *evol* rote-Königin-Hypothese
red tide Rote Tide (rötliche Wasserblüte)
red-water fever/ hemoglobinuric fever/ Texas fever (babesiosis) (*Babesia* ssp.) Texasfieber
redd Laichstelle des Lachs (Vertiefung im Flussschotter)
redia (fluke larva) Redie
redox potential-discontinuity (RPD) *mar* Redoxpotenzial-Diskontinuität
redroot family/bloodwort family/ kangaroo paw family/ haemodorum family/ Haemodoraceae Haemodorumgewächse

reduce *chem* (*vs* **oxidize)** reduzieren (*vs* oxidieren)
reduce/concentrate einengen, konzentrieren
reducing agent Reduktionsmittel
reduction Reduktion, Verminderung; Verarmung
reduction division/meiosis Reduktionsteilung, Reifeteilung, Meiose
redundance/redundancy Redundanz; Überfluss, Übermaß, Überfülle, Überflüssigkeit; unnötige Wiederholung
redundant redundant, überreichlich, übermäßig, überflüssig
redwood family/ swamp-cypress family/ taxodium family/Taxodiaceae Taxodiumgewächse, Sumpfzypressengewächse
reed *bot* Ried, Schilfrohr, Schilfgras, Schilfröhricht
reed/rennet-stomach/ fourth stomach/abomasum Labmagen, Abomasus
reed bank/reeds Röhricht
reed swamp Riedsumpf
reedmace/cat's-tail Rohrkolben
reedmace family/cattail family/ Typhaceae Rohrkolbengewächse
reef Riff
➢ **bank reef/patch reef** Fleckenriff
➢ **barrier reef** Barriereriff, Wallriff
➢ **buttress zone/ spur-and-groove zone** Grat-Rinnen-System
➢ **fore reef** Vorriff
➢ **fringing reef** Saumriff, Küstenriff, Strandriff
➢ **rear reef** Rückriff
➢ **table reef** Plattformriff
reef-building/hermatypic riffbildend, hermatypisch
➢ **not reef-building/non-hermatypic** nicht riffbildend, ahermatypisch
reef crest Riffkrone
reef edge Riffkante
reef flat Riffdach
reef slope Riffhang
reestablish/resettle wiederherstellen, wiederbesieden
reestablishment/resettlement Wiederherstellung, Wiederbesiedlung
refection (rabbits/guinea pigs) Caecotrophie, Coecotrophie, Coecophagie
referee/reviewer Schiedsrichter; Gutachter (wissenschaftl. Manuskripte)
reference strain Referenzstamm
reflex Reflex
➢ **clasp reflex** Klammerreflex
➢ **conditioned reflex (CR) (classical conditioning)** bedingter Reflex
➢ **escape reflex** Fluchtreflex
➢ **inborn reflex/innate reflex** angeborener Reflex
➢ **myotatic reflex/stretch reflex** myotatischer Reflex, Dehnungsreflex
➢ **protective reflex** Schutzreflex
➢ **snapping reflex** Schnappreflex
➢ **startle reflex** Schreckreflex
➢ **stretch reflex/myotatic reflex** Dehnungsreflex, myotatischer Reflex
➢ **suction reflex/suckling reflex/ sucking reflex** Saugreflex
➢ **tonic reflex** tonischer Reflex
➢ **unconditioned reflex (UCR)** unbedingter Reflex
reflex arc Reflexbogen
reflux condenser Rückflusskühler
reforestation/reafforestation/ afforestation Wiederaufforstung, Wiederbewaldung
refractile body (Placozoa) Glanzkugel
refracting angle Brechungswinkel
refraction Refraktion, Brechung
➢ **optical refraction** optische Brechung, Lichtbrechung
refractive index/index of refraction Brechungsindex, Brechungskoeffizient, Brechzahl
refractivity Brechungsvermögen
refractometer Refraktometer

refractory period
Refraktärperiode, Refraktärzeit
refractory stage
Refraktärphase, Refraktärstadium
refrigerant ***n tech*** Kühlmittel
refrigerate kühlen,
in den Kühlschrank stellen
refrigerator Kühlschrank
refuge ***ecol*** Refugium
regenerate/regrow/reestablish
regenerieren, nachwachsen,
wiederergänzen
regeneration Regenerierung,
Regeneration, Wiederergänzung
regional association ***biogeo/ecol***
Gebietsassoziation
regression Regression
regression coefficient/
coefficient of regression ***stat***
Regressionskoeffizient
regression to the mean ***stat***
Regression zum Mittelwert
regressive regressiv,
zurückbildend, zurückentwickelnd
regular regulär, „richtig"; regelmäßig
regular ***bot*** **(corolla)** radiär
regulate/control regeln, kontrollieren
regulation/control
Regulierung, Regelung, Kontrolle
regulative cleavage regulative
Furchung (nichtdeterminativ)
regulative development
regulative Entwicklung
regulative egg Regulationsei
regulative protein/regulatory protein
Regulatorprotein, regulatives Protein,
regulatorisches Protein
regulatory gene Regulationsgen
regulatory mechanism
Steuerungsmechanismus
regulatory procedure
Regelungsprozess, Steuerungsprozess
regurgitate regurgitieren,
hochwürgen, wiederaufstoßen
regurgitation Regurgitation,
Hochwürgen, Wiederaufstoßen
rehearsal song ***orn*** Studiergesang
rehydrate rehydrieren
rehydration
Rehydratation, Rehydratisierung
reinfestation Wiederbefall
reinforce/amplify (stimulus)
verstärken (Reiz)
reinforcement/amplification
(stimulus)
Verstärkung (Reiz);
Bekräftigung
Reinig's line Reinig-Linie
Reissner's membrane/
membrana vestibularis
Reißnersche Membran,
Reißner-Membran
reject (graft rejection)
abstoßen (Transplantat)
rejection (graft rejection)
Abstoßung (Transplantat)
rejection reaction
Abstoßungsreaktion
rejuvenate/regenerate
verjüngen, regenerieren
rejuvenation/regeneration
Verjüngung, Regeneration
relapsing fever (***Borrelia recurrentis*****)**
Rückfallfieber
relation/correlation/
interrelationship/connection
Zusammenhang,
Verhältnis, Verbindung
relationship/connection
Verhältnis, Beziehung
relationship/relatedness/kinship
Verwandtschaft
relative ***adj/adv*** relativ, verwandt
relative ***n*** Verwandter
➤ **first-degree relative**
Verwandter ersten Grades
➤ **second-degree relative**
Verwandter zweiten Grades
relative biological effectiveness (RBE)
rad relative biologische
Wirksamkeit (RBW)
relative frequency
relative Häufigkeit
relative molecular mass/
molecular weight (***M_r*****)**
relative Molekülmasse,
Molekulargewicht
relatives Verwandtschaft, Verwandte
relax ***physiol*** entspannen, erschlaffen
relaxation ***physiol***
Relaxation, Erschlaffung,
Entspannung

relaxation period ***neuro***
Erholungsphase
relaxed (conformation)
relaxiert, entspannt
relaxed plasmid
relaxiertes Plasmid,
schwach kontrolliertes Plasmid
relaxin Relaxin
relay cell ***neuro*** Relaiszelle
relay neuron
Relaisneuron, Projektionsneuron,
Hauptneuron
release ***n***
(e.g., hormones/neurotransmitter)
Ausschüttung, Freisetzung
release ***vb***
freisetzen, entlassen, befreien
release factor Freisetzungsfaktor
releaser Auslöser
releasing hormone/release hormone/ releasing factor/release factor
Freisetzungshormon/-faktor,
freisetzendes Hormon,
freisetzender Faktor
releasing mechanism (RM) ***ethol***
Auslösemechanismus (AM)
➢ **acquired releasing mechanism (ARM)**
erworbener Auslösemechanismus (EAM)
➢ **innate releasing mechanism (IRM)**
angeborener Auslösemechanismus (AAM)
reliability Zuverlässigkeit
reliable zuverlässig
relic/relics Überbleibsel
relict Relikt
relief Relief
remex (*pl* remiges) Flugfeder
➢ **primary remex/primary feather (primaries/primary remiges)**
Handschwinge, Hautschwinge,
Handschwungfeder
➢ **secondary remex/ secondary feather (secondaries/secondary remiges)**
Armschwinge, Armschwungfeder,
Unterarmschwungfeder
remote sensing Fernerkundung
removal of side shoots/suckers ***hort***
Geizen, Ausgeizen
removing side shoots/ removing suckers ***hort***
geizen, ausgeizen
renal die Niere betreffend, Nieren...
renal blood flow (RBF)
Nierendurchblutung
renal calix (*pl* calices) Nierenkelch
renal capsule Nierenkapsel
renal column/column of Bertin/ columna renis
Bertin-Säule, Bertinsche Säule
renal corpuscle
Nierenkörperchen,
Malpighi-Körperchen,
Malpighisches Körperchen
renal cortex Nierenrinde
renal hilus Nierenhilus,
Nierenpforte, Nierenstiel
renal lobule Nierenlappen
renal medulla Nierenmark
renal papilla Nierenpapille
renal pelvis/pelvis of the kidney
Nierenbecken
renal plasma flow (RPF)
Nierenplasmadurchströmung
renal pyramid Nierenpyramide
renal threshold Nierenschwelle
renal tubule/kidney tubule
Nierenkanälchen
renaturation/renaturing
Renaturierung
➢ **annealing/reannealing/ reassociation (of DNA)**
Renaturierung, Annealing,
Reannealing, Reassoziation,
Doppelstrangbildung
renature renaturieren
renette cell (nematodes) H-Zelle
renette gland/ventral gland (nematodes) Ventraldrüse
renewal bud Erneuerungsknospe
renewal tissue
Erneuerungsgewebe
reniform/kidney-shaped
nierenförmig
renin (angiotensinogen>angiotensin)
Renin
rennet Labferment
rennet-stomach/fourth stomach/ reed/abomasum
Labmagen, Abomasus

rennin/lab ferment/chymosin Rennin, Labferment, Chymosin
Rensch's rule Rensch'sche Haarregel
reorient/reorientate umstimmen
reorientation Reorientierung, Umorientierung; *physiol* Umstimmung
repair ***n gen*** Reparatur
➢ **dark repair/ light independent DNA repair** lichtunabhängige DNA-Reparatur
➢ **excision repair** Exzisionsreparatur
➢ **light repair** Lichtreparatur
repair enzyme Reparaturenzym
repair grafting/bridge grafting ***hort*** Wundüberbrückung, Überbrückung
repair mechanism ***gen*** Reparaturmechanismus
repand (slightly uneven and waved margin) leicht gewellt, geschweift, randwellig
repatriation Wiedereinbürgerung
repeat/repetition (of a sequence) ***gen*** Wiederholung, Sequenzwiederholung
➢ **direct repeats** direkte Sequenzwiederholungen
➢ **dispersed/interspersed repeats** verstreut liegende Sequenzwiederholungen
➢ **head-to-head repeats** Kopf-an-Kopf Wiederholungen
➢ **indirect repeats** indirekte Sequenzwiederholungen
➢ **long terminal repeats** lange terminale Sequenzwiederholungen
➢ **tail-to-tail repeats** Schwanz-an-Schwanz Wiederholungen
➢ **tandem repeats** Tandemwiederholungen
repel/deter abschrecken, abstoßen
repellent/deterrent ***n*** Repellens (*pl* Repellenzien), Schreckstoff, Abschreckstoff
repellent/deterrent ***adj/adv*** abschreckend, abstoßend; widerlich
repent/creeping/crawling kriechend (am Boden entlang/ an Nodien bewurzelnd)
replacement vector Substitutionsvektor
replant/transplant verpflanzen
replica ***micros*** Abdruck (Oberflächenabdruck: EM)
replica plating ***micb*** Replikaplattierung, Stempel-Methode
replication Replikation
➢ **bidirectional replication** bidirektionale Replikation
➢ **discontinuous replication** diskontinuierliche Replikation
➢ **dispersive replication** disperse Replikation
➢ **overreplication** Überreplikation
➢ **rolling circle replication** Rollender-Ring-Replikation
➢ **saltatory replication** saltatorische Replikation
➢ **semiconservative replication** semikonservative Replikation
➢ **semidiscontinuous replication** semidiskontinuierliche Replikation
replication bubble/replication eye Replikationsblase
replication error (RER) Replikationsfehler
replication fork Replikationsgabel
replication origin/ origin of replication (ori) Replikationsursprung, Replikationsstartpunkt
replication slippage/ slipped strand mispairing/ slippage replication Fehlpaarung durch Strangverschiebung
replicative form ***gen*** replikative Form
replicon/unit of replication Replikon, Replikationseinheit
replisome Replisom, Replikationskomplex
replum ***bot*** Rahmen (Scheidewand bei Cruciferen)
reporter gene Reportergen
repot (a plant) ***hort*** umtopfen

repress unterdrücken, hemmen, reprimieren
repression Repression, Unterdrückung, Hemmung; Reprimierung
reproduce reproduzieren, vervielfältigen; vermehren (Nachkommen produzieren)
reproducibility Reproduzierbarkeit
reproducible reproduzierbar, vervielfältigbar; nachvollziehbar (Ergebnisse)
reproduction/propagation Reproduktion, Vermehrung, Fortpflanzung
- ➤ **asexual reproduction** ungeschlechtliche Fortpflanzung
- ➤ **sexual reproduction** geschlechtliche Fortpflanzung
- ➤ **vegetative reproduction** vegetative Fortpflanzung

reproductive barrier Fortpflanzungsbarriere
reproductive cell Fortpflanzungszelle
reproductive cycle Fortpflanzungszyklus
reproductive organ Fortpflanzungsorgan, Vermehrungsorgan
reproductive polyp/gonozooid Geschlechtspolyp, Gonozoid, Gonozooid
reproductive rate Fortpflanzungsrate, Vermehrungsrate
reproductive system Fortpflanzungsorgane
reptile-like dinosaurs/ lizard-hipped dinosaurs/ saurischian reptiles/ saurischians/Saurischia Echsenbecken-Dinosaurier
reptiles/Reptilia Reptilien, Kriechtiere
repugnant substance unangenehmer, abweisender Geruchsstoff
repugnatorial gland Stinkdrüse (*siehe:* Wehrdrüse)
repulsion conformation Repulsionskonformation
rescue Rettung; (securing) Sicherstellung; *gen* (of a mutation) Korrektur (einer Mutation)
research *vb* forschen, untersuchen, wissenschaftlich arbeiten
research *n* Forschung, Forschungsarbeit, Untersuchung
- ➤ **basic research** Grundlagenforschung
- ➤ **cancer research** Krebsforschung
- ➤ **interdisciplinary research** interdisziplinäre Forschung

research scientist/natural scientist Naturforscher, Naturwissenschaftler
researcher Forscher, Wissenschaftler
resection Resektion, operative (Teil)Entfernung
Resedaceae/mignonette family Resedagewächse, Resedengewächse, Waugewächse
resemblance/similarity Gleichartigkeit, Ähnlichkeit
resemble/be similar sich gleichen, gleichartig sein, ähneln
reserve/nature reserve Reservat, Naturreservat
reserve material/storage material/ food reserve Reservestoff, Nahrungsreserve
reserve volume Reservevolumen
reservoir *electrophor* Reservoir, Wanne (Pufferwanne)
reservoir/ampulla (Mastigophora) Geißelsäckchen, Ampulle, Schlund
reservoir host Reservoir-Wirt
resettlement/reestablishment Wiederbesiedlung
residence time Verweilzeit, Verweildauer
residual *adj/adv* übrig, zurückbleibend, Rest...

residual/residuum ***n math***
Rest, Restbetrag, Restwert, Differenz
residual body Residualkörper
residual urine Restharn
residual volume Residualvolumen
residue Rest, Überbleibsel; *chem* Rückstand
➢ **invariant residue** ***math***
unveränderter Rest, invarianter Rest
➢ **variable residue** ***math***
variabler Rest
residue/rest
(amino acid side chain) Rest
resilience ***ecol***
Wiederherstellung des biol. Gleichgewichts
resilium (flexible horny hinge)
Resilium, Schließknorpel
resin Harz
resin acids Harzsäuren
resin canal/resin duct
Harzkanal, Harzgang
resin gall Harzgalle
resiniferous harzabsondernd
resinification/becoming resinous
Verkienung, Verharzung
resinous/resiny
harzig, kienig, harzreich, Harz...
resinous gum Gummiharz
resinous pinewood
Kien, Kienholz
resist resistieren, widerstehen, ausdauern
resistance/resistivity/hardiness
Resistenz, Beständigkeit, Widerstandsfähigkeit
resistance ***electr*** Widerstand
resistance factor/R factor
Resistenz-Faktor, R-Faktor
resistance gene Resistenzgen
resistance tissue (fruit)
Widerlagergewebe
resistant/resistive
resistent, beständig, widerstandsfähig, widerstehend; abweisend
resistivity spezifischer Widerstand
resolution ***chromat*** Trennschärfe
➢ **optical resolution**
optische Auflösung
resolve ***opt*** auflösen
resolving power ***opt***
Auflösungsvermögen
resonance pouch (frogs: vocal pouch)
Schallblase
resorb
resorbieren, aufnehmen, aufsaugen
resorption Resorption
resources Rohstoffe
➢ **natural resources**
natürliche Rohstoffe
➢ **nonrenewable resources**
nichterneuerbare Rohstoffe
➢ **regenerating resources**
nachwachsende Rohstoffe
➢ **renewable resources**
erneuerbare Rohstoffe
respiration/breathing
Respiration, Atmung
➢ **cellular respiration** Zellatmung
➢ **cutaneous respiration/ cutaneous breathing/ integumentary respiration**
Hautatmung
➢ **diaphragmatic respiration/ abdominal breathing**
Zwerchfellatmung, Bauchatmung
➢ **forced respiratory expulsion**
Pressatmung
➢ **photorespiration**
Photorespiration, Photoatmung, Lichtatmung
➢ **thoracic respiration/ costal breathing**
Thorakalatmung, Brustatmung
respiratory arrest Atemstillstand
respiratory center Atemzentrum
respiratory chain/ electron transport chain
Atmungskette, Elektronentransportkette, Elektronenkaskade
respiratory epithelium
Respirationsepithel, respiratorisches Epithel, Atmungsepithel
respiratory pigment
Atmungspigment
respiratory poison Atmungsgift
respiratory quotient
respiratorischer Quotient, Atmungsquotient

respiratory tree (sea cucumbers) baumartig verzweigte Wasserlunge der Seewalzen
respirometry Spirometrie
respond/react wirken, Wirkung zeigen, reagieren, anschlagen, ansprechen auf
response (to stimulus) ***neuro*** Antwort
response/reaction ***ethol/med/stat*** Wirkung, Reaktion
➢ **conditioned response** ***ethol*** bedingte Reaktion
➢ **unconditioned response** ***ethol*** unbedingte Reaktion
rest/lie dormant ***vb*** ruhen
rest/residue ***n chem/biochem*** **(amino acid side chains)** Rest (Aminosäuren-Seitenketten)
resting/quiescent/dormant ruhend
resting bud/dormant bud ruhende Knospe, schlafende Knospe
resting egg/dormant egg (winter egg) Latenzei, Dauerei
resting nucleus Ruhekern
resting period/quiescent period/ dormancy period Ruhephase, Ruheperiode
resting posture Ruhestellung
resting potential Ruhepotenzial
resting spore Dauerspore
resting traces/cubichnia ***paleo*** Ruhespuren
restio family/Restionaceae Restiogewächse
restitute restituieren, wiederherstellen
restitution Restitution, Wiederherstellung
restriction endonuclease Restriktionsendonuclease
➢ **rare cutter** selten schneidende Restriktionsendonuclease
restriction enzyme Restriktionsenzym
restriction fragment length polymorphism (RFLP) Restriktionsfragment-Längen-polymorphismus, Restriktions-fragmentlängenpolymorphismus
restriction site Restriktionsschnittstelle
restriction site polymorphismus (RSR) Restriktionsstellenpolymorphismus
resupination (inversion) Resupination
resurrection Auferstehung, Wiederauferstehung
resurrection plant Auferstehungspflanze, Wiederauferstehungspflanze
resuscitation Wiederbelebung, Reanimation
ret/retting ***vb*** rösten, rötten (Flachsrösten)
retain zurückhalten, bewahren, behalten
retained water Haftwasser
retard retardieren, verzögern, verlangsamen, zurückbleiben (Entwicklung/geistig)
retardation Retardierung, Verzögerung, Verlangsamung, Entwicklungshemmung
retarded/stunted (growth) zurückgeblieben
rete mirabile Wundernetz
retene Reten
retention index (R_I) Retentions-Index
retention time Retentionszeit, Verweildauer, Aufenthaltszeit
reticulate/netted/meshy vernetzt, netzförmig; netznervig
reticulate evolution netzartige Evolution
reticulate venation/net venation/ netted venation Netznervatur, Netzaderung
reticulately veined netzadrig
reticulocyte/proerythrocyte (immature RBC) Retikulozyt, Reticulocyt, Proerythrozyt
reticulopodium/reticulopod Reticulopodium, Retikulopodium
reticulum/honeycomb stomach/ honeycomb bag/second stomach Retikulum, Netzmagen, Haube
retina Retina, Netzhaut
retinal/retinene Retinal

retinal cup eye/everted eye Blasenauge
retinic acid Retinsäure
retinol (vitamin A) Retinol
retinular cell Retinulazelle
retort Retorte
retractile einziehbar, zurückziehbar
retractor muscle Retraktormuskel, Retraktor, Rückzieher, Rückwärtszieher
retreat/refuge/ hideout/hideaway/hiding place Versteck, Unterschlupf
retreat ***arach*** Rückzug, Versteck, Schlupfwinkel, Retraite
retrix (*pl* retrices) Steuerfeder
retrocerebral organ Retrocerebralorgan, Retrocerebralkomplex
retrocerebral sac Retrocerebralsack
retroelement Retroelement
retrogene Retrogen
retrogressive development/ retrogressive evolution Rückentwicklung
retrorse rückwärts gerichtet, nach unten gerichtet, nach unten gebogen
retrotransposon Retrotransposon
retroviral retroviral
retrovirus Retrovirus
➢ **acute transforming retrovirus** akut transformierendes Retrovirus
retuse (leaf apex) eingebuchtet
reusable wiederverwendbar
reuse ***n*** Wiederverwendung
reuse ***vb*** wiederverwenden
reverberating circuit ***neuro*** zurückwirkender Schaltkreis
reversal potential Umkehrpotenzial
reverse genetics reverse Genetik
reverse osmosis Reversosmose, Umkehrosmose
reverse phase Reversphase, Umkehrphase
reverse transcriptase reverse Transkriptase, Revertase, Umkehrtranskriptase
reverse transcription reverse Transkription
reverse translation reverse Translation
reverse turn ***gen*** Umkehrschleife
reversibility Reversibilität, Umkehrbarkeit
reversible reversibel, umkehrbar
reversible inhibition reversible Hemmung
revival/resuscitation Wiederbelebung
revive/resuscitate wiederbeleben
revolute/rolled backward nach hinten eingerollt, zurückgerollt
reward ***n*** **(e.g., nectar)** Belohnung
reward ***vb*** belohnen
Reynolds number Reynold-Zahl, Reynoldsche Zahl
RFLP (restriction fragment length polymorphism) RFLP (Restriktions-fragmentlängenpolymorphismus)
rhabdite (turbellarians) Rhabdit, Epithelstäbchen
rhabdome Rhabdom
rhabdomere Rhabdomer
rhagon (sponges) Rhagon
Rhamnaceae/coffeeberry family/ buckthorn family Kreuzdorngewächse
rhamphotheca ***orn*** Rhamphotheka
rheas/Rheiformes Nandus
rhinarium Rhinarium, Riechplatte
rhipidium (fan-shaped cyme) Fächel
rhipidoglossate radula rhipidoglosse Radula, Fächerzunge
rhithral ***limn*** Rhithral, Salmonidenregion
rhizodermis/epiblem(a) Rhizodermis, Wurzelepidermis
rhizoid/rootlet ***n*** Rhizoide, Würzelchen
rhizoid/rootlike ***adj/adv*** wurzelartig
rhizomatous tuber Rhizomknolle
rhizome/rootstock (creeping underground stem) Rhizom, Erdspross, Erdausläufer, Wurzelstock
Rhizophoraceae/mangrove family/ red mangrove family Mangrovengewächse

rhizosphere Rhizosphäre
rhizostome medusas/Rhizostomeae Wurzelmundquallen
rhodopsin/rose-purple Rhodopsin, Sehpurpur
rhombic/rhomboid rhombisch, rautenförmig
rhombogen (mesozoans) Rhombogen
rhopalium (tentaculocyst) Rhopalium, Randsinnesorgan, Randkörper, „Hörkölbchen"
rhopaloneme Rhopalonema
rhoptry (*pl* rhoptries) Rhoptrie (*pl* Rhoptrien)
rhynchocephalians/Rhynchocephalia (*Sphenodon*) Brückenechsen
rhytidome/tertiary bark/ dead outer bark Rhytidom, Borke
ria coast/ria shoreline Riasküste
rib/costa *zool* Rippe, Costa
- **abdominal rib/gastralia (reptiles)** Bauchrippe, Gastralrippe, Gastralia
- **cervical rib/costa cervicalis** Halsrippe
- **false rib/costa spuria** falsche Rippe, unechte Rippe
- **floating ribs/costae fluitantes** frei endende Rippen
- **sacral rib** Sakralrippe
- **thoracic rib/costa thoracalis** Thorakalrippe
- **true rib/costa vera** echte Rippe

rib/vein (leaf) *bot* Rippe, Ader, Nerv
- **midrib/midvein/costa** Mittelrippe, Costa (mittlere/zentrale Blattrippe)

rib basket/rib cage (chest/thorax) Brustkasten, Brustkorb (Thorax)
rib meristem/file meristem Rippenmeristem
riboflavin/lactoflavin (vitamin B_2) Riboflavin, Lactoflavin
ribonuclear protein Ribonucleoprotein
ribonuclease Ribonuclease, Ribonuklease
ribonucleic acid (RNA) Ribonucleinsäure, Ribonukleinsäure (RNS/RNA)
riboprobe Ribosonde, RNA-Sonde
ribosomal RNA/rRNA ribosomale RNA, rRNA
ribosome Ribosom
ribosome binding site Ribosomenbindungsstelle
ribozyme Ribozym
rich meadow/pasture Fettwiese
ricinuleids/tick spiders/ Ricinulei/Podogona Kapuzenspinnen
rickettsias Rickettsien
rickety/rachitic rachitisch; schwach, wackelig
rictal die Schnabelinnenseite betreffend, Schnabel...
rictal bristle Schnabelborsten
rictus *orn* Sperrweite (bzgl. Schnabelinnenseite)
ride *vb* (e.g., horse) reiten
ridge (range of hills/mountains) Hügelkette, Bergkette, Gebirgskette
ridge *hort* Hügelbeet
- **to ridge up** anhäufeln

ridge/crest Gebirgskamm, Berggrat, Bergrücken
ridge soaring/slope soaring *aer/orn* Hangsegeln
ridgeling/ridgling (cryptorchid stallion) Spitzhengst, Klopphengst (Pferd mit Kryptorchismus)
right-handed/dextral rechtshändig (Spirale: rechtsgängig)
right side-out vesicle Right side-out Vesikel (Vesikel mit der richtigen Seite nach außen)
rigor mortis/cadaveric rigidity Totenstarre, Leichenstarre
rill/bog drainage Rülle, Bächlein, Rinnsal
rima/cleft/crack/fissure Ritze, Spalt, Spalte, Furche; Stimmritze
- **palpebral fissure/ rima palpebrarum** Lidspalte
- **pudendal fissure/rima pudendi** Schamspalte
- **rima glottidis** Stimmritze (zw. Stimmlippen und Aryknorpeln des Kehlkopfs)
- **rima oris/opening of the mouth** Mundspalte

rimate/having fissures rissig
rime/crust/incrustation Kruste
rime ***meteo***
fest aufgefrorener Reif, Raureif, Raufrost
rimiform soralium/fissoral soralium (lichens) Spaltensoral
rind ***bot*** Rinde, Baumrinde, Borke; Fruchtwand, Fruchtschale
rind grafting/bark grafting ***hort***
Rindenpfropfung, Pfropfen hinter die Rinde
ring (for support stand/ring stand) ***lab***
Stativring
ring/inferior annulus (remains of velum partiale) ***fung***
Ring, Kragen, Annulus inferus
ring budding/annular budding (flute budding)
Ring-Okulation
ring canal/radial canal
Ringkanal, Radiärkanal, Ambulakralring
ring chromosome Ringchromosom
ring cleavage ***chem*** Ringspaltung
ring form/ring conformation
Ringform
ring formation/cyclization ***chem***
Ringschluss
ring formula ***chem*** Ringformel
ring muscle/circular muscle
Ringmuskel
ring porous (wood)
ringporig (cyclopor)
ring species Ringart
Ringer's solution
Ringer-Lösung, Ringerlösung
ringing (by browser) ***for***
Rundfraß (durch Wild an Bäumen)
ringing/girdling (tree bark)
Ringelung, Gürteln, Rundfraß
ringlike/annular ringartig
rip ***mar*** Kabbelung
rip current ***mar***
Brandungsrückströmung, Rippstrom, Reißstrom
rip tide ***mar*** Ripptide
riparian/riparious/riparial
uferbewohnend, am Ufer lebend (Flussufer), Ufer...
riparian forest Uferwald
ripe/mature reif
ripeness/maturity Reife
ripple ***geol*** Rippel
ripple mark Rippelmarke
risk/danger
Risiko (*pl* Risiken), Gefahr
➢ **cancer risk** Krebsrisiko
➢ **genetic risk**
genetisches Risiko
➢ **recurrence risk**
Wiederholungsrisiko
risk class/security level
Sicherheitsstufe, Risikostufe
risk factor Risikofaktor
risk of contamination
Verseuchungsgefahr
rite Ritus
➢ **precopulatory rite**
Begattungsvorspiel
ritual Ritual
➢ **evocation ritual**
Beschwörungsritual
ritualization Ritualisierung
rival Rivale; Nebenbuhler
rival song Rivalengesang
rivalry Rivalität
river blindness/onchocercosis (*Onchocerca volvulus*)
Flussblindheit, Onchocercose
river bluff Steilufer, Felsufer/Felswand am Fluss
river mouth Flussmündung
river plain/river valley
Flussniederung, Flusstal
riverbank/bank/embankment
Flussufer, Uferböschung, Flussböschung, Böschung
riverbed Flussbett
riverbed filtration Uferfiltration
riverine Fluss...
Flüsse/Fließgewässer betreffend
riverine floodplain
Aue, Flussaue
riverine floodplain meadow
Auwiese, Auenwiese, Flussauenwiese
riverweed family/Podostemaceae
Blütentange
rivulet/streamlet/rill
Rinnsal, Bächlein; Rülle

RNA (ribonucleic acid) RNA, RNS (Ribonucleinsäure/Ribonukleinsäure)
- **3'→5' (three prime five prime/ three prime to five prime)** 3'→5' (drei Strich-fünf Strich/ drei Strich nach fünf Strich)
- **abundant mRNA** abundante mRNA
- **antisense RNA** Antisense-RNA, Anti-Sinn-RNA, Gegensinn-RNA
- **guide RNA** Guide-RNA
- **mRNA/messenger RNA** mRNA, Boten-RNA
- **miRNAs/stRNAs (micro-RNAs/small temporal RNAs)** kleine temporäre RNAs
- **pre-mRNA** Prä-mRNA, Vorläufer-mRNA
- **pre-rRNA** Prä-rRNA, Vorläufer-rRNA
- **pre-tRNA** Prä-tRNA, Vorläufer-tRNA
- **RNA editing** RNA-Editing, Redigieren von RNA
- **rRNA/ribosomal RNA** rRNA, ribosomale RNA
- **siRNA (small interfering RNA)** kleine interferierende RNA
- **small inhibitory RNA** kleine hemmende RNA
- **small non-coding RNAs (snoRNAs)** kleine nichtcodierende RNAs
- **snRNA (small nuclear RNA)** kleine nucleäre-RNA
- **stable RNA** stabile RNA
- **suppressor tRNA** Suppressor-tRNA
- **tRNA/transfer RNA** tRNA, Transfer-RNA

RNA editing Redigieren von RNA
RNA polymerase RNA-Polymerase
RNA priming RNA-Priming
RNA processing RNA-Processing, RNA-Weiterverarbeitung
RNA transcript RNA-Transkript
RNA-world RNA-Welt
RNase (ribonuclease) RNase (Ribonuclease/Ribonuklease)
roar *n* Brüllen, Gebrüll
roar/bellow *vb* brüllen
Robertsonian fusion *gen* Robertson-Translokation, zentrische Fusion
rock Stein, Gestein, Fels
- **bedrock/rock base/parent rock** Ausgangsgestein, Grundgestein, Muttergestein
- **evaporites** Evaporite, Eindampfungsgesteine
- **extrusive rocks** Extrusivgesteine, Effusivgesteine, Ergussgesteine, Ausbruchsgesteine
- **gangue rock (dikes etc.)** Ganggestein
- **igneous rock** Erstarrungsgestein, Eruptivgestein
- **intrusive rocks** Intrusivgesteine
- **metamorphic rock** Umwandlungsgestein
- **parent rock/bedrock/rock base** Muttergestein, Ausgangsgestein, Grundgestein
- **primary rock/primitive rock** Urgestein
- **sedimentary rock** Sedimentgestein, Absatzgestein, Schichtgestein

rock base/bedrock Grundgestein
rock-brake fern family/ parsley fern family/ Cryptogrammaceae Rollfarngewächse
rock debris/loose stones Geröll
rock plant/petrophyte Felspflanze
rocket immunoelectrophoresis Raketenimmunelektrophorese
rockpool/lithotelma Felstümpel, Gesteinstümpel, Lithotelme
rockrose family/Cistaceae Cistrosengewächse, Zistrosengewächse, Sonnenröschengewächse
rocky steinig, felsig
rod/rod cell (eye) Stäbchen, Stäbchenzelle
rod neutrophil/band neutrophil/ stab neutrophil/stab cell stabkerniger Neutrophil
rod organ (*Peranema*) Staborganell

rod-shaped/rod-like stabförmig, rutenförmig
rodent ***adj/adv*** nagend
rodents/gnawing mammals (except rabbits)/Rodentia Nagetiere
rods/bacilli Stäbchen, Stäbchenbakterien, Bazillen
roe (crustaceans: lobster eggs) Eier
roe (fish eggs esp. enclosed in ovarian membrane) Rogen (Fischeier innerhalb der Eierstöcke), Fischlaich
➢ **soft roe/milt (testes of a fish)** Fischhoden (*see also*: milt)
rogue ***adj/adv*** ***zool*** bösartig, zerstörerisch; *Pferd:* ungezogen, unartig, bockend
rogue ***n bot/zool*** aus der Art schlagendes Individuum; bösartiger Einzelgänger
rogue ***vb bot/agr*** minderwertige/kranke/missgebildete/ schwache Pflanze ausjäten
rogue elephant bösartiger Einzelgänger (Elefant)
roll gall Rollgalle
rolled backward/revolute zurückgerollt
roller tube culture Rollerflaschenkultur
rolling-circle replication ***gen*** Rollender-Ring-Replikation
rookery (breeding ground: herons/ penguins/seals; also: colony of such animals) Nistplatz, Brutplatz; Brutkolonie (Seevögel/Robben)
roost/perch ***n*** **(resting site/ lodging site)** Ruheplatz, Rastplatz, Schlafplatz, Schlafsitz, Unterkunft (Geflügel: Hühnerstange/Hühnerstall)
roost/perch ***vb*** rasten, sich setzen, sich zur Rast/zum Schlaf niederlassen, auf der Stange sitzen, sich zum Schlafen niederhocken (Hühner)
root/grub (boar: dig up with snout) ***vb zool*** mit der Schnauze (auf)wühlen (Schwein)
root ***vb bot*** bewurzeln, Wurzeln treiben/schlagen
root ***n*** Wurzel
➢ **adventitious root** Adventivwurzel, Luftabsenker
➢ **air root/aerating root/ pneumatophore** Atemwurzel, Pneumatophore
➢ **anchorage root/adhesion root** Ankerwurzel
➢ **anterior root/ ventral root/motor root** ***neuro*** Ventralwurzel, motorische Wurzel
➢ **assimilative root** Assimilationswurzel
➢ **brace root/prop root (e.g., corn)** Stützwurzel
➢ **buttress root (*esp.* tropical trees)** Brettwurzel
➢ **central cylinder of root** Wurzelstele
➢ **contractile root** Zugwurzel
➢ **dorsal root/posterior root** ***neuro*** Dorsalwurzel
➢ **feeder root** Nährwurzel
➢ **fibrous root system** Büschelwurzelsystem
➢ **hair root** Haarwurzel
➢ **holdfast root** Haftwurzel
➢ **lateral root** Seitenwurzel
➢ **motor root/anterior root/ ventral root** ***neuro*** motorische Wurzel, Ventralwurzel
➢ **pneumatophore/ air root/aerating root** Pneumatophore, Atemwurzel
➢ **posterior root/dorsal root** ***neuro*** Dorsalwurzel
➢ **primary root** Primärwurzel, Hauptwurzel
➢ **prop root/stilt root** Stützwurzel, Stelzwurzel
➢ **radicle/radicula/embryonic root** Radicula, Keimwurzel, Hauptwurzelanlage
➢ **region of maturation of root** Wurzelhaarzone
➢ **secondary root** Sekundärwurzel, Nebenwurzel, Seitenwurzel
➢ **seminal root** Keimwurzel
➢ **shallow root/surface root** Flachwurzel, Oberflächenwurzel

➤ **storage root** Speicherwurzel
➤ **suction root/sucking root** Saugwurzel
➤ **take root** ***vb*** anwachsen, bewurzeln, anwurzeln
➤ **ventral root/ anterior root/motor root** ***neuro*** Ventralwurzel, motorische Wurzel
root apex/root tip Wurzelspitze, Wurzelpol (Embryo)
root bud/root sucker/tiller Stockausschlag, Stockreis
root bulbil Wurzelbulbille
root cap/calyptra Wurzelhaube, Wurzelhäubchen, Kalyptra
root climber Wurzelkletterer, Wurzelklimmer
root collar Wurzelhals
root-collar rot Wurzelhalsfäule
root-collar shoot/sucker/offshoot Wurzelhalsschössling
root crop/root vegetable Hackfrucht, Wurzelgemüse
root crown Wurzelhals, Wurzelkrone
root cutting Wurzelsteckling
root gall/root knot (nematodes) Wurzelgalle
root graft Wurzelpfropf
root grafting Wurzelpfropfung, Wurzelveredlung
root hair Wurzelhaar, Wurzelhärchen
root mean square (RMS) ***stat*** quadratisches Mittel, Quadratmittel
root nodules Wurzelknöllchen
root pressure Wurzeldruck
root primordium Wurzelanlage
root rot Wurzelfäule
root sheath/ radicle sheath/coleorhiza Wurzelscheide, Koleorhiza, Coleorhiza
root sucker/offshoot/offset/slip wurzelbürtiger Spross, Wurzelausschlag, Wurzeltrieb, Wurzelschössling, Wurzelreis
root tendril Wurzelranke
root trace Wurzelspur
root-tuber/tuberous root Wurzelknolle
root water tension Wurzelsaugspannung
rootage (system of roots) Wurzelwerk
rootage/rooting/radication Bewurzelung
rootless/arrhizous/arrhizal wurzellos
rootlet Würzelchen
rootlike/radiciform/rhizoid wurzelförmig, wurzelartig
rootstock/caudex Wurzelstock, Caudex
rootstock/rhizome (creeping underground stem) Erdspross, Rhizom, Erdausläufer
rootstock/stock (base for grafting) Wurzelpfropfgrundlage, Wurzelpfröpfling, Unterlage
rose family/Rosaceae Rosengewächse
rose-purple/rhodopsin Sehpurpur, Rhodopsin
rosehip/hip Hagebutte
rosette (whorl) Rosette (Wirtel/Quirl)
rosette of leaves/whorl of leaves Blattrosette, Blattwirtel
rosette plant Rosettenpflanze
rosette plate (bryozoans) Rosettenplatte
ross/remove bark/ debark/bark/decorticate schälen, entrinden
rostellum (hooked prominence on head of tapeworm) ***zool*** Rostellum, Hakenkranz
rostellum/adhesive body (part of gynostemium) ***bot*** Rostellum, Klebkörper
rostral bone/os rostrale Rüsselbein
rostral plate/planum rostrale (pigs) Rüsselscheibe
rostrate/beaked geschnäbelt
rot/foul/putrefy/decompose/ decay/disintegrate ***vb*** faulen, verfaulen, verwesen, modern, vermodern, sich zersetzen
rot/mold/mildew/blight Fäule
rotary evaporator Rotationsverdampfer
rotary microtome Rotationsmikrotom
rotary shadowing Rotationsbedampfung

rotary shaker Rotationsschüttler
rotating stage ***micros*** Drehtisch
rotational grazing Umtriebsbeweidung
rotational motion Rotationsbewegung
rotational sense/sense of rotation Rotationssinn, Drehsinn
rotator muscle Rotator, Drehmuskel, Dreher
rotenone Rotenon
rotifers/Rotifera Rotatorien, Rädertiere
rotiger/pseudotrochophore (larva) Rotiger, Pseudotrochophora
rotor ***centrif*** Rotor
> **angle rotor/ angle head rotor** ***centrif*** Winkelrotor
> **fixed-angle rotor** ***centrif*** Festwinkelrotor
> **swinging-bucket rotor** ***centrif*** Ausschwingrotor
> **vertical rotor** ***centrif*** Vertikalrotor

rotor-stator impeller/ Rushton-turbine impeller (bioreactor) Rotor-Stator-Rührsystem
rotten/decayed/decomposed verwest, vermodert, verfault, zersetzt
rotting/decaying/ putrefying/decomposing moderig, faulend, verfaulend
rotting process Fäulnisprozess
rotund/rounded rundlich, abgerundet
rotundifolious/with rounded leaves rundblättrig
rough-leaved/trachyphyllous raublättrig
roughage Raufutter; unverdauliche Nährstoffe (undigestible components of diet)
roughened/scabrid aufgeraut
round (rounded/rotund) rund (abgerundet, rundlich)
round dance (bees) Rundtanz
round window/oval window (ear) rundes Fenster, ovales Fenster
rounded/roundish/rotund rundlich, abgerundet
roundwood/log timber Rundholz
roundworms/nematodes/Nematoda Rundwürmer (*sensu stricto*), Fadenwürmer, Nematoden
royal fern family/ flowering fern family/ cinnamon fern family/ Osmundaceae Königsfarngewächse, Rispenfarngewächse
royal jelly/bee milk Königin-Futtersaft, Gelée Royale
RPD (redox potential-discontinuity) ***mar*** Redoxpotenzial-Diskontinuität
RT-PCR (reverse transcriptase-PCR) RT-PCR (PCR mit reverser Transkriptase)
rubble/debris/detritus Schutt; Gesteinsschutt (= coarse rock debris)
rudder (tail fluke of whales) Ruder, Ruderflosse (Schwanzflosse der Wale)
ruderal/ growing among rubbish or debris ruderal, auf Schutt wachsend
ruderal plant Ruderalpflanze, Schuttpflanze
rudiment (*sensu lato*: vestige) Rudiment
rudimentary (*sensu lato*: vestigial) rudimentär
rue family/Rutaceae Rautengewächse
ruff/ruffle ***n*** **(feathers/hair around neck)** ***orn/mammals*** Krause, Halskrause
Ruffini's endings/Ruffini's organ/ corpuscles of Ruffini Ruffini'sches Körperchen
ruffle/ruff ***n*** **(feathers/hair around neck)** ***orn/mammals*** Krause, Halskrause
ruffle ***vb zool*** sträuben (Federn/Haare), sich aufplustern (Vögel)
ruffle/ruffled ***vb bot*** **(strongly wavy leaf margin)** kräuseln, gekräuselt (Blatt)
rugate/rugose/wrinkled/wrinkly (corrugative/corrugated) runzelig, gerunzelt (gewellt/geriffelt), faltig

rugulose/finely wrinkled feinrunzelig
rumen/paunch/ingluvies/ first stomach Rumen, Pansen
➤ **atrium ruminis** Pansenvorhof, Schleudermagen
ruminal pillar Pansenpfeiler
ruminant/"cud chewers" Wiederkäuer, Retroperistaltiker, Ruminantier
ruminants/Ruminantia Wiederkäuer
rump/hindquarters (quadrupeds) Rumpf, Hinterteil, Steiß
rump/tail/uropygium ***orn*** Bürzel
rump patch (deer) Spiegel
rumposome Rumposom
run ***n*** **(fish)** Laichwanderung
run ***vb*** rennen, laufen
runaway effect ***gen*** Selbstläufer-Effekt
runcinate/retroserrate/hook-backed (e.g., dandelion leaf) schrotsägeförmig, rückwärts gesägt
runner/sarment oberirdischer Ausläufer, photophiler Ausläufer, Kriechspross
runner/sucker/offshoot Ableger, Ausläufer
running/cursorial rennend, Renn...
running free/free-running/ free-ranging (fowl etc.) freilaufend
running gel/separating gel Trenngel
running-step (gait of horses) Tölt
runoff Abfluss (oberflächlich abfließend), Abschwemmung
runt (puny) Zwergtier, Zwerg... (z.B. Zwergrind/Zwergschwein)
rupestrine/rupicoline/rupicolous (living/growing on/among rocks) auf Steinen/Felsen lebend (zwischen Steinen wachsend)
rupicaprine/chamois-like gämsartig
rupicolous/rupicoline/rupestrine (living/growing on/among rocks) auf Steinen/Felsen lebend (zwischen Steinen wachsend)
Ruppiaceae/ditch-grass family Saldengewächse
rural ländlich
rush ***n bot*** Binsen
rush family/Juncaceae Binsengewächse
rush-shaped/junciform binsenförmig
rushy/rushlike/juncaceous binsenartig
Russula family/Russulaceae Sprödblätterpilze, Sprödblättler
rusts/rust fungi/Uredinales Rostpilze
rut ***n*** **(male)** Brunst (männliche)
rut/courting ***n*** **(*spec* deer: stag)** Brunft (Hirsch)
rut ***vb*** **(male)/court** brunsten, brunften
rut/mate/copulate ***vb*** rammeln, kopulieren
Rutaceae/rue family Rautengewächse
rutting (male)/in heat (female)/ sexually aroused brünstig, in der Brunst, geschlechtlich erregt
rutting behavior Brunstverhalten
rutting season/rutting time/ courting season/mating season/ season of heat Brunstzeit, Paarungssaison; (*spec* deer: stag) Brunftzeit, Paarungssaison (Hirsch)
rynchocephalians/sphenodontids/ Rynchocephalia/Sphenodonta Schnabelköpfe

sabre tooth/saber tooth
Säbelzahn
sabulicolous/arenicolous/ psammobiontic/living in sand
im Sand lebend, im Sand wohnend
sac fungi/cup fungi/ ascomycetes/Ascomycetes
Schlauchpilze
saccade Sakkade, Blicksakkade, Blickbewegung
saccadic sakkadisch, ruckartig, stoßartig, ruckartig unterbrochen
saccate/pouched
sackförmig, taschenförmig
saccharic acid/aldaric acid (glucaric acid)
Zuckersäure, Aldarsäure (Glucarsäure)
sacchariferous
zuckerhaltig; zuckerbildend
saccharification Verzuckerung
saccharify verzuckern
saccharimeter Saccharimeter
saccharinic acid Saccharinsäure
saccharose/sucrose/table sugar/ beet sugar/cane sugar
Saccharose, Rübenzucker, Rohrzucker
sacfry/yolk fry/alevin (salmonid larvae with yolk sac)
Dottersackbrut (Lachs)
sacoglossans/Sacoglossa/Saccoglossa
Sackschnecken, Schlauchschnecken, Schlundsackschnecken
sacral sakral, zum Kreuzbein gehörig
sacral rib Sakralrippe
sacral vertebra
Sakralwirbel, Kreuzwirbel
sacrum/os sacrum
Sakrum, Kreuzbein
saddle (horse etc.) Sattel
saddle (butchery)
Rückenstück, Grat
saddle (male fowl) Bürzel
saddle feathers (male fowl)
Bürzelfedern
saddle fungi & false morels/ Helvellaceae Lorchelpilze
saddle grafting *hort* Sattelschäften
saddle joint/sellaris joint
Sattelgelenk
safe/secure *tech* (personal protection) sicher
safety/security *tech* (personal protection) Sicherheit
➤ **lab safety** Laborsicherheit
safety data sheet
Sicherheitsdatenblatt
safety device
Sicherheitsvorrichtung
safety goggles/safety spectacles
Schutzbrille
safety guidelines
Sicherheitsbestimmungen, Sicherheitsrichtlinien
safety line *arach* Sicherheitsfaden
safety measure
Sicherheitsmaßnahme, Sicherheitsmaßregel
safety pipet filler
Peleusball (Pipettierball)
safety precaution
Sicherheitsvorkehrung, Sicherheitsvorbeugemaßnahme
safety regulations
Sicherheitbestimmungen
safety spectacles/safety goggles
Schutzbrille
SAGE (serial analysis of gene expression)
serielle Analyse der Genexpression
sagittal/median longitudinal
sagittal, in Pfeilrichtung, in Pfeilebene
sagittal crest/crista sagittalis
Sagittalkamm, Scheitelkamm
sagittal section/median longisection
Sagittalschnitt (parallel zur Mittelebene)
sagittal suture (skull) Pfeilnaht
sagittate/sagittiform/arrowhead-shaped
pfeilförmig, pfeilspitzenförmig
sail *n* (e.g., Velellina medusas)
Segel
sail *vb* segeln
salamanders & newts and relatives/ urodeles/Urodela/Caudata
Schwanzlurche (Salamander & Molche und Verwandte)
Salicaceae/willow family
Weidengewächse

salicic acid (salicylate) Salicylsäure (Salicylat)
saline *adv/adj* salzig, salzhaltig, Salz...
saline lake Brackwassersee
saline *n* Kochsalzlösung; Sole, Salzlake
➢ **isotonic saline** isotone Kochsalzlösung
➢ **phosphate buffered saline (PBS)** phosphatgepufferte Salzlösung
➢ **physiological saline solution** physiologische Kochsalzlösung
salinity/saltiness Salinität, Salzgehalt
salinization Versalzung
saliva Speichel
salivarium Salivarium, Speicheltasche
salivary gland Speicheldrüse
salmon & trout/Salmoniformes Lachse & Lachsverwandte
salps/Salpida (order) eigentliche Salpen
salps/thaliceans/Thaliacea (class) Salpen, Thaliaceen
salt bridge (ion pair) Salzbrücke (Ionenpaar)
salt flat Salzsteppe
salt gland Salzdrüse
salt in *vb* einsalzen
salt lake Salzsee
salt marsh Salzmarsch
salt out *vb* aussalzen
salt wedge *limn* Salzwasserkeil
saltatory/saltatorial (adapted for or used in jumping) saltatorisch, zum Springen geeignet, Sprung..., Spring...
saltatory conduction saltatorische Erregungsleitung
saltatory leg/saltatorial leg/ jumping leg Springbein, Sprungbein
saltatory movement saltatorische Bewegung
saltatory replication saltatorische Replikation
saltiness Salzigkeit
salting in Einsalzen, Einsalzung
salting out Aussalzen
salting-out chromatography Aussalzchromatographie, Aussalzchromatografie
saltmarsh Salzmarsch, Salzsumpf
saltpan/salina Salzpfanne
saltwater Salzwasser
saltwort family/batis family/Bataceae Batisgewächse
salty/saline salzig, salzhaltig
Salvadoraceae/mustard-tree family Senfbaumgewächse
salvage logging/salvage felling Kalamitätennutzung (Holzernte)
salvage pathway Wiederverwertungsstoffwechselwege, Wiederverwertungsreaktionen
salverform stieltellerförmig, präsentiertellerförmig
salvinia family/Salviniaceae Schwimmfarngewächse, Schwimmfarne
SAM (*S*-adenosylmethionine) *S*-Adenosylmethionin
samara/key (single-winged nutlet) Flügelnuss
sample *chem/biochem* Probe (Teilmenge eines zu untersuchenden Stoffes)
sample *stat* Stichprobe
➢ **random sample *stat*** Zufallsstichprobe
➢ **subsample *stat*** Teilstichprobe
sample function/ sample statistic *stat* Stichprobenfunktion
sample preparation Probenvorbereitung
sample size Stichprobenumfang; *stat* Fallzahl
sample-taking Probenahme, Probeentnahme
sampling Stichprobenentnahme
sanctuary/sanctuary area Schongebiet
➢ **wildlife sanctuary/wildlife refuge** Wildreservat
sand dollars/true sand dollars/ Clypeasteroida Sanddollars, Schildseeigel

sandalwood family/Santalaceae Sandelholzgewächse, Leinblattgewächse
sandbank Sandbank
sandbar längliche Sandbank, Sandriff, Sandbarre
sandflat Watt, Sandwatt
sandy sandig
sandy soil Sandboden, sandiger Boden
sanguivorous/hematophagous/ blood-sucking blutsaugend, sich von Blut ernährend
sanguineous blutig, Blut..., Blut betreffend; blutrot
➤ **consanguineous** blutsverwandt
Santalaceae/sandalwood family Sandelholzgewächse, Leinblattgewächse
sap Saft, Flüssigkeit
➤ **plant sap (xylem & phloem fluid)** Pflanzensaft
Sapindaceae/soapberry family Seifenbaumgewächse
sapling ***bot/hort*** Sprössling, Bäumchen
saponification Verseifung
Sapotaceae/sapodilla family Sapotegewächse, Breiapfelgewächse
saprobe/saprobiont Fäulnisbewohner (*pl* Saprobien)
saprobic/saprophilic/saprophytic saprob, saprophil, saprophytisch, von faulenden Stoffen lebend
saprobity Saprobie, Saprobität
saprobity system Saprobiensystem
saprogen ***n*** fäulniserregendes Lebewesen
saprogenic saprogen, fäulniserregend
saprophage/ saprotroph/saprobiont Saprophage, Saprovore, Fäulnisernährer, Fäulnisfresser
saprophagous/saprotrophic saprophag
saprophagy Saprophagie
saprophilic/saprophytic/saprobic saprophil, saprophytisch, saprob, von faulenden Stoffen lebend
saprophyte/saprobiont Saprophyt, Fäulnispflanze, Faulpflanze, Fäulnisbewohner
saprozoic lifeform Saprozoe
sapwood/alburnum/splintwood Splintholz
SAR (structure-activity relationship) Struktur-Aktivitäts-Beziehung, Struktur-Wirkungs-Beziehung
sarcolemma Sarcolemm, Sarkolemm
sarcoplasmatic reticulum (SR) sarkoplasmatisches Retikulum (SR)
sarcosine Sarcosin
sarcosome/sarcosoma (mitochondrion of striated muscle fiber) Sarcosom, Riesenmitochondrion
sarcotesta Sarkotesta
sarcotubular system sarkotubuläres System
sarment/runner ***bot*** Ausläufer, Kriechspross (oberirdisch/photophil)
sarmentose ***bot*** (oberirdische) Ausläufer bildend, kriechend
Sarraceniaceae/pitcher-plant family Schlauchpflanzengewächse, Krugpflanzengewächse
satellite band Satellitenbande
satellite DNA (sat-DNA) Satelliten-DNA
satellite species/marginal species Satellitenart, Randart
satellite virus Satellitenvirus
satiate sättigen
satiation Sättigung
saturate (saturated) sättigen (gesättigt)
saturated fatty acid gesättigte Fettsäure
saturation Sättigung
saturation deficit Sättigungsverlust, Sättigungsdefizit
saturation kinetics Sättigungskinetik
saurischian reptiles/saurischians/ lizard-hipped dinosaurs/ reptile-like dinosaurs/Saurischia Echsenbecken-Dinosaurier

sauropteryians/Sauropterygia Paddelechsenartige
Saururaceae/lizard's tail family Molchschwanzgewächse
savanna Savanne
➢ **dry savanna** Trockensavanne
➢ **shrub savanna** Strauchsavanne
➢ **thornbush savanna** Dornbuschsavanne
➢ **tree savanna** Baumsavanne
➢ **wet savanna** Feuchtsavanne
Savi vesicle (*Torpedo:* around electric organ) Savisches Bläschen
sawdust Sägemehl
sawfishes/Pristiformes Sägerochen, Sägefische
sawmill/timber mill Sägewerk
sawsharks/Pristiophoriformes Sägehaie
saxicolous auf oder zwischen Steinen wachsend, Stein besiedelnd, felsbewohnend
saxifrage family/Saxifragaceae Steinbrechgewächse
scab Schorf, Wundschorf, Grind
scab lesion (crustlike disease lesion) Schorfwunde
scabies/scab/mange (*Sarcoptes scabiei*) Krätze, Milbenkrätze, Räude, Scabies (Krätzmilbe)
scabious/scabby räudig
scabious family/teasel family/ Dipsacaceae Kardengewächse
scabrid/roughened aufgeraut
scabrous/scaly/rough schuppig, rau
scaffold/scaffolding/framework/ stroma/reticulum (web) Rahmen, Gerüst
scaffolding/framework/ stroma/reticulum Gerüst, Netzwerk
scalariform/ladder-shaped leiterförmig
scalariform vessel *bot* Leitertrachee
scale *bot/zool* Schuppe
➢ **antennal scale/scaphocerite *entom*** Antennenschuppe, Scaphocerit
➢ **bract-scale/secondary bract/ bracteole/bractlet *bot*** Tragschuppe, Deckschuppe, Brakteole, Tragblatt zweiter Ordnung/zweiten Grades
➢ **chaff/bracts (small dry scales) *bot*** Spreu, Kaff
➢ **cone scale/cone bract *bot*** Zapfenschuppe
➢ **coronal scale** Schlundschuppe
➢ **cosmoid scale *ichth*** Cosmoidschuppe
➢ **ctenoid scale *ichth*** Ctenoidschuppe, Kammschuppe
➢ **cycloid scale *ichth*** Cycloidschuppe, Rundschuppe
➢ **ganoid scale *ichth*** Ganoidschuppe, Schmelzschuppe
➢ **horn(y) scale** Hornschuppe (der Haut)
➢ **nectariferous scale *bot*** Honigschuppe
➢ **ovuliferous scale/seed scale *bot*** Samenschuppe, Fruchtschuppe
➢ **placoid scale/ dermal denticle *ichth*** Placoidschuppe, Zahnschuppe, Hautzahn, Dentikel
➢ **ramentum/ chaffy scale/palea/pale *bot*** Spreuschuppe
➢ **scent scale/androconium (*pl* androconia)** Duftfeld, Duftschuppe, Androkonie
➢ **scute (enlarged scale)** große Schuppe
➢ **thoracic scale** Thorakalschüppchen
➢ **ventral scale** Ventralschuppe, Bauchschuppe
scale *phys/math* Skala (*pl* Skalen), Maßstab
➢ **interval scale** Intervallskala
➢ **laboratory scale/lab scale** Labormaßstab
➢ **metric scale** metrische Skala
➢ **nominal scale** Nominalskala
➢ **ordinal scale** Ordinalskala

➤ **ranking scale** ranking scale *(used as such: not translated)*
➤ **rating scale** rating scale *(used as such: not translated)*
➤ **ratio scale** Verhältnisskala, Ratioskala
scale (weight)/balance (mass) Waage
scale insects/Coccinea Schildläuse
scale-leafed schuppenblättrig
scale-like/scutate schuppenartig
scale-like bracts/scale leaves/ bracteole/bractlet Schuppenblätter
scale-shaped/scutiform schuppenförmig
scale-up/scaling up Maßstabsvergrößerung
scalid (recurved hook) Skalid
scalpel Skalpell
scalpel blade Skalpellklinge
scaly/scabrous schuppig
scan/screen rastern, abtasten, prüfen
scandent/climbing kletternd, klimmend
scandent plant/climber/ (climbing) vine Kletterpflanze
scanner Scanner, Abtaster
scanning Abtastung
scanning calorimetry Raster-Kalorimetrie
scanning electron microscopy (SEM) Rasterelektronenmikroskopie (REM)
scanning tunneling microscopy (STM) Rastertunnelmikroskopie (RTM)
scape/leafless stalk ***bot*** Blütenschaft (blattlos/bodenbürtig)
scape/scapus (cnidarians) Scapus, Mauerblatt
scape/scapus (feather) ***orn*** Scapus, Federkiel
scaphocerite/antennal scale Scaphocerit, Antennenschuppe
scaphognathite/bailer/gill bailer Scaphognathit, Atemplatte
scaphoid/navicular/cymbiform navikular, kahnförmig, bootförmig
scaphoid bone Kahnbein, Handwurzelknochen
scapula/shoulder blade Schulterblatt
scapular feather ***orn*** Schulterfeder, Schulterblattfeder
scar/cicatrix/cicatrice Narbe, Wundnarbe, Cicatricula
scarce/rare selten, rar
scarceness/scarcity/rarity Seltenheit, Rarität
scarification (seed treatment) ***agr/ hort*** Skarifizierung
scarification ***immun*** Skarifikation, Hautritzung
scarify (Boden) auflockern; (Samen) anritzen
scarp Böschung
➤ **beach scarp** Strandböschung
Scatchard plot Scatchard-Diagramm
scatol/skatole Skatol
scatter/spread/distribute streuen, verstreuen, ausstreuen, verteilen
scatter diagram/scattergram/ scattergraph/scatterplot Streudiagramm
scattering/spreading/distribution Streuung, Verstreuen, Verteilung
scattering angle Streuungswinkel
scavenge (feed on carrion/waste) Aas fressen, Unrat fressen
scavenger ***chem*** Scavenger, Fänger, Ladungsfänger
scavenger/carrion feeder Aasfresser, Unratfresser
scavenger cell Abraumzelle
scedasticity/ heterogeneity of variances ***stat*** Streuungsverhalten
scent ***n*** Geruch, Duft; Spürsinn, Witterungssinn
scent ***vb*** riechen (spüren/fühlen); wittern
scent/stop and test the wind (game) sichern
scent gland/odoriferous gland Duftdrüse, Brunftdrüse, Brunftfeige (Gämse)
scent-marking ***ethol*** Duftmarkierung
scent scale/androconium (***pl*** **androconia)** ***entom*** Duftfeld, Duftschuppe, Androkonie
scent trail/olfactory trail Duftspur

scheuchzeria family/pod-grass family/ Scheuchzeriaceae Blumenbinsengewächse, Blasenbinsengewächse
schistosome/blood fluke (*Schistosoma* spp.) Pärchenegel
schistosomiasis/bilharziosis/ blood fluke disease (*Schistosoma* spp.) Schistosomiasis, Bilharziose
Schizaeaceae/curly-grass family/ climbing fern family Spaltfarngewächse
schizocarp/schizocarpium Schizokarp, Spaltfrucht
schizocoel/schizocoele/"split coelom" Schizocöl
schizodont schizodont
schizogenic schizogen
schizogeny Schizogenie
schizogony/agamogony/merogony Schizogonie
schizomids/Schizomida Zwerggeißelskorpione
Schizophyllum family/ Schizophyllaceae Schizophyllaceae
school/shoal (fish) Schule, Schwarm, Zug
Schwann cell/neurolemma cell/ neurolemmocyte Schwannsche Zelle
Schwann sheath/myelin sheath Schwannsche Scheide, Myelinscheide
SCID (severe combined immune deficiency) schwerer kombinierter Immundefekt
science *sensu lato* Wissenschaft
science/natural sciences Naturwissenschaften
scientific *lensu lato* wissenschaftlich
scientific (pertaining to the natural sciences) naturwissenschaftlich
scientist Wissenschaftler
scientist/natural scientist Naturwissenschaftler
scintillate szintillieren, funkeln, Funken sprühen, glänzen
scintillation counter/scintillometer Szintillationszähler („Blitz"zähler)
scion/cion Reis (*pl* Reiser), Edelreis, Pfropfreis
scion grafting *hort* Reisveredelung, Reiserveredlung, Pfropfen
sciophilous/shade-loving schattenliebend
sciophyll/shade leaf Schattenblatt
sciophyte/skiophyte/skiaphyte/ skiophyte/shade-loving plant/ shade plant Schattenpflanze
scissors *lab* Schere
➢ **blunt point scissors/blunt scissors** stumpfe Schere
➢ **dissecting scissors** Präparierschere
➢ **iris scissors** Irisschere, Listerschere
➢ **sharp point scissors** spitze Schere
➢ **surgical scissors** chirurgische Schere
sclera Sclera, Sklera, Bindegewebshülle
➢ **sclerotic coat/sclerotica (eye)** Sklera, Lederhaut, harte Augenhaut
sclerenchyma Sclerenchym, Sklerenchym
sclerenchymatous fiber Sklerenchymfaser
sclerification/lignification Sklerotisierung, Verholzung, Lignifizierung
sclerite Sklerit (stark sklerotisierte Platte/Nadel)
sclerocarp Sklerokarp
sclerocyte Sklerozyt, Sclerocyt
scleroderm Scleroderm, Skleroderm, Panzerhaut
sclerophyll/sclerophyllous plant/ hard-leaved plant/hard-leaf Hartlaub, Hartlaubgewächs, Sklerophyll
sclerophyllous forest Hartlaubwald
sclerophyte Sklerophyt
scleroprotein Skleroprotein
sclerosponges/coralline sponges/ Sclerospongiae Sclerospongien
sclerotesta Sklerotesta
sclerotic sklerotisch
sclerotium (*pl* sclerotia) *fung* Sklerotium, Dauermyzel

sclerotization/hardening Sklerotisierung
sclerotized/hardened sklerotisiert
sclerotome Sklerotom
scolespore Scolespore
scolex Scolex, Skolex
scolopale Sinnesstift
scolopendromorphs/ Scolopendromorpha Skolopender, Riesenläufer
scolopidium/scolophore/ chordotonal sensilla Scolopidium, Skolopidium, stiftführende Sensille
scopa (bees) Scopa, Schienenbürste
"scope" (*sensu:* micro*scope*) Mikroskop (oder auch irgendein Beobachtungsinstrument)
scopolamine Scopolamin
scorch *n* (through heat/climate) Versengung, Brandfleck
scorch *vb* (through heat/climate) versengen
scorpioid cyme/cincinnus (an inflorescence) Wickel
scorpion flies/mecopterans/ Mecoptera Schnabelfliegen
scorpions/Scorpiones Skorpione
scototopia/scotopic vision skotopisches Sehen, Dämmerungssehen
scouring rush/horsetail Schachtelhalm
scout (social insects) Kundschafter, Späher, Pfadfinder
scouting bee/scout bee Spurbiene, Kundschafterin
scrape *vb* schaben
scraper (scrape off food) Kratzer (Nahrung abkratzend)
scraper/rasp (plectrum) (→ stridulation) Schrillkante
scrapie Traberkrankheit, Scrapie
scraping/scraping mount *micros* Schabepräparat
scratch *vb* kratzen; (chickens) scharren
screamers & waterfowl (ducks/geese/swans)/Anseriformes Entenvögel, Gänsevögel
scree (on mountain slope) (*see also used syn. with:* talus) Schuttdecke an einer Schutthalde/ Geröllhalde
screech kreischen, laut/gellend schreien; *orn* schreien
screen *n* Filter, Schirm, Schutz, Schutzschirm
➢ **intensifying screens (autoradiography)** Verstärkerfolien (Autoradiographie)
screen off/protect *vb* abschirmen, schützen
screening Durchmustern, Durchtesten
screening/screening test *gen/med* Suchtest, Rasteruntersuchung
screw impeller (bioreactor) Schneckenrührer
screw-cap vial/screw-cap jar Schraubengläschen
screw-pine family/Pandanaceae Schraubenbaumgewächse, Schrauben"palmen"
scrobiculate/alveolate kleingrubig
Scrophulariaceae/ snapdragon family/ foxglove family/figwort family Braunwurzgewächse, Rachenblütler
scrotum Skrotum, Hodensack
scrounger Dieb (Nahrung)
scrub/brush/thicket/thick shrubbery Gestrüpp, Dickicht, Buschwerk
➢ **sclerophyll scrub/ sclerophyllous shrub** Hartlaubgebüsch, Hartlaubgehölz
sculpins & sea robins (=gurnards)/ Scorpaeniformes Panzerwangen, Drachenkopffischverwandte, Drachenkopfartige
sculpture (shells/seeds) Skulptur
scum/film/mat Kahmhaut, Oberflächenfilm, Oberflächenhäutchen (in stehendem Binnengewässer)
scurf Schorf, Blattschorf, Grind
scurfy/scabby/furfuraceous schorfig, Schorf...
scurvy Skorbut

scutate/scale-like schuppenartig
scute (enlarged scale) große Schuppe
scutellate/like a small shield schildchenartig
scutellation Schuppung
scutelliform/ shaped like a small shield schildchenförmig
scutellum (a shield-shaped structure) Scutellum, Schildchen (Saugorgan am Keimblatt des Graskeimlings)
scutiform/scale-shaped schuppenförmig
scutigeromorphs/Scutigeromorpha Spinnenasseln
scyphozoans/cup animals/ Scyphozoa/jellyfish Scyphozoen, Schirmquallen, Scheibenquallen, Echte Quallen
SDS (sodium dodecyl sulfate) Natriumdodecylsulfat
sea/lake See (Binnensee)
sea/ocean See, Meer, Ozean
sea anemones/Actiniaria Seeanemonen
sea butterflies/shelled pteropods/ Thecosomata Seeschmetterlinge, beschalte Flossenfüßer (Flügelschnecken)
sea combs/comb jellies/ sea gooseberries/sea walnuts/ ctenophores/Ctenophora Rippenquallen, Kammquallen, Ctenophoren
sea cows & manatees & dugongs/ sirenians/Sirenia Seekühe
sea cucumbers/holothurians/ Holothuroidea Seewalzen, Seegurken, Holothurien
sea daisies/concentricycloids/ concentricycloideans/ Concentricycloidea Seegänseblümchen, Concentricycloidea
sea gooseberries/sea combs/ comb jellies/sea walnuts/ ctenophores/Ctenophora Rippenquallen, Kammquallen, Ctenophoren
sea hares/Aplysiacea/Anaspidea Seehasen, Breitfußschnecken
sea heath family/alkali-heath family/ Frankeniaceae Nelkenheidegewächse, Frankeniengewächse
sea horses & pipefishes and allies/ Syngnathiformes (Syngnathoidei) Seenadelverwandte, Seepferdchenverwandte, Büschelkiemenartige
sea lavender family/leadwort family/ plumbago family/Plumbaginaceae Bleiwurzgewächse, Grasnelkengewächse
sea level (above/below)/elevation Meeresspiegel, Meereshöhe
sea lilies/crinoids (incl. feather stars)/Crinoidea Seelilien, Crinoiden (inkl. Haarsterne=Federsterne)
- **with cirri/Isocrinida** zirrentragende Seelilien
- **without cirri/Millericrinida** zirrenlose Seelilien

sea pens/pennatulaceans/ Pennatularia Seefeder
sea purse/mermaid's purse (egg case of skates/sharks) Seemaus, Eikapsel der Knorpelfische
sea scorpions/eurypterids/ Eurypterida Seeskorpione
sea slugs/nudibranchs/Nudibranchia Nacktkiemer, Meeresnacktschnecken, Nudibranchier
sea spiders/pycnogonids/pantopods/ Pycnogonida/Pantopoda Asselspinnen, Pycnogoniden, Pantopoden
sea spray/ocean spray Gischt, Spritzwasser
sea squirts/ascidians/Ascideacea Seescheiden, Ascidien
sea urchins/echinoids/Echinoidea Seeigel, Echinoiden
sea wasps/box jellies/cubomedusas/ Cubomedusae/Cubozoa Würfelquallen
seabed/seafloor/ocean floor Meeresboden, Meeresgrund

seaboard Küste, Meeresküste
seafloor/seabed/ocean floor Meeresboden, Meeresgrund
seafood Meeresfrüchte
seam/border/edge/fringe Saum, Rand
seam/suture/raphe Naht, Fuge, Verwachsungslinie
➢ **protuberant seam/bulge/collar** Wulst
seamount Tiefseeberg
seashore/seaboard/seacoast Meeresküste, Meeresufer
season(s) ***n*** Jahreszeit(en)
➢ **spring/springtime** Frühling, Frühjahr
➢ **fall/autumn** Herbst
➢ **summer** Sommer
➢ **winter** Winter
season/store (wood) ***vb*** lagern, ablagern
seasonal saisonal, jahreszeitlich
➢ **aestival** ästival (früher Sommer)
➢ **autumnal** autumnal (Herbst)
➢ **hibernal** hibernal (Winter)
➢ **prevernal** prävernal (Vorfrühling)
➢ **serotinal** serotinal (Spätsommer)
➢ **vernal** vernal (spätes Frühjahr)
seasonal change Jahreszeitenwechsel
seasonal forest Saisonwald
seasonality Saisonalität
seasoning (wood) Ablagern (Holz)
seastars/starfishes/asteroids/ Asteroidea Seesterne
seawater/saltwater Meerwasser
seawater intrusion/ saltwater intrusion Meerwasserintrusion
seaweed Tang, Seetang, Seegras
sebaceous/suety talgig, Talg...
sebaceous cyst Epidermiszyste, Grützbeutel, Atherom
sebaceous duct Talggang
sebaceous follicle Haarbalgdrüse
sebaceous gland Talgdrüse, Haartalgdrüse
sebaceous matter/sebum Talg
secateurs/pruners/pruning shears/ pruning snips ***hort*** Gartenschere, Trimmschere
second degree relative Verwandter zweiten Grades
second dentition Zahnwechsel
second maxilla 2. Maxille, Maxilla secunda, Unterlippe
second messenger sekundärer Botenstoff, zweiter Bote
second-order kinetics Kinetik zweiter Ordnung
second-order reaction Reaktion zweiter Ordnung (Reaktionskinetik)
second site reversion ausgleichende Reversion
secondary body cavity/coelom/ perigastrium sekundäre Körperhöhle, sekundäre Leibeshöhle, Cölom, Coelom
secondary bract/bracteole/ bractlet/prophyll Vorblatt, Prophyll
secondary consumer Sekundärkonsument
secondary cortex/phelloderm ***bot*** Korkrinde, Phelloderm
secondary feathers/secondaries (secondary remiges) Armschwingen
secondary growth/ secondary thickening ***bot*** Sekundärwachstum, sekundäres Dickenwachstum
➢ **anomalous s.g.** ***bot*** anomales sekundäres Dickenwachstum
secondary host Nebenwirt
secondary immune response/ anamnestic response sekundäre Immunantwort, immunologische Sekundärantwort
secondary infection Sekundärinfekt, Sekundärinfektion
secondary meristem Folgemeristem
secondary metabolism Sekundärstoffwechsel
secondary response Sekundärantwort
secondary settling tank Nachklärbecken

secondary sex characteristics sekundäre Geschlechtsmerkmale
secondary structure Sekundärstruktur
secondary tectrices Armdecken
secondary wall Sekundärwand
secondary xylem Sekundärxylem
secretagogue *adv/adj* sekretagog, die Sekretion anregend
secretagogue *n* Sekretagogum, Sekretogogum
secrete (excrete) sezernieren, abgeben, ausscheiden (Flüssigkeit)
secretin Secretin, Sekretin
secretion Sekretion, Freisetzung, Ausscheidung, Sekret
secretor (blood group antigens) Ausscheider
secretor system Sekretorsystem
secretory sekretorisch
secretory cell Sekretzelle
secretory component/secretory piece (antibody) sekretorische Komponente (Antikörper)
secretory gland Sekretdrüse
secretory protein Sekretionsprotein, Sekretprotein, sekretorisches Protein
secretory tapetum Sekretionstapetum
secretory tissue Sekretionsgewebe, Absonderungsgewebe, Abscheidungsgewebe
secretosome Sekretosom
section/part/moiety Abschnitt (Teil des Ganzen)
section (cut; *micros* also: slice) Schnitt
➢ **cesarean section/ cesarean *med/vet*** Kaiserschnitt
➢ **cross section** Querschnitt
➢ **frozen section** Gefrierschnitt
➢ **quick section** Schnellschnitt
➢ **sagittal section/ median longisection** Sagittalschnitt (parallel zur Mittelebene)
➢ **semithin section** Semidünnschnitt
➢ **serial sections *micros/anat*** Serienschnitte
➢ **thickness of section** Schnittdicke
➢ **thin section** Dünnschnitt
➢ **transverse section/cross section** Hirnschnitt, Querschnitt
➢ **ultrathin section** Ultradünnschnitt
sectionalization/division Fächerung, Unterteilung
secure *vb* sichern, absichern
security Sicherheit, Absicherung
sedate sedieren, ruhig stellen (ein Beruhigungsmittel verabreichen)
sedation Sedieren, Sedierung
sedative *adj/adv* sedierend, sedativ, beruhigend; einschläfernd
sedentary/settled sedentär, niedergelassen
sedge Segge, Riedgras (Sauergräser)
sedge family/Cyperaceae Riedgräser, Riedgrasgewächse, Sauergräser
sediment/deposit *vb* sedimentieren, ablagern
sediment/pellet *n centrif* Sediment, Pellet
sedimentation/deposition/deposit Sedimentation, Ablagerung
➢ **filling by sedimentation/silting up** Verlandung
sedimentation analysis Sedimentationsgeschwindigkeits-analyse
sedimentation coefficient Sedimentationskoeffizient
sedum family/stonecrop family/ orpine family/Crassulaceae Dickblattgewächse
seed *n* Same; (kernel) Kern
seed/inoculate *vb micb/meteo* beimpfen
seed/shed seeds *vb* Samen streuen/ausstreuen
seed/plant (plant seeds) *vb* einsäen
seed bank/seed depository Samenbank
seed-bearing plant/spermatophyte Samenpflanze, Spermatophyt
seed bed/seedbed Saatbett
seed case/seed casing (fruit/capsule) Samengehäuse (Frucht/Samenkapsel)

seed coat/testa (develops from integuments) Samenhülle, Samenschale
seed company Sämerei
seed cone/female cone/ megastrobilus/ megasporangiate strobilus Samenzapfen, weiblicher Zapfen
seed-cracking beak Kernbeißerschnabel, Kernbeißer
seed dormancy Keimruhe, Samenruhe, Dormanz
seed ferns Samenfarne
seed leaf *see* cotyledon
seed pan Saatkasten
seed repository Samenbank
seed shrimps/ostracods/Ostracoda Muschelkrebse, Ostracoden
seed stalk/ovule stalk/ funicle/funiculus Nabelstrang, Samenstiel, Funiculus
seed starting Anzucht, Samenanzucht
seed stock/seeds Saatgut
seed tape Saatband
seedbed Saatbett
seedless kernlos; taub
seedless fruit leerfrüchtig, kenokarp, kernlose Frucht
seedlessness Kenokarpie, Kenocarpie, Leerfrüchtigkeit
seedling/sprout Keimling, Sämling, Setzling
seedpod *see* pod
seedtime Saatzeit
seeing/vision Sehen
seepage/infiltration Versickerung
segetal plants Segetalpflanzen, Ackerunkräuter, Ackerwildkräuter
segment Segment, Glied
segment/somite Segment, Somit (Ursegment)
segmentation cavity/ blastocoel/blastocele Furchungshöhle, primäre Leibeshöhle, Blastocöl, Blastula-Höhle
segmented neutrophil/ filamented neutrophil/ polymorphonuclear granulocyte segmentkerniger Neutrophil
segmented worms/annelids/Annelida Gliederwürmer, Ringelwürmer, Borstenfüßer, Anneliden
segregate *gen* aufspalten, segregieren; *chem* (separate out) entmischen
segregation ***gen*** Segregation, Aufspaltung
segregation line ***gen*** Segregationslinie
seizure (sudden attack) plötzlicher Anfall, Anfall; (convulsion/attack of epilepsy) epileptischer Anfall
selaginella family/spike-moss family/ small club-moss family/ Selaginellaceae Moosfarngewächse
SELDI (surface-enhanced laser desorption ionization) oberflächenverstärkte Laser-Desorptionsionisierung
select auswählen, aussuchen, selektieren; auslesen
➤ **select for** ***gen*** selektiv beeinflussen
selection Selektion, Auslese
➤ **artificial s. (selective breeding)** künstliche Selektion/Auslese
➤ **counterselection** Gegenselektion, Gegenauslese
➤ **directional selection** gerichtete Selektion/Auslese
➤ **disruptive s.** disruptive Selektion
➤ **frequence-dependent s.** frequenzabhängige Selektion/Auslese
➤ **group s.** Gruppenselektion
➤ **kin s.** Verwandtenselektion, Sippenselektion
➤ **natural s./Darwinian s.** natürliche Selektion/Auslese
➤ ***r*** **selection (*****rapid*** **development)** *r*-Selektion
➤ **random s.** Zufallsselektion, ungerichtete Selektion/Auslese
➤ **sexual selection** sexuelle/geschlechtliche Selektion/Auslese
➤ **stabilizing s./normalizing s.** stabilisierende Selektion/Auslese

selection coefficient/ coefficient of selection Selektionswert, Selektionskoeffizient
selection differential Selektionsdifferential
selective selektiv, auswählend
selective advantage Selektionsvorteil
selective breeding/breed selection Zuchtwahl
selective disadvantage Selektionsnachteil
selective filter/barrier filter/ stopping filter/selection filter Sperrfilter
selective medium Selektivnährmedium, Elektivnährmedium
selective pressure/selection pressure Selektionsdruck
selectivity Selektivität
selenium (Se) Selen
selenodont/ with crescent-shaped ridges halbmondhöckrig, selenodont (Zahnhöcker)
selenozone/slit band (gastropod shell) Schlitzband
self-assembly Selbstassoziierung, Selbstzusammenbau, Spontanzusammenbau, spontaner Zusammenbau (molekulare Epigenese)
self-consciousness Selbstbewusstsein
self-dispersal/autochory Selbstausbreitung
self-fertilization/selfing/autogamy Selbstbefruchtung, Autogamie
self-fertilize/self (*see* selfing) selbstbefruchten
self-grooming/autogrooming/ autopreening Selbstputzen
self-incompatibility Selbstinkompatibilität
self-inducting impeller with hollow impeller shaft selbstansaugender Rührer mit Hohlwelle
self-ligation Selbst-Ligation
self-limited/self-limiting selbstbegrenzend
self-marking/automarking *ethol* Selbstmarkieren, Automarkieren
self-organization Selbstorganisation
self-pollinating/autophilous selbstbestäubend
self-pollination/autophily Selbstbestäubung
self-priming Selbst-Priming
self-purification Selbstreinigung
self-sterile selbststeril
self-sterility Selbststerilität
self-tolerance Selbsttoleranz, Eigentoleranz
selfing/self-fertilization/autogamy (*also sensu:* self-pollinization) Selbstung, Selbstbefruchtung, Autogamie
selfish selbstsüchtig, egoistisch
selfish DNA egoistische DNA
selfishness Selbstsucht, Eigennutz, Egoismus
sella turcica (hypophyseal fossa) Türkensattel
sellaris joint/saddle joint Sattelgelenk
semelparity (big-bang reproduction) Semelparitie (Big-Bang-Fortpflanzung)
semelparous (reproducing only once) semelpar
semeostome medusas/ Semaeostomeae Fahnenquallen, Fahnenmundquallen
semi-log graph paper halblogarithmisches Papier, Halblogarithmus-Papier
semiarid semiarid, halbtrocken
semicircular canals Bogengänge
semiconservative replication semikonservative Replikation
semidesert Halbwüste
semidominance Semidominanz
semidominant semidominant
semilog/semilogarithmic halblogarithmisch, Halblogarithmus...
semilunar/shape of a halfmoon/ crescent-shaped halbmondförmig, sichelförmig

semilunar bone/lunate bone
Mondbein
semilunar cusp/semilunar flap
Semilunarklappe,
halbmondförmige Klappe
semilunar valve (consisting of three semilunar cusps/flaps)
Taschenklappe
(aus drei Semilunarklappen)
semilunar zone/ navicular zone/navicular bursa/ bursa podotrochlearis (hoof)
Hufrolle, Fußrolle
seminal Samen..., Sperma...,
Samen/Sperma betreffend;
zukunftsträchtig/-weisend
seminal discharge/ejaculate
Samenerguss, Ejakulat
seminal discharge/ ejaculation (process)
Samenerguss, Samenausstoß,
Ejakulation
seminal duct
Samenleiter, Samengang
seminal fluid
Samenflüssigkeit, Sperma
seminal gland/vesicular gland
Samenblase, Bläschendrüse
seminal leaf/seed leaf/cotyledon
Keimblatt,
Kotyledone, Cotyledone
seminal receptacle/spermatheca/ sperm chamber/ receptaculum seminis
Rezeptakulum seminis,
Samentasche
seminal root Keimwurzel
seminal vesicle/glandula vesiculosa
Samenbläschen, Samenblase,
Bläschendrüse
seminiferous/ sperm-forming/sperm-producing
samenbildend
semiparasite/hemiparasite
Halbparasit, Halbschmarotzer,
Hemiparasit
semipermeability
Halbdurchlässigkeit,
Semipermeabilität
semipermeable
semipermeabel, halbdurchlässig
semiplacenta/ nondeciduate placenta/ placenta adeciduata
Semiplazenta, Halbplazenta
semiplume/semipluma
Semipluma, Halbdune
semisynthetic halbsynthetisch
semiterrestrial semiterrestrisch
semithin section Semidünnschnitt
Semper cell Semperzelle
senesce/become old/age altern
senescence/ageing/aging
Seneszenz, Alterung, Altern
senile senil, greis, greisenhaft
senility Senilität, Vergreisung,
Altern, Älterwerden
sensation/perception (feeling)
Empfindung, Gefühl
sense/feel ***vb*** fühlen, etwas bemerken
sense/feeling ***n*** Sinn, Gefühl
sense mutation Sinnmutation
sense of hearing Gehör (Hörfähigkeit)
sense of taste/gustatory sense
Geschmackssinn
sense organ/sensory organ
Sinnesorgan
sense perception
Sinneswahrnehmung
sense strand (DNA)
Sinnstrang (DNA)
sensibilization/sensitization
Sensibilisierung
sensibility/sensitiveness
Empfindbarkeit,
Empfindungsvermögen
sensible sensibel, empfindbar,
empfindlich, reizempfänglich
sensilla Sensille
sensitive sensitiv, empfindlich,
leicht reagierend
sensitive hair/trigger hair
Fühlhaar, Reizhaar
sensitivity
Sensitivität, Empfindlichkeit
sensitize sensibilisieren
sensor/probe/detector
Sensor, Sonde, Messfühler
sensory sensorisch
sensory bristle/sensory chaeta
Sinnesborsten
sensory epithelium Sinnesepithel

sensory hair Sinneshaar
sensory organ/sense organ Sinnesorgan
sensory peg/olfactory peg (sensilla styloconica/basiconica) Sinneskegel, Sinnesstäbchen, Riechkegel
sensory physiology Sinnesphysiologie
sensory pit Sinnesgrube
sensual sensuell, sinnlich, wollüstig
sentinel/sentry/guard/watch Wächter
sepal(s) Sepalum (*pl* Sepalen), Kelchblatt, Blütenkelchblatt, Blumenhüllblatt
sepal-like bracts Außenkelch, Hochblatthülle
separate/divide abscheiden, trennen
separate/fractionate auftrennen, trennen, fraktionieren
separating gel (running gel) Trenngel
separation/fractionation Auftrennung, Trennung, Fraktionierung
separation method Trennmethode
separation technique/separation procedure Trennverfahren
separator/precipitator Abscheider
separatory funnel *lab* Scheidetrichter
sepia (defense liquid of cuttlefish) Sepia (Sekret des Tintenfisches)
sepsis/septicemia/blood poisoning Sepsis, Septikämie, Blutvergiftung
septal filament Septalfilament
septate/divided/compartmentalized unterteilt
septibranch bivalves/ septibranchs/Septibranchia Siebkiemer, Verwachsenkiemer
septic septisch, infiziert, faulend, fäulniserregend
septic tank Faulbehälter
septicemia/sepsis/blood poisoning Septikämie, Sepsis, Blutvergiftung
septicidal *bot* (fruit) septizid, wandspaltig, scheidewandspaltig
septicidal capsule septicide Spaltkapsel, Bruchkapsel
septifragal septifrag, wandbrüchig, scheidewandbrüchig
septum (*pl* septa)/ partition/dissepiment/cross-wall/ dividing wall Septe, Septum, (*pl* Septen), Scheidewand
sequence *vb* sequenzieren
sequence *n* Sequenz, Aufeinanderfolge, Folge, Reihe, Serie
> **amino acid sequence** Aminosäurensequenz
> **autonomous(ly) replicating sequence (ARS)** autonom replizierende Sequenz (ARS)
> **base sequence** Basensequenz
> **centromere DNA sequence elements (CDE)** CDE-Elemente (DNA-Sequenzelemente am Centromer)
> **complimentary base sequence** komplementäre Basensequenz
> **consensus sequence/ canonical sequence** Consensussequenz, Konsensussequenz
> **enhancer sequence** Verstärkersequenz
> **exon/coding sequence/ encoding sequence** Exon, kodierende Sequenz
> **expressed sequence tag (EST)** exprimierte sequenzmarkierte Stelle (EST)
> **flowering sequence *bot*** Aufblühfolge
> **insertion sequence** Insertionssequenz
> **intron/intervening sequence/ non-coding sequence** Intron, intervenierende Sequenz, dazwischenliegende Sequenz
> **leader sequence** Leadersequenz, Leitsequenz
> **master sequence** Mastersequenz
> **reaction sequence/ reaction pathway** Reaktionsfolge
> **recombination signal sequences** Rekombinationssignalsequenzen

➢ **regulatory sequence**
Regulationssequenz
➢ **repeat/repetition (of a sequence)**
Wiederholung,
Sequenzwiederholung
➢ **Shine Dalgarno sequence**
Shine-Dalgarno-Sequenz
➢ **signal sequence/signal peptide**
Signalsequenz, Signalpeptid
➢ **silencer (sequence)**
Silencer, Abschaltsequenz
➢ **target sequence** Zielsequenz
➢ **termination sequence/**
t. codon/t. factor/stop codon
Terminationssequenz, Stopcodon
➢ **triplet sequences**
Triplettsequenzen
➢ **untranslated sequence (UTS)**
untranslatierte Sequenz (UTS)
sequence tagged site (STS)
sequenzmarkierte Stelle (STS)
sequencer/sequenator
(*esp.* proteins)
Sequenzierer, Sequenzierautomat,
Sequenzierungsautomat
sequencing Sequenzierung
➢ **dideoxy sequencing**
Didesoxysequenzierung
➢ **double strand sequencing**
Doppelstrangsequenzierung
➢ **genomic sequencing**
genomische Sequenzierung
➢ **multiplex sequencing**
Multiplex-Sequenzierung
➢ **plus-minus sequencing**
Plus-Minus-Verfahren
➢ **transcript sequencing**
Transkript-Sequenzierung
sequential hermaphrodite
Sukzedanhermaphrodit
sequential reaction/chain reaction
sequentielle Reaktion,
Kettenreaktion
sequester/segregate
absondern, sequestrieren, abtrennen
(z.B. Gewebe, Knochenbruchstücke)
sequestration/segregation
Absonderung, Sequestrierung,
Abtrennung, Loslösung
(z.B. Gewebe, Knochenbruchstücke)
sera (*sg* serum) Seren (*sg* Serum)
seral stage (in ecological succession)
Sukzessionsstufe
sere (a successional series)
Serie (Sukzessionsfolge)
serial sections *micros/anat*
Serienschnitte
sericeous/sericate/silky
seidenhaarig, seidig
sericin/silk gelatin/silk glue
Serizin, Sericin
series Serie
(Rangstufe der Klassifizierung)
series elastic component (SEC)
serienelastische Komponente
serine Serin
serologic(al) serologisch
serology Serologie
serosa/serous membrane
(external membrane:
e.g., insect eggs)
Serosa, äußere Keimhülle,
äußere Eihülle, äußeres Eihüllepithel
serotinous/late in developing
(e.g., cone)
spät auftretend, spät öffnend,
spät aufbrechend (z.B. Zapfen)
serotonin/5-hydroxytryptamine
Serotonin, Enteramin,
5-Hydroxytryptamin
serotype/serovar Serotyp, Serovar
serous (pertaining to serum) serös
serpentine mine/heliconome
(a leaf mine) *bot* Spiralmine
serrate/serrated/sawed/saw-edged
(e.g., leaf margin)
sägeförmig gezackt, gesägt
➢ **finely serrate/serrulate/**
serratulate/finely saw-edged
feingesägt, kleingesägt
serrate suture (skull) Sägenaht
serration/serrature
(saw-like formation) Auszackung
serrulate/serratulate/
finely serrate/finely saw-edged
feingesägt, kleingesägt
serum (*pl* sera or serums)
Serum (*pl* Seren)
serum dependence
Serumabhängigkeit
serve/cover/leap (copulate by male)
decken, begatten, bespringen

service/serving (copulation) Deckakt
sesame family/benne family/ Pedaliaceae Sesamgewächse
sesamoid bone Sesambein, Sesamknöchelchen; Gleichbein
➢ **distal sesamoid bone (horse)** Strahlbein
sesquiterpene (C15) Sesquiterpen
sessile (firmly/permanently attached) sessil, sesshaft, (fest)sitzend, sitzend, (fest)geheftet
sessility Sessilität, Sesshaftigkeit (festsitzend)
session/conference Sitzung, Konferenz
sessoblast Sessoblast, sessiler Statoblast, sitzender Statoblast
seston Seston
set *vb* (gel) fest werden, erstarren
set/curdle/coagulate gerinnen, koagulieren
set/layer *n bot* Senker, Absenker
seta Seta, Stiel (Moossporogon)
setaceous/bristle-like borstenartig
setiform/bristle-shaped borstenförmig
setigerous/setiferous/ covered with bristles/having setae borstentragend, borstig
setose/bristly/set with bristles borstig
settle/colonize/establish besiedeln, kolonisieren, etablieren
settled/sedentary niedergelassen, sedentär
settlement/colony Siedlung, Kolonie
settlement/establishment Besiedlung, Etablierung
settling tank Absetzbecken, Klärbecken
severe combined immune deficiency (SCID) schwerer kombinierter Immundefekt
sewage/wastewater Abwasser
sewage fields (sewage farm) Rieselfelder
sewage sludge (*esp.*: excess sludge from digester) Faulschlamm (*speziell:* ausgefaulter Klärschlamm)
sewage treatment Klärung
sewage treatment plant Kläranlage, Klärwerk
sewer Kanalisation
sex (*pl* sexes) (male/female/neuter) Geschlecht (männlich/weiblich/ neutral); Geschlechtsverkehr
➢ **female** weiblich
➢ **hermaphroditic (bisexual)** hermaphroditisch, zwittrig (zweigeschlechtlich)
➢ **heterogametic sex** heterogametisches Geschlecht
➢ **male** männlich
➢ **opposite sex** andere Geschlecht
sex *vb* (sexing of chicks) das Geschlecht bestimmen
sex behavior Sexualverhalten
sex cell/gamete Geschlechtszelle, sexuelle Keimzelle, Gamet
sex characteristics Geschlechtsmerkmale
➢ **secondary sex characteristics** sekundäre Geschlechtsmerkmale
sex chromosome/heterochromosome Geschlechtschromosom, Heterosom, Gonosom
sex chromosome inactivation Geschlechtschromosominaktivierung
sex determination Geschlechtsbestimmung
sex drive Sexualtrieb, Geschlechtstrieb
sex factor *micb* Sexfaktor, Konjugationsfaktor
sex gland/germ gland/gonad Geschlechtsdrüse, Keimdrüse, Gonade
sex hormone Sexualhormon
sex-induced geschlechtsbedingt
sex-influenced gene geschlechtsbeeinflusstes Gen
sex-limited gene geschlechtsbeschränktes Gen
sex linkage Geschlechtskopp(e)lung
sex-linked geschlechtsgebunden

sex-linked inheritance geschlechtsgebundene(r) Erbgang/ Vererbung, geschlechtsgekoppelte(r) Erbgang/Vererbung
sex pilus (*pl* sex pili) Sexpilus, Sexualpilus
sex ratio Geschlechterverhältnis
sex reversal Geschlechtsumkehr
sexduction Sexduktion
sexhood Geschlechtlichkeit
sexing (of chicks) das Geschlecht bestimmen
sexless/neuter geschlechtslos, ohne Geschlecht, sächlich
sexual sexuell, geschlechtlich
sexual behavior Sexualverhalten, Geschlechtsverhalten
sexual characteristic Sexualmerkmal, Geschlechtsmerkmal
sexual dimorphism Sexualdimorphismus, Geschlechtsdimorphismus
sexual intercourse/coitus Geschlechtsverkehr, Kopulationsakt, Begattungsakt, Koitus
sexual maturity Geschlechtsreife
sexual reproduction sexuelle/ geschlechtliche Fortpflanzung, geschlechtliche Vermehrung
sexual selection sexuelle/geschlechtliche Selektion/Auslese
sexual swelling (callosity) Brunstschwiele
sexual union/copulation Begattung, Kopulation
sexuality Sexualität, Geschlechtlichkeit
sexually transmitted disease (STD)/venereal disease (VD) sexuell übertragbare Krankheit, Geschlechtskrankheit, venerische Krankheit
sexuparous sexupar
shade *n* Schatten
shade *vb* schattieren
shade leaf/sciophyll Schattenblatt
shade-loving/sciophilous schattenliebend
shade-loving plant/ shade plant/sciophyte Schattenpflanze
shading Beschattung
shadowcasting/shadowing (TEM) Beschattung (Kohle-/Metallbeschattung: Schrägbedampfung)
➢ **rotary shadowing** Rotationsbedampfung
shady schattig
shaft/leafless stem/leafless shoot/ rachis/axis Schaft, Achse
shaft/rachis/scape Schaft; (feather) Federschaft, Rhachis
shake *vb* schütteln
shake *n* (wood: fissure between growth rings) Riss
shake culture Schüttelkultur
shake flask Schüttelkolben
shake out ausschütteln
shaker Schüttler
➢ **circular shaker/rotary shaker** Rundschüttler
➢ **reciprocating shaker** Reziprokschüttler
shaking dance (bees) Schütteltanz, Schüttelbewegung
shaking water bath Schüttelbad
shallow-rooted plant Oberflächenwurzler
sham attack Scheinangriff
sham feeding *ethol* Scheinfüttern, Scheinfütterung
sham pecking *ethol* Scheinpicken
sham preening/sham grooming *ethol* Scheinputzen
sham rage *ethol* Scheinwut, unechte Wut
shank (leg/tibia or shin) Unterschenkel
shank/tarsus *orn* Tarsus
shape/form/appearance/contour Gestalt
shark tooth comb (gel electrophoresis) Haifischkamm (Gelelektrophorese)
sharks Haie, Haifische
sharks & rays & skates/Elasmobranchii Plattenkiemer, Haie & Rochen
Sharpey's fiber Sharpeysche Faser

sharpness/focus ***micro/photo***
Schärfe, Bildschärfe
she-oak family/beefwood family/ Casuarinaceae
Streitkolbengewächse, Känguruhbaumgewächse
shear/shearing ***vb*** scheren
shear force Scherkraft
shear gradient
Schergefälle, Schergradient
shear rate/rate of shear
Scherrate
shear strength/shearing strength/ shear resistance (wood)
Scherfestigkeit, Schubfestigkeit
shear stress (shear force per unit area)
Scherspannung
shearing scheren
sheath ***n*** Scheide, Umhüllung; *bot* Blattscheide
sheathe ***vb***
scheidenförmig umhüllen
sheathed/vaginate
scheidenförmig, röhrenförmig umhüllt
shed/barn ***n*** Stall
shed/drop/abscise
abwerfen, abstoßen
shed/slough/sloughing off (skin)
abstoßen, ablösen
shedding/abscising/ deciduous ***adj/adv*** abwerfend
shedding/falling off/ dropping off/abscission
Abwurf, Abwerfen, Abszission
shedding of leaves/leaf fall
Laubfall, Blattfall, Blattabwurf
sheep Schaf
➢ **dam (mother sheep)**
Mutterschaf
➢ **ewe (female sheep)**
weibliches Schaf
➢ **lamb (little sheep)**
Lamm, Schäfchen
➢ **ram (male sheep)**
Schafbock, Widder
➢ **wether (castrated male sheep)**
Hammel (kastrierter Schafsbock)
sheep shearing Schafschur
sheepskin Schaffell; Schafleder
sheet Blatt (z.B. Papier)
➢ **beta-sheet/beta-pleated sheet**
beta-Faltblatt
sheet erosion ***geol*** Schichterosion, Schichtfluterosion, Flächenerosion
sheetweb/dome web (with barrier threads) ***arach***
Baldachinnetz (mit Stolperfäden)
➢ **horizontal sheetweb**
Deckennetz
➢ **simple sheetweb** Flächennetz
shelf Schelf, Sockel
➢ **continental shelf**
Festlandsockel, Kontinentalsockel, Kontinentalschelf, Schelf
shelf break/shelf edge/ shelf margin/continental margin
Schelfrand, Schelfkante
shell/bivalve shell
Muschel, Muschelschale
shell/carapace (insects/turtles)
Schale, Panzer, Carapax
shell/case/casing (mollusks)
Gehäuse
shell/test/testa/coat (enclosing cover, e.g., of diatoms)
Testa, (harte) Schale, Hülle
shell gape (bivalves)
klaffende Schalenöffnung
shell gland/Mehlis' gland (cement gland)
Schalendrüse, Mehlissche Drüse
shell membrane Schalenhaut
shell plate/shell valve (chitons)
Schalenplatte
shelled/cleidoic beschalt, kleidoisch
shellfish (crustaceans & mollusks)
Schalentier
shelterbelt/windbreak
Windschutz (Windschutzbäume)
shelterwood
Mutterbestand, Schirmstand, Schirmbestand, Plenterwald
shelterwood method (cutting/felling)
Femelhieb, Femelschlag, Plenterschlag (uneven-aged); Schirmschlag (even-aged)
shepherd Schäfer
shield (from radiation)
abschirmen (von Strahlung)

shield/clypeus Kopfschild, Clypeus
shield/scute/scutum
Schild, Scutum
shield/shell/carapace
Schild, Schale, Carapax
shield/vertebral ossicle (ophiuroids)
Platte
shield budding ***bot***
Schild-Okulation
(Augenschild/Schildchen)
➢ **double shield budding**
Doppelschildokulation, Nicolieren
shield grafting/sprig grafting ***hort***
seitliches Einspitzen
shield-like/peltate/scale-like/scutate
schildartig, schuppenartig
shield-shaped/peltiform/scutiform
schildförmig, schuppenförmig
shielding (from radiation)
Abschirmung (von Strahlung)
shifting agriculture/ shifting cultivation/ swidden agriculture/ swidden cropping
Wanderackerbau
shifting dune Wanderdüne
shikimic acid (shikimate)
Shikimisäure (Shikimat)
shimmering/iridescent schillernd
shimmering body Flimmerkörper
shin (vertebrates: front part of leg below knee) ***n*** Schienbein
(Vorderbein zwischen Knie und Fuß)
shinbone/tibia
Schienbein(knochen),
Schiene, Tibia
shingle Schindel
shingleplant family/ Marcgraviaceae
Honigbechergewächse
shinleaf family/ wintergreen family/Pyrolaceae
Wintergrüngewächse
shiver zittern, schaudern;
frösteln, vor Kälte zittern
shivering Zittern, Schaudern
shoal/school (fish)
Schwarm, Schule, Zug
shoat/shote *(young weaned hog/ less than 150 lb/less than 1 year old)*
Ferkel
shock Schock
➢ **circulatory shock**
Kreislaufschock,
Kreislaufkollaps
➢ **heat shock** Hitzeschock
➢ **osmotic shock**
osmotischer Schock
shock freezing Schockgefrieren
shock resistance Stoßfestigkeit
shod ***adv/adj*** **(horses/cattle)**
beschlagen
shoe/shoeing ***vb*** **(hoofs)**
beschlagen
shoestring ferns/Vittariaceae
Vittariaceae
shoot/sprout/sprig Spross, Trieb,
Schoss (kleiner Spross), Schössling
➢ **adventitious shoot**
Adventivspross, Adventivtrieb,
Zusatztrieb
➢ **annual shoot/one-year shoot/ annual growth** Jahrestrieb
➢ **apical shoot/terminal shoot**
Gipfeltrieb, Endtrieb,
Terminaltrieb
➢ **bulbil**
Bulbille, Brutspross, Brutknospe
➢ **cladode/cladophyll/phylloclade**
Kladodium, Cladodium
(Flachspross eines Langtriebs),
Phyllocladium
➢ **coppice-shoot**
Wassertrieb, Wasserreis
➢ **lammas shoot** Johannistrieb
➢ **lateral shoot/side shoot/offshoot**
Nebentrieb, Seitentrieb
➢ **long shoot/long axis** Langtrieb
➢ **main shoot/primary shoot/ leading shoot/ main axis/primary axis**
Hauptspross, Primärspross,
Hauptachse
➢ **offset (short/prostrate lateral shoot from base of plant)**
kurzer Seitentrieb an Wurzelhals,
kurzer Wurzelhalsschössling
(Wurzelspross/Wurzeltrieb)
➢ **offshoot/lateral shoot/side shoot**
Nebentrieb, Seitentrieb
➢ **platyclade**
Platycladium, Flachspross

➤ **rhizome (horizontal/underground stem)** Rhizom, Erdspross, unterirdischer Ausläufer, unterirdischer Stolon (geophil)
➤ **root sucker** wurzelbürtiger Spross, Wurzelspross, Wurzeltrieb, Wurzelschössling, Schosser, Wurzelreis
➤ **root-collar shoot** Wurzelhalsschössling
➤ **runner/sarment (horizontal/aboveground stem/stolon)** Kriechspross, oberirdischer Ausläufer, oberirdischer Stolon (photophil)
➤ **short shoot/short axis** Kurztrieb
➤ **side shoot/lateral shoot/offshoot** Seitenspross, Seitentrieb, Nebentrieb
➤ **slip (softwood/herbaceous cutting or scion for propagation/grafting) (e.g., banana/geraniums)** Ableger, Steckling, Schnittling; Pfropfreis
➤ **sobole** Erdspross, Gehölzausläufer
➤ **sprout/sprig/small shoot** Schoss, Schössling (kleiner Spross)
➤ **spur shoot/fruit-bearing bough (a short shoot)** Fruchtholz (Kurztrieb), Lateralorgan; Infloreszenz-Kurztrieb
➤ **stolon** Stolon, Stolo, Ausläufer, Ausläuferspross
➤ **sucker/sobole (an underground stolon)** Gehölzausläufer
➤ **sucker/tiller (shoot from roots or lower part of stem)** Schössling, Wasserreis, Geiztrieb (an Wurzel oder Baumstumpf), Seitentrieb (am Wurzelhals)
➤ **sylleptic shoot** sylleptischer Trieb
➤ **terminal shoot/apical shoot** Terminaltrieb, Endtrieb, Gipfeltrieb
➤ **water shoot/ water sprout/water sucker** Wasserschoss, Wassertrieb, Wasserreis, Geiltrieb, Geiztrieb

shoot apex/shoot tip/ vegetative cone Sprossspitze, Sprossscheitel, Sprosspol (Embryo), Vegetationskegel
shoot axis/stem Achsenkörper, Stamm
shoot elongation Sprosszuwachs
shoot tendril Sprossranke
shore/banks/coast Ufer, Küste, Gestade; Strand
➤ **backshore** Hochstrand, Sturmstrand (trocken)
➤ **foreshore** Vorstrand, Gezeitenstrand (nass)
➤ **inshore** an der Küsten, im Küstenbereich
➤ **nearshore** Küstennähe; küstennah, festlandnah
➤ **offshore** auf dem Schelf gelegen, (unterhalb der tiefsten Brandungseinwirkung); küstenfern, ablandig

shore/land (*vs* ocean/water) Land
shore dune Stranddüne
shore jetty Seebuhne, Strandbuhne
shorebirds & gulls & auks/ Charadriiformes Watvögel & Möwenvögel & Alken
shoreface oberer Teil der Brandungsplattform, Strandstufe in der Brecherzone
shorefront/beachfront Küstenfront, Strandfront
shoreline/coastline Küste, Strandlinie, Küstenlinie; Uferlinie
➤ **alluvial coast/ shoreline of progradation** Anschwemmungsküste, Anwachsküste
➤ **emergent shoreline/ shoreline of emergence/ negative coast/ shoreline of elevation** Auftauchküste, Hebungsküste
➤ **fjord shoreline/fjord coast** Fjordküste
➤ **ria shoreline/ria coast** Riasküste
➤ **skerry coast/schären-type shoreline (rocky isle)** Schärenküste

➢ **submergent shoreline/ shoreline of submergence/ positive shoreline/ shoreline of depression** Untertauchküste, Senkungsküste
shoreline of emergence Auftauchküste (Regressionsküste)
shoreline of submergence Untertauchküste (Transgressionsküste)
short bone/os brevis kurzer Knochen
short-chain kurzkettig
short-circuit *vb* kurzschließen
short circuit/short-circuiting *n* Kurzschluss
short-day plant Kurztagspflanze
short-living/short-lived/ fugacious/soon disappearing kurzlebig, hinfällig
short period interspersion kurzphasige Einstreuung/Einschub
short shoot/short axis Kurztrieb
short-term memory Kurzzeitgedächtnis
shot/injection Spritze, Injektion
shotgun cloning Schrotschussklonierung
shotgun experiment Schrotschussexperiment
shoulder *anat* Schulter, Achsel
shoulder blade/scapula Schulterblatt
shoulder girdle/pectoral girdle Schultergürtel, Brustgürtel
show/display/exhibit/exhibition *n* Schau, Ausstellung
showcase Schaukasten, Vitrine
showy flower auffällige Blüte, prachtvolle Blüte, prächtige Blüte
shredder (large-particle detritivore) Zerkleinerer
shrimps (small)/prawns (large) Garnelen, „Krabben"
shrink *vb* schrumpfen, sich zurückziehen, abnehmen
shrinking/decongestant abschwellend
shrub Strauch
➢ **arbuscule (tree-like small shrub/ dwarf tree)** Bäumchen, baumartiger Strauch, niedriger Baum
➢ **chamaephyte** Chamaephyt
➢ **dwarf-shrub/ woody chamaephyte** Zwergstrauch, holziger Chamaephyt
➢ **fruit-bearing shrubs** Beerensträucher
➢ **half-shrub/suffrutecsent plant** Halbstrauch
➢ **nanophanerophyte (shrubs under 2 meters in height)** Nanophanerophyt, Strauch
➢ **ornamental shrub** Zierstrauch
➢ **prickly shrub/bramble** stacheliger Strauch
➢ **sclerophyllous shrub/ sclerophyll scrub** Hartlaubgebüsch, Hartlaubgehölz
➢ **thorny shrub** Dornstrauch, Dornenstrauch
shrub savanna Strauchsavanne
shrubbery/thicket/ underbrush (in forest) Buschwerk, Gebüsch
shrubby/bushy/fruticose/frutescent strauchig, buschig
shrubby herb Halbstrauch
shrubland Buschformation
shrublet kleiner Strauch
shunt/diversion/bypass (passage between two natural channels) Nebenschluss, Nebenweg, Ableitung, Bypass
shuttle/shuttling Pendelverkehr, Pendeln, Schleusen (Membran)
shuttle streaming (*Physarium*) Pendelströmung
shuttle vector/bifunctional vector *Shuttle*-Vektor, Schaukelvektor, bifunktionaler Vektor
shy *adj/adv* scheu
shy/take fright/skit *vb* (horse) scheuen
shying (horse) Scheuen
shyness Scheu
sialic acid (sialate) Sialinsäure (Sialat)
sib-pair analysis Untersuchung von Geschwistern, Geschwisterpaaranalyse
➢ **sib pair (ASP) analysis** Analyse von erkrankten Geschwisterpaaren

siblicide Siblizid, Geschwistermord
sibling/sib (*see also:* siblings) eines von mehreren Geschwistern
sibling species Geschwisterarten
siblings (all offspring having one common parent) Geschwister *pl*
sibship Geschwisterschaft
sick/ill/diseased krank
sickle cell Sichelzelle
sickle dance (bees) Sicheltanz
sickle-shaped/drepanoid/ crescent/falcate/falciform sichelförmig
side body Seitenkörper
side chain *chem* Seitenkette
side cleft grafting/side whip grafting/ bottle grafting *hort* seitliche Spaltpfropfung
side crown *bot* Seitenkrone
side effect Nebenwirkung
side grafting *hort* Seitenpfropfung, Seitenveredelung, Veredeln an die Seite
➢ **spliced side grafting/ veneer side grafting/ side veneer grafting** Anplatten, seitliches Anplatten
side product Nebenprodukt
side shoot/lateral shoot/sucker Geiz, Geiztrieb, Seitenspross
side-tongue grafting *hort* seitliches Anplatten mit Gegenzunge
side-veneer grafting/ veneer side grafting/ spliced side grafting *hort* Anplatten, seitliches Anplatten
sidewinding (snakes) Seitenwinden
sieve/sift *vb* sieben
sieve/sifter *n* Sieb
sieve areas *bot* Siebfelder
sieve cell *bot* Siebzelle
sieve element *bot* Siebelement
sieve plate/madreporic plate/ madreporite Siebplatte, Madreporenplatte
sieve plate reactor (bioreactor) Siebbodenkaskadenreaktor, Lochbodenkaskadenreaktor
sieve trachea *arach* Siebtrachee
sieve tube *bot* Siebröhre
sieve tube element *bot* Siebröhrenelement
sieve tube member *bot* Siebröhrenglied
sift *vb* (e.g., flamingoes) seihen, sieben
sight/view Sicht
sigillaria family (clubmoss trees)/ Sigillariaceae Siegelbäume
signal forgery Signalfälschung
signal hypothesis Signalhypothese
signal protein Signalprotein, Sensorprotein
signal recognition particle/ signal recognition protein (SRP) Signalerkennungspartikel
signal relaying Signalweiterleitung
signal sequence/signal peptide Signalsequenz, Signalpeptid
signal substance Signalstoff
signal thread *arach* Signalfaden
signal-to-noise ratio Signal-Rausch-Verhältnis
signal transducer Signalwandler
signal transduction Signalübertragung
signature protein Erkennungsprotein (ein Membranprotein)
significance level/ level of significance (error level) Signifikanzniveau, Irrtumswahrscheinlichkeit
significance test/test of significance *stat* Signifikanztest
silage *n* Silage, Silofutter, Gärfutter
silage *vb* zu Gärfutter silieren, einsäuern
silencer (sequence) *gen* Silencer, Abschaltsequenz
silent gene stummes Gen
silent infection stumme Infektion, stille Feiung
silent mutation/samesense mutation stumme Mutation
silica/silicon dioxide Siliziumdioxid
silica gel Kieselgel, Silicagel
siliceous Kieselsäure.., kieselsäurehaltig
siliceous sponges/demosponges/ Silicospongiae Kieselschwämme (Demospongien)
silicic acid Kieselsäure

silicle Schötchen
silicoflagellates/Silicophyceae Kieselflagellaten
silicon (Si) Silizium, Silicium
silicone (silicoketone) Silikon
silique/siliqua Schote
➤ **silicle** Schötchen
silk (fibroin/sericin) Seide, Spinnseide
silk (corn stigma-style) *bot* Maisgriffel, Griffelfäden, Maisnarben, Maisbarthaare, „Bart"
➤ **in silk (corn)** blühend, in Blüte (Mais)
silk-cotton tree family/ cotton-tree family/ kapok-tree family/Bombacaceae Wollbaumgewächse
silk fabric (cobweb/spiderweb) Spinngewebe
silk gland/spinning gland/serict-erium (caterpillars: labial gland) Seidendrüse, Spinndrüse, Sericterium (Labialdrüse: Raupen)
silk gland spigot/ tubulus textori ***arach*** Spinndüse
silk gland spool ***arach*** Spinnspule
silk-oak family/ Australian oak family/ protea family/Proteaceae Proteagewächse, Silberbaumgewächse
silk-tassel tree family/ silktassel-bush family/Garryaceae Becherkätzchengewächse
silk thread/silk line Spinnfaden
silken seiden, Seiden...
silkworm (larva) Seidenraupe
silky/silk-like/sericate/sericeous seidig, seidenartig, seidenhaarig
silt Schluff, Silt
silt/warp Schlamm, Flussschlamm
➤ **silty soil (marsh)** leichter Klei/ Kleiboden/Marschboden
silt load/suspension load ***soil/mar*** Schwebfracht
Silurian Period/Silurian (geological time) Silur
silver-vine family/dillenia family/ Dilleniaceae Rosenapfelgewächse
silverline system/argyrome (ciliates) Silberliniensystem, Argyrom
silversides & skippers & flying fishes and others/Atheriniformes Ährenfischverwandte, Hornhechtartige
silvics Forstbaumkunde
silviculture Forstkultur, Waldbau
Simaroubaceae/quassia family Bittereschengewächse, Bitterholzgewächse
simian Affen (bes.Menschenaffen) betreffend, affenartig, Affen...
similar-structured gleichgestaltet, ähnlich gestaltet
simple columnar epithelium hochprismatisches Epithel, hohes Zylinderepithel
simple cyme/monochasium (an inflorescence) eingablige Trugdolde, Monochasium
simple eye/ocellus (dorsal and lateral) Einzelauge, Punktauge, Nebenauge, Ocelle, Ocellus (*siehe:* Scheitelauge/Stirnauge)
simple fruit/apocarpous fruit Einblattfrucht
simple umbel (an inflorescence) einfache Dolde
simultaneous hermaphrodite/ synchronous hermaphrodite Simultanhermaphrodit
sinapic acid Sinapinsäure
sinapic alcohol Sinapinalkohol
SINE (short interspersed nuclear element) SINE (kurzes eingeschobenes nukleäres Element)
sing/warble/jug singen, schlagen (Nachtigall)
➤ **countersinging** Gesangsduett
single/solitary einzeln, solitär
single animal/solitary animal Einzeltier
single-cell protein (SCP) Einzellerprotein
single-celled/unicellular einzellig
single-chambered/monothalamous/ monothalamic/monothecal einkammerig, einkämmrig, monothalam, monothekal

single copy DNA Einzelkopie-DNA, nichtrepetitive DNA
single copy gene Einzelkopie-Gen
single digest einfacher Verdau
single displacement reaction einfache Verdrängungsreaktion, Einzel-Verdrängung
single fruit Einzelfrucht
single-rowed/uniseriate/uniserial einreihig
single strand *gen* Einzelstrang
single strand assimilation Einzelstrangassimilation
single strand binding protein einzelstrangbindendes Protein
single strand break Einzelstrangbruch
single strand conformation polymorphism (SSCP) *gen* Einzelstrang-Konformations-Polymorphismus (SSCP)
single strand exchange *gen* Einzelstrangaustausch
single-stranded einsträngig
single sugar/monosaccharide Einfachzucker, einfacher Zucker, Monosaccharid
sink/depression *geol* Senke, Bodensenke
sink (importer of assimilates) *physio* Senke, Verbrauchsort
sinoauricular/sinoatrial sinoaurikulär
sinoauricular node/ sinoatrial node (SAN) Sinusknoten, Sinoatrialknoten, SA-Knoten
sinuate/sinuous (strongly waved margin) *bot* geschweift, buchtig, gebuchtet
sinus/cavity/depression/recess/ dilatation/lacuna Sinus, Höhle, Vertiefung, Ausweitung, Lakune
sinus gland Sinusdrüse
sinus venosus Sinus venosus
siphon/funnel/infundibulum Sipho(n), Trichter, Infundibulum
siphon/tube (tubular cell) Schlauch; Zellschlauch
siphoneous/siphonaceous/tubular siphonal, röhrenartig, schlauchartig, schlauchförmig, tubulär
siphonogamy Siphonogamie, Pollenschlauchbefruchtung
siphonoglyph Siphonoglyphe
siphonophorans/Siphonophora Siphonophoren, Staatsquallen
siphonozooid Siphonozooid, Pumppolyp
siphuncle/siphonet (nautilus) Siphunkel, Sipho
sire (♂ parent: domestic animals) Vatertier, männliches Stammtier (Pferd: Beschäler/Zuchthengst)
siroheme Sirohäm
sister cell Schwesterzelle
sister chromatids Schwesterchromatiden
➤ **sister chromatid exchange (SCE)** Schwesterchromatidenaustausch
➤ **unequal sister chromatid exchange (UESCE)** ungleicher Austausch von Schwesterchromatiden
sister group Schwestergruppe
sister taxa Schwestertaxa, Adelphotaxa
sister species Schwesterart
site/location/place Fundort, Lage
site assessment *ecol* Lagebewertung, (*sensu lato*: Standortbewertung)
site-directed mutagenesis ortsspezifische Mutagenese
site-specific recombination *gen* sequenzspezifische Rekombination
sitosterol Sitosterin, Sitosterol
size reduction *photo* Verkleinerung
skates/Rajoidei (Suborder!) echte Rochen
skates & guitarfishes/Rajiformes Rochenartige
skeletal musculature Skelettmuskulatur
skeleton/bones Skelett, Gerippe, Knochengerüst; Gebein
➤ **appendicular skeleton/ skeleton appendiculare** Extremitätenskelett, Gliedemaßenskelett
➤ **axial skeleton** Achsenskelett, Stammskelett, Rumpfskelett
➤ **branchial skeleton/ skeleton of the gills** Branchialskelett, Kiemenskelett

> **cardiac skeleton/ skeleton of the heart** Herzskelett
> **cuticular skeleton** Kutikularskelett
> **cytoskeleton** Cytoskelett, Zytoskelett
> **dermal skeleton/dermatoskeleton/ dermoskeleton** Hautskelett, Dermalskelett
> **endoskeleton/internal skeleton** Innenskelett
> **exoskeleton/dermal skeleton/ dermatoskeleton/dermoskeleton (vertebrates)** Hautskelett, Dermalskelett
> **exoskeleton/external skeleton (invertebrates)** Außenskelett
> **gill arch skeleton** Kiemenskelett
> **head skeleton/cephalic skeleton** Kopfskelett
> **hydrostatic skeleton** hydrostatisches Skelett, Hydroskelett
> **somatic skeleton** somatisches Skelett
> **visceral skeleton/visceroskeleton** Viszeralskelett, Visceralskelett, Eingeweideskelett
> **zonoskeleton** Zonoskelett (Extremitätengürtel)

skeletonize skelettieren; skelettbildend, mit Skelett
skewbald ***adj/adv*** scheckig (Pferd)
skewbald horse Schecke
skewness ***stat*** Schiefe
skimmers ***US*** **(libellulid dragonflies)** Segellibellen
skin ***vb*** häuten, die Haut abziehen
skin ***n*** Haut; (hide/peel) Haut, Schale
> **cutis (epidermis & dermis/corium)** Cutis, Kutis (eigentliche Haut)
> **dermis/corium/cutis vera/true skin** Dermis, Corium, Korium, Lederhaut
> **epidermis** Epidermis, Oberhaut
> **mucosa/mucous membrane** Schleimhaut, Schleimhautepithel
> **subcutis/tela subcutanea** Subcutis, Unterhaut, Unterhautbindegewebe

skin fold/wrinkle Hautfalte
skin graft/skin transplant Hauttransplantat
skin parasite/dermatozoan Hautparasit, Hautschmarotzer, Dermatozoe
skiophilous/umbraticolous schattenliebend
skippers (Hesperiidae: Lepidoptera) Dickkopffalter
> **cheese skippers/cheese maggots (Piophilidae larvas)** Käsefliegenlarve

skull/braincase/cranium Schädel, Hirnkapsel, Kranium, Cranium
skull roof/cranial roof Schädeldecke
skullcap/clavarium Kalotte, Schädelkalotte, Schädelkappe, Schädeldecke, Schädeldach, Clavarium
slab Platte, Fliese, Tafel; (wood) Holzschwarte
slab gel ***biochem/gen*** hochkant angeordnetes Plattengel
slack-water zone ***mar/limn*** Stillwasserzone
slant culture/slope culture ***micb*** Schrägkultur (Schrägagar)
slash-and-burn Brandrodung
slash-and-burn agriculture Brandrodungsfeldbau
slaughter/butcher ***vb*** schlachten
slaughter/slaughtering/butchering ***n*** Schlachtung, Schlachten
slaughter cattle/ beef cattle/slaughter animal Schlachtvieh
slaughterhouse Schlachthof
sleep Schlaf
sleep movement/nyctinasty Schlafbewegung, Nyctinastie
sleep sickness (*Trypanosoma rhodesiense/gambiense*) Schlafkrankheit, Tsetseseuche
sleepiness Schläfrigkeit
sleeping posture Schlafstellung
sleeplessness/insomnia Schlaflosigkeit
sleet/glaze/frozen rain Eisüberzug, überfrorene Nässe, gefrorener Regen; Graupelschauer
slender-stemmed/leptocaulous dünnstämmig, schlankstämmig

slide/microscope slide Objektträger
sliding filament theory Gleitfilamenttheorie
sliding microtome Schlittenmikrotom
sliding stage ***micros*** Gleittisch
sliding tubule hypothesis Gleittubulushypothese
slime Schleim
slime body/slime plug/ P-protein body Schleimkörper, Schleimpfropfen, Proteinkörper
slime gland/mucous gland Schleimdrüse
slime molds/Myxomycota Schleimpilze
➢ **acellular slime molds/ plasmodial slime molds/ Myxomycetes** echte Schleimpilze (plasmodial)
➢ **cellular slime molds/ Acrasiomycetes/ Dictyosteliomycetes (Myxomycota)** Acrasiomyceten, zelluläre Schleimpilze
slime nets/labyrinthulids/ Labyrinthulomycetes Netzschleimpilze
slimy/mucilaginous/glutinous schleimig
slip/sucker/offset/offshoot ***bot*** Wurzelspross, Wurzeltrieb
slip face (dune) ***geol*** Rutschfläche
slipped strand mispairing/ slippage replication/ replication slippage ***gen*** Verrutschen (Fehlpaarung durch Strangverschiebung bei der Replikation)
slope/incline Hang, Abhang
slope/scarp Böschung, Abhang
sloping terrain/rolling hills hügelig (leicht hügelige Landschaft)
slot blot Schlitzlochplatte
sloths/Pilosa (Xenarthra) Faultiere
slough (off) abstreifen (Haut/Hülle)
slow growing schwachwüchsig, langsamwachsend
slow-twitch fiber langsam-kontrahierende Faser
sludge Faulschlamm, Sapropel
sludge/mud (alluvial) Schlamm, Schlick
sludge/sewage sludge Klärschlamm (Faulschlamm)
➢ **activated sludge** Belebtschlamm
sludge gas/sewage gas Faulgas, Klärgas (Methan)
slugs Nacktschnecken
sluice ***n*** **(membranes)** Schleuse
sluice/channel ***vb*** schleusen
slush (partly melted/watery snow) Schneematsch
➢ **nitrogen slush** schmelzender Stickstoff (zum Einfrieren von Gewebe)
small-angle neutron scattering (SANS) Neutronenkleinwinkelstreuung
small-angle X-ray scattering (SAXS) Röntgenkleinwinkelstreuung
small-cell lung cancer kleinzelliger Lungenkrebs
small intestine Dünndarm
small nuclear ribonucleoprotein (snRNP) kleines nukleäres Ribonukleoprotein (snRNP)
small nuclear RNA (snRNA) kleine nukleäre Ribonukleinsäure
smear ***micros*** Abstrich; *micb* Ausstrich
smear infection Schmierinfektion
smell ***vb*** riechen
smell/scent/odor ***n*** Geruch, Duft
➢ **pleasant smell/ fragrance/scent** angenehmer Duft
➢ **pungent smell** stechender Geruch
➢ **unpleasant smell** unangenehmer Geruch
Smilacaceae/catbrier family Stechwindengewächse
smoke ***n*** (sichtbarer) Rauch, Qualm
smoke ***vb*** **(foods)** räuchern
smoker (black/white) ***geol*** (schwarzer/weißer) Raucher
smolt Silbersälmling
smooth/even glatt, eben
smooth muscle/plain muscle/ non-striated muscle/ unstriped muscle glatter Muskel (glatte Muskulatur)

smuts/smut fungi/Ustilaginales (bunt fungi/brand fungi) Brandpilze, Flugbrandpilze
snag (standing dead tree) toter Baum, Baumstumpf (stehender toter Baum)
snag (tree/branch embedded in lake/stream) Aststumpf, Knorren, Baumstumpf (in Seen/Flüssen)
snail pollination/malacophily Schneckenbestäubung
snail shell Schneckenhaus, Schneckengehäuse
snails/gastropods/Gastropoda Schnecken, Bauchfüßer, Gastropoden
snake-like/ophidian schlangenartig, Schlangen...
snakeflies/Raphidioptera Kamelhalsfliegen
snakes/serpents/ophidians/ Serpentes/Ophidia (Squamata) Schlangen
snap schnappen
snap-back DNA/fold-back DNA in sich gefaltete DNA, zurückgebogene DNA
snap-cap bottle/snap-cap vial *lab* Schnappdeckelglas, Schnappdeckelgläschen
snap mechanism Schnappmechanismus, Klappmechanismus
snap trap Klappfalle, Schlagfalle
snapdragon family/foxglove family/ figwort family/Scrophulariaceae Braunwurzgewächse, Rachenblütler
snapping reflex Schnappreflex
snare *arach* Fangfaden, Fangnetz
snare trap (*Arthrobotrys*) *fung* Schlingfalle
snarl (e.g., lion/tiger)/puff fauchen
sneeze *vb* niesen
sniff schnuppern, schnüffeln
sniff at/nuzzle beschnuppern, beschnüffeln
snip (horse: white spot) Stern
snood (turkey: fleshy protuberance at base of bill) Stirnzapfen (an Schnabelbasis des Truthahns)
snoot/snout Schnauze, Maul
snort schnauben
snout/muzzle Schnauze, Rüssel, Maul
snow drift Schneewehe, Schneeverwehung
snow line Schneegrenze
snowstorm (*see:* blizzard) Schneesturm
snRNA (small nuclear RNA) snRNA (kleine nukleäre Ribonukleinsäure)
snRNP (small nuclear ribonucleic protein) snRNP (kleines nukleäres Ribonukleoprotein)
soak/steep/swell (water uptake) quellen (Wasseraufnahme)
soak up/absorb aufsaugen, durchtränken, absorbieren
soaked (e.g., soil/ground) durchtränkt
soaker hose (irrigation) Tropfberieselungsschlauch
soaking up/absorption Aufsaugen, Absorption
soapberry family/Sapindaceae Seifenbaumgewächse
soaring (flight) Segelflug
➢ **dynamic soaring** dynamischer Segelflug
➢ **ridge soaring/slope soaring** Hangsegeln
➢ **static soaring** statischer Segelflug, Gleiten, Gleitflug
➢ **thermal soaring** Thermiksegelflug, Thermiksegeln
sober nüchtern (nicht unter Alkoholeinfluss)
sobole/root sucker Wurzelschössling, Erdspross, Wurzelreis
sobole/sobolifer Wurzelausläufer, Wurzelspross, Gehölzausläufer
soboliferous wurzelsprossbildend
sobriety Nüchternheit (nicht unter Alkoholeinfluss stehend)
sociability/gregariousness Soziabilität, Geselligkeit, Geselligkeitsgrad
social behavior Sozialverhalten, soziales Verhalten
social drive Sozialtrieb

social facilitation/mood induction *ethol* soziale Verstärkung, Stimmungsübertragung, Mach-mit-Verhalten
social fallow Sozialbrache
social grooming (mammals)/ social preening *orn* soziale Körperpflege
social rank soziale Rangstufe, Rangstellung
sociality Geselligkeit, Geselligkeitstrieb
society (animal society) Sozietät, Gesellschaft, essenzielle Vergesellschaftung (Tiergesellschaft); *entom* Staat
sociobiology Soziobiologie
sociology Soziologie
sod/turf/grass cover (nonforage grass) Sode, Grasnarbe, Rasenstück, Rasendecke
sodded mit Rasen bedeckt
sodium (Na) Natrium
sodium dodecyl sulfate (SDS) Natriumdodecylsulfat
soft bast Weichbast
soft corals/alcyonaceans/ Alcyonaria/Alcyonacea Lederkorallen
soft palate/velum palatinum weicher Gaumen, Gaumensegel, Velum
soft wood Weichholz
softener (e.g., foods) Weichmacher
soggy durchnässt, durchweicht
soil/ground/earth Boden, Erde, Erdboden, Erdreich
> **acidic soil/acid soil** saurer Boden
> **boulder layer/loose rock layer** Untergrund (C-Horizont)
> **caliche/lime pan** Caliche, Kalkanreicherungshorizont
> **crumb structure** Krümelstruktur
> **fermentation layer** Fermentationsschicht, Vermoderungshorizont
> **half-bog soil** anmooriger Boden
> **litter layer (forest soil)** Streuschicht, Streuhorizont, Förna
> **mineral soil** Mineralboden
> **permafrost soil** Permafrostboden, Dauerfrostboden
> **potting soil** Topferde
> **sandy soil** Sandboden, sandiger Boden
> **subsoil (zone of accumulation/illuviation)** Unterboden, unterer Mineralhorizont
> **topsoil (zone of leaching/eluviation)** Oberboden, Krume, Bodenkrume, Bodendeckschicht, oberer Mineralhorizont
> **zone of accumulation/zone of illuviation (B-horizon)** Einwaschungshorizont

soil aggregate/ped Gefügekörper
soil compaction Bodenverdichtung
soil components Bodenbestandteile
soil conditioner Bodenverbesserer
soil conditions Bodenbedingungen
soil conservation Bodenschutz
soil erosion Bodenerosion
soil fertility Bodenfruchtbarkeit
soil horizon Bodenhorizont
> **bedrock (partially weathered)/ boulder layer (C-horizon)** Untergrund (C-Horizont)
> **fermentation layer** Fermentationsschicht, Vermoderungshorizont
> **litter layer (forest soil)** Streuschicht, Streuhorizont, Förna
> **subsoil (zone of accumulation/illuviation)** Unterboden, unterer Mineralhorizont
> **topsoil (zone of leaching/ eluviation) (A-horizon)** Oberboden, Krume, Bodenkrume, Bodendeckschicht, oberer Mineralhorizont (A-Horizont)

> **zone of accumulation/ zone of illuviation (B-horizon)** Einwaschungshorizont (B-Horizont)
> **zone of leaching/ zone of eluviation/topsoil (A-horizon)** Oberboden, Krume, Bodenkrume, Bodendeckschicht, oberer Mineralhorizont (A-Horizont)

soil indicator Bodenzeiger
soil moisture Bodenfeuchte
soil-moisture tension/suction Saugspannung
soil organism Bodenorganismus
soil particle Bodenteilchen
soil particle size Korngröße (Bodenpartikel)
soil profile Bodenprofil
soil science/pedology Bodenkunde, Pedologie
soil skeleton Bodenskelett
soil structure Bodengefüge
soil surface/ground level Erdoberfläche
soil texture Bodentextur, Bodenbeschaffenheit; Bodenpartikelgröße, Teilchengröße (Bodenpartikel)
soil type Bodenart
soilage/green forage/greenstuff Grünfutter, Grünzeug
Solanaceae/nightshade family/ potato family Nachtschattengewächse
solanine Solanin
solar age Sonnenzeitalter
solar cell/photovoltaic cell Solarzelle
solar energy Solarenergie, Sonnenenergie
solar plexus/ celiac plexus/coeliac plexus Sonnengeflecht
solar radiation Sonnenstrahlung
solar tracking/heliotropism Sonnenwendigkeit, Sonnenorientierung, Lichtwendigkeit, Heliotropismus
soldier (social insects) Soldat
sole *n* Sohle
sole pad Sohlenballen
solenia (gastrodermal tubes) Solenia
solenocyte/archinephridium Solenocyt, Solenozyt
solenogasters/Solenogastres Furchenfüßer
solenoid Solenoid (helikale Chromatinstruktur)
solicit *vb* sich bemühen um, dringend bitten
soliciting behavior Begattungsaufforderung
solid phase/bonded phase Festphase
solid phase reactor *biot* Festphasenreaktor
solifluction Solifluktion
soligenous (bogs) soligen
solitary/single solitär, einzeln
solitary animal/single animal Einzeltier, Einzelgänger
solitary flower/single flower Solitärblüte, Einzelblüte
solitary plant Solitärpflanze, Einzelpflanze
solstice *astr* Sonnenwende
solubility Löslichkeit
solubility product Löslichkeitsprodukt
solubilization Solubilisierung
soluble löslich

> **insoluble** unlöslich

solute gelöster Stoff
solute potential Löslichkeitspotenzial
solution Lösung
solvate *n* solvatisierter Stoff, gelöster Stoff (Ion/Molekül)
solvate *vb* solvatisieren, auflösen
solvation Solvatation
solve *math* lösen
solvent Lösungsmittel, Lösemittel
solvent/mobile solvent/ eluent/eluant (mobile phase) Laufmittel, Elutionsmittel, Fließmittel, Eluent (mobile Phase)
solvent front Lösungsmittelfront; Laufmittelfront, Fließmittelfront (DC)
somaclonal variation somaklonale Variation
somatic somatisch, körperlich, Körper...

somatic cell/body cell Körperzelle, Somazelle, somatische Zelle
somatic mutation somatische Mutation
somatic nervous system/ voluntary nervous system somatisches Nervensystem, willkürliches Nervensystem
somatic recombination somatische Rekombination
somatic skeleton somatisches Skelett
somatocoel/somatocoele Somatocöl, Somatocoel
somatoliberin/ somatotropin release-hormone/ somatotropin releasing factor (SRF)/growth hormone release hormone/factor (GRH/GRF) Somatoliberin, Somatotropin-Freisetzungshormon
somatolysis Somatolyse
somatomedin/ insulin-like growth factor (IGF) (sulfation factor/ serum sulfation factor) Somatomedin
somatopleure Somatopleura, somatisches Blatt, parietales Blatt, Hautfaserblatt
somatostatin/ somatotropin release-inhibiting factor/growth hormone release-inhibiting hormone (GRIH) Somatostatin
somatotropin (STH)/ growth hormone (GH) Somatotropin, somatotropes Hormon, Wachstumshormon
somite/somatome Somit, Ursegment
song/singing *orn* Gesang (Vögel)
➢ **antiphonal singing** Wechselgesang
➢ **attracting song** Lockgesang
➢ **countersinging** Gesangsduett, Duettgesang
➢ **courtship song/mating song** Balzgesang
➢ **duetting** Duettgesang, Paargesang
➢ **flight song** Fluggesang
➢ **full song** Vollgesang
➢ **juvenile song/subsong** Jugendgesang, Dichten (Jungvögel)
➢ **luring song/soliciting song** Lockgesang
➢ **mating song/courtship song** Werbegesang
➢ **play song** Spielgesang
➢ **rehearsal song** Studiergesang
➢ **rival song** Rivalengesang
➢ **subsong** Dichten, Jugendgesang (Jungvögel)
➢ **territorial song** Reviergesang
song repertoire *orn* Gesangsrepertoire
sonicate beschallen, mit Schallwellen behandeln
sonification/sonication Sonifikation, Sonikation, Beschallung, Schallerzeugung (meist bzgl. Ultraschall)
sook (adult & blue crab) weibliche Blaukrabbe (*see also:* jimmy)
soporific/soporiferous einschläfernd
soralium (*pl* soralia) Soral (*pl* Sorale)
➢ **capitate/capitiform sorelium** Kopfsoral
➢ **forniciform sorelium** Helmsoral, Gewölbesoral
➢ **globose soralium** Kugelsoral
➢ **labriform soralium** Lippensoral
➢ **maculiform soralium** Flecksoral
➢ **maniciform soralium** Manschettensoral
➢ **marginal soralium** Randsoral, Bortensoral
➢ **punctiform soralium** Punktsoral
➢ **rimiform soralium/ fissoral soralium** Spaltensoral
sorbent Sorbens (*pl* Sorbenzien)
sorbic acid (sorbate) Sorbinsäure (Sorbat)
sorbitol Sorbit

sore ***n med/vet*** Wunde, wunde Stelle
soredium Soredium
soriferous/bearing sori mit Sori
sorocarp Sorokarp
sorosis/fleshy multiple fruit Beerenverband, Beerenfruchtstand
sort/type/kind/variety/cultivar Sorte
sorus/"fruit dot" (ferns) Sorus
SOS response SOS-Antwort, SOS-Reaktion
sounder (herd/hoard/ party of pigs or wild boar) Rotte (Wildschweine)
source Quelle; Produktionsort
source DNA Ausgangs-DNA
source material Ausgangsmaterial
source of infection Ansteckungsherd, Ansteckungsquelle
source vegetation Quellflurvegetation
sourdough Sauerteig
sourgum family/Nyssaceae Tupelobaumgewächse
sow ***n*** **(& swine)** Sau (Mutterschwein)
sow ***vb bot*** säen
space web (with barrier threads) ***arach*** Raumnetz, dreidimensionales Netz, Fußangelnetz (mit Stolperfäden)
space-filling model Kalottenmodell, raumfüllendes Modell
spacer Abstandshalter; (DNA) Spacer, Zwischensequenz
spadix (*pl* spadices) Spadix, Kolben, Blütenkolben (Infloreszenz)
span ***n*** **(wings)** Spannweite
spanworm/measuring worm/looper/ inchworm (geometer moth larva) Spannerraupe
spar sparren (Scheinhiebe versetzen)
Sparganiaceae/bur-reed family Igelkolbengewächse
sparger (in bioreactor) Verteiler, Gasverteiler (Düse in Reaktor)
sparteine Spartein
spasm (convulsion) Krampf, Verkrampfung (Konvulsion)
spasmodic dance (bees) trippeln
spat ***n*** Muschel-Laich (bzw. kleine/junge Muschel/Auster)
spate/freshet/flood (of a stream) ***limn*** Überschwemmung, Hochwasser (Fluss)
spathaceous/spathal scheidenförmig, blütenscheidenförmig
spathe ***bot*** Spatha, Scheide, Blütenscheide
spathed/furnished with a spathe mit Spatha versehen
spathose (with or like a spathe) spatelartig, spatelig
spathulate/spatulate/spoon-shaped spatelförmig
spatial isolation räumliche Isolation
spatial summation räumliche Summation
spatula ***lab*** Spatel
spavin (horse) Spat (Entzündung des Sprunggelenks)
spawn/mycelium ***fung*** Pilzmyzel
spawn ***n*** **(many small eggs of aquatic animals: *esp.* fish/mollusks)** Laich
spawn ***vb zool*** laichen
spawning ground (fish) Laichgründe, Laichstätte, Laichplatz
spay (remove ovaries of female animal by surgery) die Eierstöcke entfernen
spear-shaped/hastate/hastiform spießförmig
specialist ***ecol*** Spezialist
specialization Spezialisierung
specialized transduction spezielle Transduktion
speciation Speziation, Artbildung
➤ **allopatric/geographic s. ("other country")** allopatrische/geografische S. (in getrennten Arealen)
➤ **parapatric s.** parapatrische S.
➤ **sympatric s. ("same country")** sympatrische Speziation (in gleichen Arealen)

species/kind Spezies, Art
- **accessory species** Begleitart
- **accidental species** zufällig auftretende Art, Zufallsart (biotopfremde Art)
- **alien species/immigrant species** Fremdart, eingewanderte Art, Zuwanderer
- **biologic(al) species** biologische Art
- **character species/ characteristic species** Charakterart, Leitart
- **chemospecies** Chemospezies
- **chronospecies** Chronospezies
- **coenospecies** Coenospezies
- **collective species** Kollektivart, Sammelart
- **core species** Kernart
- **cryptic species** verborgene Art, kryptische Art
- **diagnostic species** Kennart
- **differential species** Differentialart, Trennart
- **ecospecies** Ökospezies
- **ecotype** Ökotyp
- **endangered species** ***ecol*** bedrohte Art
- **endemic species/ endemic organism/ endemic lifeform/endemic** Endemit
- **evolutionary species** evolutionäre Art
- **fugitive species/ opportunistic species** vagabundierende Art, opportunistische Art
- **index species/guide species** Leitart
- **indicator species** Indikatorart, Zeigerart
- **indifferent species** indifferente Art
- **indigenous species/native species/ native organism/native lifeform** Indigen, einheimische Art
- **keystone species** Schlüsselart
- **macrospecies** Makrospezies, Großart
- **microspecies** Mikrospezies, Kleinart
- **monocentric species** monozentrische Art
- **monotypic species** monotypische Art
- **morphospecies/ morphological species** Morphospezies, morphologische Art
- **native species** einheimische Art
- **opportunistic species** opportunistische Art
- **paleospecies (chronospecies)** Paläospezies (Chronospezies)
- **pioneer species** Pionierart
- **polycentric species** polyzentrische Art
- **polytypic species** polytypische Art
- **quasispecies** Quasispezies
- ***r*-selected species (*r* strategist)** ***r***-„Stratege"
- **ring species** Ringart
- **satellite species/marginal species** Satellitenart, Randart
- **semispecies** Semispezies
- **sibling species** Geschwisterarten
- **sister species** Schwesterart
- **stem species** Stammart
- **subspecies** Subspezies, Unterart
- **superspecies** Superspezies, Überart
- **twin species (pair of sibling species)** Zwillingsarten
- **type species** Typus-Art
- **vicarious species** vikariierende Art, Stellvertreterart

species-abundance curve Arten-Rangkurve, Artenabundanzkurve

species aggregate/collective group Artenkreis

species-area curve Arten-Arealkurve

species composition Artenzusammensetzung
species concept Artkonzept, Artbegriff
> **biological species concept (BSC)** biologischer Artbegriff
> **evolutionary species concept** evolutionärer Artbegriff
> **phylogenetic species concept (PSC)** phylogenetischer Artbegriff
species diversity Artenvielfalt, Artenmannigfaltigkeit
species flock/species swarm Artenschwarm
species importance value Artmächtigkeit
species inventory Arteninventar, Artenbestand
species knowledge Artenkenntnis
species name Artname
species richness Artenreichtum
species specific ***adj/adv*** artspezifisch, arttypisch
species-specific behavior artspezifisches/arttypisches Verhalten
specific spezifisch
> **nonspecific** unspezifisch
specific gravity (wood density) spezifisches Gewicht (Dichte von Holz)
specific name/specific epithet Artname, Artbezeichnung, Epitheton
specificity Spezifität
specificity of action Wirkungsspezifität
specify spezifizieren
specimen/sample Exemplar, Muster, Probe
> **preserved specimen** Präparat
> **type specimen** Typexemplar
specimen jar Sammelglas
speckled/patched/spotted/spotty fleckig
spectacle (snakes) Brille
spectacle eyepiece/ high-eyepoint ocular ***micros*** Brillenträgerokular
spectrum (***pl*** **spectra/spectrums)** Spektrum (*pl* Spektren)
speech/language Sprache
speech center ***neuro*** Sprachzentrum
sperm/semen (ejaculate) Sperma, Samen (Ejakulat)
sperm/sperm cell/spermium/ spermatozoon (male gamete) Spermium, Samen, Sperma, Samenzelle, Spermatozoon (männliche Geschlechtszelle)
sperm chamber/spermatheca/ seminal receptacle/ sperm receptacle/ receptaculum seminis Samentasche, Receptaculum seminis
sperm competition Spermienkonkurrenz
sperm oil (whale) Walratöl
sperm precedence (***formerly*****: sperm competition)** Spermapräzedenz (*früher*: Spermienkonkurrenz)
sperm web ***arach*** Spermanetz
spermaceti/cetaceum Walrat
spermaceti oil/sperm oil Walratöl
spermatheca/sperm chamber/ seminal receptacle/ sperm receptacle/ receptaculum seminis Samentasche, Receptaculum seminis
spermatic cord/ funiculus spermaticus Samenstrang
spermatid/spermatoblast/ spermid Spermatid, Spermid
spermatium ***fung*** Spermatium (*pl* Spermatien)
spermatocyte Spermatocyt, Spermatozyt, Spermiocyt, Spermiozyt
> **primary s./spermiocyte** primärer Spermatozyt, Spermatozyt I. Ordnung
> **secondary s./prespermatid** sekundärer Spermatozyt, Spermatozyt II. Ordnung, Präspermatid
spermatogenesis/spermiogenesis Spermatogenese, Spermiogenese, Samenentwicklung

spermatogeny Spermatogenie
spermatogonium/ primordial male germ cell Spermatogonium, Ursamenzelle
spermatophore/sperm packet Spermatophore, Samenträger, Samenpaket
spermatophyte/seed-bearing plant Spermatophyt, Samenpflanze
spermatozoon (*pl* spermatozoa)/ sperm/spermium/sperm cell Spermatozoon, Samenzelle, Samen, Sperma, Spermium (männliche Geschlechtszelle)
spermid *see* spermatid
spermidine Spermidin
spermine Spermin
spermozeugma Spermiozeugme, Spermienbündel, Spermiodesmos
sphecophily/wasp pollination Wespenbestäubung
sphenethmoid bone Gürtelbein
sphenoid/wedge-shaped/ cuneate/cuneiform keilförmig
sphenoid bone/os sphenoidale (skull) Keilbein
sphenophyllum family/ Sphenophyllaceae Keilblattgewächse
spherical sphärisch, kugelig
spheroplast Sphäroplast
spherosome Sphärosom
sphincter muscle/ musculus sphincter Sphinkter, Schließmuskel
sphinganine Sphinganin
sphingomyelin Sphingomyelin
sphingophily/ hawk moth pollination Nachtfalterbestäubung
sphingosine Sphingosin
sphragis/mating plug (Lepidoptera) Sphragis, Begattungssiegel, Kopulationssiegel
spice Gewürz
spicebush family/ strawberry-shrub family/ Calycanthaceae Gewürzstrauchgewächse
spicule/spikelet *bot* Ährchen
spicule *zool* (e.g., sponges) Spiculum, Sklerit, Nadel, Skelettnadel
spicy (hot) *cul* (stark) gewürzt (oft *syn* für: hot→scharf)
spiderlike/spidery/arachnoid spinnenartig
spiderling Jungspinne
spiders/Araneae Spinnen, Webspinnen
spiderweb/cobweb Spinnennetz, Spinnwebe
spiderweb-like spinnwebartig, spinnennetzartig
spiderwort family/Commelinaceae Commelinengewächse
spike (inflorescence) Ähre
spike/fastigium Spitze
spike/serration/projection Stachel, Zacke
spike moss (*Selaginella*) Moosfarn
spike-moss family/ small club-moss family/ selaginella family/Selaginellaceae Moosfarngewächse
spiked/spiky/spikey spitz, stachelig, stachlig; ährentragend
spikelet/spicule (inflorescence) Ährchen, Blütenährchen
spiky/spikey/spiny/thorny stachelig, stachlig
spill *vb* verschütten, vergießen, umwerfen, umschütten, auslaufen (Flüssigkeit)
spill *n* Verschütten, Vergießen, Umwerfen, Umschütten, Auslaufen, Austreten (Flüssigkeit)
spillage das Übergelaufene, das Vergossene; Überlaufen, Vergießen
spin *vb* (spiderweb/cocoon) spinnen, weben
spinal column/vertebral column/ backbone/spine Wirbelsäule, Rückgrat
spinal cord/neural tube/ medullary canal/nerve cord Rückenmark, Neuralrohr, Medulla spinalis
spinal ganglion Spinalganglion
spinal nerve Spinalnerv

spindle Spindel
spindle apparatus ***cyt*** Spindelapparat
spindle fiber ***cyt*** Spindelfaser
spindle organ/muscle spindle Spindelorgan, Muskelspindel
spindle poison Spindelgift
spindle pole body ***fung*** Spindelpolkörper
spindle-shaped/fusiform spindelförmig
spindle-tree family/staff-tree family/ bittersweet family/Celastraceae Spindelbaumgewächse, Baumwürgergewächse
spine/prick/needle Stachel, Nadel, Dorn
spine/spinal column/ vertebral column/backbone Wirbelsäule, Rückgrat
spine/thorn ***bot*** Stachel; Blattdorn, Nebenblattdorn
spinner (mayfly adult/imago) Spinner (Imago der Eintagsfliegen); Blinker (Angeln)
spinneret/sericterium (labial gland) Spinndrüse, Seidendrüse, Sericterium (Labialdrüse)
spinneret/spinner ***arach*** Spinnwarze
spinose/spinous stachelig; dornig
spinous process Spinalfortsatz, Dornfortsatz
spiny/thorny stachelig, spitz
spiny fishes/Acanthodii Stachelhaie
spiny-headed worms/ thorny-headed worms/ acanthocephalans/Acanthocephala Kratzer
spiny-rayed (fish) stachelstrahlig
spiracle (ostium/stigma) Spiraculum, Spirakulum, Atemloch, Luftloch; Trachee, Tracheenöffnung; Ostium, Stigma; (Wale) Spritzloch
spiral/helix ***n*** Spirale, Schraube, Helix
spiral/spiraled/twisted/helical (spirally twisted) spiralig (spiralig gewunden)
spiral cecum Spiralcaecum
spiral cleavage Spiralfurchung
spiral coil/gyre Windung, Gyros
spiral flap/spiral valve (Chondrichthyes) Spiralfalte
spiral grain (wood) Spiraltextur
spiral intestine Spiraldarm
spiral movement/spiral coiling Windung (Bewegung)
spiral organ/organ of Corti Cortisches Organ
spiral thread/taenidium (spiral thickening of intima) Spiralfaden, Taenidium
spiral valve (frog heart) Spiralklappe
spiral winding/coiling Spiralwindung
spiraled/helical/spirally twisted/ spirally coiled/contorted schraubig, spiralig gewunden, helical
spirally coiled/strombuliform spiralig aufgewickelt
spire spitz zulaufender Körper
spire ***bot*** **(pointed)** zulaufende Spitze, spitz zulaufendes Grasblatt; (culm/stalk) Halm, Stengel
spire ***zool*** Gewinde (Schneckenschale); Geweihspitze (Gabel)
spired spitz zulaufend; spitztürmig; spiralförmig
spirilla (*sg* spirillum) Spirillen
spirit/distillate Destillat, „Geist“
spirit/spiritus ***chem*** **(of petroleum/shale/wood)** Spiritus
spirits/distilled alcoholic liquid Alkohol *sensu lato*
spit/cuspate foreland ***n*** **(small point of sand/ gravel running into water)** ***mar*** Haken, Sandhaken, Strandhaken (Sporn aus Sand)
spit ***n vulg*** Spucke
spit ***vb*** spucken, speien
spittle Speichel, Schaum (z.B. von Zikaden: „Kuckucksspeichel")
spittlebugs (Auchenorrhyncha) Schaumzikaden

splanchnocranium/viscerocranium/ visceral cranium/facial skeleton Splanchnocranium, Viscerocranium, Gesichtsschädel, Eingeweideschädel
splanchnopleure Splanchnopleura, viscerales Blatt, viszerales Blatt, Darmfaserblatt
splash zone (supralittoral zone) Spritzwasserzone, Spritzzone, Gischtwasserzone, Gischtzone (Supralitoral)
spleen/lien Milz
spleenwort family/Aspleniaceae Streifenfarngewächse
splenic Milz.., die Milz betreffend
splenic capsule Milzkapsel
splenic fever/anthrax Milzbrand
splenic node/splenic nodule/ splenic corpuscle/splenic follicle/ Malpighian body/ Malpighian corpuscle Milzknötchen, Malpighi-Körperchen, Milzkörperchen, Milzfollikel
splenic pulp (red/white) Milzpulpa (rote/weiße)
splenic trabeculae/trabeculae lienis Milzbalken, Milztrabekel
spleniform milzförmig, milzartig
splice spleißen
splice acceptor site *gen* Spleiß-Akzeptorstelle
splice donor site *gen* Spleiß-Donorstelle
splice grafting/whip grafting *bot* Kopulation, Kopulieren, Schäften (Pfropfung); (with stock larger than scion) Anschäften
splice site *gen* Spleiß-Stelle
➤ **cryptic splice site** verborgene Spleißstelle
spliceosome Spleißosom
splicing *gen* Spleißen
➤ **alternative splicing** alternatives Spleißen
➤ **differential splicing** differentielles Spleißen
splicing junction *gen* Spleiß-Junktion, Spleiß-Verbindungsstelle
splinkers (sequencing primer linkers) Splinkers
splint bone/fibula Wadenbein, Fibula
splintwood/sapwood/alburnum Splintholz
split *chem* aufspalten, zerlegen
split/cleave *vb* spalten
split/cleaved/cracked/ ...fid *adj/adv bot* gespalten, spaltig
split gene gestückeltes Gen, Mosaikgen
splitting *chem* Aufspaltung, Zerlegen
spoke/radius Speiche, Radius (*auch*: Netzspeiche)
sponges/poriferans/Porifera Schwämme, Schwammtiere, Poriferen
➤ **calcareous sponges/Calcarea** Kalkschwämme
➤ **coralline sponges/sclerosponges/ Sclerospongiae** Sclerospongien
➤ **glass sponges/Hexactinellida** Glasschwämme, Hexactinelliden
➤ **horny sponges/Cornacuspongiae** Hornschwämme, Netzfaserschwämme
➤ **siliceous sponges/ demosponges/Silicospongiae** Kieselschwämme (Demospongien)
spongiform encephalopathy spongiforme Enzephalopathie, Hirnschwammerkrankung, Hirnschwammkrankheit
spongin (sponge protein) Spongin
spongioblast *neuro/embr* Spongioblast
spongiocyte Spongocyt, Spongozyt
spongiome Spongiom
spongiose fungus/ polypore/pore fungus Schwammpilz, Porling
spongy bone/cancellous bone spongiöser Knochen
spongy parenchyma (mesophyll) Schwammparenchym, Schwammgewebe
spontaneous generation hypothesis Urzeugungshypothese

spontaneous mutation
Spontanmutation
spontaneous mutation rate
spontane Mutationsrate
spoon-like/cochlear
löffelartig, cochlear
spoon worms/echiuroid worms/ Echiura Igelwürmer, Stachelschwänze, Echiuriden
sporadic sporadisch
sporangiocarp Sporangienbehälter
sporangiole Sporangiole
sporangiophore
Sporangiophor, Sporangienträger
sporangium/spore case
Sporangium, Sporenbehälter
spore Spore
spore case/sporangium
Sporenbehälter, Sporangium
spore case/theca Theca, Theka
spore-former/sporozoans/Sporozoa
Sporentierchen, Sporozoen
spore print *fung* Sporenabdruck
sporocarp *fung* Sporokarp
sporocyst Sporocyste, Sporozyste
sporocyte
Sporozyt, Sporenmutterzelle
sporogenic/sporogenous
sporogen, sporenerzeugend
sporogony/sporogeny/gamogony (in protozoans) Sporogonie
sporophore (spore-bearing structure)
Sporophor, Sporenträger
sporophyte Sporophyt
sporosac (hydrozoans)
Sporosac, Keimtasche
sporozoite Sporozoit
sport/rogue (deviation usually by somatic mutation)
Abart, Spielart, Variation, aus der Art schlagende Pflanze, Missbildung
sportfishing/game fishing
Sportfischerei, Sportfischen
spot/blot/stain/stigma
Makel, Fleck, Stigma
spot blot/dot blot Rundlochplatte
spot desmosome
Plaquedesmosom
spotted/mottled gefleckt, fleckig
spotted fever/ typhus/typhus exanthematicus (*Rickettsia* spp.)
Fleckfieber, Flecktyphus, Typhus
spout *n* (whales) Fontäne
spout/blow *vb* (water: e.g., whales)
Wasser speien, spritzen, abblasen
sprain Verstauchung
spray (young shoot) *bot*
junger Zweig, junges Ästchen, kleiner Blütenzweig, Reis
spray/ocean spray *mar*
Sprühwasser, Salzwasserspray
spray zone (supralittoral zone)
Sprühwasserzone, Sprühzone (Supralitoral)
spread/expand/propagate/ disperse/disseminate
ausbreiten, verbreiten (*auch*: Krankheiten)
spread/scatter/distribute
spreiten, streuen, verstreuen, ausstreuen, verteilen
spread/spreading *n* (disease)
Ausbreitung
spread-plate method
Spatelplattenverfahren
spreading/expansion/propagation/ dispersal/dissemination
Ausbreitung, Verbreitung, Propagation
spreading/scattering/distribution
Spreitung; Streuung, Verstreuen, Verteilung
sprig (shoot/twig/spray)
Zweiglein, Schössling
spring/source Quelle
spring/springtime (season)
Frühling, Frühjahr
spring fen Quellmoor
spring tide Springtide
springtails/garden fleas/Collembola
Springschwänze, Collembolen
springwater Quellwasser
springwood/earlywood
Frühlingsholz, Weitholz, Frühholz
sprinkle/spray besprengen, beregnen
sprinkler
Sprinkler, Sprenger, Beregnungsanlage, Berieselungsanlage

sprinkler irrigation
Spritzbewässerung,
Beregnungsbewässerung,
künstliche Beregnung
sprout/bud/put forth
sprießen, ausschlagen, austreiben,
Knospen treiben
sprout/seedling (e.g., bean sprout)
Keimling (z.B. Bohnenkeimling)
sprout/sprouting/budding
Austrieb, Sprossung, Knospung
spur Sporn
➢ **floral spur** Blütensporn
➢ **spurred** gespornt
spur *immun* (immunodiffusion)
Sporn
spur-and-groove zone/
buttress zone (reef)
Grat-Rinnen-System
spur shoot/fruit-bearing bough (a short shoot) *bot*
Fruchtholz (Kurztrieb), Lateralorgan;
Infloreszenz-Kurztrieb
spur vein (horse) Sporvene
spurge family/Euphorbiaceae
Wolfsmilchgewächse
spurge olive family/Cneoraceae
Zeilandgewächse,
Zwergölbaumgewächse
spurious/false falsch
spurious fruit/pseudocarp/false fruit
Scheinfrucht
spurious vein/vena spuria *zool*
Scheinader
spurred gespornt
sputter *micros* (EM)
sputtern, besputtern
sputtering *micros* (EM)
Sputtern, Besputtern, Besputterung,
Kathodenzerstäubung
(*auch*: Metallbedampfung)
sputtering unit/
sputtering appliance *micros* (EM)
Besputterungsanlage
squab (fledgling bird)/chick *orn*
Jungvogel, Kücken, Küken
squamata (*incl.* lizards & amphisbaenians & snakes)
Squamata (Eidechsen & Schlangen)
squamate/squamid/scaly (reptiles)
schuppig
squamellate/squamelliferous/
squamulose
mit kleinen Schuppen bedeckt
squamicidal squamicid, squamizid,
schuppenspaltig
squamiferous/squamigerous
mit Schuppen bedeckt
squamiform/scale-like
schuppenförmig
squamosal *n* (bone)
Squamosum, Schuppenbein
squamosal suture/squamous suture (skull) Schuppennaht
squamous
squamös, schuppig, schuppenförmig,
mit Schuppen bedeckt
squamous epithelium
Plattenepithel, Säulenepithel,
Zylinderepithel
squamous suture/squamosal suture (skull) Schuppennaht
squamulose/squamulate
squamulös, feinschuppig
squared timber Kantholz
squash/squash mount *micros*
Quetschpräparat
squeal/squeak (pigs/guinea pigs)
quieken, quietschen
squealer (young bird) junger Vogel
squids/Teuthoidea (Teuthida)
Kalmare
squint Schielen, Strabismus
squirrel fishes (primitive acanthopterygians)/Beryciformes
Schleimköpfe, Schleimkopfartige
squirt *vb* spritzen
SRP (signal recognition particle)
Signalerkennungspartikel
SSCP (single strand conformation polymorphism) Einzelstrang-
Konformations-Polymorphismus
SSR (single sequence repeat)
Einzelsequenzwiederholung
St. John's wort family/Hypericaceae
Hartheugewächse,
Johanniskrautgewächse
stab culture *micb* Stichkultur,
Einstichkultur (Stichagar)
stabilimentum (spiderweb) *arach*
Stabilimentum, Stabiliment
stabilization Stabilisierung

stabilize stabilisieren
stabilizer Stabilisator
stabilizing selection
stabilisierende Selektion/Auslese
stable/stables *n*
(for domesticated animals)
Stall, Stallung
stable stabil
stack *vb* stapeln
stacked (stack) gestapelt (stapeln)
(z.B. Membranzisternen)
stacked bases *gen* gestapelte Basen
stacked membranes
Membranstapel
stacking forces Stapelkräfte
stacking gel Sammelgel
staff-tree family/spindle-tree family/
bittersweet family/Celastraceae
Spindelbaumgewächse,
Baumwürgergewächse
stag erwachsenes Männchen
(Eber/Schafsbock/Hirsch etc.)
stag (castrated domesticated animal)
nach der Reife kastriertes Männchen
(Nutztiere)
stage/phase Stadium, Phase (zeitlich)
stage/microscope stage
Objekttisch
➢ **mechanical stage** Kreuztisch
➢ **plain stage** Standardtisch
➢ **rotating stage** Drehtisch
➢ **sliding stage** Gleittisch
stage clip *micros*
Objekttisch-Klammer
stage micrometer *micros*
Objektmikrometer
staggered nicks
(e.g., in double stranded DNA)
versetzte Einschnitte
(Einzelstrangbrüche)
(z.B in doppelsträngiger DNA)
stagnant water stehendes Gewässer
stain *vb tech/micros*
färben, einfärben, kontrastieren;
(wood) beizen
stain *n tech/micros* Farbstoff
stain/staining *tech/micros* (process)
Färben, Färbung, Einfärbung,
Kontrastierung
➢ **counterstain/counterstaining**
Gegenfärbung
➢ **differential staining/**
contrast staining
Differentialfärbung, Kontrastfärbung
➢ **Golgi staining method**
Golgi-Anfärbemethode
➢ **Gram stain *micb*** Gram-Färbung
➢ **immunogold-silver staining**
Immunogold-Silberfärbung
➢ **negative staining/**
negative contrasting
Negativkontrastierung
➢ **periodic acid-Schiff stain**
(PAS stain) Periodsäure,
Schiff-Reagens (PAS-Anfärbung)
➢ **quick-stain** Schnellfärbung
➢ **supravital staining**
Supravitalfärbung
➢ **vital staining**
Lebendfärbung, Vitalfärbung
stainability *micros* Färbbarkeit
staining Färben, Färbung,
Einfärbung, Kontrastierung
staining dish/staining jar/staining tray
Färbeglas, Färbetrog, Färbewanne
stake *n* (for plant support)
Stütze (zusätzliche Pfahlstütze),
Pfahlstütze für Pflanzen
stake *vb* (attach an animal to a pole)
anpflocken
stale/staling
(urination of horses/cattle)
harnen, stallen (Vieh)
stalk *vb* sich heranpirschen, pirschen
stalk/axis/spindle Stiel, Achse,
Stengel, Halm, Spindel
➢ **embryonic stalk/body stalk/**
connecting stalk Bauchstiel
➢ **optic stalk** Augenbecherstiel
➢ **pituitary stalk** Hypophysenstiel
stalk/pedicle/pedicel/peduncle *bot*
Stiel
stalk/stem *bot* Strunk (Stengel)
stalk cell (pollen of cycads)
Stielzelle, Wandzelle,
Dislokatorzelle, Dislocatorzelle
stalk game *zool vb* Wild erlegen
stalk prey *zool vb* Opfer erlegen
stalked/petiolate/stipitate/
pedunculate *bot/zool* gestielt
➢ **not stalked/sessile**
ungestielt, sitzend

stalked compound eye (Ephemeroptera) Turbanauge
stalked eye Stielauge
stall ***n*** Stand, Box (im Pferdestall)
stall ***n aer*** Sackflug
stall ***vb*** einstallen, im Stall füttern/mästen
stall ***vb aer*** absacken, abrutschen (Sackflug)
stallion Hengst (Zuchthengst: stud/studhorse)
stalwart sword fern family/ Oleandraceae Nierenfarngewächse
stamen Staubblatt, „Staubgefäß“
➢ **anther** Anthere, Staubbeutel
➢ **filament** Filament, Staubfaden
stamina Lebenskraft, Vitalität, Stärke
staminal hair Staubblatthaar
staminate/male staminat, männlich
staminate flower Staubblüte, männliche Blüte
staminode/staminodium (abortive/sterile stamen) Staminodium (unfruchtbares/steriles Staubblatt)
stampede (e.g., cattle) wilde, panische Flucht (z.B. Rinder)
stance Haltung, Stellung
stand/stock ***agr/for*** Bestand
➢ **low-density stand (forest)** lichter Wald
➢ **small stand/small tree stand/ thicket** Horst
stand of timber Holzbestand
standard (tree stem) Hochstamm
standard condition Standardbedingung
standard deviation/ root-mean-square deviation ***stat*** Standardabweichung
standard error (standard error of the mean = SEM) ***stat*** Standardfehler (des Mittelwerts), mittlerer Fehler
standard metabolic rate Standardstoffwechselrate
standard petal/ banner petal/vexillum ***bot*** Fahne (Fabaceen-Blüte)
standardization Standardisierung, Vereinheitlichung
standardize standardisieren, vereinheitlichen
standby (of machine/apparatus/appliance) Bereitschaft (eines Gerätes)
standing crop Erntebestand, auf dem Halm stehende Ernte
Staphyleaceae/bladdernut family Pimpernussgewächse
staple ***agr*** Haupterzeugnis
staple crop Hauptanbauprodukt
staple food/basic food/ main food source Grundnahrungsmittel, Hauptnahrung, Hauptnahrungsquelle
star activity (of restriction enzymes) Sternaktivität (veränderte Spezifität von Restriktionsenzymen)
star-anise family/ illicium family/Illiciaceae Sternanisgewächse
star mine/asteronome (a leaf mine) ***bot*** Sternmine
star-shaped/stellate/ radial/actinomorphous sternförmig, radiär, aktinomorph
starch Stärke
➢ **corn starch** Maisstärke
starch granule Stärkekorn
starter culture (growth medium) Starterkultur (Anzuchtmedium)
starter medium (growth medium) Anzuchtmedium
starting (a culture) Anzucht
starting material/basic material/ source material/primary material/ preparation Ausgangsstoff, Ausgangsmaterial, Ansatz, Präparat
startle ***vb*** erschrecken, überraschen
startle behavior Schreckverhalten
startle display ***ethol*** Schreck-Schaustellung
startle reflex Schreckreflex
starvation Hungern
➢ **death by starvation** Verhungern

starvation phase ***micb*** Auszehrphase
starve hungern, aushungern
➢ **die of starvation** verhungern
starwort family/water starwort family/Callitrichaceae Wassersterngewächse
state/condition Zustand
state forest Staatswald
static culture statische Kultur
static soaring ***orn*** statischer Segelflug
stationary phase/stabilization phase stationäre Phase
statistic/statistic value Kenngröße
➢ **rank statistics/ rank order statistics** Rangmaßzahlen
➢ **vital statistics** demografische Kennzahlen
statistical deviation statistische Abweichung
statistical error statistischer Fehler
statistical inference statistische Inferenz
statistics Statistik
➢ **biostatistics** Biostatistik
➢ **order statistics** Ordnungsstatistik
statoblast (hibernaculum/winter bud) Statoblast (Dauerknospe/Hibernaculum)
statocyst/ apical sense organ (ctenophores) Statocyste, Statozyste, Scheitelorgan, Apikalorgan
statolith Statolith, Schwerestein(chen)
stator-rotor impeller/ Rushton-turbine impeller (bioreactor) Stator-Rotor-Rührsystem
stature Statur, Gestalt, Wuchs; Wuchshöhe, Größe
stauromedusas/Stauromedusae Stielquallen, Becherquallen
stay-apparatus, passive (horse) passiver Stehapparat
steady state gleichbleibender Zustand, stationärer Zustand (zeitl.)
steady state/ steady-state equilibrium ***chem*** Fließgleichgewicht, dynamisches Gleichgewicht
stearic acid/octadecanoic acid (stearate/octadecanate) Stearinsäure, Octadecansäure (Stearat/Octadecanat)
steep/soak/swell (water uptake) quellen (Wasseraufnahme)
steer ***n*** **(male bovine animal castrated early)** Stier
steer ***vb*** steuern
stelar theory ***bot*** Stelärtheorie
stele/central cylinder ***bot*** Stele, Zentralzylinder
➢ **actinostele** Actinostele
➢ **atactostele** Ataktostele, Atactostele
➢ **eustele** Eustele
➢ **polystele** Polystele
➢ **protostele** Protostele
➢ **siphonostele** Siphonostele
stellate/star-shaped sternförmig, Stern...
stellate cell Sternzelle
stellate hair Sternhaar
stellate parenchyma Sternparenchym
stem Stamm
stem/trunk/shaft ***bot*** Baumstamm, Holzstamm
stem-borne stammbürtig, achsenbürtig (shoot-borne)
stem bundle/shoot bundle Sprossbündel
stem cell/initial/ primordial cell (precursor cell) Stammzelle, Initiale, Primordialzelle (Vorläuferzelle)
➢ **adult stem cell (ASC)** adulte Stammzelle
➢ **bone marrow stem cell (BMSC)** Knochenmark-Stammzelle
➢ **cord blood** Schnur-Blut, Nabelschnurblut
➢ **embryonic stem cell (ESC)** embryonale Stammzelle
➢ **hematopoietic stem cell** hämatopoietische Stammzelle

➢ **human mesenchymal stem cell (hMSC)** menschliche/humane mesenchymale Stammzelle
➢ **mesenchymal stem cell (MSC)** mesenchymale Stammzelle
➢ **neonatal stem cell** neonatale Stammzelle
➢ **neural stem cell (NSC)** neurale Stammzelle
➢ **tailored stem cell** maßgeschneiderte Stammzelle
➢ **umbilical cord stem cell** Nabelschnurblut-Stammzelle

stem cell therapy Stammzelltherapie
stem-clasping/amplexicaul stengelumfassend, amplexikaul
stem culture/stock culture Stammkultur, Impfkultur
stem-loop structure Stammschleifenstruktur
stem nematogen (dicyemids) ***zool*** Stammnematogen
stem reptiles/cotylosaurs/ Cotylosauria Stammreptilien
stem rot ***bot*** Stammfäule
stem species Stammart
stem succulent Stammsukkulente
stem-tuber Sprossknolle (oberirdisch)
stemlet Stämmchen
stemma (*pl* stemmata/stemmas) (dorsal/lateral ocellus) Stemma, Punktauge (Einzelauge/Ocelle)
stemma (insect larvas)/ lateral eye/lateral ocellus Lateralauge, Lateralocellus, Seitenauge (Punktauge/Einzelauge)
stenoecious/stenecious/stenoecic stenök
stenogastry Stenogastrie
stenohaline stenohalin
stenostomates/stenolaemates/ Stenostomata/Stenolaemata ("narrow-throat" bryozoans) Engmünder
stenotele Stenotele
step/pace/stride (long step) Schritt
step cline Stufen-Kline
steppe Steppe
Sterculiaceae/ cacao family/cocoa family Sterkuliengewächse, Kakaogewächse
stere (stack of cordwood: 1 cbm) Ster (Holz)
stereo microscope Stereomikroskop
stereoisomere Stereroisomer
stereoscopic vision/binocular vision stereoskopisches Sehen
stereoselective stereoselektiv
stereospecificity Stereospezifität
steric/sterical/spacial sterisch, räumlich
steric hindrance sterische Hinderung, sterische Behinderung
sterigma Sterigma
sterile/disinfected steril, desinfiziert
sterile/infertile steril, unfruchtbar
sterile bench ***lab*** sterile Werkbank
sterile filtration ***lab*** Sterilfiltration
sterility/infertility Sterilität, Unfruchtbarkeit
sterilization/sterilizing Sterilisation, Sterilisierung
sterilize sterilisieren
sternite (insects: ventral sclerite/part of sternum) Sternit, Bauchstück, Bauchplatte
sternum/breastbone (vertebrates) Sternum, Brustbein
sternum/ventral plate (insects) Sternum, Brustplatte, Brustschild, Bauchteil, Bauchschild
sterol Sterin, Sterol
Stewart's organ Stewart'sches Organ, Gabelblase
stick/cane Stock, Stecken
stick-and-ball model/ ball-and-stick model ***chem*** Stab-Kugel-Model, Kugel-Stab-Model
stick-insects/Phasmida Gespenstheuschrecken & Stabheuschrecken
sticklebacks (and sea horses)/ Gasterosteiformes Stichlingsartige, Stichlingverwandte
sticky/glutinous/viscid klebrig, glutinös

sticky end/cohesive end ***gen*** klebriges Ende, kohäsives Ende, überhängendes Ende
stiff steif
stiffened versteift
stiffness/pliability Biegsamkeit
stifle (horse) Knie
stifle bone (horse) Kniescheibe
stifle joint (horse) Kniegelenk
stigma/spot Stigma, Fleck, Makel; (eyespot) Augenfleck
stigma (pistil/carpel) ***bot*** Narbe (Fruchtblattnarbe)
stigma head (clublike swollen stigma) ***bot*** Narbenkopf
stigmasterol Stigmasterin, Stigmasterol
stillage/distillers' grains Schlempe (*moist*: Nassschlempe, *dry*: Trockenschlempe)
stillbirth Totgeburt
stillborn tot geboren
stimulant Stimulans, Anregungsmittel
stimulate/excite anregen
stimulation/excitation Stimulierung, Anregung
➢ **irritation** Reizung
stimulus/incentive/stimulant Anreiz, Ansporn, Stimulans
stimulus/irritation Stimulus, Reiz
➢ **adequate stimulus** adäquater Reiz
➢ **conditioned stimulus (CS)** ***ethol*** bedingter Reiz
➢ **external stimulus** Außenreiz
➢ **internal stimulus** Innenreiz
➢ **key stimulus/sign stimulus (release stimulus)** Schlüsselreiz, Auslösereiz
➢ **light stimulus** Lichtreiz
➢ **liminal stimulus/ threshold stimulus/ minimal stimulus** Schwellenreiz
➢ **reinforcing stimulus/ reinforcement/amplification** verstärkender Reiz, Verstärkung, Bekräftigung
➢ **response (to stimulus)** ***neuro*** Antwort
➢ **threshold stimulus/ liminal/minimal stimulus** Schwellenreiz
➢ **unconditioned stimulus** ***ethol*** unbedingter Reiz
stimulus reinforcement Reizverstärkung
stimulus pattern Reizmuster
stimulus threshold Reizschwelle
stimulus transduction Reizumwandlung
sting/"bite" ***n*** Stich, „Biss“
sting/pierce/prick painfully ***vb*** stechen
sting ***vb*** **(burning pain)** brennen
sting/stinger/piercing stylet Stachel, Stechborsten
sting sheath Stachelscheide
stinger cell/cnidocyte/nematocyte Nesselzelle, Cnidocyt, Cnidozyt, Nematozyt
stinging hair/urticating hair/ urticating trichome Brennhaar
stinging zooid/protective polyp/ dactylozooid Wehrpolyp, Dactylozoid
stingrays/Myliobatiformes Stechrochenartige
stinkhorns/stinkhorn family/ Phallaceae Stinkmorcheln, Rutenpilze
stipe/stalk Blattstiel (Algen, Farne, Palmen), Strunk (Blattstiel), Stengel, kurzer Stiel
stipe (certain algas: ***Laminaria*****)** Algenstiel, Cauloid, Kauloid
stipe ***fung*** Pilzstiel
stipes ***zool*** Stipes, Stammstück, Haftglied (Maxille)
stipitate/stalked (petiolate) gestielt
stipular spine ***bot*** Stipulardorn, Nebenblattdorn
stipule ***bot*** Stipel, Nebenblatt
stir/agitate rühren
stirps (***pl*** **stirpes)/lineage** Stamm, Linie, Familienzweig; *zool* Überfamilie
stirred cascade reactor (bioreactor) Rührkaskadenreaktor

stirred loop reactor (bioreactor) Rührschlaufenreaktor, Umwurfreaktor
stirred-tank reactor (bioreactor) Rührkesselreaktor
stirrer/impeller/agitator (in bioreactors) Rührer
➤ **anchor impeller** Ankerrührer
➤ **crossbeam impeller** Kreuzbalkenrührer
➤ **disk turbine impeller** Scheibenturbinenrührer
➤ **flat-blade impeller** Scheibenrührer, Impellerrührer
➤ **four flat-blade paddle impeller** Kreuzblattrührer
➤ **gate impeller** Gitterrührer
➤ **helical ribbon impeller** Wendelrührer
➤ **hollow stirrer** Hohlrührer
➤ **marine screw impeller** Schraubenrührer
➤ **multistage impulse countercurrent impeller** Mehrstufen-Impuls-Gegenstrom-Rührer, MIG-Rührer
➤ **off-center impeller** exzentrisch angeordneter Rührer
➤ **paddle stirrer/paddle impeller** Schaufelrührer, Paddelrührer
➤ **pitch screw impeller** Schraubenspindelrührer
➤ **pitched-blade fan impeller/ pitched-blade paddle impeller/ inclined paddle impeller** Schrägblattrührer
➤ **profiled axial flow impeller** Axialrührer mit profilierten Blättern
➤ **propeller impeller** Propellerrührer
➤ **rotor-stator impeller/ Rushton-turbine impeller** Rotor-Stator-Rührsystem
➤ **screw impeller** Schneckenrührer
➤ **self-inducting impeller with hollow impeller shaft** selbstansaugender Rührer mit Hohlwelle
➤ **stator-rotor impeller/ Rushton-turbine impeller** Stator-Rotor-Rührsystem
➤ **turbine impeller** Turbinenrührer
➤ **two flat-blade paddle impeller** Blattrührer
➤ **two-stage impeller** zweistufiger Rührer
➤ **variable pitch screw impeller** Schraubenspindelrührer mit unterschiedlicher Steigung
stirrer/mixer Rührgerät, Mixer
stirrup/stapes (ear) Steigbügel, Stapes
stock/inventory Bestand, Besatz, Inventar
stock/grafting understock ***bot/hort*** Pfropfgrundlage, Pfropfunterlage
stock/main stem/trunk ***bot*** Stamm
stock/number/quantity Bestand
stock/prototype/archetype Urform, Urtyp
stock ***vb*** **(a pond with fish)** einsetzen (Fische in einen Teich)
stock (mother plant from which cuttings/slips are taken) Mutterpflanze (von der Stecklinge/ Pfropfreiser entnommen werden)
stock culture/stem culture Stammkultur
stock horse Zuchtpferd
stock solution ***chem/micb*** Stammlösung
stocking density (e.g., fish in a pond) Besatzdichte
stoichiometric(al) stöchiometrisch
stoichiometry Stöchiometrie
stolon (aboveground horizontal stem) Stolon, Ausläufer, Ausläuferspross
stolon ***alg/fung*** rhizomartige Hauptachse (Algen/Zygomyceten)
stolon (stalk-like structure: hydrozoans) Stolo, Stolon, Ausläufer (Hauptachse von Hydrozoen-Kolonien)
stolonial tuber ***bot*** Ausläuferknolle
stoma/stomatal pore (*pl* stomata) Spaltöffnung

stomach Magen (*pl* Mägen)
➢ **cardiac stomach/ cardia/gizzard (insects)** Kaumagen, Cardia
➢ **coronal stomach/coronal sinus** Kranzdarm
➢ **first stomach/paunch/rumen/ ingluvies/first stomach** Pansen, Rumen
➢ **fourth stomach/reed/ rennet-stomach/abomasum** Labmagen, Abomasus
➢ **glandular portion of stomach** Drüsenmagen
➢ **honey stomach/ honey crop/honey sac (bees)** Kropf, Honigmagen, Honigdrüse, Futterdrüse
➢ **honeycomb stomach/ honeycomb bag/ second stomach/reticulum** Netzmagen, Haube, Retikulum
➢ **primitive stomach/ archenteron *embr*** Urdarm, Archenteron
➢ **pumping stomach** Saugmagen (Vorratsmagen: Kropf der Culiciden)
➢ **pyloric stomach (echinoderms)** Mitteldarm
➢ **second stomach/ honeycomb stomach/ honeycomb bag/reticulum** Netzmagen, Haube, Retikulum
➢ **sucking stomach (chelicerates)** Saugmagen
➢ **third stomach/ manyplies/psalterium/omasum** Blättermagen, Vormagen, Psalter, Omasus

stomach acid/gastric acid Magensäure
stomach fungi/gastromycetes/ angiocarps/Gasteromycetes/ Gastromycetales Bauchpilze
stomach juice/gastric juice Magensaft, Magenflüssigkeit
stomochord/buccal tube Stomochord
stomodaeum/foregut (insects) Stomodäum, Stomatodäum, Vorderdarm
stone Stein
➢ **boiling stone/boiling chip** Siedestein, Siedesteinchen

stone/pit/putamen/pyrene *bot* Stein, Steinkern, Putamen (Endokarp)
stone/drupe/drupaceous fruit *bot* Steinfrucht
stone canal/hydrophoric canal/ madreporic canal Steinkanal
stone cell/sclereid *bot* Steinzelle, Sklereide
stone plants lebende Steine
stonecrop family/sedum family/ orpine family/Crassulaceae Dickblattgewächse
stoneflies/Plecoptera Steinfliegen, Uferfliegen
stoneworts/stonewort family/ Charophyceae/Charophyta (Characeae) Armleuchteralgen, Armleuchtergewächse
stony corals/scleractinians/ Madreporaria/Scleractinia Steinkorallen, Riffkorallen
stool/feces Stuhl, Fäzes, Kot
stool layering/mound layering *hort* Ablegervermehrung durch Anhäufeln (Abrisse nach Anhäufeln)
stool sample Stuhlprobe
stooping/dive-bombing *orn* herabstoßen (Vögel: im Sturzflug die Beute ergreifen)
stop codon/termination codon/ translational stop signal *gen* Stopcodon, Terminationscodon, Abbruchcodon
stopcock/shutoff cock Absperrhahn
stopper *n* Stopfen, Stöpsel, Pfropfen, Stopper, Verschlusskappe
stopper *vb* zustöpseln
stopping filter/barrier filter/ selective filter/selection filter Sperrfilter
storable/durable/lasting haltbar
storage Speicherung, Lagerung
➢ **cold storage *tech*** Kühllagerung
➢ **water storage** Wasserspeicherung

storage chamber Vorratskammer
storage material/reserve material/ food reserve Reservestoff, Nahrungsreserve
storage parenchyma Speicherparenchym
storage pest Vorratsschädling
storage protein Speicherprotein, Reserveprotein
storage root Speicherwurzel
storage tank Lagertank
storage tissue Speichergewebe
storage vacuole Speichervakuole
storax family/Styracaceae Storaxgewächse
store *n* (animal not yet ready for slaughter) Masttier, zur Mast bestimmtes Tier
store *vb* speichern
storied/stratified stockwerkartig, etagiert, geschichtet
storied cambium/stratified cambium Stockwerk-Cambium/Kambium, etagiertes Cambium/Kambium
"stork's nest" (stunted treetop/crown; sign of damage by acid precipitation) Storchennest
storm *meteo* Sturm
➢ **snowstorm** Schneesturm
➢ **thunderstorm** Gewitter, Unwetter
story (space between two floors) Etage, Stockwerk
stotting/pronking Prellsprung
straggler Nachzügler
straight grain (wood) Fasertextur
straight run (bees) geradliniger Schwänzellauf
strain (caused by stress) *sensu stricto*: Belastungsursache (*siehe*: stress)
strain (e.g., bacterial strain) Stamm (z.B. Bakterienstamm)
strand/cord Strang (*pl* Stränge)
➢ **anticoding/antisense strand** anticodierender Strang, Nichtsinnstrang
➢ **coding strand/sense strand (nontranscribed strand)** codierender Strang, kodierender Strang, Sinnstrang
➢ **daughter strand** Tochterstrang
➢ **double strand** Doppelstrang
➢ **double-strand DNA/ double-stranded DNA** Doppelstrang-DNA, doppelsträngige DNA
➢ **lagging strand** Folgestrang
➢ **leading strand** Leitstrang
➢ **minus strand** Minus-Strang, Negativ-Strang (nichtcodierender Strang)
➢ **plus strand** Plus-Strang, Positiv-Strang (codierender Strang)
➢ **single strand** Einzelstrang
➢ **single-strand DNA/ single-stranded DNA** Einzelstrang-DNA, einsträngige DNA
➢ **template strand/antisense strand (transcribed strand)** Matrizenstrang, Nicht-Sinnstrang, transkribierter Strang, Mutterstrang
strand assimilation (DNA) Strangassimilation
strand break (DNA) Strangbruch
➢ **double-strand break** Doppelstrangbruch
➢ **single-strand break** Einzelstrangbruch
strand displacement (DNA) Strangverdrängung
strandline fauna Spülsaumfauna, Tierwelt des Spülsaums
strange fremd (Gesellschaftstreue)
strangle/throttle würgen, abwürgen, erdrosseln; drosseln
strangler (tree strangler) Würger (Baumwürger)
strap muscle bandförmiger Muskel
strap-shaped/ligulate streifenförmig
Strasburger cell/albuminous cell Strasburger-Zelle, Eiweißzelle
strategy Strategie
➢ ***r* strategy (*actually not a "strategy"*)** *r*-Strategie
stratification/layering Stratifizierung, Stratifikation, Schichtenbildung, Schichtung

stratified/storied
geschichtet, etagiert, stockwerkartig
stratified epithelium
zweischichtiges Epithel,
mehrschichtiges Epithel
stratigraphy
Stratigrafie (Stratigraphie)
stratum basale Basal(zell)schicht
stratum corneum
(horny layer of epidermis)
Hornschicht
stratum germinativum/
germinative layer
Keimschicht
stratum granulosum
Körnerschicht
straw Stroh, Strohhalm
strawberry fern family/
Hemionitidaceae
Nacktfarngewächse
strawberry-shrub family/
spicebush family/Calycanthaceae
Gewürzstrauchgewächse
strawflower
Strohblume, Trockenblume
stray (domestic animal wandering
at large/lost: e.g., stray dog)
streunen (z.B. streunender Hund)
streak *vb micb/lab* ausstreichen
streak culture Ausstrichkultur
streak-plate method
Plattenausstrichmethode
stream (big river)
Strom (großer Fluss)
stream/flow *n* Strom (Flüssigkeit)
stream/flow *vb* strömen
streambed (riverbed)
Strombett (Flussbett)
streamlet/rivulet
Rinnsal, kleines Bächlein
strengthen festigen, stärken
strengthening zone/
notched zone (spiderweb) *arach*
Befestigungszone
streptoneurous nerve pattern
Streptoneurie, Chiastoneurie
stress *n* Stress, Beanspruchung,
Belastung; *sensu stricto*:
Belastungszustand (*siehe*: strain)
➢ **oxidative stress**
oxidativer Stress

stress *vb* stressen, belasten,
beanspruchen; betonen
stress fiber Stressfaser
stress tolerance/
maximum stress/endurance
Belastbarkeit
stressful
stressig, aufreibend, anstrengend
stretch/extend *vb* (muscle) dehnen
stretch/stretching/
extension (muscle) Dehnung
stretch receptor (muscle)
Dehnungsrezeptor
stretch reflex/myotatic reflex
Dehnungsreflex,
myotatischer Reflex
striate/striated/finely striped
feinstreifig, feingestreift
striate body/corpus striatum
Streifenkörper, Basalkern,
Basalkörper, Corpus striatum
striate veined/striately veined
längsnervig, längsaderig,
streifennervig, streifenadrig
striate venation *bot* (leaf)
Längsnervatur, Längsaderung,
Streifennervatur, Streifenaderung
striated feingestreift
striated muscle/striped muscle
gestreifte Muskulatur
striation Streifen, Riefe;
Streifenbildung, Riefenbildung;
Riefung
stride *n* Schritt, Schrittlänge
stride *vb* schreiten
stridulate stridulieren, schrillen
stridulating file Schrill-Leiste,
Schrillleiste (mit Schrill-Rille)
stridulating organ
Stridulationsorgan, Schrillorgan,
Zirporgan
stridulating rasp/scraper (plectrum)
Schrillkante
strigil/strigilis
(antennal comb/antennal cleaner also
file or scraper) *entom* Striegel
strigillose mit feinen Borsten,
feinborstig (mit kurzen/
feingestrichenen Borsten)
strigose borstig (mit
kurzgestrichenen Borsten/striegelig)

striker (gas) Anzünder
string bog/aapa mire Strangmoor, Aapamoor
stringency Härte, Schärfe, zwingende Kraft; (of reaction conditions) Stringenz (von Reaktionsbedingungen)
stringent conditions stringente Bedingungen, strenge/harte Bedingungen
stringent plasmid stringentes Plasmid
striolate (finely striped) feingestreift, gerieft
strip *vb* enblößen, entfernen
strip *n* Streifen, schmales/langes Stück (z.B. ein Stück Land/Fleisch etc.)
strip cropping/strip farming *agr* Streifenanbau, Streifenkultur, Streifenflurwirtschaft
stripe Streifen, Strich (Markierung/Muster etc.); Striemen
striped gestreift, streifig
➢ **finely striped** feingestreift
➢ **parallely striped** parallelgestreift
stripped of leaves entlaubt
strobiliform zapfenförmig
strobilization Strobilisation, Strobilation
stroke *n med* Schlaganfall
stroke *n* (movement) Schlagbewegung, Schlag, Zug, Stoß
➢ **downstroke/ downward stroke of wing** Flügelabschlag
➢ **power stroke/effective stroke (forward stroke)** Kraftschlag, Wirkungsschlag
➢ **recovery stroke (backstroke)** Erholungsschlag
➢ **upstroke/upward stroke of wing** Flügelaufschlag
stroke volume *cardio* Schlagvolumen
stroma Stroma
stromatolites Stromatoliten
strombuliform/ spirally coiled/spirally twisted spiralig aufgewickelt, spiralig gewunden
strong ion difference (SID) Starkionendifferenz
Stropharia family/Strophariaceae Träuschlinge, Schuppenpilze
strophiolar plug/operculum *bot* Keimwarze (des Samens)
strophiole *bot* Strophiole, Samenwarze (Auswuchs der Raphe)
STRPs (short tandem repeat polymorphisms) *gen* Polymorphismen von kurzen direkten Wiederholungen
structural analysis Strukturanalyse
structural formula Strukturformel
structural gene Strukturgen
structural protein Strukturprotein, Struktureiweiß
structure Struktur
structure-activity relationship (SAR) Struktur-Aktivitäts-Beziehung, Struktur-Wirkungs-Beziehung
structure elucidation *chem* Strukturaufklärung
struggle for survival *ethol/evol* Überlebenskampf
strut (rooster) stolzieren
STS (sequence tagged site) *gen* sequenzmarkierte Stelle
stub Stummel
stubby stummelartig (kurz und dick), Stummel...
stubby leg Stummelbein, Stummelfuß
stubby wings Stummelflügel
stud (group of horses bred and kept by one owner) Gestüt
stud (male animal kept for breeding) Zuchttier
stud/studhorse (*see:* stallion) Zuchthengst, Schälhengst, Deckhengst, Beschäler
studbook Stammbuch, Zuchtbuch, Zuchtstammbuch, Herdbuch; (horses) Gestütbuch, Stutbuch, Pferdestammbuch
studbull Zuchtbulle, Zuchtstier
studfarm (horses) Gestüt, Pferdezüchterei, Pferdezuchtbetrieb
studhorse Zuchthengst, Schälhengst, Deckhengst, Beschäler
stump/stub/stool/caudex Strunk, Stumpf
stump sprout/sucker/tiller Stumpfaustrieb

stumpage Holz auf dem Stamm; Holzpreis; Schlagrecht, Fällrecht
stunt/dwarf zwergwüchsig, im Wachstum gehemmt
stunted/crippled verkümmert, krüppelig, krüppelhaft, verkrüppelt
stunted forest/miniature forest/ Krummholz Krummholz
stunted growth/stuntedness Krüppelwuchs, Krüppelform
stunted pine Krüppelkiefer
stupefacient/narcotic/ narcotizing agent/ anesthetic/anesthetic agent ***n*** Betäubungsmittel, Narkosemittel, Anästhetikum
stupefacient/stupefying/ narcotic/anesthetic ***adv/adj*** betäubend, narkotisch, anästhetisch
stupefaction/narcosis/anesthesia Betäubung, Narkose, Anästhesie
stupefy/narcotize/anesthetize betäuben, narkotisieren, anästhesieren
sturgeons & sterlets & paddlefishes/ Acipenseriformes Störe & Löffelstöre
sty (pigsty/pigpen) Stall (Schweinestall)
style ***bot*** **(of carpel/pistil)** Griffel, Stylus
stylet/stiletto Stilett
Stylidiaceae/trigger plant family Säulenblumengewächse, Stylidiumgewächse
styliform/ prickle-shaped/bristle-shaped stilettförmig, griffelförmig
styloid process Griffelfortsatz
stylopize stylopisieren, stylepisieren
stylopodium ***bot*** Stylopodium, Griffelpolster
styptic/hemostatic (astringent) blutstillend (adstringent)
Styracaceae/storax family Storaxgewächse (Storaxbaumgewächse)
subalpine subalpin
subalpine zone/subalpine region subalpine Stufe, Gebirgsstufe
subbituminous coal Glanzbraunkohle, subbituminöse Kohle
subbranchial chamber Subbranchialraum, innerer Kiemengang
subcanopy/lower canopy mittlere Kronenregion, mittlere Baumkronenschicht
subcategory Subkategorie, Unterkategorie, Untergruppe
subclimate Subklima
subclimax/preclimax ***ecol*** Subklimax
subcloning Subklonierung
subconsciousness Unterbewusstsein
subculture/passage (of cell culture) Subkultur, Passage (einer Zellkultur)
subcutis Subcutis, Unterhaut
subdivide untergliedern, unterteilen
subdivided untergliedert
subdivision Untergliederung, Unterteilung
subdual/subduing ***ethol*** Unterwerfung
subdue unterwerfen
subereous/suberic korkartig, Kork...
suberic acid/octanedioic acid Suberinsäure, Korksäure, Octandisäure
suberification Verkorkung
suberization/suberinization Suberisierung, Suberinanlagerung, Suberinauflagerung
suberize suberisieren, verkorken
suberized layer/lamella Suberinschicht
suberose/suberous/corky verkorkt, korkartig, von korkartiger Beschaffenheit
subesophageal ganglion/ suboesophageal ganglion Subösophagealganglion, Unterschlundganglion
subgenital pit Subgenitaltasche, Trichtergrube
subgerminal cavity Subgerminalhöhle
subgroup Untergruppe

sublethal subletal
sublimate sublimieren
sublimation Sublimation
sublingual gland Unterzungendrüse
sublittoral (continental shelf zone) Sublitoral (Zone des Kontinentalschelfs)
sublittoral zone/ subtidal zone Sublitoral (Zone des Kontinentalschelfs)
submental/beneath the chin submental, unter dem Kinn
submerge/submerse untertauchen, unter Wasser sein
submerged/submersed untergetaucht, unter Wasser, submers
submerged culture ***micb*** Eintauchkultur, Submerskultur
submerged leaf Wasserblatt
submergence Eintauchen, Untertauchen, Versenken
submission Abgabe, Einreichung (z.B. Manuskripte); (yield) Unterwerfung, Demut
submissive gesture/ submissive posture Unterwerfungsgebärde, Unterwerfungshaltung, Demutsgebärde, Demutshaltung
submit abgeben, einreichen; unterwerfen
suboesophageal ganglion/ subesophageal ganglion Subösophagealganglion, Unterschlundganglion
suborbital gland Unteraugendrüse
suborder Unterordnung
subordinate untergeordnet; unterworfen
subordination Unterwerfung, Unterordnung
➤ **insubordination** Nicht-Unterwerfung
subradular organ/sugar gland Zuckerdrüse
subsample ***stat*** Teilstichprobe
subset selection ***stat*** Teilmengenauswahl
subsidence Senkung, Absinken, Erdabsenkung
subsidiary cell/accessory cell/ auxiliary cell ***bot*** Nebenzelle (Spaltöffnung)
subsistence Subsistenz
subsistence economy Subsistenzwirtschaft, Selbstversorgerwirtschaft
subsoil (zone of accumulation/ illuviation: B horizon) Unterboden, unterer Mineralhorizont (B-Horizont)
subsong ***orn*** Dichten, Jugendgesang (Jungvögel)
subspeciation Rassenbildung
subspecies Subspezies, Unterart
substage illuminator ***micros*** Ansteckleuchte
substance P Substanz P
substitute ***n*** Ersatz
substitute ***vb*** ersetzen; *chem* substituieren
substitute ***B*** **for** ***A*** ***A*** ersetzen durch ***B***, ***A*** durch ***B*** ersetzen, ***A*** durch ***B*** substituieren
substitute name Ersatzname
substitution Ersatz, Austausch, Substitution
➤ **synonymous (silent) substitution** synonyme (stumme) Substitution
substitution therapy Ersatztherapie
substrate Substrat, Unterlage, Grundlage, Untergrund; Nährboden
➤ **bisubstrate reaction** Bisubstratreaktion, Zweisubstratreaktion
➤ **following substrate** Folgesubstrat
➤ **leading substrate** Leitsubstrat
➤ **suicide substrate** Selbstmord-Substrat
substrate constant (K_S**)** Substratkonstante
substrate feeder Substratfresser
substrate inhibition Substrathemmung, Substratüberschusshemmung
substrate-level phosphorylation Substratkettenphosphorylierung
substrate recognition Substraterkennung

substrate saturation Substratsättigung
substrate specificity Substratspezifität
subtend unterliegen (ein Blatt dem anderen)
subtended by unterlegt von
subtending untereinanderliegend
subterranean/underground unterirdisch
subtidal zone/sublittoral zone Sublitoral (Zone des Kontinentalschelfs)
subtraction cloning/ subtractive cloning Subtraktionsklonierung, subtraktive Klonierung
subtractive library subtraktive Genbank, Subtraktionsbank, Subtraktionsbibliothek
subtyping Subtypisierung
subulate/awl-shaped pfriemlich
subumbrella (medusa) Subumbrella, Schirmunterseite
subunit Untereinheit
subunit vaccine Komponentenimpfstoff, Subunitimpfstoff, Subunitvakzine
succession (primary/secondary) ***ecol*** (primäre/sekundäre) Sukzession (Primärsukzession/ Sekundärsukzession)
➤ **ecological succession** ökologische Sukzession
successional series Sukzessionsserie, Sukzessionsreihe
succinic acid (succinate) Bernsteinsäure (Succinat)
succinylcholine Succinylcholin
succubous succub, unterschlächtig
succulence Sukkulenz, Dickfleischigkeit
succulent ***adj/adv*** sukkulent, dickfleischig
succulent plant/succulent ***n*** Sukkulente
suck saugen
suck wind (horses) koppen
sucker (attachment organ) Haftscheibe
➤ **true sucker/acetabulum** ***zool*** Saugnapf, Acetabulum
sucker/coppice-shoot Wasserreis
sucker/haustellum/proboscis ***zool*** (adapted for sucking: insects) Saugrüssel, Proboscis
sucker/haustorium (fungi/plants) ***bot*** Haftscheibe, Saugscheibe, Saugorgan, Haustorium
sucker/sobole (an underground stolon) Gehölzausläufer
sucker/tiller Schössling, Wasserreis (an Wurzel oder Baumstumpf), Seitentrieb (am Wurzelhals)
sucking (insects: haustellate) saugend
sucking lice/Anoplura echte Läuse
sucking pump (Hymenoptera: pharynx) Saugpumpe (Pharynx)
sucking stomach (chelicerates) Saugmagen
suckle (nurse/breast-feed) säugen (stillen), Milch saugen, an der Brust saugen
suckling ***n*** säugendes Jungtier
suckling pig Saugferkel
sucrose/saccharose/table sugar (beet sugar/cane sugar) Saccharose (Rübenzucker/Rohrzucker)
suction disk Saugscheibe, Saugnapf
suction filter/vacuum filter Nutsche, Filternutsche
suction filtration Saugfiltration
suction funnel/suction filter/ vacuum filter (Buchner funnel) Filternutsche, Nutsche (Büchner-Trichter)
suction lung Sauglunge
suction pipet/patch pipet Saugpipette
suction reflex Saugreflex
suction root/sucking root ***bot*** Saugwurzel
suction trap/suctory trap ***bot*** Schluckfalle, Saugfalle
suctorial saugend, Saug...
suctorial organ/sucker Saugorgan

suet (from abdominal cavity of ruminants) Talg, Nierenfett
suety/sebaceous talgig, Talg...
suffocate ersticken; würgen
suffocation Ersticken, Erstickung
suffrutescent/suffruticose/ base slightly woody halbstrauchig (am Grunde verholzt)
suffrutescent plant/half-shrub Halbstrauch
sugar Zucker
➤ **amino sugar** Aminozucker
➤ **blood sugar** Blutzucker
➤ **cane sugar** Rohrzucker
➤ **double sugar/disaccharide** Doppelzucker, Disaccharid
➤ **fruit sugar/fructose** Fruchtzucker, Fruktose
➤ **grape sugar/glucose** Traubenzucker, Glukose, Glucose
➤ **invert sugar** Invertzucker
➤ **malt sugar/maltose** Malzzucker, Maltose
➤ **milk sugar/lactose** Milchzucker, Laktose
➤ **multiple sugar/polysaccharide** Vielfachzucker, Polysaccharid
➤ **raw sugar/crude sugar (unrefined sugar)** Rohzucker
➤ **reducing sugar** reduzierender Zucker
➤ **single sugar/simple sugar/ monosaccharide** Einfachzucker, einfacher Zucker, Monosaccharid
➤ **table sugar/sucrose/saccharose (beet sugar/cane sugar)** Saccharose (Rübenzucker/Rohrzucker)
➤ **wood sugar/xylose** Holzzucker, Xylose
sugar beet (Beta vulgaris) Zuckerrübe
sugar cane (*Saccharum officinarum*) Zuckerrohr
sugar gland/subradular organ Zuckerdrüse
sugar-lerp/honeydew Honigtau
sugar refining Zuckerraffination
sugar substitute(s) Zuckeraustauschstoff(e)
suicide Suizid, Selbstmord, Selbsttötung
suicide inhibition Suizidhemmung
suicide substrate Selbstmord-Substrat
sulcate/furrowed/grooved/fissured gefurcht, furchig, gerieft
sulcus/furrow/groove Furche, Rinne
sulfate Sulfat
sulfur (S) (*Br* sulphur) Schwefel
sulfur bacteria Schwefelbakterien
sulfur compound/ sulfurous compound Schwefelverbindung, schwefelhaltige Verbindung
sulfur cycle Schwefelkreislauf
sulfurate/sulfuring *micb* (vats) Schwefeln, Schwefelung
sulfuricants Sulfurikanten
sulfurize *micb* (vats) schwefeln
sulfurous/sulfur-containing schwef(e)lig, schwefelhaltig
sum/total *n* Summe
sum rule Summenregel
sumac family/cashew family/ Anacardiaceae Sumachgewächse
summation (spatial/temporal) (räumliche/zeitliche) Summation
summer plumage Sommerkleid
summerwood Sommerholz
summit/peak Spitze
sun animalcules/heliozoans Sonnentierchen, Heliozoen
sun leaf Sonnenblatt, Lichtblatt
sun plant/heliophyte Lichtpflanze, Heliophyt
sun spiders/false spiders/ windscorpions/solifuges/ solpugids/Solifugae/Solpugida Walzenspinnen
sun tracking *bot* Solstitialbewegung
sundew family/Droseraceae Sonnentaugewächse
sunflower family/ daisy family/aster family/ composite family/ Compositae/Asteraceae Köpfchenblütler, Korbblütler
sunscald Sonnenbrand, Rindenbrand

supercoiled *gen* vertwistet, überspiralisiert, superspiralisiert, superhelikal
supercoiling *gen* Überspiralisierung
supercool *vb* unterkühlen
supercooling Unterkühlung
supercritical fluid extraction (SFE) überkritische Fluidextraktion
superficial oberflächlich
superficial cleavage superfizielle Furchung, oberflächliche Furchung, Oberflächenfurchung
supergene family Supergenfamilie
superhelix/supercoil Superhelix
superinfection Superinfektion, Überinfektion
superior/dominant überlegen, vorherrschend, dominant
superiority/dominance Überlegenheit, Dominanz
supernatant *n* Überstand
superorder Überordnung
superovulation Superovulation
superposition eye Superpositionsauge
➢ **neural superposition eye** neurales Superpositionsauge
➢ **optical s.e./clear-zone eye** optisches Superpositionsauge
supersaturate übersättigen
superspecies Superspezies, Überart
supine supiniert, auf dem Rücken liegend
supine position Rückenlage
supinate supinieren, auswärtsdrehen (um Längsachse)
supination Supination, Auswärtsdrehung (um Längsachse)
supply with blood/vascularize durchbluten, mit Blut versorgen
support *n* Stütze; Unterlage
support *vb* (unter)stützen, erhalten, (er)tragen
support stand/ring stand/stand *lab* Stativ, Bunsenstativ
supporting cell/covering cell Stützzelle, Deckzelle
supporting tissue *bot* **(collenchyma/sclerenchyma)** Stützgewebe, Festigungsgewebe
suppressible unterdrückbar
suppression Suppression, Unterdrückung
suppressor gene Suppressorgen
suppressor mutation Suppressormutation
suppressor T cell/ T-suppressor cell (T_S)/ regulator T-cell/regulatory T-cell T-Suppressorzelle, Suppressor-T-Zelle
suprabranchial chamber Suprabranchialraum, äußerer Kiemengang
supracaudal gland Schwanzwurzeldrüse
supraesophageal ganglion/ supraoesophageal ganglion/ "brain" Supraösophagealganglion, Oberschlundganglion, „Gehirn“
supralittoral zone/splash zone Supralitoral, Spritzwasserzone, Spritzzone
supravital staining Supravitalfärbung
sural die Wade betreffend, Waden..., sural
surculose/producing suckers Ableger treibend
surf/breakers Brandung, Meeresbrandung
surf zone *mar* Brandungszone
surface *n* Oberfläche
surface *vb* an die Oberfläche kommen, an der Oberfläche erscheinen, auftauchen
surface cover/ground cover Bodenbedeckung
surface culture Oberflächenkultur
surface drift *limn* Oberflächendrift
surface-dwelling bodenbewohnend, an der Bodenoberfläche lebend (Erde)
surface feeding *orn* Futtersuche an der Wasseroberfläche
surface labeling Oberflächenmarkierung
surface plasmon resonance (SPR) Oberflächen-Plasmonresonanz

surface runoff Oberflächenabfluss
surface tension
Grenzflächenspannung,
Oberflächenspannung
surface-to-volume ratio
Oberflächen-Volumen-Verhältnis
surface water Oberflächenwasser
surfactant/
wetter/wetting agent/spreader
oberflächenaktive Substanz,
Entspannungsmittel
surfactant factor Surfactant Factor
(not translated → oberflächenaktive
Substanz auf Lungenbläschen)
surplus Überschuss, Zusatz
surplus killing
zusätzliches Erlegen von Beute
(über momentanen Bedarf hinaus)
surra (*Trypanosoma evansi*) Surra
surroyal antler (terminal tine)
Wolfsspross (Geweih)
survey *n* Gutachten, Begutachtung,
Besichtigung; (Land-) Vermessung
survey *n stat* Erhebung, Umfrage
survey *vb* prüfen, begutachten,
besichtigen; (Land) vermessen
survey *vb stat* erheben,
eine stat. Erhebung vornehmen
survival Überleben; Überdauerung
survival of the fittest
Überleben des Bestangepassten
survival rate Überlebensrate
survive überleben
survivor Überlebender
survivorship curve Überlebenskurve
susceptible anfällig, empfindlich
susceptibility
Anfälligkeit, Empfindlichkeit
suspend suspendieren, schweben,
schwebend halten; fein verteilen
suspended (floating)
suspendiert, schwebend;
fein verteilt; aufgehängt
suspended animation/anabiosis
latentes Leben, Anabiose
suspended matter/
suspended material Schwebstoffe
suspended pupa/pupa suspensa
Stürzpuppe
suspension Suspension,
Aufschwämmung; Schweben
suspension feeder
Suspensionsfresser
suspension-feeding
suspensionsfressend
suspension load/silt load *soil/mar*
Schwebfracht
suspensor
Suspensor, Träger, Embryoträger
suspensor/zygosporophore *fung*
Trägerhyphe
suspicion (of a disease)
Verdacht (auf eine Erkrankung);
Argwohn
suspicious verdächtig, argwöhnig
sustainable development
dauerhaft-umweltgerechte
Entwicklung,
nachhaltige Entwicklung
sutural bone/
epactal bone/wormian bone
Schaltknochen, Nahtknochen
suture Naht
➤ **antennal suture *zool/entom***
Antennennaht, Antennalnaht,
Fühlerringnaht
➤ **coronal suture** Kranznaht
➤ **cranial suture** Schädelnaht
➤ **dorsal suture/dorsal seam**
Dorsalnaht, Rückennaht
➤ **frontal suture** Stirnnaht
➤ **labial suture** Labialnaht
➤ **lambdoid suture** Lambdanaht
➤ **plane suture**
ebenflächige Naht
(Schädelknochennaht
mit ebenen Flächen)
➤ **sagittal suture** Pfeilnaht
➤ **serrate suture** Sägenaht
➤ **squamosal suture**
Schuppennaht
➤ **ventral suture/**
ventral seam *bot* (of carpel)
Ventralnaht, Bauchnaht
suture line (ammonite septa)
Lobenlinie, Nahtlinie
➤ **ammonitic suture line**
ammonitische Lobenlinie/Nahtlinie
➤ **ceratitic suture line**
ceratitische Lobenlinie/Nahtlinie
➤ **goniatitic suture line**
goniatische Lobenlinie/Nahtlinie

swab Abstrich
➢ **to take a swab**
einen Abstrich machen
swale (tract of low land/ usually marshy) ***geol***
Senke, Mulde, Niederung; Talmulde; Bodensenke; Grundmoränentümpel
swale ***mar*** Strandpriel
swallow ***vb*** schlucken
swallowing Schlucken
swamp (wetland dominated by trees/ shrubs → equivalent to European: carr) Sumpf, Flachmoor (Waldmoor)
➢ **coastal swamp**
Küstensumpf
➢ **freshwater swamp**
Süßwassersumpf
➢ **mangrove swamp**
Mangrovensumpf
➢ **reed swamp** Riedsumpf
➢ **river swamp** Flusssumpf
➢ **salt swamp** Salzsumpf
➢ **tropical swamp**
tropischer Sumpf
swamp-cypress family/ redwood family/ taxodium family/Taxodiaceae
Sumpfzypressengewächse, Taxodiumgewächse
swamp forest Sumpfwald
➢ **carboniferous swamp forest**
Steinkohlenwälder
swamp meadow Sumpfwiese
swamp woods/swamp forest/ paludal forest
Bruchwald, Sumpfwald
swampland Sumpfland
swampy/boggy sumpfig
swan-necked flask/S-necked flask/ gooseneck flask
Schwanenhalskolben
swarm ***n*** **(e.g., bees/locusts/birds)**
Schwarm
swarm ***vb*** ausschwärmen
swarm cell/zoospore
Schwärmer, Zoospore
swarm-forming/schooling
schwarmbildend
swarmer/swarm cell/zoospore
Schwärmer, Zoospore
swash/uprush (rush of water up the beach from breaking wave)
Schwall, Wellenauflauf
(*see also*: wave/backwash)
swash (narrow channel within sandbank or between s.b. and shore) kleiner Priel
swash mark Spülmarke, Spülsaum
swash zone Spülzone, Spülstreifen
sweat/perspiration ***n*** Schweiß
sweat/perspire ***vb*** schwitzen
sweat gland/sudoriferous gland/ sudoriparous gland
Schweißdrüse
sweating/perspiration/hidrosis
Schwitzen
sweepback ***aer/orn***
Pfeilstellung, Flügelpfeilung
sweepstake dispersal
Zufallsverbreitung
sweet süß
sweet gale family/bog myrtle family/ wax-myrtle family/Myricaceae
Gagelgewächse
sweetener Süßstoff
sweetflag family/calamus family/ Acoraceae
Kalmusgewächse
sweetleaf family/Symplocaceae
Rechenblumengewächse
sweetness Süße
swell (massive/crestless wave often continuing after its cause) ***n mar***
Dünung
swell (swelling/turgescent) ***vb***
quellen, (an)schwellen, turgeszent
swell off (e.g., swollen tissue)
abschwellen
swell up (e.g., infected tissue)
anschwellen
swelling Schwellung
swidden agriculture/ swidden cropping/ shifting agriculture/ shifting cultivation
Wanderackerbau
swifts/ Apodiformes/Micropodiformes
Seglervögel, Seglerartige
swimbladder/air bladder
Schwimmblase

swimmer's itch (fluke cercaria) Badedermatitis, Cercariendermatitis
swimmeret/pleopod (crustaceans) Schwimmfuß, Schwimmbein, Bauchfuß, Abdominalbein, Pleopodium
swimming bell/ nectophore/nectocalyx Schwimmglocke, Nectophore
swimming foot Schwimmfuß
swine/pig/hog Schwein
➢ **boar (male pig: not castrated)** Eber (männliches Schwein)
➢ **gilt** Jungsau, junge Sau
➢ **piglet/little pig** Ferkel, Saugferkel
➢ **porker** Mastferkel
➢ **shoat/shote** (young weaned hog/ less than 150 lb/ less than 1 year old) Ferkel
➢ **sow (female pig)** Sau, Mutterschwein
➢ **store pig/store/young pig** Läuferschwein, Läufer
➢ **suckling pig** Saugferkel
➢ **weaners (of pigs)** Absatzferkel, Absetzerferkel
➢ **wild boar/wild hog/wild pig** Wildschwein, Schwarzwild
➢➢ **aged male wild boar** Keiler, Wildeber
➢➢ **wild sow** Wildschweinsau, Bache
swine fever/hog cholera (viral) Schweinefieber
swine influenza/swine flu (*Hemophilus influenzae suis*) Schweinegrippe
swine plague (*Pasteurella multocida*) Schweinepest
swinging-bucket rotor *centrif* Ausschwingrotor
swirl (liquid in a flask) schwenken
switch *n* (tuft of long hairs at end of tail: bovines/cow) Schwanzquaste
switch gene Schaltergen
switch region *gen* Switchregion, Schalterregion
sword fern family/aspidium family/ Aspidiaceae Schildfarngewächse
sword-shaped/ ensiform/gladiate/xiphoid schwertförmig
syconium (a composite fruit: figs) Syconium
syllepsis Syllepsis
sylleptic shoot *bot* sylleptischer Trieb
symbiont Symbiont
symbiosis Symbiose, symbiotische Lebensgemeinschaft
➢ **cleaning symbiosis** Putzsymbiose
symbiotic symbiotisch (*sensu lato*: mutualistic)
sympathetic sympathisch (autonomes Nervensystem)
sympathetic trunk/ Truncus sympathicus Grenzstrang
sympatric ("same country") *evol* sympatrisch (in gleichen Arealen)
sympatry Sympatrie
sympetalous sympetal, verwachsenblättrig, verwachsenblumenblättrig, verwachsenkronblättrig
symphile Symphile, echter Gast
symphily Symphilie, Gastpflege
symphoriont Aufsiedler, Symphoriont
symphorism Symphorismus
symphylans/Symphyla Zwergfüßer
symphysis/coalescence Symphyse, Verwachsung; (Knochen)fuge
➢ **pubic symphysis/ pelvic symphysis/ symphysis pubica/ symphysis pelvina** Schambeinfuge, Schamfuge
symplesiomorphy Symplesiomorphie (gemeinsames ursprüngliches Merkmal)
Symplocaceae/sweetleaf family Rechenblumengewächse
sympodial/determinate sympodial
sympodial branching system sympodiales Verzweigungssystem

sympodium/pseudaxis Sympodium, Scheinachse
symport Symport
symptom Symptom
symptomatic symptomatisch
synandrous synandrisch
synanthropic synanthrop
synanthropic animal Kulturfolger
synapomorphy Synapomorphie (gemeinsames/abgeleitetes Merkmal)
synapse Synapse
synaptic synaptisch
synaptic bulb Synapsenkolben
synaptic cleft/synaptic gap synaptischer Spalt, Synapsenspalt
synaptic knob/bouton synaptisches Endknöpfchen
synaptic potential synaptisches Potenzial
synaptic vesicle/synaptosome synaptisches Vesikel, synaptisches Bläschen, Synaptosom
synapticle (Acrania) Synaptikel
synaptonemal complex synaptonemaler Komplex
synaptosome/synaptic vesicle Synaptosom, synaptisches Vesikel, synaptisches Bläschen
synarthrodial joint/synarthrosis Synarthrose, Füllgelenk, Fuge, Haft
syncarpous ***bot*** synkarp, coenokarp, coeno-synkarp, verwachsenblättrig (Fruchtblätter)
syncarpous without septa parakarp
synchondrosis Synchondrose, Knorpelhaft
synchronizer/Zeitgeber Zeitgeber
synchronous culture ***micb*** Synchronkultur
syncytial syncytial, synzytial
syncytium Syncytium, Synzytium
syndactylism Syndaktylie
syndesmochorial placenta syndesmo-choriale Plazenta
syndesmosis Syndesmose, Bandhaft
syndrome/complex of symptoms Syndrom, Symptomenkomplex
syndynamics (study of successional changes) Syndynamik, Sukzessionslehre
synecology Synökologie
synergic/synergetic/ working together/cooperating synergetisch, zusammenwirkend
synergism Synergismus, gegenseitige Förderung
synergist Synergist, Mitspieler, Förderer
synergistic synergistisch, zusammenwirkend
synergy Synergie, Zusammenwirken, Zusammenspiel
synflorescence Synfloreszenz
syngamous/syngamic syngam
syngamy/gametogamy Syngamie, Gametogamie, Gametenverschmelzung
syngeneic/genetically identical syngen
syngenesis Syngenese
syngenetic/syngenesious syngenetisch
syngenic syngen
syngraft/allograft/homograft Homotransplantat, Allotransplantat
syngynous/epigynous epigyn
synnema Synnema
synostosis/synosteosis Synostose, Knochenhaft
synovial bursa/synovial sac Schleimbeutel
synovial capsule Gelenkkapsel
synovial cavity/joint cavity Gelenkhöhle
synovial fluid Synovialflüssigkeit, Gelenkflüssigkeit, Gelenkschmiere
synovial membrane Synovialmembran
synsarcosis Synsarkose, Muskelhaft
syntenic genes syntäne Gene (Gene auf ***einem*** Chromosom)
synteny Syntänie
synthesis Synthese; Darstellung
➤ **biosynthesis** Biosynthese
➤ **chemosynthesis** Chemosynthese
➤ ***de-novo*** **synthesis** Neusynthese, *de-novo*-Synthese
➤ **photosynthesis** Photosynthese
➤ **prebiotic synthesis** präbiotische Synthese
➤ **retrosynthesis** Retrosynthese
➤ **semisynthesis** Halbsynthese

synthesize synthetisieren; (chemisch) darstellen
synthetic synthetisch
➢ **semisynthetic** halbsynthetisch
synthetic (having same chemical structure as the natural equivalent) naturidentisch (synthetisch)
synthetic reactions/ synthetic metabolism/anabolism Synthesestoffwechsel, Anabolismus
synthetic resin Kunstharz
syntype Syntypus
synusia Synusia, Synusie, Lebensverein, Verein
synzygy Synzygie
syphilis (*Treponema pallidum*) Syphilis, Lues, Schanker
syringe Spritze
syringe filter Spritzenvorsatzfilter, Spritzenfilter
syrinx/voice box *orn* Stimmkopf, Syrinx
systematic systematisch
systematic error/bias systematischer Fehler, Bias
systematics Systematik
systematist/taxonomist Systematiker, Taxonom
systemic systemisch
systems analysis Systemanalyse
systems biology Systembiologie

T budding (shield budding) ***hort*** T-Schnitt Okulation (mit T-förmigem Einschnitt der Rinde)
T cell/T lymphocyte (T = thymic) T-Zelle
➢ **cytotoxic T cell/ killer T cell/T-killer cell (T_K or T_c)** cytotoxische T-Zelle
➢ **effector T cell** T-Effektorzelle
➢ **helper T cell/T-helper cell (T_H)** T-Helferzelle, Helfer-T-Zelle
➢ **pre-T cell/T-cell precursor** T-Vorläuferzelle
➢ **suppressor T cell/ T-suppressor cell (T_S)/ regulator T-cell/regulatory T-cell** T-Suppressorzelle, Suppressor-T-Zelle
table reef Plattformriff
table sugar/sucrose/saccharose (beet sugar/cane sugar) Saccharose (Rübenzucker/Rohrzucker)
tacca family/Taccaceae Erdbrotgewächse
tachytelic tachytelisch
tachytely Tachytelie
tactile disk/ Merkel's corpuscle/Merkel's disk Merkelsches Körperchen
tactile hair/vibrissa (*pl* vibrissae) Vibrissa, Spürhaar, Sinushaar, Tasthaar (ein Sinneshaar)
tactile organ/touch sense organ Tastorgan
tactile sense/ tactual sense/sense of touch Tastsinn
tactile sensilla Tastkörperchen
tactility Greifbarkeit, Tastbarkeit
tadpole/"polliwog" Kaulquappe
tadpole shrimps/Notostraca Rückenschaler
taenioglossate radula taenioglosse Radula, Bandzunge
tag ***vb*** etikettieren, markieren; *mol/gen* markieren
tag ***n*** Etikett, Plakette, Anhänger, Markierung
➢ **radioactive tag** radioaktive Markierung
➢ **sequence tagged site (STS)** ***gen*** sequenzmarkierte Stelle (STS)
➢ **skin tag/skin polyp (small outgrowth)** Hautlappen, Hautzipfel
tagged molecule markiertes Molekül
tagma (fusion of somites) Tagma (*pl* Tagmata)
tagmatization/tagmosis Tagmatisierung
taiga (temperate coniferous forest) Taiga (Nadelwald der gemäßigten Zone)
tail Schwanz, Rute; Ende; *chem* (fat molecule) Schwanz
➢ **prehensile tail** Greifschwanz
tail fin/caudal fin Schwanzflosse
tail fluke (whale) Schwanzruder, Schwanzflosse
tail growth Schwanzwachstum, endständiges Wachstum
tail rattle (rattlesnakes) Schwanzrassel
tail spine Schwanzstachel
tail-to-tail repeats ***gen*** Schwanz-an-Schwanz-Wiederholungen
tail-wagging dance/ waggle dance (bees) Schwänzeltanz
tail wind Rückenwind
tailfan Schwanzfächer
take root ***vb*** anwachsen, bewurzeln, anwurzeln
take up/take in/ingest aufnehmen, einnehmen, zu sich nehmen
tallow (extracted from animals) Talg
tallowwood family/olax family/ Olacaceae Olaxgewächse
tally chart Strichliste
talon ***orn*** (Raubvögel) Klaue, Kralle, Fang (meist *pl:* Fänge)
talus (*also used syn with:* scree) ***geol*** Bergschutt, Felsschutt, Schutthalde (coarse rock debris), Geröllhalde (rounded/eroded rocks), Schuttflur
talus/astragalus/ankle bone ***zool*** Talus, Sprungbein

talus slope Bergschuttböschung, Schutthang, Schutthalde/-abhang (coarse rock debris), Schuttflur, Geröllhalde/-abhang (rounded/eroded rocks)
tamarisk family/tamarix family/ Tamaricaceae Tamariskengewächse
tame *adj/adv* zahm, gezähmt
tame/domesticate *vb* zähmen, bändigen; domestizieren
taming/domestication *n* Zähmung, Bändigung; Domestizierung
tan *adj/adv* lohfarben, gelbbraun
tan *n* (skin) Bräune; (suntan) Sonnenbräune, Sonnenbräunung
tan *vb* gerben; bräunen
tanaidaceans/tanaids/ Anisopoda/Tanaidacea Scherenasseln
tandem duplication/ tandem repeat *gen* Tandemanordnung, Tandemwiederholung, direkte Sequenzwiederholungen
➤ **short tandem repeat polymorphisms (STRPs)** Polymorphismen von kurzen direkten Wiederholungen
tandem integration *gen* Tandemintegration, Mehrfachintegration
tandem running *ethol* Tandemlauf
tangential section/ flatsawn/plainsawn (wood) Tangentialschnitt, Sehnenschnitt, Fladerschnitt (Holz)
tank/water tank (bromeliads) Zisterne
tannate (tannic acid) Tannat (Gerbsäure)
tannic acid (tannate) Gerbsäure (Tannat)
tanniferous gerbsäurehaltig, gerbstoffhaltig
tanning agent/tannin Gerbstoff, Tannin
tap water Leitungswasser
tape grass family/frog-bit family/ elodea family/Hydrocharitaceae Froschbissgewächse
taper verjüngen, zuspitzen
taper-pointed/acuminate (leaf apex) lang zugespitzt (konkav zulaufende Blattspitze)
tapering/attenuate verjüngt, spitz zulaufend, (keilförmig) zugespitzt
tapetum Tapetum
tapetum lucidum Tapetum lucidum
tapeworms/cestodes/Cestoda Bandwürmer, Cestoden
taphonomy Taphonomie, Fossilisationslehre
taproot Pfahlwurzel
tardigrades/water bears Tardigraden (*sg* Tardigrad *m*), Bärtierchen, Bärentierchen
tare *n* (weight of container/packaging) Tara (Gewicht des Behälters, der Verpackung)
tare *vb* (determine weight of container, packaging in order to substract from gross weight) tarieren, austarieren (*Waage: Gewicht des Behälters, Verpackung auf Null stellen*)
target *vb* zielen; anvisieren, ins Auge fassen, planen
target *n* Ziel
target cell Zielzelle; *hema* Schießscheibenzelle, Kokardenzelle, Targetzelle
target organ Zielorgan
target sequence *gen* Zielsequenz
targeted homologous recombination *gen* Allelen-Austauschtechnik
tarn (small steep-banked mountain lake/pool) kleiner Bergsee, kleiner Bergweiher (Steilufer)
tarpons/Elopiformes Tarpunähnliche
tarsal/tarsus Tarsus, Fußwurzel
tarsal bone Fußwurzelknochen
tarsal gland Tarsaldrüse
tarsus (arthropods) Tarsus, Fuß
tarsus (vertebrates) Fußwurzel
tartar Weinstein; *med* Zahnstein
tartaric acid (tartrate) Weinsäure, Weinsteinsäure (Tartrat)

tassel ***bot*** **(corn: ♂ inflorescence)** männliche Infloreszenz des Mais
taste ***n*** Geschmack
taste ***vb*** schmecken
taste bud/taste corpuscle/ taste corpuscule Geschmacksknospe, Geschmacksbecher, Geschmackshügel, Geschmackskörperchen
taste cell/gustatory cell Schmeckzelle, Geschmackssinneszelle
taste hair (microvilli) Geschmacksstiftchen (Mikrovilli)
taste pore Geschmackspore, Geschmacksporus
taste receptor/gustatory receptor Geschmacksrezeptor
taurine Taurin
tautomeric shift tautomere Umlagerung
tawny gelb-braun, ocker-braun, lohfarben
Taxaceae/yew family Eibengewächse
taxidermist ***zool*** Präparator, Tierpräparator (Ausstopfer)
taxidermy (stuffing animals, perticularly vertebrates) Taxidermie (Ausstopfen von Tieren)
taxis (*pl* taxes) Taxis (*pl* Taxien)
taxodont taxodont
taxon/taxonomic unit Taxon, taxonomische Einheit
taxonomic expertise taxonomisches Gutachten; Artenkenntnis
taxonomy/biological classification Taxonomie, biologische Klassifizierung
➤ **chemotaxonomy** Chemotaxonomie
➤ **numerical taxonomy/ taxometrics/phenetics** numerische Taxonomie, Phänetik
➤ **phylogenetic taxonomy/cladistics/ phylogenetic classification** Cladistik, Kladistik
tea family/camellia family/Theaceae Teegewächse, Kameliengewächse, Teestrauchgewächse
tea herbs Teekräuter
tear ***n*** Träne
tear duct/lacrimal duct Tränengang, Tränenkanal
tear pouch Tränensack
teasel family/scabious family/ Dipsacaceae Kardengewächse
teat/nipple ***zool*** Zitze
➤ **accessory teat** Afterzitze
➤ **crater teat** Stülpzitze
technic(al) technisch
technical lab assistant/ laboratory technician/ lab technician Laborant (Laborantin), Laborassistent (Laborassistentin), technischer Assistent (technische Assistentin)
technique/technic Technik
technologic(al) technologisch
technology Technologie
technology assessment Technikfolgenabschätzung
➤ **OTA (Office of Technology Assessment)** US-Büro für Technikfolgenabschätzung
tectorial bedeckend, abdeckend
tectorial membrane/ membrana tectoris Tektorialmembran, Deckmembran
tectrix (*pl* tectrices)/covert/ wing covert/protective feather Decke, Deckfeder
➤ **primary tectrix** Handdecke
➤ **secondary tectrix** Armdecke
teeth/dentition (*for different types see:* tooth) Gebiss
teethe/cut one's teeth/ grow teeth ***vb*** zahnen
teething/dentition Zahnen, Zahnung, Zahndurchbruch, Durchbruch der Zähne, Dentition
teg (2-year-old sheep) Schaf im 2. Jahr
tegmentum/ protective bud scales ***bot*** Tegment, Knospenschuppe, Knospendecke
tegula (tile-shaped structure) Tegula (u.a. Flügelschuppe)

tegular
schuppenartig, dachziegelartig
teichoic acid Teichonsäure
teichuronic acid Teichuronsäure
teliospore/teleutospore *fung*
Teliosore, Teleutospore (Winterspore)
telmatophyte (wet meadow plant)
Telmatophyt
telocentric chromosome
telozentrisches Chromosom
telome Telom
telomere Telomer
telomorphic stage/perfect stage *fung*
Hauptfruchtform
telson (crabs) Telson, Schwanzplatte
temperate/moderate gemäßigt
temperate phage
temperenter Phage
temperate zone/ temperate region *biogeo*
gemäßigte Zone
temperature-dependent
temperaturabhängig
temperature gradient
Temperaturgradient, Temperaturgefälle
temperature gradient gel electrophoresis
Temperaturgradienten-Gelelektrophorese
temperature-sensitive mutation
temperatursensitive Mutation
template Matrize
template slippage *gen*
Verrutschen der Matrize
template strand *gen*
Matrizenstrang, Mutterstrang
temple Schläfe, Schläfenregion
temporal bone/os temporale
Schläfenbein
temporal fenestrae Schläfenfenster
temporal gland (elephant)
Schläfendrüse
temporal lobe/lobus temporalis
Schläfenlappen, Temporallappen
temporal summation
zeitliche Summation
tenacity/cohesiveness
Klebrigkeit, Zähigkeit; Reißfestigkeit, Zugfestigkeit
tenacle/tenaculum Tenaculum
tender/fragile (ecosystem)
empfindlich, zerbrechlich
tendinous sehnig, Sehnen...
tendinous cord Sehnenstrang
tendinous sheath/tendon sheath
Sehnenscheide
tendon Sehne
tendon sheath Sehnenscheide
tendril/cirrus/clasper *bot* Ranke
tendril climber *bot*
Rankenkletterer
tensile strength/ breaking strength (wood)
Zugfestigkeit, Zerreißfestigkeit, Reißfestigkeit
tension/suction/pull (water conductance) *physio*
Zug, Sog (Wasserleitung)
tension wood Zugholz
tentacle Tentakel, Fanghaar
tentacle sheath (ctenophores)
Tentakelscheide
tentacular arm Tentakelarm
tentacular canal (ctenophores)
Tentakelgefäß
tentacular plane Tentakelebene
tentaculates (bryozoans & phoronids & brachiopods)
Tentaculaten, Kranzfühler, Armfühler, Fühlerkranztiere
tentaculiferans/"tentaculates" (Ctenophora) Tentaculiferen, tentakeltragende Rippenquallen
tentorial pit Tentoriumgrube
tentorial ridge/corpus tentorii
Tentoriumbrücke, Corpotentorium
tentorium Tentorium
tepals *bot* Tepalen, gleichartige Blütenhüllblätter
tepidarium/ moderately heated greenhouse
Tepidarium, Gewächshaus mit mittlerer Temperatur
teratogenic teratogen, Missbildungen verursachend
teratogeny Teratogenese (Entstehung von Missbildungen)
teratology Teratologie (Lehre von Missbildungen)
teratoma Teratom

terete (somewhat cylindrical with tapering ends) annähernd cylindrisch/zylindrisch (mit stumpfen Enden); stielrund, walzig
terete *bot* stielrund
tergite/dorsal sclerite *entom* Tergit, Rückenplatte
tergum/back/roof/dorsal plate (consisting of tergites) Tergum, Rückenschild, Rückenteil
terminal *n* (dentrite) Endigung
terminal/terminate endständig
terminal bud *bot* Terminalknospe, Endknospe
terminal bulb (nerve cell) Endknopf
terminal community *ecol* Schlussgesellschaft
terminal differentiation (e.g., skin) terminale Differenzierung (z.B. Haut)
terminal meristem Endmeristem
terminal moraine Frontalmoräne, Stirnmoräne
terminal redundancy *gen* terminale Redundanz
terminal shoot/apical shoot Terminaltrieb, Endtrieb, Gipfeltrieb
termination codon/terminator codon Terminationscodon, Abbruchcodon, Stoppcodon
➢ **premature termination codon (PTC)** vorzeitiges Stoppcodon
terminology Terminologie, Fachbezeichnungen, Fachsprache
terminus (molecule) Terminus, Ende (Molekülende)
termites/Isoptera Termiten, „Weiße Ameisen"
ternate/ternary dreizählig
terpene(s) Terpen (*pl* Terpene)
➢ **diterpenes (C20)** Diterpene
➢ **hemiterpenes (C5)** Hemiterpene
➢ **monoterpenes/terpenes (C10)** Monoterpene, Terpene
➢ **polyterpenes** Polyterpene
➢ **sesquiterpenes (C15)** Sesquiterpene
➢ **triterpenes (C30)** Triterpene
terpenoids Terpenoide
terrace Terrasse
terracing Terrassierung
terrain Terrain, Gelände
terrapins Sumpfschildkröten
terrestrial/land-dwelling terrestrisch, landlebend
terrestrial alga Landalge, Luftalge
terrestrial ecosystem Landökosystem
terrestrial plant Landpflanze
terrestrialization *geol/limn* Verlandung
terricole/geocole/geodyte/soil organism Bodenorganismus
territorial behavior Territorialverhalten
territoriality Territorialität
territory/range Territorium, Revier, Wohnbezirk, Gebiet
tertiary bark/dead outer bark/rhytidome Borke, Rhytidom
tertiary structure (polypeptides) Tertiärstruktur
tertiary swamp forests Braunkohlenwälder
Tertiary Period/Tertiary (geological time) Tertiärzeit, Tertiär, Braunkohlenzeit
tessellate(d)/checkered (leaves) mosikartig gewürfelt
test *n* Test, Probe, Versuch, Messung, Prüfung, Analyse, Nachweis
test *vb* testen, messen, prüfen, untersuchen
test/testa (shell or hard outer covering) Testa; *bot* (seed coat) Samenschale
test medium (for diagnosis) Testmedium, Prüfmedium
test procedure/testing procedure Testverfahren
test tube/glass tube Reagensglas (Reagenzglas)
test-tube baby Retortenbaby
test tube brush Reagensglasbürste
test tube holder Reagensglashalter
test tube rack Reagensglasständer, Reagensglasgestell
testcross *gen* Testkreuzung
➢ **three-point testcross *gen*** Drei-Faktor-Kreuzung
tester Testpartner
testicle/testis (*pl* testes) Hoden, Samendrüse

testicular testikulär, den Hoden betreffend, Hoden...
testicular feminization testikuläre Feminisierung
testis (*pl* testes)/testicle Hoden, Samendrüse
testis-determining factor (TDF) Testis-Determinationsfaktor
testosterone Testosteron
tetanus/lockjaw (*Clostridium tetani*) Tetanus, Wundstarrkrampf
tetanus/spasm Tetanus, Dauerkontraktion
tetrad Tetrade
tetrad analysis Tetradenanalyse
tetraflagellated viergeißlig
tetrahedral tetraedrisch
tetralophodont (with four transverse ridges) tetralophodont, mit vier Querjochen
tetramerous/tetrameric/tetrameral tetramer, vierzählig
tetrandrous *bot* mit vier Staubblättern
tetraparental tetraparental
tetraploid tetraploid
tetravalent vierwertig
tetrodotoxin Tetrodotoxin
Texas fever/red-water fever/ hemoglobinuric fever (babesiosis)(*Babesia* ssp.) Texasfieber
texture (*see* grain) Textur, Struktur, Faser, Fibrillenanordnung (Dichte der Leitelemente in Jahresring), Gefüge (Holz)
thallophyte Thallophyt, Lagerpflanze
thallus (*pl* thalli/thalluses)/thallome Thallus, Lager
thanatosis/feigning death Thanatose, Totstellen, Totstellung
thaw auftauen
thawing Auftauen
Theaceae/tea family/camellia family Teegewächse, Kameliengewächse, Teestrauchgewächse
thebaine Thebain
theca Theka
thecate/armored gepanzert
thecodonts/Thecodontia Urwurzelzähner
theine/caffeine Thein, Koffein
theliogonum family/Theligonaceae Hundskohlgewächse
Thelypteridaceae/marsh fern family Sumpffarngewächse, Lappenfarngewächse
thelytoky/thelyotoky Thelytokie
theobromine Theobromin
Theophrastaceae/Joe-wood family Theophrastaceae
theophylline Theophyllin
theoretic/theoretical theoretisch
theory (*not to be confused with:* hypothesis) Theorie
theory of evolution/ evolutionary theory Evolutionstheorie, Abstammungstheorie, Deszendenztheorie
thermal conductance (*C*) Wärmedurchgangszahl
thermal neutral zone Thermoneutralzone
thermal radiation Wärmestrahlung
thermal soaring Thermiksegelflug, Thermiksegeln
thermal spring Thermalquelle
thermal stability/thermostability Thermostabilität, Hitzestabilität, Hitzebeständigkeit
thermocline Thermokline, Sprungschicht
thermodynamics Thermodynamik
➢ **first law of thermodynamics** 1.Hauptsatz (der Thermodynamik), Energieerhaltungssatz
➢ **second law of thermodynamics** 2.Hauptsatz (der Thermodynamik), Entropiesatz
thermogenesis Thermogenese
thermometer Thermometer
thermophilic wärmesuchend, thermophil
thermophobic hitzemeidend, thermophob
thermostability/thermal stability Thermostabilität, Hitzestabilität, Hitzebeständigkeit
therophyte/annual plant Therophyt, Annuelle, Einjährige (Pflanze)

thiamine (vitamin B$_1$) Thiamin
thicken eindicken
thickener ***tech*** Dickungsmittel
thickening (growth)
Dickenwachstum; Verdickung
thicket/scrub/brush/thick shrubbery
Gestrüpp, Dickicht
thickness of section ***micros***
Schnittdicke
thigh Oberschenkel
thigh bone/femur/os femoris
Oberschenkelknochen, Femur
thigmotaxis (*pl* thigmotaxes)
Thigmotaxis (*pl* Thigmotaxien)
thimble ***lab*** Fingerhut
thin ***adj/adv*** dünn
thin ***vb*** ausdünnen
thin out/prune ***bot/hort/for***
auslichten, zurückschneiden
thin-layer chromatography (TLC)
Dünnschichtchromatographie (DC)
thin section/microsection
Dünnschnitt
thinning Ausdünnen, Ausdünnung
thiourea Thioharnstoff
third eyelid/nictitating membrane
Blinzelhaut, Nickhaut
third-order reaction (kinetics)
Reaktion dritter Ordnung
(Reaktionskinetik)
third stomach/manyplies/
psalterium/omasum
Blättermagen, Vormagen,
Psalter, Omasus
thirst ***n*** Durst; Gier, Verlangen
thirst/crave ***vb***
dürsten, durstig sein; verlangen nach
thirsty durstig
thistle Distel
thistle-like/thistly distelartig
thoracic cavity
Thorakalhöhle, Thorakalraum,
Brusthöhle, Brustraum
thoracic leg Thorakalbein,
Thorakalfuß, Brustbein, Brustfuß
thoracic respiration/costal breathing
Thorakalatmung, Brustatmung
thoracic scale Thorakalschüppchen
thoracic segment/thoracomer
Thoraxsegment, Thoracomer,
Rumpfsegment
thoracic vertebra
Thorakalwirbel, Brustwirbel
thoracopod/thoracic leg
Thorakalfuß, Thorakopode,
Thoracopod, Thoraxbein, Rumpfbein
thorax/breast/chest/pectus
Thorax, Brust, Brustkörper,
Brustkasten, Oberkörper;
(Insekten) Mittelleib
thorn/spine ***bot*** **(*sensu lato*)** Dorn
thorn ***bot***
(sharp-pointed modified branch)
Sprossdorn
thorn woodland Dornwald
thorny/spiny dornig
thorny bush Dornbusch
thorny corals/black corals/
antipatharians/Antipatharia
Dornkorallen, Dörnchenkorallen
thorny-headed worms/
spiny-headed worms/
acanthocephalans/Acanthocephala
Kratzer
thorny shrub
Dornstrauch, Dornenstrauch
thorny thicket/thorny brush
Dorngestrüpp, Dornbuschformation,
Dornstrauchformation
thoroughbred (horse) Vollblut
thread Faden
➤ **chromatin thread**
Chromatinfaden
thread capsule/
urticator/cnida/nematocyst
Nesselkapsel,
Cnide, Cnidoblast, Nematocyste
thread-shaped/filamentous/filiform
fadenförmig, filamentös, trichal
threadlike antenna/
hairlike antenna/filiform antenna
Fadenfühler
threadworms/horsehair worms/
hairworms/nematomorphans/
nematomorphs/Nematomorpha
Saitenwürmer
threadworms
(causing strongyloidiasis)
(*Strongyloides* spp.)
Zwergfadenwurm
threat Drohung
threat behavior Drohverhalten

threat yawn/threat gape ***ethol*** Drohgähnen
threaten drohen
threatened bedroht
threatening gesture/ threating gesture Drohgebärde, Drohmimik
threatening posture Drohhaltung
three-dimensional structure/ spatial structure Raumstruktur, räumliche Struktur
three-field rotation/ three-year rotation/ three-field system Dreifelderwirtschaft
three-letter code ***gen*** Dreibuchstabencode
three-point testcross ***gen*** Drei-Faktor-Kreuzung
threonine Threonin
thresh dreschen
threshold Schwelle (z.B. Reizschwelle/ Geschmacksschwelle etc.)
threshold current ***neuro*** Schwellenstrom
threshold effect Schwelleneffekt
threshold potential (firing level) ***neuro*** Schwellenpotenzial (kritisches Membranpotenzial)
threshold trait Schwellenmerkmal
threshold value Schwellenwert
thrips/Thysanoptera Thripse, Fransenflügler, Blasenfüße
thrive/flourish gedeihen, florieren
thriving gedeihend
throat ***zool*** Kehle, Hals
throat ***bot*** **(flower)** Schlund, Blütenschlund
throatlatch (horse) Kehlgang
thrombin Thrombin
thrombocyte/platelet Thrombozyt, Thrombocyt, Plättchen, Blutplättchen
throttle ***n zool*** Kehle, Gurgel, Trachee, Luftröhre
throttle ***vb*** würgen, abwürgen, ersticken, erdrosseln, unterdrücken; drosseln
throughput Durchsatz, Durchsatzmenge
thrust ***n phys*** Vortrieb, Anschub, Schub, Schubkraft
thumb/pollex Daumen, Pollex
thunderstorm ***meteo*** Gewitter, Unwetter
thurl (hip joint in cattle) Hüftgelenk
thylakoid Thylakoid
Thymelaeaceae/mezereum family/ daphne family Spatzenzungengewächse, Seidelbastgewächse
thymic corpuscle/Hassall's corpuscle Hassall-Körperchen
thymine Thymin
thymine dimer Thymindimer
thymus (gland) Thymus, Thymusdrüse, Bries (Halsthymus/Brustthymus)
thyroid *see* thyroid gland
thyroid hyperfunction Schilddrüsenüberfunktion
thyroid hypofunction Schilddrüsenunterfunktion
thyroid cartilage/cartilago thyreoidea Schildknorpel
thyroid gland/thyreoidea Schilddrüse
thyroliberin/ thyreotropin releasing hormone/ factor (TRH/TRF) Thyroliberin, Thyreotropin-Freisetzungshormon (TRH/TRF)
thyrotropin/thyroid-stimulating hormone (TSH) Thyreotropin, Tyrotropin, thyreotropes Hormon (TSH)
thyroxine (T_4) **(*also:* thyroxin)/ tetraiodothyronine** Thyroxin
thyrse/thyrsus (inflorescence) Thyrse, Thyrsus
thysanurans (bristletails & silverfish) Thysanuren (Felsenspringer & Silberfischchen etc.)
tibia/shinbone/shank bone Tibia, Schienbein
tibia (arthropods) Tibia, Schiene
tibiotarsus (birds) Tibiotarsus, Unterschenkelknochen
tick(s)/Ixodides Zecken
tick-borne encephalitis Zeckenenzephalitis

tick spiders/ricinuleids/Ricinulei/ Podogona Kapuzenspinnen
tidal channel/tidal flat channel Wattrinne
tidal creek (in tidal flat channel) Priel
tidal current Gezeitenströmung, Gezeitenstrom
tidal flat/tide flat/tideflat/tideland Watt
tidal lift Tidenhub
tidal pool/tidepool Gezeitentümpel, Gezeitenpfütze
tidal rhythm Gezeitenrhythmik, tidale Rhythmik
tidal volume Atemzugvolumen
tidal wave Gezeitenwelle; (seismic wave) Flutwelle
tidal zone/intertidal zone/ littoral zone Tidebereich, Gezeitenzone (Eulitoral)
tidbitting/feeding lure *ethol* Futterlocken
tide(s) Tide(n), Gezeiten
➤ **high tide/flood** Flut, Tide
➤ **low tide** Ebbe
➤ **neap tide** Nipptide
➤ **spring tide** Springtide, Springflut
tideflat/tide flat/tidal flat/tideland Watt
tidepool/tidal pool Gezeitentümpel, Gezeitenpfütze
tideway Priel
Tiedemann's body Tiedemannscher Körper, schwammiger Körper
tier Etage, Stockwerk
➤ **arranged in tiers** etagenförmig, etagiert, stockwerkartig angelegt
tigelle/tigellum *bot* Keimstengel
tiger sharks/catsharks & sand sharks & requiem sharks & hammerheads and others/Galeomorpha/ Carcharhiniformes echte Haie
tight junction (zonula occludens) Tight junction, Kittleiste, Verschlusskontakt, Schlussleiste, Engkontakt
tigrolysis (breakdown of ribosomes) Tigrolyse
Tiliaceae/linden family/ lime tree family Lindengewächse
till/cultivate (plowing/sowing/raising crops) bearbeiten, bestellen, bebauen
till/glacial till *n* (unstratified glacial drift) Gletscherschutt, Gletschergeröll, Geschiebemergel (Moräne)
till/turn up the soil/plow *vb* Boden umgraben, pflügen
tillage/cultivation/farming Bodenbestellung, Ackern, Ackerbau
tillage/farmland/arable land Ackerland
tillage farming Pflugbau, wendende Bodenbearbeitung
tiller/shoot/side shoot (esp. flowering shoot of grasses) Schössling, Trieb, Spross, Seitentrieb
tiller/stalk/sprout (from base) Bestockungstrieb
tillering/sprouting (at base) Bestockung, Bestaudung, Seitentriebbildung
tilth/cultivated land Ackerland
tilth/state of aggregation (soil) Anbaufähigkeit/Garezustand/Tiefe des bestellten Bodens
timbal/tympanum (cicadas) *entom* Trommelorgan
timber/lumber (structural) Bauholz, Nutzholz, Brauchholz
➤ **crude timber/crude wood** Derbholz
timber industry holzverarbeitende Industrie
timber yield Holzertrag
timberline/tree line Baumgrenze
time horizon *geol* Zeithorizont
tin (Sn) Zinn
tinamous/Tinamiformes Steißhühner
tinsel flagellum/ flimmer flagellum/ pleuronematic flagellum Flimmergeißel

tissue/cell association Gewebe
- **areolar tissue** lockeres Bindegewebe
- **BALT (bronchus/bronchial/ bursa-associated lymphoid tissue)** bronchusassoziiertes lymphatisches Gewebe, bronchienassoziiertes lymphatisches Gewebe
- **bone tissue/ bony tissue/osseous tissue** Knochengewebe
- **bothryoidal tissue (hirudinids)** Bothryoidgewebe
- **cartilaginous tissue** Knorpelgewebe
- **cavernous tissue/ cavernous bodies/erectile tissue** Corpora cavernosa, Schwellkörper
- **chondroid tissue/pseudocartilage** chondroides Gewebe, Knorpelgewebe (Parenchymknorpel)
- **compact tissue/compact bone** Kompakta
- **conducting tissue/vascular tissue** Leitgewebe
- **conjunctive tissue (monocots)** Bindegewebe
- **connective tissue** Bindegewebe
- **dermal tissue/ boundary tissue/exodermis** Abschlussgewebe
- **epithelial tissue** Epithelgewebe
- **erectile tissue/cavernous tissue/ cavernous bodies** Schwellkörper, Corpora cavernosa
- **excretory tissue/secretory tissue** Ausscheidungsgewebe
- **expansion tissue** mechanisches Gewebe, Expansionsgewebe
- **false tissue/paraplectenchyma/ pseudoparenchyma** Scheingewebe, Pseudoparenchym
- **fatty tissue/adipose tissue** Fettgewebe
- **fibrous tissue/white fibrous tissue** fibröses Bindegewebe
- **fundamental tissue/ ground tissue/parenchyma** Grundgewebe, Parenchym
- **GALT (gut-associated lymphatic tissue)** darmassoziiertes lymphatisches Gewebe
- **glandular tissue** Drüsengewebe
- **ground tissue/ fundamental tissue/parenchyma** Grundgewebe, Parenchym
- **MALT (mucosa-associated lymphoid tissue)** schleimhautassoziiertes lymphatisches Gewebe)
- **mechanical tissue/ supporting tissue** mechanisches Gewebe
- **muscular tissue** Muskelgewebe
- **nerve tissue/nervous tissue** Nervengewebe
- **nutrient tissue** Nährgewebe
- **osseous tissue/ bone tissue/bony tissue** Knochengewebe
- **parenchyma/ parenchymatous tissue/ ground tissue/fundamental tissue** Parenchym, Grundgewebe
- **permanent tissue/ secondary tissue** Dauergewebe
- **resistance tissue (fruit)** Widerlagergewebe
- **scar tissue/cicatricial tissue** Wundgewebe
- **secretory tissue** Sekretionsgewebe, Absonderungsgewebe, Abscheidungsgewebe
- **storage tissue** Speichergewebe
- **supporting tissue** ***bot*** **(collenchyma/sclerenchyma)** Stützgewebe, Festigungsgewebe
- **vascular tissue/conducting tissue** Leitgewebe
- **wound tissue/callus** Wundgewebe, Kallus, Callus

tissue culture Gewebekultur
tissue culture flask Gewebekulturflasche, Zellkulturflasche
tissue extract Gewebeextrakt
tissue factor Gewebefaktor
tissue fluid Gewebsflüssigkeit

tissue graft/tissue transplant Gewebetransplantat
tissue rejection Gewebeabstoßung
titer Titer
titin Titin
titrant Titrationsmittel, Titrant
titrate titrieren
titration curve Titrationskurve
TLC (thin-layer chromatography) DC (Dünnschichtchromatographie)
TLV (Threshold Limit Value) Schwellenwert, Grenzwert
toadfishes/Batrachoidiformes Froschfische
toads Kröten
tobacco mosaic virus Tabakmosaik-Virus
tobira family/pittosporum family/ parchment-bark family/ Pittosporaceae Klebsamengewächse
tocopherol (vitamin E) Tocopherol, Tokopherol
toe Zeh, Zehe; (*see also:* spur: rotifers)
➢ **big toe/great toe/hallux** großer Zeh, große Zehe, Hallux
➢ **small toe** kleiner Zeh
➢ **zygodactyl toe/ zygodactylous toe** ***orn*** Wendezehe
toenail Zehennagel, Fußnagel
togetherness Gemeinsamkeit (Zusammensein)
toggle on/off an-/ausschalten
token stimulus ***ethol*** auslösender Reiz
tolerance Toleranz, Widerstandsfähigkeit; Verträglichkeit; Fehlergrenze, zulässige Abweichung, Spielraum
➢ **acquirement of tolerance** Gewöhnung
tolerance dose Toleranzdosis, zulässige Dosis
tolerance limit Toleranzgrenze
tolerogen Tolerogen
toluene Toluol, Toluen
tom (male animal) männliches Tier; (male turkey) männlicher Truthahn
tomcat (male domestic cat) Kater
tomentose filzig
tomography Tomographie, Tomografie
➢ **computed tomography (CT)** Computertomographie
➢ **positron emission tomography (PET)** Positronenemissionstomographie
tone Tonus
➢ **muscle tone** Muskelspannung, Muskeltonus
tongs ***lab*** Laborzange
➢ **beaker tongs** Becherglaszange
➢ **crucible tongs** Tiegelzange
tongue/glossa/lingua Zunge, Glossa, Lingua
➢ **aglossate/without tongue** zungenlos, ohne Zunge
➢ **ballistic tongue (frogs/chameleons)** Schleuderzunge
➢ **ranine (referring to undersurface of tongue)** Unterzungen...
➢ **sticky tongue** Klebzunge
tongue bar/secondary bar Zungenbogen, Zwischenbogen
tongue flicking (snakes) züngeln
tongue grafting/whip grafting/ whip-and-tongue grafting ***hort*** Kopulation mit Gegenzunge (Pfropftechnik)
tongue-shaped/linguiform/ligular/ oblanceolate zungenförmig
tongue-worms/linguatulids/ pentastomids/Pentastomida Zungenwürmer, Linguatuliden, Pentastomitiden
tonic ***n*** Tonikum, Stärkungsmittel
tonic tonisch; stärkend, belebend
tonicity Tonus, Spannungszustand; Spannkraft
tonofilament Tonofilament
tonoplast Tonoplast
tonsil Tonsille, Mandel
➢ **lingual tonsil/tonsilla lingualis** Zungenmandel
➢ **palatine tonsil/tonsilla palatina** Gaumenmandel
➢ **pharyngeal tonsil/ tonsilla pharyngealis** Rachenmandel
tonus/tonicity/tone Tonus, Spannungszustand; Spannkraft

tooth (*pl* teeth) Zahn (*pl* Zähne)
> **canine/canine tooth** Eckzahn
> **cardinal tooth (bivalves)** Hauptzahn
> **carnassial tooth/fang (carnivores)** Reißzahn, Fangzahn, Fang
> **cheek tooth** Backenzahn
> **deciduous tooth/milk tooth/ first tooth/primary tooth** Milchzahn
> **egg tooth (reptiles)** Eizahn, Eischwiele
> **eyetooth (canine tooth of upper jaw)** Augenzahn (oberer Eckzahn)
> **front tooth/incisor** Vorderzahn, Schneidezahn, Beißzahn
> **gnawing teeth** Nagezähne
> **grinding tooth** Mahlzahn
> **hinge teeth (bivalves)** Schlosszähne
> **incisor/front tooth** Schneidezahn, Vorderzahn, Beißzahn
> **milk tooth/deciduous tooth/ first tooth/primary tooth** Milchzahn
> **molar (multicuspid tooth)/grinder** Molar, Backenzahn
> **peg teeth** Stiftzähne
> **permanent tooth** bleibender Zahn
> **poison tooth/venom tooth/fang (snakes)** Giftzahn
> **premolar (bicuspid tooth)** Prämolar, vorderer Backenzahn
> **sabre tooth/saber tooth** Säbelzahn
> **sweet tooth** „Leckermaul", Vorliebe für Leckereien/Süßigkeiten
> **tribosphenic/trituberculate** tribosphenisch, trituberkulat
> **tusk (large teeth)** Stoßzahn, Hauer (z.B. Eber)
> **venom tooth/poison tooth/fang (snakes)** Giftzahn
> **wisdom tooth/third molar** Weisheitszahn, dritter Molar
> **wolf tooth/remnant tooth (horse: 1. premolar)** Wolfszahn

tooth bud Schmelzknospe
tooth decay Zahnfäule; (cavities) Karies
tooth fungus family/Hydnaceae Stachelpilze, Stachelinge
tooth germ Zahnanlage, Zahnkeim
tooth replacement Zahnersatz
tooth row/arcade Zahnreihe
tooth shells/tusk shells/ scaphopods/scaphopodians (spade-footed mollusks)/ Solenoconchae/Scaphopoda Kahnfüßer, Grabfüßer, Scaphopoden
tooth socket/ dental alveolus/alveolar cavity Zahnfach, Zahnalveole
toothed/dentate gezähnt
toothed fungus Stachelpilz
toothed whales & porpoises & dolphins/Odontoceti Zahnwale
toothless/edentate zahnlos
top fermenting (brewing) obergärig
> **bottom fermenting (brewing)** untergärig

top grafting/top working *hort* Astpfropfung, Astveredlung
topiary *hort* Formbaum, Formstrauch (auch Zierschnitt)
topogenic/topogenous topogen
topotype Topotypus, Topotyp, Topostandard
topsoil (zone of leaching/eluviation) Oberboden, Krume, Bodenkrume, Bodendeckschicht, oberer Mineralhorizont
torchwood family/ incense tree family/ frankincense tree family/ Burseraceae Balsambaumgewächse
tormogen cell (socket-forming cell) (arthropod integument) tormogene Zelle, Balgzelle
tornado/whirlwind (particularly: North America) Tornado, Wirbelsturm (*see also:* cyclone)
tornaria larva Tornaria-Larve

torose (having fleshy swellings) höckerförmig, knötchenförmig, wulstartig
torpor Torpor, Starre, Kältestarre, Winterstarre
torsion Torsion, Drehung
torsion strength/torsional strength (wood) Drehfestigkeit
torted ***neuro*** gedreht (Torsion der Nervenstränge)
tortoise shell/turtle shell Schildpatt
tortoises Landschildkröten
tortuous gewunden, gedreht
torus (*pl* tori) (of wood-cell pit) *bot* Torus, Tüpfelschließhautverdickung
torus/footpad *zool* Fußballen
torus/protuberance/projection Wulst, runde Erhebung; Schwellung
torus/receptacle/receptaculum *bot* Torus, Rezeptakel, Rezeptakulum, Blütenbasis, Blütenachse, Blütenboden
total biomass Gesamtbiomasse
total cleavage totale Furchung
total germ count/total cell count Gesamtkeimzahl
total magnification/ overall magnification Gesamtvergrößerung
total organic carbon (TOC) organischer Gesamtkohlenstoff (organisch gebunden)
total population Gesamtpopulation
totipalmate swimmers: pelicans and allies/Pelecaniformes Ruderfüßer, Ruderfüßler
touch *n* Berührung
touch/boarder *vb* berühren, tasten
touch-me-not family/ jewelweed family/ balsam family/Balsaminaceae Balsaminengewächse, Springkrautgewächse
touching/boardering/contiguous berührend, angrenzend
tough/rigid zäh, hart
toughness/hardness Zähigkeit, Härte
toxic/poisonous toxisch, giftig
➢ **cytotoxic** cytotoxisch, zytotoxisch
➢ **extremely toxic (T+)** sehr giftig
➢ **fetotoxic** fetotoxisch
➢ **hepatotoxic** leberschädigend, hepatotoxisch
➢ **highly toxic** hochgiftig
➢ **moderately toxic** mindergiftig
➢ **neurotoxic** neurotoxisch
➢ **nontoxic/not poisonous** nicht toxisch, ungiftig
➢ **phytotoxic** phytotoxisch, pflanzenschädlich
toxic agent Giftstoff
toxic to reproduction (T) fortpflanzungsgefährdend, reproduktionstoxisch
toxic waste/poisonous waste Giftmüll
toxicity/poisonousness Toxizität, Giftigkeit
toxicology Toxikologie
toxiglossate radula (hollow radula teeth) toxoglosse Radula, Pfeilzunge (hohl)
toxin/poison Toxin, Gift
➢ **antitoxin/antidote/antivenin** Antidot, Gegengift, Gegenmittel (tierische Gifte)
➢ **cytotoxin** Zellgift, Zytotoxin, Cytotoxin
➢ **mycotoxin** Mykotoxin
➢ **respiratory toxin/fumigants** Atemgifte, Fumigantien
➢ **suspected toxin** Verdachtsstoff
toxoid vaccine Toxoidimpfstoff, Toxoidvakzine
toxophore (butterfly larvae) Toxophorium (Schmetterlingsraupen: Brenn- und Gifthaare)
toxoplasmosis (*Toxoplasma gondii*) Toxoplasmose
trace/follow up on s.th. *vb* verfolgen, erforschen, nachgehen, ausfindig machen
trace/remains/remainder *n* (meist *pl* remains) Spur, Überrest (meist *pl* Überreste)

trace/track ***n zool*** Spur, Fährte
trace ***n bot*** **(leaf/branch)** Spur (Blattspur/Astspur)
trace analysis Spurenanalyse
trace element/ microelement/micronutrient Spurenelement, Mikroelement
trace fossil/ichnofossil Spurenfossil, Ichnofossil
➢ **crawling traces/repichnia** Kriechspuren
➢ **dwelling structures/domichnia** Wohnbauten
➢ **escape traces/fugichnia** Fluchtspuren
➢ **feeding burrows/fodinichnia** Fressbauten
➢ **grazing traces/pascichnia** Weidespuren
➢ **predation traces/praedichnia** Jagdspuren, Verfolgerspuren
➢ **resting traces/cubichnia** Ruhespuren
➢ **tracks/gradichnia** Schreitfährten
tracer Tracer, Markierungssubstanz, Markierung, Indikatorsubstanz, Indikator
tracer enzyme Leitenzym
tracer method Tracer-Methode
trachea/vessel ***bot*** Trachee, Gefäß
trachea ***zool*** **(*pl* tracheas/tracheae) (windpipe)/breathing tube** Trachee, Luftröhre, Atemröhre
➢ **sieve trachea** ***arach*** Siebtrachee
➢ **tube trachea** ***arach*** Röhrentrachee
tracheal capillary/tracheole Tracheole
tracheal cartilage/tracheal ring Trachealknorpel, Knorpelspange der Luftröhre, Trachealring
tracheal gill Tracheenkieme
tracheal ring/tracheal cartilage Trachealring, Trachealknorpel, Knorpelspange der Luftröhre
tracheal spiracle Tracheenstigma (Spiraculum)
tracheary elements/xylem Holzteil, Gefäßteil, Xylem
tracheates/Tracheata Tracheentiere
tracheid ***bot*** Tracheide
tracheole/tracheal capillary Tracheole
tracheophyte/vascular plant Tracheophyt, Gefäßpflanze
trachymedusas/trachyline medusas/ Trachymedusae Trachylina
track/pathway/course Pfad, Weg, Bahn, Route
track/trail/trace/scent Fährte, Spur
tracking dye ***electrophor*** Farbmarker
tract Trakt, Kanal (System); Bahn, Strang
➢ **digestive tract/digestive canal/ alimentary tract** Verdauungstrakt, Verdauungskanal
➢ **feather tract/pteryla** Federflur, Pteryla
➢ **gastrointestinal tract** Gastrointestinaltrakt, Magen-Darm-Trakt
➢ **nerve tract (band/bundle/system of nerve fibers)** Nervenbahn
➢ **olfactory tract/tractus olfactorius** Riechbahn
➢ **one-way digestive tract** durchgängiger Verdauungstrakt
➢ **pyramid tract/corticospinal tract** Pyramidenbahn (verlängertes Rückenmark)
➢ **respiratory tract** Respirationstrakt, Atemwege, Luftwege
➢ **urinary tract** Harnwege
➢ **urogenital tract** Urogenitaltrakt, Urogenitalsystem (Harn- & Geschlechtsorgane)
trade winds/trades Passatwinde
tragus (small eminence in ear of bats) Tragus, Höcker, Ohrmuschelfortsatz, Ohrklappe
trail Weg, Pfad
trail line ***arach*** Wegfaden
➢ **broad trail line** ***arach*** breiter Schleppfaden
trail pheromone/trail substance Spurpheromon
trailer segment ***gen*** Trailer-Sequenz
trailing flagellum Schleppgeißel
train ***hort*** (am Spalier etc.) ziehen, wachsen lassen

train oil/fish oil (also from whales) Tran, Fischöl
training/form pruning *hort* Erziehungsschnitt
trait/characteristic/feature Merkmal; *ethol* Charakterzug
➢ **"have the trait" (to be a carrier/ to be heterozygous) *gen*** Träger sein, heterozygot sein
➢ **hereditary trait** Erbmerkmal
trama (of fungal gill)/dissepiment Trama (Lamellentrama)
tramal plate Tramaplatte
trample burr *bot* Trampelklette
trans-Golgi network trans-Golgi-Netzwerk
transadenylation Transadenylierung
transamination Transaminierung
transcribe *gen* transkribieren
transcript *gen* Transkript
transcript analysis Transkriptionsanalyse
transcript sequencing Transkript-Sequenzierung
transcription *gen* Transkription
➢ **3'→5' (three prime five prime/ three prime to five prime)** 3'→5' (drei Strich-fünf Strich/ drei Strich nach fünf Strich)
➢ **divergent transcription** divergente Transkription
transcription factor Transkriptionsfaktor
transcription fusion Transkriptionsfusion
transcriptome Transkriptom
transcriptomics Transkriptomik
transcytosis Transcytose
transdifferentiation/plasticity Transdifferenzierung, Plastizität
transducer Wandler
transduction *gen* Transduktion
➢ **abortive transduction** abortive Transduktion
➢ **specialized transduction** spezielle Transduktion
transduction mapping *gen* Transduktionskartierung
transect/cut through *vb* durchschneiden
transect *n ecol* Transekt
➢ **belt transect** Gürteltransekt
➢ **line transect** Linientransekt
➢ **profile transect/stratum transect** Profiltransekt
transection (cutting through) Durchschnitt
transfection *gen/micb* Transfektion
➢ **abortive t.** abortive Transfektion
transfer *n* Transfer, Übertragung
transfer *vb* transferieren, übertragen
transfer cell Transferzelle
transfer host/paratenic host Transportwirt, paratenischer Wirt, Sammelwirt, Stapelwirt
transfer loop *lab/micb* Transferöse, Übertragungsöse
transfer pipet/volumetric pipet Vollpipette, volumetrische Pipette
transfer rate Übertragungsgeschwindigkeit, Transferrate
transfer RNA (tRNA) Transfer-RNA (tRNA)
transformation Transformation, Umwandlung
transformation mapping Transformationskartierung
transformation series Transformationsreihe
transformed cell transformierte Zelle
transforming principle transformierendes (aktives) Prinzip
transgenic transgen
transgenic animal transgenes Tier
transgenic plant transgene Pflanze
transhumance/ seasonal livestock movement Transhumanz
transient expression vector *gen* transienter Expressionsvektor
transillumination/ transmitted light illumination Durchlicht
transition/developmental transition Transition, Übergang, Entwicklungsübergang
transition phase Übergangsphase
transition state (enzyme kinetics) Übergangszustand

transition zone/transitional region (root to shoot)
Übergangszone (Wurzel zu Spross)
transitional epithelium
Übergangsepithel
transitional fossil Übergangsfossil
transitory bog
Übergangsmoor, Zwischenmoor
transitory form/ transient/intermediary form
Übergangsform
translate
übersetzen; *gen* translatieren
translation
Übersetzung; *gen* Translation
➢ **hybrid-arrested translation (HART)** ***gen*** hybridarretierte Translation
➢ **hybrid-release translation (HRT)** ***gen*** Hybridfreisetzungstranslation
➢ **reverse translation *gen***
reverse Translation
translation fusion Translationsfusion
translational motion
Translationsbewegung
translator *bot* (part of gynostegium with caudicles and adhesive body)
Translator
translocation
Verlagerung; *gen* Translokation
translucent/pellucid
durchscheinend
transmembrane protein
Transmembranprotein
transmissible/communicable
übertragbar
transmissible/heritable vererbbar
transmissible disease/ communicable disease
übertragbare Krankheit
transmission Transmission, Übertragung (z.B. Krankheit), Übermittlung (z.B. Reizimpuls), Weiterreichen;
gen Vererbung (Erbmerkmale)
➢ **horizontal transmission**
horizontale Transmission
➢ **nonpersistent t. *vir***
nicht-persistente Übertragung
➢ **vertical transmission**
vertikale Transmission, vertikale Übertragung

transmission electron microscopy (TEM)
Transmissions-elektronenmikroskopie, Durchstrahlungs-elektronenmikroskopie
transmission genetics
Vererbungslehre
transmission of disease
Krankheitsübertragung
transmission of signals/ impulse propagation
Erregungsleitung
transmit/pass on
übermitteln, übertragen, weiterleiten, weiterreichen; *gen* (passing on of hereditary traits) vererben
transmitter Transmitter, Überträger; *biochem/neuro* Überträgerstoff
transmitter of disease
Krankheitsüberträger
transphosphorylation
Transphosphorylierung
transpiration Transpiration; *zool* (Haut)Ausdünstung, Schweiß, Absonderung
transpiration coefficient
Transpirationskoeffizient
transpiration pathway
Transpirationsweg
transpiration pull/tension
Transpirationssog, Transpirationszug
transpiration stream
Transpirationsstrom
transpire *vb*
bot transpirieren; *zool* ausdünsten, schwitzen, absondern
transplant/graft *n* Transplantat
transplant/replant *vb bot*
umpflanzen, versetzen, verpflanzen, pikieren
transplant *vb zool*
transplantieren, verpflanzen
transplantation
Transplantation, Verpflanzung
transport *vb* transportieren
transport/transportation Transport
➢ **active/uphill transport**
aktiver Transport
➢ **coupled transport/co-transport**
gekoppelter Transport

transport protein
Transportprotein
transposable element *gen*
transponierbares Element
transposition Transposition, Umstellung, Umgruppierung
transposon Transposon
transverse
schräg, diagonal, Quer...
transverse canal (ctenophores)
Transversalgefäß
transverse process of vertebra/ processus transversus
Querfortsatz
transverse section/cross section
Hirnschnitt, Querschnitt
transverse tubule/T-tubule
Transversalkanal, T-Kanal
transversion Transversion
trap *n* Falle
trap *vb* fangen (in einer Falle), einfangen; abfangen (Gase)
trap blossom/trap flower/ prison flower
Fallenblume, Fallenblüte
trap door *arach* Falltür
trap leaf *bot* Fallenblatt
Trapaceae/ water chestnut family
Wassernussgewächse
trapezium bone/ greater multangular bone
großes Vieleckbein
trapezoid bone/ lesser multangular bone
kleines Vieleckbein
trapper Trapper, Pelztierjäger
traumatic parenchyma
Wundparenchym
tray reactor (bioreactor)
Gärtassenreaktor
tread/cocktread/germ disk/"eye"
Hahnentritt, Fruchthof, Keimscheibe
tread *vb* (rooster)
treten (begatten: Hahn)
treading/kneading (milk elicitation movement)
Milchtritt
treadle/chalaza
Hagelschnur, Chalaze

tree Baum
➢ **arbuscule (tree-like small shrub/dwarf tree)**
Bäumchen, baumartiger Strauch, niedriger Baum
➢ **broadleaf tree (*pl* broadleaves)/ hardwood**
Laubbaum (*pl* Laubbäume)
➢ **bronchial tree/arbor bronchialis *zool/anat*** Bronchialbaum
➢ **coniferous tree/conifer/ softwood tree** Nadelbaum
➢ **crown rosette tree (terminally tufted leaves)**
Schopfbaum
➢ **forest tree** Forstbaum
➢ **fruit tree/fruit-bearing tree**
Obstbaum
➢ **hardwood tree/hardwood**
Laubbaum (speziell: Angiospermen)
➢ **park tree** Parkbaum
➢ **snag (standing dead tree)**
toter Baum, Baumstumpf (stehender toter Baum)
➢ **softwood tree/ coniferous tree/conifer**
Nadelbaum
➢ **standard (tree stem)**
Hochstamm
tree/phylogenetic tree *phyl/clad*
Baum, Stammbaum
➢ **additive tree** additiver Baum
➢ **binary tree** binärer Baum
➢ **chronogram** Chronogramm
➢ **cladogram (additive tree)**
Cladogramm (additiver Baum)
➢ **consensus tree**
Konsensusbaum
➢ **dendrogram (ultrametric tree)**
Dendrogramm (ultrametrischer Baum)
➢ **family tree (evolutionary tree/ phylogenetic tree)**
Stammbaum
➢ **genetic tree/gene tree (gene genealogy)**
Genbaum, Genstammbaum
➢ **pedigree** Stammbaum
➢ **phenogram** Phänogramm
➢ **phyletic tree** phyletischer Baum

➢ **phylogenetic tree/ evolutionary tree** phylogenetischer Baum, Stammbaum
➢ **phylogram/phylogenetic tree (metric tree)** Phylogramm, phylogenetischer Baum (metrischer Stammbaum)
➢ **rooted (unrooted)** gewurzelt (ungewurzelt)
➢ **ultrametric tree** ultrametrischer Baum

tree-dwelling/living in trees/ arboreal/arboricolous baumbewohnend
tree farm/tree plantation Forst, Wirtschaftswald, Baumplantage
tree fern Baumfarn
tree fern family/cyathea family/ Cyatheaceae Becherfarne, Baumfarne
"tree hugger" Ökofreak, Naturfreak
tree line/timberline Baumgrenze
tree of life ***phyl*** Baum des Lebens, Stammbaum des Lebens
tree pruning Baumschnitt
tree resin Baumharz
tree savanna Baumsavanne
tree search ***phyl*** Baumsuchverfahren
tree shrews/Scandentia Spitzhörnchen
tree stand/stand of trees/ number of trees Baumbestand
tree stratum Baumschicht
tree stump/stub/"stool" Baumstumpf, Stock, Stumpen, Stubbe, Stubben
treeless baumlos
treelike/arboreal baumartig
treetop/crown Krone, Baumkrone, Gipfel, Baumgipfel, Wipfel, Baumwipfel, Stammkrone
trellis/espalier Spalier
trema/hole/orifice Trema, Loch, Öffnung
tremble/vibrate zittern, vibrieren
tremble dance/trembling dance (bees) Zittertanz
trembling/vibration Zittern, Vibration
trench/ditch/furrow Graben, Einschnitt, Furche
➢ **deep-sea trench** Tiefseegraben

triandrous mit drei Staubblättern
triangle (insect wing) Triangulum, Dreieck, Analdreieck
triangular bone/triquestral bone/ os triquestrum Dreiecksbein
triangulation number ***vir*** Triangulationszahl
Triassic Period/Triassic (geological time) Triaszeit, Trias
tribe Tribus (*pl* Triben), Sippe
tributary Zufluss
tricarboxylic acid cycle (TCA cycle)/ citric acid cycle/Krebs cycle Tricarbonsäure-Zyklus, Citrat-Zyklus, Citratcyclus, Zitronensäurezyklus, Krebs-Cyclus
trichina worm (*Trichinella spiralis*) Trichine
trichinosis Trichinose
trichobezoar/pilobezoar/hairball Trichobezoar, Pilobezoar, Haarball
trichobothrium Trichobothrium, Becherhaar
trichocyst/trichite (ciliates) Tricocyste
trichogen cell (seta-forming cell: arthropod integument) trichogene Zelle (haarbildend)
trichogyne Trichogyne, Empfängnishyphe
Tricholoma family/Tricholomataceae Ritterlinge
trichome Trichom; *zool* unechtes Haar; *bot* Pflanzenhaar
➢ **absorbing trichome (bromeliads)** Saugschuppe, Schuppenhaar
➢ **multicellular glandular trichome/ colleter** Drüsenzotte, Leimzotte, Colletere

trickle rieseln
trickle irrigation/drip irrigation Tropfbewässerung, Tröpfchenbewässerung, Rieselbewässerung
trickling filter Tropfkörper (Tropfkörperreaktor/ Rieselfilmreaktor)

trickling filter reactor (bioreactor) Tropfkörperreaktor, Rieselfilmreaktor
tricolpate tricolpat
tricuspid *n* Backenzahn
tricuspid(ate) dreizipflig
tricuspid valve (heart) Trikuspidalklappe
tridactyl(ous)/tridigitate tridactyl, dreizehig
tridactyly/tridactylism Tridactylie, Dreizehigkeit
trifid dreispaltig
trifoliate dreiblättrig
trifoliolate dreiblättrig gefiedert
trigger/elicitate (a reaction) auslösen
trigger/elicitor Auslöser, Elicitor
trigger hair/sensitive hair Reizhaar, Fühlhaar
trigger plant family/Stylidiaceae Säulenblumengewächse, Stylidiumgewächse
trigger zone Triggerzone
triggering/elicitation (of a reaction) Auslösung (einer Reaktion)
trigone/triangle Dreieck
triiodothyronine (T_3) Triiodthyronin
trill/warble trillern
trillium family/Trilliaceae Einbeerengewächse, Dreiblattgewächse
trilobites Trilobiten, Dreilapper
trilophosaurs/trilophosaurians (Triassic archosauromorphs)/ Trilophosauria Dreijochzahnechsen
trim/crop ***zool/agr*** **(fur)** stutzen, abschneiden (Fell)
trim/prune ***bot*** trimmen, zuschneiden, beschneiden, zurückschneiden, stutzen, einkürzen
trimerous trimer, dreiteilig
trimester/trimenon (pregnancy) Trimester
trimitic trimitisch
trimming shears Trimmschere
trinocular head ***micros*** Trinokularaufsatz, Tritubus
trinucleotide expansion Trinucleotid-/ Trinukleotidexpansion, -verlängerung
trinucleotide repeat Trinucleotid-Wiederholung, Trinukleotid-Wiederholung
trip-line/barrier thread ***arach*** Stolperfaden
tripartite dreiteilig, dreigeteilt
tripartite mating ***gen*** Dreifachpaarung
tripe(s) (***esp.*** **ox)** Kutteln, Kaldaunen, Gekröse
triphasic triphasisch
tripinnate (three times pinnate) dreifach gefiedert
triple bond ***chem*** Dreifachbindung
triplet binding assay Triplettbindungsversuch
triplet sequences ***gen*** Triplettsequenzen
triploid triploid
triploidy Triploidie
triplostemonous triplostemon
tripod ***lab*** Dreifuß, Dreibein
triquestral bone/triangular bone/ os triquestrum Dreiecksbein
triramous/three-branched dreiästig verzweigt
trisomic ***gen*** trisom
trisomy ***gen*** Trisomie
trisomy rescue Korrektur einer Trisomie
triterpenes (C30) Triterpene
tritiate tritiieren, mit Tritium markieren
tritocerebrum (insects) Tritocerebrum, Hinterhirn
triturate zerreiben, zermahlen
triturating mill/gastric mill Magenmühle
trituration Zermahlen, Zerreibung, Pulverisierung
trivalency Dreiwertigkeit
trivalent dreiwertig
trivium (holothurids) Trivium, Kriechsohle

trochanter Trochanter, Schenkelring
trochodendron family/ wheel-stamen tree family/ yama-kuruma family/ Trochodendraceae Radbaumgewächse
trochoid(al) joint/pivot joint Walzengelenk
trochophore larva Trochophora-Larve, Wimperkranzlarve
trochus (anterior circlet of cilia) Trochus (vorderer Wimperkranz)
trogons/Trogoniformes Trogons
Tropaeolaceae/nasturtium family Kapuzinerkressengewächse
trophallaxis Trophallaxis
trophamnion Trophamnion
trophic egg/nurse egg Nährei
trophic level/feeding level trophische Stufe, Trophiestufe, trophische Ebene, trophisches Niveau, Trophiestufe, Trophieebene, Trophieniveau
➢ **consumer (primary/secondary/tertiary)** Konsument, Verbraucher (1./2./3. Ordnung)
➢ **producer** Produzent, Erzeuger
trophogenic trophogen
tropholytic tropholytisch
trophophase (feeding phase) Trophophase (Ernährungsphase)
tropical tropisch
tropical medicine Tropenmedizin
tropics Tropen
➢ **dry tropics** trockene Tropen
➢ **moderate tropics** gemäßigte Tropen
➢ **subtropics** Subtropen
➢ **wet tropics** feuchte Tropen
tropism Tropismus
troponin Troponin
trot (trotting gait) Trab, Trott (schnelle Gangart)
troubleshooting Fehlersuche
trough Trog, Traufe, Mulde; *micros* Trog, Wanne (für/am Mikrotommesser)
trough-shaped muldenförmig
truck farm Gemüsegärtnerei
truck farmer/trucker Gemüsegärtner
true birds/neornithes/Neornithes Neuvögel
true-bred/pure-bred (true-breeding/pure-breeding) reinrassig, reinerbig
true bugs/heteropterans/Heteroptera (Hemiptera) Wanzen
true flies/Brachycera (Diptera) Fliegen
truffles/Tuberales Trüffeln (Tuberaceae: Speisetrüffel)
trumpet-creeper family/ trumpet-vine family/ bignonia family/Bignoniaceae Bignoniengewächse, Trompetenbaumgewächse
truncate *bot* (leaf) gestutzt
truncate *math* abgestumpft
truncate synflorescence Rumpfinfloreszenz
truncated gestutzt, verstümmelt, zurechtgeschnitten
truncation *allg* Verkürzung, Verstümmelung; *math/stat* Abstumpfung, Schwellenwert
➢ **constant truncation** konstanter Schwellenwert
➢ **proportional truncation** proportionaler Schwellenwert
truncation selection *gen* Schwellenwertselektion, Kappungsselektion, Auslesezüchtung
trunk (elephant) Rüssel
trunk/rump Rumpf, Leib, Torso
trunk musculature Rumpfmuskulatur
try *n* Versuch, Probe
try/attempt *vb* versuchen, probieren
trypsine Trypsin
tryptone Trypton
tryptophan (W) Tryptophan
tubal pregnancy Eileiterschwangerschaft, Ovidukträchtigkeit
tube/siphon/ascidium Tube, Schlauch, Röhre
tube/body tube *micros* Tubus

tube Röhre; (vial) Röhrchen, „Epi"; (tubing) Schlauch
> **capillary tube/capillary tubing** Kapillarrohr, Kapillarröhrchen
> **centrifuge tube** Zentrifugenröhrchen
> **culture tube** Kulturröhrchen
> **drift tube (IMS)** Driftröhre
> **drying tube** Trockenrohr, Trockenröhrchen
> **ebullition tube** Siederöhrchen
> **feed tube** Zulaufschlauch
> **fermentation tube/bubbler** Gärröhrchen, Einhorn-Kölbchen
> **flight tube (TOF-MS)** Driftröhre
> **ignition tube** Zündröhrchen, Glühröhrchen

tube anemones/cerianthids/ Ceriantharia Zylinderrosen
tube brush (test tube brush) ***lab*** Flaschenbürste
tube cell (pollen) Schlauchzelle, Pollenschlauchzelle
tube cnida/ptychocyst (*Ceriantharia*) Ptychozyste, Ptychonema (eine Astomocnide)
tube-dweller Röhrenbewohner
tube-dwelling/tubicolous röhrenbewohnend
tube foot/podium (asteroids) ***zool*** Ambulakralfüßchen, Saugfüßchen
tube trachea/tubular trachea ***arach*** Röhrentrachee
tube web/funnel web ***arach*** Röhrennetz, Trichternetz
tubenoses (tube-nosed swimmers: albatrosses & shearwaters & petrels)/Procellariiformes Röhrennasen
tuber ***bot/general*** Knolle
tuber/tuberosity (an anatomical prominence) ***med*** Tuber, Höcker; Knoten, Schwellung
tuber/underground stem-tuber ***bot*** unterirdische Sprossknolle
tubercle/tubercule/tuberculum/ warty protuberance ***bot*** kleine Knolle, Warze (Höcker/Beule/Wölbung)
tuberculate/tuberculated/vaulted warzig, gewölbt
tuberculous/tubercular höckerig, knotig; tuberkulös
tuberous/tuberose/ tuberal/bulbous tuberös, knollig, knollentragend
tubicolous/tube-dwelling röhrenbewohnend
tubiform röhrenförmig
tubiform organ Knollenorgan, tuberöses Organ (Elektrorezeptor)
tubing Schläuche, Schlauchverbindung(en), Rohr, Röhrenmaterial, Rohrstück
tubing clamp Schlauchklemme
tubocurarine Tubocurarin
tubular tubulär, röhrenförmig
tubular bone (long/hollow) Röhrenknochen
tubular flower/ disk flower/disk floret Röhrenblüte, Scheibenblüte (Asterales)
tubular heart Röhrenherz, Herzschlauch
tubular loop reactor (bioreactor) Rohrschlaufenreaktor
tubular trachea/tube trachea ***arach*** Röhrentrachee
tubulin Tubulin
tuft Schopf, Büschel
tuft of cilia/ciliary tuft Wimpernbüschel, Wimpernschopf
tuft of grass/tussock Grasbüschel
tuft of hair Schopf (Haarschopf)
tufted gedrängt
tufted/comose schopfig, dichthaarig, haarschopfig
tufted crown Schopfkrone
tularemia (*Pasteurella/Francisella tularensis*) Tularämie, Hasenpest
Tullgren funnel ***ecol*** Tullgren-Apparat
tumble (bacteria) taumeln
tumbler (mosquito pupa) Schnakenpuppe
tumbleweed Bodenroller, Steppenroller, Steppenhexe

tumor
Tumor, Wucherung, Geschwulst
➢ **benign tumor**
gutartige Geschwulst,
gutartiger Tumor
➢ **crown gall tumor**
Wurzelhalstumor
(Stamm- oder Wurzeltumor
verursacht durch ***A. tumefaciens***)
➢ **malignant tumor/cancer**
bösartiger Tumor, Krebs
➢ **plant tumor** Pflanzentumor
tumor necrosis factor (TNF)
Tumornekrosefaktor (TNF)
tungsten (W) Wolfram
tunic/tunica Tunika,
Hülle, Hüllschicht,
Häutchen (Gewebeschicht)
tunicates
Manteltiere, Tunicaten
(Urochordaten)
tunnel/gallery/burrow
Gang, Grabgang, Fraßgang, Tunnel
tunnel protein Tunnelprotein
tunneller (Insekt) Tunnel-Gräber
tunnelling microscopy
Tunnelmikroskopie
turbid trüb
turbidimetry Turbidimetrie,
Trübungsmessung
turbidostat Turbidostat
turbinate bones/turbinals/
conchae nasalis
Nasenmuscheln (schleimhaut-
überzogene Knorpelplatten)
turbinate
spiralig aufgerollt/gewunden,
spiralförmig, wirbelförmig,
schneckenförmig
turbine impeller (in bioreactors)
Turbinenrührer
turbulent flow turbulente Strömung
turf/sod/
grass cover (nonforage grass)
Rasendecke
turfgrass Rasengräser
turgescence Turgeszenz
(Gespanntheit der Zelle), Schwellung
turgescent/swollen turgeszent,
geschwollen, angeschwollen,
schwellend, prall
turgid/inflated/swollen
(slightly swelling with air or water)
geschwollen
turgidity Turgidität,
Geschwollenheit, Schwellunggrad
turgor/hydrostatic pressure
Turgor, hydrostatischer Druck
turgor pressure Turgordruck
turion/turio/
detachable winter bud/
hibernaculum
Turione, Turio, Winterknospe
turn *vb* drehen, wenden
turn *n* Drehung, Umdrehung,
Wendung, Wende
turn over/turn anaerobic/
become oxygen-deficient
umkippen (Gewässer)
turnera family/Turneraceae
Safranmalvengewächse
turnover Umsatz
turnover number (k_{cat})
Wechselzahl (katalytische Aktivität)
turnover rate/rate of turnover
Umsatzgeschwindigkeit,
Umsatzrate
turret *micros* Revolver
turtle shell/tortoise shell
Schildkrötenpanzer, Schildpatt
turtles/Chelonia/Testudines
Schildkröten
➢ **hidden-necked turtles/Cryptodira**
Halsberger
➢ **side-necked turtles/Pleurodira**
Halswender
turtles (marine) Seeschildkröten,
Meeresschildkröten
tusk (large teeth)
Stoßzahn, Hauer (z.B. Eber)
tusk shells/tooth shells/
scaphopods/scaphopodians
(spade-footed mollusks)/
Solenoconchae/Scaphopoda
Grabfüßer, Kahnfüßer, Scaphopoden
tussock Grasbüschel
tussock grass Tussockgras, Bültgras
tweezers/forceps Pinzette
twig/limb/branchlet/sprig
Zweiglein, dünner Zweig,
Ästchen, Schössling, Rute
twig gall Stengelgalle, Zweiggalle

twin(s) Zwilling(e)
➢ **conjoined twins**
siamesische Zwillinge
➢ **dizygous twins/dizygotic twins/ fraternal twins**
zweieiige Zwillinge
➢ **monozygous twins/ monozygotic twins/identical twins**
eineiige Zwillinge
twin species (pair of sibling species)
Zwillingsarten
twin spots
Zwillingsflecken, Zwillingssektoren
twin studies Zwillingsstudien
twine *vb* sich emporranken
twiner/winder Schlingpflanze, Windepflanze, Winde
twining/winding windend, rankend
twinning
Erzeugung monozygoter Mehrlinge
twist/coil/winding/contortion
Wicklung, Windung
twist disease (in: trout) (*Myxosoma cerebralis*)
Drehkrankheit
twisted/coiled/wound/contorted
gewickelt, aufgewickelt, gewunden, gedreht, verdreht
twisted shoot/twisted stem
krummschaftig
twisted-winged insects/ stylopids/Strepsiptera
Fächerflügler, Kolbenflügler
twisting number (DNA)
Umdrehungszahl
twitch *vb* (muscle) zucken
twitching/convulsion Zuckung
twitter/chirp zwitschern; (sing/warble) singen
two-branched/biramous
zweiästig, biram
two-branched appendage/ biramous appendage
Spaltfuß, Spaltbein/einfach gegabelt
two-horned/bicornate/bicornuate/ bicornuous zweihörnig
two-parted/bifurcate zweigeteilt
two-row/in two rows/biseriate
zweireihig
two-stage impeller (in bioreactors)
zweistufiger Rührer
tylosis/thylosis/tylose
bot Thylle;
med Schwielenbildung
tylosis formation/tylosis
Thyllenbildung
tympanic bone/tympanic
Paukenbein, Tympanicum
tympanic canal/scala tympani
Paukengang
tympanic cavity/cavum tympani
Paukenhöhle, Trommelhöhle
tympanic membrane/eardrum/ tympanum/membrana tympani
Tympanalmembran, Trommelfell, Ohrtrommel, Tympanum
tympanic organ
Tympanalorgan, Gehörorgan
type Typ, Typus, Standard
type genus
Typus-Gattung, Stammgattung
type species Typus-Art, Stammart, den Gattungsnamen festlegende Art
type-specific antigen
typenspezifisches Antigen
type specimen
Typexemplar, Typusexemplar, Typusbeleg, Typbeleg
type strain Typusstamm
Typhaceae/cattail family/ reedmace family
Rohrkolbengewächse
typhlosole Typhlosolis
typhoid fever/typhoid/ typhus abdominalis (*Salmonella typhi*)
Typhus, Unterleibstyphus
typhus/spotted fever/ typhus exanthematicus (*Rickettsia* spp.)
Typhus, Fleckfieber, Flecktyphus
tyrosine (Y) Tyrosin

ubichinone Ubichinon
ubiquinone/coenzyme Q
Ubiquinon, Coenzym Q
ubiquist Ubiquist
ubiquitin Ubiquitin
ubiquitous/widespread/ existing everywhere
ubiqitär, weitverbreitet, überall verbreitet
udder Euter
ulcer Ulkus, Ulcus, Geschwür
➢ **ventricular ulcer**
Ulcus ventriculi, „Magengeschwür“
uliginose/marshy/boggy/ growing in marshes Sumpf..., Moor..., im Sumpf wachsend
Ulmaceae/elm family
Ulmengewächse
ulna/elbow bone Ulna, Elle
ultracentrifugation
Ultrazentrifugation
ultracentrifuge Ultrazentrifuge
ultrafiltration Ultrafiltration
ultramicrotome Ultramikrotom
ultrasonic ***adv/adj*** Ultraschall..., den Ultraschall betreffend
ultrasound/ultrasonics Ultraschall
➢ **ultrasonography/sonography**
Ultraschalldiagnose, Sonographie, Sonografie
ultrastructural
ultrastrukturell, Ultrastruktur...
ultrastructure Ultrastruktur, Feinbau
ultrathin section Ultradünnschnitt
ultraviolet spectroscopy/ UV spectroscopy
UV-Spektroskopie
umbel/sciadium (inflorescence)
Dolde, Umbella, Sciadium
➢ **compound umbel**
zusammengesetzte Dolde
➢ **simple umbel** einfache Dolde
umbel-like panicle (a corymb)
Doldenrispe, Schirmrispe
umbel-like raceme (a corymb)
Doldentraube, Schirmtraube
umbellifer family/ parsley family/carrot family/ Apiaceae/Umbelliferae
Umbelliferen, Doldenblütler, Doldengewächse
umbilical/omphalic
den Nabel betreffend, Nabel...
umbilical cord
Nabelschnur, Nabelstrang
umbilicate/omphaloid/navel-like
nabelartig, genabelt, omphaloid
umbilicate foliose lichens
Nabelflechten (Blattflechten)
umbilicus/omphamos/navel
Nabel
umbo (*pl* umbones) Umbo, Wirbel
umbonal cavity (mollusk shell)
Wirbelhöhle
umbrella (float of medusa)
Schirm
unassigned reading frame (URF) ***gen***
nicht zugeordnetes Leseraster
unbiased unvoreingenommen; *stat* unverfälscht, unverzerrt, frei von systematischen Fehlern
unbiasedness
Unvoreingenommenheit; *stat* Treffgenauigkeit
unbranched/unramified ***bot/zool***
unverzweigt
unbranched (chain) ***chem***
unverzweigt (Kette)
unciform/hamiform/hook-shaped
hakig, hakenförmig
unciform bone/hamate bone
Hakenbein
uncinate/barbed/hooked
hakig, mit Haken versehen
uncoating ***vir*** Uncoating (*not translated*: Hülle entfernen)
uncompetitive inhibition
unkompetitive Hemmung
unconditioned reflex
unbedingter Reflex
unconscious unbewusst
uncontaminated unverschmutzt
uncouple entkoppeln
uncoupler Entkoppler
uncoupling agent Entkoppler
undate/undulate gewellt, wellig
undemanding/modest/ having low requirements/ low demands
anspruchslos
undercoat/underfur
Unterhaarkleid, Wollhaarkleid

underdominance Unterdominanz
underground/belowground/ subterranean unterirdisch
➤ **aboveground/overground/ superterranean** oberirdisch
undergrowth/understory Unterwuchs, Unterholz, Untergehölz
underhair Unterhaar, Wollhaar
underleaf/hypophyll Unterblatt
undernourished (*see:* malnourished) unterernährt
undernourishment Unterernährung
undershot *neuro* Nachpotenzial
underside/undersurface Unterseite
understock (grafting) *hort* Unterlage (Pfropfunterlage)
understory/undergrowth Unterholz, Untergehölz, Unterwuchs
undersurface/underside Unterseite
undulating membrane undulierende Membran
undulation Wellenbewegung
uneatable/inedible ungenießbar, nicht essbar
unequal/different ungleich, nicht identisch, anders
unequal cleavage inäquale Furchung, ungleichmäßige Furchung
uneven-aged stand/plantation Plenterwald
unfertilized unbefruchtet
unfolding/spreading Entfaltung
unguiculate/clawed (petals) *bot* genagelt
unguis/ungula/nail/claw Unguis, Nagel
ungulate/hoof-like hufartig
ungulate/hoofed/having hoofs mit Hufen, Huf...
ungulates/hoofed mammals/ hoofed animals Huftiere
➤ **even-toed ungulates/ cloven-hoofed animals/ artiodactyls//Artiodactyla** Paarhufer
➤ **odd-toed ungulates/ perssiodactyls/Perssiodactyla** Unpaarhufer
unguliform/hoof-shaped hufförmig
unguligrade gait Unguligradie, Zehenspitzengang, Hufgang
unicarpellary/monocarpellate (of fruit)/simple fruit/ apocarpous fruit Einblattfrucht
unicellular/single-celled einzellig
unicellular lifeform Einzeller
unicellularity Einzelligkeit
unicorn plant family/ devil's-claw family/ martynia family/Martyniaceae Gemsbockgewächse
unicornate/unicornuate/ unicornuous/one-horned einhörnig
unidirectional einsinnig, in eine Richtung
➤ **bidirectional** zweisinnig, in beide Richtungen
➤ **multidirectional** vielsinnig, in mehrere Richtungen
unifacial unifazial (ringsum gleiche Oberfläche)
uniform *adj/adv* gleichförmig, einheitlich
uniformitarianism/ principle of uniformity Uniformismus, Uniformitätsprinzip, Gleichförmigkeitsprinzip, Aktualismus, Aktualitätsprinzip
uniformity Gleichförmigkeit, Einheitlichkeit; Übereinstimmung
unilateral unilateral, einseitig
➤ **bilateral** bilateral, zweiseitig
➤ **multilateral** multilateral, vielseitig
unilocular unilokulär, einfächerig, einkammerig
➤ **bilocular** bilokulär, zweifächerig, zweikammerig
uninhabitable unbewohnbar
union/unification/combination Vereinigung, Verbindung
uniparental disomy uniparentale Disomie
uniparental inheritance uniparentale Vererbung
uniparental mutation uniparentale Mutation

uniparous unipar
unipennate einfach pennat, einfach pinnat, einfach gefiedert
unipolar cell Unipolarzelle
uniport Uniport
uniramous uniram, einästig (ohne Exopodit)
uniseriate/uniserial/single rowed uniseriat, einreihig
unisexual eingeschlechtig (getrenntgeschlechtlich)
unisexuality Eingeschlechtigkeit
unison ***n*** Übereinstimmung, Einklang
unit (measure) Einheit (Maßeinheit)
unit factor unteilbarer Faktor
unit membrane Einheitsmembran
unitary current Einheitsstrom
unite/combine vereinigen
unity Einheit, Einheitlichkeit, Einigkeit; ***math*** Eins, Einheit
univalence Einwertigkeit, Univalenz
univalent/monovalent einwertig, univalent, monovalent; einzeln
univariant analysis Univarianzanalyse
universal primer Universalprimer
universal veil/velum universale ***fung*** Velum universale
univolinism Univolitismus
univoltine univoltin, mit einer Jahresgeneration
unloaded form (e.g., ATP → ADP) entladene Form
➢ **loaded form (e.g., ADP → ATP)** beladene Form
unnatural unnatürlich
unpalatable ungenießbar, nicht schmackhaft
unsaturated ungesättigt
➢ **monounsaturated** einfach ungesättigt
➢ **polyunsaturated** mehrfach ungesättigt
unsaturated fatty acid ungesättigte Fettsäure
unscheduled DNA synthesis außerplanmäßige DNA-Synthese
unstable instabil
unthriftiness ***agr*** Kümmerwuchs, mangelndes Gedeihen
unthrifty ***agr*** kümmernd, nicht gedeihend, schlecht gedeihend, schlecht wachsend; unwirtschaftlich
untranslated region (UTR) ***gen*** untranslatierte Region
unwinding (of the double helix) Entwinden (der Doppelhelix)
up-mutation Up-Mutation
up-regulation ***metabol*** Hochregulierung, Heraufregulation
➢ **down-regulation** ***metabol*** Herunterregulierung, Herabregulation, Runterregulierung
upbringing/rearing/ fostering/nurture/nurturing Aufziehen, Erziehen
upper arm Oberarm
upper critical temperature (UCT) obere kritische Temperatur (OKT)
upper jaw/upper jawbone/maxilla Oberkiefer, Oberkieferknochen, Maxilla
upper leaf surface/ adaxial leaf surface Blattoberseite
upper lip/labrum Oberlippe, Labrum
upper montane forest/ subalpine conifer forest zone hochmontane Stufe, Nadelwaldstufe
upper surface/above surface/ upperside Oberseite
➢ **undersurface/underside** Unterseite
Upper Triassic (epoch) Keuper
upright/erect/straight/strict aufrecht
upright gait/orthograde gait (erect) aufrechter Gang, aufrechte Gangart
upright posture/orthograde posture aufrechte Haltung
upstream stromaufwärts; strangaufwärts, aufwärts (Richtung 5′-Ende eines Polynucleotids)
➢ **downstream** stromabwärts; strangabwärts, abwärts (Richtung 3′-Ende eines Polynucleotids)
upstroke/upward stroke of wing Flügelaufschlag
➢ **downstroke/ downward stroke of wing** Flügelabschlag

uptake/intake (ingestion)
Aufnahme, Einnahme
➢ **nutrient uptake**
Nährstoffaufnahme
➢ **re-uptake** Wiederaufnahme
upwelling (water) Auftrieb
(Auftriebswasser:
aufwärtsstrebende Vertikalströmung)
➢ **downwelling (water)**
abwärtsstrebende Vertikalströmung
uracil Uracil
urban ecology
Urbanökologie, Stadtökologie
urban forest/community forest
Stadtwald, städtischer Wald,
Kommunalwald, Gemeindewald
urban landscape
Urbanlandschaft
urbanization Urbanisierung
urceolate/urn-shaped
(*sensu lato*: pitcher-shaped/
vase-shaped) urnenförmig
(kannen-/vasen-/krugförmig)
urea (ureide)
Harnstoff (Ureid)
urea cycle
Harnstoffzyklus, Harnstoffcyclus
ureotelic/excreting urea/
urea-excreting ureotelisch,
harnstoffausscheidend
ureter/urinary duct
Ureter, Harngang, Harnleiter
ureteric bud Ureterknospe
urethra Urethra, Harnröhre
urethral fold Urethralfalte
urethral groove Urethralrinne
urethral plate Urethralplatte
urethral sinus Urethralsinus
URF (unassigned reading frame) *gen*
nicht zugeordnetes Leseraster
urge *vb*
antreiben, anstacheln, drängen
urge/drive/
compulsion/impulse *n ethol*
Trieb, Drang, Impuls
urgency
Dringlichkeit; Harndrang
uric acid (urate) Harnsäure (Urat)
uricolytic pathway
uricolytischer Weg,
urikolytischer Weg
uricotelic/excreting ureic acid
uricotelisch, urikotelisch,
harnsäureausscheidend
uridine Uridin
uridine triphosphate (UTP)
Uridintriphosphat (UTP)
uridylic acid Uridylsäure
urinalysis *med* Harnstatus
urinary bladder Harnblase
urinary duct/ureter
Harngang, Harnleiter
urinary tract Harnwege
urinate/micturate
urinieren, harnlassen, harnen
urination/micturition
Urinieren, Harnlassen,
Harnen, Miktion
urine Urin, Harn
➢ **residual urine** Restharn
urine marking Harnmarkierung
urine sampling Harnprüfen
urine spraying/enurination
Harnspritzen
uriniferous tubule
Harnkanälchen, Nierenkanälchen
(ab Bowman-Kapsel)
urinogenital/urogenital urogenital
urkaryote Urkaryot *m*
urn-shaped/flask-shaped/urceolate
urnenförmig
urn-shaped leaf/pouch leaf/
"flower pot" leaf (*Dischidia*)
Urnenblatt
urocanic acid (urocaninate)
Urocaninsäure (Urocaninat),
Imidazol-4-Acrylsäure
urodeles/salamanders & newts
and relatives/Urodela/Caudata
Schwanzlurche (Salamander &
Molche und Verwandte)
urodeum Urodaeum, Harnraum
urogastrone/
epidermal growth factor (EGF)
epidermaler Wachstumsfaktor,
Epidermiswachstumsfaktor
urogenital/urinogenital urogenital
urogenital cleft Urogenitalspalte
urogenital fold Urogenitalfalte
urogenital groove Urogenitalrinne
urogenital plate Urogenitalplatte
urogenital ridge Urogenitalleiste

uronic acid (urate) Uronsäure (Urat)
urophysis *ichth* Urophyse
uropod Uropod, Uropodium (*pl* Uropodien)
uropygial gland/ preen gland/oil gland *orn* Bürzeldrüse
uroseminal duct (archinephric duct conducting both sperm and urine) Harnsamenleiter
urostyl (frogs/toads) Urostyl, Steißbein
ursine Bären betreffend, bärenartig, Bären...
Urticaceae/nettle family Nesselgewächse
urticant/stinging/irritating brennend
urticating hair/urticating trichome/ stinging hair *bot* Brennhaar
usnic acid Usninsäure
uteral lining/uteral epithelium/ endometrium Gebärmutterwand, Uterusepithel, Endometrium
uterine uterin, die Gebärmutter betreffend, Gebärmutter...
uterine bell Uterusglocke
uterine contraction (during labor) Wehe
uterine gland Uterusdrüse, Milchdrüse
uterine horn/cornu uteri Uterushorn, Gebärmutterzipfel
uterine milk *ichth* Uterusmilch, Uterinmilch
uterine tube/oviduct/Fallopian tube Eileiter
uterine valve Valvula uterina
uterus/womb Uterus, Gebärmutter
utilization *metabol* Verwertung, Verwendung
utilize *metabol* verwerten, verwenden
UTR (untranslated region) *gen* untranslatierte Region
utricle/utriculus/small bladder Utriculus, Bläschen; *bot* Fangblase
utriculate/utricular/bladder-like/ bladdery/possessing bladders mit kleinen Bläschen versehen, blasenartig
utriform/bladder-shaped blasenförmig
UTS (untranslated sequence) *gen* untranslatierte Sequenz
UV radiation/ultraviolet radiation UV-Strahlung, ultraviolette Strahlung
uvula/palatine uvula Gaumenzäpfchen

vaccinate/immunize impfen, immunisieren
vaccination/immunization Vakzination, Vakzinierung, Schutzimpfung, Immunisierung (Impfung)
vaccine Vakzine, Impfstoff
➢ **attenuated vaccine** abgeschwächte(r)/attenuierte(r) Impfstoff, Vakzine
➢ **autogenous vaccine** Autoimpfstoff, Autovakzine
➢ **caprinized vaccine** durch Ziegen erzeugter Impfstoff
➢ **combination vaccine/ mixed vaccine** Kombinationsimpfstoff, Mischimpfstoff, Mischvakzine
➢ **conjugate vaccine** Konjugatvakzine, zusammengesetzte Vakzine
➢ **heterologous vaccine** heterologer Impfstoff, heterologe Vakzine
➢ **humanized vaccine** durch Menschen erzeugter/ passierter Impfstoff
➢ **inactivated vaccine** inaktivierter Impfstoff, inaktivierte Vakzine
➢ **killed vaccine** Totimpfstoff, Totvakzine
➢ **lapinized vaccine** durch Hasen erzeugter Impfstoff
➢ **live vaccine** Lebendimpfstoff, Lebendvakzine
➢ **mixed vaccine/ combination vaccine** Mischimpfstoff, Mischvakzine, Kombinationsimpfstoff
➢ **monovalent vaccine** monovalenter Impfstoff, monovalente Vakzine
➢ **polyvalent vaccine** polyvalenter Impfstoff, polyvalente Vakzine
➢ **subunit vaccine** Spaltimpfstoff, Spaltvakzine, Komponentenimpfstoff, Subunitimpfstoff, Subunitvakzine
➢ **toxoid vaccine** Toxoidimpfstoff, Toxoidvakzine
vacuolate/vacuolated vakuolisiert
vacuolation Vakuolisierung, Vakuolenbildung
vacuole Vakuole
➢ **central vacuole** ***bot*** Zentralvakuole, große Vakuole
➢ **contractile vacuole** kontraktile Vakuole, pulsierende Vakuole
➢ **digestive vacuole/ secondary lysosome** Verdauungsvakuole
➢ **food vacuole** Nahrungsvakuole
➢ **gas vacuole** Gasvakuole
➢ **storage vacuole** Speichervakuole
vacuolization/vacuolation Vakuolisierung, Vakuolenbildung
vacuum Vakuum
vacuum activity ***ethol*** Leerlaufhandlung
vacuum distillation Vakuumdestillation
vacuum-metallize aufdampfen, bedampfen
vacuum pump ***lab*** Vakuumpumpe, Absaugpumpe, Unterdruckpumpe
vacuum receiver ***dist*** Vakuumvorlage
vagile/freely motile vagil, motil, frei beweglich
vagility/motility Vagilität, Motilität, Beweglichkeit, aktive Ausbreitungsfähigkeit
vagina Vagina, Scheide
vaginal pregnancy Vaginalträchtigkeit
vaginal vestibule Scheidenvorhof, Vestibulum vaginae
vaginate/sheated von einer Scheide umgeben
vagrant (moving/shifting unpredictably) wandernd, umherziehend, umherirrend, vagabundierend
valence/valency Valenz, Wertigkeit
valence electron Valenzelektron
valerian family/Valerianaceae Baldriangewächse
valeric acid/pentanoic acid (valeriate/pentanoate) Valeriansäure, Baldriansäure, Pentansäure (Valeriat/Pentanat)

validate validieren, bestätigen, gültig erklären
valine (V) Valin
valley Tal
valley flat Flussaue
valvate/chambered fächerig, gefächert, gekammert, klappig
valve (controlling liquid/ gas flow/pressure) Ventil
valve (chitons: individual plates) Schalensegment, Schalenplatte
valve (diatom half-shell) Schalenhälfte (Diatomeen)
valve (single bivalve shell/ diatom shell) Klappe, Schalenklappe, Schalenhälfte (Muschel~/Diatomeen~)
valve/chamber/case Fach, Kammer
valve/locule/loculus/compartment Fach, Lokulament, Loculament, Loculus, Kompartiment
valvifer Valvifer
valvula/small valve Valvula
vampire squids/Vampyromorpha Vampirtintenschnecken, Tiefseevampire
vane (feather) Federfahne
vanillic acid Vanillinsäure
vannal fold/anal fold/ vannal fold-line/anal fold-line/ plica analis/plica vannalis *entom* (wing) Vannalfalte, Analfalte
vannus/anal area *entom* (wing) Vannus, Analfeld, Analregion
vapor Dampf; Dunst (*pl* Dünste), Nebel
vapor bath Dampfbad
vapor blasting *micros* Bedampfung, Bedampfen, Aufdampfen
vapor cooling Verdunstungskühlung
vapor pressure Dampfdruck
vaporization/evaporation Verdampfung, Verdunstung; Eindampfen
vaporization apparatus *micros* Bedampfungsanlage
vaporize/evaporate verdampfen, verdunsten; eindampfen; zerstäuben
variability/diversity Variabilität, Vielfältigkeit, Mannigfaltigkeit; Veränderlichkeit, Wandelbarkeit
➢ **decay of variability** Variabilitätsrückgang
variable *adj/adv* variabel, veränderlich, wechselnd, unterschiedlich
variable *n stat* Variable, Veränderliche
➢ **adjustable variable** Stellgröße
variable number of tandem repeats (VNTR) variable Anzahl von Tandemwiederholungen
variable pitch screw impeller (in bioreactors) Schraubenspindelrührer mit unterschiedlicher Steigung
variable region *immun* variable Region
variable residue *math* variabler Rest
variance/ mean square deviation *stat* Varianz, mittlere quadratische Abweichung, mittleres Abweichungsquadrat
➢ **additive genetic variance** additive genetische Varianz
➢ **dominance variance *gen*** Dominanzvarianz
➢ **environmental variance** Umweltvarianz, Umweltabweichung
➢ **genetic variance** genetische Varianz
variance ratio distribution/ F-distribution/ Fisher distribution *stat* Varianzquotientenverteilung, F-Verteilung, Fisher-Verteilung
variant *adj/adv* abweichend, verschieden, unterschiedlich
variant *n* Variante
variate *vb* variieren, schwanken
variate *n* (a variable characteristic) Abweichung (abweichendes Merkmal)
variate/random variable *n* Zufallsvariante

variation Variation, Schwankung
➢ **genetic variation/ genotypic variation** genetische Variation
➢ **phenotypic variation** phänotypische Variation
➢ **somaclonal variation** somaklonale Variation
varicosity (abnormally swollen) Varikosität
variegated/mottled gescheckt, panaschiert
variegated-leaved buntblättrig
variegation Variegation, Scheckung, Buntblättrigkeit
variety Varietät; Reihe, Mehrzahl; (diversity) Verschiedenheit, Mannigfaltigkeit
variety/sport (usually by somatic mutation) Abart, Spielart
variolation Variolation
varve (one year's sediment deposit) ***geol*** Warve, Jahresschicht
vary ***vb*** variieren, wechseln, abweichen, verändern, unterscheiden, unterschiedlich sein
vascular vaskulär, Gefäß..., Gefäße betreffend
vascular bud ***bot*** Gefäßknospe, Gefäßanlage
vascular bundle/ vascular strand ***bot*** Gefäßbündel, Leitbündel, Leitbündelstrang
➢ **closed vascular bundle** geschlossenes Leitbündel
➢ **open vascular bundle** offenes Leitbündel
vascular cylinder ***bot*** Leitbündelzylinder, Leitbündelring
vascular layer (eye) Gefäßhaut
vascular plant Gefäßpflanze
vascular system Gefäßsystem, Blutgefäßsystem
vascular tissue/conducting tissue Leitgewebe
vascularization Gefäßbildung; *bot* Leitgewebebildung
vascularize/supply with blood durchbluten
vasculum Botanisiertrommel
vasoactive intestinal polypeptide (VIP) vasoaktives intestinales Peptid
vasoconstriction Engstellung der Gefäße, Vasokonstriktion
vasodilation Gefäßerweiterung, Vasodilatation
vasopressin/ antidiuretic hormone (ADH) Vasopressin, Adiuretin, antidiuretisches Hormon (ADH)
vasotocin Vasotocin
vector Vektor, Überträger
➢ **bidirectional/dual promoter** bidirektionaler Vektor
➢ **bifunctional vector/ shuttle vector** bifunktionaler Vektor, Schaukelvektor
➢ **containment vector** Sicherheitsvektor
➢ **eviction vector** Apportiervektor
➢ **multifunctional vector/ multipurpose vector** Vielzweckvektor, multifunktioneller Vektor
➢ **replacement vector** Substitutionsvektor
➢ **transient expression vector** transienter Expressionsvektor
vegan ***n*** orthodoxer Vegetarier, Veganer (streng vegetarisch ohne jegliche tierische Produkte)
vegetable ***n*** Gemüse; Grünfutter
vegetable ***adj/adv*** pflanzlich, Pflanzen...
vegetable dye Pflanzenfarbstoff
vegetable oil Pflanzenöl
vegetable patch Gemüsebeet
vegetal *physiol* vegetativ; *bot* pflanzlich
vegetal pole/ vegetative pole ***embr/cyt*** vegetativer Pol

vegetarian *n* Vegetarier
➤ **lactovegetarian** Laktovegetarier
➤ **ovovegetarian** Ovovegetarier
vegetation/plant life Vegetation, Pflanzenwelt
➤ **climax vegetation** Klimaxvegetation
➤ **dwarf vegetation** Zwergvegetation
➤ **lush vegetation** üppige Vegetation
➤ **maritime vegetation/ coastal vegetation** Küstenvegetation, Meeresküstenvegetation
➤ **pioneer vegetation** Pioniervegetation
vegetation map Vegetationsplan
vegetation(al) zone/region/belt Vegetationsstufe (Höhenstufe *see* altitudinal zone)
vegetative vegetativ
vegetative cell/ somatic cell/body cell vegetative Zelle, somatische Zelle, Körperzelle
vegetative cone/vegetative pole Vegetationskegel
veil/velum Velum, Schleier; Segel; *fung* Pilzhülle
vein (blood vessel) Vene (*for individual veins please consult a medical dictionary*)
➤ **cardinal vein** Cardinalvene, Kardinalvene
➤ **spur vein (horse)** Sporvene
vein *zool* Ader, Nerv
➤ **cross vein (insect wing)** Querader
➤ **longitudinal vein (insect wing)** Längsader
vein/rib *bot* Ader, Nerv, Rippe
veined/venulous geädert
velamen Velamen
veliger larva Veligerlarve, Segellarve
vellozia family/Velloziaceae Velloziagewächse, Baumliliengewächse
velocity (vector)/rate Geschwindigkeit
velum/veil Velum, Schleier; Segel; *fung* Pilzhülle; Mooshaube
velutinous/velvet-like/velvety samtig
velvet Samt; (antlers) Bast (Geweih)
velvet-like/velvety/velutinous samtig
velvet worms/onychophorans Stummelfüßer, Onychophoren
vena cava Hohlvene
venation *bot/zool* Venation, Aderung, Nervatur, Nervation
➤ **arched/arciform/ arcuate/camptodrome venation** Bogenaderung, Bodennervatur
➤ **closed venation** geschlossene Aderung, geschlossene Nervatur
➤ **dichotomous venation** Gabeladerung, Fächeraderung
➤ **open venation** offene Aderung, offene Nervatur
➤ **parallel venation** Paralleladerung, Parallelnervatur
➤ **pinnate venation** Fiederaderung, Fiedernervatur
➤ **reticulate venation/net venation/ netted venation** Netzaderung, Netznervatur
➤ **striate venation** Längsaderung, Längsnervatur, Streifenaderung, Streifennervatur
veneer Furnier
veneer side grafting/ side-veneer grafting/ spliced side grafting *hort* seitliches Anplatten
venenation/poisoning/ envenomation Vergiftung
venereal/genitoinfectious venerisch, Geschlechtskrankheiten betreffend
venereal disease (VD)/ sexually transmitted disease (STD) Geschlechtskrankheit, venerische Krankheit, sexuell übertragbare Krankheit
venereal transmission venerische Übertragung
venereology Venerologie
venison Wild, Wildfleisch (Rotwild)
venom (poison secreted from an animal) Gift, Tiergift

venom tooth/poison tooth/fang (snakes) Giftzahn
venomous giftig (Tiere)
venous *adv/adj* venös
venous angle/Pirogoff's angle/ angulus venosus Venenwinkel
venous shunt venöse Umgehung, Kurzschlussdurchblutung
venous sinus/sinus venosus Sinus venosus
venous thrombosis Venenthrombose
vent *vb* lüften, belüften; *zool* auftauchen zur Wasseroberfläche zum Luftholen (Otter/Biber etc.)
vent/anus Anus, After
vent/cloacal opening *n* Kloakenöffnung
venter *zool/bot* Bauch (Archegonium)
venter cell *bot* Bauchkanalzelle
ventilation volume Ventilationsvolumen
ventral/front side ventral, bauchseitig, vorderseitig, Bauch...
ventral/ventrally located bauchständig
ventral fin/pelvic fin Bauchflosse
ventral ganglion Ventralganglion, Bauchnervenknoten
ventral gland/renette gland (nematodes) Ventraldrüse
ventral horn *neuro* Grundplatte (Neuralrohr)
ventral nerve cord ventraler Nervenstrang, Bauchmark, Bauchmarkstrang
ventral pouch Bauchtasche
ventral root/ anterior root/motor root *neuro* Ventralwurzel, motorische Wurzel
ventral scale Ventralschuppe, Bauchschuppe
ventral suture/ventral seam (of carpel) *bot* Ventralnaht, Bauchnaht
ventrally located bauchständig
ventricle Ventrikel
ventricular cycle *cardio* Kammerzyklus
ventricular flutter *cardio* Kammerflimmern, Kammerflattern
ventricular fold/vestibular fold/ false vocal cord/plica ventricularis/ plica vestibularis Taschenband
venule (small vein) Venule, Venole
venule/venula (insect wing) *entom* Äderchen
venulous/veined geädert
verbena family/vervain family/ Verbenaceae Eisenkrautgewächse, Verbenengewächse
vermicular/vermian/wormlike wurmartig
vermiculite Vermiculit
vermiform/worm-shaped wurmförmig
vernacular name/common name Vernakularname, volkstümliche Bezeichnung, volkstümlicher Name
vernalization Vernalisation, Keimstimmung
vernation/ptyxis/ prefoliation *bot* Vernation, Knospenlage der Laubblätter, Blattlage in der Knospe
verruciform/wart-shaped warzenförmig
verrucose/warty/tuberculate warzig, höckerig
vertebra (*pl* vertebras/vertebrae) Wirbel (auch in Bezug auf Ophiuroiden)
➢ **caudal vertebra** Schwanzwirbel, Kaudalwirbel
➢ **cervical vertebra** Halswirbel, Cervikalwirbel
➢ **coccygeal vertebra** Steißwirbel, Steißbeinwirbel
➢ **dorsal vertebrae (thoracic + lumbar)** Dorsalwirbel
➢ **lumbar vertebra** Lendenwirbel, Lumbarwirbel
➢ **sacral vertebra** Kreuzbeinwirbel, Sakralwirbel
➢ **thoracic vertebra** Brustwirbel, Thorakalwirbel
vertebral column/spinal column Wirbelsäule, Rückgrat

vertebral ossicle/shield (ophiurids)
Platte
vertebral spine/neural spine/ spinous process of vertebra
Dornfortsatz, Processus spinosus
vertebrates Vertebraten, Wirbeltiere
➢ **terrestrial vertebrates/tetrapods**
Landwirbeltiere, Tetrapoden
vertex Vertex, Scheitel
vertical air flow (clean bench with vertical air curtain)
vertikale Luftführung (Vertikalflow-Biobench)
vertical alignment/ vertical orientation (of leaves)
Profilstellung
vertical flow workstation/hood/unit
Fallstrombank
vertical rotor ***centrif*** Vertikalrotor
vertical transmission
vertikale Transmission, vertikale Übertragung
verticillate wirtelig
vertigo Schwindel
vervain family/verbena family/ Verbenaceae
Eisenkraut-/Verbenengewächse
very late antigen (VLA)
„sehr spätes Antigen" (bildet sich spät in der Entwicklung)
very low density lipoprotein (VLDL)
Lipoprotein sehr niedriger Dichte
vesicate/blister/ cause blistering ***vb***
Blasen treiben/ziehen
vesicating/vesicant
blasentreibend, blasenziehend
vesicle Vesikel *nt*, Bläschen, kleine Blase
vesicular/vesiculate/bladderlike
vesikulär, blasenartig, bläschenartig
vesicular gland/ seminal gland/seminal vesicle (♂ accessory reproductive gland)
Bläschendrüse, Samenblase, Samenbläschen
vesicular ovarian follicle/ Graafian follicle
Graafscher Follikel, Graaf-Follikel, Tertiärfollikel
vespertine (blooming in the evening)
am Abend blühend
vessel Gefäß; (container) Behälter
vessel/trachea
Gefäß, Trachee
➢ **blood vessel** Blutgefäß
➢ **lymph vessel** Lymphgefäß
➢ **scalariform vessel** ***bot***
Leitertrachee
vessel element/vessel member ***bot***
Tracheenglied
vestibular canal/scala vestibuli
Vorhofgang
vestibular gland (& vaginal gland)
Vorhofdrüse
➢ **Bartholin's gland/ greater vestibular gland/ glandula vestibularis major**
Bartholin-Drüse
vestibule Vestibulum, Vorhof, Vorraum; Präoralhöhle
➢ **vestibulum labyrinthi (with utricle and saccule)**
Vestibulum labyrinthi (mit Utriculus und Sacculus)
vestige/vestigium/remnant/trace
Überbleibsel, Überrest, Spur
vestigial (small and imperfectly developed)/underdeveloped/ stunted (*sensu lato*: rudimentary)
verkümmert, unterentwickelt
vestiture/vesture/body covering
Hülle, Mantel
veterinarian/vet
Veterinär, Tierarzt
veterinary clinic/animal hospital
Tierklinik
veterinary medicine
Veterinärmedizin, Tiermedizin, Tierheilkunde
veterinary practice (for small mammals)
Kleintierpraxis
viability Lebensfähigkeit
viable lebensfähig
viable count ***micb*** Lebendkeimzahl
vial Gläschen, (Glas)Fläschchen, Phiole; (tube) Röhrchen
➢ **sample vial**
Probegläschen, Probefläschchen

vibraculum Vibracularie
vibrating dance (bees)/ dorsoventral abdominal vibrating dance (DVAV) Schütteltanz, Schüttelbewegung
vibrational motion Schwingungsbewegung
vibrios ***bact*** Vibrionen
vicariance ***ecol*** Vikarianz, (geographische) Stellvertretung
vicariate vikariieren, für etwas stehen, stellvertretend sein
vicariism Vikariismus, Stellvertretertum
vicarious vikariierend, stellvertretend, mitempfunden, nachempfunden
victim/prey Opfer
vigor Kraft; Potenz
vigorous kräftig
vigorous growth kräftiges Wachstum
vigreux column Vigreux-Kolonne
villous/villose/covered with villi villös, zottig, mit Zotten; *bot* (having soft long hairs/ soft-haired) weich behaart
villous placenta (hemochorial placenta) Zottenplazenta, Topfplazenta
villus (*pl* villi) *cyt/anat* Villus, Zotte; *bot* Zottenhaar
➢ **chorionic villi** Chorionzotten
➢ **intestinal villi** Darmzotten
➢ **microvillus (*pl* microvilli)** Mikrovillus (*pl* Mikrovilli); Stereocilien (Lateralisorgan)
➢ **vascular villi** Gefäßzotten
vine Rebe, Weinrebe; rankende Pflanze
vine family/grape family/Vitaceae Weinrebengewächse
vinegar Essig
➢ **wood vinegar/pyroligneous acid** Holzessig
vineyard Weinberg
violet family/Violaceae Veilchengewächse
violet gland/supracaudal gland (fox) Violdrüse (Schwanzwurzeldrüse des Fuchses)
viral viral
viral burden Virenlast
viral coat Virushülle
viral diseases virale Erkrankungen
➢ **bird flu** Vogelgrippe
➢ **chicken pox** Windpocken (Herpes zoster: Varicella-Zoster-Virus); (shingles) Gürtelrose
➢ **cold** Erkältung
➢ **cowpox** Rinderpocken
➢ **dengue fever** Dengue-Fieber
➢ **epidemic parotitis** Mumps, Ziegenpeter
➢ **hoof-and-mouth disease** Maul- und Klauenseuche
➢ **influenza/flu** Grippe
➢ **measels** Masern
➢ **mononucleosis (EBV)** Mononukleose
➢ **mumps** Mumps
➢ **polio** Kinderlähmung
➢ **pox** Pocken
➢ **rabies** Tollwut
➢ **rubella** Röteln
➢ **smallpox** Pocken
➢ **yellow fever** Gelbfieber
viral particle Virusteilchen, Viruspartikel
viral retroelement virales Retroelement
viremia Virämie
virgin *n* (female never having copulated) ***zool*** Jungfrau
virgin B cell unreife B-Zelle
virgin forest/pristine forest/ primeval forest/jungle Urwald
virgin stand ***for/ecol*** Primärbestand
virginity Jungfräulichkeit
virile viril, maskulin, männlich; (copulative power) potent
virility Virilität, Männlichkeit; Potenz
virilization/masculinization Virilisierung, Maskulinisierung, Vermännlichung
virion/viral particle Virion, Viruspartikel, Virusteilchen
virioplasm Virioplasma
viroid Viroid

virology Virologie
viropexis Viropexis
virosis Virose, Viruserkrankung
virostatic *n* Virostatikum, virostatisches Mittel
virtual image *micros* virtuelles Bild
virulence (disease-evoking power/ ability of cause disease) Virulenz, Infektionskraft, Ansteckungskraft; *med* Giftigkeit, Bösartigkeit
virulent virulent, von Viren erzeugt; giftig, bösartig, sehr ansteckend
virus (*pl* viruses) Virus (*pl* Viren)
➢ **amphotropic virus** amphotropes Virus
➢ **animal virus** Tiervirus
➢ **bacterial virus/bacteriophage** Bakteriophage
➢ **defective virus** defektes Virus
➢ **ecotropic virus** ecotropes Virus
➢ **icosahedral virus** ikosaedrisches Virus
➢ **insect viruses** Insektenviren
➢ **multicomponent virus** Multikomponentenvirus
➢ **phages/bacteriophages** Phagen, Bakteriophagen
➢ **plant virus** Pflanzenvirus
➢ **retroviruses** Retroviren
➢ **satellite virus** Satellitenvirus
➢ **tumor viruses/oncogenic viruses** Tumorviren, onkogene Viren
➢ **xenotropic virus** xenotropes Virus
Viscaceae/christmas mistletoe family Mistelgewächse
viscera/guts/intestines/ entrails/bowels Viscera, Viszera, Eingeweide, Gedärme, Splancha
visceral/splanchnic visceral, viszeral, zu den Eingeweiden gehörend, Eingeweide...
visceral ganglion Visceralganglion, Viszeralganglion
visceral hump/ visceral mass (mollusks) Eingeweidesack
visceral musculature viscerale Muskulatur, Eingeweidemuskulatur
visceral pleura/pleura pulmonalis Lungenfell
visceral skeleton Visceralskelett, Viszeralskelett
viscerocranium/visceral cranium/ splanchnocranium/facial skeleton Viscerocranium, Splanchnocranium, Gesichtsschädel, Eingeweideschädel
viscidium (a sticky disk of orchid gynostemium) Klebscheibe, Klebkörper
viscosity/viscousness Viskosität, Dickflüssigkeit, Zähflüssigkeit
➢ **coefficient of viscosity** Viskosität, Viskositätskoeffizient
viscous/viscid (glutinous consistency) viskos, viskös, zähflüssig, dickflüssig
visibility Sichtbarkeit; *meteo* Sicht
visible sichtbar
➢ **invisible** unsichtbar
vision/eyesight Gesichtssinn
visual visuell, sichtbar, Sicht.., Seh.., das Sehen betreffend
visual acuity Sehschärfe
visual lobe/optic lobe/lobus opticus Sehlappen
visual pigment Sehpigment
visualize sichtbar machen; sich vorstellen
vital vital; lebensnotwendig, lebenswichtig
vital capacity (of lungs) Vitalkapazität
vital dye/vital stain Vitalfarbstoff
vital functions Vitalfunktionen, lebenswichtige Funktionen
vital necessity Lebensnotwendigkeit
vital power/vital energy Lebenskraft
vital red *micros* Brilliantrot
vital stain/vital dye *micros* Vitalfarbstoff
vital staining *micros* Vitalfärbung, Lebendfärbung
vital statistics demografische Kennzahlen
vitality Vitalität, Lebenskraft; Lebensfähigkeit; Lebensdauer
vitalize vitalisieren, beleben, anregen, kräftigen

vitamin(s) Vitamin(e)
➢ **ascorbic acid (vitamin C)** Ascorbinsäure
➢ **biotin (vitamin H)** Biotin
➢ **carnitine (vitamin B_T)** Carnitin (Vitamin T)
➢ **carotin/carotene (vitamin A precursor)** Carotin, Caroten, Karotin (Vitamin-A-Vorläufer)
➢ **cholecalciferol (vitamin D_3)** Cholecalciferol, Calciol
➢ **citrin (hesperidin) (vitamin P)** Citrin (Hesperidin)
➢ **cobalamin (vitamin B_{12})** Cobalamin, Kobalamin
➢ **ergocalciferol (vitamin D_2)** Ergocalciferol, Ergocalciol
➢ **folic acid/folacin/ pteroyl glutamic acid (vitamin B_2 member)** Folsäure, Pteroylglutaminsäure
➢ **gadol/3-dehydroretinol (vitamin A_2)** Gadol, 3-Dehydroretinol
➢ **menadione (vitamin K_3)** Menadion
➢ **menaquinone (vitamin K_2)** Menachinon
➢ **pantothenic acid (vitamin B_3)** Pantothensäure
➢ **phylloquinone/phytonadione (vitamin K_1)** Phyllochinon, Phytomenadion
➢ **pyridoxine/adermine (vitamin B_6)** Pyridoxin, Pyridoxol, Adermin
➢ **retinol (vitamin A)** Retinol
➢ **riboflavin/lactoflavin (vitamin B_2)** Riboflavin, Lactoflavin
➢ **thiamine/aneurin (vitamin B_1)** Thiamin, Aneurin
➢ **tocopherol (vitamin E)** Tocopherol, Tokopherol

vitamin deficiency Vitaminmangel
vitelline duct Dottergang
vitelline gland/vitellarian gland/ vitellogen/vitellarium/yolk gland Vitellarium, Vitellar, Dotterstock, Dotterdrüse
vitelline layer/vitelline membrane/ membrana vitellina Vitellinmembran, Dotterhaut, Dottermembran, primäre Eihülle
viticulture (viniculture) Weinbau
vitreous body (eye) Glaskörper
vitta/oil tube/oil cavity/resin canal (Apiacean fruit) ***bot*** Ölstrieme
viviparous/live-bearing vivipar, lebendgebärend
vivipary/viviparity/live-bearing Viviparie, Lebendgebären
VNTR (variable number of tandem repeats) ***gen*** variable Anzahl von Tandemwiederholungen
vocal cord/vocal fold/ true vocal cord/plica vocalis eigentliches Stimmband, Stimmfalte, Stimmlippe
➢ **false vocal cord/ventricular folds/ plica vestibularis** Taschenfalte, Taschenband, falsche Stimmlippe

vocal ligament/ligamentum vocale Stimmband (*pl* Stimmbänder)
vocal pouch/voice box (birds: larynx) Stimmsack, Stimmbeutel
vocal process Stimmbandfortsatz
vocalization Vokalisation, Lautgebung
vochysia family/Vochysiaceae Rittersporbaumgewächse
voice Stimme
voice box/larnyx Apparat der Stimmbildung, „Stimmkasten", Kehlkopf, Larynx
voice box/syrinx ***orn*** Stimmkopf
volar (of the palm or sole) volar, zur Hohlhand (bzw. Fußsohle) gehörend, auf der Hohlhandseite liegend (palmar)
volatile flüchtig
➢ **highly volatile/light** leicht flüchtig (niedrig siedend)
➢ **less volatile/heavy** schwer flüchtig (höhersiedend)
➢ **nonvolatile** nicht flüchtig

volatility Flüchtigkeit
volcanic lake/maar Maar
volcanic rock Vulkangestein

volcano Vulkan
Volkmann canal/canal of Volkmann (perforating canal) Volkmannscher Kanal
voltage clamp Spannungsklemme
voltage-sensitive channel/ voltage-gated channel spannungsregulierter/ spannungsgesteuerter Kanal
volume Volumen, Rauminhalt; Masse, große Menge; (loudness) Lautstärke
volumetric volumetrisch
volumetric analysis Maßanalyse
volumetric flask Messkolben
voluntary ***med*** willkürlich
voluntary musculature willkürliche Muskulatur
voluntomotoricity/ voluntary motility Willkürmotorik
volutin granules/ metachromatic granules Volutinkörnchen, metachromatische Granula
volva/cup/pouch Volva, Knolle
volva/universal veil ***fung*** Volva, Velum universale
vomeronasal organ/Jacobson's organ vomeronasales Organ, Jacobsonsches Organ
vomit erbrechen, brechen, sich übergeben
vomiting center Brechzentrum
von Magnus particle/ defective interfering particle (DI particle) Von-Magnus-Partikel, DI-Partikel
voracious gefräßig
voracity Gefräßigkeit
vortex Wirbel, Strudel; (mixer) *lab* „Vortex", Mixer, Mixette, Küchenmaschine
vorticose wirbelartig, strudelartig, wirbelig, wirbelbildend, Wirbel...
vorticose veins/vortex veins hintere Ziliarvenen (Auge)
voucher specimen Belegexemplar
vulnerability/vulnerableness Verletzlichkeit
vulnerable verletzlich, verwundbar, verletzbar; anfällig für
vulva presentation ***ethol*** Schampräsentieren

waddle watscheln
wade waten, schreiten
wading foot *orn* Schreitfuß
waggle/wag wedeln, wackeln (Schwanz/Kopf)
waggle dance/ tail-wagging dance (bees) Schwänzeltanz
waist Taille
walk *vb* gehen, laufen (zu Fuß fortbewegen)
walk *n* (gait of horse) Schritt (Gangart des Pferdes)
➤ **collected walk** versammelter Schritt
➤ **extended walk** starker Schritt
➤ **free walk** freier Schritt
➤ **medium walk** Mittelschritt
➤ **working walk** Arbeitsschritt
walking leg/gressorial leg Laufbein
wall pressure (WP)/turgor pressure Wanddruck
Wallace's line Wallace-Linie
wallow *n* Suhle
wallow *vb* suhlen
walnut family/Juglandaceae Walnussgewächse
wanting/lacking/missing fehlend
warble *n* (swelling under hide) Dasselbeule
warble/trill trillern
Warburg's factor/cytochrome oxidase Warburgsches Atmungsferment, Cytochromoxidase
warm-blooded/homoiothermic/ homothermic/endothermic gleichwarm, warmblütig, homoiotherm, endotherm
warming Erwärmung
➤ **global warming** globale Erwärmung
warmth/heat Wärme, Hitze
warning behavior/ alarm behavior (aposematic behavior) Warnverhalten
warning coloration/ aposematic coloration Warnfärbung, Warntracht, Abschreckfärbung
warp (sediment) angeschwemmtes Schlicksediment
warp (wood) verziehen, werfen
warren → **rabbit warren (subterranean living quarters)** Kaninchenbau; Kaninchengehege, Kaninchenbrutplatz
wart/tubercle/warty protuberance Warze (Höcker/Beule/Wölbung)
wart-shaped/verruciform warzenförmig
warty/verrucose/tuberculate warzig
wash bottle Spritzflasche
washer *lab* (thin flat ring for tightness/preventing leakage) Dichtung, Unterlegscheibe, Dichtungsring
wasp pollination/sphecophily Wespenbestäubung
wastage/weathering Verwitterung
waste/squander *n* Verschwendung, Vergeudung
waste/squander *vb* verschwenden, vergeuden
waste/trash/garbage *n* Abfall, Müll
➤ **chemical waste** Chemieabfälle
➤ **clinical waste** Klinikmüll
➤ **hazardous waste** Sonderabfall, Sondermüll
➤ **household waste** Haushaltsmüll, Haushaltsabfälle
➤ **industrial waste** Industriemüll, Industrieabfall
➤ **radioactive waste/nuclear waste** radioaktive Abfälle
➤ **toxic waste/toxical waste/ poisonous waste** Giftmüll
waste avoidance Müllvermeidung
waste away *vb* verfallen, dahinsiechen, schwächer werden, schwinden, Lebenskraft verlieren; verwelken (Pflanze)
waste disposal Abfallentsorgung, Abfallbeseitigung
waste disposal site/waste dump Mülldeponie, Müllplatz, Müllabladeplatz, Müllkippe
waste heat Abwärme
waste pretreatment Abfallvorbehandlung

waste recycling
Müllwiederverwertung
waste recycling plant
Müllverwertungsanlage
waste removal (waste disposal)
Entsorgung, Abfallbeseitigung
waste separation
Mülltrennung, Abfalltrennung
waste sulfite liquor (WSL)
Sulfitablauge (Papierherstellung)
waste treatment
Abfallbehandlung; Abfallverwertung
wasteland Ödland
wastewater/sewage Abwasser
wastewater purification plant
Kläranlage (industriell)
wastewater treatment
Abwasserbehandlung,
Abwasseraufbereitung (Kläranlage)
watch glass ***lab*** Uhrglas
water Wasser
> **amniotic fluid/"water"**
Amnionflüssigkeit, Amnionwasser,
Fruchtwasser
> **black water (river)**
Schwarzwasser
> **body of water/water body**
Gewässer
> **brackish water (somewhat salty)**
Brackwasser (leicht salzig)
> **coastal waters** Küstengewässer
> **deionized water**
entionisiertes Wasser
> **distilled water**
destilliertes Wasser
> **drainage water/leachate/soakage/ seepage/gravitational water**
Sickerwasser
> **drinking water** Trinkwasser
> **film water** Haftwasser
> **flowing water (river/stream)**
Fließgewässer (Fluss/Strom)
> **freshwater** Süßwasser
> **gravitational water/seepage water**
Senkwasser, Sickerwasser
> **ground water** Grundwasser
> **hard water** hartes Wasser
> **inland water/inland waterbody**
Binnengewässer
> **meltwater** Schmelzwasser
> **peptone water** Peptonwasser
> **phreatic** (pertaining to groundwater)
phreatisch, Grundwasser...
> **potable water**
trinkbares Wasser, Trinkwasser
> **purified water**
gereinigtes Wasser,
aufgereinigtes Wasser,
aufbereitetes Wasser
> **rainwater** Regenwasser
> **receiving water** Vorfluter
> **retained water** Haftwasser
> **saline water** salziges Wasser
> **saltwater** Salzwasser
> **seawater/saltwater** Meerwasser
> **soft water** weiches Wasser
> **springwater** Quellwasser
> **surface water** Oberflächenwasser
> **tap water** Leitungswasser
> **unpotable water (not drinkable)**
kein Trinkwasser
> **upwelling (water)**
Auftrieb (Auftriebswasser:
aufwärtsstrebende Vertikalströmung)
> **wastewater** Abwasser
> **well water** Brunnenwasser
> **white water (Amazon)**
Weißwasser
water activity Wasseraktivität,
Hydratur, „relative Aktivität"
water balance
Wasserbilanz; Wasserhaushalt
water bath Wasserbad
water bears/tardigrades
Bärtierchen, Bärentierchen,
Tardigraden (*sg* Tardigrad *m*)
water bloom Wasserblüte
water body/body of water
Gewässer
water chestnut family/Trapaceae
Wassernussgewächse
water clover family/marsilea family/ Marsileaceae
Kleefarne, Kleefarngewächse
water column Wassersäule
water conductance/ conduction/translocation
Wasserleitung, Translokation
water-conducting wasserleitend
water-conducting element/pathway
Wasserleitbahn, Wasserleitungsbahn
water content Wassergehalt

water cycle/hydrologic cycle Wasserkreislauf (der Natur)
water-dispersal/hydrochory Wasserausbreitung, Hydrochorie
water expulsion vesicle/ contractile vacuole kontraktile Vakuole, pulsierende Vakuole
water fern family/floating fern family/ Parkeriaceae Hornfarngewächse
water fleas/cladocerans/Cladocera Wasserflöhe
water flow Wasserströmung
water free space Water Free Space (*used as such in German; not translated!*)
water hardness Wasserhärte
water hazard class Wassergefahrenklasse (WGK)
water hawthorn family/ cape-pondweed family/ Aponogetonaceae Wasserährengewächse
water hyacinth family/ pickerel-weed family/ Pontederiaceae Hechtkrautgewächse
water-insolubility Wasserunlöslichkeit
water level Wasserspiegel
water-lily family/Nymphaeaceae Seerosengewächse
water loss Wasserverlust
water milfoil family/milfoil family/ Haloragaceae Seebeerengewächse, Meerbeerengewächse, Tausendblattgewächse
water molds/Saprolegniales Wasserschimmel
water molds (oomycetes) wasserlebende Oomyceten
water molds & downy mildews/ oomycetes/Oomycota falsche Mehltaupilze
water movement Wasserbewegung
water nymph family/najas family/ Najadaceae Nixenkrautgewächse
water of crystallization Kristallisationswasser
water of hydration Hydratwasser
water parting/divide Wasserscheide
water-plantain family/ arrowhead family/Alismataceae Froschlöffelgewächse
water pollution Wasserverschmutzung
water-poppy family/ Limnocharitaceae Wassermohngewächse
water potential/suction pressure Wasserpotenzial, Saugkraft
water pump/filter pump/ vacuum filter pump Wasserstrahlpumpe
water purification Wasseraufbereitung
water quality Wasserqualität, Wassergüte
water regime Wasserregime, Wasserhaushalt
water-repellent/water-resistant wasserabweisend
water reserve Wasserschutzgebiet
water sample Wasserprobe
water saturation Wassersättigung
water saturation deficit (WSD) Wassersättigungsdefizit
water solubility Wasserlöslichkeit
water-soluble wasserlöslich
water sprout/water shoot/sucker Geiltrieb, Wassertrieb, Wasserschoss
water starwort family/ starwort family/Callitrichaceae Wassersterngewächse
water still Wasserdestillierapparat
water storage Wasserspeicherung
water-straining bill Seihschnabel
water stress Wasserstress
water supply Wasserversorgung
water table Grundwasserspiegel
water tank (of certain bromeliads) Zisterne
water tension/water suction Wassersog, Zugspannung (Wasserkohäsion)
water transport Wassertransport
water transport pathway Wassertransportweg
water uptake Wasseraufnahme
water vapor Wasserdampf

water vascular system Wassergefäßsystem, Ambulakralgefäßsystem
watercourse/waterway Fließgewässer, Wasserlauf
waterfowl ***allg*** Wasservögel
waterfowl (ducks/geese/swans)/ Anseriformes Gänsevögel, Entenvögel
watering place Wasserstelle
waterleaf family/Hydrophyllaceae Wasserblattgewächse
waterlog ***vb*** mit Wasser vollsaugen
waterlogged mit Wasser vollgesogen
waterlogging/waterlogged (soil) Vernässung, Staunässe (Boden)
waterproof wasserdicht, wasserundurchlässig
watershed/drainage area/ drainage district/ catchment area/catchment basin Wassereinzugsgebiet, Grundwassereinzugsgebiet
water-shield family/fanwort family/ Cabombaceae Haarnixengewächse
waterway/watercourse Fließgewässer, Wasserlauf
waterwort family/Elatinaceae Tännelgewächse
wattle(s) (fleshy pendant process at head/neck) (e.g., birds/reptiles) Kehllappen (Hautlappen); (Welse) Bartfäden; (Appendices colli: Schaf/Ziege/ Schwein) Berlocken, Glöckchen
wave ***n*** Welle
➢ **backrush/backwash** Wellenrücklauf, Wellenrückstrom, Rücksog
➢ **contraction wave** ***med/physiol*** Kontraktionswelle
➢ **tidal wave** Gezeitenwelle; (seismic wave) Flutwelle
➢ **uprush/swash** Wellenauflauf
wave exposure Wellenexposition
wavelength Wellenlänge
wavy/undulate/repand (slightly undulating) wellig, gewellt
wax Wachs
wax coating Wachsbelag
wax feet ***micros*** Wachsfüßchen
wax gland/ceruminous gland Wachsdrüse
wax-myrtle family/bog myrtle family/ sweet gale family/Myricaceae Gagelgewächse
wax plant Wachsblume
waxy/wax-like/ceraceous wachsartig
weaken ***vb*** schwächen, abschwächen
weakening ***neuro*** Abschwächung
weakness Schwäche
wean abstillen, entwöhnen
weaners (of pigs) Absatzferkel, Absetzerferkel
weaning Abstillen, Entwöhnung
weanling frisch abgestilltes/ entwöhntes Jungtier, Läufer
weather Wetter
weathering/wastage Verwitterung
web (skin between digits) Schwimmhaut
web (spiderweb) ***arach*** Gespinst (Spinnwebe/Spinnennetz), Netz
➢ **funnel web/tube web** Trichternetz, Röhrennetz
➢ **mesh web** Maschennetz
➢ **nursery web (nursery tent)** Brutgespinst, Eigespinst (Schutzgespinst für Jungspinnen)
➢ **orb web** Radnetz
➢ **purse web** Gespinstschlauch, Röhrennetz, Röhrengespinst
➢ **sheetweb, horizontal** Deckennetz
➢ **sheetweb, simple** Flächennetz
➢ **space web (with barrier threads)** Fußangelnetz (mit Stolperfäden)
➢ **sperm web** Spermanetz
➢ **spoke/radius** Speiche (Netzspeiche), Radius
➢ **tube web** Röhrennetz
webbed schwimmhäutig, mit Schwimmhäuten
webbed foot/swimming foot (e.g., birds) Schwimmfuß
webbing Vernetzung
Weber's line Webersche Linie

Weberian apparatus ***ichth***
Weberscher Apparat
Weberian ossicle/otolith
Webersches Knöchelchen
webspinners/footspinners/ embiids/Embioptera
Fußspinner, Tarsenspinner, Embien
wedge/peg Keil
wedge grafting/cleft grafting ***hort***
Spaltpfropfung,
Pfropfen in den Spalt
wedge-leaved keilblättrig
wedge-shaped/sphenoid/ cuneate/cuneiform keilförmig
weed ***n*** Krautpflanze;
Unkraut (*pl* Unkräuter)
weed ***vb*** Unkraut jäten
weed control Unkrautbekämpfung,
Unkrautvernichtung
weigh wiegen
➢ **weigh in (after setting tare)**
einwiegen (nach Tara)
➢ **weigh out**
abwiegen (eine Teilmenge)
➢ **weigh out precisely**
auswiegen (genau wiegen)
weighing table Wägetisch
weight Gewicht
➢ **dry weight (*sensu stricto:* dry mass)**
Trockengewicht
(*sensu stricto*: Trockenmasse)
➢ **fresh weight (*sensu stricto:* fresh mass)**
Frischgewicht
(*sensu stricto*: Frischmasse)
➢ **gain weight** zunehmen
(Gewichtszunahme)
➢ **gross weight** Bruttogewicht
➢ **loose weight** abnehmen
(Gewichtsverlust)
➢ **molecular weight**
Molekulargewicht
➢ **net weight** Nettogewicht
➢ **own weight/dead weight/ permanent weight** Eigengewicht
➢ **service weight/unladen weight**
Eigengewicht
weight average molecular mass (M_w)
Durchschnitts-Molmasse (gewichtsmittlere Molmasse/Gewichtsmittel des Molekulargewichts)
weight fraction Gewichtsbruch
(Verhältnis)
weight loss Abnehmen
(Gewichtsverlust)
weightless schwerelos
weightlessness Schwerelosigkeit
weir basket trap ***bot*** Reusenfalle
well (cell counter/buffer well)
Vertiefung, Rinne
(Pufferrinne/Pufferwanne)
well/depression (*electrophor*: gel well)
Tasche (Geltasche), Vertiefung
well plate ***gen/micb*** Lochplatte
well water Brunnenwasser
welwitschia/Welwitschiaceae
Welwitschiagewächse
westerlies/western wind Westwinde
➢ **easterlies/eastern wind** Ostwinde
western birds/Hesperornithiformes
Zahntaucher
Western blot/immunoblot
Western-Blot, Immunoblot
wet nass
wet blotting Nassblotten
wet meadow Nasswiese
wet mount/wet preparation
Nasspräparat, Frischpräparat,
Lebendpräparat, Nativpräparat
wet rot Nassfäule
wether Hammel
wetland Feuchtgebiet, Feuchtbiotop
➢ **billabong (Australian: lagoon/backswamp)**
Lagune, Küstensumpf
➢ **bog (ombrogenic/ ombrotrophic peatland)**
Moor (ombrogen/oligotroph),
Torfmoor; Luch
➢ **bottomland (river floodplain wetland)**
Tiefland (Schwemmland)
➢ **carr (European fen woodland)**
Bruchmoor, Bruchwald,
Übergangs-Waldmoor
➢ **fen/fenland (minerotrophic peatland: fed by underground water or interior drainage)**
Fehn, Fenn
(minerotropher vererdetes
Flachmoor/Niedermoor)

- ➢ **floodplain/alluvial plain/ floodland/alluvial land** Überschwemmungsebene, Schwemmland (einer Flussaue)
- ➢ **mangrove(s)** Mangrove(n)
- ➢ **marsh (dominated by grasses)** Marsch
- ➢ **mire (European: from old Norse term)/peatland (peat-forming wetlands: bogs & fens)** ***n*** Moor
- ➢ **moor/peatland (bogs/fens)** Moor, Torfmoor; (raised bog) Hochmoor; (dry) Bergheide; Heidemoor
- ➢ **muskeg (Canadian term for peatlands)** Moor (ombrogen/oligotroph), Torfmoor; kanadisches Tundramoor
- ➢ **peatlands** Moor
- ➢ **pocosin/"swamp-on-a-hill" (U.S. peatland: SE coastal plains)** amerikan. Waldmoor
- ➢ **swamp** Sumpf; (wetland dominated by trees/shrubs → equivalent to European: carr) Waldmoor; Luch
- ➢ **wet meadow** Nasswiese

wettability Benetzbarkeit
wetting Benetzung
wetting agent/wetter/ surfactant/spreader oberflächenaktive Substanz, Entspannungsmittel
whalebone/baleen Walbein, Fischbein
whalebone whales/baleen whales/ Mysticeti Bartenwale
whaling Walfang
wharf/quay Kai
Wharton's duct/ submandibular duct Wharton-Gang
Wharton's jelly/ mucous connective tissue Wharton-Sulze (Grundgewebe der Nabelschnur)
wheel organ Räderorgan
whelp ***n*** (cub: fox/wolf/jackal/bear/lion) Welpe; (pup/puppy: dog) Welpe, junger Hund
whelp ***vb*** Welpen gebären, Welpen werfen
whey Molke, Milchserum, Käsewasser
whine ***vb*** winseln, wimmern; quengeln, jammern
whip ***n*** Peitsche
whip ***n*** **(one year-old shoot)** ***bot*** Rute
whip ***vb*** peitschen
whip-and-tongue grafting/ whip grafting/tongue grafting Kopulation mit Gegenzunge (Pfropftechnik)
whip grafting/splice grafting ***hort*** Kopulation, Kopulieren, Schäften (Pfropfung)
whiplash flagellum/ acronematic flagellum Peitschengeißel
whipping peitschend
whipscorpions (*incl.* vinegarroons)/ Pedipalpi (Uropygi & Amblypygi) Geißelskorpione & Geißelspinnen
whipworm (*Trichuris trichiura*) Peitschenwurm
whirl/swirl/eddy strudeln
whisk fern (*Psilotum*) Gabelblattgewächs
whiskers (cats) Barthaare, Schnurrhaare (Katzen)
whistle ***vb*** pfeiffen
white-alder family/clethra family/ Clethraceae Scheinellergewächse
white blood cell (WBC)/leukocyte weißes Blutkörperchen, Leukocyt, Leukozyt
white cinnamon family/ wild cinnamon family/ canella family/Canellaceae Kaneelgewächse
white frost/ hoarfrost (fine/feathery) fein-flockiger Reif, Raureif
white horse weißer Schimmel
white line/zona alba (hoof) weiße Linie
white mangrove family/ Indian almond family/ Combretaceae Strandmandelgewächse

white matter weiße Substanz
white ramus/visceral ramus Ramus communicans albus
white rot Weißfäule (Korrosionsfäule)
white rusts/Albuginaceae Weißrost (Pilze)
whiteflies Mottenschildläuse, „Weiße Fliegen"
whole blood Vollblut
whole-body exposure Ganzkörperbestrahlung
whole-cell patch *neuro* Ganzzell-*Patch*
whole-cell recording *neuro* Ganzzellableitung
whole mount *micros* Totalpräparat
whole mount plastination Ganzkörperplastination
whorl *zool* (snail shell) Windung, Umgang
whorl/verticil Quirl, Wirtel
➢ **false whorl/pseudowhorl *bot*** Scheinquirl, Doppelwickel
whorled (leaf arrangement) quirlständig, wirtelig (Blattstellung)
wide-angle X-ray scattering (WAXS) Röntgenweitwinkelstreuung
widefield *micros* Weitwinkel
widespread/ubiquitous weitverbreitet, ubiquitär
wiggler (mosquito larva) Schnakenlarve
wild/wilderness *n* Wildnis
wild/living in the wild (in a state of nature) wildlebend
wild/uncontrolled *adv/adj* wild, ungebändigt
wild animal reserve/game reserve/ wildlife park Wildreservat, Wildtierpark, Wildpark
wild animal sanctuary Wildschutzgebiet
wild pig/wild swine/ wild boar/wild hog Wildschwein (*collect.* Schwarzwild); (im ersten Jahr) Frischling
➢ **male wild boar** Keiler
wild sow Bache, Wildschweinsau
wild type Wildform, Wildtyp
wild-type allele Wildallel
wilderness Wildnis
wildfire Lauffeuer
wildflower Wildpflanze, wildwachsende Pflanze
wildfowl Wildgeflügel
wildlife Wild (Tiere in der Natur)
wildlife management Wildmanagement
wildlife park/national park Naturpark, Nationalpark
wildlife sanctuary/wildlife refuge Wildreservat
willow family/Salicaceae Weidengewächse
willowherb family/ evening-primrose family/ Onagraceae Nachtkerzengewächse
wilt *n* Welke, Verwelken
wilt/wither/fade *vb* welken
wilting/flaccid/deficient in turgor welkend
wilting coefficient Welkungskoeffizient
wilting percentage, permanent permanenter Welkungsgrad
wilting point Welkpunkt
wind *vb* (twist/coil) winden, sich schlängeln
wind *n* Wind
➢ **anabatic wind** Hangaufwind
➢ **anticyclone (rotating high-pressure wind system)** Antizyklon (Hochdruckgebiet)
➢ **blizzard** heftiger Schneesturm
➢ **breeze (sea b./land b.)** Brise (Meeres-/Land-)
➢ **calm/windlessness** Windstille
➢ **cyclone (rotating low-pressure wind system or storm)** Zyklone (Tiefdruckgebiet)
➢ **cyclone/tropical windstorm** Zyklon (trop. Wirbelsturm)
➢ **downward wind** Abwind
➢ **dust devil** Staubteufel
➢ **dust whirl** Staubwirbel, Staubhose
➢ **easterlies (easterly current)** Ostwinde
➢ **gale (51–101 km/h)** Sturmwind
➢ **geostrophic wind** geostrophischer Wind

- **gust** Bö, Windbö
- **head wind** Gegenwind
- **hurricane (>115 km/h)** Hurrikan, Orkan (mittelamerik. Wirbelsturm)
- **jet stream** Jetstream, Strahlströmung
- **katabatic wind** Hangabwind
- **lee/lee side** Lee, Windschatten, Windschattenseite (dem Wind abgekehrte Seite)
- **luv/windward side** Luv, Windseite, Wetterseite (in Windrichtung liegende/ dem Wind zugewandte Seite)
- **offshore wind** Landwind
- **onshore wind** Seewind
- **prevailing wind (direction of wind)** vorherrschender Wind (Windrichtung)
- **sand whirl** Sandwirbel, Sandhose
- **snowstorm (*see:* blizzard)** Schneesturm
- **squall (sudden violent gusty wind)** Sturmbö, heftiger Windstoß
- **surface wind** Oberflächenwind
- **tail wind** Rückenwind
- **tornado (North American whirlwind)/"twister"** Tornado (Nordamerik. Großtrombe/Wirbelsturm)
- **trade winds/trades** Passatwinde
- **typhoon** Taifun (tropischer Zyklon: Philippinen/Chinesisches Meer)
- **upwind/upcurrent** Aufwind
- **waterspout** Wasserhose (eine Trombe)
- **westerlies (westerly current)** Westwinde
- **whirlwind (violent windstorm)** Wirbelsturm, Trombe
- **wind spout/vortex (of a tornado)** Windhose (eine Trombe)

wind abrasion Windabrasion
wind-dispersal/anemochory Windstreuung, Windausbreitung
wind gap/air gap/wind valley *geol* Windscharte, Spalt, Pass
wind intensity/ wind force/wind strength Windintensität, Windstärke
wind-pollinated/anemophilous windblütig, anemophil
wind pollination/anemophily Windbestäubung, Anemophilie
wind shear/wind abrasion Windschur
wind speed/wind velocity Windgeschwindigkeit
wind strength/wind intensity Windstärke, Windintensität
wind sucking (horse) Windschnappen, Luftkoppen (Pferd)
windbreak (breaking of trees by wind) Windbruch
windbreak/shelterbelt Windschutz
windchill *n* Windchill (Windabkühlung)
windchill factor Windchill-Faktor, Windchill-Index (eine Abkühlungsgröße)
windfall/windthrow/blowdown (of trees) Windwurf, Sturmwurf
windpipe/trachea/breathing tube Kehle, Trachee, Trachea, Luftröhre, Atemröhre
wine *n* Wein
wing Flügel, Fittich, Schwinge

- **forewing/front wing/tegmina** Vorderflügel (Oberflügel/Deckflügel/Flügeldecke)
- **hindwing** Hinterflügel (Unterflügel)
- **hymenopterous wing** Hautflügel
- **spurious wing/ bastard wing/alula *orn*** Daumenfittich, Afterflügel, Nebenflügel, Ala spuria, Alula (Federngruppe an 1. Finger)
- **stubby wings** Stummelflügel

wing area *see* wing field
wing base Flügelbasis
wing bud Flügelknospe
wing cell Flügelzelle
wing cover/wing case/ elytron/elytrum (*pl* elytra) Elytre, Deckflügel, Flügeldecke

wing field/wing area ***entom***
Flügelfeld (Region)
➢ **anal field/anal area/ vannal area/vannus**
Analfeld, Vannus
➢ **costal field/costal area**
Costalfeld, Remigium
➢ **jugal area/jugal region/ jugum/neala**
Jugalfeld, Jugum, Neala
wing loading ***aer***
Flügel-Flächen-Belastung
wing pad (larval developing wing)
Flügelstummel (Flügelscheide)
wing scale Flügelschuppe
wing-shaped/aliform flügelförmig
wing sheath Flügelscheide
wing spread/wingspan
Flügelspannweite
wing stub Flügelstummel
wing surface Flügelfläche
wing tip Flügelspitze
wing venation Flügeladerung, Flügelnervatur
wingbeat Flügelschlag
winged/alate geflügelt
winged fruit (samara/key)
Flügelfrucht
winged insects/ pterygote insects/Pterygota
Fluginsekten, geflügelte Insekten
wingless/lacking wings/exalate/ apterous/apteral/apterygial
flügellos, ungeflügelt
winglike/alar/alary
flügelartig, schwingenartig
wingspan/wingspread
Flügelspannweite
winnowing Schwingen
winter bud/hibernaculum/ turio/turion Winterknospe, Hibernakel, Turio, Turione
winter fur/winter coat Winterfell
winter hardiness Winterhärte
winter quarters Winterquartier
winter torpor
Kältestarre, Winterstarre
wintergreen family/shinleaf family/ Pyrolaceae
Wintergrüngewächse
wire gauze Drahtnetz
wireframe (protein models)
Drahtgitter(-Modell)
wireworm (elaterid larva)
Drahtwurm
wishbone/furcula/fourchette (birds: united clavicles)
Gabelbein, Furcula; „Wünschelknochen"
witch-hazel family/Hamamelidaceae
Zaubernussgewächse
witches' broom ***bot*** Hexenbesen
wither/wilt/fade (e.g., blossom/flower/plant)
welken, verwelken
withers Widerrist
wobble base ***gen*** Wobble-Base
wobble hypothesis
Wobble-Hypothese
wolf teeth/remnant teeth (horse: 1.premolar) Wolfszähne
Wolffian body/ deutonephros/mesonephros
Urniere, Mesonephros
Wolffian duct/Leydig's duct/ mesonephric duct
Wolffscher Gang, Urnierengang
woman (*pl* women) Frau (*pl* Frauen)
womb/uterus Gebärmutter, Uterus
wood/lumber/timber Holz
➢ **brushwood/spray** Reisig
➢ **compression wood**
Druckholz, Rotholz
➢ **cordwood** Klafterholz
➢ **crosscut wood/ crossgrained timber**
Hirnholz
➢ **crude wood/crude timber**
Derbholz
➢ **diffuse porous wood**
zerstreutporiges Holz
➢ **driftwood** Treibholz
➢ **durability**
Verwitterungsbeständigkeit
➢ **duramen/heartwood**
Kernholz
➢ **earlywood/springwood**
Frühholz, Weitholz, Frühlingsholz
➢ **figure/design**
Maserung, Masertextur, Fladerung, Figur, Zeichnung (Holz)

➤ **firewood/fuelwood** Brennholz, Feuerholz
➤ **flatsawn** flach-aufgesägt
➤ **grain (form of wood texture)** Faser, Faserung, Faserorientierung, Struktur, Fibrillenanordnung (Schnittholz)
➤ **hardwood (tree)** Laubbaum (*speziell:* Angiospermen)
➤ **hardwood (wood of hardwood trees)** Hartholz
➤ **heartwood/duramen** Kernholz
➤ **ironwood** Eisenhölzer
➤ **kind of wood/type of wood** Holzart
➤ **latewood** Spätholz, Engholz
➤ **manoxylic wood** locker gebautes Sekundärholz
➤ **phanerophyte (woody plant; aerial dormant buds)** Phanerophyt, Holzgewächs (Bäume/Sträucher)
➤ **plainsawn/flatsawn/ tangential section** Sehnenschnitt, Fladerschnitt (Holz)
➤ **plywood** Sperrholz
➤ **pulpwood** Faserholz, Papierholz
➤ **pycnoxylic wood** dichtfaseriges Holz
➤ **reaction wood** Reaktionsholz
➤ **resinous pinewood** Kien, Kienholz
➤ **ring porous wood** ringporiges Holz (cyclopor)
➤ **roundwood/log timber** Rundholz
➤ **sapwood/alburnum/splintwood** Splintholz
➤ **season/store *vb*** lagern, ablagern
➤ **shake (fissure between growth rings)** Riss
➤ **shelterwood** Mutterbestand, Schirmbestand, Plenterwald
➤ **soft wood** Weichholz
➤ **specific gravity (wood density)** spezifisches Gewicht (Dichte von Holz)
➤ **splintwood/sapwood/alburnum** Splintholz
➤ **springwood/earlywood** Frühlingsholz, Weitholz, Frühholz
➤ **stere (stack of cordwood: 1 cbm)** Ster
➤ **summerwood** Sommerholz
➤ **tangential section/ flatsawn/plainsawn** Tangentialschnitt, Sehnenschnitt, Fladerschnitt (Holz)
➤ **tension wood** Zugholz
➤ **warp** verziehen, werfen
➤ **xylophilous/ thriving in or on wood** in Holz lebend, auf Holz gedeihend

wood alcohol/pyroligneous alcohol/ wood spirit/pyroligneous spirit (*chiefly*: methanol) Holzgeist (*zumeist*: Methanol/Methylalkohol)
wood cellulose/xylon Holzzellulose
wood chip Holzschnitzel
wood crate Holzkiste
wood cylinder/wood corpus/ wood body Holzkörper
wood-eating/feeding on wood/ xylophagous holzfressend
wood felling Holzeinschlag
wood pile Holzhaufen
wood pit Holztüpfel
wood product Holzprodukt
wood pulp Zellstoff
wood ray (xylem ray) Holzstrahl; (pith/medullary ray) Markstrahl
wood rot Holzfäule
wood shavings Holzspäne
wood-sorrel family/Oxalidaceae Sauerkleegewächse
wood strength/wood stability Holzfestigkeit, Holzstabilität
➤ **bending strength** Biegefestigkeit, Tragfähigkeit
➤ **buckling strength/ folding strength/ crossbreaking strength** Knickfestigkeit
➤ **crushing strength/ compression resistance (endwise compression)** Druckfestigkeit
➤ **shear strength/shearing strength** Scherfestigkeit, Schubfestigkeit
➤ **shock resistance** Stoßfestigkeit
➤ **tensile strength/breaking strength** Reißfestigkeit, Zerreißfestigkeit, Zugfestigkeit
➤ **torsion(al) strength** Drehfestigkeit

wood sugar/xylose
Holzzucker, Xylose
wood tar Holzteer
wood vinegar/pyroligneous acid
Holzessig
wood wool Zellstoffwatte
wooden hölzern
woodland Waldsteppe
woodland management/ forest management Forstwirtschaft
woodlice/pill bugs/sowbugs/Isopoda
Asseln
woodlot Waldstück
woodpeckers & barbets & toucans and allies/Piciformes
Spechtvögel, Spechtartige
woods (*see:* forest)
Wald mittlerer Größe
woody/ligneous holzartig, holzig
woody debris Bruchholz
woody plant Gehölz, Holzgewächs
wool Wolle; Haare, Pelz
➤ **wood wool** Zellstoffwatte
wool fat gland Wollfettdrüse
wooly/lanate wollig
wooly hair Wollhaar
work procedure Arbeitsmethode
work up/process *vb* aufarbeiten
work up/working up/processing/ down-stream processing *n biot*
Aufarbeitung
worker Arbeiter
worker bee Arbeitsbiene, Arbeiterin
workplace Arbeitsplatz
workplace protection/ safety provisions (for workers)
Arbeitsschutz
worldwide/occurring worldwide/ cosmopolitan
weltweit verbreitet, kosmopolitisch
worm *n* Wurm
worm *vb* entwurmen
worm lizards/amphisbenids/ amphisbenians/Amphisbaenia
Wurmschleichen, Doppelschleichen
worm-shaped/vermiform
wurmförmig
wormian bone/ sutural bone/epactal bone
Schaltknochen, Nahtknochen
wormlike/vermian/vermicular
wurmartig
wormy wurmig
Woronin body Woronin-Körper
wort (brewing) Würze
wort/herb/weed Kraut
wound *n* Wunde
wound *vb* verwunden
wound cambium Wundkambium
wound healing Wundheilung
wound hormone Wundhormon
wound overgrowth (by bulgy callus)
Überwallung, Wundüberwallung
wound response Wundreaktion
wound tissue/callus
Wundgewebe, Kallus, Callus
wreath-shaped/coronal kranzförmig
wriggle (e.g., nematodes)
schlängeln, hin und her zucken
wrinkle *n* Runzel, Falte; Knitter
wrinkle *vb* (Stirn/Augenbrauen) runzeln
wrinkle-leaved runzelblättrig
wrinkled/rugose/ corrugative/corrugated
runzelig, gerunzelt, gewellt, geriffelt
wrist Handwurzel
wrist (joint) Handgelenk
wrist bone/carpal bone
Handwurzelknochen, Handgelenksknochen, Carpalia (Ossa carpalia)
writhe *vb* (twist/coil/wrench)
winden, krümmen, schlingen, ringeln
writhen (twisted/contorted)
gewunden, gekrümmt, verschlungen, geringelt, verdreht
writhing number/writhe (*W*) (DNA)
Windungszahl

x body (inclusion body)
X-Körper (Einschlusskörper)
X chromosome X-Chromosom
➢ **fragile X chromosome (syndrome)**
fragiles X-Chromosom (Syndrom)
X-linked inheritance
x-chromosomale Vererbung
X-organ X-Organ, Bellonci-Organ
X-ray Röntgenstrahl
X-ray absorption spectroscopy
Röntgenabsorptionsspektroskopie
X-ray crystallography
Röntgenkristallographie,
Röntgenkristallografie
X-ray diffraction Röntgenbeugung
X-ray diffraction method
Röntgenbeugungsmethode
X-ray diffraction pattern
Röntgenbeugungsmuster,
Röntgenbeugungsdiagramm,
Röntgenbeugungsaufnahme,
Röntgendiagramm
X-ray emission spectroscopy
Röntgenemissionsspektroskopie
X-ray microanalysis
Röntgenstrahl-Mikroanalyse
X-ray microscopy
Röntgenmikroskopie
X-ray structural analysis/
X-ray structure analysis
Röntgenstrukturanalyse
xanthan Xanthan
xanthan gum Xanthangummi
xanthene/
methylene diphenylene oxide
Xanthen
xanthic acid/xanthonic acid/
xanthogenic acid/
ethoxydithiocarbonic acid
Xanthogensäure
xanthine/2,6-dioxopurine Xanthin
xanthism Xanthismus
xanthocarpous gelbfrüchtig
xanthodermic gelbhäutig
xanthophyll Xanthophyll
Xanthorrhoeaceae/grass tree family/
blackboy family
Grasbaumgewächse
xenarthrans/"toothless" mammals/
edentates/Xenarthra/Edentata
Nebengelenktiere, Zahnarme
xenobiosis Xenobiose
xenobiotic ***adv/adj*** xenobiotisch
xenobiotic ***n*** **(*pl* xenobiotics)**
Xenobiotikum (*pl* Xenobiotika)
xenogamy/cross-fertilization
Xenogamie, Kreuzbefruchtung
xenogeneic/heterologous
(originating from member of another
species, e.g., transplantations)
xenogen, xenogenetisch, heterolog
xenogenic/xenogenous/
exogenous (originating
from outside an organism)
xenogen, von außen hervorgerufen
xenograft (from other species)
Xenotransplantat, Fremdtransplantat
xenoparasite Xenoparasit
xenospore (immediate germination)
Xenospore
xeric/low moisture content
(dry/arid) gekennzeichnet durch
niedere Feuchtigkeitsmenge
(trocken/arid/wüstenartig)
xeromorphism Xeromorphismus
xerophyte/xeric plant/
xerophilic plant/drought tolerator
Xerophyt, Trockenpflanze,
Trockenheit ertragende Pflanze
xerophytic/drought resistant
trockenresistent
xerosere Xeroserie
xiphoid/ensiform/
gladiate/sword-shaped
schwertförmig
xiphoid cartilage/
cartilago xiphoidea
Schaufelknorpel
xylem Xylem, Gefäßteil, Holzteil
xylem ray Xylemstrahl, Holzstrahl
xylem sap Xylemsaft
xylene/dimethylbenzene
Xylol, Dimethylbenzol
xylitol/xylite Xylit
xylophage ***n*** Holzfresser
xylophilous/
thriving in or on wood
in Holz lebend, auf Holz gedeihend
xylose Xylose
xylulose Xylulose
Xyridaceae/yellow-eyed grass family
Xyrisgewächse

Y organ (molting gland)
Y-Organ, Carapaxdrüse
YAC (yeast artificial chromosome)
künstliches Hefechromosom
yam family/Dioscoreaceae
Yamswurzelgewächse,
Schmerwurzgewächse
yama-kuruma family/ wheel-stamen tree family/ trochodendron family/ Trochodendraceae
Radbaumgewächse
yawn gähnen
yeanling frischgeborenes Lamm,
Schäfchen oder Zicklein,
Ziegenjunges
yearling (short yearling: 9 to 12 months; long yearling: 12 to 18 months)
Jährling, einjähriges Tier
(meist Rinder)
yeast Hefe
➢ **baker's yeast** Bäckerhefe
➢ **bottom yeast**
niedrigvergärende Hefe
(„Bruchhefe")
➢ **brewers' yeast**
Bierhefe, Brauhefe
➢ **dried yeast** Trockenhefe
➢ **top yeast** hochvergärende Hefe
(„Staubhefe")
yeast artificial chromosome (YAC)
künstliches Hefechromosom (YAC)
yeast episomal plasmid (YEp)
episomales Hefeplasmid (YEp)
(Hefevektor)
yeast extract Hefeextrakt
yeast integrative plasmid (YIp)
integratives Hefeplasmid (YIp)
(Hefevektor)
yellow-eyed grass family/Xyridaceae
Xyrisgewächse
yellow fever (*Flavivirus*)
Gelbfieber
yellow-green algae/Xanthophyta
Gelbgrünalgen, Xanthophyten
yellow spot/macula lutea (with fovea centralis) gelber Fleck,
Macula lutea (mit Fovea centralis)
yelp (dog: shrill cry) jaulen, winseln;
(shrill bark) kläffen
yew family/Taxaceae Eibengewächse
yield *n* Ausbeute, Ertrag
yield *n zool* (honey)
Tracht (Ertrag an Honig)
yield *vb agr/chem* (Ertrag/Ausbeute)
ergeben, hervorbringen;
agr tragen, liefern
yield coefficient (Y)
Ertragskoeffizient,
Ausbeutekoeffizient,
ökonomischer Koeffizient
yield strength
Elastizitätsgrenze, Dehngrenze
yield stress
Streckspannung, Fließspannung
yolk/egg yolk/vitellus
Dotter, Eidotter, Eigelb
➢ **centrolecithal (yolk aggregated in center)**
zentrolezithal, centrolecithal,
Dotter im Zentrum
➢ **isolecithal (yolk distributed nearly equally)**
isolezithal, isolecithal,
Dotter gleichmäßig verteilt
➢ **mesolecithal (with moderate yolk content)**
mesolezithal, mesolecithal,
mäßig dotterreich
➢ **oligolecithal (with little yolk)**
oligolezithal, oligolecithal,
mikrolecithal, dotterarm
➢ **polylecithal (with large amount of yolk)**
polylezithal, polylecithal,
makrolecithal, dotterreich
➢ **telolecithal (yolk in one hemisphere)**
telolezithal, telolecithal,
Dotter an einem Pol
yolk cell/shell globule (trematodes)
Dotterzelle, Vitellophage
yolk duct/vitelline duct
Vitellodukt, Dottergang
yolk fry/sacfry/alevin (salmon larvae)
Dottersackbrut
yolk gland/vitellarian gland/ vitelline gland/vitellarium/ vitellogen
Dotterstock, Dotterdrüse,
Vitellar, Vitellarium

yolk larva/vitellaria/ lecithotroph pericalymma/ test-cell larva Hüllglockenlarve, Pericalymma
yolk plug Dotterpfropf
yolk sac Dottersack
yolk-sac placenta/ choriovitelline placenta Dottersackplazenta, Dottersackhöhlenplazenta, Omphaloplazenta, omphaloide Plazenta
young *n* (offspring) Junges (Nachkommen), Jungtier
young/pup (e.g., whale/seal/rat/dog)/ cub (young carnivore: bear/fox/lion) Jungtier, Junges (v.a. Säuger)
young forest Jungwald, junger Wald
young plant/juvenile plant Jungpflanze

Z line (Z disk) Z-Linie, Z-Streifen (Z-Scheibe) (Z = Zwischenscheibe)
Z-scheme Z-Schema (Zickzack-Schema: Photosynthese)
Zannichelliaceae/ horned pondweed family Teichfadengewächse
zeatin Zeatin
zeaxanthin Zeaxanthin
zebra wood family/connard family/ Connaraceae Connaragewächse
Zencker's organ Zenckersches Organ
zero growth Nullwachstum
zero-order kinetics Kinetik nullter Ordnung
zero-order reaction Reaktion nullter Ordnung
zest (peel of orange/lemon etc. for flavoring) Zitrusschale zum Würzen (Orangen/Zitronen etc.)
zeugopodium (amphibians) Zeugopodium
zinc (Zn) Zink
zinc finger Zinkfinger
Zingiberaceae/ginger family Ingwergewächse
zipper Reißverschluss
➢ **leucine zipper** Leucin-Reißverschluss
zipper principle Reißverschlussprinzip
zippering ***gen*** Reißverschluss betätigen, Zippering (Doppelstrangbildung: kooperativer Vorgang beim Bilden von Wasserstoffbrücken)
zoanthids/zoantharians/Zoantharia Krustenanemonen
zoëa (decapod crustacean larva) Zoëa
zoecium/zooecium (bryozoans) Zoecium
zona pellucida/oolemma Zona pellucida, Glashaut, Oolemma, Eihülle
zonal centrifugation Zonenzentrifugation
zonary placenta/annular placenta/ placenta zonaria Gürtelplazenta
zonation Zonierung
zone electrophoresis Zonenelektrophorese
zone fossil/zonal fossil/index fossil Leitfossil
zone membranelles, adoral (AZM) (ciliates) adorales Membranellenband
zone of accumulation/zone of illuviation (B-horizon) Einwaschungshorizont
zone of cell division (region of root apical meristem) Wachstumszone
zone of elongation/ region of expansion (root) Streckungszone, Verlängerungszone
zone of equivalence Äquivalenzzone (Ausfällung unlöslicher Immunkomplexe)
zone of inhibition (antibiotics) Hemmzone, Hemmhof
zone of leaching/zone of eluviation (soil: A/E-horizon) Auswaschungshorizont
zone of maturation/root-hair zone (zone of cell differentiation) Wurzelhaarzone
zone of saturation Sättigungszone
zone sedimentation/ zonal sedimentation Zonensedimentation
zonoskeleton Zonoskelett (Extremitätengürtel)
zonule fibers Zonulafasern
zoo/zoological garden(s) Zoo, Zoologischer Garten, Tiergarten
zoocecidium Zoocecidium, von Tieren hervorgerufene Pflanzengalle, Tiergalle
zoochory/animal-dispersal Tierausbreitung
zoocoenosis/zoocenosis/ animal community Zoozönose, Tiergemeinschaft
zooecium/zoecium (bryozoans) Zoecium
zoogamy Zoogamie, Tierbefruchtung

zoogeography
Zoogeographie, Tiergeographie, Zoogeografie, Tiergeografie
zoonosis Zoonose
zoophagous zoophag
zoophilous ***bot*** tierblütig
zoophily/ pollination by animal vectors
Tierblütigkeit
zoophysiology/animal physiology
Tierphysiologie
zooplankton Zooplankton
zoospore/planospore
Zoospore, Planospore, Schwärmer
zorapterans/Zoraptera
Bodenläuse
Zosteraceae/eel-grass family
Seegrasgewächse
zwitterion (*not translated!*)
Zwitterion
zygapophysis ("yoking" process)
Zygapophyse
zygodactyl/zygodactylous ***orn*** **(e.g., parrots)**
kletterfüßig
zygodactyl toe/ zygodactylous toe ***orn***
Wendezehe
zygomatic arch/arcus zygomaticus
Jochbogen, Backenknochenbogen
zygomatic bone/malar bone/ cheekbone/os zygomaticum
Jochbein, Backenknochen
zygomorphic/zygomorphous/ monosymmetrical/irregular
zygomorph
Zygophyllaceae/caltrop family/ creosote bush family
Jochblattgewächse

zygosity Zygotie
➢ **autozygosity** Autozygotie
➢ **dizygosity**
Dizygotie, Zweieiigkeit
➢ **hemizygosity** Hemizygotie
➢ **heterozygosity**
Heterozygotie, Mischerbigkeit
➢ **homozygosity** Homozygotie, Reinerbigkeit, Reinrassigkeit
➢ **monozygosity**
Monozygotie, Eineiigkeit
zygospore Zygospore
zygospore fungi/bread molds/ zygomycetes (coenocytic fungi)
Jochpilze, Zygomyceten
zygote Zygote
zygote nucleus/synkaryon
Zygotenkern, Synkaryon
zygotene (during meiotic prophase) ***gen***
Zygotän
zygotic zygotisch
zygotic induction
zygotische Induktion
zymogen/proenzyme (enzyme precursor)
Zymogen, Proenzym (Enzymvorstufe)
zymogenic/zymogenous
zymogen
zymology (science/study of fermentation)
Zymologie (Lehre von der Gärung)
zymosis/fermentation
Zymose, Fermentation, Gärung
zymosis ***med*** **(development of infectious disease)**
Anfangstadium/ Entwicklung einer Infektion
zymosterol Zymosterin
zymurgy Gärungstechnik

Literatur/References

Ackermann HW, Berthiaume L, Tremblay M: *Virus Life in Diagrams*. CRC Press, Boca Raton, 1998

Alberts B, Johnson A, Lewis J, Raff M, Roberts K, Walter P: *Molecular Biology of the Cell*, 5th edn. Garland Science, New York, 2008; *Molekularbiologie der Zelle*, 4. Aufl., Wiley-VCH, Weinheim, 2003

Allaby M: *A Dictionary of Zoology*, 3rd edn. Oxford Univ Press, Oxford New York, 2003

Alsing I, Friesecke H, Guthy K: *Lexikon Landwirtschaft*. Ulmer, Stuttgart, 2002

Bahadir M, Parlar H, Spiteller M: *Springer Umwelt-Lexikon*, 2. Aufl. Springer, Berlin Heidelberg New York, 2000

Barker K: *At the Bench – A Laboratory Navigator*, 2nd edn. Cold Spring Harbor Laboratory Press, NY, 2004; *Laborhandbuch für Einsteiger*. Elsevier/Spektrum Akademischer Verlag, Heidelberg, 2006

Barnes RS, Calow P, Olive PJ: *The Invertebrates: A New Synthesis*, 2nd edn. Blackwell, Boston, 1993

Barrington EJW: *Invertebrate Structure and Function*, 2nd edn. Nelson, Middlesex, 1979

Barrows EM: *Animal Behavior Desk Reference*. CRC Press, Boca Raton, 1995

Bell AD: *Plant Form – An Illustrated Guide to Flowering Plant Morphology*. Oxford Univ Press, Oxford New York, 1993

Bellmann H, Honomichl K: *Jacobs/Renner – Biologie und Ökologie der Insekten*, 4. Aufl. Elsevier/Spektrum Akademischer Verlag, 2007

Bender DA: *Bender's Dictionary of Nutrition and Food Technology*, 8th edn. CRC/Woodhead, Boca Raton Cambridge, 2006

Bender HF: *Das Gefahrstoffbuch*, 3. Aufl. Wiley-VCH, Weinheim, 2008

Benson L: *Plant Classification*, 2nd edn. Heath, Lexington MA, 1979

Berg JM, Tymoczko JL, Stryer L: *Biochemistry*, 6th edn. Freeman, New York, 2006; *Biochemie*, 6. Aufl. Elsevier/Spektrum Akademischer Verlag, Heidelberg, 2007

Berndt R, Meise W (Hrsg.): *Naturgeschichte der Vögel*, 3 Bde. Franckh'sche Verlagsbuchhandlung, Stuttgart, 1958–1966

Bezzel E, Prinzinger R: *Ornithologie*, 2. Aufl. Ulmer, Stuttgart, 1990

Blum WEH: *Bodenkunde in Stichworten*, 6. Aufl. Borntraeger, Stuttgart, 2007

Böck P (Hrsg): *Romeis – Mikroskopische Technik*. 18. Aufl. Spektrum Akademischer Verlag/Springer, Heidelberg, 2008

Boden E: *Black's Veterinary Dictionary*, 19th edn. Rowman & Littlefield, London, 1998

Bold HC, Alexopoulos CJ, Delevoryas T: *Morphology of Plants and Fungi*, 5th edn. Harper-Collins, New York, 1987

Boolootian RA, Heyneman D: *An Illustrated Laboratory Text in Zoology*, 4th edn. Saunders, Philadelphia, 1980

Borror DJ, Triplehorn CA, Johnson NF: *An Introduction to the Study of Insects*, 6th edn. Saunders, Philadelphia, 1989

Brandis H, Eggers HJ, Köhler W, Pulverer G: *Lehrbuch der Medizinischen Mikrobiologie*, 7. Aufl. Urban-Fischer, Stuttgart, 1998

Braune W, Leman A, Taubert H: *Pflanzenanatomisches Praktikum*. Bd. I & II. jeweils 9./4. Aufl. Spektrum Akademischer Verlag, Heidelberg, 1999/2007

Brenner S, Miller JH (eds) *Encyclopedia of Genetics*, 4 Vols. Academic Press, San Diego, 2002

Bresslau E, Ziegler HE: *Zoologisches Wörterbuch*, 4. Aufl. Fischer, Jena, 1927

Brockhaus Enzyklopädie, 21. Aufl. (30 Bde.) FA Brockhaus, Mannheim, 2006

Brohmer – *Fauna von Deutschland*, 22. Aufl. (Schaefer M, Hrsg.) Quelle & Meyer, Wiebelsheim, 2006

Brooks GF, Butel JS: Jawetz, Melnick & Adelberg's *Medical Microbiology*, 23th edn. Appleton & Lange, East Norwalk, 2004

Brown TA: *Gene Cloning and DNA Analysis – An Introduction*, 3rd edn. Blackwell, Oxford, 2006; *Gentechnologie für Einsteiger*, 5. Aufl. Elsevier/Spektrum Akademischer Verlag, Heidelberg, 2007

Brown TA: *Genomes*, 3rd edn. Taylor & Francis/Garland, New York, 2006; *Genome und Gene – Lehrbuch der molekularen Genetik*, 3. Aufl. Elsevier/Spektrum Akademischer Verlag, Heidelberg, 2007

Brusca RC, Brusca GJ: *Invertebrates*, 2nd edn. Sinauer/Palgrave Macmillan, Sunderland, MA, 2003

Buddecke E: *Grundriss der Biochemie*, 9. Aufl. deGruyter, Berlin, 1994

Buhr H: *Bestimmungstabellen der Gallen (Zoo- und Phytocecidien) an Pflanzen Mittel- und Nordeuropas*. 2 Bde. Fischer, Jena, 1964

Campbell NA, Reece JB: *Biology*, 8th edn. Benjamin-Cummings/Pearson, San Francisco, CA, 2007; *Biologie*, 6. Aufl. Pearson Studium, München, 2006

Carlile MJ, Watkinson SC, Gooday GW: *The Fungi*, 2nd edn. Academic Press, London, 2001

Carter J, Saunders V: *Virology – Principles and Applications*. Wiley, New York, 2007

Cheng TC: *General Parasitology*. 2nd edn. Academic Press, New York, 1986

Clark AN: *Dictionary of Geography*. Longman, Harlow, Essex, 1985

Cole TCH: *Taschenwörterbuch der Botanik/A Pocket Dictionary of Botany*. Thieme, Stuttgart, 1994

Cole TCH: *Taschenwörterbuch der Zoologie/A Pocket Dictionary of Zoology*. Thieme, Stuttgart, 1995

Cole TCH: *Wörterbuch Biotechnologie/Dictionary of Biotechnology*. Spektrum Akademischer Verlag/Springer, Heidelberg, 2008

Cole TCH: *Wörterbuch der Chemie/Dictionary of Chemistry*. Elsevier/Spektrum Akademischer Verlag, Heidelberg, 2007

Cole TCH: *Wörterbuch der Tiernamen*. Spektrum Akademischer Verlag, Heidelberg, 2000

Cole TCH: *Wörterbuch Labor/Laboratory Dictionary*, 2nd printing. Springer, Berlin Heidelberg New York, 2005

Cole TCH, Hilger HH: *Poster – Systematik der Blütenpflanzen*. De Gruyter, Berlin, 2007

Coombs J: *Dictionary of Biotechnology*, 2nd edn. Macmillan, London, 1992

Cooper GM, Hausman RE: *The Cell – A Molecular Approach*, 4th edn. ASM Press/Sinauer, Sunderland, 2007

Cronquist A: *An Integrated System of Classification of Flowering Plants*. Columbia Univ Press, New York, 1981

Cruse JM, Lewis RE: *Illustrated Dictionary of Immunology*, 2nd edn. CRC Press, Boca Raton, 2004

Curtis H, Barnes NS: *Biology*. 5th edn. Worth, New York, 1989; *Invitation to Biology*. 5th edn. Worth, New York, 1994

Dahlgren G: *Systematische Botanik*. Springer, Berlin Heidelberg New York, 1987

Daly HV, Doyen JT, Ehrlich PR: *Introduction to Insect Biology and Diversity*. McGraw-Hill, New York, 1978

Daubenmire R: *Plant Communities. A Textbook of Plant Synecology*. Harper & Row, New York, 1968; *Plant Geography with Special Reference to North America*. Academic Press, New York, 1978

Davies RG: *Outline of Entomology*, 7th edn. Chapman & Hall, London New York, 1988

Davis BD, Dulbecco R, Eisen HN, Ginsberg HS: *Microbiology*, 4th edn. Lippincott, Philadelphia, 1990

DeDuve C: *Blueprint for a Cell. The Nature and Origin of Life*. N Patterson Publ./Carolina Biological Supply Co, 1991; *Ursprung des Lebens. Präbiotische Evolution und die Entstehung der Zelle*. Spektrum Akademischer Verlag, Heidelberg, 1994

Dellweg H: *Biotechnologie – Verständlich*. Springer, Berlin Heidelberg New York, 1995

Deckwer WD, Pühler A, Schmid RD: Römpp *Lexikon Biotechnologie und Gentechnik*, 2. Aufl. Thieme, Stuttgart, 1999

Devlin TM: *Textbook of Biochemistry with Clinical Correlations*, 6th edn. Wiley-Liss, New York, 2005

Dettner K, Peters W: *Lehrbuch der Entomologie*, 2. Aufl. Elsevier/Spektrum Akademischer Verlag, Heidelberg, 2003

Doenecke D, Koolmann J, Fuchs G, Gerok W: Karlsons *Biochemie und Pathobiochemie*, 15. Aufl. Thieme, Stuttgart, 2005

Dörfelt H, Jetschke G: *Wörterbuch der Mykologie*, 2. Aufl. Spektrum Akademischer Verlag, Heidelberg, 2001

Dressler D, Potter H: *Discovering Enzymes*. Scientific American Library, WH Freeman, New York, 1991; *Katalysatoren des Lebens – Struktur und Wirkung von Enzymen*. Spektrum Akademischer Verlag, Heidelberg, 1992

Drickamer LC, Vessey SH: *Animal Behavior*, 2nd edn. Prindle, Weber & Schmidt, Boston, 1986

Dyce KM, Sack WO, Wensing CJG: *Textbook of Veterinary Anatomy*, 2nd edn. Saunders, Philadelphia, 1996; *Anatomie der Haustiere*, 2. Aufl. Enke, Stuttgart, 1997

Eckhardt S, Gottwald W, Stieglitz B: *1x1 der Laborpraxis*, 2. Aufl. Wiley-VCH, Weinheim, 2006

Eisenreich G, Sube R: *Dictionary of Mathematics/Wörterbuch Mathematik*. Harri Deutsch, Frankfurt, 2001

Ellenberg H: *Vegetation Mitteleuropas mit den Alpen*, 4. Aufl. Ulmer, Stuttgart, 1986; *Vegetation Ecology of Central Europe*. Cambridge Univ Press, Cambridge New York, 1988

Evert RF: *Esau's Plant Anatomy*, 3rd edn. Wiley, New York, 2006; *Pflanzenanatomie*. Fischer, Stuttgart, 1969

Fahn A: *Plant Anatomy*, 4th edn. Pergamon Press, New York, 1990

Feldhamer GA, Drickammer LC, Vessey SH, Merritt JF, Krajewski C: *Mammology – Adaptation, Diversity, Ecology*, 3rd edn. Johns Hopkins Univ Press, Baltimore, 2007

Fioroni P: *Allgemeine und vergleichende Embryologie der Tiere*, 2. Aufl. Springer, Berlin Heidelberg, 1992

Flint SJ, Enquist LW, Racaniello VR, Skalka AM: *Principles of Virology*, 2nd edn. ASM Press, Wash. DC, 2004

Foelix RF: *Biologie der Spinnen*, 2. Aufl. Thieme, Stuttgart, 1992; *Biology of Spiders*, 2nd edn. Oxford Univ Press, New York, 1996

Frandson RD, Spurgeon TL: *Anatomy and Physiology of Farm Animals*, 5th edn. Lea & Febiger, Philadelphia, 1992

Freifelder D, Malacinski GM: *Essentials of Molecular Biology*, 2nd edn. Jones & Bartlett, Boston, 1993

Frey PA, Hegeman AD: *Enzymatic Reaction Mechanisms*. Oxford Univ Press, New York, 2007

Frey W, Lösch R: *Lehrbuch der Geobotanik*, 2. Aufl. Elsevier/Spektrum Akademischer Verlag, Heidelberg, 2004

Freye HA, Kämpfe L, Biewald GA: *Zoologie*, 9. Aufl. Fischer, Jena, 1991

Furley PA, Newey WW: *Geography of the Biosphere*. Buttersworth, London, 1983

Futuyma DJ: *Evolution*. Sinauer, Sunderland, 2005; Das Original mit Übersetzungshilfen, Elsevier/Spektrum Akademischer Verlag, Heidelberg, 2007

Gardiner MS: *The Biology of Invertebrates*. McGraw-Hill, New York, 1972

Gattermann R: Wörterbücher der Biologie: Verhaltensbiologie. UTB/Fischer, Jena Stuttgart, 1993

Gemsa D, Kalden JR, Resch K: *Immunologie*, 4. Aufl. Thieme, Stuttgart, 1997

Gilbert SF: *Developmental Biology*, 8th edn. Sinauer, Sunderland, MA, 2006

Gilbert SF, Raunio AM (eds.): *Embryology. Constructing the Organism*. Sinauer, Sunderland, MA, 1997

Gill FB: *Ornithology*, 3rd edn. Palgrave Macmillan, New York, 2006

Glick BR, Pasternak JJ: *Molecular Biotechnology - Principles and Applications of Recombinant DNA*. ASM Press, Washington, 2003; *Molekulare Biotechnologie*. Spektrum Akademischer Verlag, Heidelberg, 1996

Götting KJ: *Malakozoologie. Grundriß der Weichtierkunde*. Fischer, Stuttgart, 1974

Gould SJ: *Ontogeny and Phylogeny*. Belknap/Harvard Univ Press, Cambridge MA, 1977

Gradstein FM, Ogg JG, Smith AG: *A Geological Time Scale 2004*. Cambridge Univ Press, Cambridge, 2005

Grant R, Grant C: Grant & Hackh's *Chemical Dictionary*, 5th edn. McGraw-Hill, New York, 1987

Gray's *Manual of Botany*, 8th edn. (Fernald ML, ed.) Dioscorides, Portland OR, 1950

Griffiths AJF, Wessler SR, Lewontin RC, Carroll S: *Introduction to Genetic Analysis*, 9th edn. Palgrave Macmillan/WH Freeman, New York, 2007; *Genetik*, 3. Aufl. VCH, Weinheim New York, 1991

Grzimek B: *Encyclopedia of Evolution*. Van Nostrand Reinhold, New York, 1976

Grzimek B: *Grzimeks Tierleben, Enzyklopädie des Tierreichs*, 13 Bde. Kindler, Zürich, 1971; *Grzimek's Animal Life Encyclopedia*, 13 Vols. Van Nostrand Reinhold, New York, 1972–1975

Grzimek B: Grzimeks *Enzyklopädie der Säugetiere*, 5 Bde. Kindler, München, 1988; *Encyclopaedia of Mammals*. McGraw-Hill, New York, 1989

Gullan PJ, Cranston PS: *The Insects – An Outline of Entomology*, 2nd edn. Blackwell Science, London, 2000

Harris JG, Harris MW: *Plant Identification Terminology*. An Illustrated Glossary. Spring Lake Publ., Spring Lake, UT, 1994

Hartmann HT, Davies FT, Geneve RL: *Plant Propagation – Principles and Practices*, 7th edn. Prentice-Hall/Pearson Englewood Cliffs, NJ, 2001

Hartwell LH, Hood L, Goldberg ML, Reynolds AE, Silver LM, Veres RC: *Genetics – From Genes to Genomes*, 3rd edn. McGraw-Hill, Boston, 2008

Hausmann K, Hülsmann N, Radek R: *Protistology*, 3rd edn. Schweizerbart'sche Verlagsbuchhandlung, Berlin Stuttgart, 2003

Hausmann K: *Protozoologie*. Thieme, Stuttgart, 1985; *Protozoology*, 2nd edn. Thieme, Stuttgart, 1996

Hawksworth DL, Kirk PM, Sutton BC, Pragler DN: *Ainsworth & Bisby's – Dictionary of the Fungi*, 8th edn. CAB Intl, Wallingford, Oxon, 1995

Heath JP: *Dictionary of Microscopy*. Wiley, New York, 2005

Hedrick PW: *Genetics of Populations*. Jones & Bartlett, Boston, 1983

Henderson's *Dictionary of Biological Terms*, 14th edn. (Lawrence E, ed.) Prentice Hall/ Pearson, Harlow, 2008

Hennig W: *Genetik*, 3. Aufl. Springer, Heidelberg Berlin New York, 2002

Hentschel E, Wagner G: *Wörterbuch der Zoologie*, 7. Aufl. Elsevier/Spektrum Akademischer Verlag, 2004

Herren RV, Donahue RL: *Delmar's Agriscience Dictionary*. Thomson Delmar Publ, Albany NY, 1998

Heymer A: *Ethologisches Wörterbuch*, D-E-F. Parey, Berlin Hamburg, 1977

Heywood VH, Brummit RK, Culham A, Seberg O: *Flowering Plant Families of the World*, 2nd edn. Firefly Books, London, 2007; *Blütenpflanzen der Welt*. Birkhäuser, Basel Boston, 1982

Hickey M, King C: *100 Families of Flowering Plants*. Cambridge Univ Press, Cambridge New York, 1981

Hickman CP Jr (ed): *Integrated Principles of Zoology*, 14th edn. McGraw-Hill, New York, 2007

Hildebrand M, Goslow GE Jr.: *Analysis of Vertebrate Structure*, 5th edn. Wiley, NY, 2001; *Vergleichende und funktionelle Anatomie der Wirbeltiere*. Springer, Berlin Heidelberg New York, 2004

Hill RW, Wyse GA: *Animal Physiology*, 2nd edn. Harper & Row, New York, 1989

Holmes S: *Outline of Plant Classification*. Longman, London, 1983

Hora B: *The Oxford Encyclopedia of Trees of the World*. Oxford Univ Press, Oxford New York, 1981

Horton HR, Moran LA, Ochs RS, Rawn JD, Scrimgeour KG: *Principles of Biochemistry*. Patterson/Prentice Hall, Englewood Cliffs, 1993

Hortus Third: *A Concise Dictionary of Plants Cultivated in the United States and Canada* (Bailey LH/Bailey EZ, eds.) Macmillan, New York, 1976

Hull R, Brown F, Pane C: *Virology – Directory and Dictionary of Animal, Bacterial, and Plant Viruses*. Macmillan, London Stockton New York, 1989

Huxley A (ed.) *The New Royal Horticultural Society: Dictionary of Gardening*. Macmillan, London New York, 1992

Hyam R, Pankhurst R: *Plants and Their Names. A Concise Dictionary*. Oxford Univ Press, Oxford, 1995

Hyman LH: *The Invertebrates*. Vols. 1 - 6. McGraw-Hill, New York, 1940–1967

Ibelgaufts H: *Gentechnologie von A bis Z*. VCH, Weinheim, 1990

Immelmann K, Beer C: *A Dictionary of Ethology*. Harvard Univ Press, Cambridge, 1989

Immelmann K: *Wörterbuch der Verhaltensforschung*. Parey, Berlin Hamburg, 1982

Jacks GV: *Multilingual Vocabulary of Soil Science*. Agriculture Division, FAO-United Nations, Rome, 1954

Jaeger EC: *A Source-Book of Biological Names and Terms*, 3rd edn. Thomas Publ., Springfield, Illinois, 1978

Jäger EJ, Werner K: *Rothmaler – Exkursionsflora von Deutschland*. Band 2, 19. Aufl. Elsevier/Spektrum Akademischer Verlag, Heidelberg, 2005

Jangi BS: *Economic Zoology. A Dictionary of Useful and Destructive Animals*. Balkema, Rotterdam, 1991

Janning W, Knust E: *Genetik*. Thieme, Stuttgart, 2004

Judd WS, Campbell CS, Kellogg EA, Stevens PF, Donoghue MJ: *Plant Systematics – A Phylogenetic Approach*, 3rd edn. Sinauer, Sunderland, 2008

Junqueira LC, Carneiro J: *Basic Histology*, 11th edn. McGraw-Hill, New York, 2005; *Histologie* (Gratzl M, Hrsg) Springer, Berlin Heidelberg New York, 2002

Juo PS: *Concise Dictionary of Biomedicine and Molecular Biology*, 2nd edn. CRC, Boca Raton, 2002

Kahl G: *The Dictionary of Gene Technology*, 2 Vols. 3rd edn. Wiley-VCH, Weinheim, 2004

Kämpfe L, Kittel R, Klapperstück J: *Leitfaden der Anatomie der Wirbeltiere*. 6. Aufl. Fischer, Jena, 1993

Kappeler P: *Verhaltensbiologie*. Springer, Berlin Heidelberg New York, 2006

Kardong KV: *Vertebrates – Comparative Anatomy, Function, Evolution*, 4th edn. McGraw-Hill, Boston, 2006

Karp G: *Cell and Molecular Biology*, 4th edn. Wiley, New York, 2005

Kaufman PB: *Plants – Their Biology and Importance*. Harper & Row, New York, 1989

Kaussmann B, Schiewer U: *Funktionelle Morphologie und Anatomie der Pflanzen*. Fischer, Stuttgart, 1989

Kearey P: *The Encyclopedia of the Solid Earth Sciences*. Blackwell, Oxford, 1993

Kéler S, v: *Entomologisches Wörterbuch*. Akademie Verlag, Berlin, 1963

Kendrew, K Sir: *The Encyclopedia of Molecular Biology*. Blackwell, Oxford, 1994

Kierszenbaum AL: *Histology and Cell Biology – An Introduction to Pathology*, 2nd edn. Mosby, St. Louis, 2007

Kindl H: *Biochemie der Pflanzen*, 4. Aufl. Springer, Berlin Heidelberg, 1994

King RC, Stansfield WD: *A Dictionary of Genetics*, 7th edn. Oxford Univ Press, Oxford New York, 2006

Kleber HP, Schlee D: *Biochemie*, Bd. I & II. Fischer, Stuttgart, 1991/1992

Kleinig H, Maier U: *Zellbiologie*. 4. Aufl. Elsevier/Spektrum Akademischer Verlag, Heidelberg, 1999

Klemm M: *Wörterbuch Paläarktischer Tiere*. Deutsch-Latein-Russisch. Parey, Berlin, 1973

Knipe DM, Howley PM, Griffin DE, Lamb RA, Martin MA: *FIELD'S Virology*, 2 Vols, 5th edn. Lippincott Williams & Wilkins, Philadelphia, 2005

Knippers R: *Molekulare Genetik*. 9. Aufl., Thieme, Stuttgart, 2006

Kozloff EN: *Invertebrates*. Saunders Coll Publ, Philadelphia, 1989

Kubitzki K, Rohwer JG, Bittrich V (Hrsg): *The Families and Genera of Vascular Plants*. 6 Vols. Springer, Berlin Heidelberg New York, 1993B2008

Kuby J: *Immunology*, 3rd edn. Freemann, New York, 1997

Kükenthal W, Krumbach T (Hrsg): *Handbuch der Zoologie/Handbook of Zoology*. Vols I–VIII (Bde. 1–60). deGruyter, Berlin, 1923–1994

Lackie JM, Dow JAT: *The Dictionary of Cell & Molecular Biology*, 4th edn. Elsevier/ Academic Press, London San Diego, 2007

Landau SI (ed.) *International Dictionary of Medicine and Biology*, Vols 1–3. Wiley, New York, 1986

Lee JJ, Leedale GF, Bradbury P: *An Illustrated Guide to the Protozoa*. 2nd edn. Society of Protozoologists, Lawrence, KA, 2000

Leeson CR, Leeson TS, Paparo AA: *Textbook of Histology*, 5th edn. Saunders, Philadelphia, 1985

Leftwich AW: *A Dictionary of Entomology*. Constable, London, 1977

Leftwich AW: *A Dictionary of Zoology*. Constable, London, 1975

Lehmann U: *Paläontologisches Wörterbuch*, 4. Aufl. Spektrum Akademischer Verlag, Heidelberg, 1996

Lehrbuch der Speziellen Zoologie (begr. A. Kaestner). Fischer, Jena/Spektrum Akademischer Verlag, Heidelberg, 1954 bis heute

Lengeler JW, Drews G, Schlegel HG: *Biology of Prokaryotes*. Thieme, Stuttgart New York, 1999

Leser H (Hrsg.) *Wörterbuch Allgemeine Geographie*. Westermann/DTV, München, 1997

Levy JA, Fraenkel-Conrat H, Owens RA: *Virology*, 3rd edn. Prentice-Hall, Englewood Cliffs, 1994

Lewin B: *Genes*, 9th edn. Prentice Hall, New York, 2007; *Molekularbiologie der Gene*. Spektrum Akademischer Verlag, Heidelberg, 2002

Lexikon der Biochemie und Molekularbiologie, 3 Bde. & Ergänzungsband. Elsevier/Spektrum Akademischer Verlag, Heidelberg, 2000

Lexikon der Biologie, 15 Bde. Elsevier/Spektrum Akademischer Verlag, Heidelberg, 2004

Libbert E: *Lehrbuch der Pflanzenphysiologie*, 5. Aufl. Fischer, Stuttgart, 1993

Lieberei R, Reisdorff C, Franke W: *Nutzpflanzenkunde*, 7. Aufl. Thieme, Stuttgart, 2007

Liem KF, Bemis WE, Walker W, Grande L: *Functional Anatomy of Vertebrates – An Evolutionary Perspective*, 3rd edn. Brooks/Cole, Belmont, 2001

Lincoln RJ, Boxshall GA, Clark PF: *The Cambridge Illustrated Dictionary of Natural History*, 2nd edn. Cambridge Univ Press, Cambridge New York, 1998

Lincoln RJ, Boxshall GA, Clark PF: *A Dictionary of Ecology, Evolution, and Systematics*, 2nd edn. Cambridge Univ Press, Cambridge New York, 1998

Little RJ, Jones CE: *A Dictionary of Botany*. Van Nostrand Reinhold, New York, 1980

Lodish H, Berk A, Kaiser CA, Krieger M, Scott MP, Bretscher A, Ploegh H, Matsudaira PT: *Molecular Cell Biology*, 6th edn. WH Freeman, New York, 2007; *Molekulare Zellbiologie*. 4. Aufl. Spektrum Akademischer Verlag, Heidelberg, 2001

Loewy AG, Siekevitz P, Menninger JR, Gallant JAN: *Cell Structure and Function*, 3rd edn. Saunders, Philadelphia, 1991

Löffler G, Petrides PE, Heinrich PC: *Biochemie und Pathobiochemie*, 8. Aufl. Springer, New York Berlin Heidelberg, 2006

Lorenz RJ: *Grundbegriffe der Biometrie*, 3. Aufl. Fischer, Stuttgart, 1992

Lüttge U, Higinbotham N: *Transport in Plants*. Springer, New York Berlin Heidelberg, 1979

Mabberley DJ: *The Plant Book*, 3rd edn. Cambridge Univ Press, Cambridge New York, 2008

Macura P: *Dictionary of Botany*. G-E-F-S-R, 2 Vols. Elsevier, New York, 1982

Mack R, Mikhail B, Mikhail M: *Wörterbuch der Veterinärmedizin und Biowissenschaften*, 2. Aufl., D-E/E-D. Blackwell, Berlin, 1996

Madigan MT, Martinko JM, Dunlap PV, Clark DP: *Brock – Biology of Microorganisms*, 12th edn. Prentice-Hall/Pearson, NJ, 2008; *Brock – Mikrobiologie*, 11. Aufl. Pearson Studium, München, 2006

Magill RE: *Glossarium Polyglottum Bryologiae. A Multilingual Glossary for Bryology*. Missouri Botanical Garden, St. Louis, 1990

Margulis L, Corliss JO, Melkonian M, Chapman DJ: *Handbook of Protoctista*. Jones and Bartlett, Boston, 1990

Margulis L, McKhann HI, Olendzenski L: *Illustrated Glossary of Protoctista*. Jones and Bartlett, Boston, 1993

Marquardt WC, Demaree RS Jr: *Parasitology*. Macmillan, London New York, 1985

Martin EA: *A Dictionary of Life Sciences*. Pan/Macmillan, London, 1976

Mauseth JB: *Botany – Introduction to Plant Biology*, 3rd edn. Jones and Bartlett, Boston, 2003

Mauseth JB: *Plant Anatomy*. Benjamin-Cummings, Menlo Park, 1988

Mayr E, Ashlock PD: *Principles of Systematic Zoology*. 2nd edn. McGraw-Hill, 1991; *Grundlagen der zoologischen Systematik*. Parey, Hamburg, 1975

McFarland D: *Dictionary of Animal Behaviour*, Oxford Univ Press, Oxford, 2006

Meglitsch PA, Schram FR: *Invertebrate Zoology*, 3rd edn. Oxford Univ Press, Oxford New York, 1991

Mehlhorn H (ed) *Encyclopedic Reference of Parasitology*, 2nd edn. 2 Vols. Springer, Berlin Heidelberg New York, 2001

Metzler DE: *Biochemistry*, 2nd edn. 2 Vols. Harcourt/Academic Press, Burlington, MA, 2001/2003

Michel G, Salomon FV, Gutte G: *Morphologie landwirtschaftlicher Nutztiere*. VEB Deutscher Landwirtschaftsverlag, Berlin, 1987

Micklos DA, Freyer GA, Crotty DA: *DNA Science*, 2nd edn. Cold Spring Harbor Laboratory Press, NY, 2003

Mückenhausen E: *Die Bodenkunde*, 4. Aufl. DLG, Frankfurt, 1993

Müller AH: *Lehrbuch der Paläozoologie*, 3 Bde. Fischer, Jena, 1985–1994

Murphy DB: *Fundamentals of Light Microscopy & Electronic Imaging*. Wiley-Liss, New York, 2001

Murphy KM, Travers P, Walport M: *Janeway's Immunobiology*, 7th edn. Taylor & Francis/Garland, New York, 2007; *Immunologie*, 5. Aufl. Elsevier/Spektrum Akademischer Verlag, Heidelberg, 2002

Nelson DL, Cox MM, Lehninger AL: *Principles of Biochemistry*, 5th edn. Freeman, New York, 2008; *Lehninger – Biochemie*, 4. Aufl. Springer, Berlin Heidelberg New York, 2008

Nicholls J, Martin AR, Wallace BG, Fuchs PA: *From Neuron to Brain*, 4th edn. Sinauer, Sunderland, 2001; *Vom Neuron zum Gehirn*. Spektrum Akademischer Verlag, Heidelberg, 2002

Nichols SW: *The Torre-Bueno Glossary of Entomology*. The New York Entomological Society/American Museum of Natural History, New York, 1989

Nickel R, Schummer A, Seiferle E: *Lehrbuch der Anatomie der Haustiere*, 5 Bde. Parey, Berlin, 1992–96

Nierenberg WA (ed.): *Encyclopedia of Environmental Biology*. Academic Press, San Diego, 2000

Nöhring FJ: *Fachwörterbuch Medizin*, 2 Bde. D-E/E-D. Langenscheidt/Urban Fischer, München, 2002/2003

Nowak RM (ed.) *Walker's Mammals of the World*, 5th edn. Johns Hopkins Univ Press, Baltimore, 1991

Nultsch W: *Allgemeine Botanik*, 11. Aufl. Thieme, Stuttgart, 2001

Ohman DE: *Experiments in Gene Manipulation*. Prentice Hall, Englewood Cliffs, New Jersey, 1988

Primrose SB, Twyman RM, Old RW: *Principles of Gene Manipulation. An Introduction to Genetic Engineering*, 6th edn. Blackwell, Oxford, 2001; Gentechnologie. Thieme, Stuttgart, 1992

Orr RT: *Vertebrate Biology*, 5th edn. Saunders, Philadelphia, 1982

Ott J: *Meereskunde*, 2. Aufl. Ulmer, Stuttgart, 1995

Pagel M (ed) *Encyclopedia of Evolution*, 2 Vols. Oxford Univ Press, Oxford New York, 2002

Parslow TG, Stites DP, Terr AI, Imboden JB: *Medical Immunology*, 10th edn. McGraw-Hill/Appleton & Lange, New York, 2001

Passarge E: *Color Atlas of Genetics*, 2nd edn. Thieme, New York Stuttgart, 2001; *Taschenatlas der Genetik*. Thieme, Stuttgart, 1994

Pasternak JD: *An Introduction to Human Molecular Genetics*, 2nd edn. Wiley, New York, 2005

Pearse V, Pearse J, Buchsbaum M, Buchsbaum R: *Living Invertebrates*. Blackwell, Boston, 1992

Pechenik JA: *Biology of the Invertebrates*, 2nd edn. WmC Brown, Dubuque, IA, 1991

Pennak RW: *Collegiate Dictionary of Zoology*. Ronald Press, 1964

Penzlin H: *Lehrbuch der Tierphysiologie*, 7. Aufl. Elsevier/Spektrum Akademischer Verlag, Heidelberg, 2004

Peters JA: *Dictionary of Herpetology*. Hafner, New York, 1964

Pettingill OS, Jr, Breckenridge WJ: *Ornithology in Laboratory and Field*, 5th edn. Academic Press, Orlando, FL, 1985

Pflumm W: *Biologie der Säugetiere*, 2. Aufl. Parey, Berlin, 1996

Pijl L van der: *Principles of Dispersal in Higher Plants*, 3rd edn. Springer, Berlin Heidelberg, 1982

Plattner H, Zingsheim HP: *Elektronenmikroskopische Methodik in der Zell- und Molekularbiologie*. Fischer, Stuttgart, 1987

Podulka S, Rohrbaugh RW Jr, Bonney R (eds) *Handbook of Bird Biology*, 2nd edn. Cornell Lab of Ornithology, New York, 2004

Präve P, Faust U, Sittig W, Sukatsch DA: *Handbuch der Biotechnologie*, 4. Aufl. Oldenbourg, München, 1994

Proctor NS, Lynch PJ: *Manual of Ornithology. Avian Structure and Function*, 2nd edn. Yale Univ Press, New Haven London, 1998

Pschyrembel *Klinisches Wörterbuch* (Hildebrandt H, Hrsg.) 261. Aufl. deGruyter, Berlin, 2007

Sadava D, Orians GH, Heller HC, Purves WK, Hillis DM: *Life – The Science of Biology*, 8th edn. Freeman, New York, 2006; *Biologie*, 7. Aufl. Elsevier/Spektrum Akademischer Verlag, Heidelberg, 2006

Randall D, Burggren W, French K: *Eckert Animal Physiology*, 5th edn. WH Freeman, New York, 2001; *Tierphysiologie*, 4. Aufl. Thieme, Stuttgart, 2002

Rapoport SM: *Medizinische Biochemie*, 9. Aufl. VEB Verlag Volk & Gesundheit, Berlin, 1987

Raven PH, Evert RF, Eichhorn SE: *Biology of Plants*, 7th edn. Freeman/Worth, New York, 2005; *Biologie der Pflanzen*, 4. Aufl. deGruyter, Berlin New York, 2006

Renneberg R: *Biotechnologie für Einsteiger*, 2. Aufl. Spektrum Akademischer Verlag/ Springer, 2007; *Biotechnology for Beginners*, Elsevier/Academic Press, 2008

Reuter P: Springer *Klinisches Wörterbuch* 2007/2008. E-G/G-E. Springer, Berlin Heidelberg New York, 2006

Rieger R, Michaelis A, Green MM: *Glossary of Genetics. Classical and Molecular*, 5th edn. Springer, Berlin, 1998

Rimoin DL, Connor JM, Pyeritz R, Korf B: Emery & Rimoin's *Principles and Practice of Medical Genetics*, 5th edn. 3 Vols. Churchill Livingston, London, 2006

Romer AS, Parsons TS: *The Vertebrate Body*, 6th edn. Saunders, Philadelphia, 1986; *Vergleichende Anatomie der Wirbeltiere*, 5. Aufl. Parey, Hamburg, 1983

Romoser WS, Stoffolano JG: *The Science of Entomology*, 3rd edn. WmC Brown, Dubuque, IA, 1994

Ross MH, Kaye GI, Pawlina W: *Histology – A Text and Atlas*, 4th edn. Lippincott/ Williams & Wilkins, New York, 2002

Ruppert EE, Fox RS, Barnes RD: *Invertebrate Zoology – A Functional Evolutionary Approach*, 7th edn. Brooks/Cole, Pacific Groove, CA, 2003

Salisbury FB and Intl. Assoc. for Plant Physiology: *Units, Symbols, and Terminology for Plant Physiology*. Oxford Univ Press, Oxford New York, 1996

Salisbury FB, Ross CW: Plant Physiology, 4th edn. Wadsworth, Belmont, 1992

Schell T von, Mohr H: *Biotechnologie – Gentechnik*. Springer, Heidelberg New York, 1995

Fuchs G, Schlegel HG: *Allgemeine Mikrobiologie*, 8. Aufl. Thieme, Stuttgart, 2006; *General Microbiology*, 7th edn. Cambridge Univ Press, Cambridge, 2003

Schleif R: *Genetics and Molecular Biology*. John Hopkins Univ Press, Baltimore New York, 1993

Schmeil O, Fitschen J, Seibold S: *Flora von Deutschland*, 93. Aufl. Quelle & Meyer, Wiebelsheim, 2006

Schmidt RD: *Taschenatlas der Biotechnologie und Gentechnik*, 2. Aufl. Wiley-VCH, Weinheim, 2006; *Pocket Guide to Biotechnology and Genetic Engineering*. Wiley-VCH, Weinheim, 2003

Schmidt RF, Lang F: *Physiologie des Menschen mit Pathophysiologie*, 30. Aufl. Springer, Berlin Heidelberg New York, 2007

Schmidt-Nielsen K, Markl L: *Animal Physiology*, 4th edn. Cambridge Univ Press, Cambridge MA, 1990; *Physiologie der Tiere*. Elsevier/Spektrum Akademischer Verlag, Heidelberg, 1999

Schneider CK: *Illustriertes Handwörterbuch der Botanik*. Engelmann, Leipzig, 1905

Schoenwolf GC, Bleyl SB, Brauer PR, Francis-West PH: Larsen's *Human Embryology*, 4th edn. Churchill Livingstone, New York, 2008

Schönborn W: *Lehrbuch der Limnologie*. Schweizerbart'sche Verlagsbuchhandlung, Stuttgart, 2003

Schubert R (Hrsg.): *Lehrbuch der Ökologie*, 3. Aufl. Fischer, Jena, 1991

Schubert R, Wagner G: *Botanisches Wörterbuch*, 12. Aufl. UTB/Ulmer, Stuttgart, 2000

Schütt P, Schuck HJ, Stimm B: *Lexikon der Forstbotanik*. Ecomed, Landsberg, 1992

Schwoerbel J, Brendelberger H: *Einführung in die Limnologie*, 9.Aufl. Elsevier/ Spektrum Akademischer Verlag, 2005

Schwetlick K: *Organikum*, 22. Aufl. Wiley-VCH, Weinheim, 2004

Serré R: Elsevier's *Dictionary of Microscopes and Microtechnique*. Elsevier, Amsterdam, 1993

Seyffert W: *Lehrbuch der Genetik*, 2. Aufl. Elsevier/Spektrum Akademischer Verlag, Heidelberg, 2003

Shepherd GM: *The Synaptic Organization of the Brain*, 5th edn. Oxford Univ Press, New York Oxford, 2003

Shorthouse JD, Rohfritsch O (eds.): *Biology of Insect-Induced Galls*. Oxford Univ Press, Oxford, 1992

Silbernagl S, Despopoulos A: *Taschenatlas der Physiologie*, 7. Aufl. Thieme, Stuttgart, 2007

Simpson MG: *Plant Systematics*, 2nd edn. Elsevier/Academic Press, San Diego, 2008

Singer M, Berg P: *Genes and Genomes*. University Science Books, Mill Valley, California, 1991; *Gene und Genome*, Spektrum Akademischer Verlag, Heidelberg New York, 1992

Singleton P: *Dictionary of DNA and Genome Technology*. Blackwell, Oxford, 2007

Singleton P, Sainsbury D: Dictionary of Microbiology and Molecular Biology, 3rd edn. Wiley, New York, 2001

Sitte P, Weiler EW, Kadereit JW, Bresinsky A, Körner C: *Strasburger – Lehrbuch der Botanik*, 36. Aufl. Spektrum Akademischer Verlag/Springer, Heidelberg, 2008

Skoog DA, Holler FJ, Crouch SR: *Principles of Instrumental Analysis*, 6th edn. Brooks Cole/Thomson Learning, New York, 2006

Skoog DA, Leary JJ: *Instrumentelle Analytik*. Springer, Berlin Heidelberg New York,1996

Smith AD (ed): *Oxford Dictionary of Biochemistry and Molecular Biology*, rev. edn. Oxford Univ Press, Oxford New York, 2000

Smith MM, Heemstra PC (eds.): Smith's *Sea Fishes*. Springer, Berlin Heidelberg New York, 1986

Sobotta J, Welsch U: *Lehrbuch Histologie*, 2. Aufl. Elsevier/Urban&Fischer, München, 2006

Springer O (Hrsg.) Langenscheidts Großwörterbuch: "*Der Große Muret-Sanders*" Deutsch-Englisch/Englisch-Deutsch, 4 Bde. Langenscheidt, München, 2000–2006

Stachowitsch M: *The Invertebrates. An Illustrated Glossary*. Wiley-Liss, New York, 1991

Standring S: Gray's *Anatomy*, 39th edn. Elsevier/Churchill Livingstone, Edinburgh, 2005

Stanier RY, Ingraham JL, Wheelis ML, Painter PR: *General Microbiology*, 5th edn. Macmillan, London, 1986

Starck D: *Vergleichende Anatomie der Wirbeltiere*, 3 Bde. Springer, Heidelberg Berlin, 1978–1982

Starck D (Hrsg): *Wirbeltiere (Lehrbuch der Speziellen Zoologie)*, Bd II, 5. Teil. Fischer, Jena Stuttgart, 1995

Stearn WT: *Botanical Latin*, new edn. David & Charles, Newton Abbot, 2004

Stearn WT: Stearn's *Dictionary of Plant Names for Gardeners*, 3rd edn. Cassell Publ, London, 2002

Stenesh J: *Dictionary of Biochemistry and Molecular Biology*, 2nd edn. Wiley, New York, 1989

Storch V, Welsch U, Wink M: *Evolutionsbiologie*, 2. Aufl. Springer, Berlin Heidelberg New York, 2007

Storch V, Welsch U (Hrsg.): *Kükenthal – Zoologisches Praktikum*, 25. Aufl. Elsevier/ Spektrum Akademischer Verlag, Heidelberg, 2005

Storch V, Welsch U: *Systematische Zoologie*, 6. Aufl. Elsevier/Spektrum Akademischer Verlag, Heidelberg, 2003

Storch V, Welsch U: *Kurzes Lehrbuch der Zoologie*, 8. Aufl. Elsevier/Spektrum Akademischer Verlag, Heidelberg, 2004

Storer TI, Usinger RL: *Laboratory Workbook for Zoology*. McGraw-Hill, New York, 1965

Storer TI, Usinger RL, Stebbins RC, Nybakken JW: *General Zoology*, 6th edn. McGraw-Hill, New York, 1979

Strachan T, Read AP: *Human Molecular Genetics*, 3rd edn. Taylor & Francis/Garland, New York, 2003; *Molekulare Humangenetik*, 3. Aufl. Elsevier/Spektrum Akademischer Verlag, Heidelberg, 2005

Strasburger's *Textbook of Botany* (transl. of 30th Gerrman edn.) Longman, London New York, 1976

Strauss JH, Strauss EG: *Viruses and Human Disease*, 2nd edn. Academic Press, San Diego, 2007

Swartz D: *Collegiate Dictionary of Botany*. Ronald Press, New York, 1971

Taiz L, Zeiger E: *Plant Physiology*, 4th edn. Sinauer, Sunderland, MA, 2006; Das Original mit Übersetzungshilfen. Elsevier/Spektrum Akademischer Verlag, Heidelberg, 2007

Tamarin RH: *Principles of Genetics*, 7th edn. McGraw/Hill, Boston, 2001

Tivy J: Biogeography: *A Study of Plants in the Ecosphere*, 3rd edn. Longman, London New York, 1993

Tortora GJ, Derrickson BH: *Principles of Anatomy and Physiology*, 11th edn. Wiley, New York, 2005; *Anatomie und Physiologie*, Wiley-VCH, Weinheim, 2006

Troll W, Höhn K: *Allgemeine Botanik*, 4. Aufl. Enke, Stuttgart, 1973

Urania-*Tierreich*. 6 Bde. Urania, Leipzig, 1991–1994

Venes D: *Taber's Cyclopedic Medical Dictionary*, 20th edn. FA Davis, Philadelphia, 2005

Voet D, Voet JG, Pratt CW: *Fundamentals of Biochemistry*, 2nd edn. Wiley, New York, 2005; Lehrbuch der Biochemie, Wiley-VCH, Weinheim, 2002

Vogel F, Motulsky AG: *Human Genetics*, 3rd edn. Springer, Heidelberg New York, 1996

Wahrig-Burfeind R (Hrsg) *WAHRIG – Deutsches Wörterbuch*, 8. Aufl. Wissen Media/ Bertelsmann, Gütersloh, 2006

Walker JM, Cox M: *The Language of Biotechnology – A Dictionary of Terms*, 2nd edn. ACS, Wash. DC, 1995

Walker JM, Rapley R: *Molecular Biology and Biotechnology*, 4th edn. Royal Society of Chemistry, London, 2001

Walter H: *Die Vegetation der Erde*, 2 Bde. Fischer, Stuttgart, 1964/1968

Walter H, Breckle SW: *Ökologie der Erde*, 4 Bde. Elsevier/Spektrum Akademischer Verlag, Heidelberg, 1998–2004

Watson JD, Gilman M, Witkowski J, Zoller M: *Recombinant DNA*, 2nd edn. WH Freeman, New York, 1992; *Rekombinierte DNA*. Spektrum Akademischer Verlag, Heidelberg, 1993

Watson JD, Baker TA, Bell SP, Gann A, Levine M, Losick R: *Molecular Biology of the Gene*. 5th edn. Benjamin-Cummings/Pearson, San Francisco, CA, 2004

Watt IM: *The Principles and Practice of Electron Microscopy*. Cambridge Univ Press, Cambridge, 1985

Weber H, Weidner H: *Grundriß der Insektenkunde*. 5. Aufl. Fischer, Stuttgart Jena, 1974

Weberling F: *Morphologie der Blüten und der Blütenstände*. Ulmer, Stuttgart, 1981; *Morphology of Flowers and Inflorescences*. Cambridge Univ Press, Cambridge New York, 1989

Weberling F, Schwantes HO: *Pflanzensystematik*. 7. Aufl. Ulmer, Stuttgart, 2000

Weberling F, Troll W: *Die Infloreszenzen*. Fischer/Spektrum Akademischer Verlag, Stuttgart Heidelberg, 2001

Webster's *Twelfth New Collegiate Dictionary*. Merriam-Webster, Springfield, MA, 2005

Webster's *Third New International Dictionary*. Merriam-Webster, Springfield, MA, 2002

Wehner R, Gehring W, Kühn A: *Zoologie*, 24. Aufl. Thieme, Stuttgart, 2007

Westheide W, Rieger R: *Spezielle Zoologie*, 2 Bde, 2. Aufl. Elsevier/Spektrum Akademischer Verlag, Heidelberg, 2003/2006

Whittaker RH: *Classification of Plant Communities*. Junk Publ., The Hague Boston, 1978

Winburne JN (ed.) *A Dictionary of Agricultural and Allied Terminology*. Michigan State Univ Press, East Lansing, 1962

Wink M (Hrsg.) *Molekulare Biotechnologie*. Wiley-VCH, Weinheim, 2004; *Molecular Biotechnology*. Wiley-VCH, Weinheim, 2006

Wistreich GA: *Microbiology Laboratory. Fundamentals and Applications*, 2nd. edn. Prentice Hall, New Jersey, 2002

Wistreich GA, Lechtman MD: *Microbiology*, 5th edn. Macmillan, New York, 1988

Wood CE: *A Student's Atlas of Flowering Plants*. Harper & Row, New York, 1974

Woodland DW: *Contemporary Plant Systematics*. Prentice-Hall, N.J., 1991

Wurmbach H, Siewing R: *Lehrbuch der Zoologie. Allgemeine Zoologie/Systematik*. Fischer, Stuttgart, 1980/1985

Zomlefer WB: *Guide to Flowering Plant Families*. Univ North Carolina Press, Chapel Hill London, 1995

Zug GR, Vitt LJ, Caldwell JP: *Herpetology. An Introductory Biology of Amphibians and Reptiles*, 2nd. edn. Academic Press, New York London, 2001

Weitere Wörterbücher von Theodor C. H. Cole

www.spektrum-verlag.de

1. Aufl. 2007,
692 S., geb.
€ [D] 79,50 /
€ [A] 81,73 /
CHF 129,50
ISBN
978-3-8274-1608-7

Theodor C. H. Cole
Wörterbuch der Chemie / Dictionary of Chemistry
Deutsch – Englisch / English – German

Das kompakte, übersichtliche und vielseitige Wörterbuch der Chemie ist ein unentbehrlicher Begleiter für Wissenschaftler, Übersetzer, Dozenten und Studenten, Lehrer und Schüler zwischen Reagensglas, Bunsenbrenner und „Hightech-Synthesechemie" im Labor. Es behandelt alle Teilgebiete der Chemie von der Allgemeinen und Theoretischen Chemie über die Anorganik zur Organik und Physikalischen Chemie, Biochemie, Nuklearchemie und Polymerchemie wie auch Geräte, Methoden, Analytik und Nanotechnologie. Thematische Begriffsfelder („clusters") ermöglichen die zusammenhängende Erschließung eines Themas. Dieses innovative Konzept hat sich gegenüber den einfachen Wortlisten anderer Wörterbücher hervorragend bewährt.

1. Aufl. 2008,
540 S., geb.
€ [D] 79,95 /
€ [A] 82,19 /
CHF 130,50
ISBN
978-3-8274-1918-7

Theodor C. H. Cole
Wörterbuch Biotechnologie / Dictionary of Biotechnology
Deutsch – Englisch / English – German

Ob grüne, blaue, weiße oder rote Biotechnologie – 30.000 Begriffe aus der Biotech-Welt zum Nachschlagen in beiden Sprachrichtungen, Englisch-Deutsch und Deutsch-Englisch.
Von A wie Abdarren zu DNA-Technologie, über Drug Targeting und Gene Pharming bis Z wie Zytotoxizität – das Wörterbuch der Biotechnologie ist ein unentbehrlicher Begleiter für alle, die sich in der Sprache dieser fachübergreifenden Disziplin korrekt und gewählt ausdrücken wollen und müssen. Kompakt, übersichtlich und vielseitig liefert es einen soliden Grundstock zur Terminologie von Bioprozessen, Lebensmitteln, Mikrobiologie, Molekular- und Zellbiologie, Stoffwechselvorgängen, Biochemie, Biopolymeren, Genomik und Proteomik u.a. – sowie die wichtigsten Begriffe zu Geräten, Methoden, Analytik und Verfahrenstechnik.

Das gesamte Programm finden Sie unter www.spektrum-verlag.de

THE GENETIC CODE

2nd Base					
1st Base	U	C	A	G	3rd Base
U	Phe	Ser	Tyr	Cys	U
	Phe	Ser	Tyr	Cys	C
	Leu	Ser	Stop	Stop	A
	Leu	Ser	Stop	Trp	G
C	Leu	Pro	His	Arg	U
	Leu	Pro	His	Arg	C
	Leu	Pro	Gln	Arg	A
	Leu	Pro	Gln	Arg	G
A	Ile	Thr	Asn	Ser	U
	Ile	Thr	Asn	Ser	C
	Ile	Thr	Lys	Arg	A
	Met	Thr	Lys	Arg	G
G	Val	Ala	Asp	Gly	U
	Val	Ala	Asp	Gly	C
	Val	Ala	Glu	Gly	A
	Val	Ala	Glu	Gly	G

THE AMINO ACIDS

Amino Acid	3-Letter Code	1-Letter Code
Alanine	Ala	A
Arginine	Arg	R
Asparagine	Asn	N
Aspartic acid	Asp	D
Cysteine	Cys	C
Glutamic acid	Glu	E
Glutamine	Gln	Q
Glycine	Gly	G
Histidine	His	H
Isoleucine	Ile	I
Leucine	Leu	L
Lysine	Lys	K
Methionine	Met	M
Phenylalanine	Phe	F
Proline	Pro	P
Serine	Ser	S
Threonine	Thr	T
Tryptophan	Trp	W
Tyrosine	Tyr	Y
Valine	Val	V

UMRECHNUNGSTABELLEN / *CONVERSION TABLES*

Dezimalen: 0.1 (zero point one) im Englischen entspricht 0,1 (Null Komma eins) im Deutschen; Tausender: 1,000 (one thousand) im Englischen entspricht 1.000 (eintausend) im Deutschen – das heißt, Punkt und Komma werden genau umgekehrt verwendet! (Diese Tabellen enthalten die englische Schreibweise.)

Decimales: 0.1 (zero point one) in English corresponds to 0,1 (Null Komma eins) in German; thousands: 1,000 (one thousand) in English corresponds to 1.000 (eintausend) in German – i. e., point and comma exactly opposite! (These tables follow the English notation.)

VOLUMEN (RAUMINHALT) – *VOLUME*

liters	gallons	quarts	pints	fl.oz.
1	0.264	1.0567	2.113	33.814
3.7854	1	4	8	128
0.9463	0.25	1	2	32
0.4732	0.125	0.5	1	16
0.0296	0.008	0.03125	0.0625	1

MASSE – *MASS*

kg/g	pounds	ounces
1kg (1000g)	2.2046	35.274
453.6g	1	16
28.35g	0.0625	1

LÄNGE – *LENGTH*

km/m/cm	miles	yards	feet	inches
1 km	0.62137	1093.61	3280.84	–
1 m	–	1.0936	3.281	39.37
1.61 km (1609 m)	1	1760	5280	63360
0.915 m	0.00057	1	3	36
30.5 cm	–	0.333	1	12
2.54 cm	–	0.0278	0.0833	1